Circuit Design From The Ground Up Second Edition

电子设计从零开始

（第2版）

杨欣 Xin Yang
莱·诺克斯 Len D M Nokes
王玉凤 Yufeng Wang
刘湘黔 Xiangqian Liu
编著

清華大学出版社
北京

内 容 简 介

电子设计涉及的知识面广、难度大，初学者往往不知从何入手。本书结合作者多年的学习与辅导学生进行电路设计的经验编写而成，书中集模拟电路、数字电路、单片机的基础知识和设计技能为一体，把初学电子电路设计所需要掌握的内容表现得淋漓尽致，并结合 Multisim 2001 仿真软件进行学习和设计。

全书按照科学的学习方法来设置章节，章节与章节之间经过精心设计具有紧密的联系，每一章几乎都使用一个实例进行贯穿。第 1 章从一个光控报警器实例开始，引入模拟电子电路中常用元器件及其应用。第 2、3 章由单管收音机、测谎仪引出了收音机电路、无线发射电路、电源电路的设计方法以及用万用板、面包板、印刷电路板进行电路实验等工艺内容。第 4、5 章介绍三极管放大器并最终教会大家如何设计并制作一台多媒体音箱。第 6 章至第 8 章介绍振荡器、运算放大器及其应用、传感器和其他常用电子元器件。第 9 章至第 11 章开启了数字电路设计的思考，内容包括逻辑门、布尔代数、组合逻辑、触发器、计数器等。第 12 章至第 17 章通过实例学习单片机及应用系统开发，最后以设计一个在线温度计为例，对全局的知识进行梳理性应用。

本书适合作为电类本、专科学生全面掌握电子设计基础知识的参考书，也可作为电子爱好者的实例参考用书；对于学有余力的非电类工科学生以及对电子设计感兴趣的中学生朋友来说，也是一本很好的全面了解电子设计基础知识的入门读物。

图书在版编目（CIP）数据

电子设计从零开始/杨欣，莱·诺克斯，王玉凤，刘湘黔编著．—2 版．—北京：清华大学出版社，2010.9（2025.9重印）
ISBN 978-7-302-23157-8

I. ①电… II. ①杨… ②莱… ③王… ④刘… III. ①电子电路-电路设计 IV. ①TN702

中国版本图书馆 CIP 数据核字（2010）第 122454 号

责任编辑：钟志芳
封面设计：张 岩
版式设计：侯哲芬
责任校对：张彩凤
责任印制：宋 林
出版发行：清华大学出版社
网 址：https://www.tup.com.cn，https://www.wqxuetang.com
地 址：北京清华大学学研大厦 A 座 邮 编：100084
社 总 机：010-83470000 邮 购：010-62786544
投稿与读者服务：010-62776969，c-service@tup.tsinghua.edu.cn
质 量 反 馈：010-62772015，zhiliang@tup.tsinghua.edu.cn
印 装 者：三河市铭诚印务有限公司
经 销：全国新华书店
开 本：185mm×260mm 印 张：40.75 字 数：941 千字
版 次：2010 年 10 月第 2 版 印 次：2025 年 9 月第 27 次印刷
定 价：108.00 元

产品编号：036364-04

本书编写及网络教学互动平台建设委员会

主任委员：

杨　欣　莱·诺克斯　王玉凤　刘湘黔

委　　员：

刘　杰　刘　文　张延强　张铠麟　张浩翔

李哲谦　刘长焕　支瑞聪　王兆伟　徐媛媛

赵　文　闫　冰　赵兴东　傅予嘉　陈　伟

赵东旭　胡文锦　容春霞　王正浩　陈　新

昌文婷　何　帅

Second Edition Foreword

Professor Peter N T Wells

CBE FRS FREng FMedSci
Distinguished Research Professor
Cardiff University
School of Engineering
United Kingdom

Electronics has come a long way since the transistor was invented in 1947 by William Shockley, John Bardeen and Walter Brattain. Naturally, electronics and its related computer technology have likewise advanced significantly, even in the five years since the publication of first edition of this book, "Circuit Design From The Ground Up". Xin Yang, Len Nokes, Yufeng Wang and Xiangqian Liu have now produced this second edition and, in doing so, have updated and expanded the coverage of what is essential knowledge for every student and professional electrical engineer and computer scientist today.

The 17 chapters of this second edition begin with analogue electronics and the basic principles, proceed through topics such as radio communications and instrument design, transistors in their numerous circuit configurations, integrated circuits and sensors, and then introduce digital electronics, microcontrollers and examples of their applications.

The principal author, Xin Yang, and his colleagues have based this second edition on their wealth of hands-on practical experience. The result is a book which completely meets the needs of its readers. Recently, Xin Yang's research has been into the study of the microvasculature using ultrasonic techniques at Cardiff University in the United Kingdom, and so he is thoroughly familiar with the applications of electronics and computer technology in this important practical field. He has already published five books, including the first edition of the present volume. The others have been somewhat more specialised but all have attracted extensive readerships. The second edition of “Circuit Design From The Ground Up” deserves to be even more successful than its predecessors.

As an engineer myself, it is with the greatest possible pleasure that I commend the second edition of “Circuit Design From The Ground Up”, which I am sure will be of tremendous value both as a textbook and as a source of reference for many years to come.

第2版　序

彼得·维尔斯　教授

英国最高级巴思爵士
英国皇家学会会员
英国皇家工程院院士
英国医学科学院院士
英国加的夫大学特聘教授

自 1947 年威廉·肖克利、约翰·巴丁、沃尔特·布拉顿发明晶体管之后，电子学有了长足的发展。很自然地，电子学和与之相关的计算机技术在相互促进中有了极大的提高，哪怕就在《电子设计从零开始（第 1 版）》问世后的这 5 年内也不例外。杨欣、莱·诺克斯、王玉凤、刘湘黔已完成的第 2 版，更新和扩展了每个学生、专业电子工程师、计算机研究人员所需掌握的电子技术的精华。

本书由 17 章组成，先介绍模拟电路的基础，从基本原理出发，知识点遍及无线电通信、仪器设计、三极管电路、集成电路、传感器，接着介绍数字电路的基础，最后是单片机及其应用实例。

本书是作者杨欣及其他同事多年宝贵的动手实践经验的结晶，这也是本书的最大财富，这将最大程度地满足读者学习电子电路设计的需要。近年来，杨欣在英国加的夫大学主要从事利用超声技术研究微血管的课题，所以他对电子学和计算机技术在这个重要实践领域的应用有非常深刻的认识。杨欣已经出版了 5 本图书，其中包括本书的第 1 版。其他几本有关电子技术、电路设计、单片机应用的专业图书都吸引了大批的读者。我相信《电子设计从零开始（第 2 版）》将会超越前一版的成功。

作为工程师，我怀着极大的喜悦向大家推荐《电子设计从零开始（第 2 版）》，我相信在未来的几年内，无论它作为教材或是参考书都将蕴含巨大的价值。

第1版　序

当今社会对优秀人才的评价，已不仅仅局限于其卷面分数，而更看重的是一个人的理论创新能力和解决实际问题的能力。特别对于当代大学生来说，其动手能力和工程素质的培养尤为重要。

为把握时代发展的脉搏，各高校都依据自身情况，通过各种途径增强对学生实践能力的培养。北京交通大学十分重视学生综合素质教育，除学校各学院积极开展以科技创新为主题的各种科技竞赛活动之外，学校每年还举行“挑战杯”学生课外科技作品大赛，并组织、培训学生参加国际、国内的各种科技竞赛，以鼓励优秀人才脱颖而出。

为深化高等工科教育教学改革，提高工科基础课程教学水平与人才质量，原国家教委1996年决定进行国家工科基础课程教学基地建设，北京交通大学承担了物理和电工电子教学基地的建设任务。国家工科基础课程教学基地是国家继开设重点学科和开放实验室之后，在高等工程基础教育方面实施的又一重大改革与建设项目，它代表国家同类基础课程教学的最高水平，在全国充分发挥了示范辐射作用。

《电子设计从零开始》一书的草本，作为国家工科基础课程物理教学基地学生创新实践的培训教材，在过去几年的实践检验中获得了好评。该书进一步完善后得以在清华大学出版社出版，是对本书编纂工作的充分肯定。

《电子设计从零开始》全面系统地介绍了进行电子设计与制作所需要的知识，内容丰富、结构清晰、文笔流畅。不光电类专业的学生应该读一读，物理、机械等其他专业的理工科学生也可以读一读，因为学科之间是交叉关联的。对于非电类专业的理工科学生来说，掌握一定的电子设计技能很有必要。同时，希望将来有志于成为电子设计工程师的中学生朋友也读一读，因为对于电子设计知识的初步了解，会对你们将来的大学专业学习大有裨益。

该书的作者杨欣是我校学生科技创新活动中的佼佼者，王玉凤和刘湘黔是学生科技创新实践活动的优秀辅导教师。相信他们的学识、经验和心血凝聚成的这本书，将会成为大家步入电子设计之门的一把钥匙。

北京交通大学校长：谈振辉

2005.7.15.

前　言

本书是在广大读者的帮助与支持下对 5 年前出版的《电子设计从零开始》一书的修订与补充。这 5 年无论是电子技术还是计算机技术都有了非常大的进步，所以第 1 版中的某些内容显得有些跟不上科技的发展了。另外，笔者这 5 年来在英国学习的一些心得也对本书内容的更新产生了积极的影响。

一、特色

本书集模拟电路、数字电路、单片机的基础知识和设计技能为一体，把初学电子电路设计所需要掌握的内容表现得淋漓尽致。

全书语言生动活泼、平实易懂。没有过多复杂的计算（只有乘、除法），也没有生涩的大理论，更没有读不懂的过程，只要知道欧姆定律的朋友就可以在本书的引导下掌握电子电路的设计知识。书中插图丰富，力求用图让读者来形象地理解知识及过程，加深印象。

本书特别注重知识的铺垫和循序渐进。电子电路的内容多、难度大，没有基础的朋友一时可能不知道从哪里开始学习、如何开始学习。我们在全面介绍各种电子元器件、电路结构、工艺技巧的同时，按照科学的学习方法设置章节，使电子电路设计的基础知识变成了一粒粒珍珠，交给读者朋友们串起来，既授人以鱼，也授人以渔。

全书浑然一体，章节与章节之间经过精心设计具有紧密的联系。前面章节讲到的一些实例和知识点会被后续章节提到，一些学习过程中自然产生的疑问会在后续章节中得到解答。这样就形成了一个立体式的阅读和学习过程，有利于知识的强化。

二、内容

本书的内容包括模拟电子电路、数字电路基础和单片机应用基础并通过“讲故事”的形式将这 3 部分内容逐步展开，而且结合电路仿真软件 Multisim 2001 对许多实例进行了演示和验证。这 3 大部分内容是我们进行电子系统开发、电子仪器设计的基础。本书着眼于技术的应用，并不苛求计算和过于复杂的理论。

本书每一章几乎都使用了一个实例进行贯穿，实例都是日常生活中经常见到的电子产品中的电路。一章之内把实例中的知识点、设计技巧全面解决，并引出丰富的电子元器件和电路设计知识。

模拟电路是数字电路和单片机应用的基础。第 1 章从一个光控报警器实例开始，渐渐引入模拟电子电路中常用元器件的知识及它们的应用范例。Multisim 作为学习电路的好帮手也在一开始进行了详细的介绍。利用实例结合仿真的方法感受三极管开关在光控报警器中的作用。

第 2 章通过一个单管收音机带出了电磁波、无线发射等内容，便于读者初步了解收音机电路、无线发射电路的设计方法。第 3 章中的测谎仪电路带给我们的是电路实验和电子工艺方面的知识，比如如何用万用板和面包板进行实验、电路如何从设计变成制作、印刷电路板如何设计、电源电路如何设计等都结合实例进行讲解。

第 4、5 章介绍了电路中难但很重要的内容——三极管放大器，其中巧妙地结合实例及仿真介绍了三极管、小信号放大器、功率放大器，最终教会大家如何设计并制作一台多媒体音箱。

第 6 章利用振荡器来巩固反馈的设计思想，并以几个实用的例子来解答设计中的问题。第 7 章以运算放大器及其应用为例，揭示在电路设计中使用集成电路原来如此轻松。第 8 章把传感器和其他常用电子元器件作为设计知识的扩充。

第 9 章至第 11 章是数字电路部分，开启了数字电路设计的思考，内容包括逻辑门、布尔代数、组合逻辑、触发器、计数器等。

第 12 章到第 17 章都在谈单片机，通过实例学习单片机控制外设的能力。同时也对单片机应用系统开发的过程、单片机结构进行简要介绍。单片机的内容从控制一个发光二极管开始，慢慢深入并逐步介绍 I/O 口、中断、定时/计时器、串口通信等知识。最后还以设计一个在线温度计为例，对全局的知识进行梳理性应用。

通过对本书的学习，掌握了书中知识后，设计并完成一个综合性较强、具有一定技术含量的电路系统是没有问题的。

三、对象

本书可以作为大学、中专院校开展电子制作和科技创新的参考书，也可作为电子爱好者的实例参考书。在学习过程中如果遇到什么问题，可以访问电路飞翔网（http://www.circuitfly.com），其中有大量翔实的帮助和实验指导。

想进一步学习 Multisim 仿真和 Protel 电路设计的朋友可以参考本书的姊妹书《电路设计与仿真——基于 Multisim 8 与 Protel 2004》；想对单片机及实战系统应用设计进行更全面扎实了解的朋友可以参考《51 单片机应用从零开始》、《51 单片机应用实例详解》等书。

由于水平有限，书中难免有介绍不清楚的地方，欢迎读者发电子邮件（E-mail: Eedesign@163.com）来共同探讨问题和提出意见，也欢迎企业界的朋友向我们推荐好的学习产品作为今后写作的实例。

四、说明

由于本书的电路图使用 Altium Designer 6 和 Multisim 2001 软件绘制，其中一些电路符号与国内现行的略有差别。为了读者朋友能对应起来，我们制作了一个简表如下，其中同一栏中的两个电路符号等价，左边的是国内现行的标准，右边的是本书中使用的。

整流二极管	发光二极管	稳压二极管	光电二极管	隧道二极管	肖特基二极管

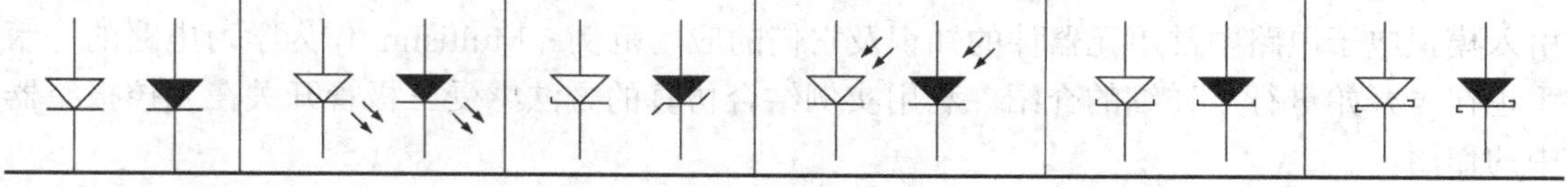

五、特别感谢

首先要特别感谢被誉为人类B超之父的英国最高级巴思爵士获得者、英国皇家学会会员、英国皇家工程院院士、英国医学科学院院士、英国加的夫大学特聘教授 Peter NT Wells 为本书作序。同时感谢他以80岁的高龄依然在为人类的健康、医用超声发展持续贡献。笔者为在博士后期间与他一同工作在超声辅助加速器癌症治疗等课题中感到莫大的荣幸。

另外还要感谢英国帝国勋章获得者、英国皇家物理学家和科学家、英国加的夫大学特聘教授 John P Woodcock 对本书诸多内容的精心指导以及对笔者科研、论文的帮助。

本书的完成，得到了英国加的夫大学电子物理医学研究机构首席科学家 Len DM Nokes 教授的倾力帮助，他在运动损伤的诊断及治疗、超声成像等医学工程研究中给笔者许多有益的思路和具体指导。

本书第1、第2版的问世都与北京交通大学的王玉凤和刘湘黔两位教授的帮助与支持紧密难分。书中的点点滴滴都在他们长达10年的关怀、支持、鼓励下得以沉淀，他们在教书育人、科学研究中倾注的毕生精力为社会创造了平凡而伟大的财富。

还要特别感谢北京交通大学生物医学工程系主任刘杰教授和北京军区总医院计量科主任刘文教授，他们多年来在电子物理医学领域给予笔者长期精心指导，使笔者在诸多生物医学工程项目的合作中迅速成长起来。

本书中许多电路实例、程序设计由北京交通大学的张延强、张铠麟、支瑞聪、刘长焕、王正浩、陈新、昌文婷等几位博士共同完成。本书还得到了赵兴东、赵东旭、傅予嘉、陈伟、胡文锦、何帅、Alqahtani Mahdi、Hamid Bidi 的帮助，在此对他们的辛勤付出表示诚挚的谢意。

此外，还要对北京交通大学计算机学院院长韩臻教授、党委书记杨晓晖教授、党委副书记余亚光教授给予的支持与帮助表示极大的感谢。另外对物理系的成正维、牛原、杨甦、蔡天芳、滕永平等几位教授和“关工委”的岳兆宏教授表示最崇高的敬意。

另外，还要感谢英国加的夫大学临床医院的 Dr. Neil Pugh 和 Dr. Declan Coleman、伦敦帝国理工学院的 Dr. Roy Clement、伦敦玛丽女皇学院的 Dr. Deric Jones 和 Dr. Hazel Screen 等的帮助。

特别要感谢深圳职业技术学院副校长温希东教授对本书内容的指导和肯定。还要感谢宋荣、贾方亮老师在具体电路、设计思路上给予的大力帮助。

还要由衷地感谢剑桥大学的 Dr. Dong F Liang 和 Dr. Xiao L Wang 夫妇的帮助；并对《电子制作》、《电子测试》、《家庭影院技术》和《家电维修》杂志社的总编陈忠、社长陈晓筱、副主编杨来英、编务王雪珍等老师表示最大的感谢；此外还要感激清华大学的韦思健教授和中国科学技术大学的赵文教授及夫人对内容的指导；还要对北京城市学院的汪仁里老师及其夫人表示感谢。同时对本书提供了许多宝贵建议的科学出版社的王淑兰老师表示感谢。

当然还要感谢梁丽丽、张晟、周萍、赵少云和雷丽明几位老师，他们对笔者的成长起了至关重要的作用。

最后，要感谢我的父母和祖父母等家人，他们多年来养育了我；另外还要感谢挚友崔捷10多年来给予的莫大帮助。

令我万分悲痛的是，深受电子爱好者爱戴的陈忠主编在本书第二次印刷之际不幸因病去世了，他所创办的《电子制作》、《家电维修》、《家庭影院技术》、《电子测试》、《电脑维护与应用》等杂志在过去的近20年时间里间接地促成了《电子设计从零开始》这本书。

谨以此书纪念陈忠主编！

杨　欣
Cardiff University
United Kingdom
2010年5月

目　录

第 1 章　走进电子技术

一开始，我们用一个简单而实用的实例带领大家进入电子技术（electronics）的世界，并通过对这个实例的初步分析，掌握蕴藏其中的知识点和实用的设计技能。本书的前 8 章围绕着模拟电路（analogue electronics）进行知识讲解和设计介绍，模拟电路中“行走”的都是连续变化的信号，更通俗地说就是直流（DC）、交流（AC）一类的信号。后 9 章介绍的是数字电路（digital electronics），其信号是一些由 1 和 0 组成的逻辑电平。尽管没有接触过电路设计，读者也尽可对本书的每一页放心，我们不会陷入复杂计算的泥潭，取而代之的是用生动、平实的叙述方法把实用而必要的电子技术和设计方法介绍给大家。

电子技术是我们研制有价值、有技术含量的科技产品的基石。

1.1　从一个光控报警器的例子开始

电池　电阻器　光敏电阻　电位器　开关　第一次电路分析

我们在中学时就接触过电路原理图（schematic diagram），简称电路图。那时的电路图都是一些由电阻、电源、开关等组成的简单电路。而最初的电路分析也只是使用欧姆定律（Ohm’s law）来计算电路中的电阻、电流或电压。

从哪里能接触到更真实的电路图呢？今天当然首推互联网。在包括中文网站在内的世界许多站点里，各种电子系统的电路图比比皆是。小到一个单管收音机，大到一台液晶电视的电路图都可以找到。另一个查阅电路图的渠道是各种与电路相关的书籍和杂志，其中不乏复杂而实用的电子系统的电路图。这些电子系统的电路图大都比较复杂（当然除了调光灯、电吹风等一些简单的电器以外），成百上千的元器件“交织”在一起，使我们无从下手分析，更不要说设计。

于是，我们从图 1-1 这样一个简单的光控报警器电路开始。

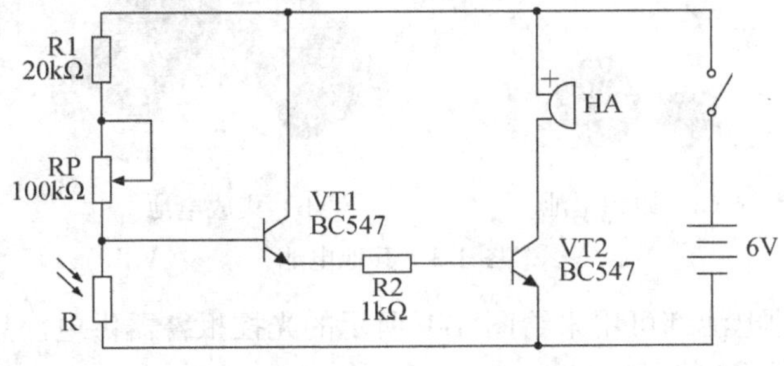

图 1-1　光控报警器电路

图 1-1 所示光控报警器电路的功能是：当照射到光敏电阻 R（ ）的光线变暗至一

定程度时，蜂鸣器 HA（蜂鸣器符号）开始报警，从而达到检测光线强度并适时报警的目的。电路图中，电阻（电阻符号）、电源（电源符号）、开关（开关符号）的电路符号我们比较熟悉。可能有的朋友还会认识电位器（电位器符号）、三极管（三极管符号）等器件的电路符号。接下来，我们一起分析一下图 1-1 所示电路里包含的一些基础知识。

1.1.1 电池

电源（power supply）是提供电能的装置，用于给电路供电。电池（battery，电路符号 ⊣|⊢）是一种常用的直流电源，碱性电池（alkaline battery）普遍应用于电子产品中，其中以 1.5V 额定电压的最为常见，其外观及电路符号如图 1-2（a）所示。电池有正（+）、负（−）极之分，电路符号中长线一端表示正极，短线端表示负极。

由于图 1-1 的光控报警器的工作电压为 6V，一般可以使用电池盒（battery case）把多节电池串联起来，如图 1-2（b）所示，其电路图形符号与碱性电池相同。

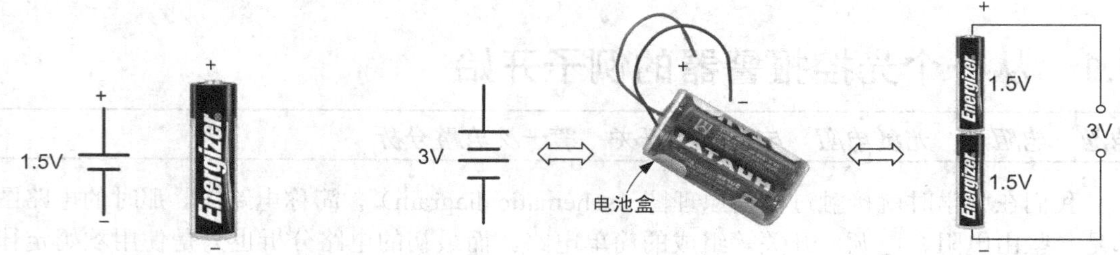

（a）碱性电池　　（b）电池的串联

图 1-2　碱性电池及电池的串联

还有一种常用于计算器、电子表、电子词典等小功率电子产品的钮扣电池（button battery，图 1-3（a）），其额定电压一般有 1.5V 和 3V 两种。其容量小，不适合给功率较大的电路供电。市场上还有一些电压较大的碱性电池，有时称为集成电池，也较适合作为电子产品的电源。其电压一般有 6V、9V 和 15V 等几种，它们的外形如图 1-3（b）所示。

（a）钮扣电池　　（b）集成电池

图 1-3　其他电池

以上介绍的几种电池都可用来给图 1-1 所示的光控报警器供电，只要单个电池或多个电池串联后电压达到 6V 就可以。

USB 电池

这几年出现了一种非常有意思的电池——USB 电池（usbcell，如图 1-4 所示），它的外形与一般的碱性电池没有什么两样，可以放到数码照相机、MP3 播放机等电子产品中正常使用。但是如果摘下它的帽子，就会发现电池上有一个 USB 接口。原来，这个 USB 电池可以插到计算机的 USB 接口上，进行反复充电。

图 1-4　USB 电池

1.1.2　电阻器

电阻器（resistor，电路符号—▭—），简称电阻，是一种两端电子器件，当电流流过时，其两端的电压与电流成正比。

任何材料都会对流经的电流产生一定的“阻力”，这种阻碍电流的作用叫阻抗（resistance），电阻就是利用材料的这一特性制作出来的。电阻是电路中使用得最多的器件，由于电流流经它时会在其两端形成不同的电压，于是可利用电阻改变电路节点的电压。

欧是电阻阻值的单位，通常用希腊字母 Ω 来表示。比 Ω 更大的阻值单位有 kΩ（千欧）和 MΩ（兆欧）。以下是它们之间的换算关系。

$$1\text{M}\Omega=10^3\text{k}\Omega=10^6\Omega$$

【例 1.1】改变电压：分析图 1-5 所示电路中，电路节点 P 的电压是多少。

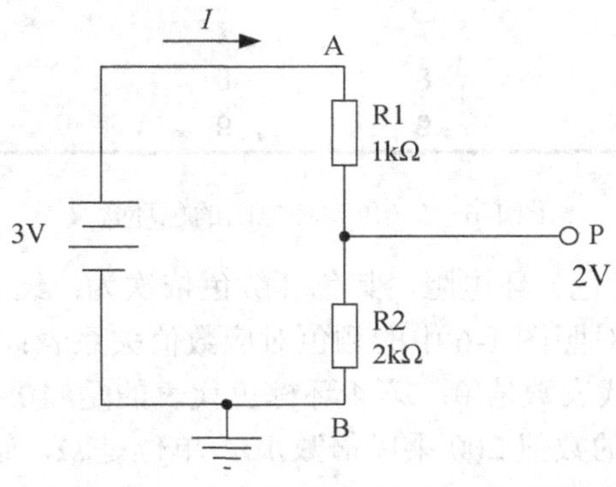

图 1-5　电阻改变电压

图 1-5 所示电路中，电阻 R1、R2 串联，电流 I 从 3V 电源正极流出，从节点 A 流向 P 点，继而流经 B 点后回到电源负极。接地符号⏚定义电源负极（也就是节点 B）为电势零点，于是 B 点电压 V_B=0V。因电源为 3V，得 A 点电压 V_A=3V。根据欧姆定律，可计算电路的干路电流 $I=\dfrac{V}{R}=\dfrac{V_A}{R1+R2}=\dfrac{3\text{V}}{1\text{k}\Omega+2\text{k}\Omega}=1\text{mA}$，则 P 点电压 $V_P=IR2=1\text{mA}\times2\text{k}\Omega=2\text{V}$。

从例 1.1 可以看到，节点 A，即电源正极的电压为 3V，通过两个电阻 R1、R2 的“努力”，节点 P 出现了一个 2V 的电压。这个 2V 电压异于电源电压，是一个人为设计的电压。说明电阻可以在电路中改变节点的电压。

在电子市场或网上选购电阻时，至少有 3 个有关参数是需要提供的：一是电阻的阻值；二是电阻的功率；三是电阻的种类。

1. 电阻的阻值

拿到一支电阻，会看到电阻的表面有五颜六色的色环，这不是出于美观而设计的，它标示着电阻的阻值。图 1-6 所示为常用的 5（色）环电阻及颜色所代表的数值。5（色）环电阻使用前 4 个色环标示电阻的阻值，第 5 个色环标示电阻的允许误差。

5（色）环电阻

颜色	数值 第1位	数值 第2位	数值 第3位	倍数 第4位	误差 第5位
银色	-	-	-	×0.01	±10%
金色	-	-	-	×0.1	±5%
黑色	0	0	0	×1	—
棕色	1	1	1	×10	±1%
红色	2	2	2	×100	±2%
橙色	3	3	3	×1,000	—
黄色	4	4	4	×10,000	—
绿色	5	5	5	×100,000	—
蓝色	6	6	6	×1,000,000	—
紫色	7	7	7	—	—
灰色	8	8	8	—	—
白色	9	9	9	—	—

图 1-6　5（色）环电阻的色环含义

比如图 1-7 所示的 5（色）环电阻，其色环颜色依次为：红、黑、黑、棕、金。那么它的阻值应该如何计算呢？对照图 1-6 中的颜色对应数值关系表：第 1 环红色代表数值 2；第 2 环和第 3 环都是黑色，代表数值 0；第 4 环棕色代表的是×10（倍数）。所以图 1-7 所示电阻的阻值为前 3 环代表的数值 200 乘以倍数 10，单位是 Ω，结果是 2000Ω，即 2kΩ。另外，第 5 环金色代表的允许误差是±5%，于是该电阻的准确读数是：2kΩ，误差±5%。±5%

的误差说明该 2kΩ 电阻的阻值与标称值有±5%的偏差，即在 1.9kΩ~2.1kΩ 范围之内都是允许的。

除了使用图 1-6 中色环与数值关系表判断电阻阻值外，还可以用万用表直接测量电阻，得到阻值的读数。

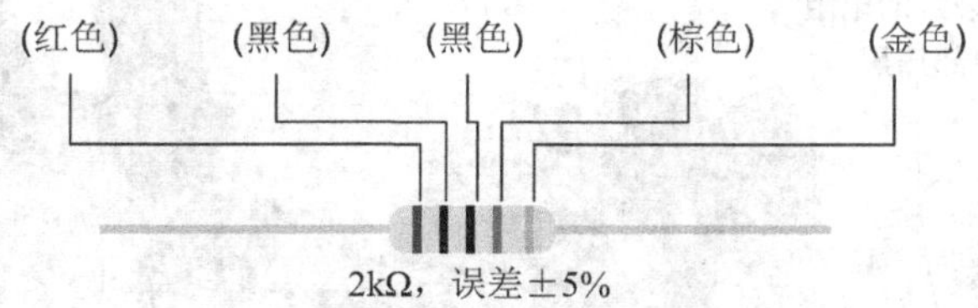

图 1-7　5（色）环电阻阻值

在电路设计选择电阻时应该注意阻值是不可任意选定的，比如标称值为 122Ω 的电阻就不存在。原因是在大部分电路中并不要求极其精确的电阻值，于是为了便于工业上大量生产和使用者在一定范围内选用，EIA（美国电子工业联盟，Electronic Industries Alliance）规定了若干系列的阻值取值基准，其中以 E12 基准和 E24 基准最为常用。

E12（允许误差±10%）基准中电阻阻值为 1.0、1.2、1.5、1.8、2.2、2.7、3.3、3.9、4.7、5.6、6.8、8.2 乘以 10、100、1000……所得到的数值。

E24（允许误差±5%）基准中电阻阻值为 1.0、1.1、1.2、1.3、1.5、1.6、1.8、2.0、2.2、2.4、3.0、3.3、3.6、3.9、4.3、4.7、5.1、5.6、6.2、6.8、7.5、8.2、9.1 分别乘以 10、100、1000……所得到的数值。

E24 基准中的电阻阻值选择可以满足一般电路设计对阻值的要求，如果在某些电路如滤波器中对电阻阻值要求非常精确，而非要选择 E24 以外的阻值，如 2.43kΩ 等，则可以根据附录 A 中的其他取值基准设计。当然，对阻值要求越精确，电阻器的价格也就越高（有时高得离谱）。

2. 电阻的功率

根据焦耳定律（Joule's laws，$Q = I^2Rt$）知道：电流通过电阻时会产生热量，电阻越大、电流越大、时间越长，电阻发热也就越厉害。假设一个阻值为 100Ω 的电阻，通过 100mA 的电流，则电阻的消耗功率 $P = I^2R = (100\text{mA})^2 \times 100\Omega = 1\text{W}$，如果该电阻的额定功率没有这么大，那在此工作条件下就会被烧毁，表现为电阻焦黑、发臭，严重时甚至起火、爆炸。图 1-8 所示为某电路板中电阻被烧毁的情形。由于电阻在烧毁时已经被超限的热量袭击过，其阻值几乎不可能保证在原来正常的范围内，所以如果电阻出现烧毁的情况，一般都需要更换。“城门失火，殃及池鱼”，有时甚至还要考虑更换邻近的器件，因为热量可能已经殃及它们。

之所以出现烧毁电阻的情况，一般有以下两种可能：一是电阻选择不合理，其额定功率小于实际功率；二是电路突然出现故障，导致电阻上的电流激增而被烧毁。这两个问题都需要在实际电路设计及制作中预防。

电路设计时需要充分考虑该电阻的实际功率最大能达到多少，从而选择一个额定功率比这个最大实际功率还要大的电阻。电阻的额定功率一般有 1/16W、1/8W、1/4W、1/2W、

1W、2W、5W、10W 等几种，如果电阻功率大于 1/8W，必须在电路图中按照图 1-9 所示的大功率电阻电路符号标明，否则很容易让自己或他人因误用电阻而导致事故的发生。如果电路中使用的是电阻的一般符号—▭—，则可使用额定功率为 1/16W 或 1/8W 的电阻。

图 1-8　被烧毁的电阻

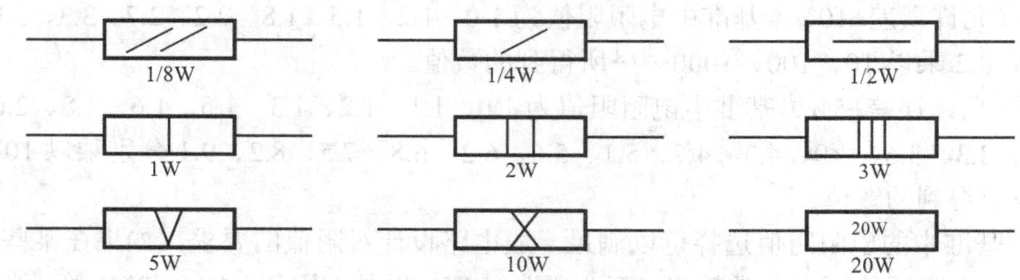

图 1-9　标有额定功率值的电阻器的电路符号

一般来说，电阻的功率越大，体积也就越大，价格也就越高。1/8W 金属膜电阻的市场价格约为 0.01 元/支（MΩ 级的电阻价格稍高），而 1W 的电阻则为 0.05 元/支。通常 3W 以上的电阻，由于体积较大，其表面可以直接印上阻值和功率，而不再使用色环作为阻值标记。如图 1-10 所示为阻值为 3.3Ω（误差±5%）、功率为 5W 的电阻。

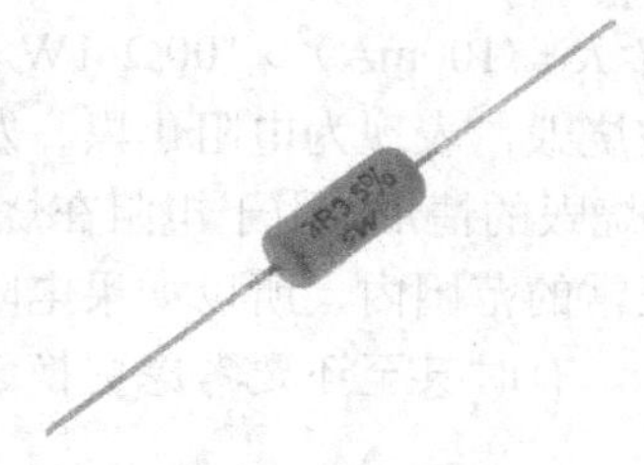

图 1-10　大功率电阻

3. 电阻的种类

按材料和结构等特征，电阻主要分成了绕线电阻、非绕线电阻、敏感电阻等几种。

绕线电阻（wire-wound resistor）是用电阻丝在绝缘的骨架上绕制而成的。电阻丝一般

由具有一定电阻率的镍铬、锰铜等合金制成，绝缘骨架则是由陶瓷、塑料等材料制成，有管形、扁形等各种形状，如图 1-11 所示。这种电阻误差小（精度高）、稳定性高、体积大，一般在大功率场合中考虑使用。

（a）管形　　　　（b）扁形

图 1-11　绕线电阻

非绕线电阻包括了我们常用的碳膜电阻（carbon film resistor）和金属膜电阻（metal film resistor）。此外，还有金属氧化膜电阻（metal oxide resistor）、金属玻璃釉电阻（metal glaze resistor）、厚膜电阻（thick film resistor）、薄膜电阻（thin film resistor）等。实际应用中，如果电路没有特别说明，我们一般都采用 1/8W 的金属膜电阻。金属膜电阻的精度高、成本低，使得它在现代电子电路中应用最为广泛。

还有一类电阻，其阻值会随着环境中的某一物理参数（如温度、湿度、压力、光强等）变化而改变，如 1.1.3 节将要介绍的光敏电阻，其阻值随着光线强度的变化而改变；再如热敏电阻，其阻值随着温度的变化而改变等。

今天，随时各种便携电子产品如手机、MP3 播放机、数码照相机等的普及，贴片电子器件（SMD）需求直线增长。电子产品中往往使用贴片式电子器件来节省电路板空间。常用的贴片器件有贴片电阻（SMD resistor，如图 1-12 所示）、贴片电容（SMD capacitor）、贴片晶体管（SMD transistor）、贴片集成电路（SMD IC）等，各种贴片器件只是个头较小，其功能与一般直插式的是相同的。

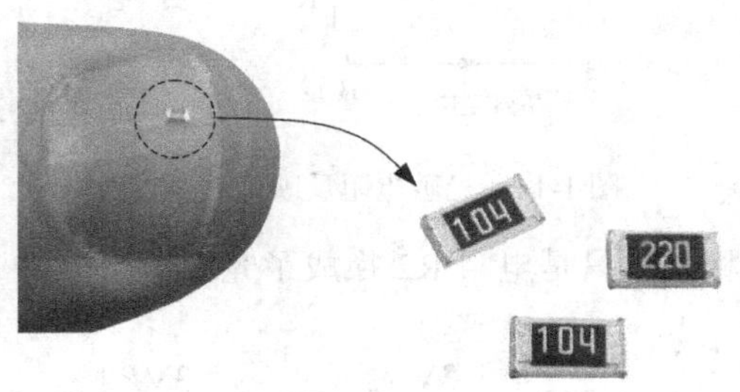

图 1-12　贴片电阻

1.1.3　光敏电阻

光敏电阻（LDR/photoresistor，电路符号 ）是敏感电阻的一种，其阻值与照射到其表面的光强成反比：光线越强其阻值越小，反之亦然。

图1-1的光控报警器中，光敏电阻R可谓一个关键器件，正是因为光敏电阻R对光线强度的检测实现了电路的光控报警功能。目前最常见的光敏电阻是硫化镉或硫化硒材料制成的，利用的是半导体光致导电原理，其电路符号和外观如图1-13（a）所示。

光敏电阻的阻值随光线强度的变化而改变，有的型号的光敏电阻在黑暗中阻值可达几兆欧，在强光下阻值仅为数百欧或数千欧，图1-13（b）为万用表对某一型号光敏电阻在不同光线下阻值的测量，明显看到光敏电阻的"暗阻值"（1.255MΩ）较"亮阻值"（562.5Ω）大得多。由于光敏电阻的阻值反映光线强度变化，通常可用在光检测电路中。

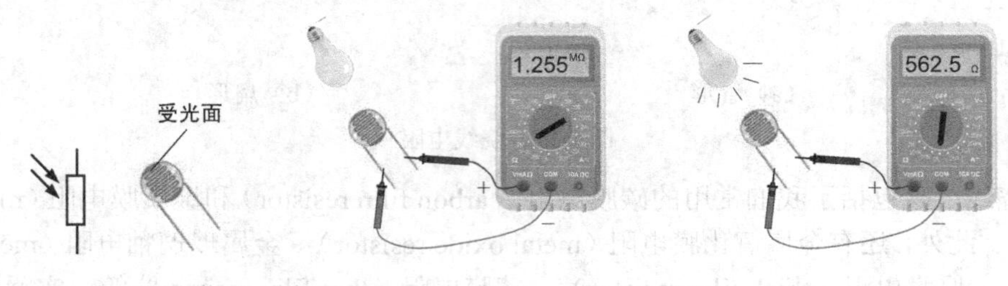

（a）电路符号和外观　　（b）测试

图1-13　光敏电阻

【例1.2】光敏电阻反映光线强度：分析图1-14所示电路中，电路节点P的电压是多少。

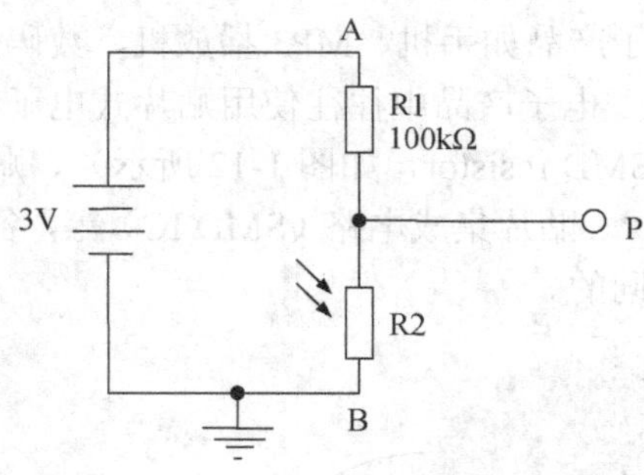

图1-14　光敏电阻反映光线强度

例1.2与例1.1非常相似，只是电阻R2换成了光敏电阻。借鉴例1.1的分析，可以很快得到P点电压为：

$$V_{\mathrm{P}} = IR2 = \frac{3\mathrm{V}}{R1 + R2} \times R2 = \frac{3\mathrm{V}R2}{100\mathrm{k}\Omega + R2} \tag{1-1}$$

其中，R2为光敏电阻阻值。可见P点电压与电阻R2的阻值有关，而R2的阻值与光线强度有关。于是，P点电压的改变反映了光线强度的变化。

可能以上枯燥的讲述让我们有些迷糊了。不要紧，等1.1.4节介绍完电位器以后，就可对图1-1所示的光控报警器电路进行初步分析了。

1.1.4 电位器

电位器（potentiometer，电路符号 ）是一种三端电阻，其滑片端与另两端构成了一个可调的分压器。

在身边的调光灯、收音机、功放机上也许还能找到电位器。图 1-15（a）所示是收音机上的 3 个基本调节旋钮——波段选择旋钮、频率调节旋钮、音量调节旋钮，其中音量调节旋钮下是一个电位器，我们用手拧动旋钮就能改变收音机的音量大小。

图 1-15（b）中，电位器电路图形符号形象地表示出电位器 A、B 脚是一个电阻的两端，而 P 脚连接一个能在电阻滑轨上接触行走的滑片。从结构图知，当用手拧动电位器的轴时，滑片在电阻滑轨上行走，当调节停止后，滑片所在位置决定了电位器 P 脚与 A 脚、P 脚与 B 脚之间的电阻。比方说 A、B 脚之间电阻为 10kΩ，而滑片停留在电阻滑轨正中间，则 P 脚与 A 脚之间的电阻 R_{PA} 和 P 脚与 B 脚之间的电阻 R_{PB} 相同，都是 5kΩ。滑片如果停留在其他位置上，则视滑片所分隔的电阻滑轨的比例估算出 R_{PA} 与 R_{PB}。

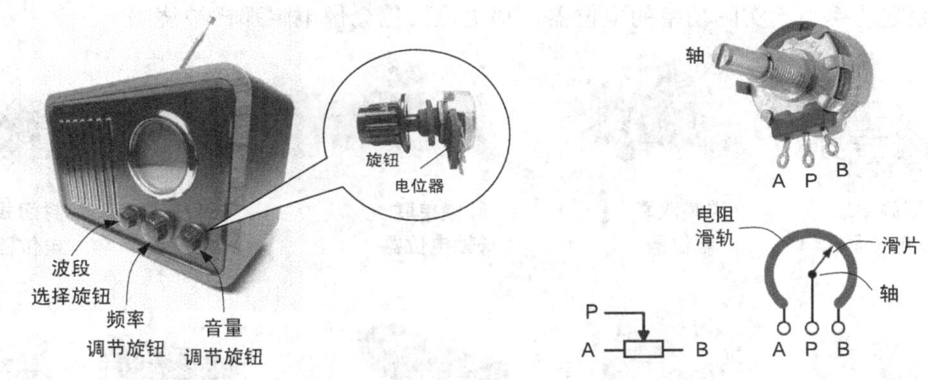

（a）收音机上的音量调节电位器　　（b）电位器的结构、电路符号和外观

图 1-15　电位器

电位器的 A 脚与 B 脚之间的阻值即为电位器的阻值，一般会在电位器外壳上标注。而 R_{PA}、R_{PB} 的阻值随着电位器的轴的旋钮而改变，但都不会超过电位器的阻值。

【例 1.3】电位器的使用：分析图 1-16（a）所示电路中，电路节点 P 的电压是多少。

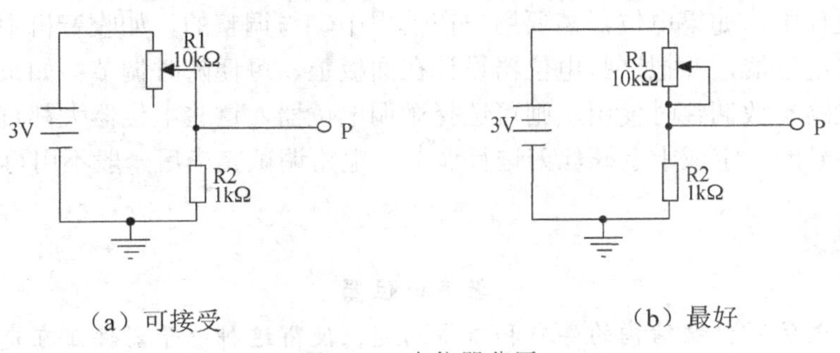

（a）可接受　　（b）最好

图 1-16　电位器分压

在图1-16（a）中，电位器R1与电阻R2串联，则根据欧姆定律很容易得到P点的电压为

$$V_{\mathrm{P}} = IR2 = \frac{3\mathrm{V}}{R1 + 1\mathrm{k}\Omega} \times 1\mathrm{k}\Omega \qquad (1\text{-}2)$$

从式（1-2）中可知P点电压V_{P}取决于电位器R1，这说明只要我们调节电位器R1的轴就可以改变V_{P}。

由于电位器是一个带有机械结构的电阻可变器件，其滑片及电阻滑轨之间有可能会因为寿命或质量问题而脱离，这会使R_{PA}和R_{PB}变为无穷大，也就是式（1-2）中R1=∞，这就导致V_{P}=0V。图1-16（a）电路P点之后如果还有其他电路，则无法正常工作。为了在电位器出现故障时降低灾难程度，可以按图1-16（b）那样把P脚与电位器的任意一端相连，这样不但可使电位器发挥相同作用，还可保证当滑片与电阻滑轨脱离时，电位器的接入电阻与其标称阻值相同，电路不至出现太大的异常。

电位器和普通电阻一样，除了有阻值参数外，还有功率和种类之分。常用的电位器有转轴式（rotary）和微调（trimmer）两种，其中各自又有一些不同类型的电位器，如图1-17所示。绕线电位器（如图1-17所示）一般在大功率的场合中使用，如果没有考虑好而冒然使用了额定功率小于实际功率的电位器，那电位器也会像电阻那样被烧毁。

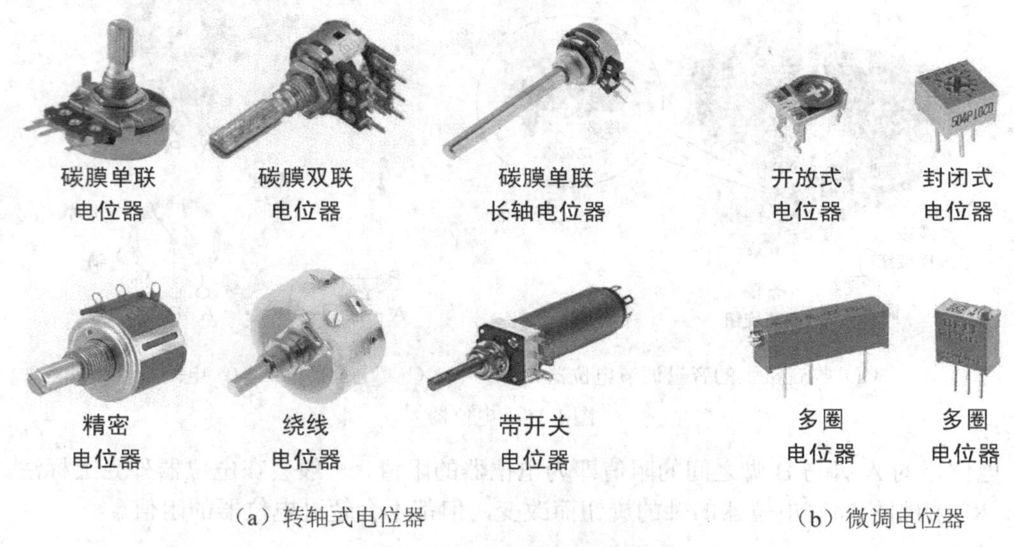

图1-17 常见电位器外观

在电路设计中，如果电位器需要用户在使用中参与调整的，如收音机中的音量调节，则可用转轴式电位器，并把这些电位器设计在面板上，可便随时调节；如果只是在电路调试时对某些电路参数调整时使用，则可选择微调电位器，这些电位器大都直接焊接在电路板上，使用小号的一字或十字螺丝刀进行调节，电路调试完毕后一般不用再去动它。

数字电位器

由于传统电位器机械结构的寿命和质量问题，使得这种电子器件正在走下坡路，取而

代之的是数字电位器。数字电位器彻底颠覆了传统电位器的结构，使用的是电子控制来实现阻值的改变。图 1-18 是 X9313 型数字电位器的外观和结构框图，只要在步进控制端（1 引脚）输入脉冲，就能改变“滑片”P 的位置（滑片在器件中不存在，而由一些电路结构取代），实现阻值的连续可调。

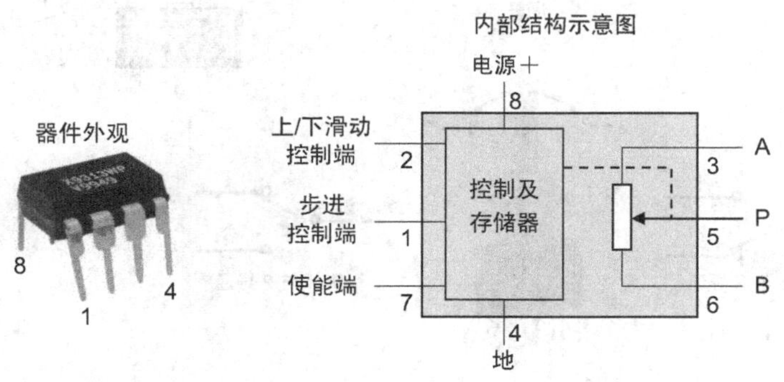

图 1-18　数字电位器

1.1.5　开关

开关（switch，电路符号、）是一种允许电流通过或阻止电流通过的器件。

开关是我们非常熟悉的电子元器件之一，它随处可见。比如每天晚上打开电灯时接触到开关；打开计算机的电源时也会接触到开关；就连开/关电冰箱的门时都会“碰到”开关。开关的种类非常多，在学习设计电路阶段，先了解图 1-19 所示的几种常用开关即可。每种开关底部都有引脚与电路符号对应，使用时将开关的引脚接到电路中即可。

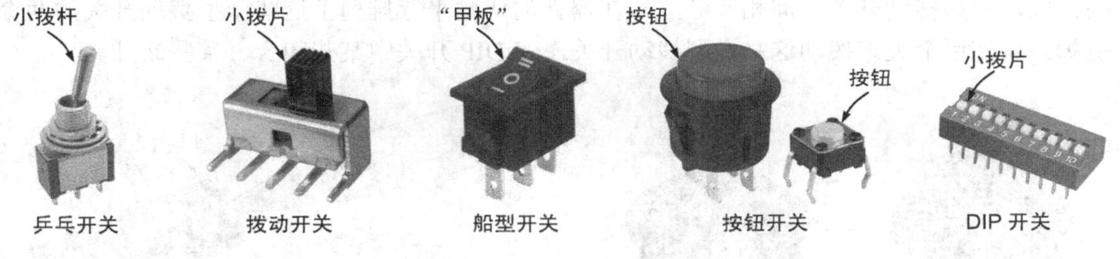

图 1-19　常用开关

图 1-19 中所示的乒乓开关（toggle switch，电路符号）有一个小拨杆，通过拨动它来控制通或断。乒乓开关一般有三个管脚（1、2、3），其中管脚 2 与小拨杆联动的内部接触片相连，如图 1-20 所示，一些乒乓开关的小拨杆可以被拨动停留在左、中、右三个位置上。当小拨杆向右拨动时，开关内部接触片接通引脚 1，此时引脚 2 与引脚 1 导通（）；当小拨杆向左拨动时，接触片接触引脚 3，此时引脚 2 与引脚 3 导通（）；当小拨杆在中间位置时，接触片悬空，此时引脚 2 与引脚 1、3 都断开（）。

乒乓开关小拨杆被一个螺纹筒包围着，这个螺纹筒可穿过仪器（表）的面板，用螺母

和垫圈就可把开关固定，如图 1-20 所示。

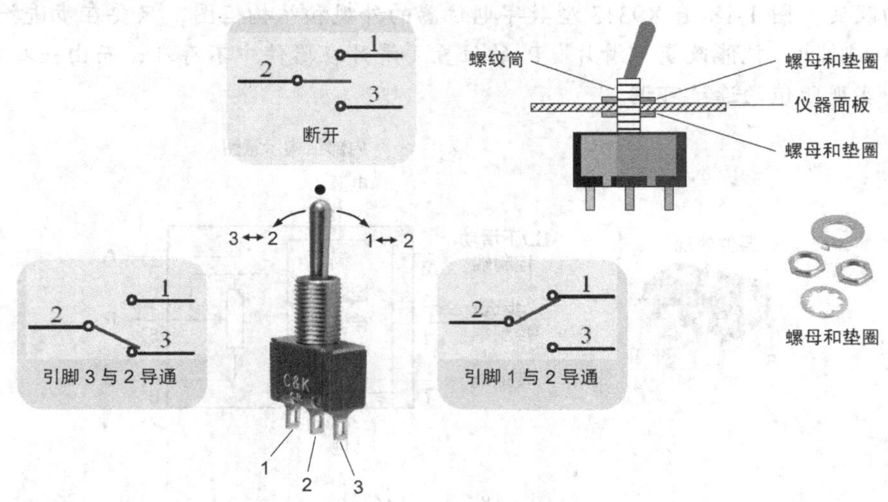

图 1-20　乒乓开关和拨动开关

图 1-19 中的拨动开关（slide switch）也有类似的结构，只是它通过一个可左右拨动的小拨片来控制通或断；船型开关（rocker switch）常常用作电源开关，它的“甲板”就是控制通或断的机构；按钮开关（pushbutton switch）则通过一个圆形或方形的按钮来实现操作。按钮开关一般有两种形式，一种是带锁按钮开关，如图 1-21 所示，这种开关按下按钮后，按钮就不起来了（闭合），非得再按一下按钮才回到原来的高度（断开），就好像开关中有把锁似的；另一种是不带锁按钮开关，按下时开关导通（），手离开按钮就会自动回到原来的高度（断开）。

还有一种常用的 DIP 开关，其外观和电路符号如图 1-22 所示。它由若干个微型拨动开关组成，微型拨动开关之间相互独立，在器件的两侧平行排列了这些微型拨动开关的两个引脚。可使用笔尖来拨动这些微型拨动开关，使 DIP 开关中某些闭合、某些断开。

图 1-21　带锁型按钮开关　　　　图 1-22　DIP 开关

1.1.6 第一次电路分析

有了前文的基础，就可以对图 1-1 的光控报警器电路进行简单的分析了。为了避开电路中那些还不熟悉的元器件，先将图 1-1 的一部分先拿出来重画，如图 1-23 所示。现在，电路中只有电源、开关 S1、电阻 R1、电位器 RP 和光敏电阻 R，它们之间是串联的关系。电路中干路电流 I 逆时针流经这些串联的器件。电位器 RP 与光敏电阻 R 的连接点标记为 P，P 点是另一部分电路的入口。

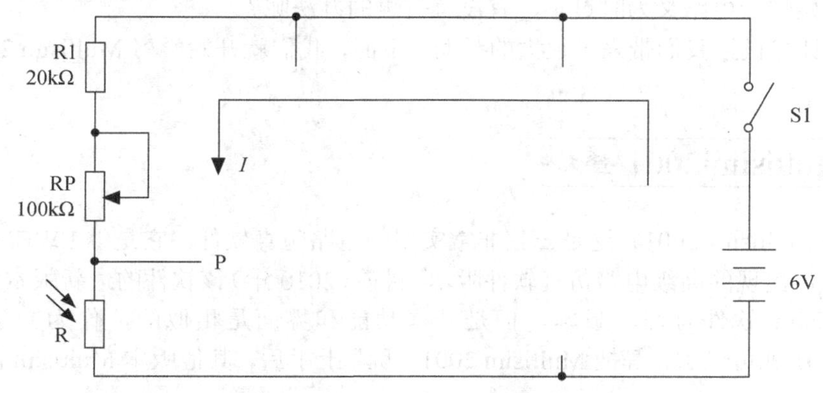

图 1-23　光控报警器电路的一部分

欧姆定律告诉我们当电流 I 流过电阻 R1 时，R1 分掉了一部分的电压。那它分掉了多少伏的电压呢？暂时从图 1-23 中得不到精确的值。但比较明显的一点是由于电阻 R1 的分压，使得电位器 RP 和光敏电阻 R 上的电压和肯定比电源电压（6V）要小。

电阻 R1 起到了分压的作用，这种利用电阻进行分压的方法十分普遍。

图 1-23 中，电位器 RP 的滑片端与电阻滑轨一端连接在一起。这样做是很明智的，因为即使电位器的滑片与电阻滑轨接触不良，甚至脱离，也不会使整个电路开路。通过调节电位器 RP，就能使其接入电路的电阻在 0~100kΩ 之间连续变化（当然是质量很好的电位器才会严格地在这个范围里变化）。

在电路中使用电位器 RP 的目的现在也可以明确了：在电阻 R1 分压的基础上进一步分压，并且分压效果可通过调节电位器的滑片来调整。

再来看看光敏电阻 R。根据前面的介绍我们知道它的电特性（电阻）随着照射到其上的光线强度的变化而改变。所以，一旦电位器 RP 调整结束，影响电路输出点 P 的电压就只有光敏电阻 R 了。

这样一来，光敏电阻 R 上光线的变化经过图 1-23 所示电路就转换成了电压的变化，后续电路只要对该电路的 P 点电压进行处理和判断，就能进行报警。此时大家会发现电路的分析其实并不是那么复杂，更有趣的话题还在后面，因为就是通过这样的分析与理解，我们最终将了解一个光控报警器是如何工作的。

1.2 利用计算机学习电子电路

Multisim 2001 登场　打开、新建和保存　元器件栏和仪器栏　绘制第一张电路图
用 Multisim 进行简单分析

在本节里，我们将学习如何利用 EDA（electronic design automation，电子辅助设计）软件来学习和设计电子电路。1.1 节的内容都是从理论上进行把握，没有什么动手的乐趣。但现在就开始焊接电路又为时过早，有没有折衷的办法呢？

此时，计算机给我们带来了很大的帮助。下面，我们就开始学习 Multisim 2001 以实现动手的愿望。

1.2.1 Multisim 2001 登场

什么是 Multisim 2001？这是一款非常实用的电路仿真软件，它是继 EWB（electronics workbench）后出现的高级电路仿真软件版本。目前（2010 年）该软件的最新版本为 Multisim 10.1。Multisim 软件有许多版本，但是基本功能和界面是相似的，作为初学来说学习 Multisim 2001 就可以了，等把 Multisim 2001"玩"上手后，其他版本 Multisim 的使用将不在话下。

电路仿真就是把设计好的电路图通过软件的用户界面"输入"到计算机中，而计算机通过分析电路的器件连接和逻辑关系把电路的"输出"和工作状态等信息在软件中显示出来。

举个例子说，如果我们把图 1-23 所示电路"输入"到 Multisim 2001 中，将得到图 1-24 所示的电路图，由于 Multisim 2001 的器件电路符号有自己的一套习惯，所以其电路看起来有些不太一样。图 1-24 中，设计直流电源（电池）V1 的电压为 6V，开关 J1 旁边的 Key=Space 意思是按计算机键盘上的空格键则开关打开或闭合。由于 Multisim 2001 中没有光敏电阻，所以使用一个普通电阻 R3 代替，并假设其电阻为 680kohm，即 680kΩ。通过在电阻 R3 两端连接虚拟电压表（00.000），就可以测量图 1-23 所示电路的输出端 P 的电压。

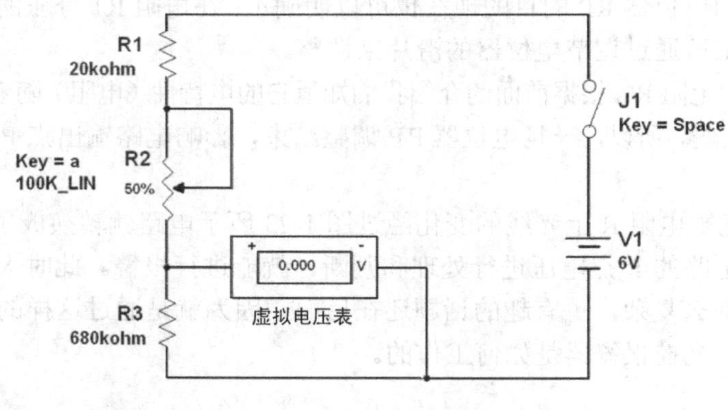

图 1-24　仿真实例

在 Multisim 2001 中连接完电路后，闭合软件的仿真开关，仿真开始。然后按一下计算机键盘的空格键，则图 1-24 中开关 J1 闭合，很快就会在虚拟电压表上出现读数 5.115V，如图 1-25 所示。

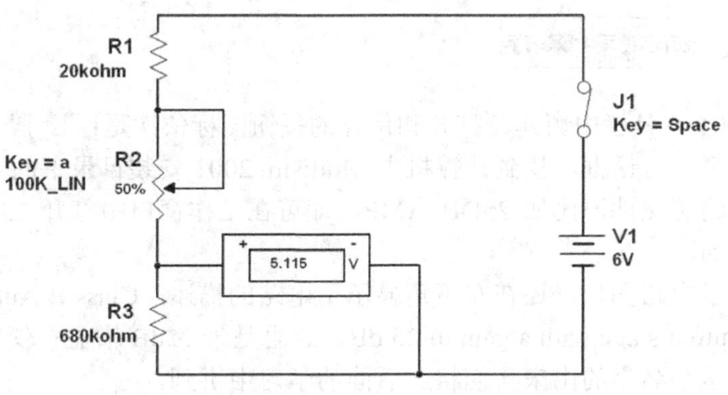

图 1-25　实例仿真结果

这样，通过在 Multisim 2001 中连接所要研究的电路图，设置好相关器件参数后，软件就可以把运行结果以虚拟仪表的读数或仿真分析图表等形式反映出来。软件仿真使我们不用实际搭接电路也能对电路进行在线实时分析，并方便修改电路及器件参数。

可以到网上找一下 Multisim 2001 的正版试用版并参考附录 B 安装该软件。假设已经在计算机中安装了 Multisim 2001，从开始中的程序里打开它，在启动界面过后就打开了软件的主界面，如图 1-26 所示。

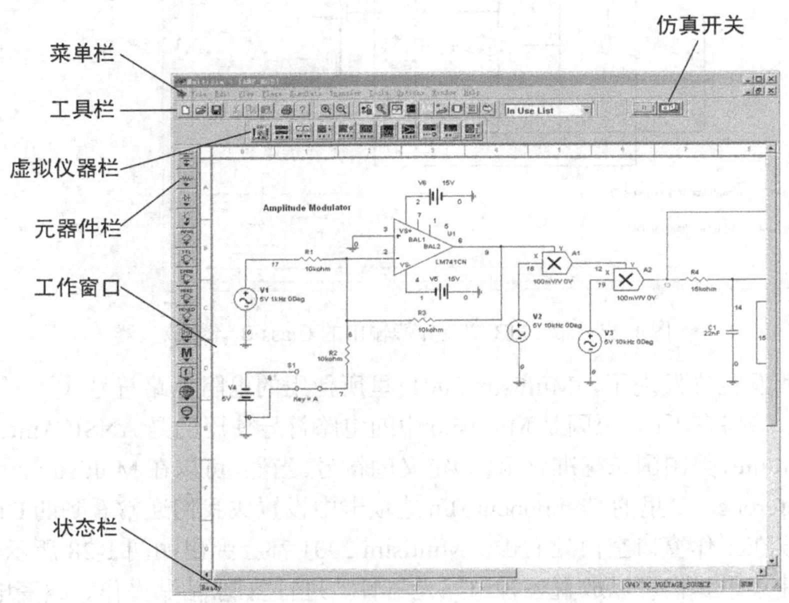

图 1-26　Multisim 2001 的工作界面

界面分为菜单栏（附录 C 中有菜单栏的中文对照名称）、工具栏、元器件栏、虚拟仪器栏、工作窗口、仿真开关等几个部分。接下来，我们从最简单的操作开始学习这个软件。随着问题的深入，会经常使用到 Multisim 2001，到时将会发现它的巨大魅力。

1.2.2 打开、新建和保存

Multisim 2001 工具栏中新建、打开和保存的按钮图标依次是：。单击打开按钮，弹出“打开”对话框，找到计算机中 Multisim 2001 安装目录下的 Samples 文件夹，任意打开一个电路图文件，比如 25DB_AMP，即可在工作窗口中打开 25DB_AMP 的电路图，如图 1-27 所示。

工作窗口除了电路图外，还在左下角显示了电路的描述：Class B Audio Amplifier with complementary output stage with a gain of 25 dB，意思是带 25dB 增益补偿输出的 Class B 音频放大器。关于这个名字的由来我们将在后面的学习中讲到。

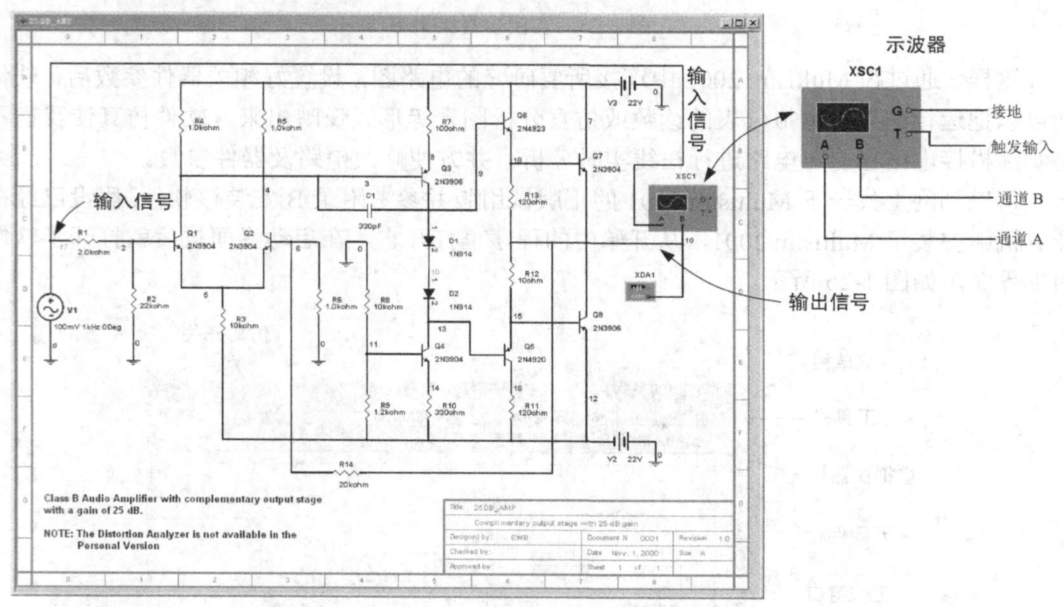

图 1-27　带 25dB 增益补偿输出的 Class B 音频放大器

细心的朋友也许发现了，Multisim 2001 里所使用的电阻电路符号（—/\/\/\—）与前面谈到的（—□—）略有不同，原因是 Multisim 中的电路符号使用的是 ANSI（American National Standards Institute，美国国家标准化组织）定义的符号。当然，可以在 Multisim 2001 的 Options 菜单中的 Preferences…里的 Component Bin 选项卡中设置成我们通常看到的 DIN 标准符号。

任何时候在工作窗口空白处右击，Multisim 2001 都会弹出如图 1-28 所示的快捷菜单，通过这个快捷菜单我们可以放置各种电路元器件、进行复制/粘贴操作、改变电路外观参数等。如果在元器件上右击，弹出的是器件显示属性快捷菜单，如图 1-29 所示，通过这个快捷菜单可对器件进行旋转、翻转等操作。

图 1-28　Multisim 2001 右键快捷菜单

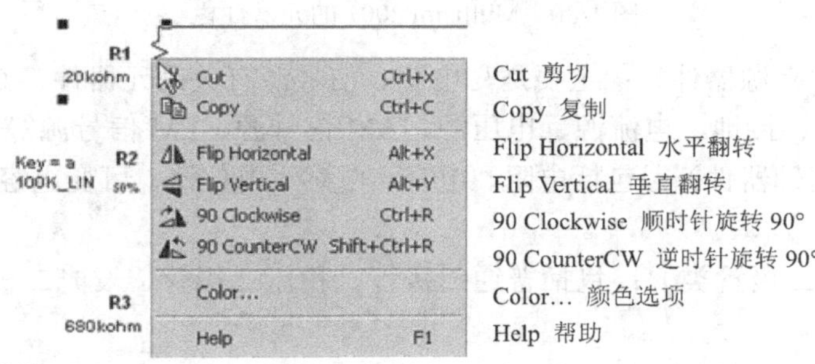

图 1-29　元器件右键快捷菜单

Multisim 支持打开多个电路，所以在打开图 1-27 所示电路的基础上，再单击打开按钮，在弹出的“打开”对话框中还可以打开其他电路，此时工作窗口显示的是最后打开的电路，可通过键盘上的 Ctrl+Tab 键（制表键）快捷键在不同电路之间切换。在 Multisim 2001 安装目录下的 Samples 文件夹中有一些现成电路例子，有时间可以逐一打开看看。

如果觉得光打开现成的电路没有什么意思，那么从现在开始，我们就以图 1-23 为例来创建自己的第一张仿真电路图，并研究电阻 RP 的阻值和 P 点电压的定量关系。

单击工具栏中的新建按钮，在 Multisim 2001 的工作窗口便生成了一幅空白电路图。接着单击保存按钮，在弹出的“保存”对话框中选择适当路径保存，并在文件名文本框里输入 Light Control Circuit，意思是光控电路，单击确认按钮完成保存。有两个注意事项需要提醒一下：一是给电路图起一个文件名，让我们即使在 10 年之后看到文件名也能想起电路内容，Light Control Circuit 就是一个比较具有可读性的名字；二是在绘制电路图的过程中随时保存我们的工作进程。

1.2.3 元器件栏和虚拟仪器栏

Multisim 2001 的最大特色是其中提供了几千种元器件和常用虚拟仪器（表），我们所设计的电路大部分都能用这些元器件和虚拟仪器（表）来仿真。接下来看看 Multisim 2001 都提供了哪些元器件和虚拟仪器（表）。

1. 元器件栏

在图 1-26 所示的 Multisim 2001 界面的左侧有一个使用频率非常高的元器件栏，如图 1-30 所示，其中是 Multisim 2001 提供给用户进行电路仿真的所有元器件。我们先大致浏览一遍，不用去记忆它们，在需要的时候再回顾这些元器件所在的位置，等 Multisim 2001 使用熟练之后就会记住一些常用元器件的位置了。

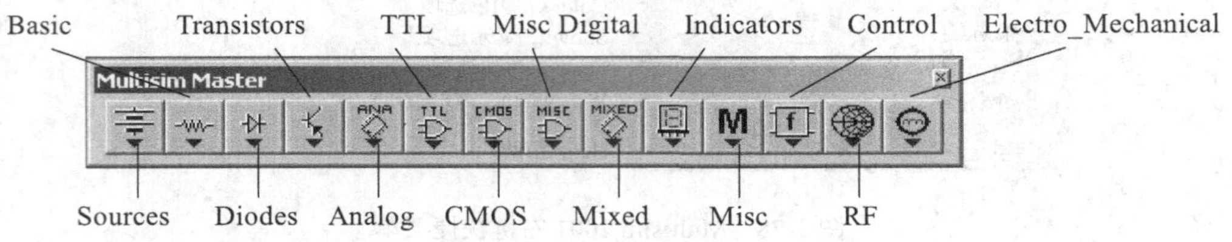

图 1-30 Multisim 2001 的元器件栏

Sources（有源器件）：主要是与电源、信号源有关的元器件，其中包括常用的直流电源、交流电源、接地、电流源、电压源、AM 信号源、FM 信号源等。

Basic（基础器件）：包括电阻、电容、电感、电位器、可变电容、开关、变压器、继电器等。

Diodes（二极管类）：包括普通二极管、稳压二极管、发光二极管、整流桥、可控硅等。

Transistors（三极管类）：包括三极管（又称晶体管）、达林顿晶体管、场效应晶体管等。

Analog（模拟类 IC）：主要是各类运算放大器。

TTL（TTL 电路）：集合了 74S、74LS、74F 等系列的 TTL 集成电路。

CMOS（CMOS 电路）：集合了 74HC、4000 等系列的 CMOS 集成电路。

Misc Digital（复合数字类 IC）：包括存储器等复合集成电路。

Mixed（混合类 IC）：主要有数/模转换、模/数转换、555 集成电路等。

Indicators（指示器件）：有电流表、电压表、数码管、指示灯、蜂鸣器等。

Misc（多功能器件）：包括晶振、光耦、参考电压源、熔丝、电子管等。

Control（控制器件）：包括乘法器、除法器、积分器、微分器、限幅器等。

RF（射频器件）：包括射频电感、射频电容、射频晶体管等。

Electro_Mechanical（电子机械器件）：有感应开关、电机、变压器等器件。

2. 虚拟仪器栏

Multisim 2001 中的各种虚拟仪器（表）可谓其一大特色。这些虚拟仪器检测电路的各种信号并以非常直观的形式显示出来，我们先从一个例子看看虚拟仪器的功能。

【例 1.4】虚拟示波器的使用：在 Multisim 2001 中打开安装目录下 Samples 文件夹中的 25DB_AMP 电路（如图 1-27 所示），并双击示波器 XSC1 的图标（ ）以打开示波器观察窗口，单击 Multisim 2001 右上角的仿真开关按钮( )启动仿真，按图 1-31 所示修改 Channel A 和 Channel B 的量程（Scale），就可得到电路的输入和输出波形。

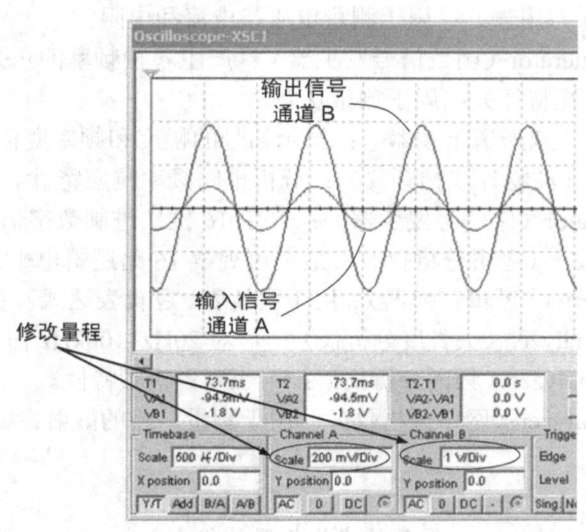

图 1-31　示波器观察窗口

示波器 XSC1 可观察电路的输入和输出波形，通过直观的波形形式告诉我们电路的运行效果有没有达到设计的要求。在观察过程中，可以随时单击暂停开关按钮（ ）以冻结仿真，拖动示波器观察窗口中的滚动条（如图 1-31 所示），观察冻结以前的信号。继续仿真则再单击一次暂停开关按钮即可。如果想修改元器件或电路参数，则需要再次单击仿真开关按钮（ ）以终止仿真，待修改完成后再次单击，重新运行。

前边提到图 1-27 的电路是一个 Class B Audio Amplifier with complementary output stage with a gain of 25 dB，即带 25dB 增益补偿输出的 Class B 音频放大器。先不管一大堆的定语，我们至少知道它是一个放大器。图 1-27 中示波器 XSC1 的通道 A 与电路最左侧的输入信号相连，通道 B 则与电路右侧的输出信号相连，这样，电路的输入和输出信号可以通过示波器同时观察了。

仿真运行时，我们打开了如图 1-31 所示的示波器观察窗口，其中幅度较小的正弦波是输入信号（示波器通道 A），而幅度较大的是输出信号（示波器通道 B），直观地看到该电路把一个幅度较小的输入信号经过放大之后输出了一个幅度较大的信号。通过虚拟仪器来观察电路的运行情况，可以对电路的输入输出关系一目了然，从而对电路的设计进行验证。

除了虚拟示波器外，Multisim 2001 还提供了一些其他的虚拟仪器（表）供仿真时使用，这些仪器的名称和简介如图1-32及其下文字所示，其更为详细的介绍可见附录D。

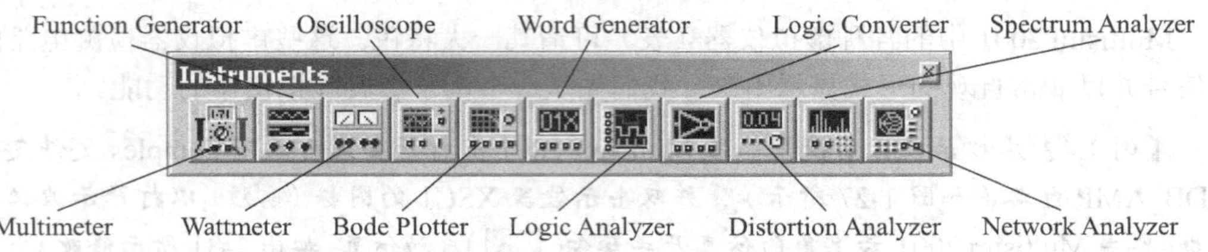

图1-32　Multisim 2001 的虚拟仪器栏

- Multimeter（万用表）：用于测量电压、电流和电阻。
- Function Generator（函数信号发生器）：产生各种频率的正弦波、锯齿波和方波。
- Wattmeter（瓦特计）：用于测量功率。
- Oscilloscope（双通道示波器）：显示信号的幅度和频率变化。
- Bode Plotter（波特计或扫频仪）：分析电路频率响应特性。
- Word Generator（字信号发生器）：产生16位二进制数字信号。
- Logic Analyzer（逻辑分析仪）：最多可观察16路逻辑电平。
- Logic Converter（逻辑转换器）：用于真值表、逻辑表达式及逻辑电路之间的转换。
- Distortion Analyzer（失真度分析仪）：可对20Hz~100kHz信号的失真量进行测量。
- Spectrum Analyzer（频谱分析仪）：用于测量幅频特性。
- Network Analyzer（网络分析仪）：用于测量电路的散射参数。

逼真的虚拟仪器（仪表）

学会使用Multisim 2001以后，可以尝试一下Multisim的更高版本如Multisim 7、Multisim 8等。其中的虚拟仪器还添加了一些更漂亮的、功能更强大的成员，如安捷伦信号发生器、安捷伦示波器等，它们的观察窗口比图1-31所示真实多了。图1-33所示是这两种虚拟仪器的观察窗口。这些虚拟仪器的观察窗口中的按钮和旋钮可以用鼠标进行操作，这就好像是在操作真实的仪器面板一样。

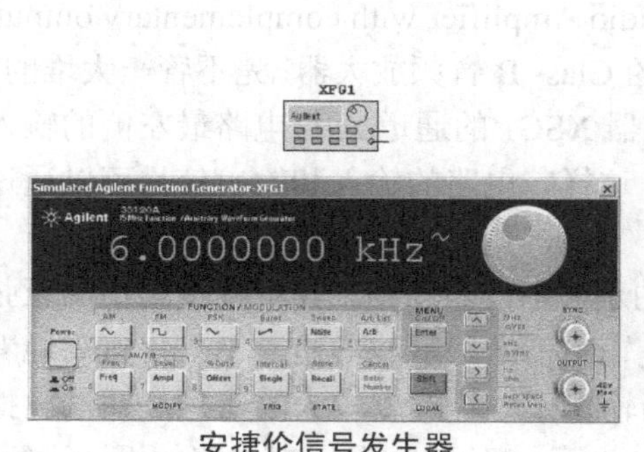

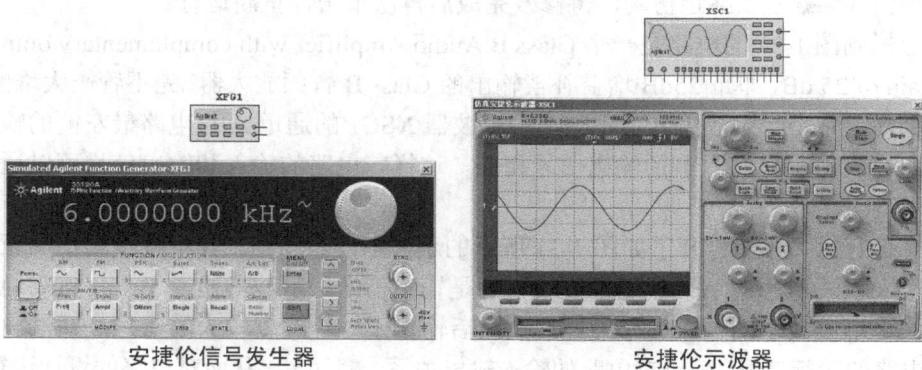

安捷伦信号发生器　　安捷伦示波器

图1-33　Multisim中功能强大的虚拟仪器

1.2.4 绘制第一张电路图

通过 1.2.3 节对元器件栏和虚拟仪器栏的初步认识后，我们继续在 Multisim 中学习如何绘制电路图并进行初步仿真。刚才已经生成了名为 Light Control Circuit 的仿真电路图文件，该文件以.msm 为后缀保存在硬盘中。该文件在 Multisim 中目前只是一张空白图纸，现在就来看看如何绘制一张如图 1-25 所示的光控报警器电路。

1. 放置电源

从电源开始绘制仿真电路图或许是个不错的画图顺序。单击元器件栏中的 Sources 按钮（），将弹出一个如图 1-34 所示的电源/信号源集合，其中是 Multisim 2001 所提供的全部电源或信号源。光控报警器中使用的是 6V 直流电源，于是在集合中单击一下电池按钮（），移动鼠标至工作窗口的适当位置后再次单击，这样就放好了一个电源，如图 1-35 所示。如果移动鼠标过程中想放弃放置，则单击鼠标右键即可；如果放置到工作窗口中的器件有误，可用鼠标选中该器件，按键盘的 Delete 键删除。

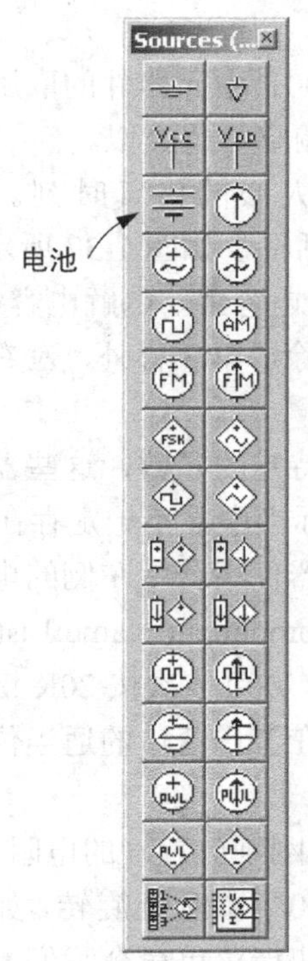

图 1-34 电源/信号源集合

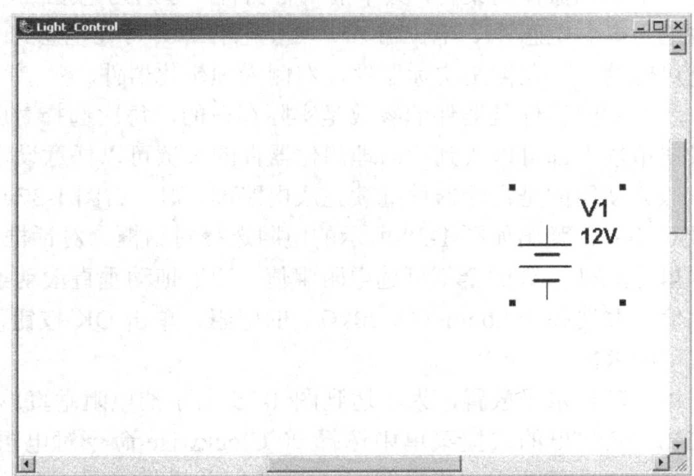

图 1-35 放置电源

放置好的电池旁边出现了两个标志，其中“V1”是电源/信号源的序号，如果再放置一个电源/信号源则自动生成的序号为 V2。另一个标志“12V”代表该电池的电压是 12V 的，而光控报警器需要的是 6V。于是双击图 1-35 所示电池的电路符号，弹出如图 1-36 所示的电池属性对话框。在 Value 标签中 Voltage（V）文本框中输入 6，单位设为 V，单击 OK

按钮，工作窗口中的电池电压即可变成 6V。

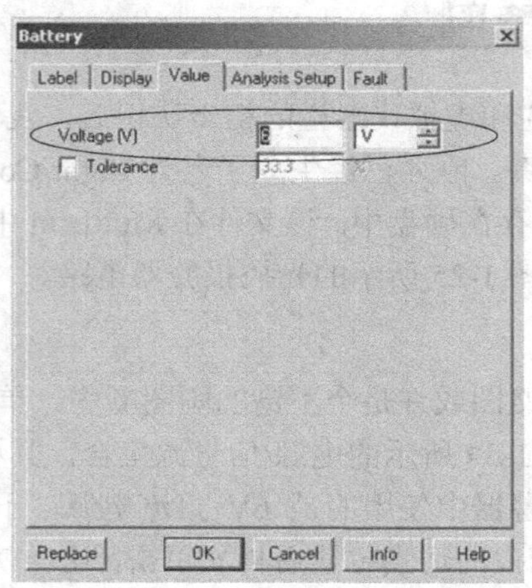

图 1-36　电池属性对话框

2. 放置其他器件

通过对电源的放置和电压的修改，我们初步了解了 Multisim 2001 中元器件的取用方法。在元器件栏和仪器栏中所有的元器件或虚拟仪器的放置和参数调整与此类似。

我们还要继续放置其他元器件以完成电路连接并进入激动人心的仿真时刻。在 Multisim 2001 元器件栏中单击 Basic 按钮（），弹出一个集合对话框，如图 1-37 所示。这是一个基础器件的集合，其中前 7 行器件（分别为电阻、无极性电容、电解电容、上拉电阻、电感、电位器、可变电容、可调电感）中，除了第 3 行外，左右两列是对应的——左侧是实际器件，右侧为理想化器件。

所谓实际器件是器件的参数是实际存在的，每次选择对应一个特定的参数，这些器件一般在市场上都可以买到；而理想化器件的参数可以任意设定，实际当中并不一定存在。

假如使用的是实际器件继续完成电路图，则单击图 1-37 中基础器件集合中左侧的电阻符号（），弹出如图 1-38 所示的电阻选择对话框。对话框中的 Component Name List 列表框里是 E24 系列的全部可选电阻阻值。通过拖动垂直滚动条找到（亦可依次按 20K 键定位阻值）并选择 20kohm（即 20kΩ）的电阻，单击 OK 按钮，然后在工作窗口的适当位置放置电阻 R1。

由于默认水平放置，为了达到图 1-25 所示的电阻垂直放置，在刚刚放置好的电阻 R1 上右击，从弹出的快捷菜单中选择 90 Clockwise 命令对电阻进行 90° 顺时针旋转，如图 1-39 所示。当然也可用快捷键 Ctrl+R 进行此操作。图 1-39 所示的快捷菜单命令我们都可以尝试一下，看看会对器件产生什么影响。

有时为了元器件取用的方便，也可以使用图 1-37 所示的基础器件集合中的理想化器件，比如要使用理想化的电阻，可在集合中单击理想电阻符号（），移动鼠标到适当位置单击即可完成理想电阻的放置。然后双击它弹出一个如图 1-40 所示的理化电阻参数设置对话框，在 Value（标签）选项卡中的 Resistance（R）（阻值）一栏中输入所需电阻（比如 20kOhm），

然后单击 OK 按钮就可以完成参数的修改。

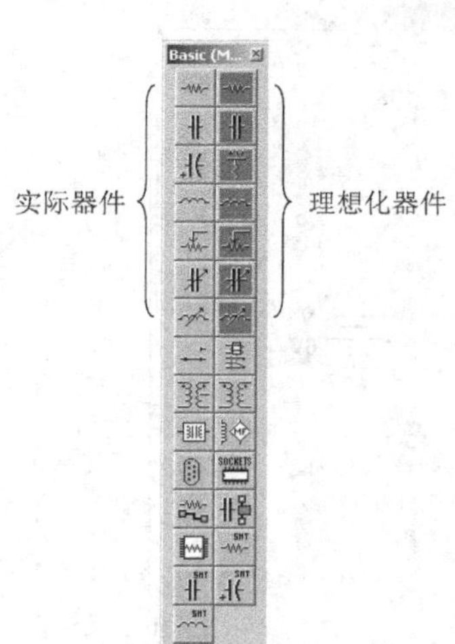

图 1-37 基础器件集合

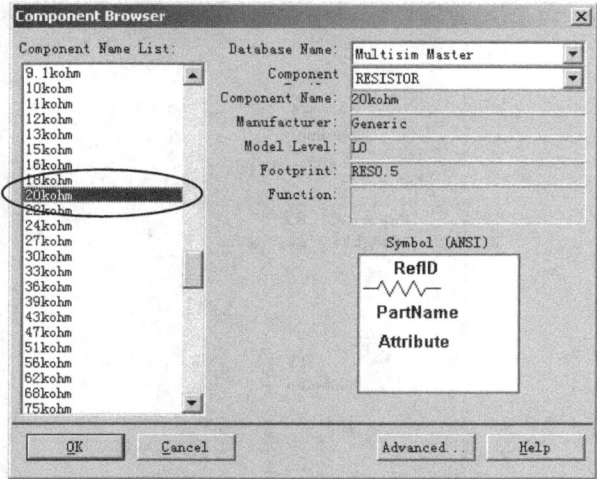

图 1-38 型号选择对话框

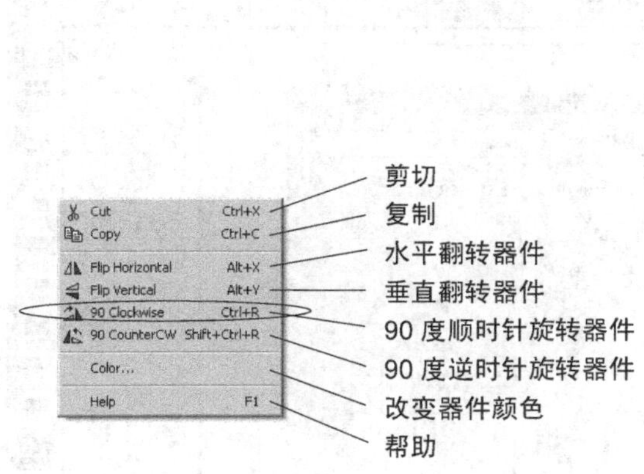

图 1-39 器件快捷菜单

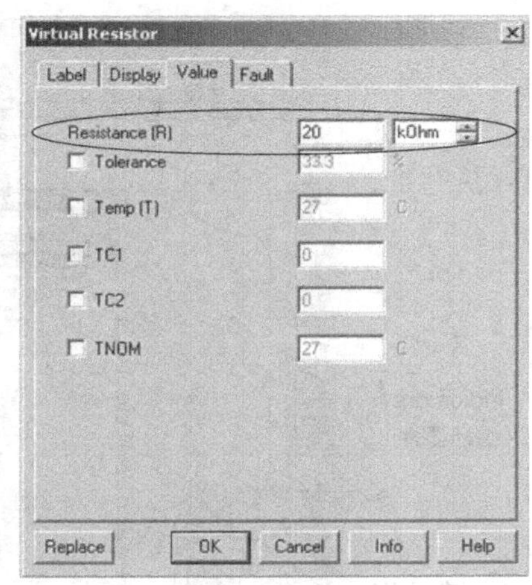

图 1-40 理想电阻参数对话框

无论是用实际器件或是理想化器件，总之我们选择了一个阻值适当的电阻 R1 并放置到了工作窗口中。按照这种方法，可以按照图 1-25 的提示放置电位器 R2，它也在图 1-37 所示的基础器件集合中，图标为。参考电阻阻值的修改方法，可完成电位器参数（100kΩ）的修改。由于 Multisim 中没有光敏电阻，于是我们使用一个理想化电阻来代替光敏电阻 R3，以便修改阻值进行实验，可设置电阻 R3 的阻值为 680kΩ，如图 1-41 所示。

为了测量电阻 R3（代光敏电阻）两端电压，也就是测量图 1-23 中 P 点的电压，可再添加一个电压表。电压表在元器件栏中的 Indicators（指示器件）里，可单击元器件栏的对应按钮，在弹出的指示器件集合中选择电压表（），接着打开了电压表选择窗口，如图 1-42 所示。其中列举了 4 种功能完全相同的电压表，只是接线柱位置各异，我们选择第一个名为 VOLTMETER_H 的电压表放置到电路图中，如图 1-42 所示。

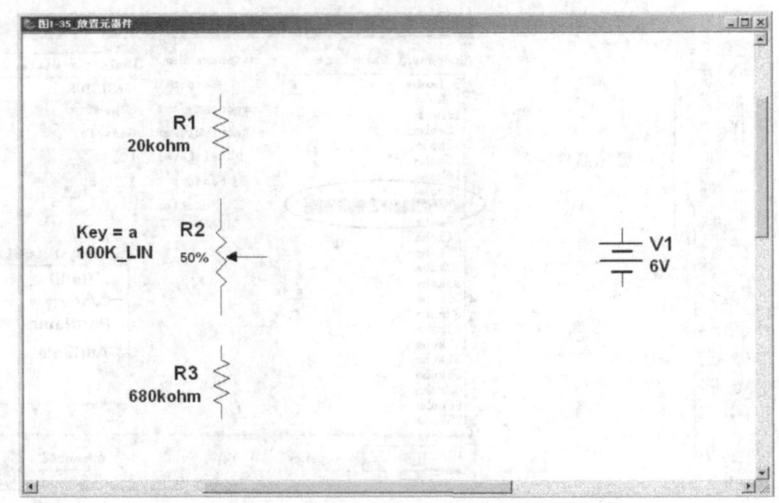

图 1-41　放置元器件

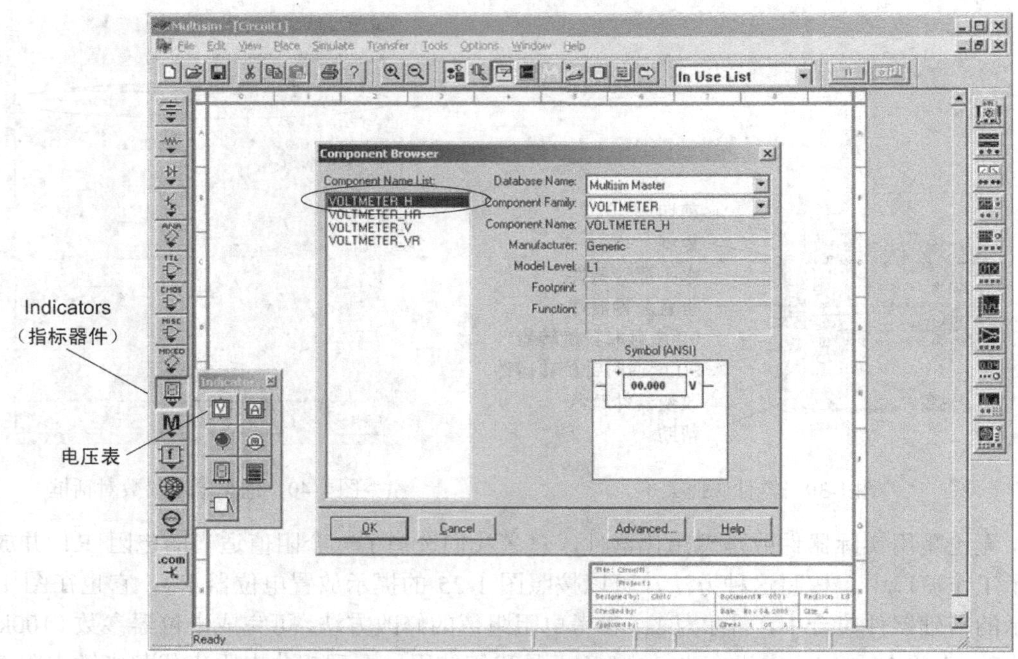

图 1-42　取用电压表

这样就完成了仿真所需元件的选用，它们孤零零地散落在工作窗口中，此时还不能发挥什么作用，只有它们之间以某种形式连接起来形成了电路，才具有功能。接下来就把它们连接起来（当然也可以一边选用器件一边连接导线）。

可以从电池正极开始连接导线，当把鼠标移至电池正极引脚附近指针变成十字圆心（✦）

时，单击就可以把导线和电池正极连接上，移动鼠标就会看到一条从电池正极发出的虚线跟随移动，这就是导线。把鼠标移动到电阻 R1 上端引脚后再次单击，就连接好了一条漂亮的导线，如图 1-43 所示。

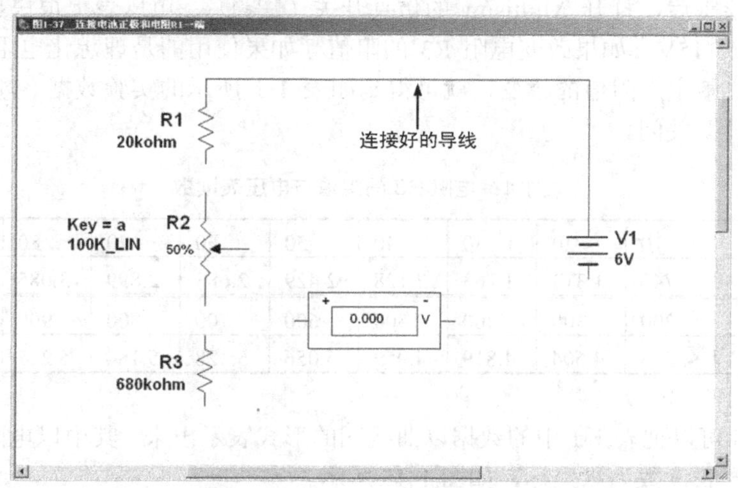

图 1-43　连接电池正极和电阻 R1 一端

这样，电池正极和电阻 R1 的一端建立了电气连接，如果感觉导线不够粗，可在工作窗口空白位置右击，打开图 1-28 所示的快捷菜单，修改其中的 Wire width…（线宽选项），以加粗导线。如果想删除已经连接好的导线，则在其上单击然后按 Delete 键即可。

按照图 1-25 的提示连接其他导线，最终的效果如图 1-44 所示。注意，在 Multisim 中仿真一个接地是必要的，这个接地符号（⏚）可以在图 1-34 所示的元器件栏中的电源/信号源集合（▤）中找到。最终完成的第一张电路图如图 1-44 所示，在绘制过程中千万注意随时单击 Multsim 2001 工具栏中的保存按钮（▣）或按 Ctrl+S 快捷键保存起来。

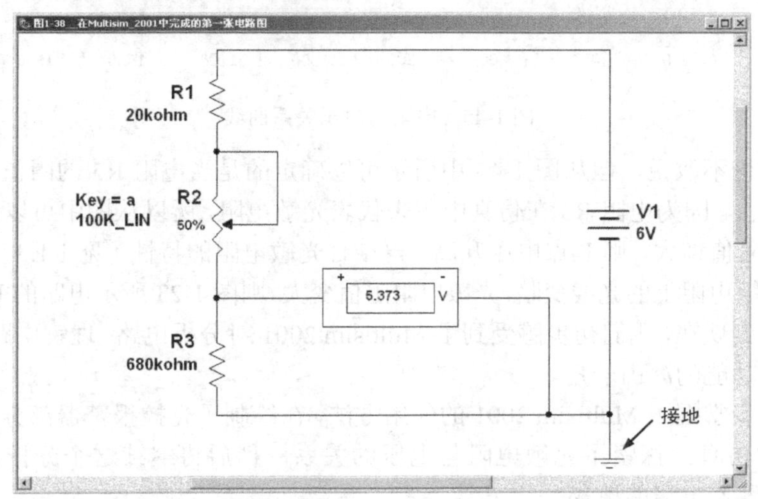

图 1-44　在 Multisim 2001 中完成的第一张电路图

1.2.5 用 Multisim 2001 进行简单分析

完成电路绘制后，打开 Multisim 的仿真开关（），电压表上很快显示出电阻 R3 两端的电压为 5.115V。如果改变电阻 R3 的阻值（如果使用的是理想化电阻改变起来比较容易）来模拟光敏电阻阻值的改变，就可得到如表 1-1 所示的实验数据。注意，在每次改变时先把仿真开关关闭。

表 1-1　电阻 R3 的阻值与电压表读数

电阻 R3（kΩ）	10	20	30	40	50	60	70	80	90	100
电压表读数（V）	0.743	1.313	1.763	2.128	2.429	2.683	2.899	3.085	3.247	3.390
电阻 R3（kΩ）	200	300	400	500	600	700	800	900	1000	1500
电压表读数（V）	4.225	4.604	4.819	4.959	5.056	5.128	5.184	5.227	5.263	5.373

使用 Excel 可以把表 1-1 中的数据以曲线图的形式表示出来，其中以电阻 R3 的阻值为横坐标，以电压表读数为纵坐标，如图 1-45 所示。

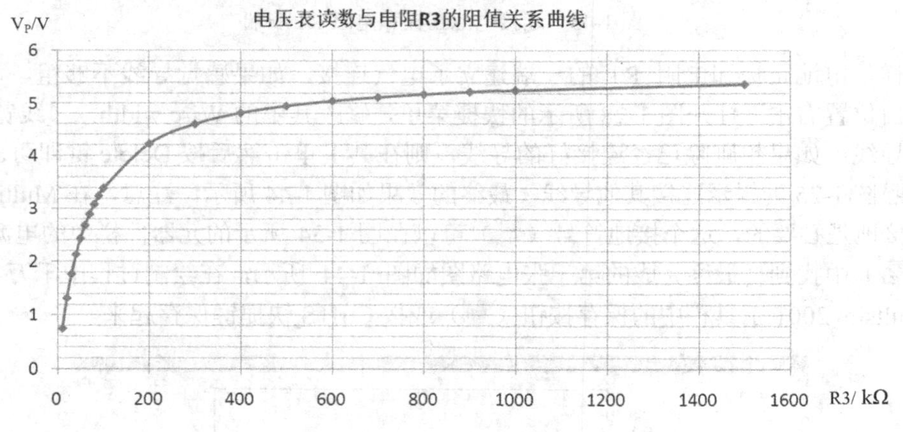

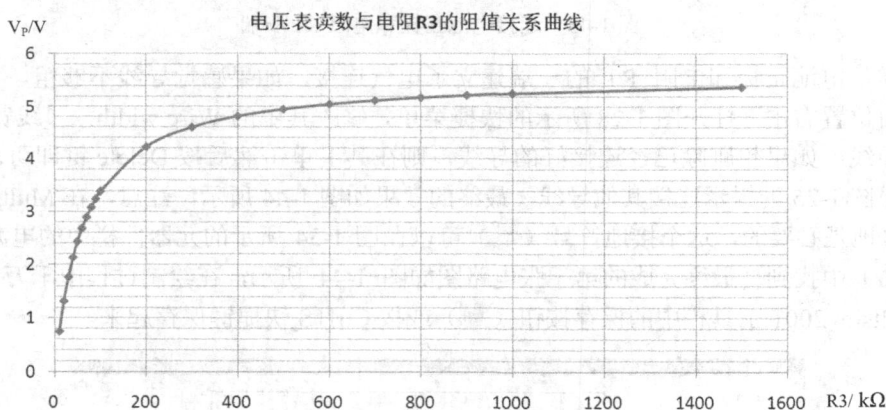

图 1-45　电阻与电压关系曲线

其他的结论不敢说，但从图 1-45 中所示可以确定的是当电阻 R3 的阻值增大时，其两端的电压也增大。因为电阻 R3 在仿真中用来代表光敏电阻，所以从图中可以知道在图 1-23 中，光敏电阻阻值增大，则 P 点电压升高。再结合光敏电阻的特性（见 1.1.3 节）可以断言：如果照射到光敏电阻上的光线变暗，光敏电阻阻值变大，则图 1-23 所示电路的 P 点电压升高。

问题进行到现在，我们初步感受到了 Multisim 2001 对分析电路、理解电路的方便之处，这只是它强大功能的冰山一角。

我们已初步掌握了 Multisim 2001 的使用方法，在绘制了光控报警器部分电路的基础上进行了初步的仿真，探索了光敏电阻与电压的关系，稍后将继续这个分析从而彻底揭开图 1-1 光控报警器电路的奥秘。

在学习电子电路过程中，可以在闲暇时打开这个软件，利用已有的电子学知识绘制一

些简单的电路，并尽可能多地打开一些“新鲜”的元器件以熟悉软件的环境。遇到问题时，可按 F1 键打开“帮助”学习。有一点很重要：无论是学硬件还是学软件，都是只有动手实践才能使我们快速地掌握。

1.3 探索半导体器件

二极管 三极管

1.1 和 1.2 节利用 Multisim 2001 简单地对光控报警器的部分电路进行了分析。之所以只是部分电路分析，是因为我们只学习了电池、电阻、电位器、光敏电阻、开关等有限的几个电子元器件，还不够对光控报警器进行全面分析。本节将学习到两种常见的半导体器件——二极管和三极管，之后就可以对光控报警器进行全面分析了。

半导体（semiconductor）这个词经常能听到，这是一种电阻率介于导体（conductor）和绝缘体（insulator）之间的材料。常见的半导体材料有硅（silicon）、锗（germanium）、砷化镓（gallium arsenide）等。

利用半导体材料制成的电子元器件称为半导体器件，常见的半导体器件包括二极管、三极管、集成电路等。

1.3.1 二极管

打开任何一本较为系统地介绍电子技术的教程，都会在介绍二极管之前对半导体材料的原子结构、电子与空穴、P-N 结/N-P 结等预备知识作详细的介绍。这些对理解半导体器件的工作原理固然有铺垫作用，但我们更侧重的是器件应用方面的知识，所以本书中忽略了上述一些枯燥的预备知识。即使这样，对我们使用二极管也不会有太大的影响。

1. 二极管

二极管（diode，代表电路符号—▶|—）只允许电流单向流经它。

二极管是一个有两个引脚的半导体器件，这两个引脚一个是正极（或称阳极，anode），另一个是负极（或称阴极，cathode）。二极管电路符号倒三角一端为正极，短线一端为负极，其可以标记为 A —▶|— K，其中字母 A 代表正极，K 代表负极。

二极管根据用途和特点的不同共有 20 多个种类，常用的二极管名称、外观、电路符号如图 1-46 所示。其中较为常用的是整流二极管，常用在整流电路、检波电路中；发光二极管，是目前最为流行的光源器件，常用在指示灯、照明灯中；稳压二极管常用于稳压电路中；光电二极管可接收可见光或不可见光，功能类似于光敏电阻；隧道二极管一般用于高频电路中；肖特基二极管则应用在钳位、放电保护等电路中。

发光二极管和光电二极管长脚为正极，短脚为负极（新买的器件）。其他一些小功率的二极管有一个圆柱形的外壳，两端为管脚。在外壳一端一般都有一个色环（银色、黑色、白色等）或“围裙”作为二极管负极的标记，如图 1-46 所示，与这些标记同侧的管脚为负极，另一侧的管脚则为正极。注意，在电路中，二极管的正极、负极是不能接反的，否则二极管发挥不了作用。

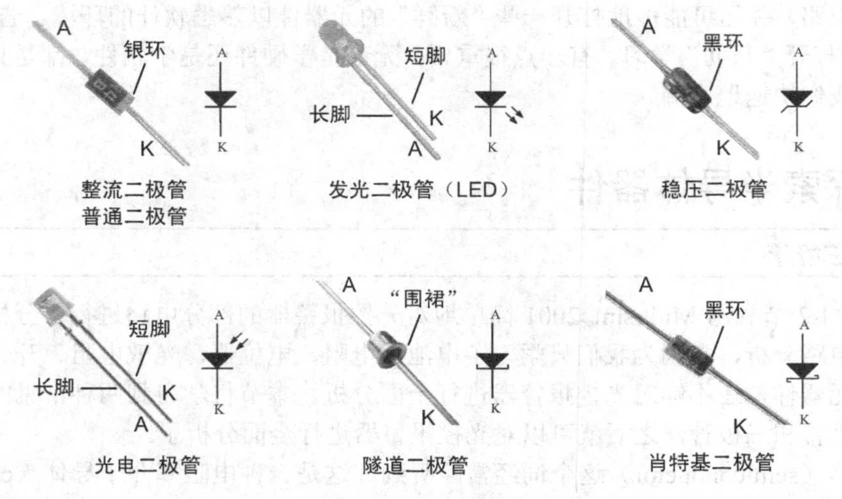

图 1-46 常用二极管

2. 二极管的单向导电特性

二级管是具有单向导电特性的器件。先不谈别的，先看看用 Multisim 2001 这个利器能不能研究一下二极管的这个特性。

【例 1.5】二极管的单向导电特性：在 Multisim 2001 中连接图 1-47（a）和图 1-47（b）所示电路，观察一下，哪个电路的电流表有读数？这说明什么问题？

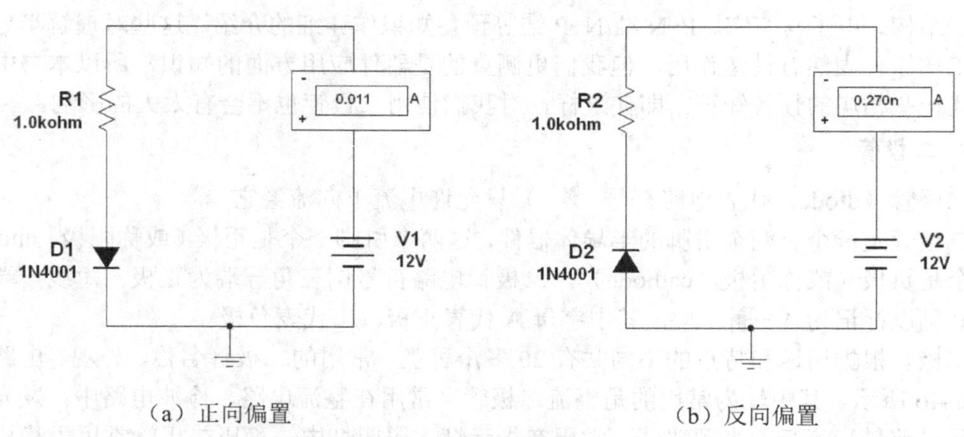

（a）正向偏置　　（b）反向偏置

图 1-47 二极管的单向导电特性研究之一

在绘制图 1-47 所示的电路时，可先完成图 1-47（a）所示电路，然后用鼠标框选整个电路，单击工具栏上的复制按钮（ ）或按 Ctrl+C 快捷键，然后单击工具栏上的粘贴按钮（ ）或按 Ctrl+V 快捷键并在工作窗口适当位置放置一幅与图 1-47（a）完全相同的电路图，然后把二极管垂直翻转并重新连接导线即可完成。

二极管在图 1-30 所示的 Multisim 2001 元器件栏中的按钮是 ，单击这个按钮，在弹出的二极管器件集合中选择第一个实际二极管 ，在弹出的型号选择对话框中选用 1N4001

后单击 OK 按钮并放置到工作窗口中。图 1-47 中的电流表（　）在元器件栏的指示器件（　）里，单击它并在弹出的指示器件集合中选择电流表（　），在弹出的电流表选择窗口中选择第 4 个，即正极接线柱在下、负极接线柱在上的。图 1-47 中的电池、电阻按 1.2.4 节介绍的方法取用，连接完导线后打开仿真开关（　），很快在两块电流表上出现了读数：一个是 0.011A，另一个是 0.270nA，如图 1-47 所示。

图 1-47（a）中，电流从电池正极出发，经过电流表（电流表为理想电流表，电阻极小）、电阻 R1 后进入二极管 D1 的正极，并从负极流出后回到电池负极，这符合二极管单向导电的要求——电流从正极流向负极，所以电路中有电流出现，其大小为 0.011A。此时我们称二极管获得正向偏置（forward bias），有正向电流（forward current）流过。

而图 1-47（b）中，二极管 D2 极性与刚才对调，电流无法从它的负极流到正极，电路中几乎没有电流形成，所以电流表读数只有 0.270nA（$1\text{nA}=10^{-9}\text{A}$），此时我们称二极管为反向偏置（reverse bias）。

从电流表的读数知道，正向偏置时电路里的电流为反向偏置时的 40000000 倍（0.011A/0.270nA）！说明二极管正向偏置时导通，电路中有电流形成；而反向偏置时截止，电路的电流极小而一般忽略为无电流流过。

现在可以确信，二极管是一个具有单向导电特性的器件了。每当提起二极管时，脑子里就马上要想到“单向导电特性”，这样才算是一名合格的电路设计师。为了加深这个印象，下面再通过两个仿真实例来体会一下。

【例 1.6】二极管的单向导电特性：在 Multisim 2001 中连接图 1-48（a）所示的电路，用交流电压源 V1 向电路注入一个幅度为 1V、频率 1000Hz 的正弦波信号，并用示波器 XSC1 观察输入信号和输出信号之间的关系。

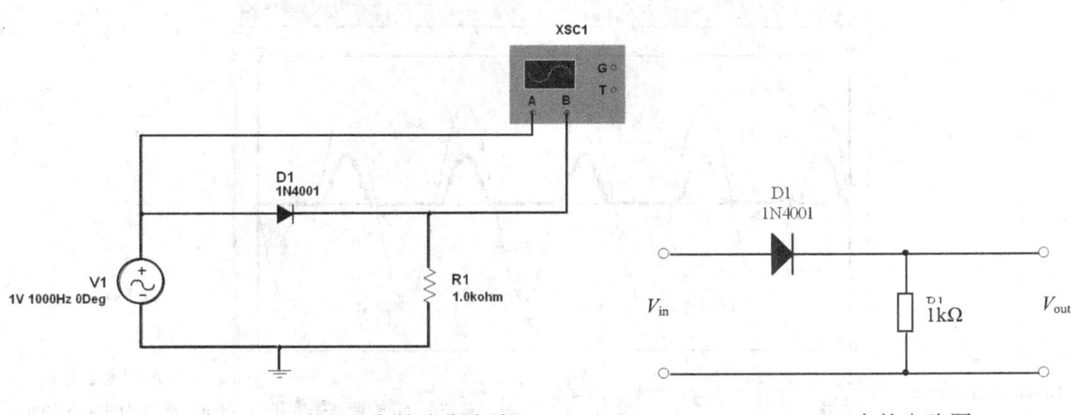

（a）Multisim 2001 中的仿真电路　　（b）Protel 中的电路图

图 1-48　二极管的单向导电特性研究之二

首先我们解释一下图 1-48 所示的两个电路图：图中都由二极管 D1 和电阻 R1 构成主要的电路功能器件，图 1-48（a）在 Multisim 2001 中绘制，用于仿真，所以还放置了交流电压源 V1、接地符号、示波器 XSC1；而图 1-48（b）在 Protel 软件中绘制（专业绘制电路图、印刷电路板图的软件之一），并不用于仿真，只是一张标准的电路图。图 1-48（b）中

的 V_{in} 代表输入信号，V_{out} 代表输出信号。于是我们在 Multisim 2001 仿真中添加了输入信号（交流电压源 V1），并用示波器 XSC1 观察输出信号。

所以图 1-48 所示的两个电路图功能相同，只不过一个是在仿真软件中绘制，另一个在电路设计软件中完成。电路的原理为：交流电压信号 V_{in} 从二极管 D1 的正极流入，从负极流出，经过电阻 R1 接入地中形成回路，输出端 V_{out} 与示波器相连，示波器观察的是输入信号 V_{in} 经过二极管的处理后，在电阻 R1 两端形成的输出信号 V_{out}。

二极管和电阻的取用在 1.2.4 节中已经谈过了，图 1-48（a）所示的交流电压源 V1 在图 1-34 所示的电源/信号源集合中，单击其中的按钮并放置到工作窗口的适当位置，其电路符号（）旁边的 1V 1000Hz 0Deg 说明该交流电压源默认参数为：幅度 1V、频率 1000Hz、相位 0°，我们保持这个参数不变。再将图 1-32 所示的虚拟仪器栏中的示波器（）放置到工作窗口中，并按图 1-48（a）完成器件与仪器之间的导线连接，不要忘记连接一个公共接地（）。

示波器的通道 A 和通道 B 分别用来观察电路输入和输出的信号，为了观察方便，一般可把其中一个通道的颜色改变一下，以便在示波器观察窗口中区分两个信号，方法是在示波器某一通道的导线上右击，在弹出的快捷菜单中选择 Color...选项，从弹出的颜色选择对话框中选择一种较为突出的颜色（如绿色、红色等）即可。

这样就完成了仿真电路的绘制，进入仿真阶段。双击示波器 XSC1，弹出示波器观察窗口。打开 Multisim 仿真开关（），示波器观察窗口出现了波形，把示波器的 Timebase 栏的 Scale 设为 500μs/Div，通道 A 和通道 B 的 Scale 都设为 500mV/Div（可参考附录 D 中关于示波器的设置介绍），就可得到图 1-49 所示的输入、输出波形，为了便于观察，本书在有输入、输出波形同时出现在一个示波器时，特意把输出波形加粗了。

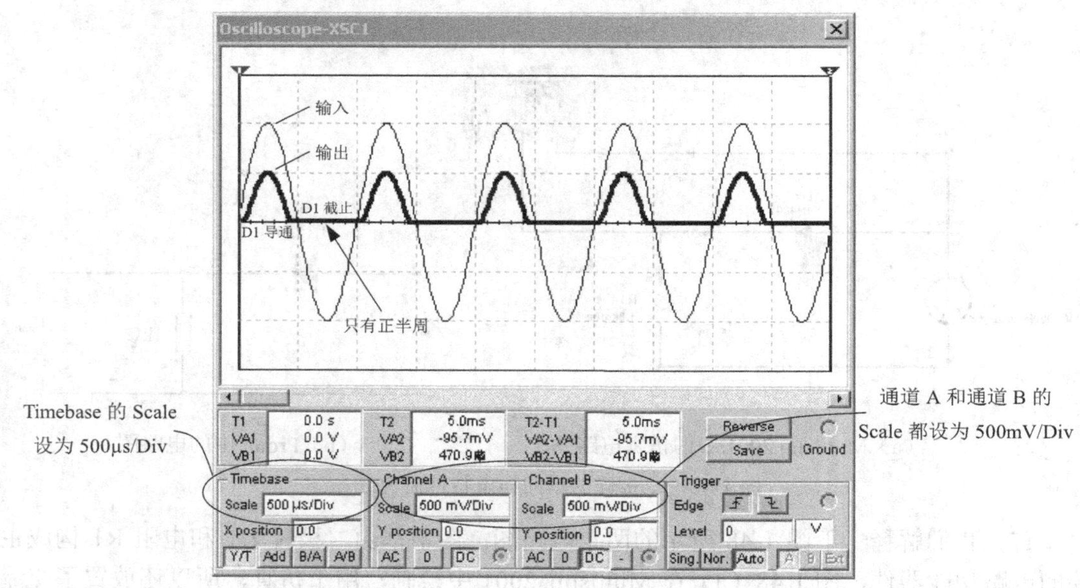

图 1-49 二极管的单向导电特性研究之二实验结果

图 1-49 所示的实验结果表明，当向图 1-48（b）所示电路输入幅度为 1V、频率 1000Hz 的正弦信号时，经过二极管的处理，输出信号在电阻 R1 两端出现了一个只有一半的正弦信号——其负半周不见了。这说明当输入信号在正半周时，二极管 D1 获得正向偏置而导通，输入信号得以通过二极管 D1 而在输出端出现；而当输入信号在负半周时，二极管 D1 反向偏置而截止，没有信号能通过二极管 D1，从而在输出端出现一个幅度为 0V 的水平线。该实例再次说明了二极管的单向导电特性。

如果把例 1.6 中的二极管 D1 正极、负极对调会对输出信号产生什么影响呢？可以在 Multisim 2001 中连接如图 1-50 所示的电路，通过仿真得到如图 1-51 所示的输入、输出波形。可见，输出信号只有负半周部分，请大家分析一下这个输出信号的由来。

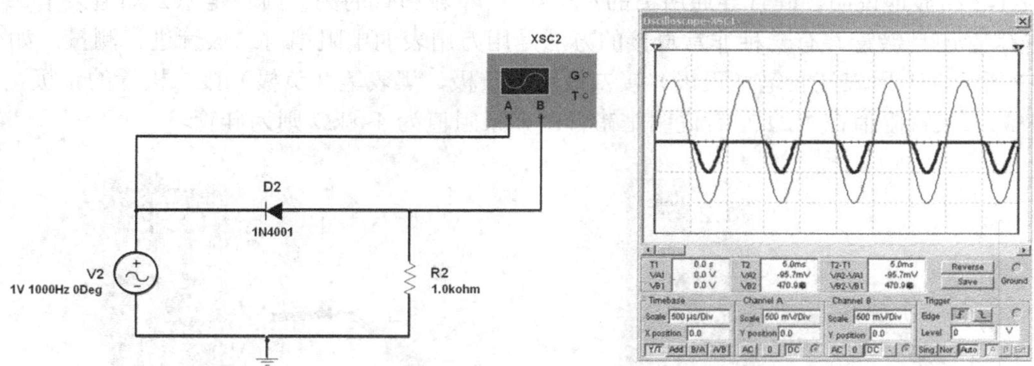

图 1-50　二极管的单向导电特性研究之三　　　图 1-51　二极管的单向导电特性研究之三实验结果

通过以上 3 个仿真实例，得到的结论是：二极管果然具有单向导电特性。

3. 二极管的正向偏置和反向偏置

从例 1.5 看到二极管只有在正向偏置时才会导通，有电流从正极流向负极；而在反向偏置时截止，没有电流通过。其实二极管的电路符号早就暗示这一点了：图 1-52 所示二极管电路符号的左侧管脚和实心的三角形是不是构成了一个指向负极的箭头（——►）？这就提示当二极管获得正向偏置后，电流只能单向从正极流向负极。如果电流妄想从负极流入二极管，则会遇到电路符号中与管脚垂直的坚强“挡板”。

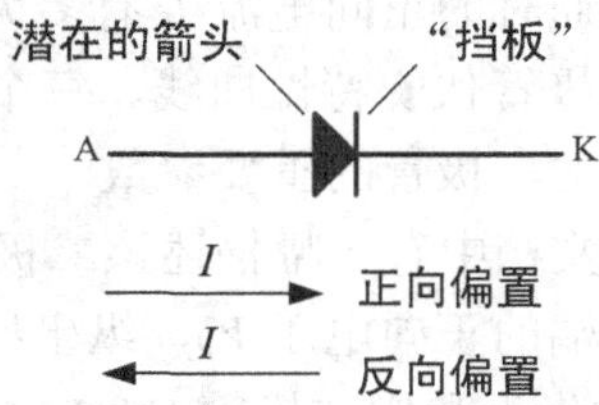

图 1-52　二极管的正向偏置和反向偏置

二极管正向偏置是有一定条件的——正极的电压要高于负极，或者说需要一个正向电压（V_F，forward voltage），这样电流才能“闯过”二极管，二极管才能导通。

这个令二极管导通的正向电压 V_F 是的大小与二极管的种类有关。二极管一般由硅（Si）

或锗（Ge）半导体材料制成，使用硅材料制成的二极管称为硅管（silicondiode），而使用锗材料制成的二极管称为锗管（germaniumdiode）。令硅管和锗管导通的正向电压 V_F 是不一样的，如表 1-2 所示。

表 1-2 二极管导通所需的正向导通电压 V_F

二极管类型	导通所需的最小正向电压 V_F
硅管	0.7V
锗管	0.15V

表 1-2 明显地说明，硅管导通所需的正向电压 V_F 较锗管的高。问题是怎么知道某个二极管是硅管还是锗管？有一种非常直接的方法是用万用表的电阻挡对二极管进行测量，如图 1-53 所示，万用表红表笔（正极）接二极管的负极，黑表笔（负极）接二极管的正极。如果被测二极管阻值在 1kΩ 左右说明是锗管；如果阻值为 4~8kΩ 则为硅管。

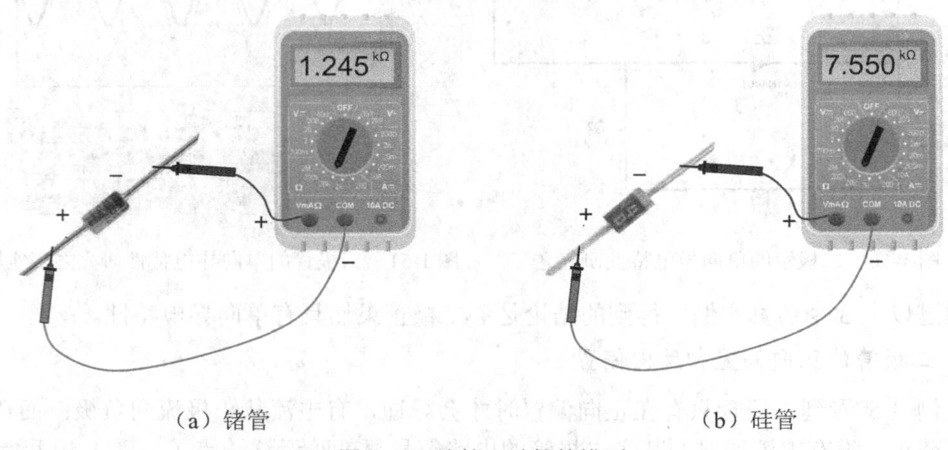

（a）锗管　　（b）硅管

图 1-53 锗管、硅管的辨别

4. 二极管的伏安特性

从表 1-2 知道了硅管和锗管导通所需的正向电压 V_F 分别为 0.7V 和 0.15V，这个指标非常有帮助。如果能知道二极管导通时的正向电流 I_F 有多大那就更好了。而这个问题的答案都藏在一张神秘的图表中——二极管伏安特性曲线。每个型号的二极管都有各自对应的伏安特性曲线，这是一个经常涉及的二极管的重要参数。

例如二极管 1N4148 的技术文档中有一幅描述该二极管伏安特性的曲线图，如图 1-54 所示。横坐标是施加在二极管两端的正向电压 V_F，纵坐标是流过二极管的正向电流 I_F。

图 1-54 所示的伏安特性曲线告诉我们二极管 1N4148 正向电压 V_F 与正向电流 I_F 之间的关系：当施加在二极管 1N4148 上的正向电压 V_F 从 0V 开始慢慢增大，在 0.7V 之前（图中箭头所指）1N4148 都没有导通，所以正向电流 I_F 一直接近 0mA；当正向电压 V_F 超过 0.7V 并继续增大时情况发生了明显的变化，正向电流 I_F 打破 0mA 并随着正向电压 V_F 的继续增大而快速加强。

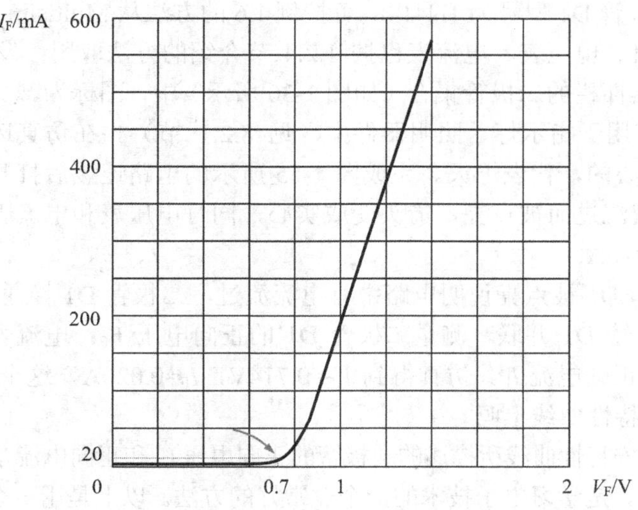

图 1-54　二极管 1N4148 伏安特性曲线

这说明在二极管 1N4148 上施加的正向电压超过约 0.7V 时，正向电流 I_F 开始形成，1N4148 导通。

图 1-54 的横坐标单位是 V（伏），纵坐标单位是 mA（毫安）。于是图中曲线称为二极管的伏安特性曲线，不同型号二极管拥有自己的伏安特性曲线，从中我们可以得到二极管的伏安特性：

✧ 二极管导通所需的正向电压 V_F。如图 1-54 所示的二极管 1N4148 导通所需正向电压 V_F 约为 0.7V。由此还可以结合表 1-2 来判断二极管是硅管还是锗管。

✧ 二极管正向电流 I_F 与正向电压 V_F 之间的关系。如图 1-54 所示当正向电压 V_F 为 0.7V，对应正向电流 I_F 约为 20mA；当正向电压 V_F 为 1V 时正向电流 I_F 约为 200mA 等。

我们可以通过 Multisim 2001 对图 1-54 所示的二极管 1N4148 的伏安特性曲线进行验证。

【例 1.7】二极管的伏安特性：在 Multisim 2001 中连接图 1-55 所示的电路，观察电压表和电流表的读数，看看能不能与图 1-54 所示的二极管 1N4148 的伏安特性曲线对应起来？

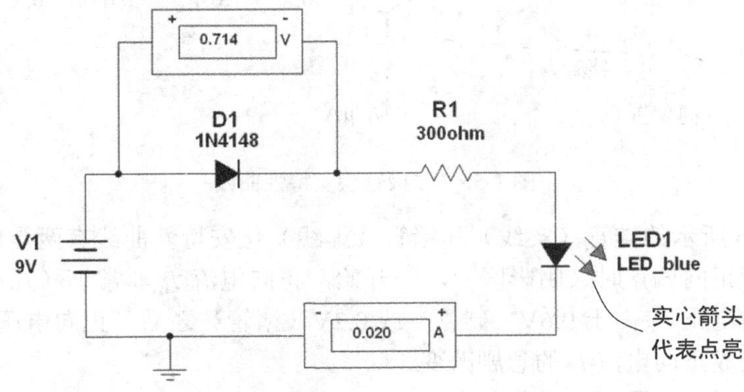

图 1-55　二极管的伏安特性曲线研究

图 1-55 的二极管 D1 型号为 1N4148，可按例 1.6 的方法从 Multisim 的元器件栏中取用；电池 V1、电阻 R1、电压表、电流表也按 1.2.4 节介绍的方法取用；发光二极管 LED1 在 Multisim 2001 元器件栏的二极管集合（如图 1-30 所示）中，图标为 。这是一种通电会发光的器件，广泛应用于指示灯、照明器件中（见 8.2.1 节）。在仿真运行以前发光二极管 LED1 的箭头是空心的，代表熄灭。完成图 1-55 所示的电路连接后打开仿真开关，发光二极管 LED1 有电流流过而被点亮，箭头变成实心，同时电压表和电流表也都有了读数，分别为 0.714V 和 0.020A。

发光二极管 LED1 被点亮说明电路中有电流流过，二极管 D1 导通。

电压表与二极管 D1 并联，测量二极管 D1 的正向电压 V_F；电流表与电路串联，测量的是二极管 D1 的正向电流 I_F。仿真得到 V_F=0.714V，I_F=0.020A，这个点不就在图 1-54 所示的 1N4148 伏安特性曲线上吗？

因此验证了伏安特性曲线所描述的二极管的正向电压 V_F 和正向电流 I_F 之间的关系正确性。

从特殊到一般，是学习电子技术的一个非常好的方法。以上是用一个具体的二极管——1N4148 来了解了什么是伏安特性曲线，并从它的伏安特性曲线上知道当正向电压 V_F=0.7V 时二极管开始导通，这样结合表 1-2 还推测出 1N4148 是一个硅管。

那是不是所有的硅管都有类似的伏安特性曲线呢？答案是肯定的。锗管也有一个能广泛代表其特性的曲线，如图 1-56 所示。

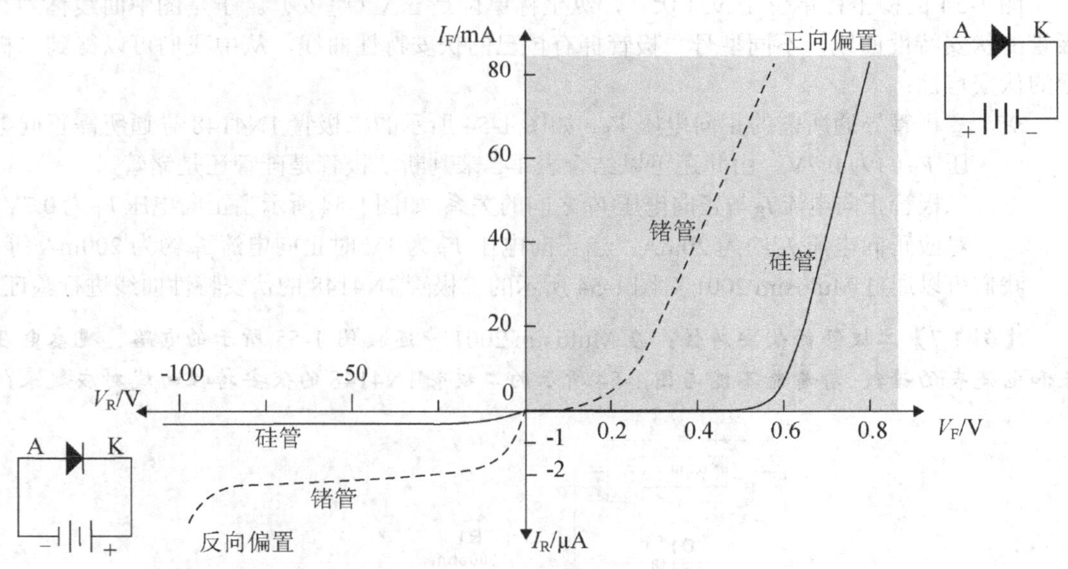

图 1-56　二极管伏安特性曲线

对于图 1-56 所示的硅管（实线）和锗管（虚线）伏安特性曲线有两点值得注意：

✧ 二极管正向偏置时（阴影区），一开始，正向电流 I_F 非常小（几乎等于 0），直到正向电压 V_F 高于 0.6V（硅管）或 0.2V（锗管）之后，正向电压 V_F 的很小变化都会造成正向电流 I_F 的急剧改变。

✧ 二极管反向偏置时，反向电流 I_R 极小而可忽略不计（注意图中纵坐标轴在正向偏

置区和反向偏置区的单位是不同的）。即使反向电压 V_R 继续增大，反向电流 I_R 的变化不会很大，直到反向电压 V_F 增大到把二极管击穿之后，二极管遭到毁灭性的打击，反向电流 I_R 才会增大。这个反向击穿二极管的电压因二极管型号而异，一般为 1000V（硅管）或 100V（锗管）。

图 1-56 只是对硅管和锗管伏安特性的一般化描述，针对不同型号的二极管还需要查阅具体的器件技术文档才能获得更确切的伏安特性曲线。

5. 技术文档告诉我们什么

比如手上有一个型号为 1N4001 的二极管，把型号 1N4001 输入到搜索引擎（如 www.google.co.uk）中，在搜索结果中标记为［PDF］的一般都为技术文档，打开之后就会看到如图 1-57 所示的文档，该文档第一页就有一些参数是选用二极管时需要考虑的：

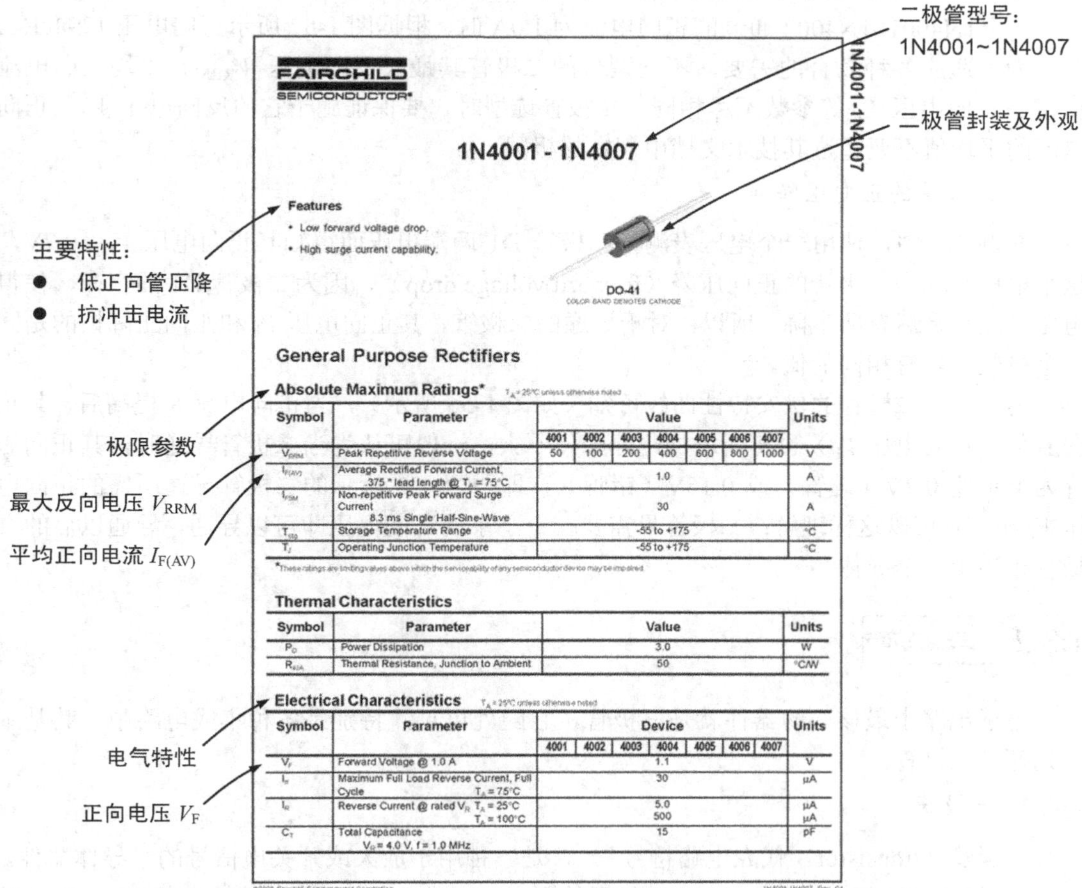

二极管型号：1N4001~1N4007

二极管封装及外观

主要特性：
- 低正向管压降
- 抗冲击电流

极限参数

最大反向电压 V_{RRM}

平均正向电流 $I_{F(AV)}$

电气特性

正向电压 V_F

FAIRCHILD SEMICONDUCTOR®

1N4001-1N4007

1N4001 - 1N4007

Features
- Low forward voltage drop.
- High surge current capability.

DO-41
COLOR BAND DENOTES CATHODE

General Purpose Rectifiers

Absolute Maximum Ratings* T_A = 25°C unless otherwise noted

Symbol	Parameter	Value							Units
		4001	4002	4003	4004	4005	4006	4007	
V_{RRM}	Peak Repetitive Reverse Voltage	50	100	200	400	600	800	1000	V
$I_{F(AV)}$	Average Rectified Forward Current, .375 " lead length @ T_A = 75°C	1.0							A
I_{FSM}	Non-repetitive Peak Forward Surge Current 8.3 ms Single Half-Sine-Wave	30							A
T_{stg}	Storage Temperature Range	-55 to +175							°C
T_J	Operating Junction Temperature	-55 to +175							°C

*These ratings are limiting values above which the serviceability of any semiconductor device may be impaired.

Thermal Characteristics

Symbol	Parameter	Value	Units
P_D	Power Dissipation	3.0	W
$R_{\theta JA}$	Thermal Resistance, Junction to Ambient	50	°C/W

Electrical Characteristics T_A = 25°C unless otherwise noted

Symbol	Parameter	Device							Units
		4001	4002	4003	4004	4005	4006	4007	
V_F	Forward Voltage @ 1.0 A	1.1							V
I_{rr}	Maximum Full Load Reverse Current, Full Cycle T_A = 75°C	30							μA
I_R	Reverse Current @ rated V_R T_A = 25°C T_A = 100°C	5.0 500							μA μA
C_T	Total Capacitance V_R = 4.0 V, f = 1.0 MHz	15							pF

©2003 Fairchild Semiconductor Corporation　　1N4001-1N4007, Rev. C1

图 1-57　二极管 1N4001~1N4007 技术文档第一页

✧ 二极管型号 1N4001~1N4007。图 1-57 所示的技术文档是型号为 1N4001、1N4002、1N4003、1N4004、1N4005、1N4006、1N4007 共 7 种二极管的共同技术文档，说明这 7 种二极管特性相似，只是某些参数有所不同，所以共用同一个技术文档。

- ✧ 最大反向电压 V_{RRM}（peak repetitive reverse voltage）。如果施加在二极管上的反向电压 V_R 超过了最大反向电压 V_{RRM} 时会击穿二极管。不同型号的二极管所能承受的最大反向电压不同，1N4001、1N4002、1N4003、1N4004、1N4005、1N4006、1N4007 的最大反向电压 V_{RRM} 分别为 50V、100V、200V、400V、600V、800V、1000V。
- ✧ 平均正向电流 $I_{F(AV)}$（average rectified forward current）。该参数描述的是二极管所能承受的正向电流的平均值，不同型号的器件所能承受的最大平均正向电流 $I_{F(AV)}$ 不同。如二极管 1N4001~1N4007 的平均正向电流 $I_{F(AV)}$=1.0A，说明通过 1N4001~1N4007 的平均正向电流不能持续超过 1.0A，否则器件将会烧坏。
- ✧ 正向电压 V_F（Forward Voltage @ 1.0A）。该参数一般描述的是当通过二极管的电流达到平均正向电流 $I_{F(AV)}$时对应的二极管正向电压 V_F 的大小。如果二极管 1N4001~1N4007 通过的正向电流为 1.0A 时，根据图 1-57 所示正向电压 V_F=1.1V。

为了适应各种场合的需要，不同型号的二极管其最大反向电压 V_{RRM}、平均正向电流 $I_{F(AV)}$、正向电压 V_F 等参数不尽相同。二极管选型时，要保证施予它的反向电压 V_R、正向电流的平均值不要超过其技术文档中规定的极限。

6. 二极管的正向压降

在例 1.7 中，使用一个电压表测量二极管 D1 两端电压而得知其正向电压 V_F≈0.7V，这个电压又称为二极管的正向压降（forward voltage drop），因为二极管 D1 的存在，使得电压经过它之后有所下降。所以，对于导通的二极管，其正向电压 V_F 和正向压降指的是同一个参数，具有相同的值。

另外，从二极管的伏安特性曲线可知（如图 1-56 所示），当正向电流 I_F 提高后，其正向压降（正向电压 V_F）也有所增加，但变化不大，一般可认为当二极管导通时，其正向压降为恒定值 0.7V（硅管）或 0.15V（锗管），即与表 1-2 所示的二极管导通所需的正向电压 V_F 相等。可以这样理解：二极管只需要一个小小的正向电压即可以导通，导通以后的二极管相当于一个导体。

1.3.2 三极管

电子电路中最核心的器件就是三极管，它随处可见，特别是各种集成电路中，其基本单元都是三极管。

1. 三极管

三极管（transistor，代表电路符号⌔），是一种用于放大或开关电信号的半导体器件。

在 1.2.2 节介绍 Multisim 2001 时打开的图 1-27“带 25dB 增益补偿输出的 Class B 音频放大器”电路中，就有三极管。

三极管一般有 3 个管脚，如图 1-58 所示，它们是：b——基极（base）、c——集电极（collector）、e——发射极（emitter）。三极管根据内部结构的不同分为 NPN 型和 PNP 型两个大类。注意图 1-58 中两类三极管电路符号中代表电流方向的箭头指向不同，NPN 的

箭头指向 e 极而 PNP 的箭头指向 b 极。NPN 或 PNP 三极管再根据电气参数的不同有数以千计的型号，图 1-59 展示了一些常用三极管的典型封装和主要参数。

（a）NPN 型　　（b）PNP 型

图 1-58　三极管

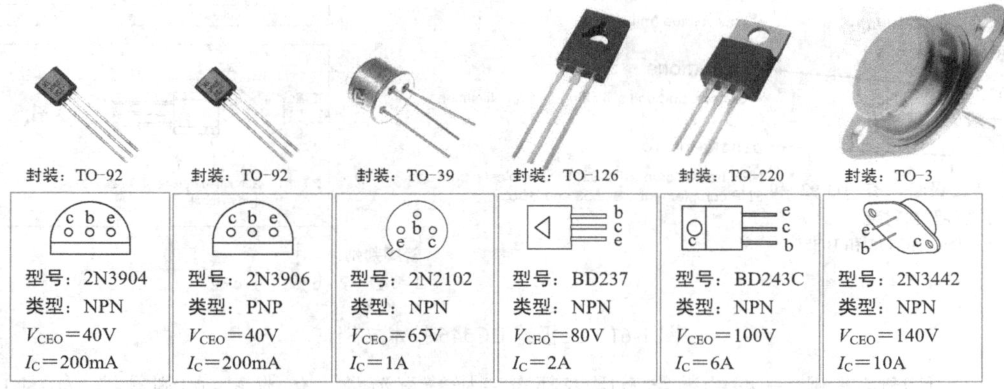

图 1-59　三极管典型封装及主要参数

图 1-59 还把几种典型三极管的 b 极、c 极、e 极判别用底视图给出，拿封装为 TO-92 的小功率 PNP 三极管 2N3906 来说，正对器件的型号，则从左到右管脚依次为 e 极、b 极、c 极，如图 1-60 所示。

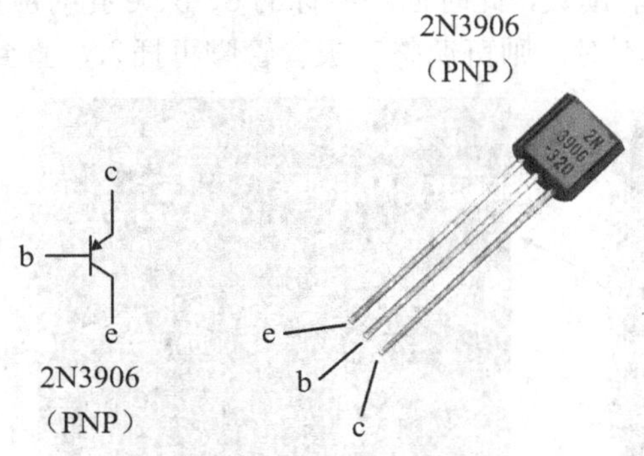

图 1-60　TO-92 封装 PNP 三极管 2N3906 的管脚判别

就像二极管的正极和负极不能接反一样，三极管的 b 极、c 极、e 极管脚在使用时也不能混用，否则轻则电路无法正常工作，重则烧毁三极管本身或其他器件。如果拿到一个陌生的三极管而不确定其 b 极、c 极、e 极时，可用以下两种方法来判别。

✧　上网查找。直接把三极管的型号输到搜索引擎中，就可以得到一些提供技术文档的网站链接，其中有可以免费浏览或下载器件的技术文档。在三极管技术文档的第 1 页一般都会有其管脚排布示意图，如图 1-61 所示的三极管 BC546 技术文档中就有关于其封装、管脚判别的描述：BC546 是一个 NPN 型的一般用途三极管，有 TO-92 和 SOT54 两种封装。如果面对着该器件，则其管脚从左自右依次为 c 极、b 极、e 极。

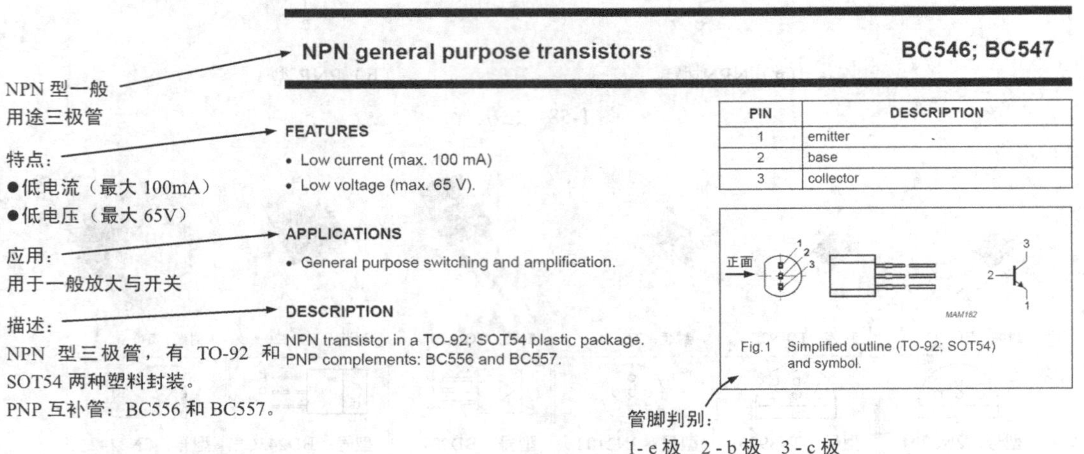

NPN general purpose transistors
BC546; BC547
NPN 型一般用途三极管
FEATURES
• Low current (max. 100 mA)
• Low voltage (max. 65 V).
特点：
●低电流（最大 100mA）
●低电压（最大 65V）
APPLICATIONS
• General purpose switching and amplification.
应用：
用于一般放大与开关
DESCRIPTION
NPN transistor in a TO-92; SOT54 plastic package.
PNP complements: BC556 and BC557.
描述：
NPN 型三极管，有 TO-92 和 SOT54 两种塑料封装。
PNP 互补管：BC556 和 BC557。
PIN | DESCRIPTION
1 | emitter
2 | base
3 | collector
正面
MAM182
Fig.1 Simplified outline (TO-92; SOT54) and symbol.
管脚判别：
1-e 极 2-b 极 3-c 极

图 1-61　三极管 BC546 技术文档

✧ 用万用表测。一般的数字万用表都有三极管直流放大倍数 h_{FE} 的测量挡，如图 1-62 所示，直流放大倍数 h_{FE} 衡量的是三极管对电流的放大能力，h_{FE} 的值一般都在 10 以上，绝大部分三极管的直流放大倍数 h_{FE} 在 100~1000 这个区间内。在数字万用表上有一个 NPN/PNP 三极管插座，如图 1-62 所示，上面标有 c、b、e，如果 NPN 或 PNP 三极管的 c 极、b 极、e 极管脚正确插入对应的插孔中，万用表就会显示一个 100~1000 的读数，此时插座所标的 c、b、e 孔对应所插三极管的 c 极、b 极、e 极；如果读数不对，则可调整三极管管脚再插入，直到得到正确读数为止。

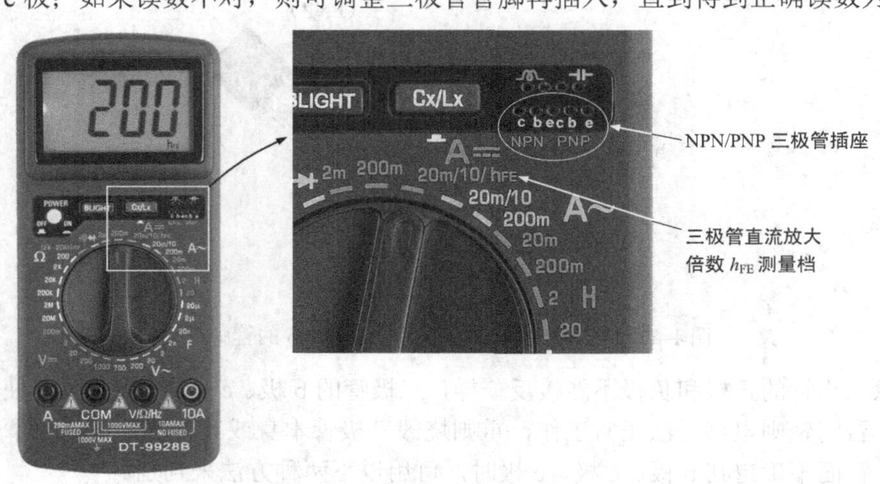

图 1-62　数字万用表的三极管直流放大倍数 h_{FE} 测量挡

2. 三极管的直流放大特性

就像铭记二极管的单向导电特性一样，只要谈起三极管就要想到“电流放大”。通过以下一个仿真实例来看看三极管是如何进行直流放大的。

【例 1.8】三极管的直流放大特性：在 Multisim 2001 中连接如图 1-63 所示电路，观察电流表 A_B 和 A_C 的读数，推敲一下三极管是如何对电流进行放大的。

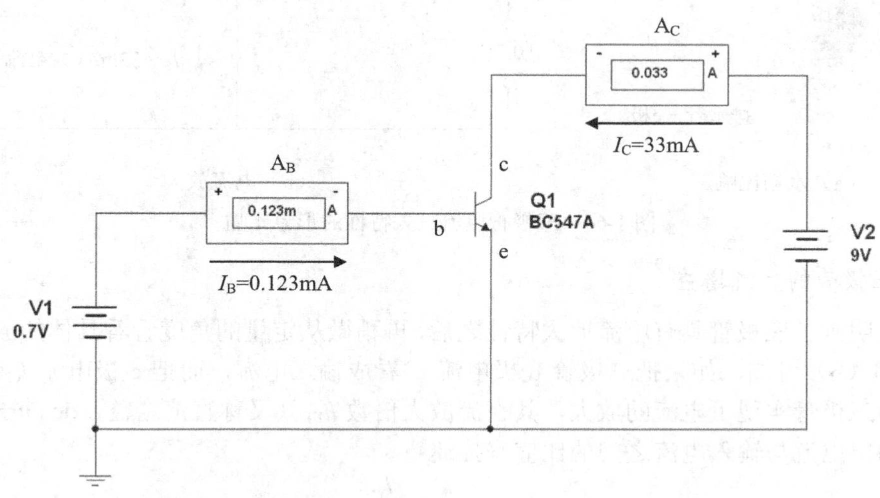

图 1-63　三极管电流放大电路

图 1-63 所需的三极管 BC547A 在图 1-30 所示的元器件栏的三极管集合（ ）的第一个实际 NPN 三极管器件（ ）中，打开器件选择窗口后找到型号为 BC547A 的三极管并放置到工作窗口中，其他器件如电池、电流表等按 1.2.4 节介绍的方法取用。连接完电路后打开仿真开关，电流表 A_B 和 A_C 上很快出现了读数，分别为 0.123mA 和 33mA（0.033A）。这意味着什么？电流表 A_B 测量的是三极管 b 极电流，I_B=0.123mA；而电流表 A_C 测量的是三极管 c 极电流，I_C=33mA，可知 I_C 约为 I_B 的 268 倍！因此可以说三极管把 b 极电流放大了 268 倍。

结论是：三极管是一个具有电流放大功能的器件。

为了让这个枯燥的概念形象一些，我们用一幅画来比喻三极管的电流放大作用。

图 1-64（a）所示是一个水箱，其排水管由阀门控制，只要微调阀门就能控制排水管的流量。水箱好像三极管的 c 极，阀门就好像 b 极，而排水管相当于 e 极。当三极管 b 极获得如图 1-64（b）所示的微小偏置电压后（+0.7V），就好像阀门被打开一样，水得以从水箱向下快速流出——电流从 c 极流向 e 极。一旦三极管 b 极偏置电压消失，就好像阀门关上了一样，c 极到 e 极也就没有电流了。

结论是：三极管 b 极上的小电流可以控制 c 极的大电流。

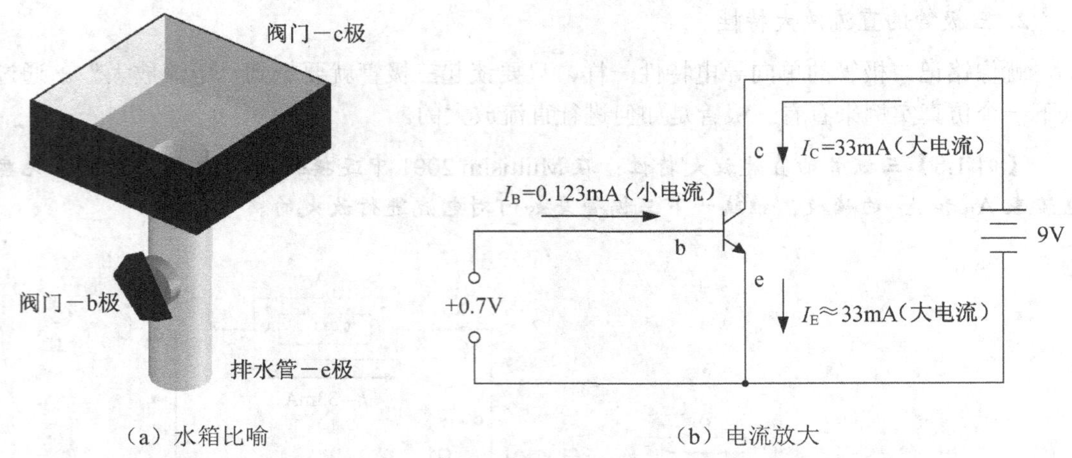

（a）水箱比喻　　　　（b）电流放大

图 1-64　三极管电流放大特性的形象比喻

3. 三极管的直流增益

我们明确了三极管具有电流放大特性之后，再稍微从定量的角度看看具体的放大倍数。从图 1-64（b）可知，如果把三极管 b 极电流 I_B 看成输入电流，而把 c 极电流 I_C 看成输出电流，则三极管实现了电流的放大，其直流放大倍数 h_{FE}（又称直流增益，dc current gain）可以用输出电流与输入电流之间的比值来描述：

$$h_{FE}=\frac{I_C}{I_B} \tag{1-3}$$

对于图 1-64（b）来说，如果 I_C=33mA，I_B=0.123mA，代入式（1-3）可得：

$$h_{FE}=\frac{I_C}{I_B}=\frac{33}{0.123}\approx 268$$

结论是：图 1-64（b）所示的三极管 BC547 把输入电流 I_B 放大了 268 倍。

这个倍数可以通过图 1-62 所示数字万用表的 h_{FE} 测量挡直接测得，即某三极管的直流增益 h_{FE}。不同型号的三极管其直流增益 h_{FE} 是不尽相同的，如果把图 1-63 中的三极管 BC547 换成其他型号，则电路的增益是不相同的，即电流表 A_B 和 A_C 读数有所改变。大家可以在 Multisim 2001 中选择一些其他型号的三极管来验证一下。

三极管直流增益 h_{FE} 中，下标“F”代表正向电流（forward current），而“E”代表三极管以 e 极形式连接。“F”和“E”都为大写，说明是与直流有关的参数，如果下标为小写则是与交流有关的特性参数。

4. 三极管的电流关系式

从图 1-64（b）中可看到，b 极电流 I_B 流入三极管，c 极电流 I_C 亦流入三极管，很自然有进就有出，电流必须得从三极管的 e 极流出，形成 e 极电流 I_E。于是在三极管 b 极、c 极、e 极电流之间形成了一个关系：

$$I_E=I_B+I_C \tag{1-4}$$

式（1-4）说明三极管 e 极电流为 b 极和 c 极电流之和。对于图 1-63 来说，I_C=33mA，

I_B=0.123mA，代入式（1-4）可得：

$$I_E=I_B+I_C=0.123mA+33mA=33.123mA$$

可见 I_E 与 I_C 非常接近，这是因为 I_B 相对来说实在小得可怜，所以一般可以忽略 I_B 不计，而得：

$$I_E \approx I_C \tag{1-5}$$

5. 三极管开关

本节一开始就说过三极管是一种用于放大或开关电信号的半导体器件。由于放大的内容稍微复杂一些，所以放到第 4 章再谈。为了揭开图 1-1 光控报警器电路中三极管角色的秘密，先看看三极管如何构成一个开关。

三极管开关是基于三极管的导通原理设计而成的，如图 1-65 所示，三极管 BC547 的 c 极上挂了一个灯 L1（电路符号-⊗-），只要给三极管 b 极一个约 0.7V 的偏置电压 V_{BE}，三极管的 c 极和 e 极之间就开始导通，使灯 L1、三极管 c-e 极与电源形成一个回路，于是形成电流。电流流过灯 L1 使其发光。

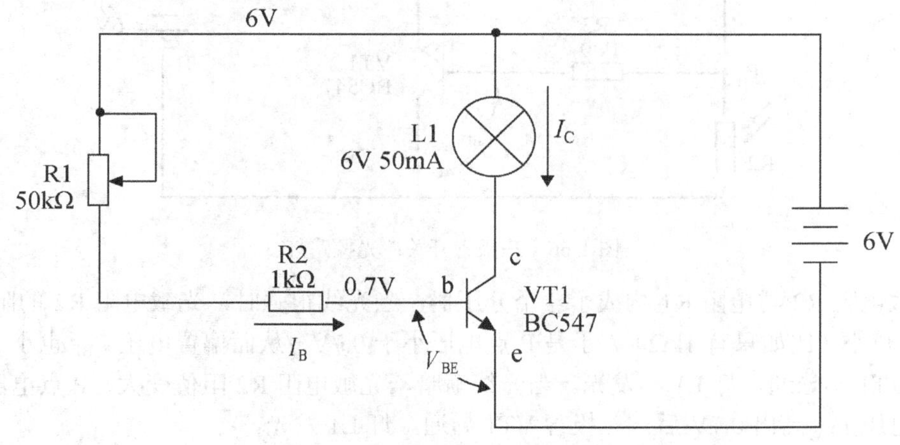

图 1-65　三极管开关

三极管的偏置电压 V_{BE} 可通过调节电位器 R1 获得，这样灯 L1 的亮灭控制由电位器 R1 控制偏置电压 V_{BE} 实现。为了使灯点亮，电路的参数要达到一定的条件才行，利用前面的知识，可以讨论一些非常有意思的参数：

✧ 偏置电压 V_{BE}=0.7V。就像二极管需要一个约 0.7V 的正向电压才会导通一样，要想让三极管 BC547 导通，则需要给 b 极一个偏置电压 V_{BE}，且 V_{BE} 不能小于 0.7V。

✧ 三极管 c 极电流 I_C=50mA。电路图中的灯 L1 工作电流为 50mA，也就是说三极管 c 极电流 I_C 达到 50mA 时，灯 L1 才会发光。虽然查三极管 BC547 器件的技术文档（或用万用表测量）可知其直流增益 h_{FE} 约为 250，但当三极管作为开关使用时，c 极和 e 极之间的电压 V_{CE} 非常小，此时直流增益 h_{FE} 一般只有原来的 1/5 左右，即 50 左右，于是根据式（1-3），可得三极管的 b 极电流 $I_B=I_C/h_{FE}$=50/50=1mA。

✧ 三极管 b 极电流 I_B=1mA。已知 V_{BE}=0.7V，电源电压为+6V，则根据欧姆定律，可得三极管 b 极电流 I_B=(6V−0.7V)/(R1+R2)=1mA，又已知电阻 R2 阻值为 1kΩ，于是可得电位器 R1 接入电阻 $R1_{in}$=4.3 kΩ。

✧ 电位器 R1。通过调节电位器 R1 使其接入电阻约为 4.3kΩ 时，三极管 BC547 导通，从而使灯 L1 发光。

有了以上对三极管开关的认识，可通过以下一个例子的分析对光控报警器的研究更进一步。

【例 1.9】三极管开关：图 1-66 是一个光控路灯的电路模型，利用三极管开关的特性分析一下光敏电阻 R2 如何实现对灯 L1 的控制，并在 Multisim 2001 中验证。

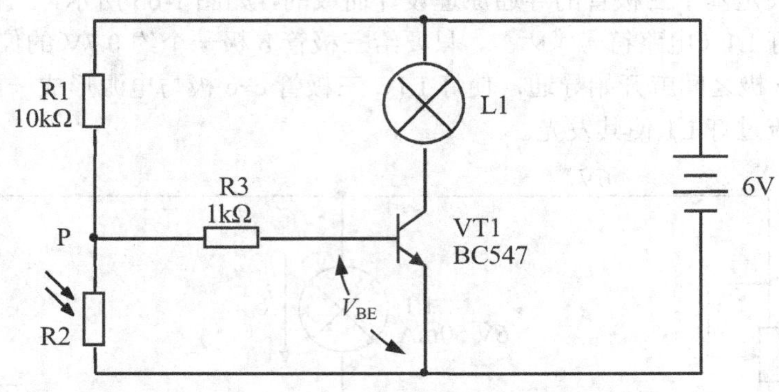

图 1-66　三极管开关：光控路灯

光敏电阻 R2 与电阻 R1 构成了一个分压器，当光线很强时，光敏电阻 R2 的阻值相对电阻 R1 较小（比如只有 1kΩ），于是 P 点电压小于 0.7V，从而偏置电压 V_{BE} 也小于 0.7V，三极管 VT1 不导通，灯 L1 不发光。当光线渐暗，光敏电阻 R2 阻值变大，P 点电压升高。当偏置电压 V_{BE} 高出 0.7V 后，三极管 VT1 导通，灯 L1 发光。

图 1-66 中，光敏电阻 R2 在三极管开关的帮助下，实现了对灯亮与灭的控制，对该电路的理解使我们对图 1-1 的光控报警器电路的学习又进了一步。

1.4　例子的最终分析

蜂鸣器　第一个三极管　第二个三极管　“合适”的偏置电压　例子的扩展

在这一节里，将要完成本章一开始提出的光控报警器电路例子的最终分析。

虽然只对三极管的一部分知识进行了学习，但是并不影响我们对光控报警器电路的理解，可以把图 1-1 所示的光控报警器电路中的两个三极管 VT1 和 VT2 当作一个开关，如图 1-67 所示，这个开关受到光敏电阻 R 的控制，当光线暗到一定程度时，开关被闭合，于是蜂鸣器 HA 鸣响报警。

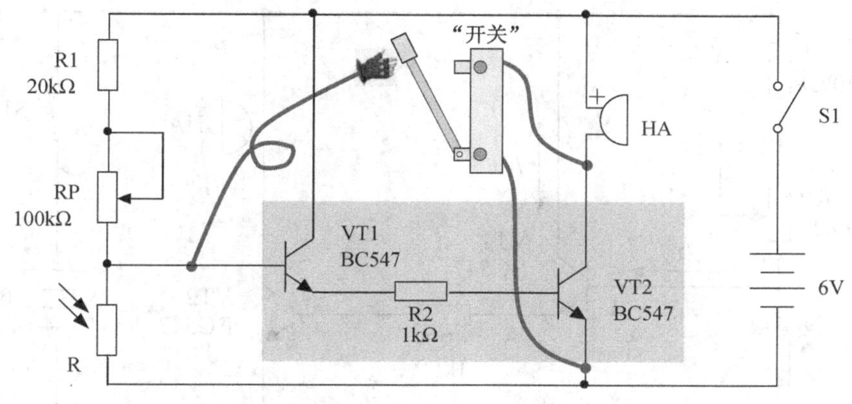

图 1-67　光控报警器的原理模型

1.4.1　蜂鸣器

蜂鸣器（buzzer/beeper，电路符号）是一种信号提示设备，常常用在电子设备的声音提示中。日常生活中洗衣机完成洗衣程序后、微波炉完成加热后发出的"嘀……"或"哔……"声都是蜂鸣器产生的。

蜂鸣器一般是基于压电原理制成的，其鸣响频率一般在 200Hz~3kHz，工作电压有 3V、5V、9V、15V 等几种，工作电流一般在几到几百毫安。蜂鸣器分直流和交流两种供电方式，直流蜂鸣器有正负极之分，只要给蜂鸣器接上工作电源就会鸣响。图 1-68 所示是一些常见蜂鸣器的外观，为了提高音量，蜂鸣器一般都有一个塑料外壳作为助音腔。

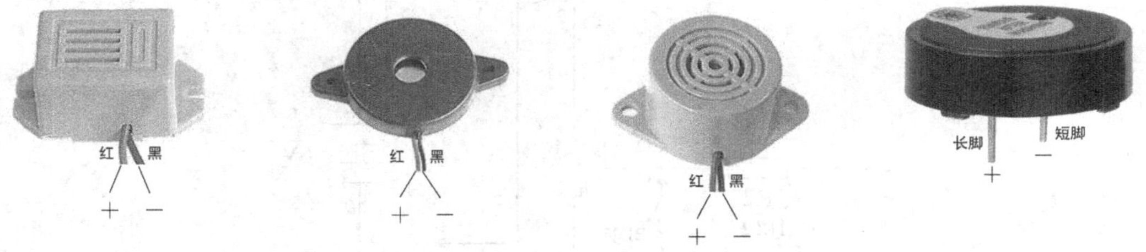

图 1-68　常见蜂鸣器

光控报警器的报警功能就由蜂鸣器实现，图 1-67 说明，如果三极管开关闭合，则有电流流过蜂鸣器 HA 而发出"嘀……"的提示音。

1.4.2　第一个三极管

具体到光控报警器中的第一个三极管 VT1，如图 1-69 所示，如果它的 b 极得到合适的偏置电压 V_{B1} 则导通，电流从其 c 极流向 e 极。那这个"合适"的偏置电压 V_{B1} 是多少呢？下文再研究这个问题。

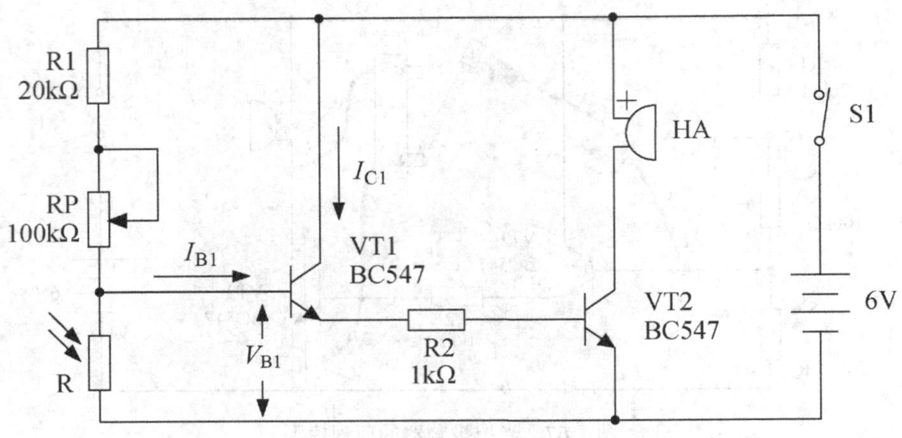

图 1-69　光控报警器的第一个三极管

1.4.3　第二个三极管

现在我们知道，如果三极管 VT1 导通，意味着将有电流从它的 c 极流向 e 极。而三极管 VT2 的 b 极通过电阻 R2 与 VT1 的 e 极连接，于是三极管 VT1 导通时的电流经过电阻 R2 形成 I_{B2} 流进了 VT2，如图 1-70 所示，同时在三极管 VT2 的 b 极出现了一个偏置电压 V_{BE2}。

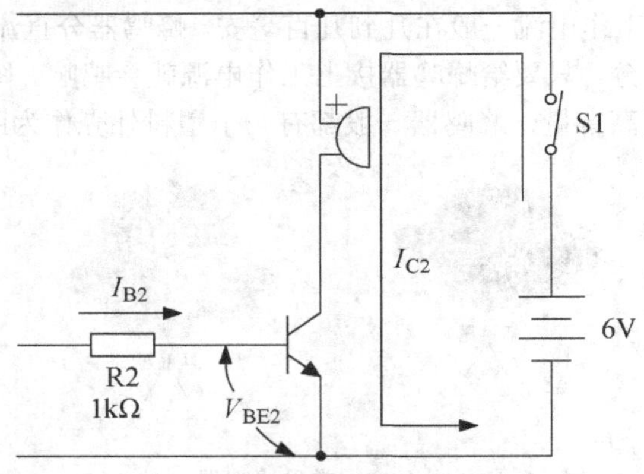

图 1-70　光控报警器的第二个三极管

与三极管 VT1 一样，加在三极管 VT2 上的偏置电压 V_{BE2} 一旦达到导通所要求的 0.7V，则 VT2 导通，电流 I_{C2} 从电源正极流过蜂鸣器 HA 并经 VT2 的 c 极和 e 极回到负极。蜂鸣器 HA 因有电流流过而工作，发出“嘀……”的报警声。

1.4.4　“合适”的偏置电压

还记得图 1-45 所示的光敏电阻阻值与 P 点电压（即三极管 VT1 的 b 极电压 V_{B1}）之间的关系吗？在光敏电阻的阻值由小变大过程中出现了“合适”的偏置电压 V_{B1}，这个偏置电

压 V_{B1} 是整个电路工作的关键，也是"光控"的立足点所在。

为了探索这个偏置电压 V_{B1} 对应的光敏电阻阻值，可求助于 Multisim。在 Multisim 2001 中连接如图 1-71 所示电路，其中使用电位器 R3 代替光敏电阻，以便仿真中对阻值进行调节。

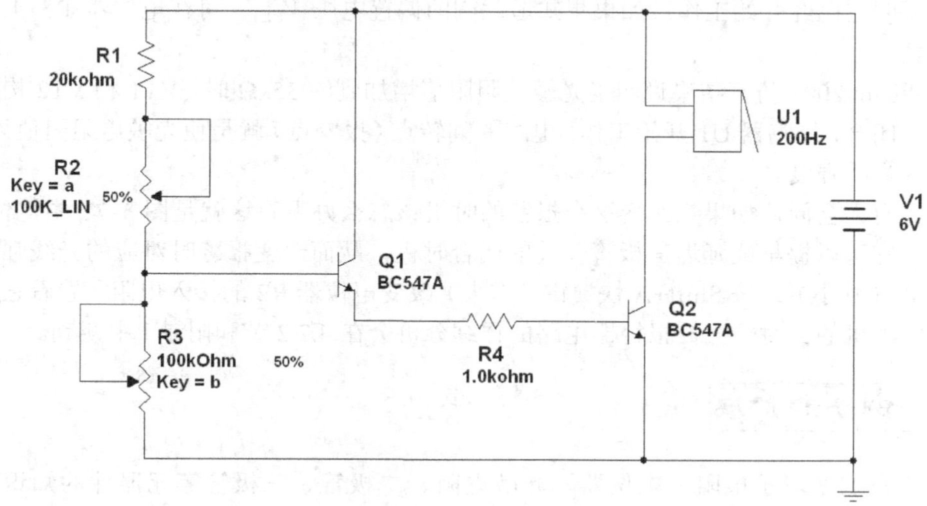

图 1-71　利用 Multisim 的仿真分析功能分析光控报警器

连接完电路后，双击电位器 R3，在打开的电位器参数窗口中的 Value 选项卡下（如图 1-72 所示），把电位器的按键 Key 的减小 Decrease 和增加 Increase 分别设为 b 和 B，这样在仿真过程中，按 B 键时电位器接入电阻减小，而按 Shift+B 快捷键时接入电阻增加。设置完成后单击 OK 按钮关闭窗口。

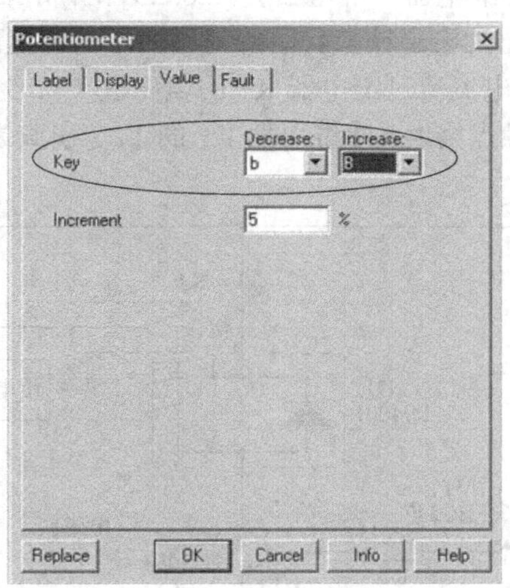

图 1-72　电位器的按键控制设置

之后，每按 B 键，都会看到电位器 R3 旁边的百分数在变小，说明电位器 R3 的接入电阻在减小。按住 B 键不放直到减小到 0%为止，此时电位器 R3 的接入电阻为 0Ω。随后打开仿真开关，逐次按 Shift+B 快捷键，则电位器 R3 的接入电阻从 0Ω 开始变大，模拟光线渐渐变暗时光敏电阻阻值变大的过程，当增加到 35%时（此时接入电阻为电位器阻值的 35%，即 35kΩ），会从计算机的扬声器中发出一个鸣响音，这就是图 1-71 中蜂鸣器 U1 发出的，说明它已经开始工作。如果想知道此刻的偏置电压 V_{BE1}，可在电位器 R3 上并联一个电压表。

Multisim 2001 仿真结果说明当光敏电阻阻值增加到约 35kΩ 时，VT1 和 VT2 构成的三极管开关闭合，蜂鸣器 U1 开始工作。电路的翻转点（报警点）就是使光敏电阻阻值为 35kΩ 时对应的光线强度。

也许有人会问，如果想改变这个报警的时机该怎么办呢？这就是图 1-71 中电位器 R2 的任务，它可以提早或延迟三极管开关的闭合时机，从而改变报警时对应的光线强度。试着按 A 键（减小）或按 Shift+A 快捷键（增大）改变电位器 R2 的接入电阻，看看它是如何影响报警时机的。对于光控报警器电路的详细分析会在 4.2.2 节和附录 I 中谈到。

1.4.5 例子的扩展

本章我们学习了电阻、电位器、光敏电阻、二极管、三极管等元器件的知识并结合 Multisim 2001 完成了第一张电路图的定性分析，初步了解了如何用 Multisim 2001 去探索电路问题。最后，再来看看光控报警器电路的一些扩展。

1. 光控对象的扩展

光控的对象除了报警用的蜂鸣器外，还有许多其他选择。比如在天色渐暗的时候，控制路灯或其他用电器工作。由于路灯等一些用电器往往与光控报警器的工作电压不同，所以一般让光控电路控制一个继电器（继电器会在 8.2.5 节中介绍），进而控制其他用电器。如图 1-73 所示，继电器 K1 的电磁铁取代了蜂鸣器 HA 的位置而受三极管开关的控制。三极管 VT1 和 VT2 导通时，电流流过继电器 K1 的电磁铁（4、5 引脚），电磁铁工作，吸引衔铁使 1 引脚与 3 引脚的触点接触，即继电器 K1 的 1、3 引脚之间导通，用电器获得 220V 交流电压而工作。

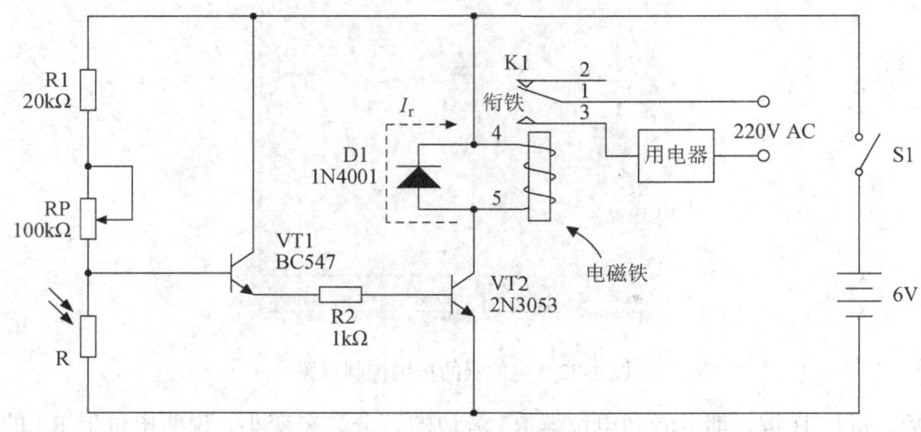

图 1-73　光控继电器

由于继电器中的电磁铁是一个线圈，当三极管开关断开一瞬间，线圈会产生一个反向的高压（参考 2.2.2 节）。这个高压极有可能将三极管 VT2 烧毁，所以在图 1-73 所示的光控电路中，继电器 K1 的电磁铁与一个二极管 D1 并联。平时二极管 D1 反向偏置不工作，当三极管开关断开时，电磁铁线圈产生的反向高压将通过二极管 D1 释放掉（图 1-73 中虚线箭头 I_r），从而保证三极管 VT1 不被烧毁。

2. 温控电路

除了测量光线强度进行报警或控制其他用电器外，实际当中还常常根据温度的变化来控制电器工作，比如空调、电冰箱等。比如在夏天我们想把室温控制在 26℃，则空调如果检测到温室高于 26℃就启动压缩机制冷。这时，可使用温控电路来控制压缩机，如图 1-74 所示，热敏电阻 RT 和电位器 RP 构成了一个分压器向三极管开关（由 VT1 和 VT2 构成）提供偏置电压，当温度升高时，热敏电阻 RT 的阻值减小，从而使偏置电压升高，当偏置电压达到三极管开关闭合的条件时，三极管开关闭合，继电器 K1 导通，用电器（压缩机）上电工作。

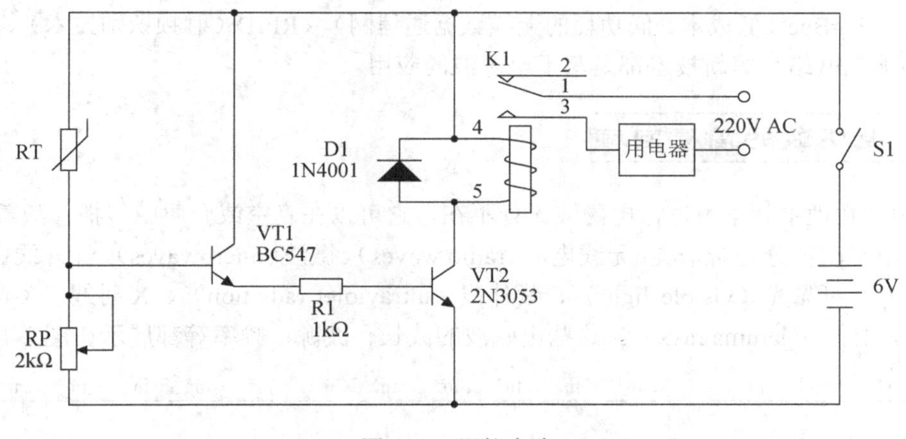

图 1-74　温控电路

图 1-73 和图 1-74 中，由于继电器中线圈工作电流较大，所以驱动它的三极管换成了 2N3053，它的 c 极最大驱动电流 I_C=0.7A，足以驱动一般的继电器工作。

第 2 章　收音机里蕴含的知识

第 2 章将围绕一台收音机来认识电磁波，并学习无线电中调制、解调、放大器的基础知识。通过分析一台单管直放式收音机的电路图，学习更多电子元器件、电路设计的知识。

2.1　解密电磁波

电磁波的简要回顾　无线电通信频段　单管收音机电路图

电磁波（electromagnetic waves）的发现打开了无线电技术发展的新篇章。从第一次使用无线电波跨越大洋通信以来，人类从来没有停止过使用电磁波这种传递信息的载体。今天，蓝牙、ZigBee（低成本、低功耗的无线数据通信网）、RFID（射频识别技术）、4G（第 4 代无线通信网络）等新技术都是基于电磁波的应用。

2.1.1　电磁波的简要回顾

在中学物理中就学习过，电磁波无处不在，它可以在真空或介质中传播。随着频率由小到大，电磁波被分为若干类：无线电波（radio waves）、微波（microwaves）、红外线（infrared radiation）、可见光（visible light）、紫外线（ultraviolet radiation）、X 射线（X-rays）、伽马（γ）射线（gamma rays）。这些电磁波的波长、波源、频率等都展示在图 2-1 中。

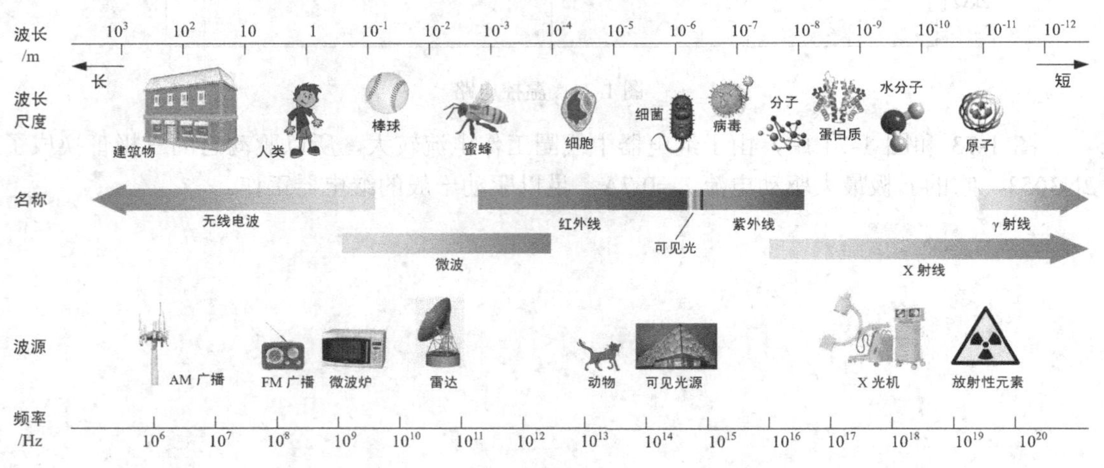

图 2-1　电磁波家族

同相振荡且互相垂直的电场与磁场在空间中以波的形式移动，这种传播方式形成的电磁场称为电磁波。电磁波传播方向垂直于电场与磁场在空间形成的两个平面，如图 2-2 所

示，天线（antenna）中变化的电流产生磁场，而磁场又感应出电场，电场又会感应出磁场。这种交替产生的电场和磁场就会在介质或真空中形成电磁波并发射出去。

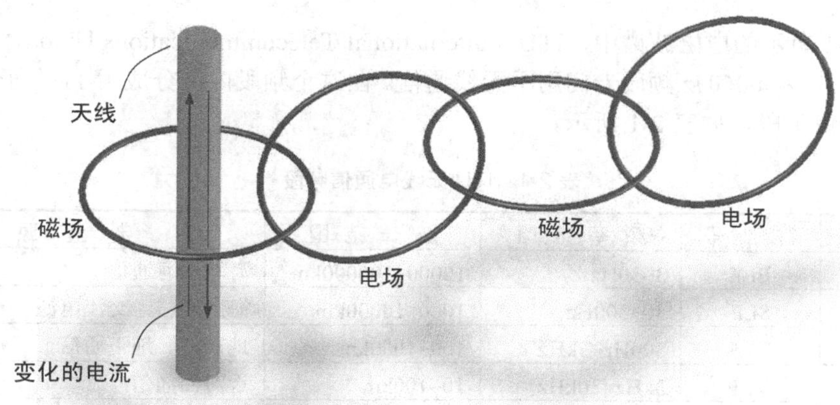

图 2-2　电磁波的形成和传播模式图

只要是自身温度大于 0K 的物体都会发射电磁波，而宇宙中并不存在温度等于或低于 0K 的物体。因此，整个宇宙都笼罩在电磁辐射当中，地球自然也不例外，但是只有一些在可见光范围内的电磁波可被人类察觉。电磁波不依赖介质也可以传播，图 2-1 所示的各种电磁波在真空中传播速率固定，均为光速（3×10^8m/s）。

地球之歌

如果人类的耳朵变成能接收无线电波的天线，那我们就会听到一场永不间断的、非同寻常的地球噪声交响乐。科学家称这些来自地球的噪声为“大气干扰”、“啸声干扰”、“天电干扰”（如图 2-3 所示）。这些噪声非常像科幻电影中那些奇幻的背景音乐，来自地球天然发出的各种频率的无线电波，虽然其中绝大部分根本不知道从哪里来的，但是这首地球之歌一天 24 小时都在不间断地吟唱着。

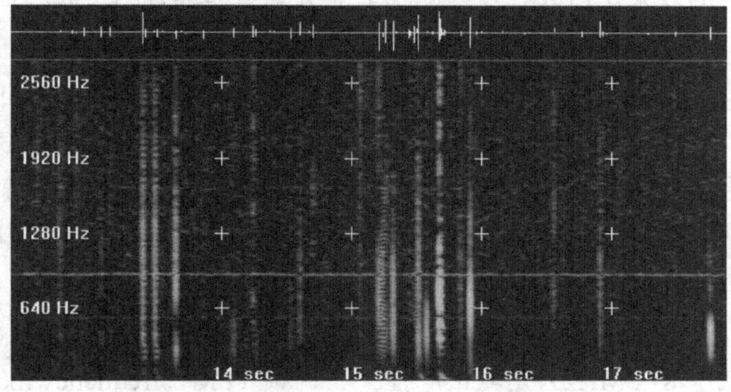

图 2-3　天电干扰

2.1.2 无线电通信频段

在图 2-1 所示的电磁波谱中，ITU（International Telecommunications Union，国际电信联盟）划出 3Hz~300GHz 频段专门用于无线通信。在这个频段内又分成了 11 个子频段用于不同用途通信手段，如表 2-1 所示。

表 2-1 ITU 无线电通信频段

频段号	符号	频率范围	波长范围	典型源
1	ELF	3~30Hz	10000~100000km	海军深海通信
2	SLF	30~300Hz	1000~10000km	海底通信、交流电源
3	ULF	300Hz~3kHz	100~1000km	地震波、地下通信
4	VLF	3kHz~30kHz	10~100km	近海面通信
5	LF	30kHz~300kHz	1~10km	AM 广播、飞机塔台
6	MF	300kHz~3MHz	100m~1km	AM 广播
7	HF	3MHz~30MHz	10~100m	远距离通信、SW 广播
8	VHF	30MHz~300MHz	1~10m	FM 广播、电视广播、DVB 广播
9	UHF	300MHz~3GHz	10~100cm	微波炉、手机、蓝牙、GPS、Wi-Fi
10	SHF	3GHz~30GHz	1~10cm	雷达、卫星电视、Wi-Fi
11	EHF	30GHz~300GHz	1~10mm	卫星间通信、单向能量武器

表 2-1 中，MF、HF、VHF、UHF 4 个频段（阴影部分）与日常生活联系最为紧密，这些频段覆盖了今天许多常用通信手段的频率，如“听收音机”、“看电视”、“打手机”、“无线上网”等。这几个频段的用途具体如下。

1. MF 频段

MF（medium frequency，中频）频率范围为 300kHz~3MHz。其中有一段专门用于中波（MW）广播，其频率范围是 525kHz~1.605MHz。中波广播将声音信号以 AM 方式（amplitude modulation，幅度调制）通过地面波的形式发射出去。MF 频段的电磁波遇到地球电离层时会反射，夜间反射的效果比白天好，因此晚上能听到更远地方的中波广播节目。

2. HF 频段

HF（high frequency，高频）频率范围为 3~30MHz。该频段供无线电爱好者进行直接远距离通信使用，也是短波（SW）广播的频段。HF 频段电磁波可以穿透地球电离层的 E 层，但是遇到 F 层会反射，所以反射角较大，信号可以传输得很远。这就是为什么具有短波（SW）功能的收音机可以收听到远隔万里的美国或者欧洲的广播节目。

3. VHF 频段

VHF（very high frequency，甚高频）频率范围为 30~300MHz。其中 87.5~108MHz（某些校园广播频段低于 87.5MHz）是城市广播——调频（FM，frequency modulation）立体声广播的频段。VHF 频段的电磁波可穿透电离层，所以只能以直线传输的方式来传播。

4. UHF 频段

UHF（ultra high frequency，超高频）频率范围为300MHz~3GHz。日常生活与这个频段的联系最为紧密，因为在这个频段上传输着电视节目信号、手机信号、对讲机信号、DAB（digital audio broadcasting，数字广播）信号、GPS（global positioning system，全球卫星定位系统）信号等。特别是在2.45GHz这个特定的频率上，传输着与人类活动最为亲近的信号——Wi-Fi（无线局域网）信号、蓝牙信号、无绳电话信号、RFID（radio-frequency identification，射频识别）信号等。

这里需要特别注意，大多数国家都遵照表2-1中的无线电频段对通信频段资源进行开发，我国为了加强无线电管理，维护空中电波秩序，有效利用无线电频谱资源，保证各种无线电业务的正常进行，出台了《中华人民共和国无线电管理条例》等一些规范无线电使用的法律法规。虽然通过本书的学习，读者可以自己制作出一个大功率的无线电发射装置，但向当地无线电管理委员会申请前不要自行使用，否则有可能对相同频率上的正常通信产生干扰而危害通信安全，并因此招来法律的制裁。

DAB 广播

DAB广播（digital audio broadcasting）是与传统的模拟FM、AM广播完全不同的数字广播技术，采用复用和压缩技术使得频段的使用更具效率。这种广播用一般的收音机是接收不到的，必须使用专门的DAB收音机。除收听节目外，DAB收音机还可以接收到“广播文字”并显示在屏幕上。这种广播在欧洲非常普遍，比如伦敦城市里就能收听到近百个DAB广播电台的节目，这比传统的FM或AM广播节目来得更丰富。我国北京等一些城市也已经有DAB广播电台，甚至还出现了DVB（digital video broadcasting）电台，使用DVB接收机（有的手机就有DAB、DVB接收功能）就能收看到电视节目，如图2-4所示。

DAB 接收机

DVB 接收机

具有 DVB 接收功能的手机

图 2-4　DAB、DVB 接收机

2.1.3　单管收音机电路图

回顾了电磁波的基础知识后，我们来看看本章需要关注的单管收音机电路图，如图2-5

所示。如果大家能根据第1章的知识对该电路进行力所能及的、大胆的分析是很有益处的，即使可能分析得不完整或不正确，但随着问题的深入，也会逐一被验证或更正。

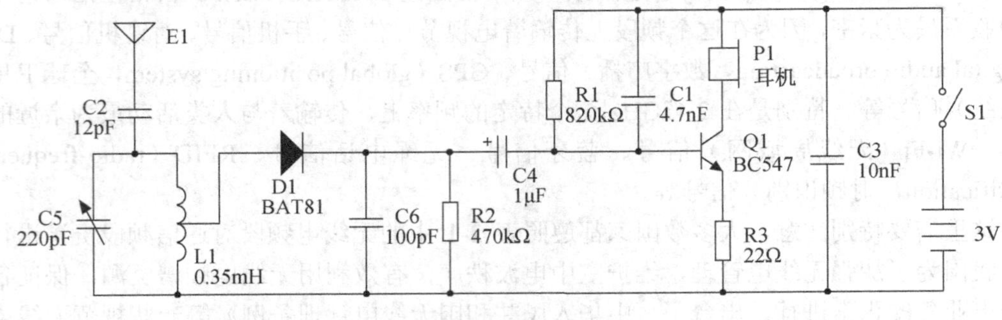

图 2-5　单管收音机电路图

图2-5出现了若干个陌生的元器件，如固定电容（⊣⊢）、天线（Y）、可变电容（⊣⊢）、电解电容（⊣⊢）、电感（⌒⌒⌒）、受话器（耳机）（▯）等。本章将在认识这些器件的基础上，把电路图蕴含的电路知识和设计思路传授给大家。

2.2　小功率无线发射机

电声元件　电容器　电感器　扩音器中的三极管　调制与解调　天线　AM与FM

自从1837年Samuel F. B. Morse发明电报以来，远距离信息传递得以脱离实质的信件运送而实现。电话的出现归功于Alexander Graham Bell，他在1876年成功地利用电话进行通信（除了Bell，Charles Bourseul、Antonio Meucci、Johann Philipp Reis、Elisha Gray也被认为是电话的发明者）。在Bell发明电话的4年之后，Alexander Graham Bell和Charles Sumner Tainter又发明了光电话——利用调制后的光线传输语音信号。到了1894年，一套完整的无线电报系统由Guglielmo Marconi发明。20世纪是人类信息传递方式发生翻天覆地的变化的时代，其中电子技术的蓬勃发展极大地促进了通信技术的提高。1948年，William Shockley在John Bardeen和Walter Brattain的研究基础上发明了晶体管，从此开始了一场电子技术的革命。到了现代，大规模集成电路、计算机技术、互联网的飞速发展更是把通信手段提升到了前所未有的高度。

这一小节里，通过学习有关放大电路和相关元器件的知识来制作一台小功率的发射机，把说话声以无线电波的形式发送出去，并用普通收音机接收。

2.2.1　电声元件

科技发展到今天，还没有找到一种方法，能直接将声音传播到很远的地方，因为声音在介质中传播时会随着距离的增加而迅速衰减。

如果将声音转换成电信号再传输，情况就大不相同了。电信号可以通过导线或以电磁波的形式传输，一旦出现衰减可以利用放大器对信号进行放大。这样，代表声音的电信号

理论上可以传播到宇宙的任何角落，当电信号到达接收端时再还原成声音即可。

1. 话筒（麦克风）

传声器又称话筒（microphone，电路符号=○|）是一种将声音信号转换为电信号的传感器。

话筒广泛存在于我们身边，手机、电话机、录音笔等都利用话筒实现声-电转换的。根据话筒的换能原理可以分为动圈式话筒（moving-coil microphone）、电容式话筒（capacitor microphone）、驻极体话筒（electret microphone）、炭粒式话筒（carbon microphone）等，按输出的阻抗可分为低阻型（R<2kΩ）和高阻型（R>2kΩ），如图 2-6 所示是一些常见的话筒及典型参数。

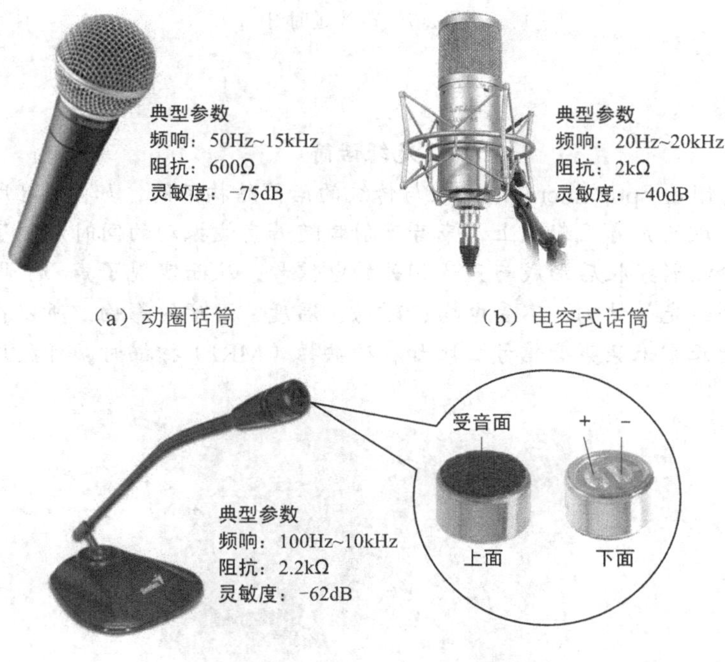

（a）动圈话筒　　（b）电容式话筒

（c）台式话筒（驻极体）

图 2-6　常见的话筒

图 2-6（c）所示的驻极体话筒是电子制作中较为常用的话筒种类，各种声控玩具、楼道里的声控延时灯中都使用驻极体话筒检测声音。图 2-7 所示是一个声控延时灯，当声控开关“听”到脚步声或拍手声时闭合，灯获得电压而发光。这里，驻极体话筒采集环境中的声音，通过驱动电路实现对 AC 220V 的通断控制。

驻极体话筒直径与小拇指差不多，其一面有黑色棉网，为受音面（如图 2-6（c）所示），另一面为话筒的接线端，有正极（+）、负极（-）两个焊点，其中负极一般与器件的外壳短路，这点可用于判断驻极体话筒的极性。一般可用万用表的电阻挡检测驻极体话筒：表笔与其正极、负极相连，对着驻极体话筒的受音面说话，会发现电阻发生变化。

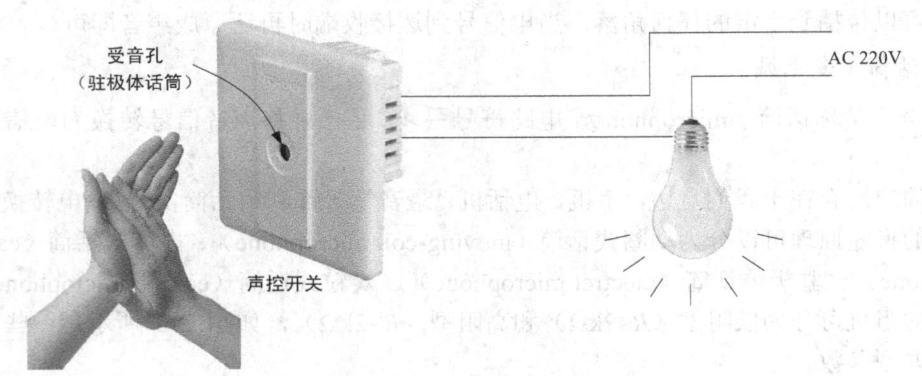

图 2-7　声控延时灯

光纤话筒

光纤话筒（fiber optic microphone）与传统的话筒结构不同，如图 2-8 所示，激光通过光纤传导到麦克风的声音反射膜上，声音反射膜随着声波振动的同时调制了反射激光。反射激光被光电检测器接收后形成与声音相关的电信号，从而实现了声-光-电的转换。由于光纤话筒是一个纯光学结构，不受电场、磁场、温度、湿度的影响，所以在一些强电磁场和恶劣条件下能正常采集声音信号，比如在磁共振（MRI）扫描时，可利用它来转换声音信号。

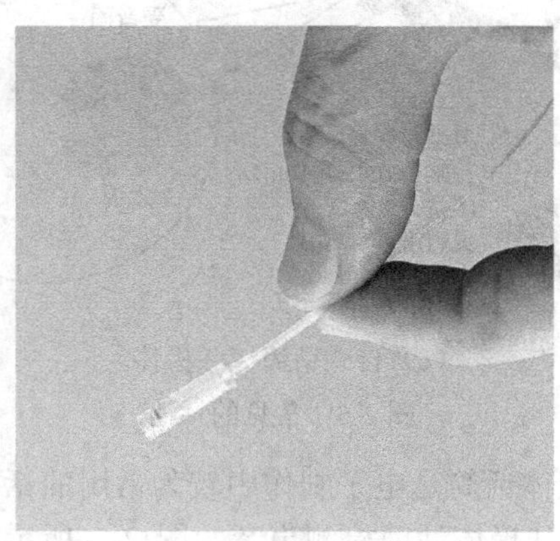

图 2-8　光纤话筒

2. 扬声器（喇叭）

扬声器（speaker driver，电路符号◁）是一种将电信号转换为声音信号的换能器。

扬声器是一种非常常见的器件，它在电视、多媒体音箱、收音机等需要还原声音信号的场合负责把电信号转换成声音。大多数扬声器都是动圈型的（moving-coil loudspeaker）。图 2-9 所示为一些常见的扬声器外观，根据扬声器所还原声音的频率范围不同，可分为低频扬声器、中频扬声器、高频扬声器等几种。

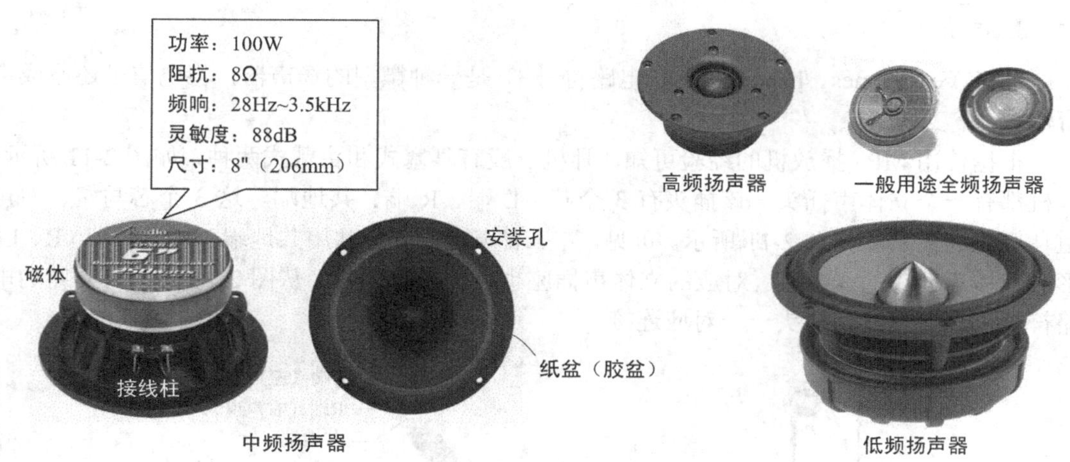

图 2-9　常见的扬声器

扬声器有功率（几瓦到几百瓦）、阻抗（4Ω、8Ω、16Ω）、频响范围、灵敏度、尺寸等参数供设计时参考。这些参数通常都会印在扬声器的背面，如图 2-9 中所示某中低频扬声器的功率为 100W、阻抗为 8Ω 等。

无论哪种扬声器，其工作原理都相同，就是当声音信号经过扬声器的线圈后，线圈在磁场作用下产生运动，从而带动扬声器的纸盆（或胶盆）发声。图 2-9 所示的低、中、高频扬声器一般用在专业的扬声器系统（音箱）中，而一般的电子产品，如玩具、收音机等可使用一般用途的全频扬声器。

超重低音单元

超重低音单元（woofer）专门用于 40Hz 至几 kHz 信号的放大。通过分频器将低频信号送入超重低音单元（如图 2-10 所示），信号经过低频信号放大器后，驱动低频扬声器发声。由于要还原低频信号，低频扬声器一般比较厚重，其纸盆（或胶盆）在低频信号的驱动下能做较大幅度的径向运动（就像活塞一样）。超重低音单元的最大特点就是还原声音震撼的一面，所以它已成为家庭影院中不可或缺的组成部分。

图 2-10　超重低音单元

3. 耳机

耳机（earphones、headphones，电路符号）是一种微型的扬声器，将电信号还原成声音信号。

根据使用MP3播放机的经验可知，耳机一般有耳塞式和头戴式两种，如图2-11所示。耳机都有一个立体声插头，该插头有3个芯：L端、R端、共地端。这3个芯与左、右声道耳机的连接示意如图2-11所示。可见，左、右声道的耳机共用共地端，与另两端（R、L）形成立体声插头的3个芯。对应的立体声插座也有3个接触片（从图2-11立体声插座的电路符号可以看出）与插头一一对应连接。

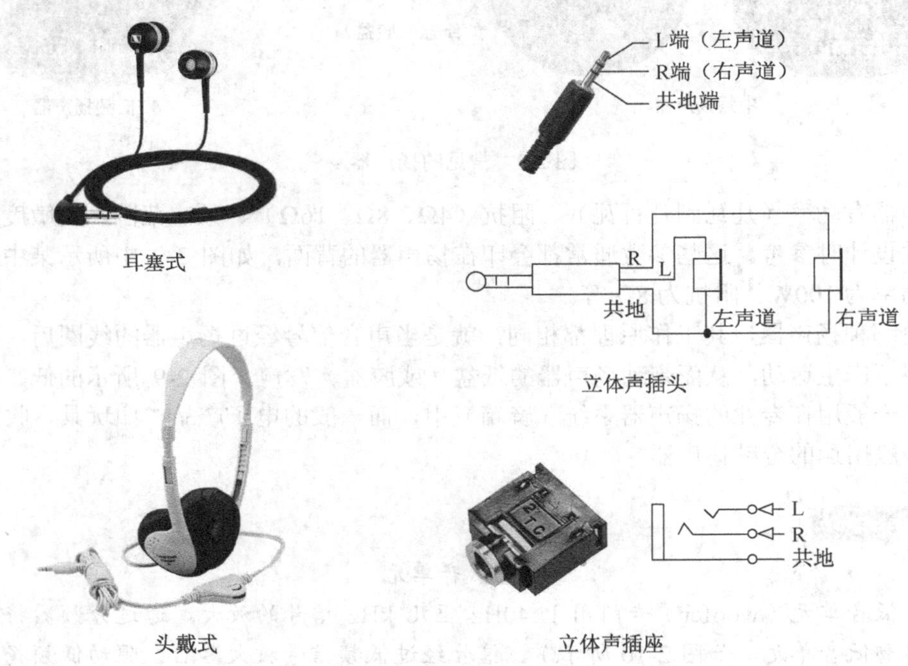

图2-11 耳机及插头、插座

4. 压电陶瓷片

压电陶瓷片（piezo element，电路符号）是一种利用压电效应（piezoelectric effect）原理制成的电能-机械能转换器。

压电陶瓷片结构简单、电声转换效率高、没有线圈和磁铁，如图2-12所示。当对压电陶瓷片施加的交变信号频率接近其共振频率时压电陶瓷片发出鸣响。压电陶瓷片的直径一般有ϕ20mm，ϕ27mm，…，ϕ55mm等多种供选择，是一种价格低廉的电声器件，其特点为功耗低、音质较差，比较适合应用在电子表、小闹钟等电子产品的声音提示中。

2.2.2 电容器

电容器（capacitor，简称电容，代表电路符号）是一种储能器件，它不允许直流

通过，但能让交流通过。

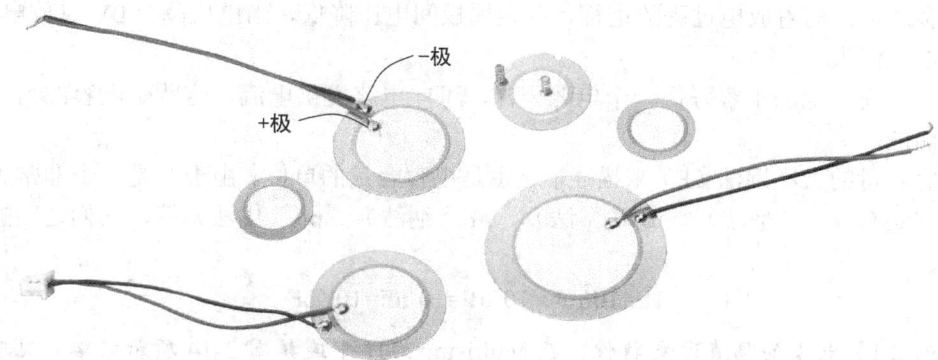

图 2-12 压电陶瓷片

中学时就学习过，电容的原始模型是由电介质分隔的两块平行放置的金属板组成，如图 2-13 所示，闭合开关，电容两端就接到了电池的+、-极上，此时电容进行充电（charge）。上金属板的电子被电池正极吸引走而形成多余的正电荷；而下金属板从电池负极得到电子而带负电荷，这一过程使电路出现短暂电流：电流从电池正极出发，依次经过 A 点、B 点、C 点、D 点回到电池负极。当电容两金属板之间电压等于电池电压时，充电过程停止，电路中不再有电流流动，电容相当于开路。

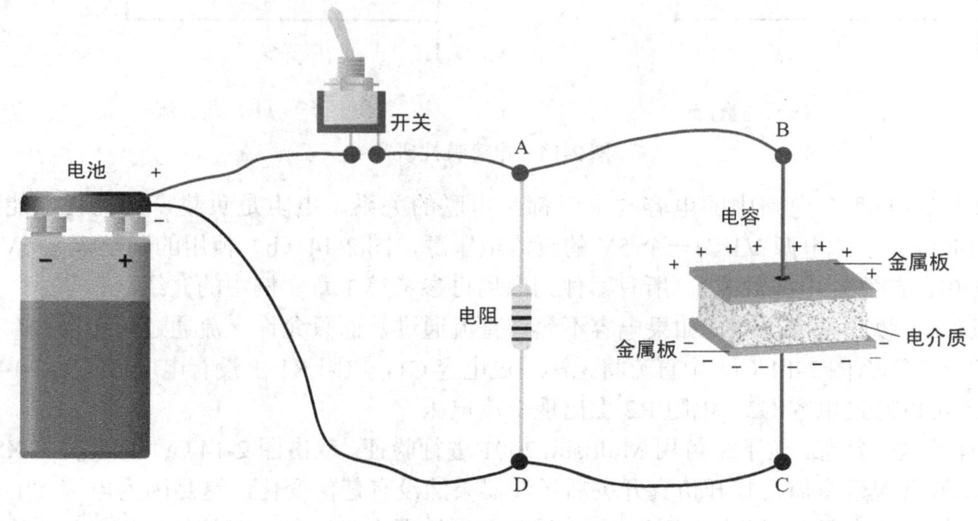

图 2-13 电容器充电

可见，如果给电容施加直流电压，电容只会在充电的过程中“贡献”电流，当它“吃饱”后，电路就不再有电流。也就是最终电容会“隔直流”，而且电容的容量越大、充电的时间越长，电路里电流的持续时间也就越长。

充电之后的电容中已经存储了一定的电荷，如果断开图 2-13 中所示的开关，电容和电阻形成一个闭合的环路，因此电容开始向电阻放电（discharge），电流方向与充电时电流方向相反——电流从电容上方金属板流出，依次经过B点、A点、电阻、D点、C点后回到下方金属板。随着放电过程的进行，两金属板间电压降低，当电压降至0V时放电停止，电路中电流消失。

可见，充了电的电容好像一个电池一样，可向电路提供电流。这就是电容的另一个特点——储能。

电容容量的大小用法（F）来描述，这也是电容容量的单位。由于F是一个非常大的单位，通常还有 mF（毫法）、μF（微法）、nF（纳法）、pF（皮法）等，它们之间的换算关系为：

$$1F=10^3mF=10^6\mu F=10^9nF=10^{12}pF \tag{2-1}$$

【例2.1】电容的隔直通交特性：在Multisim 2001中连接图2-14所示电路，观察电容的特性。

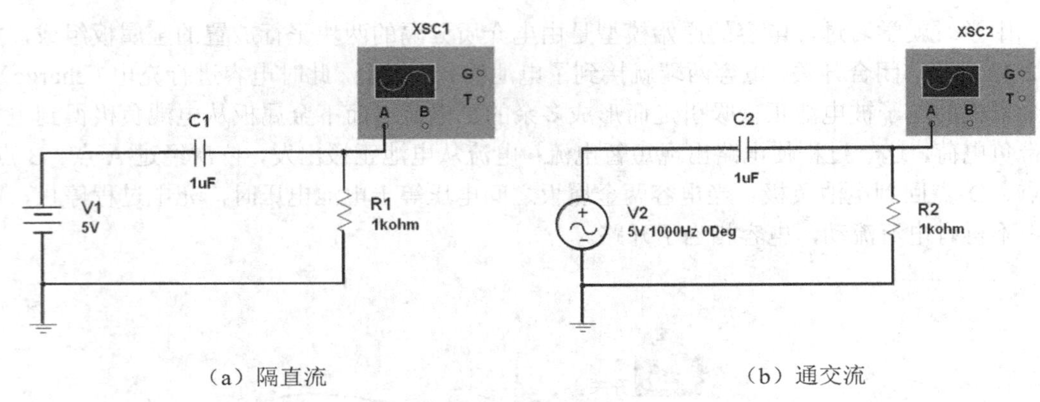

（a）隔直流　　（b）通交流

图2-14　电容特性研究

图 2-14 两个电路中的电容与电阻都是串联的关系。电阻是负载，是消耗电能的。图2-14（a）中，电源V1为一个5V的直流电压源，图2-14（b）使用的则是幅度5V、频率1000Hz的交流电压源V2。所有器件的取用可参考第1章实例中的介绍。

现在可以先猜想一下，如果电容不允许直流通过，而只允许交流通过（可简称"隔直通交"），那么图2-14（a）中直流将无法通过电容C1，电阻R1上没有电压；而图2-14（b）中交流可以通过电容C2，电阻R2上出现交流电压。

有了这个猜想，接下来可用Multisim 2001进行验证。双击图2-14（a）的示波器XSC1，弹出示波器观察窗口，打开仿真开关后示波器果然没有任何变化。这是因为电容 C1 的隔直流特性使得电阻R1两端电压为0V，反映在示波器上是一条与时间轴（横轴）重合的水平线。为了能观察到它，可把通道A的Y position参数修改为1.0，从而将波形向上平移一格（如果Y position修改为负数则波形向下平移），如图2-15所示。虽然波形平移，它的幅度仍然为0V，所以得出结论：电容隔直流。

双击图2-14（b）的示波器XSC2，并打开仿真开关，就会在示波器观察窗口中观察到波形，并按图2-16所示修改示波器显示参数，把Timebase的Scale修改为1ms/Div（每格代表1ms）、把Channel A的Scale修改为5V/Div（每格代表5V），以使波形合理地显示。

从波形可以看出，其纵轴方向占了一格，所以幅度为 5V。而周期也是一格（横轴），所以 T=1ms，于是频率 f=1/T=1000Hz。该信号的幅度和周期与交流电压源 V2 的完全相同，电容 C2 在电路中好像“透明”一样，所以得出结论：电容通交流。

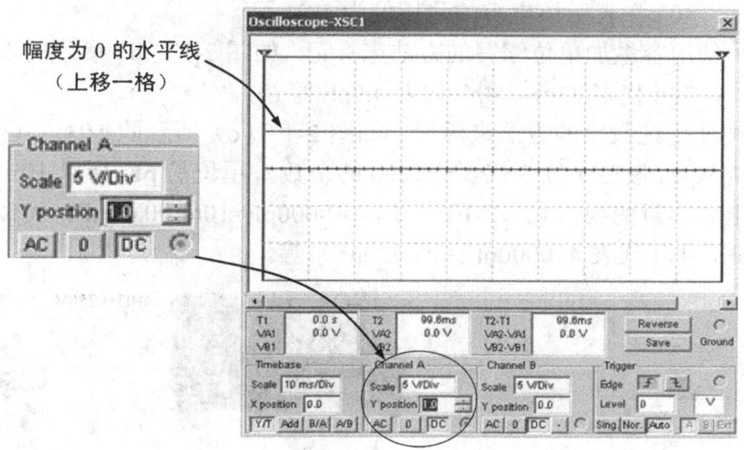

图 2-15　调整 Y position 参数以平移波形

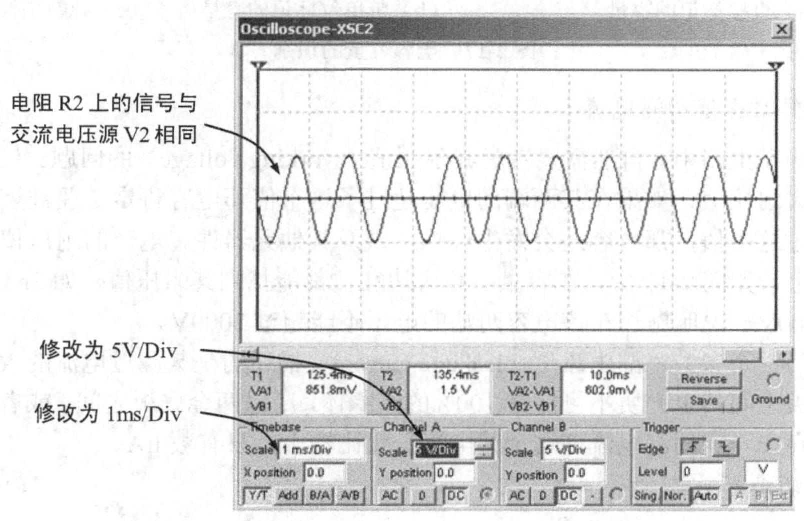

图 2-16　电容允许交流信号通过

1. 电容的容量

容量（capacity）是选用电容时首要考虑的参数。在一般电路中，电容器容量的选取范围为 1pF~150000μF。和电阻有一个基准取值（见 1.1.2 节）一样，电容也参考 E12 基准进行取值，E12（允许误差±10%）基准中电容容量为 1.0、1.2、1.5、1.8、2.2、2.7、3.3、3.9、4.7、5.6、6.8、8.2 分别乘以 10、100、1000……所得到的数值。所以，在市场上是买不到如 25μF 这种“奇怪”的电容的。

电容不像电阻那样用色环标记容量，而是采取更为直观的数字标记法。绝大多数电容在其表面上都印有代表容量的数字标记，如图 2-17 所示是 3 种标记电容容量的方法：

- ✧ 第 1 种比较简单，在电容表面印有容量的数值和单位，如图 2-17(a)所示的 1 000μF。另外，“10V”表示该电容的耐压值为 10V。
- ✧ 第 2 种使用容量加单位缩写的方法来标记，如图 2-17（b）所示的 3n3 代表 3.3nF，类似的，33n 代表 33nF、4p7 代表 4.7pF 等。
- ✧ 第 3 种使用纯数字的方法来标记，如图 2-17（c）所示的 103，其中 10 代表容量的前两位数，最后一位 3 代表倍数(0 的个数)，单位是 pF。所以 103 代表 10000pF。根据电容容量的换算式（2-1），103=10000pF=10nF=0.01μF。类似的，222 代表 2200pF，474 代表 470000pF（即 470nF）等。

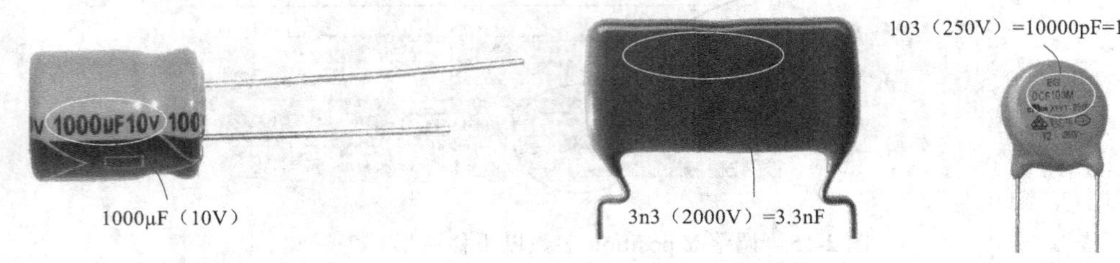

（a）直接标记的容量　　（b）带单位标记的容量　　（c）纯数字标记的容量

图 2-17　电容容量的识别

2. 电容的耐压值和漏电流

电容工作在电路中，自然需要考虑其耐压值（working voltage）的问题。任何一个电容都有一个最大耐压值，如果在其两端的电压超过了这个值那电容肯定是要被烧毁的。如果电压远远超过这个值，那电容还会发生爆炸，殃及其他元器件。电容的耐压值一般都会标记在其外壳上，如图 2-17 中，在容量参数旁边往往都能找到其耐压值，如 3n3 的电容，其耐压值为 2000V，说明施加在该电容两端的电压不能超过 2000V。

电容的另一个参数“漏电流”（leakage current）描述的是其漏过电流的大小。因为电容两个金属板之间的电介质不可能是 100%的绝缘体，所以两金属板之间，或者说电容两引脚之间一定存在一定的漏电流，这个漏电流一般比较小，只有数 μA。

3. 电容的种类

根据电容中电介质的不同，电容有涤纶电容（polyester capacitor，或称聚酯电容）、云母电容（mica capacitor）、瓷介电容（ceramic capacitor）、电解电容（electrolytic capacitor，或称极性电容）、可变电容（variable capacitor）等几种。其中涤纶、云母、瓷介电容为无极性电容（non-polarized capactior），它们有图 2-18（a）所示的相同电路符号，而图 2-18（b）~图 2-18（d）是这几种电容的外观。

电解电容是一种极性电容（polarized capactior），其电路符号如图 2-19（a）所示，它在无极性电容电路符号的基础上多出了一个“+”号。标有“+”号的一端为正极。电解电容分为两种，其中一种为铝电解电容（aluminium electrolytic capacitor），如图 2-19（b）所

示，它是一个圆柱形的器件，在外壳上印有容量和耐压值等信息，还有一个非常明显的银色或灰色条，指明与之同侧的引脚为电容的负极。另一种电解电容为钽电解电容（tantalum electrolytic capacitor），如图 2-19（c）所示，在低压电路中可以与铝电解电容直接换用，它比铝电解电容有更小的漏电流和较小误差，但是钽电解电容的容量一般都不会超过 470μF，而铝电解电容的容量则大得多。钽电解电容外壳上有一侧标有“+”，指明同侧引脚为正极。

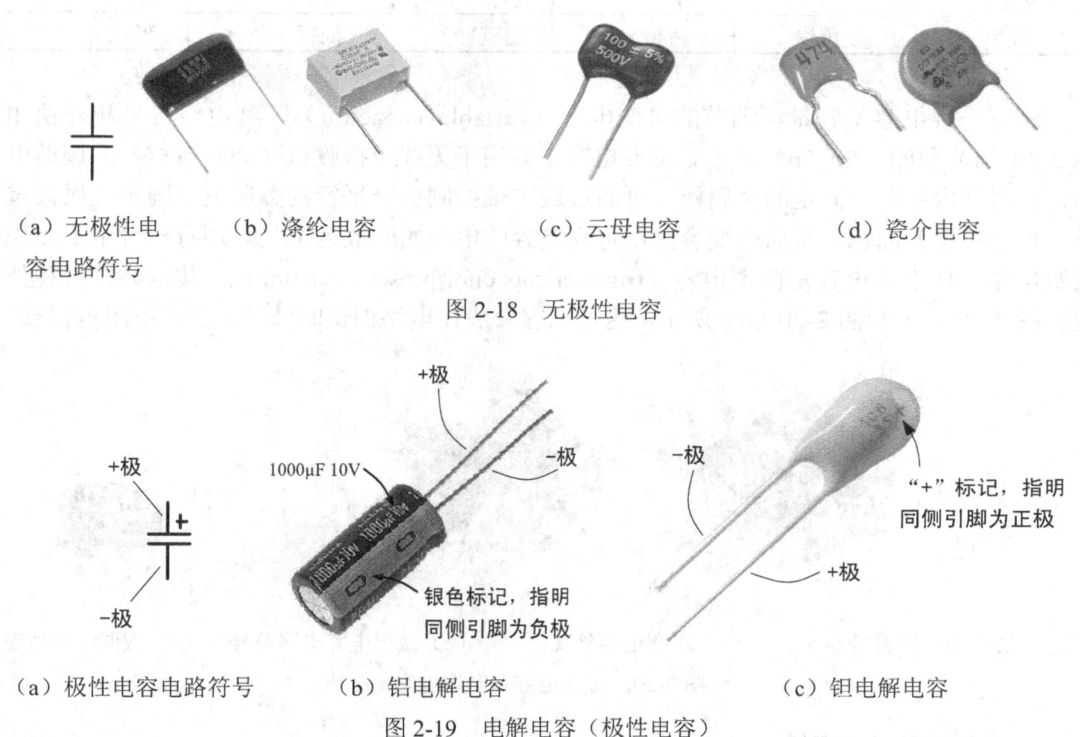

（a）无极性电容电路符号　（b）涤纶电容　（c）云母电容　（d）瓷介电容

图 2-18　无极性电容

（a）极性电容电路符号　（b）铝电解电容　（c）钽电解电容

图 2-19　电解电容（极性电容）

电解电容是有极性的电容，在使用时切不可接反，否则很容易烧毁元件。此外，电解电容在选用时还需要注意其额定电压，在器件两端施加的电压值如果超过了额定电压，元件就会发热甚至爆炸，常用的额定电压有 10V、16V、25V、35V、50V、75V、100V、125V、300V 等。图 2-19（b）所示的铝电解电容是一个容量为 1000μF、额定电压为 10V 的元件。

以上介绍的几种无极性电容和极性电容在电路设计中如何选取呢？首先根据电路图中电路符号确定是无极性还是极性电容。如果需要的是一个 1μF 的无极性电容（$\frac{\perp}{\top}$），则是选择涤纶电容还是瓷介电容呢？如果是一般用途的电路，选择这两种都可以。瓷介电容一般比较便宜，如果电路对电容误差要求不高可以选用；而云母电容容量一般较小，如果电路中信号频率较高可以选用。如果是极性电容的选取，一般选用的都是铝电解电容，电路对电容漏电流要求很高时可考虑使用钽电解电容。表 2-2 给出了不同种类电容的容量范围等参数，供选用时参考。

表2-2　电容参数对比表

种类	无极性电容			极性电容	
	涤纶电容	云母电容	瓷介电容	铝电解	钽电解
容量范围	100pF~22μF	1pF~47nF	0.1pF~10μF	0.1μF~4F	0.47~470μF
误差	±20%	±1%	−25%~+50%	−10%~+50%	±20%
漏电流	小	小	小	大	小
应用	一般用途	高频	退耦	低频	低压

还有一种电容是容量可调节的可变电容（variable capacitor），其电路符号和外观如图2-20（a）和图2-20（b）所示。可变电容主要用于无线电接收机（如收音机）的调谐电路，在器件内部有一固定的金属板，可通过旋转轴控制另一平行的金属板与固定金属板重叠（但不接触）面积，从而改变容量，可变电容的电介质一般为空气。还有一种用于预先设置电路工作点的电容是微调电容（trimmer capacitor/preset capacitor），其电路符号和外观如图2-20（c）和图2-20（d）所示，这种电容一般在电路调试时调定，之后不用再调整。

（a）可变电容电路符号　（b）可变电容外观　（c）微调电容电路符号　（d）微调电容外观

图2-20　可变电容及微调电容

4. 电容的串联和并联

电容串、并联的总容量计算方法与电阻串、并联的总电阻计算方法相反：当电容并联时，如图 2-21 所示，总容量为两个电容的容量之和（C=C1+C2）；而当电容串联时，如图2-22 所示，总容量的倒数为两个电容容量倒数之和（$C=\frac{C1\times C2}{C1+C2}$）。

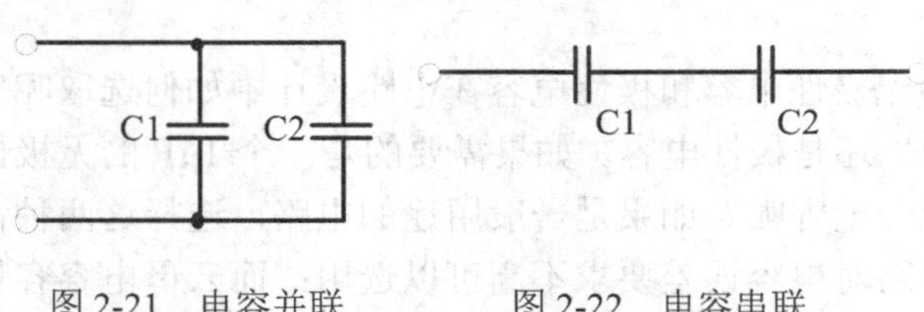

图2-21　电容并联　　图2-22　电容串联

5. 再谈电容的隔直通交特性

因为“隔直通交”为电容在电路中最常用的特性，所以再通过一个例子来巩固一下这个特性。

【例 2.2】电容的隔直通交特性：在 Multisim 2001 中连接图 2-23 所示电路，观察电路的输入/输出波形。

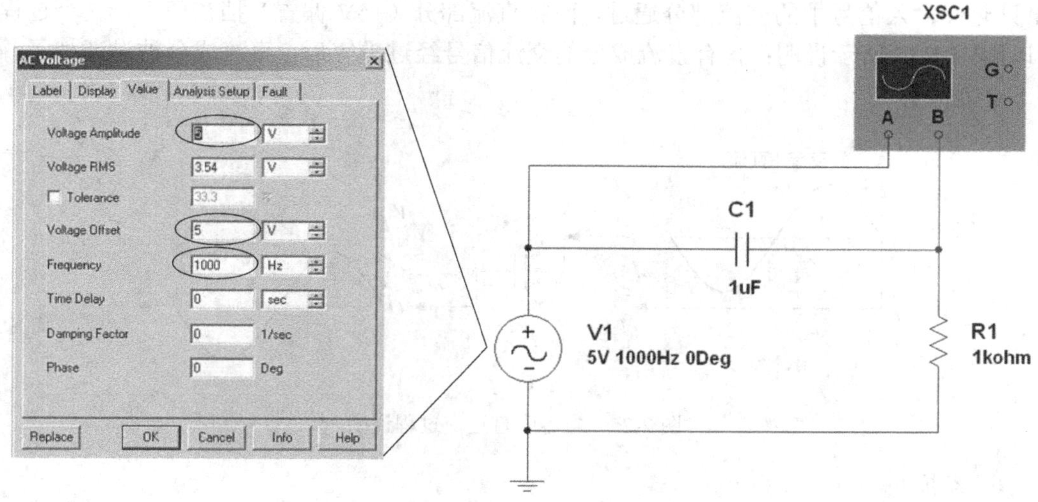

图 2-23　电容的隔直通交特性

图 2-23 所示电路非常简单，一个交流电压源 V1，一个电容 C1 和一个负载电阻 R1。交流电压源 V1 按照图中所示将信号幅度（Voltage Amplitude）修改为 5V，偏置电压（Voltage Offset）修改为 5V，频率（Frequency）修改为 1000Hz。示波器 XSC1 的通道 A 用于观察输入信号，即交流电压源 V1 的信号；通道 B 用于观察电路的输出，即电阻 R1 两端的电压变化。打开仿真开关，调整一下示波器的显示参数，将得到图 2-24 所示的波形（输出波形被加粗）。

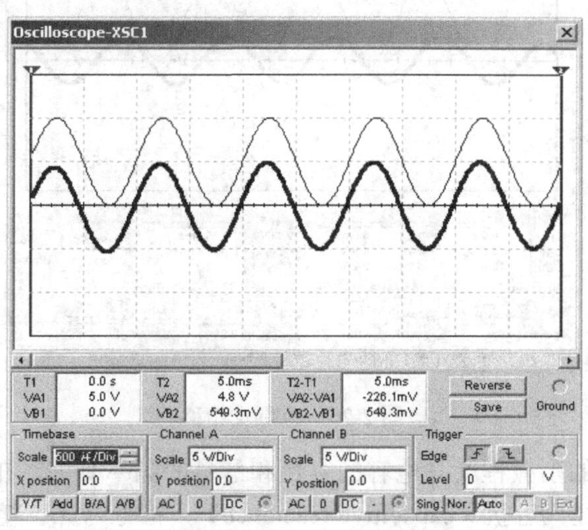

图 2-24　电容的隔直通交特性输入输出波形

图2-24中，输入信号（细）是交流电压源V1产生的，由于人为增加了+5V的偏置电压，所以幅度为5V、频率为1000Hz的正弦信号整体向上平移了5V。而经过电容之后，+5V的直流偏置成分不见了，正弦信号又回到了水平线上（粗）。可见，图2-23中，电容C1只允许输入信号中的交流部分通过，而将直流部分（+5V偏置）挡在门外。这个过程还可以用图2-25所示说明：含有直流成分的交流信号经过电容后，直流成分被过滤掉了，只剩下交流成分。

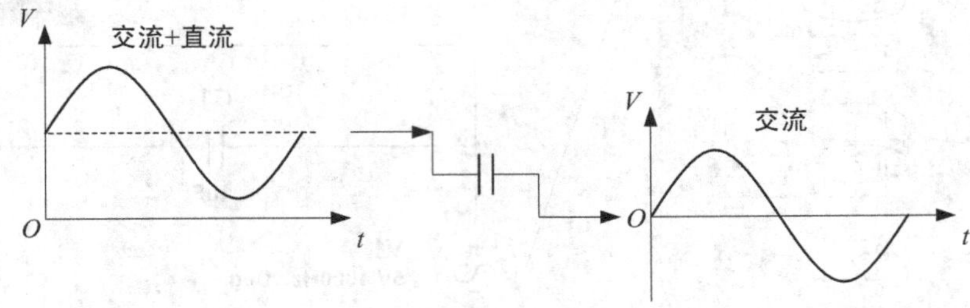

图2-25　电容隔直通交过程说明

6. 容抗

虽然说交流信号能通过电容，但电容毕竟不是一根导线，自然会对信号产生一定的影响。如果把图2-23中的电容C1容量改成100nF，则从Multisim 2001中观察到电路的输出发生了变化，如图2-26所示，输出信号幅度明显小于输入信号的幅度，可猜想输入信号被100nF的电容削减了。

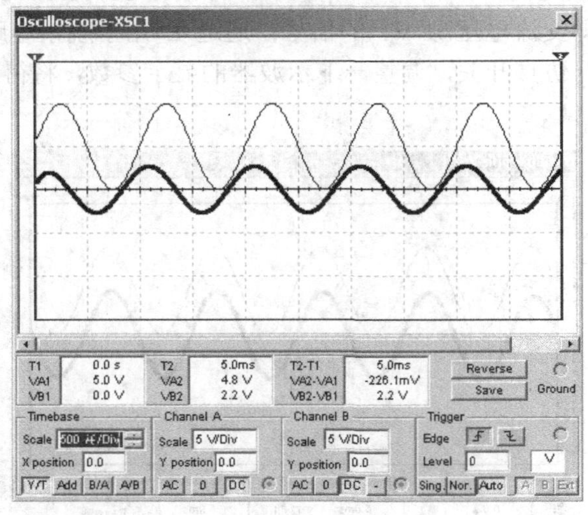

图2-26　容抗及相移

电容对交流信号的削减程度与电容的容量和信号的频率有关，在电子学里把电容对交流信号的削减能力描述为容抗（capacitive reactance），符号为X_C。容抗与电容容量和频率的关系如下：

$$X_C = \frac{1}{2\pi fC} \tag{2-2}$$

式（2-2）中，f 为交流信号频率，C 为电容容量。如果频率 f 的单位为 Hz，电容容量 C 的单位为 F，则容抗 X_C 的单位为 Ω。从式（2-2）还可看出，电容容量越大、交流信号频率越高，容抗会越小。如果信号频率 f=0Hz，即直流信号，则容抗 X_C 无限大。所以式（2-2）也说明为什么电容能隔直流通交流。

2.2.3 电感器

电感器（inductor，一般电路符号 ）是一种把能量存储在流经它的电流所形成的磁场中的器件。简单说电感器是一种储能器件。

电感器都是线圈绕制在铁芯或磁芯上制成的，当然空心的线圈也可作为电感器。如图 2-27 所示为一些常见的电感器外观及相应的电路符号，如果线圈在一个骨架上绕制完成后，把骨架撤走，就成了一个空心电感器（如图 2-27（a）所示）；如果多匝线圈绕制在铁芯材料上则制成铁芯电感器（如图 2-27（b）所示）；如果线圈绕制在铁氧体等磁芯材料上则制成了磁芯电感器（如图 2-27（c）所示）。

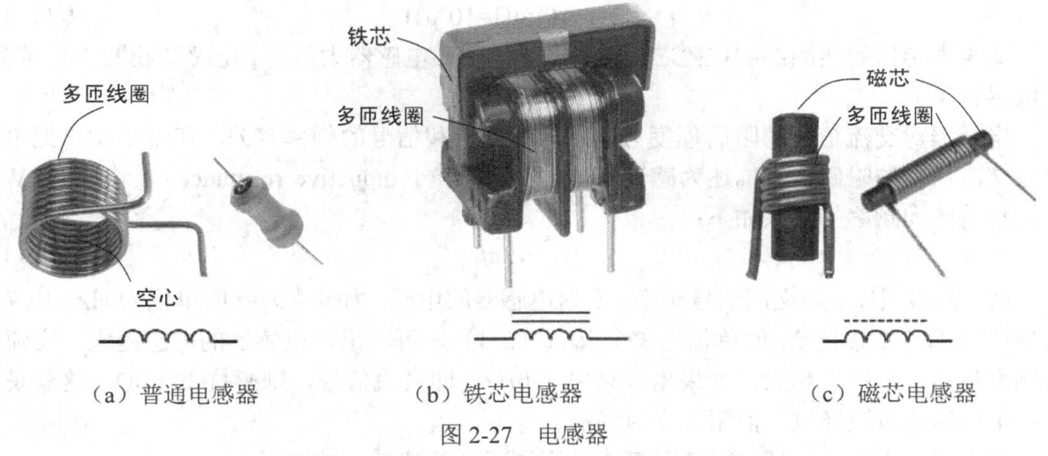

（a）普通电感器　（b）铁芯电感器　（c）磁芯电感器

图 2-27　电感器

电感器在电路中起到什么作用？通过图 2-28 所示电路来解释一下：首先开关 S1 接到 DC 端，即接 3V 的直流电源（电池），调整电位器 R1 使灯 B1 和 B2 亮度大体相当。此时电位器 R1 的接入电阻与电感器 L1 的电阻（来自线圈）相同。断开开关 S1 再重新接到 DC 上，会发现与电感器 L1 串联的灯 B2 延迟 1~2s 才会亮，这说明电感器对突然来到的电流有一定的阻碍作用，因此延长了灯 B2 电压上升的时间，但是最终直流电流还是能顺利通过电感器 L1。所以说电感器对电流的变化有阻碍作用。

如果开关 S1 接通的是 AC，即 3V 50Hz 的交流信号，与电感器 L1 串联的灯 B2 则不会发光，这是因为交流信号的电流在时刻变化，而电感器不停地与这个变化“对抗”，于是根本没有电流能流过，灯 B2 也就不会发光了。不过，如果把电感器的铁芯拿走（图 2-28 所示的两个 C 型铁芯），灯 B2 就会发光了。

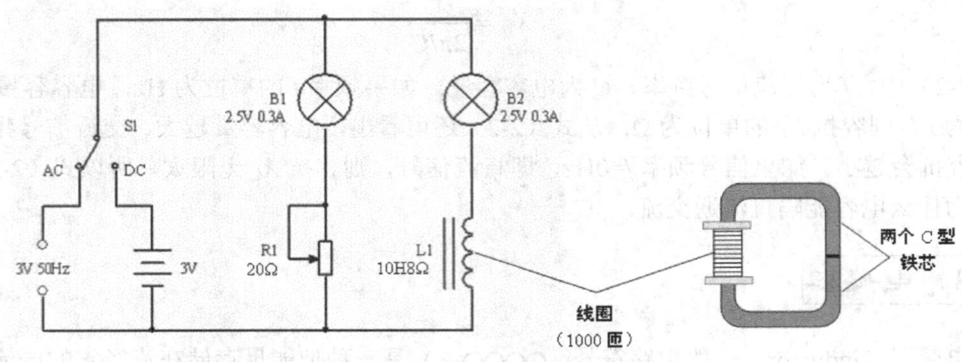

图 2-28　电感器的特性

结论是：电感器让直流通过，而阻止交流通过，或者说电感器阻碍电流变化。这与电容的特性正好相反。

电感器具有电感，符号为 L。电感的单位是亨（H），此外还有毫亨（mH）、微亨（μH）两种常用单位，它们之间的换算关系为：

$$1\text{H}=10^3\text{mH}=10^6\mu\text{H} \quad (2\text{-}3)$$

如果电感器的线圈绕制在磁芯上，其电感比空心电感器大得多。电感器线圈匝数越多，其电感就越大。

电感器对交流信号的阻碍程度与电感器的电感和信号的频率有关，在电子学里把电感器对交流信号的阻碍能力描述为感性阻抗，简称感抗（inductive reactance），符号为 X_L。感抗与电感和频率的关系如下：

$$X_\text{L}=2\pi fL \quad (2\text{-}4)$$

式（2-4）中，f 为交流信号频率，L 为电感器的电感。如果频率 f 的单位为 Hz，电感 L 的单位为 H，则感抗 X_L 的单位为 Ω。从式（2-4）还可看出，电感器的电感越大、交流信号频率越高，感抗会越大。如果信号频率 f=0Hz，即直流信号，则感抗 X_L=0Ω。这就是为什么电感器让直流通过，而阻止交流通过。

对电阻、电容、电感器这 3 种基本的无源元件的特性总结如下：

- ✧ 电阻，允许直流、交流信号通过，但会分掉一部分电压。
- ✧ 电容，允许交流信号通过，其容抗随着信号频率的增加而减小；而直流信号情况下，当电容充电完成后电流消失。
- ✧ 电感器，允许直流和交流信号通过，但对交流信号的阻碍比直流要大。其感抗随着频率的增加而变大。

2.2.4　扩音器中的三极管

利用 2.2.1 节和 2.2.2 节所学的有关电声器件、电容等的知识，来看看声音信号是如何变成电信号的。图 2-29 所示是一个简易扩音器电路图，话筒 MIC 可把声音转换成电信号，

经过放大器后由耳机 EP 回放出来。所以，如果我们对着话筒 MIC 说话，可以在耳机 EP 听到相同的声音。图 2-29 所示的扩音器电路实现了声音→电信号→声音的转换过程，具有非凡的意义。

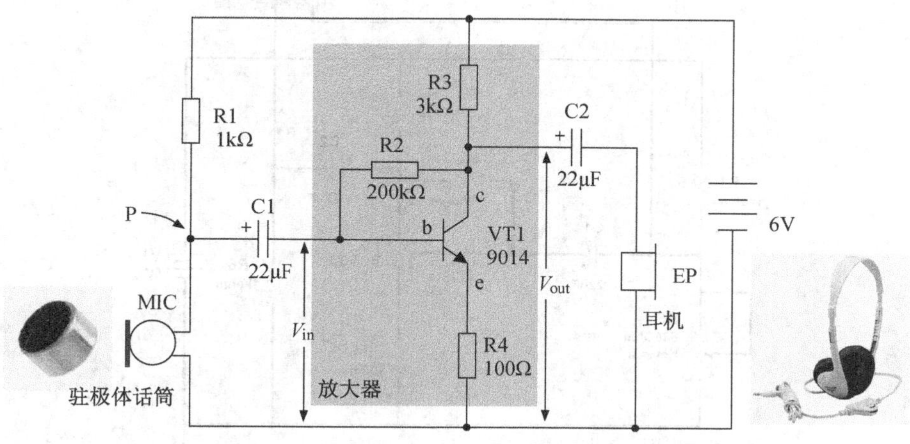

图 2-29　简易扩音器电路图

看看图 2-29 的话筒 MIC 的作用像不像第 1 章中光控报警器里的光敏电阻？话筒 MIC 的电阻与所接收声音有关，它与电阻 R1 构成一个分压器，并在 P 点产生一个与声音信号对应的电信号。

如果对着话筒 MIC 说话，话音总是会时大时小，所以 P 点的信号忽大忽小，是交流信号。而电容的最大特点是隔直流通交流，所以 P 点的交流信号可以顺利通过电容 C1 而形成输入信号 V_{in} 进入放大器（阴影部分）。先略过放大器，只需要知道它把输入信号 V_{in} 经过放大之后从三极管 VT1 的 c 极输出，形成输出信号 V_{out} 即可。输出信号 V_{out} 是一个与输入信号 V_{in} 相关且幅度较大的交流信号，可通过电容 C2，驱动耳机 EP 发出声音。

图 2-29 中，放大器以三极管 VT1 为核心器件，具体内容第 4 章会谈到。电容 C1 和 C2 分别在放大器的输入和输出端，负责传递交流信号而阻隔直流信号，电子学中称它们为耦合电容（coupling capacitor），功能是耦合、传递信号。

这一节的学习有个小小的遗憾，即不能使用 Multisim 2001 对电路进行直接仿真。因为在 Multisim 2001 中并没有话筒这个器件，所以仿真电路接收不了声音。话筒接收声音时无非是其阻抗发生变化，何不用一个电位器来代替话筒对电路进行仿真呢？

【例 2.3】扩音器中的三极管放大器：在 Multisim 2001 中连接图 2-30 所示电路，仿真过程中，不断改变电位器 R5 的接入电阻以模拟话筒的阻值变化，并观察电路的输入、输出波形。

在图 2-30 所示的扩音器仿真电路中，我们使用电位器 R5 来代替 MIC，在仿真过程中连续不断地按 A 键或 Shift+A 快捷键就可以模拟话筒阻抗随着声音的改变。电阻 R6 作为负载（耳机）。启动仿真开关，随机地按 A 键或 Shift+A 快捷键使 R5 的接入电阻不断变化，可以得到图 2-31 所示的输入和输出（加粗）波形。

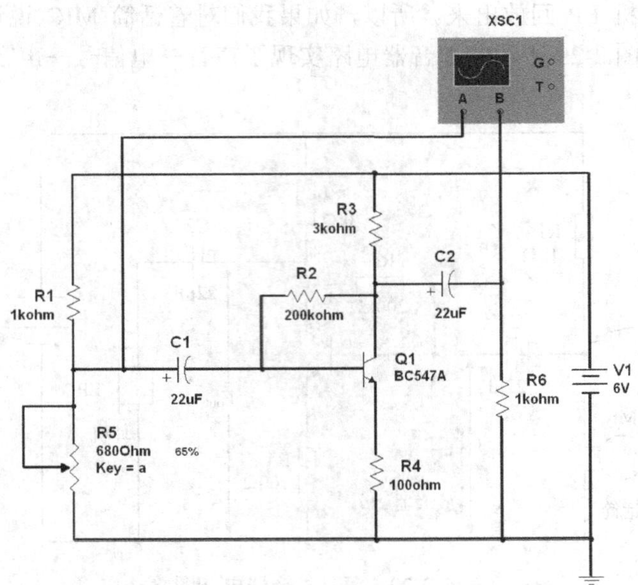

图 2-30　扩音器仿真电路

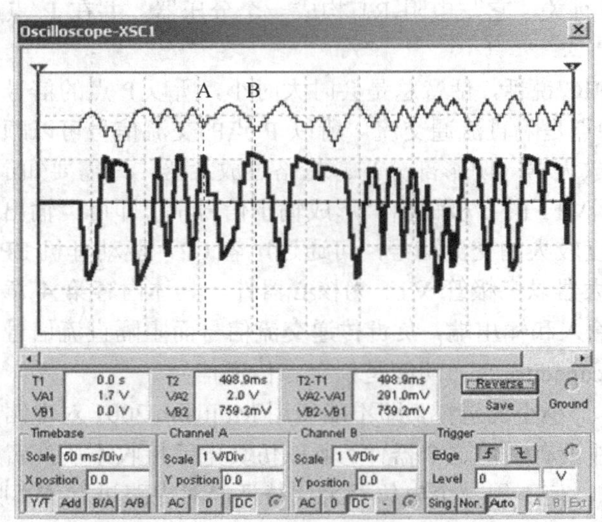

图 2-31　扩音器的仿真实验结果

图 2-31 所示结果中，上方的波形为模拟话筒阻值改变的信号，即放大器的输入信号。由于电位器 R5 与电阻 R1 构成分压器，所以输入信号既有直流成分也有交流成分。经过电容 C1 耦合、放大器放大、电容 C2 耦合后形成输出信号（下方加粗波形）。仔细一看会发现输出信号与输入信号相反，而且变化幅度更大。比如 A、B 两点间，输入信号从小到大后再变小，而对应的输出信号则是由大到小再变大，且变化幅度更大。

通过仿真，验证了图 2-29 所示电路可实现声音信号的采集、把非电信号转换为电信号

并放大。至于为什么三极管放大器能把信号反相放大，将会在第 4 章谈到。

2.2.5　调制与解调

在这一小节里，来了解调制（modulation）与解调（demodulation）的一些基本概念。

从图 2-2 知道，只要天线中有变化的电流，就会产生并传播电磁波。电视和广播的节目信号都以电磁波的形式发射，但并不是直接发射的声音或图像信号，而是将这些信号调制后发射。那么什么是调制？为什么要调制后发射呢？

1. 调制的理由

不直接把声音或图像信号通过天线发送出去，主要的原因是这些信号的频率都比较低。而频率越低，所需发射天线的尺寸就越大，这是根据以下的简单推导而得出的结论。首先，电磁波波长 λ 的计算公式为：

$$\lambda=\frac{c}{f} \tag{2-5}$$

其中，c 为光速，f 为信号频率。例如要发射信号的频率 f=1kHz，可得其波长为：

$$\lambda=\frac{c}{f}=\frac{3\times10^5}{1\times10^3}=300\ (\text{km})$$

而天线的长度 L 要求大于或等于波长 λ 的 1/4，即：

$$L\geqslant\lambda/4 \tag{2-6}$$

于是天线最小长度为 $300\text{km}/4=75\text{km}$。这个长达 75km 的天线恐怕给再多的钱也没有人愿意做。

再则，若全世界的电视台、电台都把节目信号直接发射到天空中，相互之间会形成严重干扰。为了克服以上这些问题，在传输信号之前需要对信号进行调制。

2. 模拟信号的调制方式

对于模拟信号而言，调制的方式有 3 种：幅度调制（amplitude modulation，AM）、频率调制（frequency modulation，FM）和相位调制（phase modulation，PM）。这里主要介绍 AM 和 FM。

3. 进行声音信号的调制的方法

既然低频信号（如声音信号）不宜直接发送，那么就要想办法把低频信号“嫁接”到高频信号上再发送。“嫁接”就是把低频信号和高频周期性信号进行某种“结合”，这个“结合”的过程就是调制的过程。

高频周期性信号就像一个搬运工，把低频信号“背”在身上并送到其他地方。在电子学中，把高频周期性信号称为载波（carrier）。

4. 解调

解调的过程与调制正好相反，它把“嫁接”在一起的低频信号和高频周期性信号拆散，提取其中的低频信号。

2.2.6 天线

天线（antenna/aerial，电路符号 ）是一种发射或接收电磁波的换能器。天线可以把变化的电流以电磁波的形式发送出去，反之亦可把天空中的电磁波接收下来形成变化的电流。

在电视台和电台广播信号发射、点对点无线通信、无线网络、雷达、空间探测等诸多场合都离不开天线。天线除了能在空气或外太空工作外，还可以在水下、地下实现特定频率的短距离通信。根据用途分成发射天线和接收天线两个类型。

1. 发射天线（transmitting antenna）

最常用的发射天线要属偶极天线（dipole antenna），其外观如图 2-32（a）所示，它一般由两个长度为 1/4 波长（即 $\lambda/4$）的水平或垂直的金属杆构成，通过同轴电缆馈线与发射电路连接（如图 2-32（b）所示）。当发射信号进入偶极天线后，偶极天线会向与其垂直的方向进行全向发射，如图 2-32（c）所示，如果偶极天线垂直放置，它将向各个水平方向辐射电磁波。

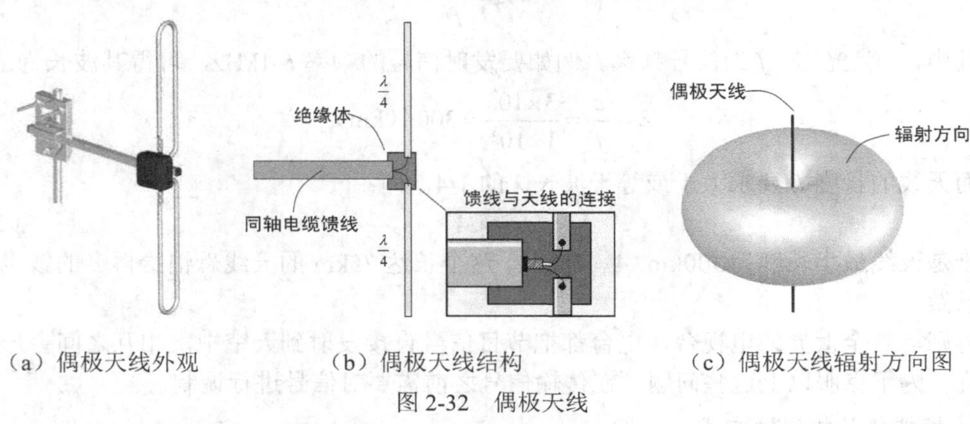

（a）偶极天线外观　（b）偶极天线结构　（c）偶极天线辐射方向图

图 2-32　偶极天线

还有一种经常能看到并被俗称为“锅盖”的天线是抛物面天线（dish antenna），如图 2-33（a）所示，一般用于 SHF 频段（3~30GHz）信号（微波信号）的发射。在“锅盖”焦点上有一个小型的偶极天线，它向各个方向发射的电磁波经过“锅盖”之后形成了一束朝向“锅盖口”的平行波束（如图 2-33（b）所示）。

（a）抛物面天线

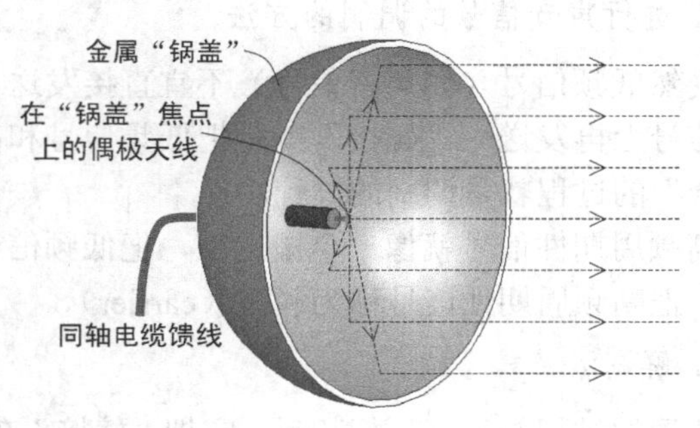

（b）抛物面天线辐射方向图

图 2-33　抛物面天线

2. 接收天线（receiving antenna）

发射天线需要向介质中发射电磁波，并保证远方的接收端能接收到信号，所以它的发射功率一般可高达几千瓦（kW）。但接收天线不同，它从介质（如空气）中接收的电磁波信号一般都非常微弱，只有几皮瓦（pW，$1pW=10^{-15}kW$）。于是常看到 FM 收音机的天线中添加铁氧体磁心以提高接收信号的能力，这种天线如图 2-34 所示。

这种铁氧体磁棒天线（ferrite rod antenna）实际上是 2.2.3 节谈到的电感器的一种。自制时，在铁氧体磁棒上绕制漆包线即可。铁氧体是一种磁性材料，线圈绕在其上可以增加电感量。

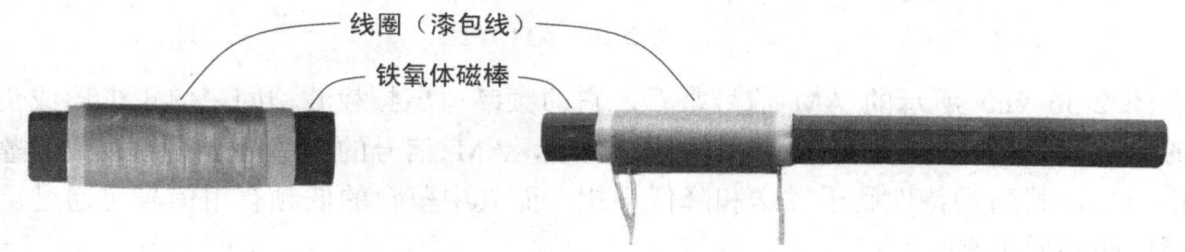

图 2-34　铁氧体磁棒天线

如果收音机可以接收 MW（中波）或 SW（短波）频率的广播，那在外壳上还可以找到金属制成的拉杆天线（rod antenna），如图 2-35 所示，这种天线可以拉伸或缩短。

无论是拉杆天线还是铁氧体磁棒天线，其功能都是相同的——把空中的广播信号（电磁波）接收下来。依据的原理是：电磁波遇到导体（天线）就会在其上感应出变化的电流，这个变化的电流“运载”了声音、图像信号，收音机把天线感应到的电流信号进行调谐、检波和放大等处理后就可将原始信号还原出来。

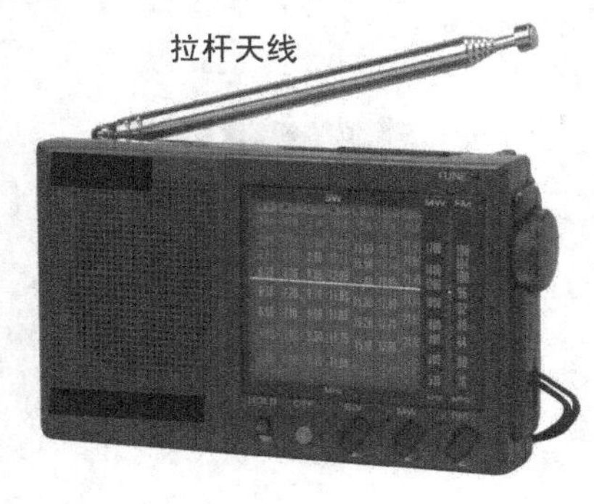

图 2-35　收音机的拉杆天线

2.2.7　AM 与 FM

为了把声音等低频信号顺利地以电磁波的形式发送出去，需要把它“嫁接”到高频载波上，这个“嫁接”的过程在电子学中称为调制（modulation）。最为常见的模拟信号调制方式为幅度调制（amplitude modulation，AM）和频率调制（frequency modulation，FM），

1. AM（幅度调制）

以高频载波的幅度来反映低频的有用信号的方法称为幅度调制（AM），调制之后的融合了低频有用信号的高频载波成为了 AM 信号。如图 2-36（a）所示为低频有用信号，这个信号可以是声音或图像等信号；图 2-36（b）所示则为高频载波，它的频率要比低频有用信号高出许多；图 2-36（c）为低频有用信号和高频载波“嫁接”之后的结果——AM 信号，其中调频载波的幅度变化反映的正是低频有用信号。

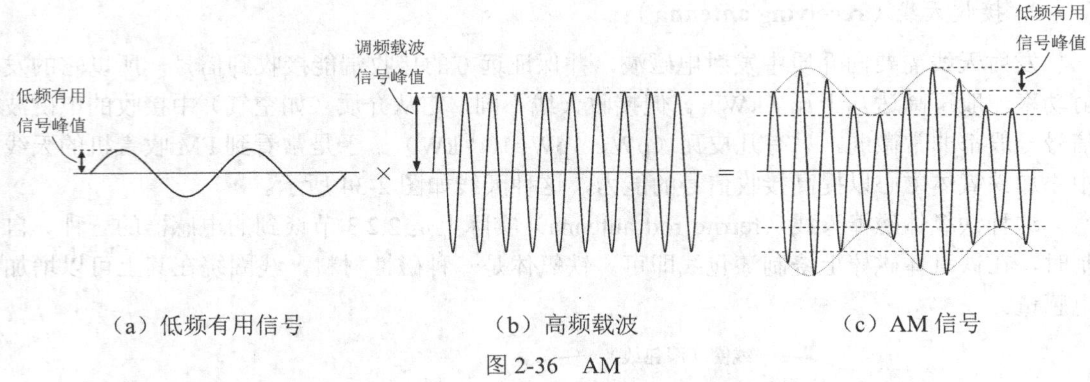

（a）低频有用信号　　（b）高频载波　　（c）AM 信号

图 2-36　AM

从图 2-36（c）所示的 AM 信号来看，它的频率与高频载波相同，但正半周或负半周信号的幅度变化反映的却是低频有用信号。所以，AM 信号的频率等于高频载波但蕴含低频有用信号，其高频特性利于发送和降低干扰，而其中蕴含的低频有用信号可通过接收端的解调电路还原出来。

【例 2.4】AM：*在 Multisim 2001 中连接图 2-37（a）所示电路，并用示波器观察 AM 信号源 V1 的波形。*

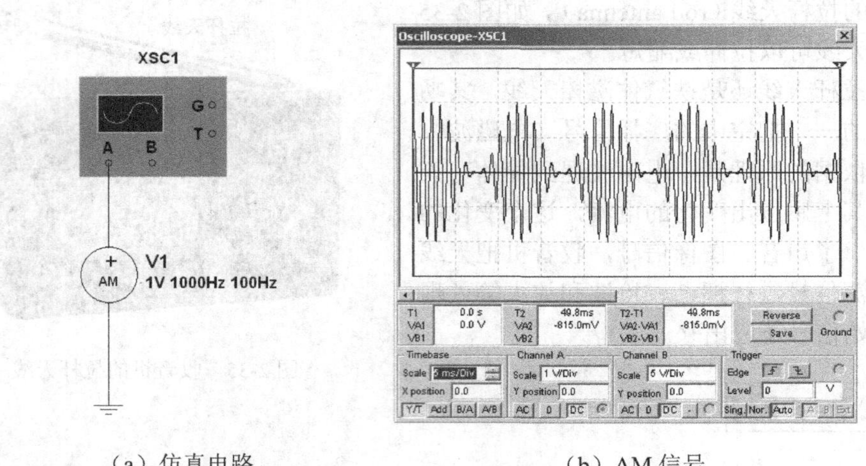

（a）仿真电路　　（b）AM 信号

图 2-37　AM 信号源

仿真电路非常简单，只要找到 AM 信号源（ ）完成连接即可。AM 信号源在内部完成低频有用信号和高频载波的“嫁接”，输出的是已经调制完成的 AM 信号。打开示波器观察窗口后打开仿真开关，就可以看到图 2-37（b）所示的 AM 信号波形。试着分别改变 AM 信号源的低频有用信号和高频载波的频率或幅度，看看波形有什么变化，思考一下，为什么会出现这样的变化？

了解了 AM 信号的特点后，再来看看 AM 信号是如何产生并发送的。图 2-38 所示，是 AM 信号产生并发射过程的示意图。首先，高频载波由高频载波发生器产生，高频载波发生器其实就是一个信号发生器，它产生一个高频且幅度恒定的正弦信号。低频有用信号（如话

筒采集的说话声）经过放大等处理后与高频载波在调制器中“嫁接”，以实现用高频信号的幅度变化反映低频有用信号。调制完成的AM信号经过功率放大后就可以通过天线发送出去。

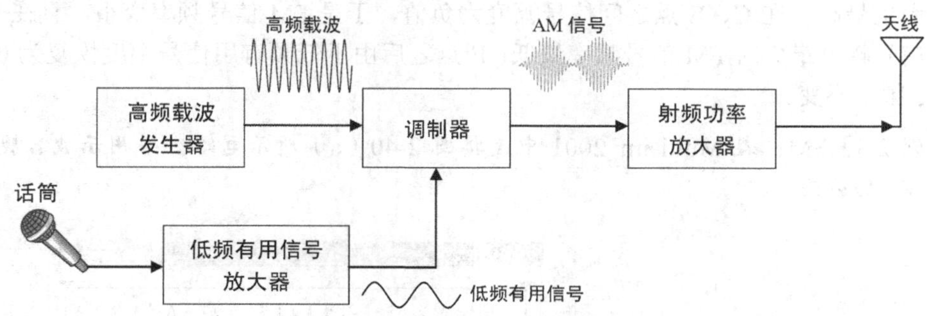

图 2-38　AM 及 AM 发射过程示意图

2. FM（频率调制）

与 AM 中高频载波幅度变化反映低频有用信号不同的是，FM 是利用高频载波的频率变化来反映低频有用信号的，FM 常用于城市广播和电视节目信号的传输。如图 2-39 所示，高频载波的频率受低频有用信号幅度的影响而形成了 FM 信号。

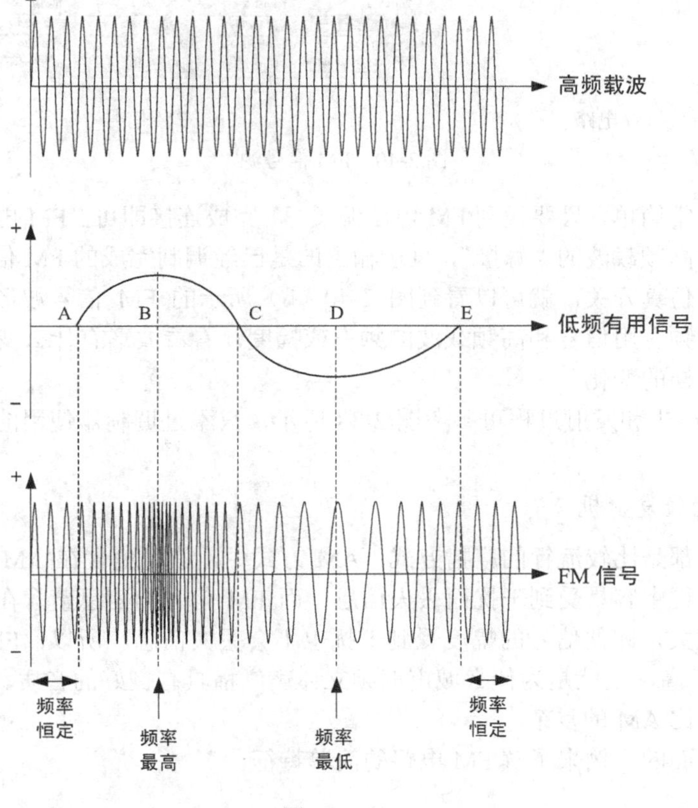

图 2-39　FM

图 2-39 的低频有用信号在 A 点以前信号幅度为 0，对应 FM 信号频率不变；在 A、C 点之间信号幅度为正值，于是 FM 信号频率变大，且在 B 点低频有用信号幅度最大时 FM 信号频率也最高；在 C、E 点之间信号幅度为负值，于是 FM 信号频率变小，且在 D 点低频有用信号幅度最大时 FM 信号频率最低；E 点之后由于低频有用信号幅度恢复为 0，对应 FM 信号频率不变。

【例 2.5】FM：在 Multisim 2001 中连接图 2-40（a）所示电路，并用示波器观察 FM 信号源 V1 的波形。

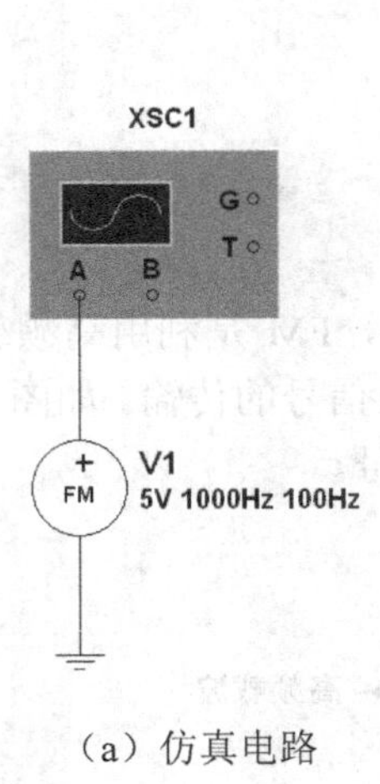

（a）仿真电路

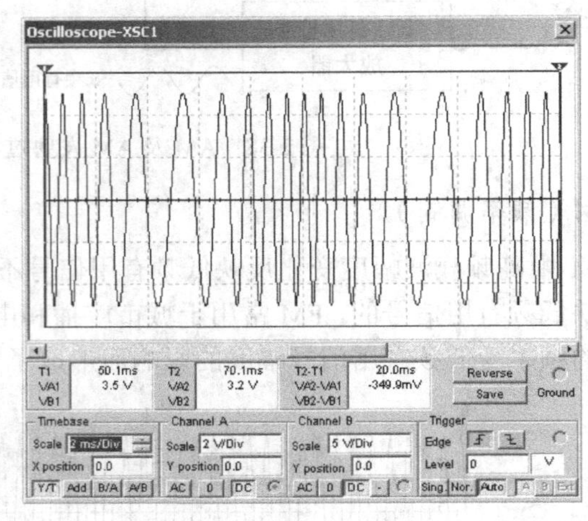

（b）FM 信号

图 2-40　FM 信号源

仿真电路非常简单，只要找到 FM 电压源（ ）完成连接即可。FM 电压源在内部完成低频有用信号和高频载波的“嫁接”，直接输出的是已经调制完成的 FM 信号。打开示波器观察窗口后打开仿真开关，就可以看到图 2-40（b）所示的 FM 信号波形。试着分别改变 FM 电压源的低频有用信号和高频载波的频率或幅度，看看波形有什么变化，思考一下，为什么会出现这样的变化？

FM 信号的产生和发射过程可参考图 2-38 所示，只不过调制器使用的“嫁接”方法不同罢了。

3. 小功率无线发射机

AM 与 FM 都是比较流行的广播方式。AM 方式中，信息蕴含在 AM 信号的幅度变化之中，在传播过程中容易受到干扰而丢失信息；而 FM 信号的信息蕴含在频率变化之间，与信号的幅度无关，即便信号的幅度受到干扰也不会丢失信息。所以，FM 广播的保真度和可靠性较 AM 高，这就是为什么城市调频立体声广播具有良好的音质。但是，FM 的发射与接收设备要比 AM 的复杂。

通过完成下面的实例来了解 FM 电路的简单特征。

【例 2.6】微型 FM 无线话筒：通过分析图 2-41 所示无线话筒，了解 FM 电路的基本结构。

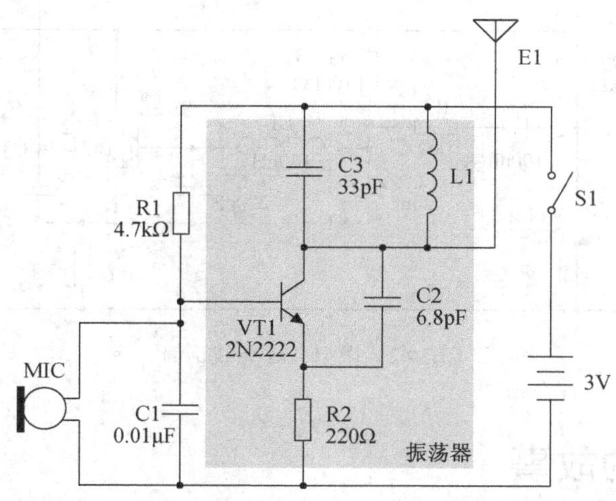

图 2-41 微型 FM 无线话筒电路图

图 2-44 所示的电路恐怕是世界上最简单的 FM 无线话筒了。整个装置不过 10 个元器件——一个三极管和一些无源元件。这个无线话筒体积可做到一个 1 元硬币大小，但是它的发射距离可达 50 米。其发射频率在 88MHz~108MHz 范围内，这样便可用普通的调频（FM）收音机接收。

下面初步分析一下它是如何工作的。首先电阻 R1 和话筒 MIC 构成了一个分压器，当对着话筒 MIC 说话时，声音信号就转换为电信号进入三极管 VT1 的 b 极，包括三极管 VT1 在内的阴影框中的器件形成了一个振荡器，其可产生高频载波信号，与此同时，三极管 VT1 还是调制器，负责把低频有用信号（话筒 MIC 输出的信号）与高频载波进行“嫁接”——FM 调制，最后形成了一个反映说话声音的 FM 信号从天线 E1 发射出去。天线 E1 使用的是一根长度为 25cm、直径约为 1mm 的导线。

电容 C3 和电感器 L1 构成的储能电路形成振荡器。电感器 L1 可用直径约为 0.5mm 的带绝缘皮导线在直径为 1cm 的塑料骨架上绕 5 匝制成。调整电感器 L1 的匝距或匝数可影响电感从而改变无线话筒的发射频率。通过调整电感器 L1 和电容 C3，就可使用普通调频收音机寻找无线话筒发射出来的信号，该信号是一个 FM 信号，通过收音机的解调就可以还原出声音。

微型 AM 无线话筒

除了可利用 FM 信号发送声音信号外，还可应用其他方法。这里再介绍一个微型 AM 无线话筒的电路，利用 MW 或 SW 功能的收音机就可以接收它发射出来的信号。如图 2-42 所示，该电路最大的方便在于电感器 L1 不需要自制，可以买到现成的。可调整电容 C2、C3 使电路在某一发射频率上工作——减小电容提高发射频率，反之亦然。三极管 VT1 和电阻R1提供一个较高的输入阻抗，这使得用一个耳机来代替话筒把声音转换成电信号。

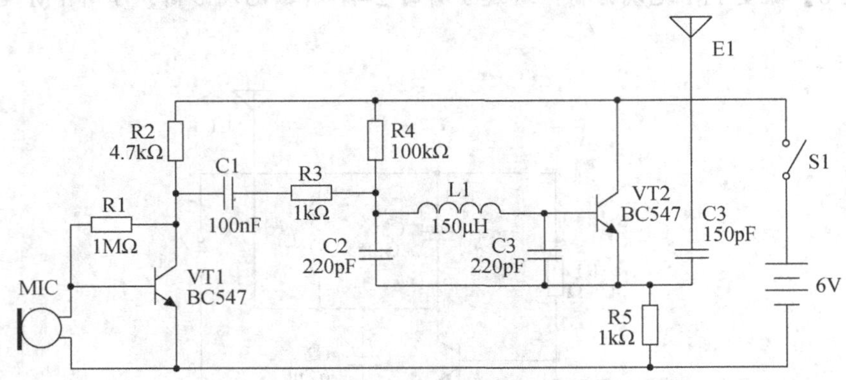

图2-42　微型AM无线话筒

2.3　收音机的故事

收音机的进化　调谐　解调　单管收音机的最终分析

在2.1节和2.2节里，我们了解了电磁波、调制与解调的常识，还认识了电声器件、电容、电感器等电子元器件。这些知识对模拟电路设计和制作都有很大的帮助。本节将把重点放在一台单管直放式收音机的工作原理上，并详细介绍“漂”在空中的电波是如何被收音机接收下来并重放出来的。

2.3.1　收音机的进化

1. 最原始的收音机

有史以来最简单、最原始的收音机是什么样子的？图2-43所示的外观可能会出乎大家的意料，但其确定是最简单的收音机。最早的收音机元件非常少——一根天线、一个检波器、一个高阻抗的耳机、一根地线。耳机的两端和矿石检波器并联，一端接天线，另一端接地线。这种收音机不需要电源就可以工作，但是要求耳机阻抗足够高、天线的朝向良好且离广播电台的发射塔比较近才有可能接收到广播信号，且不能进行频道的选择。

虽然这种收音机已经销声匿迹了，但还是习惯把那些不使用电源、电路里只有一个半导体元件的收音机统称为“矿石收音机”（crystal radio）。“矿石”一词来源于检波器使用的都是天然矿石，使用时需要通过一根金属探针并调整其在矿石上的压力和方位。矿石收音机是所有无线电接收设备里最简单的一种，有兴趣的朋友可以按照附录E中的介绍自制一台，从中发掘无线电的无限乐趣。

2. “进化”的收音机

今天，图2-43所示的矿石收音机除了出于好奇制作一下外已经派不上什么大用场了，不过接下来的收音机原理图就需要看清楚了，因为它“麻雀虽小，五脏俱全”。如图2-44

所示，电感器 L1 和可变电容 C1 组成一个调谐电路（2.3.2 节将会谈到），它能从天线 E1 接收下来的多种频率信号中唯一选择一个频率，即只选中某个电台的 AM 信号。该 AM 信号通过二极管 D1 和电容 C2 的解调把其中的低频有用信号取出，最后由耳机 EP 把音频电流转变为声音。

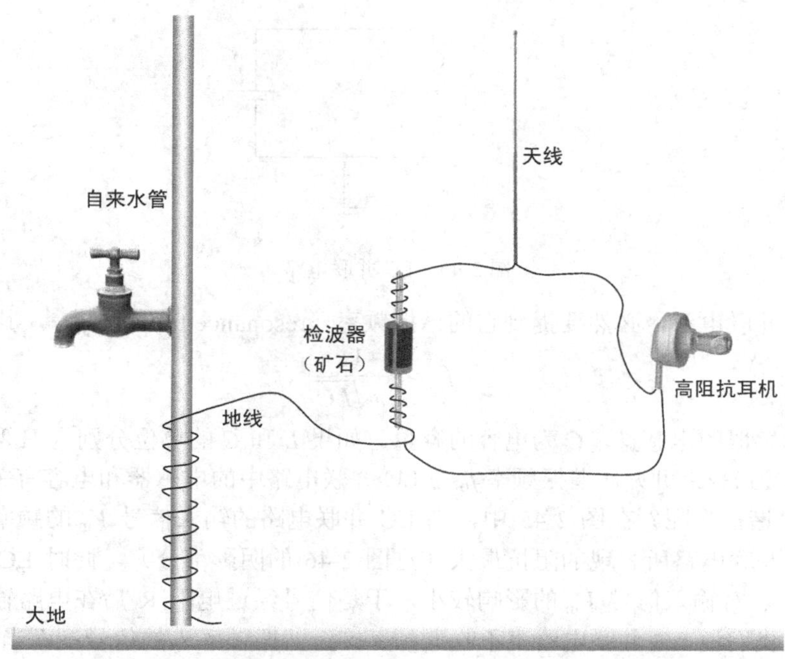

图 2-43　最简单的收音机

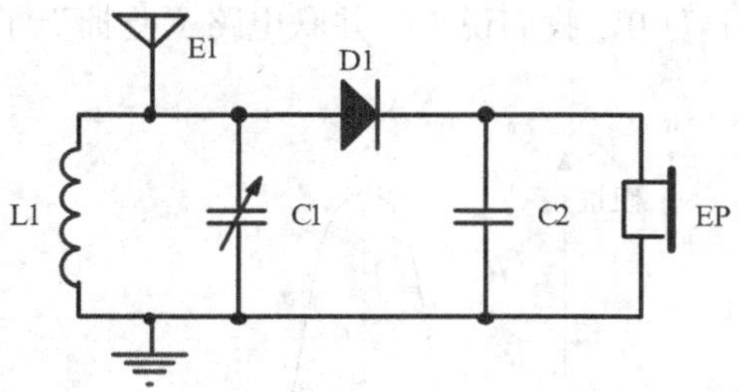

图 2-44　收音机的原始模型

由于图 2-44 所示的原始收音机模型没有电源和放大器，所以要架设良好的天线并埋设可靠的地线才能尽可能多地接收空中微弱的电磁波信号，而且还要使用阻抗较高的耳机来收听。

2.3.2　调谐

1. LC 并联电路

为了说明图 2-44 所示收音机模型中电感器 L1 和电容 C1 所组成的调谐电路是如何工作

的，需要先看看电感器与电容并联时所表现的电路特性是什么。如图 2-45 所示是电感器 L 和电容 C 并联电路，简称 LC 并联电路。

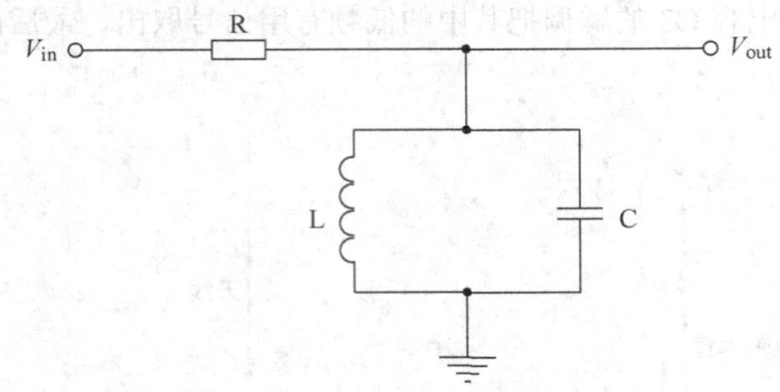

图 2-45　LC 并联电路

对于 LC 并联电路，必然要提到它的谐振频率（resonance frequency），其计算式为：

$$f_o = \frac{1}{2\pi\sqrt{LC}} \tag{2-7}$$

其中，L 为电感器的电感量，C 为电容的容量。如果 L 和 C 的单位分别为 H 和 F，则谐振频率 f_o 的单位为 Hz。可见，谐振频率 f_o 与 LC 并联电路中的电感器和电容有关。

那何谓“谐振”呢？在图 2-45 中，当 LC 并联电路的输入信号 V_{in} 的频率接近谐振频率 f_o 时，LC 并联电路所表现的阻抗最大（见图 2-46 的阴影部分），此时 LC 并联电路就好像开路一样，对输入信号 V_{in} 的影响较小，于是信号经过电阻 R 后在电路输出端形成输出信号 V_{out}，我们说 LC 并联电路“不吃”频率接近谐振频率 f_o 的信号；而当输入信号 V_{in} 的频率远离谐振频率 f_o 时，LC 并联电路的阻抗相对较小（如图 2-46 所示），此时 LC 并联电路就好像短路一样，对输入信号 V_{in} 有较大的影响——把信号引入到地线中，输出信号 V_{out} 好像与地线短路一样，电平为 0，我们说 LC 并联电路“吃掉”了频率不等于谐振频率 f_o 的信号。

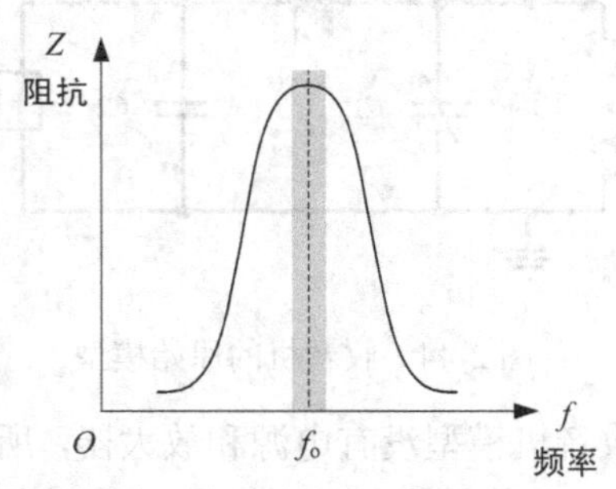

图 2-46　LC 并联电路频响特性曲线

根据式（2-7），谐振频率 f_o 由电感器 L 和电容 C 决定，所以可通过改变电感器 L 的电感量或电容 C 的容量来改变 LC 并联电路的谐振频率，从而让频率等于谐振频率的信号通过，而过滤掉频率远离谐振频率的信号。

假设图 2-45 中电感器 L 的电感量为 10mH，电容 C 的容量为 0.01μF，则根据式（2-7）

可得谐振频率：

$$f_o = \frac{1}{2\pi\sqrt{\left(10\times10^{-3}\text{H}\right)\times\left(0.01\times10^{-6}\text{F}\right)}} = 15.915(\text{kHz})$$

于是，谐振频率 $f_0 \approx 16\text{kHz}$，这说明当输入 LC 并联电路的信号 V_{in} 约为 16kHz 的时候，LC 并联电路是“不吃”的，允许它通过。但如果频率偏离 16kHz（大于或小于），那信号就会被 LC 并联电路“吃掉”而在输出端 V_{out} 没有信号出现。

【例 2.7】LC 并联电路的谐振频率：在 Multisim 2001 中仿真图 2-47 所示电路，看看 LC 并联电路是如何对频率进行选择性“吃掉”的。

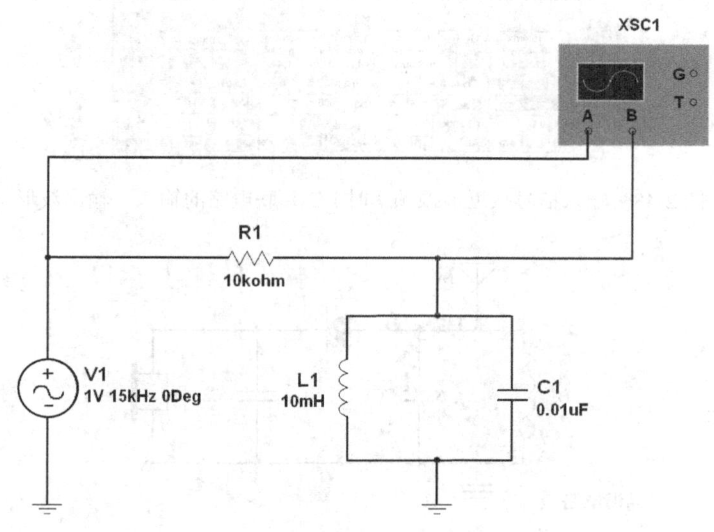

图 2-47　LC 并联电路仿真

图 2-47 所示的 LC 并联电路谐振频率 $f_0 \approx 16\text{kHz}$，如果仿真时 AC 电压源（ ）V1 的频率为默认值 1000Hz 时，由于频率远离谐振频率，示波器上将观察不到输出信号——输入信号被“吃掉”了；如果把 AC 电压源 V1 频率设置成一个接近 16kHz 的值，比如 15kHz，则明显看到示波器上的输入和输出信号——LC 并联电路“不吃”接近谐振频率 f_0 的信号，如图 2-48 所示，输出信号的幅度虽然还是比输入信号略小，但是明显看到 LC 并联电路还是让信号通过了。如果再把 AC 电压源 V1 的频率设置成最接近谐振频率的 16kHz，则会看到输入和输出信号的幅度没有什么区别。

通过仿真的结果，可以更加确信这个结论：LC 并联电路“不吃”接近谐振频率 f_0 的输入信号，该特性正是 LC 并联电路能够选频的原因。

2. 调谐电路

回到收音机的原始模型上，如图 2-49 所示，天线 E1 接收天空中各种频率的电磁波，其中有各个电台的广播信号，也有电视台的电视信号，还有天电干扰等。电感器 L1 和电容 C1 构成一个 LC 并联电路，这个 LC 并联电路就是收音机的调谐电路（tuned circuit）。根

据 LC 并联电路的特点，它会“吃掉”非谐振频率的信号。于是尽管天线 E1 感应了许多不同频率的信号，但是它们大部分被“吃掉”了，只留下频率刚好与谐振频率相同的信号。

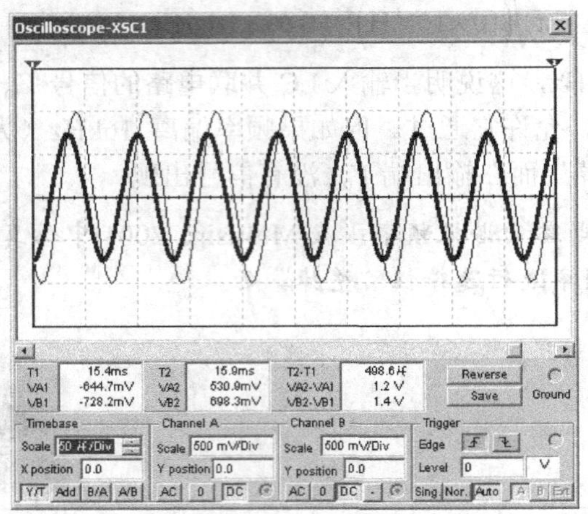

图 2-48　输入信号接近谐振频率时 LC 并联电路的输入、输出波形

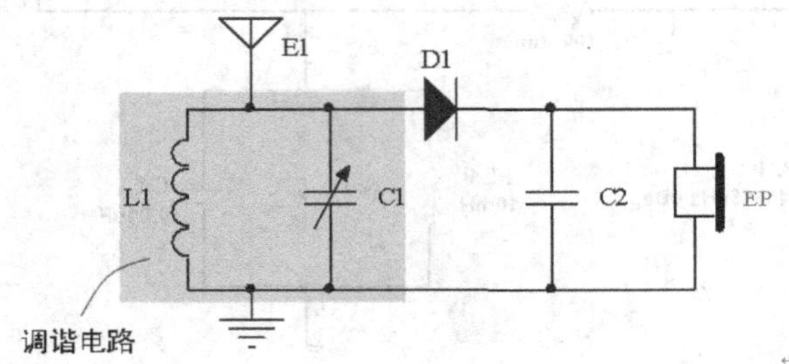

图 2-49　收音机中的调谐电路

由于电容 C1 是一个可变电容，所以调节它可以改变调谐电路的谐振频率，从而唯一选定某一频率的信号留下，也就是选定某一电台的信号进入后面的由二极管 D 和电容 C2 组成的解调电路。

举个例子，比如说某广播电台的频率为 97.4MHz，图 2-49 所示收音机的电感器 L 的电感量为 89nH，则根据式（2-5）可得当可变电容 C1 调整到约 30pF 时，该广播电台的信号被调谐电路选中并被解调，于是耳机重放的只是该广播电台的节目。

可见，收音机调谐电路的作用是唯一选定一个频率与谐振频率 f_0 相同的信号进入后续电路。

2.3.3　解调

解调（demodulation，又称检波）过程是调制的逆过程——把低频有用信号还原出来。在 2.3.2 节说过调谐电路选择了频率与谐振频率 f_0 相同的信号进入解调电路，这个信号是广播电台发射的、调制好的 AM 或 FM 信号，为了把声音还原出来，需要把低频有用信号从

中提取出来，图 2-50 为 AM 信号解调示意图。

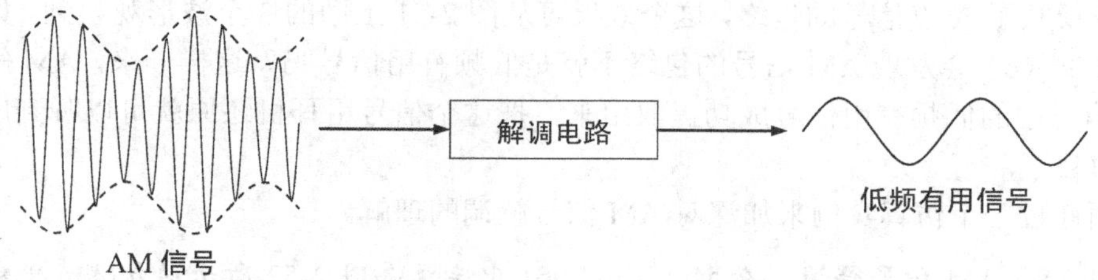

图 2-50　AM 信号的解调

由于 AM 信号和 FM 信号调制方法不同，所以对应的解调方法也有所不同，接下来分别看看这两种信号的解调方法。

1. AM 信号的解调

图 2-51 是 AM 信号解调过程说明：调谐电路选出了某一频率的 AM 信号（A 点），该 AM 信号进入二极管 D1 和电容 C2 组成的解调电路中（图中阴影部分）。

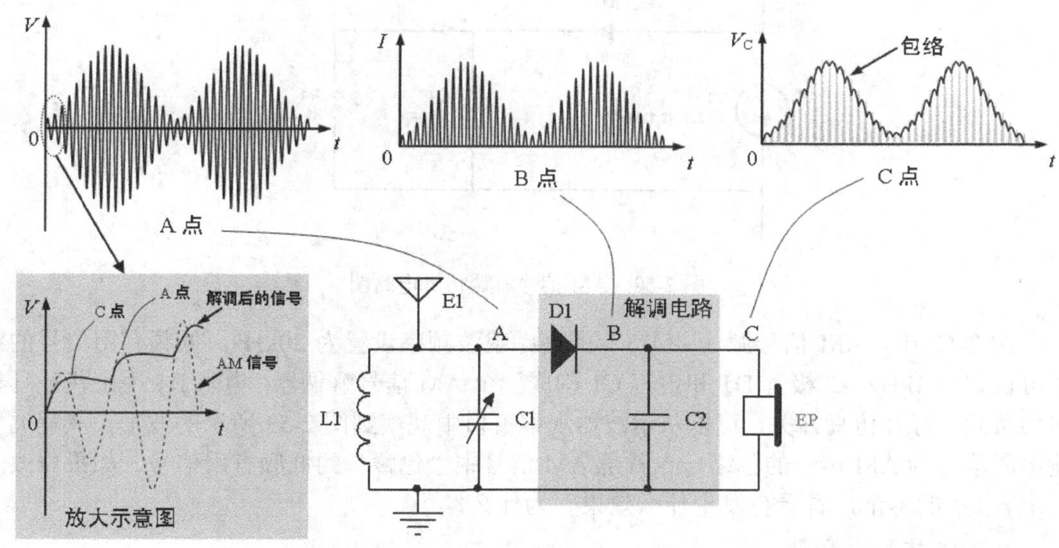

图 2-51　AM 信号解调原理

为了更清楚地理解解调的原理，把 AM 信号的前几个波形放大并单独描绘在图 2-51 中的“放大示意图”中。当第一个 AM 信号波形到来时，电平逐渐变大，当电平超过二极管 D1 导通所需的正向电压时，二极管 D1 导通，电流流过二极管 D1 并向电容 C2 充电。电路 C 点上的电压接近 A 点的电压。电容 C2 很快充满电，同时 A 点上的 AM 信号电平开始下降，很快二极管 D1 截止。A 点信号越过零后负向增大，二极管 D1 还是截止。由于电容 C2 储存有电能，所以 C 点上的电压不会随着 A 点的下降而立即下降，而是较为缓慢的下降。C 点上的电压刚开始下降 A 点的下一个波形到来，电平再次渐渐变大，二极管 D1 再次导通，于是 C 点电压又升高至接近 A 点电压，电容 C2 再次获得充电。

依此循环，可以观察到C点的电平不断在“紧逼”A点的峰值，从整体上看，C点的信号波形反映了A点信号的包络，这个效果可从图2-51上面的3个波形观察到。如果此时翻看图2-36（c）会发现AM信号的包络不就是低频有用信号吗？这样一来，AM解调电路把AM信号中的低频有用信号成功提取出来，把这个信号用耳机还原就可以听到广播电台的声音节目了。

下面通过一个仿真实例来加深对AM信号解调的理解。

【例2.8】AM信号解调：在Multisim 2001中连接如图2-52所示的电路，观察AM信号是如何被解调的。

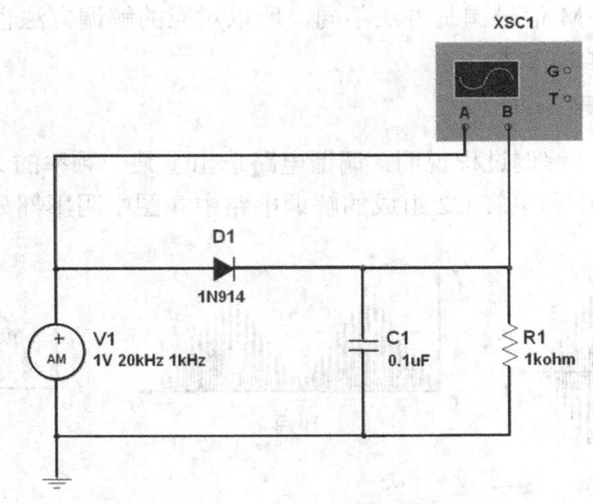

图2-52　AM信号解调仿真电路图

图2-52中，AM信号源（AM）V1的高频载波频率设置为20kHz，低频有用信号的频率可设置为1kHz。二极管D1和电容C1构成一个AM信号解调器，电阻R1用来代替耳机作为负载。打开仿真开关，可以从示波器观察窗口中观察到图2-53所示的波形，从解调器输出的信号为AM信号的包络，也就是AM信号中“包藏”的低频有用信号。如果修改一下电容C1的容量，看看会发生什么效果？为什么？

2. FM信号的解调

了解AM信号解调后，再来看看FM信号是如何被解调的。FM信号的瞬时频率与低频有用信号的幅度成正比——低频有用信号幅度越大，FM信号频率越高，反之亦然（如图2-39所示）。于是为了把低频有用信号还原出来，FM信号的解调需要输出一个幅度与其瞬时频率正比例的信号。如此看来，要实现FM信号的解调，首先要把FM信号转换成AM信号，再用AM信号的解调方法最终把低频有用信号还原出来，如图2-54所示。

实现这个FM信号向AM信号转换功能的电路有锁相环路检波器（phase-locked loop demodulator）、积分检波器（quadrature detector）、鉴频器（FM discriminator）等几种，这里主要讨论鉴频器中的斜率鉴频器（slope detector），这是一种比较简单的FM信号向AM信号转换的电路。

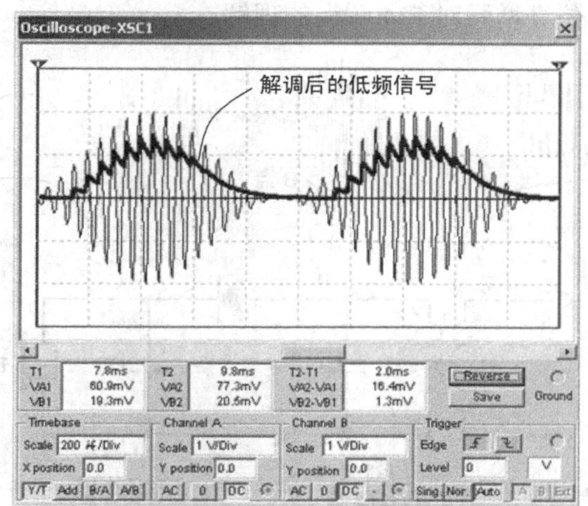

图 2-53　AM 信号解调

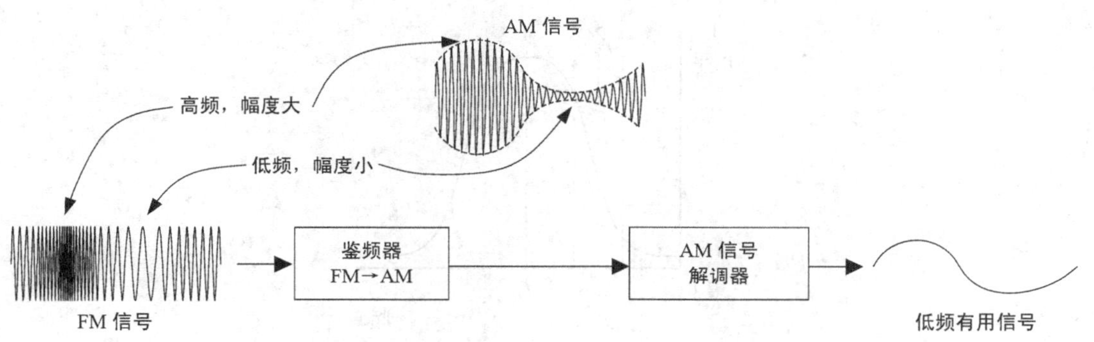

图 2-54　FM 信号的解调

斜率鉴频器主要依赖于 LC 并联电路的特性实现对信号的转换，如图 2-55 所示，调谐电路选中天线接收下来的各种频率的 FM 信号中的唯一一个（图 2-55 中的 A 点），由于线圈 L1 和 L2 之间有互感作用，所以该 FM 信号耦合到线圈 L2 中，而电感器 L2 和电容 C1 构成一个 LC 并联电路。由 2.3.2 节可知其谐振频率 f_0 与电感器 L2 和电容 C1 有关，如果谐振频率 f_0 是 FM 信号的高频载波频率 f_c 的 2 倍，如图 2-56 所示，则当 FM 信号的频率大于高频载波 f_c 时（图 2-56 中所示的“3”），信号被 LC 并联电路“吃掉”得少，所以在图 2-55 中 B 点信号的电平就高；相反，如果 FM 信号的频率小于高频载波 f_c 时（图 2-56 中所示的“1”），则信号被 LC 并联电路“吃掉”得多，所以在图 2-55 中 B 点信号的电平就低。这样，通过一个简单的 LC 并联电路实现了 FM 信号向 AM 信号的转换。

经过斜率鉴频器后，FM 信号成功转换成 AM 信号，之后利用 AM 解调的方法就可以把声音最终还原出来了。所以，在图 2-55 所示的斜率鉴频器之后是一个由二极管 D1 和电容 C2 构成的 AM 解调电路。

可以这样总结 FM 解调：为了实现把 FM 信号转换成 AM 信号，需要使 LC 并联电路（由 L2 和 C1 组成）工作在失谐的情况下，利用 LC 并联电路的频率响应特性曲线实现转换。

同样地，下面通过仿真增强对 FM 解调的理解。

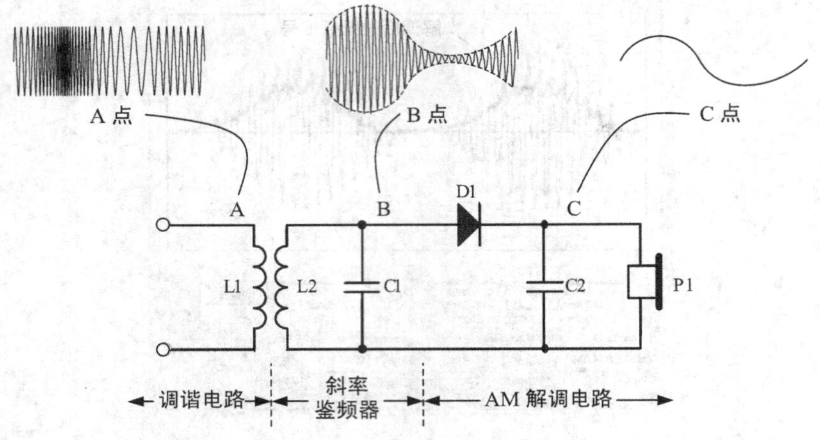

图 2-55　斜率鉴频器

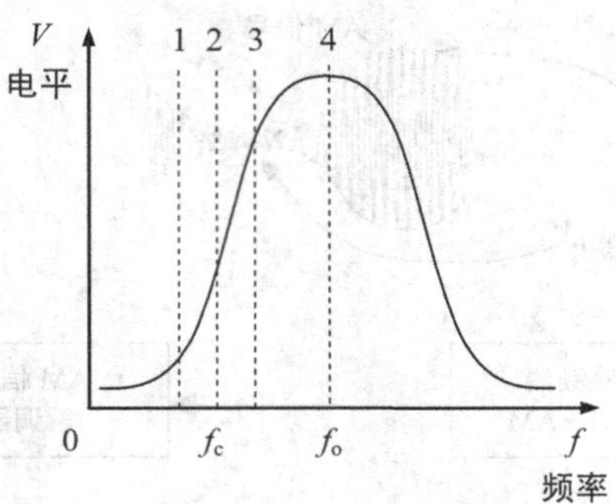

图 2-56　斜率鉴频原理

【例 2.9】FM 信号的解调：在 Multisim 2001 中连接如图 2-57 所示电路，用示波器观察 FM 信号是如何被解调的。

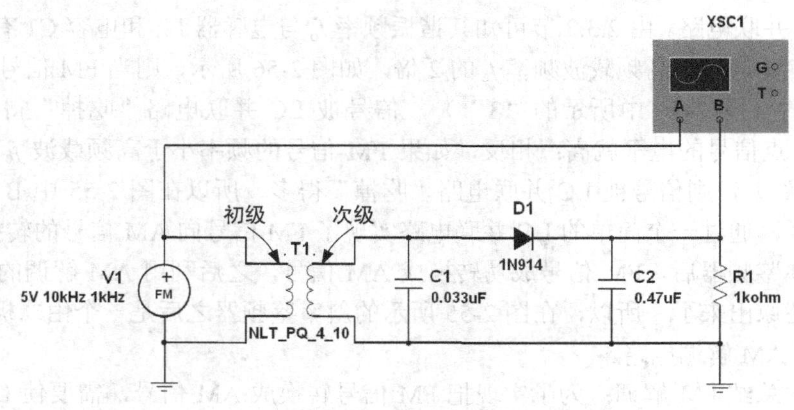

图 2-57　FM 信号解调仿真电路图

图 2-57 中，FM 电压源（FM 符号）V1 用于产生 FM 信号，通过变压器 T1 的耦合，FM 信号进入到次级线圈和电容 C1 构成的 LC 并联电路中，经过斜率鉴频实现 FM 信号向 AM 信号的转换，最后再由二极管 D1 和电容 C2 构成的 AM 解调电路把低频有用信号还原出来，FM 解调的仿真结果如图 2-58 所示，从中可以看到当 FM 信号频率高时输出信号幅度大，反之亦然。

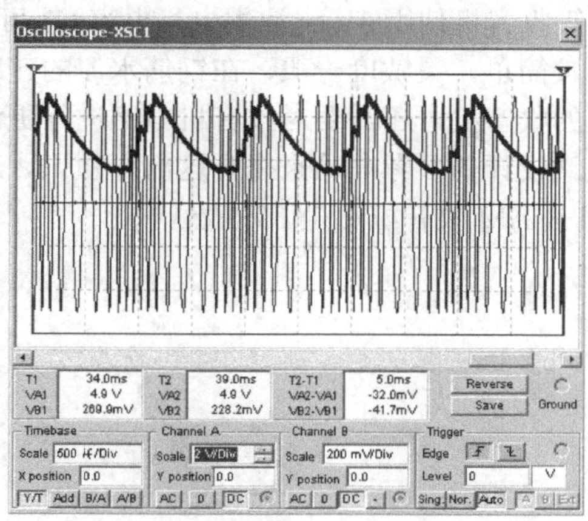

图 2-58 FM 信号解调

2.3.4 单管收音机的最终分析

通过一整章的铺垫，终于累积了一些关于收音机的基础知识，最后再把本章提出的单管收音机分析一下，以巩固和消化所学到的知识。如图 2-59 所示是对该电路的分解，从左到右电路分为调谐电路、解调电路、放大电路、电源及滤波电路。

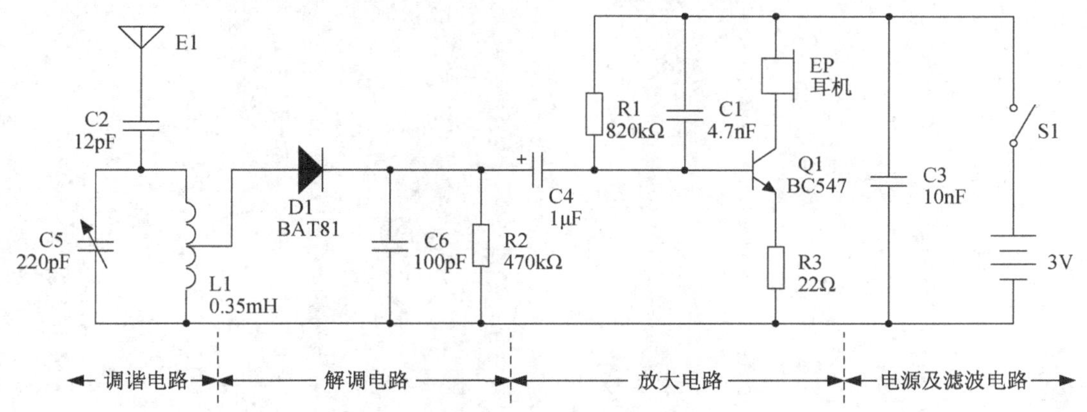

图 2-59 单管收音机电路图

✧ 调谐电路。空中各种频率的电磁波可以让天线 E1 感应出多种频率的电信号，但是由于电感器 L1 和电容 C5 组成了 LC 并联电路，只有非常接近其谐振频率 f_0 的信号不被“吃掉”而从电感器 L1 的中心抽头输出到解调电路中。

✧ 解调电路。高频信号经过二极管D1和电容C6组成的解调电路后，低频有用信号，也就是广播节目的音频信号被提取出来。

✧ 放大电路。音频信号经过电容 C4 的耦合进入了放大器，该放大器是一个三极管共射极放大器（第4章谈到），把非常微弱的音频信号进行放大后驱动耳机EP，这样就可以把广播节目还原出来了。

✧ 电源及滤波。单管收音机使用3V电池供电，电容C3可以过滤掉高频噪声信号。

该单管收音机电路比较简单，灵敏度一般，在钢筋水泥的建筑中收听效果不是很好。如果要制作一台性能优良的收音机，还需要对收音机电路进行更深入的学习。可以找一些专门介绍收音机原理和电路设计的参考书籍来提升这部分知识。最后留给大家一个问题，图2-59所示的单管收音机是AM收音机还是FM收音机？

第 3 章　制作第一件电子作品

电子技术是一门实践性非常强的学科，学习电子元器件基础知识和设计技能，最终为的是把具备一定功能的电路板制作出来，解决科研、生产、生活中的实际问题。所以实践与理论在学习过程中同等重要。本章来谈谈实践部分的内容，如果大家能跟随本章的介绍亲身实践一下，那就算正式踏进电子设计的大门了。

3.1　制作一个测谎仪

面包板　插面包板　万用板与印刷电路板　电路设计过程　从电路原理图到印刷电路板图　自制印刷电路板　焊装

制作就是对所设计的电路进行实践，从而验证设计的正确性。根据电路，用适当的办法连接元器件，看看这些元器件的有机连接能不能实现特定功能。制作过程常常涉及一些通用的器材和技巧，本节就以制作一个测谎仪为例，介绍一些与实践相关的内容。

3.1.1　面包板

1. 面包板实验

万用实验电路板俗称面包板（breadboard），是一种最常用的电子实验工具，它和平时吃的面包绝对没有任何关系，而是元器件实现电气连接的载体。假如有图 3-1（a）所示的电路，其功能是让两支发光二极管 LED1 和 LED2 交替发光，其交替的频率可由电位器 R2 来调节。

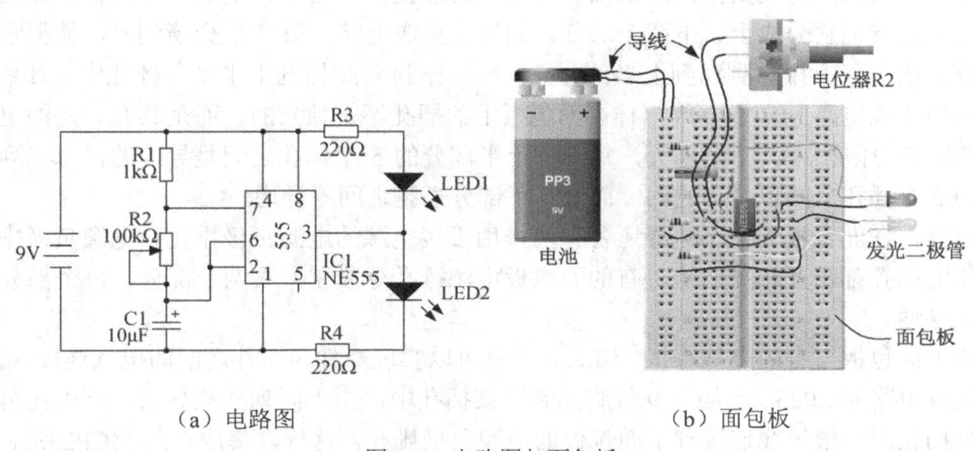

（a）电路图　　（b）面包板

图 3-1　电路图与面包板

当然可以很方便地用 Multisim 2001 这个工具来对图 3-1（a）所示的电路进行仿真，观察电路的功能。但是电子设计的最终目的不是为了仿真，而是为了把电路制作出来，让真实的发光二极管交替发光。所以，需要把电路中的器件买回来，把它们插到一块面包板上，如图 3-1（b）所示，一些体积较大的器件如电池等不一定能插到面包板上，可以放在旁边，然后用导线和面包板自身的连接特性实现元器件之间的电气连接，如果元器件质量没有问题并且连接正确，接通电源就会发现两支发光二极管交替发光。

2. 面包板结构

图 3-2（a）所示是一种常用的面包板（175mm×53mm×10mm），如果要实验的器件非常多，一块面包板插不完，可以使用多块面包板并利用它们之间的扣相互挂扣在一起形成一个大面积的面包板（如图 3-2（b）所示）。而如果电路非常简单，也可以使用图 3-2（c）所示的小面包板，它的宽度只有一般面包板的一半。

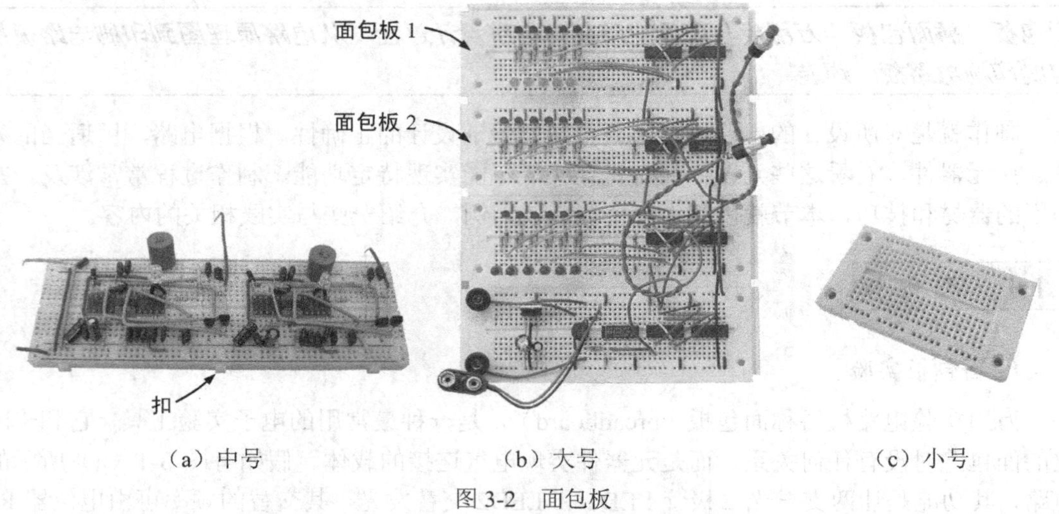

（a）中号　　（b）大号　　（c）小号

图 3-2　面包板

面包板的表面有规则排列的供插装元器件的插孔，如图 3-3 所示，在面包板中间有一条中心分隔槽把它分成上、下两个部分。如果有集成电路（第 7 章会谈到），就把它跨在中心分隔槽上，上排管脚插到上半部分插孔中，下排管脚插到下半部分插孔中，如图 3-3 中所示的集成电路 MCP23S08 一样。面包板上的插孔不是独立的，而是具有一定的电气连接：在中心分隔槽上、下两部分，每一列上半部分的 5 个插孔之间是导通的，每一列下半部分的 5 个插孔之间也是导通的，而上、下部分插孔之间不导通。

另外，在面包板上、下边缘还各有两排用于接电源的电源正极排孔和电源负极排孔，每一排的插孔都是互相导通的。有的面包板电源排孔分成左、右两个部分，每个部分之间的排孔导通。

通过面包板自身的电气连接，加上导线就可以实现器件与器件之间的电气连接。图 3-3 中，集成电路 MCP23S08 的第 9 管脚插到了某插孔中，由于同列插孔导通，所以在第 9 管脚同列插孔用一根导线连接到了面包板的电源负极排孔，这样，集成电路 MCP23S08 的第 9 管脚就实现了与电源负极相连。按照这种方法，可实现任何器件的电气连接，从而形成

功能电路。对照一下图 3-1 所示的电路图和面包板，加深对面包板连接特性的认识。

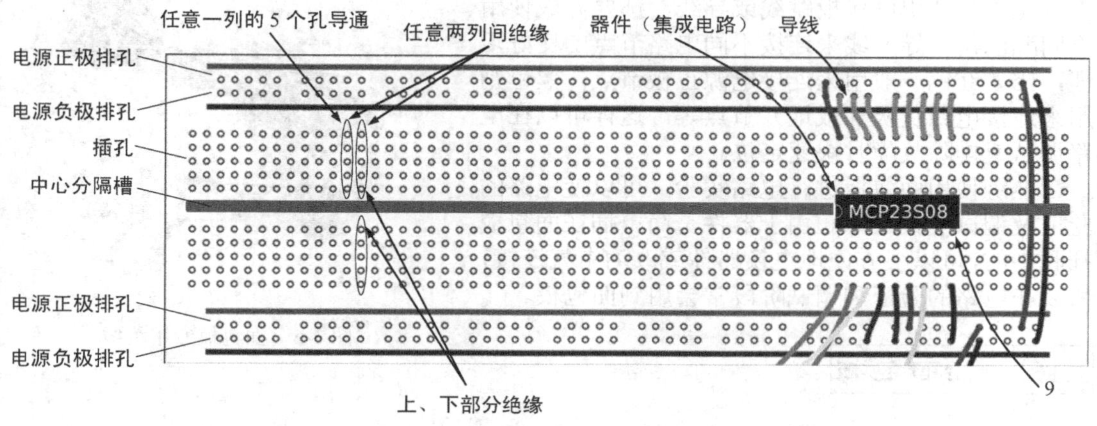

图 3-3　面包板结构示意图

面包板上的插孔可以夹住元器件的金属管脚，如图 3-4 所示，只要轻轻地把元器件的管脚推入插孔中即可。面包板的连接非常灵活，如图 3-4 中所示的电阻 1，一支管脚插在电源正极排孔上，与电路的电源正极导通；另一支管脚插在下半部分的插孔中，在该插孔下方用一根导线跨接到第 3 列插孔中，而三极管 1 的 e 极插于同列插孔中，这样就实现了电阻 1 与三极管 1 的 e 极的电气连接。

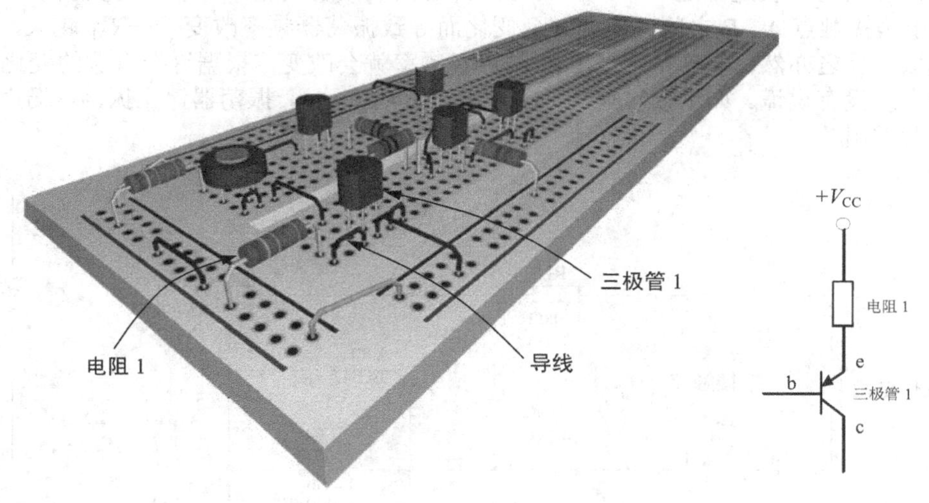

图 3-4　面包板的插接

3. 跳线

插面包板的导线可以使用图 3-5 所示的面包板专用跳线（breadboard jumper），这种跳线有不同长度和不同颜色。跳线两头是类似元器件管脚的金属针，具有一定的硬度，所以能很容易地插到面包板的插孔中。跳线的使用方便，在需要进行电气连接的地方用它跨接就可以了。如果没有这种跳线，也可以使用单股的硬芯导线实现连接，只不过要用剥线钳去掉导线的绝缘皮后，把露出的导线芯插到插孔中。

无论是使用面包板跳线或导线，都要养成使用不同颜色跳（导）线来连接不同电路节点的良好习惯，比如红色一般用来连接电源正极节点；黑色则用来连接电源负极（或地）节点等。这样可以在电路调试或排除故障时快速定位。

熟练使用面包板进行电路实验，可以使电路的验证及调试更具效率。由于器件是简单插在面包板插孔中的，可以很方便地更换器件或改动电气连接，所以在电路的验证和调试阶段常会用到面包板。

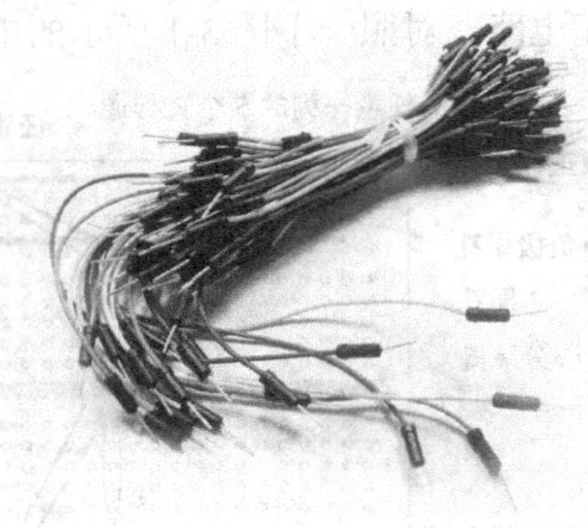

图 3-5　面包板专用跳线

3.1.2　插面包板

了解面包板之后，现在可以开始制作第一个电路——一个简易的测谎仪。一般人在说谎时，都会产生紧张心理，其外在表现为出汗，使皮肤电阻降低。利用说谎时皮肤电阻变化这一特点可以设计一个颇有趣味性的测谎仪。

在制作之前先简要对图 3-6 所示测谎仪电路图分析一下：三极管 VT1 和 VT2 组成互补音频振荡器（振荡器将在第 6 章中有所介绍），振荡频率由电阻 R1、电容 C1、两个接触点 A、B 之间的电阻 R_{AB} 共同决定。使用时，接触点 A、B 通过电极粘贴到被测者的皮肤上，当开关 S1 闭合后，扬声器 LS1 就发出某一频率的声音，此时问被测者一个问题，比如“你偷了我的手表是不是？”，被测者回答过程中如果说谎，一般来说皮肤电阻会发生变化，于是接触点 A、B 之间的电阻 R_{AB} 变化而导致振荡器频率改变——R_{AB} 越大，振荡器频率越低，反之亦然。这样扬声器 LS1 的声音频率就会改变，根据这个音调的变化可以判断被测者有没有说谎。如果接触点 A、B 悬空，则 $R_{AB} \to \infty$，振荡器停止振荡，扬声器 LS1 没有声音发出。

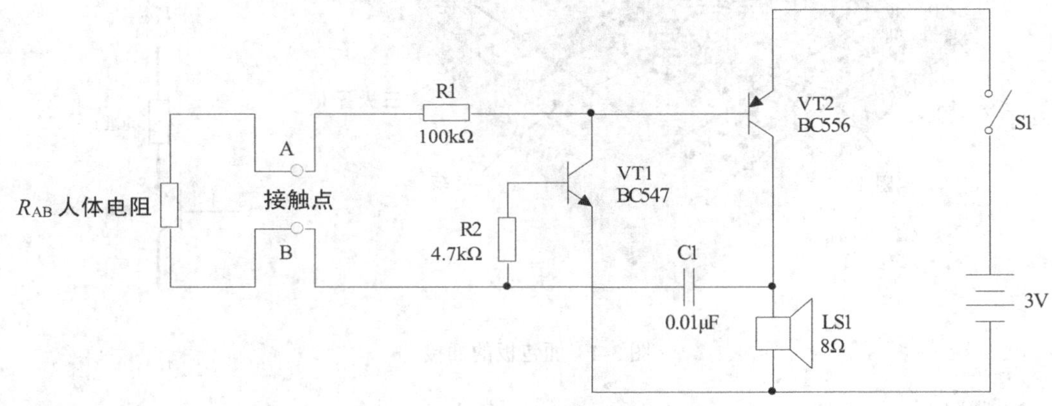

图 3-6　测谎仪电路

如果图 3-6 所示是自己设计的电路，并不敢保证它完全正确，可先用 Multisim 2001 对这个电路进行仿真以初步验证。仿真如果没有什么大问题，则可以进入实际连接电路并调

试的阶段。

首先准备好图 3-6 所示的电阻、电容、三极管等器件，并用万用表等仪表对所使用的器件进行检测，以保证每一个器件性能都是良好的，这是保证电路正常工作的前提，也是电路制作中一个良好的习惯。因电路比较简单，可找一块小面包板进行连接，如图 3-7 所示，电池、接触点电极、开关、扬声器可以放在面包板外，通过导线与面包板连接，元器件则插到面包板插孔中，通过面包板自身连接特性和导线完成测谎仪电路连接。

由于三极管 VT1、VT2 有 b 极、c 极、e 极之分，在连接时不可接错。其极性判别也在图 3-7 中给出。

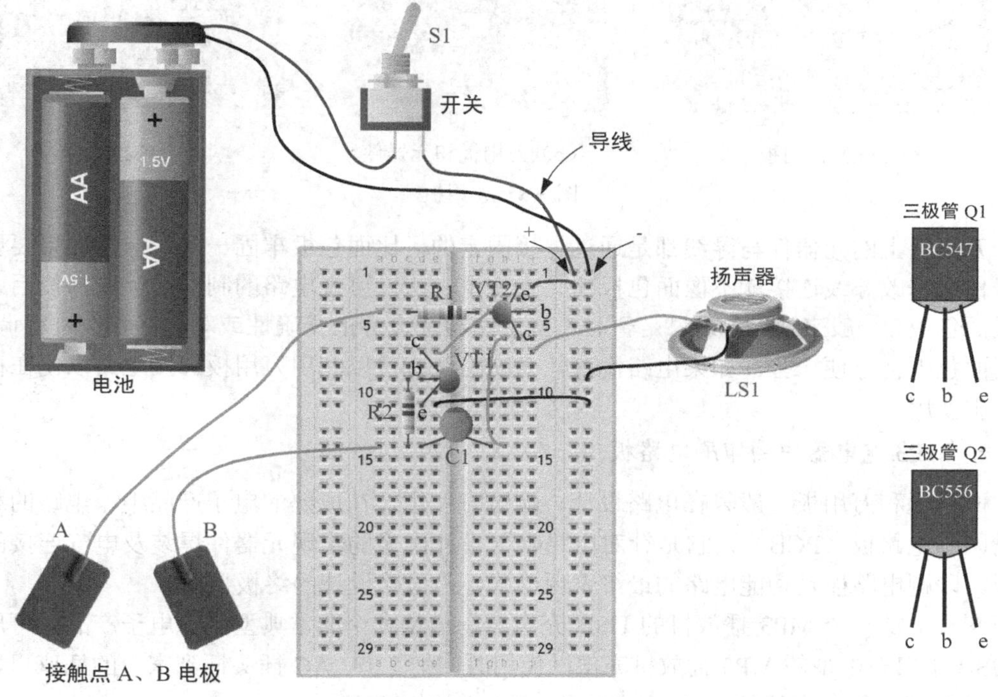

图 3-7　利用面包板制作测谎仪

完成电路连接后，进入电路调试阶段。可以在接触点 A、B 之间连接一个 1MΩ 电位器，闭合开关 S1，扬声器 LS1 发出声音，说明振荡器工作正常，调节电位器会发现音调发生改变，说明电路工作正常。否则就要检查电路有没有连接错误，或者器件特别是三极管有没有插错。如果用电位器测试正常，就可以把 1MΩ 电位器拿走，装上电极并粘贴在被测者皮肤上感受测谎的乐趣了。

3.1.3　万用板与印刷电路板

1. 万用板

万用板（prototype board）是另一种接插元器件的实验工具（如图 3-8（a）所示），它与面包板完全不同。使用时，元器件插在万用板的一面，管脚穿过万用板上的过孔（如图 3-8（b）所示），在万用板另一面使用电烙铁焊接管脚与万用板上的焊盘（焊接在 3.1.7 节中介绍），然后焊接导线并通过导线实现元器件之间的电气连接。元器件一般都安装在万用板的同一面，导线可以焊接在万用板的任意一面（如图 3-8（c）所示）。

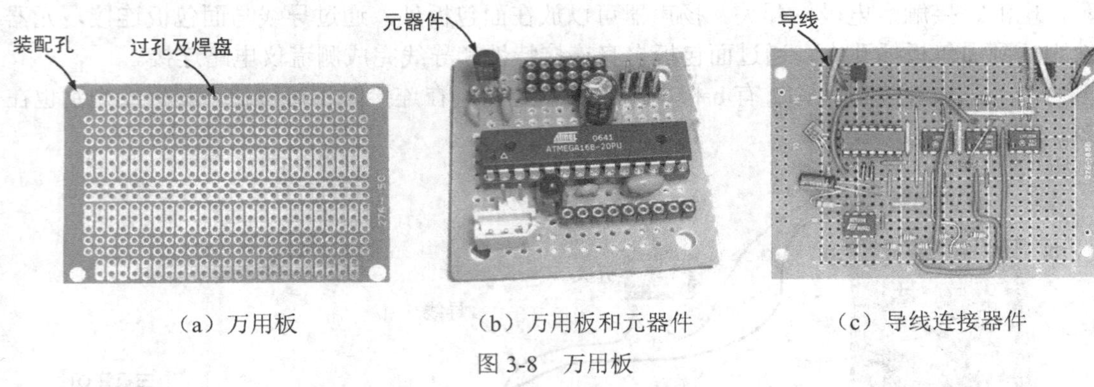

（a）万用板　　（b）万用板和元器件　　（c）导线连接器件

图 3-8　万用板

万用板上的元器件与导线都是通过焊接固定的，比面包板牢固一些，但是如果要更换元器件或修改导线连接就不像面包板那么方便了。所以可视电路的制作需要选择使用万用板或面包板。一般来说，如果只是暂时连接电路验证设计的正确性或对电路参数进行调试，使用面包板会方便一些；如果电路没有什么缺陷，就可以利用万用板焊接电路以便在样机测试中使用。

2. MP3 充电器中的印刷电路板

面包板和万用板一般只在电路设计、调试时使用，在成熟的电子产品中，电路的载体都是印刷电路板（PCB），它是针对电路唯一设计出来的实现元器件焊装及电气连接的电路板。印刷电路板是功能电路的最终表现形式，是电路设计的终极目标。

图 3-9 是一个 MP3 播放机的 USB 充电器，这是一个非常典型的小电子产品，可用于给 USB 接口充电型的 MP3 播放机充电。使用时，把 220V AC 插头插到家里的插座里，用 USB 连接线连接充电器的 USB 充电口和 MP3 播放机即可。

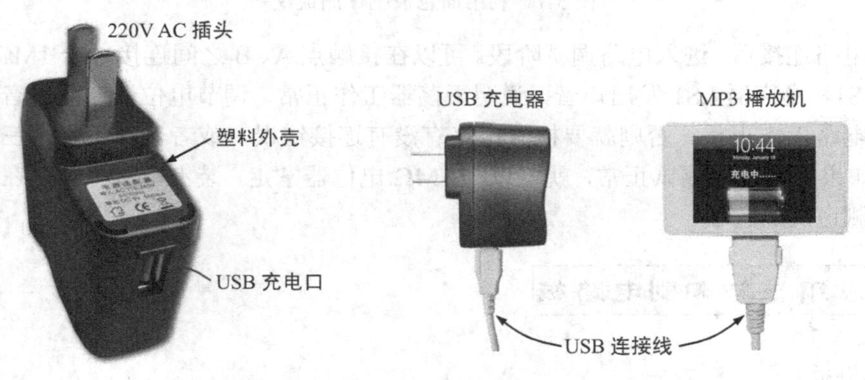

图 3-9　MP3 的 USB 充电器

既然图 3-9 所示的 MP3 充电器是一个电子产品，它必然是根据一定的电路设计研制出来的，这个电路设计在图 3-10 中以电路原理图的形式来描述。电路图中阴影部分以外的插头和 USB 充电口在 MP3 充电器外表上就能看到，而阴影部分的电路是充电器实现其功能的根本所在，并以印刷电路板的形式装配在 MP3 充电器的塑料外壳里。

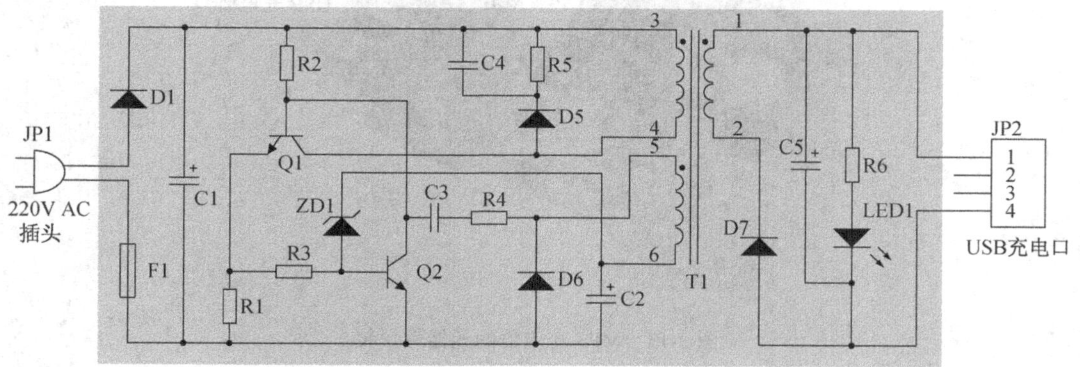

图 3-10　MP3 充电器的电路原理图

电路原理图设计出来后，可利用 Protel、PowerPCB 等软件生成印刷电路板图（具体过程可参考 3.1.4 节内容，至于使用 Protel 设计印刷电路板图的详细过程和方法可参考笔者的《电路设计与仿真——基于 Multisim 8 和 Protel 2004》）。把印刷电路板图交给电路板生产厂家就可以把印刷电路板加工出来，如图 3-11 所示为 MP3 充电器的印刷电路板，这个印刷电路板现在还是“裸体的”，因为还没有任何元器件焊装在上面，只是在反面通过铜箔预先铺设好了该有的电气连接。而它的正面上印有与电路原理图对应的每一个元器件符号，方便在进行焊装时把对应的电子元器件插进过孔并焊接在焊盘上。如图 3-12 所示大部分元器件已经焊装到印刷电路板上，电路板已经具备工作的基本条件了。

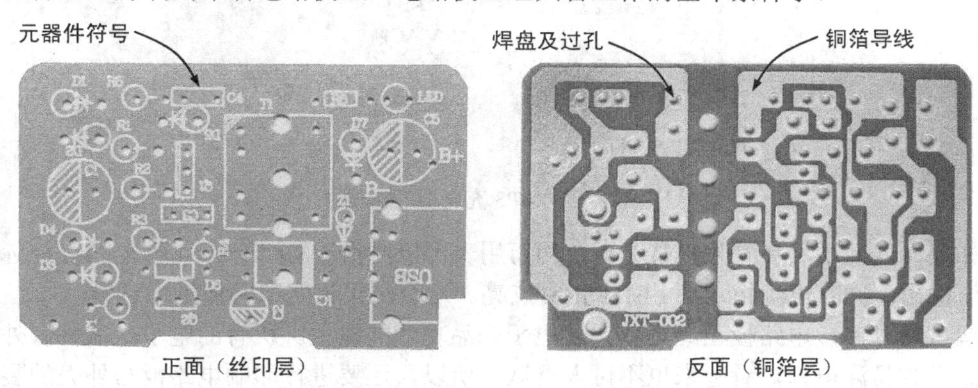

图 3-11　MP3 充电器的印刷电路板

完成元器件的焊装之后，一般需要对电路进行调试。调试大都带电进行，所以对于像 MP3 充电器这样由 220V AC 供电的产品来说要格外小心，否则非常容易造成触电事故。如图 3-13 所示，为了调试方便，可先在电路板上焊接一个 220V AC 的插头线，同时为了安全起见，在插头线上串联一个 15W 的灯泡，以防止短路或接错。

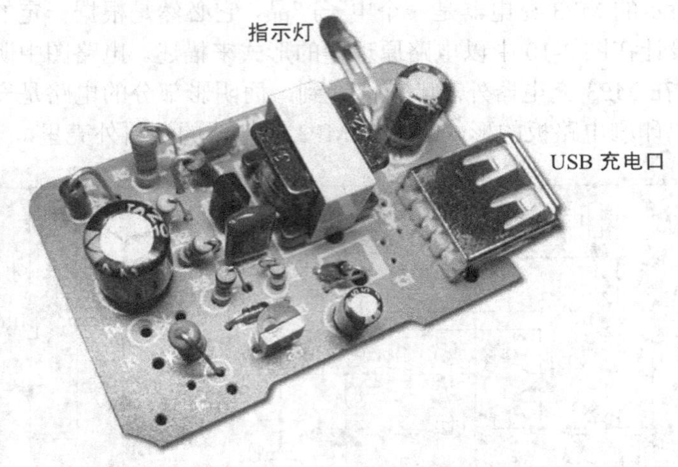

图 3-12　MP3 充电器的元器件焊装

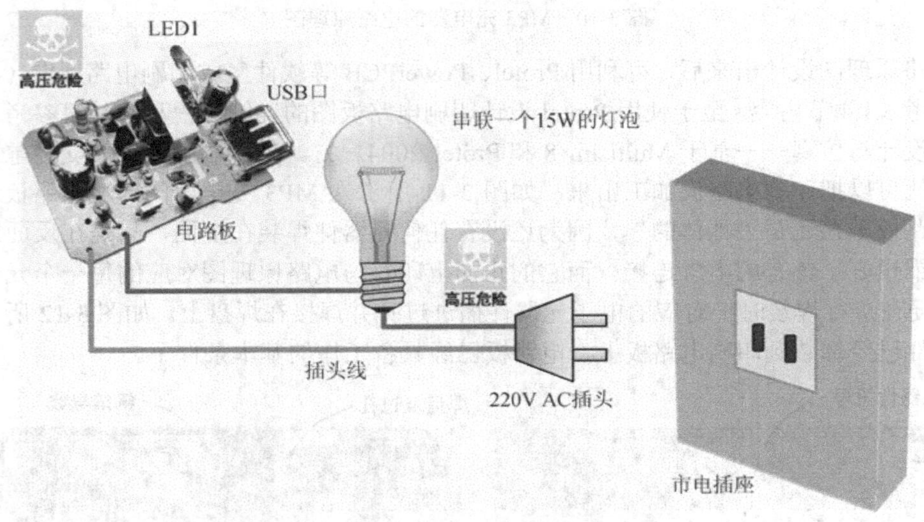

图 3-13　MP3 充电器的调试

如果元器件质量良好且焊装无误，用万用表可以测得 USB 口 1、4 脚之间有+5V 的直流电压输出，同时电源指示灯 LED1 正常点亮。这个结果说明电路板工作正常。

调试通过后，电路板已经具备实现电子产品功能的能力。所有的电子产品都有外壳，否则除了容易漏电外，看起来也不讨人喜欢。所以，还要进行印刷电路板与外壳的装配，才能最终完成一个电子产品。把调试时使用的插头线取下，换上两根导线，将电路板与外壳上的插头连接即可，如图 3-14 所示。

从 MP3 充电器的“诞生”过程中除了能感受到印刷电路板对电子产品的贡献之外，还大致体会了电子产品是如何从一幅电路原理图“降生”成一台具有一定功能的电子设备的。MP3 的 USB 充电器只是地球上数以亿计的电子产品中的一种，尽管其他电子产品的电路、

功能、外观各不相同，但是它们的“诞生”过程都与之类似，只不过其中还有许多细节和技巧值得用毕生的精力去不断学习、改进、创新。

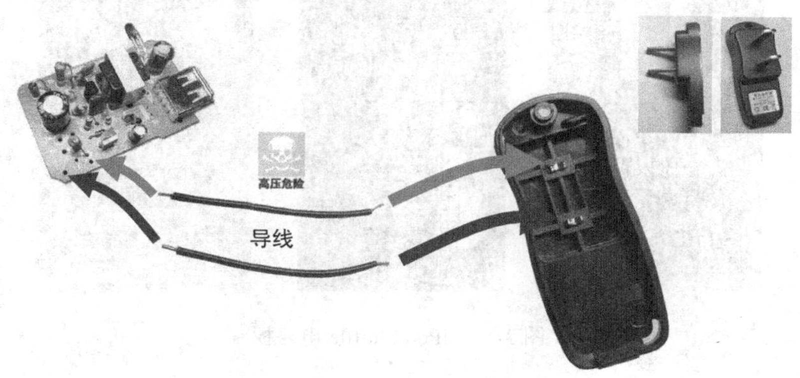

图 3-14　MP3 充电器的装配

3. 更多的印刷电路板

日常所见最为复杂的电路板恐怕要数计算机的主板了，如图 3-15 所示，电路板面积大不说，层数还非常多，在看不到的电路板夹层里还布有多层的铜箔导线，从而实现众多元器件的复杂电气连接。除此之外，在设计元器件布局和印刷电路板布线时，还要考虑电磁干扰、高频特性、温/湿度适应性、散热性能等诸多因素。可想而知，计算机主板生产商在研发时投入的巨大人力与物力。

图 3-15　计算机主板

除了计算机主板这个大家伙外，身边还有许多电子产品，其中不乏各种形式的电路板。比如图 3-16 所示的 iPod Shuffle（MP3 播放机）电路板，在有限的面积上焊装了许多元器件——这是所有便携电子产品电路板的特点，电路板之所以异常“拥挤”，是出于成本和空间的考虑——生产商和消费者都不愿意把钱花在增大便携电子产品的无用体积上。

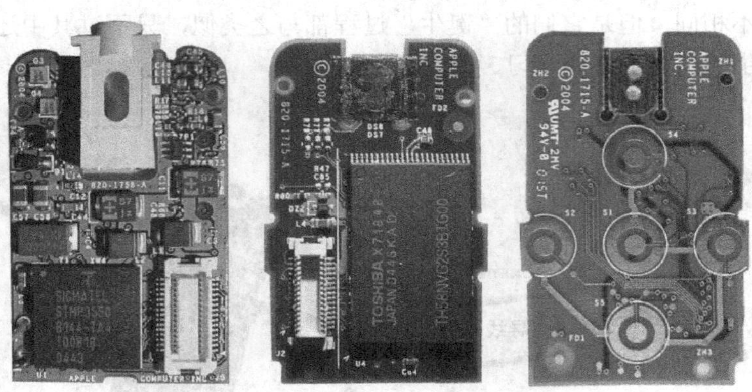

图 3-16　iPod Shuffle 电路板

3.1.4　电路设计过程

3.1.3 节在介绍印刷电路板时，用 MP3 的 USB 充电器作为例子，展示了一个普通电子产品的“降生”过程。本书并不关注电子产品的外壳或装配工艺等问题，而是着重对电子产品的电路设计进行介绍。电路设计的一般过程可以归纳在图 3-17 中。

图 3-17　电路设计的一般过程

1. 需求（功能）规划

电路的设计具有很强的目的性，就像画一幅画之前，画家总会先思索创作的主题是什么，是画一幅反映改革开放以来农村面貌翻天覆地变化的国画作品，还是画一幅奥巴马总统独自一人登上长城的油画作品。如果在动笔前没有想好画什么，那画家只能图鸦一些没有深度的作品（可能梵高除外）。

电路设计更是这样，电路设计师为了解决科研、生产、生活中的实际问题而工作，在进行具体设计前需要对电路将要实现的功能、完成的任务进行规划，或者叫需求分析。比如 3.1.3 节 MP3 的 USB 充电器，它要实现的功能是：把 220V AC 转换成 5V DC，从 USB 口输出，向 MP3 播放机提供充电电流。一旦有了这个设计目标，才能知道该往哪里“下笔”。

2. 系统框图

系统框图是对需求规划的进一步设计，把描述功能的文字、参数等内容归纳成一些方框图，并用一些表示信号流向的箭头表达系统的信号流向。如图 3-18 就是根据 MP3 的 USB 充电器功能绘制的一幅系统框图，掌握了一定的电路结构之后，就可以对这个系统框图进行细化，从而得到图 3-19 所示的详细系统框图。

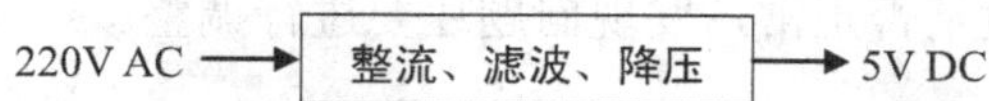

图 3-18　MP3 的 USB 充电器的系统框图 1

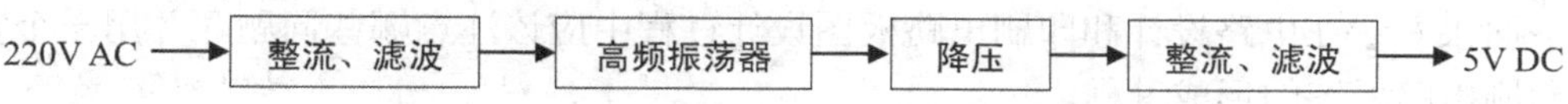

图 3-19　MP3 的 USB 充电器的系统框图 2

3. 电路原理图设计

凭经验规划出来的系统框图，每一个框都代表着一些具体元器件和电气连接，在电路原理图设计阶段，就是要利用所掌握的电路知识和技巧把具体的电路图给设计出来。还是以 MP3 的 USB 充电器为例，把它的系统框图（如图 3-19 所示）和电路原理图进行对照，如图 3-20 所示，就可以发现电路原理图的设计其实紧紧“追随”着系统框图给出的指引。

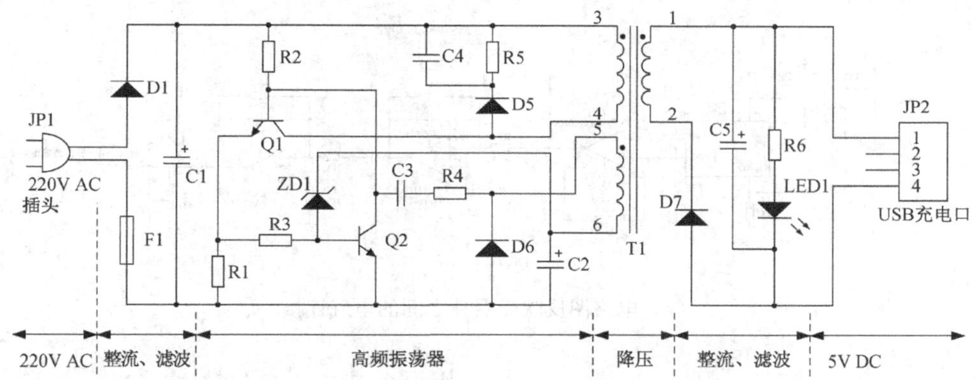

图 3-20　从系统框图到电路原理图

4. 电路制作及调试

电路设计完成之后，可先通过 Multisim 仿真进行初步的验证，然后通过插面包板、焊万用板等方法对设计进行实践，从中找到不足的地方，通过调整元器件参数、修改电气连接、调整电路结构等方式进行改进。这一阶段尤其重要，电路图虽然设计出来了，但是或多或少存在一些问题，这些问题只有在实际调试时才会发现。发现问题就要对电路图进行修改后再调试，多次反复这个过程直到电路实现正常功能为止。

5. PCB 设计及制作

如果只是做做实验，看看效果，那到上一步就已经大功告成。但是如果电路需要交付客户或者投产，还需要把电路原理图设计成印刷电路板（PCB），进行 PCB 相关的检查后，可交给工厂将 PCB 生产出来。

6. 元器件焊装及检验

拿到工厂生产出来的 PCB，进行必要检测后就可把元器件焊接上去。如果要制作的电路板数量比较大，还要借助专业的焊接设备进行焊装。焊装完成之后，对电路板进行带电检测，观察各种运行参数是否正常，发现问题还要进行调整。

3.1.5 从电路原理图到印刷电路板图

下面来看看在电路设计和印刷电路板图设计过程中应该注意哪些问题，并用一个实例展示印刷电路板图的形成过程。

1. 电路原理图

电路原理图（circuit schematic diagram）简称电路图，它是电路设计的表现。电路图使用电路符号描述各种元器件以及它们之间的电气连接（如图3-21（a）所示）。其中的电路符号所在位置并不是实际物理位置，这就好比伦敦的地铁图重点反映地铁站与站之间的连接以便于人们换乘，如图3-21（b）所示，而不是地铁站的严格地理位置（图中空心圆点为换乘地铁站，不同颜色的线代表不同的线路）。

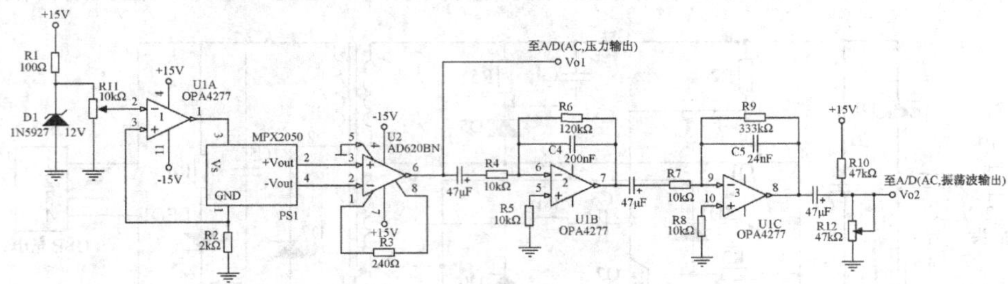

（a）电路图反映元器件之间的电气连接

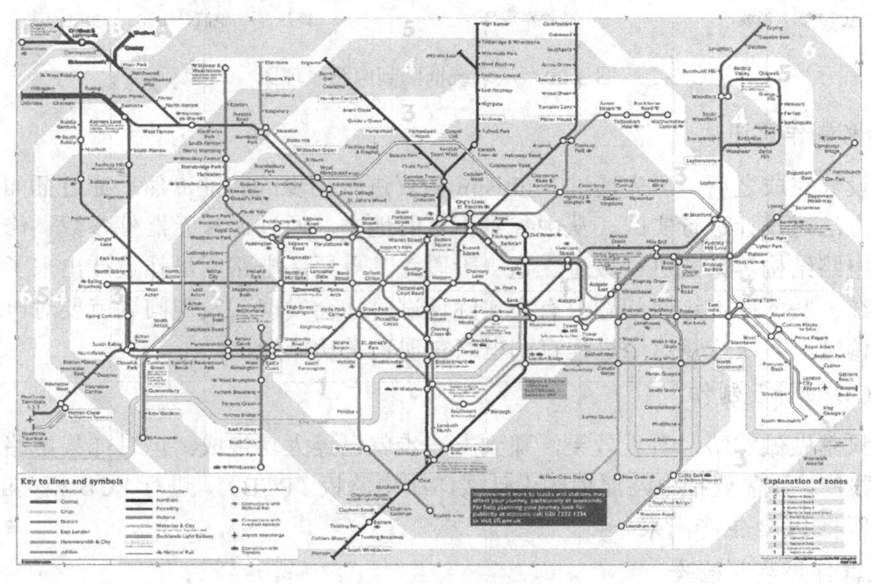

（b）地铁图反映站与站之间的连接

图3-21　电路图与伦敦地铁图

这样看来，电路图中只有两个元素：一是代表元器件的电路符号；二是代表电气连接的导线。那些代表电气连接的导线自然没有什么好说的，而电路符号表示元器件的实际存在，本书谈到每一种新的元器件时都有展示。附录 F 是一些常用元器件的电路符号和外形，可以在需要时翻阅。

在设计电路图时，软件一般会自动在四周加上坐标方格，如图 3-22 所示，坐标方格就像地图上用于查找地名的索引一样，可以帮助定位电路模块。为了方便他人了解电路图功能等信息，一般会在电路图的右下角加上设计明细信息，如图 3-22 中所示的设计明细信息包括电路名称（Title）——峰值检测器、图纸尺寸（Size）——A4、编号（Number）——GB1000239589、版本号（Revision）——TB091212 等。这些信息都有助于他人或自己若干年之后再打开电路图能马上知道电路的信息。

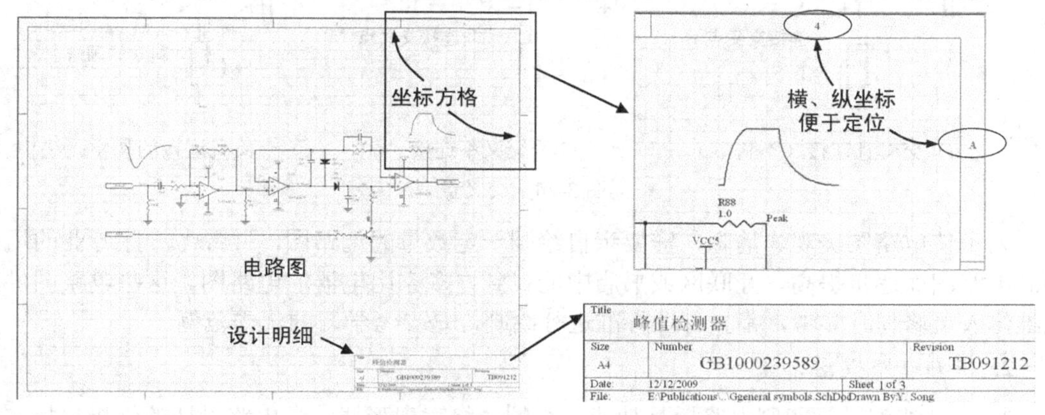

图 3-22　电路图的坐标方格和设计明细

电路图中信号流向应该是从左至右，如图 3-23 所示，习惯上把电路的输入端放在左边，而输出端放在右边，所以电路中相关模块得依次摆放。同时习惯把电路的工作电源正极，即 V_{CC} 放在上方，而接地端画在下方，于是电路图中的电流方向一般都是自上而下的。

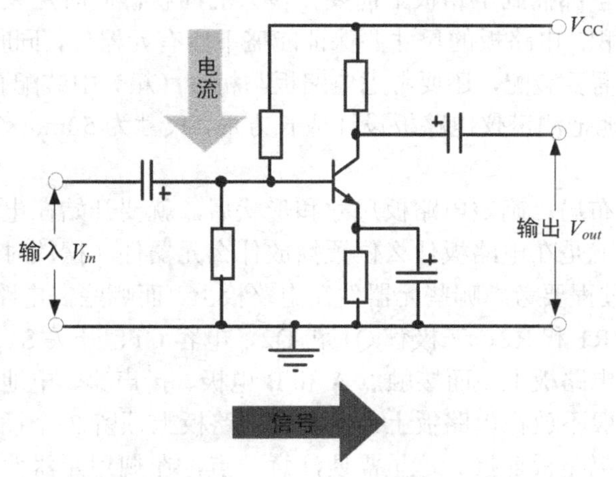

图 3-23　电路图中信号流向

电路图中在需要导线连接的地方，都落有一个实心圆点，比较图 3-24（a）与图 3-24（b），在导线交叉时，图 3-24（a）落有一个实心圆点，表明电解电容+极与两个电阻管脚都导通；而图 3-24（b）导线虽然交叉，但是没有实心圆点，表明电解电容+极与两个电阻没有电气连接。为了避免实心圆点有时因印刷问题而看不清楚导致的误会，对于图 3-24（a）这种交叉且连接的情况，常用图 3-24（c）的画法来表示：把两个电阻分开与电解电容+极导线相连，并使用两个实心圆点分别表示电气连接关系。所以在画电路图时，避免用一个实心圆点落在 4 根导线的交叉点上表示电气连接关系。

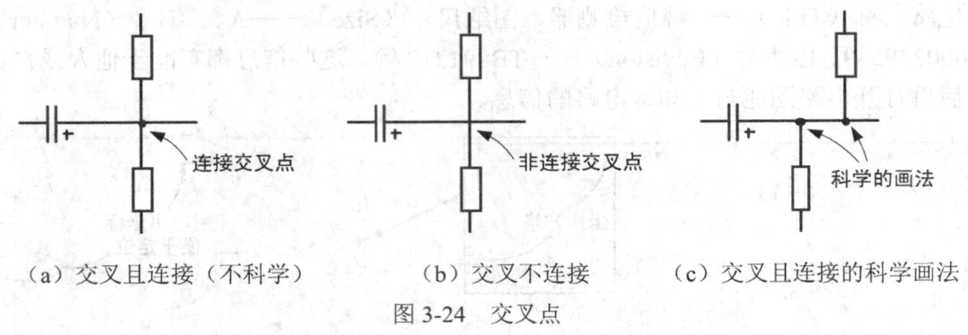

（a）交叉且连接（不科学）　（b）交叉不连接　（c）交叉且连接的科学画法

图 3-24　交叉点

为了使电路图美观、清晰，需要亲自绘制一定数量的电路图，并参考一些专业的厂商产品电路图而逐步提高。互联网或书店中能找到许多家用电器的电路图，这些电路图供家电维修人员修理时参考，都按行业标准进行绘制，是参考学习的优秀范例。

2. 印刷电路板图

3.1.3 节谈到过，印刷电路板是功能电路的最终表现形式，是电路设计的终极目标。为了把印刷电路板最终生产出来，还需要在电路图敲定之后设计印刷电路板图，并交给专业的生产厂家制作。简单的印刷电路板也可以自制，稍后会谈到自制方法。

以测谎仪电路为例，大致看看印刷电路板图是如何设计出来的。

- ✧ 确定电路板尺寸和形状。图 3-25（a）为测谎仪电路图，从其中的元器件个数可以推算出它们全部插到电路板上需要占多大的面积，同时还要粗略估计一下铜箔导线所占的面积。电路板的尺寸要保证能盛下所有元器件，同时确保布线能够成功。另外，如果需要装配，还要考虑电路板与机壳（箱）中装配孔、槽等的配合问题。这里，简单地把测谎仪电路板设计成长方形，尺寸为 50mm×30mm，如图 3-25（b）所示。
- ✧ 规划元器件布局。确定电路板尺寸和形状后，就要开始在电路板图纸上规划元器件布局，也就是在电路板什么位置摆放什么元器件（摆放时的一些原则稍后有介绍）。这个过程要考虑哪些元器件在电路板上，而哪些在电路板外。如图 3-25（c）所示，电阻 R1 和 R2、三极管 Q1 和 Q2、电容 C1、开关 S1 都在电路板上，也就是要焊装在电路板上。而接触点 A 和 B 电极、扬声器、电池则因测量的需要或体积的原因一般不放在电路板上，而是在电路板上预留 3 个插座便于最后通过接插件和导线与电路板连接。这里需要注意一点，在规划元器件布局时要注意各种器件的封装，例如图 3-25（c）中三极管 Q1 的封装为 TO-92（◎），这个封装将会

在制板时在印刷电路板上留下一个正好能插进BC547型三极管的过孔和相应的焊盘。其他元器件也要选择相应的封装才能正确焊装。

✧ 实施布线。到目前为止，各种元器件或接插件都以封装的形式在印刷电路板图上布置好了，接下来需要根据电路图生成铜箔导线以实现电气连接。任何一个印刷电路板设计软件都可以实现自动布线，也就是根据电路图自动生成元器件之间的电气连接，如图 3-25（d）所示。对照一下电路图会发现，布线完全按照电路图中元器件之间的电气连接来实现。把这个布线图交给印刷电路板加工厂就可以加工出来。加工出来的印刷电路板类似图 3-25（e）所示，上面留下了插元器件的过孔和焊盘，焊盘之间的电气连接由留在印刷电路板上的铜箔导线来实现。把元器件逐个焊装在印刷电路板上就可以完成制作。

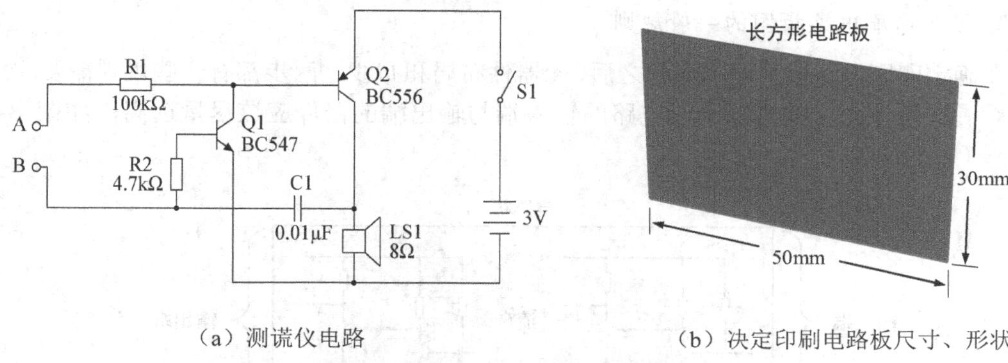

（a）测谎仪电路　　（b）决定印刷电路板尺寸、形状

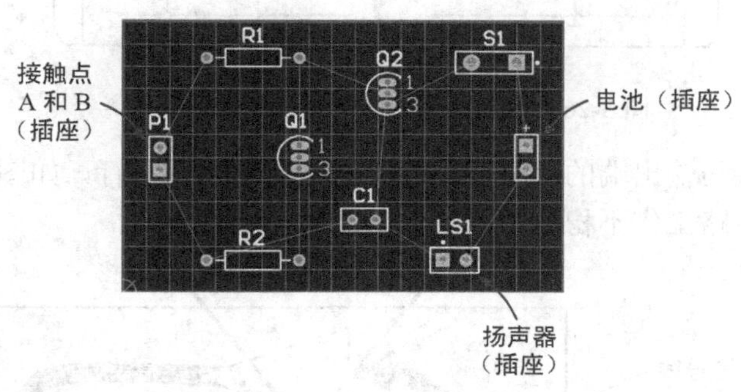

（c）元器件布局设计

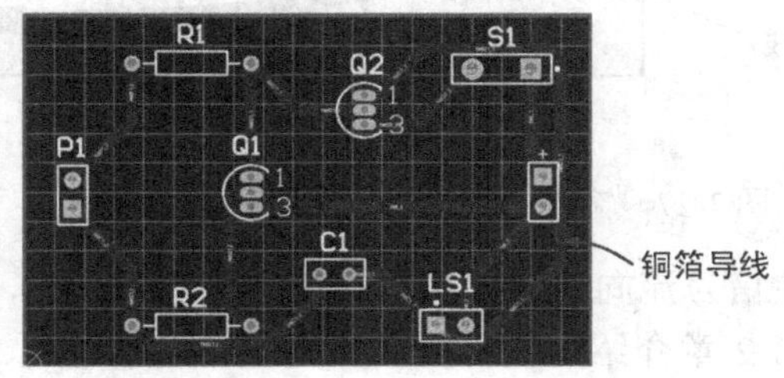

（d）布线

图 3-25　从电路原理图到印刷电路板图

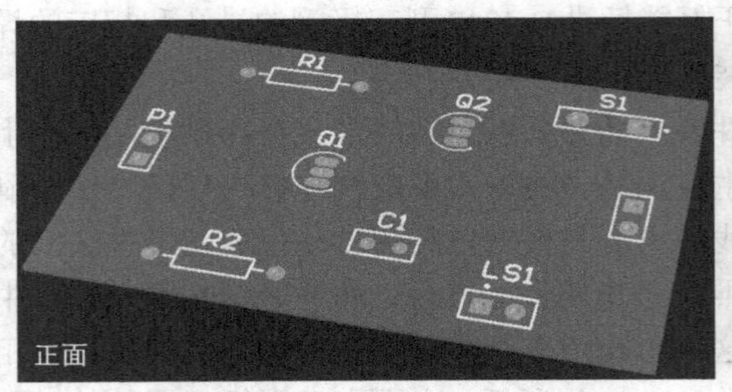

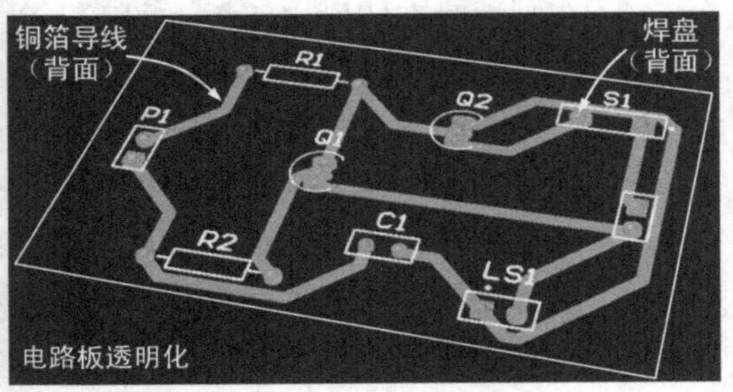

（e）印刷电路板

图 3-25 从电路原理图到印刷电路板图（续）

3. 设计印刷电路板图的一般规则

在确定印刷电路板尺寸和形状之后，元器件布局和布线这两步都有一些规则需要注意：

✧ 在条件允许的情况下，电路的输入端与输出端的器件应该尽量远离，如图 3-26 所示。

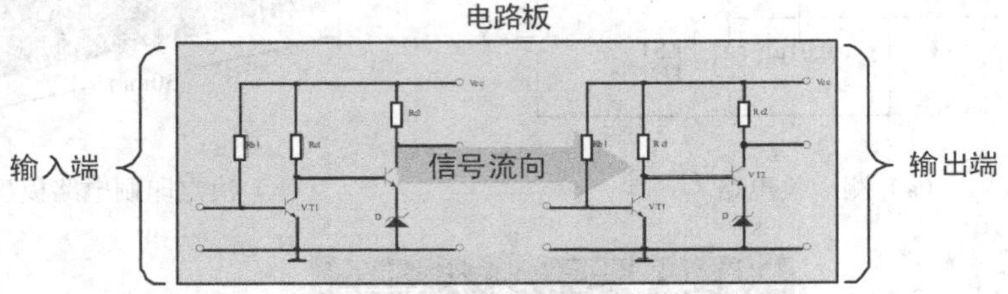

图 3-26 输入端与输出端的元器件尽量远离

✧ 电路输入端与输出端的信号线不能靠近，更不可以平行，如图 3-27 所示。否则可能会引起电路工作不稳定甚至自激。

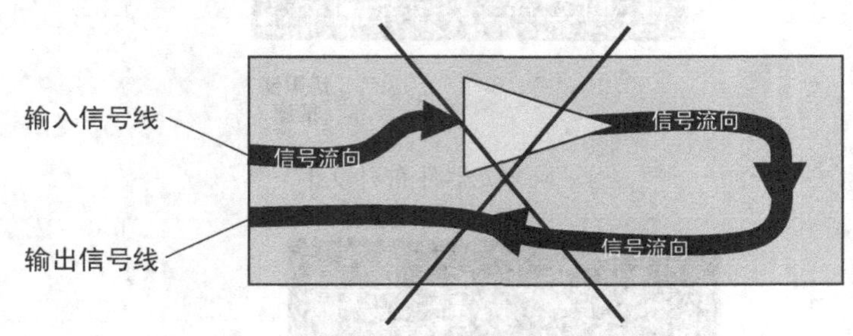

图 3-27 输入与输出端信号线不可靠近或平行

✧ 多级电路应该按信号流向逐级依次排列，不应互相交叉，以免引起有害耦合和互相干扰。比如第 2 章介绍的收音机，其天线、调谐电路、检波器、放大器、扬声器应该按图 3-28 所示的布局才是最合理的。

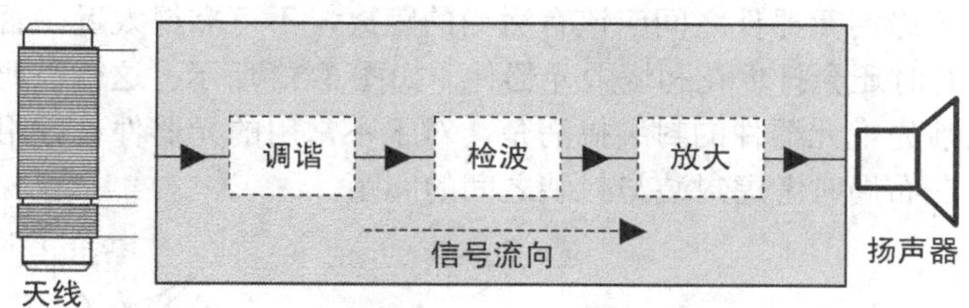

图 3-28 合理的逐级依次排列

✧ 应注意电感元器件之间的互感作用，不要靠得太近。

✧ 布线时，电路的地线不应形成闭合回路，以免因地线环流产生噪声干扰，如图 3-29 所示。

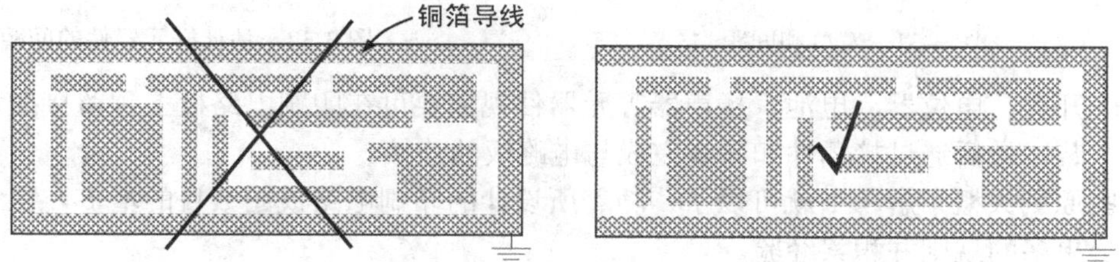

图 3-29 地线不要形成回路

✧ 在高频电路中，要采用大面积包围式地线的布线方式，如图 3-30 所示。这样能有效防止电路自激，提高高频电路的稳定性。

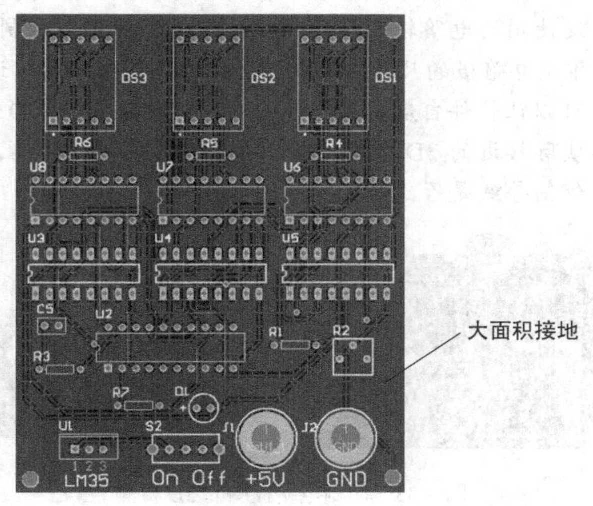

图 3-30 大面积接地

✧ 在条件允许的情况下，把印刷电路板上的铜箔导线预留得宽一些，铜箔导线之间的间距也尽量大一些，以保证电流通过和足够的机械强度。对于简单的电路，可使铜箔导线的宽度和间距都不小于 1mm，如图 3-31 所示。

✧ 外壳不绝缘的元器件之间应该有适当的距离，不可靠得太近，否则极易相碰造成短路，有时还会打火花和烧毁元器件，如图 3-32 所示。这就需要在设计印刷电路板图之前先把元器件的封装搞清楚，对于不常用的元器件最好用卡尺测量一下尺寸，并在布局时考虑封装与封装之间的间距。

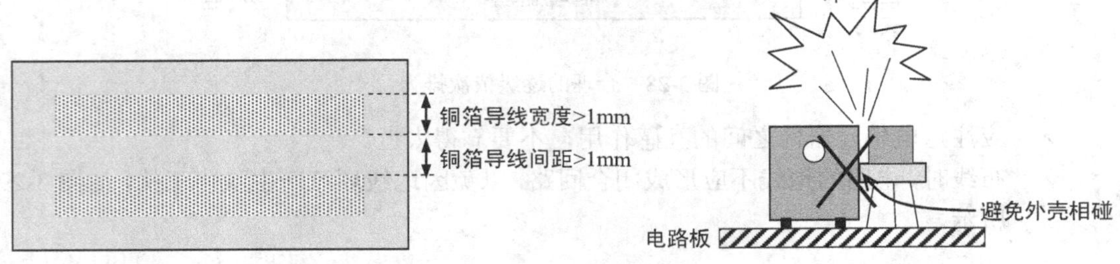

图 3-31　宽度和间距　　　　图 3-32　估计好元器件的间距

✧ 开关、电位器、电池、扬声器等元器件视需要可在印刷电路板上预留接插件的封装，最后通过接插件和导线完成与电路板的连接。

这些原则大概了解一下就可以了，随着所设计的印刷电路板图数目的增多，在实践中再去体会更多的规则并积累经验。

印刷电路板图的 3D 检测

今天，从原理图到印刷电路板图的设计都可以在一个软件中完成。如 Protel、Ultiboard、PowerPCB 等都是广泛使用的电路辅助设计软件。在软件中首先绘制电路图并选择好元器件的封装，接着规划印刷电路板的尺寸和形状，并把电路图导入其中进行自动或手动布局，最后设计布线规则就可以让软件自动实现布线。有的软件还支持 3D 检测，即把完成布线的电路板生成一个与实际接近的 3D 模型，如图 3-33 所示，在模型上可以观察元器件的布局和封装是否合理、铜箔导线是否正确等。

图 3-33　印刷电路板图的 3D 检测

3.1.6 自制印刷电路板

完成设计的印刷电路板图可以直接交给工厂加工，工厂根据电路板尺寸、层数等计算

开工费用，之后每块按电路板面积乘以每平方厘米的价格来收费。类似银行卡大小（85mm×55mm）的印刷电路板第一次制作费用约在 100 元左右。印刷电路板加工周期因工厂而异，一般需 7~10 天。网上能找到许多承接加工印刷电路板的厂家。

如果设计了一个不是特别复杂的电路，并非常着急要对电路的正确性进行验证，而手头经费又很紧张，有没有节省的办法呢？本节将介绍两种常用的自制印刷电路板的方法，供大家在制作时参考。

1. 简易制板法

简易制板法针对元器件不多、布线比较简单的电路。除了准备一块敷铜板（电子市场或网上可以买到）外，还需要准备复写纸、圆珠笔、小号毛笔、磁漆（油漆）、三氯化铁、塑料或陶瓷容器、天那水（香蕉水）、手（电）钻、砂纸、酒精和松香等。

敷铜板是一块以树脂板为基底，表面覆盖着铜箔的板材。它是制作印刷电路板的原材料，厚度一般为 1.5mm。敷铜板有单面板和双面板之分，双面板的两面都敷有铜箔。如图 3-34 所示为单面敷铜板的外观和结构示意图。

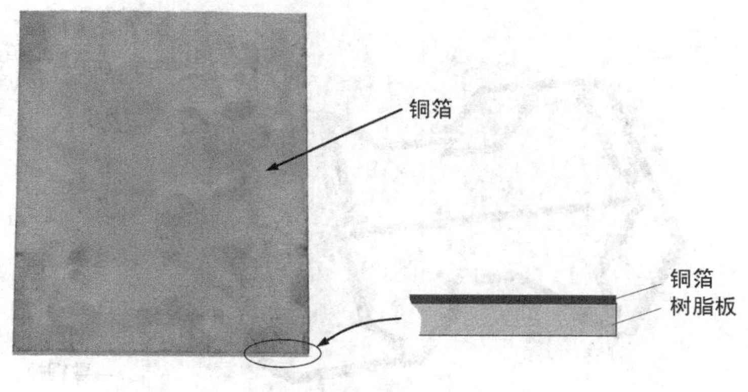

图 3-34　敷铜板

准备好所需材料和工具后，就可以开始自制过程了，步骤为：

- ✧ 描铜箔导线。为了节约板材，可选择一块大小与设计相当的单面敷铜板，按照印刷电路板图的长、宽把敷铜板裁好。把印刷电路板图打印出来，下面垫一张复写纸一起放到敷铜板有铜箔的一面，如图 3-35 所示，用圆珠笔把印刷电路板图中的铜箔导线的边缘勾画出来。如果板图很简单也可以不打印板图而直接照着设计画到复写纸上。揭去复写纸，即可在敷铜板上留下铜箔导线的轮廓。
- ✧ 涂油漆覆盖铜箔导线。用小号毛笔把敷铜板上的铜箔导线轮廓内部填满，如图 3-36 所示，将敷铜板放置于阴凉处等待油漆干透。
- ✧ 腐蚀多余铜箔。目的是把油漆覆盖下的铜箔导线留下，而除去其他多余的铜箔，办法是利用化学反应 $Cu+2FeCl_3=2FeCl_2+CuCl_2$，用三氯化铁（$FeCl_3$）把铜单质置换出来。用塑料容器或陶瓷容器盛上清水（只要不与三氯化铁反应的容器都可以），然后加入三氯化铁的晶体（在一般的化工商店均有售）。水和三氯化铁的质量大约在 1∶1 左右（以溶液刚好盖过敷铜板为宜），把涂好油漆的敷铜板投入溶液中，双手端起容器轻轻晃动。大概 20 分钟左右，等溶液把敷铜板上未涂油漆的部分腐蚀干净后，将其从溶液中取出，用水冲洗掉敷铜板上的残余溶液。注意，三氯化铁对皮肤、衣物有腐蚀性，最好带橡胶手套进行操作并注意保护眼睛。

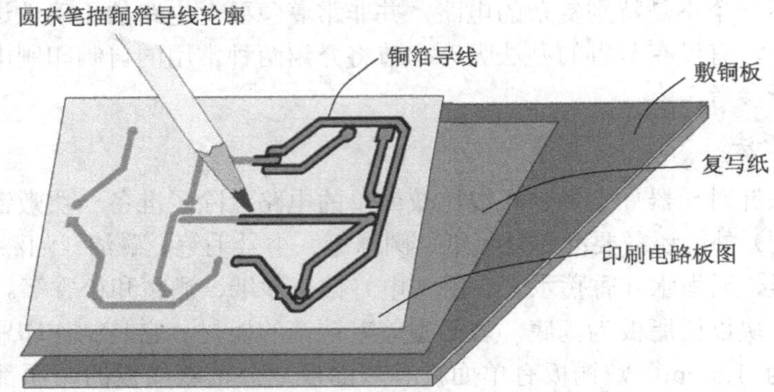

图 3-35　描铜箔导线

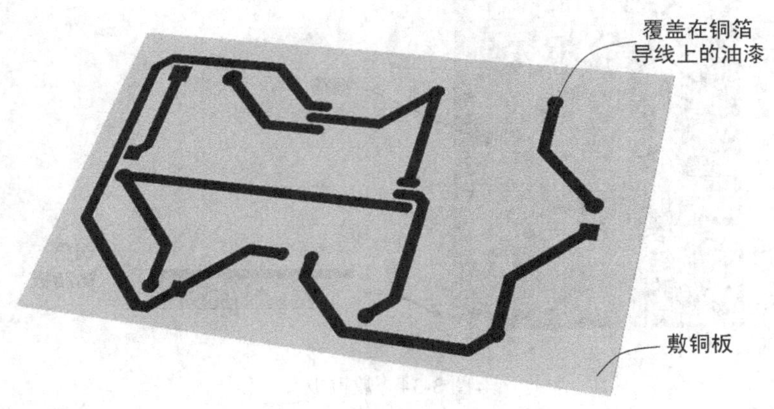

图 3-36　涂油漆覆盖铜箔导线

- ✧ 洗去油漆。清洗干净的敷铜板，只有被油漆覆盖的部分保留了铜箔，其余部分已经被三氯化铁溶液腐蚀掉了。用天那水（香蕉水）把油漆洗掉。注意，天那水对呼吸道有刺激性，最好带口罩进行操作并注意保护眼睛。
- ✧ 打磨。洗净后用砂纸对铜箔导线进行打磨，以去除上面的残漆和污垢。注意，不要太过用力或过久打磨，以免破坏铜箔。同时检查一下铜箔导线之间有没有因腐蚀不完全而粘连的情况。
- ✧ 涂助焊剂。把松香磨成粉状，与酒精按质量比 1∶2 配制成助焊剂，涂在铜箔导线上，这样有助于元器件的焊接。
- ✧ 打孔。把印刷电路板固定在厚木板上，使用手（电）钻在需要插入元器件的地方打孔，钻头直径以 ϕ0.7mm~1.0mm 为宜。注意，在使用电钻时，要认真学习操作规程，并阅读电钻的使用说明和注意事项。由于使用的钻头很细，打孔时应使钻头与印刷电路板保持垂直，电钻的转速不应过高，推进不宜过快，以免折断高速

旋转的钻头发生意外。

这样，就完成了一块印刷电路板的制作。在这个过程中，由于通过手工用毛笔把油漆画在敷铜板上，因此不可能把线条画得很精致，也不容易在有限面积上完成复杂电路的导线绘制。所以本法制作的印刷电路板一般比较简单，如果想要制作复杂的印刷电路板，可参考接下来介绍的热转印制板法。

2. 热转印制板法

热转印制板法是目前较为流行的快速制板方法，它的原理与刚才介绍的简易制板法相同，只是用激光打印机墨粉的防腐蚀特性代替了油漆。热转印制板法可以在很短时间内制作出高精度的复杂电路板，需要准备的材料和工具有：1 台计算机、1 台激光打印机、热转印纸、敷铜板、容器、三氯化铁、手（电）钻、电熨斗、砂纸、酒精和松香等。

准备好所需材料和工具后，就可以开始自制过程了，步骤为：

✧ 清理敷铜板。作为热转印制板法的第一步，它决定了制作是否成功。敷铜板表面因氧化等作用一般都比较“脏”，这些“脏东西”会严重妨碍墨粉附着在敷铜板的表面。可用砂纸对敷铜板仔细打磨一遍，直到表面出现铜黄色的光泽为止，如图 3-37（a）所示。用水冲洗干净，可使用上次腐蚀过敷铜板的剩余三氯化铁溶液刷洗，以进一步去除敷铜板上的油垢和杂质。之后用干净柔软的布擦干备用。

✧ 打印印刷电路板图。把软件设计好的印刷电路板图用激光打印机打印到热转印纸上。热转印纸在纸店有卖，是一种专门用于转印图案的特殊纸张，常用来把个性图案转印到 T 恤上。利用热转印纸的这个特点，可把印刷电路板图上的铜箔导线图印到敷铜板上。如图 3-37（b）所示为已经印刷上铜箔导线图的热转印纸。

（a）清理好的敷铜板

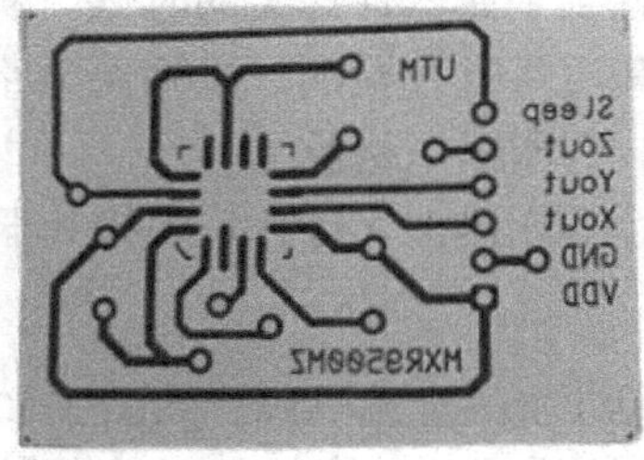

（b）印在热转印纸上的铜箔导线图

图 3-37　敷铜板和热转印纸

✧ 热转印。把电熨斗温度调到最大并预热，将图 3-37 所示的印有铜箔导线图一面的热转印纸扣在敷铜板上，注意对齐边缘，并在边缘处贴上透明胶防止转印时移位。使用电熨斗在热转印纸上反复熨几次，直到感觉铜箔导线图完全转印到敷铜板上为止。然后把敷铜板连同热转印纸一起浸泡到水里。当热转印纸充分吸水并变成糊状时，用手小心的把它抹去，这样就在敷铜板上留下了墨粉附着的铜箔导线图，如图 3-38 所示。

✧ 腐蚀、打磨、涂助焊剂、打孔。这几个步骤与简易制板法相同，不再赘述。最终加工好的电路板效果如图 3-39 所示。

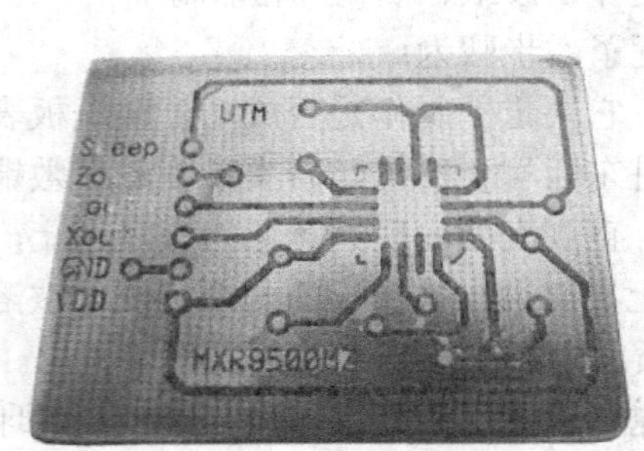

图 3-38　完成热转印的敷铜板

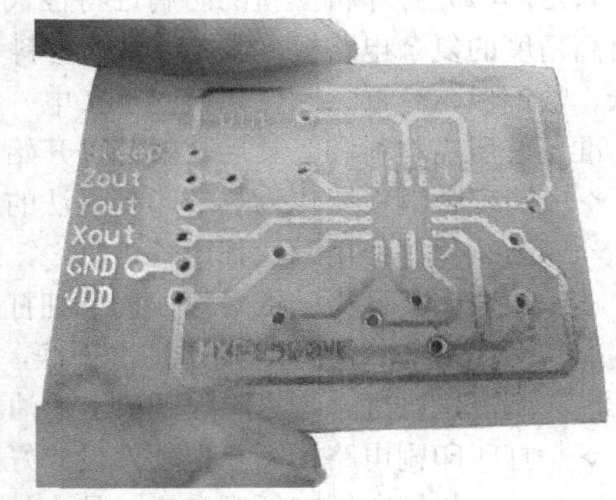

图 3-39　热转印制板法制作完成的印刷电路板

热转印制板法使用激光打印机把铜箔导线图打印到热转印纸上，再在电熨斗的加热下转印到敷铜板后腐蚀。因为激光打印机的打印精度是非常高的，所以热转印法可以加工较为复杂的印刷电路板。

通过以上的介绍，知道了两种印刷电路板的自制方法，制作过程中有一些小技巧需要通过多次实践才能更好掌握。由于制作过程使用了有毒或有刺激性的化学制品和原料，具有一定危险性，所以应该了解清楚相关知识后再开始动手。

3.1.7 焊装

印刷电路板加工出来后，就到了元器件焊装的时候。从电子市场或网上购买回来的各种元器件，首先使用万用表对其质量进行检测，以确保电路制作的成功率。然后按照先小后大的原则，把元器件逐一焊装到印刷电路板上。

焊装元器件只有两个步骤：插元器件入过孔、焊接元器件管脚与焊盘。

1. 插元器件

除表面贴型外，元器件都有针状的金属管脚，如图 3-40 所示。在焊接前最好用小刀或什锦锉将所有元器件的管脚表面的氧化层刮净，防止在焊接时发生虚焊。之后把元器件的管脚折弯，使之能插入印刷电路板上对应的过孔中，在管脚穿出一侧有用于焊接管脚的焊盘。一般需要使元器件与印刷电路板尽量贴紧。

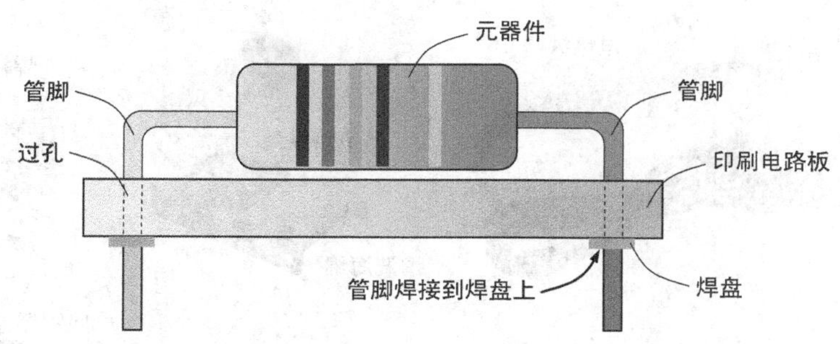

图 3-40　元器件的管脚和插入

有时受空间等限制，元器件不能像图 3-40 那样“躺着”焊装，而改用图 3-41 所示的“站立”式焊装方法。元器件的一个管脚折弯至与另一管脚平行，两个管脚都垂直于印刷电路板插入过孔后焊接。一般在元器件与印刷电路板之间留出 0.5~3mm 的间隙。

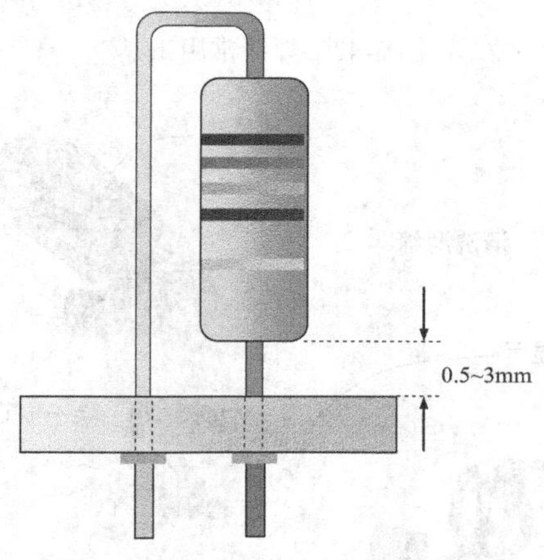

图 3-41　“站立”式焊装方法

2. 焊接工具

焊接看似简单，但却是电路板制作非常关键的一步，因为焊接质量的好坏直接影响了电路的稳定性。焊接涉及到如图 3-42 所示的常用工具，它们在焊接过程中的作用为：

✧ 电烙铁（soldering iron）。焊接主要利用电烙铁发热，把焊锡丝熔化在管脚与焊盘之间（如图 3-44 所示），所以电烙铁是焊接必不可少的工具。电烙铁一般使用 220V AC 供电，通电几秒到几分钟后电烙铁头的温度就可达到焊锡丝的熔化温度（300℃~400℃）。电烙铁有不同的功率，一般可选用 15~40W。在使用时一定要注意接好电烙铁的地线，否则很有可能因漏电而击穿元器件或使人触电。如果条件许可，还可以选用图 3-43 所示的温控电烙铁台，它包括电烙铁、温控器、电烙铁架等。这种设备可以精确控制电烙铁温度以提高焊接质量，同时保护一些对温度敏感的元器件在焊接中不会被烫坏。

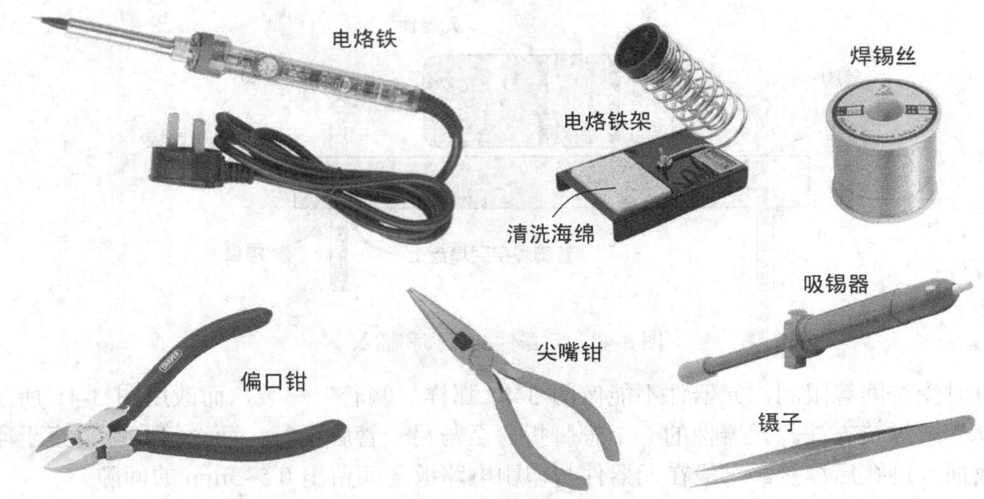

图 3-42　焊接常用工具

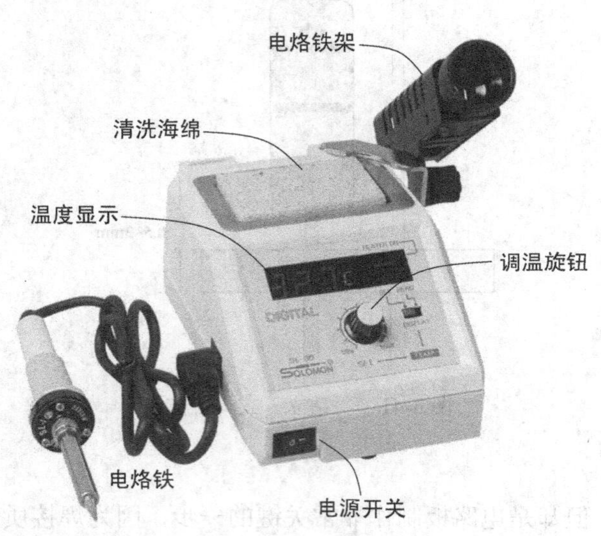

图 3-43　温控电烙铁台

- ✧ 电烙铁架（soldering iron stand）。电烙铁通电后温度较高，需要放置在专门的电烙铁架（如图 3-42 所示）上才不会意外滚落，否则极易导致烫伤或火灾。如果长时间不使用电烙铁或操作人员离开时应当关闭电源，以免发生意外。在电烙铁架的底座上还有一块专门用于擦拭电烙铁头的清洗海绵（sponge pad）。在焊接过程中，电烙铁头常常会因氧化等原因产生“锅巴”而无法上锡继续焊接，这时将电烙铁头在浸过水的清洗海绵上轻轻擦拭即可。
- ✧ 焊锡丝（cored solder）。焊锡丝是一种导体，是焊接的主要耗材，电烙铁对焊锡丝加热至熔化，当焊锡丝凝固后就会把元器件管脚与焊盘之间焊接起来，在固定

的同时实现电气连接（如图 3-44 所示）。焊锡丝中间已经混合有松香（助焊），所以使用起来非常方便。

- ✧ 偏口钳（side-cutter）。用于截断元器件管脚或剪去导线，也可用来代替剥线钳去掉导线外的绝缘皮。
- ✧ 尖嘴钳（long-nose pliers）。主要用于折弯元器件的管脚。
- ✧ 吸锡器（solder sucker）。如果焊接有误或其他原因需要把已经焊接好的元器件拨下来，可一边用电烙铁加热焊点使之熔化，一边用吸锡器把熔化的锡给吸走。多次重复一般就可以使元器件的管脚和焊盘脱离。
- ✧ 镊子（tweezers）。可以在焊接时夹住元器件，也可以用于取拿个头较小的元器件。

3. 焊接开始

焊接时，从个头较小的电阻、瓷介电容等元器件开始，把元器件插入印刷电路板的过孔，并从另一侧伸出。左手拇指和食指捏着焊锡丝，右手拿电烙铁（左撇子可反过来），先在电烙铁头上轻轻蹭一点焊锡以便更好地导热。接着把电烙铁头贴到管脚和焊盘之间，如图 3-44 所示，等焊盘上的温度升高之后，一般会看到铜黄色的焊盘表面产生微小的泡泡，这时再把焊锡丝推到焊盘上。由于焊盘温度已经可以把焊锡丝熔化，所以焊锡丝很快熔化在管脚和焊盘之间，当焊点形成一个较为圆滑、饱满的锡点后立即把焊锡丝拿走，然后拿走电烙铁头。不一会焊锡冷却即形成一个焊点。最后用偏口钳把过长的管脚剪去即可。注意先把大量焊锡丝熔化在电烙铁头上再蹭到焊盘上是不正确的。

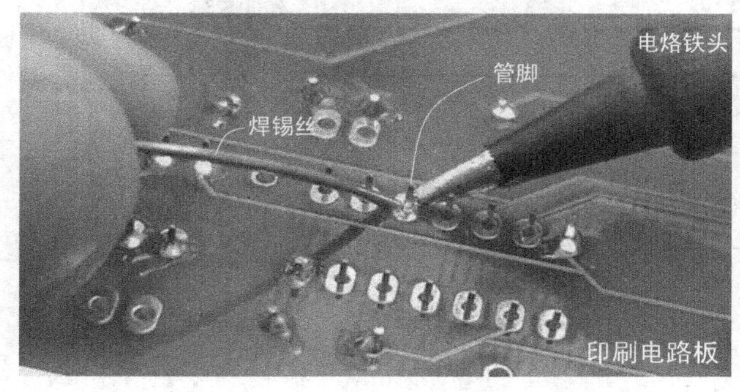

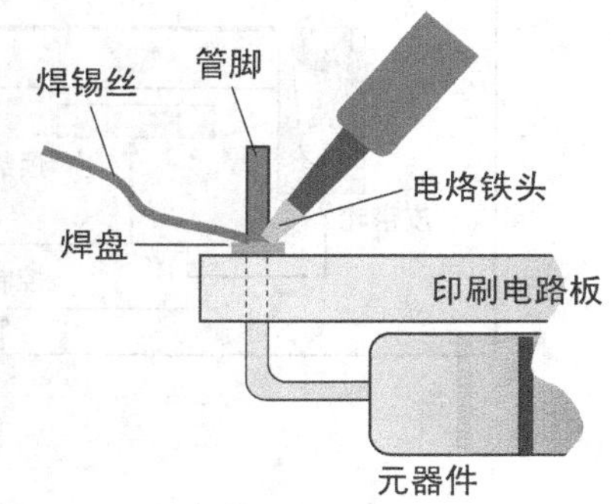

图 3-44　焊接

标准的焊点应该圆润而光滑，如图 3-45 所示，如果焊点呈豆腐渣样或在焊点表面出现蜂窝状小坑都是虚焊的表现，这说明焊点之下的元器件管脚和焊盘有可能根本没有焊接上，这在焊接过程中是要绝对避免的。其他的问题如焊锡过少或过多、出现毛刺等问题可通过多练习以积累控制焊锡量和焊接手法的经验来解决。

除了元器件与印刷电路板之间的焊接外，常常还需要焊接两根导线或把导线焊接到接插件上。有一点需要注意，就是需要给焊接双方先上锡，也就是说先用电烙铁加热双方需要焊接的部位，接着用焊锡丝往上蹭一些锡。这样双方焊接部位在对接之前已经挂上了焊锡，然后再把焊接部位贴在一起，用电烙铁加热，两者焊锡熔化即焊接在一起。冷却后就实现了电气连接。

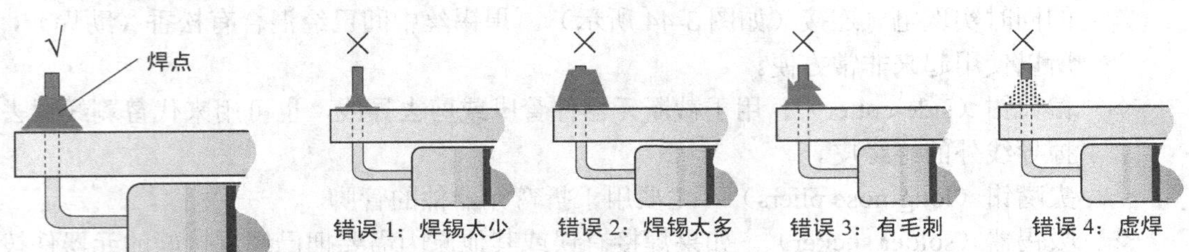

图3-45　注意焊点质量

焊接机

在工业上有一种批量焊接电路板的机器，如图3-46所示，插好元器件的电路板被传送到熔化的焊锡浴中进行焊接。焊锡形成一个稳定的焊锡峰，当电路板上的焊盘经过焊锡峰时即实现管脚与之的焊接。电路板在到达焊锡峰之前被预热，一套复杂的温控系统保证了焊接机各关键点的温度在设定范围之内。

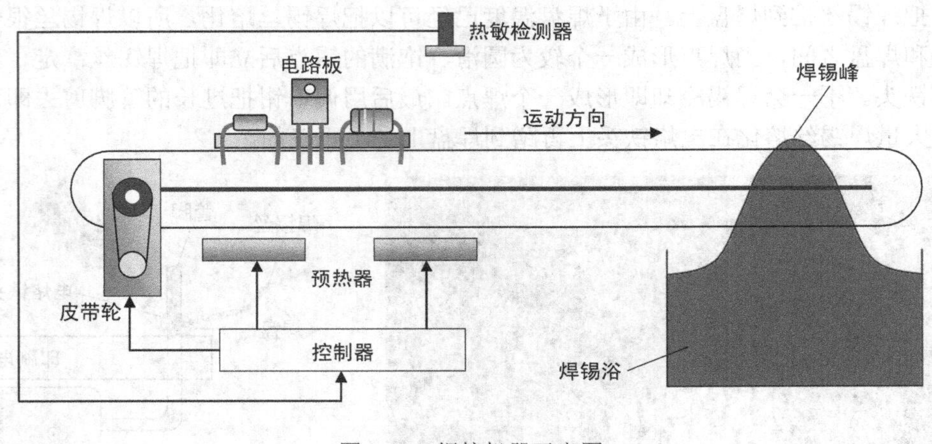

图3-46　焊接机器示意图

3.2　为电子系统设计一个直流稳压电源

变压器　整流　电源滤波　稳压　设计直流稳压电源

一切电子电路都靠电源供电而工作，所以想不仔细学习一下电源都不行。电池作为最常见的电源常使用在手机、MP3播放机等便携设备中。另外一大类电源则是把220V AC（市电）经过处理后输出低压直流电压给电路供电，如手机充电器、计算机等。在这一节里，将着重讲解如何设计一个将220V AC转换成低压直流信号作为电源的问题。

3.2.1 变压器

把 220V AC 转换成低压直流电压的第一步是降压，常使用的元器件是电源变压器（transformer，电路符号），它专门用于变换交流信号的电压。图 3-47 是一个电源变压器的外观，正规厂家会在变压器外壳上贴一个铭牌，上面标明该变压器的输入电压（初级管脚）、输出电压（次级管脚）、额定功率、工作频率等信息。如图 3-47 所示的变压器是一个将 220V AC（初级）降成 9V AC（次级）的电源变压器，其功率为 15W。如果把初级管脚接到 220V AC 中，可从次级管脚检测到约 9V AC 的电压。

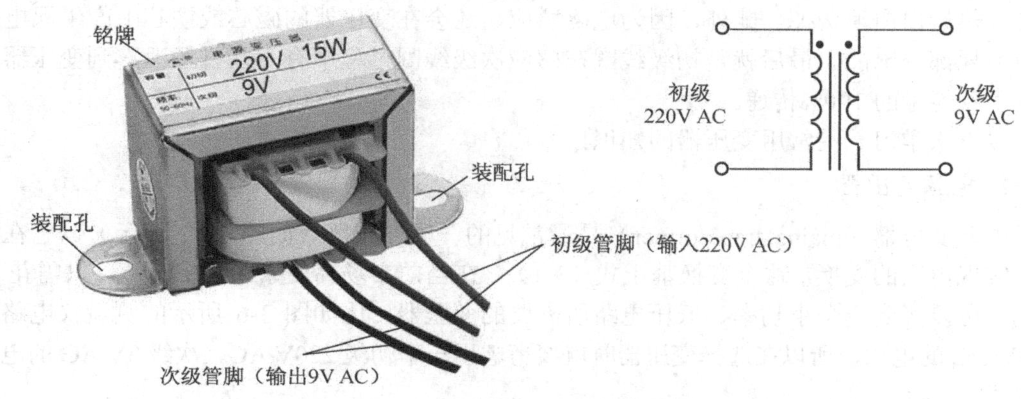

图 3-47 电源变压器（单绕组）

电源变压器之所以能变换电压，主要是利用互感的原理。初级管脚和次级管脚在变压器内部是两组（或两组以上）线圈绕制在各自的骨架上，通过磁导材料将骨架“串”在一起。如果磁导材料使用的是铁氧体磁芯，便称为铁氧体磁芯变压器；如果使用的是铁芯，则称为铁芯变压器。

电源变压器只是变压器的一种。根据工作频率不同，变压器主要分为低频变压器、中频变压器、高频变压器 3 种。低频变压器又分为电源变压器和音频变压器，中频变压器又分为单调谐式和双调谐式等。收音机中的天线线圈、振荡线圈，以及电视机天线阻抗变换器、行输出等脉冲变压器则属于高频变压器范畴。

变压器一个显著的特点是只对交流信号进行变换，而对直流信号不起作用。所以千万不要用变压器去交换电池电压。正是这个特点，变压器在电路中的功能主要有 3 个：传交流隔直流、交流电压变换、阻抗变换。

中学时就知道变压器的初级线圈和次级线圈两端的电压之比等于线圈的匝数比，其公式为：

$$\frac{V_P}{V_S}=\frac{n_P}{n_S} \tag{3-1}$$

其中，V_P 为初级线圈两端电压，V_S 为次级线圈两端电压，n_P 为初级线圈匝数，n_S 为次级线圈匝数。比如某变压器初级线圈为 200 匝，次级线圈为 100 匝，则当初级电压为 220V

AC 时，次级电压则为 110V AC。

如果变压器是一个理想器件，它的输入功率应当等于输出功率，即：

$$P_P=P_S \tag{3-2}$$

其中，P_P、P_S 分别为初级线圈输入功率和次级线圈输出功率，将 $P=VI$ 代入式（3-2）可推出一个用电压、电流描述初级线圈和次级线圈的关系式：

$$V_PI_P=V_SI_S \tag{3-3}$$

其中，V_P 为初级线圈两端电压，I_P 为初级线圈电流，V_S 为次级线圈两端电压，I_S 为次级线圈电流。

而实际的变压器达不到 100%的功率传递，因为初级和次级线圈存在电阻会把部分电能转换成热量白白浪费掉。此外，因为电磁感应，还会在变压器的磁芯或铁芯中产生涡电流从而消耗部分电能。最后就是初级线圈在感应次级线圈过程中有一些磁场泄露到变压器外而达不到能量的 100%传递。

接下来学习一些常用变压器的知识。

1. 电源变压器

电源变压器（mains transformer）是最常见的一类变压器（如图 3-47 所示），它在电路中实现电压的变换，这个变换基于式（3-1）。在当前市场高度繁荣的情况下，只需花 10 多元就可以买到一个小功率、低压电路所需要的变压器。比如图 3-6 所示的测谎仪电路需要 3V DC 的电源，所以在选择变压器时就要考虑用一个初级 220V AC、次级 3V AC 的电源变压器。

还有一个参数在选购变压器时非常重要——变压器功率。像图 3-6 这样的测谎仪电路，我们可以估计它的工作电流一般不会超过 200mA，所以电路的消耗功率 $P=VI=3V\times200mA=0.6W$，于是选择一个次级 3V、额定功率为 2W 的电源变压器就可以了。类似的，为电路设计电源时，可以大致估计一下电路的最大工作电流，用它乘以工作电压就可得到电路的消耗功率。电源的功率，或者说变压器的功率只能比这个功率大，否则电路有可能无法正常工作。

为了让大家在选购变压器时对次级电压、功率、价格有个参考，表 3-1 中列出了一些常用变压器的批发价格。

表 3-1　常用电源变压器的次级电压、单价和功率

电压 \ 价格 \ 功率		2W	3W	5W	6W	8W	10W	12W	15W	20W	25W	35W	40W	35W
1.5V	单组	2.00	3.00											
1.5V	双组	2.00	3.00											
3V	单组	2.00	3.00											
3V	双组	2.00	3.00											
4.5V	单组	2.00	3.00											
4.5V	双组	2.00	3.00											
6V	单组	2.00	4.00	6.00	6.50	7.20	8.00	9.20	14.00	14.00	19.00	19.00	25.00	25.00
6V	双组	4.40	5.00	6.00	6.50	7.20	8.00	9.20	14.00	14.00	19.00	19.00	25.00	25.00

续表

电压 \ 价格 \ 功率		2W	3W	5W	6W	8W	10W	12W	15W	20W	25W	35W	40W	35W
9V	单组	4.40	5.00	6.00	6.50	7.20	8.00	9.20	14.00	14.00	19.00	19.00	25.00	25.00
9V	双组	4.40	6.00	6.00	6.50	7.20	8.00	9.20	14.00	14.00	19.00	19.00	25.00	25.00
12V	单组	4.40	5.00	6.00	6.50	7.20	8.00	9.20	14.00	14.00	19.00	19.00	25.00	25.00
12V	双组	4.40	5.00	6.00	6.50	7.20	8.00	9.20	14.00	14.00	19.00	19.00	25.00	25.00
15V	单组	4.40	5.00	6.00	6.50	7.20	8.00	9.20	14.00	14.00	19.00	19.00	25.00	30.00
15V	双组	4.40	5.00	6.00	6.50	7.20	8.00	9.20	14.00	14.00	19.00	19.00	25.00	30.00
18V	单组	4.40	5.00	6.00	6.50	7.20	8.00	9.20	14.00	14.00	19.00	19.00	25.00	30.00
18V	双组	4.40	5.00	6.00	6.50	7.20	8.00	9.20	14.00	14.00	19.00	19.00	25.00	30.00

有的朋友也许发现表 3-1 中同一次级电压下有单组和双组两种变压器，单组就是单绕组变压器的意思，它是只有一组次级线圈的变压器，如图 3-48（a）所示，当初级输入 220V 时，次级只有一个电压输出。

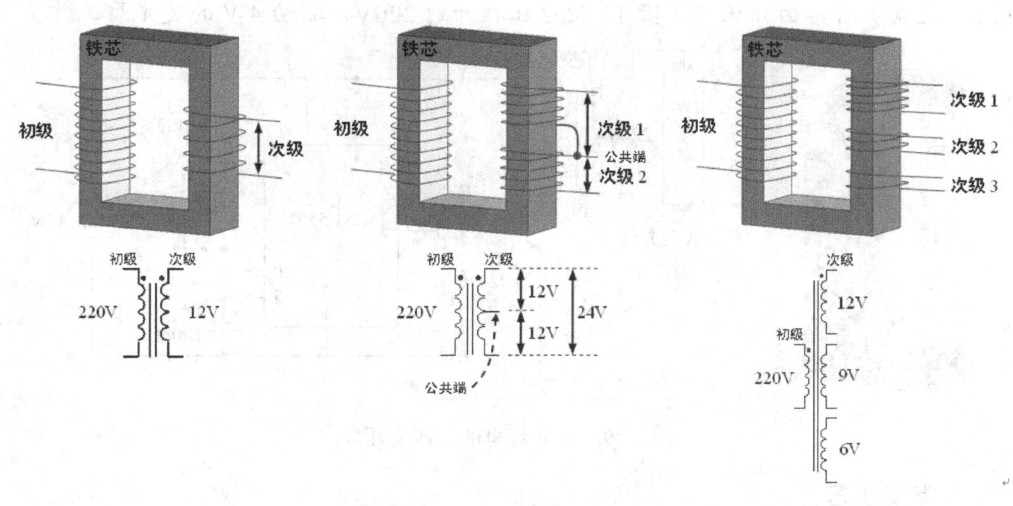

（a）单绕组变压器　　（b）双绕组变压器　　（c）多绕组变压器

图 3-48　单绕组、双绕组、多绕组变压器

而图 3-48（b）所示的是双绕组变压器，简称双组。其次级线圈有两个，且首尾相连形成一个公共端，所以变压器次级有 3 根管脚。一般来说，公共端到次级 1 或次级 2 另一端的电压是相等的，只是信号的相位相反，所以如果测量次级 1、次级 2 最外两端电压应为双绕组变压器额定输出电压的两倍。比如图 3-48（b）所示的双绕组变压器额定输出电压为 12V，从公共端到任意一个次级另一端的电压都为 12V，而两个次级最外端电压为 24V。双绕组变压器一般用在放大器等需要正、负电源供电的电路中，这种正、负电源的设计将在第 5 章中介绍。

多绕组变压器（如图 3-48（c）所示）有一个初级线圈，但是有多个独立的次级线圈。

次级线圈有多种匝数，于是形成了多种电压输出。这种变压器经常用在一个电子系统需要不同电源电压的场合中，多绕组变压器一般购买不到，需要定制。

无论是单绕组或是双绕组变压器，在使用前一定要注意区分好初级和次级管脚。一旦反接，轻则烧断电源保险丝，重则会使变压器线圈烧毁而彻底损坏。一般电源变压器在初级上都会标注有“220V”字样，如果没有标注可以按照下面的方法进行分辨：用万用表的电感器测量档，分别测量变压器的初级、次级线圈。电感大的为初级，应当接入 220V。电感小的为次级，是输出端（相对降压变压器而言）。另外，一般变压器的初级管脚的导线为红色且较粗，次级为黄色、蓝色等且较细。总之，对初级和次级管脚没有十分的把握时，不应该将其接入电路中。

升压变压器

既然说变压器初级、次级电压比与匝数比有关，如果初级线圈匝数较次级的少，那么根据式（3-1），变压器是不是能够把电压升高呢？答案是肯定的。升压变压器应用非常广泛，如日光灯型的应急灯里就有应用，如图 3-49 所示电路把电池的 12V 直流电压经过逆变（直流变交流）后再由升压变压器 T1 把电压抬升到 220V，驱动 4W 的荧光灯工作。

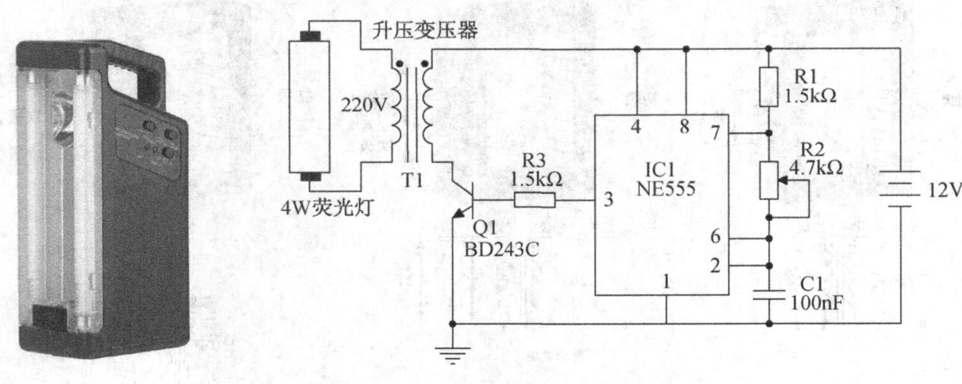

图 3-49　应急灯里的升压变压器

2. 音频变压器

音频变压器（audio transformer）是工作于音频频率范围内（20~20000Hz）的变压器。有的音频变压器从外观上看和电源变压器有几分相似，如图 3-50 所示，在放大器电路中常常利用音频变压器来实现阻抗匹配。

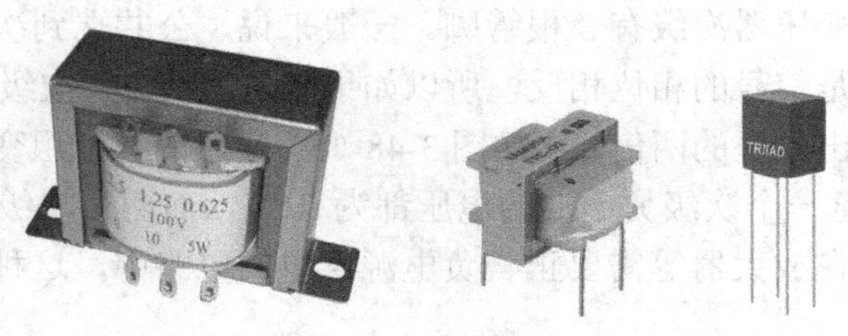

图 3-50　音频变压器

那什么是阻抗匹配呢？如图 3-51（a）所示的阻抗匹配模型中，V_S 为有源电路（如放大器）的输出电压，Z_S 为有源电路的输出阻抗，I 为输出电流。可得有源电路的输出功率 P_S 为：

$$P_S=I^2Z_S \tag{3-4}$$

Z_L 为负载的阻抗，则负载消耗功率 P_L 为：

$$P_L=I^2Z_L \tag{3-5}$$

最好的情况是负载把有源电路的输出功率全部消耗掉，这样电能没有任何浪费，于是式（3-4）与式（3-5）应当数值相等，于是可以推出有源电路输出阻抗与负载阻抗之间的关系：

$$Z_S=Z_L \tag{3-6}$$

式（3-6）表明，要想实现电路的最大功率传输，电路输出阻抗应当与负载阻抗相等。而现实中，常常会出现阻抗不匹配的情况，这是因为电路的输出阻抗受电路设计和所选用元器件的影响，往往无法精确控制，而负载阻抗也不是总能匹配上输出阻抗。为了解决这个问题，常常利用变压器来作为“纽带”，把两边原本不匹配的阻抗给匹配上。

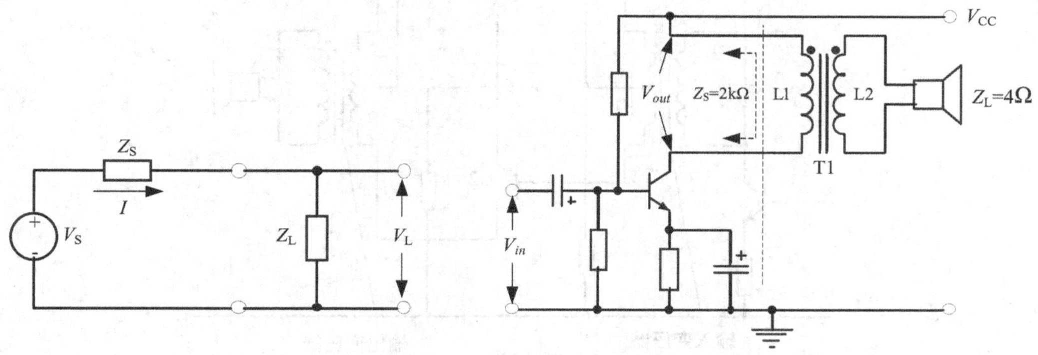

（a）阻抗匹配模型　（b）利用变压器实现变压器输出阻抗匹配

图 3-51　音频变压器实现阻抗匹配

图 3-51（b）所示是一个放大器电路，假设它的输出阻抗 Z_S 为 2kΩ，而负载（扬声器）的阻抗 Z_L 为 4Ω，如果直接把扬声器接到放大器的输出 V_{out} 上显然阻抗不匹配，于是通过一个音频变压器 T1 实现阻抗匹配。将 T1 初级接电路的输出 V_{out}，次级接负载（扬声器），并根据式（3-7）计算音频变压器初级、次级线圈的匝数比，则阻抗匹配就会立即出现在眼前。

$$\frac{n_1}{n_2}=\sqrt{\frac{Z_S}{Z_L}} \tag{3-7}$$

其中，n_1、n_2 分别为变压器的初级、次级线圈匝数。图 3-51（b）所示放大器中，Z_S=2kΩ，Z_L=4Ω，代入式（3-7）可得 $n_1/n_2 \approx 22/1$，于是去定制一个匝数比为 22：1 的音频变压器就可以实现电路的阻抗匹配。

有的有源电路的输出阻抗比较大，所以在输出端可使用初级线圈较次级线圈匝数多的音频变压器实现音频信号的最大功率输出而失真最小，这个过程可用图 3-52 描述。

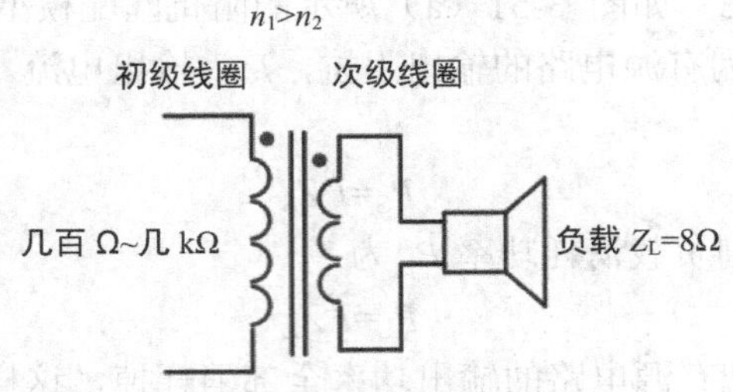

图 3-52　音频变压器实现阻抗匹配

音频变压器的另一个用途是传输与分配信号，如图 3-53 所示，信号通过输入变压器 T1 后由次级线圈分配给了两个三极管 Q1 和 Q2，使这两个三极管轮流分别放大正、负半周信号，然后再由输出变压器 T2 将输出信号合成并实现阻抗匹配后驱动扬声器。

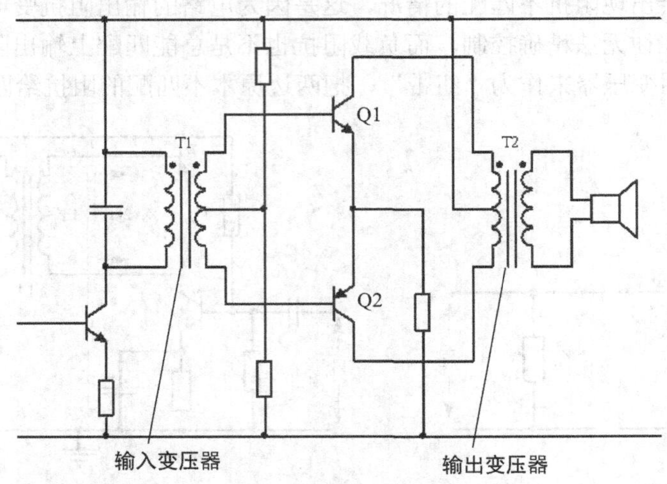

图 3-53　音频变压器传输及分配信号

3. 中频变压器

中频变压器（IF transformer，电路符号 ）也称为中周，常常用在超外差式收音机和电视机的中频放大电路中。中频变压器的特点之一是其具有可以调节的磁芯，以便微调电感量，图 3-54 所示为常见的中周外观。

图 3-54　中频变压器（中周）

中频变压器具有选频与耦合的作用。图 3-55 所示为超外差式收音机的中频放大器电路，假设中频变压器 T1、T2 的初级线圈分别与电容构成的 LC 并联电路的谐振频率 f_0=465kHz，

因此，只有 465kHz 的中频信号得到了放大。中频变压器与电容一起结合放大器起到了选频放大的作用。此外，中频变压器还具有耦合作用，第一中频放大输出信号通过 T1 耦合到第二中频放大，而第二中频放大的输出信号由 T2 耦合到检波电路中。

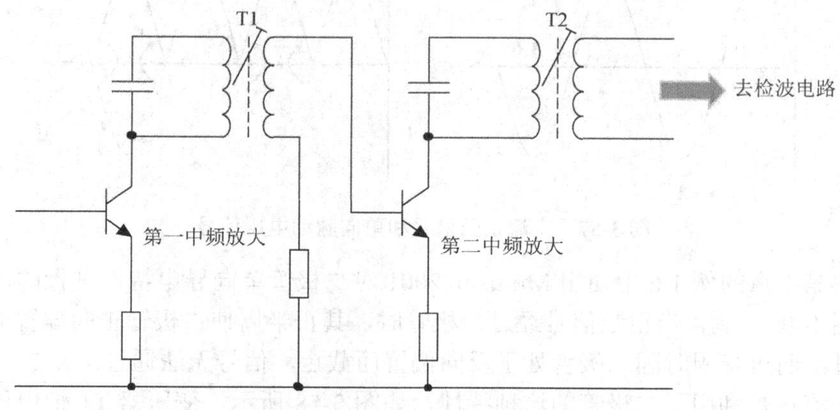

图 3-55　中频变压器的选频与耦合作用

3.2.2　整流

变压器可变换电压，直流稳压电源的设计完成了第一步。不过从变压器次级输出的仍然是交流信号，这个交流信号的频率与市电相同，都是 50Hz（某些国家可能是 60Hz），其波形是正弦波。接下来还要进行整流和滤波才能提供给直流电路使用。如图 3-56 所示，变压器把 220V AC 降成交流低压后，由整流电路把信号的负半周“翻”到正半周上形成单向脉动电压，最后经过滤波就可得到一个直流电压给电路使用。

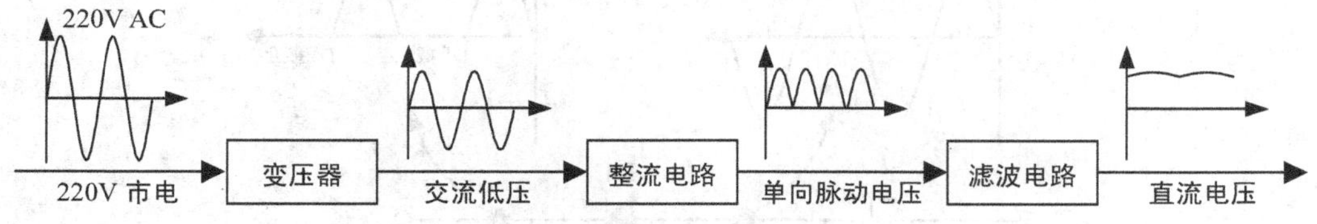

图 3-56　从 220V AC 到 6V DC

本节就先来看看，当变压器把 220V AC 降成交流低压后，整流电路是如何把交流信号变成单向脉动电压的。整流电路有 3 种：半波整流、桥式全波整流、整流全桥。其中半波整流最为简单，整流全桥和桥式全波整流都由它发展而来，但以桥式全波整流的应用最为广泛。

1. 半波整流（Half-wave rectifier）

整流，即把交流“整成”单向脉动电压。如图 3-57 所示的是交流正弦信号和单向脉动电压信号，它们之间的区别在于前者既有正半周亦有负半周信号，而后者只有正半周信号，原来的正弦信号的负半周好像被“对折”到正半周上一样。什么样的电路能把正弦信号的负半周“对折”上去呢？下面将从半波整流出发，在全波整流中找到答案。

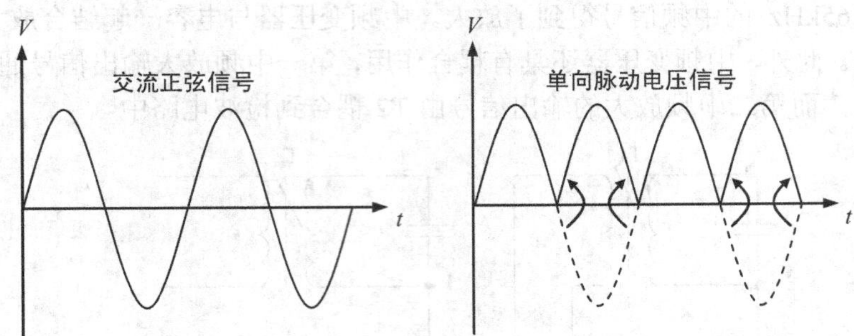

图 3-57　交流正弦信号和单向脉动电压信号

还记得第 1 章的例 1.6 中使用 Multisim 2001 对二极管单向导电特性进行的研究吗？从仿真结果图 1-49 看到，当正弦信号经过二极管时，其正半周使二极管正向偏置而导通，信号得以通过；而负半周时因二极管处于反向偏置而截止，信号无法通过。

半波整流正是利用了二极管的这种特性，如图 3-58 所示，变压器 T1 把电压降低后从次级输出正弦信号，在正半周内，二极管 D1 正向偏置导通。电流经过二极管 D1 流向负载电阻 R1，在 R1 出现一个上正下负的电压；在负半周时，二极管 D1 反向偏置截止，几乎没有什么电流流过负载电阻 R1，于是其两端电压为 0V。这就是为什么负载电阻 R1 上的信号在每个周期内只有“半个波”。

这种利用一个二极管“干掉”交流信号半个周期的电路称为半波整流电路。半波整流一般在对电源要求较低的情况下才会使用，比如向设备的指示灯供电等。

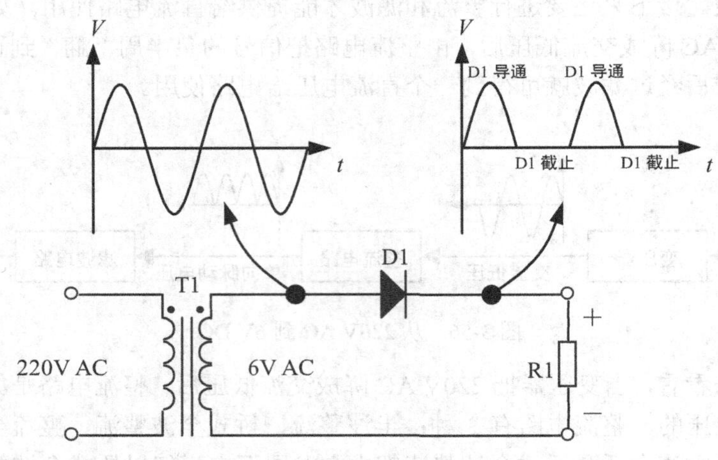

图 3-58　半波整流电路及输入、输出波形

2. 桥式全波整流（Bridge full-wave rectifier）

半波整流很明显“浪费”了一半的信号，全波整流与它相比最大的特点是充分利用了正、负半周的信号。真正实现了图 3-57 所示的把正弦信号的负半周“对折”到正半周上形成单向脉动电压信号。

全波整流中以桥式全波整流最为普遍，无论在单绕组或双绕组变压器的次级都可以用桥

式全波整流实现交流信号向单向脉动电压信号的变换。桥式全波整流不过是在“玩”二极管，把 4 支型号相同的二极管 D1~D4 按图 3-59 所示的方法连接在一起从而达到全波整流的效果。

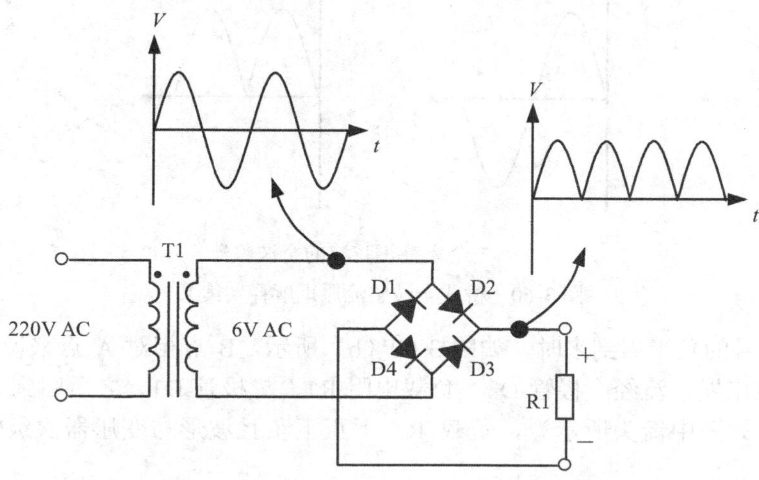

图 3-59　桥式全波整流电路及输入、输出波形

4 支二极管神奇连接，当正弦信号的正半周到来时，如图 3-60（a）所示，A 点相对 B 点来说电压为正，于是电流从 A 点出发，流经二极管 D2、负载电阻 R1、二极管 D4，之后回到 B 点，电流形成一个回路（如图中箭头所示），负载 R1 上正下负且波形与变压器次级输出波形接近。

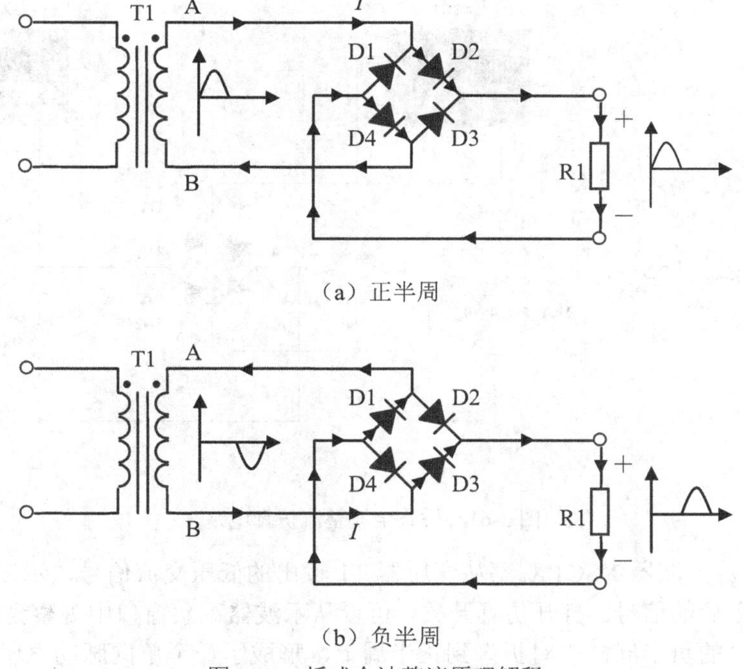

（a）正半周

（b）负半周

图 3-60　桥式全波整流原理解释

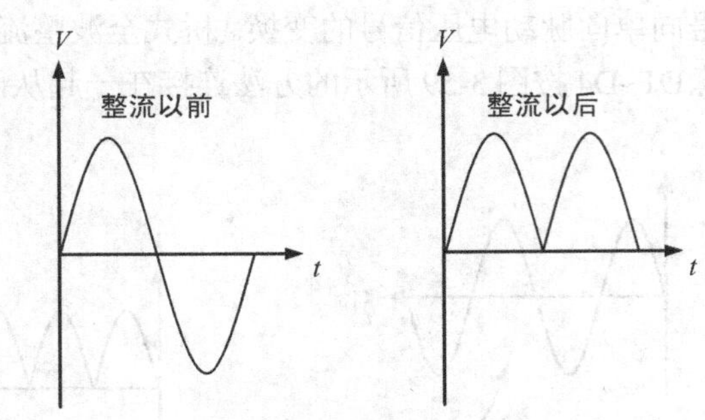

（c）一个完整正弦波的全波整流

图 3-60　桥式全波整流原理解释（续）

当正弦信号的负半周到来时，如图 3-60（b）所示，B 点相对 A 点来说电压为正，于是电流从 B 点出发，流经二极管 D3、负载电阻 R1、二极管 D1，之后回到 A 点，电流形成一个回路（如图中箭头所示），负载 R1 上正下负且波形与变压器次级输出波形正好相反。

于是从一个完整的正弦波看，如图 3-60（c）所示，桥式全波整流把负半周“对折”到正半周上，与原来的正半周信号组成一个频率为原来 2 倍的单向脉动电压信号。很明显桥式全波整流充分利用了信号的正、负半周，较半波整流更具效率。

【例 3.1】桥式全波整流：在 Multisim 2001 中连接图 3-61 所示电路，观察电路中变压器输出信号（XSC1）和桥式全波整流后的输出信号（XSC2）。

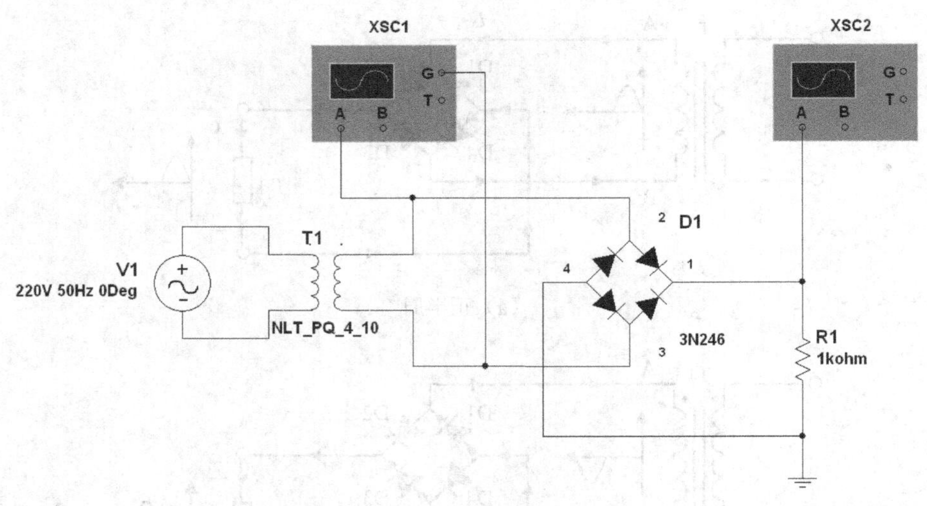

图 3-61　桥式全波整流仿真电路

图 3-61 中，示波器 XSC1 观察从变压器 T1 输出的低压交流信号，示波器 XSC2 观察桥式全波整流之后的信号。打开仿真开关，可以从示波器观察窗口中观察到图 3-62 所示的波形，正弦信号的负半周被“对折”到正半周上，形成了一个单向脉动电压信号。

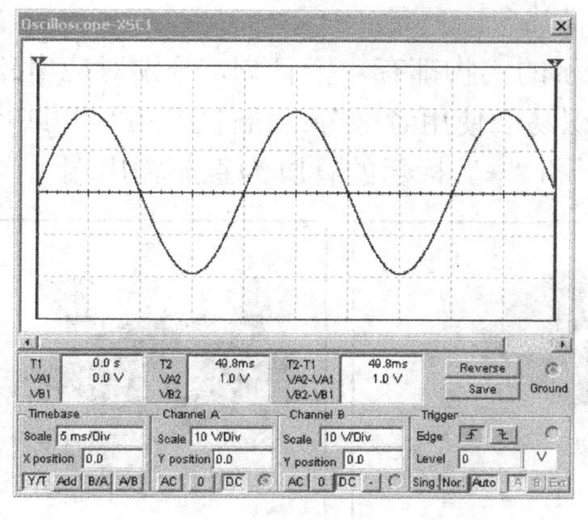

（a）输入（示波器 XSC1）

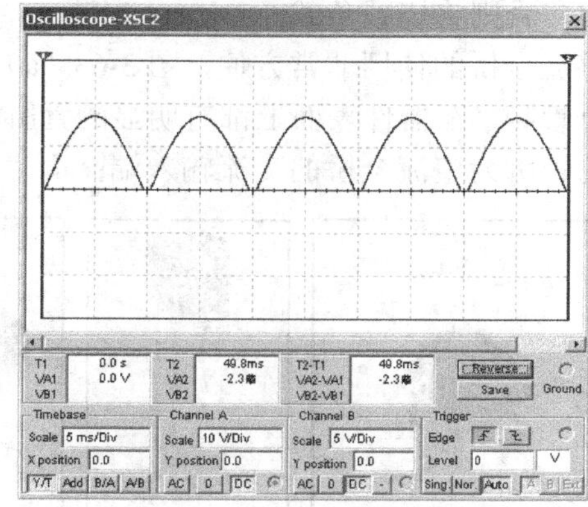

（b）输出（示波器 XSC2）

图 3-62 桥式全波整流电路输入、输出波形

3. 整流全桥（Bridge rectifier）

4 个二极管构成的桥式全波整流电路把正弦信号变换成单向脉动电压信号为后续的处理做准备。3.2.1 节谈到选购变压器时要参考负载的功耗（最大工作电流乘以工作电压）来选择额定功率。假设负载的工作电压为 24V，最大工作电流为 2A，则至少要选择 24V×2A=50W 的变压器。

选定了变压器是不是就可以向负载“大胆”供电了呢？其实不然，还要考虑电源电路中除变压器外其他模块是不是能经受住负载最大工作电流的“考验”。从图 3-60（a）和图 3-60（b）中看到，无论是正半周还是负半周，桥式全波整流电路中的任意一个二极管与负载都是串联的关系，换句话说，负载需要多大的电流，就有多大的电流流过二极管。而二极管对电流的吞吐不是一个“无底洞”，第 1 章就学习过二极管的若干参数，其中有一个平均正向电流 $I_{F(AV)}$，如图 1-57 所示，1N4001~1N4007 型二极管的 $I_{F(AV)}$=1.0A，如果把这些二极管用在负载超过 1A 的电源电路中，在变压器功率足够的情况下，二极管非常容易被烧毁。所以在为桥式全波整流电路选择二极管时，特别注意要保证所选择的 4 个同一型号的二极管其平均正向电流 $I_{F(AV)}$大于负载的最大持续工作电流。

因为桥式全波整流实在应用得太多了，许多厂家干脆把 4 个同一型号的二极管集成在一起，制成整流全桥器件供电路设计时选用。如图 3-63（a）所示是一些常见的整流全桥，每种型号的整流全桥都有最大反向电压 V_{RRM} 和平均正向电流 $I_{F(AV)}$等参数。在选用时，要保证整流全桥的 V_{RRM} 大于电路的额定电压、平均正向电流 $I_{F(AV)}$大于电路的最大持续工作电流。

整流全桥所能承受的电流越大，其体积也就越大。$I_{F(AV)}$≥3A 的整流全桥还有与散热器连接的结构。若整流全桥持续工作在大电流的条件下，应当为其安装散热器。

整流全桥有 3 种等效的电路符号（如图 3-63（b）所示），每种电路符号的 4 个管脚分别为：两个 AC 管脚接交流输入信号（变压器的输出），由于交流信号没有正负之分，所以这两个 AC 管脚可以混用。另外，“+”管脚为整流全桥的输出正极，“-”管脚为输出负极，这两个是整流全桥的输出。由于信号经过整流已经具有极性之分，所以正、负极不能混用，否则将烧毁负载。

整流全桥的使用非常方便，图3-63（a）所示的实物都有4个管脚，分别对应电路符号的4个管脚，在器件表面上都有明显的管脚标识易于使用者区分：器件上的“~”或“AC”标示的管脚为整流全桥的交流输入端；而“+”和“-”标示的管脚为直流输出端。

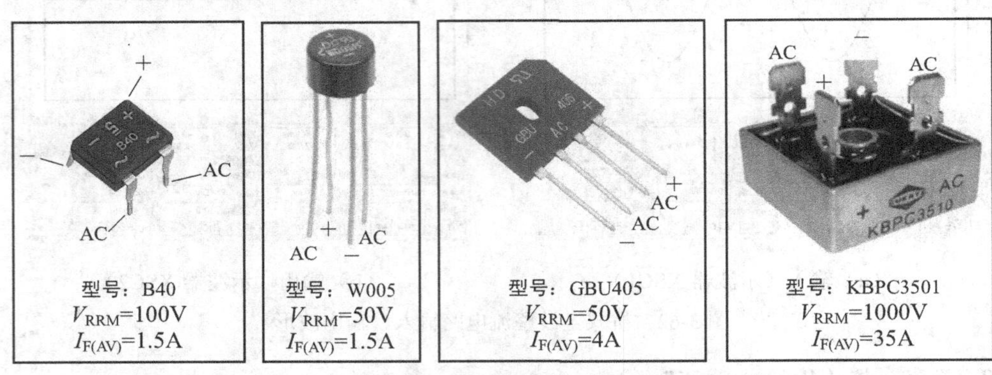

（a）常见的整流全桥器件及主要参数

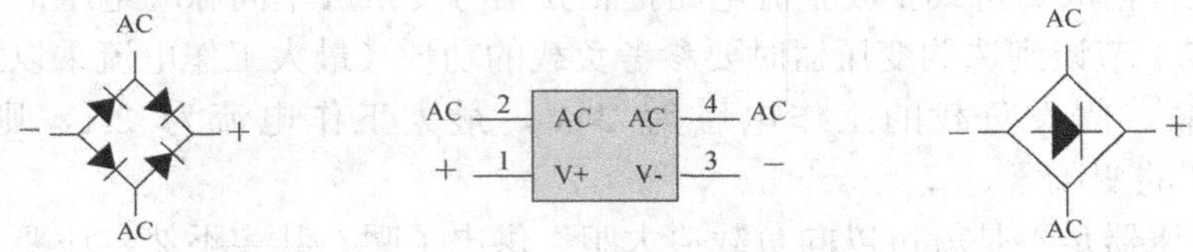

（b）整流全桥的3种电路符号

图3-63　整流全桥

3.2.3　电源滤波

通过以上两种主要整流电路的介绍可以发现，无论哪一种整流电路都无法完全把“波”的痕迹去除干净，就算是优秀的桥式全波整流，其输出仍然是一个频率为100Hz的单向脉动电压信号（在市电为 50Hz 的情况下）。于是为了获得直流电路工作所需的直流电源，还需要对整流之后的信号进行处理。如图3-64所示，全波整流之后的滤波电路滤掉了脉动成分，虽然还有一些小的波动，但是信号已经非常接近直流了。

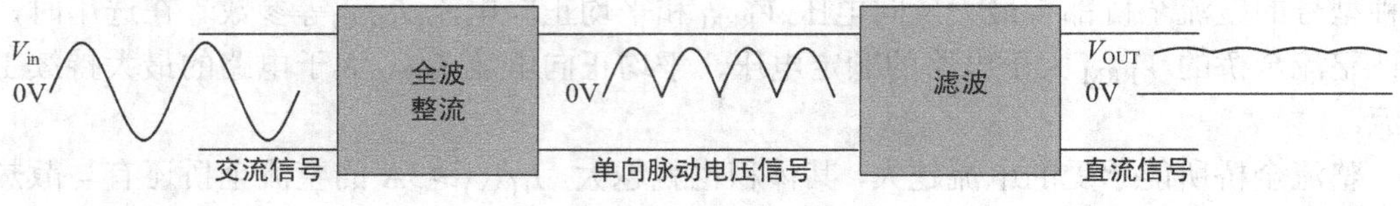

图3-64　电源滤波

那是什么样的电路实现了电源的滤波呢？接下来就来看看几种常用的电源滤波电路。

1. 储能电容滤波

储能电容滤波是一种最简单的电源滤波形式，如图3-65所示，在整流全桥之后加上了

一个滤波电容 C1，从整流全桥输出的单向脉动电压信号在上升段给电容 C1 充电，而在其下降时电容 C1 向负载 R1 放电而不会使电压马上掉下来，相当于滤波之后输出了一个直流电压信号。滤波电容 C1 根据负载电流大小和滤波需要一般选择容量范围为 100~10000μF。

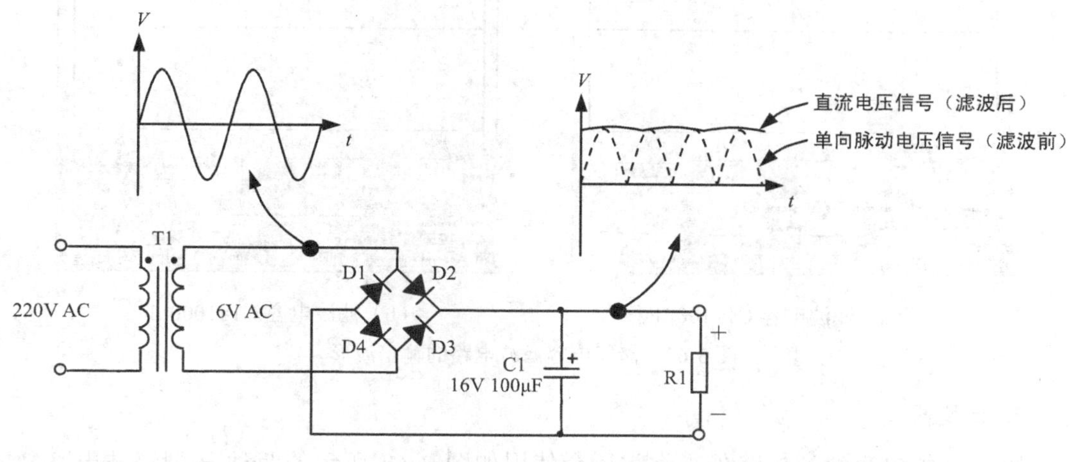

图 3-65　储能电容滤波

【例 3.2】储能电容滤波：在 Multisim 2001 中连接图 3-66 所示的电路，观察储能电容滤波的输出。

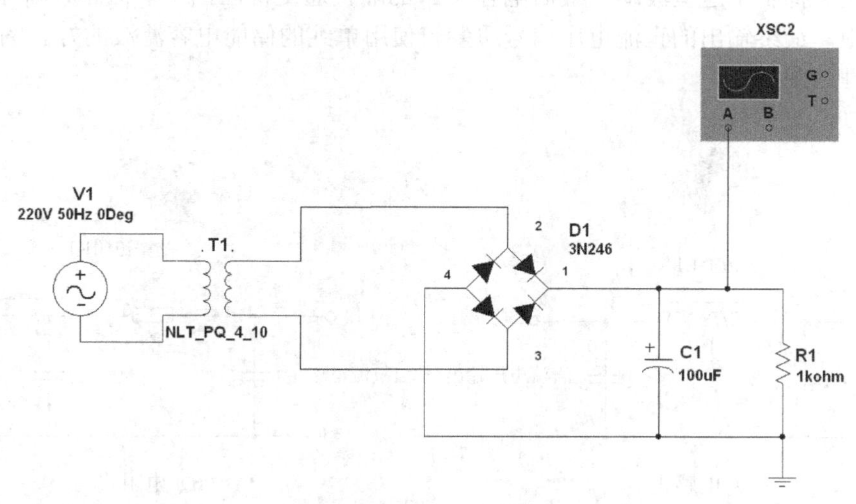

图 3-66　储能电容滤波仿真电路图

图 3-66 所示的储能电容滤波仿真中，使用的滤波电容 C1 容量为 100μF，打开仿真开关将得到如图 3-67（a）所示的输出波形。很明显，输出信号中有许多不平整的地方。如果选用较大容置的电容，比如换成 1000μF，将会看到输出波形更为平滑（如图 3-67（b）所示），这是因为滤波电容容量越大，所能储存的能量也就越多，在整流输出信号下降时给负载提供工作电压的能力就越大，于是滤波之后的波形较为平缓，或者说电源的质量较好。

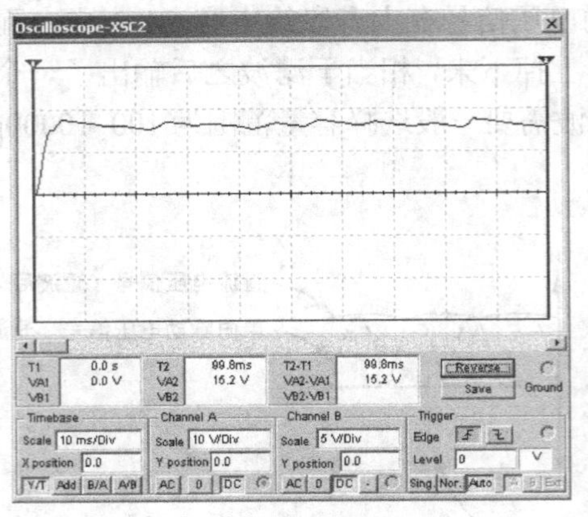

（a）滤波电容 C1=100μF

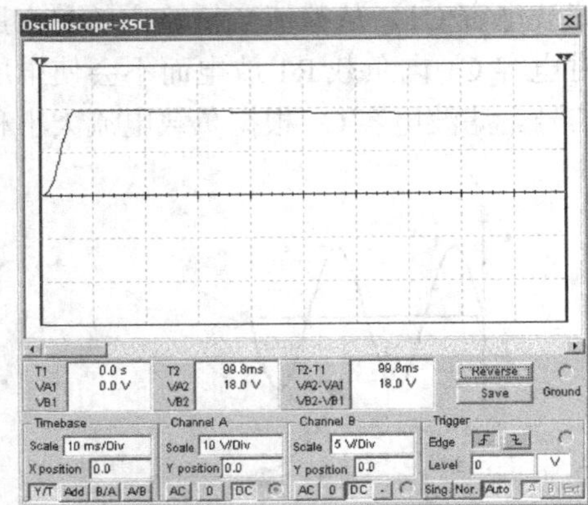

（b）滤波电容 C1=1000μF

图 3-67　储能电容滤波电路的输出波形

2. π 型滤波

除了储能电容滤波电路外，常常还会使用如图 3-68 所示的两种 π 型滤波电路。之所以叫 π 型滤波电路是因为两个电容 C1、C2 与电感 L1 或电阻 R1 呈“π”型排列。如图 3-68（a）所示，电容 C1 实现了储能电容滤波，直流电压信号初步形成。从图 3-67 看到这样的直流电压信号中还有一些小的波动，而电感 L1 的特性是阻止电流的变化（2.2.3 节），于是它抑制了这些波动。最后电容 C2 的隔直通交特性把一些仍然顽固存在的交流导到地线中，最终输出的直流电压信号质量较使用单纯的储能电容滤波的好。图 3-68（b）的滤波原理与此类似。

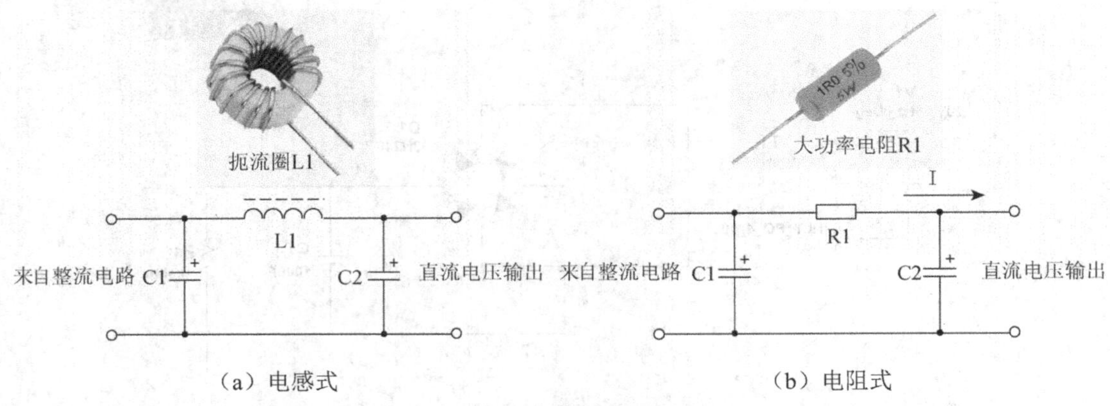

（a）电感式　　（b）电阻式

图 3-68　π 型滤波

图 3-68（a）中的电感 L1 在滤波电路中有个专门的名字叫扼流圈（choke coil），有“扼制交流”的意思，它是把漆包线绕制在铁氧体环上而成。这种扼流圈还常常用在一些高质量的信号线中，如图 3-69 所示的 USB 线上就有密封的扼流圈起到抑制噪声的作用。

图 3-68（b）中的电阻 R1 与负载是串联的关系，当有电流通过时势必会分压。所以电阻 R1 的阻值应该远远小于负载的输入阻抗，一般 R1 的阻值可以选用 1Ω、2Ω 等。由于经

过 R1 的电流与负载的相等，R1 的消耗功率 P_D 等于负载电流与 R1 阻值的乘积，即 $P_D=I^2R1$。所以，在选购 R1 时应该选择额定功率大于 P_D 的大功率电阻。

图 3-69　USB 线上的扼流圈

3.2.4　稳压

220V AC 经过变压器、整流电路、电源滤波电路的处理现在已经具备作为直流电源的能力，如图 3-70 所示，把这个电源简化成一个模型，由一个电压源 Vs（⏀）和内阻 Rs 组成（任何一个电源都存在内阻）。

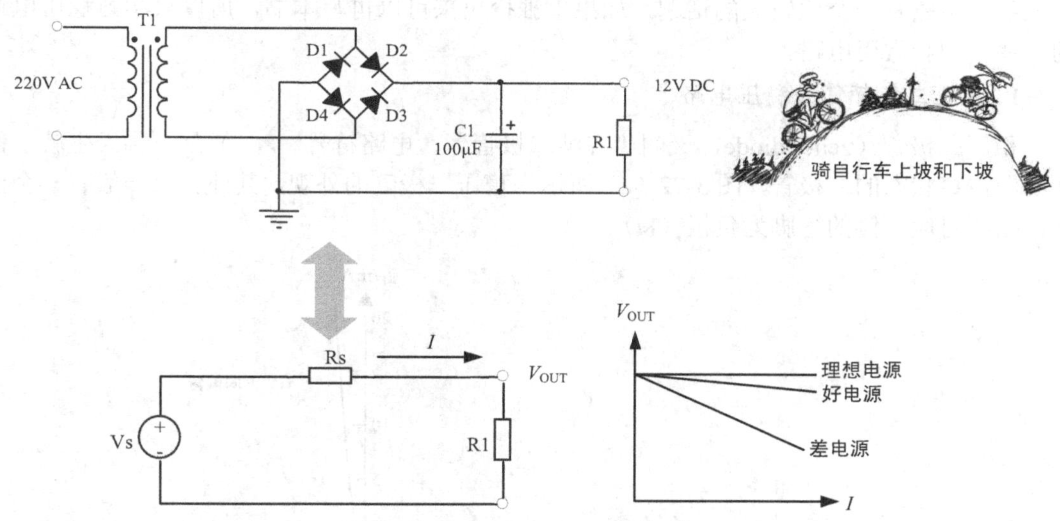

图 3-70　从 220V AC 到 12V DC

如果世界上有一个绝对理想的电源，无论负载电流 I 如何变化，它的输出 V_{OUT} 应该恒定在设计值上。但是理想的东西总是遥不可及，图 3-70 所示的电源模型中，当负载 R1 所需电流 I 增大时（比如把多媒体音箱的声音开大一些），电源内阻 Rs 上分压也就变大，由于电流电压 V_s 不变，这样负载 R1 上分得的电压 V_{OUT} 就变小了。而且电流 I 越大，R_s 分压越大，V_{OUT} 就越小。如果在负载电流 I 变大过程中电源输出 V_{OUT} 下降很快，那这种电源不是一个好的电源。

好电源应该具备“自我调节能力”，就好像图 3-70 中骑自行车的比喻一样，假设自行车在平路上行驶的速度为 V，人做的功为 W。在上坡时，如果人做的功还是 W，那自行车速度必然要降低；而如果在下坡时，人做的功还是 W，则自行车速就会超过 V 而飞速下行。所以，为了保持自行车行驶速度恒为 V，需要在上坡时多做功，而在下坡时少做功甚至刹车。好电源为了保持输出电压 V_{OUT} 在一恒定值上，在负载电流 I 变化时也需要具有类似的调节能力。

所以，为了提高所设计电源的市场竞争力，还要在现有电路的基础上增加一个稳压电路（voltage regulator），如图 3-71 所示，这样的设计在负载电流发生变化时，可以通过电路的补偿把输出电压基本维持在原来的水平上。不过有一点还是要注意，虽然稳压电路对电源质量有很大的改善，但是电流变大时，再好的电源其输出电压也不可能一点不降低，只是降低的多少罢了。

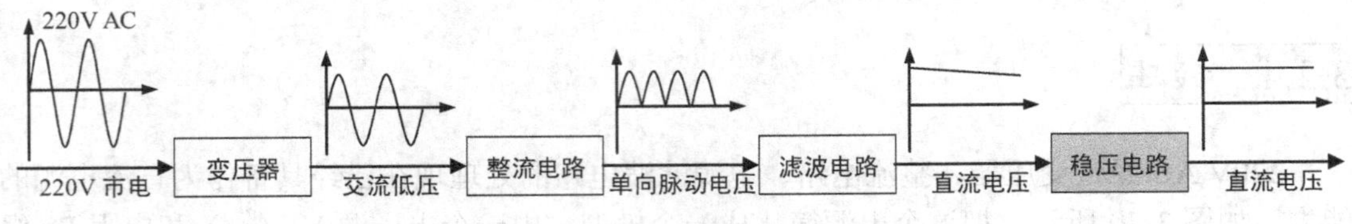

图 3-71　具有“竞争力”的电源设计

稳压电路是一个比较大的话题，如果单独拎出来可以再写本书，所以只学习稳压电路的一些原理和常用电路。

1. 稳压二极管简易稳压电路

稳压二极管（zener diode，又叫“齐纳二极管”，电路符号—▶|—）是一种天生就工作在反向击穿状态的二极管，图 3-72（a）所示为稳压二极管的外观，其外壳上一般有一个黑环，指明对应一侧的管脚为负极（K）。

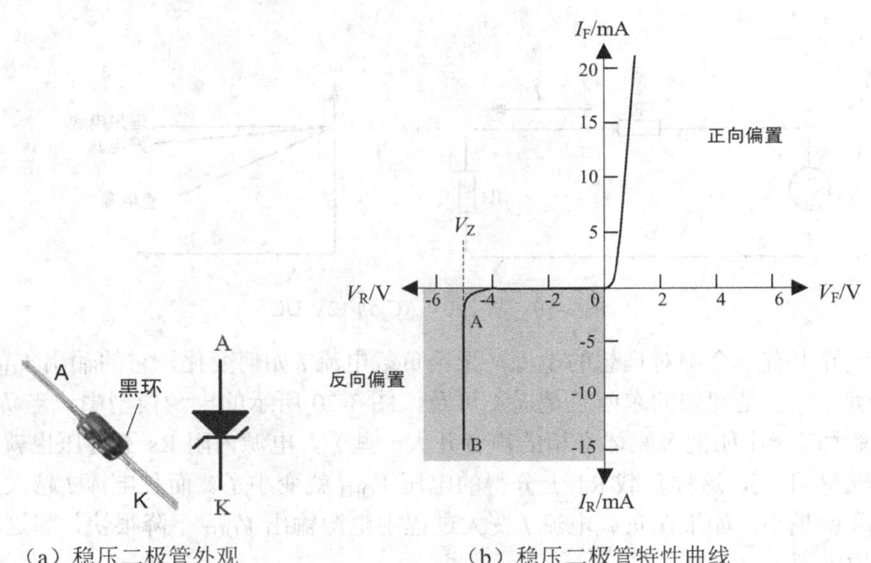

（a）稳压二极管外观　　（b）稳压二极管特性曲线

图 3-72　稳压二极管

图 3-72（b）为稳压二极管的伏安特性曲线，电路常利用的是它的反向偏置特性（阴影部分）。当反向偏置电压 V_R 从 0 开始增加时，反向电流 I_R 开始为 0。当反向偏置电压 V_R 继续增加达到击穿电压 V_Z 时（图中约为 5.1V），反向电流 I_R 突然陡增，就好像稳压二极管变成一个导体，让电流大量通过。

不同型号的稳压二极管具有不同的击穿电压 V_Z，当施加在稳压二极管上的反向偏置电压 V_R 与击穿电压 V_Z 相等时，不管电流多大（图 3-72（b）中 AB 段），稳压二极管两端电压总保持等于 V_Z 不变，这就是“稳压”的由来。利用稳压二极管这个特性可以设计出丰富的稳压电路，如图 3-73（a）所示为一个简单的直流稳压电路，它把 9V 直流电压（电池）稳在了 5.1V。注意：图中稳压二极管处于反向偏置状态（负极与电源正极相连）。

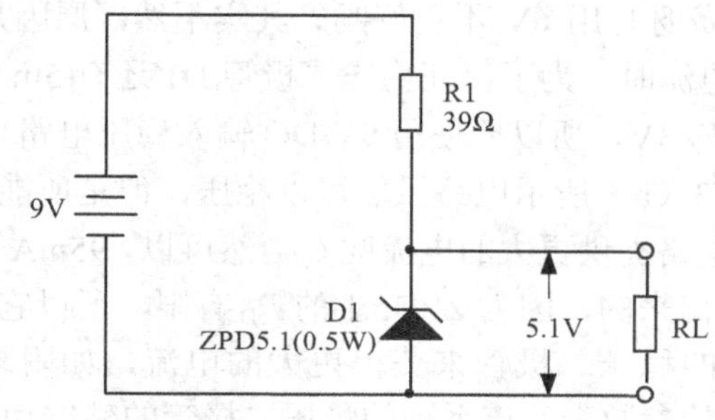

（a）简易直流稳压电路

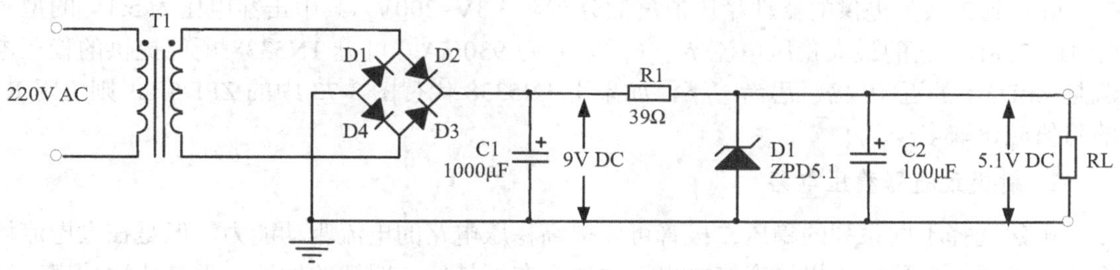

（b）稳压二极管简易稳压电路

图 3-73　稳压二极管稳压电路

图 3-73（a）的电阻 R1 阻值是如何确定的呢？这与所选取的稳压二极管的额定功率有关，图中稳压二极管的型号为 ZPD5.1，查其技术手册知道击穿电压 V_Z=5.1V、额定功率 P_D=0.5W，则它所能通过的最大电流 I_{max} 为：

$$I_{max}=\frac{P_D}{V_Z}=\frac{0.5\,W}{5.1V}\approx 100\,mA$$

由于电阻 R1 与稳压二极管 D1 是串联的关系，有 V_Z+V_{R1}=9V，所以电阻 R1 的阻值为：

$$R1=\frac{V_{R1}}{I_{max}}=\frac{9\,V-5.1\,V}{100\,mA}=39\Omega$$

图 3-73（a）中，负载 RL 与稳压二极管 D1 为并联关系，所以当负载 RL 电流为 0 时，稳压二极管 D1 独自承受着 100mA 的电流（可见电阻 R1 的重要性）；当负载 RL 电流变

大时稳压二极管 D1 上的电流减小。一般来说，稳压二极管 D1 的电流不能小于 5mA，否则将无法工作在反向击穿区，起不到稳压的作用。所以图 3-73（a）所示电路可向负载提供的最大电流约为 100mA−5mA=95mA，如果负载接近或超过这个电流，则将破坏 5.1V 的稳压条件。

把稳压二极管“嫁接”到电源滤波电路之后，得到了图 3-73（b）所示的稳压二极管简易稳压电路，电阻 R1、稳压二极管 D1 构成了一个简易的稳压电路，使 9V DC 输出稳压在 5.1V 并向负载 RL 供电。只要负载 RL 的电流不超过 95mA，它两端将保证获得 5.1V 的工作电压。

对于图 3-73（b）所示电路，有的朋友可能会有两个疑问，一是为什么用 9V DC 输入 5.1V 的稳压电路，多浪费呀！用 6V 不更好吗？其实不然，原因是当负载 RL 所需电流接近稳压电路设计的最大电流时，为了保证稳压二极管 D1 还有 5mA 的电流通过，要求输入电压至少高于击穿电压 V_Z 3V，所以要使用 9V DC 输入稳压电路。

第二个疑问是图 3-73（b）所示电路虽然可以稳压，但是所能提供的电流只有 95mA，有没有办法可以让稳压电路提供更大的电流呢？当然可以，95mA 是根据 ZPD5.1 型稳压二极管的额定功率 P_D 计算出来的，因为 ZPD5.1 的 P_D 有限，所以它的稳压本领也就如此了。可以通过更换其他型号的稳压二极管来获得更大的电流，如附录 G 所示是稳压二极管 1N5333~1N5388（5W）的参数表，该系列的稳压二极管的额定功率 P_D=5W，是图 3-73 中稳压二极管 D1 的 10 倍。附录 G 中第一栏就是这个系列各型号稳压二极管的击穿电压 V_Z 值，可看到该系列提供的器件稳压值离散分布在 3.3V~200V。其中击穿电压为 5.1V 的型号为 1N5338B，它的最大稳压电流 I_{ZM}（阴影）为 930mA。可见 1N5338 所能提供的稳压电流是 ZPD5.1 的近 10 倍。思考一下，如果用 1N5338 代替图 3-73 中的 ZPD5.1，则电阻 R1 的阻值应该取多少？

2. 射极跟随器稳压电路

虽然选择不同系列的稳压二极管可以提高稳压电路的电流驱动能力，但是在大电流场合让“柔弱的”稳压二极管直接来出演主角实在不是什么明智的做法。于是让大功率三极管上场与稳压二极管配合，可实现提供更大电流的稳压电路，如图 3-74 所示。由于利用的是三极管 e 极形成一个跟随器，所以这种电路被称为射极跟随器稳压电路。

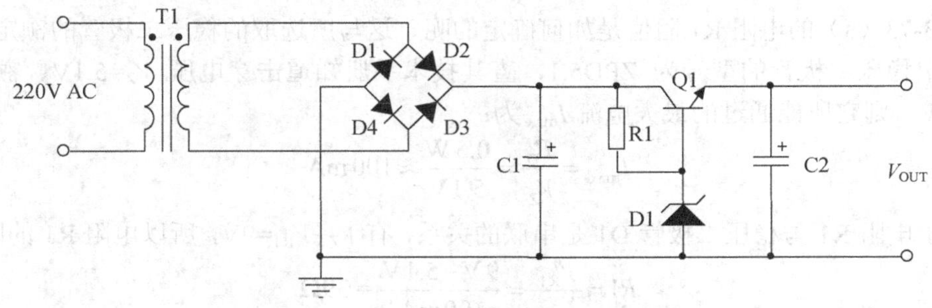

图 3-74　射极跟随器稳压电路

图 3-74 中，由于三极管 Q1 的 b 极电压被稳压二极管 D1 固定，而三极管的 V_{BE} 一定

（典型值为 0.7V），所以电源的输出电压 V_{OUT} 就能保持恒定。由于三极管 Q1 的 c-e 极与负载是串联的关系，所以驱动负载所需电流的重任就落在了三极管 Q1 上。大功率三极管具有过大电流的能力（几安~几十安），可以用于射极跟随器稳压电路。

3. 集成电路稳压器

这是第一次接触集成电路的概念。许多电子电路中都普遍使用集成电路稳压器（IC regulator，代表电路符号 IN OUT GND ）对电源进行稳压。

集成电路稳压器按管脚的多少可分为三端固定式、三端可调式、多端可调式等，其中以三端式集成电路稳压器（简称三端稳压）最为常用。图 3-75 所示为三端稳压的外观及管脚排布，其 3 个管脚分别为输入端 IN、输出端 OUT、接地端 GND。注意 78 系列（如图 3-75（b）所示）、79 系列（如图 3-75（c）所示）、LM317（如图 3-75（d）所示）这 3 种三端稳压的管脚排列是不同的，如果接错了就有可能烧掉器件。由于集成电路稳压器一般可以输出 1~3A 的电流，发热量较大，所以在使用时通常都在器件背面安装散热器。

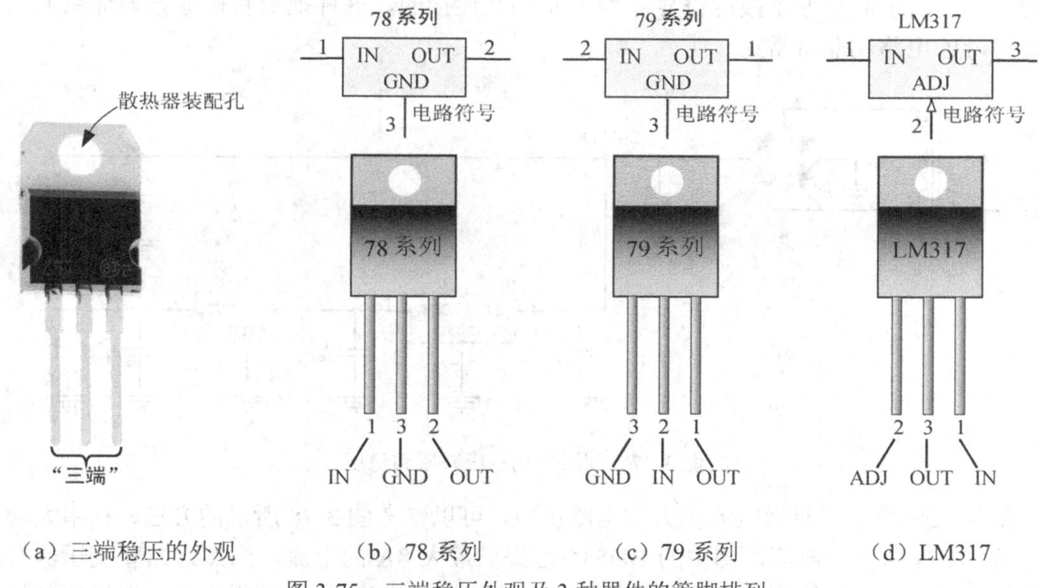

（a）三端稳压的外观　（b）78 系列　（c）79 系列　（d）LM317

图 3-75　三端稳压外观及 3 种器件的管脚排列

图 3-75 所示的 78 系列、79 系列、LM317 等 3 种三端稳压具有非常广泛的应用，与之相关的稳压电路更是琳琅满目。接下来分别看看这 3 种器件的一些典型应用电路。

（1）78 系列正电压三端稳压

78 系列三端稳压共有 10 个型号的器件（其管脚排布相同，如图 3-75（b）所示）：7805、7806、7808、7809、7810、7812、7815、7818、7820、7824。每个型号后两位数字表示该型号的稳压值，比如图 3-76 所示的三端稳压基本应用电路，220V AC 经过降压、整流、滤波之后，输入到 7806 的 IN 端，从其 OUT 端输出的信号再经过滤波之后就形成稳定的 6V DC 直流电压，即便输入电压或负载电流在一定范围内变化，三端稳压总能将输出电压维持在 6V DC。三端稳压的输入电压一般要高于其稳压值 3V 以上才有比较好的效果，但是不应该超过 35V。对于图 3-76 所示的 7806，输入端 IN 的输入电压范围为 9~35V，另外，78 系列三端稳压所能提供的电流一般不超过1A。

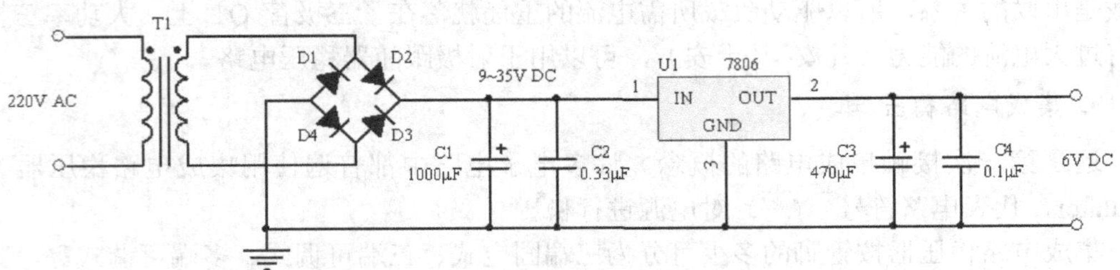

图3-76　78系列三端稳压基本应用电路

输入三端稳压的电压越高，其发热量就越大（电流一定的情况下）。如果从滤波电路输出的电压较高，电路电流较大，可视情况通过两级三端稳压把电压降下来。如图3-77所示，滤波电路输出电压为24V DC，通过7818、7812两级三端稳压向电路提供12V DC的电源。图中所示的每一个接地符号（⏚）是相互连接的，这种把所有接地管脚都跟上一个接地符号的电路图非常常见。

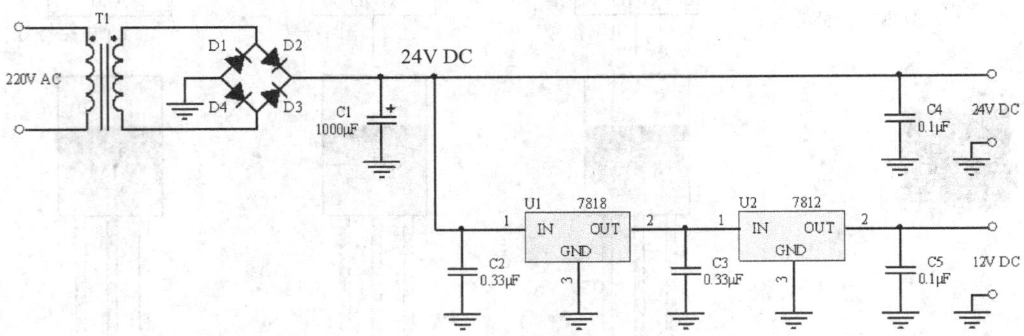

图3-77　利用三端稳压降压和稳压

如果三端稳压需要为电流稍大的电路供电，可以参考图3-78所示的方法，利用大功率三极管Q1提高供电电流，图中的BD534可提供最大8A的电流，当然这需要变压器有相应的输出功率、整流桥有过大电流的能力。电路的输出电压V_{OUT}与所选的三端稳压型号有关。三极管Q2用于短路保护，防止大电流工作时电路发生短路给变压器、三端稳压等器件带来致命打击。

（2）79系列负电压三端稳压

79系列三端稳压也有10个型号的器件（其管脚排布相同，如图3-75（c）所示）：7905、7906、7908、7909、7910、7912、7915、7918、7920、7924。每个型号后两位数字同样表示的是该型号的稳压值，其使用方法与78系列相似，但是它的输出与78系列正好相反：78系列输出的是正向电压，比如+5V、+9V等，而79系列输出的是负向电压，比如-8V、-15V等。如图3-79所示为79系列三端稳压基本应用电路，输入端IN输入的是一个负电压$-V_{IN}$，经过器件稳压之后，从输出端OUT输出的是一个经过稳压的负电压$-V_{OUT}$。比如选用的器件是7912，V_{IN}=-18V DC，则V_{OUT}=-12V DC。即便输入电压或负载电流在一定范

围内变化，三端稳压总能将输出电压维持在稳压值上。与 78 系列相似，输入电压一般要低于其稳压值 3V 以上才有比较好的效果，但是不应该超过-35V。另外，79 系列三端稳压所能提供的电流一般不超过 1A。有关更多的 79 系列三端稳压的应用在 5.3.4 节还有介绍。

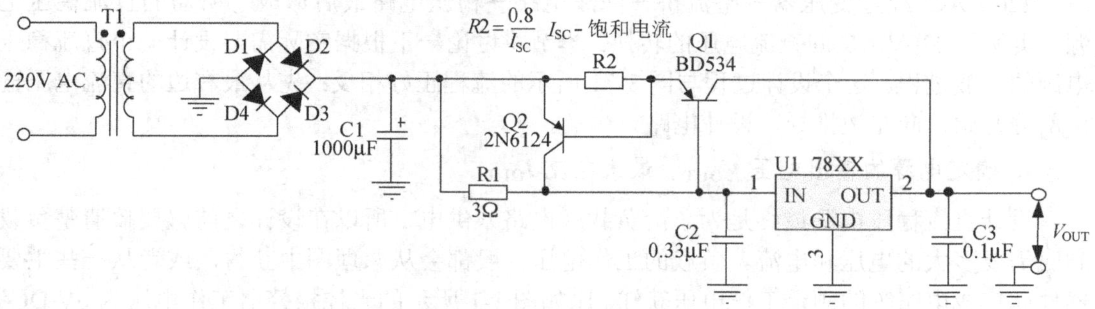

图 3-78　带短路保护的三端稳压大电流稳压器

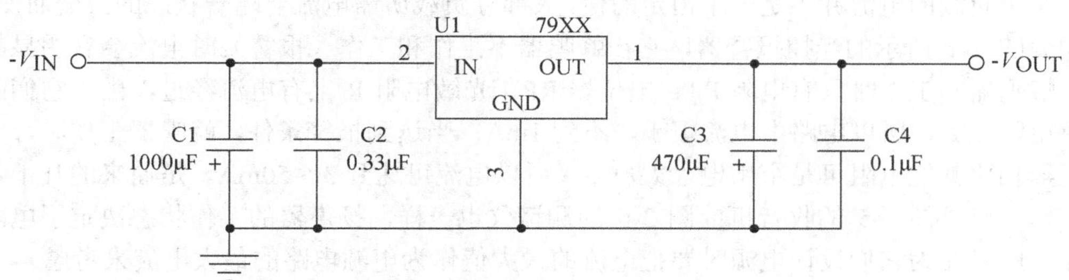

图 3-79　79 系列基本应用电路

（3）LM317 可调三端稳压

78 系列或 79 系列三端稳压某个型号只对应某一固定电压输出。在有些场合，既希望稳压，又需要输出电压能够调整，使用 LM317 可调三端稳压就是一个很好的解决办法。如图 3-80 所示，在 LM317 的调整端 ADJ 上增加一个反馈电阻 R1，并由电位器 R2 调节 ADJ 管脚的电位来实现输出电压 V_{OUT} 的调节。LM317 可提供最大 1.5A 的电流，调节范围在 1.2~37V。注意：LM317 的输入端 IN 和输出端 OUT 之间的电压差不能超过 40V。如果负载电流较大，还可以选用 LM138 可调三端稳压，其输出电压 1.2~32V 之间可调，最大输出电流为 7A；或者选用 LM196，其输出电压 1.25~15V 之间可调，最大输出电流达 10A。

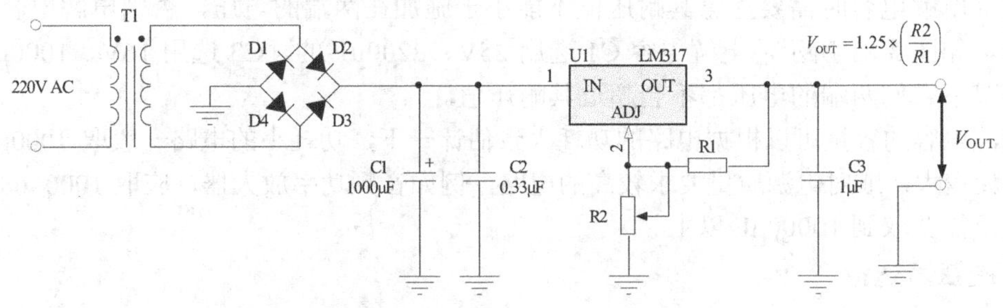

图 3-80　LM317 可调三端稳压应用电路

3.2.5 设计直流稳压电源

220V AC 经过变压器→整流桥→滤波电路→稳压电路最后形成了所需的直流稳压电源，实现了 220V AC 向直流电压的转换。本节将讨论一下根据实际需要设计一个直流稳压电源的一般过程。这个设计过程与图 3-71 所示的流程正好相反：先从最右边的直流电压输出部分开始，向左边推导、设计电路。

1. 确定电源的输出电压 V_{OUT}、最大电流 I_{OUT}

设计直流稳压电源最终是为了给负载（电路）供电，所以在设计之前就要搞清楚负载到底需要多大的电压和电流。负载的工作电压一般都会从原理图中获得，或者从一些主要器件如集成电路等的额定工作电压获知。比如图 1-1 所示的光控报警器工作电压为 6V DC、图 2-5 所示的单管收音机工作电压为 3V DC 等。

至于负载的电流并不是一个恒定的值，大部分负载所需电流会随着状态的改变而变化。比如说图 1-1 所示的光控报警器，它在蜂鸣器不工作和工作（报警）时电流会有明显的不同：蜂鸣器不工作时只有电阻 R1、电位器 RP、光敏电阻 R 上有电流经过，由于它们的串联总电阻较大，所以电路中电流很小，不到 1mA；当达到报警条件，蜂鸣器工作时，由于蜂鸣器相比其他电阻可是个用电“大户”，所以电流可达到 30~50mA，是原来的几十甚至上百倍。对于图 2-5 的收音机或图 3-6 的测谎仪也一样，扬声器的工作状态决定了电路的电流。所以在为它们设计电源时要把电流的最大值作为电源电路的最大电流来考虑。

2. 稳压电路设计

假设负载的工作电压为 9V DC，最大电流 850mA，则稳压电路的输出电压 V_{OUT} 和最大电流 I_{OUT} 可以确定。负载的最大电流没有超过 78 系列三端稳压所能承受的最大电流，故考虑使用 7809 三端稳压，如图 3-81 所示，其输出端 OUT 可将电压维持在 9V DC。

3. 整流滤波设计

图 3-81 中，滤波由电解电容 C1 完成，电容 C2、C4 可去除一些高频干扰，电解电容 C3 可在进一步过滤信号的同时储存一些能量，在负载电流突然变大时释放。由于 78 系列三端稳压输入端 IN 电压至少要比输出端 OUT 高 3V，所以整流滤波之后的直流电压不小于 3V+9V=12V。

选择电解电容时需要注意其耐压值不能小于施加在两端的电压，否则电解电容极易发生爆炸。如图 3-81 所示，电解电容 C1 选用 25V、2200μF 的，C3 选用 16V、1000μF 的，正常情况下它们两端的电压都不会超过其耐压值。

滤波电容的容量可以根据电路的功耗大致估计一下，功耗小的电路一般取 1000μF 就够了；功耗较大，或对电源质量要求较高的电路，例如音频功率放大器，应取 1000~6800μF，有时甚至需要取到 10000μF 以上。

4. 变压器选择

一直有个问题还没有谈，就是变压器次级线圈电压指的是其交流均方根值，又称 RMS

（root mean square），比如图 3-82 所示的变压器，次级线圈电压为 9V AC，这指的是信号的 RMS=9V，但这个 9V 并不是交流信号的峰值，而只是峰值的 0.7。所以次级线圈电压的峰值应当为 9V/0.7=12.9V。而变压器之后的整流滤波电路输出的直流电压值等于交流信号的峰值，所以图 3-81 所示电路，如果变压器次级线圈电压为 9V，则经过整流滤波之后（A 点）将得到一个 12.9V 的直流电压，这个电压输入三端稳压 7809 后形成 9V DC 的输出。

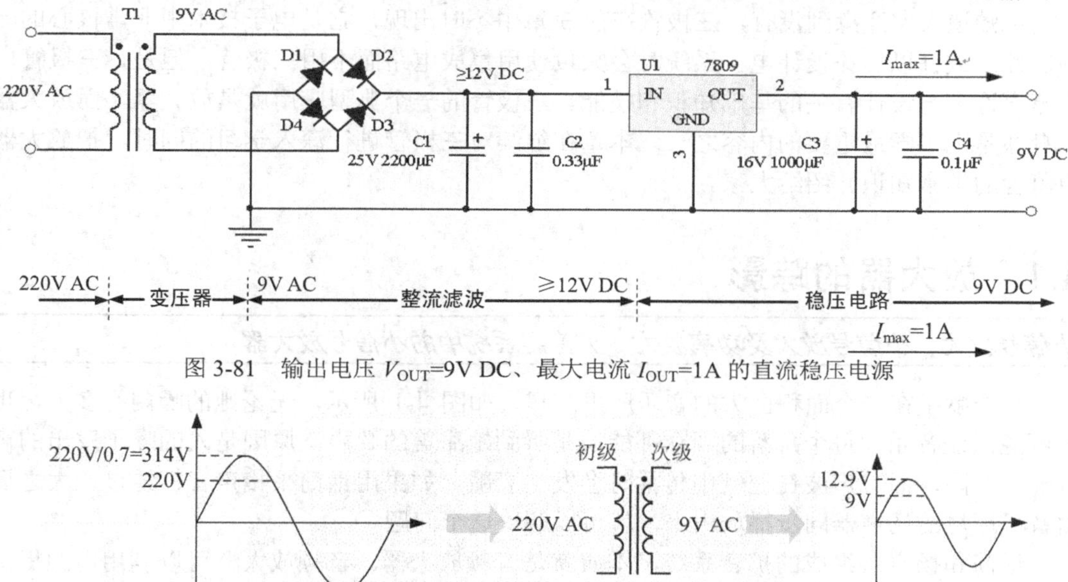

图 3-81　输出电压 V_{OUT}=9V DC、最大电流 I_{OUT}=1A 的直流稳压电源

220V/0.7=314V
220V
初级　次级
220V AC
9V AC
12.9V
9V

图 3-82　变压器的初级、次级线圈电压

同样，变压器初级线圈电压 220V 指的也是 RMS（如图 3-82 所示），所以 220V/0.7=314V 才是市电的峰值。在电子学里，如果没有特殊说明，则类似描述某交流信号为 12V AC 时，指的都是 RMS 值。

回到图 3-81 的电源设计中，由于电路最大电流 I_{OUT} 可达 1A，故最大功率为 $P=VI$=9V ×1A=9W，所以选用一个额定功率为 10W、次级线圈为 9V 的单绕组变压器就可以实现图 3-81 的直流稳压电源设计。

电源的设计有非常大的学问，独立写成几本书都讲不完。在这里只介绍了设计一个非常普通的直流稳压电源，类似图 3-77~图 3-81 所示的电源电路应付一般的电路是没有什么问题的。在为电子产品设计电路时，应该把电源部分考虑进去，设计印刷电路板时同样如此。在制作电子产品时，一般都不直接把变压器安装在印刷电路板上（除一些小功率的针式变压器），而是在机箱内部另外固定安装。所以，设计印刷电路板时，只需要留下与变压器次级线圈连接的接插件过孔或焊盘即可。

第 4 章　从扩音机中学小信号放大器

不知道大家注意到没有，三极管在前 3 章中不时出现，它是电子技术中非常核心的一种器件。或许以后在设计电子系统时会大量使用集成电路而不用三极管，但是，三极管电路蕴含许多与设计有关的基础知识和技能。三极管的一个典型应用就是放大器，而放大器本身亦是电子学最重要的内容之一。本章在继续对三极管进行深入学习的同时，把放大器中蕴含的丰富知识介绍给大家。

4.1　放大器的踪影

小信号放大　小信号放大及功率放大　扩音器系统中的小信号放大器

一个歌手在一个面积巨大的音乐厅里演唱，如图 4-1 所示，无论她的嗓门有多大，也不可能保证音乐厅每个角落的观众都能清楚听到她甜美的歌声，原因是人的嗓子发出的声音强度有限，而且声波在空气中传播时会发生衰减。如果用话筒采集声音，经过放大之后由音乐厅里的扬声器同步播放出来，就可以解决这个问题。

话筒和扬声器组成的扩音系统，本质就是音频放大器。音频放大器可以利用电源提供的能量提高声音，或者说输入信号的能量，从而提高其由负载（如扬声器）重放时的强度。

由此得到放大器的一个显著特点：提高信号的能量。

图 4-1　音乐厅

4.1.1　小信号放大

除了音乐厅里需要放大器，在生活、生产许多应用中都离不开它。比如在医院里，医

生为病人做心电图（ECG）检测，如图 4-2 所示，将一些电极贴到胸口及附近的皮肤表面上，由于人体是导体，心电信号会从心脏传到皮肤表面并被电极接收到。

心电信号的幅度非常小，只有几个 mV（1V=1000mV），甚至噪音信号的幅度都比它大。如果直接用仪器来观察很难看到心电信号。但是，使用放大倍数为 1000 倍的放大器，可以把微弱的心电信号放大到若干 V，再用仪器来观察或处理就容易得多了。

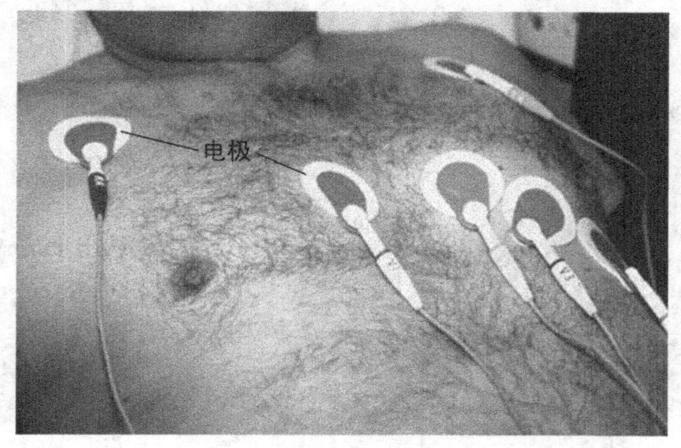

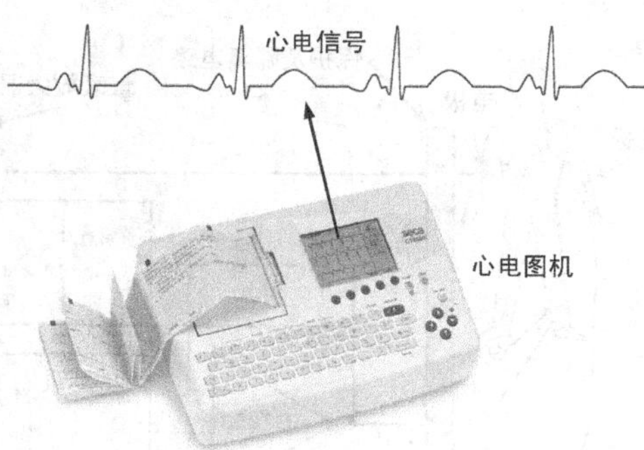

图 4-2　心电图检测

把放大器用一个模型来表示，如图 4-3 所示，小信号 V_{in} 从放大器输入端输入，经过放大器的放大，在输出端获得了一个保持原来信号频率的大幅度信号 V_{out}。用 A_v 来表示信号放大的倍数：

$$A_v = \frac{V_{out}}{V_{in}} \tag{4-1}$$

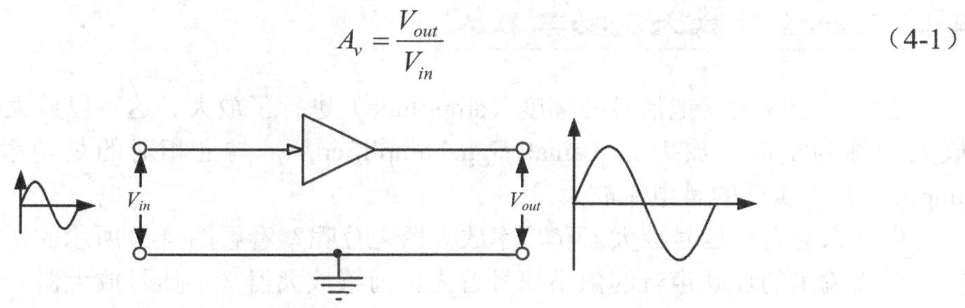

图 4-3　放大器模型

放大倍数通常也叫增益（gain），式（4-1）中，V_{in} 为输入信号，V_{out} 为输出信号。可见放大器的增益等于输出信号与输入信号的比值。比如上面谈到的心电信号采集，假设输入信号 V_{in}=5mV，经过放大之后输出信号 V_{out}=5V，故增益 A_v=5V/5mV=1000。

到底什么样的电路能如此神奇的把信号放大 1000 倍呢？在实验室里常常用一种叫仪表放大器的集成运算放大器来对心电信号进行放大（运算放大器将在第 7 章介绍），如图 4-4 所示，人体上的电极把心电信号传导到仪表放大器 AD620A 的输入端（②和③管脚），经 AD620A 和输出放大器两级共 1000 倍的放大之后，在输出端可用示波器等仪表直接观察到心电信号。

其实在第 2 章就已出现过放大器了，单管收音机（如图 2-5 所示）和简易扩音器（如图 2-29 所示）的输入信号分别是微弱的广播信号和微弱的话筒输出信号，这些信号都由三

极管构成的放大器实现了放大。可见，放大器应用广泛，不得不对它进行深入地学习。

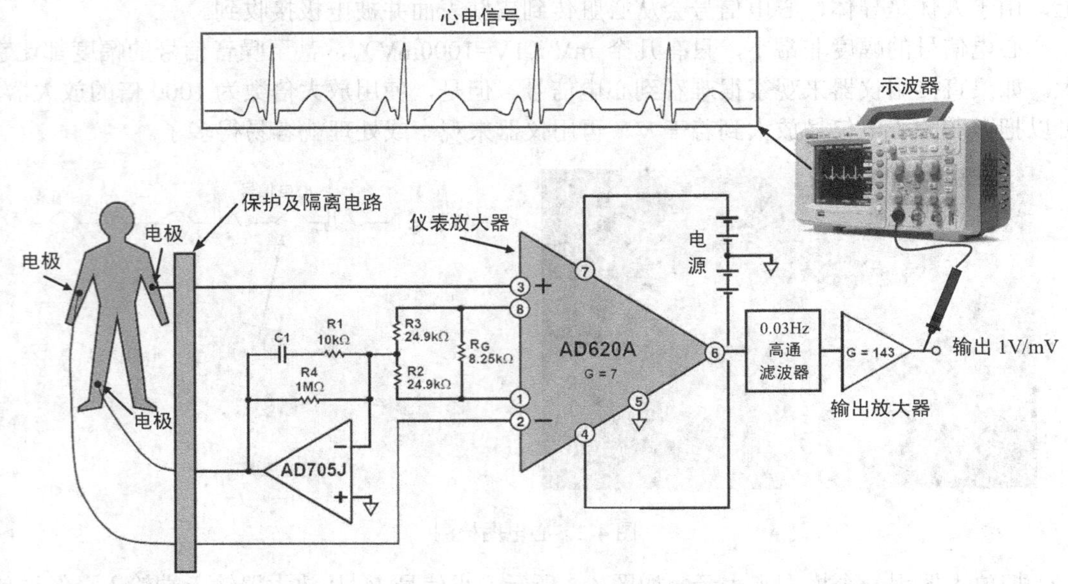

图 4-4　仪表放大器对心电信号进行放大

4.1.2　小信号放大及功率放大

心电信号放大器把信号的幅度（amplitude）进行了放大。这种以放大信号幅度为主的放大器称为小信号放大器（small signal amplifier），与之相对的是功率放大器（power amplifier），实现的是电流放大。

为什么会有小信号放大器和功率放大器之分呢？看看图 4-5 所示的话筒扩音器系统框图，话筒输出的反映声音的微小信号首先由前置放大器（小信号放大器）进行一定倍数的幅度放大，之后送入主放大器（功率放大器）进行电流放大后推动扬声器工作。

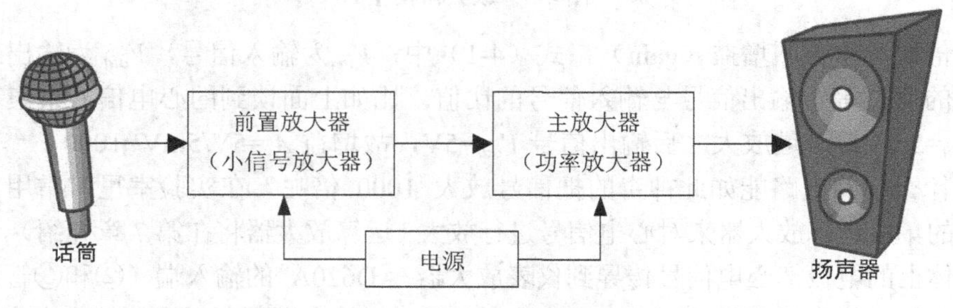

图 4-5　话筒扩音器系统框图

有人会问，为什么不直接提高前置放大器的放大倍数直接驱动扬声器或干脆把话筒输出信号直接送到主放大器中进行放大呢？原因是前置放大器虽然说把信号的幅度放大了，但是放大之后的信号没有什么“劲”，对于扬声器这种消耗功率较大的负载，它是没有办

法驱动的。另一方面，功率放大器输入阻抗与话筒的阻抗不匹配，因此话筒的输入信号还没被放大就被消耗了，这样功率放大器获得不了足够的输入信号，也是无法输出有效地驱动扬声器的信号的。所以，通过小信号放大器与功率放大器的组合，可以很好地实现信号的传递和有效放大。

图 4-5 所示结构说到底还是为了达到阻抗匹配的条件。通常前置放大器，也就是小信号放大器都是电压放大器，这种放大器输出阻抗比较高，如图 4-6 所示，如果把扬声器接在图 4-6 中的 A 点上，而不使用主放大器，可以利用简单的计算分析一下扬声器上获得的电压。假设扬声器阻抗为 8Ω，小信号放大器的输出阻抗 $R_{out(s)}$和扬声器是串联关系，于是扬声器分得的电压为：

$$5\text{V} \times \frac{8\Omega}{2\text{k}\Omega + 8\Omega} = 0.02\text{V}$$

扬声器在这个 0.02V 电压的驱动下发出的声音恐怕只有蚊子能听得到。可见只用前置放大器驱动扬声器是不可取的。如果加上主放大器，也就是功率放大器，而把扬声器接到图 4-6 中的 B 点上，功率放大器输入阻抗 $R_{in(p)}$与前置放大器输出阻抗 $R_{out(s)}$相匹配，它主要对电流进行放大，其输出阻抗 $R_{out(s)}$很低，与扬声器的阻抗（8Ω）相匹配。这时再计算扬声器分得的电压和功率，就会得到一个比较满意的结果了。

所以说，放大器的阻抗匹配是指放大器的输出阻抗和下一级放大器或负载的输入阻抗相等或相近，此时能够实现较理想的功率传递。如果相差较大，就是不匹配状态。

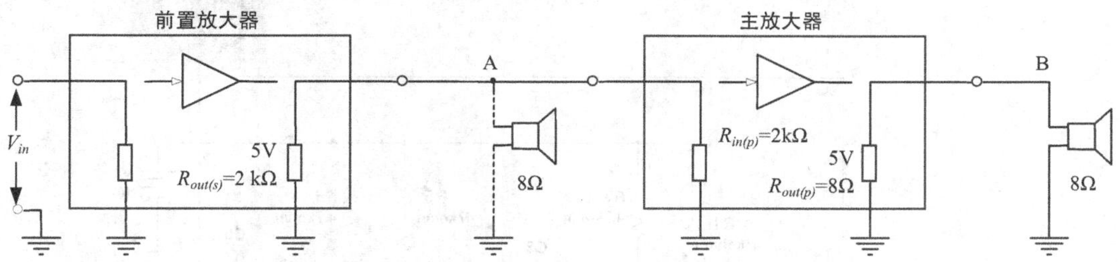

图 4-6　阻抗匹配说明图

4.1.3　扩音器系统中的小信号放大器

本章将要学习的小信号放大器是扩音器系统的前置放大器，它对输入信号进行初步电压放大。而第 5 章主要讨论功率放大器，它把本章小信号放大器输出的信号进行电流放大后驱动扬声器工作。换句话说，将在这两章分别对图 4-5 所示系统框图中包含的知识进行学习。

小信号放大器以三极管、场效应管、运算放大器等为核心构成，其中以三极管放大器最为基础，如图 4-7 所示为以三极管 Q1、Q2 为主要放大元器件的两级放大器，输入信号 V_{in} 从第一级放大器进入，经过初步放大之后通过耦合电容 C3 进入第二级放大器进行进一步放大，最终在输出端形成输出信号 V_{out}。在具体学习这个两级放大器的设计之前，可以先用 Multisim 2001 对图 4-7 所示的电路进行仿真，切身感受一下小信号是如何被放大的。

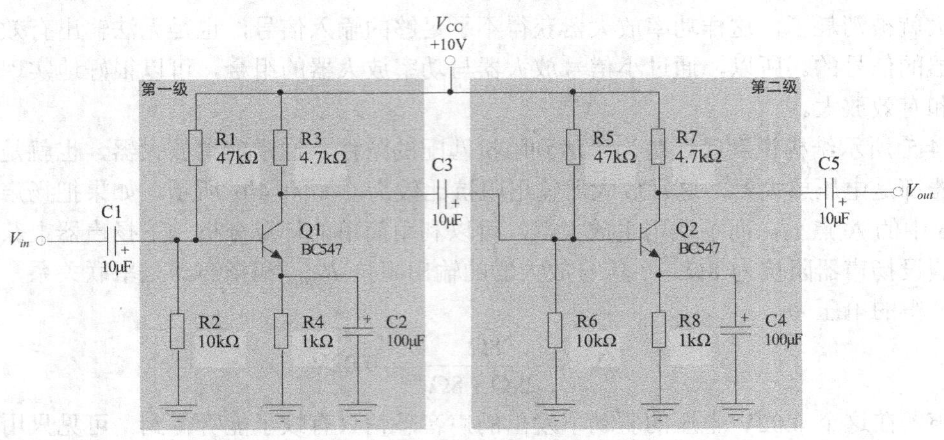

图 4-7 小信号放大器电路（两级）

【例 4.1】小信号放大器电路（两级）：在 Multisim 2001 中连接图 4-8 所示电路，观察电路的输入、输出波形并计算放大器的增益。

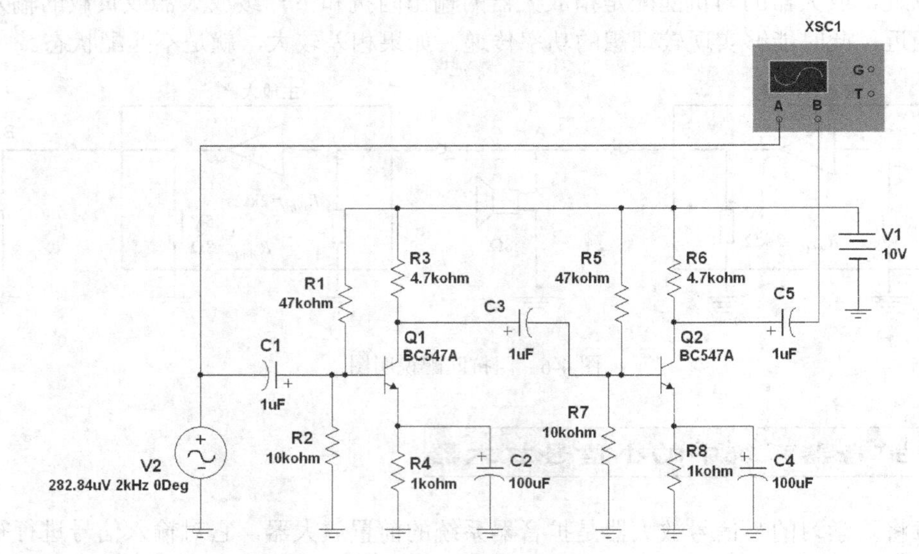

图 4-8 小信号放大器仿真电路（两级）

在图 4-8 所示的仿真电路中，使用的信号源 V2 为 RMS=200μV（峰值 282.84μV，1μV=10^{-6}V）、频率=2kHz 的正弦信号，这个信号的幅度非常小，且频率在音频范围之内。打开仿真开关，可从示波器观察窗口中看到图 4-9 所示的输入、输出波形。注意调整示波器通道 A 和通道 B 的量程以便获得可观的波形。从两个通道量程 Scale 和所显示的波形来看，输入信号 V_{in}=200μV，输出信号 V_{out}=1.3V（这两个数值为 RMS 值，即信号峰值的 0.707 倍）。所以可计算出放大器的增益 $A_v=V_{out}/V_{in}$=1.3V/200μV=6 500。

通过两个三极管和一些外围器件，图 4-7 就实现了 6500 倍的电压放大，把一个不到 1mV 的微弱信号放大到了 V 级，小信号放大器的魅力可见一斑。

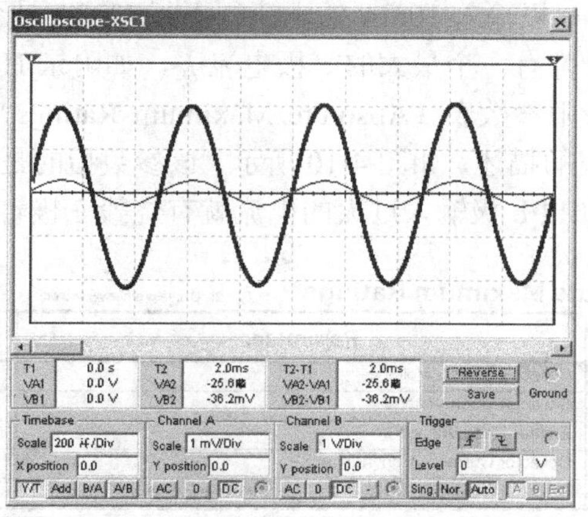

图 4-9 小信号放大器（两级）仿真结果

4.2 全面了解三极管

三极管的 3 个直流特性 再谈三极管开关

图 4-7 所示的三极管放大器电路，除了三极管之外还有电阻、电容等外围元器件。这些元器件参数是如何选定的？它们与三极管是如何结合实现信号放大的？放大器的增益是由哪些参数决定的？这些问题都是学习三极管放大器设计必须搞清楚的。本节在第 1 章三极管初步介绍的基础之上，对三极管其他特性及它与外围元器件构成偏置电路进行详细介绍，为下一节学习放大器设计进行铺垫。

4.2.1 三极管的 3 个直流特性

以下的内容虽然比较枯燥，但却是学习三极管放大器的基础。在学习过程中，可以找一支笔和几张纸，把认为重要的公式、描述、数值依次抄录下来。虽然有关三极管的知识比较零散，暂时看不出门道，但经过一步一步抄录和回顾知识点，除了有利于加深印象外，到最后还会突然发现其实设计的过程没那么复杂。

1. 直流增益 h_{FE}

还记得图 1-64 那个比喻三极管的水箱吗？三极管如果获得适当的偏置，可以把 b 极电流 I_B 进行放大，在 c 极形成一个较大的电流 I_C。式（1-3）是三极管第一个重要特性——直流增益 h_{FE}，即：

$$h_{FE}=\frac{I_C}{I_B} \tag{4-2}$$

该参数描述了三极管把电流放大的倍数，假设 h_{FE}=200，I_B=50μA，则 $I_C=h_{FE}I_B$=200×

50μA=10mA。可见三极管把50μA放大到了10mA，此时三极管的直流增益为200。

有的朋友可能会大胆地说，如果三极管直流增益h_{FE}=200，那为了实现某个电路I_C=2A的需要，干脆就给三极管b极输入10mA的电流行不行？答案是否定的。这里有两个问题，其一是任何型号的三极管都有一个最大的c极电流I_C，如附录H是三极管2N3904的技术手册，在第一页的器件极限参数表（Absolute Maximum Ratings）中第4行就是对2N3904型三极管c极电流I_C极限的描述，如图4-10所示，该参数指的是c极上持续通过的电流I_C极限为200mA。所以，如果b极输入过大的电流就有烧毁三极管2N3904的风险。

Absolute Maximum Ratings* T_A = 25°C unless otherwise noted

Symbol	Parameter	Value（数值）	Units（单位）
V_{CEO}（c-e极间电压）	Collector-Emitter Voltage	40	V
V_{CBO}（c-b极间电压）	Collector-Base Voltage	60	V
V_{EBO}（e-b极间电压）	Emitter-Base Voltage	6.0	V
I_C（持续c极电流）	Collector Current - Continuous	200	mA
T_J, T_{stg}（使用及储藏温度）	Operating and Storage Junction Temperature Range	-55 to +150	°C

＊注：V_{CEO}、V_{CBO}、V_{EBO}中的“O”代表参数是在b极开路（open）情况下的获得的

图4-10　三极管2N3904的极限参数表

第二个问题是三极管的直流增益h_{FE}并不是恒定的，附录H所示的2N3904技术手册的第2页有如图4-11所示的工作参数表（On Characteristics），其中第1行是对直流增益h_{FE}的描述，可以看到在不同的测试条件下，三极管的直流增益h_{FE}是会变化的。比如当c极电流I_C=1mA时，h_{FE}不小于70；而当I_C=10mA时，h_{FE}在100~300之间。可见直流增益h_{FE}与c极电流I_C大小有关。所以单靠提高b极电流I_B来获得预想的c极电流I_C并不总能如愿。

ON CHARACTERISTICS*

Symbol	Parameter	Test Conditions（测试条件）	Min（最小值）	Max（最大值）	Units（单位）
h_{FE}（直流增益）	DC Current Gain	I_C = 0.1 mA, V_{CE} = 1.0 V	40		
		I_C = 1.0 mA, V_{CE} = 1.0 V	70		
		I_C = 10 mA, V_{CE} = 1.0 V	100	300	
		I_C = 50 mA, V_{CE} = 1.0 V	60		
		I_C = 100 mA, V_{CE} = 1.0 V	30		
$V_{CE(sat)}$（c-e极间饱和电压）	Collector-Emitter Saturation Voltage	I_C = 10 mA, I_B = 1.0 mA		0.2	V
		I_C = 50 mA, I_B = 5.0 mA		0.3	V
$V_{BE(sat)}$	Base-Emitter Saturation Voltage	I_C = 10 mA, I_B = 1.0 mA	0.65	0.85	V
		I_C = 50 mA, I_B = 5.0 mA		0.95	V

图4-11　三极管2N3904的工作参数表

从图4-11中三极管直流增益h_{FE}会随着c极电流I_C的变化而改变的事实知道，三极管放大器的增益如果全部依靠在h_{FE}上是一件很可悲的事情，因为电路中I_C经常发生改变，h_{FE}也因此而发生变化，令输出信号忽大忽小。

在有些书中，直流增益用β_{DC}来描述，这与本书所使用的h参数——h_{FE}是等价的，所以有：

$$\beta_{DC} = h_{FE} = \frac{I_C}{I_B}$$

2. 输入（b 极）参数（I_B-V_{BE}）

输入（b 极）参数讲的是当三极管的 b-e 极正向偏置时，b-e 极之间就像一个二极管一样出现正向压降（1.3.3 节），这个 b-e 极之间的压降用 V_{BE} 来代表，有：

$$V_{BE}\approx 0.7\text{V} \tag{4-3}$$

这是三极管的一个重要参数，就像二极管具有正向压降一样。如图 4-12 所示电路，用电源 V_{BB} 和 V_{CC} 分别给三极管 Q1 施加偏置电压，假设 V_{CC} 固定在 10V 不变，而 V_{BB} 则从 0V 开始升高，当三极管 Q1 的 b 极电压 V_B 达到约 0.7V 时，也就是 V_{BE} 达到 0.7V 时三极管 Q1 导通，c 极电流 I_C 开始变大。如果 V_{BB} 的电压继续升高，b 极电流 I_B 也随之变大，自然 c 极电流 I_C 继续变大。那 V_{BE} 会不会也跟着变大呢？下面通过仿真来实验一下。

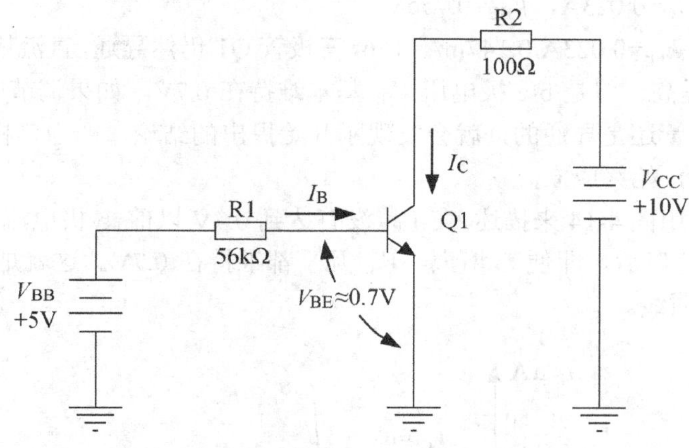

图 4-12　三极管输入（b 极）参数研究电路

【例 4.2】输入（b 极）参数（I_B-V_{BE}）：在 Multisim 2001 中连接图 4-13 所示电路，通过调节电位器 R1 来改变三极管 Q1 的 b 极电流 I_B，观察三极管导通后 I_B 继续升高对 b-e 间电压 V_{BE} 有没有什么影响。

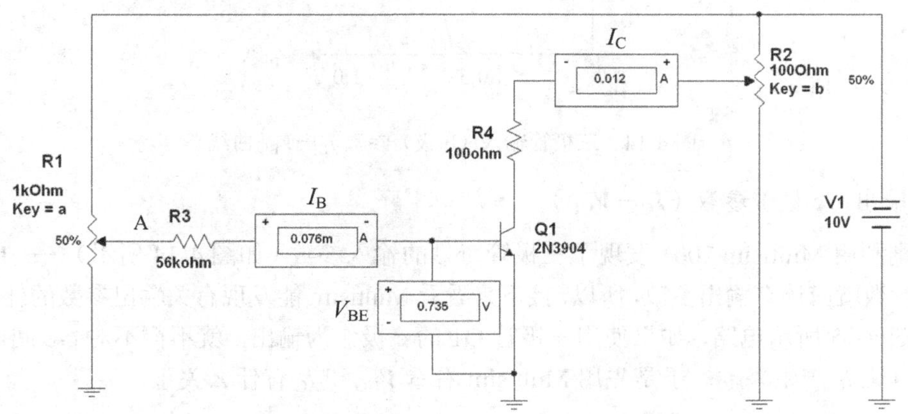

图 4-13　三极管输入（b 极）参数仿真电路

图4-13所示仿真电路中，基于分压器的原理，可通过调节电位器R1来改变A点电压，从而改变三极管Q1的b极电流I_B。b极电流I_B由一个电流表来显示。在三极管Q1的b-e极间使用一个电压表来显示V_{BE}，另外，再由一个电流表来显示c极电流I_C。打开仿真开关，电位器R1、R2没有调整前（默认50%）得到以下读数：

I_B=0.076mA，I_C=0.012A，V_{BE}=0.735V

从I_C和I_B之间的比值可得到直流增益h_{FE}=0.012A/0.076mA=158，看来三极管Q1此刻已经导通，并得到三极管b-e极电压V_{BE}=0.735V，符合正向偏置的条件。

调节电位器R1以提高b极电流I_B，电位器R1达到10%的调节量时，又得到以下读数：

I_B=0.147mA，I_C=0.023A，V_{BE}=0.755V

此时直流增益h_{FE}=0.023A/0.147mA=156，三极管Q1仍然导通，直流增益h_{FE}略微减小。虽然b极电流I_B提高，但是b-e极电压V_{BE}基本维持在0.7V。如果调节电位器R1使I_B不断改变，只要三极管还是导通的，就会发现刚开始提出的结论，即当三极管的b-e极正向偏置时，V_{BE}≈0.7V，始终成立。

这个关系可以用图4-14来描述，在V_{BE}没有达到0.7V以前，b极电流I_B小到可以忽略。但是V_{BE}达到0.7V以后，即便I_B增大，V_{BE}几乎都维持在0.7V。这就是三极管的输入（b极）参数I_B－V_{BE}曲线。

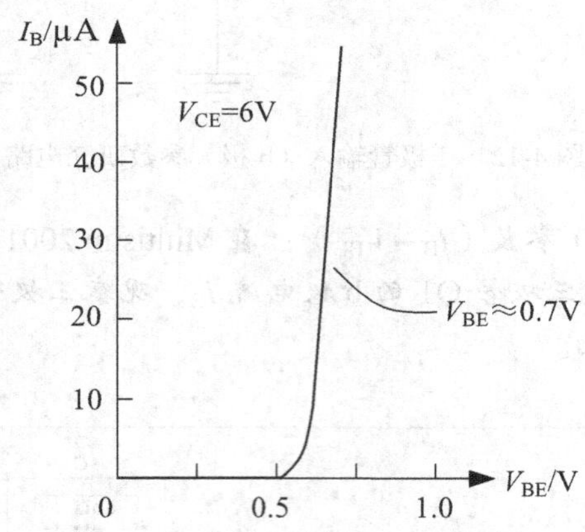

图4-14　三极管输入（b极）参数I_B－V_{BE}曲线

3. 输出（c极）参数（I_C－V_{CE}）

刚刚利用Multisim 2001发现了三极管奇妙的输入参数（如图4-14所示）——V_{BE}≈0.7。有输入参数就应该有输出参数，所以，接下来看看Multisim能发现有关输出参数的什么内容。

如图4-15所示电路，如果使用三极管Q1的c极作为输出，就不得不对c-e间电压V_{CE}和c极电流I_C产生兴趣。于是先用Multisim看看V_{CE}和I_C有什么关系。

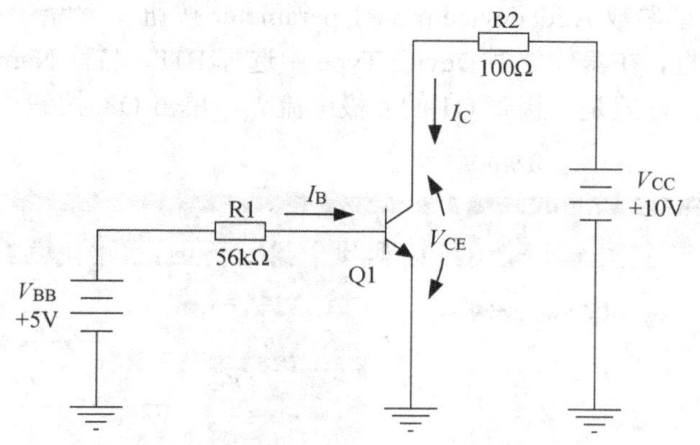

图 4-15　三极管输出（c 极）参数研究电路

【例 4.3】输出（c 极）参数（I_C-V_{CE}）：在 Multisim 2001 中连接图 4-16 所示电路，利用 Multisim 2001 的 DC Sweep 分析功能获得 V_{CE} 和 I_C 之间的关系。

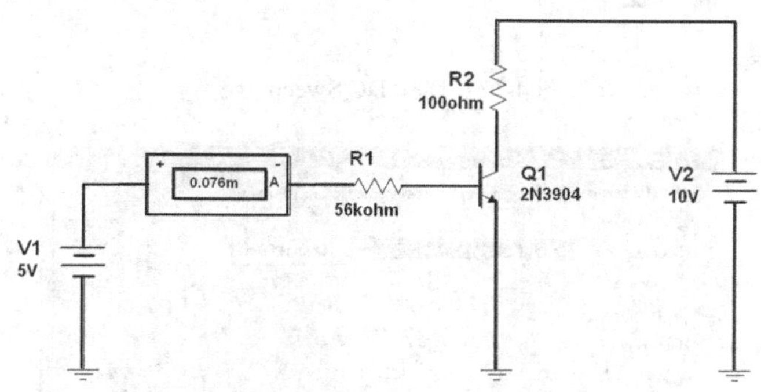

图 4-16　三极管输出（c 极）参数仿真电路

图 4-16 所示仿真电路中，添加了一个电流表来观察三极管 Q1 的 b 极电流 I_B。电源 V1、V2 分别设置为 5V、10V。连接完电路后，打开仿真开关，看到电流表显示 I_B=0.076mA。下面要利用 Multisim 获得一个关于 V_{CE} 和 I_C 的关系曲线。

单击 Multisim 工具栏中的分析按钮，如图 4-17 所示，选中其中的 DC Sweep 分析功能（也可以单击菜单栏的 Simulate→Analyses→DC Sweep），从而弹出一个 DC Sweep 分析设置对话框，如图 4-18 所示，在分析参数 Analysis Parameters 标签栏中的 Source 1 里选择 vv2，并把起始值 Start value 设置为 0V，而终止值 Stop value 设置为 12V，同时增量 Increment 设置为 0.2V。这个设置是让图 4-16 所示仿真电路的电源 V2 的电压以 0.2V 为间隔，从 0V 开始向 12V 渐渐增大。电源 V2 的电压渐渐增大，也就是三极管 Q1 的 c-e 间电压 V_{CE} 不断增大。

接下来，为了获得 V_{CE} 和 I_C 的关系，还需要在图 4-18 所示的 DC Sweep 分析设置对话框的输出变量 Output variables 标签栏中把三极管 Q1 的 c 极电流 I_C 作为输出。方法是单击 Output variables 标签栏，单击对话框左下角的 More 按钮（More >>），在对话框的展开部分单击添加器件/模型参数 Add device/model parameter 按钮（Add device/model parameter），弹出如图 4-19 所示的对话框，在器件类型 Device Type 中选择 BJT，名称 Name 中选择 qq1，参数 Parameter 中选择 ic。ic 就是三极管 Q1 的 c 极电流 I_C，单击 OK 按钮。

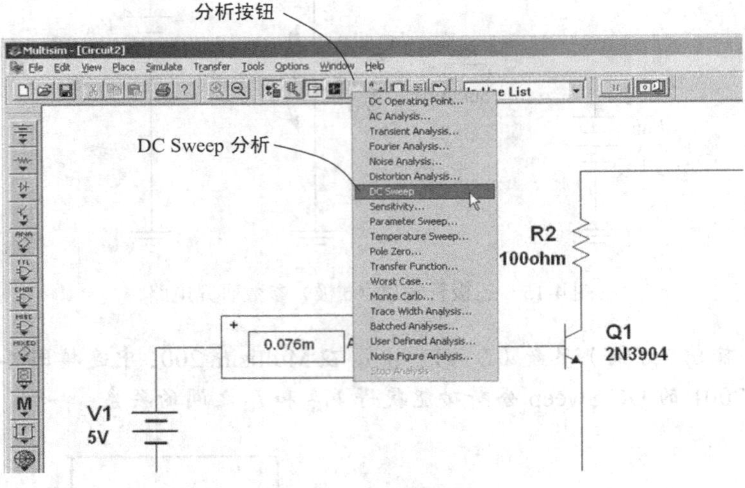

图 4-17　选择 DC Sweep 分析

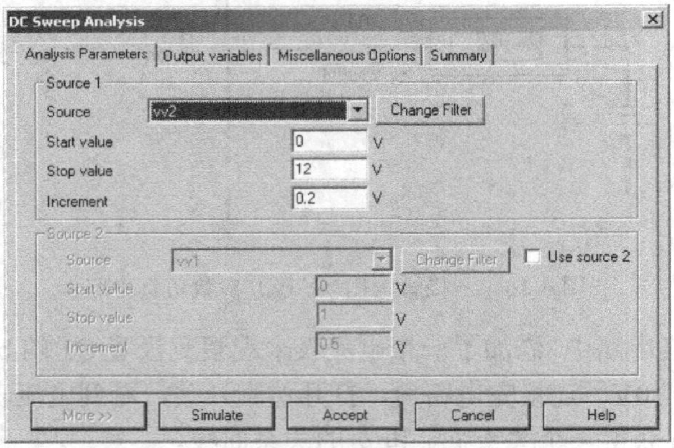

图 4-18　DC Sweep 分析设置对话框

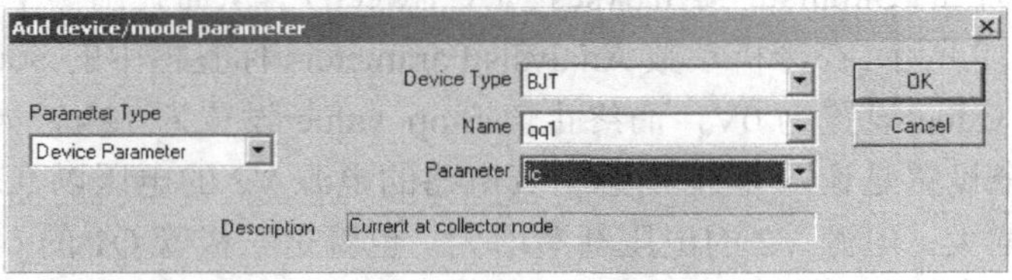

图 4-19　添加器件/模型参数对话框

回到输出变量标签栏，如图 4-20 所示，看到三极管的 I_C 已经成为输出变量——@qq1[ic]。选中它，单击仿真绘制 Plot during simulation 按钮（Plot during simulation），把该变量添加到右边的被选

分析变量中。这样就完成了所有设置，把电源 V2 的电压，也就是 V_{CE} 作为分析的定义域，同时设置其起止范围和步进大小。之后把三极管的 I_C 作为分析的值域，看看 Multisim 把不同的 V_{CE} 代到电路中，所得到的一系列 I_C 值是什么，并用曲线描绘出来。

单击图 4-20 所示设置对话框的仿真 Simulate 按钮（Simulate），Multisim 将生成一个类似图 4-21 所示的 I_C-V_{CE} 关系曲线。

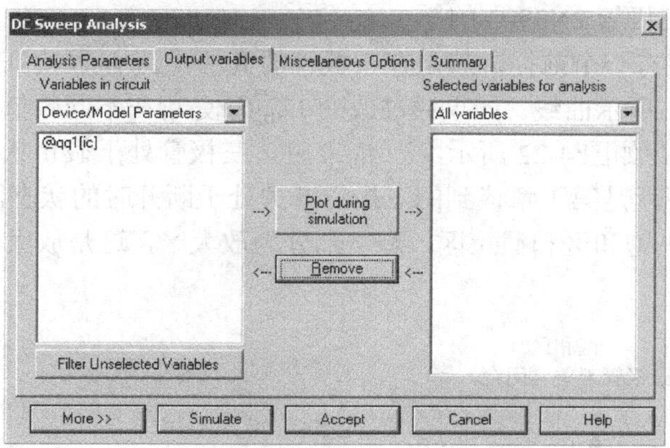

图 4-20　添加输出变量

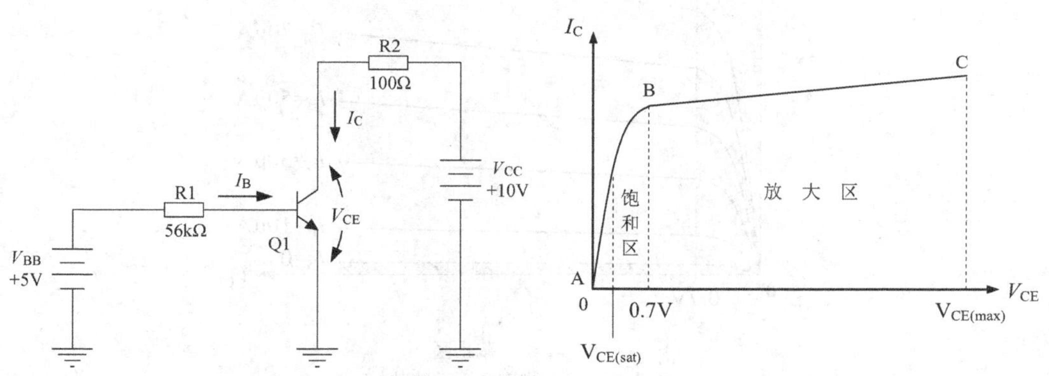

图 4-21　某 I_B 下，I_C-V_{CE} 的关系曲线

图 4-21 所示曲线是 Multisim 根据电路和分析设置得出的，它严格地反映了电路中 I_C 和 V_{CE} 的关系。那这个曲线说明了什么问题呢？

一开始 V_{CC}（即仿真中的电源 V2）为 0V，此时三极管 Q1 的 b-e 极间和 b-c 极间都是正向偏置（b 极电压比 c 极、e 极都高），并且三极管 c 极电压 V_C 、e 极电压 V_E 都为 0V。如果 V_{CC} 增大，V_{CE} 也因 c 极电流 I_C 的变大而增大，图 4-21 中 A-B 段反映了这个过程。V_{CC} 继续变大，只要在 V_{CE} 还没有到 0.7V 之前，I_C 都在随着 V_{CE} 的增大而增加。

在 A-B 段，三极管 Q1 的 b-e 极间和 b-c 极间一直都保持正向偏置，这段时间三极管处于饱和状态，这个区域就是第 1 章谈到的三极管开关处于闭合时的状态。

在理想情况下，当 V_{CE} 超过 0.7V 之后，三极管的 b-c 极间变成了反向偏置（b 极电压小于 c 极电压），三极管“苏醒”而进入线性工作区，或者说三极管处于放大状态。放大器利用的就是三极管工作在放大区的特性。

在放大区的三极管，如图4-21所示，如果I_B不变，虽然V_{CE}继续增大，I_C也只有较小的增加。也就是在放大区，前面讲到的$I_C= h_{FE}I_B$（式（4-2））才成立。

如果V_{CE}还“疯狂地”变大而超过了$V_{CE(max)}$，三极管极就会被击穿（图4-21的C点）。所以在任何时候都不要让V_{CE}超过$V_{CE(max)}$这个极限。$V_{CE(max)}$与三极管型号有关，试看能不能从附录H中找到三极管2N3904的$V_{CE(max)}$。

刚才的分析一直有一个前提，就是在三极管的b极电流I_B固定在76μA时（仿真中可得到）获得了图4-21所示曲线。如果通过改变V_{BB}而使I_B在不同数值间变化，将得到一系列I_C-V_{CE}关系曲线，如图4-22所示，当I_B=0时，三极管处于截止状态，I_C只有非常微小的漏电流，这个区域就是第1章谈到的三极管开关处于断开时的状态。

图4-22中，除去饱和区和截止区，剩下部分为放大区，这是放大器工作时三极管的状态所在。

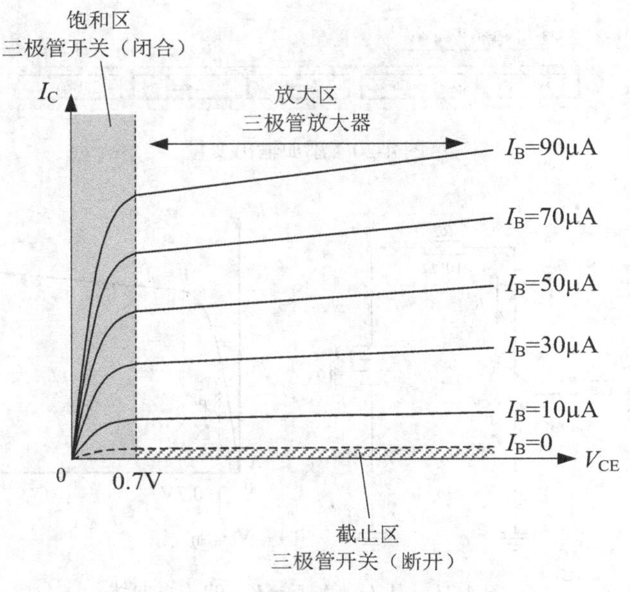

图4-22　三极管输出（c极）参数（I_C-V_{CE}）曲线

4. 三极管的技术手册告诉我们什么

就像三极管2N3904的技术手册（附录H）中罗列的种种有关该器件的参数一样，每一型号的三极管都需要这么一个手册来指导设计工作，否则，拿起手中的三极管进行设计就好比瞎子打灯笼一样。

由于许多朋友对器件的技术手册不甚了解，接下来先花些时间以三极管2N3904的技术手册（附录H）为例，看看技术手册还告诉了我们什么。

（1）器件封装

打开2N3904技术手册第1页，最上面是该器件的封装、外观等信息，如图4-23所示，2N3904共有3种封装：TO-92、SOT-23、SOT-223，每种封装分别有一个型号对应：2N3904、

MMBT3904、PZT3904。封装还表明不同封装的器件其 c 极、b 极、e 极是如何排布的，这些都是使用中需要了解的。

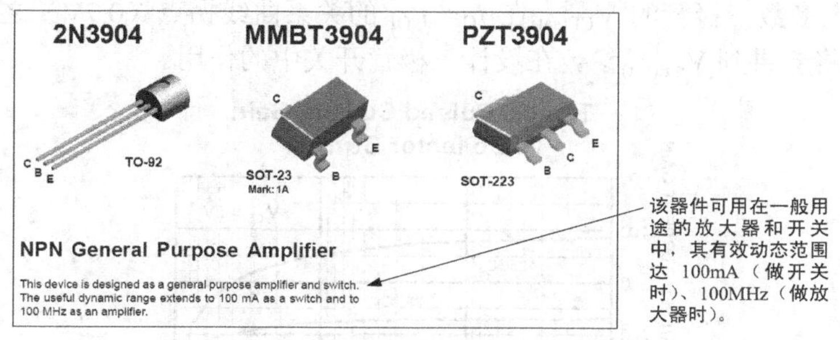

图 4-23　2N3904 技术手册之器件封装

（2）器件用途

在封装下面的 NPN General Purpose Amplifier 标题说明 2N3904 是一个 NPN 型三极管（如图 4-23 所示），可用于设计一般用途放大器。随后的几行小字是对该器件用途的简要介绍。

（3）极限参数表

图 4-10 所示是 2N3904 极限参数表，它反映了三极管极间电压的最大值、c 极电流持续最大值、使用及储藏温度等信息。这些参数是 2N3904 的“生命线”，如果在使用中超过这些极限，那三极管就会损坏。表中的 V_{CEO}、V_{CBO}、V_{EBO} 参数下标中的“O”代表参数是在 b 极开路（open）情况下获得的，为了不混淆，也可用 $V_{CE(max)}$等来表示极限值。所以，图 4-21 中的 $V_{CE(max)}$也就是极限参数表中的 V_{CEO}。

（4）额定功率 P_D

额定功率 P_D 描述的是器件的最大功耗，其计算方法为：

$$P_D=V_{CE}I_C \tag{4-4}$$

根据 2N3904 的技术文档知其额定功率为 625mW，如果用极限参数表中的 V_{CE} 和 I_C 的最大值代入式（4-4）（P=40V×200mA=8000mW）会发现大大超出其额定功率 P_D，这说明三极管绝对不能让 V_{CE} 和 I_C 同时达到最大值。如果 V_{CE} 和 I_C 中有一个接近最大值，则另一个参数就要保证它们的乘积不会超过额定功率 P_D。

（5）“善变的”直流增益 h_{FE}

在 2N3904 技术手册的第 3 页的第一个图表是对该器件直流增益 h_{FE} 的描述，如图 4-24 所示，横坐标是 c 极电流 I_C，纵坐标是直流增益 h_{FE}。图中给出了 125℃、25℃、−40℃这 3 个不同温度下的 h_{FE} 曲线，这 3 个曲线说明 h_{FE} 会随着温度的变化有显著的不同。此外，同一温度下 h_{FE} 还和 I_C 有较大的关系——一般 I_C 越大，h_{FE} 越小。这也就解释了图 4-11 中在不同 I_C 下给出了若干个直流增益 h_{FE}。这说明直流增益 h_{FE} 非常“善变”，如果把放大器增益设计这个“宝”压在直流增益 h_{FE} 上将不是一个好的设计。图中右上角的 V_{CE}=5V 说明这是在 V_{CE}=5V 条件下得到的曲线。

（6）c-e 极间饱和电压 $V_{CE(sat)}$

该参数是指当三极管处于深度饱和状态时（一般在三极管作为开关时的闭合状态），c-e

极间的电压值。从图4-11所示的三极管2N3904技术手册中关于$V_{CE(sat)}$的描述可知此时c-e极间的电压约为0.2V。在饱和状态下，三极管的b-c极、b-e极都处于正向偏置。从图4-21中还会看到绝大多数三极管的$V_{CE(sat)}$在$I_C - V_{CE}$的关系曲线拐点（0.7V）之前，都在0.3V以下。4.2.2节将会讲到$V_{CE(sat)}$参数在设计三极管开关中的作用。

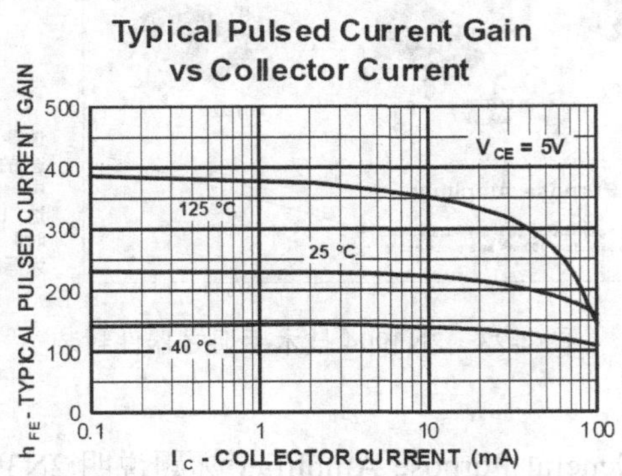

图4-24　2N3904技术手册之直流增益h_{FE}参数

4.2.2 再谈三极管开关

以上有关三极管参数的介绍是设计三极管相关电路的基础，需要耐心消化一下。三极管的主要用途不过两种：一是放大器，二是开关。图4-22所示，放大器利用三极管工作在放大区的特性，而开关利用的则是三极管工作在饱和区和截止区的特性。在学习和设计时，千万不要混淆放大器和开关中三极管所处的工作状态。

放大器较开关更复杂一些。鉴于三极管开关经常能帮上大忙，而且数字电路中可谓用足了三极管开关的特性（数字电路从第9章开始），所以先把三极管开关拿出来讨论一下。

三极管开关（transistor switch）是利用三极管工作在截止区（断开）和饱和区（闭合）特性的电子开关，这与三极管放大器特性截然不同。

1. 三极管开关的断开和闭合

既然是开关，无非有两种状态——断开和闭合。断开时，没有电流通过；闭合时，有电流通过。如图4-25所示是三极管开关的这两种状态，图4-25（a）中，三极管的b-e极间因没有获得正向偏置而截止，此时，理论上三极管的c-e极间相当于断开，没有电流通过，I_B=0，I_C=0负载R_C不工作。

图4-25（b）中，三极管的b-e极在$+V_{BB}$作用下获得正向偏置，I_B足够大的话就可以令三极管工作于饱和区，I_C达到饱和值。此时，理论上三极管的c-e间相当于短路，于是电流经过负载R_C，负载R_C工作。现实中，饱和状态下三极管的c-e间存在一个非常小的电压，即4.2.1节最后谈到的c-e极间饱和电压$V_{CE(sat)}$。同时，I_C达到饱和值$I_{C(sat)}$。

2. 三极管开关中一些简单的计算

由于负载电阻、三极管参数等不同，为了能在不同条件下都顺利设计并使用三极管开

关，需要进行一些简单的计算。

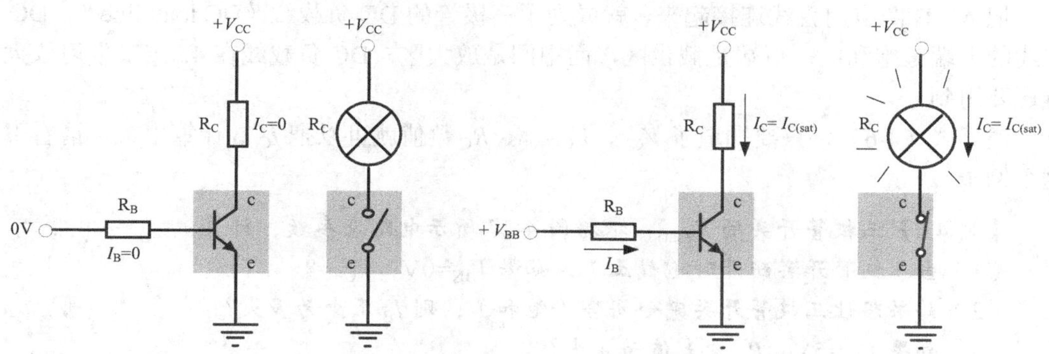

（a）断开状态（三极管截止）　　（b）闭合状态（三极管饱和）

图 4-25　三极管开关

当三极管开关断开时（截止），很简单，由于没有电流经过三极管，所以 V_{CE} 和 V_{CC} 相等，即：

$$V_{CE(cutoff)}=V_{CC} \tag{4-5}$$

其中，$V_{CE(cutoff)}$的下标“cutoff”是截止的意思。如果把图 4-22 所示的三极管输出（c）参数（I_C-V_{CE}）曲线的坐标拿过来，在横坐标上标记一个点 A，如图 4-26 所示，那这个点代表了三极管截止时所处的状态，此时 I_C=0，V_{CE}=V_{CC}。

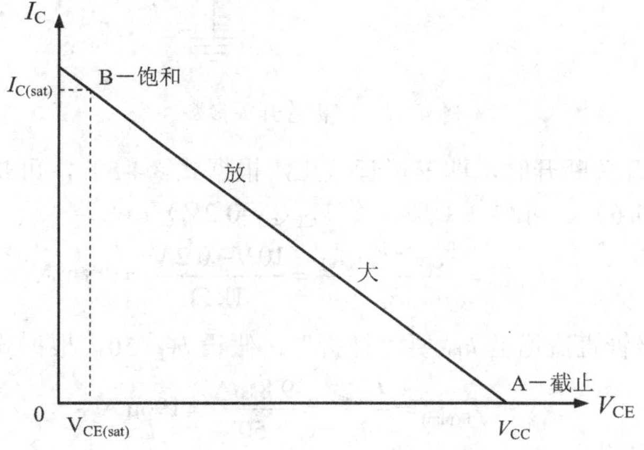

图 4-26　DC 负载线

当三极管开关闭合时（饱和），经过负载 R_C 的电流 I_C 达到饱和值 $I_{C(sat)}$，根据欧姆定律，经过负载 R_C 的电流等于其两端电压除以电阻，于是有：

$$I_{C(sat)}=\frac{V_{CC}-V_{CE(sat)}}{R_C} \tag{4-6}$$

其中，$I_{C(sat)}$的下标“sat”是饱和的意思。$I_{C(sat)}$是电路中三极管 c 极电流 I_C 所能达到的最大值，于是在图 4-26 中纵坐标上标记一个点 B，该点代表了三极管饱和时所处的状态，此时

$I_C=I_{C(sat)}$，$V_{CE}=V_{CE(sat)}$。

把A、B两点用直线连接起来，就成为了三极管的DC负载线（DC load line）。DC负载线的上端是饱和区，下端是截止区，而中间是放大区。DC负载线在4.3.1节学习放大器时还要用到。

根据式（4-6），只要知道了V_{CC}、$V_{CE(sat)}$、R_C数值就可以把$I_{C(sat)}$计算出来，请看下面这个例子。

【例4.4】三极管开关的$I_{C(sat)}$：根据图4-27所示电路及参数，计算：

（1）当三极管开关断开时（截止），如果V_{IN}=0V，V_{CE}=?

（2）如果想让三极管开关完全闭合（饱和），则I_B至少为多大?

（3）如果V_{IN}=5V，R_B最大值为多少?

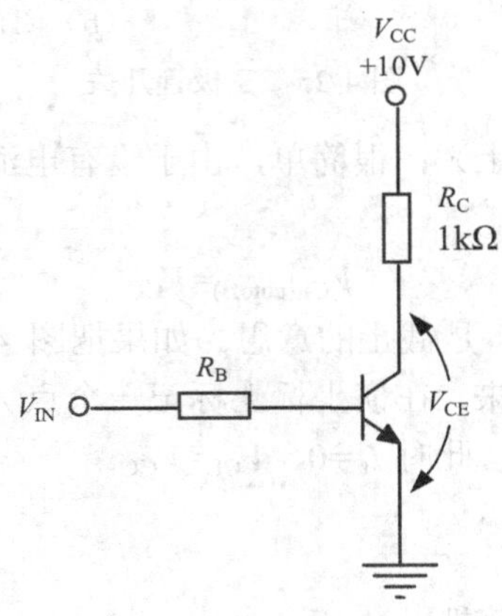

图4-27　三极管开关参数

（1）当三极管开关断开时，即三极管截止，根据式（4-5），可知$V_{CE}=V_{CC}$=10V。

（2）根据式（4-6），可得（一般可令$V_{CE(sat)}$=0.2V）：

$$I_{C(sat)}=\frac{V_{CC}-V_{CE(sat)}}{R_C}=\frac{10\,\text{V}-0.2\,\text{V}}{1\,\text{k}\Omega}=9.8\,\text{mA}$$

在饱和区，三极管直流增益h_{FE}要"打折"，假设h_{FE}=50，根据式（4-2）：

$$I_{B(min)}=\frac{I_{C(sat)}}{h_{FE}}=\frac{9.8\,\text{mA}}{50}=196\,\mu\text{A}$$

I_B此时已经令三极管达到饱和状态，$I_C=I_{C(sat)}$。如果继续提高I_B会让三极管进入深度饱和状态，I_C不会再增加了。

（3）三极管饱和时，根据式（4-3），有V_{BE}≈0.7V，于是根据欧姆定律可得：

$$R_{B(max)}=\frac{V_{IN}-V_{BE}}{I_{B(min)}}=\frac{5\text{V}-0.7\text{V}}{196\mu\text{A}}=22\text{k}\Omega$$

以上的结果说明，当V_{CC}=10V、V_{IN}=5V、R_B=22 kΩ时，三极管开关闭合，并能向负载R_C提供约9.8mA的电流；如果V_{IN}=0，则三极管开关断开。

3. 设计一个三极管开关

学习三极管的相关知识就是为了设计电路，利用以上知识，就可以开始设计一个具体的应用电路了。电路设计中，有一些基本模块是不需要考虑就拿来用的，只是在不同应用场合，确定一下电路模块中的器件参数。所谓的电路设计，是建立在许多已有的电路模块之上，并将它们有机地组合起来实现特定功能。

所以，掌握了三极管开关的典型电路结构之后，把它放到具体的应用中，根据具体环境来修改、添加、删减器件以满足现实需要。

【例 4.5】三极管开关的设计实例：请为发光二极管设计一个三极管开关电路，已知发光二极管的正向压降 V_F=1V、工作电流 I_V=10mA，三极管开关电路的 $V_{CC}=V_{IN}$=5V。

根据任务的已知条件和三极管开关的典型电路结构，先在图 4-28（a）中把知道的参数勾勒一下：V_{CC} 向负载提供工作电源，电流经过负载 R_L、三极管 c-e 极后回到地中。当三极管开关闭合时，三极管因饱和 $V_{CE(sat)}$=0.2V，这样负载 R_L 上的电压为 5V−0.2V=4.8V，如果把负载 R_L 直接换成发光二极管是不行的，因为任务中描述发光二极管的正向压降 V_F=1V，说明发光二极管两端电压只要稍大于 1V 就可以工作了，4.8V 的电压大大超过了发光二极管的工作电压，而有可能烧毁它。所以，需要为发光二极管添加一个分压模块。

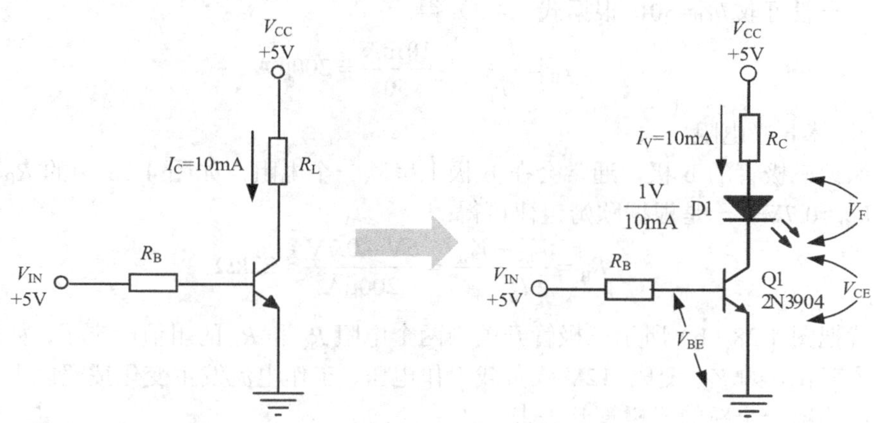

（a）三极管开关典型电路　　　　（b）控制发光二极管的三极管开关

图 4-28　三极管开关的设计参数

电阻串联时分压、并联时分流，于是给发光二极管串联上一个分压电阻 R_C，如图 4-28（b）所示，至于任务中提出发光二极管的工作电流 I_V=10mA，这由三极管来驱动没有什么问题，所以从三极管开关典型电路向任务所需电路的改造完成。

如果 V_{IN}=0，三极管开关断开，$I_C=I_V$=0，此时发光二极管不发光，自然没有什么好研究的。关键问题是当 V_{IN}=5V 时，三极管开关要闭合，I_C=10mA，如何确定图 4-28（b）中分压电阻 R_C 和电阻 R_B 的阻值才能让发光二极管获得适当的工作电压和工作电流呢？设计过程如下：

（1）三极管的选型

三极管是开关中的核心器件，首先应该根据负载工作电流来确定三极管型号。比如任

务中工作电流 I_V=10mA，三极管的 c 极允许通过的电流应该高于这个电流，否则驱动无从谈起。由于本任务的电流较小，一般的小功率三极管如 2N3904 就可以胜任，所以确定选用 2N3904。类似的，如果负载的工作电流为 800mA，最好选用 I_C=1A 的三极管。至于具体的型号，可以在搜索引擎（如 www.google.co.uk）上输入 transistor NPN 1A，就可以获得许多型号的链接，有的还是器件的技术手册，从中就可以找到适合的三极管型号。另一个办法是在购买三极管时向商家直接说明所需三极管的一些参数，如 I_C、V_{CE}、NPN 或 PNP 等，商家们应该能推荐一些适合的型号。

（2）计算分压电阻

三极管开关的负载可以是发光二极管、蜂鸣器、电机等，不同负载有不同的工作电压和工作电流。为了让负载在适当的条件下工作，一般都需要给负载串联一个电阻，如图 4-28（b）中的电阻 R_C。根据式（4-6）结合发光二极管工作电流 I_V=10mA 得：

$$I_{C(sat)} = I_V = 10\text{mA} = \frac{V_{CC} - V_F - V_{CE(sat)}}{R_C} = \frac{5V - 1V - 0.2V}{R_C}$$

从而得：

$$R_C = 380\Omega$$

（3）计算 b 极电流 I_B

b 极电流 I_B 要保证能让三极管进入饱和状态，此时直流增益 h_{FE} 比三极管在放大区时要小得多，一般可取 h_{FE}=50，根据式（4-2）得：

$$I_B = \frac{I_{C(sat)}}{h_{FE}} = \frac{10\,\text{mA}}{50} = 200\mu\text{A}$$

（4）计算 b 极电阻

为了保护三极管的 b 极，通常会在 b 极上串联一个电阻，如图 4-28 中的 R_B。三极管饱和时，V_{BE}≈0.7V，于是根据欧姆定律可得：

$$R_B = \frac{V_{IN} - V_{BE}}{I_{B(min)}} = \frac{5V - 0.7V}{200\mu A} \approx 22k\Omega$$

这样就把图 4-28（b）所示三极管开关中两个电阻 R_C 和 R_B 的阻值确定了，如果电路的参数发生了变化，如 V_{CC} 变成+12V 或负载工作电压、工作电流发生变化按照以上几个步骤就可以再设计出一个新的三极管开关来。

本书一开始就介绍了光控报警器（如图 1-1 所示），它的本质也是一个三极管开关，能不能利用上面的方法分析一下当电位器 RP 不变时，光敏电阻 R 的阻值为多大三极管开关闭合、蜂鸣器工作？答案在附录 I 中。

PNP 型三极管构成的三极管开关

除了 NPN 型三极管外，PNP 型三极管也经常用来设计三极管开关。如图 4-29 所示，这种开关在 V_{IN} 为高电平时是断开的，而 V_{IN}=0 时导通。注意 PNP 型三极管在 e-b 极间获得正向偏置时导通，即 V_{EB}=0.7V。电流从三极管 e 极流入、从 c 极流出。负载仍然与三极管的 c 极连接。对于图示的实例，$I_C=I_V$=10mA，所以电阻 $R_C=(V_{CC}-V_{EC}-V_F)/I_C$=(5V¯ 0.2V¯ 1V)/10mA=380Ω。同时可得 $I_B=I_C/h_{FE}$=10mA/50=0.2mA，于是 $R_B=(V_{CC}-V_{EB})/I_B$=(5V −

0.7V)/0.2mA≈22kΩ。

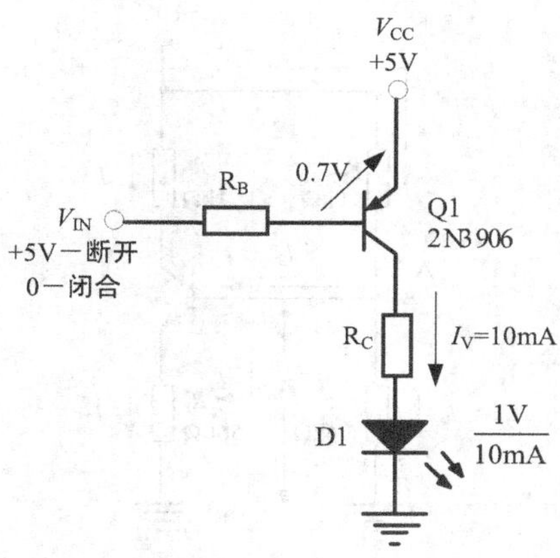

图 4-29　PNP 型三极管开关

4.3　用三极管放大小信号之前

分压器为三极管放大创造直流工作环境　静态工作点

还记得图 4-26 所示的 DC 负载线吗？线的上端是饱和区——b 极电流 I_B 足够大令 I_C 达到饱和电流值 $I_{C(sat)}$；而线的下端是截止区——b 极电流 I_B 几乎为 0 令 I_C 也接近 0。这两个极端的情况被人们利用设计成了三极管开关。DC 负载线去掉这两头极限，剩下中间一段是 b 极电流 I_B "不大不小"的情况，可用来设计放大器。

4.3.1　分压器为三极管放大创造直流工作环境

接下来的问题是如何给三极管的 b 极提供一个"不大不小"的电流 I_B 使之工作在放大区内。I_B 通常由三极管 b 极的电压 V_B 提供，所以问题变成了为三极管 b 极寻找一个合适的偏置电压 V_B。

接下来拿一支笔和纸跟随以下的推导来理解分压器是如何为三极管创造直流工作条件的。

1. 分压器偏置的参数之一——V_B

如图 4-30 所示是一种利用分压器向三极管 b 极提供偏置电压的电路，电阻 R1、R2 构成了一个分压器向三极管提供偏置电压 V_B。由于三极管的输入阻抗 $R_{IN(base)}$ 与电阻 R2 并联，根据欧姆定律得 A 点的电压，即 V_B 为：

$$V_B = \frac{R2 \| R_{IN(base)}}{R2 \| R_{IN(base)} + R1} V_{CC} \tag{4-7}$$

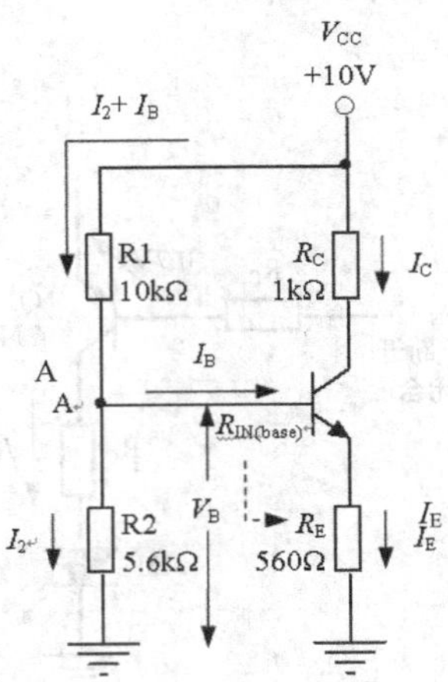

图 4-30　分压器偏置电路

其中，$R2\|R_{IN(base)}$ 表示电阻 R2 和三极管的输入阻抗 $R_{IN(base)}$ 并联总电阻。省略推导过程，三极管的输入阻抗 $R_{IN(base)}$ 由直流增益 h_{FE} 与 e 极上电阻 R_E 的乘积决定，即：

$$R_{IN(base)} \cong h_{FE} R_E \tag{4-8}$$

如果并联的两个电阻中有一个阻值是另一个的 10 倍或以上，则并联总电阻很接近阻值小的那个电阻。所以，如果三极管的输入阻抗 $R_{IN(base)}$≥10R2，$R2\|R_{IN(base)}$=R2，则式（4-7）可简化成：

$$V_B = \frac{R2}{R2+R1} V_{CC} \quad (R_{IN(base)} \geqslant 10R2) \tag{4-9}$$

在图 4-30 中，假设 h_{FE}=100，于是 $R_{IN(base)} \cong h_{FE} R_E = 100 \times 560\Omega = 56\text{k}\Omega$，可见 $R_{IN(base)}$为 R2 的 10 倍，满足式（4-9）的条件，于是得三极管偏置电压 V_B：

$$V_B = \frac{R2}{R2+R1} V_{CC} = \frac{5.6\text{k}\Omega}{5.6\text{k}\Omega+10\text{k}\Omega} \times 10\text{V} = 3.59\text{V}$$

三极管偏置电压 V_B 是分析的第一个让三极管工作在放大区的参数，对于三极管放大器的分析计算往往都是从 V_B 开始的。

2. 分压器偏置的参数之二——I_C

有了三极管偏置电压 V_B，三极管 b-e 极间获得正向偏置，所以 V_{BE}=0.7V，可以进一步得到三极管 e 极电压 V_E：

$$V_E = V_B - V_{BE} \tag{4-10}$$

三极管 e 极与电阻 R_E 串联，根据欧姆定律可得到 e 极电流 I_E：

$$I_E = \frac{V_E}{R_E} \tag{4-11}$$

知道 e 极电流 I_E 是一个巨大的“成就”，由此就可以知道分压器偏置电路中的其他参数。首先，根据式（1-5）知道三极管 c 极电流 I_C 和 e 极电流 I_E 非常接近，于是有：

$$I_C \cong I_E \tag{4-12}$$

刚才已经计算出图 4-30 的三极管偏置电压 V_B=3.59V，根据式（4-10），有：

$$V_E = V_B - V_{BE} = 3.59V - 0.7V = 2.89V$$

代入式（4-11）中，得：

$$I_E = \frac{V_E}{R_E} = \frac{2.89V}{560\Omega} = 5.16mA$$

由式（4-12）可得到：

$$I_C \cong I_E = 5.16mA$$

3. 分压器偏置的参数之三——V_C

三极管 c 极与电阻 R_C 串联，于是三极管 c 极电压 V_C 为：

$$V_C = V_{CC} - I_C R_C \tag{4-13}$$

则三极管 c-e 极间电压 V_{CE} 可由两极电压之差计算出来，即：

$$V_{CE} = V_C - V_E \tag{4-14}$$

根据这两个公式，可把图 4-30 所示分压器偏置电路的其余参数求解出来：

$$V_C = V_{CC} - I_C R_C = 10V - 5.16mA \times 1k\Omega = 4.84V$$

$$V_{CE} = V_C - V_E = 4.84V - 2.89V = 1.95V$$

以上公式不少，其实就是围绕着求解 I_C 和 V_{CE} 这两个参数进行的，这两个参数有什么用？如图 4-31 所示，Q 点就是图 4-30 所示的在分压器帮助下，三极管两个重要参数 I_C（5.16mA）和 V_{CE}（1.95V）落在 DC 负载线上的一点。Q 点在 DC 负载线的中间偏上的位置，说明此时三极管工作在放大器区，如果把小信号输入 b 极，将获得放大。

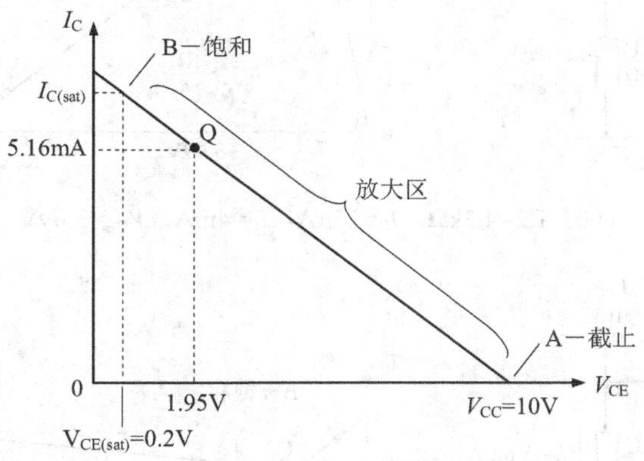

图 4-31　DC 负载线

4. DC 负载线的放大区

很明显，图 4-31 所示的 DC 负载线除了两端被用作三极管开关的两个状态外，中间有一大段是三极管放大区。所以，把图 4-30 中分压器电阻 R_2 的阻值分别改变成 1.3kΩ、4.3kΩ、6.8kΩ，保持其他参数不变，计算出 3 组 I_C 和 V_{CE} 参数，如图 4-32 所示。每一个 R_2 的阻值可以对应得到一个 b 极电流 I_B，分别为 6μA、25μV、36μV。于是每一条 I_C-V_{CE} 曲线与 DC 负载线有一个交点，分别为 Q1、Q2、Q3，把这 3 个交点汇合到一条 DC 负载线上，如图 4-33（a）所示。

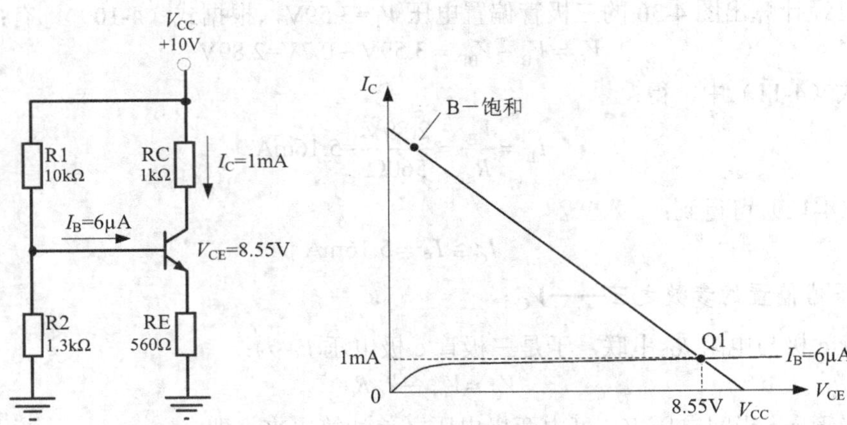

（a）R2=1.3kΩ，I_B=6μA，I_C=1mA，V_{CE}=8.55V

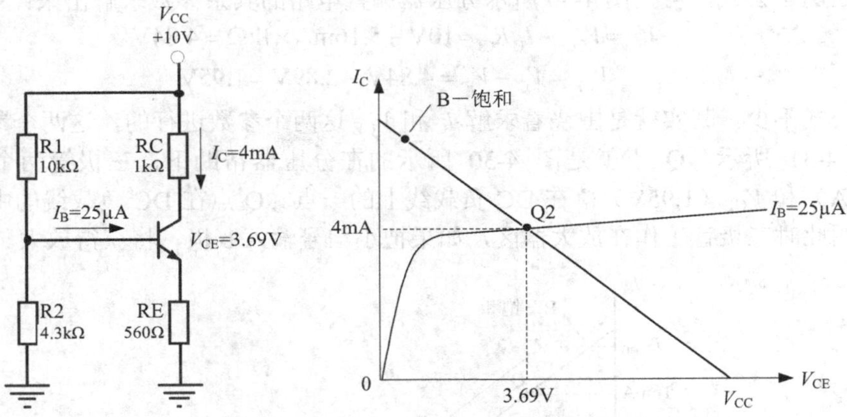

（b）R2=4.3kΩ，I_B=25μA，I_C=4mA，V_{CE}=3.69V

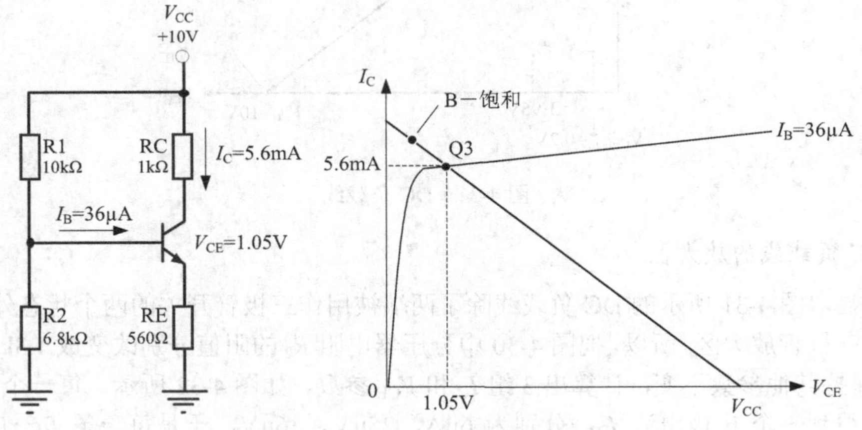

（c）R2=6.8kΩ，I_B=36μA，I_C=5.6mA，V_{CE}=1.05V

图4-32　三极管三个偏置状态

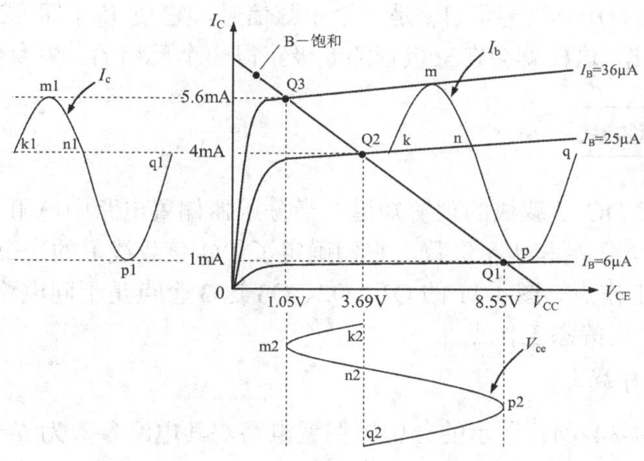

（a）DC 负载线放大示意图

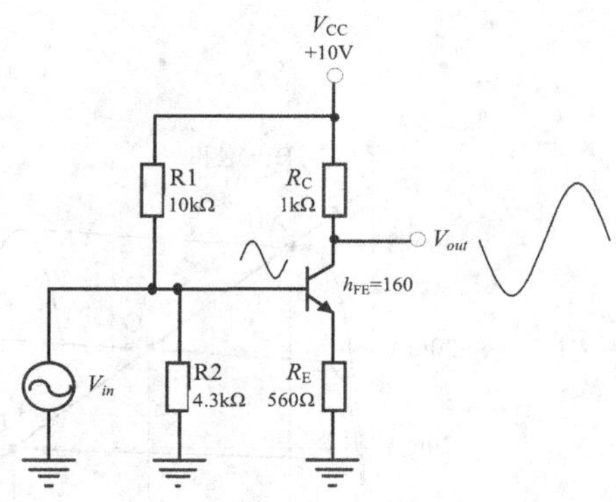

（b）分压器偏置电路

图 4-33　分压器偏置放大器

图 4-33（a）中的 Q2 点对应图 4-33（b）所示的电路参数，R2=4.3kΩ，I_B=25μA，I_C=4mA，V_{CE}=3.69V。假设不改变 R2 的阻值，而是通过一个变化的电压信号 V_{in} 提高三极管 b 极电压，这会直接造成 b 极电流 I_B 升高，即图 4-33（a）中 I_b 曲线的 k-m 段。由于三极管工作在放大区，于是 c 极电流 I_C 随 I_B 的升高而变大，即图中 I_c 曲线的 k1-m1 段。同样，c-e 极间电压 V_{CE} 也跟随着变化，但是是在减小，即图中 V_{ce} 曲线的 k2-m2 段。

另外还发现，I_B 的微小变化——从 25μA（Q2 点）变成 36μA（Q3 点），居然造成了 I_C 从 4mA（Q2 点）变成了 5.6mA（Q3 点），还令 V_{CE} 由 3.69V（Q2 点）减小到 1.05V（Q3 点），区区几十 μA 的 I_B 变化撬动了几个 mA 的 I_C 和几 V 的 V_{CE} 的变化，这都归功于三极管的放大作用。

如果电压信号 V_{in} 降低，导致 b 极电流 I_B 下降，即图 4-33（a）中 I_b 曲线的 m-p 段。由于三极管工作在放大区，于是 c 极电流 I_C 跟随 I_B 的下降，即图中 I_c 曲线的 m1-p1 段。同样，c-e 极间电压 V_{CE} 也跟随着变化，但是是在上升，即图中 V_{ce} 曲线的 m2-p2 段。同样发现，区区几十 μA 的 I_B 变化撬动了几个 mA 的 I_C 和几 V 的 V_{CE} 的变化。

如果图 4-32（b）所示信号源 V_{in} 是一个正弦信号，它使 V_B 按正弦形式变化，于是 I_B 也按正弦形式在变化，这样就会在三极管的 c 极获得一个反相的、幅度被放大的正弦信号。

4.3.2 静态工作点

通过 4.3.1 节对 DC 负载线的理解知道，当分压器偏置电路中电阻 R_1、R_2、R_C、R_E 确定后，可以计算出一组 I_C 和 V_{CE} 参数，它们确定了 DC 负载线上的一个点。这个点又叫 Q 点，或者称为静态工作点。图 4-31 的 Q1、Q2、Q3 这 3 个点是不同电路参数下（主要是电阻 R2 的不同）的 3 个静态工作点。

1. 静态工作点与放大

假设设计了图 4-34（a）所示的分压器偏置电路，其电路参数为 I_C=30mA、V_{CE}=3.4V，反映在 DC 负载线上就是 Q 点所在的位置（如图 4-33（b）所示）。如果对这个 Q 点所在位置比较满意，说明分压器为放大器创造了一个不错的直流工作环境，即静态工作点。

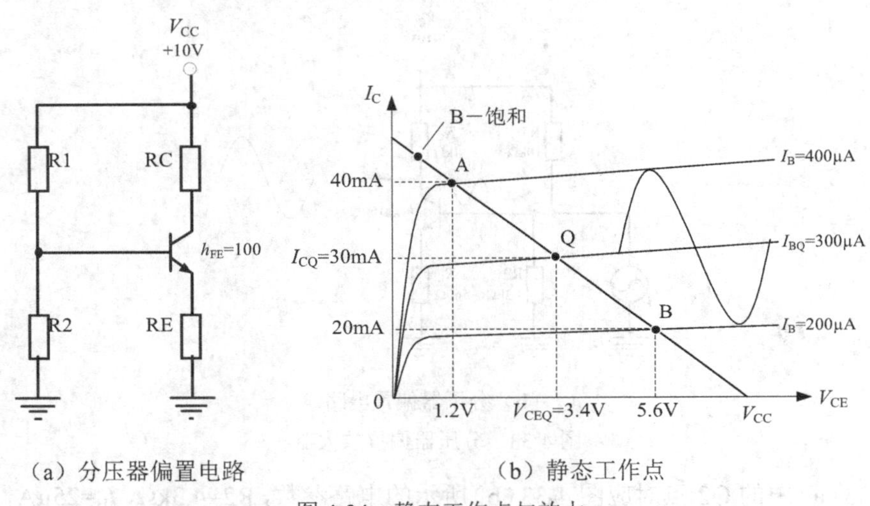

（a）分压器偏置电路　　（b）静态工作点

图 4-34　静态工作点与放大

在静态工作点上，I_B、I_C、V_{CE} 这 3 个参数各自有新的名字，就是在下标后加上一个 Q，说明此时的参数描述的是静态工作点，如：

I_{BQ}=300μA，I_{CQ}=30mA，V_{CEQ}=3.4V

静态工作点确定后，如果改变输入信号使 I_B 在 I_{BQ} 基础上做±100μA 的变化，如图 4-34（b）中的 A、B 两点，则三极管将把这个±100μA 的变化进行放大：I_C 在 I_{CQ} 基础上做±10mA 的变化，同时 V_{CE} 亦在 V_{CEQ} 的基础上做±2.2V 的改变。

可见，静态工作点的确定为放大器对信号进行放大创造了直流环境，一个良好的静态工作点对放大器的性能至关重要。

2. 静态工作点与失真

如果说 Q 点在 DC 负载线上的位置由偏置电路的参数决定，那如果不小心选择了不适当的参数会怎么样呢？

假设电路参数让 Q 点向上偏离，如图 4-35（a）所示，则输入信号的上峰有可能会让 I_C 达到饱和而无法再变大，从波形上看就像被削去了一截。同样，输出信号 V_{ce} 亦会在对应的下峰位置被削去一段。此时即是静态工作点过高而导致了饱和失真。

如果 Q 点向下偏离，如图 4-35（b）所示，则情况与饱和失真正好相反，出现的是截止失真。

即便 Q 点位置适中，静态工作点良好，如果输入信号的幅度过大，还是会导致正、负半周信号均被削去一截，出现饱和+截止失真，如图 4-35（c）所示。

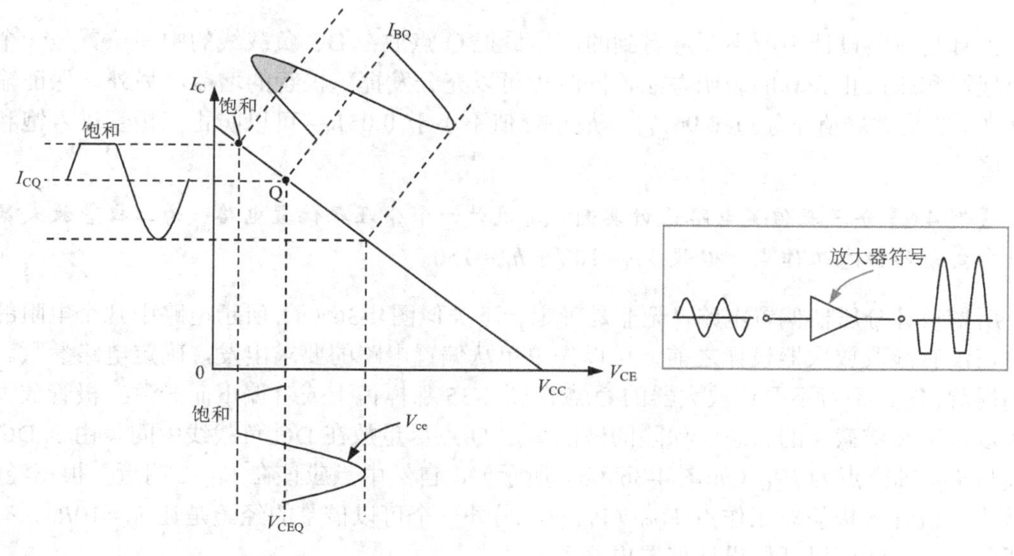

（a）饱和失真

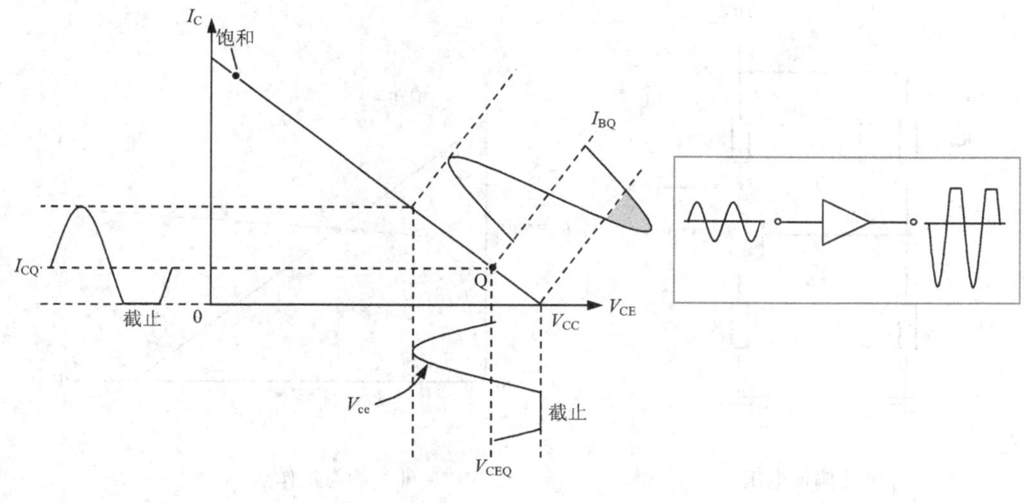

（b）截止失真

图 4-35　静态工作点与失真

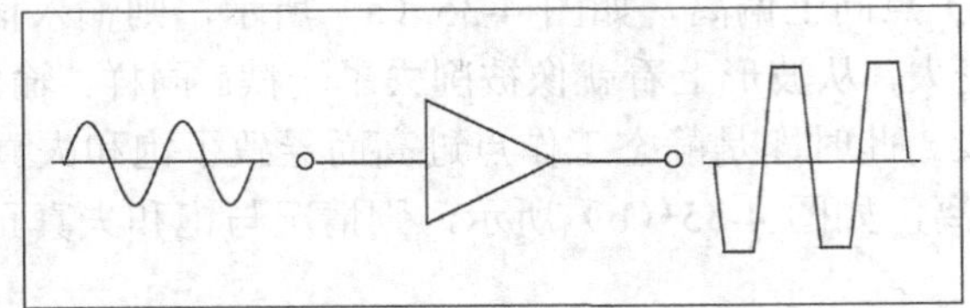

（c）饱和+截止失真

图 4-35　静态工作点与失真（续）

失真是电路设计中所不愿意看到的，尽量把 Q 点放在 DC 负载线的中间位置是一个防止出现饱和或截止失真的聪明办法，同时也可以充分发挥三极管的增益。另外，保证输出信号 V_{ce} 的最大峰值不超过 $0.95V_{CC}$、最小峰值不小于 $0.05V_{CC}$ 可以防止三极管进入饱和或截止区。

【例 4.6】分压器偏置电路设计实例：请设计一个分压器偏置电路，为三极管放大器提供一个良好的静态工作点。假设 V_{CC}=10V、h_{FE}=150。

所谓设计分压器偏置电路，无非是确定一下类似图 4-36（a）所示电路中几个电阻的参数。在没有涉及放大器设计之前，可以先单单从偏置电路的要求出发，确定电路参数。要时刻提醒自己，千万不要让放大器的 Q 点像图 4-35 那样偏上或者偏下而导致三极管放大器过快进入饱和或截止的状态。保险的做法是把 Q 点尽量放在 DC 负载线中间。由于 DC 负载线与 V_{CE} 轴交点为 V_{CC}（如图 4-36（b）所示），自然中点应该在 $V_{CC}/2$ 附近。根据经验，常常让三极管 c 极静态工作点 $V_{CQ}= V_{CC}/2$，另外一个可以借鉴的经验是让 $R_C≈10R_E$。有了这两条经验，就可以开始设计偏置电路了。

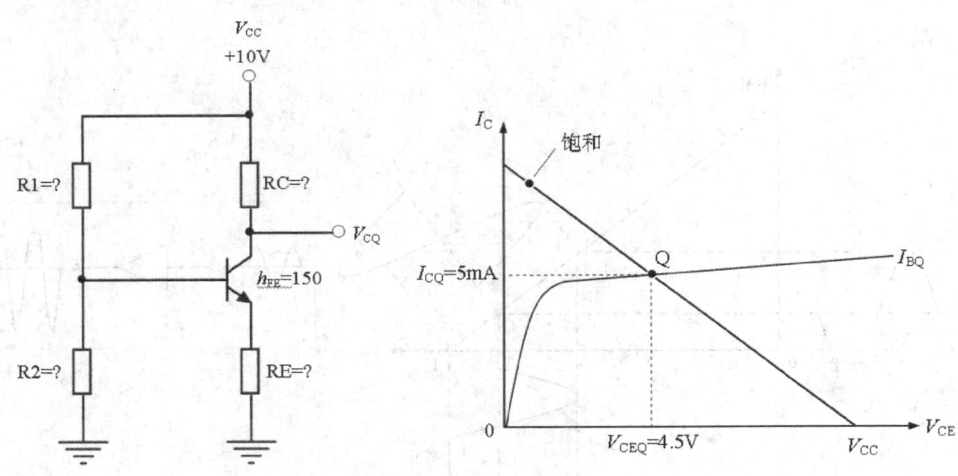

（a）分压器偏置电压　　（b）静态工作点

图 4-36　三极管放大器偏置电路设计

首先，可假设 R_C=1kΩ，则根据欧姆定律，c 极静态工作点电流 I_{CQ} 为（已知 V_{CC}=10V，

$V_{CQ}=V_{CC}/2=5V$）：

$$I_{CQ}=\frac{V_{CC}-V_{CQ}}{R_C}=\frac{10V-5V}{1k\Omega}=5mA$$

根据式（4-12），得：

$$I_{EQ}=I_{CQ}=5mA$$

根据经验，$R_E\approx R_C/10=100\Omega$，由欧姆定律，得：

$$V_{EQ}=I_{EQ}R_E=5mA\times100\Omega=0.5V$$

根据式（4-10），有：

$$V_{BQ}=V_{EQ}+V_{BE}=0.5V+0.7V=1.2V$$

再由式（4-14），可得：

$$V_{CEQ}=V_{CQ}-V_{EQ}=5V-0.5V=4.5V$$

再假设 $R_1=10k\Omega$，根据式（4-9）得：

$$V_{BQ}=1.2V=\frac{R2}{R2+R1}V_{CC}=\frac{R2}{R2+10k\Omega}10V$$

从而推出：

$$R2=1.4k\Omega$$

所以，得到图 4-36 偏置电路中 4 个电阻的参数：R1=10kΩ、R2=1.4kΩ、$R_C=1k\Omega$、$R_E=100\Omega$，该电路的静态工作点为：$I_{CQ}=I_{EQ}=5mA$、$V_{CQ}=5V$、$V_{BQ}=1.2V$。

4.4　三极管小信号放大器

直击小信号放大器　共 e 极放大器（分压器偏置）　共 e 极放大器（c 极反馈偏置）　e 极跟随器　共 b 极放大器　多级放大器

4.3 节介绍的分压器偏置为三极管放大器提供了一个直流工作环境，即静态工作点，使得放大器具备了对输入的交流小信号进行放大的能力。实际应用中，小信号的来源很多，比如话筒、天线、传感器等。本节就利用 4.3 节偏置好的放大器对小信号进行放大。

4.4.1　直击小信号放大器

在话题进行下去之前，有一个小问题不得不提出来。前面章节大都使用大写的下标来表示直流量，如 I_C 表示三极管的 c 极（直流）电流、V_{CE} 表示三极管的 c-e 极间（直流）电压等。因为如果偏置电路只有直流电源 V_{CC} 供电，只要电路参数不变，电路中的电压、电流几乎不变，故可视为直流。

下面开始涉及交流量。交流量是以小写的斜体作为下标的，如 I_c 描述的是 c 极上的交流电流大小（如没有特别说明即 RMS）、V_{ce} 描述的是 c-e 极间交流电压（如没有特别说明即 RMS）等。如果连物理量的字母也变成了小写斜体，则描述的是瞬时值。如 i_c 指 c 极电流的瞬时值、v_{ce} 指 c-e 极间电压的瞬时值等。如图 4-37 所示，利用三极管 c-e 极上的信号波形同时展示了以上 3 种不同的描述物理量的方法。

除了以上这些国际规则外，还要对直流和交流下的阻值进行区别，比如 R_C 是直流下的阻抗，而 R_c 是交流下的阻抗等。这些不同的符号在本节会大量出现，要注意区别对待。此外，习惯上使用 r' 来表示三极管内部的阻抗，如 r'_e 表示三极管 e 极阻抗等。

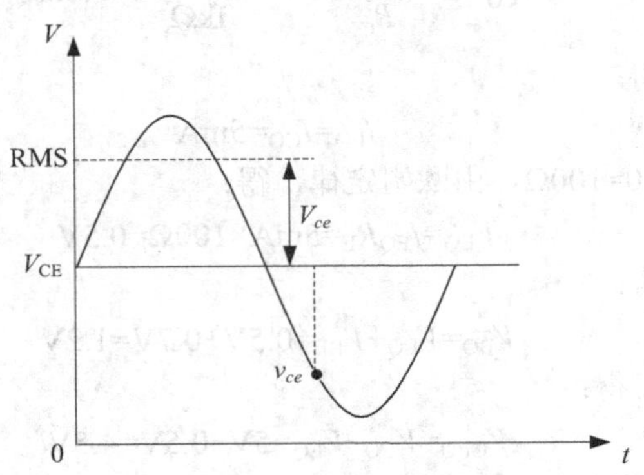

图 4-37　物理量的描述

1. 邂逅小信号放大器

绕了好大一圈，终于到了与放大器见面的时刻。如图 4-38 所示是分压器偏置三极管放大器的典型电路，其中阴影部分是信号源 V_s 及其内阻 R_S。信号通过耦合电容 C_1 进入放大器，而输出信号经过耦合电容 C_2 输出至负载 R_L。耦合电容的隔直通交特性，可把信号源内阻和负载的阻抗隔离在放大器之外，有效防止它们对三极管 b 极和 c 极，也就是偏置电路的影响，从而保持静态工作点（Q 点）的稳定。而交流信号可通过耦合电容 C_1 使三极管 b 极的电压在 V_{BQ} 上下随之发生相应变化，从而令 b 极电流 I_B 也发生相应改变。经过三极管的放大，在 c 极出现了较大幅度的电流改变，经过电容 C_2 的耦合至电阻 R_C 后形成输出信号 V_{ce}。

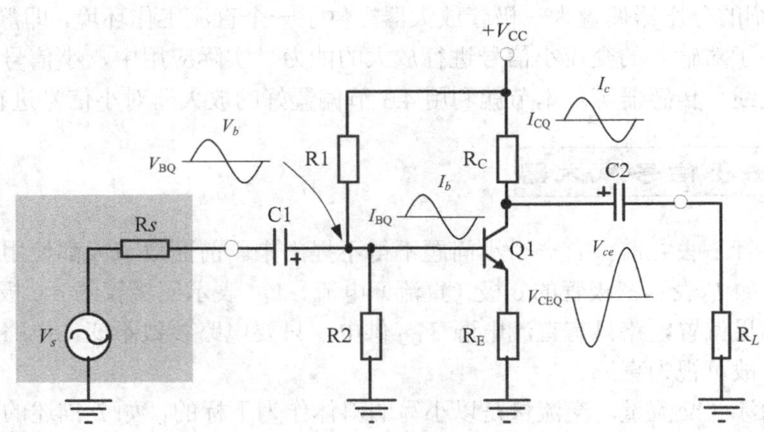

图 4-38　分压器偏置三极管放大器

对于图 4-38 所示的放大器来说，如果输入信号 V_b 使三极管 c 极电流 I_c 变大，则电阻 R_C 上分压也就变大，从而输出信号 V_{ce} 幅度变小。如果 I_c 变小，则 V_{ce} 变大。所以输入信号 V_b 与输出信号 V_{ce} 之间“看上去”有 180° 的相差。

2. 三极管的 r_e'

本章的最终目标是能够根据实际需要设计三极管放大器，这个目标随着偏置电路设计的完成（例 4.6）已经实现了一半，这一半完全是在直流条件下的分析及设计，接下来的内容与放大器特性息息相关，因为即将在交流环境中进行分析及设计。

在直流环境中，三极管并不存在阻抗。而到了交流环境下，情况略有不同，在 e 极和 b 极之间出现了一个三极管内阻 r_e'，如图 4-39 所示，r_e' 在分析放大器的增益、输入阻抗时都会涉及，是一个比较重要的物理量。r_e' 的阻值并不固定，而是由 e 极电流 I_E 决定，近似计算式为（推导过程省略）：

$$r_e' = \frac{25\text{mV}}{I_E} \tag{4-15}$$

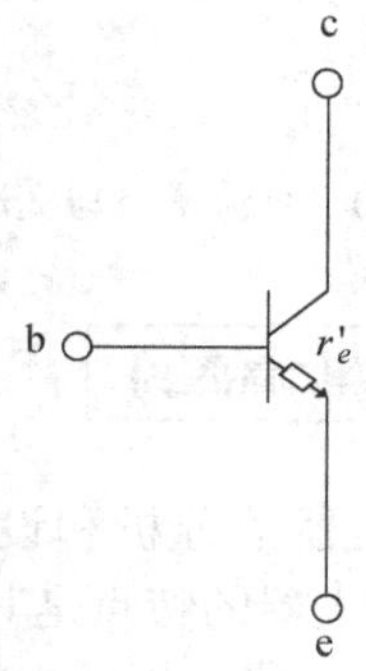

图 4-39　三极管内阻 r_e'

【例 4.7】r_e' 的计算：假设 I_B=15μA、h_{FE}=150，求 r_e'。

由 $I_E \approx I_C = h_{FE} I_B = 150 \times 15\mu\text{A} = 2.25\text{mA}$，根据式（4-15）得：

$$r_e' = \frac{25\text{mV}}{I_E} = \frac{25\text{mV}}{2.25\text{mA}} = 11.1\Omega$$

3. 交流增益

自 4.2 节以来，利用三极管的直流增益 h_{FE} 进行了一些计算，由式（4-2）知道，h_{FE} 决定了 I_C 和 I_B 的比值，或者说 h_{FE} 决定了三极管将 I_B 放大多少倍。而且 h_{FE} 并不是一个固定的值（如图 4-24 所示），它不但会随着 I_C 的增大而减小，也会因温度的变化而改变。这就导致了 I_C 和 I_B 的比值不是一个简单的线性关系，而是类似图 4-40（a）所示的曲线，只有当三极管处于放大区时，可视 I_C 和 I_B 的比值为线性关系。

既然有直流增益，自然有交流增益，如图 4-40（b）所示，当静态工作点确定后，也就是找到了 Q（I_{BQ}, I_{CQ}）点，如果此时 I_B 在 Q 点附近变化了 ΔI_B，则 I_C 随着改变 ΔI_C。通常把 ΔI_C 和 ΔI_B 的比值作为交流增益 h_{fe}，即：

$$h_{fe} = \frac{\Delta I_C}{\Delta I_B} \tag{4-16}$$

注意交流增益 h_{fe} 的下标“*fe*”是小写，而直流增益 h_{FE} 的下标是大写的。由于图 4-40（b）

所示曲线是非线性的，所以 ΔI_C 和 ΔI_B 的比值，即交流增益 h_{fe} 亦不是定值，而且交流增益 h_{fe} 与 Q 点上 I_C 和 I_B 的比值，即直流增益 h_{FE} 并不一定相等。

有些书使用 β_{DC} 和 β_{ac} 来分别描述直流和交流增益，即 $\beta_{DC}=h_{FE}$、$\beta_{ac}=h_{fe}$。

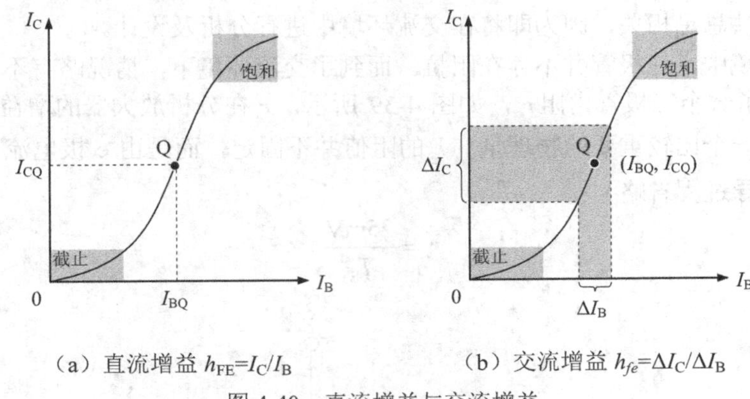

（a）直流增益 $h_{FE}=I_C/I_B$　　　（b）交流增益 $h_{fe}=\Delta I_C/\Delta I_B$

图 4-40　直流增益与交流增益

4.4.2　共 e 极放大器（分压器偏置）

接下来开始正式学习三极管放大器的分析和设计。第一个登场的是共 e 极放大器（common-emitter amplifier），这种放大器的特点是其 e 极通过电阻连到共地端，因此称为“共 e 极”，并且以 c 极作为输出端。共 e 极放大器具有较高的电压和电流增益。如图 4-41 所示就是一个共 e 极放大器的典型电路，其中电容 C1、C3 分别作为输入、输出耦合电容，电容 C2 与 e 极电阻 R_{E2} 并联，称为旁路电容（bypass capacitor）。旁路电容的存在，使得交流状态下电阻 R_{E2} 被短路，而降低三极管 e 极串联电阻的阻抗，从而提高放大器的增益（稍后会分析到）。

图 4-41 中，把 10mV 的正弦信号 V_s 作为输入信号 V_{in} 通过耦合电容 C1 送进放大器中，经过放大器的放大，期望从输入端负载 R_L 两端获得输出信号 V_{out}。问题是如何通过图示放大器的参数计算出电压增益呢？对于一个各项参数已知的放大器来说，先找到其静态工作点（直流分析），然后再用一些简单的公式计算出增益（交流分析）。

1. 确定共 e 极放大器的静态工作点（直流分析）

为了确定图 4-41 所示共 e 极放大器的静态工作点，先把直流等效电路画出来。由于电容 C1、C2、C3 在直流分析中相当于断开，所以输入信号 V_s、输出负载 R_L、旁路电容 C2 自身都被排除在直流等效电路之外，如图 4-42 所示，首先需要判断并计算分压器提供的 b 极电压 V_B，根据式（4-8）和式（4-9）有（假设 h_{FE}=150）：

$$R_{IN(base)} \cong h_{FE}R_E = h_{FE}(R_{E1}+R_{E2}) = 150\times(180\Omega+820\Omega) = 150k\Omega > 10R_2$$

所以可得分压器偏置的静态工作点电压 V_{BQ}：

$$V_{BQ} = \frac{R2}{R2+R1}V_{CC} = \frac{6.2k\Omega}{6.2k\Omega+47k\Omega}10V = 1.17V$$

于是根据式（4-10）可得 e 极静态工作点电压 V_{EQ}：

$$V_{EQ}=V_{BQ}-V_{BE}=1.17V-0.7V=0.47V$$

根据欧姆定律可得 e 极、c 极静态工作点电流 I_{EQ}、I_{CQ}：

$$I_{CQ}\cong I_{EQ}=\frac{V_{EQ}}{R_{E1}+R_{E2}}=\frac{0.47V}{(180\Omega+820\Omega)}=0.47mA$$

所以，可计算 c 极静态工作点电压 V_{CQ}：

$$V_{CQ}=V_{CC}-I_{CQ}R_{C}=10V-0.47mA\times10k\Omega=5.3V$$

V_{CQ}=5.3V 说明，没有交流信号输出时，三极管的 c 极上的静态工作点电压为 5.3V，一旦有交流信号输入放大器，将会在 c 极（输出）上形成一个在 5.3V 上、下变化的输出信号，如图 4-42 所示。

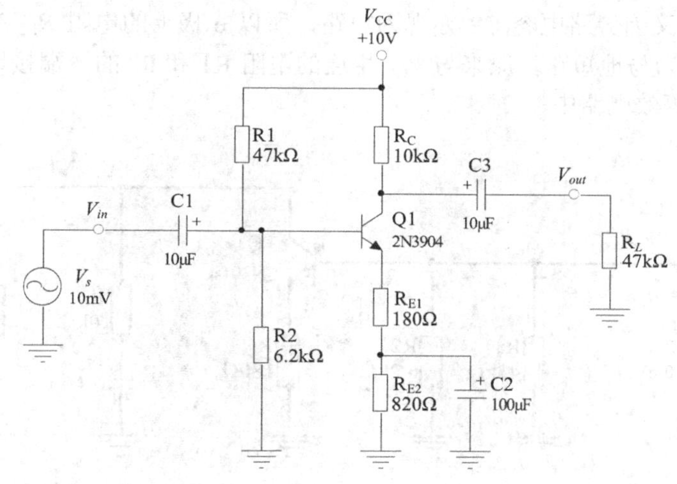

图 4-41　共 e 极放大器

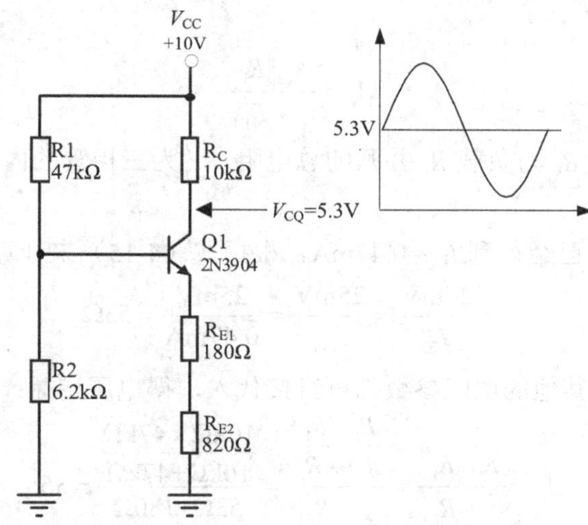

图 4-42　共 e 极放大器的直流等效电路

2. 计算共e极放大器的电压增益（交流分析）

放大器的电压增益需要在交流环境中考虑。在进行交流分析之前，需要了解以下3条法则：

- ✧ 假设在交流信号下，耦合电容和旁路电容的容抗都为0。仅在交流分析中，电容可视为短路。
- ✧ 假设电源 V_{CC} 内阻为0，仅在交流分析中，V_{CC} 视为与地短路。
- ✧ 仅在交流分析中，需要考虑三极管的内阻 r_e'。

由这3条法则可得到共e射放大器的交流等效电路，如图4-43所示，对比图4-41，由于耦合电容C1、C3视为短路，所以输入信号 V_s 直接进入放大器的b极、输出信号 V_{out} 直接进入负载 R_L。又因旁路电容C2亦视为短路，所以e极上的电阻 R_{E2} 被短路，只剩下了 R_{E1}。由于 V_{CC} 视为与地短路，原来与 V_{CC} 相连的电阻R1和 R_C 的一端接地。另外，三极管的内阻 r_e' 出现在等效电路中。

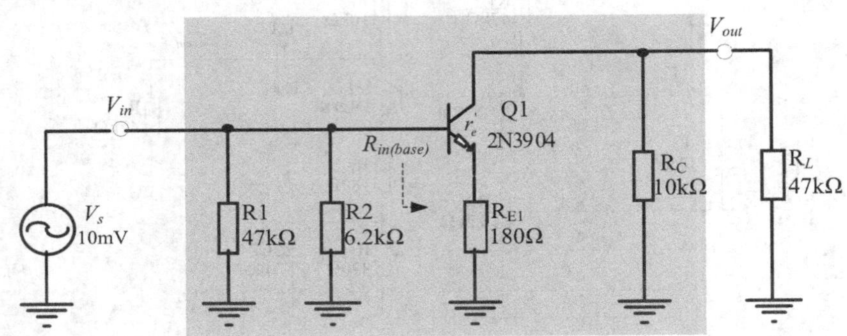

图4-43　共e极放大器的交流等效电路

在图4-43所示的共e极放大器的交流等效电路中，电压增益的计算式为（省略推导过程）：

$$A_v = \frac{R_C \| R_L}{r_e' + R_{E1}} \tag{4-17}$$

其中，$R_C \| R_L$ 代表电阻 R_C 与负载 R_L 并联的总电阻，r_e' 为三极管的内阻，R_{E1} 为e极串联的电阻。

在刚才直流分析中已经得到 I_{EQ}=0.47mA，根据式（4-15）来计算 r_e'，即：

$$r_e' = \frac{25\text{mV}}{I_E} = \frac{25\text{mV}}{I_{EQ}} = \frac{25\text{mV}}{0.47\text{mA}} = 53\Omega$$

而式（4-17）中的其他的电阻参数都可直接代入，得电压增益：

$$A_v = \frac{R_C \| R_L}{r_e' + R_{E1}} = \frac{\dfrac{R_C \cdot R_L}{R_C + R_L}}{r_e' + R_{E1}} = \frac{\dfrac{10\text{k}\Omega \times 47\text{k}\Omega}{10\text{k}\Omega + 47\text{k}\Omega}}{53\Omega + 180\Omega} = 35$$

即图4-41所示的共e极放大器电压增益为35，如果输入10mV的正弦信号，则从输出

端获得一个 10mV×35=350mV 的正弦信号，且输入、输出信号之间有 180° 的相差。

【例 4.8】共 e 极放大器的电压增益：在 Multisim 2001 中连接图 4-44 的仿真电路，设置电压信号源 10mV、频率 1kHz，根据输入、输出波形估算电压增益。

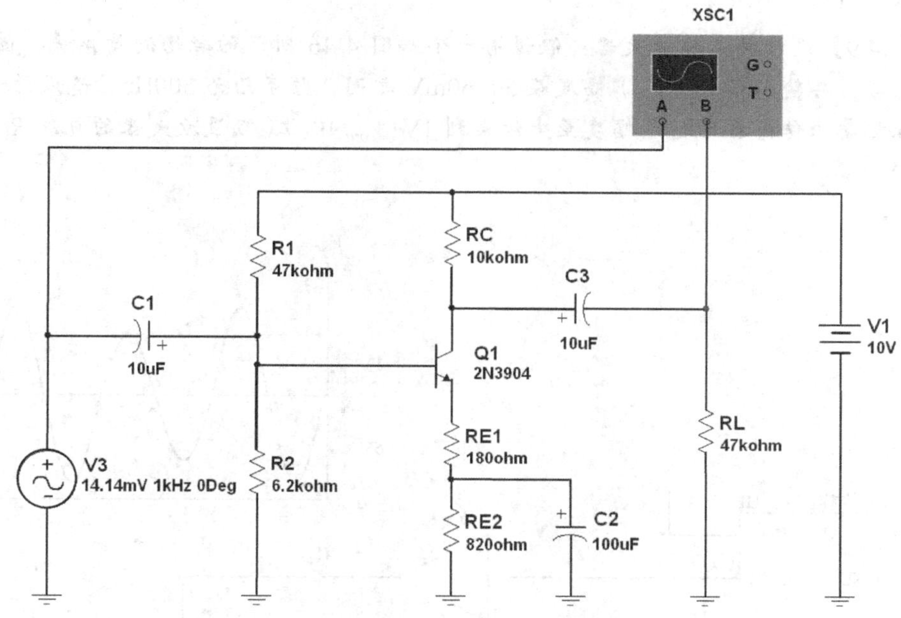

图 4-44　共 e 极放大器仿真电路

打开仿真开关，可从示波器观察窗口中观察到图 4-45 所示波形，在输入信号被放大的同时还产生了 180° 的相差，即输入、输出信号之间反相。利用示波器标尺（参考附录 D2.1.4 节）可对输入及输出波形的峰值进行测量，也可以结合通道 A 和 B 的不同量程来估计输入、输出波形的大小，看看是不是符合电压增益 $A_v = 35$ 的计算结果。

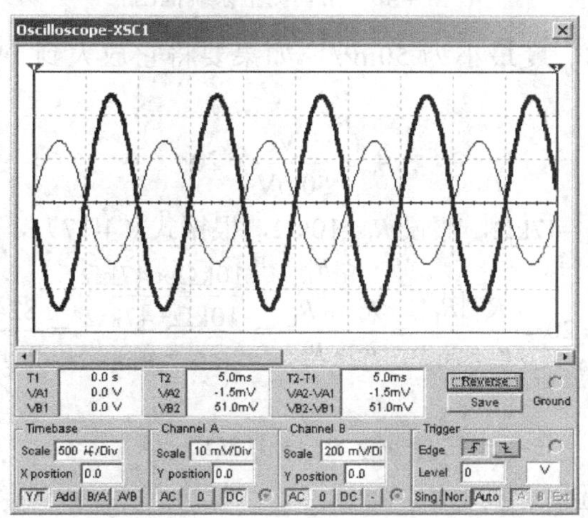

图 4-45　共 e 极放大器输入输出波形

3. 设计共 e 极放大器

分析完共 e 极放大器后，可以说掌握了一些分析放大器的方法。如果对分析过程融会贯通，就可以反过来进行一些设计工作。通过以下一个例子，看看如何根据需求设计一个共 e 极放大器。

【例 4.9】设计共 e 极放大器：假设有一个如图 4-46 所示的磁场测量系统，使用的是霍尔传感器，其输入信号（V_{in}）幅度在 50~60mV 之间，频率约为 500Hz。请设计一个共 e 极放大器把霍尔传感器的信号幅度至少放大到 1V（V_{out}）以上（假设放大器的负载 R_L=47kΩ、V_{CC}=+12V）。

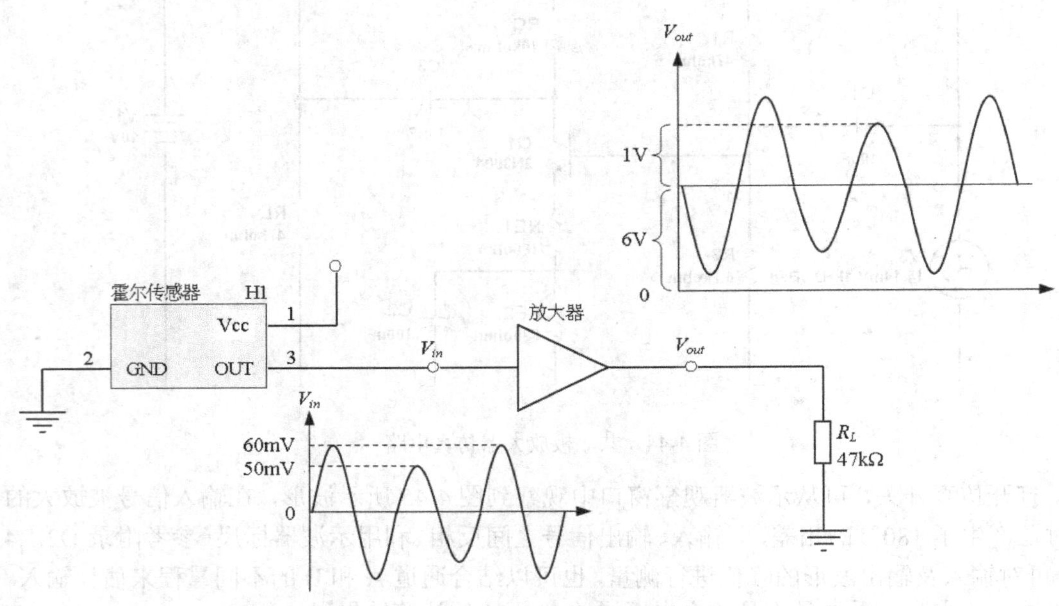

图 4-46　磁场测量系统框图

由于输入信号幅 V_{in} 度最小为 50mV，如果要将它放大到 1V，则所需的电压增益 A_v 为：

$$A_v = \frac{1\text{V}}{50\text{mV}} = 20$$

已知放大器负载 R_L=47kΩ，假设 R_C=10kΩ，根据式（4-17），有：

$$A_v = 20 = \frac{R_C \| R_L}{r_e' + R_{E1}} = \frac{\frac{R_C R_L}{R_C + R_L}}{r_e' + R_{E1}} = \frac{\frac{10\text{k}\Omega \times 47\text{k}\Omega}{10\text{k}\Omega + 47\text{k}\Omega}}{r_e' + R_{E1}} = \frac{8246\Omega}{r_e' + R_{E1}}$$

由此可知：

$$r_e' + R_{E1} = 412\Omega \qquad ①$$

由例 4.6 的设计经验，可令：

$$V_{CQ} = V_{CC}/2 = 12\text{V}/2 = 6\text{V}$$

于是有：

$$I_{EQ} \approx I_{CQ} = \frac{V_{CC} - V_{CQ}}{R_C} = \frac{12V - 6V}{10k\Omega} = 0.6mA$$

根据式（4-15），可得：

$$r_e' = \frac{25mV}{I_E} = \frac{25mV}{I_{EQ}} = \frac{25mV}{0.6mA} = 42\Omega$$

把 r_e'=42Ω 代入①中得：

$$R_{E1} = 412\Omega - r_e' = 412\Omega - 42\Omega = 370\Omega$$

根据 E24 系列电阻的取值（1.1.2 节），可取与 370Ω 最接近的实际电阻值（后面的计算中取值亦据此规则），于是 $R_{E1} = 360\Omega$。

根据经验，$R_E \approx R_C/10 = 1k\Omega = R_{E1}+R_{E2}$，又知 $R_{E1} = 360\Omega$，于是有：

$$R_{E2} = 1k\Omega - 360\Omega = 640\Omega \approx 620\Omega$$

已知 I_{EQ}=0.6mA，在共 e 极放大器的直流等效电路中，有：

$$V_{EQ}=I_{EQ}(R_{E1}+R_{E2})=0.6mA\times 1k\Omega=0.6V$$

根据式（4-10），有：

$$V_{BQ}=V_{EQ}+V_{BE}=0.6V+0.7V=1.3V$$

又根据式（4-9），假设 R_1=10kΩ，有：

$$V_{BQ} = 1.3V = \frac{R2}{R2+R1}V_{CC} = \frac{R2}{R2+10k\Omega}12V$$

从而推出：

$$R2=1.2k\Omega$$

最终得到共 e 极放大器中 5 个电阻的参数：$R1$=10kΩ、$R2$=1.2kΩ、R_C=10kΩ、R_{E1}=360Ω、R_{E2}=620Ω，放大器的电压增益 A_v 为 20，系统电路图如图 4-47 所示。感兴趣的朋友可以在 Multisim 2001 中对其进行仿真，以验证设计的正确性。

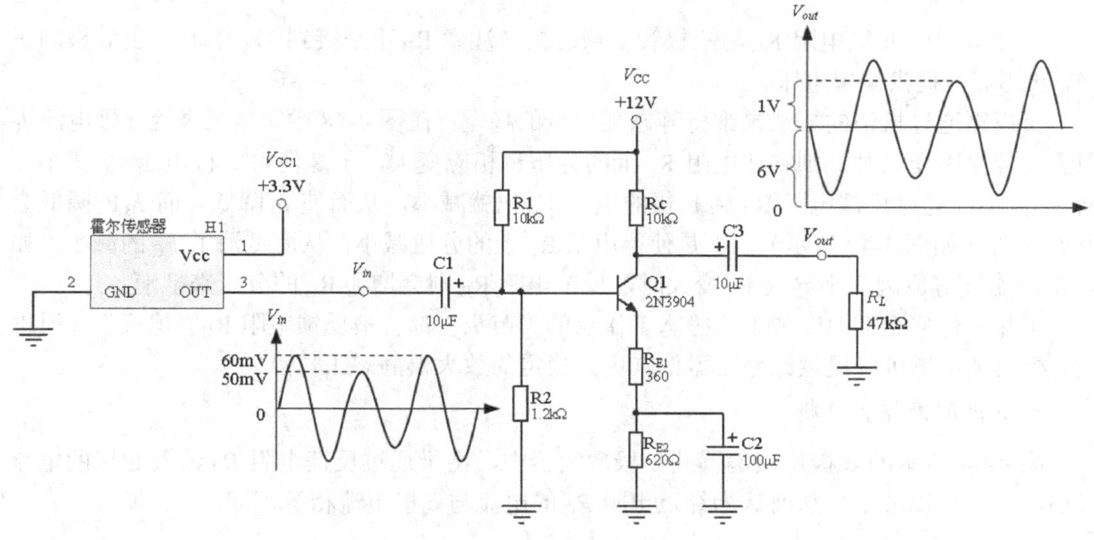

图 4-47　磁场测量系统放大器电路（共 e 极放大器）

4.4.3 共 e 极放大器（c 极反馈偏置）

到目前为止所讨论的共 e 极放大器，使用的是分压器偏置使电路达到放大器的最佳静态工作点。其实在第 2 章（如图 2-29 所示）使用其他偏置方式的共 e 极放大器就已经出现过了，那是一种称为 c 极反馈偏置的共 e 极放大器，接下来将对这种偏置结构进行基础性学习。

如图 4-48 所示是 c 极反馈偏置共 e 极放大器（common-emitter amplifier with collector-feedback bias）的典型电路，它的最大不同之处在于只使用一个反馈电阻 R_B 实现三极管的偏置。这是一种典型的负反馈（negative feedback）放大器，它可以有效减小三极管直流增益 h_{FE} 的变化对放大器静态工作点的影响，从而提高放大器的稳定性。

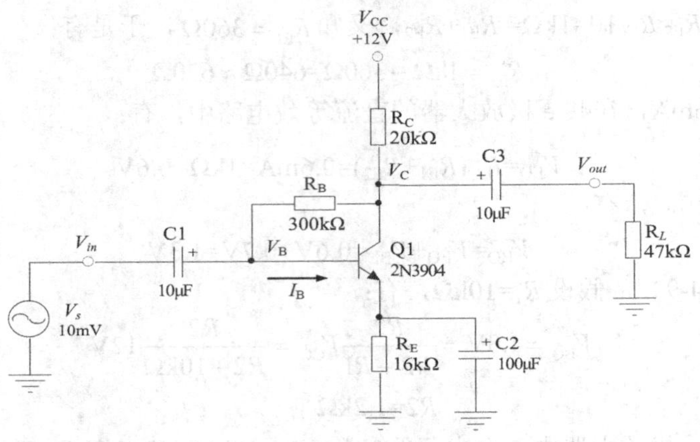

图 4-48　c 极反馈偏置共 e 极放大器

1. 负反馈的作用

图 4-48 中，b 极电阻 R_B 与三极管 c 极连接（注意 R_B 不是接到 V_{CC} 上），由 c 极向三极管的 b-e 极提供偏置电压。

负反馈通过抵消的方法来维持静态工作点的稳定：在图 4-48 中，当三极管 c 极电流 I_C 因温度等原因变大时，则它在电阻 R_C 上的分压也相应变大，于是使得 c 极电压 V_C 变小。当 V_C 变小，通过反馈电阻 R_B 到 b 极的电压 V_B 也就减小，从而使 I_B 降低。而 I_B 的降低会令 I_C 下降（如图 4-40 所示），于是使得电阻 R_C 上的分压减小，从而抵消了 V_C 的减小。如果 I_C 因温度等原因变小导致 V_C 变大时，反馈电阻 R_B 则会增加 R_C 的分压来抵消。

可见，任何企图改变放大器静态工作点的“苗头”都会被反馈电阻 R_B“熄灭”，所以说 c 极反馈偏置可以提供比分压器偏置更为稳定的放大器静态工作点。

2. c 极反馈偏置分析

图 4-48 所示的 c 极反馈偏置共 e 极放大器中，由于通过反馈电阻 R_B 进入 b 极的电流极小，一般可以忽略，从而认为经过电阻 R_C 的电流与 c 极电流相等，即：

$$I_{R_C} \cong I_C$$

为了使 Q 点居中（4.3.2 节），可令静态工作点 $V_{CQ}=V_{CC}/2=12V/2=6V$，根据欧姆定律，c 极静态工作点电流 I_{CQ} 为：

$$I_{CQ}=\frac{V_{CC}-V_{CQ}}{R_C}=\frac{12V-6V}{20k\Omega}=0.3mA$$

假设三极管的 $h_{FE}=150$，于是有：

$$I_{BQ}=\frac{I_{CQ}}{h_{FE}}=\frac{0.3mA}{150}=2\mu A$$

则 e 极静态工作点电压 V_{EQ}：

$$V_{EQ}=V_{BQ}-V_{BE}=\left(V_{CQ}-V_{R_B}\right)-V_{BE}=\left[V_{CQ}-(I_{BQ}\cdot R_B)\right]-V_{BE}=\left[6V-\left(2\mu A\times 300k\Omega\right)\right]-0.7V=4.7V$$

于是图 4-48 所示的 c 极反馈偏置共 e 极放大器的静态工作点为：$I_{CQ}=0.3mA$、$V_{CQ}=6V$、$V_{EQ}=4.7V$。

省略推导过程，c 极反馈偏置共 e 极放大器的电压增益计算式为：

$$A_v\approx\frac{R_C\|R_L}{r_e'}$$

【例 4.10】c 极反馈偏置共 e 极放大器：在 Multisim 2001 中连接图 4-48 所示电路，设置电压信号源 5mV、频率 1kHz，观察输入输出波形并估算电压增益。

打开仿真开关，可从示波器观察窗口中观察到图 4-49 所示波形，在输入信号被放大的同时还产生了 180° 的相差，即输入、输出信号之间反相。可利用示波器标尺（参考附录 D2.1.4 节）对输入及输出波形的峰值进行测量，从而估算放大器的电压增益（$A_v=133$）。

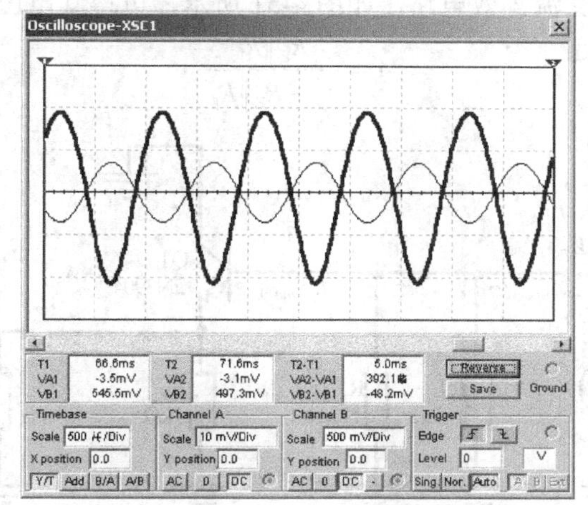

图 4-49　c 极反馈偏置共 e 极放大器输入、输出波形

4.4.4　e 极跟随器

e 极跟随器（emitter-follower）也就是共 c 极放大器（common-collector amplifier），它

与 4.4.2 节介绍的共 e 极放大器都是非常典型的三极管放大电路。

之所以称为跟随器，是因为它不像共 e 极放大器那样会让输出信号与输入信号之间产生 180° 的相差，而是令输出信号的幅度和相位都紧紧地“追随”输入信号。

如图 4-50 是共 e 极放大器和 e 极跟随器的电路比较，它们相同之处是都可以用分压器偏置的方法来设置静态工作点，输入信号都从三极管的 b 极进入。而不同之处在于共 e 极放大器从 c 极经过电容（C3）耦合输出，而 e 极跟随器从 e 极经过电容（C2）耦合输出。

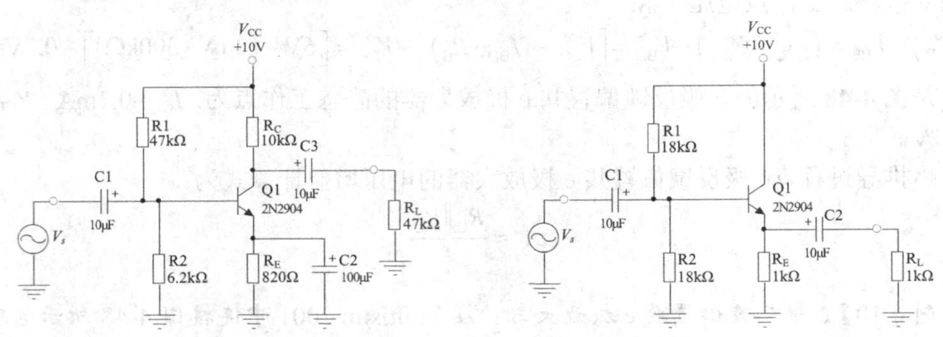

（a）共 e 极放大器　　　（b）e 极跟随器

图 4-50　共 e 极放大器及 e 极跟随器

1. e 极跟随器的分析

分析 e 极跟随器的交流等效电路，如图 4-51 所示，可得其电压增益 A_v 计算式：

$$A_v = \frac{R_E \| R_L}{r_e' + R_E \| R_L} \tag{4-18}$$

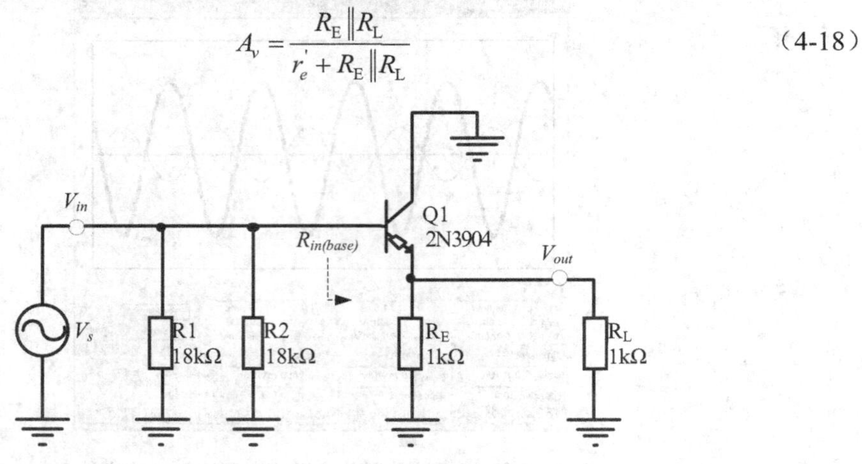

图 4-51　e 极跟随器的交流等效电路

其中，$R_E \| R_L$ 是电阻 R_E 与 R_L 的并联总电阻，如果这个总电阻远大于 r_e'，即 $R_E \| R_L >> r_e'$，会发现电压增益 A_v 非常接近 1，说明输入、输出信号的幅度接近。加上三极管 e 极上的电压（输出信号 V_{out}）变化“追随”输入信号 V_{in} 的改变，共同形成了跟随器的最大特色。

有的朋友会问，既然 e 极跟随器不改变相位也不对信号幅度进行放大，要它有什么用？首先，e 极跟随器具有相对较高的输入阻抗和较低的输出阻抗，这使得它可作为缓冲器（buffer）去驱动阻抗较低的负载，从而实现阻抗匹配。式（4-19）是 e 极跟随器中三极管的输入阻抗 $R_{in(base)}$：

$$R_{in(base)} = h_{fe}(r_e' + R_E \| R_L) \tag{4-19}$$

其中，h_{fe} 为三极管的交流增益，r_e' 为三极管内阻，$R_E \| R_L$ 为电阻 R_E 和 R_L 的并联总电阻。从图 4-51 所示交流等效电路中，可以发现偏置电阻 R1 和 R2 与 $R_{in(base)}$ 是并联关系，于是可得 e 极跟随器的总输入阻抗 $R_{in(tot)}$：

$$R_{in(tot)} = \mathrm{R1} \| \mathrm{R2} \| R_{in(base)} \tag{4-20}$$

e 极跟随器的电压增益虽然接近 1，但是它对电流有放大作用，其电流增益 A_i 的计算式为：

$$A_i = A_v \frac{R_{in(tot)}}{R_E \| R_L} \tag{4-21}$$

【例 4.11】e 极跟随器分析：假设 h_{fe}=175，计算图 4-50（b）所示 e 极跟随器的输入阻抗、电压增益、电流增益。

根据直流等效电路可得：

$$V_{EQ} = \frac{R2}{R2+R1}V_{CC} - V_{BE} = \frac{18\text{k}\Omega}{18\text{k}\Omega+18\text{k}\Omega}10\text{V} - 0.7\text{V} = 4.3\text{V}$$

因此：

$$I_{EQ} = \frac{V_{EQ}}{R_E} = \frac{4.3\text{V}}{1\text{k}\Omega} = 4.3\text{mA}$$

于是可得：

$$r_e' = \frac{25\text{mV}}{I_E} = \frac{25\text{mV}}{4.3\text{mA}} = 5.8\Omega$$

在交流等效电路（如图 4-51 所示）中，可知其电压增益为（式（4-18））：

$$A_v = \frac{R_E \| R_L}{r_e' + R_E \| R_L} = \frac{\dfrac{1\text{k}\Omega \times 1\text{k}\Omega}{1\text{k}\Omega+1\text{k}\Omega}}{5.8\Omega + \dfrac{1\text{k}\Omega \times 1\text{k}\Omega}{1\text{k}\Omega+1\text{k}\Omega}} = \frac{500\Omega}{505.8\Omega} = 0.989$$

根据式（4-19），得三极管的输入阻抗为：

$$R_{in(base)} = h_{fe}(r_e' + R_E \| R_L) = 175 \times 505.8\Omega = 88.5\text{k}\Omega$$

则可根据式（4-20）得 e 极跟随器的总输入阻抗：

$$R_{in(tot)} = R1 \| R2 \| R_{in(base)} = 18\text{k}\Omega \| 18\text{k}\Omega \| 88.5\text{k}\Omega = 8.17\text{k}\Omega$$

再由式（4-21）可得：

$$A_i = A_v \frac{R_{in(tot)}}{R_E \| R_L} = 0.989 \times \frac{8.17\text{k}\Omega}{500\Omega} = 16$$

可见，图 4-50（b）所示的 e 极跟随器的电压增益为 0.989（接近 1），但电流增益为 16。说明它虽然不能放大信号的幅度，但却可以放大电流。

2. 达林顿管

达林顿管（darlington transistor，电路符号）是一对“双胞胎”三极管，从它的电路符号就可以看出，它由两个三极管组成——第一个三极管的 e 极与第二个三极管的 b 极连接，这使得经第一个三极管放大之后的信号被第二个三极管进一步放大。于是达林顿管比单个三极管有更高的电流增益。

达林顿管中的两个三极管的 c 极相互连接，所以对外还是形成 3 个管脚——b 极、c 极、e 极。在外观上，它与普遍的单个三极管没有什么两样，如图 4-52 所示是一些不同参数的达林顿管外观和主要参数，其较高的直流增益（如 BC372 在 I_C=100mA 时 h_{FE}=25000）得益于其内部两个三极管的直流增益乘积。正是由于达林顿管的高增益，根据式（4-19）可知它如果取代三极管可以为放大器创造非常高的输入阻抗。

如果用达林顿管取代 e 极跟随器中的三极管，可以形成一个具有高输入阻抗、低输出阻抗、高电流增益的缓冲器。下面通过一个实例来感受达林顿管作为 e 极跟随器时对电流的放大能力。

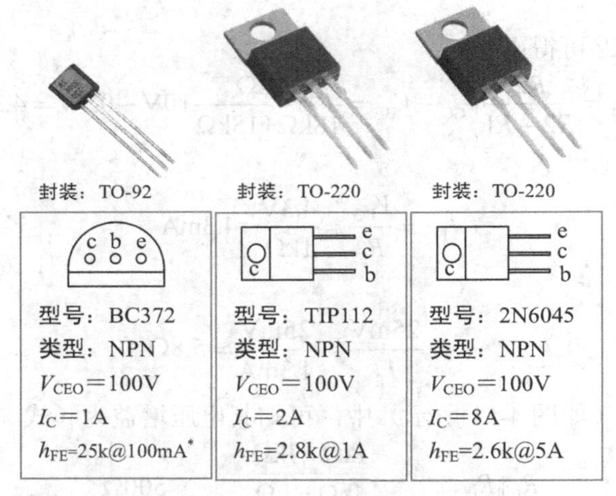

*图示 h_{FE} 为 25℃下的参数，“k”代表×1000

图 4-52　达林顿管外观及参数

【例 4.12】达林顿管 e 极跟随器作缓冲器：图 4-53 所示是一个共 e 极放大器和 e 极跟随器组成的放大器，其中阴影部分为 e 极跟随器，各元器件型号及参数如图所示。假设三极管 Q1 的 h_{FE}=150，达林顿管 Q2 的 h_{FE}=h_{fe}=10000。计算电路的总电压增益，并比较如果没有 e 极跟随器，共 e 极放大器直接驱动负载 R_L（扬声器）时的电压增益。

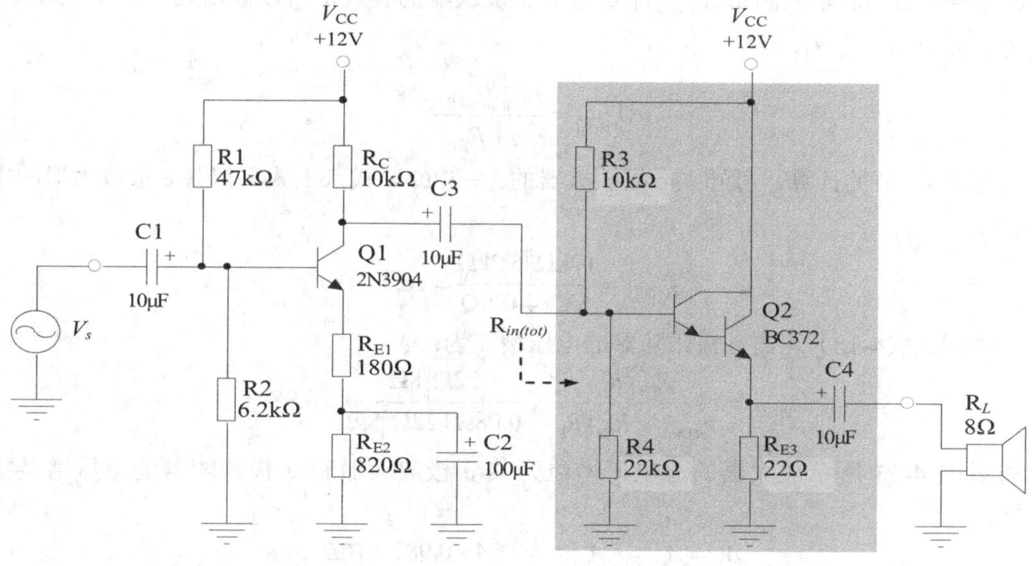

图 4-53　达林顿管 e 极跟随器作为共 e 极放大器和低阻抗负载之间的缓冲器

要想计算电路的总电压增益，需要分别求出共 e 极放大器和 e 极跟随器各自的电压增益，然后将两者相乘即为放大器的总电压增益。

对于 e 极跟随器的直流等效电路：

$$V_{BQ}=\frac{R4}{R3+R4}V_{CC}=\frac{22\text{k}\Omega}{10\text{k}\Omega+22\text{k}\Omega}12\text{V}=8.25\text{V}$$

由于 e 极跟随器中达林顿管相当于两个三极管，故 b-e 极间偏置电压为单个三极管的 2 倍，即：

$$V_{BE(Dar)}=2V_{BE}=1.4\text{V}$$

所以得达林顿管 Q_2 的 e 极电压：

$$V_{EQ}=V_{BQ}-V_{BE(Dar)}=8.25\text{V}-1.4\text{V}=6.85\text{V}$$

于是可得：

$$I_{CQ}\cong I_{EQ}=\frac{V_{EQ}}{R_{E3}}=\frac{6.85\text{V}}{22\Omega}=311\text{mA}$$

根据式（4-15）可得：

$$r'_{e(Dar)}=\frac{25\text{mV}}{I_E}=\frac{25\text{mV}}{311\text{mA}}=0.08\Omega$$

根据式（4-19）可得达林顿管 b 极输入阻抗：

$$R_{in(base)}=h_{fe}(r'_e+R_{E3}\|R_L)=10000\times\left(0.08\Omega+22\Omega\|8\Omega\right)=59.5\text{k}\Omega$$

于是可得 e 极跟随器的总输入阻抗：

$$R_{in(tot)}=R3\|R4\|R_{in(base)}=10\text{k}\Omega\|22\text{k}\Omega\|59.5\text{k}\Omega=6.2\text{k}\Omega$$

e 极跟随器的总输入阻抗 $R_{in(tot)}$ 即是共 e 极放大器的负载，所以根据式（4-17）知共 e 极放大器的电压增益为：

$$A_{v(\mathrm{CE})}=\frac{R_\mathrm{C}\|R_{in(tot)}}{r_e^{'}+R_\mathrm{E1}}$$

根据 4.4.2 节的计算，可知共 e 极放大器的 $r_e^{'}=53\Omega$，代入上式可得共 e 极放大器的电压增益：

$$A_{v(\mathrm{CE})}=\frac{10\mathrm{k}\Omega\|6.2\mathrm{k}\Omega}{53\Omega+180\Omega}=16.4$$

又根据式（4-18）可得 e 极跟随器的电压增益为：

$$A_{v(\mathrm{CC})}=\frac{R_\mathrm{E3}\|R_\mathrm{L}}{r_{e(\mathrm{Dar})}^{'}+R_\mathrm{E3}\|R_\mathrm{L}}=\frac{22\Omega\|8\Omega}{0.08\Omega+22\Omega\|8\Omega}=0.987$$

所以图 4-53 所示放大器的总电压增益为共 e 极放大器和 e 极跟随器的电压增益乘积，即：

$$A_v^{'}=A_{v(\mathrm{CE})}\cdot A_{v(\mathrm{CC})}=16.4\times0.987=16.2$$

如果没有达林顿管 e 极跟随器，负载 R_L 直接接到共 e 极放大器的输出端，则根据式（4-17），共 e 极放大器的电压增益为：

$$A_{v(\mathrm{CE})}^{'}=\frac{R_\mathrm{C}\|R_\mathrm{L}}{r_e^{'}+R_\mathrm{E1}}=\frac{10\mathrm{k}\Omega\|8\Omega}{53\Omega+180\Omega}=0.03$$

可见，如果没有达林顿管 e 极跟随器的存在，共 e 极放大器直接驱动 8Ω 的负载 R_L 时电压增益 $A_{v(\mathrm{CE})}^{'}$ 远小于 1，没有任何放大的效果，这都“归罪于”共 e 极放大器的输出阻抗与负载阻抗不匹配。而如果加上了 e 极跟随器作为缓冲器，情况将有本质的改善，图 4-53 所示的整个放大器既能实现电压放大（$A_v^{'}=16.2$），又能驱动低阻抗的负载（R_L=8Ω）工作。

4.4.5 共 b 极放大器

除了共 e 极放大器、共 c 极放大器（e 极跟随器）外，还有一种低输入阻抗、高电压增益、电流增益接近 1 的放大器——共 b 极放大器（common-base amplifier），如图 4-54 所示，其 b 极因电容 C2 的耦合在交流等效电路中与地短路，故而称之为共 b 极放大器。输入信号 V_s 通过电容 C1 耦合到 e 极，而 c 极经电容 C3 将输出信号耦合到负载 R_L 上。

省略推导过程，可得到共 b 极放大器输入阻抗 $R_{in(emitter)}$、电压增益 A_v 的计算式：

$$R_{in(emitter)}=r_e^{'}\quad(R_\mathrm{E}>>r_e^{'})\tag{4-22}$$

$$A_v=\frac{R_\mathrm{C}\|R_\mathrm{L}}{r_e^{'}}\quad(R_\mathrm{E}>>r_e^{'})\tag{4-23}$$

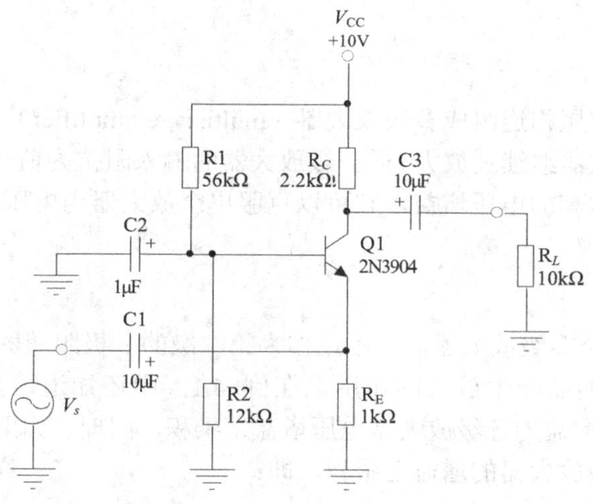

图 4-54 共 b 极放大器

【例 4.13】共 b 极放大器：计算图 4-54 所示共 b 极放大器的输入阻抗、电压增益、电流增益，假设 h_{FE}=250。

首先需要计算 r_e'，由直流等效电路，可知：

$$V_{BQ} = \frac{R2}{R2+R1}V_{CC} = \frac{12\text{k}\Omega}{56\text{k}\Omega+12\text{k}\Omega}10\,\text{V} = 1.76\,\text{V}$$

$$V_{EQ} = V_{BQ} - V_{BE} = 1.76\text{V} - 0.7\text{V}=1.06\text{V}$$

$$I_{CQ} \cong I_{EQ} = \frac{V_{EQ}}{R_E} = \frac{1.06\text{V}}{1\text{k}\Omega} = 1.06\text{mA}$$

根据式（4-22）可得：

$$R_{in(emitter)} = r_e' = \frac{25\text{mV}}{I_E} = \frac{25\text{mV}}{1.06\text{mA}} = 23.6\Omega$$

又根据式（4-23），得电压增益：

$$A_v = \frac{R_C \| R_L}{r_e'} = \frac{2.2\text{k}\Omega \| 10\text{k}\Omega}{23.6\Omega} = 76.3$$

由共 b 极放大器的特点可知其电流增益：

$$A_i \approx 1$$

图 4-54 所示的共 b 极放大器的输入阻抗较低，$R_{in(emitter)} = 23.6\Omega$，适合于放大一些输出阻抗也比较低的模块的输出信号。

4.4.6 多级放大器

单个的放大器可以首尾相连组成多级放大器（multistage amplifier），前一级放大器的输出信号进入后一级放大器继续被放大。后一级放大器的输入阻抗为前一级放大器的负载。多级放大器可以获得非常高的电压增益，它可以克服单个放大器当电压增益过大时出现失真的问题。

1. 多级电压增益

例 4.12 其实就是一个多级放大器，只不过作为第二级的 e 极跟随器电压增益接近 1，并不对整个电路的电压增益产生放大的作用。在例 4.12 中还知道，当两级放大器级联（cascaded）时，总电压增益为各级放大器电压增益之乘积。同理，如果多级放大器中有 n 级，则总电压增益为各级放大器的增益之乘积，即：

$$A'_v = A_{v1} \cdot A_{v2} \cdot A_{v3} \cdots A_{vn} \tag{4-24}$$

在讨论放大器时，经常对增益做 20 倍的取对数运算，以获得用分贝（dB）为单位的电压增益：

$$A_{v(\text{dB})} = 20\log A_v \tag{4-25}$$

这样，如果都以分贝（dB）为单位，则多级放大器的总电压增益为各级放大器的增益之和，即：

$$A'_{v(\text{dB})} = A_{v1(\text{dB})} + A_{v2(\text{dB})} + A_{v3(\text{dB})} + \cdots + A_{vn(\text{dB})} \tag{4-26}$$

【例 4.14】多级放大器电压增益：假设有一个 3 级放大器，各级电压增益分别为：$A_{v1}=10$，$A_{v2}=15$，$A_{v3}=20$。计算总电压增益并转换成以分贝（dB）为单位。

由于有：

$$A'_v = A_{v1} \cdot A_{v2} \cdot A_{v3} = 10 \times 15 \times 20 = 3000$$

所以总电压增益为 3000。如果以分贝（dB）为单位，各级放大器的电压增益为：

$$A_{v1(\text{dB})} = 20\log A_{v1} = 20\log 10 = 20.0\text{dB}$$

$$A_{v2(\text{dB})} = 20\log A_{v2} = 20\log 15 = 23.5\text{dB}$$

$$A_{v3(\text{dB})} = 20\log A_{v3} = 20\log 20 = 26.0\text{dB}$$

则 3 级放大器的总电压增益为：

$$A'_{v(\text{dB})} = A_{v1(\text{dB})} + A_{v2(\text{dB})} + A_{v3(\text{dB})} = 20.0\text{dB}+23.5\text{dB}+26.0\text{dB}=69.5\text{dB}$$

2. 多级放大器分析

单个放大器的电压增益总是有限的，所以使用三极管设计放大器时经常会采用多级放大的形式。如图 4-55 所示是一个两级共 e 极放大器组成的放大器，两级放大器完全一样，第一级放大器的输出信号通过电容 C3 耦合到第二级放大器输入端。由于在直流等效电路中，电容视为开路，所以图示的多级放大器直流等效电路为两个独立的共 e 极放大器。通过电容 C3 的连接，可以使两级放大器的静态工作点互不影响。

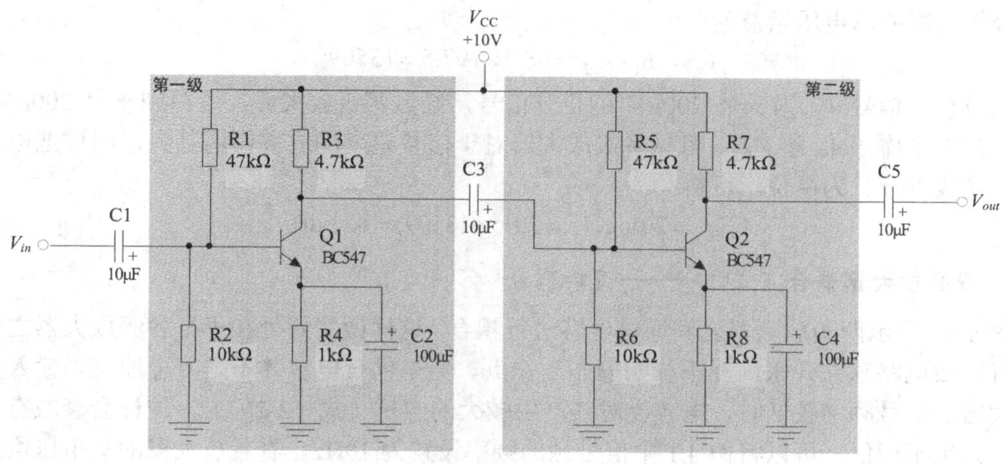

图 4-55　两级放大器

我们非常关心图 4-55 所示两级放大器的电压增益，知道了电压增益的计算方法，才可以反过来选择电路参数完成多级放大器的设计。而从式（4-24）看需要分别确定各级放大器的电压增益才能计算总电压增益。

从电路上看，第一级放大器的输出与第二级的输入相连，第二级放大器是第一级放大器的负载，如果想利用式（4-17）计算第一级放大器的电压增益，需要知道负载阻抗，也就是第二级放大器的输入阻抗。

免去推导过程，可得到共 e 极放大器的输入阻抗计算式：

$$R_{in(tot)} = R1 \| R2 \| \left(h_{fe} \cdot r_e^{'}\right) \tag{4-27}$$

其中，R1 是 b 极的上拉电阻，R2 是 b 极的下拉电阻，对于图 4-55 中第二级放大器来说，R1 即 R5、R2 即 R6。假设三极管 Q1 和 Q2 的 $h_{FE}=h_{fe}=150$，并可从直流等效电路的分析中计算出 $r_e^{'}=23.8\Omega$。于是，可知第二级放大器的输入阻抗为：

$$R_{in(tot)2} = R5 \| R6 \| \left(h_{fe} \cdot r_e^{'}\right) = 47\text{k}\Omega \| 10\text{k}\Omega \| (150 \times 23.8\Omega) = 2.49\text{k}\Omega$$

输入阻抗 $R_{in(tot)2}$ 就是第一级放大器的负载，即相当于图 4-43 中的 R_L。根据式（4-17）可知第一级放大器的电压增益为（图 4-41 共 e 极放大器典型电路中的电阻 R_{E1} 不存在，故不用考虑）：

$$A_{v1} = \frac{R_C \| R_L}{r_e^{'} + R_{E1}} = \frac{R3 \| R_{in(tot)2}}{r_e^{'}} = \frac{4.7\text{k}\Omega \| 2.49\text{k}\Omega}{23.8\Omega} = 68.4$$

对于第二级放大器来说，由于图 4-55 中没有指明负载有多大，所以在计算电压增益时，暂不用考虑负载 R_L，于是得第二级放大器的电压增益为：

$$A_{v2} = \frac{R_C}{r_e^{'}} = \frac{4.7\text{k}\Omega}{23.8\Omega} = 197.5$$

所以第一、第二级放大器的电压增益分别为 68.4 和 197.5。从两级放大器电压增益之间的差异可以看到负载对于放大器电压增益影响有多大！感叹之余，可以计算出图4-55所示两级放大器的总电压增益为：

$$A_v^{'} = A_{v1} \cdot A_{v2} = 68.4 \times 197.5 = 13509$$

假设输入信号 V_{in} 为一个 200μV 的正弦信号，经过两级放大后，可得到一个 200μV×13509=2.7V 的输出信号 V_{out}。可见多级放大器对于信号幅度的放大作用甚大，如果把电压增益转换成以分贝为单位，可得：

$$A_{v(\text{dB})}^{'} = 20\log A_v^{'} = 20\log(13509) = 82.6\text{dB}$$

3. 多级放大器耦合方式之一——直接耦合

图4-55所示两级放大器之间通过电容进行耦合，这样做的好处在于把各级放大器之间的直流等效电路独立开来，互不影响静态工作点。但是耦合电容并不是万金油，当输入多级放大器的信号频率较低时，电容会对其产生较大的容抗（式（2-2）），这样会衰减有用信号。如果不相信，可以将例4.1中信号源的频率设置为10Hz，看看放大器的总电压增益是不是"跳楼般"地下降。

那如何克服多级放大器对低频信号的衰减呢？最简单的办法是把造成衰减的罪魁祸首——耦合电容去掉。如图4-56所示是一个不使用任何电容的直接耦合多级放大器，注意图中就连旁路电容都没有。第一级放大器的c极电压向第二级放大器的b极提供偏置电压，第二级放大器的静态工作点由此形成。由于从输入到输出都没有耦合电容，该放大器可以对频率非常小的信号甚至是直流信号（频率为0）进行放大。

类似图4-56所示的直接耦合多级放大器有个致命的缺点——零点漂移，是指即便当放大器没有输入信号时，由于受温度变化、电源电压不稳等因素的影响，静态工作点也会发生漂移，并被逐级放大和传输，导致某级或多级放大器静态工作点偏离正常范围而在信号放大时出现截止或饱和失真。严重时，可能使输入的微弱信号淹没在漂移之中，无法分辨，从而达不到预期的放大效果。

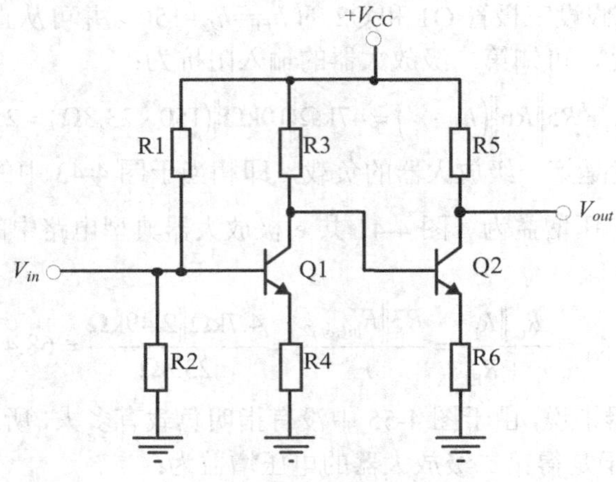

图4-56 直接耦合的多级放大器

4. 多级放大器耦合方式之二——变压器耦合

还有一种经常应用在中、高频电路中的使用变压器在多级放大器之间进行耦合的方式，如图 4-57 所示，由于级间通过变压器耦合，在放大低频信号时变压器尺寸会较大。还常常会把电容跨接在变压器的初级线圈上以形成 LC 并联电路进行选频放大。

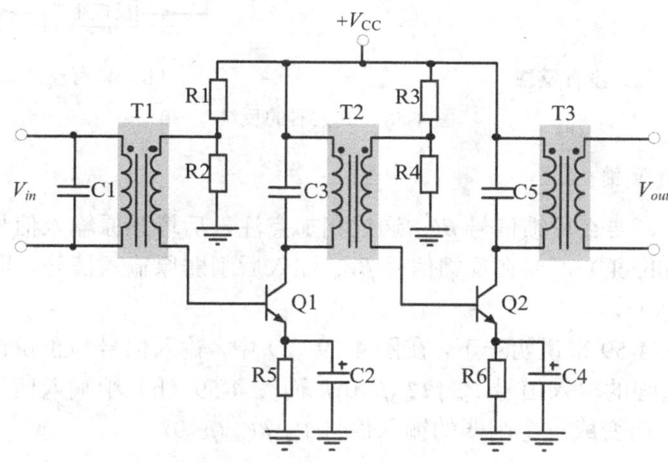

图 4-57　变压器耦合多级放大器

4.5　反馈及放大器的频率特性

反馈　影响放大器的频率特性的因素　幅频特性与相频特性

在共 e 极放大器里曾介绍过 c 极反馈偏置（4.4.3 节），这是一种典型的负反馈形式，通过抵消的方法来维持静态工作点的稳定。本节将对反馈的有关知识再稍微深入讨论一下。

另外一个比较重要的问题就是放大器的频率特性，在仿真时输入放大器的信号频率一直都较为“中规中矩”，并没有考虑放大器对不同频率信号的“挑剔”，本节将把放大器与信号频率有关的问题稍微扩展一下。

4.5.1　反馈

反馈（feedback）是放大器等许多电路里一个比较重要的话题，从本质上说，反馈就是将电路中的一部分输出信号返回到输入，从而加强或削弱输入信号。

图 4-58 所示是没有反馈和具有反馈的放大器示意图。没有反馈的放大器其输入信号 V_{in} 被放大后直接输出；而具有反馈的放大器其输入信号 V_{in} 经放大后输出，反馈组件在输出端的取样点获取一部分输出信号 βV_{out} 并送到输入端的相加点，相加点处的原输入信号 V_{in} 与反馈信号 βV_{out} 进行相加而形成新的输入信号 $V_{in}+\beta V_{out}$，再输入放大器。

可见，反馈放大器包括两个部分：一个是放大器，另一个是反馈组件。反馈组件可以是电阻、电容，也可以是多个器件组合的功能电路。

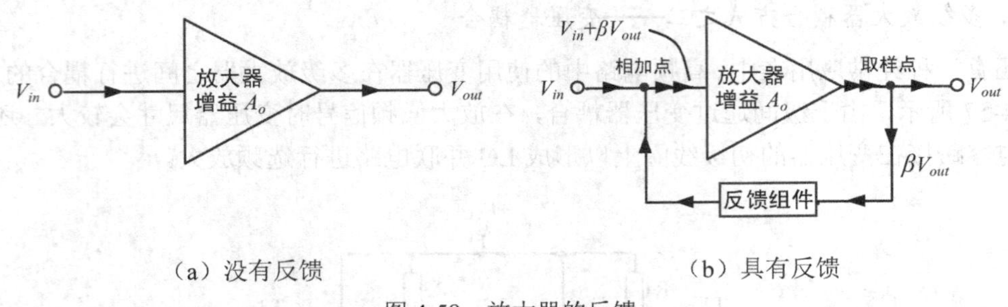

（a）没有反馈　　（b）具有反馈

图 4-58　放大器的反馈

1. 正反馈和负反馈

反馈只有两种，要么反馈信号 βV_{out} 通过相加点注入后增强原输入信号，即 $\beta>0$ 形成正反馈（positive feedback），要么反馈信号 βV_{out} 注入后削弱原输入信号，即 $\beta<0$ 形成负反馈（negative feedback）。

原理可通过图 4-59 来说明一下，在图 4-59（a）中，输入信号与正反馈过来的信号 βV_{out} 相加形成了一个增强的输入信号 $V_{in}+\beta V_{out}(\beta>0)$，而图 4-59（b）中输入信号遭到负反馈过来的信号 βV_{out} 的抵消而变成一个削弱的输入信号 $V_{in}+\beta V_{out}(\beta<0)$。

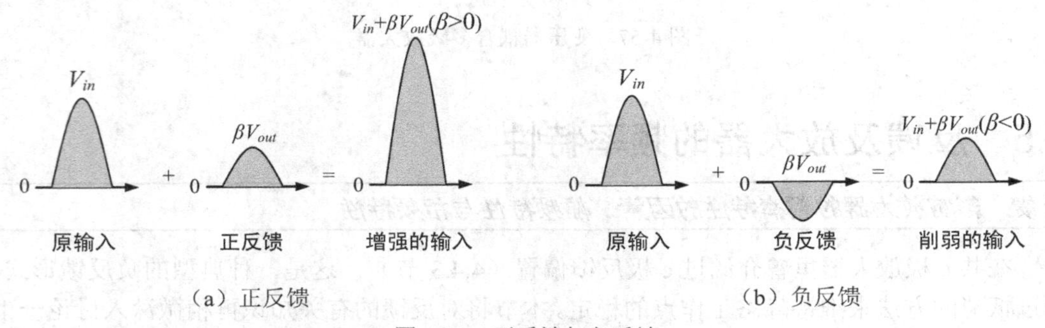

（a）正反馈　　（b）负反馈

图 4-59　正反馈与负反馈

2. 负反馈

正反馈由于不断加强输入信号，从而导致输出越来越大，所以常常用在振荡器中，这些内容将在第 6 章中介绍。这里重点看看负反馈。负反馈中反馈信号抵消了一部分输入信号而使放大器的总增益减小，但是它确有许多过人的优点：

- ✧ 提高总增益的稳定性。负反馈使得放大器的增益对三极管 h_{FE} 的依赖性大大降低，也使得环境温度或电源电压的变化对放大器增益的影响降低。
- ✧ 减少输出信号的失真。通过负反馈控制可以防止输入信号出现截止或饱和失真。
- ✧ 增加带宽。在不改变增益的情况下，可让放大器适应更大频率范围的信号的放大。
- ✧ 改变输入和输出阻抗。通过负反馈组件可以让放大器的输入和输出阻抗改变。

负反馈有许多种类，其结构非常复杂，如图 4-60 所示的 c 极反馈偏置的共 e 极放大器是一种典型的电压负反馈形式。电阻 R_B 既向 b 极提供偏置电路，同时也是电压反馈组件。当交流信号输入时，从 c 极反馈回来的变化的电流 I_f 将通过反馈电阻 R_B 叠加在 b 极的静态

工作电流上，由图 4-38 知道共 e 极放大器的输入与输出之间存在 180° 的相差，所以 I_f 与输入电流反相。这样，c 极电流 I_c 因温度等因素的变化将通过 I_f 反馈到放大器输入端，从而抵消不良趋势继续发展的势头。

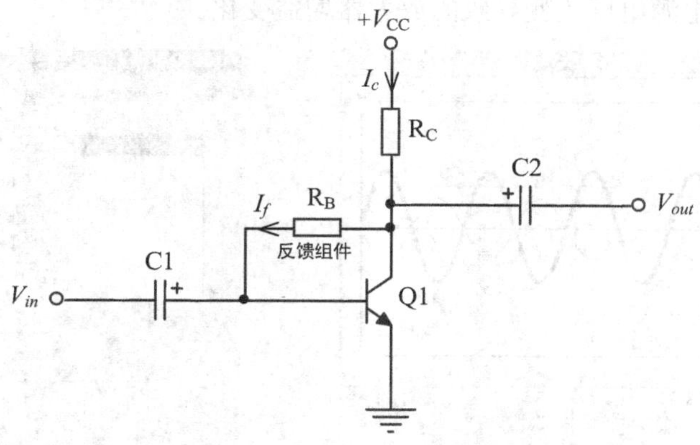

图 4-60　负反馈放大器

【例 4.15】负反馈的作用：在 Multisim2001 中连接图 4-61 所示的负反馈放大器，观察输入、输出波形，并人为设置反馈电阻 R2 断开，再观察输出波形有什么变化。

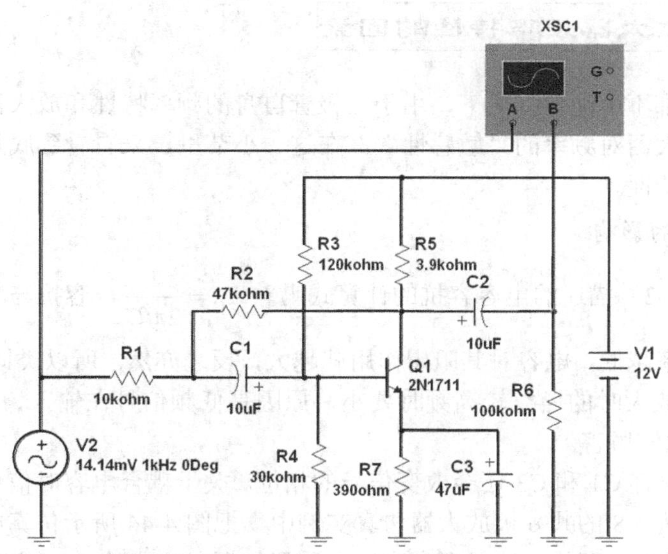

图 4-61　电压负反馈放大器

打开仿真开关，可观察到如图 4-62 所示的输入、输出波形。接着把电源电压 V1 改成 9V，会发现输出波形没有多大的变化，说明在反馈电阻 R2 的“协调下”，即便电源电压发生改变，放大器的增益基本稳定。

为了观察负反馈组件 R2 对放大电路的作用，双击电阻 R2，在属性对话框的 Fault 标签栏中（如图 4-63 所示），选中 Open 单选按钮，并勾选端点 1，然后单击 OK 按钮完成设置。这样便人为设置电阻 R2 开路故障，电路中反馈消失。这时，再观察电源电压 V1 由 12V 变为 9V 的输出波形会发现增益发生了较明显的变化。这也就说明，负反馈的存在，可以较好地补偿因电源电压改变导致的放大器增益变化。

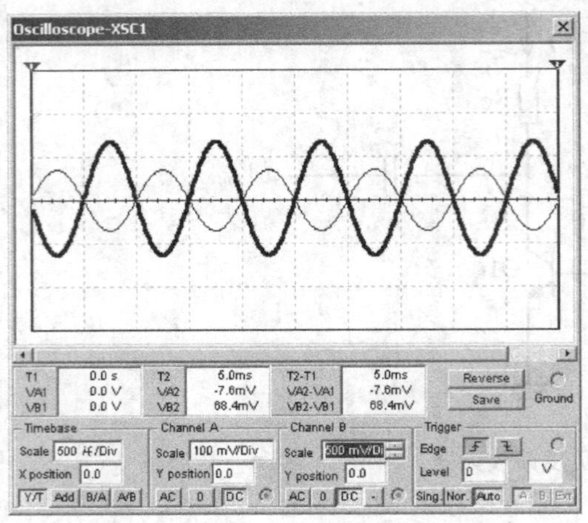

图 4-62　负反馈放大器的输入输出波形

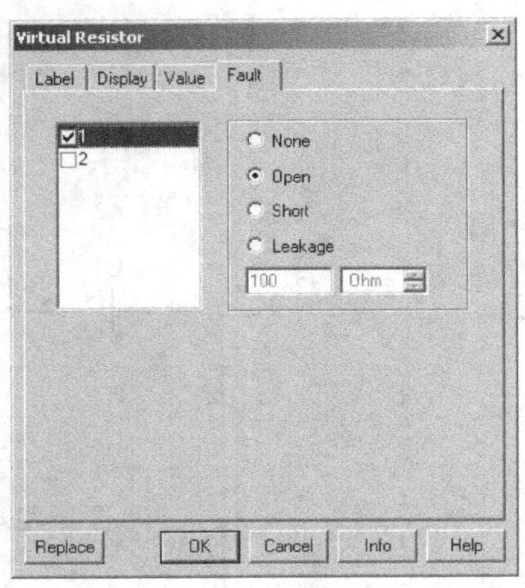

图 4-63　设置反馈电阻 R2 断开

4.5.2　影响放大器频率特性的因素

任何放大器都不可能包打天下，由于三极管自身的频率特性和放大器中电容等元器件的参数决定了放大器对频率的“敏感性”。在这一小节里，来看看到底是什么元器件在影响放大器的频率特性。

1. 耦合电容的影响

还记得式（2-2）描述的电容容抗的计算式吗？$X_C = \dfrac{1}{2\pi fC}$，容抗与频率成反比：经过电容的信号的频率越低，电容对其阻碍作用就越大，反之亦然。所以类似图 4-64 所示的放大器对低频信号放大时的增益较高频时要小，原因是低频信号在输入、输出耦合电容 C1 和 C3 上衰减得比较厉害。

除此之外，电容 C1 和 C3 还会改变信号的相位。关于耦合电容对信号的影响可通过仿真来观察，转到例 4.8 的共 e 极放大器仿真实例中，把图 4-44 所示仿真电路中的信号源频率改成 10Hz 或更小，可从示波器观察窗口中看到与频率较高时（如图 4-45 所示）完全不同的结果，如图 4-65 所示，不但增益约只有原来的 70%，而且相位也发生了改变，从原来的相差 180° 变成了约 131°。

2. 旁路电容的影响

除了耦合电容之外，旁路电容也会给低频信号的放大“捣乱”。如图 4-64 所示的共 e 极放大器中，旁路电容 C2 在交流等效电路中视为短路，于是三极管的 e 极与地连接。但是

如果信号的频率很低，这种假设将不再成立。这是因为信号频率低，旁路电容 C2 容抗不可被忽略而与电阻 R_E 组成一个并联电阻，且并联总电阻 $Z_e = R_E \| X_C$ 。如图 4-66 所示，由于三极管 e 极上电阻变大，从而根据式（4-17）知放大器增益将会下降，此时的增益变为：

$$A_v = \frac{R_C \| R_L}{r_e' + Z_e}$$

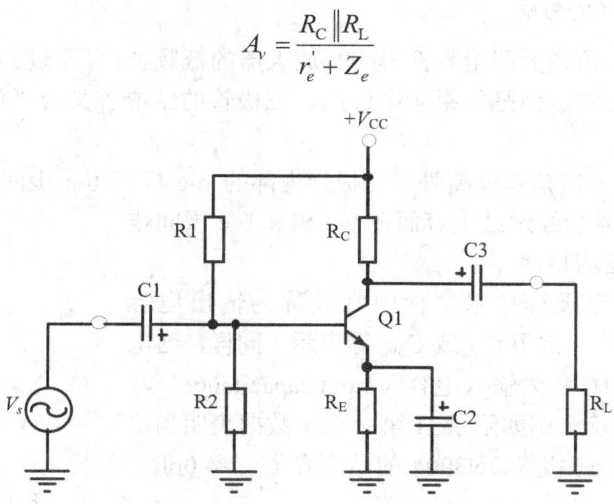

图 4-64　放大器中的耦合电容

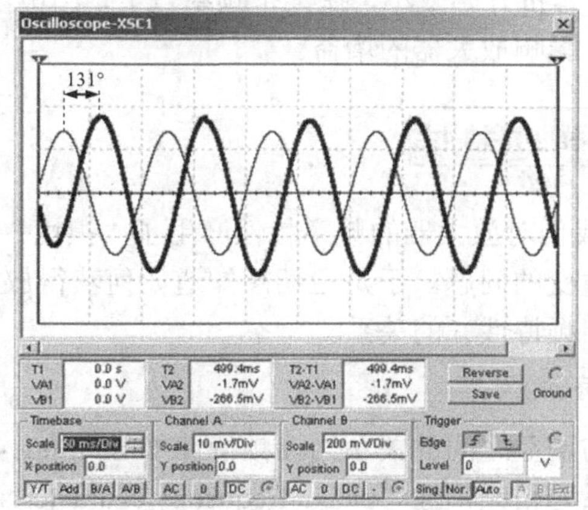

图 4-65　耦合电容对低频信号的影响（信号源频率=10Hz）

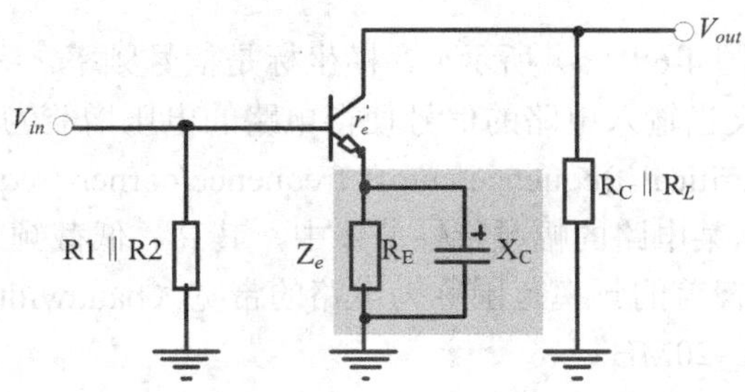

图 4-66　低频信号输入放大器，旁路电容对放大器增益的影响

由于 $X_C = \dfrac{1}{2\pi fC}$，所以旁路电容容量越大，容抗越小，则放大器增益受影响也就越小。这就是为什么在低频放大器中耦合电容和旁路电容的容量都比较大的原因。

3. 三极管结电容的影响

无论是耦合电容还是旁路电容都影响了放大器的低频特性，不过到了高频时它们就“老实”了，可以视为短路。但是如果频率过高，三极管的结电容又会“跳出来”影响放大器的增益和相移。

如图4-67所示，当频率过高时，三极管内部的b-c极和b-e极间就会出现结电容 C_{bc} 和 C_{be}，部分高频信号会经过结电容而在b-c极和b-e极间传导，从而影响放大器的特性。

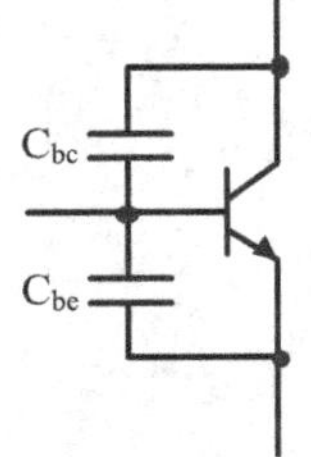

图4-67　三极管结电容

结电容 C_{bc} 在三极管技术文档中常被称为输出电容（output capacitance），常用 C_{ob} 或 C_{obo} 等表示。同样，结电容 C_{be} 在技术文档中被称为输入电容（input capacitance），常用 C_{ib} 或 C_{ibo} 等表示。例如附录H第2页中数据表明当信号频率为1MHz时，三极管2N3904的结电容 C_{obo}=4.0pF、C_{ibo}=8.0pF。

在频率较低时，结电容的容抗非常大，可视为断路而不去考虑其对放大器特性的影响。随着频率的增大，结电容容抗开始变小，在某个频率点上，结电容 C_{bc} 和 C_{be} 就像分压器一样“附着”在三极管上，影响放大器的增益。

4.5.3 幅频特性与相频特性

4.5.2节3种因素令我们对放大器的频率特性产生了“担忧”，因为频率过低或过高都会出现增益改变、相移改变的问题。于是迫切想知道如何获得放大器的频率与增益（幅频特性）、频率与相移（相频特性）的关系。

1. 幅频特性和相频特性

一般称电路的频率与增益之间的关系为幅频特性（amplitude-frequency characteristic），而称频率与相移之间关系为相频特性（phase-frequency characteristic）。

既然是两个物理量的关系，则幅频特性和相频特性应该能用两个类似图4-68所示的曲线来描述。

在幅频特性中（如图4-68（a）所示），横坐标是信号频率，纵坐标是以分贝为单位的电压增益。电子学中定义当输入电路的信号使得电路的电压增益为-3dB时的信号频率称为截止频率，简称截频（critical frequence/cutoff frequence/corner frequency），用符号 f_c 来表示。如图4-68（a）所示某电路的幅频特性曲线中，其高、低截频分别为20MHz和20Hz。另外，还把高、低截频覆盖的频率范围称为电路的带宽（bandwidth），如图4-68（a）所示某电路的带宽为20Hz~20MHz。

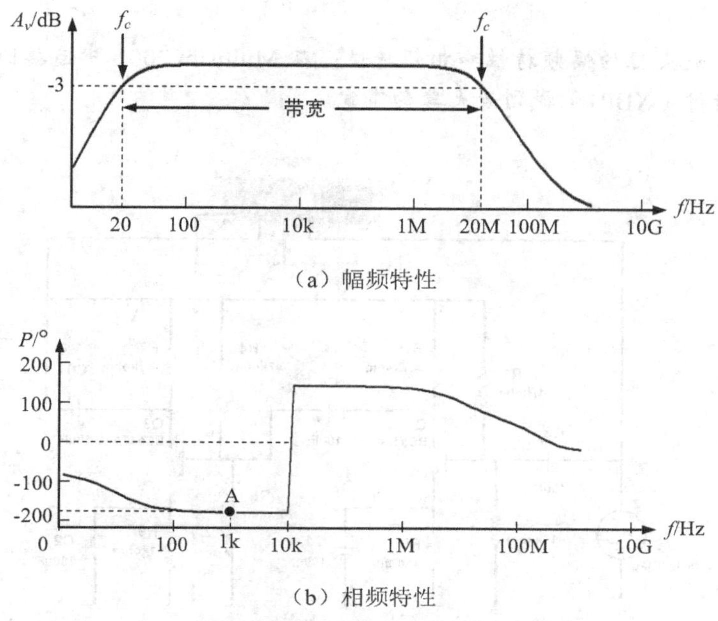

（a）幅频特性

（b）相频特性

图 4-68　幅频特性与相频特性

在图 4-68（b）所示的某电路相频特性曲线中，横坐标依然是频率，纵坐标是输出信号相对输入信号相位的变化，或者称相移。比如相移曲线上的 A 点，对应频率 1kHz，相移约为-180°。说明当输入信号 V_{in} 频率为 1kHz 时，输出信号 V_{out} 较输入信号 V_{in} 滞后 180°，如图 4-69 所示。从图 4-68（b）中还会发现，在不同频率下，相移有比较大的变化，比如当输入信号的频率由小变大达到 10kHz 左右时，相移从负数变成了正数，说明输出信号不再滞后于输入信号，而是提前于输入信号的相位。

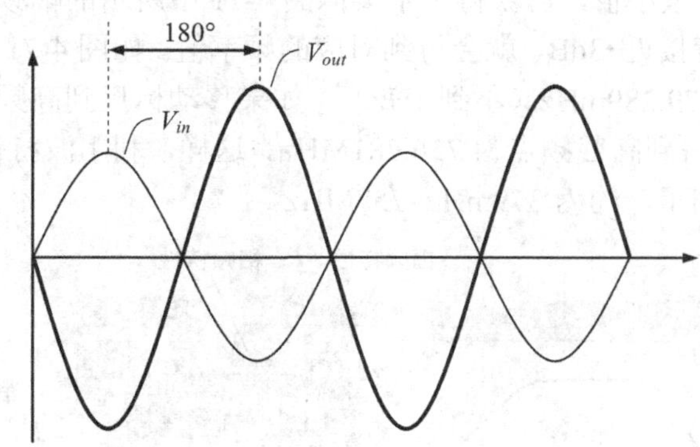

图 4-69　相移-180°

2. 放大器幅频特性和相频特性的测量

频率特性是放大器的一个重要特性，知道一个放大器的幅频特性和相频特性，才知道多少频率的信号输入会产生多少增益的变化和相移。于是又想到了 Multisim 2001 这个强有力的工具。

【例 4.16】放大器的幅频特性和相频特性：在 Multisim 2001 中连接图 4-70 所示的放大器，利用波特计（XBP1）找到放大器的带宽。

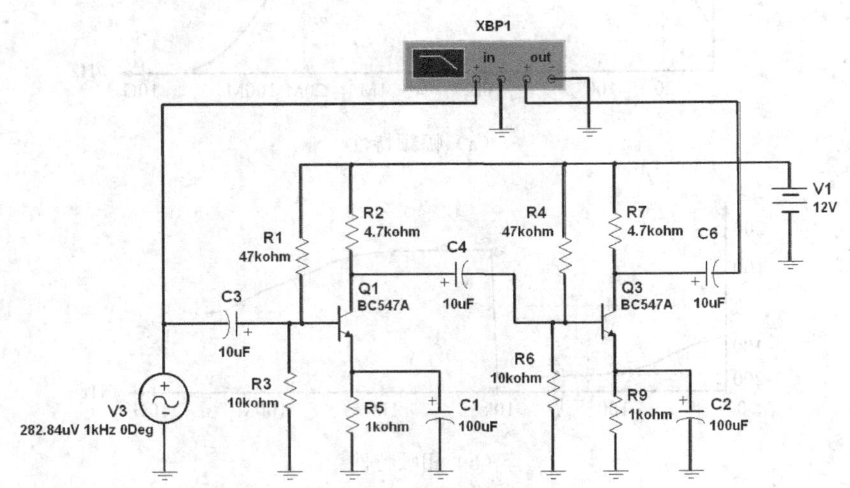

图 4-70　放大器的幅频特性和相频特性

仿真中使用一个叫波特计的虚拟仪器（　　　），它的输入端 in 的+极与电路的输入端连接，输出端 out 与输出端连接。它可自动从输入端注入信号，而信号的频率可根据用户的设置从小到大依次注入电路，同时输出端监视电路的输出，从而自动生成电路的幅频特性及相频特性曲线。

打开仿真开关，双击波特计 XBP1，可打开图 4-71 所示的观察窗口，通过参考图示调整横、纵坐标的最大及最小值，可获得一个类似图 4-71 中所示的幅频特性曲线。如果移动标尺使标尺读数中幅度接近-3dB，就会得到对应的频率值。如图 4-71 所示当标尺在低截频点时，对应的频率为 379.289mHz（不到 1Hz）。如果移动标尺到高频段，当标尺读数再次出现在-3dB 时，将会得到高截频点为 756.781MHz。这样，利用波特计就把图 4-70 所示的两级放大器的带宽找到了，约为 379mHz~757MHz。

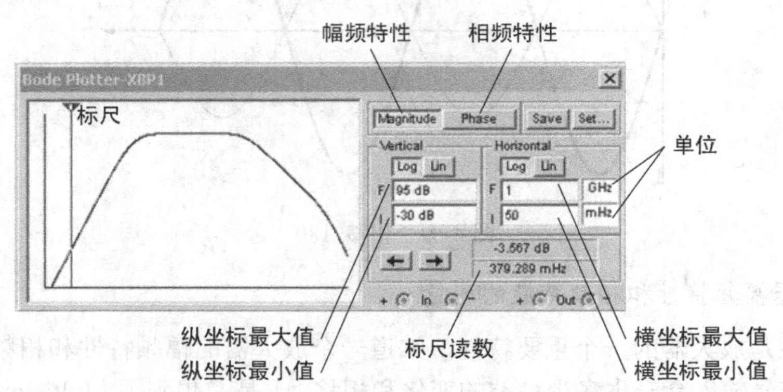

图 4-71　波特计观察窗口：幅频特性曲线

在波特计观察窗口中，还可以单击相频特性按钮（Phase）以观察电路的相频特性曲线，如图 4-72 所示，利用标尺可对不同频率下的相移进行测量，当输入信号的频率为 40.642Hz 时，相移为 98.504°。如果在两级放大器上利用信号源 V3 输入约 40Hz 的正弦信号，将会从输出端观察到输出信号提前于输入信号约 98°。

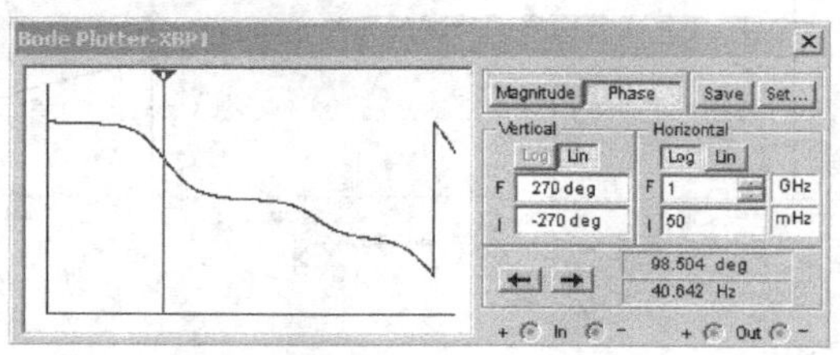

图 4-72　波特计观察窗口：相频特性曲线

除了使用波特计观察电路的频率特性外，还可利用 Multisim 2001 中的交流分析功能（AC Analysis）观察电路任意节点的频率特性。单击菜单栏 Simulate→Analyses→AC Analysis...命令，弹出 AC Analysis 对话框，进入交流分析的状态，如图 4-73（a）所示，从中可设置分析的起、止频率，图中所示起、止频率分别设为 1Hz、10GHz，说明一会儿分析时将从 1Hz 至 10GHz 范围内观察电路的频率响应。

设置好分析的频率范围后，在图 4-73（b）所示的输出变量 Output variables 标签栏中选择要观察的电路节点，如果以图 4-70 所示两级放大器的最终输出为频率分析观察的节点，可以先选中变量栏中的节点序号 6，单击 Plot during simulation 按钮（Plot during simulation）把它添加到分析变量栏中。如果不知道节点序号，可在电路图空白区域单击鼠标右键，从弹出的快捷菜单中选择 Show...，在打开的显示对话框中选中 Show node names，确定后电路图上各节点序号就显示出来。

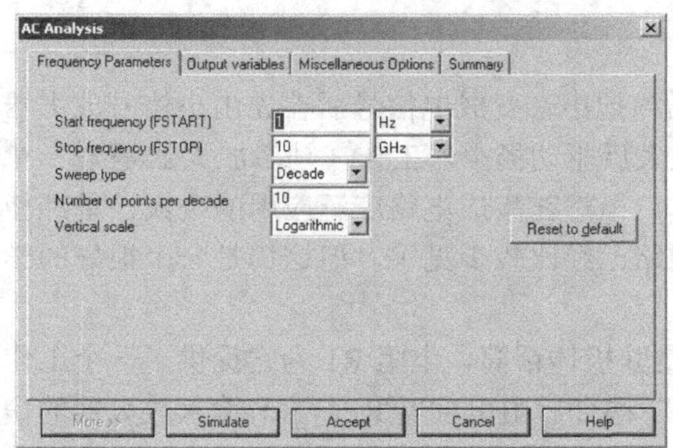

（a）频率参数设置

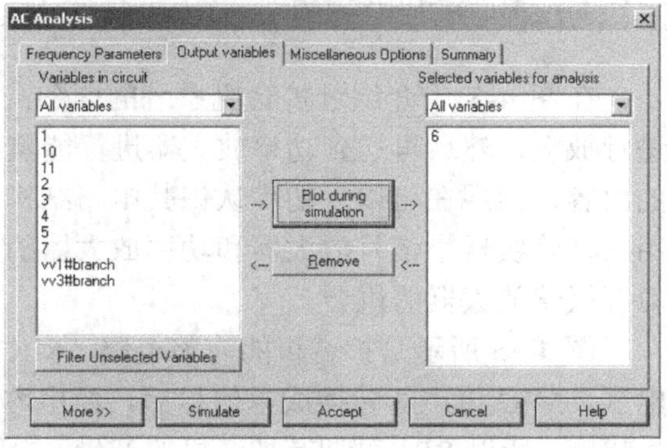

（b）输出变量设置

图 4-73　交流分析

设置完成后，可单击图 4-73（b）交流分析设置对话框中的 Simulate 按钮（Simulate）以开始仿真，Multisim 2001 在不到 1 秒种内就打开一个窗口并把交流分析的结果——幅频特性和相频特性曲线显示出来，如图 4-74 所示，它们同样以频率为横坐标，描绘了在不同信号频率下电路某节点的增益、相移的大小。可以单击上方工具栏中的标尺按钮（）打开标尺并通过移动标尺获得曲线上任意一点的频率-增益或频率-相移读数。

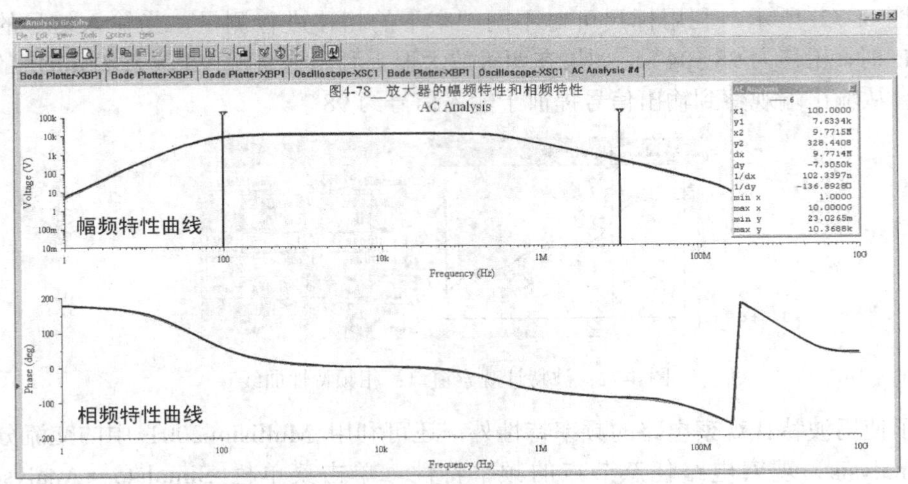

图 4-74 交流分析的结果——幅频特性和相频特性曲线

4.6 完成扩音机的制作

扩音机电路　制作与调试

终于完成了对小信号放大器的学习。最后来看看一个实际的话筒扩音机系统中小信号放大器如何与功率放大器配合，实现完整的信号放大。

4.6.1 扩音机电路

在图 4-5 中介绍过扩音机系统的框图，话筒把声音变成电信号后首先由小信号放大器进行放大，然后再送到功率放大器进行能量放大后驱动扬声器工作（功率放大器是第 5 章的内容，但现在可以先初步认识其电路结构）。虽然在集成电路广泛应用的今天，单纯使用三极管实现小信号放大器和功率放大器的电路已经比较少见了，但这仍是一个很好的学习三极管放大器的机会。

图 4-75 所示是扩音机的完整电路，MIC 是驻极体话筒，电阻 R1 为它提供了一个工作电压。MIC 将声音转换成电信号后，经电容 C2 耦合后由电位器 RP1 调节输入放大器的信号幅度，所以 RP1 可调节扩音机的音量。电阻 R2 和电解电容 C1 为滤波退耦电路，能避免自激，保证电路稳定工作。

电容 C3 和 C4 分别是输入和输出耦合电容。三极管 Q1 在电阻 R3 的偏置并反馈下构成一个 c 极反馈共 e 极放大器（电压并联负反馈电路），电容 C8 是为滤除杂波而设置的。

电阻 R5 和 R6 实现三极管 Q2 的偏置（三极管 Q2 是一个 PNP 型三极管，它与 NPN 型三极管一样，也可以构造成各种放大器，这里它构成的是共 e 极放大器。）电阻 R7 为三极管 Q2 的 e 极反馈电阻，它进一步保证了电路静态工作点的稳定。电容 C5 是 Q2 的 e 极

旁路电容，为交流信号提供了通路，使交流信号不受反馈的影响。电阻 R8、R9 与二极管 D1 都是三极管 Q2 的 c 极负载。调节 R8 的大小，可以改变三极管 Q3、Q4 的静态工作点。

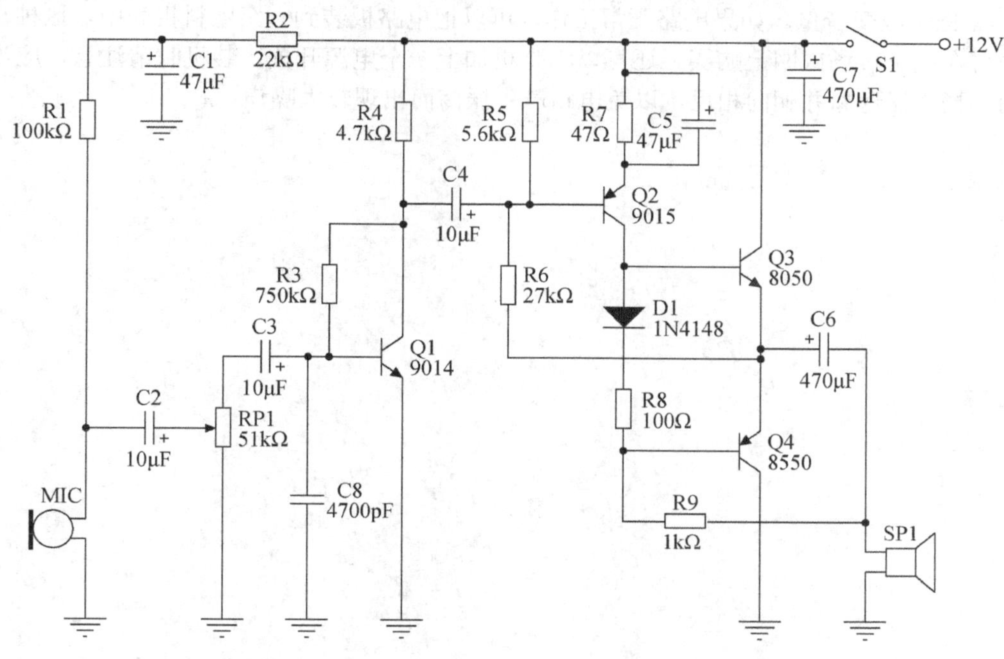

图 4-75　扩音器电路

再往后，注意到三极管 Q3 和 Q4 的连接形式有些陌生，其实这是第 5 章的内容。它们组成了“乙类推挽功率放大器”，这是功率放大器的一种。它把经电压放大后的信号进行功率放大，并驱动扬声器 SP1 发声。电容 C6 的作用是防止直流电压加到扬声器上而产生电流噪声。C7 为电源滤波电容，这一点和 3.2.3 节中的介绍是一致的。

图 4-75 所示的扩音器电路把图 4-5 的框图细化，形成了一个实实在在的电子系统电路。这个电路由前置放大器——Q1 和 Q2 组成的两级小信号放大器和主放大器——Q3 和 Q4 组成的乙类推挽功率放大器构成。

4.6.2　制作与调试

在第 3 章里通过学习自制了一台测谎仪。由于电路十分简单，所以没有进行调试。而在电路设计及制作中，特别是涉及模拟电子技术时，调试是一个必不可少的工作。需要长期实践积累调试方法和培养调试的耐心，只有这样，手中设计的电路才能稳定工作、执行功能。

对于图 4-75 所示的扩音机电路，可参考第 3 章的方法为其设计并制作印刷电路板。在把元器件焊接到印刷电路板之前要进行一次“体检”，确保器件质量良好。注意几个三极管的管脚不要弄错。接通 12V 电源（用电池或直流稳压电源供电），测量三极管 Q3 的 e 极电压，这个电压应为 6V 左右，如果不对，可调整电阻 R6 的阻值。然后测量一下电路的工作电流，在5mA左右为宜。如果电流过大，应减小电阻R8的阻值，反之加大。

调试成功后，对着话筒说话，在扬声器中就会听到经过放大的声音信号。可通过调节电位器RP1改变音量。如果电路正常工作，可以把电路板装到一个塑料机壳中，这种塑料机壳可在电子市场或网上购买。还可以为整机加上一个电源开关。装机时请注意，应当使话筒和扬声器远离并朝向相反，以免电路产生振荡而出现较大噪声。

第 5 章　从多媒体音箱中看功率放大器

本章从多媒体音箱这个相对轻松的话题开始，逐渐进入对功率放大器的学习之中。经过第 4 章的学习知道小信号放大器只把输入信号的幅度进行了放大，这样还不具备直接驱动功率器件（如扬声器等）的能力。只有经过本章将要学习的功率放大器，信号的电流获得放大，也就是信号的功率得到提升，才具备驱动外设的能力。

如果跟随本章的介绍学习多媒体音箱设计特别是功率放大器的相关知识，并对其中的设计进行实践，就会拥有一台集前置放大器和主放大器于一体的优质多媒体音箱。

5.1　多媒体音箱的蓝图

立体声多媒体音箱　音箱箱体及材料选择

相信许多朋友都在用多媒体音箱连接计算机或 MP3 播放机等音源设备来欣赏音乐或看电影，接通多媒体音箱的电源，并把音箱插头插到计算机或 MP3 播放机的耳机插孔上，就能从音箱中听到放大的声音。有的多媒体音箱有 2 个、3 个甚至更多独立的音箱，用这些音箱来聆听音乐颇有身临其境的感觉。如图 5-1 所示为一个标准的 5.1 声道多媒体音箱，它由前置左、右声道、环绕左、右声道、中置、重低音共 6 个音箱组成。

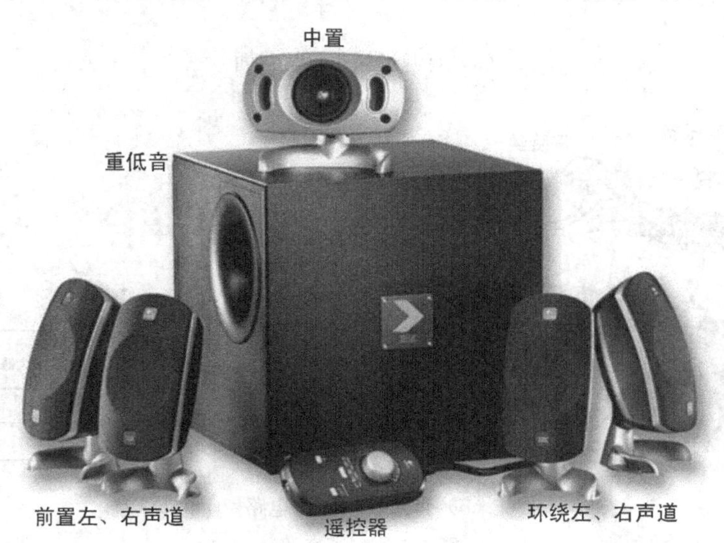

图 5-1　5.1 声道多媒体音箱

把耳机插到计算机或 MP3 播放机的耳机插孔上当然也能听到声音，只是通过耳机还原的声音音量有限，不如多媒体音箱来得震撼。耳机是一个无源器件，即不需要给耳机独立供电就能利用插孔输出的功率进行工作，所以耳机所能发出声音的大小直接反映了插孔的输出功率——显然这个功率是非常有限的。多媒体音箱由个头比耳机大得多的扬声器作为“电—声”转换器件，显而易见地，扬声器要比耳机功耗大，不然也震撼不起来。所以只用计算机或MP3播放机的耳机插孔直接来驱动扬声器是根本不可能的。因此，多媒体音箱都需要独立供电，常常称这种需要额外独立供电的音箱为有源音箱（active speakers）。

如图5-2（a）所示为有源音箱的外观和内部电路。其中图5-2（a）为有源音箱的外观，很明显其正面安装有一个扬声器，背面有一些输入（接耳机插孔）、输出（接扬声器）插座，以及电源插座和开关。如果拆开有源音箱，会看到里面有类似图5-2（b）所示的音频放大器电路板、散热器、变压器等模块。变压器将220V AC降压后向音频放大器供电，输入信号经过音频放大器的放大之后输出到扬声器上。由于音频放大器功率较大，常常使用散热器给功率器件散热。

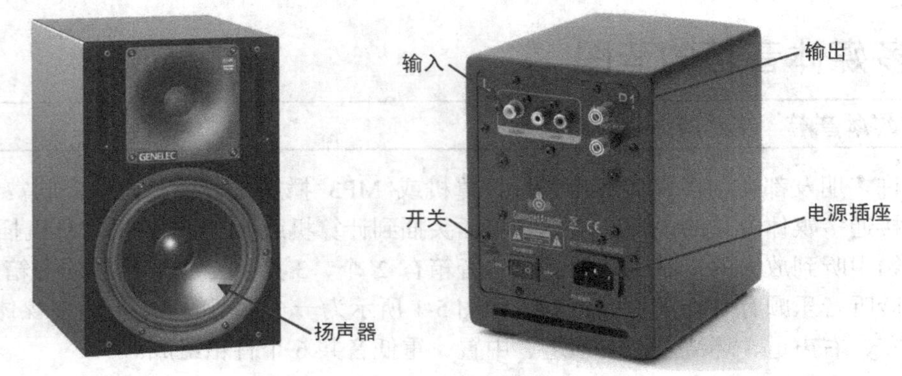

（a）有源音箱正面与背面

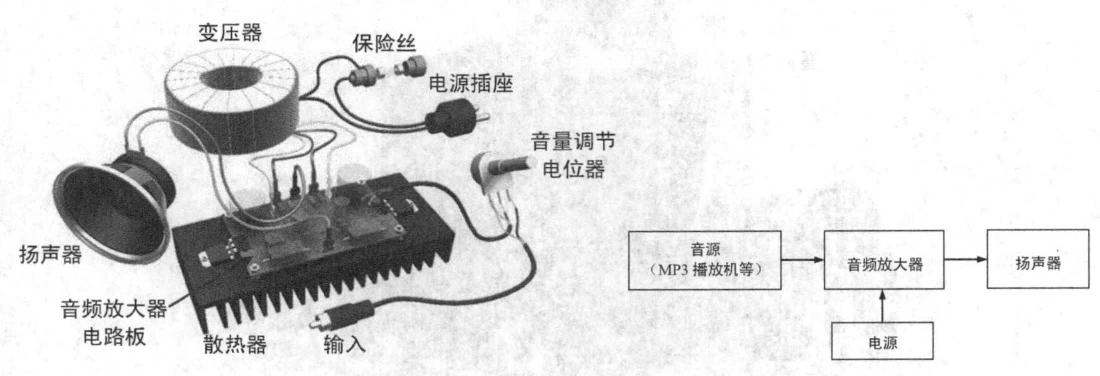

（b）有源音箱内部电路

图5-2　有源音箱

图5-2（b）把有源音箱的内部结构展现出来了，本章的任务就是设计并制作一个类似的产品，同时学习其中涉及的电路知识。

5.1.1　立体声多媒体音箱

立体声（stereophonic sound）与单声道（monophonic sound）对应，它由两个或两个以上独立的声道组成，让人感觉声音来自多个方向。所以，在设计立体声多媒体音箱时，需要考虑至少使用两个独立的声道。如图 5-3 所示，一般计算机或 MP3 播放机耳机插孔都是立体声（双声道）的，用立体声插头可引出 3 个信号线——R（右声道）、L（左声道）、GND（共地）。R、L 两个声道分别用两套独立的音频放大器对信号进行放大后驱动 R、L 两个扬声器还原声音。根据第 4 章的内容知道，为了有效利用能量和更好地实现功率传输，音频放大器由小信号放大器和功率放大器两部分组成，两套独立的音频放大器可共用一套电源。

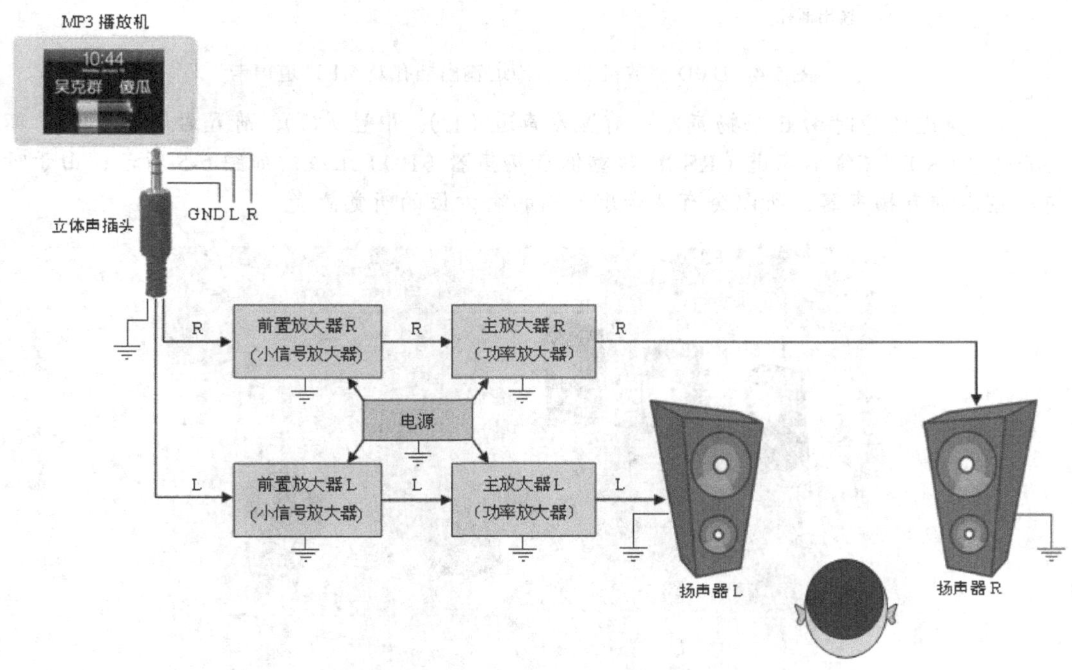

图 5-3　立体声多媒体音箱系统框图

图 5-3 看似挺复杂的，其实只要完成一个声道的电路设计，另一个声道直接复制就可以了。声音信号从 MP3 播放机输出，通过立体声插头的连接，首先进入小信号放大器进行电压放大（第 4 章已经学习过了），然后再进入功率放大器进行电流放大，或者说功率放大。所以，要想完成图中的设计，还需要对功率放大器和电源部分进一步学习。

第 4 章学习了许多种小信号放大器，如共 e 极放大器、共 b 极放大器、多级放大器等，虽然最后我们对话筒扩音机的电路进行了分析，可是关于小信号放大器部分的设计可能心里还是没有什么底。其实暂时也不需要把电路设计想得过于复杂，特别是对于图 5-3 这种自制的用于学习和实践的系统，只要选择最快捷的方式实现系统基本功能即可。

5.1 声道

今天，5.1 声道在影音视听中树立了霸主地位。一个应用 5.1 声道的例子就是 DVD 播放机。大多数 DVD 在制作时就已经把 5.1 声道的声音内容录制在碟片上了，5.1 声道分成 6 个输出插孔，如图 5-4 所示，在 DVD 播放机重放时，使用适当的多通道音频放大器（如图 5-1 所示）就可以把 5.1 声道的声音内容还原出来。

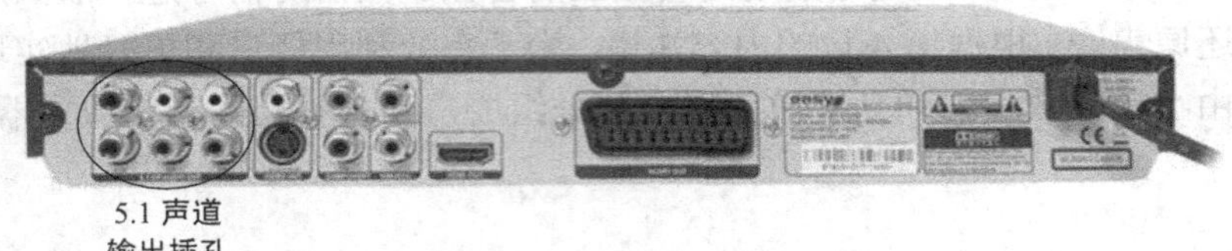

图 5-4　DVD 播放机的 5.1 声道输出插孔及 5.1 声道声卡

5.1 声道还原时由 6 个扬声器（前置左声道（L）、中置（C）、前置右声道（R）、环绕左声道（LS）、环绕右声道（RS）、超重低音扬声器（B））组成，如图 5-5 所示，由于听者前后左右都有扬声器，所以会有被音乐包围的全方位的听觉感受。

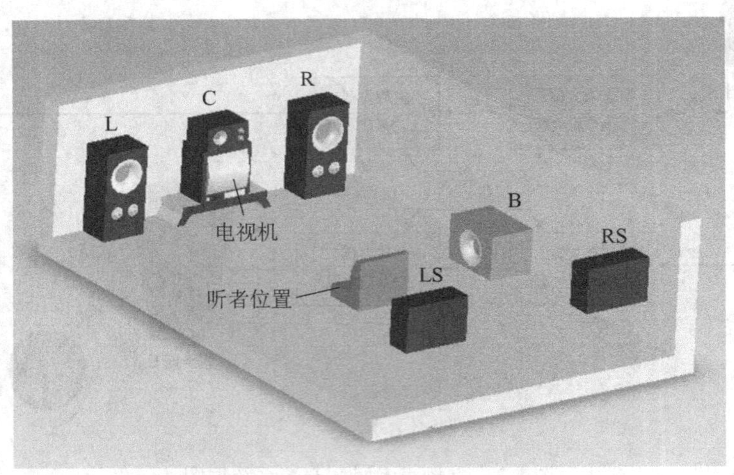

图 5-5　5.1 声道

5.1.2　音箱箱体及材料选择

要完成图 5-3 所示的多媒体音箱，除了电路之外，还需要考虑音箱的设计及制作。在 Hi-Fi（高保真）音响系统中，作为系统的喉舌——音箱的地位至关重要，声音的完美演绎全赖于此。

如图 5-6 所示是一对 Yamaha（雅马哈）Soavo 1 型落地式立体声音箱，市场价格在 3

万元左右，用它来还原 Hi-Fi 音响系统的前置左、右声道的声音可谓奢华之至。图 5-6 所示的音箱与图 5-2 的有源音箱不同，在它内部只有扬声器和分频器，并没有音频放大器、电源等电路，只有通过外置的音频放大器的驱动才能工作，故称为无源音箱。关于有源和无源的区别可以这样简单的理解，把图 5-3 所示的电源电路、音频放大器等安装在音箱箱体内部的音箱称为有源音箱；而如果音箱箱体里仅仅是负载——扬声器则为无源音箱。

对于一般的爱好者来说，图 5-6 所示的成品音箱过于昂贵，可以在音响器材市场或网上花几十或几百元淘到一些杂牌的且物美价廉的音箱。有的朋友说买现成的音箱没有自制来得有乐趣，可是实际问题是，当下许多朋友家里恐怕都不具备干木工活的条件。自己从头到尾制作一个音箱的箱体虽说只是一个理想，但是还是有折中的办法，就是在音响器材市场或网上购买如图 5-7 所示的空箱，再根据个人的追求和经济条件选购尺寸相当的扬声器安装上去，体验自制音箱的乐趣。

图 5-6　无源音箱　　　　图 5-7　音箱空箱体

接下来分别看看扬声器和音箱箱体的选择有什么讲究。

1. 扬声器

在过去的 20 年里，尽管 Hi-Fi 音响系统中许多设备都有了翻天覆地的变化，但是扬声器却几乎没有什么本质的改变。毕竟，这是目前唯一能够通过振动空气而产生声音的器件。许多人认为把扬声器接到放大器上就能工作，这倒也没错，只是忽略了一些问题，比如放大器与扬声器阻抗匹配吗？所以，接下来将在 2.2.1 节对扬声器介绍的基础之上，再谈谈音响系统中的扬声器。

（1）阻抗（impedance）

大多数扬声器由线圈和磁体组成，扬声器的阻抗就是线圈带来的，一般有 4Ω、6Ω、8Ω这 3 种。在选购时，需要保证它的阻抗与功率放大器的输出阻抗匹配，否则，功率将得不到有效传递。比如说误将一个 4Ω 的扬声器与输出阻抗为 8Ω 的功率放大器连接，则功率放大器的输出电路将会因负荷剩下的 4Ω 而产生过热问题，严重时会烧掉功率三极管或其他器件。如果听到扬声器播放的声音有比较明显的失真，就需要检查是不是扬声器和功率放大器输出阻抗不匹配了。

（2）额定功率（power handling）

额定功率通常指的是 RMS 值，代表扬声器所能承受的最大输入功率值。在选购时，要保证扬声器的额定功率大于功率放大器的最大输出功率，否则如果音量过大扬声器就会失真而发出刺耳的声音。比如一台功率放大器的输出功率为 20W，则扬声器的额定功率一般不能小于 20W。

（3）频率响应（frequency response）

每一个扬声器都有一个频率响应范围，低于或高于这个范围的信号扬声器要么无法还原，要么产生较大的失真或衰减。为了还原不同频率段的声音，扬声器分为高频、中频、低频等几种（如图 2-8 所示），对于普通音箱（如图 5-7 所示）有一个高频（典型工作频率 4kHz~20kHz）和一个低（全）频扬声器（典型工作频率 25Hz~4kHz）就够了。

（4）灵敏度（sensitivity）

对于灵敏度这个参数还比较陌生，它是一个用来衡量扬声器将电能转化成声音能量的参数，单位是 dB（分贝）。灵敏度越高，代表扬声器的效率越高。绝大多数扬声器的灵敏度都在 87~93dB 之间，而高于 90dB 的被视为高灵敏度扬声器。灵敏度越高所需要的输入功率越小，在同样的功率输出下声音越大。

时下，随着蓝光（Blu-ray）、高清（HD）、DVD 等高品质视听音源的出现，对扬声器的要求比 20 世纪提高了许多。如果扬声器的以上参数与放大器不能完美的匹配，则高品质的声音就得不到完美地还原。

2. 音箱的箱体

制作优质的发烧级音箱，除了选择优质的扬声器外，音箱箱体的结构设计、材料选择、加工工艺等也颇有讲究。由于扬声器出厂时已经定型，故箱体设计及制作能极大地影响音箱的最终表现力。

以下将初步介绍音箱箱体的材料、制作工艺等，感兴趣的朋友可以再找一些专门介绍音箱设计制作的书来看一看。

（1）箱体材料。音箱的箱体具有支撑扬声器及实现音箱声学特性的作用。大多数音箱箱体以各种木材作为基本的制作材料，其中以红木、花梨木、桃木等为顶级材料，但因材料难觅、价格昂贵、加工不易而常被用于极品音箱中。另外一种广泛采用的材料是各种纤维板，其成本低、材料易购、加工方便，在市场上看到的音箱几乎都是用纤维板制成的。一些低档的多媒体音箱还用塑料作为箱体材料。另外，高分子聚合物被许多欧美专业音箱厂商用来制造高档音箱。还有金属材料主要用于制作特殊音箱，如移动音箱、号角音箱等，因金属箱体谐振频率较高、音染不易处理而极少被普通爱好者采用。

（2）制作工艺。由于扬声器背面被封闭在音箱箱体里，其纸盆震动将在箱体内产生急剧变化的高声压，极易诱发杂音、谐振、音染等，影响重放音乐的纯美感觉。因此选择好箱体材料后还需要考虑制作工艺。“加固消振，避免音染”为制作工艺的八字方针。具体加固办法是在箱体内部合理使用加强筋。加强筋用于音箱中的薄弱环节，如箱体内各个面

所成结合角处，可用足量的胶粘上硬三角木或方木棒，再加木螺钉紧固。低音扬声器背部声压级最高，极易诱发音箱振动，可在背面板正对此处粘上一块圆形硬木板加固。为了避免音染，可在箱内添加适量吸声材料，如超细玻璃棉、矿渣棉、纤维喷胶棉、真空棉等吸收声能，同时减轻箱体振动。对于密闭音箱，需塞满整个箱体。对于倒相式音箱，需在前后左右上下壁贴三指宽厚的吸声材料，并于监听时作适量增减。

音箱制作是一门较复杂的系统工程，是介于机械工程学、声学、心理学和人机工程学之间的技术，同时更是一门艺术。需要花时间对设计进行学习和实践，如图 5-8 所示是一个音箱的设计草图。

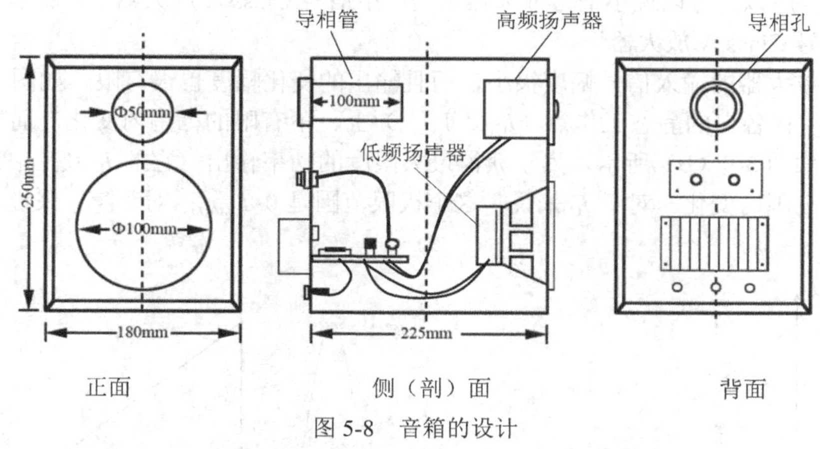

图 5-8　音箱的设计

这样就把本章任务——多媒体音箱的非电路部分简单介绍完了，由于篇幅所限，对于音箱制作的介绍只能起到“抛砖引玉”的作用。从 5.2 节开始，就要进入多媒体音箱的重点内容——功率放大器和相关内容的学习。

5.2　信号功率的提升——功率放大器

Class A 放大器　Class B 放大器　Class C 放大器　Class D 放大器

如果说第 4 章介绍的放大器是小信号放大器，那可以把功率放大器理解成“大信号放大器”。根据放大器进行线性放大时利用输入信号的百分比不同，分成了 Class A、Class B、Class AB、Class C、Class D 等几种功率放大器，它们各自的电路结构有着本质的区别。

虽然许多中文电子类图书中把 Class A 称为“甲类放大器”、Class B 称为“乙类放大器”等，但是为了与国际接轨，本书将保留用英文描述不同功率放大器，毕竟类似“Class A”这样的英文说起来不见得比“甲类”难听和复杂。

功率放大器在电路中主要用于需要放大功率的场合。通常在电子系统中作为最后一级电路对大功率负载，如发射天线、扬声器等进行输出驱动。

5.2.1 Class A 放大器

现在就开始对几种常见的功率放大器 Class A、Class B、Class AB、Class C、Class D 等进行学习。首先，可以告诉大家一点，第 4 章介绍的小信号放大器，包括共 e 极、e 极跟随器、共 b 极放大器如果对输入信号进行完整放大，它们就是 Class A 放大器。有人会庆幸可以不用再学习有关 Class A 放大器的知识了。其实不然，因为第 4 章的放大器面对的都是小信号，经过放大后信号幅度虽然获得明显提高，但是对于许多大功率负载仍然没有足够的驱动能力。所以，可以说小信号放大器都是“小信号 Class A 放大器”，而本节要讨论的都是“大信号 Class A 放大器”。

小信号放大器的输入信号幅度很小，而且输出的变化幅度也很有限，如图 5-9（a）所示，I_C 及 V_{CE} 在各自的静态工作点（I_{CQ}、V_{CEQ}）上、下有限的范围内变化。而 Class A 放大器不同，如图 5-9（b）所示，为了获得最大限度的功率输出，它的 I_C 及 V_{CE} 恨不得都在各自的极限范围内变化。对于 I_C 来说，这个极限范围是 0~$I_{c(sat)}$；对于 V_{CE} 来说，这个极限范围是 0~$V_{ce(cutoff)}$。

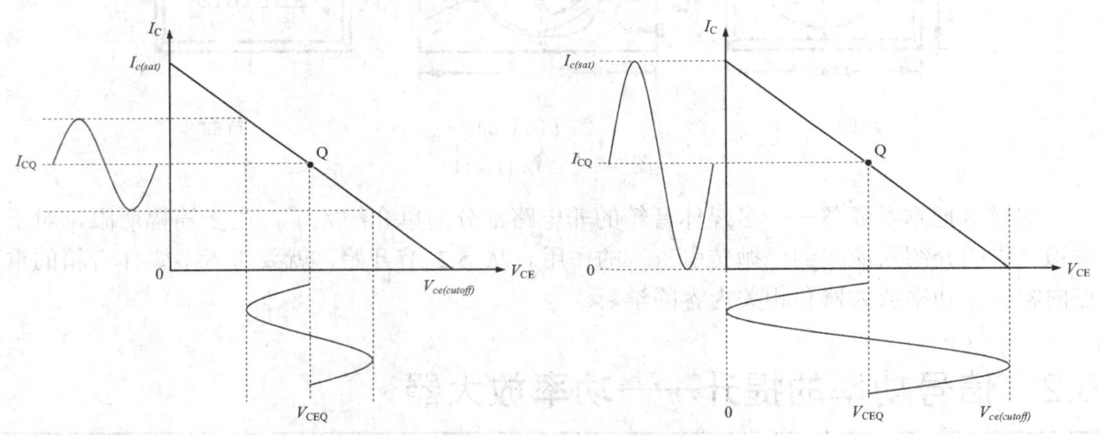

（a）小信号放大器 AC 负载线　　（b）Class A 放大器 AC 负载线

图 5-9　小信号放大器与 Class A 放大器的 AC 负载线

1. 为了获得最大的输出信号

从图 5-9（b）可以推断，如果 Q 点在 AC 负载线的中间，则 Class A 放大器可获得最大的输出信号。在理想情况下，I_C 可从静态工作点 I_{CQ} 变大到其饱和值 $I_{c(sat)}$处，或变小到截止值 0。如果输入信号的变化幅度超过一定范围，使放大器进入饱和或截止状态，则会出现图 5-10 所示的失真。

如果 Q 点偏离中央而趋向饱和区或截止区，则会出现图 5-11 所示的饱和失真或截止失真——Q 点偏向饱和区时为饱和失真，Q 点偏向截止区为截止失真。

功率放大器与小信号放大器一样，在对信号放大的同时需保证输出与输入的一致性。所以，把 Q 点放到 AC 负载线中央对于 Class A 放大器来说可以获得最大的输出信号且避

免失真。

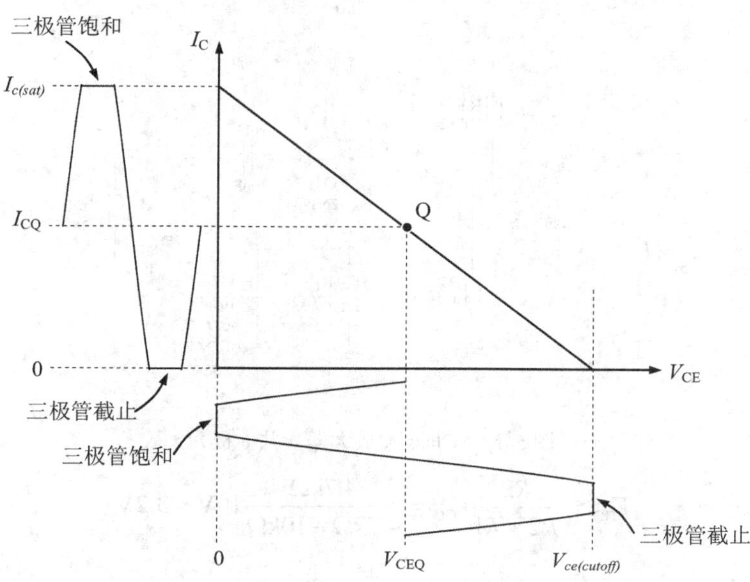

图 5-10　Class A 放大器的失真

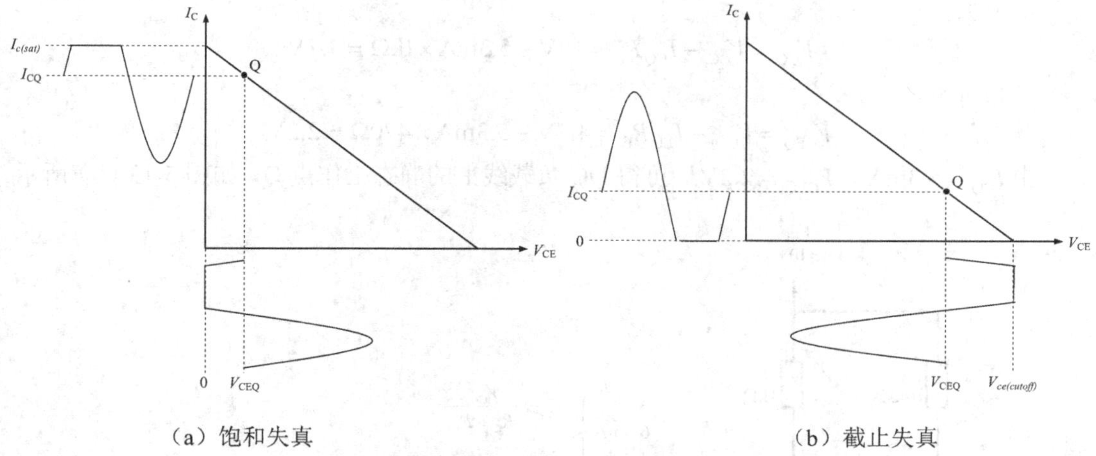

（a）饱和失真　　　　（b）截止失真

图 5-11　Q 点偏离中央造成饱和失真或截止失真

2. 如何获得最大的输出信号

既然已经意识到把 Q 点放到中央有助于 Class A 放大器获得最大输出信号，那具体应该怎么去实现呢？看看图 5-12 所示的一种 Class A 放大器，从形式上看，其不过是共 e 极放大器的克隆。按照 4.4.2 节的计算方法可以获得图 5-12 所示 Class A 放大器的直流等效电路（如图 5-13（a）所示）及静态工作点：

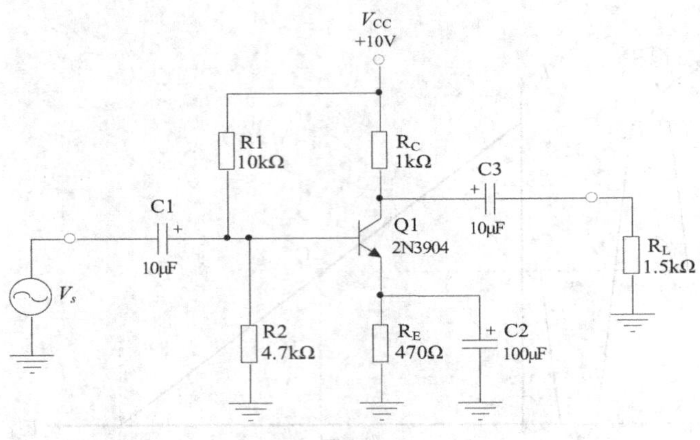

图 5-12　Class A 放大器（共 e 极）

$$V_{BQ} = \frac{R2}{R2+R1}V_{CC} = \frac{4.7\text{k}\Omega}{4.7\text{k}\Omega+10\text{k}\Omega}10\text{V} = 3.2\text{V}$$

于是有：

$$I_{CQ} \cong I_{EQ} = \frac{V_{EQ}}{R_E} = \frac{V_{BQ}-V_{BE}}{R_E} = \frac{3.2\text{V}-0.7\text{V}}{470\Omega} = 5.3\text{mA}$$

又因为：

$$V_{CQ} = V_{CC} - I_{CQ}R_C = 10\text{V} - 5.3\text{mA}\times 1\text{k}\Omega = 4.7\text{V}$$

于是可得：

$$V_{CEQ} = V_{CQ} - I_{EQ}R_E = 4.7\text{V} - 5.3\text{mA}\times 470\Omega = 2.2\text{V}$$

由 $I_{CQ} = 5.3\text{mA}$，$V_{CEQ} = 2.2\text{V}$，可得 DC 负载线上的静态工作点 Q，如图 5-13（b）所示。

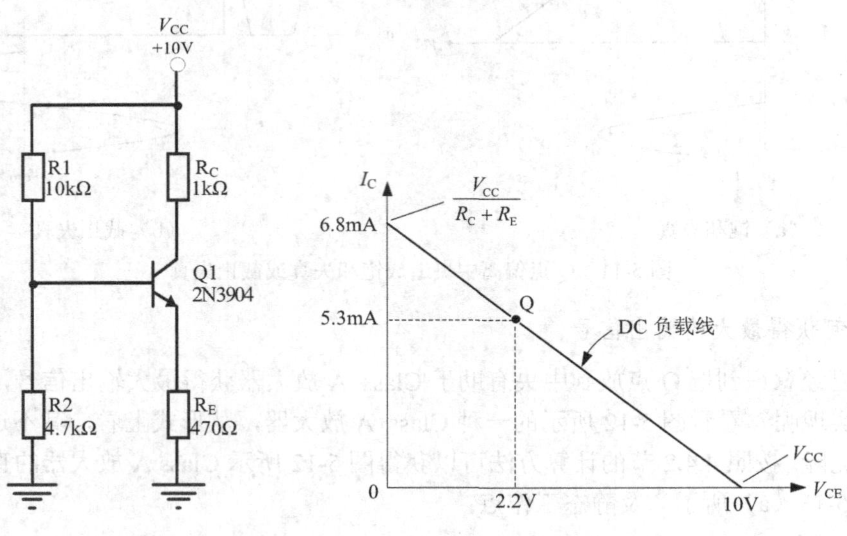

（a）直流等效电路　　（b）DC 负载线

图 5-13　直流等效电路及 DC 负载线

这里需要注意，DC 负载线与 AC 负载线是不同的，因为就 DC 负载线而言，它是对直流等效电路分析而得到的。DC 负载线在纵坐标轴 I_C 和横坐标轴 V_{CE} 上的端点分别为 $V_{CC}/(R_C+R_E)$ 和 V_{CC}（如图 5-13（b）所示），把这两个端点连起来即形成 DC 负载线，静态工作点 Q 必然在该 DC 负载线上某处。在直流等效电路中，耦合电容视为断开，所以不用考虑输入信号和负载的影响。但是 AC 负载线就不同了，耦合电容把负载等连接到电路中，再分析工作点的状态自然会有所不同。把 AC 负载线在纵坐标轴 I_C 和横坐标轴 V_{CE} 上的端点分别称为 $I_{c(sat)}$ 和 $V_{ce(cutoff)}$，如图 5-14 所示，省略推导过程，有：

$$I_{c(sat)} = I_{CQ} + \frac{V_{CEQ}}{R_C \| R_L} \tag{5-1}$$

$$V_{ce(cutoff)} = V_{CEQ} + I_{CQ}\left(R_C \| R_L\right) \tag{5-2}$$

其中，$R_C \| R_L$ 表示 c 极电阻 R_C 和负载 R_L 的并联总电阻。利用这两个公式可计算出图 5-12 所示的 Class A 放大器的 $I_{c(sat)}$ 和 $V_{ce(cutoff)}$：

$$I_{c(sat)} = I_{CQ} + \frac{V_{CEQ}}{R_C \| R_L} = 5.3\text{mA} + \frac{2.2\text{V}}{1\text{k}\Omega \| 1.5\text{k}\Omega} = 8.97\text{mA}$$

$$V_{ce(cutoff)} = V_{CEQ} + I_{CQ}\left(R_C \| R_L\right) = 2.2\text{V} + 5.3\text{mA}\left(1\text{k}\Omega \| 1.5\text{k}\Omega\right) = 5.38\text{V}$$

$I_{c(sat)} = 8.97\text{mA}$ 和 $V_{ce(cutoff)} = 5.38\text{V}$ 确定了 AC 负载线的两个端点，于是可得到 AC 负载线，如图 5-14 所示，DC 负载线与 AC 负载线必然相交于 Q 点。

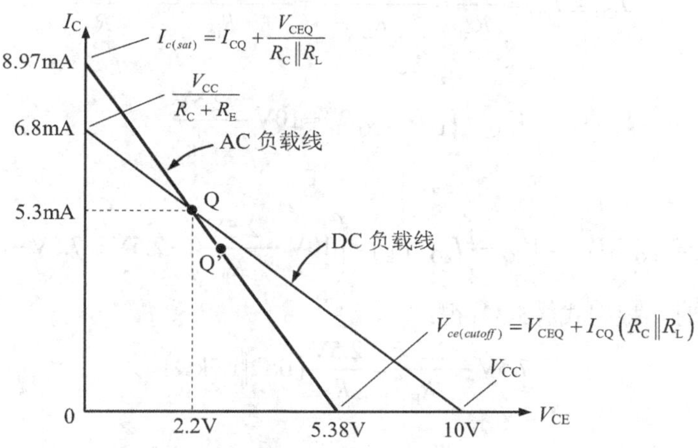

图 5-14　DC 负载线与 AC 负载线

从图 5-14 来看，电路参数（如图 5-12 所示）并没有能够让 Q 点落在 AC 负载线的中央，而是向饱和区偏离，对于 Class A 放大器来说，它在大信号放大时很容易出现饱和失真（如图 5-11（a）所示）。看来，为了让图 5-12 所示的 Class A 完美地工作，需要对影响 Q 点的器件参数进行一些调整。

如果 Q 点落在图 5-14 所示 AC 负载线的中央，如图 5-14 中的 Q'，则 Q'坐标值应该为 AC 负载线两个端点值的一半，即：

$$I_{CQ}=\left(I_{CQ}+\frac{V_{CEQ}}{R_C\|R_L}\right)/2$$

$$V_{CEQ}=\left[V_{CEQ}+I_{CQ}\left(R_C\|R_L\right)\right]/2$$

对第二个式子化简一下，可得：

$$V_{CEQ}=I_{CQ}\left(R_C\|R_L\right) \tag{5-3}$$

说明改变 I_{CQ} 可以让 Q 点上、下移动，从而使之落在 AC 负载线的中央。一般来说，可以通过改变 e 极电阻 R_E 来影响 I_{CQ}——R_E 增大时 I_{CQ} 减小，Q 点向截止区移动；R_E 减小时 I_{CQ} 增大，Q 点向饱和区移动。

【例 5.1】Q 点中央化：正如所看到的，图 5-12 所示的电路没有让 Q 点落在 AC 负载线的中央（如图 5-14 所示），请改变电阻 R_E 的阻值，使得 Class A 放大器的 Q 点接近 AC 负载线的中央。

由于：

$$V_{BQ}=\frac{R2}{R2+R1}V_{CC}=\frac{4.7\text{k}\Omega}{4.7\text{k}\Omega+10\text{k}\Omega}10\text{V}=3.2\text{V}$$

有：

$$I_{CQ}\cong I_{EQ}=\frac{V_{EQ}}{R_E}=\frac{V_{BQ}-V_{BE}}{R_E}=\frac{3.2\text{V}-0.7\text{V}}{R_E}=\frac{2.5\text{V}}{R_E}$$

又因为：

$$V_{CQ}=V_{CC}-I_{CQ}R_C=10\text{V}-\frac{2.5\text{V}}{R_E}$$

所以：

$$V_{CEQ}=V_{CQ}-V_{EQ}=V_{CQ}-\left(I_{EQ}\cdot R_E\right)=\left(10\text{V}-\frac{2.5\text{V}}{R_E}\right)-2.5\text{V}=7.5\text{V}-\frac{2.5\text{V}}{R_E}$$

Q 点在中央时，根据式（5-3）得：

$$7.5\text{V}-\frac{2.5\text{V}}{R_E}=\frac{2.5\text{V}}{R_E}\left(1\text{k}\Omega\|1.5\text{k}\Omega\right)$$

于是解得：

$$R_E=533.3\Omega\approx 510\Omega$$

所以，把图 5-12 电路中的 R_E 阻值修改为 510Ω 可令 Q 点更接近 AC 负载线的中央，从而可获得最大的输出信号。

3. 变化的电压增益

由于 Class A 放大器与小信号放大器电路结构相似，尽管可应用第 4 章的公式来分析电压增益，但是有一点还是需注意。我们都知道这个公式：$r_e'=25\text{mV}/I_E$（式（4-15）），从图 5-9（b）的 AC 负载线知道，Class A 工作时 I_C 在一个很大的范围内变化，因为 $I_C\cong I_E$，也就是说 I_E 在一个很大的范围内变化，则 r_e' 也会有较大的浮动。根据共 e 极放大器的电压

增益公式（式（4-17））可得到共 e 极 Class A 放大器的电压增益为：

$$A_v = \frac{R_C \| R_L}{r_e^{'} + R_{E1}} \tag{5-4}$$

可见在大信号场合下，$r_e^{'}$ 较大的浮动会导致 Class A 放大器电压增益 A_v 有明显的摆动，所以无奈之下，对于 Class A 放大器只用 $r_e^{'}$ 平均值去得到一个平均电压增益。

【例 5.2】Class A 放大器平均电压增益：计算图 5-15 所示 Class A 放大器的平均电压增益。假设 $r_e^{'}$ 平均值为 5Ω。

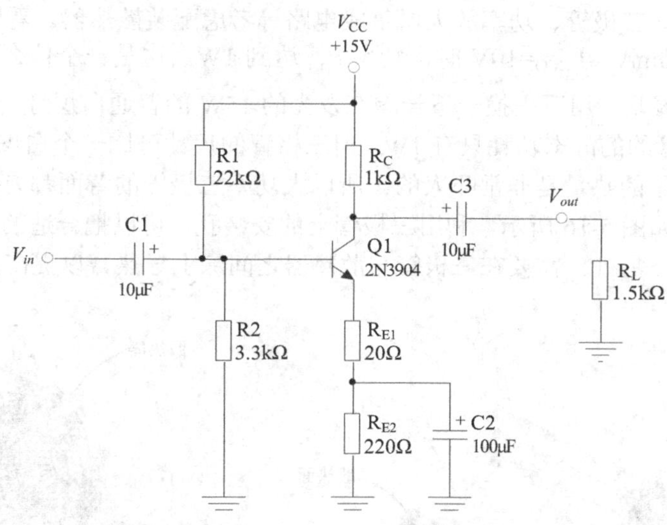

图 5-15　Class A 放大器的平均电压增益

根据式（5-4），得：

$$A_v = \frac{R_C \| R_L}{r_e^{'} + R_{E1}} = \frac{1\text{k}\Omega \| 1.5\text{k}\Omega}{5\Omega + 20\Omega} = 24$$

4. 与功率有关的问题之一：静态功耗

由于 Class A 放大器要完成的是对信号的功率放大，所以需要对其输出功率、效率等问题进行了解。首先一个问题就是如何选择 Class A 放大器中的三极管型号。在直流等效电路中，当电阻确定后，可以计算出放大器的静态工作点，并获得 I_{CQ} 和 V_{CEQ} 的具体数值，这两个量的乘积就是放大器的静态功耗（quiescent power），即：

$$P_{DQ} = I_{CQ} V_{CEQ} \tag{5-5}$$

放大器中的三极管额定功率不能小于静态功耗 P_{DQ}，否则将有可能被烧毁。

【例 5.3】Class A 放大器的静态功耗：某 Class A 放大器的静态工作点为：I_{CQ}=100mA、V_{CEQ}=10V，请计算放大器的静态功耗，并选择可胜任该放大器需要的三极管。假设该 Class A 放大器为共 e 极结构，以一个 NPN 型三极管为主要放大器件。

解：

根据式（5-5）可得：

$$P_{DQ} = I_{CQ}V_{CEQ} = 100\text{mA} \times 10\text{V}=1\text{W}$$

于是该放大器的静态功耗 $P_{DQ}=1\text{W}$ 。所以可选择同时满足 V_{CEO}>10V、I_C>100mA、P_D>1W 的 NPN 型三极管，如 STX13003（NPN、V_{CEO}=400V、I_C=1A、P_D=1.5W）、BDX36（NPN、V_{CEO}=60V、I_C=5A、P_D=1.25W）等。

5. 散热问题

这里还要补充两点实用的内容，一是在“玩转”功率放大器时，几乎 100%的情况下需要为功率器件，如三极管、功率放大器集成电路等考虑配装散热器。看例 5.3 这个简单的例子，当 I_{CQ}=100mA、V_{CEQ}=10V 时，功率 P_{DQ} 达到 1W。这是一个什么概念呢？大家也许都有被灯泡烫的经历，用手去摸一下一盏在发光的 15W 的普通白炽灯会有烫手的感觉。虽然例 5.3 中三极管的的静态功耗只有 1W，但三极管的尺寸可比一个白炽灯泡小得多，因而在单位面积上积聚的热量是非常吓人的。所以大功率三极管的背面都有一个用于与散热器连接的散热面，如图 5-16 所示，利用三极管上的安装孔，可以把合适的散热器与三极管散热面装配到一起。另外，需要在三极管与散热器之间涂上导热膏以提高热传导。

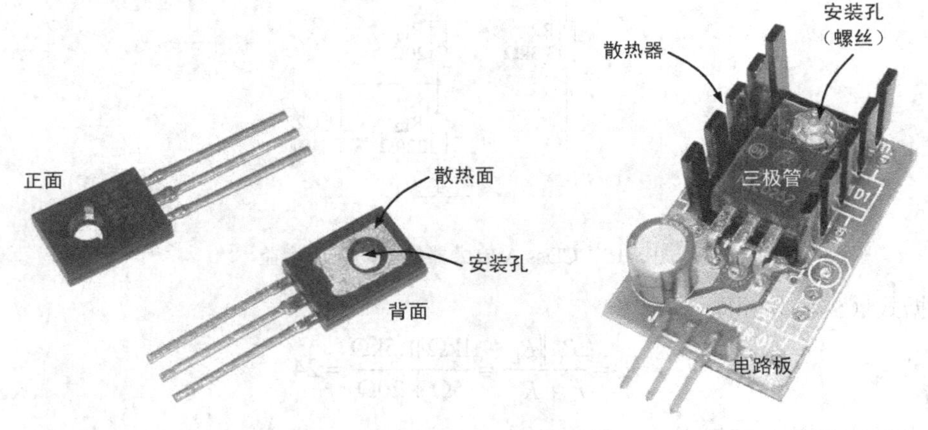

图 5-16　功率三极管与散热器

在一些功率非常大的系统中，如图 5-17 所示的 200W 音频功率放大器，经常会使用一个体积庞大的散热器，并把多个功率三极管同时装配其上。由于某些封装的三极管散热面与某一管脚是导通的，所以会在散热面与散热器之间垫上一层导热绝缘片，以防因短路而造成毁灭性的灾难。另外，为了防止因长时间使用或故障导致的三极管过热问题，通常还会在散热器或三极管上附着一个热敏开关（如图 5-17 所示），当热敏开关检测到温度过高时将切断电源，防止情况进一步恶化而烧毁价格不菲的大功率三极管。

关于散热器的选择问题，由于散热器由专门的厂家生产，有非常多的形状和尺寸供选择。要根据功率器件的发热情况合理地选择，同时还要保证散热器与功率器件能够完美地安装在一起，体积较小的散热器可考虑按图 5-16 那样直接安装在电路板上，并在电路板上

预留好空间；体积较大的散热器就要在机箱内部独立安装，并考虑电路板如何布局能让功率器件顺利地与散热器连接。如果机箱内部空气流动较差，而且散热器发热量较高，还可以考虑使用散热扇来创造对流，尽量减小热量的积聚。

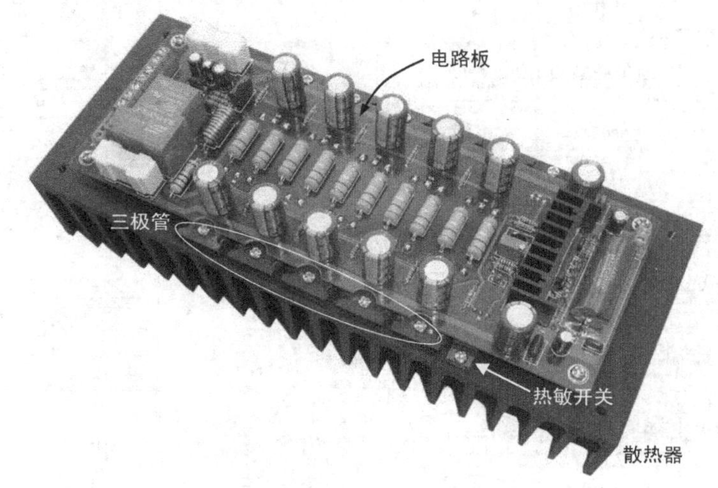

图 5-17　大功率散热实例

第二个实用的内容是三极管的选择问题，说了半天三极管的应用，可是对三极管型号知之甚少。附录 J 给出一些常用三极管的型号及简单参数，供应用时参考。由于自 20 世纪以来，世界上许多生产商包括我国的生产商设计制造出数以万计不同型号的三极管，有的早就停产，有的正在慢慢消失，而新型号又不断出现，所以要想给出一个非常完整的三极管型号表比较困难。更好的办法是到搜索引擎中直接寻找适合参数的器件，比如需要找一个 NPN 型功率三极管，其 I_C=5A，于是在 www.google.co.uk 中输入 transistor NPN 5A，如图 5-18 所示，就会有许多具体的型号出现在搜索结果中（图 5-18 中画圈部分），同时还可以用型号+datasheet 为关键词搜索到相应的器件手册，从而获得更确切和完整的信息，以综合比较是否符合电路要求。

6. 与功率有关的问题之二：输出功率及效率

当 Q 点在 AC 负载线中央时，Class A 放大器获得最大的输出信号。此时 c 极电流的最大摆动范围为 0~I_{CQ}、c-e 极间电压的最大摆动范围为 0~V_{CEQ}，所以有效输出功率为：

$$P_{out}=\left(0.707I_{CQ}\right)\times\left(0.707V_{CEQ}\right)=0.5I_{CQ}V_{CEQ} \tag{5-6}$$

而整个 Class A 放大器“吃掉”的功率——输入功率由电源提供的电压 V_{CC}，以及电流 I_{CQ}（近似等于）决定。而当 Q 点在 AC 负载线中央时可认为 $V_{CC}\approx 2V_{CEQ}$，所以输入功率为：

$$P_{DC}=I_{CQ}V_{CC}=2I_{CQ}V_{CEQ}$$

于是当 Q 点在 AC 负载线中央时，Class A 放大器的最大效率为：

$$\eta_{max}=\frac{P_{out}}{P_{DC}}=\frac{0.5I_{CQ}V_{CEQ}}{I_{CC}V_{CC}}=\frac{0.5I_{CQ}V_{CEQ}}{2I_{CQ}V_{CEQ}}=\frac{0.5}{2}\times 100\%=25\% \tag{5-7}$$

从式（5-7）看，使尽浑身解术设计的 Class A 放大器，其效率也绝不会超过 25%，而其余 75%的能量都白白浪费掉了。

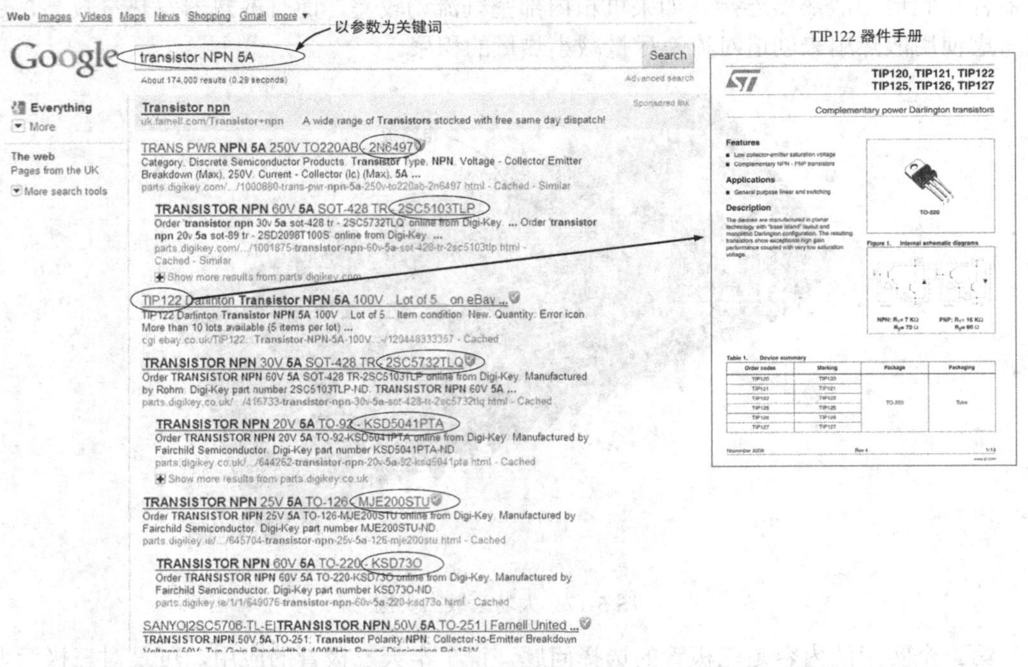

图 5-18　利用互联网获得器件型号及手册

【例 5.4】Class A 放大器的设计及效率计算：设计图 5-19 所示 Class A 放大器的电阻 $R1$、$R2$、R_C、R_E 的阻值，使放大器具备 500mW 的输出功率。选择适当的三极管型号并计算放大器的效率。已知 V_{CC}=+36V、负载 R_L=200Ω。

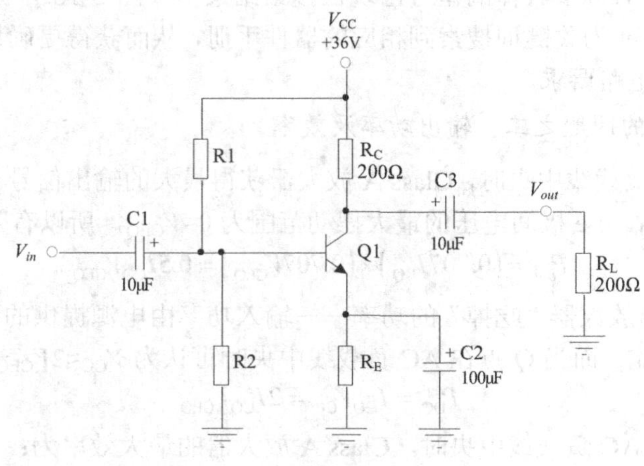

图 5-19　Class A 放大器的设计

从交流等效电路中（如图 4-43 所示）可知，Class A 放大器的输出阻抗即为 c 极电阻 R_C，为了实现阻抗匹配，应该使输出阻抗与负载 R_L 的阻值相等，所以得：

$$R_C=R_L=200\Omega$$

设计要求 Class A 放大器的输出功率为 500mW，根据式（5-6）有：

$$P_{out}=500\text{mW}=0.5I_{CQ}V_{CEQ}$$

化简得关系式：

$$I_{CQ}V_{CEQ}=1\text{W} \tag{5-8}$$

为了获得最大输出信号，根据式（5-3）有：

$$V_{CEQ}=I_{CQ}\left(R_C\|R_L\right)=I_{CQ}\left(200\Omega\|200\Omega\right)=I_{CQ}\cdot 100\Omega \tag{5-9}$$

联立式（5-8）和式（5-9）式，可解出：

$$V_{CEQ}=10\text{V}$$

$$I_{CQ}=100\text{mA}$$

由题意知道：

$$V_{CC}=36\text{V}=V_{CEQ}+I_{CQ}\left(R_C+R_E\right)=10\text{V}+100\text{mA}\left(200\Omega+R_E\right)$$

于是解出 e 极电阻 R_E：

$$R_E=60\Omega\approx 62\Omega$$

根据式（4-10）可计算出 b 极电压 V_{BQ}：

$$V_{BQ}=V_{EQ}+V_{BE}=I_{CQ}R_E+V_{BE}=100\text{mA}\times 60\Omega+0.7\text{V}=6.7\text{V}$$

假设电阻 $R1$=4.7kΩ，根据式（4-7）可求出分压器中另一个电阻值：

$$R2=1.07\text{k}\Omega\approx 1.1\text{k}\Omega$$

根据式（5-5）可计算出静态功耗：

$$P_{DQ}=I_{CQ}V_{CEQ}=100\text{mA}\times 10\text{V}=1\text{W}$$

通过计算可以得到电路的参数：$R1$=4.7kΩ，$R2$=1.1kΩ，R_C=200Ω，R_E=62Ω。且静态工作点为：V_{CEQ}=10V，I_{CQ}=100mA，静态功耗 $P_{DQ}=1\text{W}$。所以在选择三极管时，只要同时满足以下参数的 NPN 型都可以考虑：V_{CEO}>10V、I_C>100mA、P_D>1W，比如 BD135、STX13003 等。

至此，Class A 放大器中的参数已经设计完成，接下来看看设计完成的放大器效率有多少，根据式（5-7）得：

$$\eta=\frac{P_{out}}{P_{DC}}=\frac{P_{out}}{I_{CC}V_{CC}}=\frac{P_{out}}{I_{CQ}V_{CC}}=\frac{500\text{mW}}{100\text{mA}\times 36\text{V}}\times 100\%=13.9\%$$

完成设计后，可把 Class A 放大器在 Multisim 2001 中仿真一下以验证设计的正确性。输入一个 100mV、1kHz 的正弦信号，将得到如图 5-20 所示的输出信号。

5.2.2　Class B 放大器

虽说 Class A 放大器可以实现功率放大，但它有一个致使的弱点是效率不高，最理想的情况下也只有 25%。在全社会都在呼吁节能减排的今天，能量的低效率应用将被视为一种不负责的行为。于是为了寻求效率更高的功率放大器，需要继续学习下去。

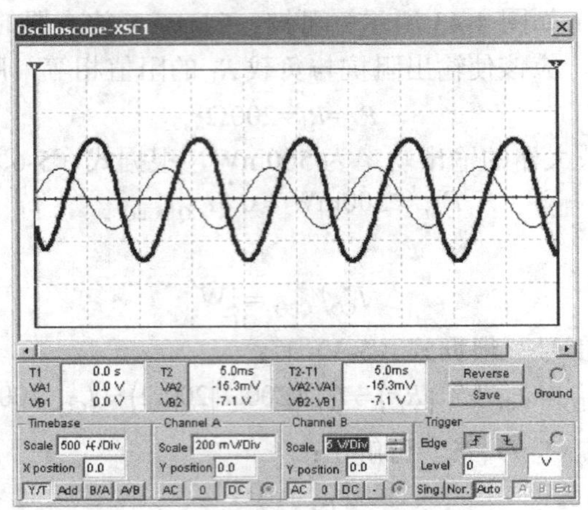

图 5-20　Class A 放大器的仿真结果

Class B 是第二种功率放大器，它的特点在于其 Q 点在 AC 负载线最低点——截止点 $V_{ce(cutoff)}$，如图 5-21 所示，这种放大器的好处是 I_C 可以在一个非常大的范围内（$0\sim I_{c(sat)}$）摆动，使之有非常“强健”的驱动能力。但是，很明显这种放大器对负半周信号根本没有放大的能力——当信号接近 0V 时，放大器就因进入截止区而输出为 0。

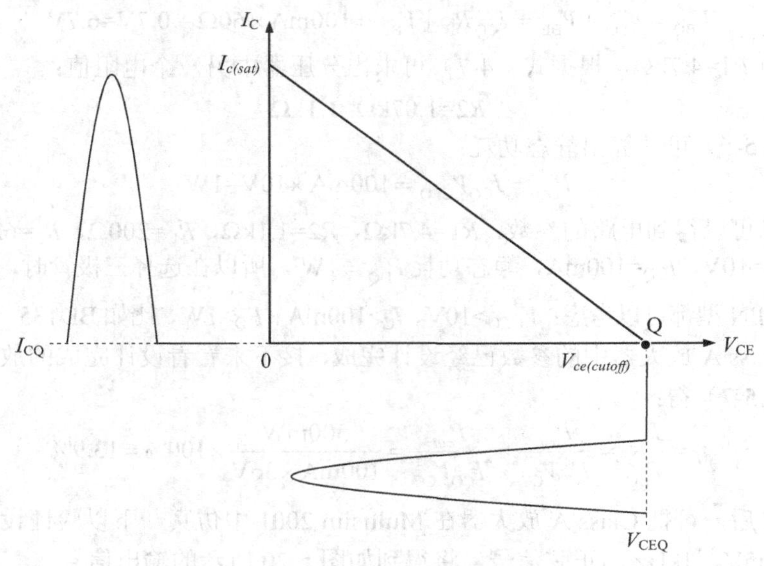

图 5-21　Class B 放大器的 Q 点

Class B 放大器典型电路如图 5-22 所示，它与 e 极跟随器有几分相似。由于没有了偏置电路，在没有输入信号时三极管截止，即静态工作点 I_{CQ}=0，这与图 5-21 所示的 AC 负载线是遥相呼应的。只有当输入信号 V_{in} 的幅度超过 0.7V，即三极管 b-e 极间获得正向偏置时才会进入放大状态，e 极才会有电流通过。当输入信号 V_{in} 降到 0.7V 以下及进入负半周时

三极管截止。所以从输出端看只放大了一半的信号。

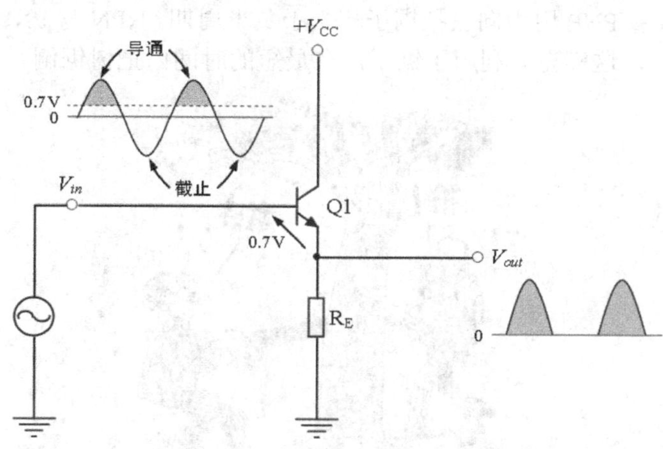

图 5-22　Class B 放大器

有人会问，如果图 5-22 所示的 Class B 放大器不能放大负半周岂不是出现非常严重的失真吗？不要紧，给它配上一个“兄弟”就可以了。

1. 推挽 Class B 放大器

这个“兄弟”就是一个互补三极管，如图 5-23 所示，三极管 Q1 是 NPN 型三极管，而它的“兄弟”——Q2 是一个 PNP 型三极管。PNP 型三极管与 NPN 导通条件正好相反——当 e 极电压比 b 极高 0.7V 时，e 极电流可以流向 c 极。所以，在图 5-23（a）中 NPN 型三极管 Q1 于正半周导通之后，PNP 型三极管 Q2 负半周时导通（如图 5-22（b）所示），从输出端看就可以形成一个完整的正弦信号。

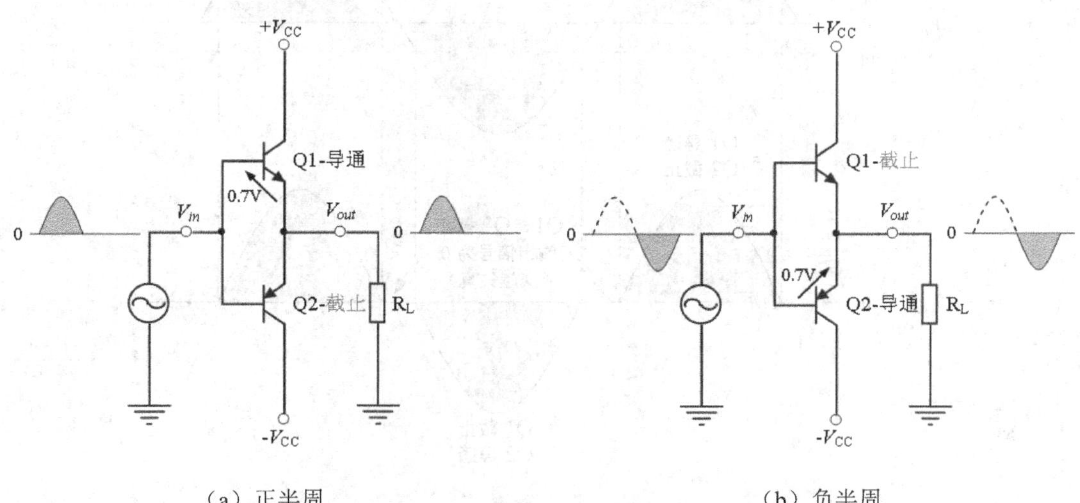

（a）正半周　　　　（b）负半周

图 5-23　推挽 Class B 放大器

图 5-23 这种由 NPN 和 PNP 三极管合作形成的放大器称为推挽 Class B 放大器。推挽

Class B 放大器就好像兄弟两人锯一棵大树一样，如图 5-24 所示，NPN 用力向右拉锯子相当于正半周期，接着 PNP 用力向左拉锯子相当于负半周期。NPN 与 PNP“你推我拉（挽），你拉（挽）我推”，这样充分利用了锯子，在最短的时间内把树锯倒。

图 5-24 推拉（挽）锯树

图 5-23 所示的推挽 Class B 放大器中，输入信号 V_{in} 需大于 0.7V 或小于−0.7V 时，NPN 和 PNP 三极管才分别导通形成输出信号 V_{out}，而在输入信号处于−0.7V~+0.7V 时，两个三极管都截止，如图 5-25 所示，输出信号在此区间内为 0，从而在正、负半周交界处出现了失真，在电子学中称推挽 Class B 放大器的这种失真为交越失真（crossover distortion，或称交界失真）。

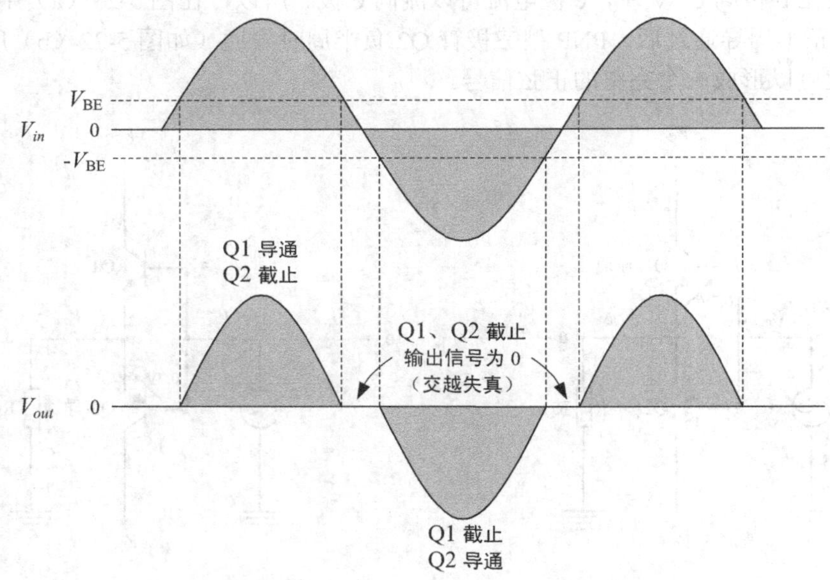

图 5-25 交越失真

交越失真的出现，让推挽 Class B 放大器的形象大打折扣——虽然它能够对正、负半周信号进行放大，但是仍存在小小的遗憾。

【例 5.5】推挽 Class B 放大器的交越失真：在 Multisim 2001 中连接图 5-26 所示的推挽 Class B 放大器，通过仿真观察交越失真。

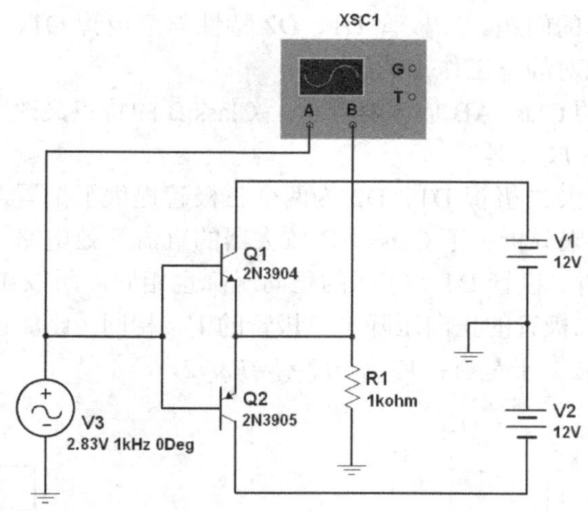

图 5-26　推挽 Class B 放大器仿真电路

信号源设置为 2V、1kHz，打开仿真开关，可从示波器观察窗口中观察到如图 5-27 所示的输入输出波形。在输入信号穿越 0 点前后，输出信号因三极管的截止出现了明显的交越失真。

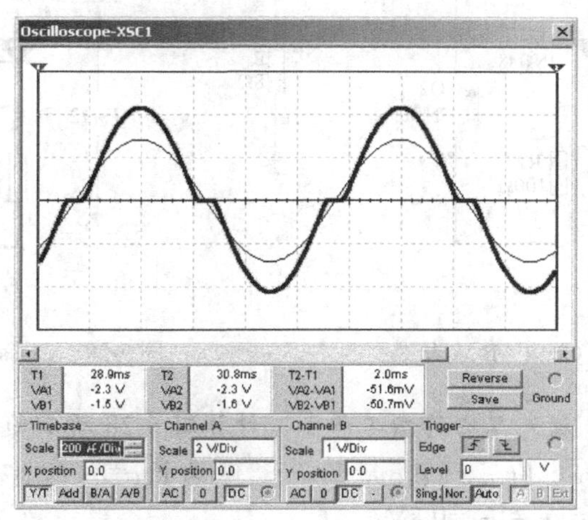

图 5-27　观察交越失真

2. Class AB 放大器

推挽 Class B 放大器之所以出现交越失真，是因为两个三极管（如图 5-23 所示）都没有经过偏置而全靠输入信号将三极管“顶开”而工作。而 5.2.1 节介绍的 Class A 放大器利用分压器偏置电路就可以设定一个静态工作点而不至于出现什么失真，能不能把 Class A 的优点结合到推挽 Class B 中呢？于是有聪明人将 Class A 与推挽 Class B 放大器“嫁接”

到了一起，形成了 Class AB 放大器。

图 5-28 所示是一个典型的 Class AB 放大器电路，利用电阻 R1、R2 及二极管 D1、D2 为两个三极管提供偏置。有了这个偏置电路后，当输入信号幅度接近 0 时也能被三极管放大，从而克服交越失真的问题。二极管 D1、D2 特性与三极管 Q1、Q2 特性匹配的话还可以很好地克服温度变化对静态工作点的影响。

由于图 5-28 所示的 Class AB 放大器继承了 Class B 的特点又改善了失真，所以有时干脆就把它称为“Class B 放大器”。

既然电阻 R1、R2 及二极管 D1、D2 为两个三极管提供了偏置，也就是说创造了良好的静态工作点，于是先来分析一下 Class AB 放大器的直流等效电路，如图 5-29 所示，电阻 R1 与 R2 阻值相同，两二极管 D1 与 D2 的正向压降也相同，所以在 A 点的电压为电源的一半，即 $V_{CC}/2$。如果二极管的正向压降与三极管的 V_{BE} 相同（比如说 0.7V），则两个三极管的 e 极电压也为 $V_{CC}/2$。于是有：$V_{CEQ1}=V_{CEQ2}=V_{CC}/2$。

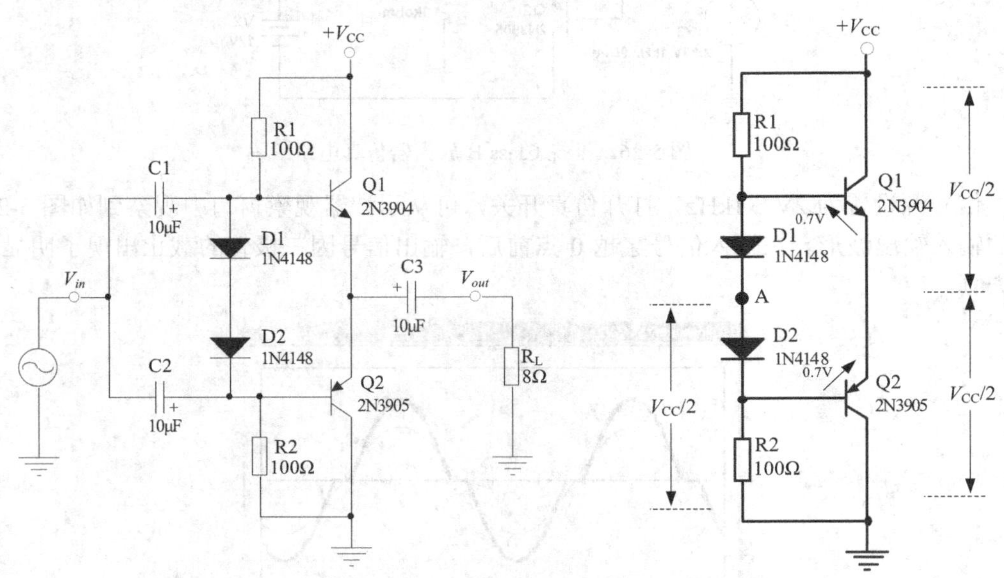

图 5-28　Class AB 放大器　　　　图 5-29　Class AB 放大器的直流等效电路

【例 5.6】Class AB 放大器的静态工作点：计算图 5-28 所示的 Class AB 放大器的静态工作点 V_{BQ1}、V_{BQ2}、V_{EQ1}、V_{EQ2}、V_{CEQ1}、V_{CEQ2}。假设 V_{CC}=24V，二极管的正向压降与三极管的 V_{BE} 相等，即：$V_{F1}=V_{F2}=V_{BE}$=0.7V。

由于直流等效电路中耦合电容相当于断开，所以得图 5-29 所示的电路，对偏置电路进行分析知道，流经 R1、D1、R2、D2 的总电流为：

$$I_{TOT}=\frac{V_{CC}-V_{F1}-V_{F2}}{R1+R2}=\frac{24V-0.7V-0.7V}{100\Omega+100\Omega}=113mA$$

所以可得到 b 极的静态工作点：

$$V_{BQ1}=V_{CC}-I_{TOT}R1=24V-113mA\times100\Omega=12.7V$$

$$V_{BQ2} = V_{BQ1} - V_{F1} - V_{F2} = 12.7V - 1.4V = 11.3V$$

由于 V_{BE}=0.7V，于是：

$$V_{EQ1} = V_{EQ2} = V_{BQ1} - 0.7V = 12.7V - 0.7V = 12V$$

由于两只三极管是互补管，所以：

$$V_{CEQ1} = V_{CEQ2} = V_{CC}/2 = 12V$$

完成了直流等效电路的分析后，再通过一个实例看看当向 Class AB 注入输入信号时放大器的输出有什么特点。

【例 5.7】Class AB 放大器的交流特性：在 Multisim 2001 中连接图 5-30 所示电路，分别设置信号源 V2 幅度（RMS）为 3V、9V、15V，观察 3 种情况下的输入、输出波形。

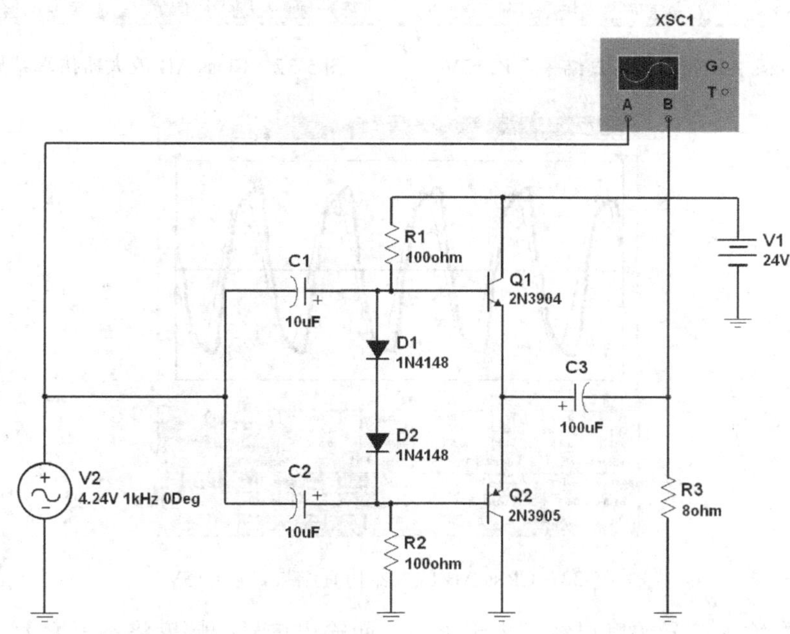

图 5-30 Class AB 放大器仿真

分别设置 3 个不同幅度的输入信号，是为了观察在+24V 电源（V1）供电的 Class AB 放大器输出与输入和电源有没有什么联系。首先设置信号源 V2 为 3V，则输入信号的峰值为 3/0.707=4.24V，打开仿真开关可从示波器观察窗口中观察到图 5-31 所示的输入、输出波形。

从图 5-31 看到，由于 Class AB 放大器中的两个三极管好比两个 e 极跟随器，所以输出信号与输入信号幅度接近。接着，把信号源 V2 设为 9V（峰值 12.73V），打开仿真开关可从示波器观察窗口中观察到图 5-32 所示的输入、输出波形。

从图 5-32 看到，当输入信号的峰值（12.73V）接近并超过 V_{CEQ}（12V）后，输出信号的幅度将“跟不上”输入信号，而受限在 V_{CEQ} 以下。最后，把信号源 V2 设为 15V（峰值 21.21V），打开仿真开关可从示波器观察窗口中观察到图 5-33 所示的输入、输出波形。

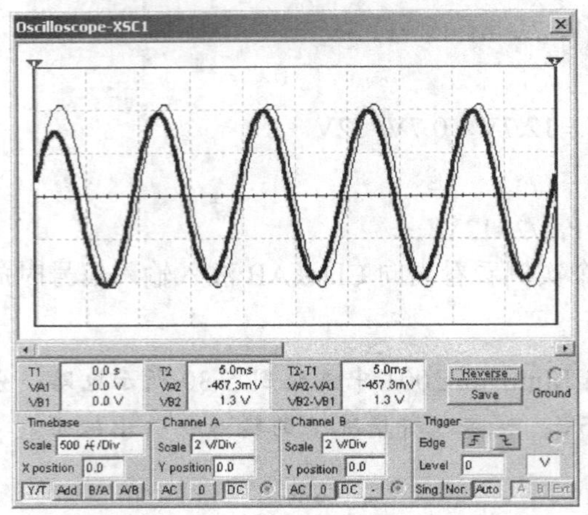

图 5-31　Class AB 放大器仿真结果，V_{in}=3V

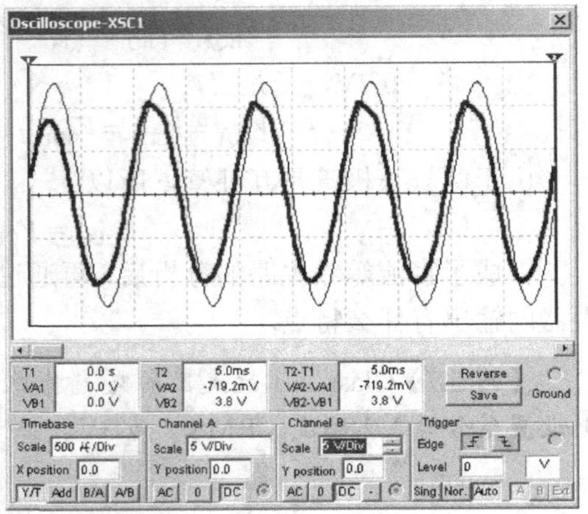

图 5-32　Class AB 放大器仿真结果，V_{in}=9V

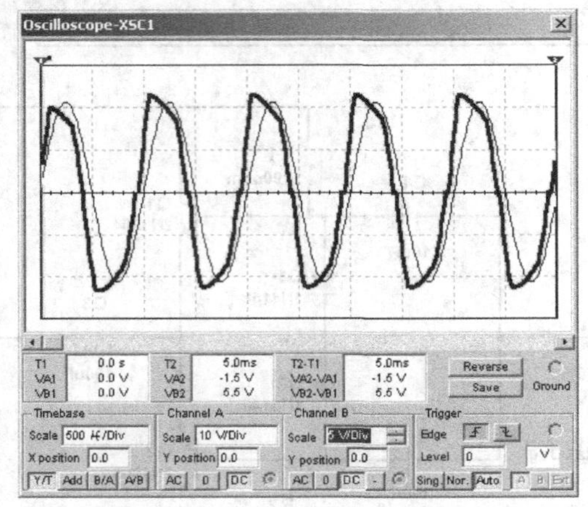

图 5-33　Class AB 放大器仿真结果，V_{in}=15V

图 5-33 中输入信号幅度已经远大于 V_{CEQ}，而输出信号的幅度将不再增大，接近但永远不会超过 V_{CEQ}。当输出信号很接近 V_{CEQ} 时，也就是负载 R_L 获得最大电流的时候，这个最大电流即 AC 负载线在 I_C 坐标轴上的交点——$I_{c(sat)}$，于是有：

$$I_{c(sat)} \approx \frac{V_{CEQ}}{R_L} \tag{5-10}$$

3. Class AB 放大器中的功率问题

刚刚已经知道，Class AB 放大器的最大输出电流为 $I_{c(sat)}$、最大输出电压为 V_{CEQ}，而 $V_{CEQ}=V_{CC}/2$，所以可得有效输出功率为：

$$P_{out} = \left(0.707 I_{c(sat)}\right) \times \left(0.707 V_{CEQ}\right) = \left(0.707 I_{c(sat)}\right) \times \left(0.707 \times \frac{V_{CC}}{2}\right) = 0.25 I_{c(sat)} V_{CC}$$

即：

$$P_{out} = 0.25 I_{c(sat)} V_{CC} \tag{5-11}$$

由于 Class AB 放大器中每个三极管只在正半周或负半周时工作，只有半个周期，省略推导过程，可得到放大器的输入功率为：

$$P_{\mathrm{DC}}=\frac{I_{c(sat)}V_{\mathrm{CC}}}{\pi}$$

于是可知 Class AB 放大器的最大效率为：

$$\eta_{\max}=\frac{P_{out}}{P_{\mathrm{DC}}}=\frac{0.25I_{c(sat)}V_{\mathrm{CC}}}{\dfrac{I_{c(sat)}V_{\mathrm{CC}}}{\pi}}=0.25\pi\times100\%=79\% \qquad (5\text{-}12)$$

对比 Class A 放大器的最大效率（式（5-7））只有 25%，足见 Class AB 放大器更符合新时代节能减排的目标。

最后补充的是以下用于计算 Class AB 放大器输入阻抗的公式，它将在稍后谈及达林顿 Class AB 放大器时用到。

$$R_{in}=h_{fe}(r_e^{'}+R_{\mathrm{L}}) \qquad (5\text{-}13)$$

【例 5.8】Class AB 放大器的输出功率及效率：计算图 5-28 所示的 Class AB 放大器的输出功率及效率，假设 V_{CC}=24V。

根据式（5-10）得：

$$I_{c(sat)}\approx\frac{V_{\mathrm{CEQ}}}{R_{\mathrm{L}}}=\frac{\dfrac{V_{\mathrm{CC}}}{2}}{R_{\mathrm{L}}}=\frac{\dfrac{24\mathrm{V}}{2}}{8\Omega}=1.5\mathrm{A}$$

于是可得有效输出功率为（式（5-11））：

$$P_{out}=0.25I_{c(sat)}V_{\mathrm{CC}}=0.25\times1.5\mathrm{A}\times24\mathrm{V}=9\mathrm{W}$$

而输入功率为：

$$P_{\mathrm{DC}}=\frac{I_{c(sat)}V_{\mathrm{CC}}}{\pi}=\frac{1.5\mathrm{A}\times24\mathrm{V}}{\pi}\approx11.46\mathrm{W}$$

根据式（5-12）得 Class AB 放大器的效率为：

$$\eta=\frac{P_{out}}{P_{\mathrm{DC}}}=\frac{9\mathrm{W}}{11.46\mathrm{W}}\times100\%=78.5\%$$

4. Class A 驱动的推挽放大器

Class AB 放大器的输入信号由两个电容分别耦合到两个三极管的 b 极（如图 5-28 所示），除了这种输入方式外，还有一种非常常见的利用 Class A 放大器作为驱动的输入方式，如图 5-34 所示，三极管 Q1、Q2 构成的推挽放大器的直流偏置由三极管 Q3 提供，当输入信号 V_{in} 经电容 C1 耦合到 Q3 的 b 极后，在其 c 极上形成与输入信号 V_{in} 相应的信号并成为了推挽放大器的输入信号。由于在交流条件下，二极管的动态电阻非常小，所以作用到 Q1、Q2 的输入信号基本相等（实际中常常视二极管对交流信号短路）。类似图 5-34 所示的 Class A 驱动的推挽放大器被证明能非常有效地与小信号放大器接口对信号进行功率放大。

要想知道图 5-34 的 Class A 驱动的推挽放大器的输出功率，根据式（5-10）、式（5-11）知道需要确定推挽放大器的 V_{CEQ}。先看看三极管 Q3 构成的 Class A 放大器，有：

$$V_{BQ3}=\frac{R2}{R2+R1}V_{CC}=\frac{1k\Omega}{1k\Omega+4.7k\Omega}24V=4.2V$$

$$V_{EQ3}=V_{BQ3}-V_{BE}=4.2V-0.7V=3.5V$$

$$I_{EQ3}=\frac{V_{EQ3}}{R_E}=\frac{3.5V}{33\Omega}=106mA$$

由于I_{EQ3}为推挽放大器提供偏置电流，则推挽放大器的静态工作点为（视二极管 D1、D2 短路）：

$$V_{BQ1}=V_{CC}-I_{EQ3}R_B=24V-106mA\times100\Omega=13.4V$$
$$V_{EQ1}=V_{EQ2}=V_{BQ1}-0.7V=13.4V-0.7V=12.7V$$

于是得：

$$V_{CEQ1}=24V-12.7V=11.3V \qquad V_{CEQ2}=12.7V$$

取较小者$V_{CEQ1}=11.3V$作为V_{CEQ}代入式（5-10），可得到：

$$I_{c(sat)}\approx\frac{V_{CEQ}}{R_L}=\frac{11.3}{8\Omega}=1.41A$$

于是可得有效输出功率为（式（5-11））：

$$P_{out}=0.25I_{c(sat)}V_{CC}=0.25\times1.41A\times24V=8.46W$$

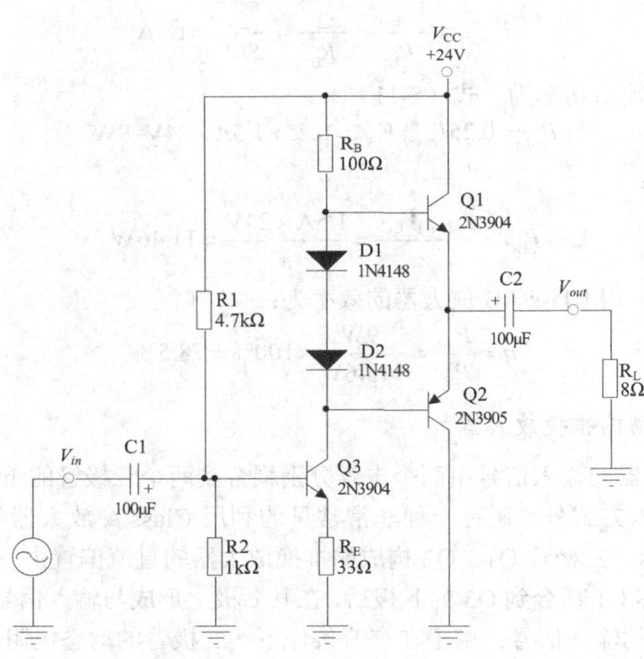

图 5-34 Class A 驱动的推挽放大器

5. 达林顿 Class AB 放大器

还记得4.4.4节中利用达林顿管来提高e极跟随器的输入阻抗吗？如果用达林顿管取代

三极管将获得非常高的输入阻抗和增益——这个伏笔对提高 Class AB 放大器的性能有非常大的帮助。

如果 Class AB 放大器作音频放大使用，也就是作为图 5-3 系统框图中的功率放大器，它常常需要驱动扬声器。而作为 Class AB 放大器负载的扬声器，其阻抗非常低，一般只有 4Ω、6Ω、8Ω 等几种，其中又以 8Ω 最为常见。所以，如果用式（5-13）计算一下 Class AB 的输入阻抗得（假设 $h_{fe}=50$、$r_e^{'}=5\Omega$）：

$$R_{in}=h_{fe}(r_e^{'}+R_{\rm L})=50\times(5\Omega+8\Omega)=650\Omega$$

当我们为多媒体音箱兴高采烈地设计了一个电压增益比较满意的小信号放大器，准备要把 Class AB 放大器作为功率放大器与之级联时，Class AB 放大器的输入阻抗成为了小信号放大器的负载 $R_{\rm L}$，根据共 e 极小信号放大器电压增益的计算式 $A_v=\dfrac{R_{\rm C}\|R_{\rm L}}{r_e^{'}+R_{\rm E1}}$（式（4-17））我们立刻傻了眼，因为 Class AB 放大器的输入阻抗，特别是较低的输入阻抗会拖累小信号放大器的电压增益——$R_{\rm L}$ 的低下造成 $R_{\rm C}\|R_{\rm L}$ 较小而致使小信号放大器电压增益“跳楼”。

为了解决这个问题，想到了达林顿管，因为它是治疗放大器输入阻抗低下的“良药”。用达林顿管替换三极管，可以得到达林顿 Class AB 放大器的电路，如图 5-35 所示，由于相当于有 4 个三极管，所以使用了 4 个二极管 $D1\sim D4$ 来匹配。因为达林顿管有较高的 $h_{\rm FE}$ 和 h_{fe}，如果再用式（5-13）计算一下图 5-35 所示放大器的输入阻抗得（假设 $h_{fe}=2500$、$r_e^{'}=5\Omega$）：

$$R_{in}=h_{fe}(r_e^{'}+R_{\rm L})=2500\times(5\Omega+8\Omega)=32.5{\rm k}\Omega$$

有了这个较高的输入阻抗，将能和小信号放大器很好地“协作”实现阻抗匹配，从而实现小信号放大器与功率放大器级联对信号放大，并驱动功率负载的功能。

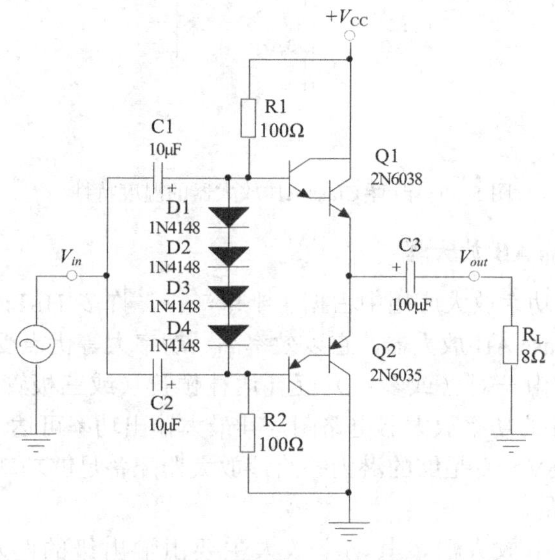

图 5-35　达林顿 Class AB 放大器

改善 Class AB 放大器的温度特性

Class AB 就是为大功率负载服务的，也就是说它工作时会经过较大电流。电路中的三极管或达林顿管发热是较厉害的，因此这种功率放大器几乎都会配置散热器。因为三极管或达林顿管本身的发热，会导致 V_{BE} 的下降，进而影响静态工作点使放大器出现失真。所以，我们常常在 Class AB 放大器的两个三极管的 e 极上各串联一个电阻 R_3、R_4 来改善放大器的温度特性，如图 5-36 所示。

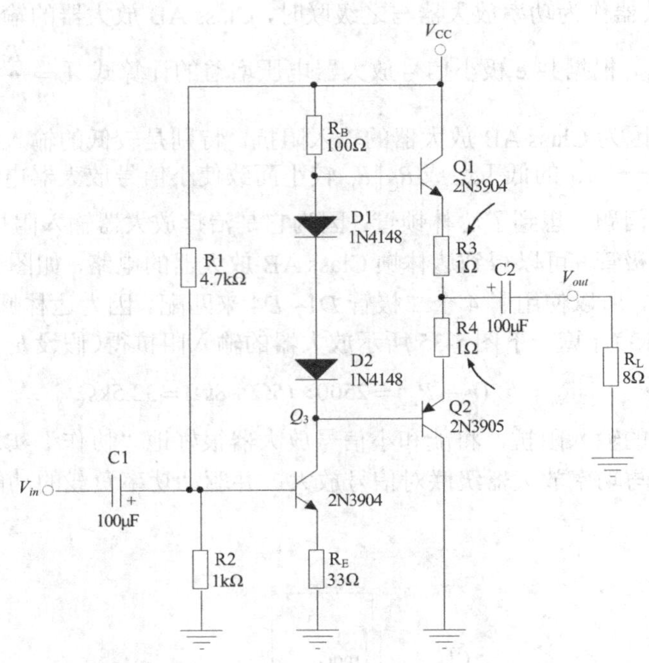

图 5-36 改善 Class AB 放大器的温度特性

6. 现实当中的 Class AB 放大器

Class AB 放大器在功率放大应用中占据了半壁江山，许多 Hi-Fi 音响系统中的功率放大器部分都是使用的 Class AB 放大器，它以效率高、功率大等优点受到人们的喜爱。其最大的特点就是在输出级由一对（或多对）互补达林顿管（或三极管）进行推挽输出，如图 5-37 所示是一个实际的功率放大器电路图，其最大输出功率可达 300W。300W 是什么概念呢？如果电源（±68V）有足够的潜力并给该放大器配备足够功率的扬声器，把家里的玻璃窗震碎是没有问题的。

图 5-37 所示的功率放大器，其功率放大主要由输出级的两对互补大功率三极管 MJ15004（图中的 Q13、Q14 是两个 MJ15004 并联）和 MJ15003（图中的 Q16、Q17 是两个 MJ15003 并联）实现，图中还有这对互补三极管的外观。从这对三极管的技术手册可以

查到，它的 c 极可经受高达 20A 的电流，其额定功率达到 250W，可谓三极管中的“巨人”。

图 5-37 是一个声道的放大器，将其直接复制就可以实现立体声信号的功率放大了。再加上一个优秀的前置放大器（小信号放大器）就可以组成一个不错的音响系统。关于图 5-37 中器件的具体参数及电源电路可参考附录 K。

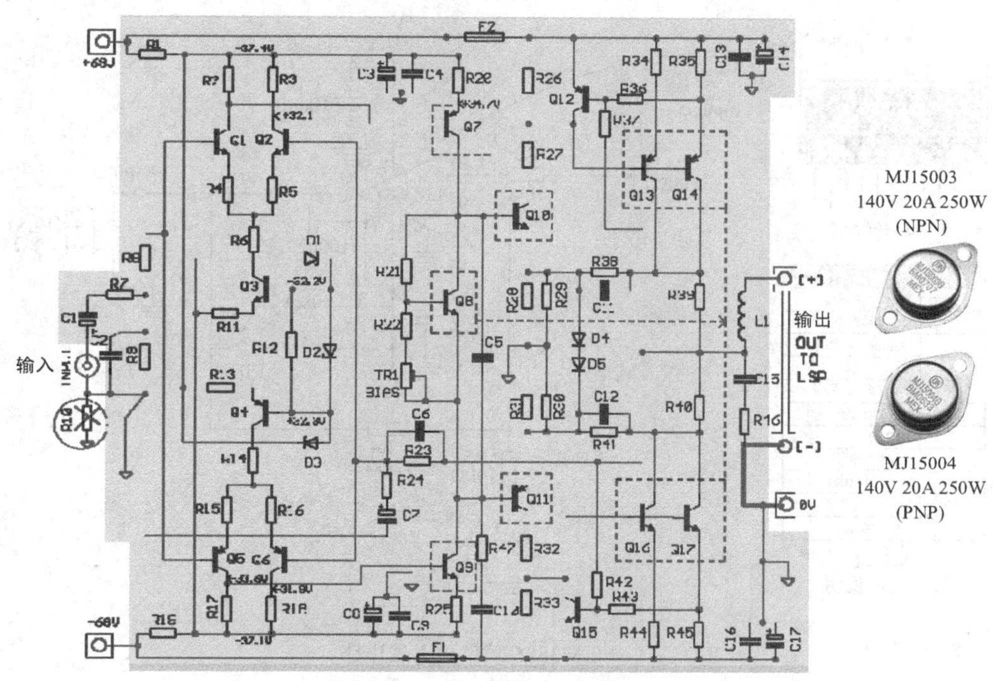

图 5-37　Class AB 放大器

从图 5-37 及附录 K 看得出来，一个高品质的大功率 Class AB 放大器其电路结构是非常复杂的。说句不夸张的话，如果本书是大家看的第一本介绍电子电路的书，那恐怕还至少需要 3 年系统地学习电路分析、电子器件、电路实验等方面的知识才有可能开始谈设计类似图 5-37 的放大器。这个预言虽然让人泄气，但好在制作一个大功率的功率放大器却只需要 3 个星期甚至更短的时间。

于是，“懵懂地”制作一些实用电路，包括本章介绍的多媒体音箱，将是一个非常好的学习电路的开始。因为对于初学者来说，制作远比设计容易得多。此外，通过“懵懂地”制作，还能在制作成功的喜悦心情中收获不少电路知识及学习的热情。

鉴于此，暂时撇开类似图 5-37 所示的功率放大器，因为从附录 K 中知道它涉及的元器件太多了。为了在最短的时间内，比如说一个星期完成多媒体音箱的制作，就需要另辟蹊径，找到一个既实现功能，又适合刚开始练手制作的方式。这个方式就是使用集成电路。

图 5-37 中，阴影部分是错综复杂的各种元器件，但是在阴影部分之外不过是电源、输入、输出等几个放大器与外界“沟通”的接口。能不能找到一个集成了阴影部分诸多器件而只留下一些端口供连接电源、输入信号、扬声器等使用的集成化电路呢？答案不但是肯定的，而且是非常丰富的。如图 5-38（a）所示就是一种解决的办法，其中使用了集成功率

放大器 LM3886 作为核心放大器件。在 LM3886 的内部集成了许多三极管、电阻、电容等器件，这些器件经过精心设计形成一个性能优良的功率放大器集成电路（或者叫"功率放大器芯片"）。于是如图 5-38（a）所示，将数量有限的几个电阻、电容等与 LM3886 的管脚连接就构成了一个最大功率为 68W 的功率放大器。

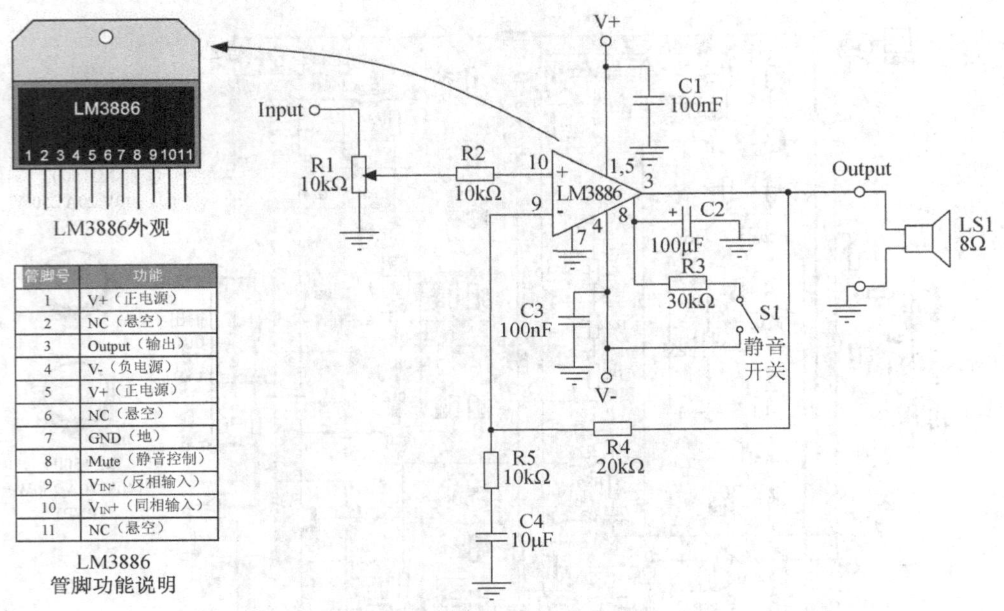

管脚号	功能
1	V+（正电源）
2	NC（悬空）
3	Output（输出）
4	V-（负电源）
5	V+（正电源）
6	NC（悬空）
7	GND（地）
8	Mute（静音控制）
9	V_{IN}-（反相输入）
10	V_{IN}+（同相输入）
11	NC（悬空）

（a）LM3886 功率放大器电路

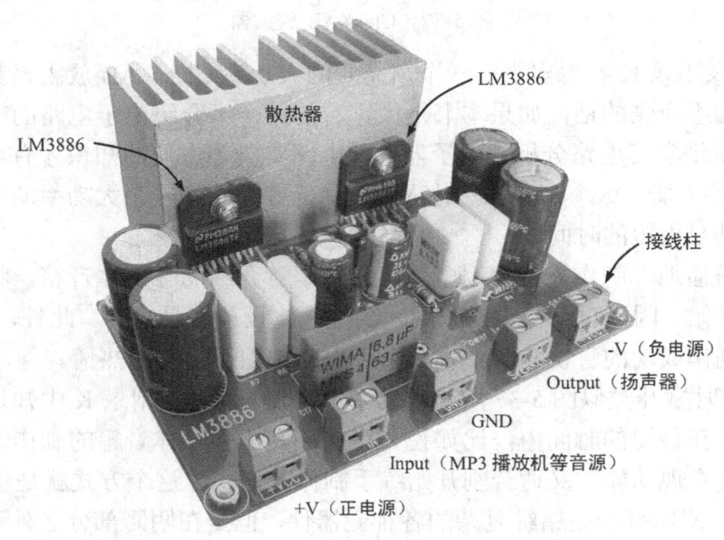

（b）应用 LM3886 的功率放大器成品电路板

图 5-38　68W 功率放大器 LM3886

图 5-38（a）中还描绘了 LM3886 集成功率放大器的外观及管脚功能说明，其 11 个管脚中有 3 个管脚（2、6、11 管脚）在应用中悬空，而 1 和 5 管脚都是 V+接正电源，4 管脚是 V-接负电源，7 管脚是 GND 接地端。按照图示电路给这些管脚供电后电路就具备了功率放大的能力，这时把输入信号接到 Input 端（输入端）、扬声器 LS1（负载）接到 3 管脚 Output，就完成了一个功率放大器的组建。

图 5-38（a）中电位器 R1 可以调节音量，开关 S1 是静音开关。

无论从哪个角度来说，图 5-38（a）所示的功率放大器电路都要比图 5-37 使用一个个独立器件构成的功率放大器电路来得简单。不仅如此，由于 LM3886 是一个经过精心设计的集成功率放大器产品，不需要任何调试就可以工作。相比之下，拥有诸多三极管、电阻、电容、由独立器件构成的功率放大器在设计及制作时不仅需要保证单个器件的质量良好，且制作完成后要进行调试才能正常工作。

图 5-38（a）只给出了一个声道的电路，另一个声道照样复制就可以了。最终应用 LM3886 的功率放大器成品电路板如图 5-38（b）所示，其中由两个完全相同的电路实现立体声功率放大。只要按照图中说明，在接线柱上接入相应的电源、输入信号、扬声器等就可以立即工作。

如果感兴趣，可以到网上下载 LM3886 的技术手册，其中有该集成功率放大器的详细介绍及其内部电路图。

琳琅满目的集成功率放大器

有的朋友会提出这样一个问题，虽然 LM3886 简捷的应用可以快速形成一个属于自己的功率放大器，但是其功率只有 68W，并不比图 5-37 所示的分立器件构成的功率放大器功率来得大（虽然 68W 的放大器也有足够能力打扰邻居的了）。的确，要想达到 300W 甚至更高的输出功率，集成功率放大器的选择不是特别多，这是因为大功率三极管要经过大电流，一般体积都比较大，不适合集成在一个体积有限的集成电路中。而在 100W 以下却有许多型号的集成功率放大器芯片供选用，以快速制作一台功率放大器，如图 5-39 所示。

LM386(1W 5~18V)*

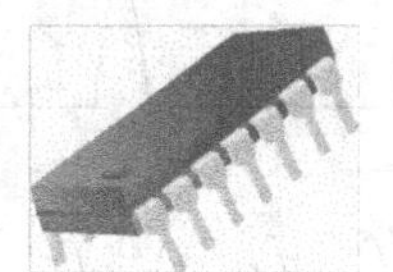
LM380(2.5W 10~22V)

LM4752(10W 9~40V)

TDA7240(20W 18~28V)

LM4765(30W 20~64V)

LM4766(40W 20~60V)

TDA7293(100W ±12~±50V)

*括号内为放大器的最大功率及工作电压范围，括号外为芯片型号

图 5-39　Class AB 集成功率放大器芯片

5.2.3 Class C 放大器

Class C 放大器的效率最高可达 99.9%，明显比 Class A、Class AB 都要高。换句话说，Class C 放大器可获得更高的输出功率。但是因为 Class C 放大器的输出信号有比较严重的失真，所以它一般不会用在音频放大电路中，而是常常出现在一些特定的场合，如调谐放大器等射频电路中。

如图 5-40（a）所示是一种典型的 Class C 放大器电路，它的最大特点是三极管 c 极上的 LC 并联电路，从 2.3.2 节的知识知道该 LC 并联电路的谐振频率为 $f_o = \dfrac{1}{2\pi\sqrt{L1C2}}$，当三极管 c 极有一个很短的脉冲周期信号出现时，LC 并联电路则开始发生振荡而在输出端出现正弦信号，如图 5-40（b）所示。这说明在输入信号的作用下，LC 并联电路出现振荡而在输出端形成了输出波形。

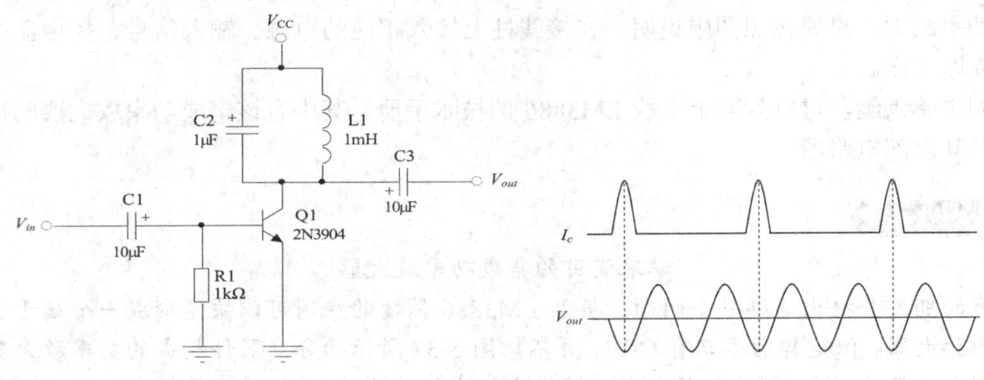

（a）调谐 Class C 放大器　　　　（b）输出信号

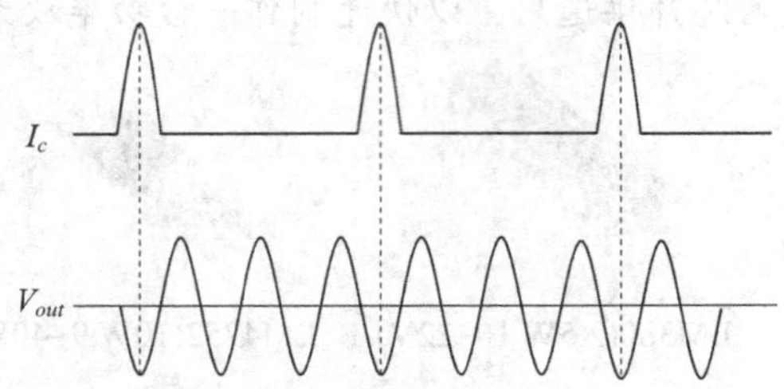

（c）当 LC 并联电路谐振频率为输入信号的 3 倍时

图 5-40　Class C 放大器

再考虑这样一个问题，在图 5-40（b）中，输入信号第一个波形，也就是图中 I_C 的第一个脉冲“激起”了 LC 并联电路的振荡，随后出现一个阻尼振荡。如果输入信号没有第二个波形，输出信号 V_{out} 会因阻尼而“越振越小”，最后消失。但是如果 LC 并联电路谐

振频率 f_o 与输入信号 V_{in} 的频率成谐波关系，即 LC 并联电路谐振频率 f_o 是输入信号 V_{in} 频率的整数倍，则输入信号就可以在 LC 并联电路振荡信号在波谷时给它一个策动，从而使之继续振荡。如图 5-40（c）所示为 LC 并联电路谐振频率 f_o 为输入信号频率 3 倍时的输出波形，可以看到当输入信号的第一个脉冲使 LC 并联电路开始振荡，3 个阻尼振荡波形之后，输入信号的第二个脉冲又给 LC 并联电路一个策动，从而又开始了新一轮的阻尼振荡。以此往复，感觉上 Class C 放大器的输出是一个连续的正弦信号。但是很明显，输出信号与输入信号频率不相等。

【例 5.9】Class C 放大器的输入与输出：在 Multisim 2001 中连接图 5-41 所示的调谐 Class C 放大器，已知输入信号 V2 频率为 1kHz，确定 LC 并联电路参数使放大器输出频率为输入信号的 1 倍、3 倍、5 倍，并观察输入、输出波形。

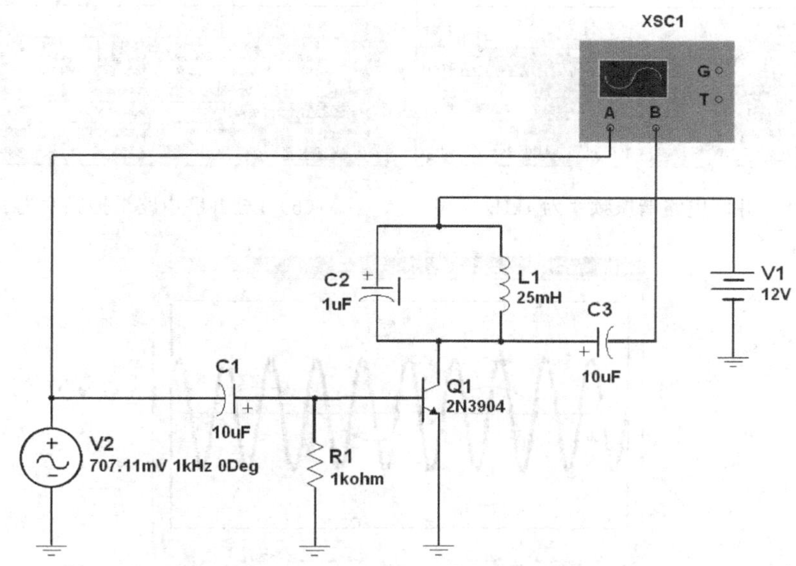

图 5-41　Class C 放大器仿真电路

已知输入信号的频率为 1kHz，根据谐振频率公式 $f_o=\dfrac{1}{2\pi\sqrt{L1\cdot C2}}$，可得到当 LC 并联电路谐振频率为输入信号 1 倍（1kHz）、3 倍（3kHz）、5 倍（5kHz）时，电容 C2 和电感器 L1 的参数如表 5-1 所示（假设电容 C2 容量为 1μF）。

表 5-1　电容 C2 和电感器 L1 的参数

谐振频率/kHz	电容 C2/μF	电感器 L1/mH
1	1	25
3	1	2.8
5	1	1

于是分别按以上参数设置图 5-41 中电容 C2 及电感器 L1 的参数，可得到图 5-42 所示

的仿真结果。从中可以看到，在输入信号的策动下，LC 并联电路形成了 1 倍、3 倍、5 倍于基频的振荡信号。从输出端看，Class C 放大器的输出信号较输入信号有所放大，但是频率受 LC 并联电路的参数影响较大。感兴趣的朋友可以试一下把 LC 并联电路谐振频率调整成与输入信号频率不成整数倍的关系，再看看输入、输出波形的关系。

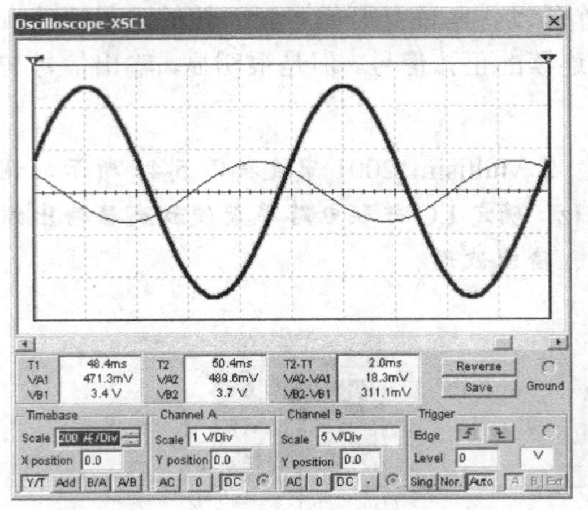

（a）LC 并联电路谐振频率为 1kHz

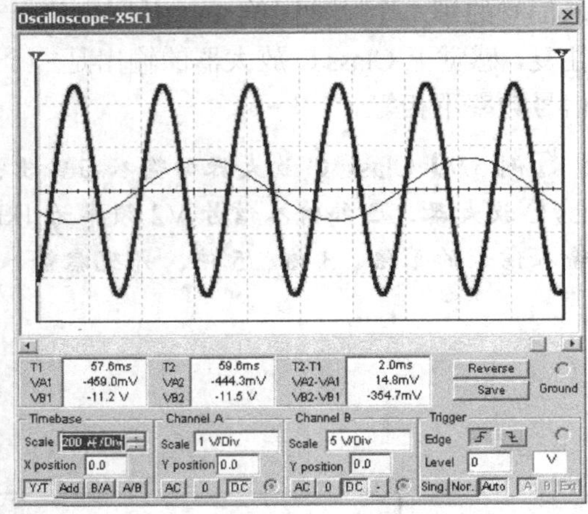

（b）LC 并联电路谐振频率为 3kHz

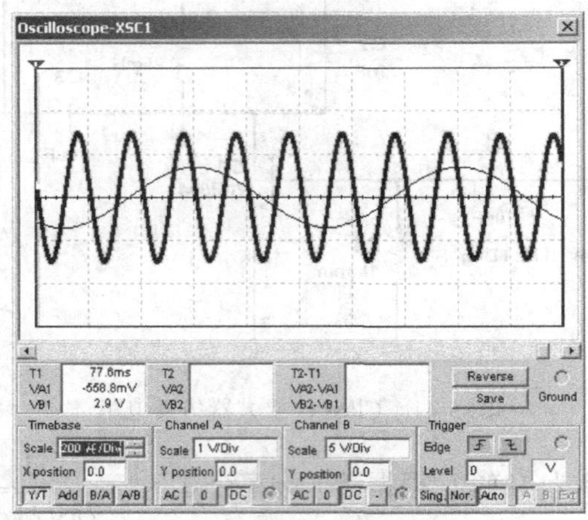

（c）LC 并联电路谐振频率为 5kHz

图 5-42　Class C 放大器仿真结果

5.2.4　Class D 放大器

Class D 放大器与前面 3 节介绍的 Class A、Class B、Class AB、Class C 等放大器有本质的区别，因为它是基于一种被称为开关放大器的结构设计的功率放大器。而 Class A、Class B、Class AB 放大器则是基于线性放大的功率放大器，如图 5-43（a）所示，它们利用三极管的线性放大区将信号进行放大。

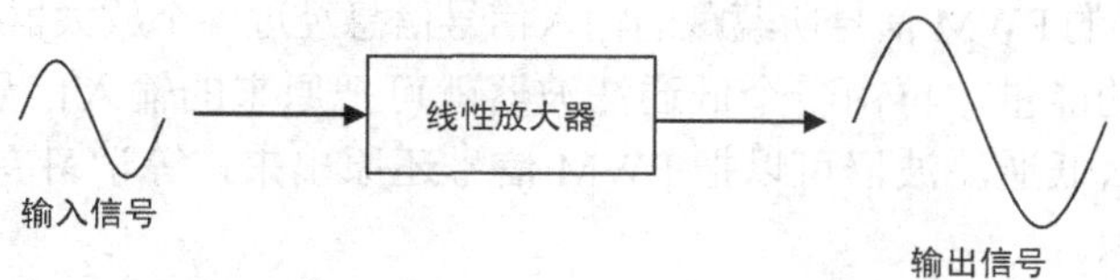

（a）线性放大器

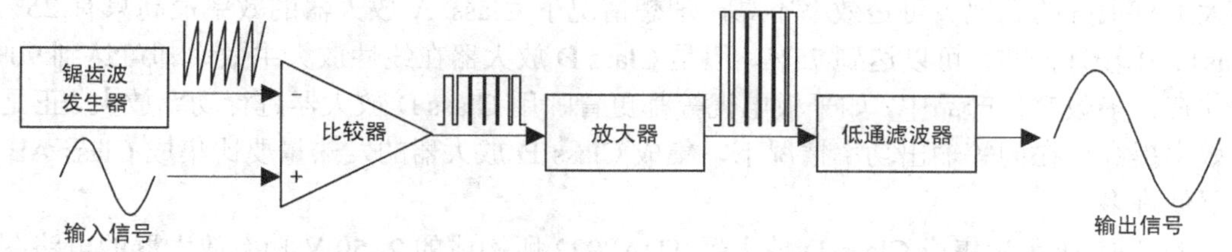

（b）Class D 放大器

图 5-43　线性放大器与 Class D 放大器

相比之下，Class D 放大器的结构就复杂一些了，如图 5-43（b）所示，首先，输入信号与 Class D 放大器内部的一个锯齿波发生器所产生的锯齿波一同进入一个比较器中，当输入信号的幅度比锯齿波信号幅度大时，比较器输出一个高电平，如图 5-44 中的 A-B 段；而当输入信号的幅度比锯齿波信号幅度小时，比较器输出一个低电平，如图 5-44 中的 B-C 段。根据这个规律，比较器输出端将跟随输入信号的变化，形成一个用不同脉冲宽度来表示输入信号幅度的脉宽调制信号，或用更国际化的叫法：PWM 信号。

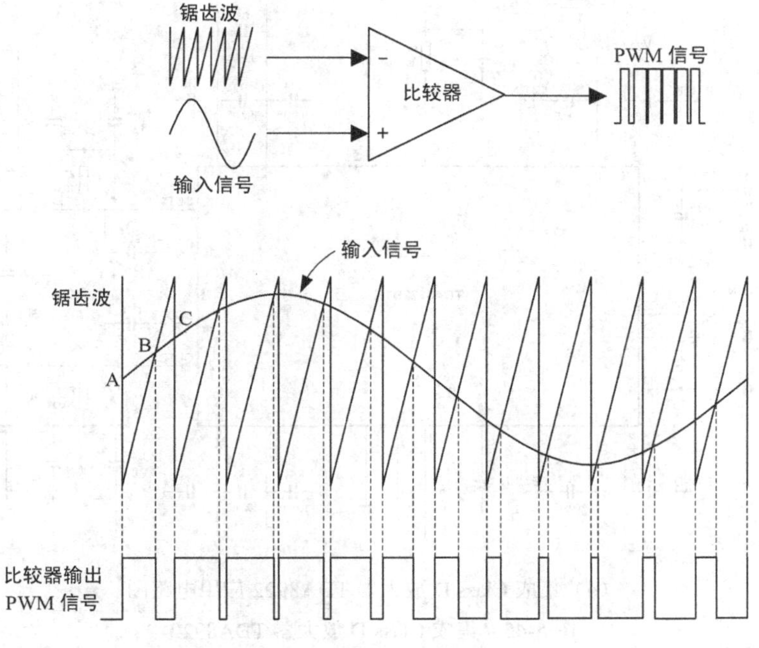

图 5-44　PWM 信号的形成过程

通过比较器获得的PWM信号所蕴藏的输入信号信息经过一个放大器的放大，如图5-43(b)所示，获得了更大的能量，再由一个低通滤波器就可把原来的输入信号还原出来。这里可以先不去理解为什么低通滤波器可以把PWM信号还原出来，等学习完第6、7章之后，就能有更为清楚的认识。

从以上对Class D放大器原理的分析中可以感受到其复杂程度不一般，如此“挖空心思”的设计就是为了能更高效地对信号进行功率放大。Class A或Class AB放大器在线性放大上有很好的表现，可是效率不高，理想情况下Class A放大器的效率最高只有25%，Class AB较好一些，可以达到75%。但是Class D放大器在线性放大中效率却可达到90%，因此在许多数字化产品中，如平板电视等都更青睐用Class D放大器进行功率放大。正是因为效率提高，在同等输出功率情况下，集成Class D放大器的发热量要比集成Class AB放大器低许多。

图5-45所示为集成Class D放大器TDA8922所构成的2×50W功率放大器的电路图及电路板外观（2×50W表示一个TDA8922芯片就可以完成两个声道、每个声道50W的功率放大），由于Class D放大器高效的特性，已经被广泛应用于电视机、车载音响等系统的功率放大中。

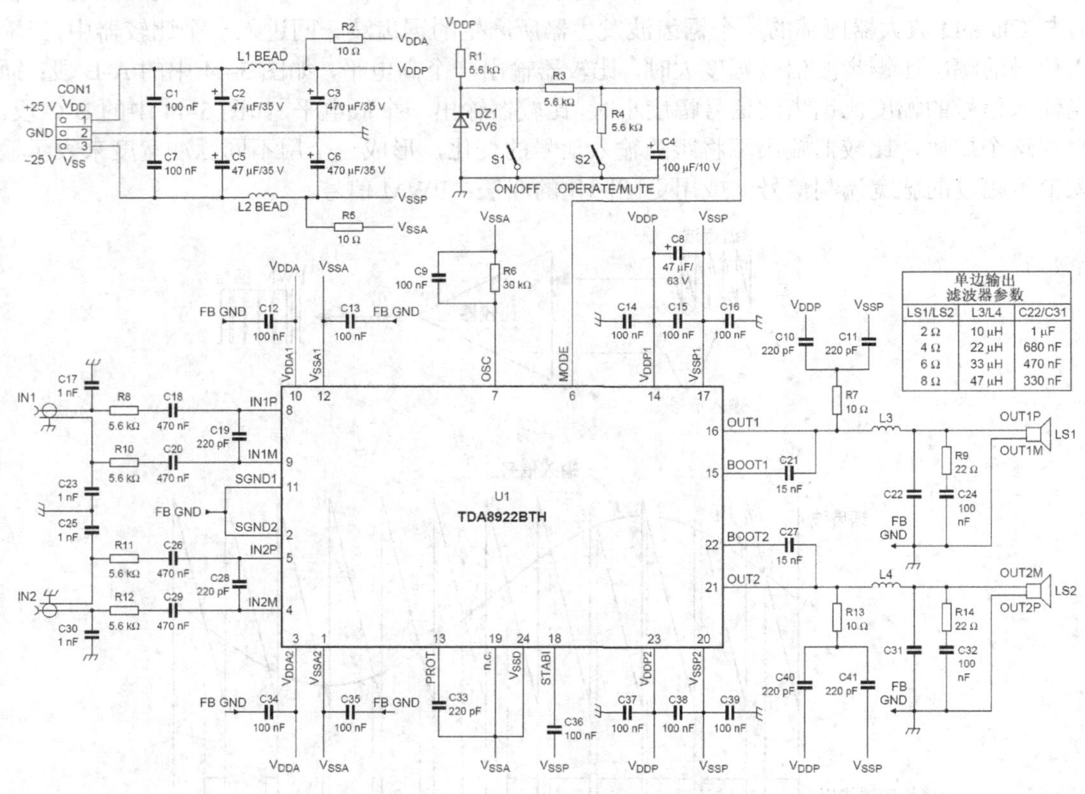

单边输出滤波器参数		
LS1/LS2	L3/L4	C22/C31
2 Ω	10 μH	1 μF
4 Ω	22 μH	680 nF
6 Ω	33 μH	470 nF
8 Ω	47 μH	330 nF

（a）集成Class D放大器TDA8922应用电路图

图5-45　集成Class D放大器TDA8922

（b）TDA8922 功率放大器电路板

图 5-45　集成 Class D 放大器 TDA8922（续）

5.3　多媒体音箱设计及制作

前置放大器 功率放大器　分频器　电源电路及布线　实用音响电路大放送

5.2 节介绍了 4 种类型的功率放大器，除了 Class C 放大器一般不适合用在音频放大电路中外，其他都能用在多媒体音箱中作为主放大器（如图 5-3 所示）。但是 Class A 放大器效率低下一般不在多媒体音箱中使用。另外，Class D 放大器由于结构比较复杂，对于初学电路设计及制作的朋友来说可以迟些再考虑。而 Class AB 放大器是非常好的选择，它的效率一般都可以达到 50%以上。如果想使用分立式器件设计 Class AB 功率放大器，有许多参考方案；如果使用集成 Class AB 放大器，也有非常多的成熟芯片可供选用。所以，本节谈到的多媒体音箱设计及制作选用的是 Class AB 功率放大器。

本节除了介绍多媒体音箱中功率放大器外，还会考虑前置放大器、分频器、电源等音响电路中经常涉及的电路。这些电路的方案非常多，不可能一一谈到，只能介绍一些比较具有代表性的例子。网上、参考书里还有许多其他例子，感兴趣的朋友可以寻找到更多的电路进行比较、筛选来完成多媒体音箱的制作。

通过本章的学习，加上亲自实践，就可以拥有一台性能优良的多媒体音箱。

5.3.1　前置放大器

前置放大器（preamplifier）主要负责将 MP3 播放机输出的微弱信号进行电压放大，使之能被功率放大器进行功率放大，继而驱动负载工作。在音响系统中，特别是进行大功率放大时，功率放大器对输入信号有一定的要求，太弱的输入信号功率放大器是不“理睬”的，所以常常在功率放大器之前增加 1 级或多级前置放大器，将小信号的幅度放大到适合的范围再由功率放大器进行进一步的能量放大。

在中高档多媒体音箱的前面板上，还常常发现音量、低音、高音等调整旋钮，如图 5-46（a）所示，低音旋钮可以提升或抑制扬声器重放时低频部分信号的强度，如果低频部分信号获得加强，就能从扬声器中听到更加饱满和震撼的低音效果；高音旋钮可以提升或抑制高频部分信号的强度，如果高频部分信号获得加强，听到的将是更为高亢和嘹亮的高音效果。在有些高档多媒体音箱或音响系统中还会发现更多类似的调节旋钮，一般称这些提升或抑制某频率段信号强度的功能为均衡器（equalizer）。这与使用计算机中音乐播放软件中的均衡器是一个道理，如图 5-46（b）所示。

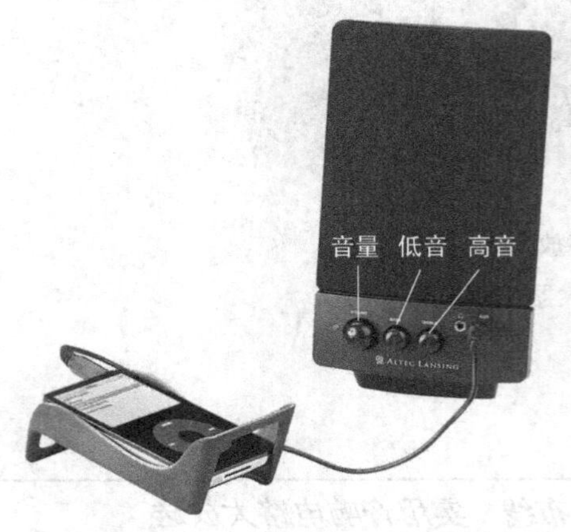

（a）多媒体音箱中的音量、低音、高音调节旋钮

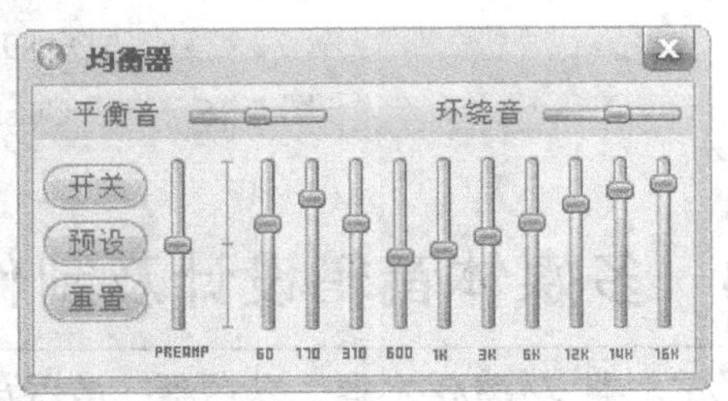

（b）计算机中音乐播放器中的均衡器

图 5-46　均衡器

前置放大器除对小信号放大外，还常常设计由一些额外电路实现图 5-46（a）所示的音量、低音、高音调整功能。而相对前置放大器而言，功率放大器不需要过多的“花拳绣腿”，它只要一心一意地增加输入信号的能量并驱动负载就可以了。

如此看来，前置放大器位于音源与功率放大器之间，如图 5-47 所示，在对小信号进行放大，并实现均衡器功能时应该保证失真系数尽可能小。此外，前置放大器对整个系统的频率特性改善、前期音质的处理和音量的控制都有举足轻重的作用。

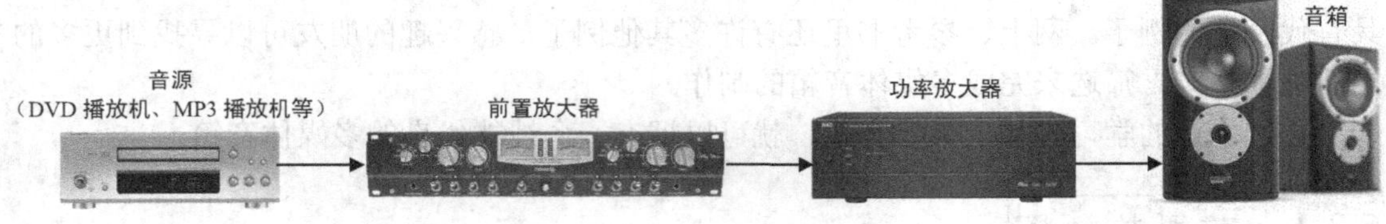

图 5-47　Hi-Fi 音响系统

1. 前置放大器之一：具有简易均衡器功能的三极管前置放大器

除了对小信号放大这个基本功能外，前置放大器的另一个简单功能就是对音量进行控制。如图 5-48 所示是一个非常简单的只用一个三极管构成的前置放大器，音源信号 V_{in} 通过一个分压器（R1 和 R2）进入 c 极反馈偏置共 e 极放大器（4.4.3 节），经过放大后由输出端 V_{out} 送到功率放大器中进行电流放大。该前置放大器由电位器 R5 控制输出的幅度，从而起到音量调节的作用。电容 C1 和 C2 负责信号的输入及输出耦合。注意，该前置放大器

采用双电源供电：$+V_{CC}$=+6V、$-V_{EE}$=-6V。电源的设计稍后将会看到。

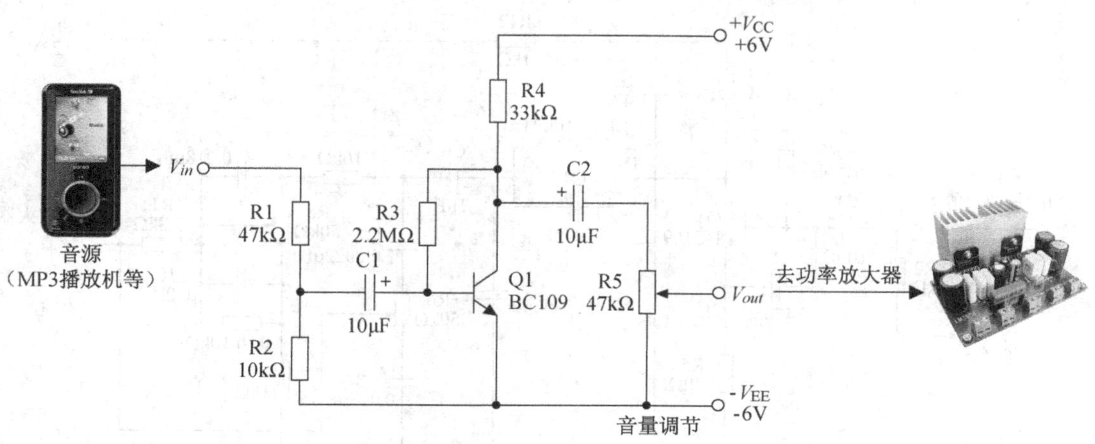

图 5-48　单管前置放大器

恐怕再也没有比图 5-48 更"简陋"的前置放大器了——一支三极管、单一的音量调节功能。为了让多媒体音箱具备简易均衡器的功能，也就是提升或抑制低音和高音，可以在图 5-48 设计的基础上添加低音、高音控制电路，如图 5-49 所示，阴影部分是添加的均衡器电路，其中电位器 R6 用于高音调节，电位器 R9 用于低音调节。均衡器利用的是滤波器原理，将输入信号某频率段进行加强或削弱，这样在功率放大器还原时就可以感觉到低音或高音强度被改变。滤波器的原理将在第 6 章谈到。

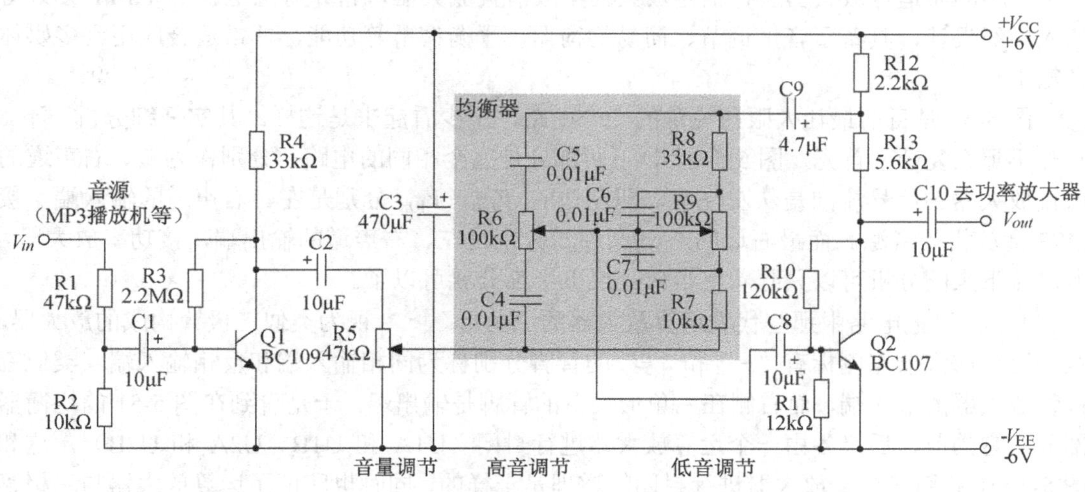

图 5-49　带简易均衡器的前置放大器（双管）

图 5-49 中的三极管 Q2 也构成了一个 c 极反馈偏置共 e 极放大器，它作为均衡器的输出可以起到一定的封闭作用，防止功率放大器输入阻抗不够导致的信号衰减。在均衡器前、后都有一个放大器把它"夹住"，既实现了信号频率的均衡调节，又防止误差的发生。如果功率放大器输入阻抗很大，也可以省略三极管 Q2 构成的放大器，所以电路还可以为

图 5-50 所示的形式。

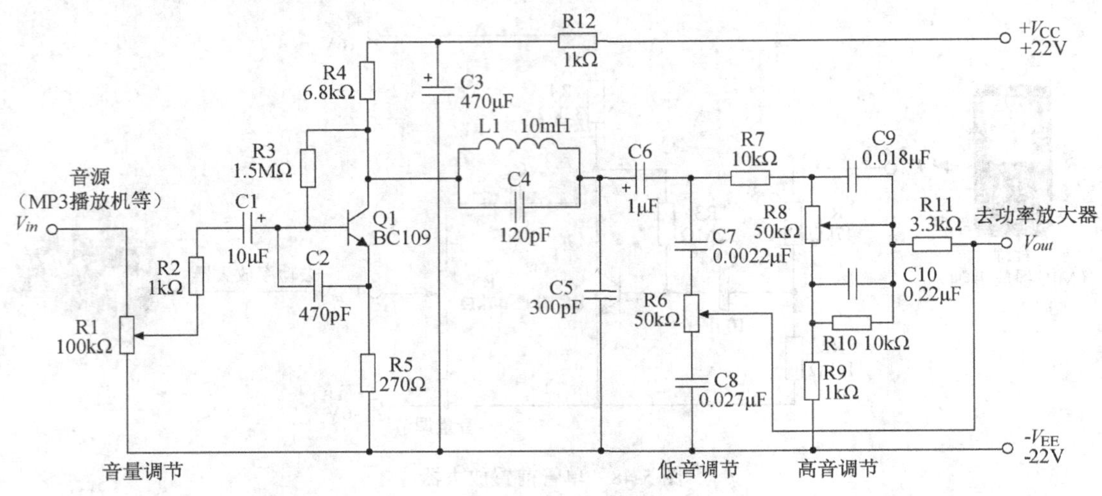

图 5-50　带简易均衡器的前置放大器（单管）

以上几个前置放大器电路都只显示了一个声道的电路，另一个声道照样复制就可以了。

2. 前置放大器之二：集成前置放大器

虽说到了第 7 章才正式学习集成电路，但是继 5.2.2 节谈及集成 Class AB 功率放大器之后，现在还可以来看看利用集成电路帮助构建前置放大器的方法。如图 5-51 所示是一个使用一种叫做运算放大器进行信号放大的集成前置放大器，它算得上是一个 Hi-Fi 爱好者的入门级设计，具备了音量调节、简易均衡器、平衡调节等功能，非常适合应用到多媒体音箱中。

图 5-51 是目前最让人眼花缭乱的一个电路，至少看起来是这样。其实仔细分析一下，它却不那么复杂。首先，图 5-51 上、下两部分是完全相同的电路，分别作为左、右声道的前置放大器。信号流向是从左往右，即左边的 V_{Lin}、V_{Rin} 分别是左、右声道的输入端，接 MP3 播放机等音源。而最右边的 V_{Lout}、V_{Rout} 分别是左、右声道的输出端，接功率放大器。所以接下来的分析可以只盯着上半部分或下半部分就可以了。

其次，可把电路中那些代表运算放大器的三角形（ ）视为类似三极管构成的放大器，这些运算放大器左侧标有“+”和“-”的管脚分别称为同相输入端和反相输入端，类似三极管放大器的输入端，而右侧在三角形尖上的管脚是输出端。于是看到在图 5-51 的均衡器部分，它的前、后级各由一个运算放大器进行封闭（U1A 和 U1B、U2A 和 U2B），这和图 5-49 中利用三极管放大器进行封闭的道理是一样的，同时也印证了运算放大器与三极管放大器功能是相同的。

再次，从左往右看，拿右声道来说（图 5-50 下半部分），从音源过来的输入信号 V_{Rin} 首先经过电阻 R4 进入输入级运算放大器 U2A 进行放大，电压增益为 2（计算方法在第 7 章会介绍）。放大之后的信号通过电阻 R10 进入了均衡器中，其中也是利用滤波器的原理对信号的高频或低频成分进行提升或抑制。均衡器中电位器 R16（R15）为低音调节，电位器 R27（R25）为高音调节。开关 S2（S1）是一个取消均衡控制的开关，一旦闭合，均衡

器将不起作用。

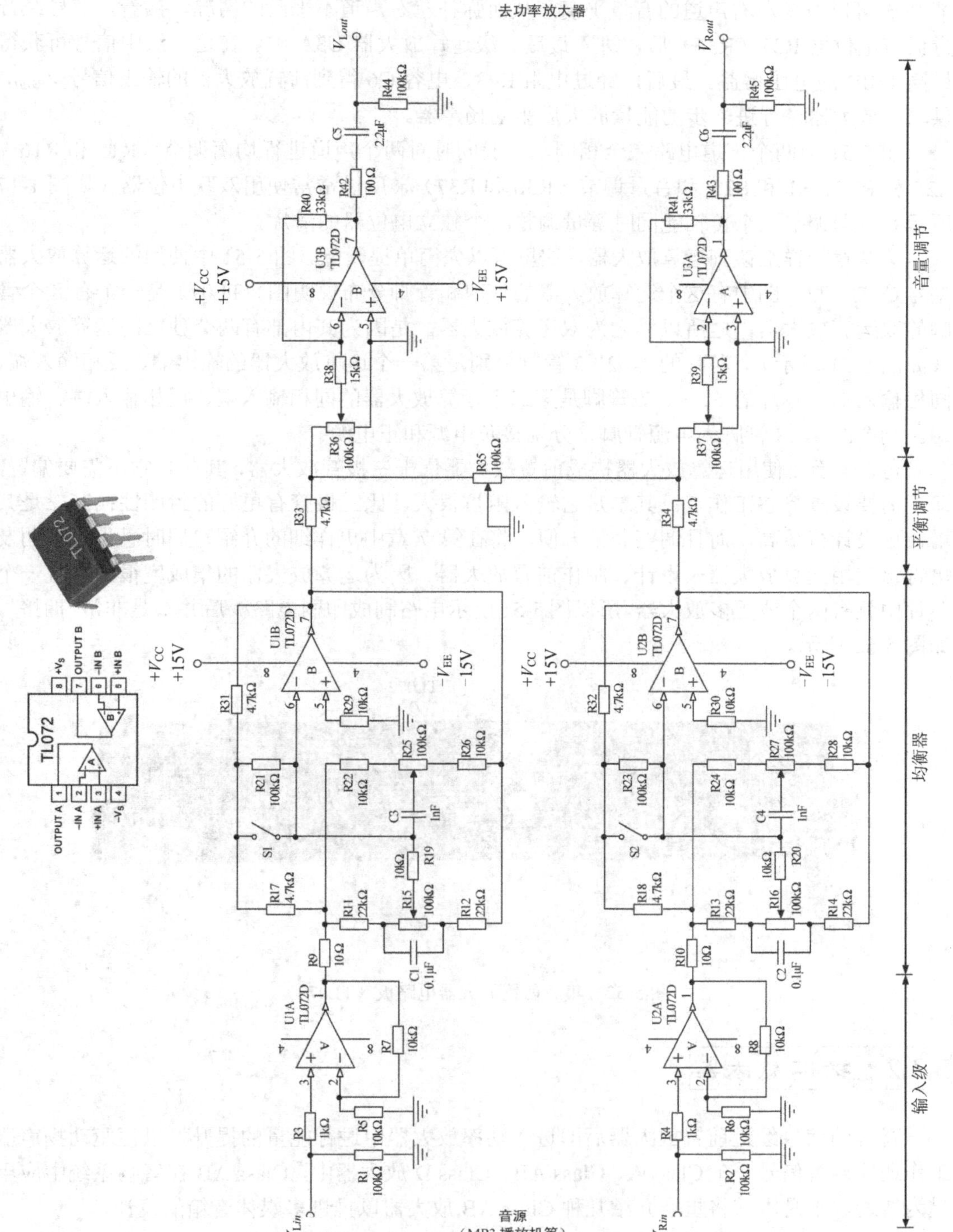

图 5-51　集成前置放大器

信号经过均衡器后，通过第 2 级运算放大器 U2B 后输入到平衡调节电位器 R35 中，调节 R35 可以改变左右声道的音量平衡，从而弥补左右声道不平衡的情况。接着，信号经音量调节电位器 R37（R36）后，进入最后一级运算放大器 U3A 中。在这一级中信号可获得最高 13dB 的电压增益。最后，经过电阻 R43、电容 C6 得到前置放大器的输出信号 V_{Rout}，供功率放大器进行进一步的能量放大后驱动扬声器。

图 5-51 中两个声道电路完全相同，一般同时对两个声道进行均衡调节（R15 和 R16、R25 和 R27、S1 和 S2）和音量调节（R36 和 R37），所以常常使用双联电位器（如图 1-17 所示），即调节一个转轴能同时等量调整两个独立电位器的滑片。

第 7 章会详细谈到运算放大器，这里可以先简单提一下。图 5-51 中使用的运算放大器型号是 TL072，图中有这个运算放大器的外观和管脚分布说明图。TL072 是一个有 8 个管脚的双运算放大器，之所以称之为双运算放大器，是因为其内部有两个独立的运算放大器（如图 5-51 所示），芯片的 1、2、3 管脚分别是第一个运算放大器的输出端、反相输入端、同相输入端；芯片的 5、6、7 管脚是第二个运算放大器的同相输入端、反相输入端、输出端。剩余的 4、8 管脚为电源管脚，分别接负电源和正电源。

可以看到，使用运算放大器构成前置放大器优于三极管放大器，其一是它不需要偏置，即不需要设置静态工作点；其二是它输入阻抗很大，比三极管有更好的封闭性；其三是其增益可设计得很高，而且调整非常方便。将在第 7 章中更详细的介绍，届时恐怕许多朋友更青睐使用运算放大器来设计、制作前置放大器。因为运算放大器的集成度很好，且一个芯片中就有两个或更多放大器，所以图 5-51 所示电路制成印刷电路板后并不是非常“拥挤”，如图 5-52 所示。

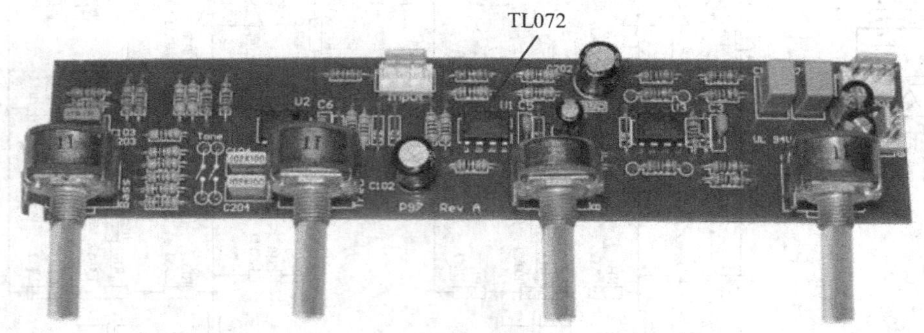

图 5-52　集成前置放大器电路板（TL072）

5.3.2　功率放大器

音源的信号经过前置放大器后即进入功率放大器中进行能量的提升，以便驱动扬声器工作还原声音信号。在 Class A、Class AB、Class D 放大器中，Class AB 在音响系统中应用最为普遍，于是本节将重点介绍几种 Class AB 放大器以推进多媒体音箱的设计。

在选择功率放大器之前需要考虑一个简单的问题，就是扬声器的功率有多大。或者说想要设计的多媒体音箱要震撼到什么程度。在介绍功率放大器时就知道，它的输出功率有

大有小，如果输出功率大于扬声器的额定功率，则扬声器有被损坏的危险，且有“用高射炮打蚊子”的浪费；相反，如果功率放大器输出功率远小于扬声器的额定功率，则扬声器就有些浪费了。

在多媒体音箱的设计中，“量体裁衣”显得很重要。如图 5-53 所示，如果只想制作一台书桌上的、仅供个人在上网聊 QQ 时兼听听音乐的多媒体音箱，功率放大器的输出功率有 10W 就足够了；如果怕吵到邻居、又想在观赏电影时获得稍微震撼一些的音效，输出功率建议设计为 20W；如果在客厅构建一套家庭影院系统又不怕邻居投诉，干脆就使用 100W 的功率放大器；如果在小区里搞一个个人演唱会而使用大功率的舞台音箱则需要功率放大器具有 300W 以上的输出功率。

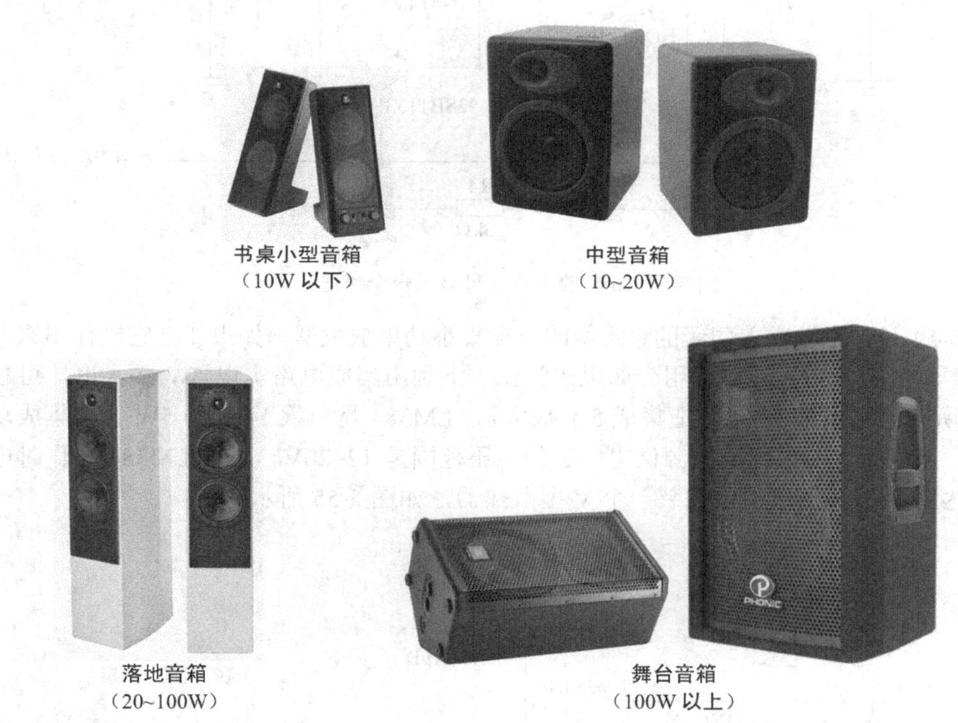

图 5-53　“量”扬声器“裁”功率放大器

1. 小功率放大器

一般把 10W 以下的功率放大器笼统地称为小功率放大器。如图 5-54 所示是一个输出功率仅有 5W 的简易放大器，“麻雀虽小，五脏俱全”。信号的流向还是从左向右，音源从电路左侧的 Input 端输入，可以认为三极管 Q1 是一个小信号放大器，它对输入信号进行电压放大后由三极管 Q2、Q3 构成的 Class AB 放大器进行功率放大。电阻 R4 起到负反馈的作用，将部分输出信号反馈到放大器的输入端。该电路使用±17V（双电源）供电，可以驱动阻抗 8Ω、5W 的扬声器。思考一下，如何给图 5-54 所示放大器添加一个音量控制呢？

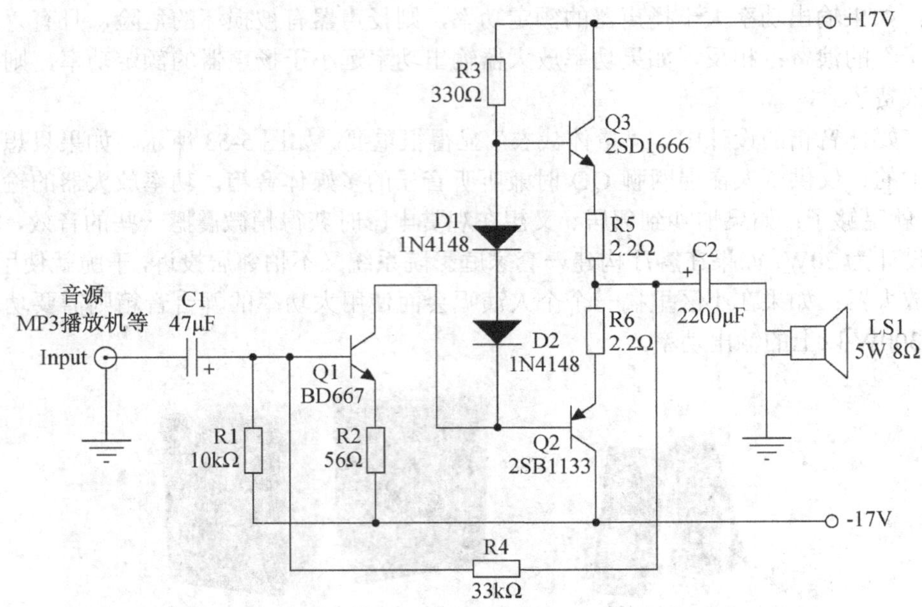

图 5-54　5W 放大器（只显示一个声道）

图 5-54 是一个非常入门级的、实用的三极管小功率放大器，如果能把它制作出来，那比记忆本章的全部内容还要管用。如果想尝试一下利用集成电路实现 5W 放大器，可参考图 5-55 所示的利用 LM384 构造集成 5W 放大器。LM384 是一款 14 脚的 5W 音频集成功率放大器，该电路可以采用单电源供电，工作电压范围是 12~26V。由于 LM384 工作时电流最大可达到 1.3A，所以常常加装一个 V 型散热器，如图 5-55 所示。

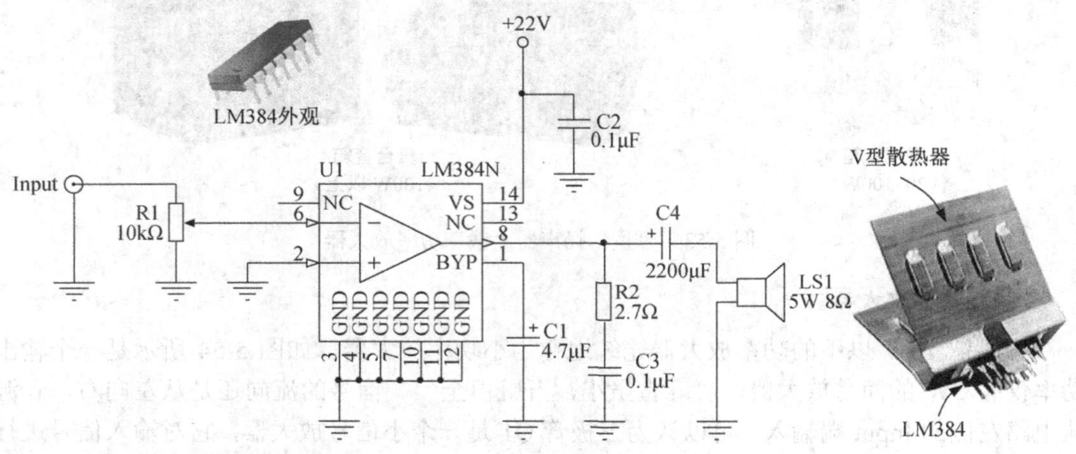

图 5-55　集成 5W 放大器（只显示一个声道）

图 5-56 是另一个小功率放大器，它的功率可达 10W。电位器 R1 控制输入信号的幅度以实现音量调节，信号在由运算放大器 NE5532 构成的前置放大器中获得电压放大之后进入 Class AB 放大器中进行功率放大。两对互补管 Q1 和 Q2、Q3 和 Q4 组成的 Class AB 放

大器可向 8Ω 扬声器输出 9.5~11.5W 的功率。通过调节电位器 R3 可以改变反馈组件的频率特性，从而使该 10W 放大器的低音效果得到提升或抑制。

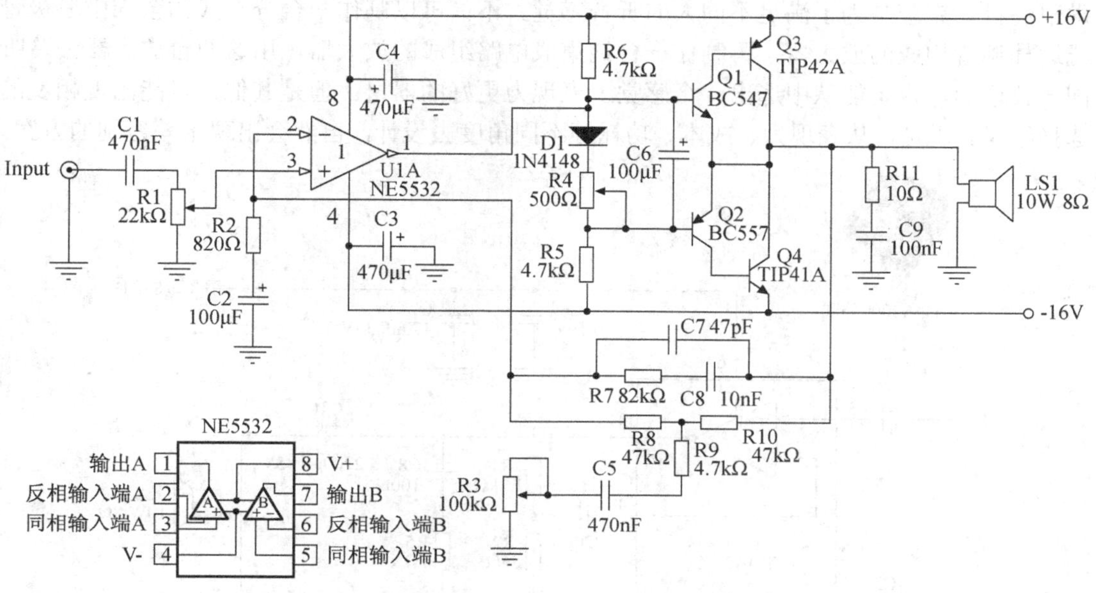

图 5-56　10W 放大器（只显示一个声道）

图 5-56 既有集成电路（NE5532），又结合了分立式的 Class AB 放大器（Q1、Q2、Q3、Q4），说明集成电路与分立式器件是可以协同合作的。如果图省事，不妨参考图 5-57（a）所示的电路，利用一个 TDA2009 芯片就可以立刻实现两个声道的放大。由于 TDA2009 有 200kΩ 左右的输入阻抗且具有较大的功率放大能力，所以即便没有前置放大器，它也能实现 10W+10W（即两个声道，每个声道 10W）的功率放大。

从 TDA2009 的应用电路图和图 5-57（b）所示的 TDA2009 成品电路板可以看到，板上器件寥寥无几，这都得益于 TDA2009 已经良好地集成了两个独立的 10W 功率放大器，只要给它单电源供电（+8~24V），并从 TDA2009 的 1、5 管脚输入音源信号，在输出端 8、10 管脚再接几个简单的器件就可以驱动扬声器工作了。由于 TDA2009 工作时发热较大，需要安装一个散热器。

图 5-57（a）和图 5-57（b）所示的 TDA2009 是一个纯 10W+10W 放大器，电路简单得连音量调节都没有，这是为了向大家展示利用 TDA2009 组建一个小功率放大器有多么简单。而更实用的 TDA2009 应用电路如图 5-57（c）所示，信号在进入 TDA2009 之前，要经过一个简单的均衡调整（R3、R4）、音量控制（R10、R11）、平衡调节（R9）。后续的 TDA2009 放大器电路与 10W+10W 纯放大器相同。

以上介绍的几种小功率放大器对于初学电子技术者和成功完成本章的多媒体音箱电路部分的设计已经绰绰有余了。特别是图 5-56 和图 5-57（c）所示电路更是市场上许多多媒体音箱产品的电路原型，放大器部分的电路与电源部分（包括 5.3.4 节要谈到的电源电路）的成本不会超过 30 元（不含扬声器、不含电路板），非常适合自制。

如果有人问为什么不选用最简单、最便宜的方案制作所有的多媒体音箱呢？比如说图5-57所示的TDA2009这么方便，还谈其他的方案干嘛？多媒体音箱电路的设计之所以琳琅满目，完全是为了满足不同人的听音感觉。不信可以制作一台分立式的全部由三极管或达林顿管构成的放大器，再制作一台纯集成电路组成的放大器，用这两台放大器去聆听同一首乐曲，肯定能从中选出一个感觉上表现力更好的器材。但是其他人可能出现相反的选择结果。于是，从表现力、成本、功耗等不同角度去设计，自然会出现千差万别的方案。

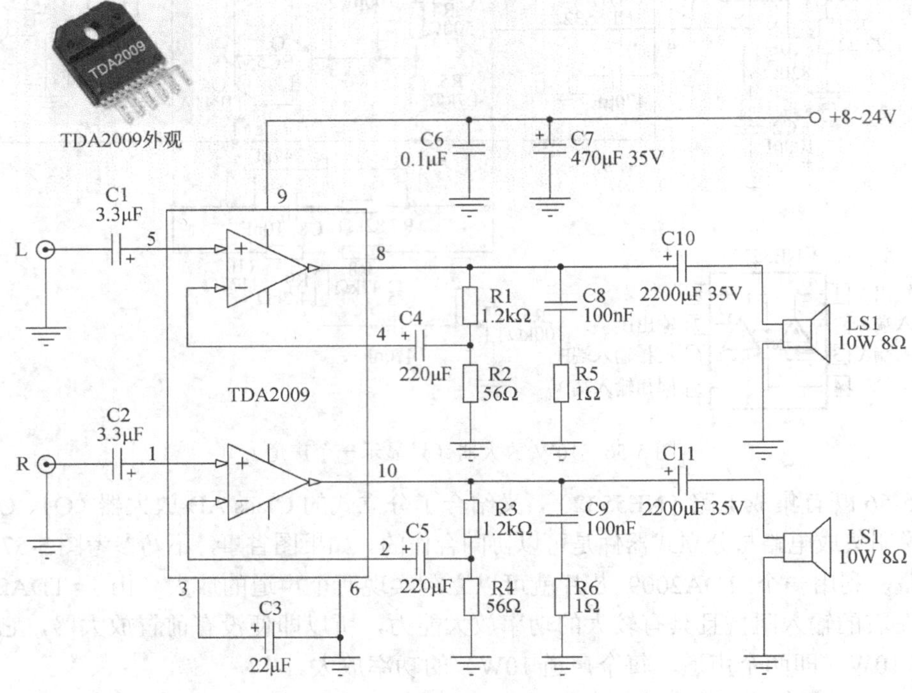

（a）10W+10W 纯功率放大器

（b）10W+10W 纯功率放大器成品电路板

图5-57　TDA2009的应用

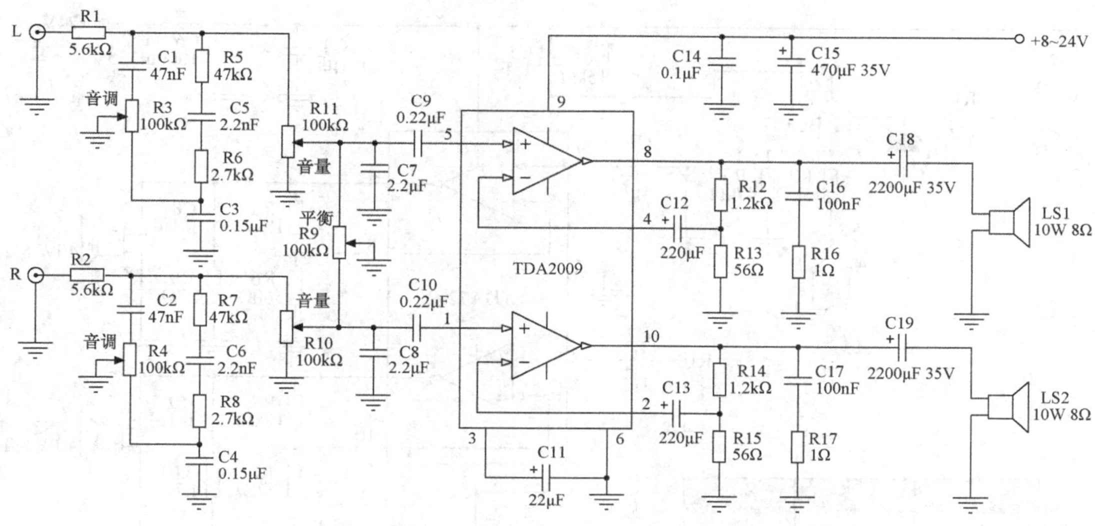

（c）带音调、音量、平衡调节的 10W+10W 功率放大器

图 5-57　TDA2009 的应用（续）

2. 中功率放大器

如果觉得用只有 10W 的放大器去驱动扬声器工作不够过瘾，可以考虑"裁剪"更大的功率的放大器，如图 5-58 所示是用集成电路+分立式器件构成的放大器，它们的最大输出功率分别为 30W、40W。图 5-58（a）中利用集成功率放大器 TDA2030 作为第一级放大器（TDA2030 最大输出功率为 14W），对信号放大之后再由一对互补管 Q1 和 Q2 进行进一步放大到 30W；图 5-58（b）更简单，直接使用一个 40W+40W 的集成功率放大器 TDA7292 构建一个双声道放大器，更具特色的是电路中的开关 S1、S2 的状态组合（如图左下角所示）可以实现待机（功耗仅 8mA）、静音功能。

在图 5-58 所示的功率放大器输入端都可以参考本节或 5.3.1 节添加音量调节、平衡调节、均衡器等电路使之成为更完美的中功率放大器。

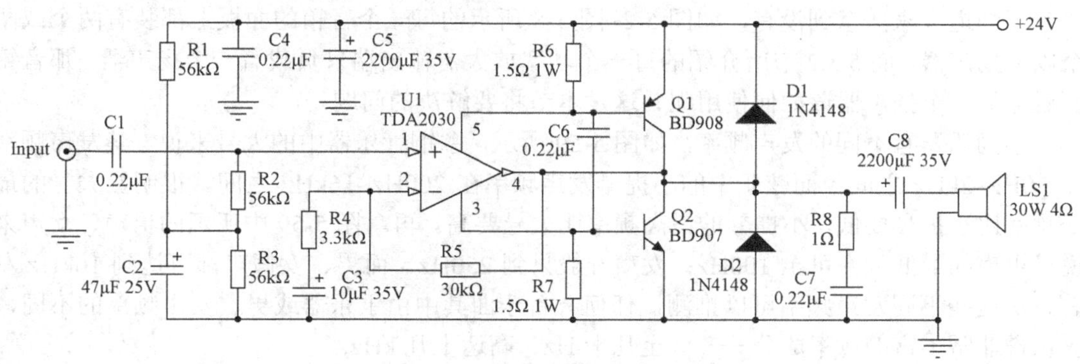

（a）TDA2030+推挽放大器（30W，只显示一个声道）

图 5-58　30W~40W 放大器

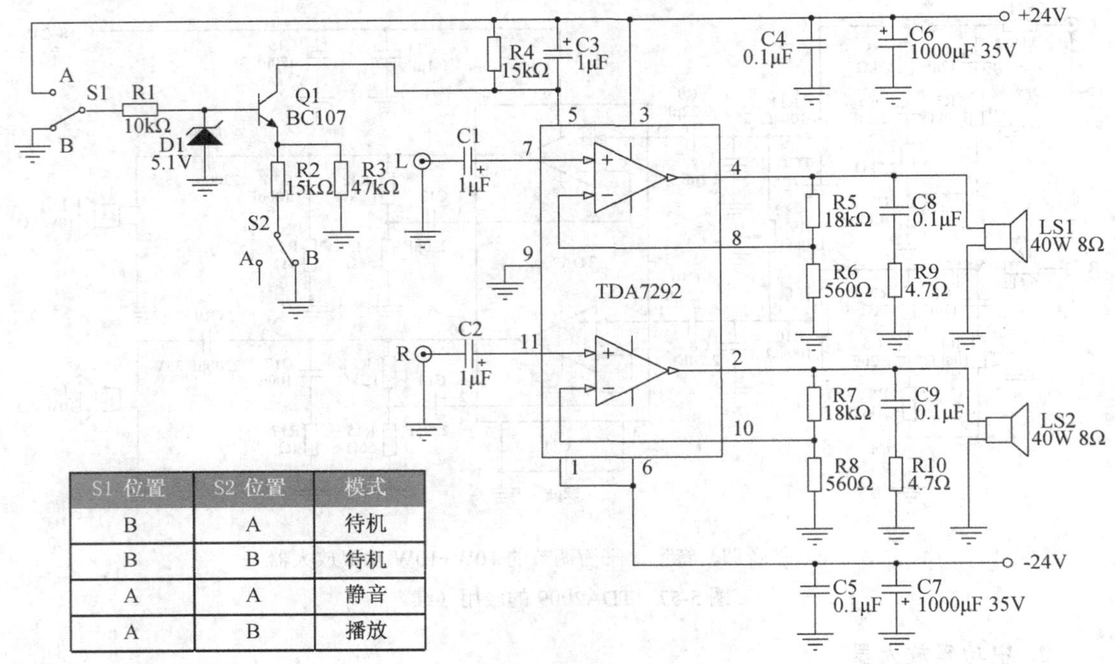

S1 位置	S2 位置	模式
B	A	待机
B	B	待机
A	A	静音
A	B	播放

（b）TDA7292 集成放大器（40W+40W，带静音、待机功能）

图 5-58　30W~40W 放大器（续）

到目前为止，介绍过的放大器已经解决了多媒体音箱的放大器设计问题。如果还有兴趣继续提高放大器的功率，可参考附录 L 中的一个带静音、待机功能的 100W 集成放大器 TDA7293 的设计。此外，也可以参考图 5-37 和附录 K（300W）、图 5-38（68W）所示的典型中、大功率放大器。

5.3.3　分频器

不知道大家注意到没有，如图 5-2~图 5-8 所示的每一个音箱的面板上都装有两个或两个以上扬声器，而 5.3.2 节所介绍的每一个功率放大器输出端只负载着一个扬声器。那音箱面板上另一个扬声器该如何使用呢？这是本节将要解决的问题。

不同乐器有不同的发声频率，如图 5-59 所示，拿铜管乐器中的大号来说，其发声频率在 30Hz~2kHz 之间；而弦乐中的小提琴发声频率在 200Hz~16kHz 之间。很明显大号的最低频率比小提琴要低，小提琴的最高频率比大号要高。再拿图 5-59 中所示的男声、女声来说，男声的最低频率可至 100Hz；女声一般只到 250Hz。而男、女假声都可达到 16kHz 左右。从这些不同发声频率可以推测，任何一首乐曲其中由于乐器或男、女声频率的不同，会包含非常丰富的频率成分——低至几十 Hz、高达十几 kHz。

扬声器负责将乐曲还原播放出来，而某一扬声器的频率响应有一定的范围，一般是低频扬声器响应中、低频信号；高频扬声器响应中、高频信号。如图 5-60 所示是某低频扬声

器和高频扬声器的频率响应特性曲线，很明显，低频扬声器与高频扬声器两者的频率响应覆盖着不同的范围：低频扬声器从 20Hz 开始到 10kHz 时就出现了严重的衰减（如图 5-60（a）所示），而实际上低频扬声器对输入信号在 100Hz~5kHz 范围内频响特性最好；高频扬声器则从 250Hz 起直到 50kHz 时增益才明显下降（如图 5-60（b）所示），而实际上高频扬声器在 1kHz~20kHz 范围内频响特性最好。

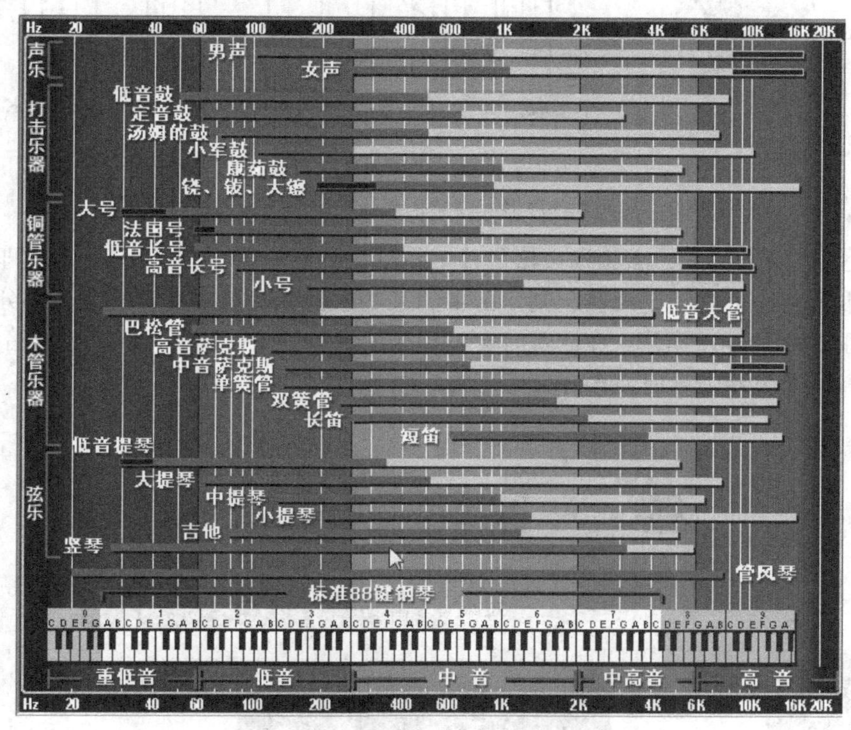

图 5-59　常见乐器频率范围

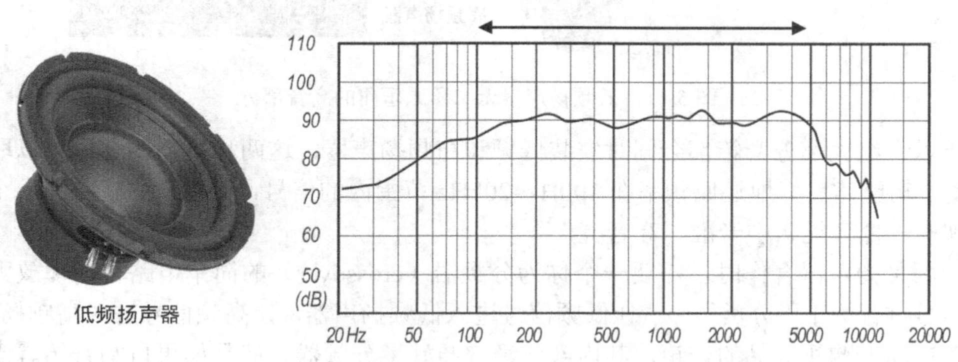

（a）某低频扬声器及频响曲线

图 5-60　某低频扬声器和高频扬声器的频率响应曲线

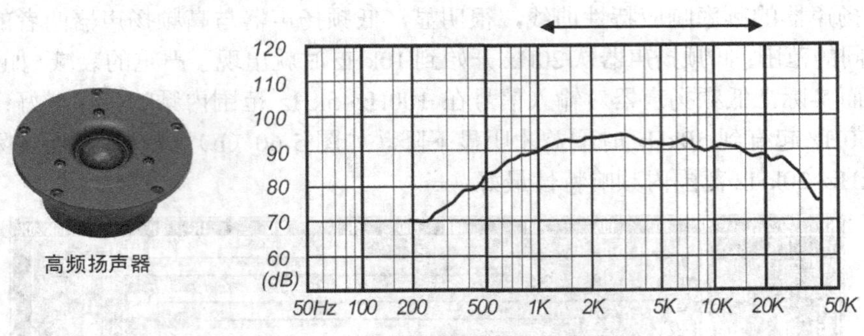

（b）某高频扬声器及频响曲线

图 5-60　某低频扬声器和高频扬声器的频率响应曲线（续）

把图 5-60 所示的低、高频扬声器最佳工作频率范围与图 5-59 进行比对立即会发现，如果音箱中只有一个低频扬声器，则乐曲中的某些乐器如短笛或女声的高音部分将得不到良好的还原，如图 5-61 所示，在欣赏时会发现乐曲高音缺失、调子沉闷、色彩暗淡；相反，如果只有高频扬声器则乐曲显得轻挑、乏力、刺耳。

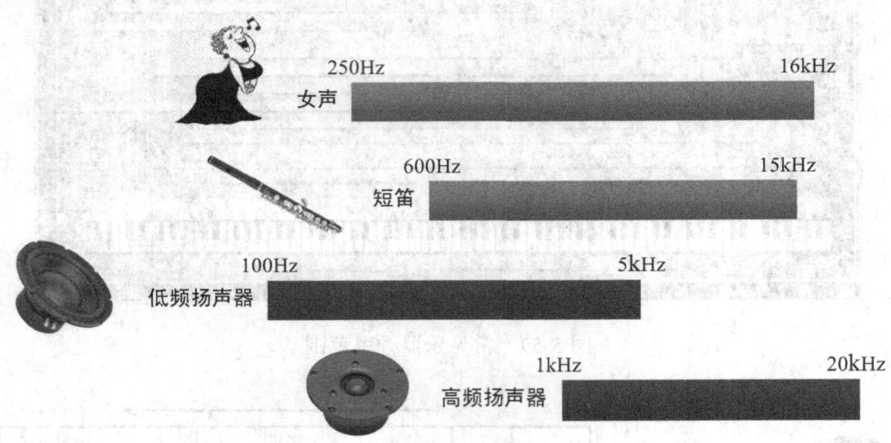

图 5-61　低频扬声器无法还原乐曲的高音部分

所以，绝大部分音箱都会同时安装低频和高频扬声器，这两种扬声器合作可以取长补短，使音箱整体良好地还原频率在 100Hz~20kHz 范围内的信号，这样乐曲就有了一个完整的表现——低音纯、中音准、高音亮。

在两种扬声器合作时，需要一个称为分频器（crossover）的简单电路将功率放大器输出的信号进行一下“分类”——让低频信号进入低频扬声器，让高频信号进入高频扬声器。如果在市场上购买成品的音箱，其内部已经安装好了分频器。但是如果自制音箱就需要考虑制作分频器的问题。接下来就看看是什么样的电路让不同频率的信号“分家”。

图 5-62 是世界上最简单的分频器，它只利用一支电容 C1 就把低频信号与高频扬声器隔离开来。从功率放大器输出的信号进入音箱后（阴影部分），低频扬声器虽然接收了所有频率成分的信号，但是它只对低频信号敏感，而无法还原高频信号；相反，电容 C1 与

高频扬声器的阻抗形成一个高通滤波器（第 6 章会谈到），只允许高于某个频率的信号通过。于是高频信号可通过电容 C1 到达高频扬声器被还原，而低频信号将无法通过。

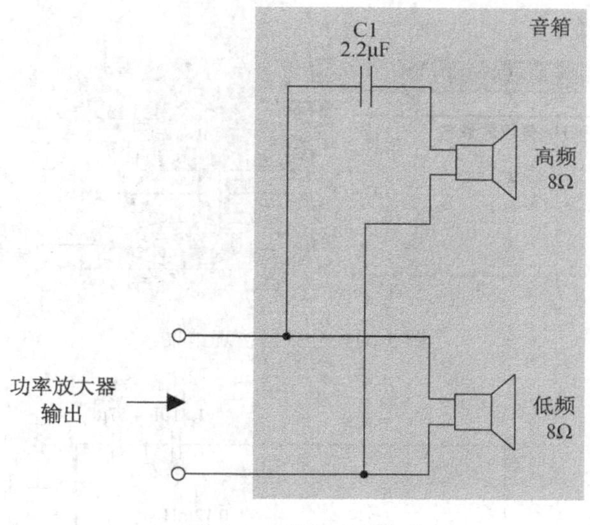

图 5-62 简易分频器

【例 5.10】**分频器：在 Multisim 2001 中连接图 5-63 所示电路，利用波特计测量一下分频器的截止频率**。

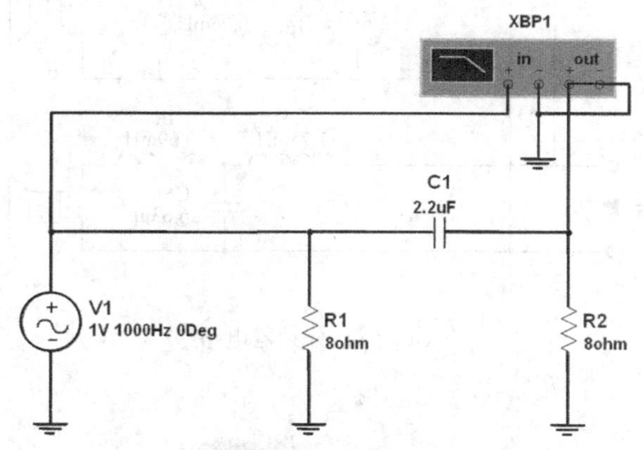

图 5-63 分频器仿真电路

在仿真中，可以使用两个阻值为 8Ω 的电阻来代替扬声器，连接好电路后双击波特计以打开观察窗口，打开仿真开关后将得到如图 5-64 所示的仿真结果。移动标尺进行测量，发现当增益接近−3dB 时对应的截止频率约为 9kHz，这说明分频器的截止频率约为 9kHz。低于 9kHz 的信号将无法通过电容 C1，而高于 9kHz 的信号才“交给”高频扬声器（R2）还原。

相信音响发烧友们并不会满足于类似图 5-62 所示的简易分频器。事实上，分频器的设计有很大的学问，它与音箱中扬声器的种类、扬声器阻抗、扬声器频响特性等都有关系，如果铺开谈恐怕需要半本书的篇幅。所以，下面只能再给出一个分频器的实例（如图 5-65 所示），起到抛砖引玉的作用，有兴趣的朋友可在学习完第 6 章有关滤波器的知识后再找相关的内容来学习。

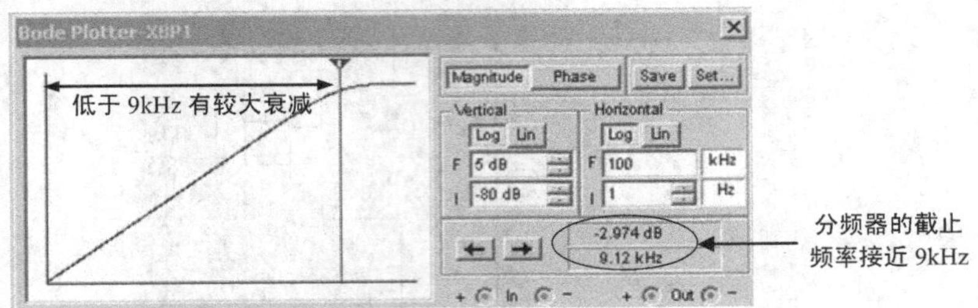

图 5-64　分频器仿真结果

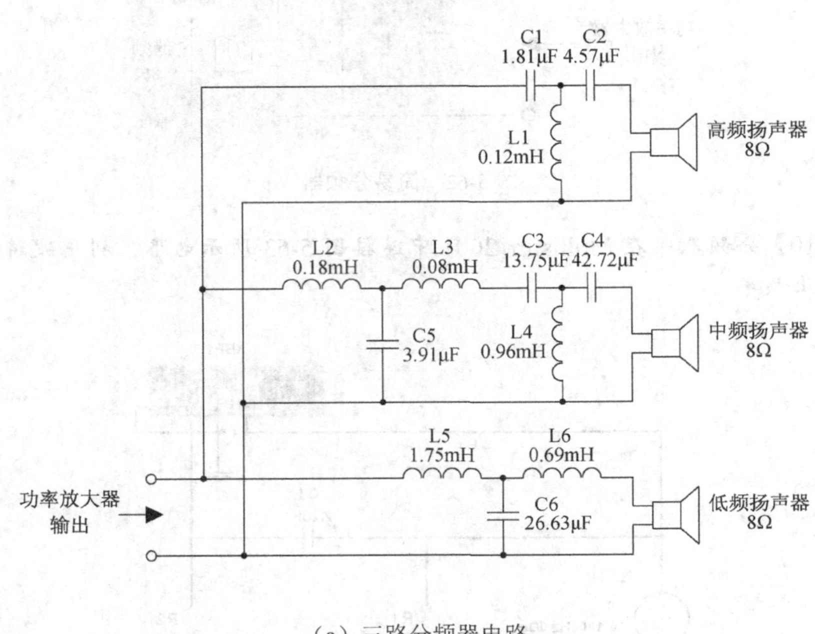

（a）三路分频器电路

（b）分频器外观

图 5-65　三路分频器

5.3.4　电源电路及布线

本章围绕着多媒体音箱介绍了许多实用的功率放大器和前置放大器电路，细心的朋友会发现其中有不少电路的电源是双电源，比如图 5-51 中运算放大器由+15V 和-15V 供电。双电源的极性是相对接地来说的：+15V 表示节点电压比地（⏚）高 15V，而-15V 表示节点电压比地（⏚）低 15V。

在第 3 章中知道，变压器有单绕组和双绕组之分（如图 3-48 所示），而且整个 3.2 节都围绕着单电源设计的话题而展开。单电源只有正电源，使用单绕组电源变压器进行降压。而在双电源设计中，使用的却是类似图 5-66 所示的双绕组电源变压器获得两路交流输出。在大功率电源电路中，常常使用的是图 5-66（b）所示的环形变压器，它与图 5-66（a）所示的立式变压器原理是相同的，但绕制方式和材料有所不同。环形变压器的内阻小而输出功率大，因此更为普遍地使用在音响的电源电路中。

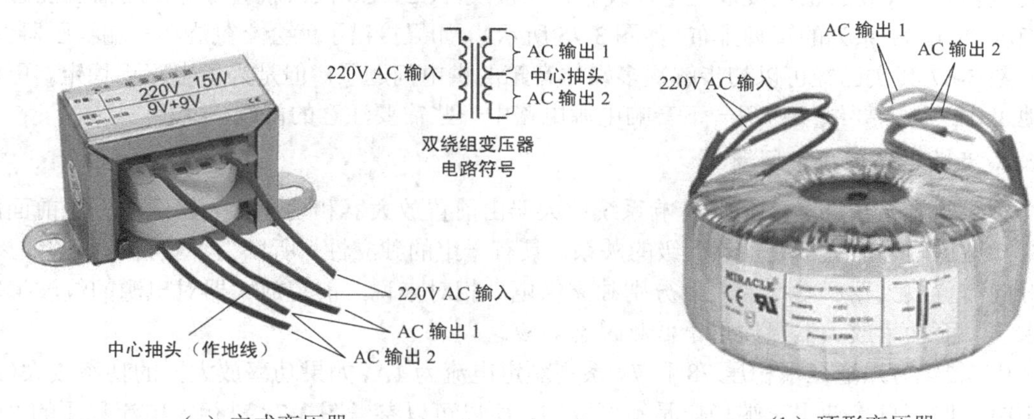

（a）立式变压器　　（b）环形变压器

图 5-66　双绕组变压器

在使用双绕组变压器时，可用万用表的交流电压档来分辨绕组输出端。如果变压器有 3 个输出引脚（如图 5-66（a）所示），相同颜色的两个引脚为两个 AC 输出端，第 3 个为中心抽头。用万用表测量颜色不同的引脚时会获得与变压器额定输出电压相近的电压值；用万用表测量颜色相同的引脚时会获得 2 倍于额定输出电压的电压值。如果变压器有 4 个输出引脚（如图 5-66（b）所示），一般颜色相同的两对引脚分别为两组 AC 输出端。据此可以分辨出变压器的次级输出端以便制作时接入电路。

1. 双电源电路

有了图 5-66 所示的双绕组变压器后，就可参考第 3 章的电源电路设计方法，将整流、滤波、稳压等电路加在其后，形成正极、负极、地 3 路直流输出，如图 5-67 所示。在双电源电路中，变压器 T1 中心抽头成为电源的地，两个绕组（AC 输出 1 和 AC 输出 2）与整流全桥 D1 的 AC 输入端相连（不分极性，图 3-63）。整流全桥的直流输出端正极（+）相对地线（中心抽头）为正电压；而输出端的负极（-）相对地线为负电压。正、负电压经过滤波和三端稳压的稳压，在电源电路输出端形成了±15V的直流电压供放大器等电路使用。图中F1、F2、F3、F4为保险丝，在短路时保护变压器等器件。

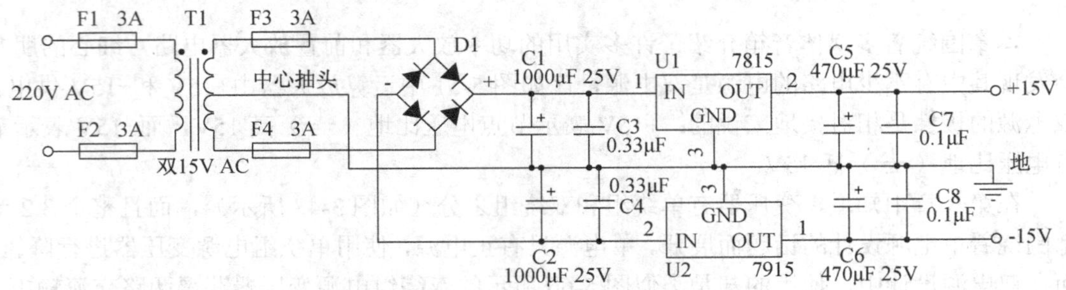

图5-67　双电源电路

注意在图5-67中，由于地线（中心抽头）相对直流输出端负极（-）电压要高，所以滤波电容C2、C6的正极接入的是地线，一旦接反，C2、C6很快就会爆炸；还需要注意三端稳压78和79系列的管脚排布（如图3-75所示），如果接错了就会立刻烧坏三端稳压器件。

图5-67其实已经可以初步解决多媒体音箱的供电问题了。但是为了电路更稳定、更可靠地工作，还需要继续唠叨一下音响电源电路中一些需要注意的问题。

2. 音响电路的供电问题

多媒体音箱和许多 Hi-Fi 音响系统放大器由前置放大器和功率放大器组成。从前面的介绍知道这两种放大器是前、后级的关系，具有一定的独立性。所以为了获得较好的效果，最好向前置放大器和功率放大器分别独立供电。相对来说，前置放大器对电源的纹波抑制要求高，而功率放大器更注重于低频瞬态响应。

由3.2.4节知道三端稳压78和79系列额定电流为1A，如果功率放大器的功率较大（超过10W）时，直接使用三端稳压是不可取的，所以可以参考图3-78进行大电流稳压的“改造”，或者干脆不使用三端稳压而直接向功率放大器供电，如图5-68所示。同时要根据放大器的功率选择与之匹配的变压器。另外还要考虑整流全桥的额定电流是否能承受电路的最大电流，要注意滤波电容的耐压值要大于加在其上的电压最大值。图5-68所示的双电源电路由150W的双24V变压器提供电能，经过整流滤波后可输出约±34V的直流电压。该电源可以向100W以下的放大器供电。

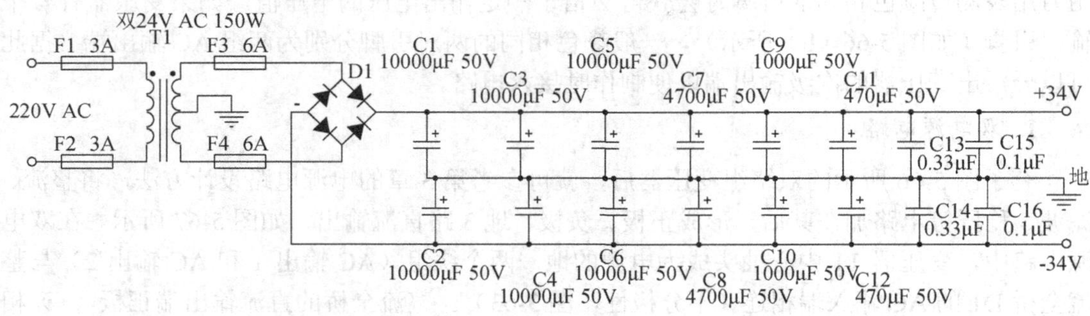

图5-68　音响电路的双电源电路

再次，音响电路电源滤波中选用大容量的电解电容是必要的，如图 5-68 就为电源正、负极配备了多个并联的大容量电解电容。电解电容容量越大、并联个数越多，能够储存的电能越多，也就越能在音乐短时尖峰信号出现时为放大器“顶住”大电流的需求，防止放大器产生饱和或截止失真。当然，电解电容容量越大、数量越多，电源电路的成本也就越高，所以可视放大器的功率、品质要求等进行一下折中。

最后，为了防止大容量电解电容存有一定感抗而妨碍某些高频成分的滤波，可在大容量滤波电容旁并联一些容量递减的电解电容，并在最后并联小容量无极电容，进一步改善滤波的效果。

类似图 5-68 所示的电源电路，只要选择适当输出电压的变压器就可为本章绝大部分功率放大器供电，从而完成多媒体音箱的电源电路设计。

3. 布线及接地

电路选择并设计好后，剩下的工作就是印刷电路板的布局设计与组装。如果电路板布局设计不合理或组装不当，即使采用了优质的元器件，同样有可能产生严重的噪声，使放大器的音质变劣。

音频电路的噪声可分为两大类：一是放大电路自身的内部噪声，通常只能通过选择低噪声的元器件加以克服；二是从外部混入的噪声，与放大电路本身无关，而与印刷电路板设计、组装、布线有密切的关系。早在 3.1.5 节就把印刷电路板设计的原则进行了简要说明，这里就需要遵循这些原则，否则将会产生可怕的噪声。

除了印刷电路板设计时的基本原则需要考虑外，在音频电路的设计制作中还需要注意以下几点：

首先，最好用变压器罩（一种由铁或铝制成的屏蔽罩）将变压器整个包围起来，如图 5-69 所示，并把变压器罩用导线接到放大器的地线中，这样能有效地将变压器的漏磁通过地线带走而不至于给放大器带来噪声。这种简易的屏蔽技术是电子产品特别是害怕电磁干扰的电路常常使用的防护措施。

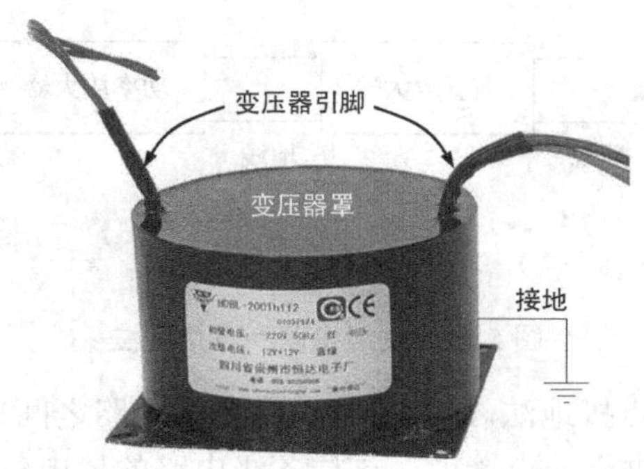

图 5-69　变压器罩屏蔽

其次，在电路板与电路板之间、电路板与面板端子之间的信号传输导线应使用屏蔽线。屏蔽线是在普通导线外层额外包裹了一层网状的金属丝，如图 5-70 所示，屏蔽线内部的多芯导线作信号传递用，屏蔽层的一端接地（禁止两端同时接地），这样多芯导线的信号将得到屏蔽层“保护”而不受电磁波等噪音的干扰。

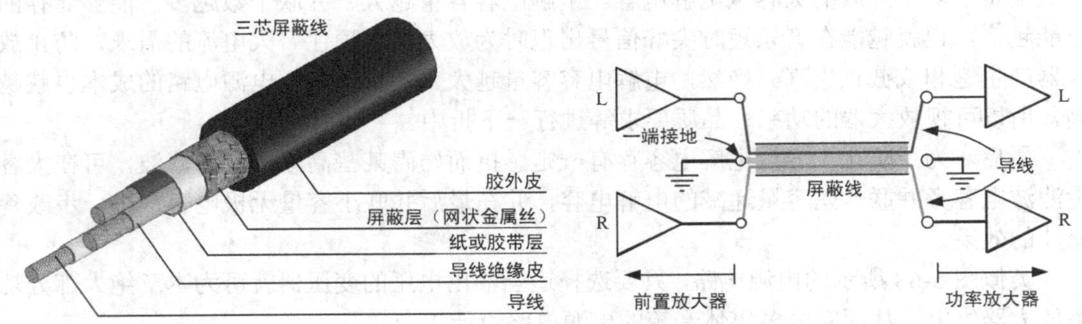

图 5-70 屏蔽线

再次，在印刷电路板设计和机箱内布线时，要确保接地方式的正确，它对噪声的控制贡献最大。与电力系统不同，这里的接地并非指安全接地，而此“地”也非真正意义上的大地，而是电路中的零电势参考点，也就是电路图中的“⏚”。所谓接地方式是指系统中的放大器、电源、外设等相互之间的零电势参考点的连接方式。

常见的接地方式有两种——逐级串联一点接地法和并联一点接地法。两者都有各自的优缺点，分别来看一看。

图 5-71 所示为逐级串联一点接地法。从信号输入端开始，各级电路的地线按先后顺序依次连接并最终汇集在一点接地。这种方式特别适用于印刷电路板设计，在不同电路板上预留输入和输出的地线点，它们之间的地线就可实现首尾相接。由于印刷电路上的铜箔导线也存在电阻，当有“地电流”流过时就会产生电压降，而很容易干扰邻近的电路。这个电阻越大，干扰越严重。因此在设计印刷电路板时，应该尽量把地线的铜箔导线设计宽阔，以尽可能地降低地线电阻。同时，按图 5-71 所示多级电路最终一点接地以在输出端为好，这样有利于抑制放大器的自激。

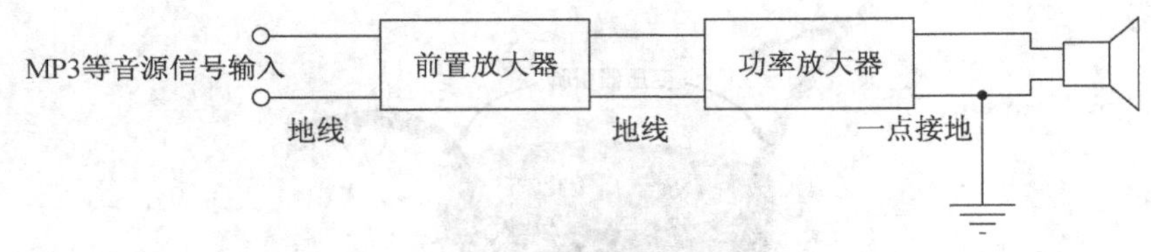

图 5-71 逐级串联一点接地法

图 5-72 所示为并联一点接地法。最大的特点是各级电路之间只有一根信号线传递信号，而所有的地线都拉到外边进行一点接地。这样各级电路的地电位只与本级电路的地电流和地线电阻有关。这对避免地电流耦合、减少干扰是非常有利的。但这种接地方式将会造成系统中接地过多，并且如果地线引线较长会增大分布电感，对高频信号的瞬态响应会有所影响。

在实际应用中，逐级串联一点接地法和并联一点接地法可兼用，即在放大器等各级电

路之间使用逐级串联一点接地，而在电路的输出端、电源等之间使用并联一点接地，如图 5-73 所示。如果设备的机箱是金属的，还可将一点接地处设在机箱上。机箱接地可以防止外界电磁波对机箱内电路的干扰。

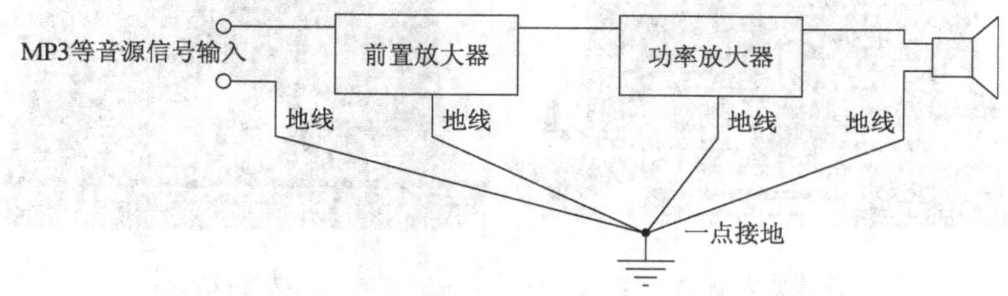

图 5-72　并联一点接地法

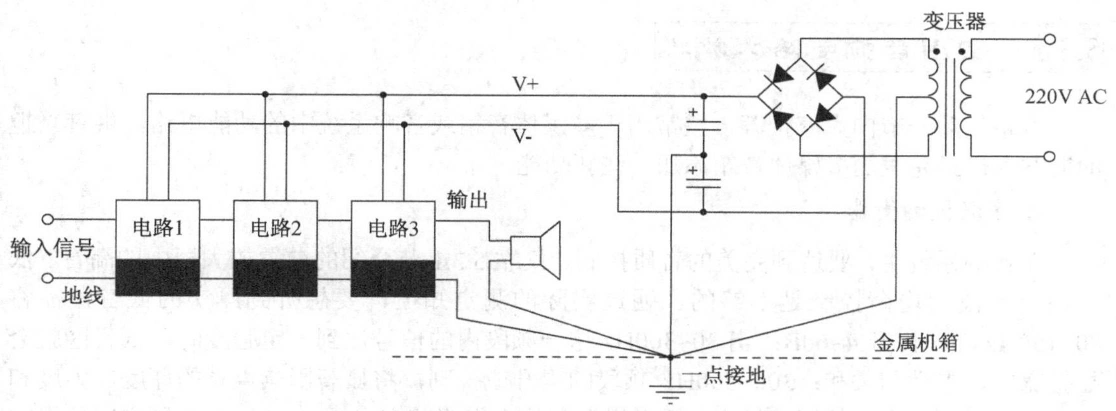

图 5-73　并联一点接地应用

终于完成了多媒体音箱的电路设计并介绍了有关制作的注意事项。如果大家能紧跟着这些内容而付诸实践，不但能拥有一台自制的多媒体音箱，更重要的是将领悟到电子产品设计制作的若干思路和乐趣。本章虽然以多媒体音箱为例，但其中的前置放大器、功率放大器、电源和线路布局等知识却可作为许多相似系统的设计、开发的参考，特别是关于接地方式更是一个非常重要的内容。

漂亮布局，美丽音质

许多专业的前置放大器、功率放大器等音响设备的电路除了具备完美的功能之外，其电路板、音箱内部布线布局更是一个艺术的杰作。如图 5-74 所示是某品牌的前置放大器及功率放大器音箱内部视图，其中整齐的电路板及其他部件的布局、规矩的布线设计除了美观之外，更重要的是改善噪音对音箱内部信号的影响及防止可能出现的自激等不利情况。

图 5-74　音响设备内部布局

5.3.5　实用音响电路大放送

本章最后一节向大家推荐一些常用于多媒体音箱或音响系统中的功能电路，供有兴趣的朋友为已经完成的多媒体音箱添加一些新功能。

1. 多频段均衡器

在音响系统中，要达到完美的音质控制，仅靠 5.3.1 节介绍的前置放大器中的高音、低音两个频段的均衡控制是不够的。通过实际的测定知道，要想听到厚实的低音，需将 80~150Hz 频段提升 4~6dB；当 30~300Hz 这一频段内的信号达到一定强度时，低音区就会显得宽广、丰满和柔和；300~500Hz 频段的提升或抑制，将显著影响声音的厚度、力度和响度；1.2kHz 对男声的影响较大，适当提升可使声音明朗突出；2~4kHz 对声源亮度的影响最大；8kHz 段若能得到适当提升，将会丰富声音的层次感，但不宜提升过多，否则声音将发脆、发毛并增加背景噪声；调节乐器的高音色彩可以在 9~16kHz 频段进行调整。

由此可见，只有采用多频段独立控制，才能实现完美的均衡控制。在高档的专业级音响系统中，一般有 10 个以上频率控制点，在 20Hz~20kHz 范围内进行独立控制。而家用的 Hi-Fi 音响系统中，通常也会有 5~10 个频率控制点，一般会选择对音色影响较大的频率段作为控制点。

对于一般家庭来说，以集成电路为核心器件的多频段均衡器具有电路简单、稳定性高等特点。如图 5-75 所示的由三洋公司 LA3600 组成的 5 段均衡器，电位器 R2~R8 分别对图示的 5 个频率控制点进行增益控制，从而形成了 5 段独立控制。

2. 2.1 多媒体音箱解决方案

现在市面上 2.1 多媒体音箱占据了相当大的市场份额，2.1 多媒体音箱就是类似图 5-76 所示的由一个低音炮和两个卫星箱组成的立体声音箱。低音炮主要负责低频信号放大而产生重低音的效果；两个卫星箱体积较小可放在书桌上，主要还原中、高频信号。

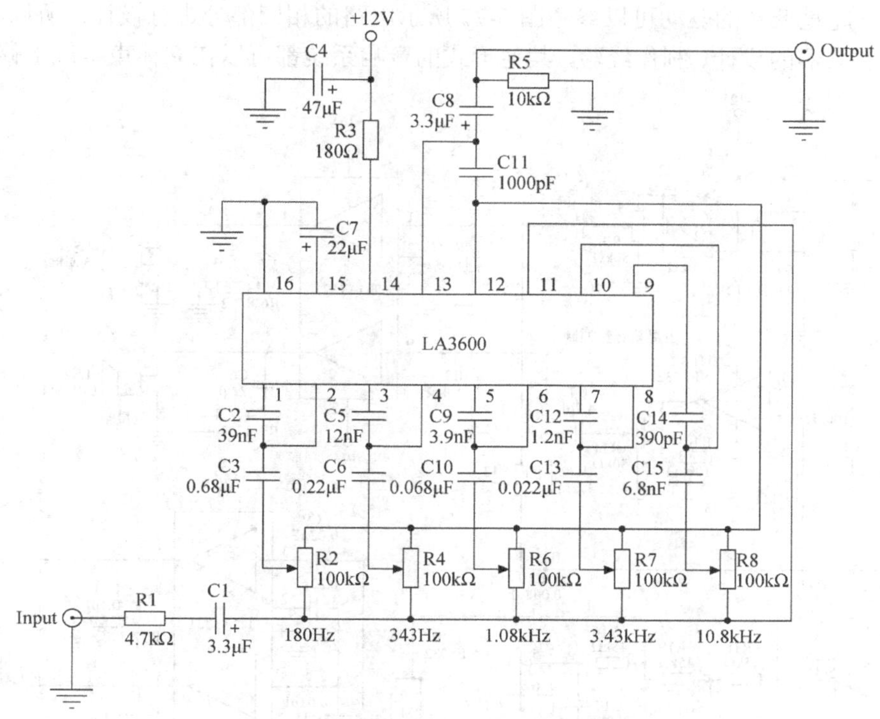

图 5-75　5 段均衡器（只显示一个声道）

图 5-76　2.1 多媒体音箱

两个卫星箱就好像立体声中的两个音箱，可视其功率选择 5.3.2 节中介绍的功率放大器来驱动。驱动一般家用的卫星箱有 20W+20W 的输出功率就绰绰有余了。而低音炮的功率放大器与立体声放大器略有不同，可参考图 5-77 提供的一种利用 NE5532（前置放大器）+TDA1521（功率放大器）的电路方案。

3. 5.1 声道解决方案

在 5.1.1 节的“你知道吗？”中简单介绍了一下 5.1 声道是怎么回事。如果大家是为 DVD 播放机设计音响系统，就要为 6 个声道设计相应的放大器。6 个声道中的前置左声道和前置右声道就按立体声中放大器的设计方法进行；两个环绕声道也可使用类似立体声放大器进行驱动；中置就更简单了，它实际上使用一个单声道放大器进行驱动，比立体声还节省一个声道；超重低音的驱动可以参考图 5-77 所示电路的相应部分进行设计。所以，只要有了立体声放大器的设计、制作经验，其他形式的音响系统都可以在立体声基础上修改而成。

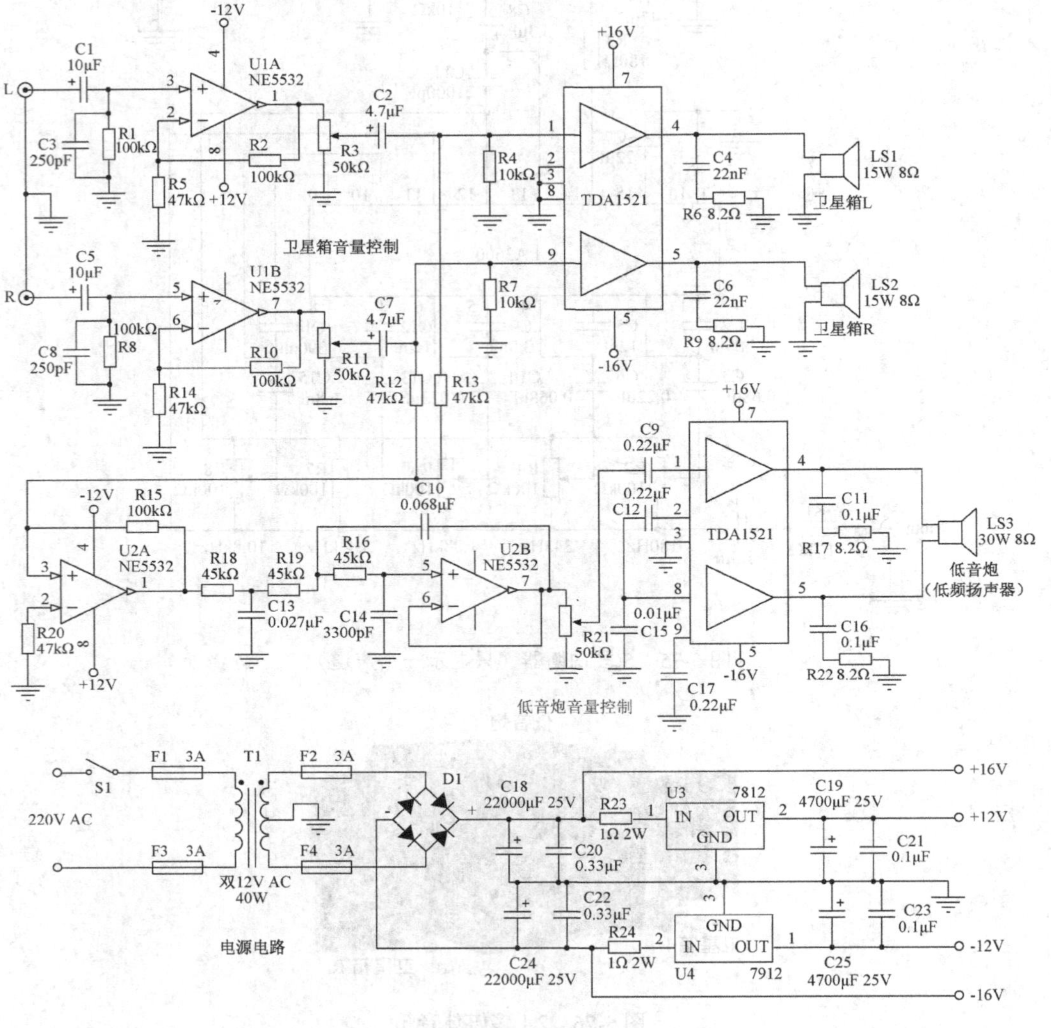

图 5-77　2.1 多媒体音箱电路

4. 麦克风解决方案

有的朋友还想在家里唱卡拉 OK，于是就需要在前置放大器中添加一个话筒放大器模块，该模块可参考图 5-78 设计。

5. 环绕立体声处理器

从一对音箱聆听立体声音乐时总会感觉没有什么包围感，现在许多彩电遥控器或 MP3 播放机上都有环绕立体声功能，可以让左、右两只扬声器（或耳机）产生虚拟的环绕立体声效果。这都是利用一些音效处理器把立体声变为具有方位感、开阔感、空间感、分布感的环绕立体声。有兴趣的朋友可在前置放大器与功率放大器之间添加一个图 5-79 所示的环

绕立体声处理器，它利用相移等手段将立体声扩展成环绕立体声。

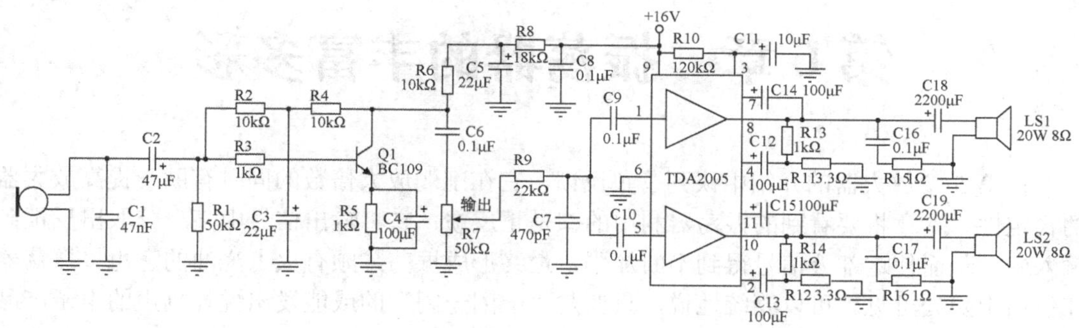

图 5-78　话筒放大器

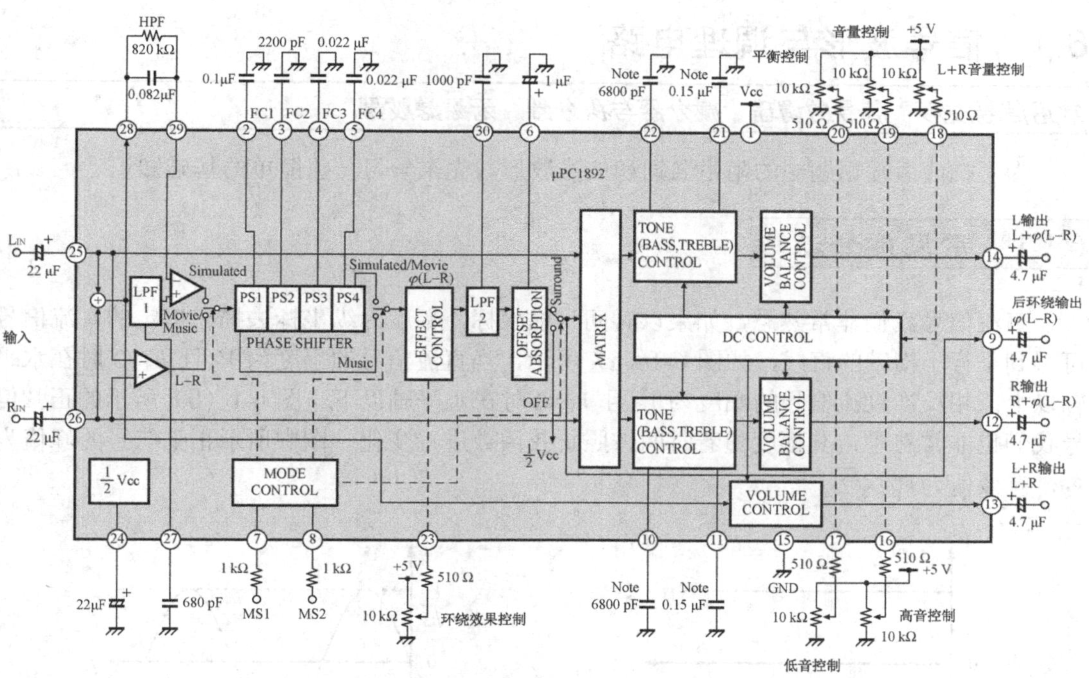

图 5-79　μPC1892 环绕声处理器

第 6 章　振荡器的丰富多彩

在第 5 章放大器的介绍中谈到了负反馈，它在削弱放大倍数的同时有助于提高放大器的稳定性。本章将要看到的振荡器利用的却是正反馈，它将输出信号中某一分取出反馈到输入中，从而使这部分信号得到不断加强，最终形成振荡，颇有火上浇油的意思。振荡器在生活中随处可见。可以笼统地说，只要是“一闪一闪”的或能发出悦耳响声的电子产品都可能含有振荡器。

6.1　信号波形与调理电路

常见信号波形　信号的调理　微分器与积分器　无源滤波器

为了扫清后续话题中的陌生名词和信号波形，先来学习一些简单的基础知识。

6.1.1　常见信号波形

直流信号我们非常熟悉，如果以时间为横坐标，幅度为纵坐标去描绘恒定的直流信号可得到平行于横轴的直线，如图 6-1（a）所示，当直流信号的幅度为 V_1 且 $V_1>0$ 时在水平轴以上；相反当直流信号的幅度为 V_2 且 $V_2<0$ 时在水平轴以下。图 6-1（b）所示的正弦信号我们也非常熟悉，其幅度随着时间按照正弦函数进行变化。图中所示正弦信号的峰值为 V_P，有效值为 $V_P/\sqrt{2}$。

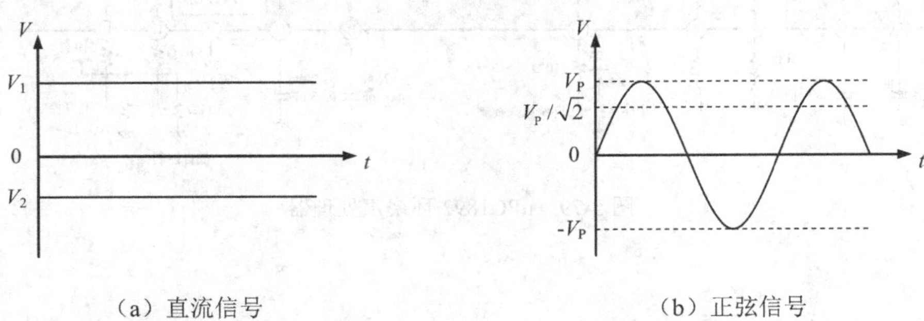

（a）直流信号　　（b）正弦信号

图 6-1　直流信号及正弦信号

除了简单的直流、正弦信号外，在电路中还常常遇到图 6-2 所示的各种波形：图 6-2（a）所示是矩形波，其特点是信号在低电平（$-V_P$）保持一段时间后很快跳到了高电平（V_P），并保持一段时间，且进行周期性重复；图 6-2（b）是方波，它的低电平保持时间与高电平保持时间相等，所以说是矩形波的一个特例；三角波很形象，其幅度随时间的变化在不断描绘着一个个没有底边的三角形，如图 6-2（c）所示；锯齿波则像是三角波的一个变形，

“三角形”的一个腰垂直于水平轴，如图 6-2（d）所示；而图 6-2（e）和图 6-2（f）所示的脉冲波（pulse）是一个广义概念，并没有固定的波形。一般可把周期性信号都笼统地叫做“脉冲”（如果不是正弦波、矩形波等规则信号）。

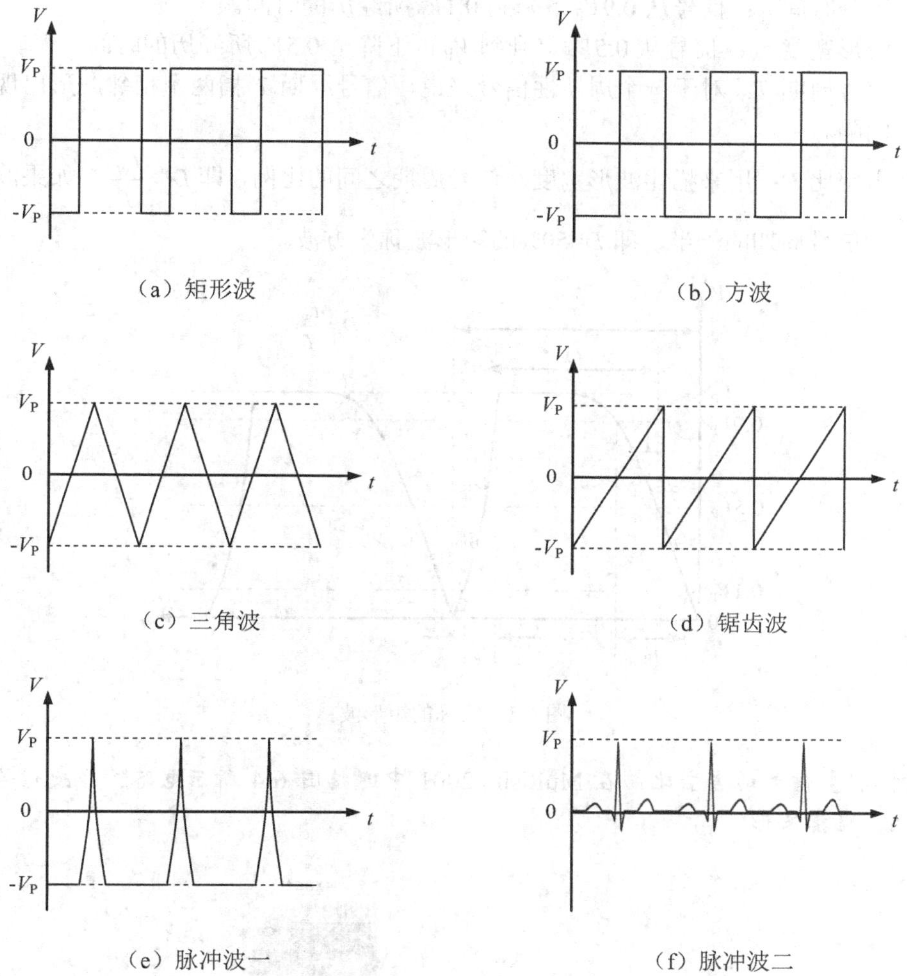

（a）矩形波

（b）方波

（c）三角波

（d）锯齿波

（e）脉冲波一

（f）脉冲波二

图 6-2　常见信号波形

任何波形信号都可以用若干参数来描述它的特征，就以矩形波为例来看看这些参数各代表什么含义。首先应该明确一点，图 6-2（a）所示的矩形波是一个非常理想和漂亮的信号，因为它从低电平瞬间跳变到了高电平，又从高电平瞬间跳变回低电平。但实际上，这样的跳变并不是瞬间发生的，而总是经历一个很短的时间。而正是这个很短的跳变时间使得实际的矩形波并不像理想的矩形波那么完美，如图 6-3 所示是一个矩形波的实际情况，比较图 6-2（a）让我们失望不已——现实与理想多少有些出入。

关于图 6-3 所示的矩形波需要认识以下几个主要参数：

✧　上升沿：信号从低到高的过程。

✧ 下降沿：信号从高变低的过程。
✧ 信号的峰值 V_P：信号波形所能达到的最大幅度值。
✧ 上升时间 t_R：信号从 $0.1V_P$ 上升到 $0.9V_P$ 所经历的时间。
✧ 下降时间 t_F：信号从 $0.9V_P$ 下降到 $0.1V_P$ 所经历的时间。
✧ 波形宽度 t_W：信号从 $0.5V_P$ 上升到 V_P 再下降至 $0.5V_P$ 所经历的时间。
✧ 信号周期 T：对于一个周期性信号来说，信号周期 T 指两个相邻波形出现的时间间隔。
✧ 占空比 D：用来描述波形宽度及信号周期之间的比例，即 $D=\frac{t_W}{T}$。如果波形宽度为信号周期的一半，即 D=50%的矩形波称为方波。

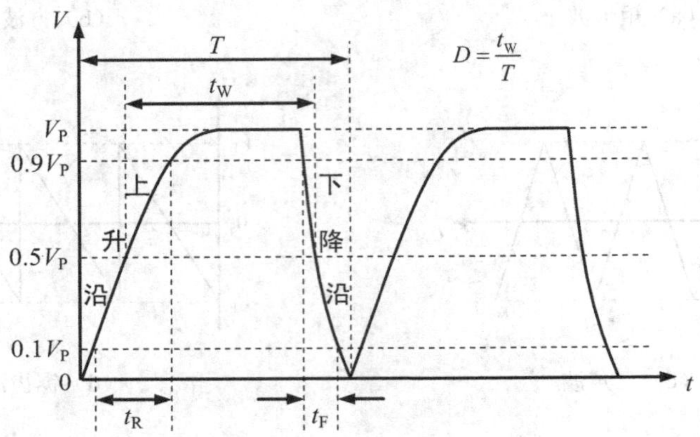

图 6-3　实际的矩形波

【例 6.1】信号的占空比：在 Multisim 2001 中连接图 6-4 所示电路，修改信号发生器的占空比，观察波形。

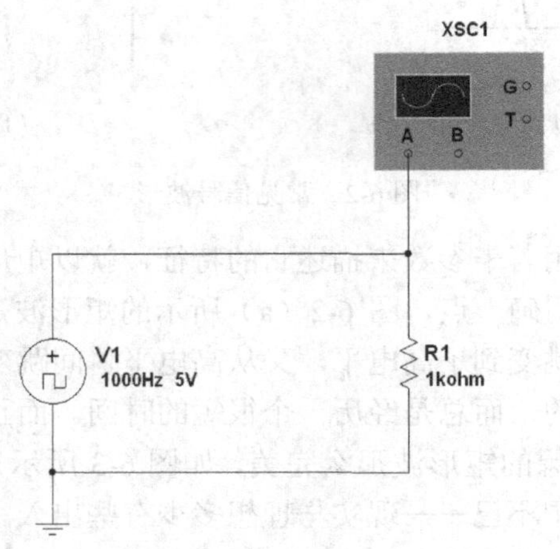

图 6-4　信号的占空比

双击时钟信号发生器 V1（），打开属性对话框中的 Value 标签，如图 6-5 所示，信号发生器的默认占空比为 50%，即默认产生方波信号。可在 0%~100%之间任意修改，比如分别修改成 20%和 88%，打开仿真开关则可从示波器中观察到图 6-6 所示不同占空比的矩形波信号。

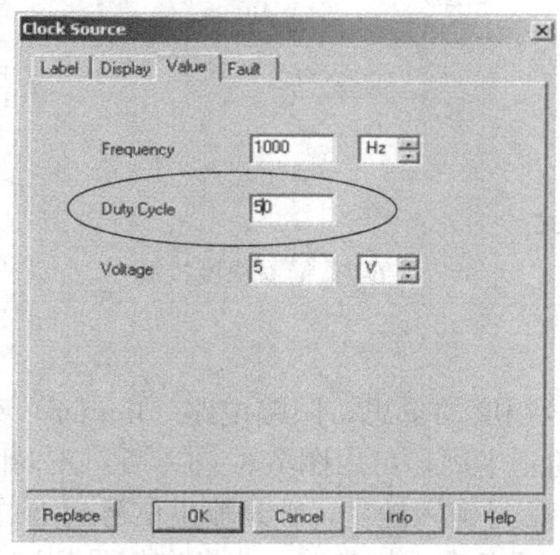

图 6-5　修改占空比

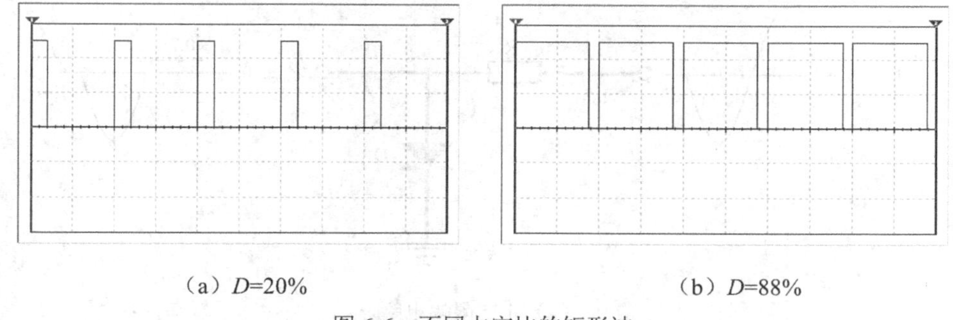

（a）D=20%　　　　（b）D=88%

图 6-6　不同占空比的矩形波

6.1.2　信号的调理

信号的调理在介绍多媒体音箱设计时已经遇到过了，比如放大器的音量控制就是最简单的信号调理方式——幅度控制，如图 6-7（a）所示，从前级来到的信号（比如正弦波）进入电位器 R，电位器 R 另一端接地，滑片端则与后级电路相连。改变滑片的位置（调节电位器旋钮）就可以调整后级获得的信号幅度。原理是电位器滑片改变了分压器的电阻比例。

之所以在两级之间添加一个幅度控制环节，是因为有时前级信号幅度超过后级的最大输入限制，或者有可能超过。如果这个幅度控制不需要经常改变，可利用两个电阻组成分压器把幅度控制的比例固定下来，如图 6-7（b）所示。

除了幅度控制之外，限幅（限制信号幅度）、钳位（向交流信号加入直流偏置）、倍压（提高电压）等都是电路设计中经常涉及的，而且这些电路都利用了二极管的特性来设计。接下来，将分别学习一下这几种电路。

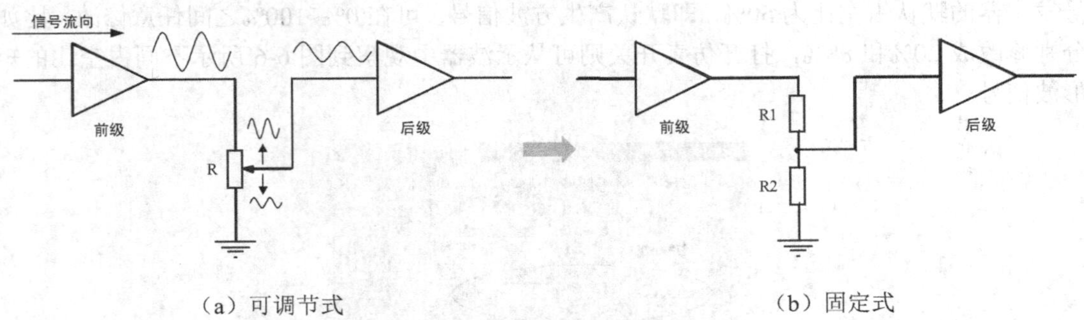

（a）可调节式　　　　（b）固定式

图 6-7　简易幅度控制

1. 限幅电路

所谓限幅就是限制信号幅度的意思。限幅电路（limiter）专门“打压”超过限制幅度的信号。如果想限制信号的正半周，可用图 6-8（a）所示正向限幅电路。当正向信号超过+0.7V 时，二极管 D 导通，信号流入地中，于是输出信号超不过+0.7V；如果想限制信号的负半周，可用图 6-8（b）所示负向限幅电路。当负向信号超过-0.7V 时，二极管 D 导通，信号从地流进，于是输出信号超不过-0.7V。

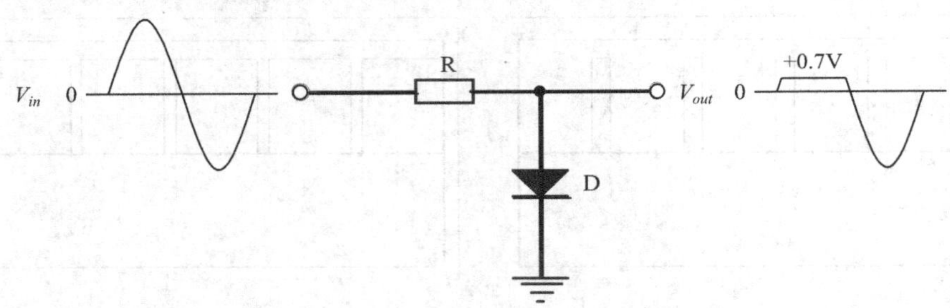

（a）正向限幅电路

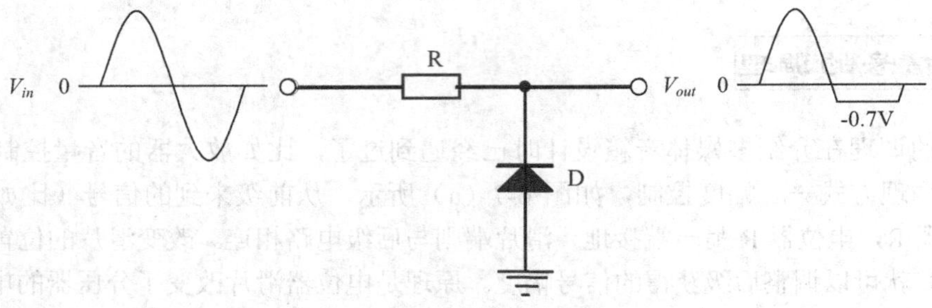

（b）负向限幅电路

图 6-8　单向限幅电路

【例 6.2】单向限幅电路：在 Multisim 2001 中连接图 6-9 所示电路，观察限幅电路的功能。

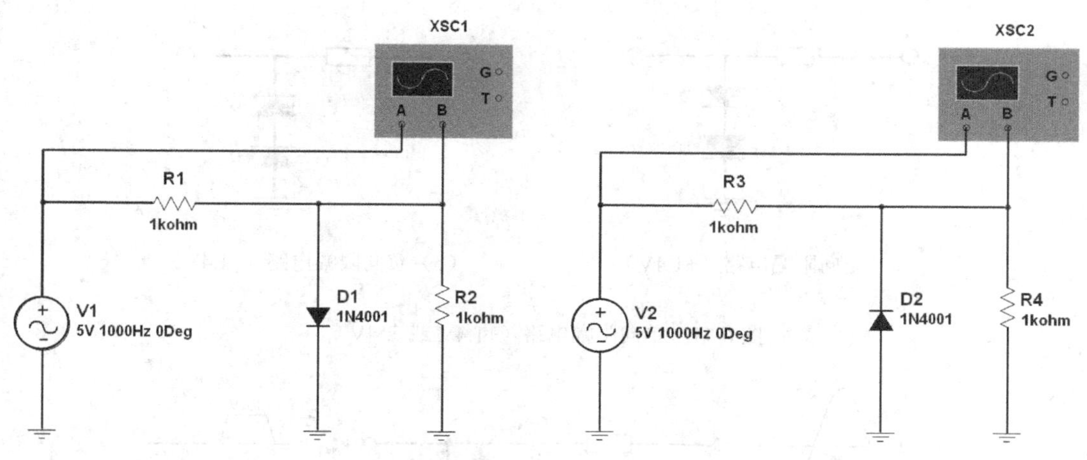

图 6-9 正向限幅电路和负向限幅电路

图 6-9 中，电阻 R2、R4 分别为两个限幅电路的负载，二极管 D1、D2 接进电路的方式决定了电路是正向或是负向限幅。打开仿真开关，可得到正向和负向限幅电路的输入、输出波形，如图 6-10 所示。

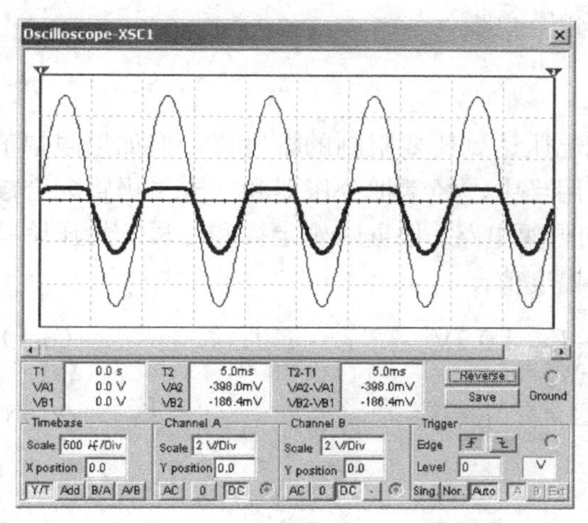

（a）正向限幅

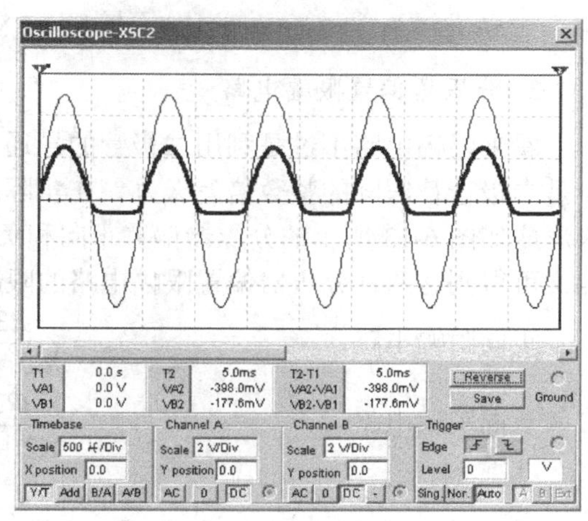

（b）负向限幅

图 6-10 正向限幅电路和负向限幅电路仿真结果

如果说一个二极管可以把正半周或负向半周信号限制在+0.7V 或-0.7V，那如图 6-11 所示的两个二极管串联会产生什么效果呢？或许有的朋友已经猜到了，没错，两个二极管串联的限幅电路可将信号的幅度限制在+1.4V 或-1.4V，原因是一个二极管的管压降为 0.7V，两个二极管串联就变成了 1.4V。如果不信可以仿照例 6.2 在 Multisim 2001 中仿真验证一下。

有了单向限幅电路，可以有效限制信号正向或负向的幅度。如果把正向限幅电路和负向限幅电路“联姻”一下，如图 6-12 所示，就得到了双向限幅电路。由于正向、负向上都使用了两个二极管，所以，图示的双向限幅电路可以使信号的幅度不超过±1.4V。

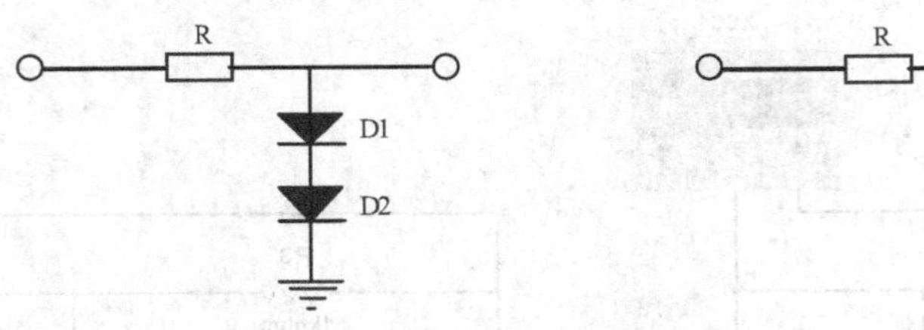

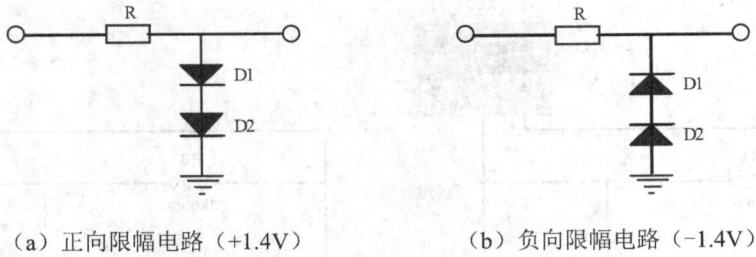

（a）正向限幅电路（+1.4V）　　（b）负向限幅电路（-1.4V）

图 6-11　单向限幅电路（+1.4V 或-1.4V）

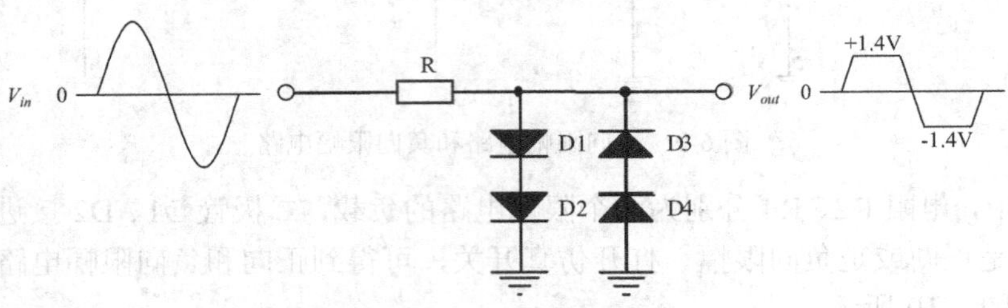

图 6-12　双向限幅电路

2. 分压器偏置限幅电路

看来限幅电路不过是利用二极管的导通使电压达到所要限制的幅度值，但如果限幅值不是二极管管压降的整数倍怎么办？在实际应用当中，经常把分压器和一支二极管配合起来形成如图 6-13 所示的分压器偏置正向和负向限幅电路。根据欧姆定律和二极管管压降特点，可得到这两种分压器偏置限幅电路的限制幅度值：

正向限幅电路：
$$V_{CP}=\frac{R3}{R2+R3}V_{CC}+0.7V \tag{6-1}$$

负向限幅电路：
$$V_{CN}=\frac{R3}{R2+R3}V_{EE}-0.7V \tag{6-2}$$

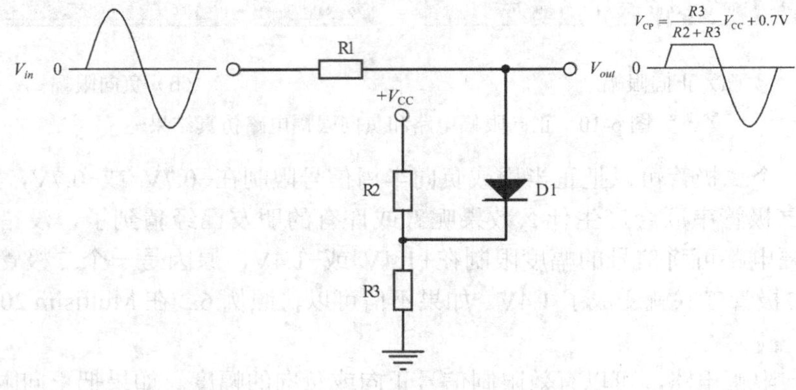

（a）正向限幅

图 6-13　分压器偏置限幅电路

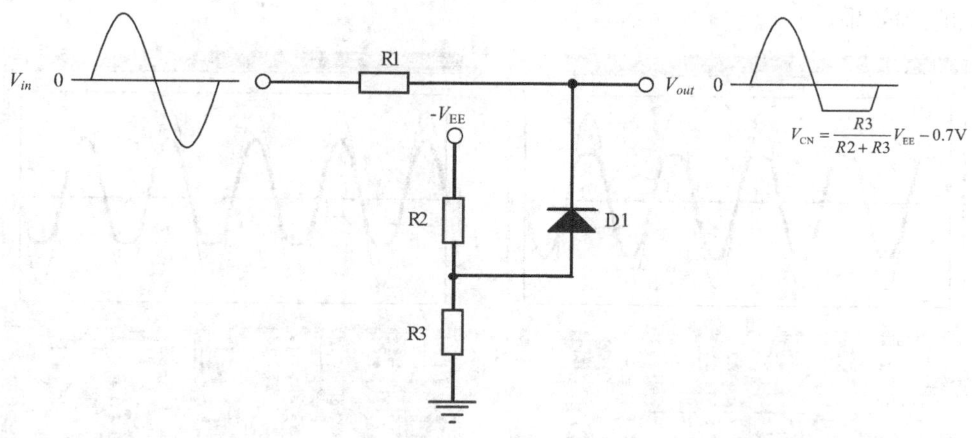

（b）负向限幅

图 6-13　分压器偏置限幅电路（续）

其中 V_{CC}、V_{EE} 分别为电路的电源电压，R2、R3 分别为分压器电阻。分压器偏置限幅电路的优点是明显的，首先它可通过电阻 R2、R3 控制限幅值，其次它把电源电压与限幅功能联系起来了。

【例 6.3】分压器偏置限幅电路：假设图 6-13 中 V_{CC}=+5V、V_{EE}=−5V、$R1$=1kΩ、$R2$=300Ω、$R3$=200Ω，计算限幅电路的限幅值，并在 Multisim 2001 中连接图 6-14 所示电路，观察限幅电路的功能。

根据式（6-1）和式（6-2）可得正向、负向分压器偏置限幅电路的限幅值为：

$$V_{CP}=\frac{R3}{R2+R3}V_{CC}+0.7\text{V}=\frac{200\Omega}{200\Omega+300\Omega}5\text{V}+0.7\text{V}=2.7\text{V}$$

$$V_{CN}=\frac{R3}{R2+R3}V_{EE}-0.7\text{V}=-\frac{200\Omega}{200\Omega+300\Omega}5\text{V}-0.7\text{V}=-2.7\text{V}$$

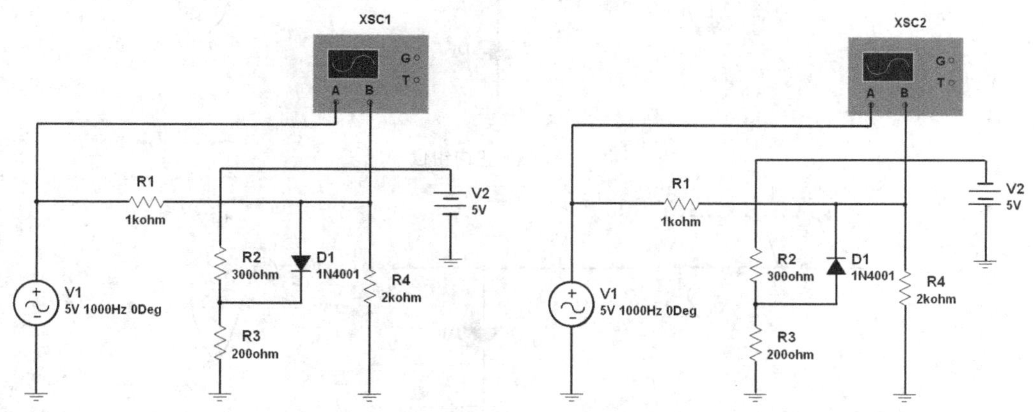

图 6-14　分压器偏置限幅电路

图 6-14 中，电源电压由电池 V2 提供，分别为+5V 和−5V。打开仿真开关将得到图 6-15

所示的限幅效果。

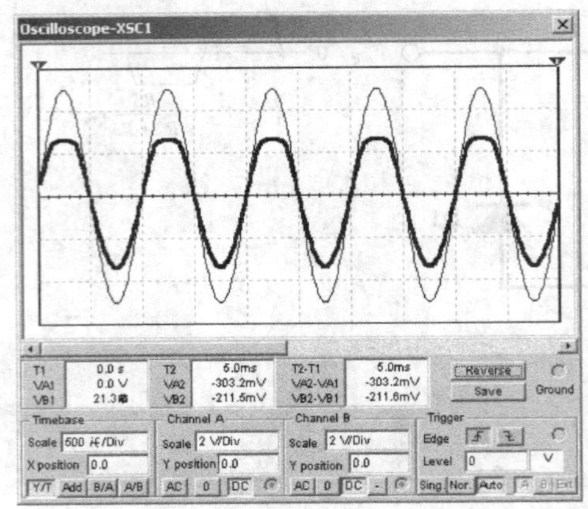
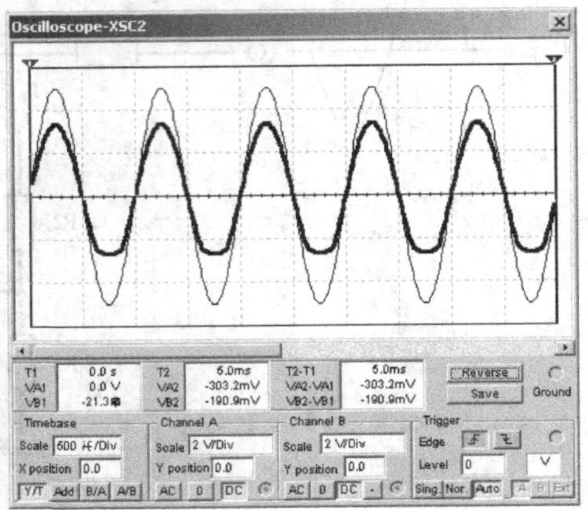

图 6-15　分压器偏置限幅电路仿真结果

3. 钳位电路

向交流信号增加一个直流电平的电路称为钳位电路（clamper）。如图 6-16 所示分别为正向和负向钳位电路，正向钳位电路将输入信号整体向上平移了 $V_{in(p)}$−0.7V，其中 $V_{in(p)}$为输入信号的峰值。假如输入信号峰值 $V_{in(p)}$=5V，则正向钳位电路输出信号中将“融入”5V−0.7V=4.3V 的直流偏置（如图 6-16（a）所示）。负向钳位电路则把输入信号往负方向平移−$V_{in(p)}$+0.7V。如果输入信号峰值还是 $V_{in(p)}$=5V，则负向钳位电路输出信号中将“融入”−5V+0.7V=−4.3V 的直流偏置（如图 6-16（b）所示）。

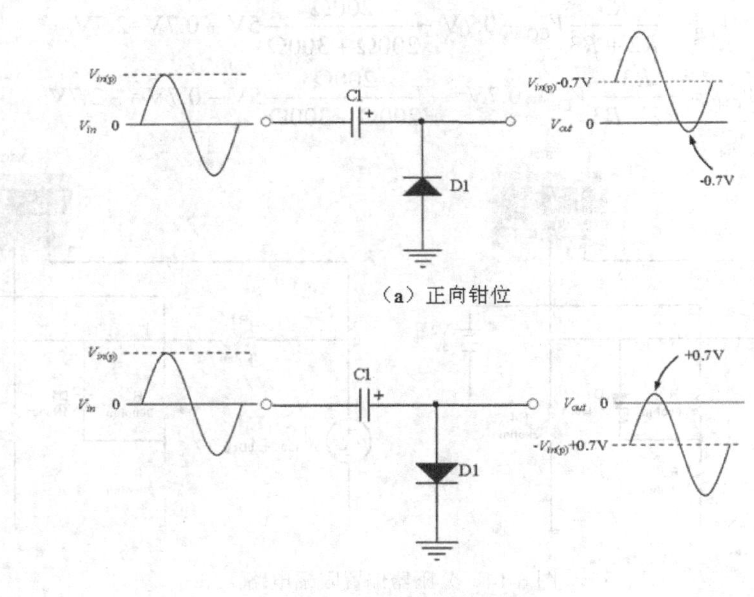

图 6-16　钳位电路

【例 6.4】钳位电路：在 Multisim 2001 中连接图 6-17 所示钳位电路，观察电路的输入、输出波形。然后把信号源换成脉冲电压源( )，并设置脉冲电压源的起始电压(Initial Value)为-5V，再观察输入、输出波形。

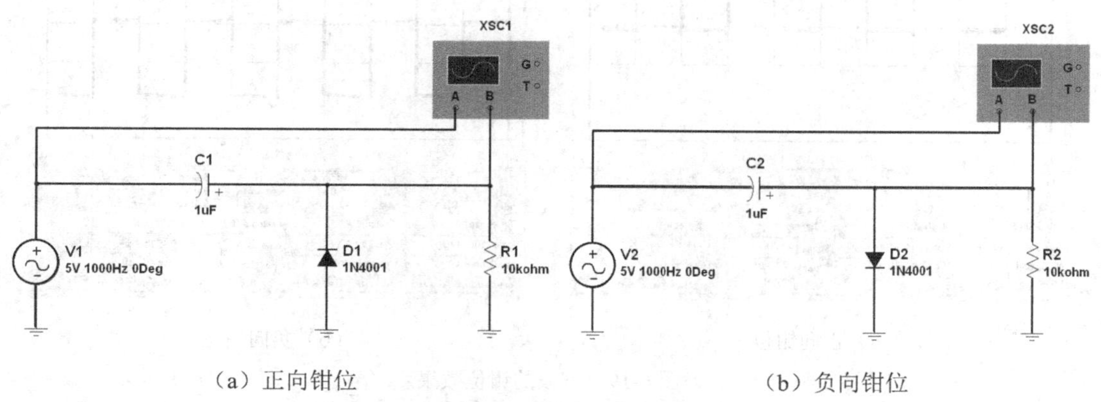

（a）正向钳位　　　　（b）负向钳位

图 6-17　钳位电路仿真

图 6-17 所示仿真电路中，电阻 R1、R2 分别为负载。打开仿真开关，可从示波器观察窗口中看到图 6-18 所示的结果，从而验证图 6-16 所示的输入、输出波形关系。当把交流电压源换成脉冲电压源，并在其属性对话框的 Value 标签中把起始值设置为-5V 后，脉冲电压源则产生一个在-5V 和+5V 之间跳变的方波，并得到关于方波的钳位效果，如图 6-19 所示。

4. 倍压电路

倍压电路（voltage multiplier），顾名思义就是将输入信号的电压加倍后输出。如图 6-20 所示分别是二倍压、三倍压、四倍压电路，它们分别将输入的正弦信号经过倍压后形成 2 倍、3 倍、4 倍于输入信号峰值的直流电压输出。注意，倍压电路是把交流变成了直流。有兴趣的朋友可利用 Multisim 对这几种倍压电路进行仿真验证。

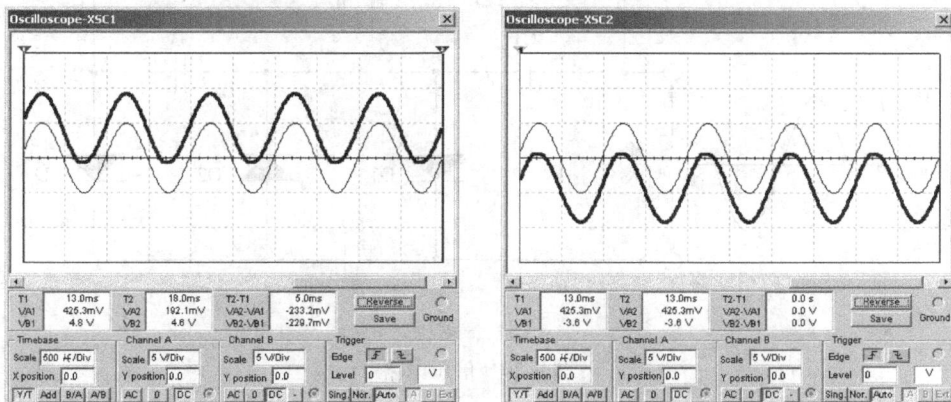

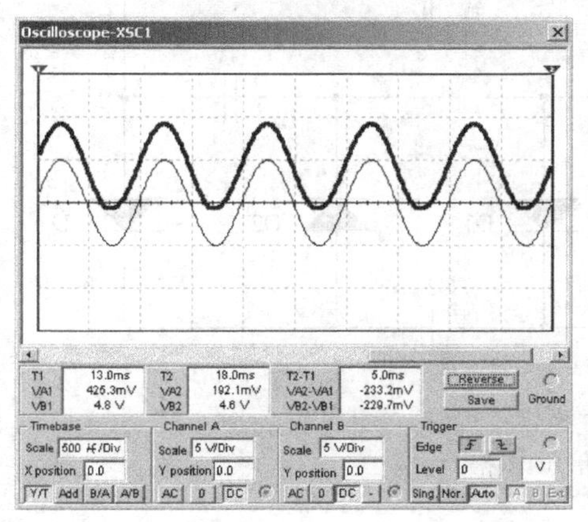

（a）正向钳位　　　　（b）负向钳位

图 6-18　钳位电路仿真结果

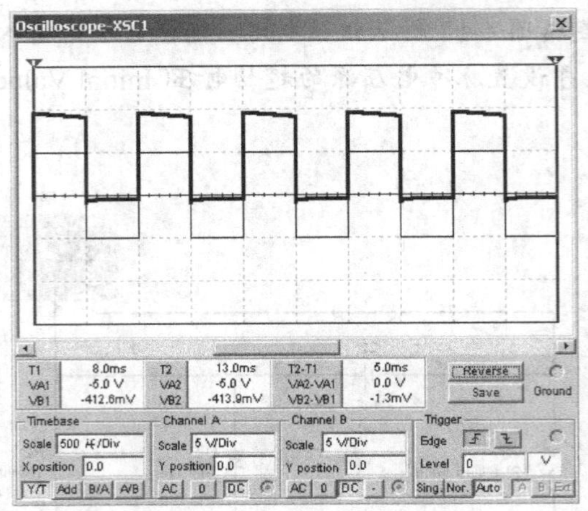

（a）正向钳位

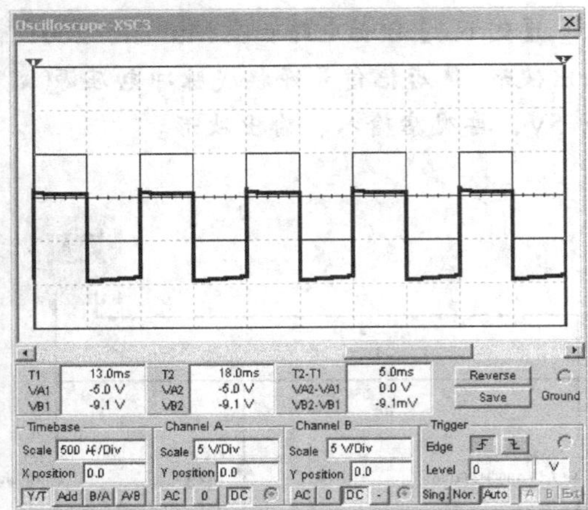

（b）负向钳位

图 6-19　方波的钳位效果

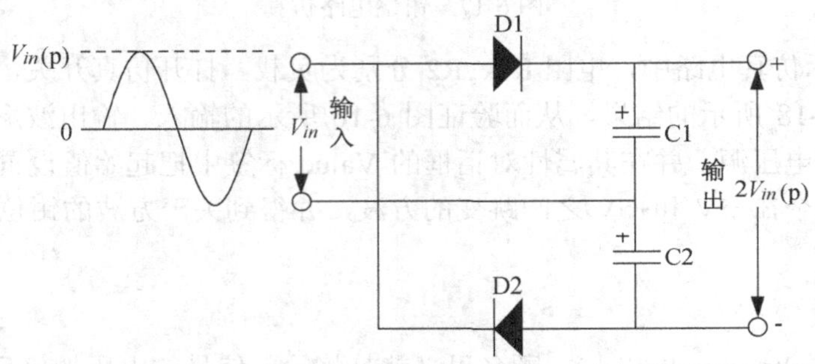

（a）二倍压

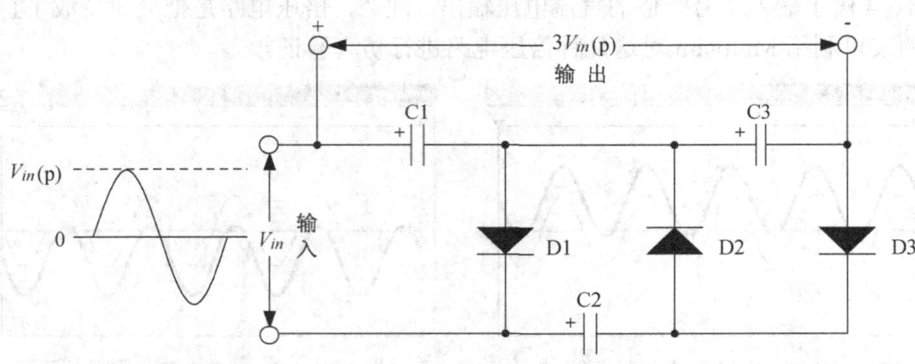

（b）三倍压

图 6-20　倍压电路

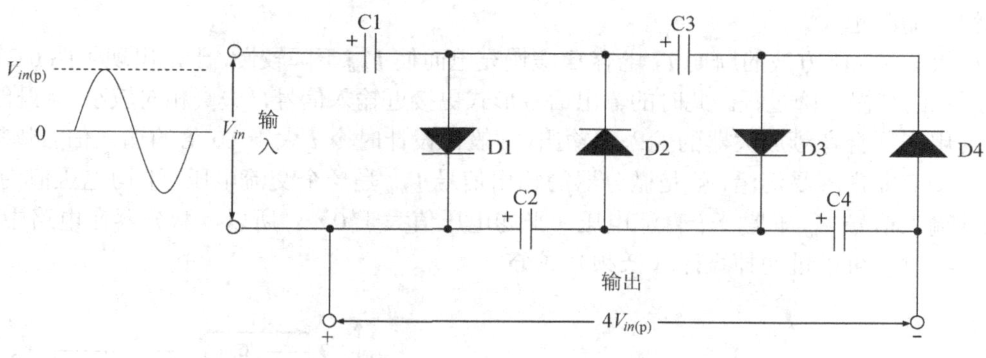

（c）四倍压

图 6-20 倍压电路（续）

6.1.3 RC 电路——微分器与积分器

由电阻和电容构成的各种电路，简称 RC 电路，特别是微分器与积分器，以及 6.1.4 节将要学习的高通滤波器与低通滤波器在电子系统中都非常常见。

根据信号电压对时间的微分或积分结果，对信号波形进行变换整理的电路，称为微分器或积分器。最简单的微分器或积分器都由一支电阻和一支电容组成，只是两种电路中电阻、电容的位置不同。把电阻阻值和电容容量的乘积称为 *RC* 时间常数，用希腊字母“τ”表示（发音 tào），于是有：

$$\tau = RC \tag{6-3}$$

接下来，分别看看这两种电路对信号产生什么影响。

1. 电容耦合（微分器）

图 6-21（a）所示为微分器（differentiator）的典型电路，它由一支电容和一支电阻组成。当方波进入微分器后，如果 τ 远小于方波的周期 T，得到图 6-21（b）中图所示的急剧变化的输出信号；相反如果 τ 远大于方波的周期 T，则得到图 6-21（b）下图所示的缓慢变化的输出信号。

这其中的道理是：当输入信号 V_{in} 由 0 跳到峰值时（图 6-21（b）上图的 A-B 段），输出信号 V_{out} 也立即由 0 跳到峰值，这是因为跳变的信号相当于交流，于是微分器中的电容 C 让其通过（如图 6-21（a）所示），于是在 A-B 段输出信号跟随输入信号跳变。在 B-C 段时，电容 C 开始充电，电流从 V_{in} 开始流经电容 C、电阻 R 回到地。在充电过程中，随着电容 C 逐渐充满其两端电压增大从而使 V_{out} 逐渐减小。V_{out} 减小的速度与 τ 有紧密的联系。

如果 τ 远小于方波的周期 T，电容 C 很快充满电而使 V_{out} 下降得很迅速，于是出现了图 6-21（b）中图所示的急剧下降过程。当输入信号 V_{in} 从峰值跳变到 0 时（图 6-21（b）上图的 C-D 段），电容 C 开始放电而在 V_{out} 产生一个负向的尖峰。此时输出信号 V_{out} 与输入信号 V_{in} 有着明显的不同因而产生了失真。此时的微分器表现出了一个颇具特色的特性——只有当输入信号发生变化时（A-B 段和 C-D 段）它产生输出信号，而且输入信号变化越快，输出越大。

如果τ远大于方波的周期T，电容C缓慢充电而使V_{out}下降较慢，于是出现了图6-21（b）下图所示的缓慢下降过程。此时的输出信号形式更接近输入信号，失真相对较小。这样的电路常常用来耦合音频放大器的输入和输出，一般在设计时令τ大于10倍的输入信号周期T。

有一点非常容易混淆，就是微分器的输出信号V_{out}是一个交流电压（平均电压值为0），然而其输入信号V_{in}却是一个直流电压（平均电压值大于0）。所以，微分器在电路中耦合前、后级时，可以过滤掉直流（低频）成分。

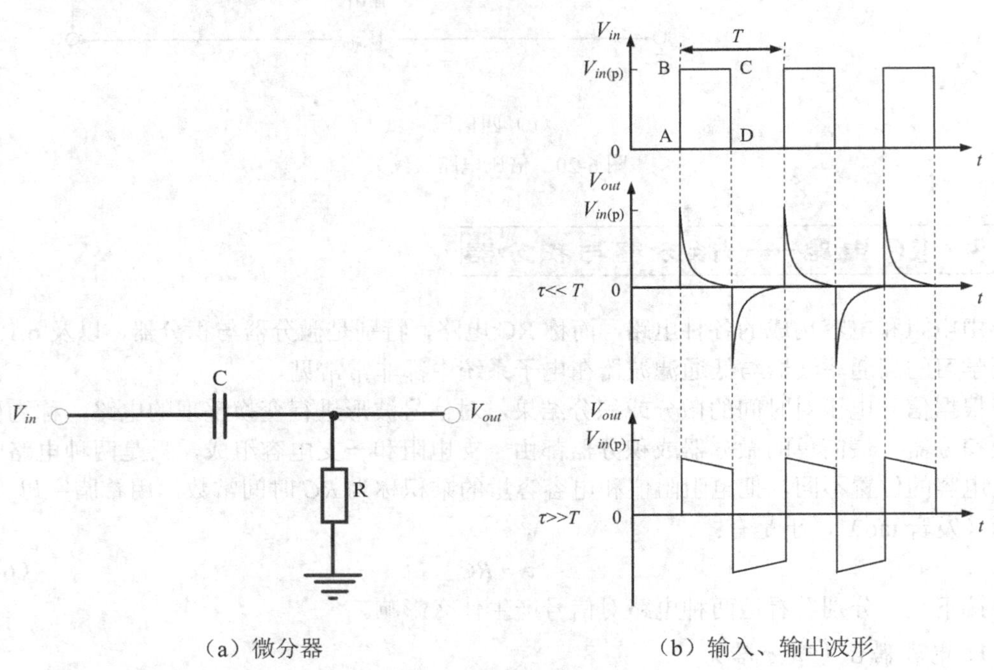

（a）微分器　　　　（b）输入、输出波形

图6-21　微分器及电路特性

【例6.5】微分器：在Multisim 2001中连接如图6-22所示的微分器，通过改变电容C和电阻R的参数观察不同的输出波形。

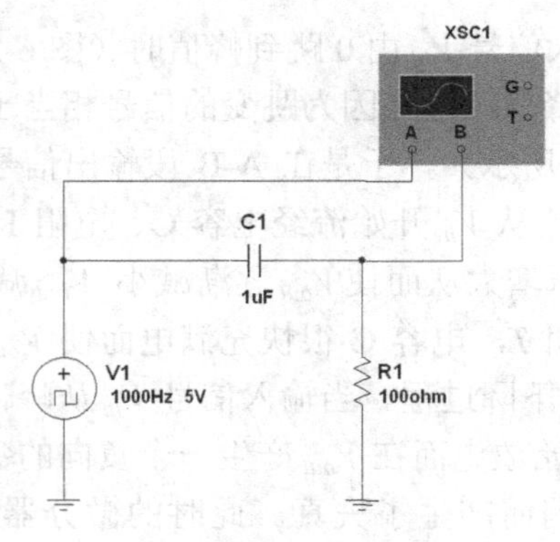

图6-22　微分器

首先按图 6-22 所示，取 $C1$=1μF、$R1$=100Ω，则根据式（6-3）得 $\tau=RC=100\Omega\times1\mu F=10^{-4}$，信号源 V1 频率 f=1000Hz，可知输入信号的周期 $T=1/f=10^{-3}$，所以 $\tau<<T$。打开仿真开关，可从示波器观察窗口中看到类似图 6-21（b）中图的输出波形，如图 6-23（a）所示。

接下来，把电阻 R1 修改为 10kΩ，其他参数不变（当然也可以改变其他参数），此时 $\tau=RC=100\Omega\times1\mu F=10^{-2}$，$\tau>>T$，打开仿真开关，可从示波器观察窗口中看到类似图 6-21（b）下图的输出波形，如图 6-23（b）所示。

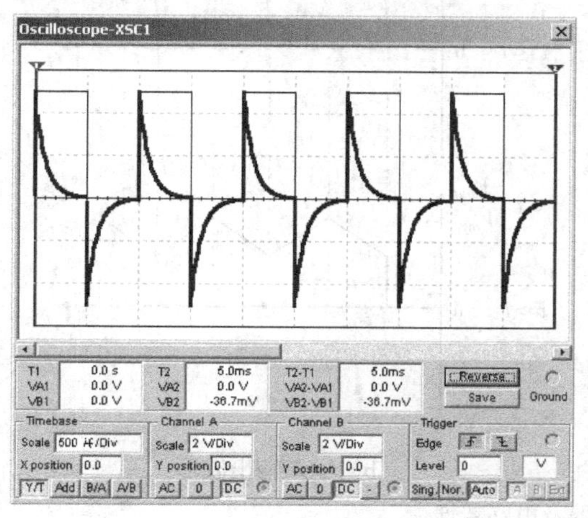

（a）τ<<T

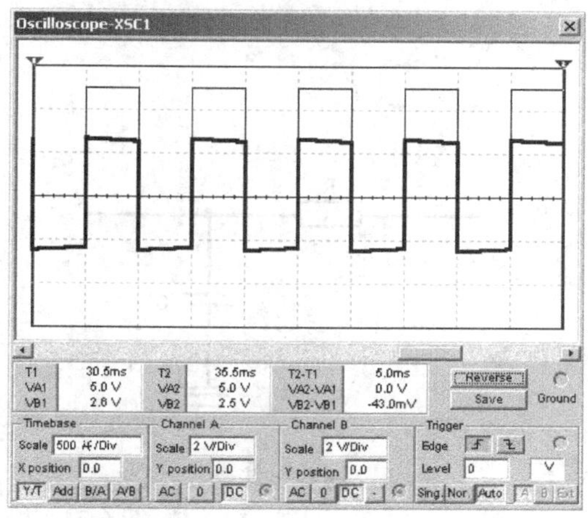

（b）τ>>T

图 6-23　微分器仿真结果

通过这个例子，可以清楚地看到微分器的输出波形与时间常数 τ 有着密切的联系。从仿真结果图 6-23（a）知道，只要 $\tau<<T$，微分器就能把输入的矩形波变换为一正一负两个脉冲波，且两个脉冲严格与矩形波的上升沿和下降沿对应——这是微分器的最大特点。所以，微分器最主要的用途是提取输入信号的上升沿和下降沿。

2. 电阻耦合（积分器）

图 6-24（a）所示为积分器（integrator）的典型电路，它与微分器不同的是电容、电阻相互换了一下位置。当方波进入积分器后，如果 τ 远小于方波的周期 T，则得到图 6-24（b）中图所示的略有变化的输出信号；如果 τ 远大于方波的周期 T，则得到图 6-24（b）下图所示的类似三角波的输出信号。

积分器的工作原理也很简单：当 τ 远小于方波的周期 T 时，电容 C 充电很迅速，所以输出信号 V_{out} 就非常接近输入信号 V_{in}；而当 τ 远大于方波的周期 T 时，输出信号 V_{out} 由于电容 C 的缓慢充电而无法实时跟上输入信号 V_{in}，因而呈现出较方波更缓和的类似三角波般的输出波形。

积分器的最大特点是它在一段时间内累积了输入信号的稳定部分（图 6-24（b）的 B-C 段和 D-E 段），从而缓和了输入信号的变化部分。所以，积分器在电路中可以过滤掉交流（高频）成分。

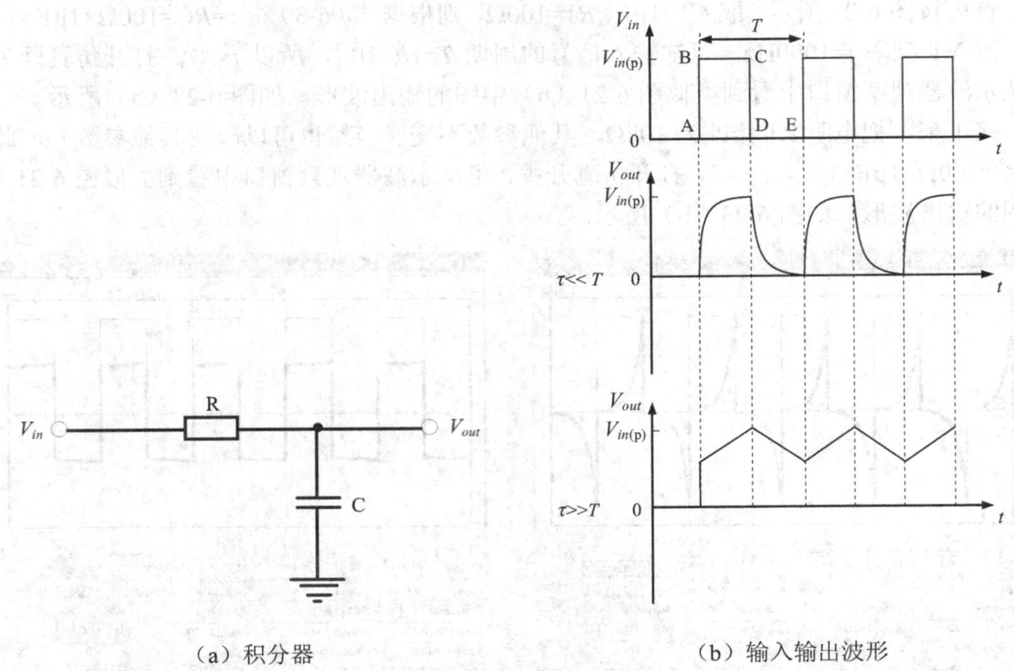

（a）积分器　　（b）输入输出波形

图 6-24　积分器及电路特性

【例 6.6】**积分器：在 Multisim 2001 中连接如图 6-25 所示的积分器，通过改变电容 C 和电阻 R 的参数观察不同的输出波形。**

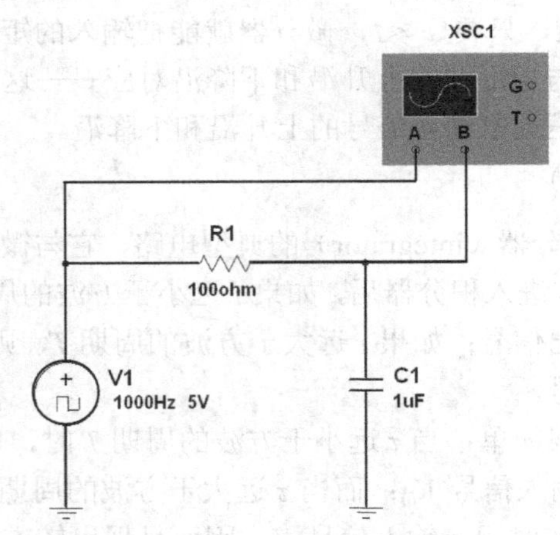

图 6-25　积分器

首先按图 6-25 所示，取 $C1$=1μF、$R1$=100Ω，则根据式（6-3）得 $\tau=RC=100\Omega\times1\mu F=10^{-4}$，信号源 V1 频率 f=1000Hz，可知输入信号的周期 $T=1/f=10^{-3}$，所以 $\tau<<T$。打开仿真开关，可从示波器观察窗口中看到类似图 6-24（b）中图的输出波形，如图 6-26（a）所示。

接下来，把电阻 R1 修改为 10kΩ，其他参数不变（当然也可以改变其他参数），此时

$\tau=RC=10\text{k}\Omega\times1\mu\text{F}=10^{-2}$，$\tau>>T$，打开仿真开关，可从示波器观察窗口中看到类似图 6-24（b）下图的输出波形，如图 6-26（b）所示。

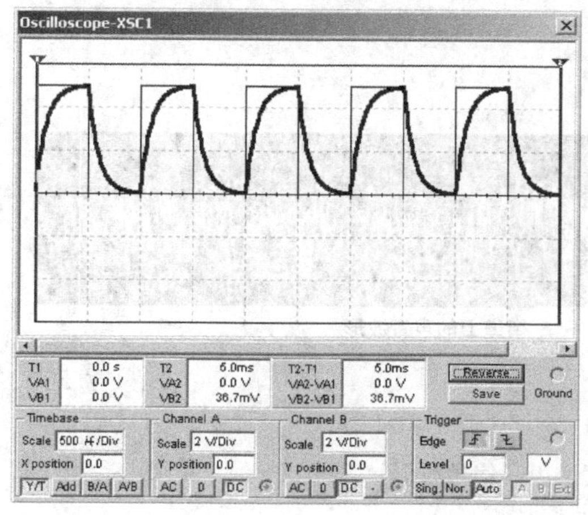

（a）τ<<T

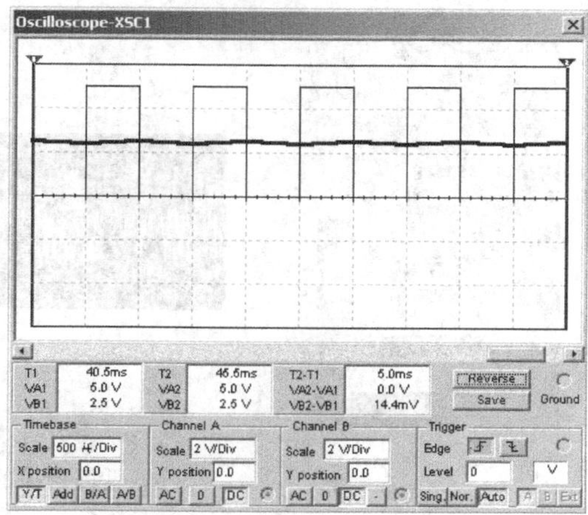

（b）τ>>T

图 6-26　积分器仿真结果

通过这个例子，可以清楚地看到积分器的输出波形与时间常数 τ 有着密切的联系。从仿真结果图 6-26（b）知道，只要 $\tau>>T$，积分器就能把输入的矩形波变换为一条近似水平的直线，这就是为什么可以使用电容来对电源进行滤波（图 3-65 和图 3-68 等）和解调（图 2-51 等）——这就是积分器的两个重要用途。

6.1.4　RC 电路——无源滤波器

早在多媒体音箱的均衡器设计中就接触过滤波器了（图 5-49 等），均衡器对某一频段的声音进行提升或抑制，实质上是调整某一频段信号的增益。所有均衡器的设计全都源于本节讨论的两种最基本的无源高通滤波器和无源低通滤波器。

滤波器（filter）是一种频率选择电路，它根据电路的参数设计滤除掉某频率段的信号成分。高通滤波器滤除频率在截止频率以下的信号成分（让频率高于截止频率的信号通过）；低通滤波器滤除频率在截止频率以上的信号成分（让频率低于截止频率的信号通过）。

滤波器是电路最常涉及的模块之一。比如一个噪音监测系统实时检测街道上的噪音指数，特别是汽车喇叭的声污染到底有多严重。在马路边放置了一个传感器（话筒）采集声音信号，所采集到的声音信号包含了街道上的各种声音，其波形如图 6-27（a）所示。根据实验知道各种汽车的喇叭声频率大致在 600Hz~1kHz，如图 6-27（b）所示。由于话筒暴露在马路上，除了汽车的喇叭声外，还有大人叫、小孩哭等各种声音。要想获得汽车喇叭声的强度，需要把 600Hz~1kHz 之外的声音滤除掉，只留下汽车喇叭声信号并分析其强度。

于是可以借助滤波器把 600Hz~1kHz 之外的声音滤除掉，如图 6-27（c）所示，首先使用截止频率 1kHz 的低通滤波器把高于 1kHz 的声音滤除，接着再用截止频率 600Hz 的高通滤波器把低于 600Hz 的声音滤除，这样就剩下频率在 600Hz~1kHz 的信号，即汽车喇叭的声音（阴影部分），再对剩下这部分信号进行强度等分析就可获得汽车喇叭的噪音指数了。

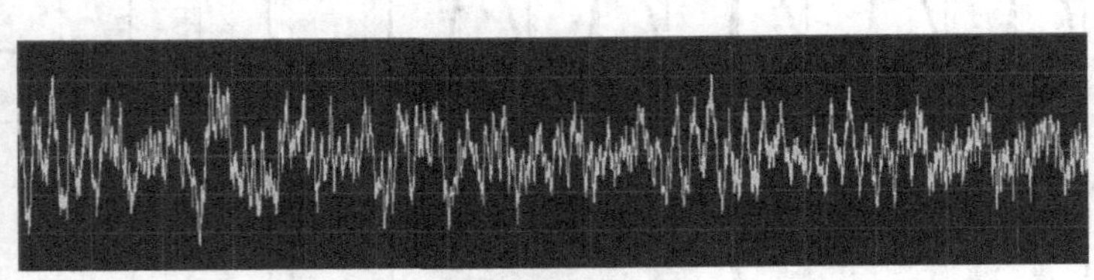

（a）话筒转换的街道声音信号波形

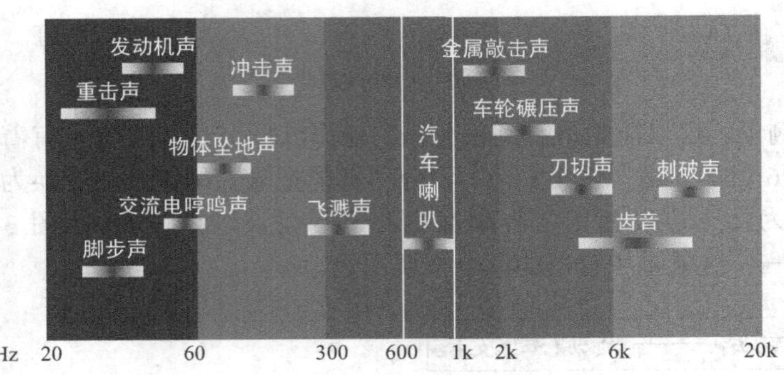

（b）街道上各种声音的频率范围

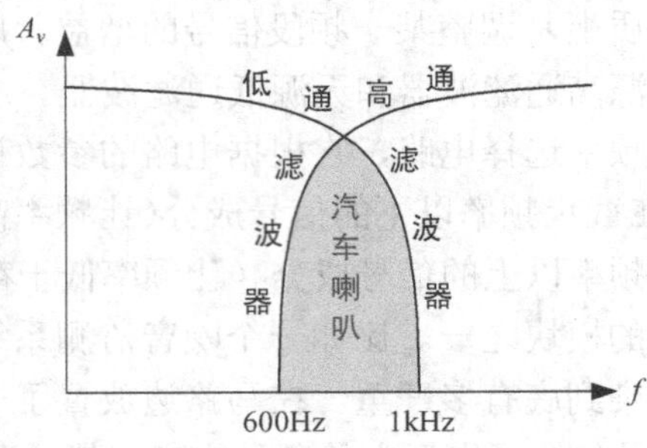

（c）滤波器滤除噪音

图 6-27　汽车喇叭分贝检测的信号及滤波

接下来看看到底是什么电路能实现高通滤波器和低通滤波器的功能。

1. 无源高通滤波器

看图 6-28（a）所示的无源高通滤波器（passive high-pass filter，HPF）的典型电路，是不是非常熟悉？它不就是一个微分器吗（如图 6-21（a）所示）？没错，典型的无源高通滤

波器与微分器结构是相同的。它的滤波原理非常简单，电容具有隔直通交的特性，于是高频信号比低频信号更容易通过高通滤波器，这也就是为什么高通滤波器能滤除低频信号的原因。滤波器的截止频率 f_c 为：

$$f_c = \frac{1}{2\pi RC} \tag{6-4}$$

由 4.5.3 节知道，当输入信号使电路的电压增益为−3dB 时，则称此输入信号的频率为电路的截止频率。高通滤波器不允许低频信号通过，于是就从直流开始（频率为 0）不断提高输入信号的频率，当输入信号的频率没有达到截止频率 f_c 时，高通滤波器的增益一直小于−3dB 从而阻碍信号的通过；当输入信号的频率等于截止频率 f_c 时，高通滤波器的增益将等于−3dB；当输入信号的频率大于截止频率 f_c 时，高通滤波器的增益就会大于−3dB。这就是图 6-28（b）所示高通滤波器频率特性曲线的由来。

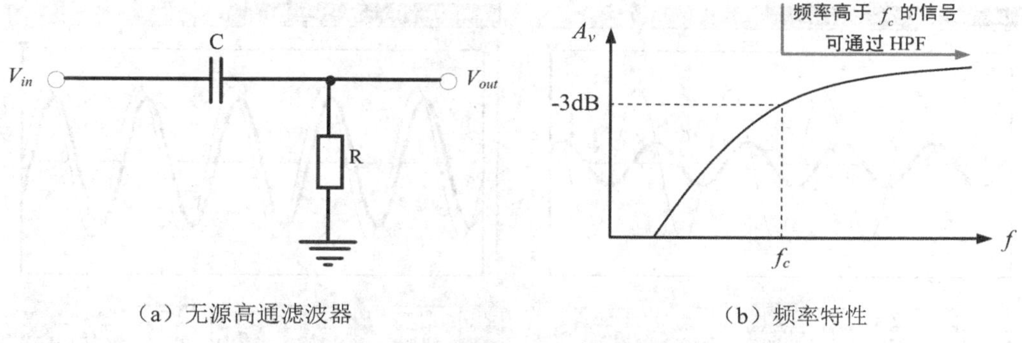

（a）无源高通滤波器　　（b）频率特性

图 6-28　无源高通滤波器及频率特性

【例 6.7】无源高通滤波器：在 Multisim 2001 中连接如图 6-29 所示的高通滤波器，计算截止频率并利用波特计观察仿真结果。

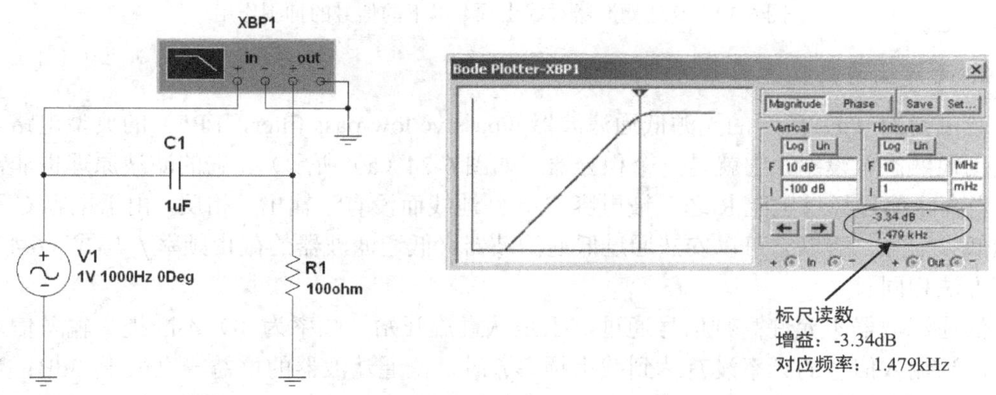

图 6-29　高通滤波器

根据图 6-28 所示参数，可得截止频率 $f_c = \frac{1}{2\pi RC} = \frac{1}{2\pi \times 100\Omega \times 1\mu F} = 1.59\text{kHz}$，打开波

特计观察窗口并打开仿真开关，将得到如图 6-29 所示的仿真结果，利用标尺可以得到高通滤波器在-3dB 附近的对应频率，即截止频率，约为 1.479kHz。这与计算结果很接近。

图 6-28 所示高通滤波器的计算和仿真结果表明，当输入信号的频率小于 1.59kHz 时将有较大的衰减；而输入信号的频率大于 1.59kHz 时可以顺利通过滤波器。这个结论还可以通过在图 6-29 的仿真电路中添加一个示波器来观察，先令信号源 V1 的频率小于 1.59kHz，比如 500Hz，用示波器观察输入、输出波形会发现滤波器对信号有明显的衰减作用，如图 6-30（a）所示；再令信号源 V1 的频率大于 1.59kHz，比如 2.5kHz，用示波器观察输入、输出波形会发现信号能顺利通过，如图 6-30（b）所示。

通过高通滤波器就可以剔除截止频率 f_c 以下的信号成分了，这样就完成了如图 6-27（c）所示的汽车喇叭滤波器的一半任务——限制了 600Hz 以下的信号通过滤波器。接下来再看看低通滤波器如何完成剩下的另一半任务。

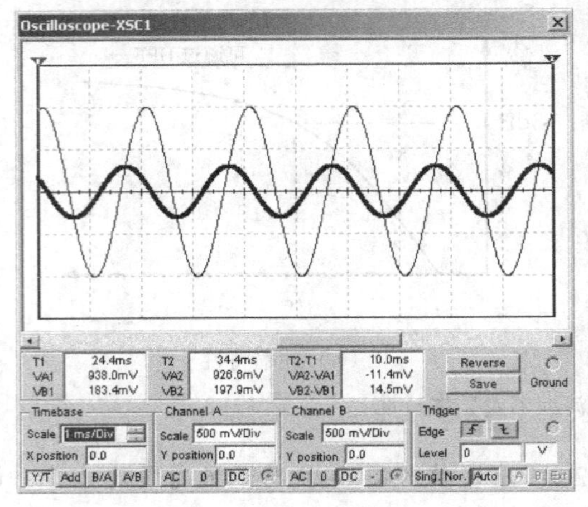

（a）V_{in}=500Hz（衰减）

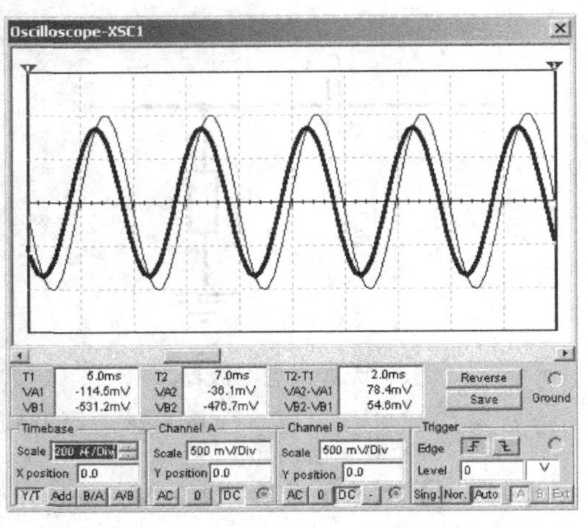

（b）V_{in}=2.5kHz（通过）

图 6-30　高通滤波器对截止频率以下的信号的抑制作用

2. 无源低通滤波器

看图 6-31（a）所示的无源低通滤波器（passive low-pass filter，LPF）的典型电路。是不是也很熟悉？没错，它就是一个积分器（如图 6-24（a）所示）。它的滤波原理也非常简单，当高频信号经过电阻 R 之后被电容 C 导到地线而没有了输出。相反，由于电容 C 不会导通低频信号，所以它可以安然通过低通滤波器。低通滤波器的截止频率 f_c 与式（6-4）的计算方法相同。

低通滤波器不允许高频信号通过，于是从直流开始（频率为 0）不断提高输入信号的频率，当输入信号的频率没有达到截止频率 f_c 时，低通滤波器的增益一直大于-3dB；当输入信号的频率等于截止频率 f_c 时，低通滤波器的增益将等于-3dB；当输入信号的频率大于截止频率 f_c 时，低通滤波器的增益就会小于-3dB 从而阻碍信号的通过。这就是图 6-31（b）所示高通滤波器频率特性曲线的由来。

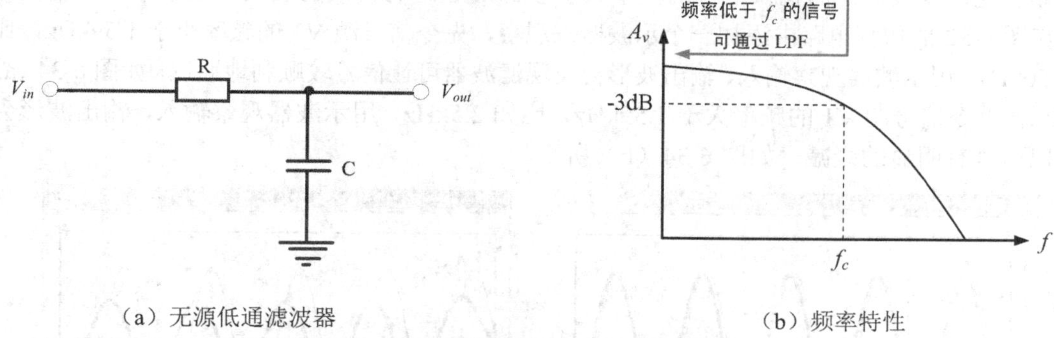

图 6-31　无源低通滤波器及频率特性

【例 6.8】**无源低通滤波器：在 Multisim 2001 中连接如图 6-32 所示的低通滤波器，计算截止频率并利用波特计观察仿真结果。**

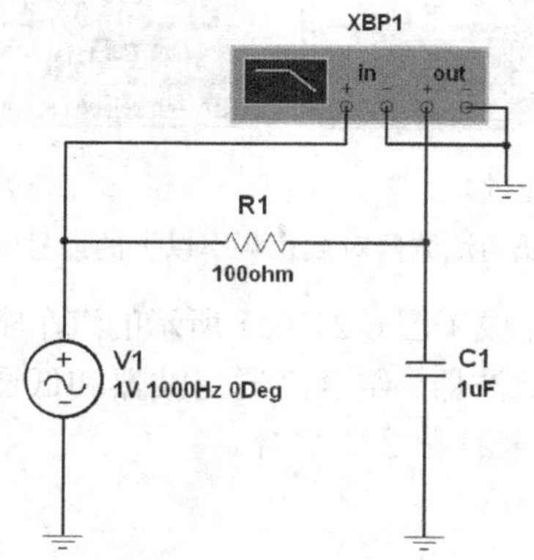

图 6-32　低通滤波器

根据图 6-32 所示参数，可得截止频率 $f_c = \dfrac{1}{2\pi RC} = \dfrac{1}{2\pi \times 100\Omega \times 1\mu F} = 1.59\text{kHz}$，打开波特计观察窗口并打开仿真开关，将得到如图 6-33 所示的仿真结果，利用标尺可以得到低通滤波器的截止频率（约为 1.585kHz），这与计算的结果非常接近。

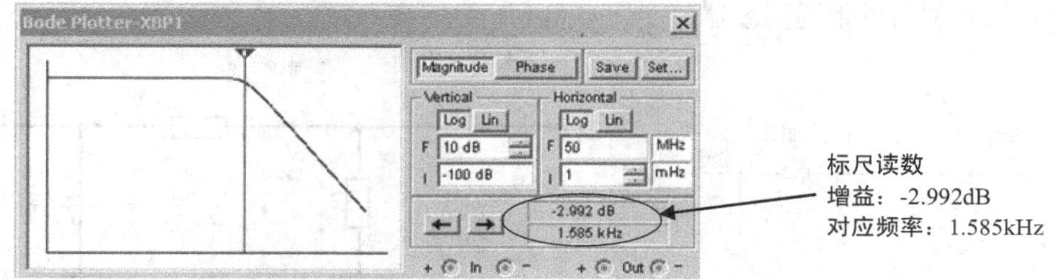

图 6-33　低通滤波器仿真结果

图 6-33 所示低通滤波器的计算和仿真结果表明，当输入信号的频率小于 1.59kHz 时可

以顺利通过滤波器；而输入信号的频率大于 1.59kHz 时有较大的衰减。这个结论还可以通过在图 6-32 的仿真电路中添加一个示波器来观察，先令信号源 V1 的频率小于 1.59kHz，比如 500Hz，用示波器观察输入、输出波形会发现滤波器可让信号较顺利地通过，如图 6-34（a）所示；再令信号源 V1 的频率大于 1.59kHz，比如 2.5kHz，用示波器观察输入、输出波形会发现信号有明显的衰减，如图 6-34（b）所示。

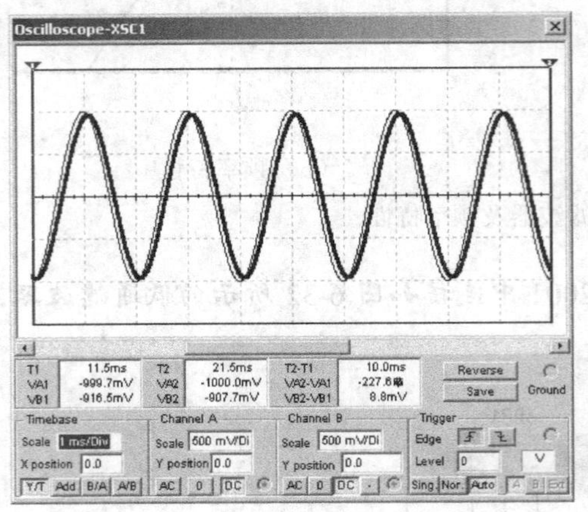

（a）V_{in}=500Hz（通过）

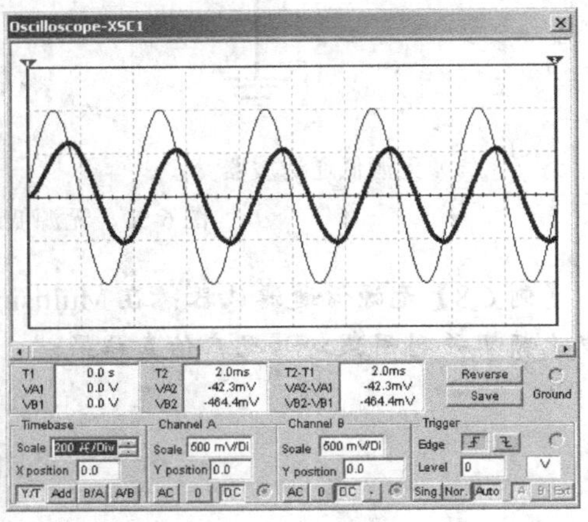

（b）V_{in}=2.5kHz（衰减）

图 6-34　低通滤波器对截止频率以上的信号的抑制作用

这样，通过低通滤波器就完成了图 6-27（c）所示的汽车喇叭滤波器中的另一半任务——限制了 1kHz 以上的信号通过滤波器。结合高通滤波器和低通滤波器，就形成了图 6-27（c）所示的带通滤波器，接下来就来看看这个结合。

3. 无源带通滤波器

理解了高通滤波器和低通滤波器之后，带通滤波器就不那么困难了。图 6-35（a）所示为带通滤波器的形成过程——高通滤波器连接低通滤波器。同理，带通滤波器的频率特性曲线也就是高通滤波器和低通滤波器各自频率特性曲线的叠加，如图 6-35（b）所示。

在图 6-35 所示的结合过程中，带通滤波器自然产生了高、低两个截止频率，在图 6-35（b）中，高截止频率 f_{c2} 等于低通滤波器的截止频率；低截止频率 f_{c1} 等于高通滤波器的截止频率。而夹在 f_{c1} 和 f_{c2} 之间的频率称为带通滤波器的通频带，只有频率落在通频带之内的输入信号才能顺利通过带通滤波器。

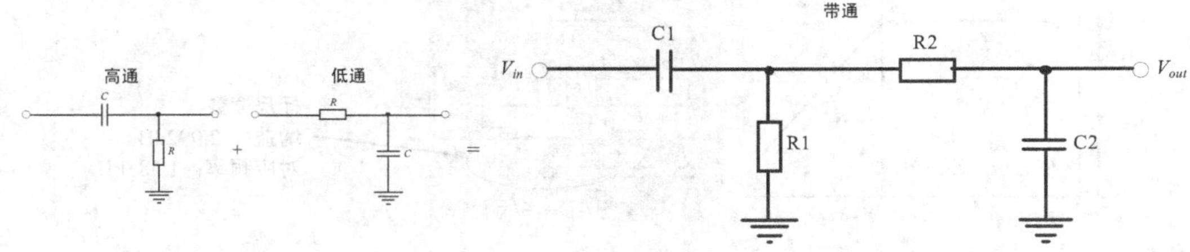

（a）无源带通滤波器

图 6-35　无源带通滤波器及其频率特性

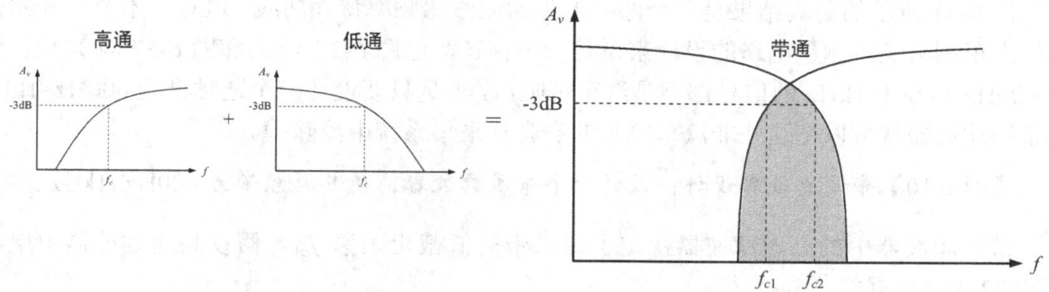

（b）频率特性

图 6-35 无源带通滤波器及其频率特性（续）

【例 6.9】无源带通滤波器：在 Multisim 2001 中连接如图 6-36 所示的带通滤波器，计算其通频带并利用波特计观察仿真结果。

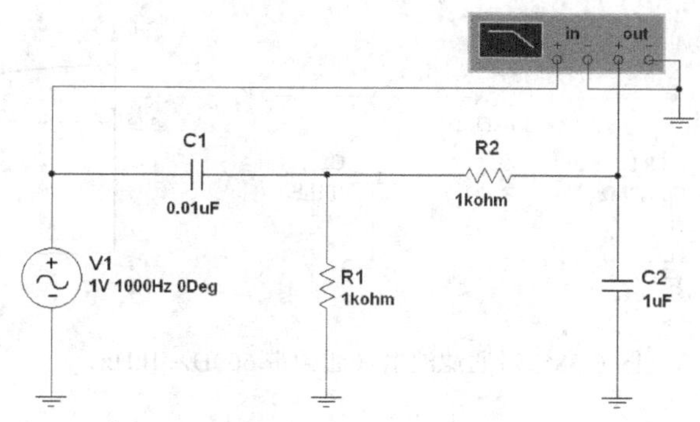

图 6-36 带通滤波器

根据图 6-36 所示参数，可得低截止频率 $f_{c1}=\dfrac{1}{2\pi R1C1}=\dfrac{1}{2\pi\times1\text{k}\Omega\times1\mu\text{F}}=159\text{Hz}$，高截止频率 $f_{c2}=\dfrac{1}{2\pi R2C2}=\dfrac{1}{2\pi\times1\text{k}\Omega\times0.01\mu\text{F}}=15.9\text{kHz}$，所以通频带为 159Hz~15.9kHz，只有频率在该范围内的输入信号可以顺利通过滤波器。打开波特计观察窗口并打开仿真开关，将得到如图 6-37 所示的仿真结果，利用标尺可以得到带通滤波器的低截止频率和高截止频率（注意调整波特计窗口中的垂直（Vertical）和水平（Horizontal）坐标的量程以获得可观的效果）。

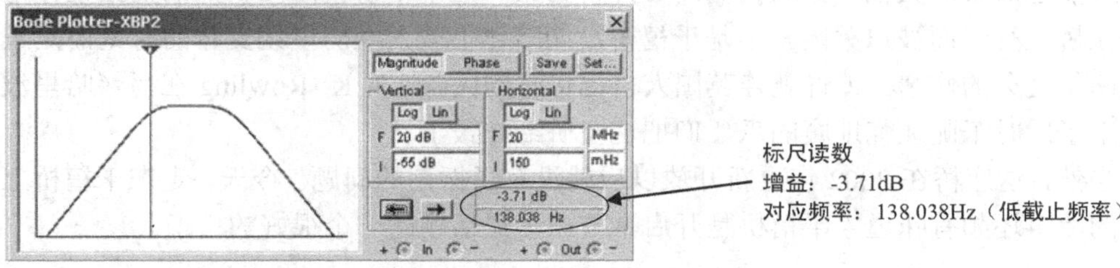

图 6-37 带通滤波器仿真结果

图 6-37 所示的仿真结果是一个漂亮的带通滤波器频率特性曲线。这对于本节一开始提出的汽车喇叭噪声测量电路的设计来说是一个福音，由图 6-27（b）和图 6-27（c）知，低于 600Hz 和高于 1kHz 的信号都不是汽车喇叭声，于是只要设计一个通频带为 600Hz~1kHz 的带通滤波器就可以把这些非汽车喇叭的声音从采集系统中滤除掉。

【例 6.10】**带通滤波器设计：设计一个带通滤波器，使其通频带为 600Hz~1kHz。**

带通滤波器中的高通滤波器决定了通频带的低截止频率 f_{c1}，假设高通滤波器中电容 C_1=0.22μF，根据式（6-4）得：

$$f_{c1} = 600\text{Hz} = \frac{1}{2\pi R1C1} = \frac{1}{2\pi \times R1 \times 0.22\mu\text{F}}$$

从而得到高通滤波器中的电阻 $R1$=1.2kΩ。同理，假设低通滤波器中的电容 $C2$=0.1μF，按照同样的方法可得低通滤波器中的电阻 $R2$=1.6kΩ。所以可得带通滤波器的设计如图 6-38 所示。

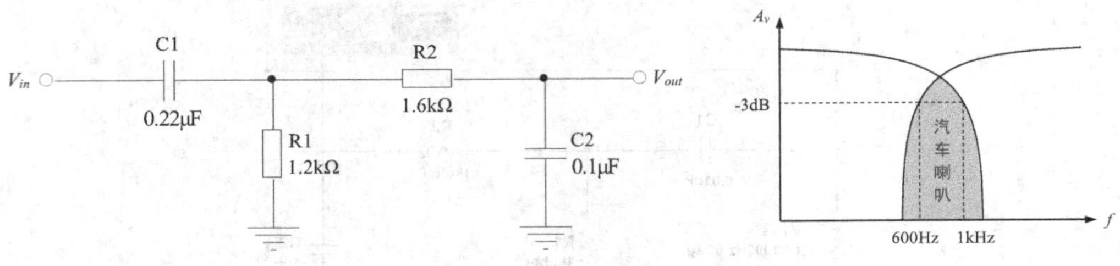

图 6-38　带通滤波器（通频带 600Hz~1kHz）

6.2　振荡器面面观

振荡的原理　多谐振荡器　射频振荡器

在伦敦的泰晤士河上有一座闻名世界的步行钢结构吊桥——伦敦千禧桥（Millennium Bridge London），如图 6-39（a）所示，她于 2000 年 6 月 10 日落成，连接着伦敦市中心与河岸，是英国为庆祝千禧年而修建的诸多建筑之一。但是伦敦人更喜欢叫她摇摆桥（wobbly bridge），这是因为设计师 Sir Norman Foster 和 Partners 在设计该桥时忽略了行人产生的策动力可能造成桥的大幅度振荡问题，在开桥的第二天千禧桥就因为剧烈的摇摆使行人根本无法在桥上行走而被迫关闭。于是千禧桥没能陪伴伦敦人经历世纪交替的时刻而是进入了长达两年之久的修缮。或许就连英国人自己也感到丢脸，J. K. Rowling 在写《哈里波特之混血王子》时干脆让梵地魔的爪牙们把这座桥给炸毁了。

当然，这座桥在 2002 年重新开放以后就没有了振荡的问题。今天，走在千禧桥上说起以上的故事还颇有味道。千禧桥是开启本节振荡器话题的一个很好的引子。

（a）千禧桥

（b）被梵地魔的爪牙们炸毁的千禧桥

图 6-39　千禧桥？摇摆桥？

6.2.1　振荡的原理

千禧桥的振荡现象在千里之外，我们体会不到，于是来看一个更贴近生活的例子。如果唱卡拉 OK 时把话筒对准扬声器，会产生刺耳的啸叫声，这就是振荡现象，如图 6-40 所示。振荡现象的出现，是由于当话筒对着扬声器时，扬声器发出的微小声音被话筒捕捉到并变成电信号进入了放大器，这个微小的声音信号被放大后又从扬声器发出，而后又被话筒捕捉到并再次进入放大器，这时声音信号的幅度已经较第一次时变大了。但话筒还在不断循环捕捉被放大的声音信号，于是使得扬声器发出的声音越来越大，最终出现了刺耳的啸叫声，这个过程就叫振荡（oscillation）。如果把话筒移走，则切断了振荡的回路，就能消除振荡。

如果把图 6-40 的扬声器看成输出，话筒看成输入，可以知道：取自输出的信号反馈到输入，并加强了输入信号。这与 4.4.3 节所看到的负反馈放大器“手法”相似但细节不同，负反馈放大器从输出取到的信号与输入反相，因此对输入信号起削弱的作用。

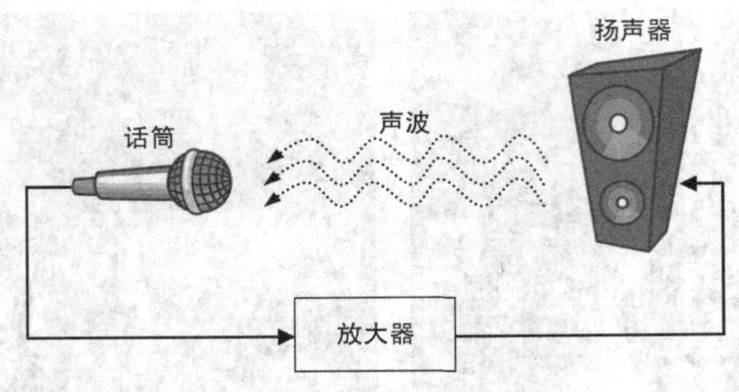

图 6-40　振荡现象

而在振荡过程中，反馈起到了“火上浇油”的作用，增强了输入信号，这样的反馈被称为正反馈（positive feedback），如图 6-41 所示，在振荡器（oscillator）中，由正反馈组件从放大器的输出端取得部分信号并将其反馈到放大器的输入端，由于反馈信号与输入信号同相，因此放大器不断循环放大反馈信号从而产生振荡信号。这里需要注意，放大器不可能无限地循环放大振荡信号，当输出的振荡信号达到某个极限值后就不再增大了，这个极限值就是振荡器的稳定振荡状态。

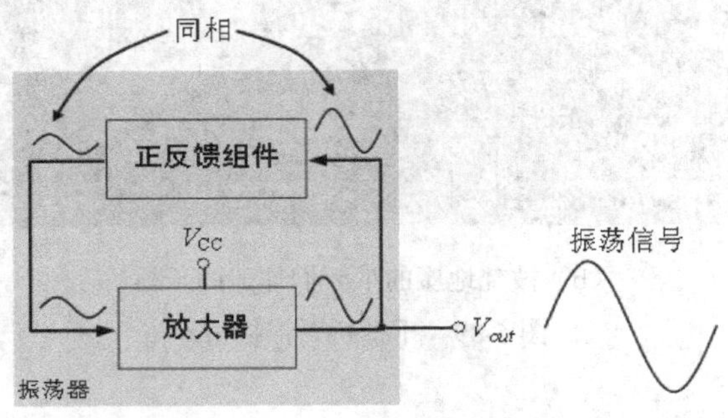

图 6-41　振荡器结构

可能有朋友会问，图 6-41 所示的振荡器并没有输入信号，为何还会有振荡信号产生并输出呢？其实振荡器并不是瞬间就进入振荡状态的，一般情况下，电路里总有噪声（例如三极管、电阻等器件内部的热噪声），这些噪声就是振荡的“种子”。从起初的微弱噪声被正反馈组件送到放大器的输入端开始，噪声便在放大器和正反馈组件构成的回路里被循环放大而最终形成了振荡信号。另外，如图 6-41 所示的振荡器中的正反馈组件具有频率选择性，于是，只有某特定频率的信号被反馈到放大器，循环放大之后就形成了特定频率的振荡信号。

无论是千禧桥的关闭还是扬声器的啸叫，感觉振荡只会带来麻烦。其实不然，只要控制好振荡过程，就能让振荡器产生各种信号，比如图 6-42 所示的正弦波、矩形波、三角波等。

利用振荡器产生电路所需要的波形在电路设计中非常常见，比如在广播电台进行 AM 信号调制过程中（如图 2-36 所示），音乐或电台主持人的说话声自然产生了低频有用信号，而高频载波则是一个标准的高频正弦信号，它就是由振荡器产生的。调制器将二者“混合”

在一起而形成了 AM 信号（图 2-38）。振荡器的作用可见一斑。另一个例子是 FM 无线话筒（如图 2-41 所示），相似的，话筒采集的声音信号，与振荡器产生的高频信号调制形成 FM 信号并以电磁波的形式发送出去，可见振荡器的地位举足轻重。

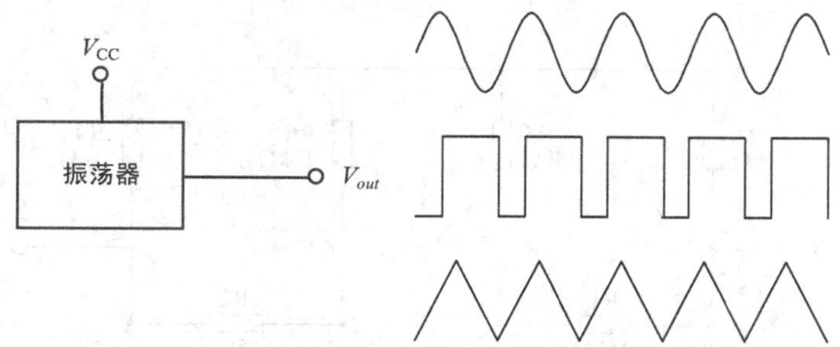

图 6-42 振荡器产生正弦波、方波、三角波

6.2.2 多谐振荡器

多谐振荡器（multivibrator）是诸多振荡器中的一种，它的最大特点是由两个三极管开关组成，且每个三极管开关都通过电阻或电容相互反馈信号。于是，两个三极管就有了交替出现饱和与截止的条件。

多谐振荡器有 3 种形式：双稳态多谐振荡器、单稳态多谐振荡器、无稳态多谐振荡器。可以从这 3 种多谐振荡器的名称上猜测其特点：双稳态多谐振荡器——具有两个稳定的状态；单稳态多谐振荡器——具有一个稳定的状态；无稳态多谐振荡器——没有稳定的状态。接下来分别对这 3 种多谐振荡器进行学习。

1. 双稳态多谐振荡器

双稳态多谐振荡器（bistable multivibrator），简称“双稳”。其最大特点是振荡器的输出有两个稳定状态——要么等于 V_{CC}（高电平），要么等于 0（低电平）。在某一时刻双稳态多谐振荡器只会处于某一个状态，直到一个合适的外部触发到来时才会转换到另一个状态。图 6-43 是一个双稳态多谐振荡器的典型电路，每个三极管的 c 极都由一个电阻与另一个三极管的 b 极耦合，于是三极管 Q1 的输出反馈到 Q2 的输入，反之亦然。

一开始，开关 R、S 都断开。接通双稳态多谐振荡器的电源 V_{CC}，三极管 Q1 的 b 极从电阻 R4、R2 获得偏置；三极管 Q2 的 b 极则从电阻 R3、R1 获得偏置。两个三极管很快开始“赛跑”——看谁能更快进入饱和状态。因为只要有某一个三极管进入饱和状态，其 c-e 极间相当于导通，于是 c 极电压变为 0 而直接造成对方三极管的 b 极失去偏置而截止。假设说三极管 Q1 更厉害，它抢先进入饱和状态，于是输出端 $\overline{Q}$ 变为近似 0V，没有电流通过电阻 R1 给三极管 Q2 提供偏置，所以三极管 Q2 只好无奈地进入截止状态，则有 Q=+5V。这场角逐随着某个三极管的饱和而结束，结束之时输出端 Q、$\overline{Q}$ 的状态相反且稳定。

到底哪个三极管会在角逐中首先进入饱和状态呢？这点很难说，因为世界上任何两个三极管的 h_{FE} 都不可能绝对相等，于是就产生了某一个三极管首先饱和而“踩压”另一个进入截止的情况。先用 Multisim 观察一下这个"赛跑"的过程再继续分析双稳态多谐振荡器的工作过程。

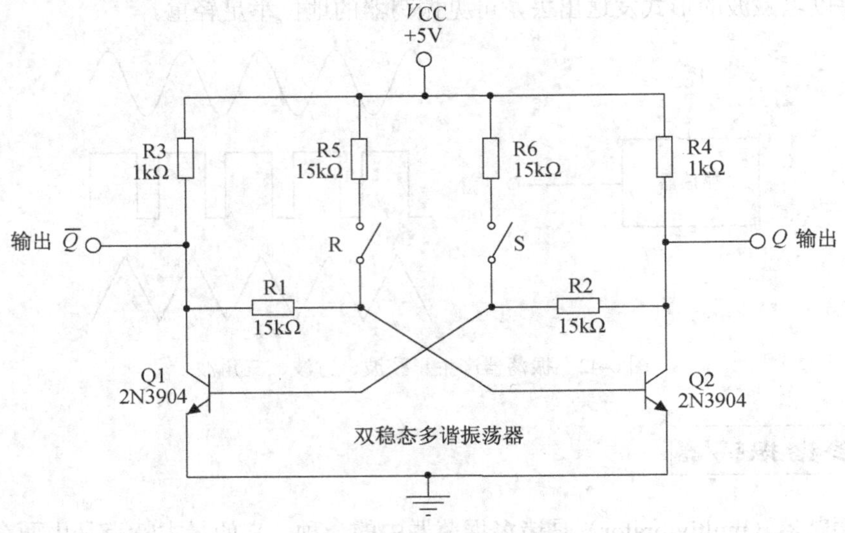

图 6-43　双稳态多谐振荡器

【例 6.11】双稳态多谐振荡器起振：在 Multisim 2001 中连接图 6-44 所示双稳态多谐振荡器电路，保持开关 J1、J2 断开，打开仿真开关，从示波器中观察哪个三极管先进入了饱和状态。

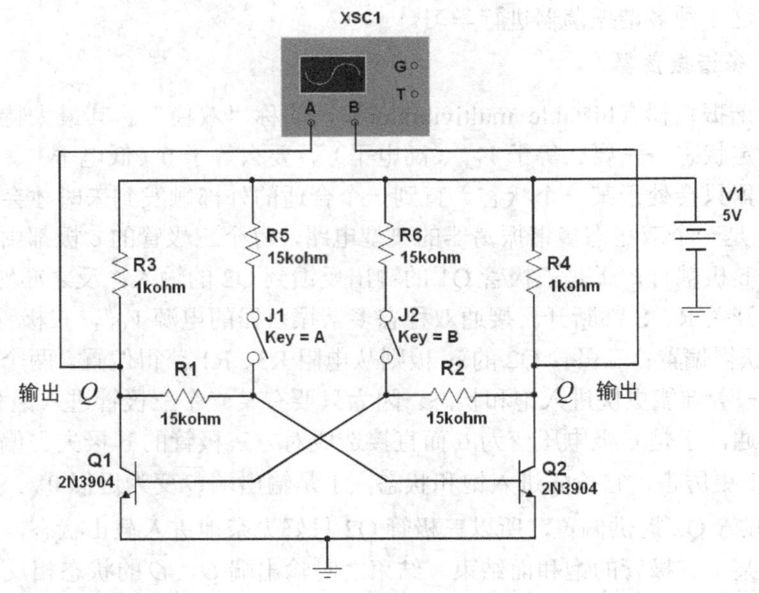

图 6-44　双稳态多谐振荡器仿真电路

图 6-44 的仿真电路与图 6-43 是相同的，保持开关 J1、J2 断开，打开示波器观察窗口并打开仿真开关 3 秒后关闭，则得到图 6-45 所示的示波器显示波形。刚开始振荡器处于“酝酿”阶段，于是输出端 Q、$\overline{Q}$ 都保持在约+1.1V。随后不久三极管 Q1 和 Q2 的“赛跑”开始，从波形上看开始出现抖动，即振荡器开始起振（右图）。很快 Q1 和 Q2 就分出了雌雄——Q1 抢先进入饱和状态，而 Q2 被迫截止。于是在稳定之后看到 $\overline{Q}$=0（低电平）、Q=+5V（高电平）。图 6-44 所示的双稳态多谐振荡器仿真中 Q1 率先饱和，振荡器开始进入稳定状态。

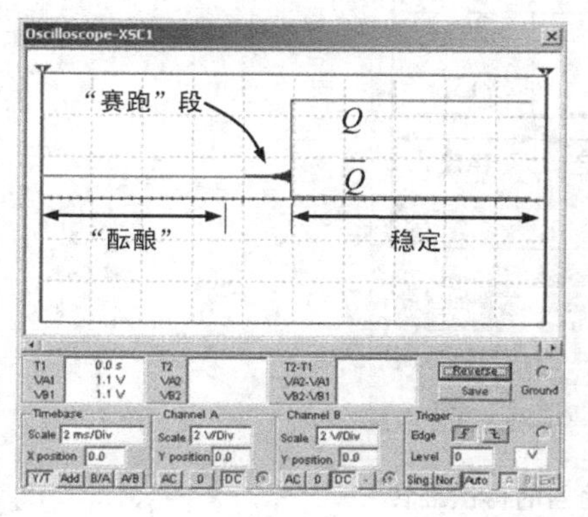

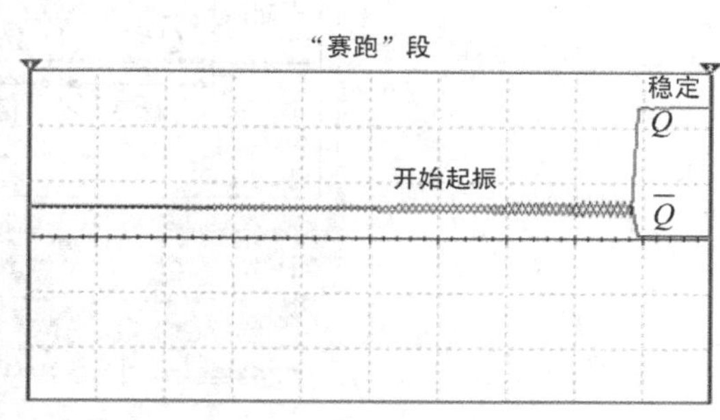

图 6-45　双稳态多谐振荡器的起振

假设图 6-43 所示的双稳态多谐振荡器稳定时的三极管 Q1 饱和、Q2 截止，即 $\overline{Q}$=0（低电平）、Q=+5V（高电平），如果闭合开关 R，三极管 Q2 因从电阻 R5 获得偏置而立刻导通并随即进入饱和状态。Q2 饱和时其 c 极电压变为 0，通过电阻 R2 的反馈使 Q1 丧失了原来饱和的条件而“坠入”截止状态。此时双稳态多谐振荡器进入了一个新的稳定状态——Q1 截止，Q2 饱和——$\overline{Q}$=+5V（高电平）、Q=0（低电平）。这个新的稳定状态形成之后，开关 R 是断开或是闭合已经无所谓了。这一过程可在图 6-44 的仿真电路中验证一下，闭合开关 J1，将观察到示波器上两个信号相互交换了位置，说明电路进行了翻转，如图 6-46 所示。

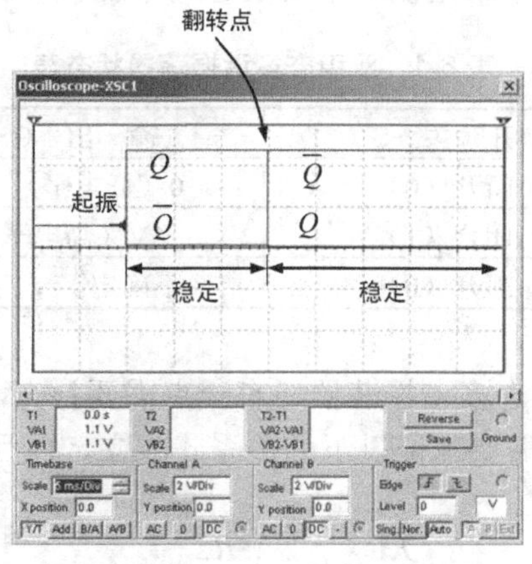

图 6-46　双稳态多谐振荡器的翻转

在图 6-43 所示的双稳态多谐振荡器 $\overline{Q}$=+5V（高电平）、Q=0（低电平），进入稳定状态后，如果闭合开关 S，则三极管 Q1 又可从电阻 R6 获得偏置而饱和，并通过电阻 R1 的反馈使 Q2 再次截止。此时双稳态多谐振荡器又回到了起初的稳定状态——$\overline{Q}$=0（低电平）、Q=+5V（高电平），如图 6-47 所示。

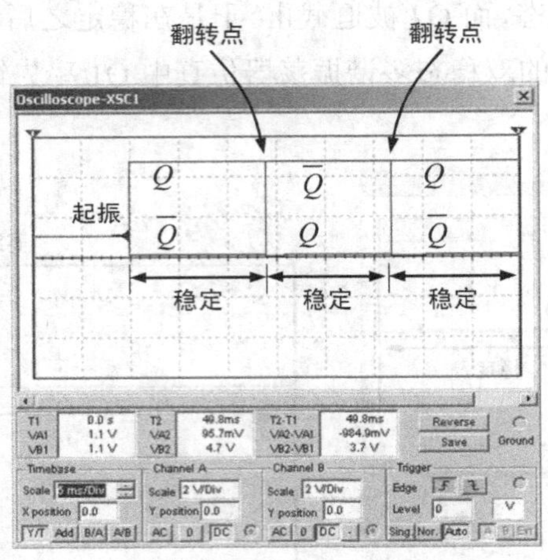

图 6-47 双稳态多谐振荡器的再次翻转

拿输出 Q 来说，双稳态多谐振荡器第一次稳定时 Q=+5V；开关 R 闭合，第一次翻转发生，Q=0；接着开关 S 闭合，发生第二次翻转，Q=+5V。可见，输出 Q 保持着+5V 或 0 两种稳定状态——这就是双稳态多谐振荡器的由来。

根据开关 R、S 的闭合情况和输出 Q 的状态，制作了一个简单的表，如表 6-1 所示。当开关 R 闭合（1）且 S 断开（0）时，输出 Q=0，此时称为清零（reset），因为无论原来振荡器是什么状态，在这一刻都因开关 R、S 的动作而被清零。当开关 R 断开（0）且 S 闭合（1）时，输出 Q=+5V，此时称为置位（set），因为无论原来振荡器是什么状态，在这一刻都因开关 R、S 的动作而被置成高电平。如果开关 R、S 都断开，就成了振荡器起振时的状态，至于输出 Q 是高电平或是低电平就要看两个三极管的“赛跑”了。

表 6-1 双稳态多谐振荡器状态表

开 关 R	开 关 S	输 出 Q	功 能
闭合（1）	断开（0）	0（低电平）	清零
断开（0）	闭合（1）	+5V（高电平）	置位
断开（0）	断开（0）	不确定	

对于图 6-43 所示的双稳态多谐振荡器还有一点需要补充，为了确保两个三极管都能完美地进入饱和或截止状态，需要保证以下的关系式成立，而且在选择三极管时以其直流增益 h_{FE}>30 为好。

$$\frac{R1}{R3} < h_{FE}、\frac{R2}{R4} < h_{FE}$$

2. 无稳态多谐振荡器

无稳态多谐振荡器（astable multivibrator），最大的特点是振荡器的输出在两个稳定状态之间自动切换——一时等于 V_{CC}（高电平），一时等于 0（低电平）。而切换的间隔由电路的参数决定。这个时高时低的输出正好形成了矩形波，成为许多数字电路的时钟信号源。图 6-48 是一个无稳态多谐振荡器的典型电路，它与双稳态多谐振荡器最大的不同在于反馈两个三极管 c 极信号的组件由电容 C1、C2 组成。

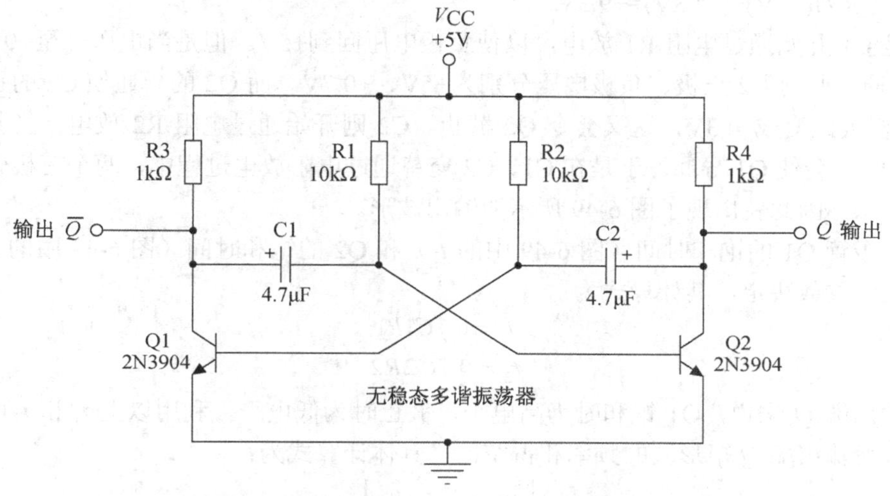

图 6-48　无稳态多谐振荡器

接通图 6-48 所示的无稳态多谐振荡器的电源后，两个三极管进行“赛跑”，这个过程与双稳态多谐振荡器是相似的。其中一个三极管很快饱和而另一个截止，如图 6-49 所示（对比输出 Q 和 $\overline{Q}$ 的上、下两个波形，图中“Q1 ON”表示三极管 Q1 处于饱和状态，“Q2 ON”表示三极管 Q2 处于饱和状态）。而很快这两个三极管的状态互换，原来饱和的变成截止，原来截止的变成饱和，结果在输出端 Q 或 $\overline{Q}$ 上可观察到交替出现的高、低电平。

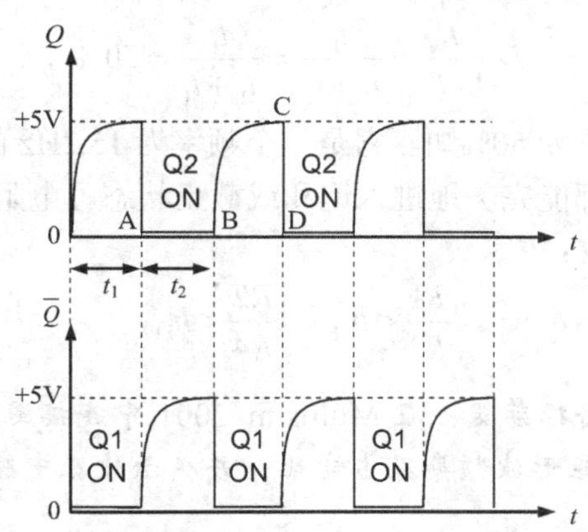

图 6-49　无稳态多谐振荡器输出波形

为了解释无稳态多谐振荡器的工作过程，先假设图 6-48 中三极管 Q2 刚刚由截止进入饱和状态，如图 6-49 中的 A 点。此时三极管 Q1 则刚刚从饱和进入截止，Q1 的 c 极为+5V，于是电容 C1 的正极也为+5V。而 C1 的负极与三极管 Q2 的 b 极相连为+0.7V，于是 C1 在(+5V)−(+0.7V)=+4.3V 的电压下很快充满电。当 Q1 转为饱和时（图 6-49 中的 B 点），电容 C1 的正极突然变成了接近 0V，而 C1 还没来得及放电，于是两端还保持着+4.3V 的电压差，于是其负极电压此时变成了−4.3V，这个负电压当然使得 Q2 进入截止状态。此时电阻 R1 两端电压为(+5V)−(−4.3V)=+9.3V。

于是 C1 开始通过电阻 R1 放电，以使负极电压回到+5V。但是当电压升至+0.7V 时就使 Q2 导通。此前 C2 正极、负极电压分别为+5V、+0.7V。而 Q2 的导通使 C2 的正极降至 0V 而负极因此变成−4.3V，这又会令 Q2 截止。C2 则开始通过电阻 R2 放电，当其负极升至+0.7V 时又会使 Q1 导通。于是在 C1、C2 交替通过电阻放电过程中，两个三极管交替进入饱和状态，因此就出现了图 6-49 所示的输出波形。

而三极管 Q1 的饱和时间（图 6-49 中的 t_1）和 Q2 的饱和时间（图 6-49 中的 t_2）由电容和电阻的参数决定，其计算式为：

$$t_1 = 0.7C1R1$$

$$t_2 = 0.7C2R2$$

拿输出端 Q 来说，Q1 饱和时为高电平，截止时为低电平。利用以上 t_1 和 t_2 的计算式就可以改变输出端 Q 矩形波的频率和占空比，具体计算式为：

$$f = \frac{1}{t_1 + t_2} = \frac{1}{0.7(C1R1 + C2R2)} \tag{6-5}$$

$$D = \frac{t_W}{T} = \frac{t_1}{t_1 + t_2} \tag{6-6}$$

如果图 6-48 中，$R1=R2=10\text{k}\Omega$、$C1=C2=4.7\mu\text{F}$，可得无稳态多谐振荡器输出信号频率和占空比为：

$$f = \frac{1}{t_1 + t_2} = \frac{1}{0.7(C1R1 + C2R2)} = \frac{1}{0.7 \times 2 \times (4.7\mu\text{F} \times 10\text{k}\Omega)} = 15.2\text{Hz}$$

$$D = \frac{t_W}{T} = \frac{t_1}{t_1 + t_2} = \frac{t_1}{t_1 + t_1} = 50\%$$

由输出信号的占空比总为 50%知，它是一个频率为 15.2Hz 的方波。

为了确保两个三极管都能完美地进入饱和或截止状态，电阻 R1、R2 不能过大，一般需要保证以下的关系式成立：

$$\frac{R1}{R3} < h_{FE}、\frac{R2}{R4} < h_{FE}$$

【例 6.12】无稳态多谐振荡器：在 Multisim 2001 中连接图 6-50 所示无稳态多谐振荡器电路，计算输出端 Q 的矩形波频率及占空比，并从示波器中观察输出波形。

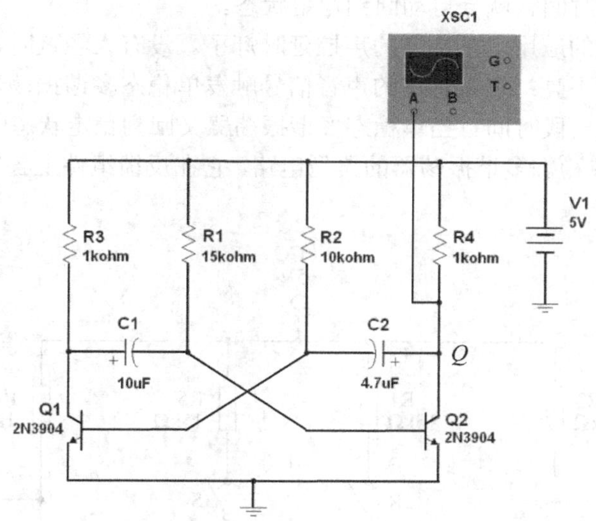

图 6-50　无稳态多谐振荡器仿真电路

根据式（6-5）、式（6-6）可得图 6-50 所示无稳态多谐振荡器的频率为：

$$f=\frac{1}{t_1+t_2}=\frac{1}{0.7(C1R1+C2R2)}=\frac{1}{0.7\times(10\mu\text{F}\times15\text{k}\Omega+4.7\mu\text{F}\times10\text{k}\Omega)}=7.3\text{Hz}$$

$$D=\frac{t_\text{W}}{T}=\frac{t_1}{t_1+t_2}=\frac{0.105\text{s}}{0.105\text{s}+0.033\text{s}}=76\%$$

打开仿真开关，可从示波器观察窗口中观察到图 6-51 所示的输出波形。

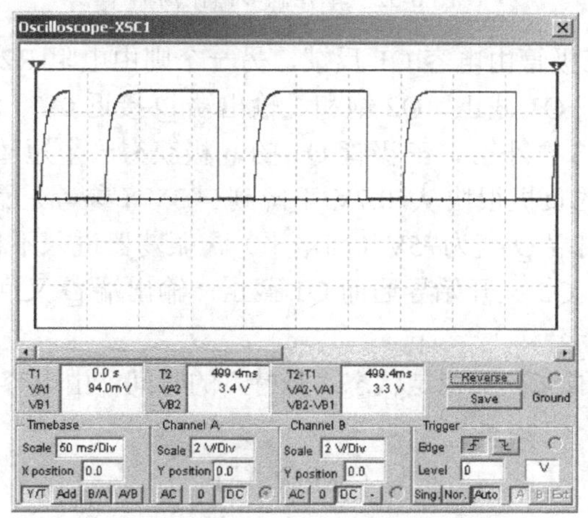

图 6-51　无稳态多谐振荡器的输出

3. 单稳态多谐振荡器

单稳态多谐振荡器（monostable multivibrator），顾名思义，只有一个稳定状态（另一个则为不稳定的状态）。通常情况下，单稳态多谐振荡器处于稳定状态，当触发它进入不稳定状态后，过一段时间它就会自动回到稳定状态。

最贴近日常生活的应用就是楼道的声控延时灯了。没有人经过时，单稳态多谐振荡器处于稳定状态，电灯不亮；有人走过的声音信号触发单稳态多谐振荡器进入不稳定状态，电灯点亮，并且持续一段时间。当单稳态多谐振荡器又回到稳定状态时，电灯熄灭。

图 6-52 是一个单稳态多谐振荡器的典型电路，它在反馈组件上各取了双稳态和无稳态多谐振荡器的一半。

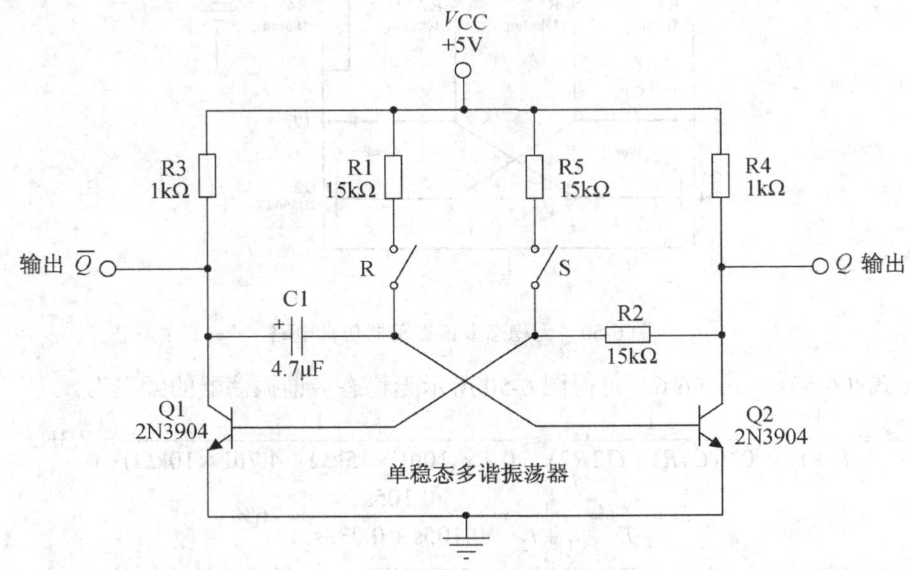

图 6-52　单稳态多谐振荡器

图 6-52 中，一个三极管由电容 C1 反馈，另一个则由电阻 R2 反馈。振荡器上电时就进入一个稳定的状态——Q1 截止、Q2 饱和，输出端 Q 接近 0V（低电平）。

此时如果闭合开关 S 一小会，三极管 Q1 的 b 极获得一个短暂的+5V 而开始导通进入饱和状态，而电容 C1 的负极很快从+0.7V 下降到-4.3V（参考无稳态多谐振荡器的分析）而使 Q2 截止，从而输出端 Q 变为+5V（高电平），振荡器进入不稳定状态。等电容 C1 通过电阻 R1 放电完成后，Q2 又开始导通而 Q1 截止，输出端 Q 又回到开始的 0V（低电平）稳定状态。

单稳态多谐振荡器能够在不稳定状态“坚持”的时间，由电容 C1 和电阻 R1 的参数决定，计算式为：

$$T = 0.7C1R1 \tag{6-7}$$

【例 6.13】单稳态多谐振荡器：在 Multisim 2001 中连接图 6-53 所示单稳态多谐振荡器电路，计算当开关 J1 闭合后振荡器的输出端 Q 能保持多长时间的高电平？并从示波器中观察输出波形。

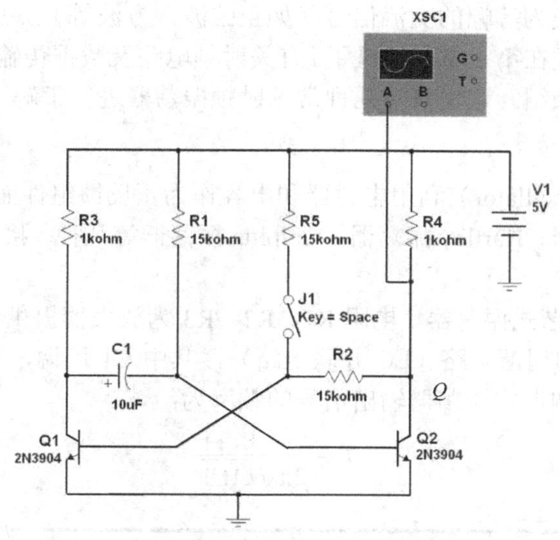

图 6-53　单稳态多谐振荡器仿真电路

根据式（6-7）可得图 6-53 所示单稳态多谐振荡器的开关 J1 闭合后，振荡器离开稳定状态的时间为：

$$T = 0.7C1R1 = 0.7 \times 10\mu\text{F} \times 15\text{k}\Omega = 105\text{ms}$$

打开仿真开关，振荡器处于稳定状态时，输出端接近 0V。闭合开关 J1 一小会就打破了电路的稳定状态而输出跳变为+5V，过一段时间之后，输出又自动变为稳定状态时的 0V，如图 6-54 所示，如果用标尺测量可知这段不稳定状态大约持续了 112ms，与计算值接近。

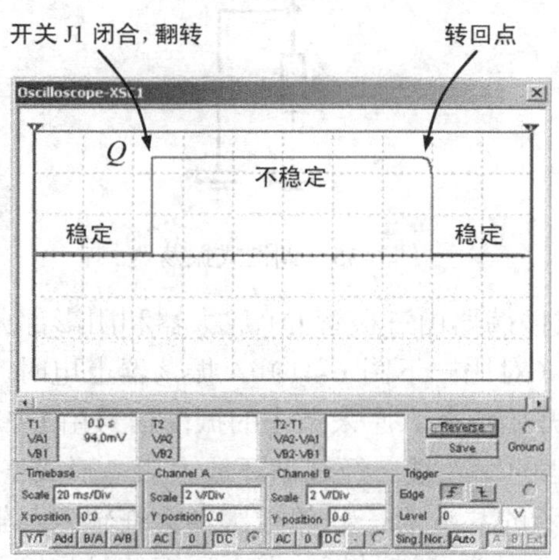

图 6-54　单稳态多谐振荡器的输出

6.2.3　射频振荡器

射频振荡器（radio frequency oscillator）常用在无线电和电视的发射器和接收器中，它将直流电源的能量转换为等幅的交流信号（如正弦波、方波等）并应用在数据的传输中。关于这些初步知识已经在第 2 章介绍过了。有关射频电路及数据传输又独立成为一门学科，在通信专业中会专门介绍。这里只对几种常见射频振荡器进行了解。

1. LC 振荡器

LC 振荡器（LC oscillator）利用电感器和电容作为正反馈组件而实现振荡。常见的 LC 振荡器有调谐式振荡器、Hartley 振荡器、Colpitts 振荡器等几种。接下来对这几种 LC 振荡器进行简单了解。

图 6-55 所示为调谐式振荡器。电阻 R1、R2、R3 为放大器提供偏置，在三极管 c 极的负载是 L1、C1 构成的调谐电路（LC 并联电路），其中 C1 可调，从而可以灵活调节振荡器输出信号的频率。调谐式振荡器输出信号的频率为：

$$f = \frac{1}{2\pi\sqrt{L1C1}}$$

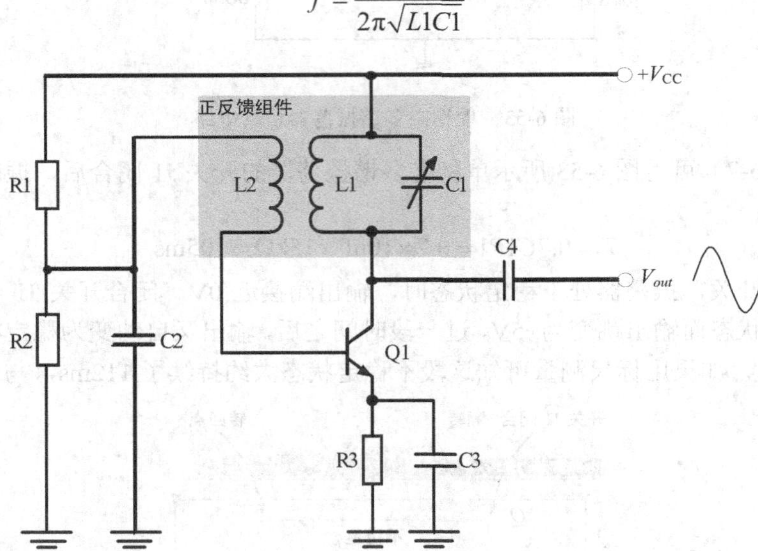

图 6-55 调谐式振荡器

图 6-55 所示的调谐式振荡器由三极管 Q1 放大器和阴影部分的正反馈组件构成，是一个非常典型的振荡器结构（对比一下图 6-41）。振荡器上电时产生一个脉冲向电容 C1 充电，当反馈形成后振荡器开始振荡。原来微小的振荡信号由 L1 耦合到 L2 上，并又回到三极管 Q1 的 b 极，即放大器的输入端。经过循环放大后，形成稳定的振荡信号输出。

有一点需要提醒，图示的共 e 极三极管放大器会在输入与输出信号之间产生 180° 的相移（如图 4-38 所示），于是为了满足振荡器中反馈信号与输入信号同相的要求，反馈组件 L1、L2 需要再产生一个 180° 的相移——这一点并不困难，绕制 L1、L2 时就可以实现。

变换调谐式振荡器的反馈组件形式就构成了 Hartley 振荡器和 Colpitts 振荡器，如图 6-56、图 6-57 所示。在 Hartley 振荡器中，电感器 L0、L1 与电容 C1 构成调谐电路作为正反馈组件。Colpitts 振荡器中则由电容 C0、C1 与电感器 L1 作为正反馈组件。耦合电容 C2 和旁路电容 C3 对振荡的影响很小，可忽略不计。两种振荡器的频率计算方法见图 6-56、

图 6-57 中的公式。

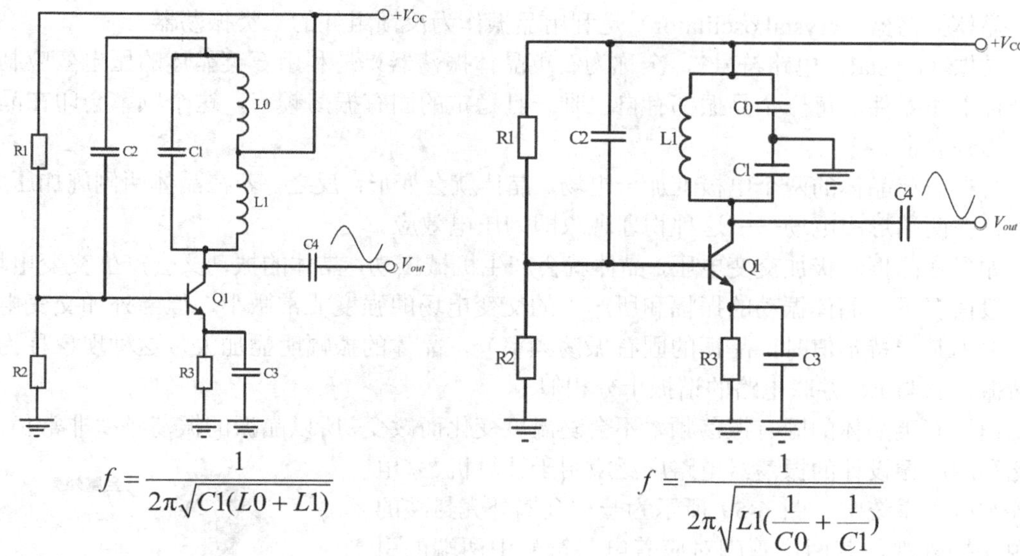

图 6-56　Hartley 振荡器　　　　图 6-57　Colpitts 振荡器

2. RC 振荡器

如果正反馈组件中利用的是电容和电阻进行频率选择就成了 RC 振荡器（RC oscillator）。如图 6-58 所示为一个典型的移相式 RC 振荡器（phase shift oscillator）。输出信号经过三级 RC（C1、R1 为第一级；C2、R2 为第二级；C3、R3 为第三级）反馈到输入端。由于放大器造成 180° 相差，而三级 RC 电路又带来 180° 相移，所以反馈信号和输入信号同相，形成振荡。如果取 $R1=R2=R3=R$、$C1=C2=C3=C$，移相式 RC 振荡器输入信号的频率为：

$$f=\frac{1}{2\pi RC\sqrt{6}}$$

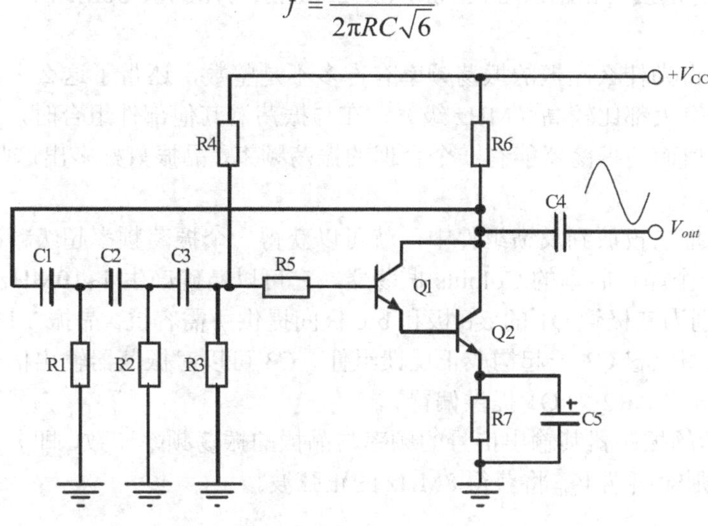

图 6-58　移相式 RC 振荡器

3. 晶体振荡器

晶体振荡器（crystal oscillator）是利用晶振作为反馈组件的一类振荡器。

晶振（crystal，电路符号，全称为石英晶体振荡器）是利用石英晶体的压电效应制成的一种谐振器件。每一个晶振都有自己唯一且稳定的固有振荡频率，这个频率会印在晶振器件的外壳上。

若在石英晶体的两个电极上加一电场，晶体就会变形；反之，若在晶体两侧施加压力，晶体将在两端形成电场——这种物理现象即为压电效应。

如果在晶振两极加交变电压，晶体就会产生机械振动，晶体的振动又会产生交变电场。在一般情况下，晶体振动的振幅和所产生的交变电场的强度非常微小，但当外加交变电压的频率为某一特定值时（晶振的固有振荡频率），晶体的振幅明显加大，这种现象称为压电谐振，它与LC并联电路的谐振十分相似。

由于石英晶体的固有振荡频率不会随温度变化而改变，所以晶振的振荡频率非常稳定，因此利用晶振设计的振荡器电路广泛应用于计算机、家电等各类电子系统中。图6-59所示为一种金属外壳封装的无源晶振外观，其两个管脚对应着电路符号中两端的引脚，没有极性之分。

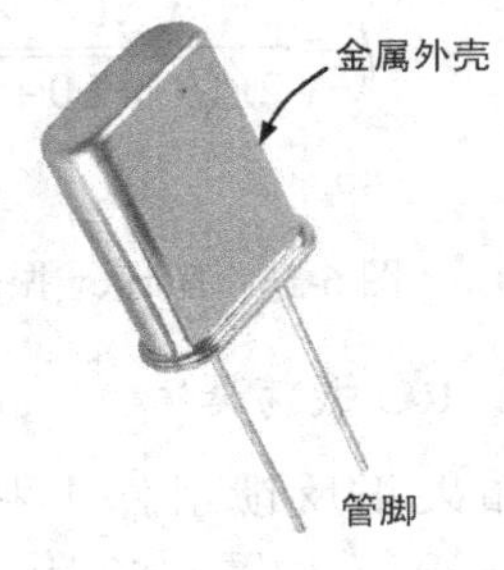

图6-59　晶振

晶振的主要参数有固有振荡频率、负载电容、频率精度及频率稳定度等。每一支晶振器件的外壳都标识有该晶振的固有振荡频率。通常，晶振有如下30多种固有振荡频率可供选择：32.768kHz、3.579545MHz、3.6864MHz、4MHz、4.096MHz、4.194304MHz、4.9152MHz、5MHz、6MHz、7.3728MHz、8MHz、8.192MHz、9.8304MHz、10MHz、11.0592MHz、12MHz、12.288MHz、14.31818MHz、14.7456MHz、16MHz、16.384MHz、18.432MHz、19.6608MHz、20MHz、22.1184MHz、24MHz、24.576MHz、25MHz、27MHz、30MHz、32MHz、40MHz、48MHz。

有人也许好奇为什么晶振的振荡频率有许多不是整数，还带了这么多位小数？这是由于晶振的振荡频率大都比较高（MHz级），在与振荡器其他部件组合时，为了“迎合”其他部件的非整数值而使振荡器能有一个合理的振荡频率，晶振只好多出这些小数以“凑成”精确的振荡频率。

有了晶振，把它投放到反馈组件中，就可以获得一个振荡频率超级精准的振荡器。如图6-60所示是一个晶振版本的Colpitts振荡器，它可以精确产生1~10MHz的正弦波信号。电容C1、C2分别为三极管Q1的c-e极和b-e极间提供所需容抗。晶振Y1相当于c-b极间的电感器，与微调电容C3一起构成正反馈组件。C3可以对振荡器输出信号的进行微调。电阻R1为c极负载，R2为Q1提供偏置。

图6-60所示的振荡器其输出信号的频率与晶振的振荡频率一致，即f=$f_{crystal}$。假如晶振频率为8MHz，则输出端V_{out}将获得8MHz的正弦波。

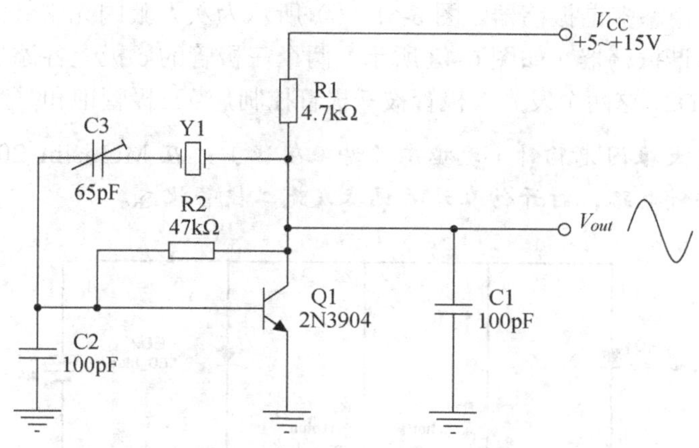

图 6-60　晶振版本的 Colpitts 振荡器

6.3　振荡器的应用

灰太狼闪光胸针　施密特触发器　声控摇头驴　电话机挂机提醒/通话限时器

振荡器在生活中有着广泛的用途，接下来将通过 3 个实例看看如何利用振荡器来装点生活。

6.3.1　灰太狼闪光胸针

这两年，《喜洋洋与灰太狼》系列动画片极大提振了国产动漫的信心，许多商家也开发了许多与之相关的玩具、生活用品等。其中有一种灰太狼闪光胸针就可利用本章所学的知识来制作。

如图 6-61（a）所示是灰太狼闪光胸针的外形，它由半透明的塑料制成，内部嵌入了两支（或多支）发光二极管。打开开关后，会看到灰太狼的左右脸颊交替闪光。回忆一下哪种振荡器可以实现交替闪光（时而稳定时而不稳定）？

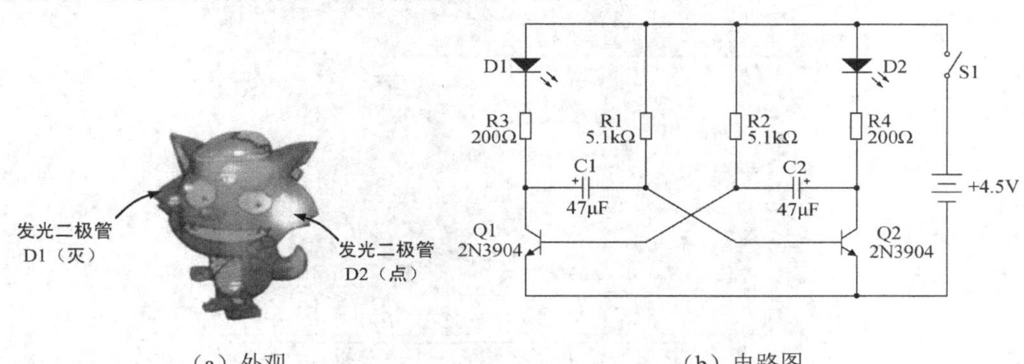

（a）外观　　（b）电路图

图 6-61　灰太狼闪光胸针

对了！就是无稳态多谐振荡器。图6-61（b）所示为灰太狼闪光胸针的电路原理图，它在标准的无稳态多谐振荡器（如图6-48所示）两个三极管的c极上各添加了一个负载——发光二极管D1和D2，这两个发光二极管被三极管控制，当三极管饱和时点亮，截止时熄灭。

【例6.14】灰太狼闪光胸针（无稳态多谐振荡器）：在Multisim 2001中连接图6-62所示灰太狼闪光胸针电路，打开仿真开关观察发光二极管状态。

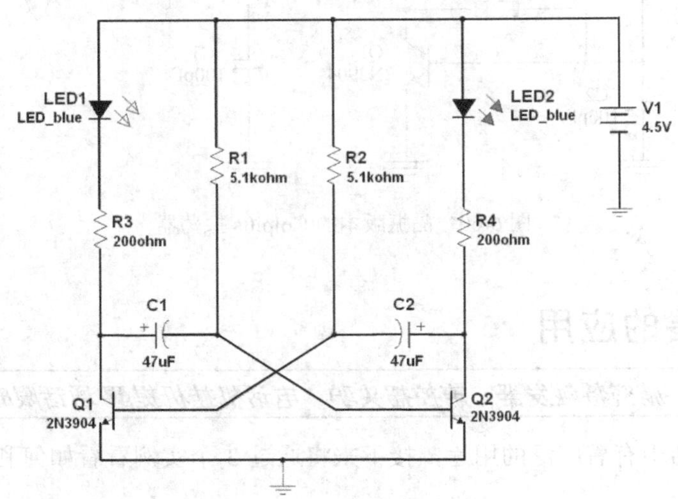

图6-62　灰太狼闪光胸针仿真电路

可利用式（6-5）得到图6-62所示灰太狼闪光胸针发光二极管的闪光频率。为了便于观察发光二极管的闪光，在打开仿真开关之前，先对Multisim的仿真时间步长进行修改。方法是通过Simulate菜单中的Default Instrument Settings…命令打开图6-63所示的对话框，将最大时间步长改为图示的0.0001（秒）即可。打开仿真开关，就会看到两支发光二极管交替发光（表示亮，表示灭），说明电路设计是没有问题的。只要把电路制作出来并装在胸针中，一个简单的小电子产品就完成了。

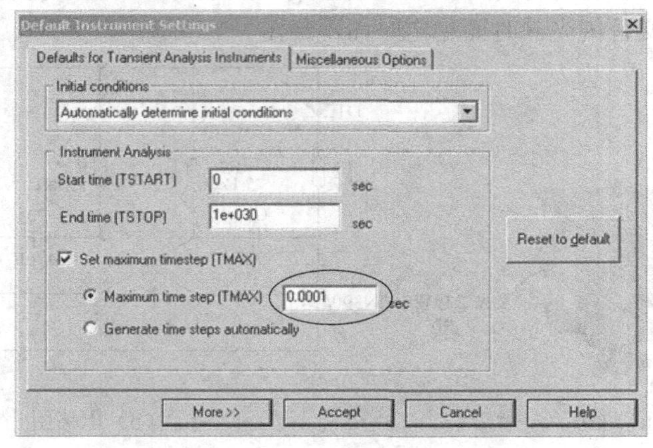

图6-63　修改仿真时间步长以便于观察

6.3.2　施密特触发器

双稳态多谐振荡器具有两个稳定状态，常常在电子开关、脉冲整形等场合中使用。施密特触发器（schmitt trigger）是双稳态多谐振荡器的一种形式，如图 6-64 所示，其两个三极管的 e 极由电阻 R5 反馈到地中。当输入信号 V_{in} 的幅度小于 1V 左右时，施密特触发器中 Q1 截止而 Q2 饱和，此时输出 V_{out} 幅度约为 $\frac{R5}{R5+R4}V_{CC}$（低电平）；而输入信号 V_{in} 的幅度超过 1V 左右时，Q1 饱和而 Q2 截止，此时输出 V_{out} 接近 V_{CC}（高电平）。施密特触发器就好像一个门限检测电路一样，当输入信号高于一定值时它便输出高电平，否则为低电平。因此它可以把正弦波等信号变换成矩形波，或者对一些不漂亮的开关信号进行整形。

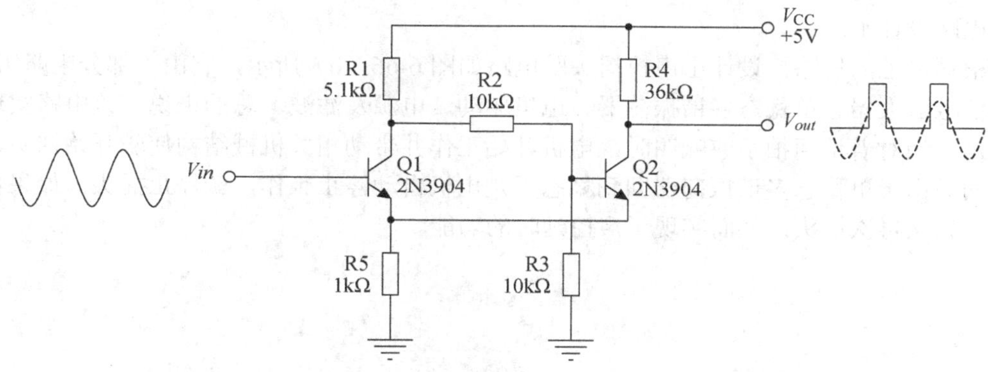

图 6-64　施密特触发器

【例 6.15】施密特触发器：在 Multisim 2001 中连接如图 6-64 所示的电路，给施密特触发器输入 2V、1kHz 的正弦波并观察输出信号。

仿真结果如图 6-65 所示，很明显，当输入信号达到门限值（+0.7V）时，其输出信号立即从低电平向高电平跳变。

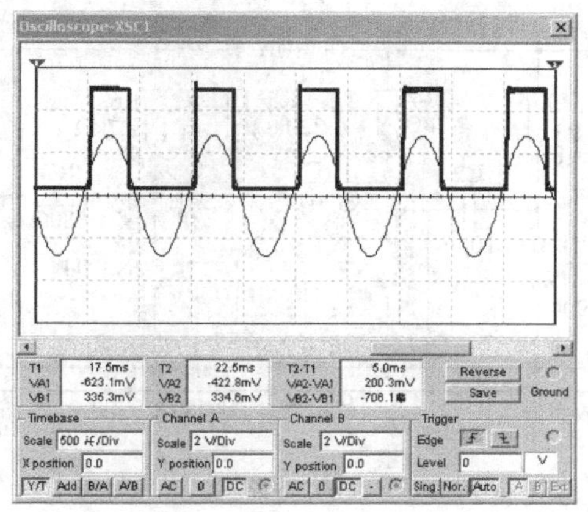

图 6-65　施密特触发器的输入输出波形

6.3.3 声控摇头驴

现在有一种叫做声控摇头驴的玩具深得年轻人的喜爱，如图 6-66（a）所示，只要听到响声（如拍手）它就会尽情地甩一阵脑袋然后停下，同时还伴有欢快的音乐。大多数人看到它的憨态都会不由得发笑。可以猜想，摇头驴的甩头动作是由电机带动相关机械结构完成的，于是声控摇头驴电路设计就变成了如何把声控、延时、电机联系起来。

还记得 6.2.2 节介绍单稳态多谐振荡器时提到的声控延时楼道灯吗？它对于声控摇头驴设计是一个非常好的提示。单稳态多谐振荡器通常处于稳定状态（不摇头），当给它一个触发信号（拍手声）时就会跳到不稳定状态（开始摇头），而不稳定状态只会坚持一段时间后又回到稳定状态（不摇头），所以就可以放心地利用单稳态多谐振荡器来完成摇头驴的电路设计了。

根据以上的思路，设计出声控摇头驴电路如图 6-66（b）所示，它由 4 部分电路组成：话筒信号放大器、单稳态多谐振荡器、电机驱动、电源及滤波。总的来说，该电路实现的功能是：当对着话筒拍手或喊叫时，电机开始工作并带动相关机械结构使驴开始摇头，一段时间后由于单稳态多谐振荡器回到稳态于是电机自动停止工作，驴停止摇头；如果再次拍手，它又再次摇头，从而实现了声控延时的功能。

（a）摇头驴外观

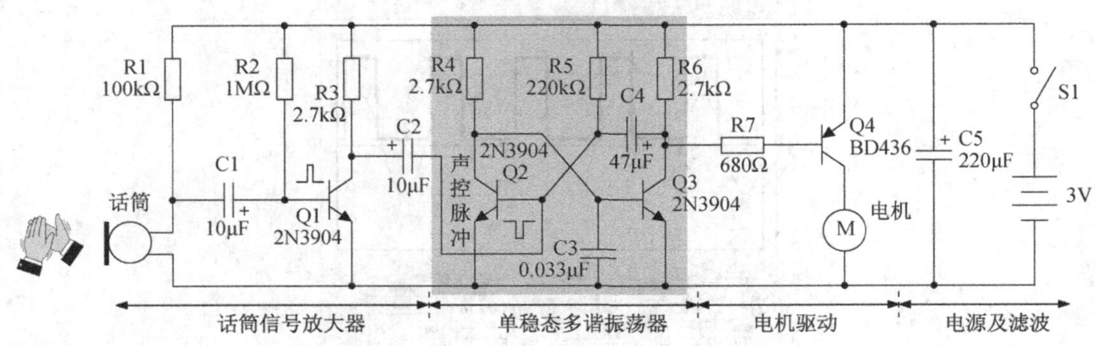

（b）电路图

图 6-66 声控摇头驴

1. 话筒信号放大器

图 6-66（b）所示声控摇头驴电路中，话筒负责采集声音信号，并经过一个简易的共 e 极放大器对这个信号进行放大。电阻 R1 给话筒提供工作电压，R2 用于偏置放大器。由于三极管会带来 180° 的相差，拍手声在 Q1 输入端的正向脉冲信号到了输出端变成了负向的声控脉冲信号。电容 C1、C2 分别是放大器的输出、输出耦合电容。

2. 单稳态多谐振荡器

电路中单稳态多谐振荡器（阴影部分）由三极管 Q2、Q3 等器件构成。单稳态多谐振荡器触发信号由标准电路中的开关（如图 6-52 所示）换成了话筒信号放大器产生的声控脉冲信号。Q2 的 c 极信号直接反馈到 Q3 的 b 极，而 Q3 的 c 极则通过电容 C4 耦合反馈信号。电阻 R4、R6 可视为 Q2 和 Q3 的 c 极负载。电容 C3 可以滤除三极管 Q3 的 b 极上的高频杂波，防止振荡器误动作。

当单稳态多谐振荡器处于稳定状态时，Q2 饱和而 Q3 截止，于是单稳的输出（R7）为高电平（接近+3V），PNP 三极管 Q4 不导通，电机不工作。

当话筒采集到声音信号后（如拍手声），通过放大形成一个负向声控脉冲由电容 C2 耦合到三极管 Q2 的 b 极，于是 Q2 开始从饱和变为截止，其 c 极电流减小，从而 c 极电压升高。经过直接耦合，使 Q3 的 b 极电压跟着升高，当超过+0.7V 时 Q3 开始导通，并使其 c 极电压下降。即便此时负向脉冲已经消失了，但经电容 C4 的耦合又使三极管 Q2 的 b 极电压进一步下降，形成一个正反馈，振荡器很快到达一个新的状态。

此时三极管 Q2 截止而 Q3 饱和——单稳的不稳定状态。于是单稳的输出（R7）为低电平（接近 0），PNP 三极管 Q4 导通，电机工作。

不稳定状态是不能持久的。在此期间，电容 C4 通过电阻 R5 进行放电，Q2 的 b 极电压逐渐升高，当它达到 0.7V 以上时，Q2 又开始导通，正反馈现象再次发生，振荡器很快又回到一开始 Q2 饱和而 Q3 截止的稳定状态。于是单稳输出的高电平使 Q4 截止，电机停止工作。

根据式（6-7）可得图 6-66（b）中单稳态多谐振荡器不稳定状态持续时间为 $T=0.7C4R5\approx 7$（秒），也就是说拍手之后，驴将摇大约 7 秒的头然后自动停下来。当然可通过修改 R5 或 C4 的参数来改变摇头时间。

3. 电机驱动

电机（motor，电路符号Ⓜ）是一种普遍的电能-机械能转换装置。它分成直流电机、交流电机、步进电机等几种。直流电机根据转速的不同，又可分成直流高速、直流低速和直流减速电机等几种。一般玩具中使用的都是直流低速低压电机，如图 6-67 所示，电机底部一般会有两个管脚（或引线）用于供电，其额定工作电压为 3V，电流 0.15A（不带载），转速为 5600~6800rpm（rpm 表示转数/分钟）。给两管脚施加 3V 电压，转轴就会以一定的速度转动，如果交换供电极性可以使电机反转。对于某额定工作电压的直流电机来说，在允许范围内提高供电电压可以增加转速，降低电压可减小转速。直流低压电机还有 6V、12V、24V 等多种额定电压可供选择。

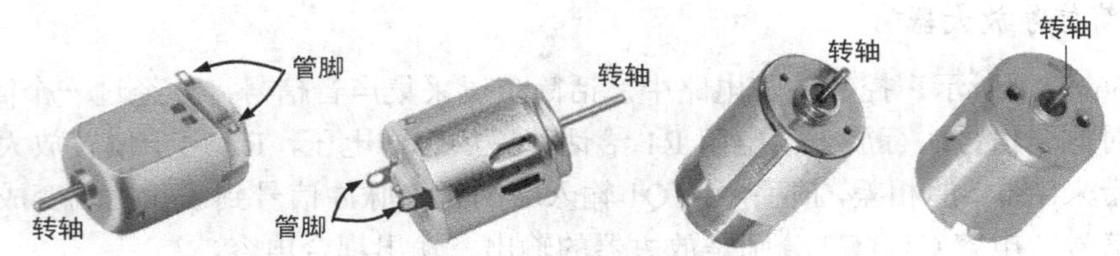

图 6-67　直流低压电机

在电子设计中电机算是一种功率器件，于是在图 6-66（b）所示电路中，使用三极管开关对其进行驱动。这是一种使用 PNP 型三极管（型号 BD436）构成的三极管开关，当 Q4 的 b 极为低电平时三极管导通，于是电流从电池正极经 e-c 极加载到电机上。更多有关三极管开关的内容可参考 4.2.2 节和图 4-29。

当单稳态多谐振荡器跳到不稳定状态时，输出的低电平使三极管开关打开，于是三极管 Q4 导通，电机开始工作，驴开始摇头。

4. 电源及滤波

由于电机工作时电流较大，会对电源产生一定的干扰，为了保证电路能稳定工作，防止干扰信号对放大器及单稳态多谐振荡器的影响，可使用电容 C5 进行退耦滤波。

6.3.4　电话机挂机提醒/通话限时器

随着社会的发展，电话已经普及到了千家万户。使用完电话后经常会因不注意而没有挂好电话。电话没挂好，外边的电话就打不进来，有时令人很着急。接下来将要介绍的电话机挂机提醒/通话限时器可以解决这个问题，同时它还能对通话时限进行提醒。

电话机挂机提醒/通话限时器的安装与使用都比较简单，只要把它直接并联在家庭的电话线上即可，打完电话后若挂机不良它就会鸣叫。同时在通话过程中，每隔一段时间还会发出一次提示音以提醒我们长话短说。

1. 电路原理图

如图 6-68 所示为电话机挂机提醒/通话限时器的电路原理图，它主要由摘机检测器、延时开关、振荡器等几部分组成。稍后再分析该电路的工作原理。

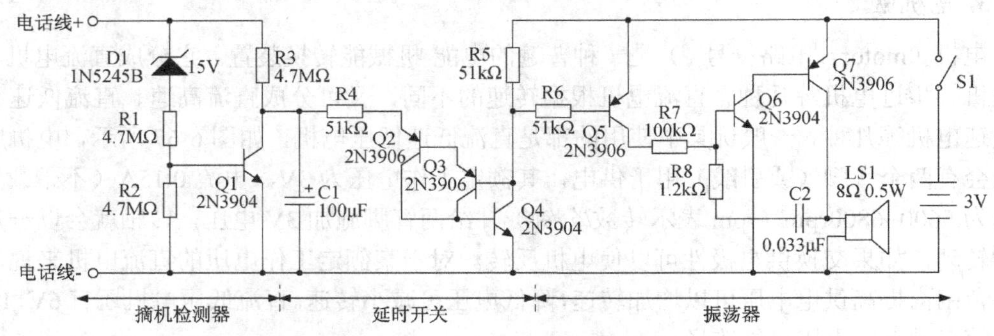

图 6-68　电话机挂机提醒/通话限时器电路图

2. 调试与使用方法

在学习电路基础知识过程中，一些简单的电路使用的元器件不多，连接也比较简单，只要保证元器件的质量，一般一装即成。但在大多数模拟电路的制作时，调试是必不可少的。就拿电话机挂机提醒/通话限时器来说，如果不经过调试就直接连接到电话线上，当然如果幸运的话它就随着我们的心愿开始正常工作。但是一旦它不工作，我们根本不知道问题出在哪里。

不同的电路有不同的调试方法，这些经验都需要在实践中积累。现在就以这台电话机挂机提醒/通话限时器为例学习一些调试方法。这里使用的是一种称为分级调试的方法，以信号的输入到输出为顺序，按电路功能分成若干部分，并对各部分依次进行调试。

为了调试的方便，先不要安装电容 C1，并准备一只 10μF 的电解电容。电路连接完毕后，接通 3V 电源，用导线短路三极管 Q4 的 c 极与 e 极，这时如果扬声器 LS1 鸣叫则说明 Q4 以后的振荡器部分工作正常。

Q4 以前部分的调试，可将一个电压可调的 30V 直流电源，接在电路的输入端（电话线+、电话线-）上。当把电源电压调到+15V 以下时，扬声器发出鸣叫说明摘机检测器部分工作正常（此时没有装电容 C1）。

最后调试延时开关。把准备好的 10μF 电解电容装到 C1 的位置上，当电路的输入端（电话线+、电话线-）电压调到+15V 以下时，扬声器不会立即鸣叫，而是要延迟 1~2 分钟才开始鸣叫。鸣叫持续几十秒后停 1 分钟左右又开始鸣叫。这说明延时开关部分工作正常。

如果以上 3 部分调试成功，那么要恭喜大家电话机挂机提醒/通话限时器已经制作成功，很快就可以投入使用了。刚才为了调试的方便（在延时开关调试时不需要等待太久），用 10μF 电解电容代替电路图中的 C1（100μF）以观察延时开关是否正常工作。电容容量越小，该延时开关延时越短，这样可以减少调试等待时间。这种方法经常在调试中用到。调试成功后，用 100μF 的电解电容把 10μF 的换下，这样延时开关的延迟时间约为 11~16 分钟，每次鸣叫约 80 秒左右，间歇 11 分钟左右又开始下一次的鸣叫。

至此，可把电话机挂机提醒/通话限时器并联到家庭电话线上正常工作了。在接入电话线时必须注意电话线上有约 48V 的直流电压，要先用万用表辨别电话线的正、负极，然后对应接入电路输入端。连接完毕后，摘下电话听筒，约 11 分钟后扬声器开始鸣叫，说明挂机提醒起了作用，制作圆满成功。

3. 电路工作原理

最后利用已学知识对图 6-68 所示电路进行分析。首先，摘机检测器由稳压二极管 D1、三极管 Q1 等组成。当电话处于挂机状态时，电话线上的电压较高，约为 48V。电压经过 D1、R1、R2 回到三极管 Q1 的 b 极上，Q1 导通。于是 Q1 的 c 极电压接近 0V，不能使后边的延时开关电路、振荡器启动。一旦摘机，电话线上的电压会下降到 10V 以下，三极管 Q1 截止，电话线上的电压通过电阻 R3 开始为电容 C1 充电。

延时开关部分由电容 C1 和三极管 Q2、Q3、Q4 等组成。电话没有摘机时，三极管 Q2 的 c 极电压接近 0V，而三极管 Q3 的 b 极电压接近 3V（高电平）。于是三极管 Q2、Q3 和 Q4 均截止。摘机以后，随着电阻 R3 不断为电容 C1 充电，使电容 C1 的两端电压不断升高。当C1电压到达4.4V（3V+0.7V+0.7V）左右时，Q2和Q3开始导通，进而促使Q4导通。而Q4的导通更加速了Q2和Q3的饱和，最后使Q4也饱和，其c极电压迅速接近0V（低电平）。Q2、Q3、Q4导通后，电容C1开始通过Q2与Q4的e极向地放电。当C1的两端电压降低到1.4V以下时，Q2、Q3、Q4又开始趋向截止，由于它们的正反馈作用，延时开关迅速恢复断开状态，Q4的c极回到约3V（高电平）。在延时开关中，电容C1和电阻R3的参数决定了延时时长。

振荡器部分就是本装置的鸣响信号发生器电路。Q6和Q7及外围元件组成了互补多谐振荡器。所谓互补多谐振荡器就是由NPN和PNP互补三极管等器件构成的多谐振荡器。当三极管Q4截止时，Q5的b极因得不到电流也截止。Q6的b极也得不到电流，互补多谐振荡器不工作。一旦Q4导通，Q5也导通，振荡器开始工作，振荡信号由扬声器还原成鸣叫声。

第 7 章　集成电路 ABC

集成电路（integrated circuit），又常被称为芯片（chip），英文缩写 IC。顾名思义，集成电路是一种把由分立元器件构成的功能电路集成起来并封装在同一个“外套”中的器件。任何一幅电路图，如果有需要，都可以把所有器件集成在一个小小的“外套”中。如图 7-1 所示是一个型号为 LM384 的集成电路，它把一个由 12 支三极管、8 支电阻、2 支二极管、1 支电容共 23 个分立元器件构成的 5W 功率放大器全部集成到一个塑料“外套”中，并在“外套”两侧留出了 14 个管脚，每个管脚都对应着这个 5W 功率放大器的一个功能端。比如 LM384 的 1 管脚 BYPASS，是从两个电阻的共同端引出来的。

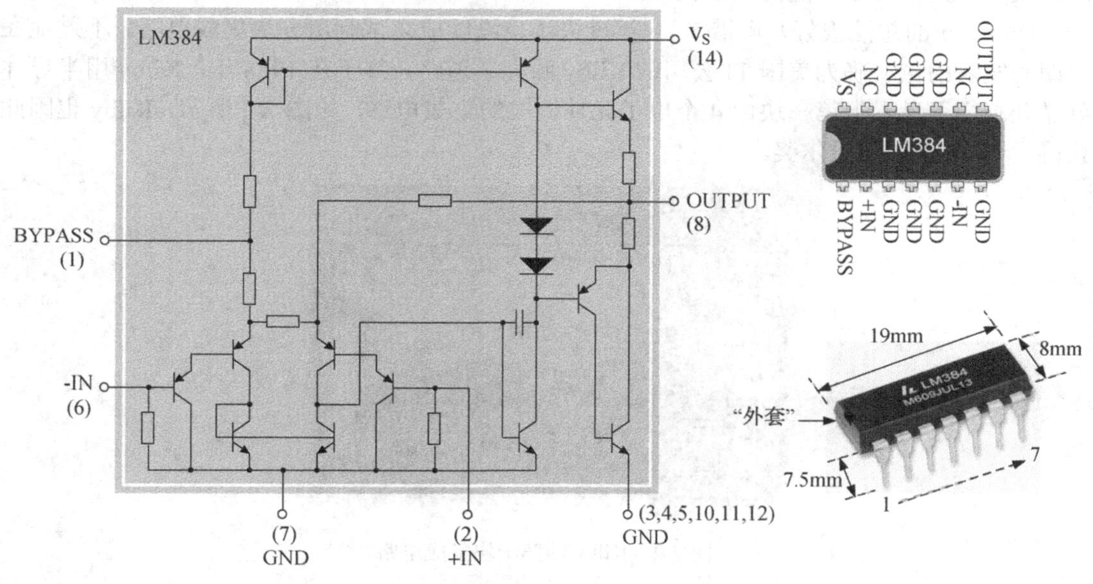

图 7-1　从分立元器件功能电路到集成电路（LM384）

很明显，在电子市场或网上购买一支 LM384 集成电路要比购买 23 个分立元器件再组成一个 5W 功率放大器简单得多。此外，由于 LM384 在生产时不但保证其内部的 23 个元器件质量良好，而且这些元器件都有相同的温度特性。所以，在使用时可免去调试放大器的过程而一装即成。

无论集成电路内部结构多复杂，只要搞清楚每个管脚的功能，如图 7-1 所示 LM384 中 2、6 管脚为放大器输入端，8 管脚为输出端等，就可以把它直接应用到电路中，实现即定功能。集成电路还有一个优点就是体积小，像 LM384 的尺寸只有 19mm（长）×8mm（宽）×7.5mm（高），这比起 23 个分立元器件体积之和要小得多。

集成电路的诸多优点，使它无可争议地成为今天电子系统的核心器件之一。这就是为什么在继第 3 章介绍了集成电路稳压器（如图 3-75 所示）之后又在第 5 章迫不及待地介绍了许多用于构造前置放大器和功率放大器的集成电路，例如图 5-55 就是利用 LM384 的一个例子，从中看到 LM384 再加上几个简单的外围器件，就制成了一台 5W 功率放大器。

7.1 集成电路基础知识

一开始　集成电路分类　集成电路电路符号　集成电路的技术参数

如此奇货可居的器件是怎样诞生的呢？这还要从半个多世纪以前开始说起。把一个个分立元器件集成起来放到一个“外套”中形成功能电路的想法，最早由英国国防部的 Dummer（1909—2002）在 1952 年提出。当时晶体管刚刚兴起不久，他设想按照电子线路的要求，将一个线路所包含的晶体管和其他必要的元件全部集合在一块半导体晶片上，从而构成一个具有特定功能的集成化器件。

Dummer 的想法很好，可惜 5、6 年过去了也没能成功试制出一块集成电路。不过他在此期间发表的论文确为美国 TI 公司的 Kilby 照亮了道路。终于在 1958 年，Kilby 用半导体单晶硅制成了世界上第一块由 4 个电子元件构成的集成电路，如图 7-2 所示，Kilby 也因此获得了 2000 年的诺贝尔奖。

图 7-2　Kilby 的第一块集成电路

Kilby 发明了第一块集成电路半年之后，仙童半导体公司的 Noyce 在氧化膜上通过铝条连线使各元件连为一体，解决了 Kilby 集成电路制作过程中的一些实际问题，从而为集成电路的商品化推广使用铺平了道路。

1959 年，美国 TI 公司首先宣布建成世界上第一条集成电路生产线。三年后，人类历史上第一块真正的集成电路商品呱呱坠地，这预示着电子技术经历了电子管时代、晶体管时代，进入了微电子时代。

下一次电子技术革命的主角恐怕非纳米电子技术（nanoelectronics）莫属。2007 年美国加州大学伯克利分校的 Jensen 仅仅利用一个纳米碳管（再无其他）就成功实现了本书第 2 章谈到的收音机的接收、调谐、解调、放大等功能，如图 7-3 下图所示，纳米碳管只有 500nm（长），直径 10nm（$1nm=1.0\times10^{-9}m$）。我国在这方面相对比较落后，所以，有志于在微电子学和纳米电子技术领域发展的朋友任重而道远。

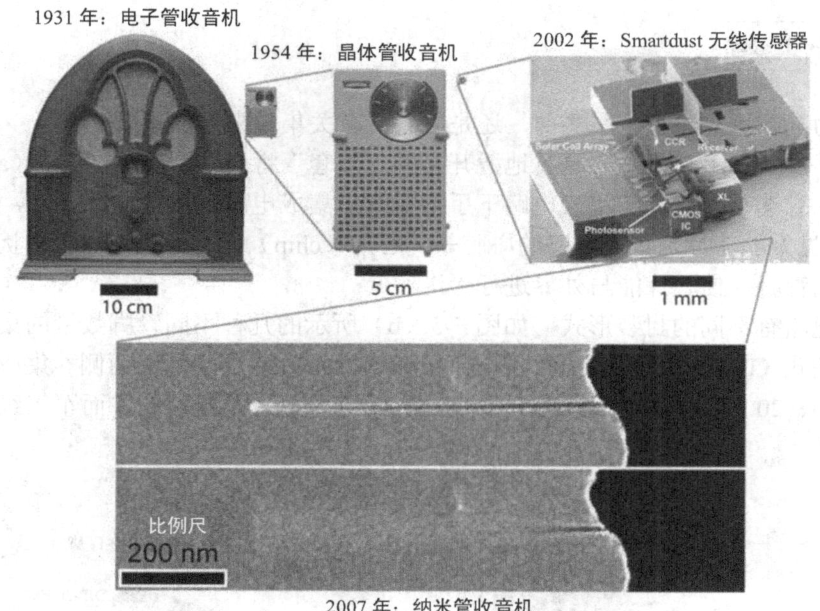

图 7-3 从电子管收音机到纳米管收音机（更多相关内容可以访问 Jensen 的主页：http://physics.berkeley.edu/research/zettl/projects/nanoradio/radio.html）

今天，各种电子系统都在大量地使用集成电路，且新的、功能更强大的集成电路层出不穷。如图 7-4 所示是我们非常熟悉的计算机主板上的 CPU，它就是典型的处理器芯片。除了 CPU 之外，在计算机的主板上还有许多不同功能的集成电路，如存储器、时钟芯片、电源管理芯片等。

图 7-4 主板上的集成电路

7.1.1 一开始

在奋力赶超世界先进水平之前，还是先看看有关集成电路的基础知识。

拿到一块集成电路，小心翼翼地撬开它的"外套"将会看到类似图7-5（a）所示的内部结构（注意选一个便宜的集成电路下手，撬开后集成电路就永久损坏了），中间有一个大约5mm见方的薄片是集成电路的心脏——芯片（chip），周围是一些放射状的导体连通芯片与金属管脚，使芯片能与外界进行"沟通"。

集成电路有不同的封装形式，如图7-5（b）所示的几种不同管脚数量的集成电路被称为双列直插式（DIP），管脚之间间隔2.54mm并分布在"外套"的两侧。集成电路一般有8脚、14脚、20脚等形式。民用级的集成电路的"外套"是塑料的，而军工级产品则为耐高温陶瓷。

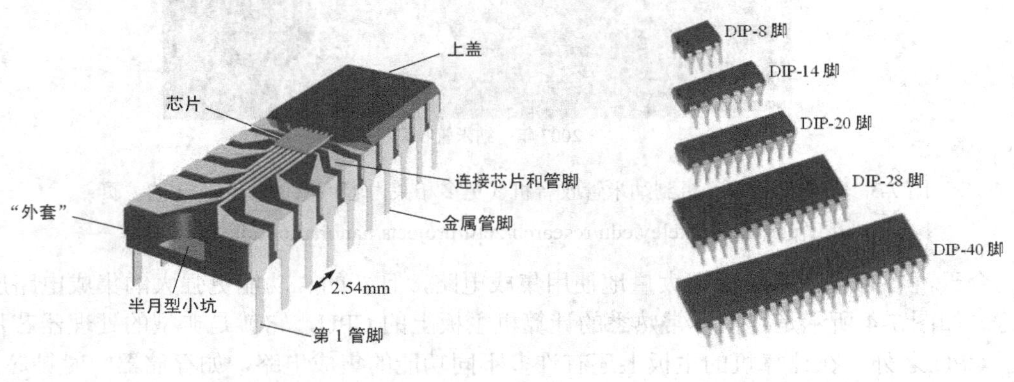

（a）集成电路的"内脏"　　（b）集成电路的管脚

图7-5　集成电路的内部结构

1. 封装

封装也就是集成电路的"外套"形式，最早的集成电路是提供给军方使用的，出于稳定性的考虑都采用陶瓷双列直插封装（CDIP，图7-6（a））。当集成电路大规模商业化之后，很快出现了用塑料取代陶瓷的双列直插封装（PDIP，图7-6（b）），在一些条件不那么苛刻的场合使用。到了20世纪80年代，出现了超大规模的集成电路，原来的DIP封装在应用中不那么合适了，于是出现了针格阵列封装（PGA，图7-6（c））和无引线芯片载体封装（LCC，图7-6（d））。许多台式计算机的CPU都是PGA封装的。

80年代初还出现了表面贴元器件（SMD）并在80年代末开始流行，表面贴器件比通常的DIP封装器件要小得多，体积只有同型DIP封装的30%~50%，其金属管脚呈海鸥翅膀型或J型，且管脚间距只有DIP的一半——1.27mm。

起初的表面贴元器件只有小轮廓封装（SOIC，图7-6（e））和塑料引线型载体封装（PLCC，图7-6（f））。到了90年代末，表面贴器件又出现了塑料四方扁平封装（PQFP，图7-6（g））和微型簿片式封装（TSOP，图7-6（h）），这两种封装在多管脚器件如单片机、DSP、存储器中应用非常普遍，但是高端处理品仍然以PGA封装为主。此外还有一种

更小的薄小外形封装（TSSOP，图 7-6（i）），常常应用在便携、低功率产品中。

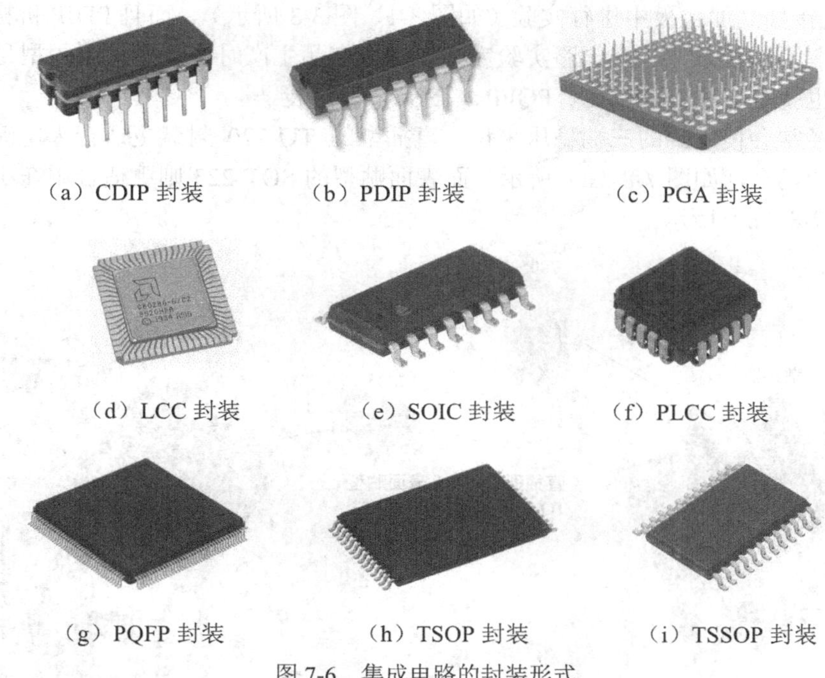

（a）CDIP 封装　（b）PDIP 封装　（c）PGA 封装

（d）LCC 封装　（e）SOIC 封装　（f）PLCC 封装

（g）PQFP 封装　（h）TSOP 封装　（i）TSSOP 封装

图 7-6　集成电路的封装形式

同一型号的集成电路可以拥有图 7-6 中一种或多种封装，比如以一个最常用的运算放大器 TL071 来说，虽然有相同的内部电路和管脚排布，但是却有 4 种不同的“外套”——PDIP、CDIP、SOIC、TSSOP，如图 7-7 所示，这样可供在电路设计和制作中灵活选择。

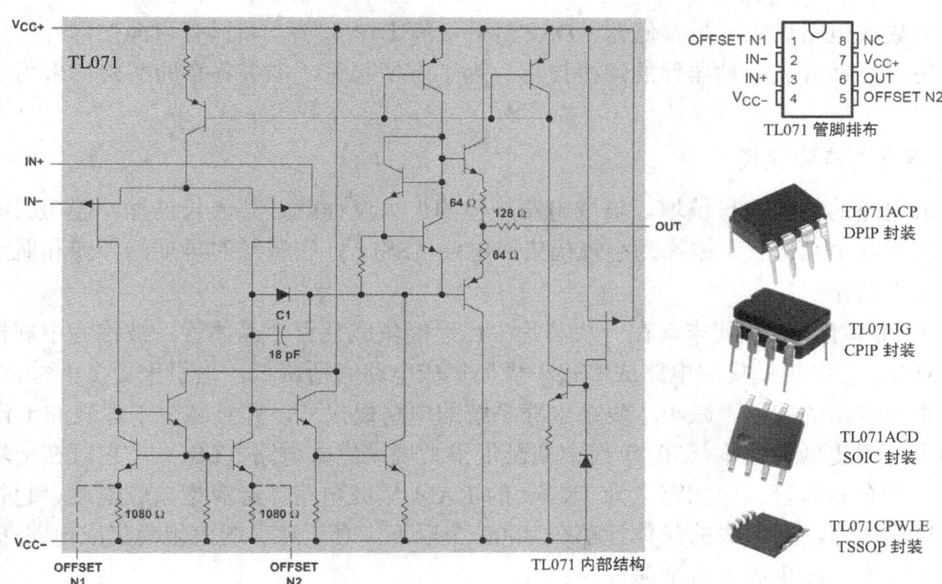

图 7-7　同一型号集成电路内部结构相同，可具有不同封装（TL071）

在最初的电路实验中，使用的几乎都是PDIP封装的集成电路，这是因为只有PDIP或CDIP可以直接插到面包板中进行实验（如图3-1、图3-3所示），而且PDIP价格便宜、封装个头大，取用比较方便。当电路实验完成要进行产品生产时，大多采用同型号器件的表面贴封装，也就是SOIC、PLCC、PQFP、TSSOP等封装。

拿今后经常会使用到的三端稳压来说，直插型的TO-220封装更适合大电流、具有充沛散热空间的场合，如图7-8（a）所示；而表面贴型的SOT-223则更适合用在小型便携设备中，如图7-8（b）所示。

（a）直插型　　（b）表面贴型

图7-8　直插型与表面贴型三端稳压的取舍

有的集成电路如大容量存储器、DSP等并没有DIP封装，而只有表面贴器件，所以在实验时还需要掌握表面贴器件的焊接技巧。为了方便起见，本书各章的实验均采用非表面贴器件。

2. 集成电路的规模

集成电路的规模与日俱增，集成电路规模的扩大过程就是其成长过程。起初的集成电路只集成了几个晶体管，被称为小规模集成电路（SSI），它曾经对早期的导弹和航天工程起了决定性的作用。

到了20世纪60年代末，在一块芯片中已经能集成几百个晶体管，被称为中规模集成电路（MSI）。中规模集成电路成本较小规模集成电路有所降低，这引来更多的关注目光。中规模集成电路的应用，减小了复杂电路系统的电路板尺寸，并且减少了焊装的工作量。

为了追逐更低的成本，70年代中期诞生了大规模集成电路（LSI），它可在一块芯片中集成上千个晶体管。比如容量为1K-bit的RAM集成电路、运算型集成电路、起初的微处理器集成电路，所集成的晶体管都在4000个以下。真正意义的大规模集成电路在1974年以后才出现，能集成1万个晶体管。

超大规模集成电路（VLSI）自80年代出现一直持续发展至今，刚开始超大规模集成

电路只能集成几十万个晶体管，到了 2009 年已经成功实现集成几十亿个了！为了对超大规模集成电路加以区分，常常把集成超过 1 百万个晶体管的芯片称为超级集成电路（ULSI）。

3. 管脚判别

集成电路的管脚都在 3 个以上（包括 3 个），在使用时就存在一个管脚判别的问题。最保险的办法是查看具体集成电路的技术手册，比如图 7-7 中右上角 TL071 的管脚排布图就是查其技术手册得到的。对于直插型或表面贴器件来说，其技术手册都会对 1 管脚、2 管脚、……、n 管脚的功能进行说明，比如图 7-7 中 TL071 的 1 管脚为 OFFSET N1（补偿端）、2 管脚为 IN-（反向输入端）等。得到这些管脚排布和功能说明后，拿到实际的器件，正对着器件表面的型号，其左下第一个管脚为 1 管脚，如图 7-9 所示，按逆时钟方向，依次为 2 管脚、3 管脚等。由此可得到管脚顺序。把这个顺序与技术手册中的管脚排布图对应起来就知道每个管脚的功能了。

另外，所有集成电路外壳上都有一个半月形小坑或圆形小坑，它们也可以帮助定位 1 管脚：正对着器件表面的型号，半月形小坑或圆形小坑下方为 1 管脚，其他管脚依逆时针方向为 2 管脚、3 管脚……，如图 7-9 所示。

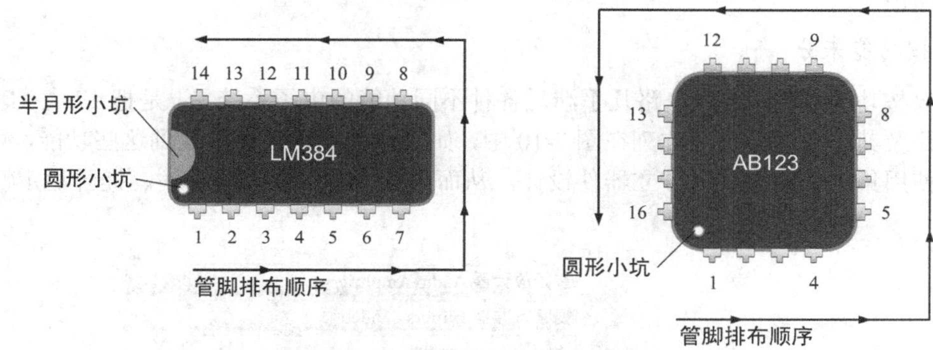

图 7-9　集成电路管脚的判别

4. 集成电路的特点和局限

与分立器件构成的功能电路相比，集成电路的最大特点是体积小、重量轻、价格低、可靠性高。而恰恰是它的体积小限制了其所能承受的功率和电压（一般不超过 30V）。此外由于集成电路制造工艺的特殊性，其内部更适合于集成二极管、三极管，而无法集成大电阻（50kΩ 为限）、大电容（200pF 为限），当然也不能集成电感器。另外，集成电路中各级电路之间全部采用直接耦合形式，如果需要大容量电容作为级间耦合或有其他用途，则要通过集成电路的引脚来外接。

7.1.2　集成电路分类

从碰到的三端稳压、运算放大器、功率放大器等诸多集成电路，可以隐约感觉，集成电路应该是一个很大的家庭。的确，从集成电路诞生至今，为了服务不同的功能需要，已形成了一个门类齐全、功能丰富的大家族。如果要给集成电路分类可以按照以下两种方法进行。

1. 按所属电子学中的范畴来分

电子学主要有两大部分的内容——模拟电路和数字电路，这也是本书涵盖的内容。在模拟电路和数字电路交叉的部分还有模数混合电路。所以集成电路也可以按它所属电子学的范畴分为模拟集成电路、数字集成电路、混合信号集成电路。

模拟集成电路，其功能是处理模拟信号。如集成传感器、电源管理电路、运算放大器等都是处理连续变化的信号。模拟集成电路的出现让原来千难万苦的电路设计与制作变得非常简单，如果有人对第 4、5 章中使用三极管设计放大器已经失去信心，可能某个集成电路可以帮助完成设计并立即投入使用。或者可以说集成电路的出现真的能使电子设计从零开始。

数字集成电路在本书后 9 章要着重介绍。在数字集成电路中集成了从 1 个到 1 百万个不等的逻辑门、触发器、复用器等功能电路。这些功能电路具有高速、低功耗、低成本等特点。数字集成电路主要处理的是数字信号，就是高电平（1）和低电平（0）。

混合信号集成电路既处理模拟信号，又涉及数字信号。比如常用的模数转换器、数模转换器等。同样，混合信号集成电路以其体积小、成本低的特点在信号接口中发挥着举足轻重的作用。

2. 按功能来分

如果按功能划分，集成电路几乎涉足各种不同功能的电子系统。于是把 17 大类功能的集成电路及其包含的分类名称列在图 7-10 中，如果今后电路设计涉及到这些功能，可以看看能否使用集成电路来代替分立器件设计，从而降低成本、提高成功率、提升稳定性。

图 7-10　按功能分类的集成电路

电池管理
电池认证 Battery Authentication
充电器 Battery Chargers
计量仪表电池管理 Battery Fuel Gauges
电池保护 Battery Protectors
电池监测 Battery Supervisor & Monitors
时钟/定时/频率管理
时钟及数据恢复 Clock & Data Recovery (CDR)
时钟分布 Clock Distribution
时钟合成及发生 Clock Synthesizers & Generators
延迟线 Delay Lines
频率合成 Frequency Synthesizers
锁相环 Phase Locked Loops (PLL)
实时时钟 Real Time Clocks
定时器/振荡器/脉冲发生器 Timers, Oscillators & Pulse Generators
编码器解码器
编码解码器 CODECs
视频解码器 Video Decoders
视频编码器 Video Encoders
数据及信号转换
A/D 转换器 Analog-to-Digital Converters (ADC)
D/A 转换器 Digital-to-Analog Converters (DAC)
RMS-DC 转换器 RMS to DC Converters
伏/频及频/伏转换器 V/F & F/V Converters
数字电位器
非易失性数字电位器 Non-volatile
易失性数字电位器 Volatile

图 7-10　按功能分类的集成电路（续）

控制器局域网络总线器件 CAN Bus Devices
显示驱动器 Display Drivers
多种驱动器 Drivers - Miscellaneous
ECL/PECL/CML 驱动器 ECL/PECL/CML Drivers
HDMI/DVI/显示端口 HDMI / DVI / Display Port
I/O 口扩展 I/O Expanders
IEEE 1394
IGBT 门驱动器 IGBT Gate Drivers
桥接接口 Interface Bridges
隔离器 Isolators
激光驱动器 Laser Drivers
LED 驱动器 LED Drivers
LIN 收发器 LIN Transceivers (5)
线驱动器 Line Drivers (460)
LVDS 器件 LVDS Devices
MOSFET 器件 MOSFET Drivers
电机驱动器/控制器 Motor Drivers / Controllers
继电器驱动器 Relay Drivers
RS232/422/485 驱动器 RS232 / RS422 / RS485 Drivers
SCSI 驱动器 SCSI Drivers
SERDES 驱动器 SERDES Drivers
UART 接口 UART Interfaces
USB 接口 USB Interfaces
驱动与接口
数字信号控制器 Digital Signal Controllers (DSC)
定点数字信号处理器 Digital Signal Processors - Fixed Point
浮点数字信号处理器 Digital Signal Processors - Floating Point
数字信号处理器
模拟滤波器 Analog Filters
数字滤波器 Digital Filters
开关电容滤波器 Switched Capacitor Filters
有源滤波器

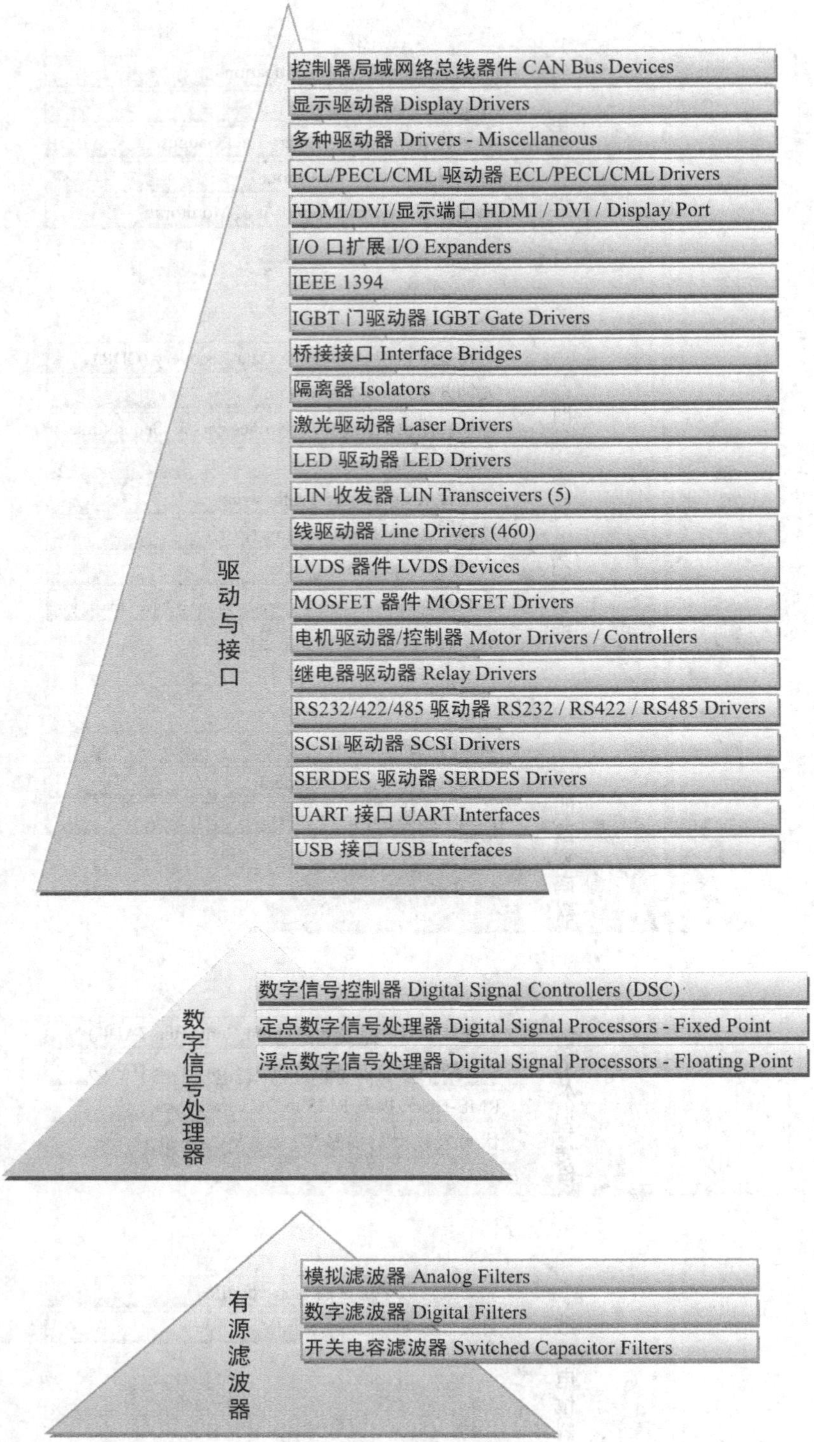

图 7-10　按功能分类的集成电路（续）

可编程逻辑
现场可编程门阵列 FPGA
通用阵列逻辑 GAL
可编程阵列逻辑 PAL
简单可编程逻辑器件 SPLD
逻辑电路
缓冲器及收发器 Buffers & Transceivers
比较器 Comparators
计数器 Counters
解码器/编码器 Decoders / Encoders
FIFO 寄存器 FIFOs
触发器 Flip-Flops
门电路及反相器 Gates & Inverters
锁存器 Latches
电平转移电路 Level Shifters
复用器/分配器 Multiplexers / Demultiplexers
乘法器/除法器 Multipliers / Dividers
多谐振荡器 Multivibrators
奇偶发生及检测器 Parity Generators & Checkers
移位寄存器 Shift Registers
特殊功能器件 Special Function
开关器件 Switches
收发器 Transceivers
通用总线功能器件 Universal Bus Functions
存储器
动态随机存取存储器 DRAM
电可擦只读存储器 EEPROM
电可编程序只读存储器 EPROM
FIFO 存储器 FIFO
闪存 FLASH
非易失性随机存取存储器 Nonvolatile RAM
静态随机存取存储 SRAM

图 7-10　按功能分类的集成电路（续）

微处理器
单片机 Microcontroller
微型处理器 Microprocessor
电源管理
AC-DC 转换器 AC-DC Converters
节流器 Current Regulators
DC-DC 转换器 DC-DC Converters & Charge Pumps
数字电源 Digital Power
热交换控制器 Hot Swap Controllers
低压差线性稳压器 LDO Voltage Regulators
线性稳压器 Linear Voltage Regulators
多功能器件 Multi-Function
电源分布开关 Power Distribution Switches
功率因数校正器 Power Factor Correctors (PFC)
电源 Power Supplies
以太网线上电源 Power-over-Ethernet
PWM 控制器 PWM Controllers
稳压器 Voltage Regulators
射频
射频放大器 RF Amplifiers
射频检测器 RF Detectors
射频滤波器 RF Filters
射频混合器/乘法器 RF Mixers/Multipliers
射频调制解调器 RF Modulators & Demodulators
射频接收器 RF Receivers
射频开关 RF Switches
射频收发器 RF Transceivers
射频发射器 RF Transmitters
射频识别 RFID
集成传感器
加速度传感器 Accelerometers
容性接触传感器 Capacitive Touch
电流传感器 Current Sensors
霍尔效应传感器 Hall Effect Sensors
压力传感器 Pressure Sensors
烟雾检测传感器 Smoke Detector Sensors
温度传感器 Temperature Sensors

图 7-10　按功能分类的集成电路（续）

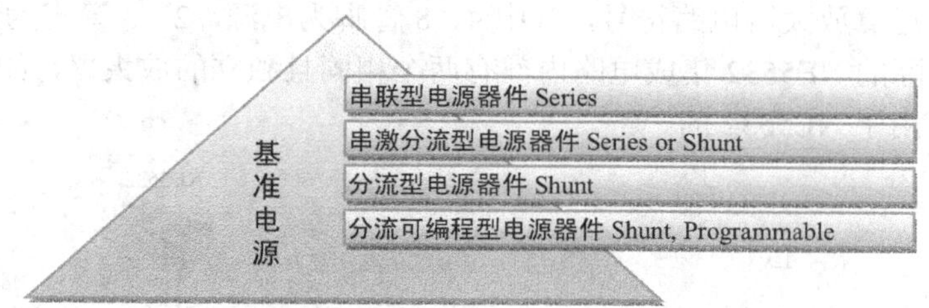

图 7-10　按功能分类的集成电路（续）

7.1.3　集成电路的电路符号

集成电路与其他电子元器件一样拥有自己的电路符号。因为种类繁多，除了少数几个功能分类的集成电路有各自的电路符号外，大多数集成电路都以一个方框并辅以代表管脚的短线为电路符号，如图 7-11（a）所示是一个电机驱动器集成电路，型号为 L298HN。在电路符号中，每个管脚上都有管脚序号。有时电路符号并没有按逆时针或其他顺序排列每个管脚，而是将功能相近的管脚放在一起。比如 5、7、10、12 管脚都是输入端，因而放在一起。这样一来就需要注意把电路符号中的管脚与实际器件的管脚对应起来。如图 7-11（b）所示是 L298HN 集成电路的实际器件，实际器件中管脚总是依次排列的。比如电路符号中左上角第一个管脚是 5 管脚 IN1，在实际器件中是从左往右数第 5 个，如图 7-11（b）所示。

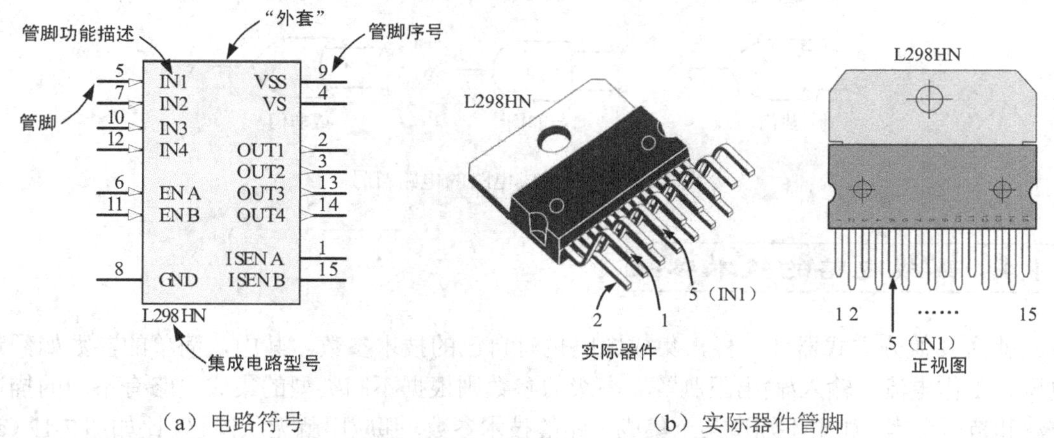

（a）电路符号　　　　（b）实际器件管脚

图 7-11　集成电路电路符号

从图 7-11 的例子看出，集成电路的电路符号与实际器件既没有必然的外形关联，也没有管脚顺序上的对应。基本上可以说电路符号只是一个虚拟的符号，在电路图中与其他器件的电路符号一样，除了代表存在性以外，还表明集成电路有几个管脚。

虽说从图 7-10 可以看到集成电路种类众多，但是其中有几类集成电路是经常遇到的，比如三端稳压、放大器等。于是这几类常用的集成电路又有各自专属的电路符号在电路中表示其存在性与功能性。比如图 7-12（a）所示的前置放大器 NE5532，它的电路符号"▷"

就是一个典型的运算放大器电路符号，其中4、8管脚为电源，2、3管脚为输入，1管脚为输出。在一个实际的NE5532集成电路内部有两个相同且独立的放大器，如图7-12（b）所示，所以这里只用了NE5532的一半。

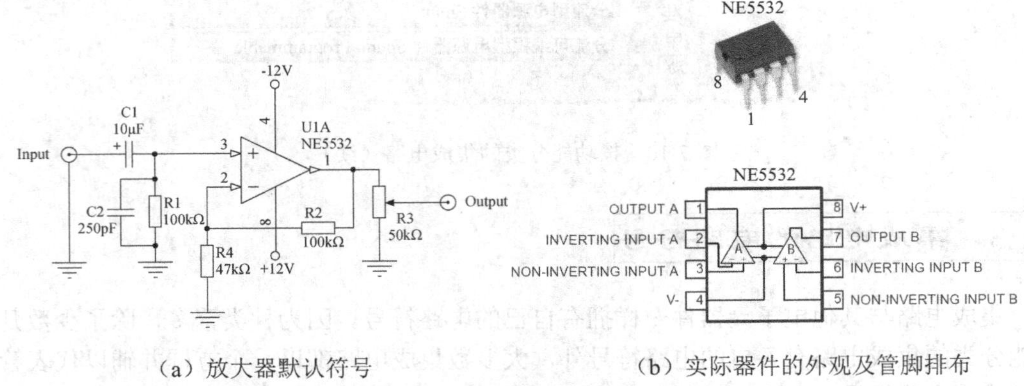

（a）放大器默认符号　　（b）实际器件的外观及管脚排布

图7-12　放大器的电路符号

除了放大器之外，还有一些数字集成电路有各自专属的电路符号，把它们列在图7-13中，其中A、B代表输入端，X代表输出端。今后会陆续谈到这些集成电路。

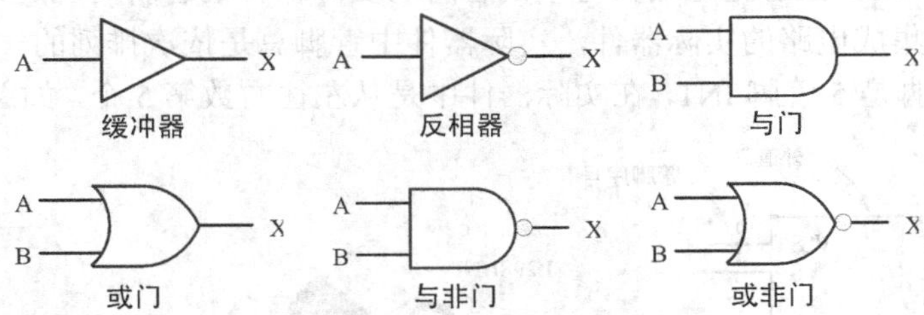

图7-13　一些集成电路的电路符号

7.1.4　集成电路的技术参数

就像其他分立式器件一样，集成电路也有自己的技术参数。其中，简单的参数如额定电压、工作电流、输入/输出限制等。高级的参数则根据不同类型的集成电路有不同的描述方法和范围参考。如果不知道某个集成电路的技术参数，那应用就无从谈起。比如图7-12（a）所示的小信号放大器电路中使用的集成电路型号为NE5532，马上就会有几个简单的问题需要搞清楚：NE5532的供电电压范围是多少？输入它的信号幅度有没有限制？它工作时电流有多大？输入信号的频率范围是多少？

如果不能回答以上这些问题，就轻易地选用NE5532是不明智的。而要想知道某个型号集成电路的各种参数，需要获得对应器件的技术手册（或称技术文档等）。接下来，将以NE5532为例看看如何从技术手册中获得所需信息。

首先把器件的型号输入到搜索引擎中（建议使用 www.google.co.uk），一般可在搜索列表中得到器件的技术手册链接（PDF格式），如图7-14所示，单击链接就可以打开NE5532

的技术手册了（当然需要先安装 PDF 阅读器，如 Acrobat Reader 等）。

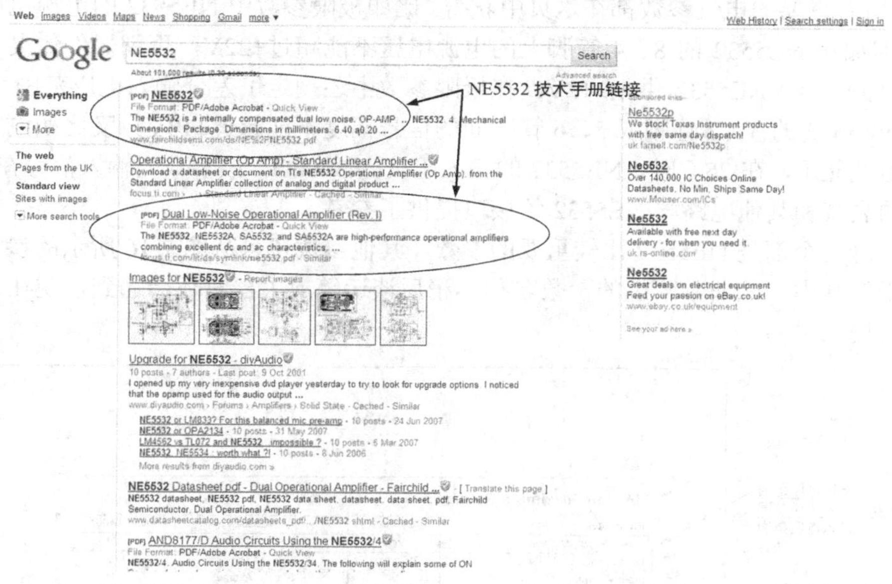

图 7-14　利用搜索引擎获得技术手册

打开 NE5532 技术手册后，第 1 页一般是该器件的生产厂商、型号、功能、特点、综述、外形、内部结构、管脚排布等信息，如图 7-15 所示。其中以管脚排布、内部结构较为重要。

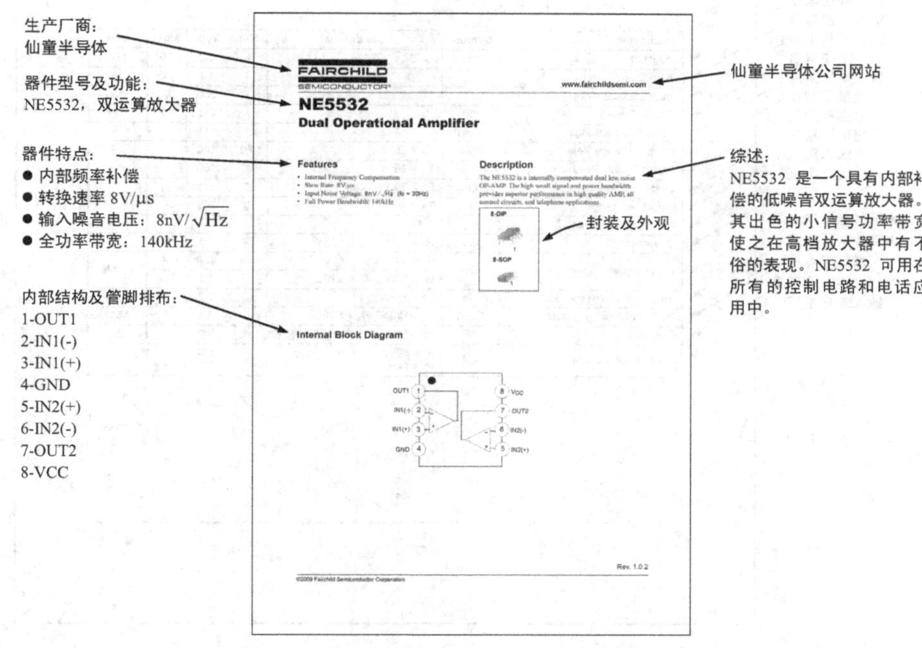

图 7-15　NE5532 技术手册第 1 页

技术手册第 2 页以表格的形式给出了器件的极限参数、电气特性等，如图 7-16 所示，NE5532 所有重要的电气参数都在这页中获得。比如极限参数中 NE5532 的电源电压范围为±22V，即加在 NE5532 的 8、4 管脚上的电源电压不能超过±22V，否则器件休矣！所以在图 7-12（a）中给 NE5532 供电±12V。在极限参数中还规定了差分输入电压范围为±13V，即输入 NE5532 的 3、2 管脚或 5、6 管脚间的信号幅度不能超过±13V。又比如电气参数中的输入阻抗显示，在 25℃时，NE5532 的输入阻抗为 300kΩ，该参数为输入信号在 NE5532 输入端的衰减和其他电路与 NE5532 的接口提供了参考。

以上这几个都是 NE5532 比较重要的参数，其他参数还可从图 7-16 所示的参数表中找到。至于说其中一些非常陌生的参数名称，稍后谈运算放大器时还会遇到，现在可以先大致浏览一遍。

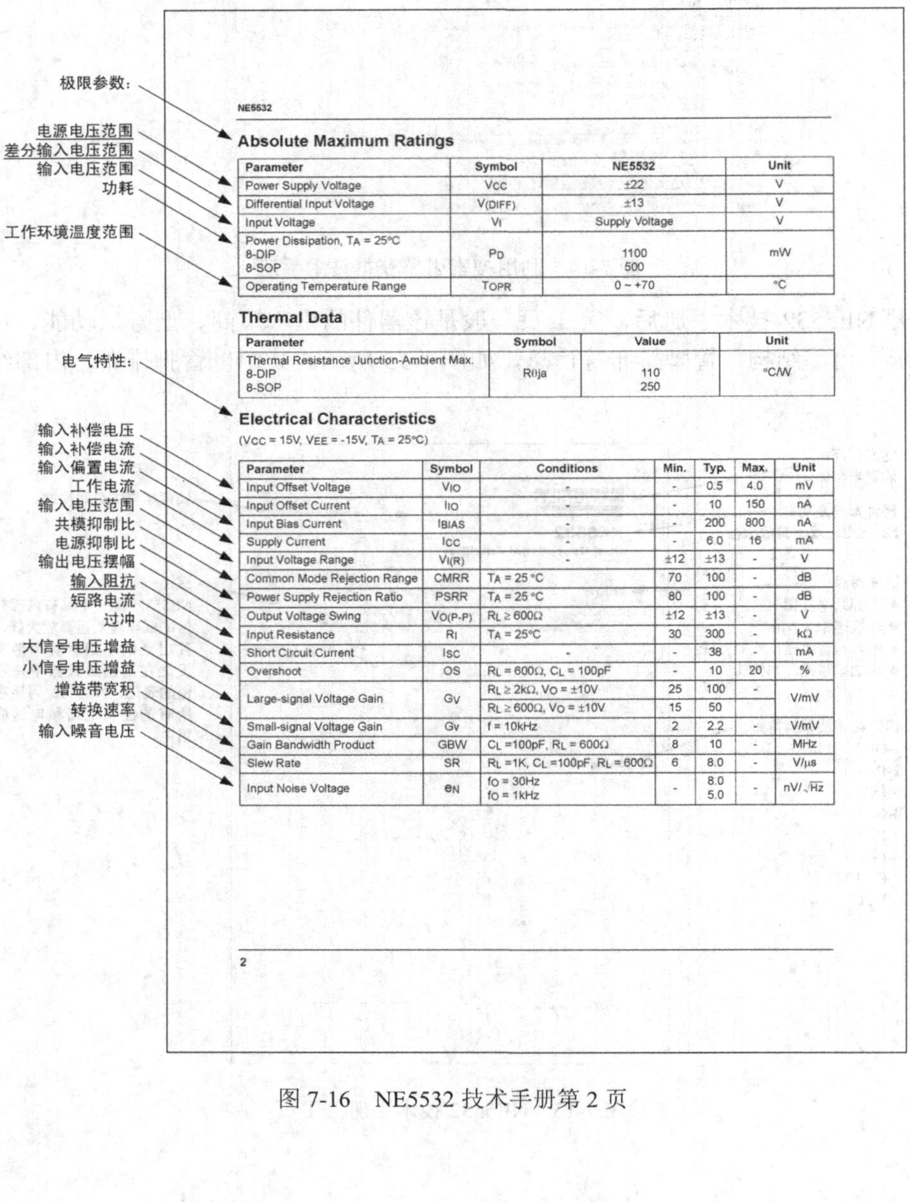

NE5532

Absolute Maximum Ratings

Parameter	Symbol	NE5532	Unit
Power Supply Voltage	V_{CC}	±22	V
Differential Input Voltage	$V_{(DIFF)}$	±13	V
Input Voltage	V_I	Supply Voltage	V
Power Dissipation, T_A = 25°C 8-DIP 8-SOP	P_D	1100 500	mW
Operating Temperature Range	T_{OPR}	0 ~ +70	°C

Thermal Data

Parameter	Symbol	Value	Unit
Thermal Resistance Junction-Ambient Max. 8-DIP 8-SOP	Rθja	110 250	°C/W

Electrical Characteristics

(V_{CC} = 15V, V_{EE} = -15V, T_A = 25°C)

Parameter	Symbol	Conditions	Min.	Typ.	Max.	Unit
Input Offset Voltage	V_{IO}	-	-	0.5	4.0	mV
Input Offset Current	I_{IO}	-	-	10	150	nA
Input Bias Current	I_{BIAS}	-	-	200	800	nA
Supply Current	I_{CC}	-	-	6.0	16	mA
Input Voltage Range	$V_{I(R)}$	-	±12	±13	-	V
Common Mode Rejection Range	CMRR	T_A = 25 °C	70	100	-	dB
Power Supply Rejection Ratio	PSRR	T_A = 25 °C	80	100	-	dB
Output Voltage Swing	$V_{O(P-P)}$	$R_L \geq 600\Omega$	±12	±13	-	V
Input Resistance	R_I	T_A = 25°C	30	300	-	kΩ
Short Circuit Current	I_{SC}	-	-	38	-	mA
Overshoot	OS	$R_L = 600\Omega$, C_L = 100pF	-	10	20	%
Large-signal Voltage Gain	G_V	$R_L \geq 2k\Omega$, V_O = ±10V	25	100	-	V/mV
		$R_L \geq 600\Omega$, V_O = ±10V	15	50		
Small-signal Voltage Gain	G_V	f = 10kHz	2	2.2	-	V/mV
Gain Bandwidth Product	GBW	C_L =100pF, $R_L = 600\Omega$	8	10	-	MHz
Slew Rate	SR	R_L =1K, C_L =100pF, $R_L = 600\Omega$	6	8.0	-	V/μs
Input Noise Voltage	e_N	f_O = 30Hz f_O = 1kHz	-	8.0 5.0	-	$nV/\sqrt{Hz}$

2

图 7-16　NE5532 技术手册第 2 页

集成电路种类繁多，每种集成电路由于功能的不同，其技术手册介绍的参数也大相径庭。随着学习的深入和制作的增多，会经常上网搜索某些器件的技术手册作为学习、设计、制作时的参考。就像本书的“参考文献”列表中引用了许多器件的技术手册一样，在设计过程中，技术手册能带来许多信息，指导和辅助设计的进行。

非常遗憾的是，世界上主流的集成电路生产厂商主要集中在美国、欧洲、日本和韩国等地，他们凭借着扎实的基础研究和先进的制作工艺引领着集成电路的发展方向。由于历史的原因，我国目前的集成电路发展水平严重落后于发达国家，国产的集成电路为数不多。在今后相当长的一段时间里，恐怕还不得不更多地选择世界主流厂商的集成电路产品。这些厂商所编写的技术手册很详细、很全面，更新也比较及时。除了极少数技术手册有中文版以外，绝大多数都是英文版的。附录 M 中为世界主流电子元器件（包括集成电路在内的其他器件）生产厂商的官方网站地址，供大家访问时参考。

7.2　运算放大器的神奇

运放正式登场　了解运放的若干参数　同相放大器与反相放大器　比较器
加法放大器　差分放大器　有源微分器和积分器　有源滤波器

首先，用一个仿真来身临其境地感受一下运算放大器的神奇之处。

【例 7.1】运算放大器：在 Multisim 2001 中连接图 7-17 所示的放大器电路，观察运算放大器的放大效果。

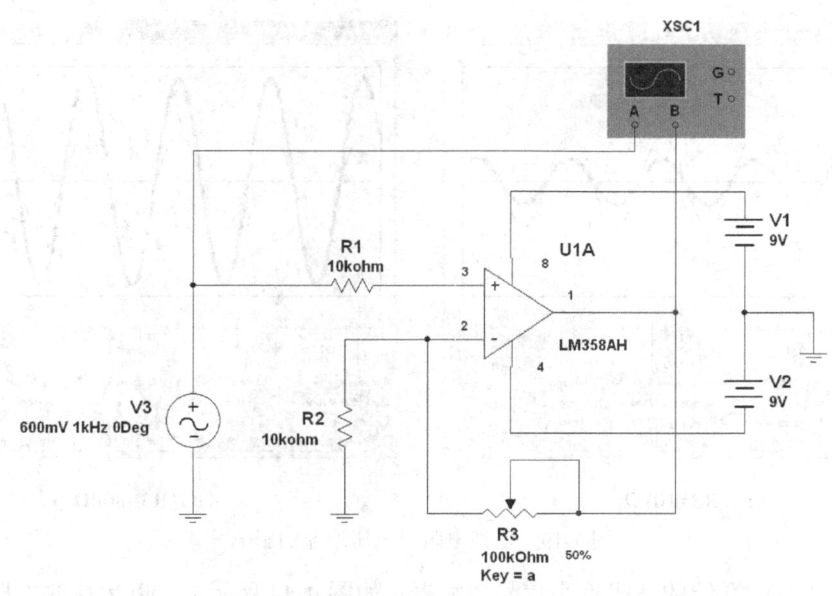

图 7-17　运算放大器同相放大器

打开示波器观察窗口并打开仿真开关，将得到图 7-18 所示的输入、输出波形，利用标尺可测量输入和输出波形在峰值时的幅度值，如图中所示输入信号幅度为 599.2mV、输出信号幅度为 3.6V，可见图 7-17 所示放大器对输入信号进行了放大，且放大倍数 $A_v = V_{out} / V_{in} = 3.6\text{V}/599.2\text{mV}=6$。此时电位器 R3 接入电路的阻值为 100kΩ×50%=50kΩ，

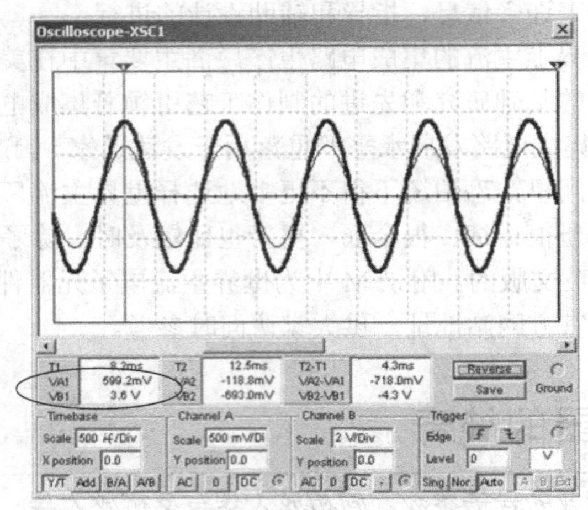

图 7-18　运算放大器的放大效果

继续仿真，用 A 键或 Shift+A 键改变电位器 R3 的接入电阻，在改变的同时，会发现输出信号的幅度在随着电位器 R3 阻值的变化而改变：阻值越小，输出信号幅度越小，反之亦然。如图 7-19 所示分别为电位器为 10%（10kΩ）和 80%（80kΩ）时的输入、输出波形。很明显，输出信号的幅度因电位器 R3 的变化而发生显著的改变。

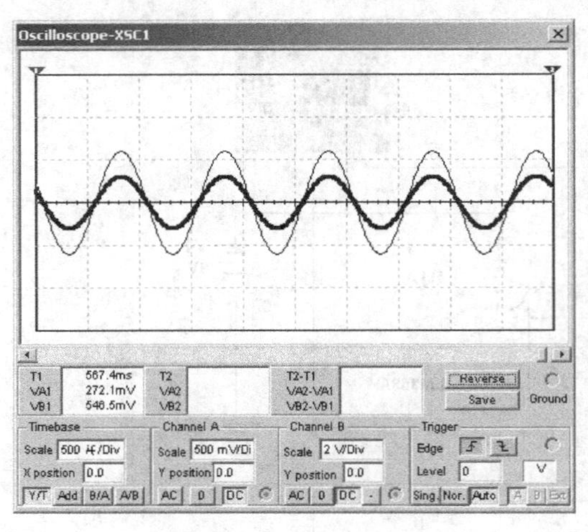

（a）R3=10kΩ

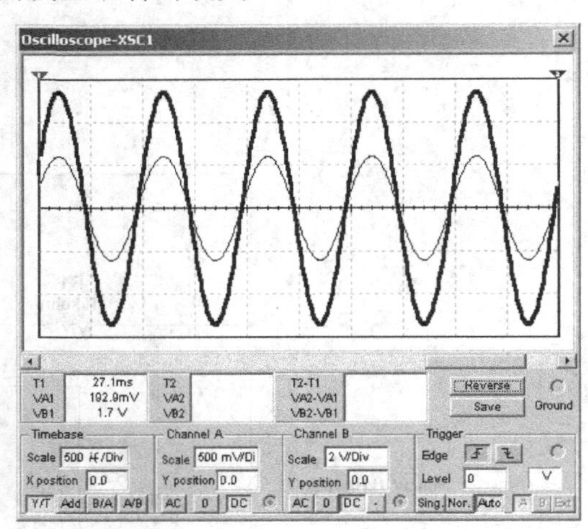

（b）R3=80kΩ

图 7-19　反馈电阻对电压增益的影响

相比第 4 章中介绍的三极管小信号放大器（如图 4-44 所示），以运算放大器为核心的放大器免去了复杂的偏置电路，并具有非常灵活的电压增益控制方式。在图 7-17 中，运算放大器的型号为 LM358，信号源 V3（600mV 1kHz）从 3 管脚输入，经过运算放大器放大

之后从 1 管脚输出。在 2、1 管脚之间的反馈组件——电位器 R3 可以影响反馈信号从而改变放大器的电压增益。放大器的设计及电压增益改变变得如此轻松，而例 7.1 所示的放大器只是运算放大器神奇之处的冰山一角。

7.2.1　运放正式登场

运算放大器（operational amplifier，或 op-amp，典型电路符号 ）简称运放。起初的运放主要用于数学运算如加法、减法、积分、微分等，所以它的名字中包含有“运算”两个字。最开始的运放主要由电子管构成并使用高压来工作，这与今天集成型运放使用低电压并具有高可靠性不可同日而语。

运放由直流电压来供电，大部分运放使用的是双电源，如图 7-20（a）所示，$+V$ 及 $-V$ 分别为正、负电源。运放还有两个输入端，一个称为反相输入端（-），另一个为同相输入端（+）。此外，在运放电路符号右边还有一个输出端。根据型号的不同，运放集成电路有不同的封装，常见的有双列直插型（DIP）及表面贴型（SOIC、TTSOP 等），如图 7-20（b）所示。

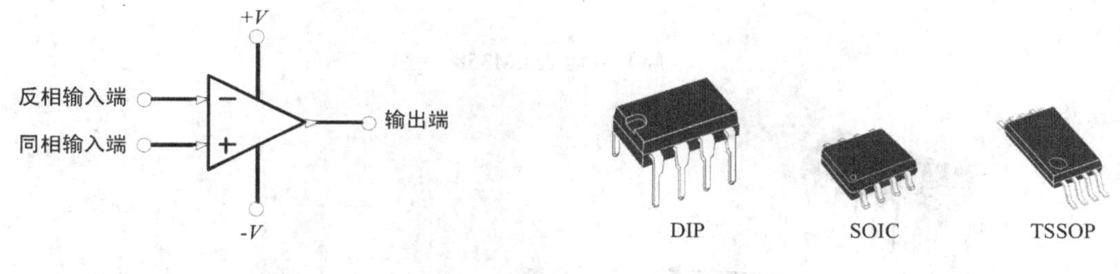

（a）运放电路符号　　（b）常见的运放封装

图 7-20　运放电路符号及不同封装的运放

类似图 7-20 所示的运放是由若干个二极管、三极管、电阻、电容等分立器件集成而来，不同型号的运放其具体的内部电路是不相同的。拿 LM358 来说，如图 7-21（a）所示，其内部有两个相同且独立的运放，每个运放的内部电路都如图中所示由若干分立器件构成。这两个独立的运放有各自的反相输入端（2、6 管脚）、同相输入端（3、5 管脚）、输出端（1、7 管脚），但是共用电源 $+V$（8 管脚）、$-V$（4 管脚）。像这种包含有两个相同且独立的运放的运放集成电路，称为双运放（dual op amp）。除了 LM358 外，LF353、TL083、OPA2604 等都是双运放。

有双运放自然联想到有四运放。有时使用一个双运放集成电路不够，可以选用一个四运放集成电路，如最为常见的 LM324，如图 7-21（b）所示，其内部有 4 个相同且独立的运放，每个运放也有图示相同的内部电路。这 4 个运放有各自的反相输入端（2、6、9、13 管脚）、同相输入端（3、5、10、12 管脚）、输出端（1、7、8、14 管脚），并共用电源 $+V$（4 管脚）、$-V$（11 管脚）。

无论是双运放还是四运放集成电路，可以一次使用所有运放，也可以使用其中某部分。从图 7-21 看到，运放的内部电路是经过精心设计的，说到底其实还是一些以三极管为核心的放大器、电流源等电路，且内部的三极管等器件的参数和电路连接也都是已设计好而无法修改的。所以在应用运放时，根本不需要考虑三极管放大器的静态工作点等问题，这就免去了调试电路的麻烦。这个特点使得运放早已作为一种最为常用的集成电路，在放大器、振荡器、比较器、滤波器、模拟运算等诸多方面得到了广泛的应用。

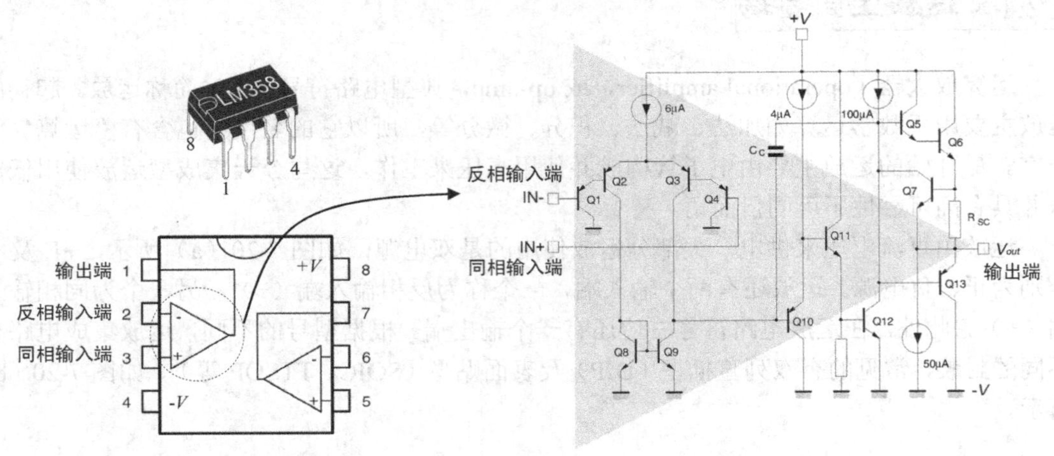

（a）双运放 LM358

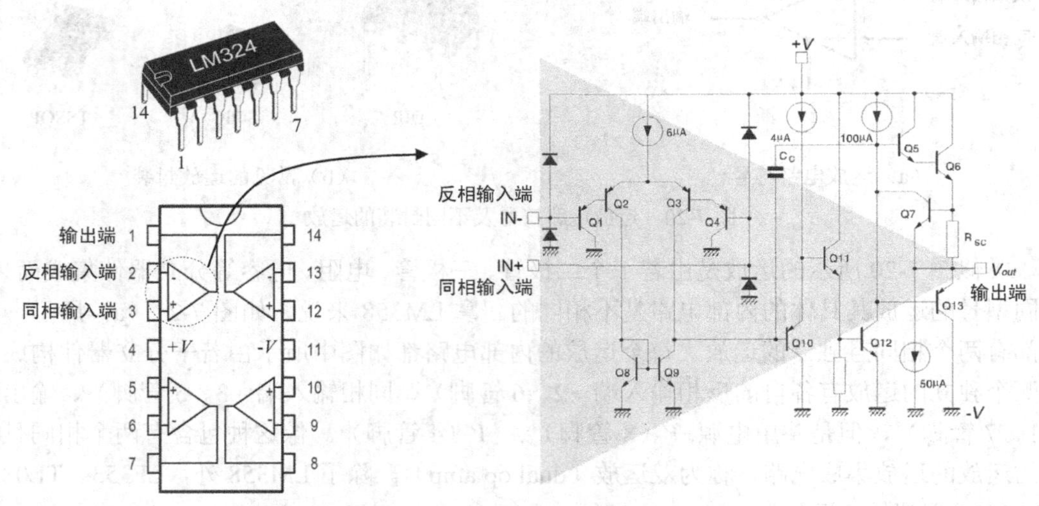

（b）四运放 LM324

图 7-21 “解剖”运放

7.2.2 了解运放的若干参数

在电路设计中选择什么型号的运放集成电路是一个非常具有挑战性的事情，这是因为满足同一个电路需要的运放集成电路有非常多的型号，于是就有一个如何筛选的问题。如

果不谈技术问题，那么价格和供应就成了主导的因素——电子工程师都倾向于选择又便宜、又方便买到的器件来使用。

当然，除了便宜和方便购买外，还需要了解一些有关运放的参数，以便为电路设计更好地选择适合的运放集成电路。以下这些运放参数都会在器件的技术手册中给出。

1. 电源电压范围（V_{CC}）

不同型号运放集成电路所能承受的工作电压范围不尽相同，比如 NE5532 的极限供电电压为±22V、LM358 为±16V 等。而一般给运放供电时，最好低于其极限供电电压若干伏，这就关系到整个电路的电源如何设计等问题。另外，还要考虑运放是否需要双电源供电。有的运放支持单电源供电，如 LM358、LM324 等，有的则必须使用双电源。

2. 共模输入信号范围（V_{icm}）

所有的运放对输入信号的电压都有一个承受范围，共模输入信号范围指的是输入运放反相输入端或同相输入端信号的电压限制，若输入信号超过这个范围，运放的输出将产生截止或其他失真。比如当 LM358 供电+V=30V 时，输入到任何一个输入端的信号幅度不能超过 30V-1.5V=28.5V。

3. 开环增益（A_{ol}）

开环增益是指运放的内部电压增益，它等于输出电压与输入电压的比值。开环增益在运放设计时就已经确定的，一般都可达到 10^6（120dB）。在运放的技术手册中通常以大信号电压增益（A_{vd}）来表示，比如 LM324 的 A_{vd}=100V/mV=10^5（倍）=100dB。

根据开环增益的高低，运放可分为低增益型（60dB<A_{ol}<80dB）、中增益型（80dB<A_{ol}<100dB）、高增益型（A_{ol}>100dB）等几种。开环增益只是运放内部电压增益的描述，绝大多数情况下运放都会连接反馈组件，在输出、输入之间形成闭环，而增益的计算与开环增益就没有关系了。7.2.3 节将会学习几种运放电路的闭环增益计算方法。

4. 共模抑制比（CMR）

共模抑制比描述运放抑制共模信号的能力。共模抑制比越大说明运放质量越好。理想的运放共模抑制比为无穷大，共模信号输入到反相输入端或同相输入端时，输出为 0。但在实际当中，共模抑制比不可能无穷大，如 LM324 的 CMR=80dB，LM358 的 CMR=85dB 等。关于共模信号的含义稍后将会深入理解。

5. 转换速率（SR）

转换速率指当输入信号出现一个跳变时，运放输出对这个跳变的响应速度。如图 7-22 所示，当输入信号 V_{in} 出现一个跳变时，输出信号 V_{out} 并不能立刻也跟着来一个完美的跳变，而是经过一小段时间 Δt 后才能从原来的电平跳变到新的电平上。输入信号 V_{in} 的脉宽必须足够令输出信号 V_{out} 从原电平跳变到新电平。转换速率由以下公式计算出来：

$$SR = \frac{\Delta V_{out}}{\Delta t}$$

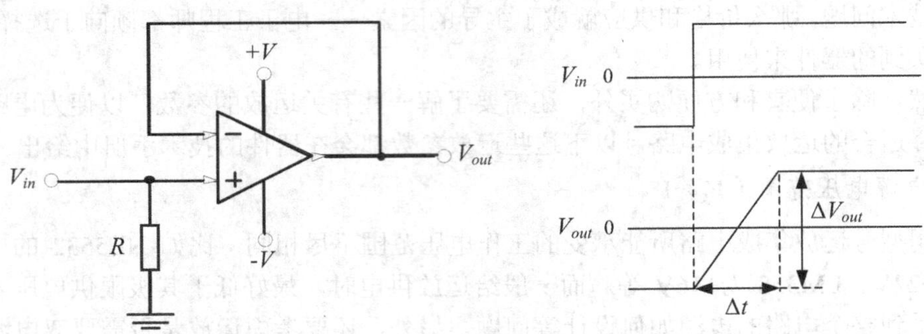

图 7-22　运放的转换速率 *SR*

7.2.3　同相放大器与反相放大器

放大器是运放最为广泛的应用。运放作为放大器在前面内容中我们遇到了许多次，打开任意一幅运放应用的电路图，都会发现运放与负反馈形影不离——总有部分输出信号反馈到运放的反相输入端。如图 7-12 所示，电阻 R2 作为反馈组件将输出的部分信号反馈到了运放的反相输入端中。

就像在 4.5.1 节中谈到的，负反馈虽然降低了电路的增益，但是它具有提高增益的稳定性、减少失真、增加带宽等优点，所以负反馈在电子学中特别是运放中有着普遍的应用。

7.2.2 节看到一般运放的开环增益都可达到 100dB 以上（10^5），因此即便一个非常小的输入信号，比如 1mV，进入运放后都会令运放饱和。输入信号与开环增益的乘积 $V_{IN}A_{ol}$=1mV×10^5=100V，而运放的输出无论如何也达不到这么高的电压，因而运放出现深度饱和——这说明没有反馈直接利用运放的开环增益是没有意义的。

负反馈将带来完全不同的情况。运放中的负反馈可以用图 7-23 所示的示意图来解释一下：反馈组件提取部分输出信号形成反馈信号 V_f，并送回运放的反相输入端，运放的反相输入端将反馈信号 V_f 反相后与输入信号“混合”再放大，就能削弱输出信号 V_{out}，从而降低增益提高稳定性。

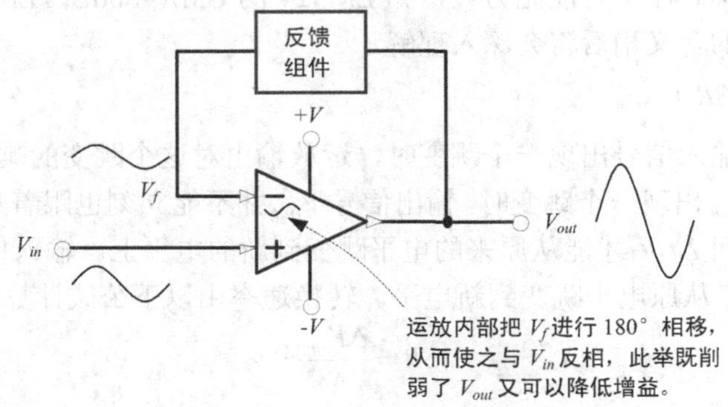

图 7-23　运放中的负反馈

当有了图 7-23 所示的反馈组件后，就成了一个闭环系统（closed-loop）——输出信号的一部分进入输入端而形成一个具有反馈的封闭系统。这个闭环系统的增益就称为闭环增益（closed-loop voltage gain），通常用 A_{cl} 来表示。同时，反馈信号的大小受反馈组件参数的影响，于是可利用反馈组件的参数实现精确的闭环增益控制。闭环增益使运放的两种最基本应用——同相放大器和反相放大器普遍应用在各种电子系统中。

1. 同相放大器

同相放大器（noninverting amplifier）的"同相"二字，指输出信号与输入信号同相（无相移），其典型电路如图 7-24 所示，输入信号 V_{in} 由同相输入端（+）进入运放，输出信号 V_{out} 通过反馈组件（由电阻 R1 和 R_f 构成）反馈到反相输入端（-）。电阻 R1 和 R_f 形成一个分压器，控制有多少输出信号 V_{out} 作为反馈信号 V_f 回到反相输入端。

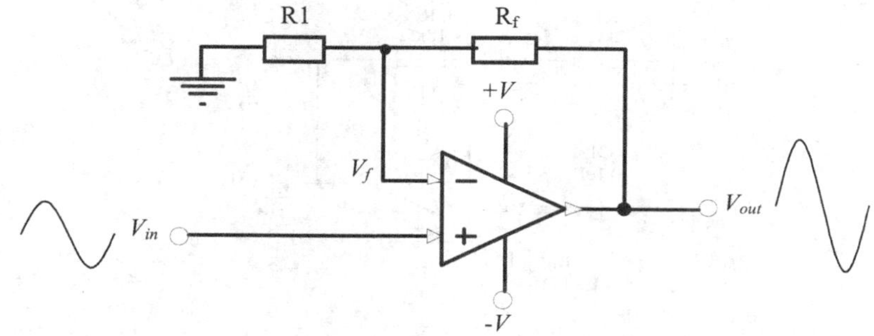

图 7-24　同相放大器

运放的结构和同相放大器电路的特点，决定了同相放大器具有较高的输入阻抗（典型值为 50MΩ），并且不随着反馈组件中电阻 R1 或 R_f 的改变而发生变化。同相放大器的输出阻抗很小，只有零点几 Ω。省略推导过程，得同相放大器的电压增益为：

$$A_{v(\text{同相})} = 1 + \frac{R_f}{R1} \tag{7-1}$$

【例 7.2】同相放大器（放大直流信号）：在 Multisim 2001 中连接图 7-25 所示的同相放大器，计算放大器的电压增益和输出信号的幅度并仿真验证。

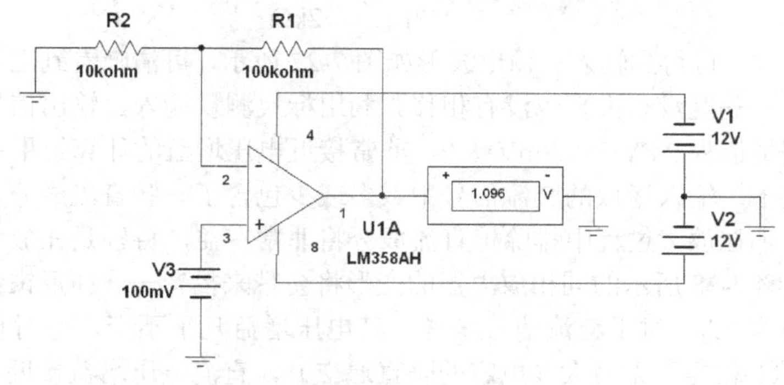

图 7-25　同相放大器（放大直流信号）

根据式（7-1），可得图 7-25 所示同相放大器的电压增益为：

$$A_{v(同相)} = 1 + \frac{R_f}{R1} = 1 + \frac{R1}{R2} = 1 + \frac{100\text{k}\Omega}{10\text{k}\Omega} = 11$$

由于输入信号 $V3$=100mV，可得输出信号的幅度为 100mV×11=1.1V。

打开仿真开关，可从同相放大器输出端的电压表上得到读数 1.096V，此时输入为直流 100mV，所以测量电压增益为 1.096V/100mV=10.96，接近计算得到的电压增益，说明同相放大器对直流信号进行了放大并验证了式（7-1）。

如果使用同相放大器对交流信号进行放大，需要为输入信号提供一个到地的回路，如图 7-26 所示，电容 C1 耦合输入信号，电阻 R_B 连接同相输入端与地，提高运放的直流稳定性和防止饱和。此时同相放大器的输入阻抗比原来小得多，等于电阻 R_B 的阻值（100kΩ）。

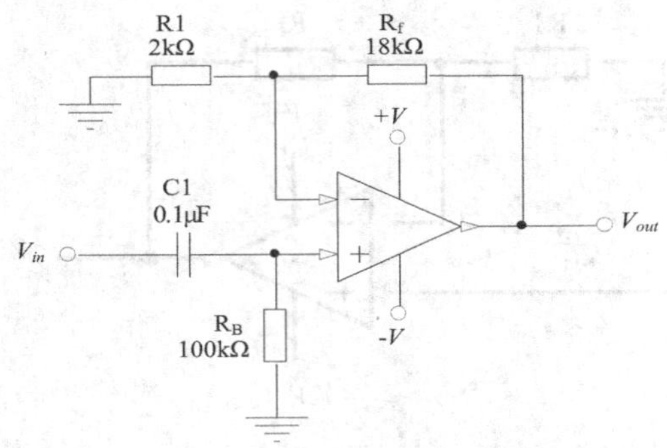

图 7-26　同相放大器放大交流信号时

【例 7.3】同相放大器（放大交流信号）：在 Multisim 2001 中连接图 7-26 所示的同相放大器，向放大器输入 200mV、1kHz 的正弦信号，计算放大器的电压增益并仿真验证。

根据式（7-1），可得图 7-26 所示同相放大器的电压增益为：

$$A_{v(同相)} = 1 + \frac{R_f}{R1} = 1 + \frac{18\text{k}\Omega}{2\text{k}\Omega} = 10$$

打开仿真开关，可得到输入、输出波形如图 7-27 所示，可清晰看到运放把输入信号进行了完美的放大——既没有失真也没有相移。利用标尺测量输入、输出信号的峰值，可得到电压增益的测量值为 2.8V/282.8mV=9.9，非常接近电压增益的计算结果。

在许多情况下，输入运放的交流信号中或多或少包含了一些直流成分，如果想要最终信号只是交流，那在放大过程中排除掉直流成分将非常有益，特别是在放大器的电压增益非常大的时候。图 7-28 所示的同相放大器的变形将会带来福音——在反馈组件中添加了一个容量稍大的电容 C_2。对于交流信号来说，其电压增益几乎不变，但对直流信号来说，式（7-1）中的 R1 相当于无穷大（电容的隔直通交），直流电压增益接近 1。所以图 7-28 所示的同相放大器被普遍应用在交流放大电路中。

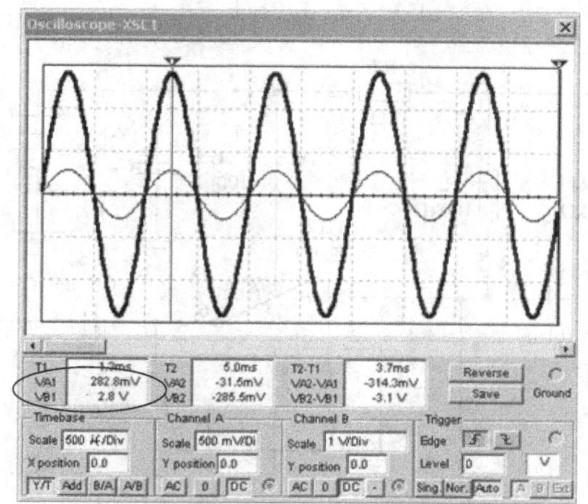

图 7-27　同相放大器的输入输出波形

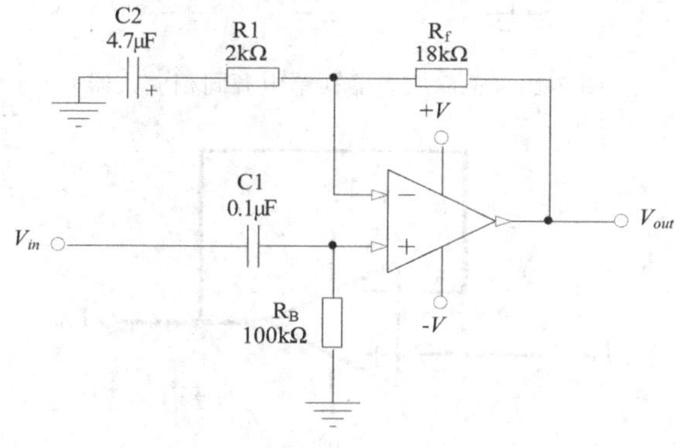

图 7-28　排除掉同相放大器中的直流成分

在实际应用中，一般更倾向于使用单电源向系统供电。如果运放使用单供电（$+V$ 接电源$+V_{CC}$，$-V_{CC}$ 接地），则将丧失对输入信号负半周放大的能力而只对正半周进行放大。为了解决这个问题，可以先把输入信号整体向上平移。如图 7-29 所示的单电源供电的话筒放大器中，电阻 R1 向话筒提供约 0.5mA 的工作电流，电阻 R2、R3 把话筒信号进行偏置，“活生生”地将信号整体向上平移了电源电压的一半（9V/2=4.5V），这样输入运放的信号就全到了正半周，即便此时运放用单电源供电，也可以顺利实现对输入信号的全部放大。

电位器 R5 可改变放大器的电压增益，电容 C4 相当于图 7-28 中的电容 C_2，可改善直流漂移的问题。

2. 跟随器（缓冲器）

跟随器是同相放大器的一种特殊情况，它把输出信号 100%反馈到了反相输入端，如图 7-30 所示。此时可视式（7-1）中的 R_f=0 且 $R1$=∞，则跟随器的电压增益为：

$$A_{v(\text{跟随})}=1$$

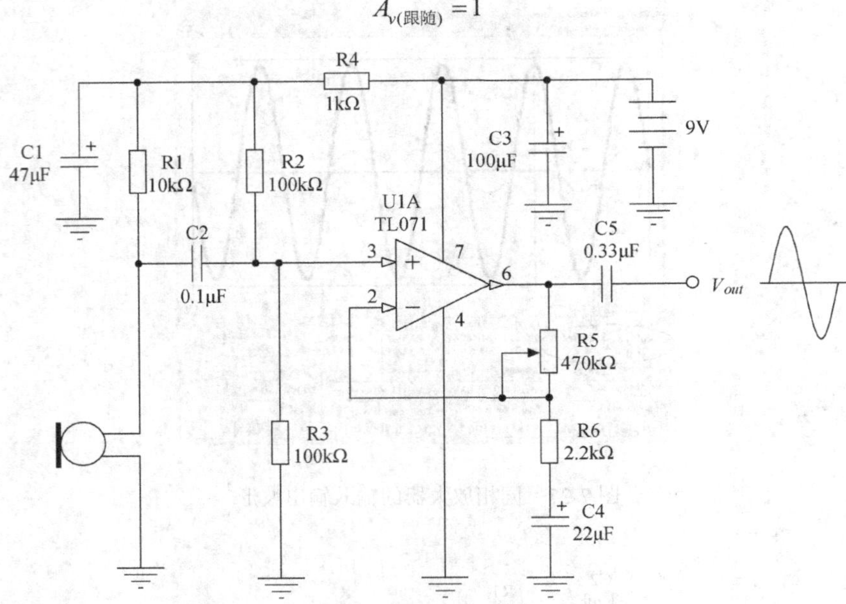

图 7-29　话筒放大器（单电源同相放大器）

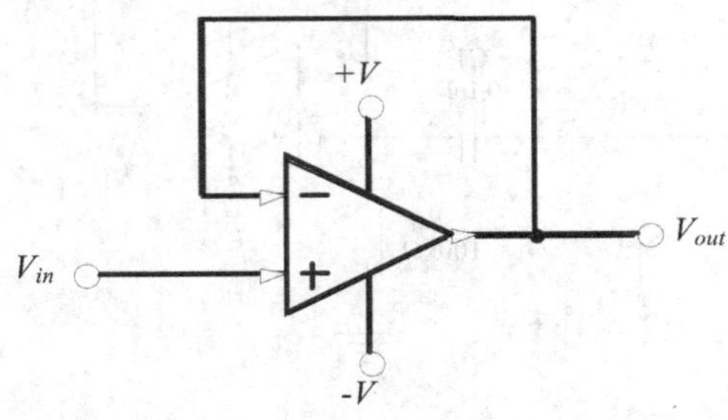

图 7-30　跟随器

所以，跟随器是电压增益为 1 的同相放大器。其输出信号与输入信号同相且幅度相同，也就是说输出信号跟随着输入信号，这就是跟随器名称的由来。既然跟随器不能放大信号，有人开始怀疑它的用途。然而在实际当中，跟随器因其高输入阻抗和低输出阻抗有着非常广泛的应用。

图 7-30 所示跟随器自然可以用普通运放设计而成，只要简单地把输出端与反相输入端连接就可以了。还有一些集成电路，如 LM310、OPA633 等是专业的跟随器，如图 7-31 所示，其内部已经把输出端与反相输入端连接好了，只要供上电，以 In 端（4 管脚）为信号输入端、Out 端（8 管脚）为输出端，就可作为信号的缓冲器来使用。

3. 反相放大器

反相放大器（inverting amplifier）的“反相”二字指的是输出信号与输入信号有 180° 的相差。其典型电路如图 7-32 所示，输入信号 V_{in} 由反相输入端（–）进入运放，输出信号

V_{out} 通过反馈组件（由电阻 R1 和 R_f 构成）反馈到反相输入端（-）。电阻 R1 和 R_f 形成一个分压器，控制有多少输出信号 V_{out} 作为反馈信号 V_f 回到反相输入端。另外，同相输入端（+）接地（实际应用中不直接接地）。

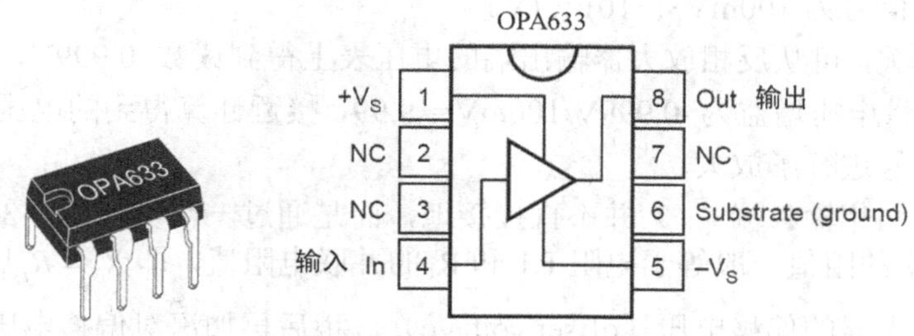

图 7-31　跟随器 OPA633

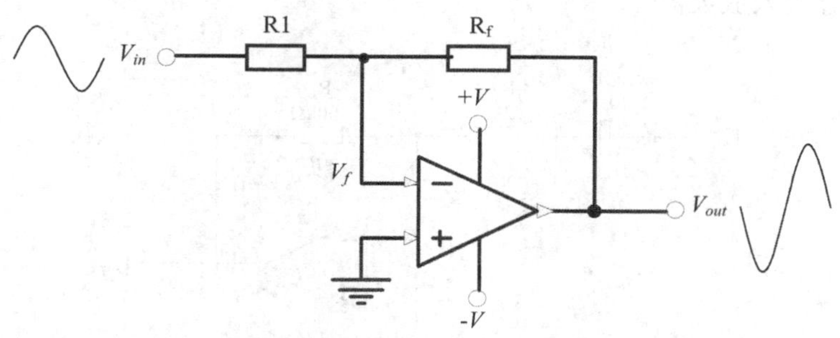

图 7-32　反相放大器

图 7-32 所示的反相放大器的输入阻抗与电阻 R1 的阻值相等，输出阻抗很小，只有零点几 Ω。省略推导过程，得反相放大器的电压增益为：

$$A_{v(反相)} = -\frac{R_f}{R1} \tag{7-2}$$

式（7-2）中的负号表示输出信号与输入信号反相。

【例 7.4】反相放大器（放大直流信号）：在 Multisim 2001 中连接图 7-33 所示的反相放大器，计算放大器的电压增益和输出信号大小并仿真验证。

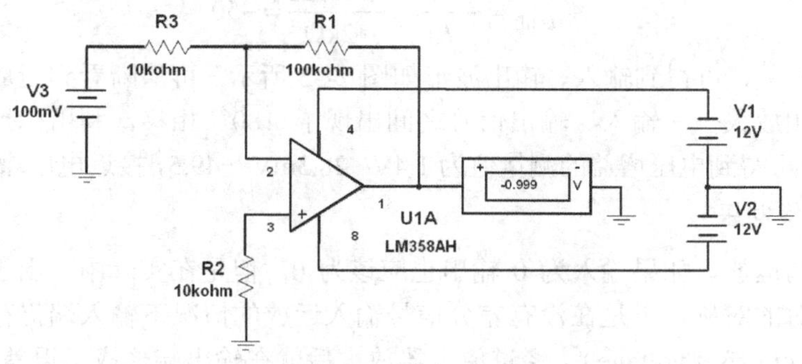

图 7-33　反相放大器（放大直流信号）

根据式（7-2），可得图7-33所示反相放大器的电压增益为：

$$A_{v(反相)} = -\frac{R_f}{R1} = -\frac{R1}{R3} = -\frac{100\text{k}\Omega}{10\text{k}\Omega} = -10$$

于是得输出信号为100mV×(−10)=−1V。

打开仿真开关，可从反相放大器输出端的电压表上得到读数−0.999V，此时输入为直流100mV，所以测量电压增益为−0.999V/100mV=−9.99，接近计算得到的电压增益，说明反相放大器对直流信号进行了放大。

实际当中，同相输入端（+）并不直接接地，而是通过一个类似图7-34所示的电阻 R_B 接地。而电阻 R_B 的阻值一般等于电阻R1和 R_f 的并联电阻值，即 $R_B = R_f \| R1$。这样可以有效地减小反相放大器的偏移电压（offset voltage），稍后再加深对偏移电压的理解。另外，如果只想反相放大器对交流成分放大，可以仿照图7-34添加一个耦合电容C1，以阻止不必要的直流成分进入放大器。

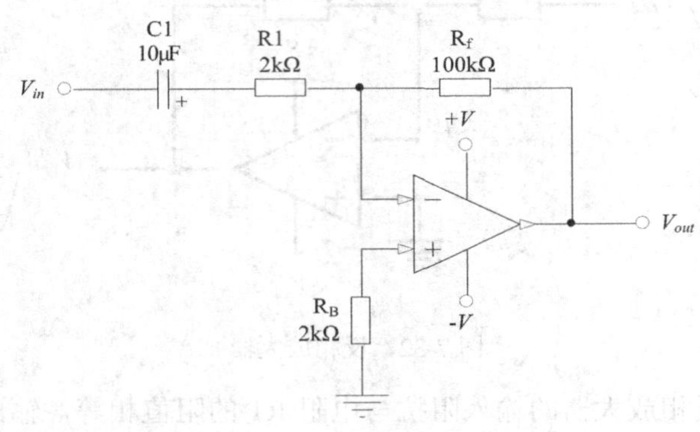

图7-34　反相放大器放大交流信号时

【例7.5】反相放大器（放大交流信号）：在Multisim 2001中连接图7-34所示的反相放大器，向放大器输入20mV、1kHz的正弦信号，计算放大器的电压增益并仿真验证。

根据式（7-2），可得图7-34所示反相放大器的电压增益为：

$$A_{v(反相)} = -\frac{R_f}{R1} = -\frac{100\text{k}\Omega}{2\text{k}\Omega} = -50$$

打开仿真开关，可得到输入、输出波形如图7-35所示，可清晰看到运放把输入信号进行了完美的反相放大——输入、输出信号之间出现了180°相移。利用标尺测量输入、输出信号的峰值，可得到电压增益的测量值为1.4V/−28.3mV=−49.5，接近电压增益的计算结果。

4. 输入补偿电压

一个理想的运放，如果输入为0输出也应该为0。但是在实际中，由于运放内部电路不可能做到绝对的对称，于是在没有差分信号输入运放的情况下输入端仍存在一个输入补偿电压 V_{IO}（input offset voltage），经过放大器放大后就在输出端形成了误差电压 $V_{OUT(error)}$。

$V_{OUT(error)}$的范围在几微伏~几毫伏之间。

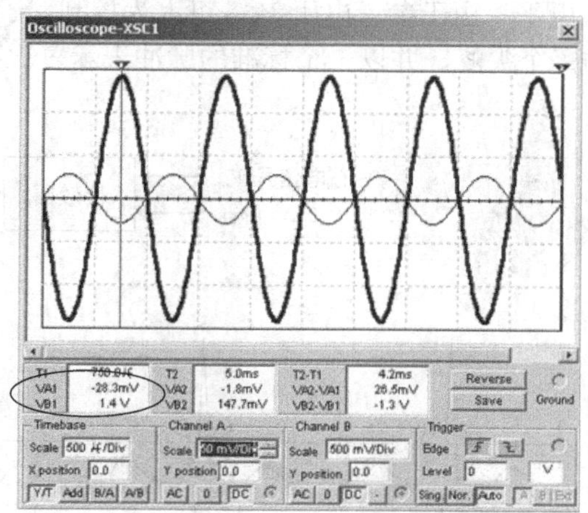

图 7-35 反相放大器的输入输出波形

比如 NE5532 的 V_{IO} 约为 0.5mV（从技术手册中查到，如图 7-16 所示），如果反相放大器电压增益为 50，则 $V_{OUT(error)}$=0.5mV×50=25mV。可见，在没有任何输入信号的情况下，放大器亦有误差电压输出。为了克服这个问题，许多运放集成电路提供了一种补偿输入补偿电压的方法。如图 7-36 所示的运放 LM741，在它的补偿管脚 OFFSET N1 和 OFFSET N2（1、5 管脚）之间添加一个电位器。当 LM741 输入为 0 时（反相、同相输入端均接地），可调节电位器使输出也为 0 从而把 $V_{OUT(error)}$排除掉。

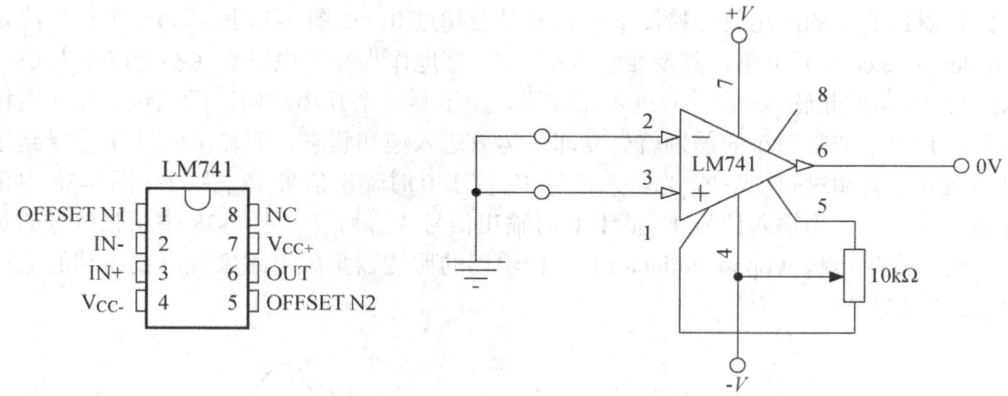

图 7-36 LM741 的补偿管脚

7.2.4 比较器

运放常常被用来构造成比较器对两个信号的电平大小进行比较，一般其中一个信号为电平固定的参考电压，另一个是被比较的信号。当被比较的信号高于参考电压时，比较器输出高电平，否则比较器输出低电平。如图 7-37 所示，心电信号 V_{in} 作为被比较的信号，

与参考电压 V_{REF} 进行比较，当 $V_{in}>V_{REF}$ 时（图中 A-B 段、C-D 段、E-F 段），比较器输出 V_{out} 为高电平，否则为低电平。由于参考电压 V_{REF} 可人为控制，于是可设置 V_{REF} 使比较器检测出心电信号 V_{in} 中的每个尖峰，并以一个标准的脉冲表示每次心跳。

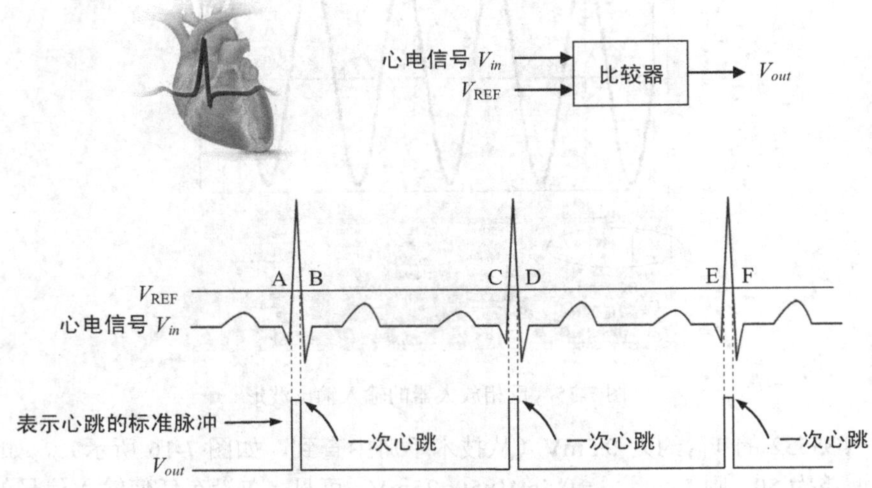

图 7-37　比较器检测心率

接下来便来学习几种常用的比较器电路，并最终学会为类似图 7-37 的具体问题设计适合的比较器。

1. 过零比较器

比较器最简单的应用就是检测一个信号是否超过 0，如图 7-38 所示为一个过零比较器（zero-level detector）电路，其反相输入端（-）接地作为参考电压端（参考电压为 0V），输入信号 V_{in} 从同相输入端（+）进入比较器。由于是一个开环结构，反相输入端和同相输入端之间有一个非常微小的差别就会立即使运放进入饱和状态，而输出信号 V_{out} 受到运放供电的限制不会超过+V 或-V。当输入信号 V_{in} 高于 0 时输出信号 V_{out} 为+V（图 7-38 中正弦信号的正半周），当输入信号 V_{in} 低于 0 时输出信号 V_{out} 为-V（图 7-38 中正弦信号的负半周）。对于开集电极（open collector）结构输出的比较器集成电路来说，输出端的上拉电阻 R_{pullup} 不能省去。

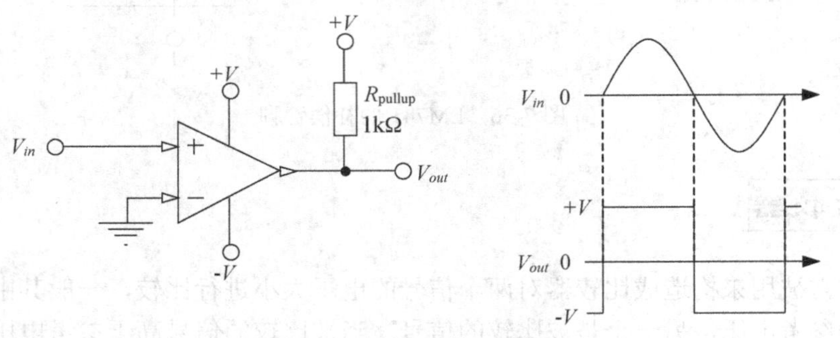

图 7-38　过零比较器

比较器有许多专用集成电路，如 LM306、LM311、LM393 等。接下来通过一个仿真来观察过零比较器的效果。

【例 7.6】过零比较器：在 Multisim 2001 中连接图 7-39 所示的比较器，观察输入、输出波形。

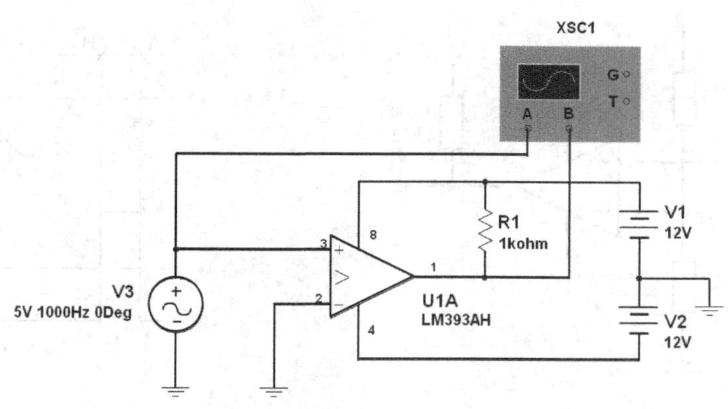

图 7-39　过零比较器

图 7-39 所示的过零比较器使用的是比较器集成电路 LM393，它可在 Multisim 的比较器集合中找到，该集合如图 7-40 所示，其中还有一些常用比较器供仿真使用。打开仿真开关，可得到图 7-41 所示输入、输出波形，很明显，输入信号一旦超过 0V，输出为高电平（+12V），否则为低电平（-12V）。

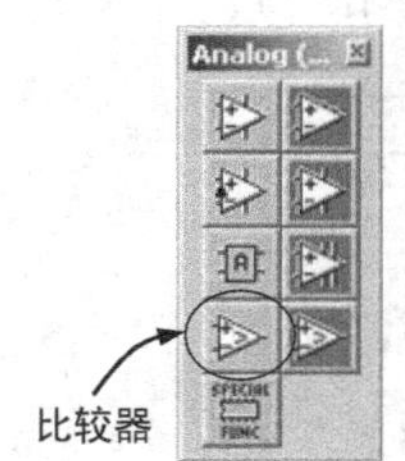

图 7-40　比较器集合

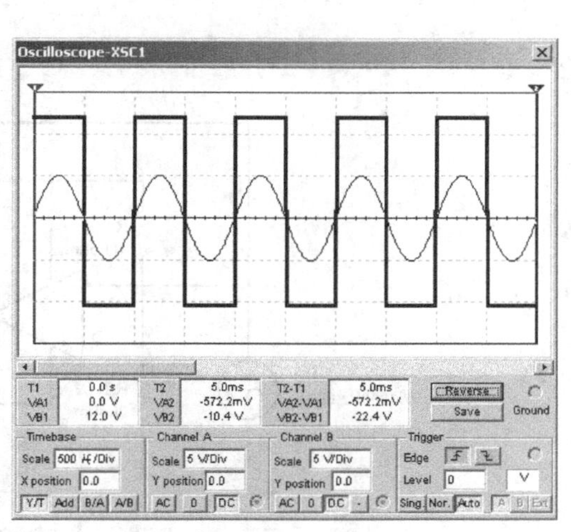

图 7-41　过零比较器输入、输出波形

2. 非过零比较器

对过零比较器稍做一下“手脚”，就成了非过零比较器（nonzero-level detector），如图 7-42 所示，此刻反相输入端的电平控制在一个由 R1、R2 构成的分压器手里，通过改变电阻 R1、R2 的比值就可以控制参考电压 V_{REF}，计算式为：

$$V_{\mathrm{REF}} = \frac{R2}{R1+R2}(+V) \tag{7-3}$$

这样，当输入信号 V_{in}>参考电压 V_{REF} 时，比较器输出 V_{out} 为高电平（图 7-42 的 A-B 段），否则为低电平（图 7-42 的 B-C 段）。

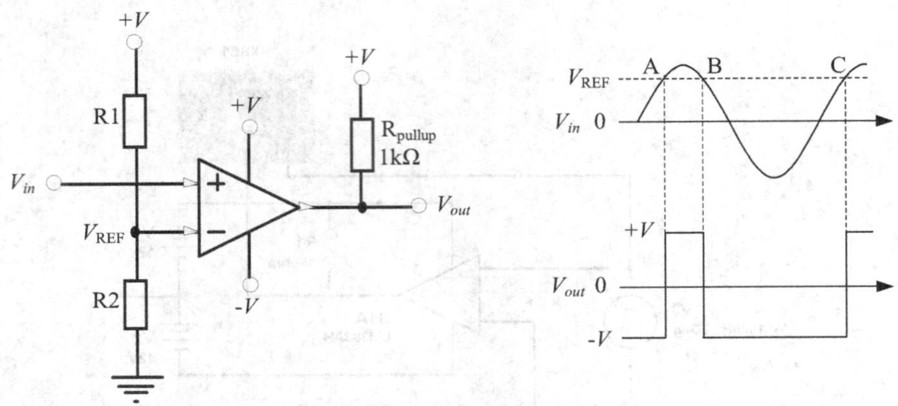

图 7-42　非过零比较器

【例 7.7】非过零比较器：在 Multisim 2001 中连接图 7-43 所示的比较器，计算当输入信号超过多少时比较器跳变，利用仿真验证计算结果。

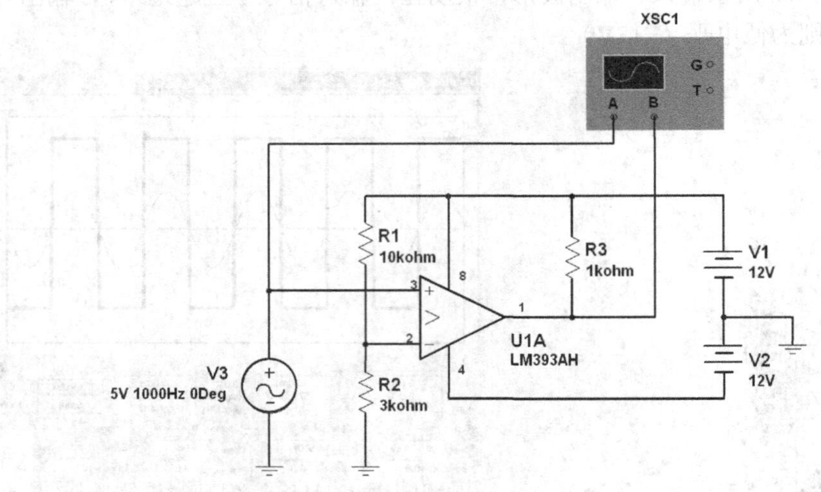

图 7-43　非过零比较器

根据式（7-3）可得图 7-43 所示的非过零比较器参考电压为：

$$V_{\mathrm{REF}} = \frac{R2}{R1+R2}(+V) = \frac{3\mathrm{k}\Omega}{10\mathrm{k}\Omega+3\mathrm{k}\Omega}(+12\mathrm{V}) = 2.8\mathrm{V}$$

于是，当输入信号超过约 2.8V 时，比较器跳变为高电平。打开仿真开关，可得输入、输出波形如图 7-44 所示，如果用标尺测量比较器的跳变点，就会发现跳变处输入信号的电

平与计算结果是相同的。

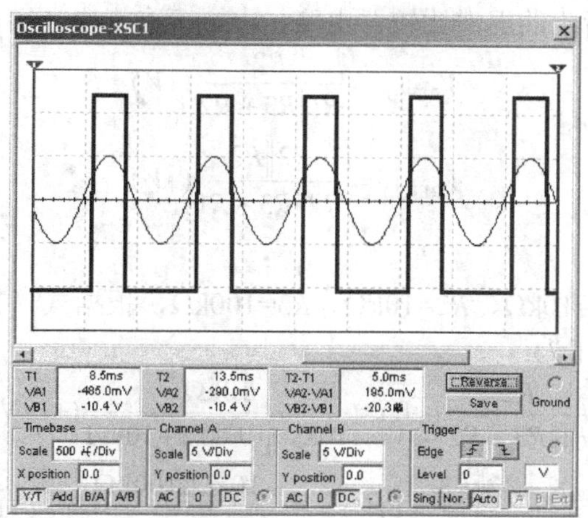

图 7-44　非过零比较器输入/输出波形

3. 迟滞比较器（施密特触发器）

考虑图 7-45（a）所示的某输入信号 V_{in}，由于噪音等原因该信号在变化过程中出现了许多小范围的波动。如果利用非过零比较器检测的话，输入信号 V_{in} 在接近参考电压（假设参考电压为+6.28V）时会出现频繁的跳变（图中 A-B 段）。这种频繁的跳变往往对后续电路不利。因此常常利用图 7-45（b）所示的迟滞比较器（hysteresis comparator）来应付这种信号。

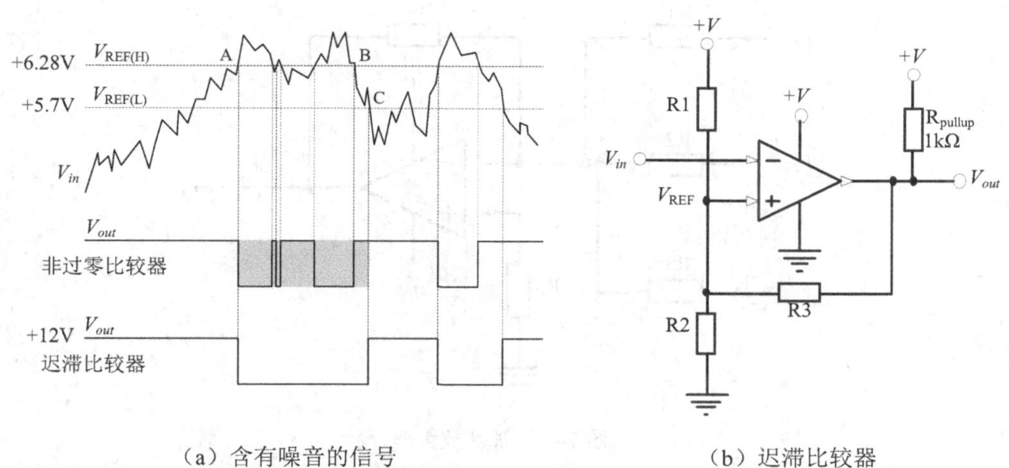

（a）含有噪音的信号　　（b）迟滞比较器

图 7-45　迟滞比较器

如果用迟滞比较器处理图 7-45（a）所示的输入信号 V_{in}，当 V_{in} 上升超过上参考电压 $V_{REF(H)}$ 时，迟滞比较器跳变（A 点）；当 V_{in} 下降小于下参考电压 $V_{REF(L)}$ 时，迟滞比较器才再次跳变（C 点）。可见，迟滞比较器对输入信号上升段和下降段的跳变时机不相同：当输入信号上升时，超过 $V_{REF(H)}$ 之后迟滞比较器跳变；当输入信号下降时，小于 $V_{REF(L)}$

之后迟滞比较器跳变。

对于图 7-45（b）所示的迟滞比较器电路，上、下参考电压可由以下两个公式确定：

$$V_{\mathrm{REF(H)}}=\frac{R2}{R1\|R3+R2}(+V) \tag{7-4}$$

$$V_{\mathrm{REF(L)}}=\frac{R2\|R3}{R2\|R3+R1}(+V) \tag{7-5}$$

假设$+V$=+12V、$R1$=10kΩ、$R2$=10kΩ、$R3$=100kΩ，根据式（7-4）、（7-5）可得迟滞比较器的上、下参考电压为：

$$V_{\mathrm{REF(H)}}=\frac{R2}{R1\|R3+R2}(+V)=\frac{10\mathrm{k\Omega}}{10\mathrm{k\Omega}\|100\mathrm{k\Omega}+10\mathrm{k\Omega}}(+12\mathrm{V})=6.28\mathrm{V}$$

$$V_{\mathrm{REF(L)}}=\frac{R2\|R3}{R2\|R3+R1}(+V)=\frac{10\mathrm{k\Omega}\|100\mathrm{k\Omega}}{10\mathrm{k\Omega}\|100\mathrm{k\Omega}+10\mathrm{k\Omega}}(+12\mathrm{V})=5.7\mathrm{V}$$

7.2.5 加法放大器

如果把反相放大器连接多个输入，就成了一个加法放大器（summing amplifier）。如图 7-46 所示，它可把多个输入信号进行算术相加后取反，用公式来表达为：

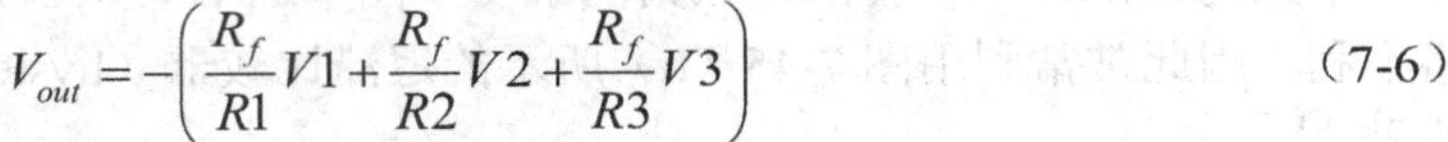

$$V_{out}=-\left(\frac{R_f}{R1}V1+\frac{R_f}{R2}V2+\frac{R_f}{R3}V3\right) \tag{7-6}$$

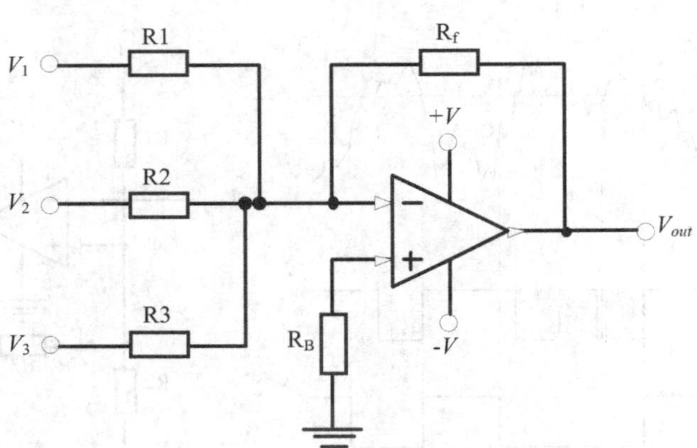

图 7-46　加法放大器

根据式（7-6）可知如果 R_f 比任意一个输入电阻（R1、R2、R3）大，则 3 个输入信号进行放大相加。如果 $R1=R2=R3=R$，则 3 个输入信号进行等增益放大，式（7-6）可化简为：

$$V_{out}=-\frac{R_f}{R}(V1+V2+V3) \tag{7-7}$$

又如果 $R1=R2=R3=R_f$，则加法放大器电压增益为 1，3 个输入信号进行算术相加并取反，式（7-7）可化简为：

$$V_{out} = -(V1 + V2 + V3) \tag{7-8}$$

有时候需要对 n 个输入信号做求算术平均值运算，此时可令 $R1=R2=R3=R$，且满足：

$$\frac{R_f}{R} = \frac{1}{n} \tag{7-9}$$

则图 7-46 所示的加法放大器变成了一个平均放大器。

【例 7.8】加法放大器（对直流信号相加）：在 Multisim 2001 中连接图 7-47 所示的加法放大器，计算输出信号大小，利用仿真验证计算结果。

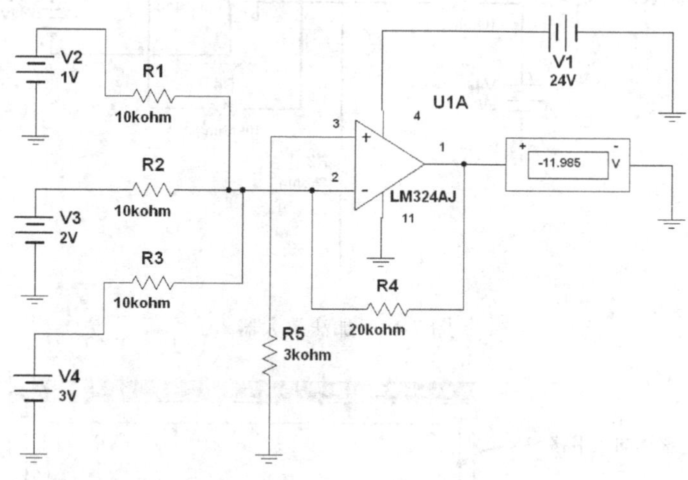

图 7-47　加法放大器

图 7-47 中使用的是普通的运放，型号为 LM324。3 个输入电阻 $R1=R2=R3=10\text{k}\Omega$，反馈电阻 $R4=20\text{k}\Omega$。3 个输入信号都是直流电压信号，电压分别为 1V、2V、3V。根据式（7-7）可得加法放大器的输出为：

$$V_{out} = -\frac{R_f}{R}(V1 + V2 + V3) = -\frac{20\text{k}\Omega}{10\text{k}\Omega}(1\text{V}+2\text{V}+3\text{V}) = -12\text{V}$$

打开仿真开关后，可从加法放大器输出端的电压表得到读数−11.985V，这与计算结果非常接近。

【例 7.9】加法放大器：在 Multisim 2001 中连接图 7-48 所示的加法放大器，估计一下输出波形并用仿真验证。

图 7-48 所示的加法放大器只有两个输入信号 V3 和 V4，一个是 5V（峰值）、1kHz 的正弦信号，另一个是 5V 的直流电压信号。由于 R1=R2=R4，说明加法放大器电压增益为 1。根据式（7-8）知道正弦信号将与直流电压信号相加，则正弦信号整体向上平移 5V，然后再取反，相当于正弦信号以水平轴作了一个镜像。打开仿真开关，从示波器观察窗口中观察到图 7-49 所示的波形。

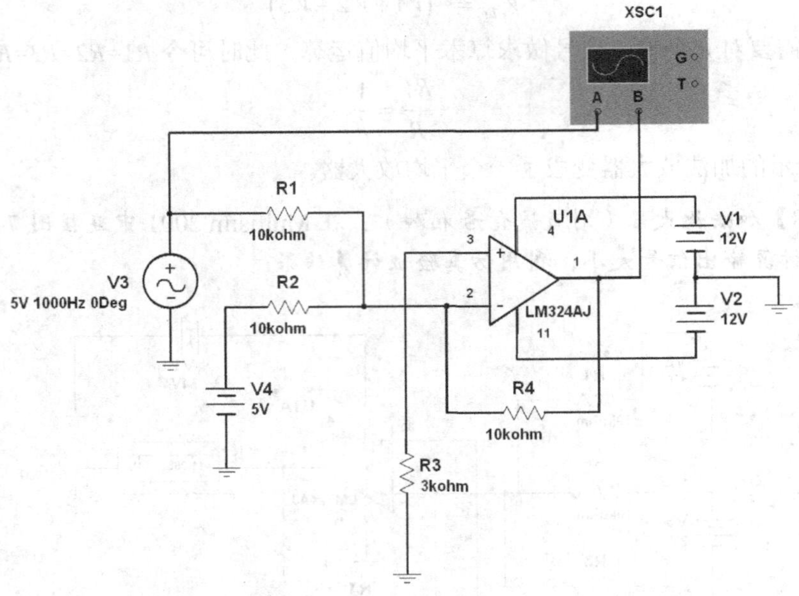

图 7-48　加法放大器

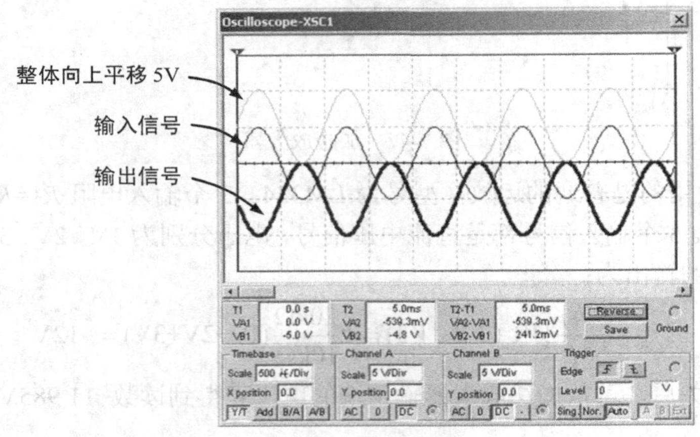

图 7-49　加法放大器输入、输出波形

【例 7.10】平均放大器：假设有 3 个正弦波输入信号，频率相同均为 1kHz，峰值分别为 2V、4V、5.5V，请设计一个电路求这 3 个输入信号的平均值，并用 Multisim 2001 仿真观察结果。

需要求 3 个输入信号的平均值，假设 $R_1=R_2=R_3=R=30\text{k}\Omega$，根据式（7-9）得：

$$\frac{R_f}{30\text{k}\Omega}=\frac{1}{3}$$

于是得反馈电阻 $R_f=10\text{k}\Omega$。所以可设计平均放大器的仿真电路如图 7-50 所示。

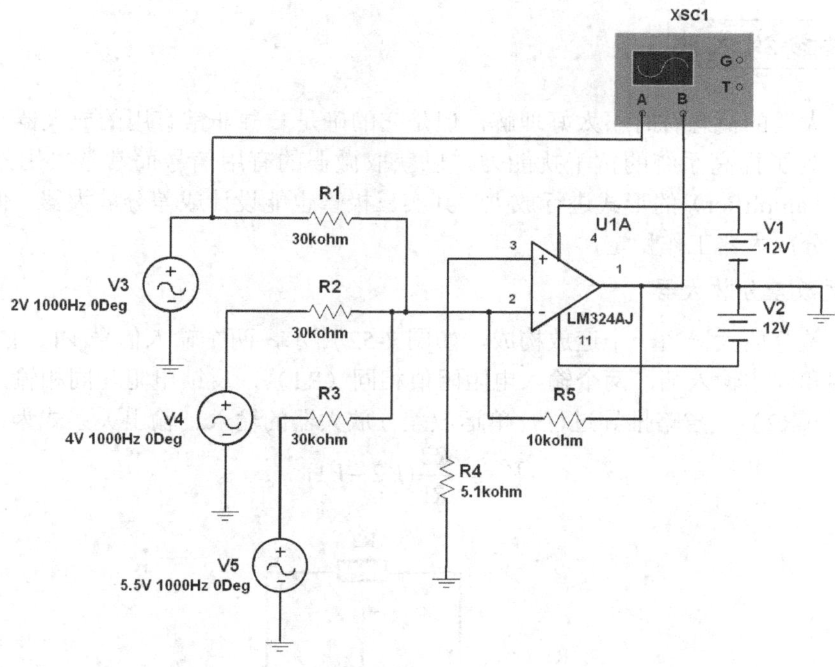

图 7-50 平均放大器

打开仿真开关，可得到平均放大器对 3 个输入信号求平均值的输出结果，如图 7-51 所示，3 个输入信号的峰值平均值为(2V+4V+5.5V)/3=3.8V，由于平均放大器起源于反向加法放大器，所以还要对结果取反，于是就得到图中所示的峰值为 3.8V 且具有 180° 相差的输出信号。

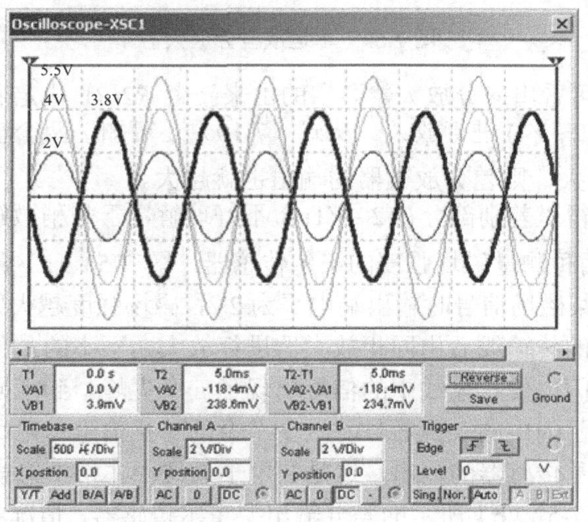

图 7-51 求平均值的输出结果

7.2.6 差分放大器

差分放大器的概念有时不太好理解，但是它的确是一种非常有用的放大器。在许多工程应用中，为了提高系统的抗干扰能力，以获取微弱的有用信号而常常采用差分放大器（differential amplifier）的形式进行放大。其实三极管也能设计成差分放大器，但它不如运放构成的差分放大器工作稳定。

1. 单运放差分放大器

单运放差分放大器由一个运放构成，如图 7-52 所示，两个输入信号 $V1$、$V2$ 分别输入反相输入端和同相输入端，两个输入电阻阻值相同（R1），反馈电阻与同相输入端接地电阻阻值相同（R2）。省略推导过程，单运放差分放大器的输入、输出关系式为：

$$V_{out}=\frac{R2}{R1}(V2-V1) \tag{7-10}$$

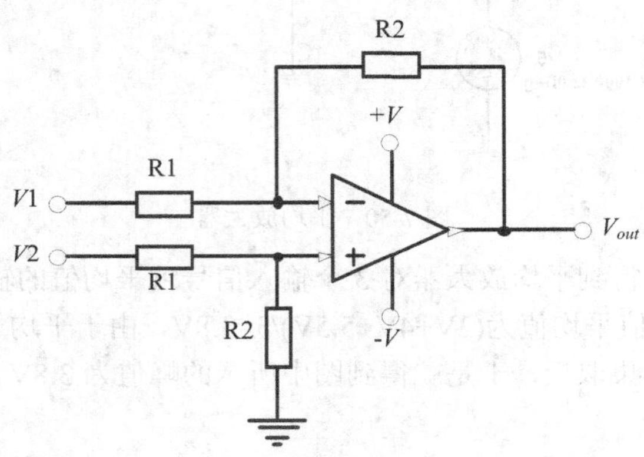

图 7-52 单运放差分放大器

从式（7-10）中可看出差分放大器名字的由来：由 $R2/R1$ 决定着电压增益，把两个输入信号的差别部分 $(V2-V1)$ 进行放大。从式（7-10）还可知，两个输入信号差别越大、或者 $R2$ 与 $R1$ 的比值越大，则差分放大器的输出也就越大。

可能有的朋友觉得“差别部分 $(V2-V1)$”不好理解，于是稍微解释一下这个问题。假设有图 7-53 所示的两种测量磁场强度的霍尔传感器，图 7-53（a）所示为非差分输出型传感器，假设当检测到某磁场信号时输出端电平为 2V，磁场强度越大则输出端电平越高。输出信号经过一段较长的传输线后由同相放大器进行放大。不幸的是传输线在半路上经历了一个雷雨天气，一次闪电使传输线中的信号出现了一个尖峰。到了同相放大器时，传感器的输出信号已经携带了闪电的干扰信号，这个多余的干扰信号与磁场信号一起被放大。此时输出信号已经失真于传感器的输出，这是在电子系统中非常不愿意看到的。

如果使用的是图 7-52（b）所示的差分输出型霍尔传感器，情况将得到极大的改善：差分型传感器一般有正、负两个输出端，这两个输出端之间的信号之差才代表所测磁场的强度，假设检测到某磁场信号时正、负两个输出端信号之差为 2V，磁场强度越大则两个输出

端信号之差越大。在传输过程中同样遇到了一次闪电，使正、负两个传输线同时出现了尖峰（共模干扰）。到了差分放大器时，根据式（7-10），两个信号要进行相减，这样一来，正好把代表磁场强度的差分信号运算出来，而把两个传输线中同时出现的尖峰给减掉了。这一石二鸟之法在放大传感器信号的同时排除了任何可能的共模干扰。

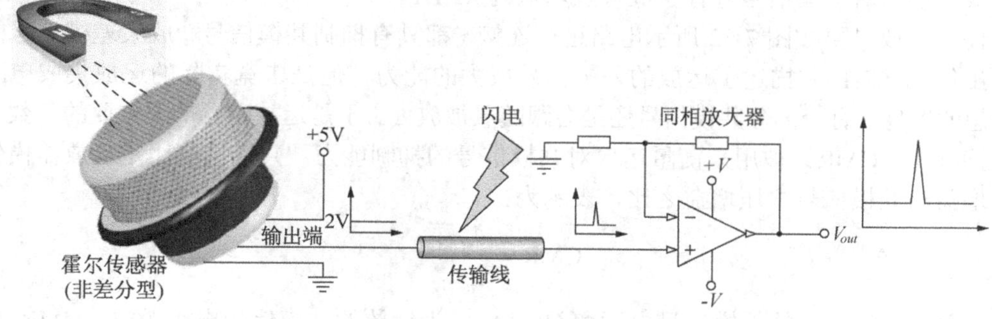

（a）非差分输出型霍尔传感器

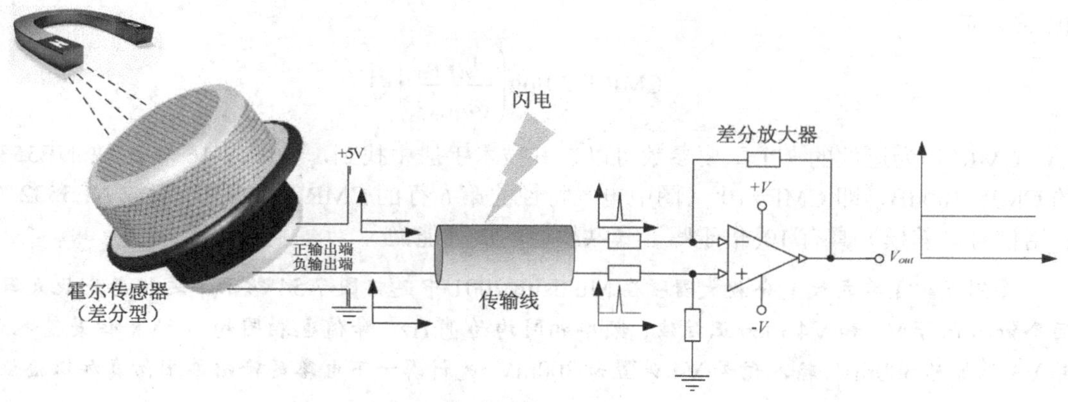

（b）差分输出型霍尔传感器

图 7-53　差分输出的优点

图 7-53（b）所示的利用差分型传感器与差分放大器进行信号采集的方法在实际当中应用广泛。由于传感器的正、负输出端在传输过程中遭遇的噪音干扰几乎是完全相同的（因为两根传输线双绞在一起），所以到了差分放大器时不管在两个输入端有什么噪音信号都可以相减而抵消。可见差分放大器对于噪音的抑制有卓越的表现。

如果用公式来说明，可以假设图 7-53（b）所示的差分型传感器正输出端的信号为 V_+，负输出端的信号为 V_-，则代表磁场强度的信号为（V_+-V_-）。这两个信号经过传输后因为混入了相同的干扰信号，到达差分放大器输入端时：

$$V2 = V_+ + V_n$$

$$V1 = V_- + V_n$$

其中，V_n 代表相同的干扰信号，在电子学中又把这种“混在”差分信号中幅度、相位相同的信号称为共模信号。同时把代表有用信号的 V_+ 和 V_-，称为差模信号。把以上两个表达式代入式（7-10）就会得到：

$$V_{out}=\frac{R2}{R1}(V2-V1)=\frac{R2}{R1}\left[(V_{+}+V_{n})-(V_{-}+V_{n})\right]=\frac{R2}{R1}(V_{+}-V_{-})$$

共模信号 V_n 被抵消了，差分放大器实际上只对代表磁场强度的信号（$V_{+}-V_{-}$）进行了放大，或者说只对差模信号进行了放大且增益为 $R2/R1$。

任何运放只要按图 7-52 所示电路进行连接，都具有抑制共模信号、放大差模信号的能力。虽然式（7-10）描述了运放的差模信号放大的能力，但是毕竟实际的运放集成电路不是理想的器件，有一部分共模信号还是会跟随着被放大。于是运放中有一个重要的参数——共模抑制比（CMR）被用来衡量运放对共模信号的抑制能力。共模抑制比是运放差模信号电压增益与共模信号电压增益之比，表示为：

$$\text{CMR}=\frac{A_{v(差模)}}{A_{(共模)}}$$

其中，$A_{v(差模)}$ 为运放的差模信号电压增益，$A_{(共模)}$ 为运放的共模信号电压增益。CMR 越高运放的质量越好，其抑制共模信号的能力越大，对差模信号放大能力越强。CMR 经常用 dB 来表示：

$$\text{CMR}=20\log\left(\frac{A_{v(差模)}}{A_{(共模)}}\right)$$

CMR 作为运放的一个重要参数可以在其技术手册中找到，如图 7-16 中运放 NE5532 的 CMR=100dB，即 CMR=10^5（图中电气特性的第 6 行的 CMRR），说明运放 NE5532 对有用信号（差模）具有 10^5 倍于噪音（共模）的放大能力。

【例 7.11】单运放差分放大器：在 Multisim 2001 中连接图 7-54 所示单运放差分放大器，两个输入信号 V3 和 V4 均为正弦波，频率相同均为 1kHz，峰值也相同均为 5V。但是输入信号 V3 偏置为 500mV，输入信号 V4 偏置为 300mV。先计算一下电路的输出再用仿真加以验证。

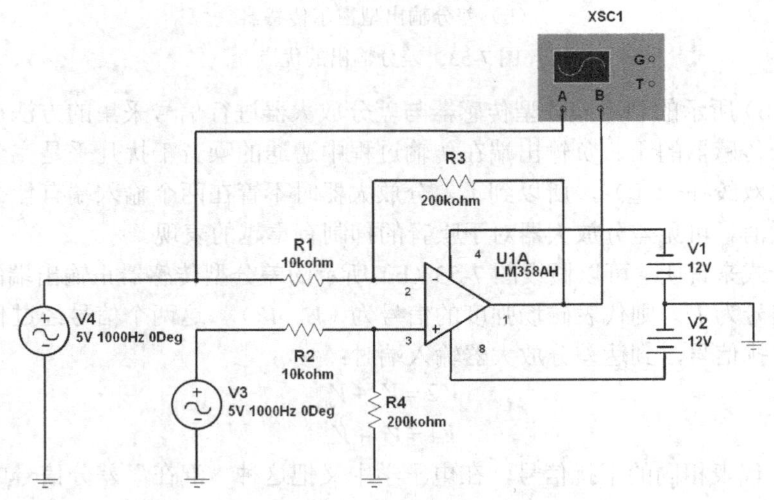

图 7-54　单运放差分放大器

由于两个输入信号都为频率 1kHz、峰值 5V 的正弦信号，只是偏置不同，分别为 500mV 和 300mV。所以可认为正弦信号为共模部分而偏置为差模部分。经过差分放大器后，共模部分相减而消，而差模部分相减后放大，于是根据式（7-10）得：

$$V_{out} = \frac{R3}{R1}(V3 - V4) = \frac{200\text{k}\Omega}{10\text{k}\Omega}(500\text{mV} - 300\text{mV}) = 4\text{V}$$

即两个输入信号经过差分放大器后输出一个 4V 的直流信号。仿真结果如图 7-55 所示。

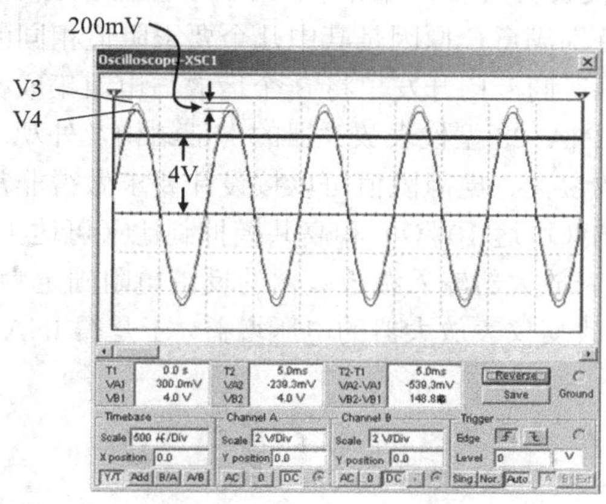

图 7-55　差分放大器仿真结果

2. 仪表放大器

仪表放大器（instrumentation amplifier）也是一种差分放大器，可对两个输入信号的差模部分进行放大而抑制共模部分。和单运放差分放大器一样，它主要用来对微弱的并包含有较强共模噪音的信号进行放大。它的最大特点是输入阻抗非常高、共模抑制比非常高、输出阻抗低等。

一般的仪表放大器都由 3 个运放构成，如图 7-56 所示，运放 A_1 和 A_2 构成两个同相放大器提供高输入阻抗和电压增益。运放 A_3 则为一个增益为 1 的差分放大器。

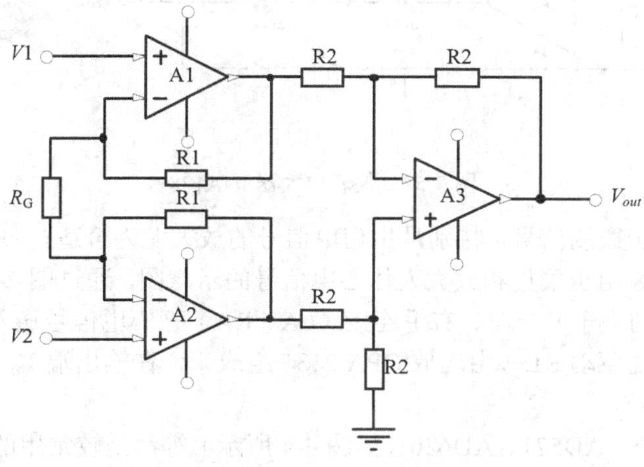

图 7-56　3 运放构成的仪表放大器

仪表放大器的电压增益由一个外接电阻 R_G 来决定，省去推导过程得输入、输出关系式为：

$$V_{out}=\left(1+\frac{2R1}{R_G}\right)(V2-V1) \tag{7-11}$$

从公式中同样发现仪表放大器可以抑制两输入信号中的共模部分而放大差模部分。

对于图 7-56 所示的仪表放大器，当然可以用 3 个普通运放与一些电阻来构造，但这样的共模抑制比不会令人特别满意，原因是其中几个要求阻值相同的电阻很难保证做到严格相等。所以许多集成电路厂商专门开发了将 3 个运放与电阻集成在一起的仪表放大器集成电路，如图 7-57 所示为 INA128 型仪表放大器的内部结构及外观。有了先进制造工艺的保障，仪表放大器中的运放参数、电阻阻值可以按设计要求做得非常精确，从而有力保证了仪表放大器的高输入阻抗（可达 $10^{10}\Omega$）和高共模抑制比（可达 130dB）。

由于图 7-57 所示仪表放大器输入级放大器的反馈电阻固定为 25kΩ，控制电压增益的电阻 R_G 以外接的形式来改变仪表放大器的电压增益，于是得 INA128 仪表放大器的电压增益计算式为：

$$A_v=1+\frac{50\text{k}\Omega}{R_G}$$

可见，只要选取不同的 R_G 阻值，就可以方便地设定仪表放大器的电压增益。

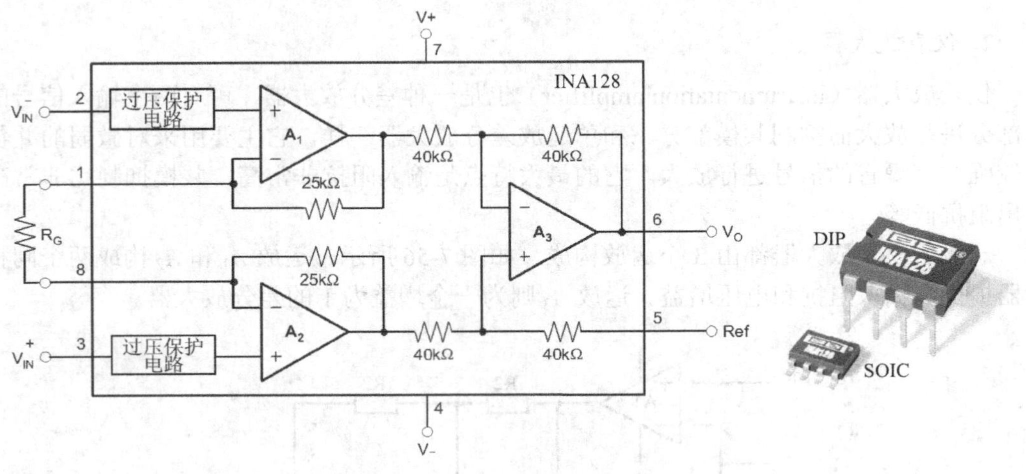

图 7-57　仪表放大器 INA128

仪表放大器用于微弱信号，特别是生理电信号的放大尤为合适。如图 7-58（a）所示为仪表放大器 INA 128 用于采集和放大人体心电信号的示意图，通过图 7-58（b）所示的心电手腕电极（带导体的夹子）与左、右手连接（LA、RA）把心电信号送入 INA128 中进行差分放大，连接上右腿驱动 RL（由运放 OPA 2131 组成），在输出端 V_{out} 就可以用示波器观察到人体的心电信号。

除了 INA128 外，AD521、AD620（如图 4-4 所示）等都是较常用的仪表放大器，同样可以完成类似图 7-58 所示的微弱信号放大任务。

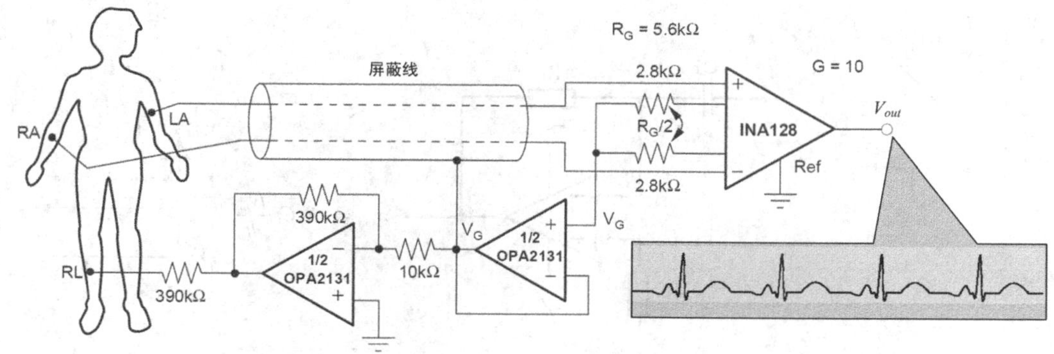

（a）心电信号放大器电路

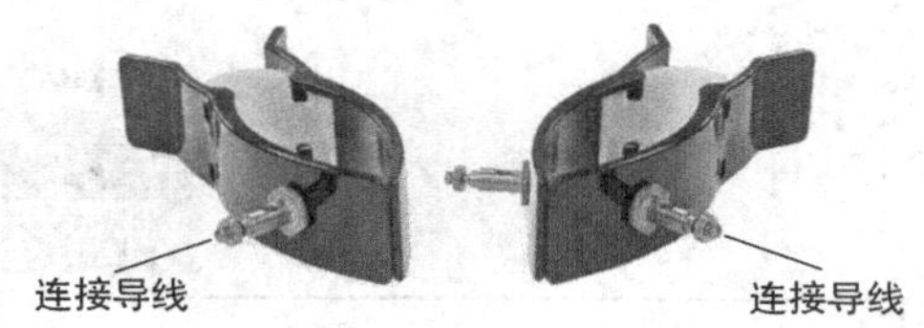

（b）心电手腕电极

图 7-58　心电信号放大器

7.2.7　有源微分器和积分器

在 6.1.3 节学习过微分器和积分器，那时的微分器和积分器很简单，只由一个电阻和一个电容组成。由于微分器或积分器输出部分没有运放的封闭，其 τ（RC 时间常数）值易受后续电路输入阻抗的影响变得不够稳定。本节将要讨论的微分器和积分器加上了运放，使运算效果更为理想。因运放的加入而被称为有源微分器和有源积分器。

1. 有源微分器

有源微分器（active differentiator）在某一时刻的输出与该时刻输入信号的变化率在数值上相等。图 7-59 所示为一个有源微分器的典型电路，信号经由电容 C1 进入运放，R_f 为反馈电阻。假如输入一个斜率为 V_E 的信号（每秒输入信号的幅度增加 V_E），由于信号的变化率恒定，则可在有源微分器的输出端得到一个大小为 $-V_E$ 的直流信号。

【例 7.12】有源微分器：在 Multisim 2001 中连接图 7-60 所示有源微分器，输入信号由信号发生器 XFG1 产生，为一个峰值为 5V、频率为 1kHz 的三角波。仿真观察输入、输出波形。

打开仿真开关，得到图 7-61 所示的波形，输入信号三角波在半个周期内斜率固定（变化率一定），所以经过有源微分器后，得到一个代表斜率的电平，并且输出信号电平的符号每过半个周期取反。

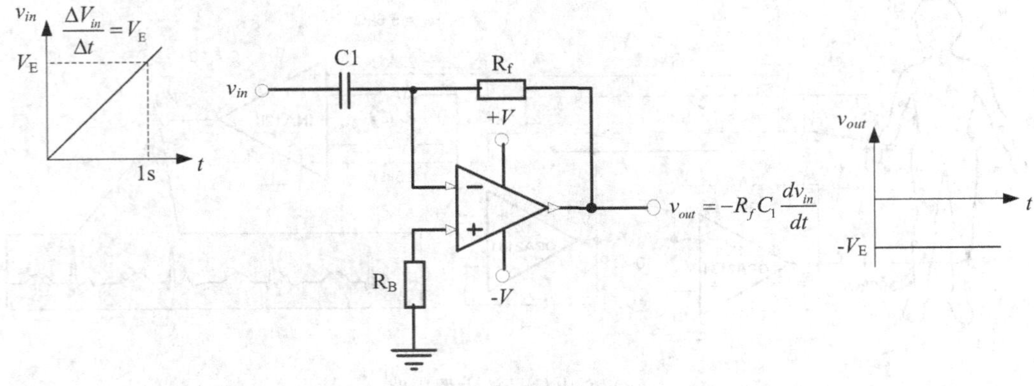

图 7-59　有源微分器

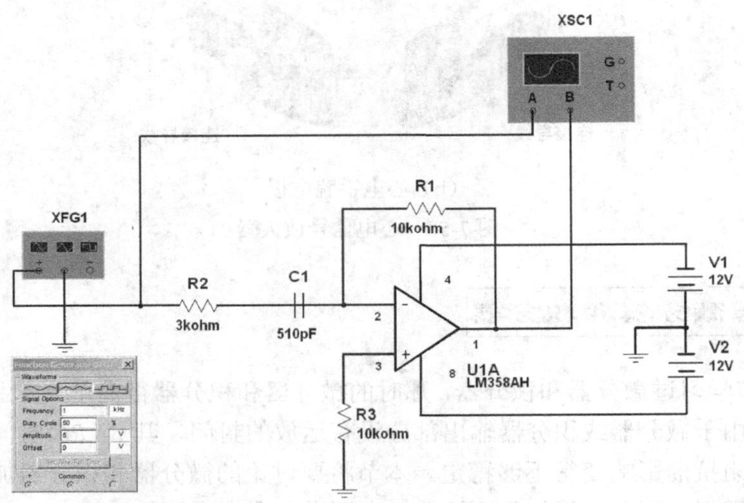

图 7-60　有源微分器

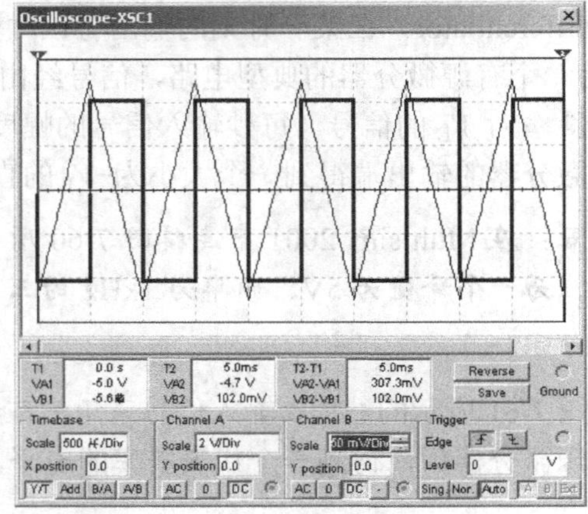

图 7-61　有源微分器仿真结果

2. 有源积分器

有源积分器（active integrator）在某一时刻的输出为之前输入信号的总面积。图 7-62 所示为一个有源积分器的典型电路，信号经由电阻 R_1 进入运放。假如输入一个幅度 V_E 的方波信号，随着时间（t）的推移，输入信号 V_E 下的面积越来越大，在 t_E 时刻，面积为 $V_E \times t_E$。由于 V_E 恒定，时间越长，面积越大，于是输出端的信号在不断负向增加。

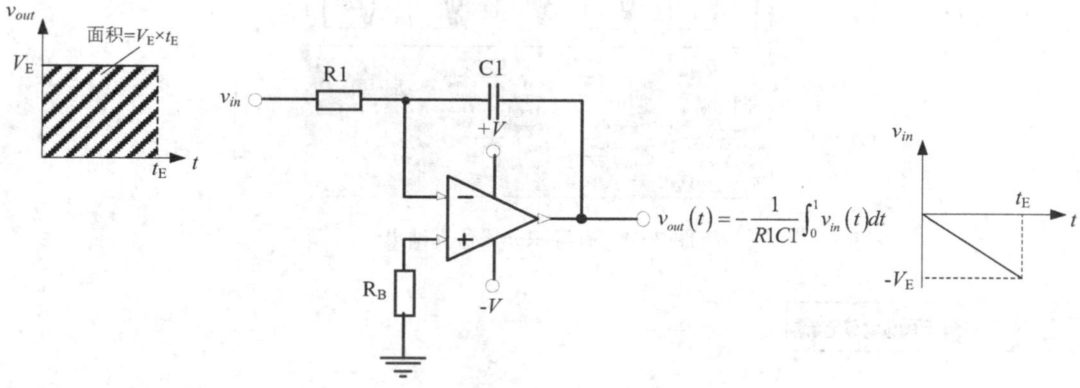

图 7-62　有源积分器

【例 7.13】有源积分器：在 Multisim 2001 中连接图 7-63 所示有源积分器，输入信号由信号发生器 XFG1 产生，为一个峰值为 5V、频率为 1kHz 的方波。仿真观察输入、输出波形。

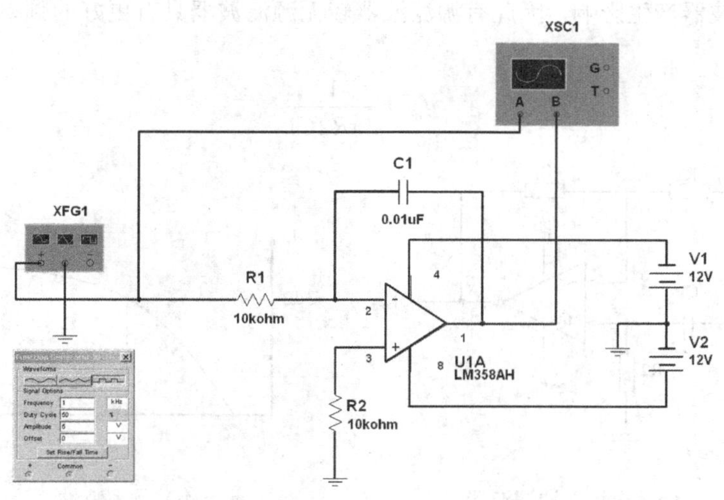

图 7-63　有源积分器

打开仿真开关，得到图 7-64 所示波形，输入信号在持续高电平或低电平的过程中，其面积不断累积增大或减小，经过有源微分器后，得到一个代表面积变化的三角波信号。

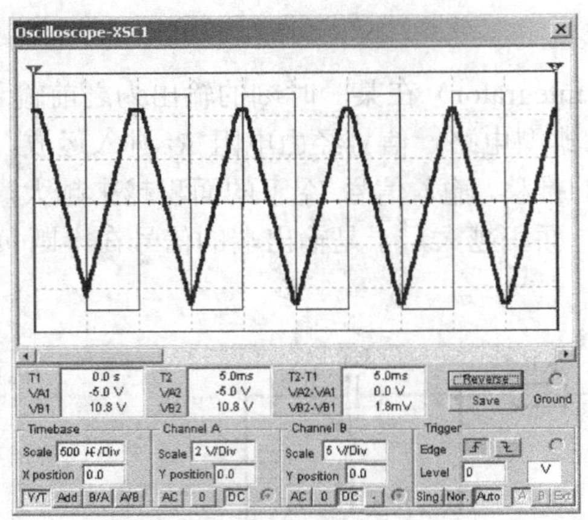

图 7-64　有源积分器仿真结果

7.2.8　有源滤波器

6.1.4 节介绍了由 RC 电路构成的无源滤波器，现在来看看在实际应用当中广泛使用的有源滤波器（active filter）。之所以称之为有源，是因为滤波器中包含了运放。

1. 有源高通滤波器

在无源高通滤波器（如图 6-28 所示）之后增加一个同相放大器便构成了一个有源高通滤波器（active HPF），如图 7-65（a）所示，由于有了运放的封闭，后续电路的输入阻抗不会对高通滤波器产生影响，因此有源滤波器较无源滤波器具有更好的频率特性。其截止频率 f_c 为：

$$f_c = \frac{1}{2\pi R2C1} \tag{7-12}$$

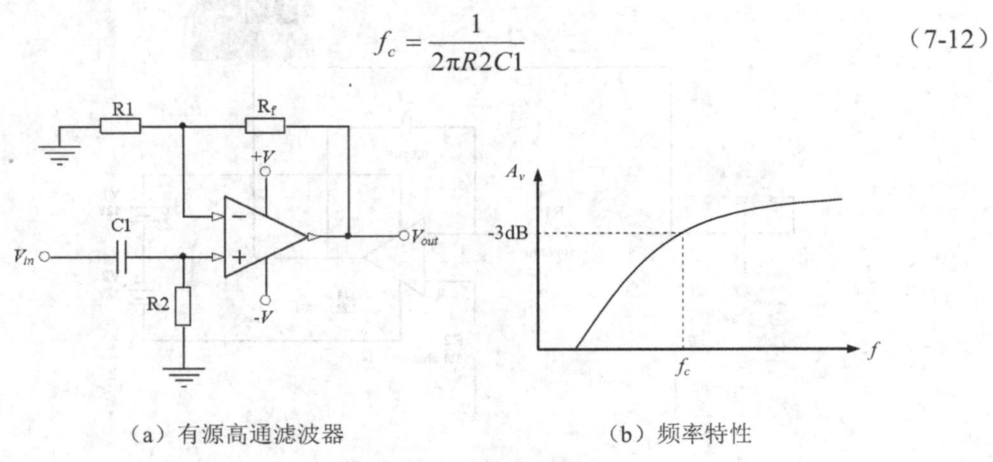

（a）有源高通滤波器　　（b）频率特性

图 7-65　有源高通滤波器

图 7-65（a）所示的有源高通滤波器由一个电 0 容 C1 和一个电阻 R2 完成滤波功能，一般称这种由一个电容和一个电阻构成的滤波器为一阶滤波器。而由两个电容和两个电阻构成的滤波器被称为二阶滤波器，如图 7-66（a）所示，其截止频率 f_c 为：

$$f_c = \frac{1}{2\pi\sqrt{C1C2R2R3}} \tag{7-13}$$

为了简化起见，常常使二阶滤波器中的 $C1 = C2 = C$， $R2 = R3 = R$ 。于是式（7-13）可化简成：

$$f_c = \frac{1}{2\pi RC} \tag{7-14}$$

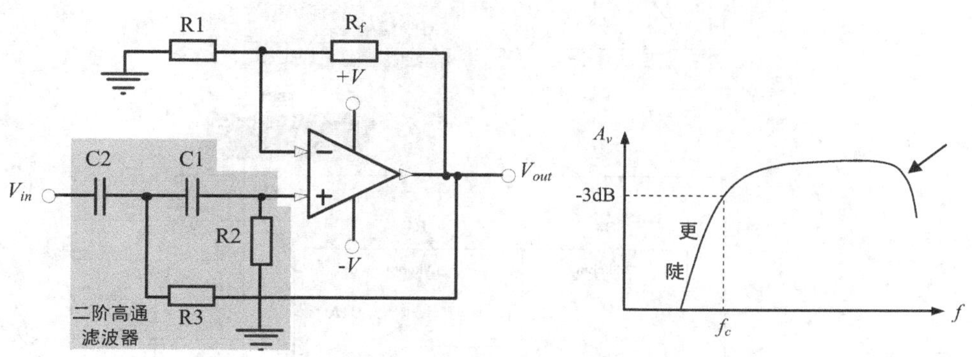

（a）二阶有源高通滤波器　　　（b）频率特性

图 7-66　二阶有源高通滤波器

比较图 7-66（b）和图 7-65（b），二阶高通滤波器的频率特性曲线在 f_c 附近更陡，说明二阶滤波器具有更好的频率响应。理论上说，高于截止频率的信号都可以通过高通滤波器，但实际上由于运放自身带宽限制，当输入信号的频率增高到一定程度后，随即出现衰减，如图 7-66（b）中箭头所示。

为了达到适当的阻尼因数，对于图 7-66（a）所示的二阶高通滤波器还要保证同相放大器中的电阻 $R1$ 和 R_f 满足以下关系：

$$\frac{R_f}{R1} = 0.586 \tag{7-15}$$

【例 7.14】二阶有源高通滤波器：设计一个二阶有源高通滤波器，使其截止频率为 10kHz，并在 Multisim 2001 中验证设计。

为了简化起见，可令二阶有源高通滤波器中的两个电阻阻值相等，且假设为 3.3kΩ（当然还可以设其他值），即：

$$R = R2 = R3 = 3.3\text{k}\Omega$$

假设两个电容的容量也相等，均为 C，则根据式（7-14）得：

$$C = C1 = C2 = \frac{1}{2\pi Rf_c} = \frac{1}{2\pi \times 3.3\text{k}\Omega \times 10\text{kHz}} \approx 4.7\text{nF}$$

为了达到适当的阻尼因数，根据式（7-15）还可得同相放大器中的两个电阻参数（假设 $R1 = 3.3\text{k}\Omega$）：

$$R_f = R1 \times 0.586 = 3.3\text{k}\Omega \times 0.586 \approx 1.9\text{k}\Omega$$

确定完所有参数后，可得到二阶高通滤波器电路的器件参数，经仿真可得波特计测量频响特性的结果，如图 7-67 所示，利用标尺可测量得到当频率接近 10kHz 时，高通滤波器增益接近 0dB。

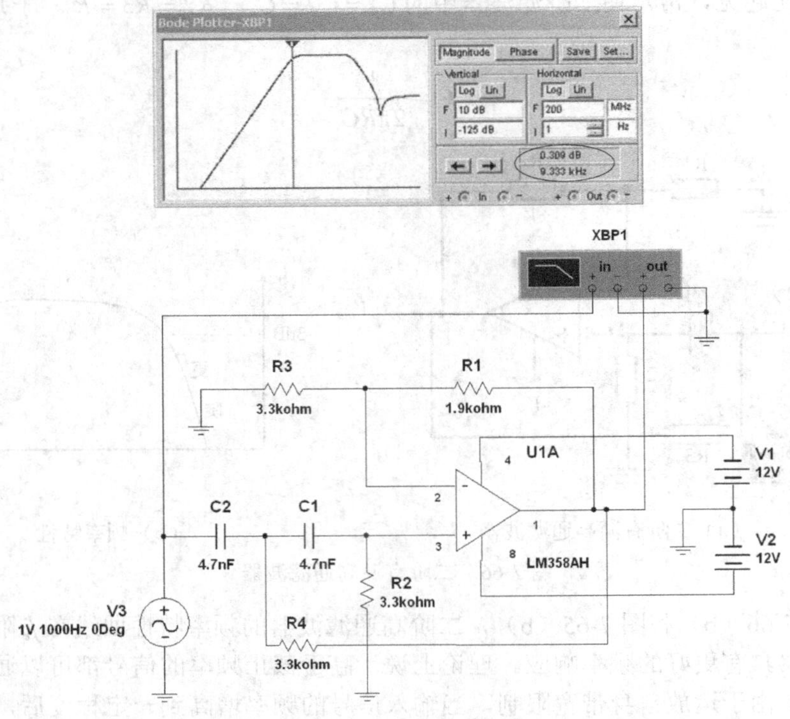

图 7-67　二阶有源高通滤波器（截止频率 10kHz）

2. 有源低通滤波器

在无源低通滤波器（如图 6-31 所示）之后增加一个同相放大器便构成了一个有源低通滤波器（active LPF），如图 7-68（a）所示，其截止频率 f_C 的计算方法与有源高通滤波器是一样的，可参考式（7-12）。

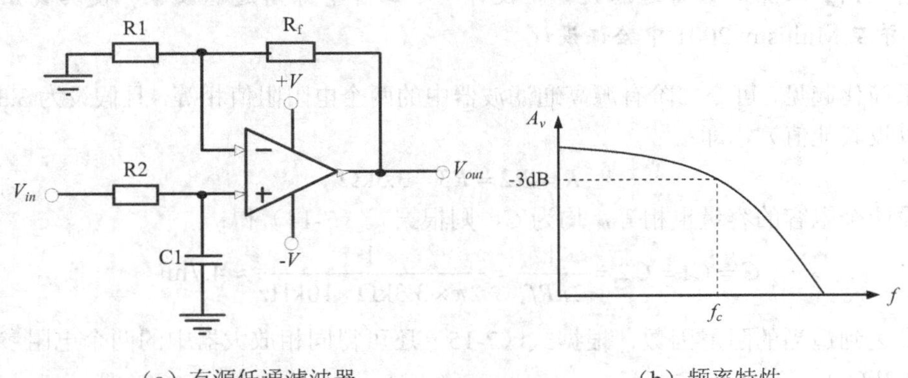

（a）有源低通滤波器　　（b）频率特性

图 7-68　有源低通滤波器

相比图 7-68（a）所示的一阶有源低通滤波器，其二阶形式（如图 7-69（a）所示）具有更好的频率响应特性（如图 7-68（b）所示）。其截止频率 f_c 可参考式（7-13）、式（7-14）。为了达到适当的阻尼因数，二阶高通滤波器中的同相放大器电阻 R1 和 R_f 同样需满足式（7-15）。

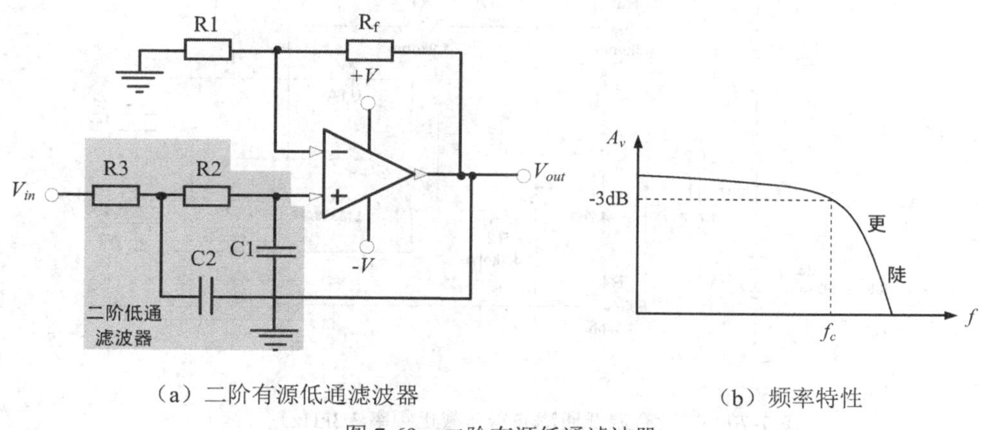

（a）二阶有源低通滤波器　　（b）频率特性

图 7-69　二阶有源低通滤波器

【例 7.15】二阶有源低通滤波器：设计一个二阶有源低通滤波器，使其截止频率为 3.3kHz，并在 Multisim 2001 中验证设计。

解：

为了简化起见，可令二阶有源低通滤波器中的两个电阻阻值相等，且假设为 1kΩ（当然还可以设其他值），即：

$$R = R2 = R3 = 1\text{k}\Omega$$

假设两个电容的容量也相等，均为 C，则根据式（7-14）得：

$$C = C1 = C2 = \frac{1}{2\pi Rf_c} = \frac{1}{2\pi \times 1\text{k}\Omega \times 3.3\text{kHz}} \approx 47\text{nF}$$

为了达到适当的阻尼因数，根据式（7-15）还可得同相放大器中的两个电阻参数（假设 $R1 = 3.3\text{k}\Omega$）：

$$R_f = R1 \times 0.586 = 3.3\text{k}\Omega \times 0.586 \approx 1.9\text{k}\Omega$$

确定完所有参数后，可得到仿真电路及波特计测量频响特性的结果如图 7-70 所示。

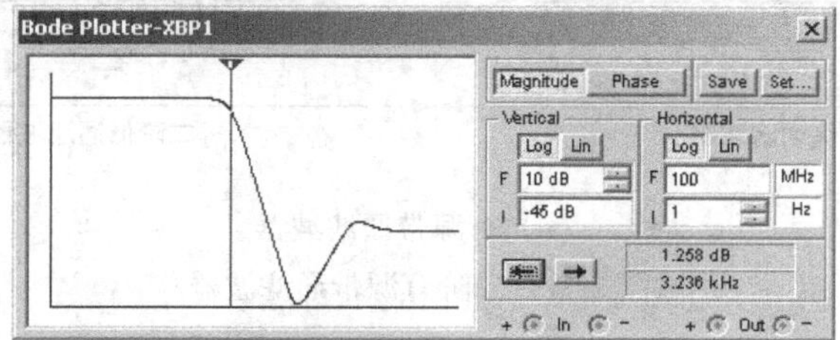

图 7-70　二阶有源低通滤波器（截止频率 3.3kHz）

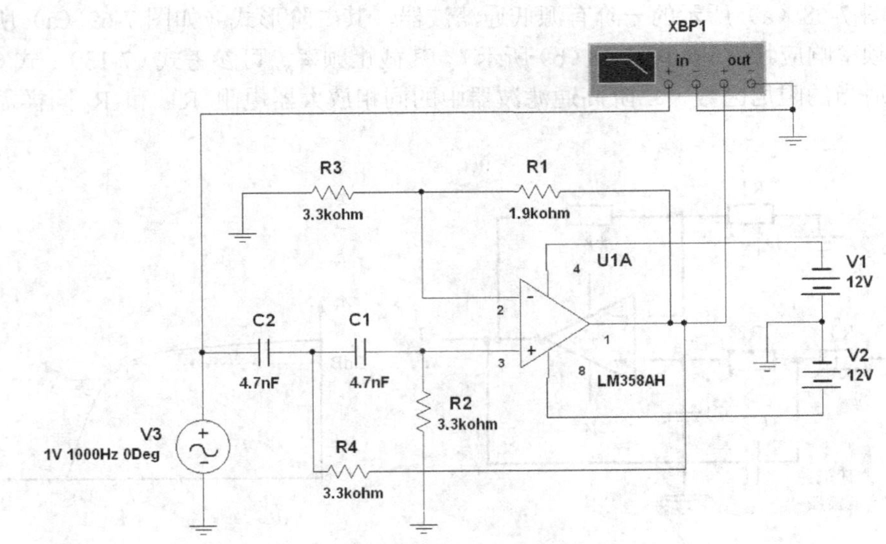

图 7-70　二阶有源低通滤波器（截止频率 3.3kHz）（续）

3. 有源带通滤波器

如果有源高通滤波器与有源低通滤波器的通带有重叠，把它们级联起来就成了有源带通滤波器（active BPF），如图 7-71（a）所示，前级为一个二阶高通滤波器，截止频率 f_{c1}；后级为一个二阶低通滤波器，截止频率 f_{c2}。输入信号经过高通过滤后剩下了频率大于 f_{c1} 的部分，再经过低通过滤后把大于 f_{c2} 的部分过滤掉，结果剩下了频率介于 f_{c1} 和 f_{c2} 之间的信号，如图 7-71（b）所示。

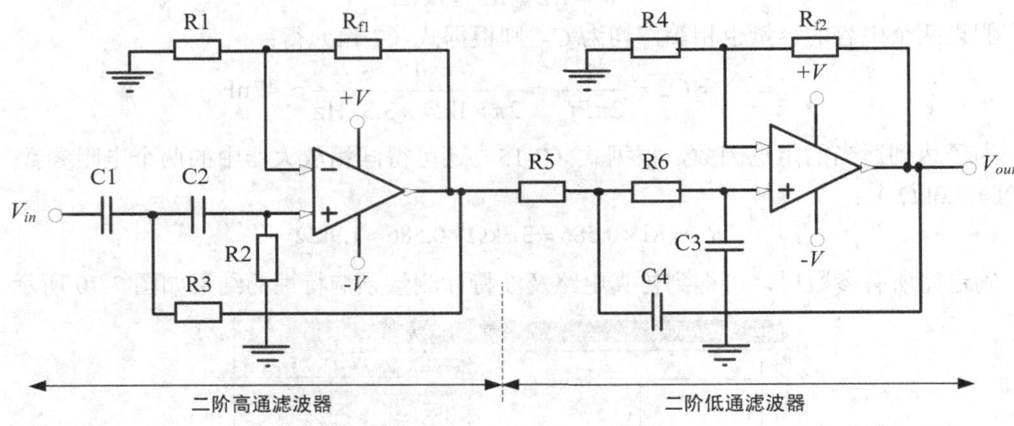

（a）有源带通滤波器

图 7-71　二阶有源带通滤波器

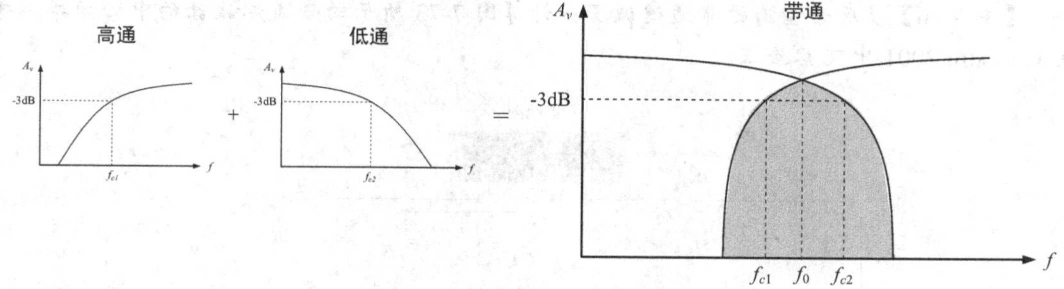

（b）频率特性

图 7-71 二阶有源带通滤波器（续）

根据二阶有源高通、低通滤波器的截止频率计算式（7-13），可得到图 7-71（a）所示二阶有源带通滤波器的上、下截止频率 f_{c2} 和 f_{c1} 及中心频率 f_0 为：

$$f_{c1}=\frac{1}{2\pi\sqrt{C1C2R2R3}} \tag{7-16}$$

$$f_{c2}=\frac{1}{2\pi\sqrt{C3C4R5R6}} \tag{7-17}$$

$$f_0=\sqrt{f_{c1}f_{c2}} \tag{7-18}$$

除了图 7-71（a）所示的有源带通滤波器外，还有一种多反馈型有源带通滤波器更为常用，如图 7-72 所示，电阻 R2 和电容 C1 形成了两条反馈途径。其带通的实现依靠的是 R1 和 C1 组成的低通以及 R2 和 C2 组成的高通。其最大电压增益在中心频率点获得，其中心频率的计算公式为：

$$f_0=\frac{1}{2\pi\sqrt{(R1\|R3)R2C1C2}} \tag{7-19}$$

为了简化起见，常常令 $C1=C2=C$，所以式（7-19）可化简成：

$$f_0=\frac{1}{2\pi C}\sqrt{\frac{R1+R3}{R1R2R3}} \tag{7-20}$$

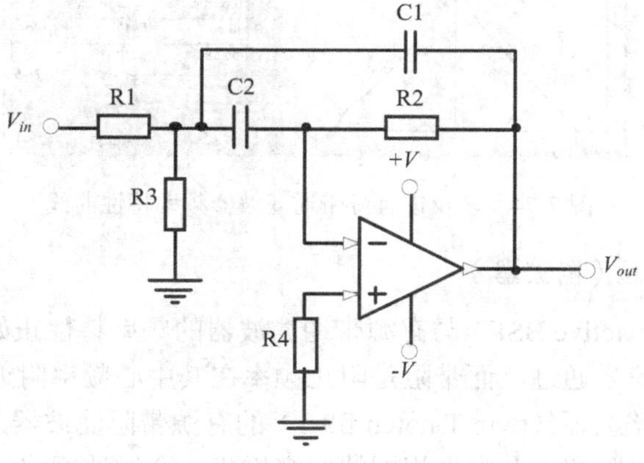

图 7-72 多反馈型有源带通滤波器

【例 7.16】多反馈型有源带通滤波器：计算图 7-73 所示的带通滤波器的中心频率，并在 Multisim 2001 中观察验证。

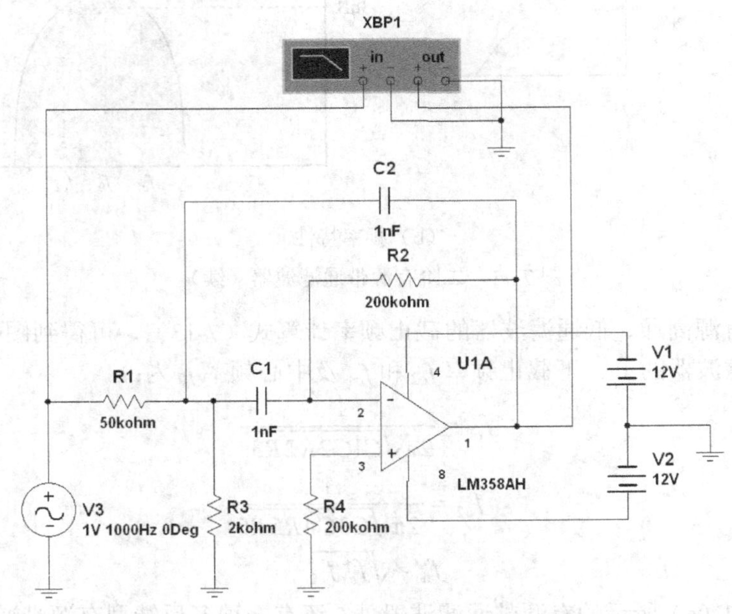

图 7-73　多反馈有源带通滤波器

根据式（7-20），可以计算出图 7-73 所示有源带通滤波器的中心频率为：

$$f_0 = \frac{1}{2\pi C}\sqrt{\frac{\mathrm{R1}+\mathrm{R3}}{\mathrm{R1R2R3}}} = \frac{1}{2\pi \times 1\mathrm{nF}}\sqrt{\frac{50\mathrm{k\Omega}+2\mathrm{k\Omega}}{50\mathrm{k\Omega}\times 200\mathrm{k\Omega}\times 2\mathrm{k\Omega}}} = 8.1\mathrm{kHz}$$

打开仿真开关，可得到波特计测量的多反馈有源带通滤波器的频率特性曲线如图 7-74 所示，利用标尺可以测量中心频率和对应的增益。

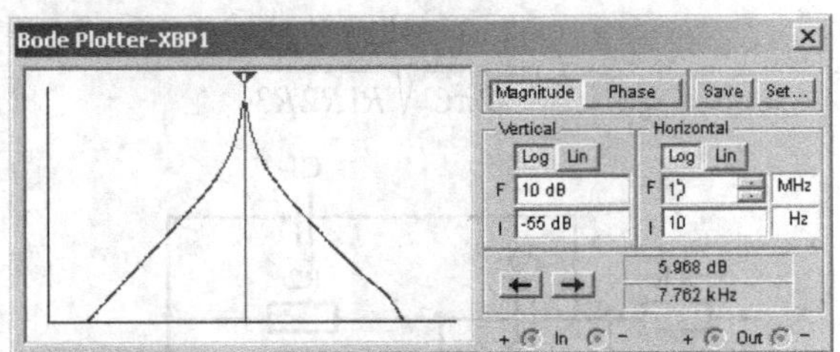

图 7-74　多反馈有源带通滤波器频率特性曲线

4. 有源带阻滤波器（陷波器）

有源带阻滤波器（active BSF）与有源带通滤波器的频率特性正好相反——带通是让频率接近其中心频率的信号通过，而带阻是阻止频率在其中心频率附近的信号通过。图 7-75 所示是一种称为双 T 陷波器（twin T notch filter）的有源带阻滤波器及其频率特性曲线，电路中 4 个阻值相等的电阻和 4 个容量相同的电容构成一个滤波网络，电位器 R_Q 可调节频率

特性。其中心频率的计算公式为：

$$f_0 = \frac{1}{2\pi RC} \tag{7-21}$$

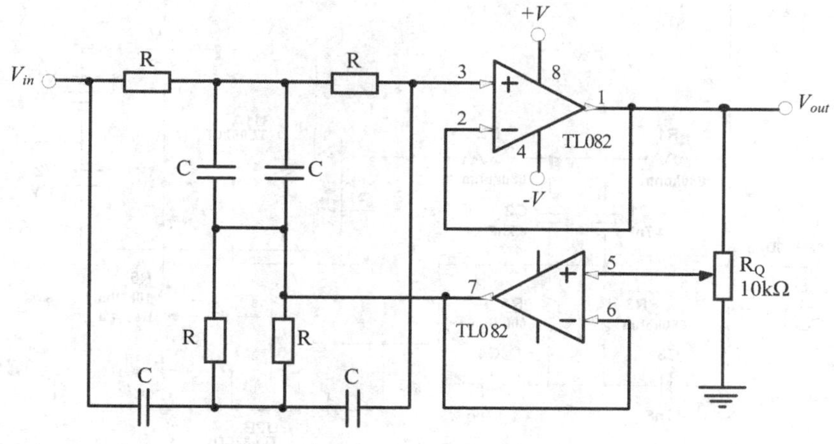

（a）双 T 陷波器电路

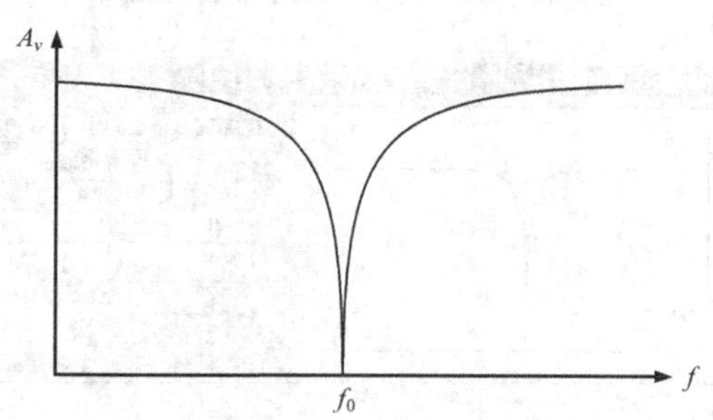

（b）频率特性

图 7-75　双 T 陷波器

在传感器模拟信号放大或其他模拟信号的处理过程中，常会被 50Hz 的工频（power frequency）噪音干扰，工频干扰来自市电（50Hz、220V 的正弦波信号）。这时，就可利用陷波器针对 50Hz 的噪音信号进行滤波，从而把噪音从有用信号中过滤掉。

【例 7.17】双 T 陷波器（50Hz 陷波器）：计算图 7-76 所示双 T 陷波器的中心频率，并在 Multisim 2001 中观察验证。

根据式（7-21），可以计算出图 7-76 所示双 T 陷波器的中心频率为：

$$f_0 = \frac{1}{2\pi RC} = \frac{1}{2\pi \times 680\text{k}\Omega \times 4.7\text{nF}} = 50\text{Hz}$$

也就是说当信号通过双 T 陷波器时，频率在 50Hz 左右的信号将有较大的衰减，而频率远离 50Hz 的信号可以通过，从而成功实现过滤 50Hz 噪音信号的目的。当然如果有用信号的频率接近 50Hz 也会被过滤掉。图 7-77 所示为 50Hz 陷波器的频率特性曲线。

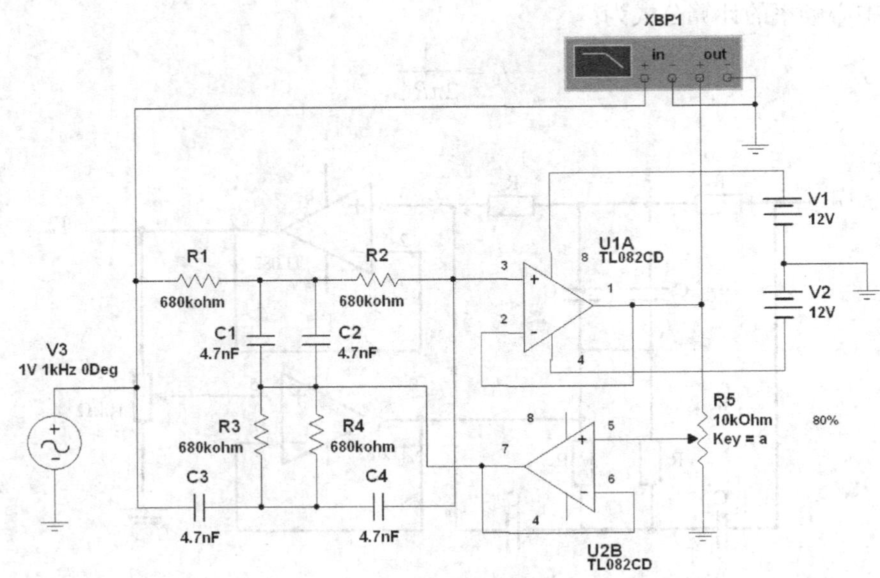

图 7-76　50Hz 陷波器的频率响应曲线

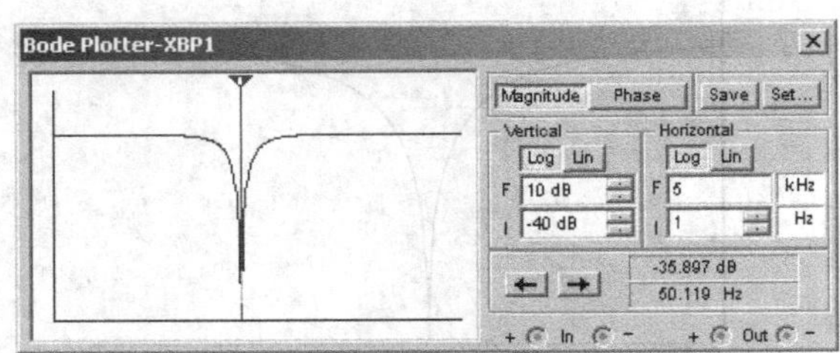

图 7-77　50Hz 陷波器频率特性曲线

第 8 章　传感器及其他器件

本章是有关模拟电子技术的最后一章。通过这一章的学习，将能识别电路图中几乎所有的模拟器件。虽然这是一个介绍性的章节，但它仍是前 7 章的必要补充，其中许多器件都是电路设计中经常涉及到的。

8.1　传感器

传感器有哪些　压力传感器　光电传感器　温度传感器

传感器这个话题在第 1、2 章中已经有所涉及，比如光敏电阻（如图 1-1 所示）和驻极体话筒（如图 2-29 所示）是两种比较常见的传感器。

生活中充满着非电信号，它们并不能被“看到”而只能“感觉”，比如温度的高低就看不出来，只能感觉出来。而传感器可以把这些非电信号“感觉出”对应的电信号。在工业上，传感器的应用更为广泛，比如图 8-1 所示为制药厂中装药丸生产线的示意图，药丸漏斗颈上有个阀门控制药丸是否能通过，阀门下方是个红外传感器。阀门打开后，每粒药丸通过漏斗颈时红外传感器就会输出一个脉冲并输入控制器中，通过计算脉冲的个数就知道每个药瓶中装了多少粒药丸，并可在数码管上显示。可见，红外传感器把“药丸数”这种与电信号根本没有关系的物理量转换成了电信号。

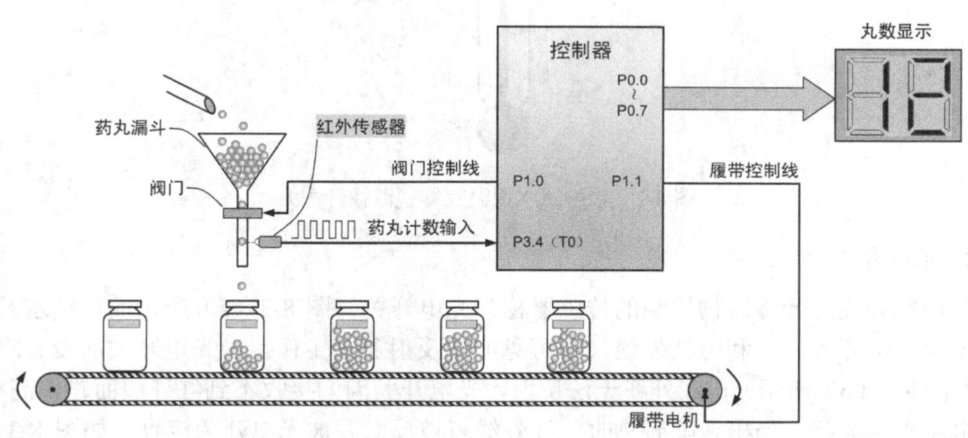

图 8-1　传感器的应用

从图 8-1 所示的红外传感器应用中可以归纳出传感器（transducer/sensor）的定义：把非电信号（物理量或化学量）转换为与之有对应关系的电信号的装置称为传感器，也叫换能器。传感器输出的信号有不同形式，如电压、电阻、电容、开关量等，像图 8-1 所示的红外传感器输出脉冲就是一种开关量输出。

8.1.1 传感器有哪些

传感器几乎与人类的感官一一对应，光敏传感器可感受光的强度——相当于视觉；话筒可接受声波——相当于听觉；气敏传感器可测量气体浓度——相当于嗅觉等。此外，还有测量湿度的湿度传感器、测量温度的温度传感器、测量速度变化的加速度传感器等。

由于传感器种类繁多，只能先从一些简单且常用的开始，对传感器的使用方法进行学习。今后在不同场合还要针对具体情况选择传感器，并学习相关技术参数和电路设计方法。

1. 最简单的传感器原理

恐怕世界上没有比图 8-2 更简单、更容易理解的传感器了。一个普通的水银温度计，在其 50℃位置有一个电极 A，另外一个电极 B 与水银连接。当温度不到 50℃时，水银面接触不到电极 A，于是 A、B 两电极间不导通；当温度达到 50℃时水银面到达电极 A 处，A、B 两电极因水银的导电作用而短路。于是通过检测电极 A、B 间是否导通就可以判断温度是否达到 50℃。

很明显，图 8-2 所示的接触式水银温控器把温度是否达到 50℃用两个电极是否导通来表达，实现非电信号向电信号的转换。

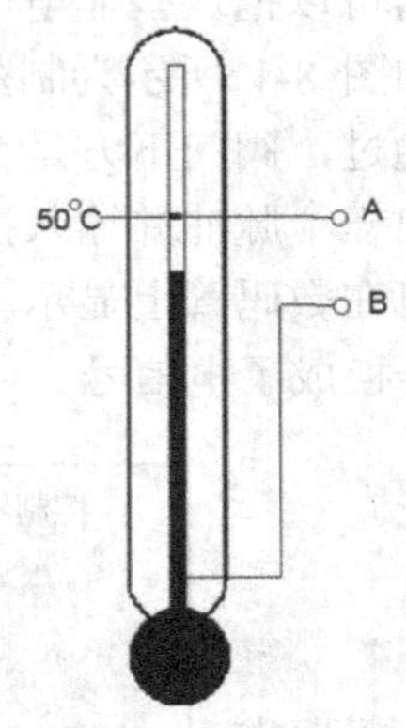

图 8-2　接触式水银温控器（温控开关）

2. 光电开关

利用红外线进行障碍物检测的传感器称为光电开关。图 8-3（a）所示的自动水龙头里就有这种光电开关，它利用红外线（不可见）的反射原理工作。当光电开关前没有障碍物时（如图 8-3（b）所示），红外线无法反射，光电开关因为接收不到红外线而输出高电平，于是电磁水阀关闭；当出现障碍物时，红外线将被反射并被光电开关接收（如图 8-3（c）所示），输出端的低电平即可使电磁水阀打开从而水龙头出水。

3. 霍尔开关

霍尔开关是根据霍尔效应原理制成的磁控开关。当有磁铁接近霍尔开关时，它的输出电平就会跳变，于是每一个脉冲信号代表了一次磁铁的接近。如图 8-4 所示为一个简易的自行车测速装置，在车轮上安装一块磁铁，在前叉相应位置上安装霍尔开关，每当车轮转

过一圈时，磁铁接近霍尔开关一次而输出一个脉冲。通过后续电路可以计算出脉冲的周期从而推算出自行车的行驶速度。

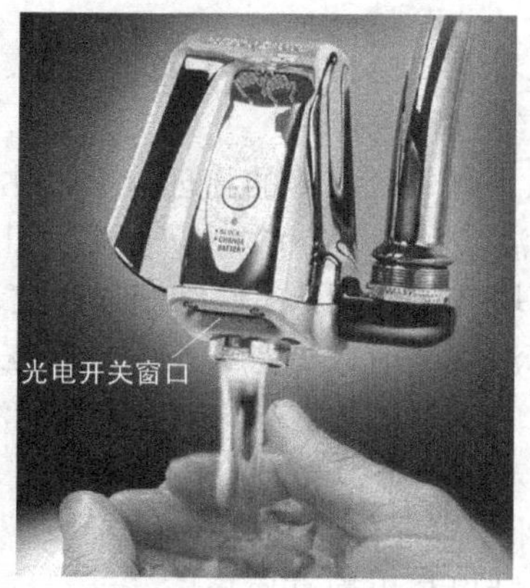

（a）自动水龙头

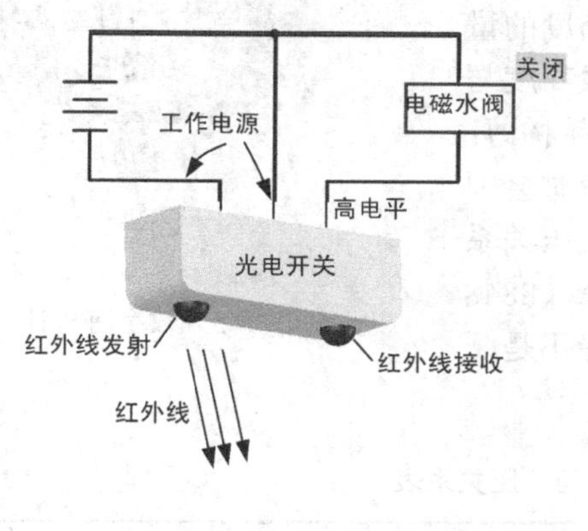

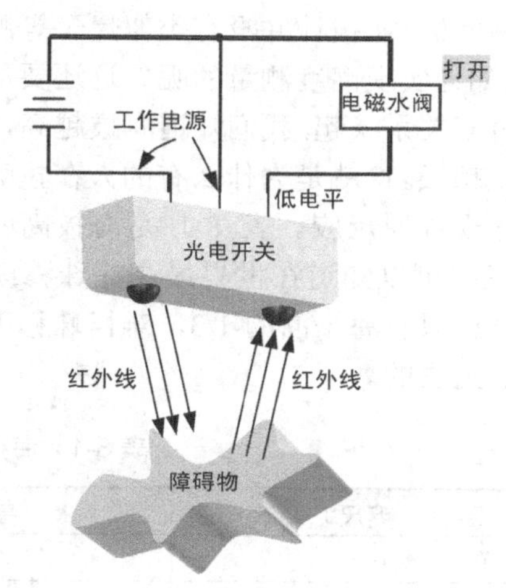

（b）光电开关断开　　　　（c）光电开关闭合

图 8-3　光电开关

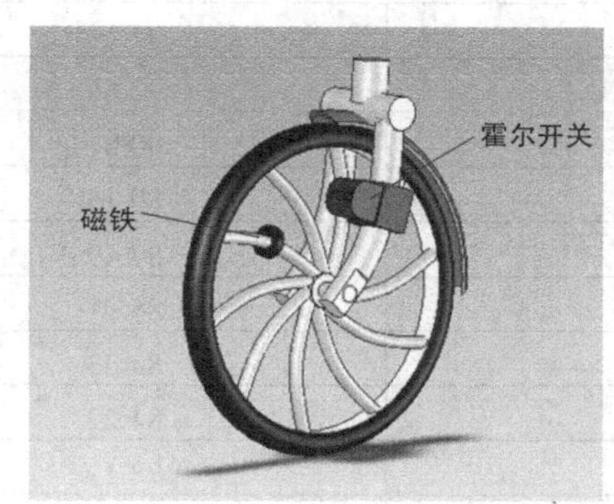

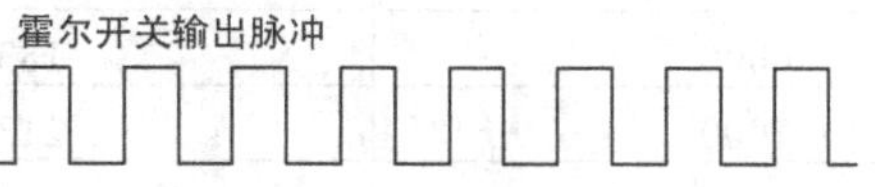

图 8-4　简易的自行车测速装置

8.1.2 压力传感器

首先以压力传感器为例，看看传感器的原理及如何在实际问题中应用。今后在应用其他传感器时，可以参考这个思维过程进行。

生活和生产中，经常需要了解一些准确的物理参数。比如在修建青藏铁路时，大部分路段都处在高海拔地区，最高海拔达到了 5072 米（唐古拉山越岭地段）。而高海拔地区与平原地区的地质条件和自然环境有所不同，在铁路规划和建设时，需要时刻注意这些问题。在实地勘探时，更要针对实际海拔高度来调整方案。于是在青藏铁路建设中，海拔高度成为了一个普遍而经常需要关注的物理参数。为了获得某处的海拔高度，需要使用海拔计（又叫高度计）来测量，图 8-5 所示为一个数显型海拔计，当前显示的海拔高度为 3158 米，这个海拔意味着没有到过高原的人最好不要剧烈运动以免出现高原反应。

图 8-5 数字海拔计

海拔高度描述的是某处高出海平面的高度，所以它是一个高度值。海拔计并没有类似尺子等测量高度的量具，它是如何实现高度测量的呢？这还要从海拔高度与气压的对应关系谈起，我们知道海拔越高，空气越稀薄，气压也就越低。这就是为什么有的人在拉萨旅游时会因缺氧而出现高原反应。表 8-1 是海拔高度与气压关系表，从表中可以知道在世界最高峰珠穆朗玛峰（8848 米）上气压只有海平面的 1/3，难怪珠穆朗玛峰不是一般人能登上去的。

表 8-1 海拔高度与气压关系表

高度（英尺）	高度（米）	气压（kPa）
0	0	101.33
500	153	99.49
1000	305	97.63
1500	458	95.91
2000	610	94.19
2500	763	92.46
3000	915	90.81
3500	1068	89.15
4000	1220	87.49
4500	1373	85.91
5000	1526	84.33
6000	1831	81.22
7000	2136	78.19
8000	2441	75.22

续表

高度（英尺）	高度（米）	气压（kPa）
9000	2746	72.40
10000	3050	69.64
15000	4577	57.16
20000	6102	46.61
25000	7628	37.65
30000	9153	30.13
35000	10679	23.93
40000	12204	18.82

有了表 8-1 就可以方便地找到某海拔高度对应的气压值。同样，如果知道了某地的气压值也可以通过查表找到海拔高度。由于图 8-5 所示数字海拔计没有附带任何直接测量高度的量具，所以有理由相信它是通过测量气压而反推出海拔高度的。

如果是这样，问题就变成了如何测量气压。气压是由于大量的气体分子频繁地碰撞物体而产生的，气压的测量利用的就是气压产生的原理：将气体引入传感器内部，由精确的压力传感器测量分子碰撞从而得出与气压对应的电信号进行输出。如图 8-6 所示是一个气压传感器，被测气体进入进气口，如果测量的是当地的大气气压，则可以将进气口敞开。接线端子连接的是传感器工作所需的电源和输出信号。气压传感器把气压转换成电信号并输出，实现了物理量向电信号的转换。一旦物理量能被转换成相应的电信号，后续电路就可以处理并显示了。

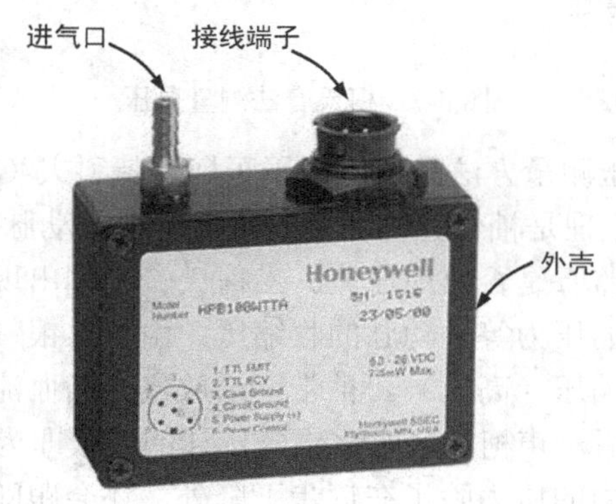

图 8-6 气压传感器

压力传感器主要根据压电效应制成，可以用来测量气体或液体的压力。在临床诊断、外科手术和病人监护中，人体的血压值是一个基础的生理参数，亦是生命体征之一。图 8-7 所示为一种常用的无创血压检测方法，这和平时身体检查时的血压测量相似，先将血压计的袖带套在上臂上，然后给袖带充气以提高其中的气压，当气压接近 200mmHg 时开始放气，袖带气压缓慢下降。在下降过程中，用听诊器监听肱动脉的声音并结合血压计的读数就可以检测出收缩压（高压）和舒张压（低压）。

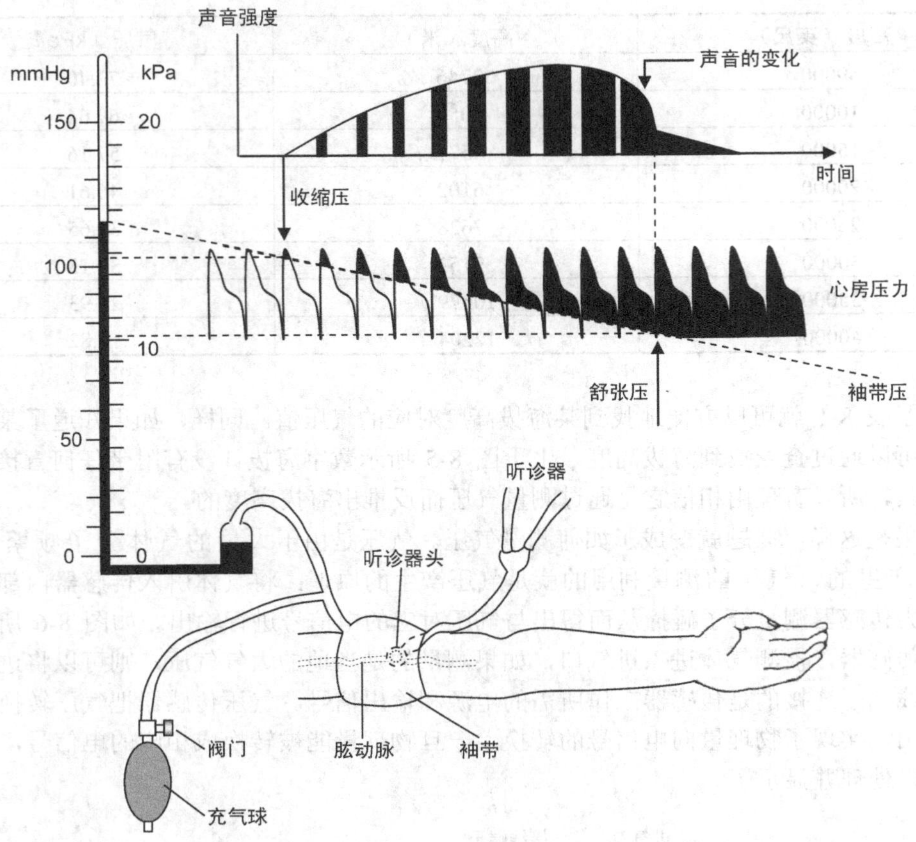

图 8-7　柯氏音法测量血压

这种间接（无创）血压测量方法是由俄国军医柯罗特科夫（Korotkoff）于 1905 年发明的，所以又名柯氏音法。原理是袖带充气后阻断了上臂中的动脉血流，然后袖带缓慢放气，在阻断点的下游用听诊器监听是否出现血流。当柯氏音刚刚出现时（噗、噗声），即刚开始有血流通过时，袖带内的压力等于动脉的收缩压，由于水银气压计与袖带连通，于是由水银气压计读数即可知收缩压（高压）。袖带继续放气，当血流逐渐恢复正常时，柯氏音渐渐消失，听诊器听到最后一声柯氏音时水银气压计的读数即为舒张压（低压）。

在测量过程中，袖带中的压力除了在逐步下降外，还会跟随脉搏的跳动进行波动。如果将一个压力传感器与袖带连通，就能不用听诊器监听柯氏音，而通过判断压力传感器输出信号的波动来获得收缩压和舒张压值。

如图 8-8（a）所示，在袖带的胶管上接一个三通，将三通其中一路与一个压力传感器相连，压力传感器如图 8-8（b）所示。传感器有一个进气口，胶管与这个进气口相连，于是压力传感器与袖带连通，反映其中的气压。传感器有 4 个端口，分别是 GND、$+V_{OUT}$、V_S、$-V_{OUT}$。

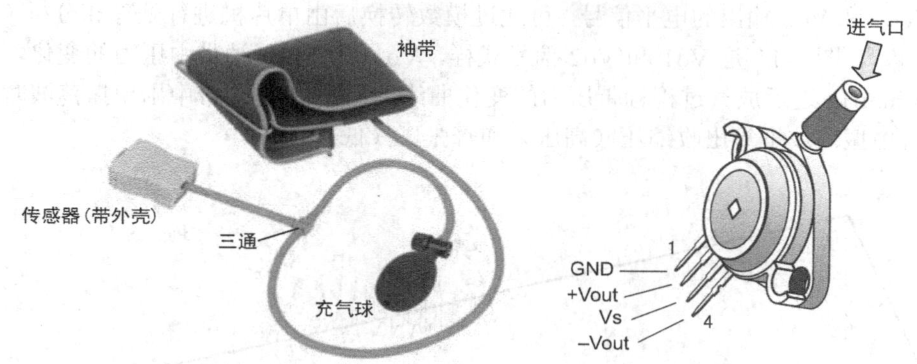

（a）压力传感器测量方法　　（b）MPX2050 压力传感器

图 8-8　利用压力传感器来测量血压

图 8-8（b）所示的传感器型号为 MPX2050，是一个量程为 0~50kPa 的、具有温度补偿功能的压力传感器。它具有精确的线性电压输出，从传感器的结构示意图（如图 8-9 所示）可以知道它是一个差分电压输出型的传感器。差分输出信号可由差分放大器进行放大，供后续电路使用（如图 7-53 所示）。

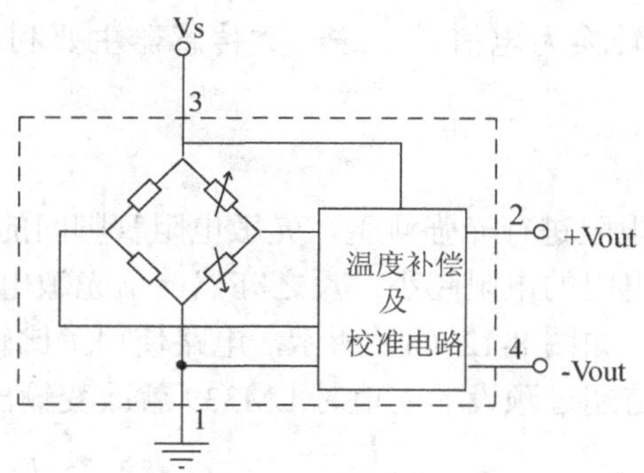

图 8-9　MPX2050 压力传感器的结构示意图

图 8-10 是为该传感器设计的放大电路，从 Vo1 输出的是电压信号，它与传感器所测量的压力（血压）成正比；Vo2 输出的是脉搏的振荡信号，可用于判断柯氏音的开始与结束。

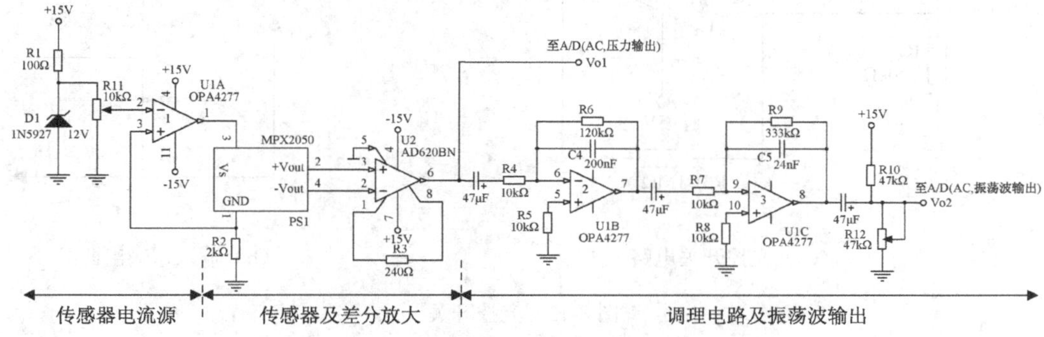

图 8-10　压力传感器测量血压电路（部分）

从 Vo1 和 Vo2 输出的电平信号，可通过模数转换后由单片机进行处理和分析（最后一章会谈到）。图 8-11 是 Vo1 和 Vo2 信号式样，Vo1 反映的是袖带中压力的变化，是从充气至 200mmHg 之后放气过程袖带压力的变化曲线；而 Vo2 是袖带中出现振荡波时的信号样式，可由振荡波推算出收缩压（高压）和舒张压（低压）。

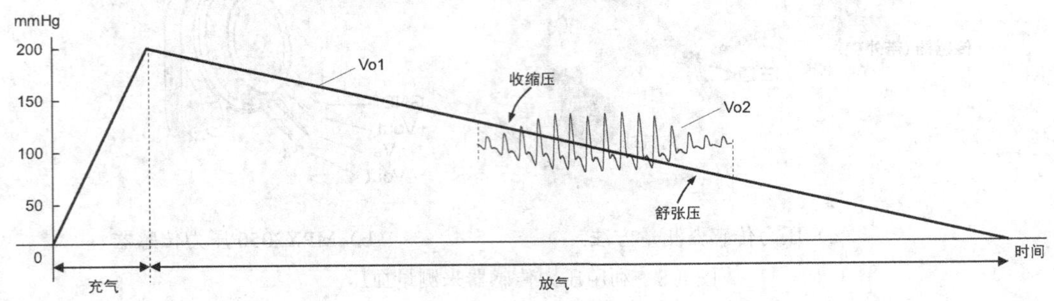

图 8-11　血压信号

8.1.3　光电传感器

光电传感器把光信息转换为电信号，这一类传感器主要利用半导体材料的光电效应制成。

1. 光敏电阻

第 1 章就利用过光敏电阻进行光强测量，光敏电阻管脚间的电阻与照射到器件表面的光强有关，光强越大光敏电阻的电阻越小，反之亦然。给光敏电阻添加一个比较器，就构成了一个简单的光控开关。如图 8-12（a）所示，电路使用了比较器 LM339 来检测光敏电阻的输出电压值，当输出值超过预设的阈值时 LM339 就改变输出 V_{OUT} 的状态。

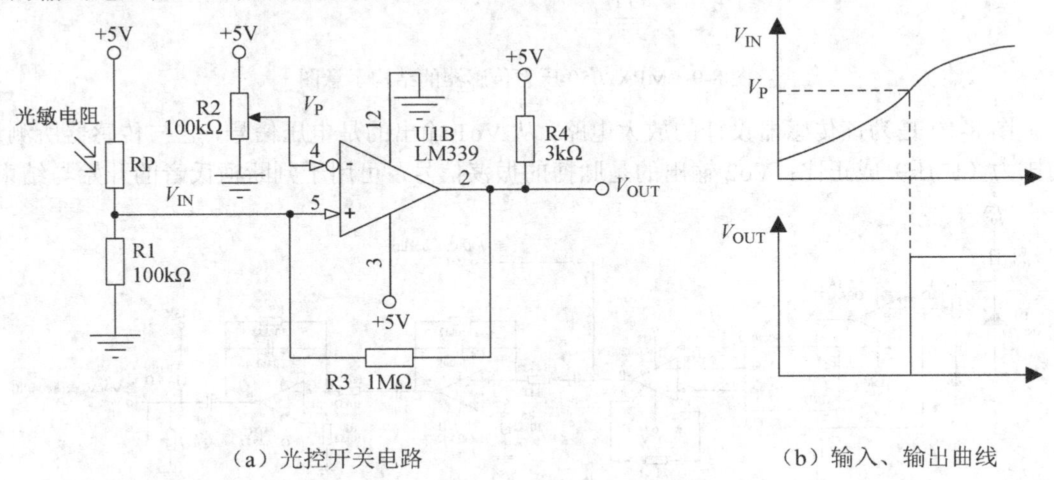

（a）光控开关电路　　（b）输入、输出曲线

图 8-12　光控开关

图 8-12（a）中，电位器 R2 给比较器 LM339 的 4 脚提供一个参考电平 V_P，当光敏电

阻的输出电压比参考电平低时（$V_{IN}<V_P$），比较器的输出（2 管脚）为低电平（$V_{OUT}=0$）；当光敏电阻的输出电压比参考电平高时（$V_{IN}>V_P$），比较器输出高电平（$V_{OUT}=1$），如图 8-12（b）所示。调节电位器 R2 可以改变比较器的“敏感点”，使光控开关在某一光线强度下翻转，这一翻转电平可以用于后续电路的控制。

2. 硅光电池

另外一种不错的光控方案如图 8-13 所示，该方案使用硅光电池作为传感器来接收光线。硅光电池是一种太阳能电池，它有两个引脚，其上表面有一个小窗口，为光线接收窗。硅光电池的输出电流强度与光线强度成正比。一般的硅光电池在强光照射下能输出最大 300mA 的电流，所以在图 8-13 中硅光电池没有偏置电路而直接在电阻 R3 上产生一个与光线强度成正比的电压，并通过电阻 R2 向运放 LF353 输入。

硅光电池产生的大部分的电流都通过 1Ω 的电阻 R3 流入地中，只有约 1%的电流通过电阻 R2。经过 LF353 的两级放大后，输出一个适合一般模数转换器（最后一章）采集的反映光线强度的电压信号。

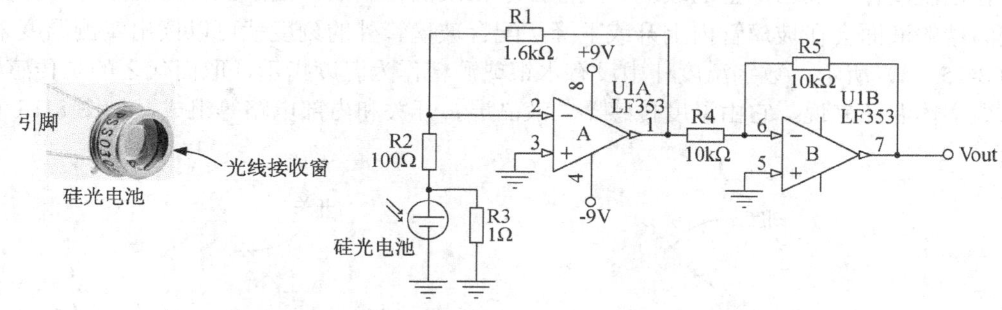

图 8-13 硅光电池接口电路

图 8-12 与图 8-13 最大的不同是前者输出的是一个数字信号——在光线较暗时为 0（低电平），而在光线较强时为 1（高电平），可通过调节 R2 设置比较器的参考电压来设定翻转的阈值。而后者输出的是一个与光线强度成比例的、连续变化的、适合于模数转换使用的模拟信号。

3. 红外对管

红外线也是一种“光”，只是看不到它而已。家里的电视机等电器的遥控器就是利用的红外线来传递控制信息。如图 8-14 所示是一种常用的红外对管，其中一个为红外线发射管，另一个为接收管。较为常用的是发射红外线波长为 880nm 的红外对管。不同型号的器件有不同的工作电压和电流，如 QED422 型发射管的正向压降为 1.8V，偏置电流为 100mA。向发射管提供工作电压，它就能持续发射出波长为 880nm 的红外线（不可见）。

红外接收管通常工作在反向电压状态，如图 8-14 所示，开关 S1 断开，发射管无红外线发射时，接收管截止，于是输出端 V_{out}=+5V；开关 S1 闭合，发射管发射红外线，如果发射管与接收管对齐，则接收管导通而 V_{out} 接近 0。这种红外对管在光控中有广泛的应用。

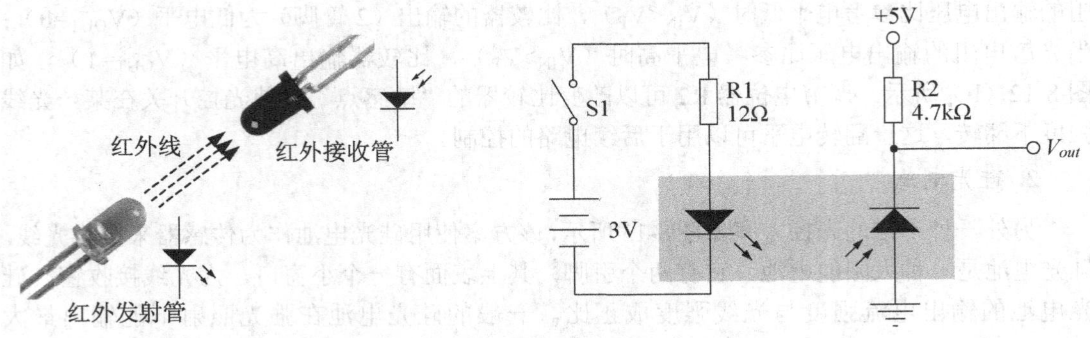

图 8-14　红外对管

8.1.4　温度传感器

普通温度计一般由中空的玻璃管里灌注水银或酒精制成，由于液体的热胀冷缩作用水银或酒精的液面会在玻璃管内上升或下降，配合玻璃管外的刻度就可以读出实测温度来，如图 8-15（a）所示。数字温度计中没有水银或酒精作为温度指示，取而代之的是传感器。就拿数字体温计来说，它由温度传感器、液晶屏、开关和内部电路等组成，如图 8-15（b）所示。

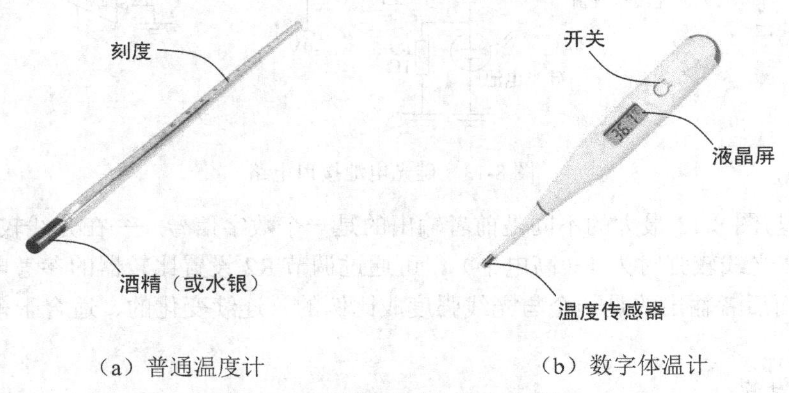

（a）普通温度计　　（b）数字体温计

图 8-15　普通温度计与数字体温计

普通温度计的原理在初中时就学习过了，数字体温计的原理则需要花点时间了解一下。从图 8-15（b）的数字体温计外观可以大概猜测一下它的系统组成，如图 8-16 所示，环境的温度由温度传感器采集，可以推测温度传感器一定是把温度这个物理量转换成电信号。信号处理部分把模拟信号转换成液晶屏显示所需要的数字信号。以上就是数字体温计的大致工作原理。

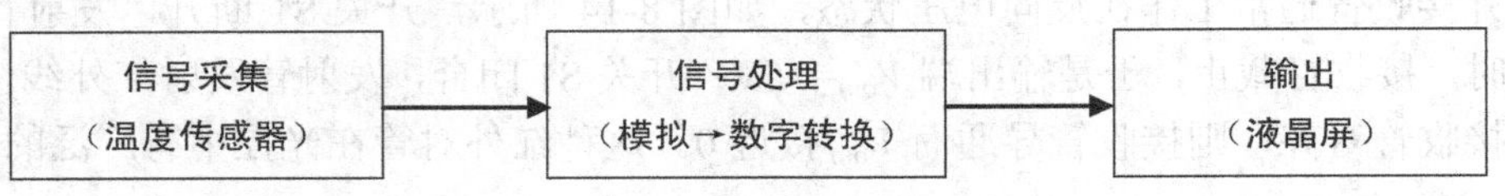

图 8-16　数字体温计的系统组成

1. LM35 型温度传感器

不要感觉温度传感器是多么复杂和神秘的电子器件，在一般的应用中，都可以使用型号为 LM35 的温度传感器，它的外观与一般的三极管没有什么区别，具有 TO-46、TO-92、SO-8、TO-220 等 4 种封装。如图 8-17 所示是 TO-92 封装的 LM35 和它的电路符号。

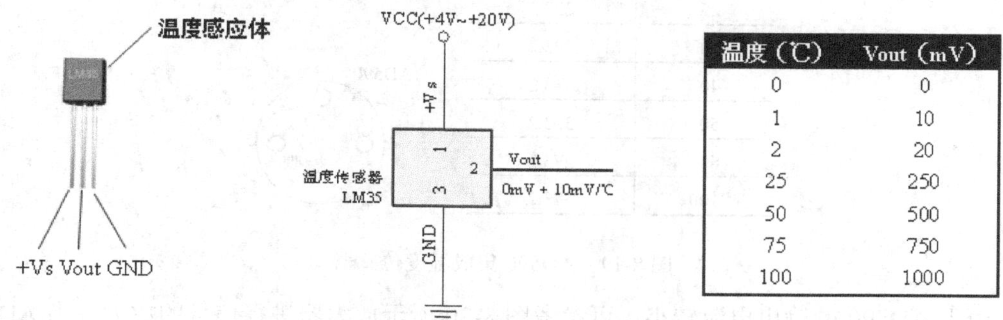

温度（℃）	Vout（mV）
0	0
1	10
2	20
25	250
50	500
75	750
100	1000

图 8-17　温度传感器 LM35 的外观的电路符号

从图 8-17 的外观和电路符号可知，温度传感器 LM35 只有三个管脚：+Vs、Vout、GND。其中+Vs 接+4V~+20V 的电源为器件工作供电，GND 接地。LM35 的外壳感应温度，并在 Vout 管脚输出电压信号。Vout 的输出与温度具有线性关系，当温度为 0℃时 Vout=0V，温度每上升 1℃，Vout 的输出增加 10mV。比如温度为 25℃时，Vout=25×10=250（mV）。几个常用温度的 Vout 输出值罗列在图 8-17 的表中。

由于 LM35 的输出较小，一般需要设计一个如图 8-18 所示的放大器将输出信号放大。这样，使用一个很简单的温度传感器 LM35 就可以把温度转换成电压信号，这个电压信号经过一定的处理，就可以直观地反应环境的温度值。

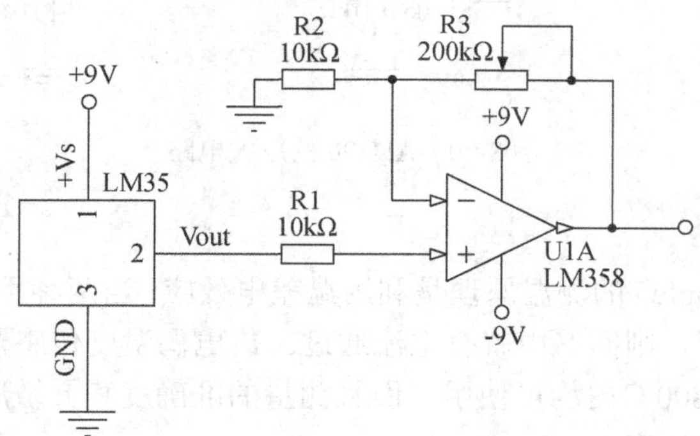

图 8-18　放大 LM35 的输出信号

2. AD590 型温度传感器

AD590 是一种二端式的集成温度传感器，其外观及引脚如图 8-19 所示。AD590 用输出电流的大小来反映所测温度，工作电压范围 4~30V。图中给出了一些测量温度与传感器输出电流的对应值，可见它是一个线性度较好的电流型的温度传感器。

温度（℃）	输出电流（μA）
0	273.2
10	283.2
20	293.2
25	298.2
30	303.2
40	313.2
50	323.2
60	273.2
100	373.2

AD590

AD590 -

\+

空脚

图 8-19　AD590 集成温度传感器

由于 AD590 的输出电流较小，可参考图 8-20 所示放大器进行信号的放大。当 AD590 所测温度发生变化而输出电流变化时，电阻 R1、电位器 R2 产生的微小电压变化经由一个跟随器后，再由第二级运放利用电位器 R5 进行零点调整，最后由反相放大器对信号进行 10 倍放大。

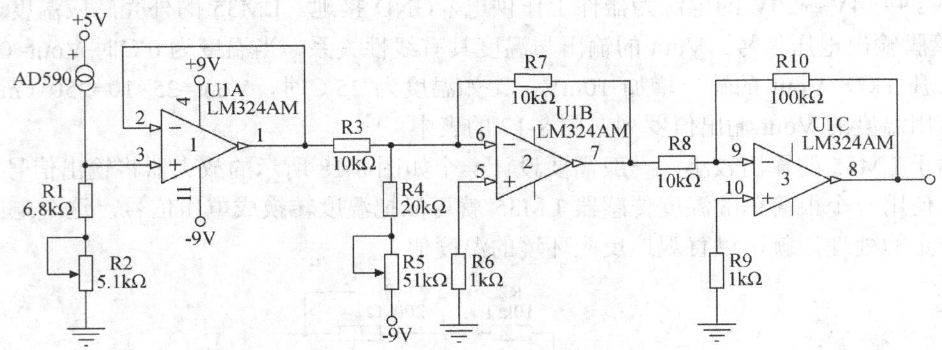

图 8-20　AD590 的放大电路

3. 热电偶

热电偶（thermocouple）的测温原理是利用温差电效应：当两种不同的金属组成回路时，若两个接触点温度不同，则回路中就有电流通过。热电偶温度传感器有很大的温度敏感范围，一般在-200℃~+2800℃内均可使用，而且测量的准确度和灵敏度都很高，尤其在高温范围内仍可保持较高的精度。

常用热电偶一般做成棒型，其主体主要由热电极、绝缘管、保护管及接线盒等几部分组成。图 8-21 所示为一种测温范围为-200℃~+1100℃的热电偶。

图 8-21　热电偶

4. 热敏电阻

图 8-22　热敏电阻

热敏电阻（thermistor）主要利用温度变化时传感器电阻发生变化的原理测量温度，这种温度传感器在常温和较低温区范围内有比热电偶更高的灵敏度。根据制作材料的不同，热敏电阻有铂电阻、铜电阻和半导体热敏电阻等几种。图 8-22 所示为一种测温范围在-50℃~+175℃的热敏电阻。

8.2 其他常用的元器件

发光二极管　光耦　场效应三极管　可控硅　继电器

模拟电子技术部分的最后一节将介绍一些常用的元器件，以便读者在电路设计中能有较全面的参考。

8.2.1 发光二极管

发光二极管（LED，电路符号 ）是一种最常用的指示器件，近几年因其成本下降和节能的特点而大量使用在照明设备中。发光二极管与普通二极管一样具有单向导电性，当有足够的正向电流（约 10~30mA）通过时便会发光。

发光二极管有不计其数的外形、尺寸、颜色（红、黄、绿、蓝、紫、白、橙等）供选择，图 8-23 给出了一些常见的发光二极管外形、结构、应用实例，注意发光二极管是有正极和负极之分的，透过外壳可看到发光二极管内部的两片导体，其中“大红旗”连接的管脚为负极，“小红旗”连接的管脚为正极。

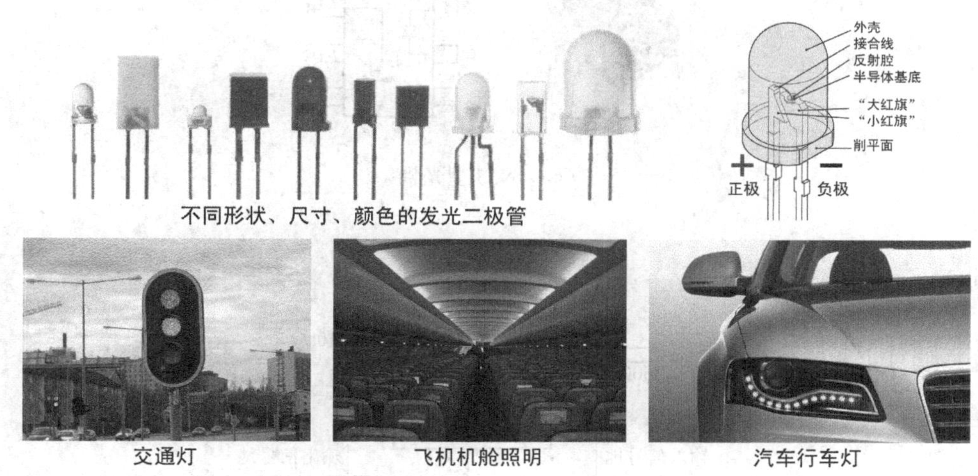

图 8-23　发光二极管

尽管不同型号的发光二极管其正向压降及工作电流不尽相同，但绝大多数情况下都会为发光二极管串联一个限流电阻。拿一个正向压降为 2.0V、工作电流为 10mA 的发光二极管来说，图 8-24 给出在不同电压下限流电阻的阻值，其他发光二极管可在此基础上对电阻进行适当调整。

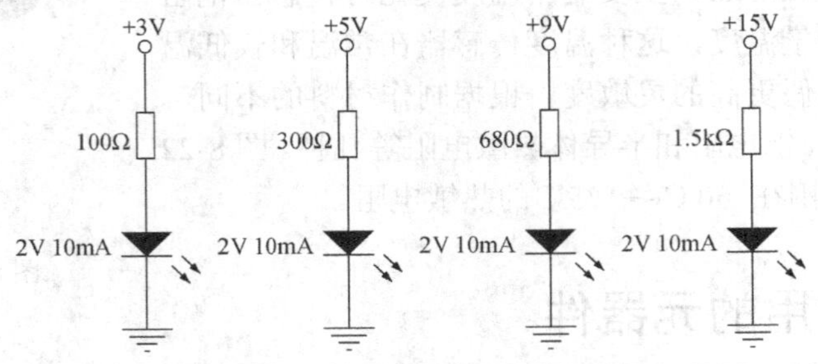

图 8-24　发光二极管与限流电阻

8.2.2　光耦

光耦（optocoupler，典型电路符号 ）是一种利用电光转换实现隔离的器件，它实际上是把发光二极管与光电三极管密封在一个不透明的封装中制成的。

如图 8-25（a）所示为 4N35 型光耦的外观及内部结构示意图，其外观与一般集成电路没有什么区别，内部的发光二极管可照射到光电三极管上，这样只需要控制发光二极管是否点亮，就能间接控制光电三极管是否导通。图 8-25（b）是光耦的一种典型应用，当输入信号为低电平时光耦中发光二极管不亮，光电三极管截止，于是输出端为高电平；当输入信号为高电平时光耦中发光二极管点亮，光电三极管导通，输出端为低电平。通过光耦实现了输入信号的隔离传递。

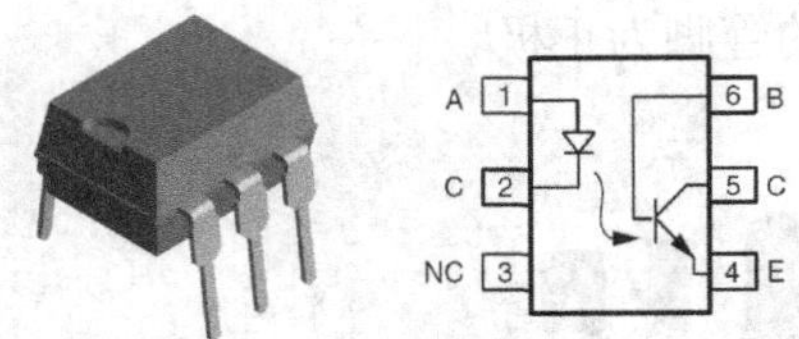

（a）4N35 型光耦

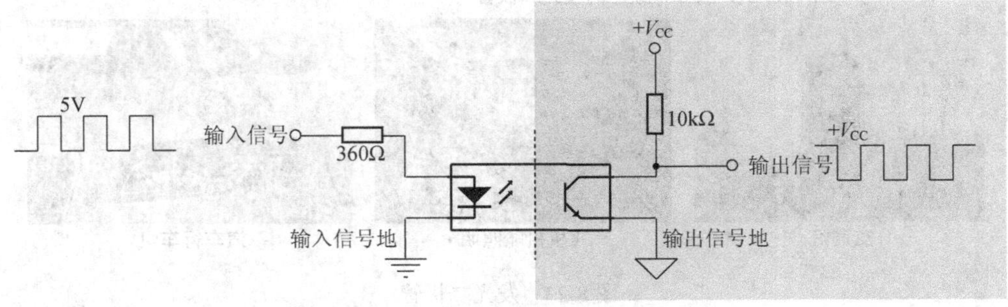

（b）光耦的隔离作用

图 8-25　光耦

千万注意，图 8-25（b）中输入信号与输出信号分别属于两个独立的电路，也就是说光耦的发光二极管负极与光电三极管的 e 极虽然都是接地，但是并不连接在一起，而是分别来自两套完全独立的电路，而且输入端和输出端电路使用各自独立的电源。这样，输入信号通过电→光→电传递给输出端电路，而输入和输出之间没有任何的电气连接关系。

1. 光耦应用电路之一：开关电路

光耦应用最多的是作为开关，隔离两部分电路。如图 8-26（a）所示为高电平导通型开关，当输入信号 V_{in} 为高电平时，三极管 Q1 导通，光耦中发光二极管点亮，光电三极管导通，于是输出 V_{out} 为低电平；反之，V_{out} 为高电平。

图 8-25（b）所示为低电平导通型开关，当输入信号 V_{in} 为低电平时，三极管 Q1 截止，光耦中发光二极管由电阻 R3 上拉而点亮，光电三极管导通，于是输出 V_{out} 为低电平；反之，V_{out} 为高电平。

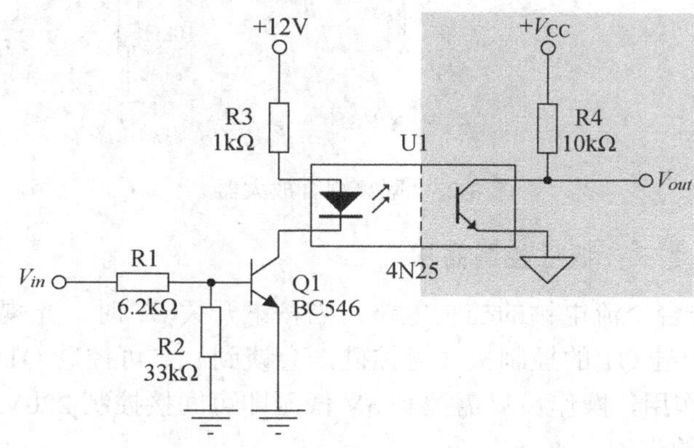

（a）高电平导通型

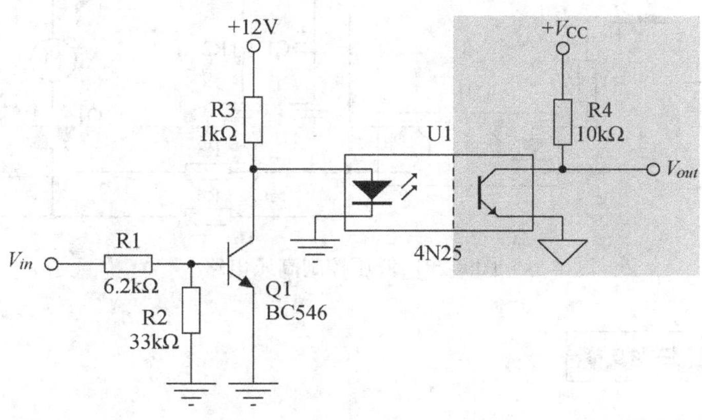

（b）低电平导通型

图 8-26　光耦隔离开关

2. 光耦应用电路之二：隔离耦合

隔离耦合是指利用光耦的光电隔离作用进行信号的传递，这样做在许多情况下是出于安全和减小干扰的考虑。比如图 8-27 所示的隔离耦合放大器电路，适当选取光耦的发光二极管回路限流电阻 Rl，使 R1 的电流传输比为一常数，即可保证该电路的线性放大功能。

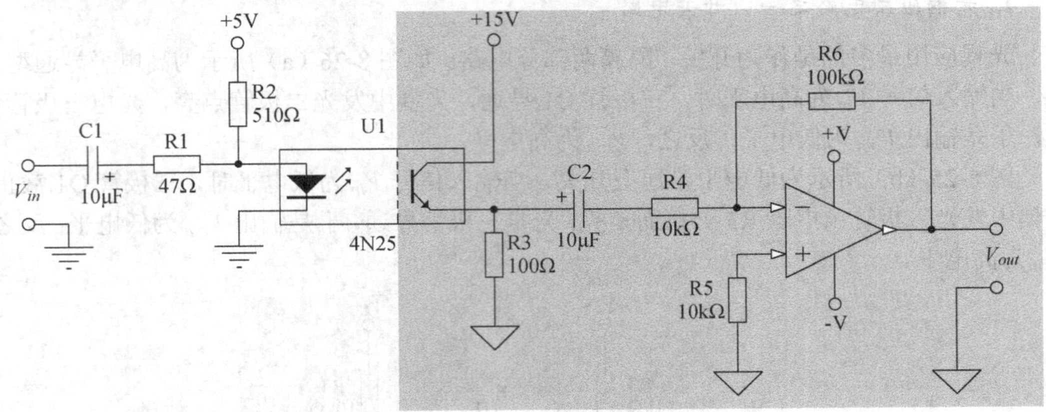

图 8-27　隔离耦合放大器

3. 光耦应用电路之三：低压控制高压

图 8-28 所示为一台交流电钻的控制电路。当按下开关 S1 时，光耦产生输出电流通过电阻 R3 加到双向可控硅 Q1 的控制极（可控硅一会谈到），可控硅 Q1 导通，电钻电机转动。由于光耦的隔离作用，操作员只需控制 3V 低压即可间接控制 220V 的电机，从而起到保护操作员人身安全的作用。

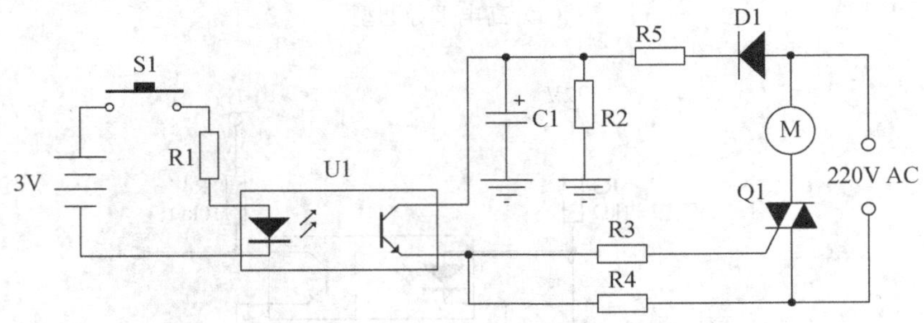

图 8-28　低压控制高压电路

8.2.3　场效应三极管

场效应三极管（field effect transistor）也是一种重要的器件，它是一种利用场效应原理工作的半导体器件。和 1.3.2 节介绍的三极管相比，场效应三极管具有输入阻抗高、噪声低、动态范围大、功耗小及易于集成等特点，可应用于小信号放大、功率放大、信号驱动及振荡器中。

场效应三极管有栅极 G、源极 S 和漏极 D 3 个管脚，分为结型场效应三极管（JFET）和绝缘栅型场效应三极管（MOSFET）两种，每种类型又有 N 沟道和 P 沟道两种结构。场效应三极管与普通三极管在外观上有相似之处，图 8-29 所示为 JFET 和 MOSFET 两种类型场效应三极管的电路符号。

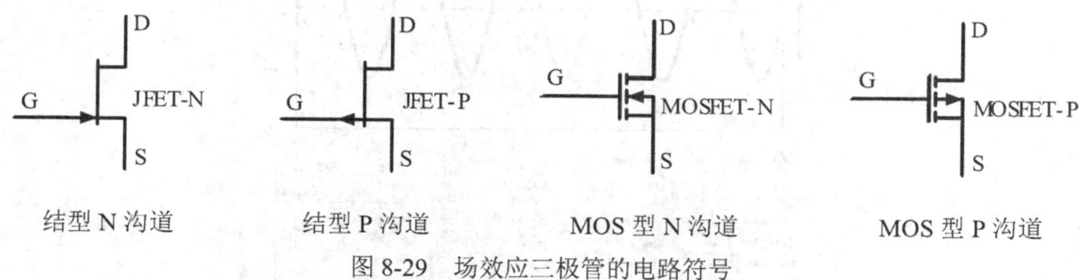

图 8-29　场效应三极管的电路符号

场效应三极管的栅极 G、源极 S 和漏极 D，相当于三极管的 b 极、e 极和 c 极。由于场效应三极管的源极 S 和漏极 D 是对称的，实际应用中可以互换。图 8-30 所示为一个场效应三极管放大器的仿真实例，由于篇幅有限，本书不再做更为详细的介绍。

【例 8.1】效应三极管放大器：在 Multisim 2001 中连接如图 8-30 所示的电路，观察场效应三极管放大器的输入、输出波形。

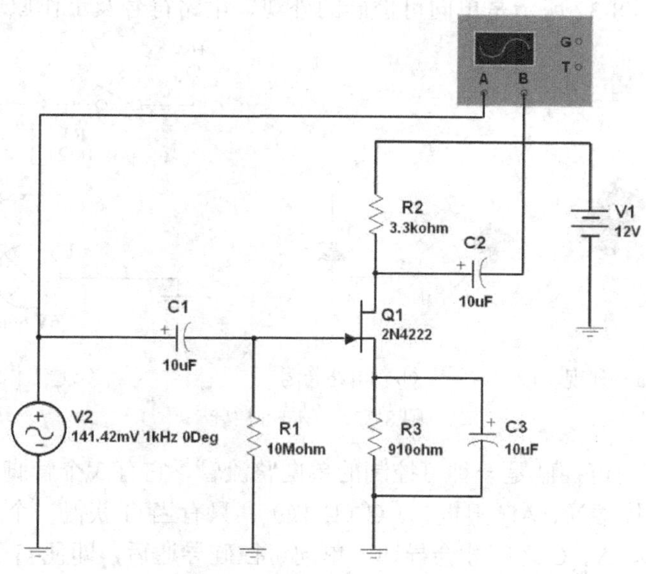

图 8-30　场效应三极管放大器

打开仿真开关，可得到图 8-31 所示的输入、输出波形，很明显，场效应三极管放大器与 1.3.2 节介绍的三极管放大器一样，可对小信号进行电压放大。此外，场效应三极管具有很高的输入阻抗，非常适合作阻抗变换。

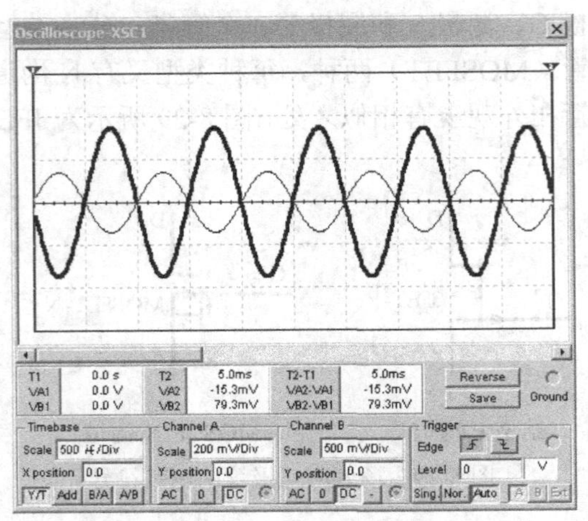

图 8-31　场效应三极管放大器的输入、输出波形

8.2.4　可控硅

可控硅（silicon-controlled rectifier，SCR）是一种半导体功率控制器件，又名晶闸管（thyristor）。如图 8-32 所示是单向可控硅的外观、电路符号及工作原理示意图。

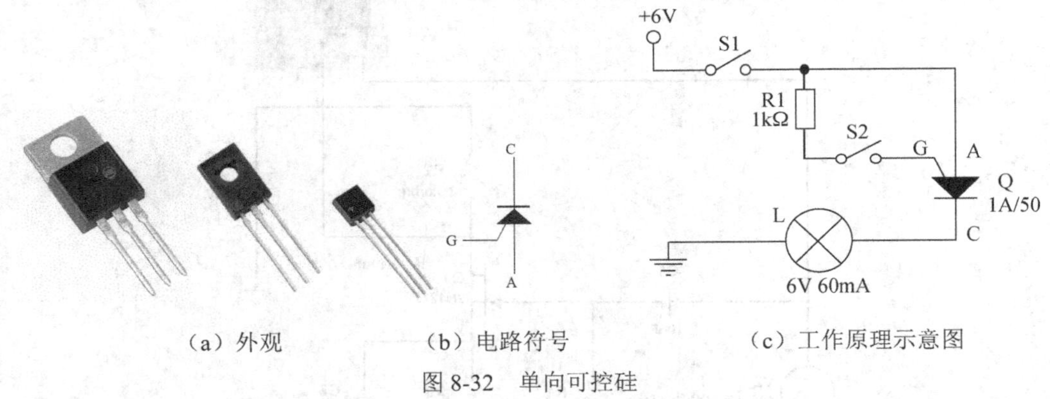

（a）外观　　（b）电路符号　　（c）工作原理示意图

图 8-32　单向可控硅

顾名思义，单向可控硅是一种可控制的单向整流管，它有 3 个管脚，如图 8-32（b）所示，分别是 G（门控端）、A（阳极）、C（阴极）。只有当 G 获得一个正向电压，同时 A、C 之间正向偏置时，A、C 之间才会导通。单向可控硅导通后，即便 G 上的正向电压撤走，可控硅还会继续导通。只有当 A、C 之间正向偏置电压消失或阳极 A 电流降至某一值时可控硅才会截止。

图 8-32（c）可以解释可控硅的工作过程：当开关 S1 闭合时，虽然可控硅 Q 的 A、C 间获得正向偏置，但灯泡 L 不发光。当开关 S2 也闭合时，G 极获得正向电压，可控硅导通，于是电流从 A 极流向 C 极，灯泡 L 有电流流过而发光。此时，如果断开开关 S2，灯泡 L 仍然发光。这就是一个用可控硅控制直流电源的简单实例。

单向可控硅可用于图 8-33 所示的报警电路中：一开始开关 S1 闭合，当传感器检测到异常情况时，输出一个脉冲至可控硅 Q1 的 G 极，Q1 导通使报警器报警。之后即便传感器电路的正向脉冲消失，Q1 仍然保持导通直到有关人员到现场切断开关 S1 才会停止报警。

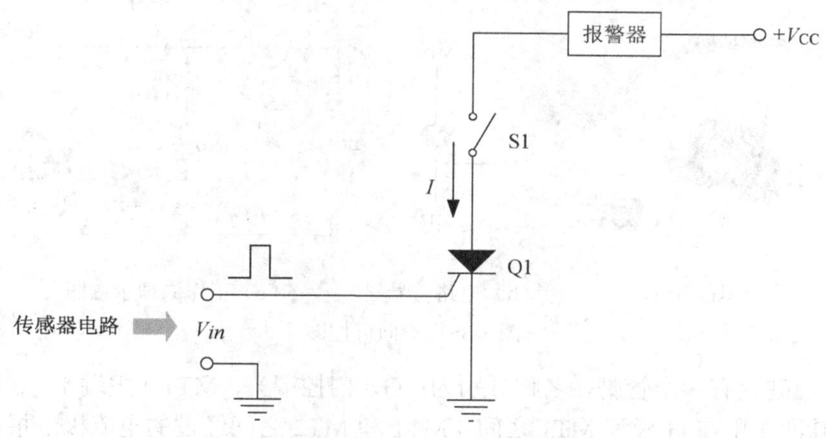

图 8-33　无触点开关

可控硅控制交流时情况有所不同，在交流信号的每个周期内只有正半周时可控硅的 A、C 间会获得正向偏置，于是只有一段时间电流会作用到负载上。在正半周的某一时刻，向 G 极施加一个脉冲从而在正半周的后半段打开了可控硅，出现直流输出信号，如图 8-34 中的 A-B 段。当交流输入进入负半周后，正向偏置的条件失去，可控硅截止，直到交流输入下一个正半周期峰值到来时在 G 极脉冲的控制下才再次导通。于是，在一段时间内，输出的波形呈现一个只有 1/2 正半周部分的直流信号。

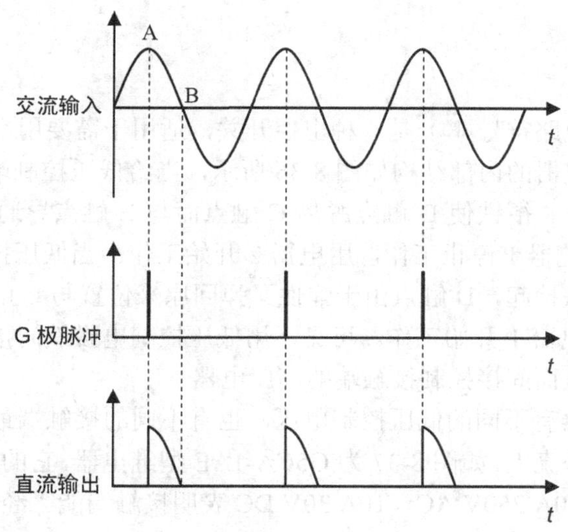

图 8-34　单向可控硅控制交流电

单向可控硅类似二极管，只允许一半的波形通过，因此它经常应用在大电压、大电流的控制场合，当电流方向改变时就会自动地切断。除了单向可控硅外，还有一种将两个单向可控硅反向并联且共用一个G极的器件——双向可控硅。双向可控硅在G极获得正向和负向脉冲时可以分别在交流输入信号的正半周和负半周导通。如图8-35所示是双向可控硅的外观、电路符号及工作原理示意图。

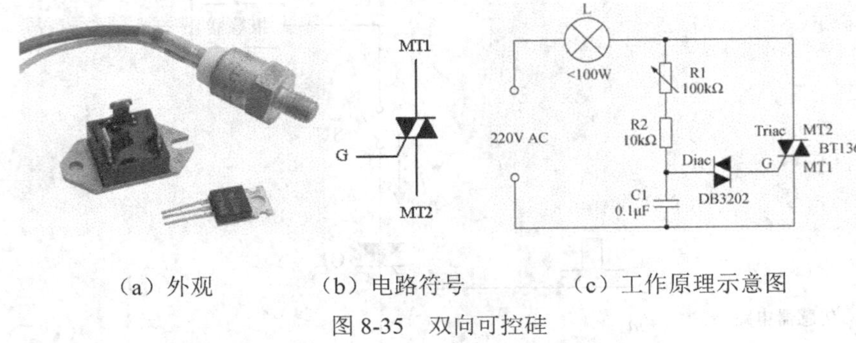

（a）外观　　（b）电路符号　　（c）工作原理示意图

图8-35　双向可控硅

双向可控硅也有3个管脚，名称分别为：G（门控端）、MT1（主端1）、MT2（主端2），门控脉冲作用在G极和MT1之间，MT1和MT2之间经过的电流极限根据器件的具体型号而有所不同，有的大功率可控硅可经受住高达几十安的电流。

生活中常见的双向可控硅应用要数调光灯和调速电钻了。如图8-35（c）所示是一个典型的调光灯电路，电路中的Diac是一个双向交流开关器件，型号为DB3202，它相当于两个稳压二极管反向并联。当电容C1两端的电压绝对值到达约30V时DB3202导通，这样，一个脉冲电流经过DB3202并触发双向可控硅BT136，于是BT136导通，灯泡L发光。而这个导通时间受到可变电阻R1的控制：R1阻值越大，C1充电越慢，则BT136在每个周期内导通的时间就越晚，灯泡也就越暗。

8.2.5　继电器

继电器（relay，电路符号 ）是一种电控开关，适用于需要用小电流控制大电流功率器件通断的场合。继电器的内部结构如图8-36所示，当给低压控制端A、B通电时，电磁铁工作而把衔铁吸下来。衔铁使D触点脱离C触点而与E触点导通，于是D-E之间导通而D-C之间断开，用电器1停止工作，用电器2开始工作；当低压控制端A、B断电后，电磁铁失去磁性而衔铁抬起，D触点由于弹性又弹回原来位置与C触点接触导通，此时用电器2停止工作，用电器1开始工作。可见，用低压控制电磁铁间接控制一个单刀双掷开关的状态（触点），从而间接控制接触端的高压电器。

不同型号的继电器有不同的低压控制电压，也有不同的接触端最大电流。而这两个参数都会印在继电器的外壳上，如图8-37为G5CA-1AE型继电器，它的外壳上的CONTACT：指的是接触端，参数10A 250V AC，10A 30V DC表明接触端能“经受”电压为250V、电流为10A的交流信号，或者电压为30V、电流为10A的直流信号；COIL：指低压控制端，参数24V DC表明继电器中电磁铁需要24V直流电压才能吸引衔铁控制接触端的状态。

继电器的低压控制端与接触端之间没有任何电气连接关系，只是通过机械的手段实现接触控制。它是目前较为常用的开关式功率控制器件，可实现从低压直流到高压直流/交流的过

渡。如图 8-38 所示，继电器的控制端由三极管 Q 来驱动，只要输入端 V_{in} 为高电平（+5V），三极管 Q 导通，继电器控制端（4、5 管脚）获得电流而电磁铁工作，于是接触端 1、3 导通，220V AC 电机开始工作。当输入端 V_{in} 为低电平时，三极管 Q 截止，控制端没有电流通过，继电器不工作，于是电机停止。可见继电器实现了低压（5V DC）控制高压（220V AC）的目的。

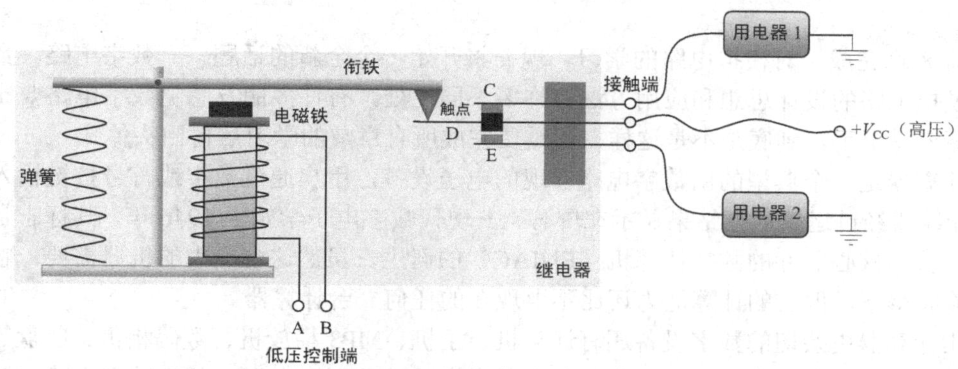

图 8-36 继电器工作原理

图 8-37 继电器参数

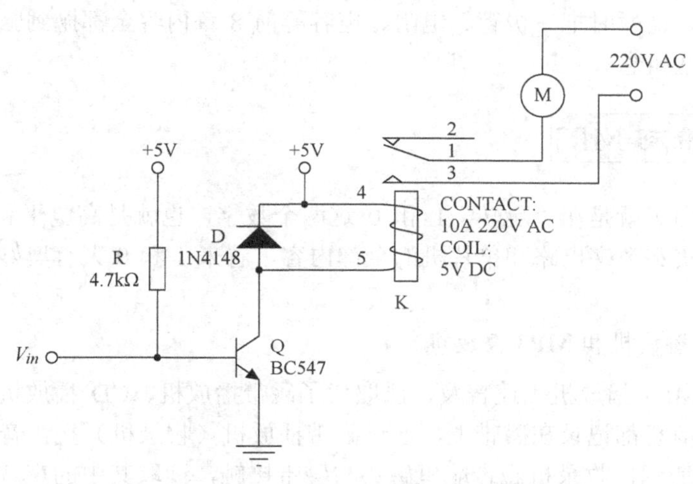

图 8-38 继电器控制

由于继电器的电磁铁有一定的电感，在断电瞬间可能会产生较大的反向电压而对三极管不利，因此常常在继电器控制端反接一个二极管用于放电（图 8-38 中的二极管 D）。

第9章 数字启航

前 8 章完成了对模拟电路的学习，现在将开始一个全新的话题——数字电路。数字电路与模拟电路的设计思想和应用方法有许多不同之处，有许多朋友感觉数字电路要比模拟电路更容易上手。到底是不是这样，还需要完成所有章节的学习后再回头体味。

计算器是一个典型的由数字电路实现的电子设备，用户通过数字或符号按键输入运算式，计算器经过运算后把结果显示在屏幕上。现代数字电子学始于 1946 年，其标志是一台以电子管为核心器件的数字计算机（ENIAC）的诞生。虽然这台庞大的机器需要一整间屋子才能装得下，但它的计算能力还比不上现在的任何一台计算器。

比计算器更亲切的数字设备还有计算机、手机、MP3 播放机、数码相机、U 盘等一切数码产品。数码产品中主要的器件都属于数字电路的范畴。今天，其实数字电路比模拟电路离我们更近。

在本书中，数字电路部分（第 9~11 章）作为跨越模拟电路和承接单片机的部分，有着承上启下的作用。如果不对数字电路进行了解，就不好理解单片机的某些问题。但本书并不侧重于复杂数字系统的设计，只希望在有限的篇幅里把所需的内容展开一下。

9.1 开始数字逻辑的思考

从磁带到MP3　数字电路的语言　数制和编码

从现在开始，请暂时把三极管、电阻、电容等前 8 章内容全都抛到脑后，以免混淆模拟和数字中的一些概念。

9.1.1 从磁带到 MP3

数字电路说白了就是在“玩转”1 和 0 这两个数字，也就是高电平和低电平。1 和 0 这两个数字将会贯穿数字电路和单片机的全部内容。看来 1 和 0 大有奥妙，它们到底是什么呢？

1. 比较磁带播放机和 MP3 播放机

最近几年，MP3 播放机飞速普及，已取代了磁带播放机、CD 播放机等听音设备。在磁带时代，有声信息都记录在磁带上，通过磁带播放机（收录机）把声音还原播放出来。其原理如图 9-1 所示，收录机磁带舱里磁头与磁带接触，读取其中的声音信息。磁头输出的信号与磁带上所记录的声音信息具有相应性，通过放大器的放大，该信号就可以驱动扬声器发出声音，将磁带所记录的声音还原出来。这个过程中，存储、采集、放大、重放的都是连续变化信号，或者说是模拟信号。

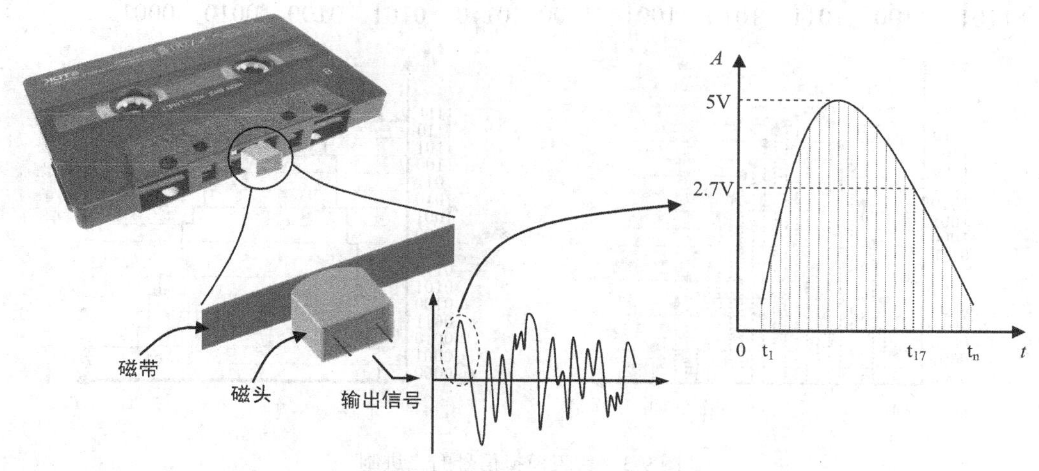

图 9-1　磁带的回放

模拟信号是一类幅度随时间连续变化的信号。如果把模拟信号中的一小段取出，如图 9-1 右图所示。假设这小段模拟信号的峰值为 5V，并以时间为序把这段信号分成 n 份，于是任意一个时刻都会对应一个幅度值，比如 t_{17} 时刻信号的幅度为 2.7V 等。

把 t_1~t_n 时刻共 n 个幅度值提出并放到一个新的坐标轴里，就会得到一串离散信号 A_1、A_2、A_3、……、A_{n-1}、A_n（如图 9-2（a）所示），如果用线段把点 A_1、A_2、A_3、……、A_{n-1}、A_n 连接起来就会还原出原来模拟信号的波形（如图 9-2（b）所示）。可想而知，n 越大，信号还原得就越逼真。

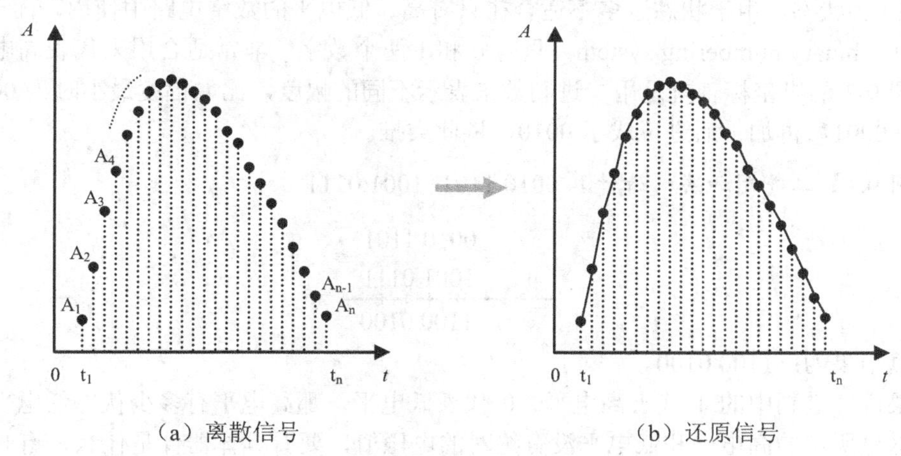

图 9-2　离散信号

图 9-2（a）的离散信号在每一时刻有一个对应的幅度值。如果把这些幅度值分成 16 份，如图 9-3 纵坐标所示，每一份用一串数字来表示，比如 0000、0001 等，则任意时刻都能找到一串数字来代表其幅度值，如 t_1 时刻幅度值为 0001，t_{17} 时刻幅度值为 1001 等。于是，这 n 个幅度值可依次表示为：

0001　0100　0111　1001　1100　1101　1110　1111　1111　1111　1110　1110

1101　1100　1011　1010　1001　1000　0110　0101　0100　0010　0001

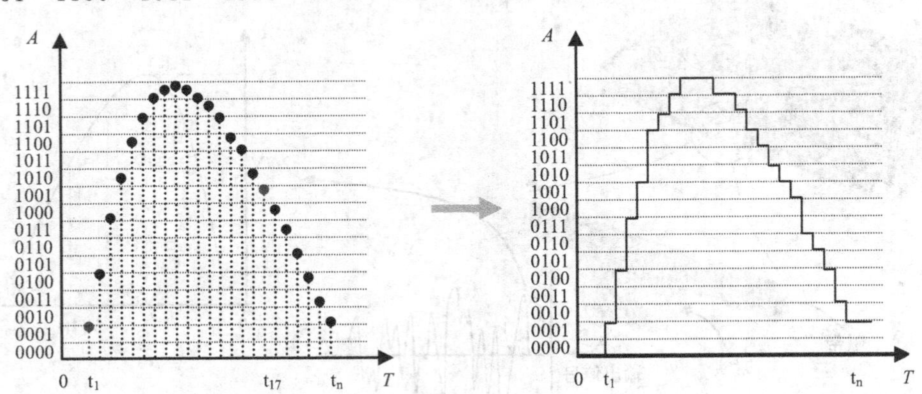

图 9-3　代表模拟信号的二进制

如此一来，图 9-1 中一小段连续变化的模拟信号被上面 n 串数字代表了。一首完整的音乐的模拟信号可由类似更多串的数字来表示，而这些数字串中只有 1 和 0 两种数字。如果 1 为高电平，0 为低电平，一首完整的音乐就可以用高、低电平来演绎了。这就是 MP3 播放机的原理——代表一首音乐的许许多多高、低电平存储在存储器中，重放时把这些高、低电平转换成模拟信号即可。

2. 二进制与逻辑电平

通常使用的十进制是逢 10 进 1，比如 9 加 1 就成了 10，往十位上进了 1。十进制中 0~9 代表了 10 种状态，由于状态过多不适合在只有高、低电平的数字电路中使用。而逢 2 进 1 的二进制（binary numbering system）只有 0 和 1 两个数字，非常适合用来代表高电平和低电平。图 9-3 的纵坐标轴就是用二进制数来表示不同的幅度，比如幅度最小时为 0000，加 1 之后为 0001，再加 1 后进位成了 0010，依此类推。

【例 9.1】二进制加法：请计算 0010 1101+1001 0111。

```
   0010 1101
+  1001 0111
------------
   1100 0100
```

计算结果为：1100 0100。

如果说二进制中的 1 代表高电平、0 代表低电平，那高电平有多少伏？低电平又有多少伏？这里所说的高电平和低电平没有绝对的电压值，要看具体器件是什么，有时还可以看器件的电源电压。比如某逻辑门（数字集成电路）由+5V 供电，可粗略认为高电平为+5V，低电平为 0V；又比如说某数据线缓冲器（数字集成电路）由+15V 供电，高、低电平的范围又会有所不同。由于高、低电平的电压值需视具体情况而定，所以只要说到 1 或高电平，0 或低电平只是指一个逻辑状态，并不是具体电压值。

对于许多+5V 供电的数字集成电路来说，只要是+2V 以上就可视为 1 或高电平；+0.8V 以下则视为 0 或低电平，如图 9-4 所示，而介于+0.8~+2V 视为分隔区，这个范围内的电平

将不会被数字系统识别。

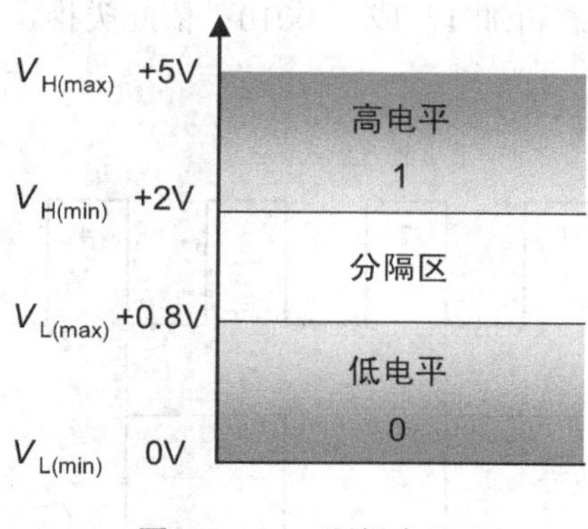

图 9-4　+5V 逻辑电平

9.1.2　数字电路的语言

1 和 0 代表了数字电路的两种状态，如果把 1 和 0 的变化用坐标和波形的形式来表示，如图 9-5 所示，就得到了数字信号的波形。

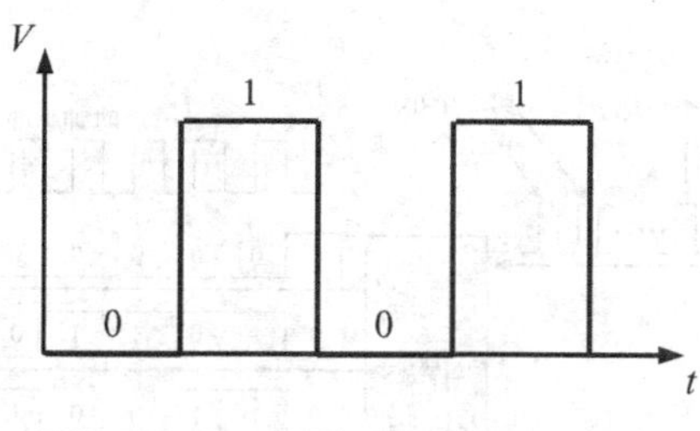

图 9-5　数字信号波形

1. 时钟脉冲信号

时钟脉冲信号（clock）是许多数字系统工作时序的来源，它一般由方波充当，如图 9-6 所示是 8 个时钟脉冲。时钟脉冲的周期 t_p 为两个相邻上升沿或下降沿之间的时间差，时钟脉冲的频率 $f=\frac{1}{t_p}$。

数字电路中经常把一些输出信号与时钟脉冲结合起来描述（如图 9-6 所示）：在第 0 个时钟脉冲上升沿输出由低变高，第 2 个时钟脉冲上升沿输出由高变低，从第 3 个时钟脉冲上升沿开始输出就每隔一个时钟脉冲跳变一次。这说明时钟脉冲“统领”着数字电路的状态变化。

2. 时钟脉冲与计数

为了加深对时钟脉冲在数字系统中“统领”作用的体会，下面再举一个例子。图 9-7 所示为一个装小球的生产线，左侧是一个传送带用于传输小球。假设每个箱子装入 8 个小球为满。每个小球落下时传感器会向计数器发送一个脉冲，计数器每接收到一个脉冲其 4

路输出状态（二进制）就加 1。比如第 1 个小球落下后，输出状态 0000 加 1，成了 0001；第 2 个小球落下后，输出状态再加 1，成了 0010；依此类推，当第 8 个小球落下后计数器的输出状态为 1000。

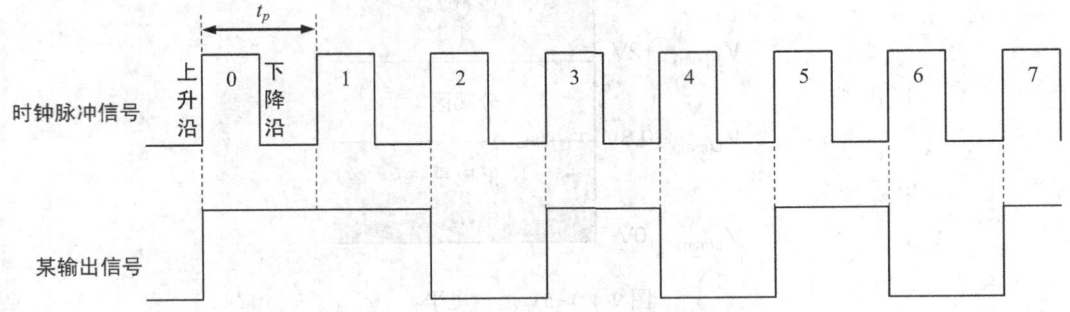

图 9-6 时钟脉冲

图 9-7 中计数器的输出交给解码器，它把 4 位二进制数变成十进制后驱动数码管显示，比如计数器输出 0001 时显示为 1；输出 1000 时显示为 8 等。这样一来，每个小球落下产生的脉冲作为计数器的时钟脉冲。每到来一个脉冲，计数器输出加 1，经解码器后显示也就加 1。

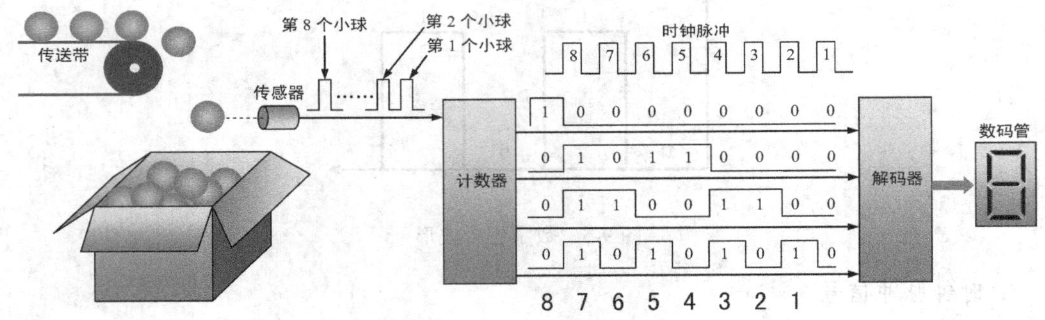

图 9-7 装小球生产线中的时钟脉冲与计数

9.1.3 数制和编码

1. 十六进制

在数字电路中除了二进制外，还常常会涉及到十六进制。和十进制的进位原理一样，十六进制每逢 16 向高位进 1。十六进制引用了字母 A、B、C、D、E、F 来代表 10、11、12、13、14、15。为了区分不同数制的数字，常常在二进制数后加一个字母 B 或下标 2，如 1011 1101B、$1000\ 0010_2$ 等。而在十六进制后加一个字母 H 或下标 16，如 3FH、80_{16} 等。

表 9-1 是几种常用数制的比照表，从中可看到它们是如何相互换算的。

表 9-1　十进制、二进制、十六进制、BCD 码

十　进　制	二　进　制	十六进制	BCD 码
0	0000	0	0000
1	0001	1	0001
2	0010	2	0010
3	0011	3	0011
4	0100	4	0100
5	0101	5	0101
6	0110	6	0110
7	0111	7	0111
8	1000	8	1000
9	1001	9	1001
10	1010	A	0001 0000
11	1011	B	0001 0001
12	1100	C	0001 0010
13	1101	D	0001 0011
14	1110	E	0001 0100
15	1111	F	0001 0101
16	0001 0000	1 0	0001 0110
17	0001 0001	1 1	0001 0111
18	0001 0010	1 2	0001 1000
19	0001 0011	1 3	0001 1001
20	0001 0100	1 4	0010 0000

2. BCD 码

表 9-1 中最后一栏是 BCD 码。BCD 是 binary coded decimal 的缩写，意思是二进制编码的十进制数。8421 码是一种常用的 BCD 编码，基本的 8421 码实际上就是二进制数的 0000~1001 这 10 个数。在把十进制转换成相应的 BCD 码时，分别对不同位上的数字进行独立转换后组合即可，如 34 的 BCD 码为 0011 0100；3490 的 BCD 码为 0011 0100 1001 0000。

3. 字模与编码

公共汽车上或车站里的一些 LED 大屏幕以及手机等数码产品的液晶屏所显示的图形、文字都是通过点阵来实现的。如果把这些点阵放大，就会清楚地看到每一个点，如图 9-8 所示，MP3 播放机液晶屏上的英文字母 A 为 5×7 点阵，即 A 由 5 列 7 行的点阵信息组成。如果约定编码方向为从上到下，从左到右，并用 1 表示点，0 表示空格，则可得到字母 A 的第一列二进制编码为 001 1111。同样可以得到其余 4 列的编码：010 0100、100 0100、010 0100、001 1111。这个二进制编码代表了显示信息——字母 A，其他文字或图形也都可用类似的方法进行编码。而这些二进制编码可以用代表高电平、低电平的 1 和 0 存储在 MP3 的存储器中，经转换后成为液晶屏上的显示信息。

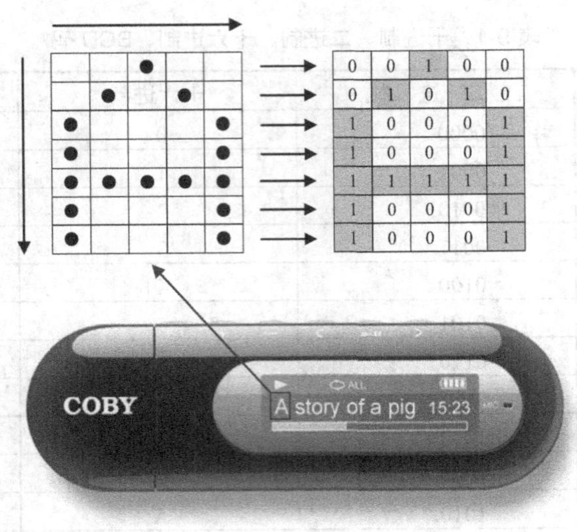

图 9-8　点阵

9.2　逻辑门

与门、或门、非门　与非门和或非门　逻辑门集成电路

逻辑门（logic gate）是数字电路的基本单元。一个逻辑门有一个输出端和一个或多个输入端。输出端只有 1 或 0 两种状态，或者说只有高电平或低电平两种状态，这取决于输入的信号和逻辑门的功能。逻辑门可进行与、或、非等逻辑运算，对应的也就有与门、或门、非门等基础逻辑门和组合逻辑电路。

9.2.1　与门、或门、非门

1. 与门

与门（AND gate，电路符号）有两个或两个以上输入端和一个输出端，如图 9-9 所示，A、B 为与门的输入端，Y 为输出端。只有当所有输入端为 1 时，输出才为 1。只要有任何一个输入端为 0，输出就为 0。这个关系可以用表达式 $Y=AB$ 来表示——输入 A、B 相乘得到输出 Y。

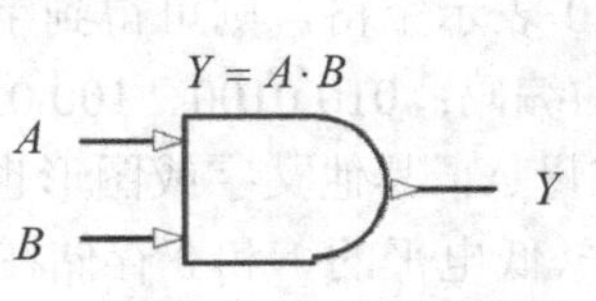

真值表

输入 A	输入 B	输出 Y
0	0	0
0	1	0
1	0	0
1	1	1

型号	功能描述
74HC08	2 输入四与门
74HC11	3 输入三与门
74HC21	4 输入二与门

图 9-9　与门

【例 9.2】与门：在 Multisim2001 中连接如图 9-10 所示的电路，验证与门逻辑功能。

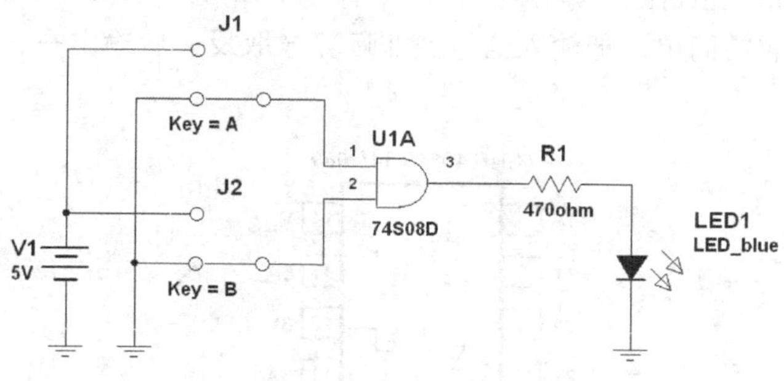

图 9-10　与门的逻辑运算

在图 9-10 中，与门 74S08 的两个输入端通过两个单刀双掷开关 J1、J2 在 1（+5V）与 0（0V）之间切换。打开仿真开关，通过键盘上的键位 A、B 可以分别对开关进行控制从而决定与门的输入信号。通过仿真可以发现，只有与门的两个输入均为 1 时，发光二极管 LED1 发光。这说明与门只有当输入全为 1 时输出为 1。

根据这个特点，可得到一张描述与门输入、输出关系的真值表。如图 9-9 所示，真值表中把每种输入状态组合对应的输出状态列得清清楚楚。

在图 9-9 中，还给出了几种常用的与门集成电路型号，比如 74HC08 是一个 2 输入四与门，说明 74HC08 集成电路内部集成了 4 个相同的具有 2 个输入端的与门，如图 9-11 左图所示为这种集成电路的内部结构。1、2、3 管脚分别为其中一个与门的两输入端和一输出端，另外三个与门使用的是其他管脚，而 7、14 管脚为供电端。如图 9-11 中图所示的 74HC11 为一个 3 输入三与门集成电路，其内部有 3 个相同的具有 3 个输入端的与门，只有当 3 个输入端同时为 1 时，输出才为 1。74HC21 内部则有 2 个相同的具有 4 个输入端的与门，只有 4 个输入端同为 1 时，与门的输出才为 1，如图 9-11 的右图所示。

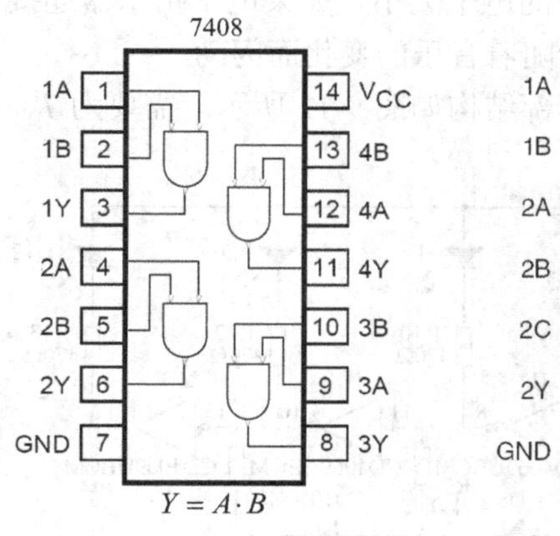

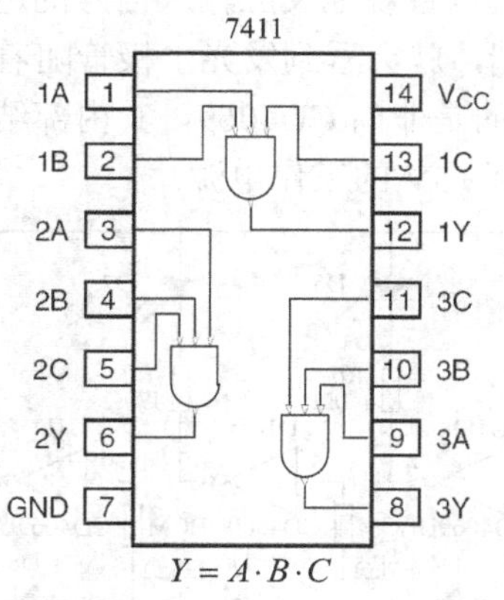

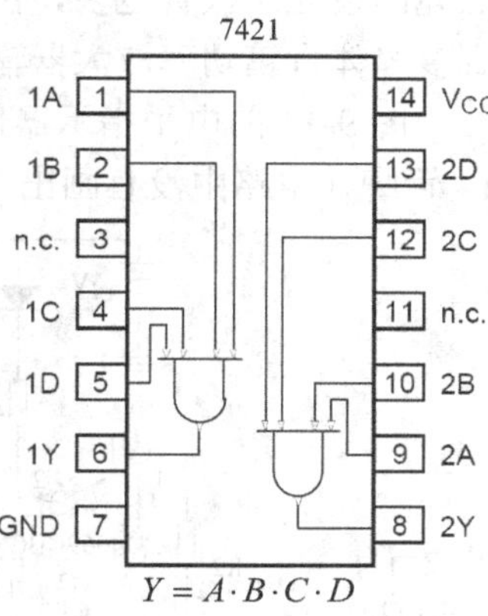

图 9-11　与门集成电路

2. 非门

非门（NOT gate、inverter，电路符号▷○）有一个输入端 A 和一个输出端 Y，如图 9-12 所示，其逻辑功能非常简单，把输入信号做非运算（取反）后输出——A=1 时，Y=0；A=0 时，Y=1。

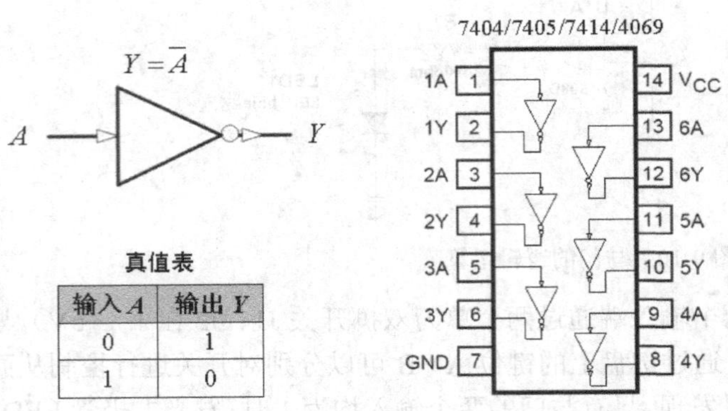

真值表

输入 A	输出 Y
0	1
1	0

型号	功能描述
74HC04	六非门
74HC05	六非门（开漏输出）
74HC14	六非门（施密特触发）

图 9-12　非门

图 9-12 中还给出了非门的真值表——这是一张世界上最简单的真值表。74HC04、74HC05、74HC14 是 3 种比较常见的非门集成电路，其内部结构相似，均有六个相同的非门，而 7、14 管脚为供电端。

根据非门的特点，可以制作一个简易的电平指示器，如图 9-13 所示。输入信号 V_{in}（可来自各种电平信号，如音频功率放大器的输出）经过电位器 R1 分压后加到二极管 D1 上。当 V_{in} 的幅度逐渐增大至使 D1 导通，非门 U1A 的输入端变为 1，则输出端变为 0，发光二极管 D3 发光，其他发光二极管仍不发光。随着 V_{in} 幅度继续增大，二极管 D2、D4 等依次导通，非门 U1B、U1C 等先后翻转，于是发光二极管 D5、D7 等逐级点亮。V_{in} 幅度越大，点亮的发光二极管越多，由此可以直观地反应输入信号的电平大小。如果电平指示器连接到多媒体音箱功率放大器输出端，就会看到发光二极管随着音乐的变化而闪动。

图 9-13 的电平指示器使用的是非门 CD4069，其内部结构如图 9-12 所示。需要为 7、14 管脚（电路中没有画出）提供+5V 的工作电源。

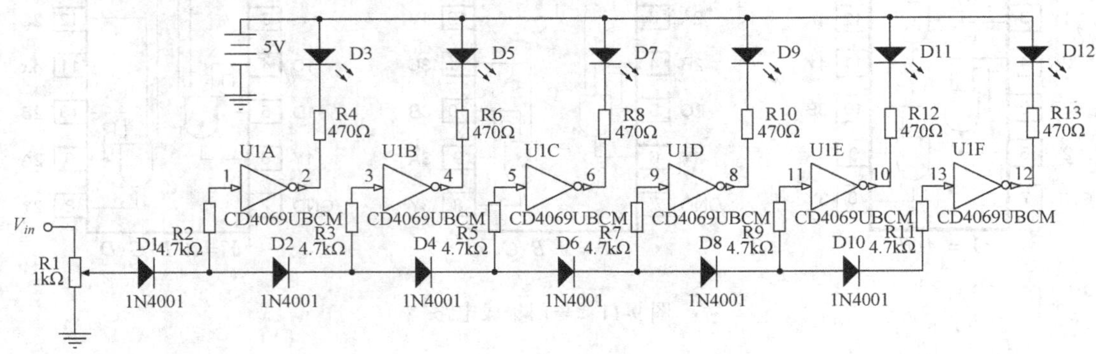

图 9-13　电平指示器

3. 或门

或门（OR gate，电路符号 ）有两个或三个输入端和一个输出端，如图 9-14 所示，只要输入端 A 或 B 有一个为 1，输出 Y 就为 1。或门做的是或运算，类似加法——Y=A+B。

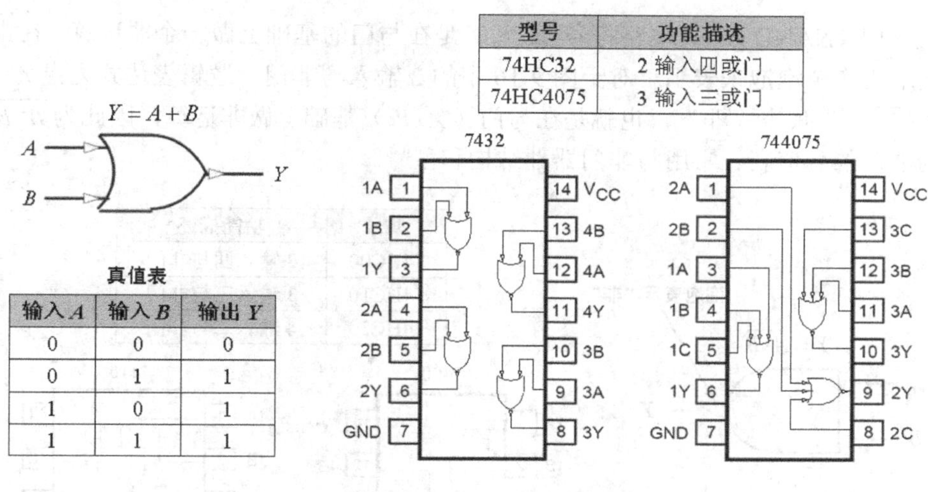

型号	功能描述
74HC32	2 输入四或门
74HC4075	3 输入三或门

真值表

输入 A	输入 B	输出 Y
0	0	0
0	1	1
1	0	1
1	1	1

图 9-14　或门

图 9-15 为或门的一个应用实例，门和两个窗口的传感器与一个 3 输入或门相连，或门输出端连接一个报警器。平时报警器不报警，在异常情况下，比如盗贼打破窗口玻璃或门时传感器会送出高电平。由于或门的特点，只要有一个传感器检测到异常情况，即或门的输入为 1，则输出端就为 1，从而使报警器报警。

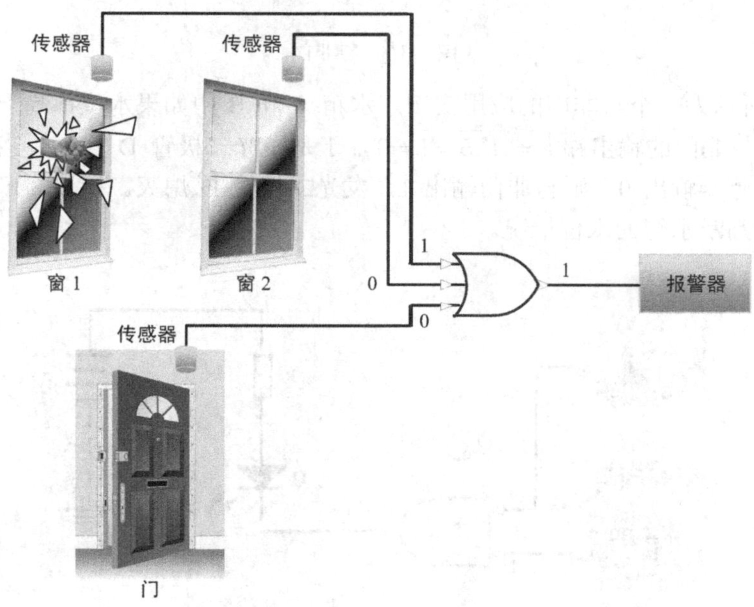

图 9-15　或门的应用

9.2.2 与非门和或非门

1. 与非门

与非门（NAND gate，电路符号 ）是在与门的基础上做一个非运算，在电路符号的输出端用一个泡泡来表示。对于图 9-16 中的 2 输入与非门，逻辑表达式为：$Y=\overline{A\cdot B}$，其中“ $\overline{\quad}$ ”代表“非”，也就是在与门（$A\cdot B$）基础上做非运算，因此为 $\overline{A\cdot B}$。图中还有与非门的真值表、常用与非门器件结构和型号。

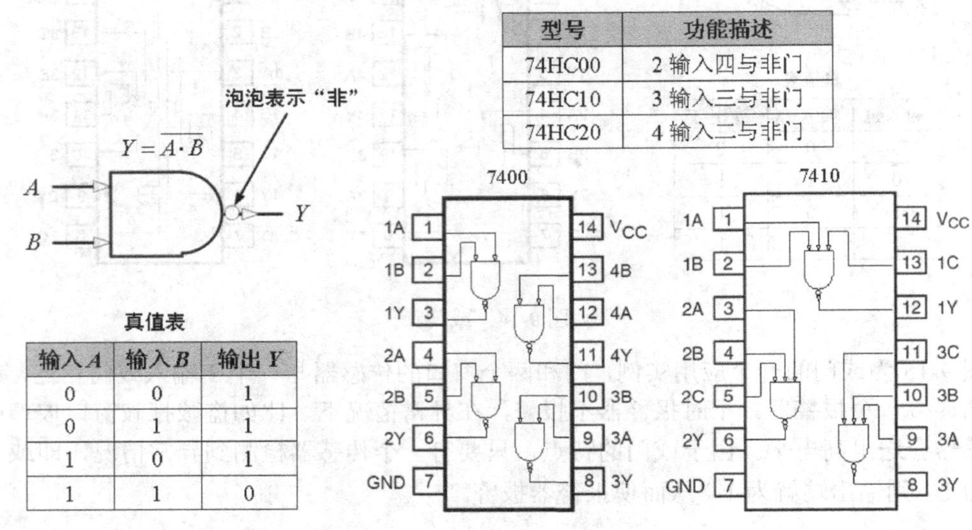

型号	功能描述
74HC00	2 输入四与非门
74HC10	3 输入三与非门
74HC20	4 输入二与非门

真值表

输入 *A*	输入 *B*	输出 *Y*
0	0	1
0	1	1
1	0	1
1	1	0

图 9-16　与非门

图 9-17 所示为一个与非门的应用实例。水箱 A 和 B 中如果水位都高于标定水位，传感器输出 1，与非门的输出端 $Y=\overline{A\cdot B}=\overline{1}=0$，于是发光二极管 D 点亮。当任一水箱的水位过低时，传感器输出 0，则与非门输出 1，发光二极管 D 熄灭。所以，可以根据发光二极管的亮灭来判断水箱的水位情况。

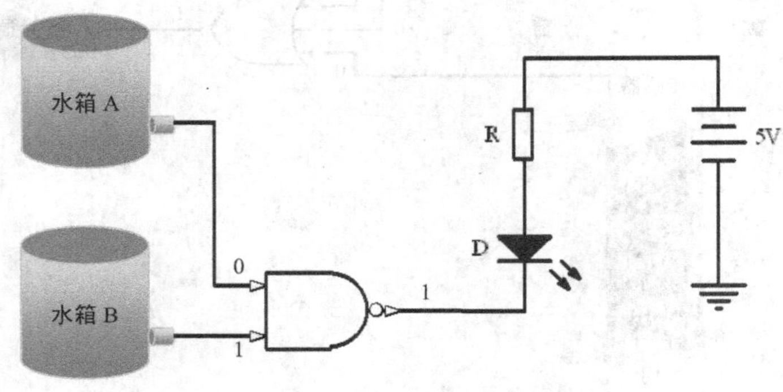

图 9-17　与非门的应用

2. 或非门

或非门（NOR gate，电路符号）是在或门的基础上做一个非运算，也在电路符号的输出端用一个泡泡来表示。图9-18是或非门的运算表达式、真值表、常用器件结构和型号。

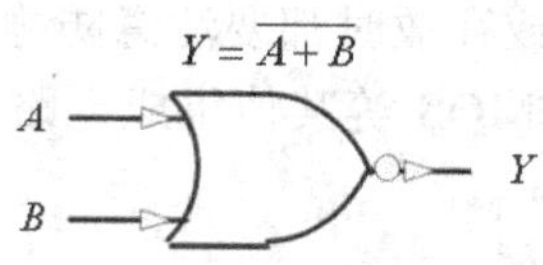

真值表

输入 A	输入 B	输出 Y
0	0	1
0	1	0
1	0	0
1	1	0

型号	功能描述
74HC02	2输入四或非门
74HC27	3输入三或非门
74HC25	4输入二或非门

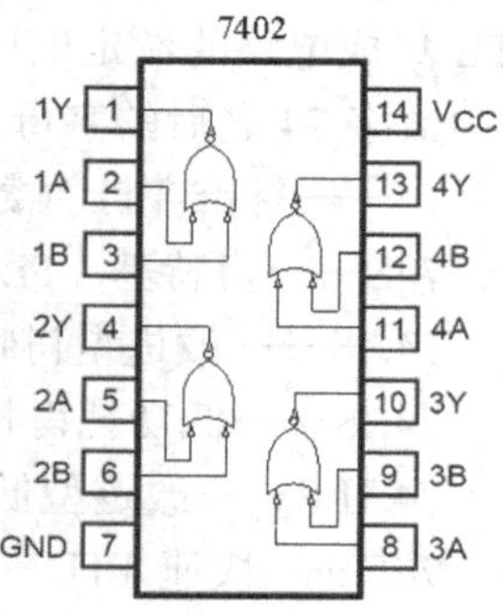

图9-18　或非门

9.2.3　逻辑门集成电路

目前有3种数字集成电路技术可用于实现逻辑门器件的制造，分别是TTL、CMOS、ECL。9.2.2节谈到的与门、或门、非门、与非门、或非门等逻辑功能在用不同的集成电路技术制造出的器件中相同，比如说与门的逻辑功能是进行与运算，无论使用TTL或CMOS技术实现的与门集成电路，功能是完全相同的。由于ECL技术在特殊场合中才会用到，所以本节重点讨论的是TTL和CMOS集成电路。

1. CMOS

CMOS是目前比较流行的集成电路技术，全称是互补金属氧化物半导体（complementary metal-oxide semiconductor）。虽然TTL集成电路主导了许多年并形成了种类齐全的功能器件，但目前已渐渐让位于CMOS集成电路，当前大部分大规模集成电路和微处理器采用的都是CMOS技术，最主要的原因是CMOS具有功耗低的特点。

CMOS集成电路根据额定电压的不同分为+5V和+3.3V两大类型。不同类型之间靠集成电路型号中数字74之后的字母来区分，比如+5V类型有：

✧　74HC和74HCT系列——高速CMOS

✧　74AC和74ACT系列——改进型CMOS

✧　74AHC和74AHCT系列——改进型高速CMOS

+3.3V类型的CMOS器件有：

✧　74LV和74LVC系列——低电压CMOS

✧　74ALVC系列——超低电压CMOS

除了上述74系列CMOS集成电路外，还有4000系列低速CMOS集成电路（图9-13

的 CD4069），但目前也在慢慢消失，虽然它曾经风靡了至少 20 年。

2. TTL

虽然 TTL 处于凋亡期，但是有些功能的集成电路只有 TTL 版本，所以必要的时候不得不选用。TTL 存在的另外一个优势就是它不像 CMOS 集成电路那么娇气——CMOS 很容易被静电击穿而损坏，所以在使用 CMOS 集成电路进行实验或存放时都要注意防静电。

TTL 集成电路的额定电压只有+5V 一种，区别 TTL 与 CMOS 等其他集成电路也有赖于型号中数字 74 之后的字母：

- ✧ 74——标准 TTL（数字后没有字母）
- ✧ 74S——肖特基 TTL
- ✧ 74AS——改进型肖特基 TTL
- ✧ 74LS——低功耗肖特基 TTL
- ✧ 74ALS——改进型低功耗肖特基 TTL
- ✧ 74F——快速 TTL

3. 逻辑门集成电路

所有的逻辑门都可在 CMOS 或 TTL 集成电路中找到具体器件，而不同逻辑门由型号的最后两位或 3 位数字来识别。例如最后两位数字为 04 的一般为非门集成电路，比如说 74HC04 是一个高速 CMOS 非门，74LS04 是一个低功耗肖特基 TTL 非门等。一些常用逻辑门和其对应型号中的最后两位或 3 位数字如下所示（更多常用数字芯片的型号可参考附录 N）：

- ✧ 2 输入四与非门——00
- ✧ 2 输入四或非门——02
- ✧ 非门——04
- ✧ 2 输入四与门——08
- ✧ 3 输入三与非门——10
- ✧ 3 输入三与门——11
- ✧ 4 输入二与非门——20
- ✧ 2 输入二与门——21
- ✧ 3 输入三或非门——27
- ✧ 8 输入三或非门——30
- ✧ 2 输入四或门——32
- ✧ 2 输入四异或门——86
- ✧ 13 输入单与非门——133

第 10 章　逻辑门的应用

1854 年，George Boole 发表了题为《一个关于思想法则的研究，从中发现的逻辑和概率的数学理论》（*An Investigation of the Laws of Thought, on Which Are Founded the Mathematical Theories of Logic and Probabilities*）的研究报告，其中提出的逻辑代数便是今天为人熟知的布尔代数。在对逻辑电路进行表达和分析时，布尔代数是一个方便而系统的工具。Claude Shannon 是运用布尔代数分析逻辑电路的第一人，1938 年，Shannon 在麻省理工完成了题为《继电器与开关电路的符号化分析》（*A Symbolic Analysis of Relay and Switching Circuits*）的硕士论文，其中用布尔代数对电话交换机中的继电器配置进行了简化。

本章就来了解一下布尔代数和一些常用的组合逻辑电路。

10.1　简单的逻辑运算

布尔代数及运算规则　用布尔代数分析逻辑电路　用布尔表达式描述真值表　卡诺图　七段数码管

在第 9 章中介绍了一些简单的逻辑门，每一种逻辑门都有一个表示输入、输出关系的表达式，比如与门的表达式为$Y = A \cdot B$，非门的表达式为$Y = \overline{A}$等。这些独立的逻辑门运算能力有限，只有把它们组合起来才能实现复杂的运算。一旦逻辑门组合起来，表达式也就复杂起来。为了应对组合过程中的一些表达、分析的困难，本节将介绍一些关于布尔代数的基础知识。

10.1.1　布尔代数及运算规则

变量（variable）及反码（complement）是布尔代数中使用的两个术语。变量通常用斜体书写，是逻辑参量的符号，其取值在 1 和 0 之间。比如与门的表达式 $Y=AB$ 中，Y、A、B 都是变量。反码就是在变量头上加一个小横线，表示取反。比如非门表达式$Y = \overline{A}$中的$^{-}$表示取反，如果 A=0，则$\overline{A}$=1，在描述时可称为 A 非等于 1。

1. 布尔加法

布尔加法与第 9 章的或运算是相同的，图 10-1 所示为或门对两个输入变量做布尔加法。注意，只要有一个输入变量为 1，则布尔加法运算结果就为 1（而不会超过 1）。

【例 10.1】布尔加法：假设 A=0，B=0，C=0，D=1，**计算** $A+\overline{B}+C+\overline{D}$。

计算得：

$A+\overline{B}+C+\overline{D} = 0+\overline{0}+0+\overline{1} = 0+1+0+0 = 1$

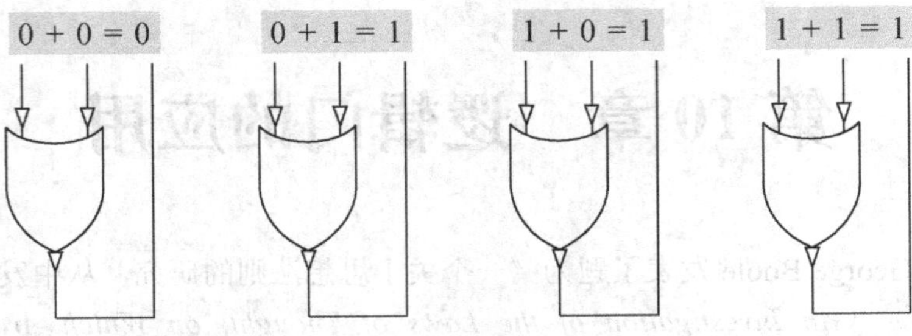

图 10-1　或门做布尔加法

2. 布尔乘法

布尔乘法与第 9 章的与运算是相同的，图 10-2 所示为与门对两个输入变量做布尔乘法。注意，只有所有的输入变量为 1，布尔乘法运算的结果才为 1（而不会超过 1）。

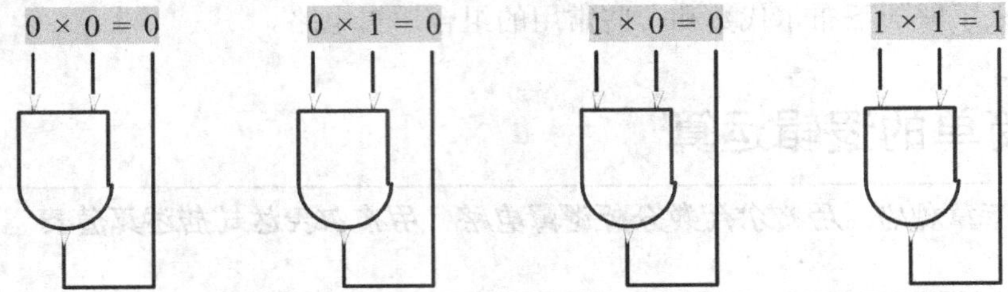

图 10-2　与门做布尔乘法

【例 10.2】布尔乘法：假设 A=1，B=0，C=1，D=0，计算 $A\overline{B}C\overline{D}$。

计算得：

$A\overline{B}C\overline{D}=1\times\overline{0}\times1\times\overline{0}=1\times1\times1\times1=1$

3. 布尔代数运算法则

就像普通的数学运算有一些成熟的法则可用于简化过程一样，布尔代数也有类似的运算法则供计算时使用。表 10-1 是常用运算法则的名称和表达式，供今后计算中参考（其中 ≡ 表示等价于）。

表 10-1　布尔代数运算法则

名称及表达式	逻辑门应用表示
加法交换律： $A+B=B+A$	A, B → A+B ≡ B, A → B+A
乘法交换律： $AB=BA$	A, B → AB ≡ B, A → BA
加法结合律： $A+(B+C)=(A+B)+C$	A; B, C → A+(B+C) ≡ A, B; C → (A+B)+C

续表

名称及表达式	逻辑门应用表示
乘法结合律： $A(BC)=(AB)C$	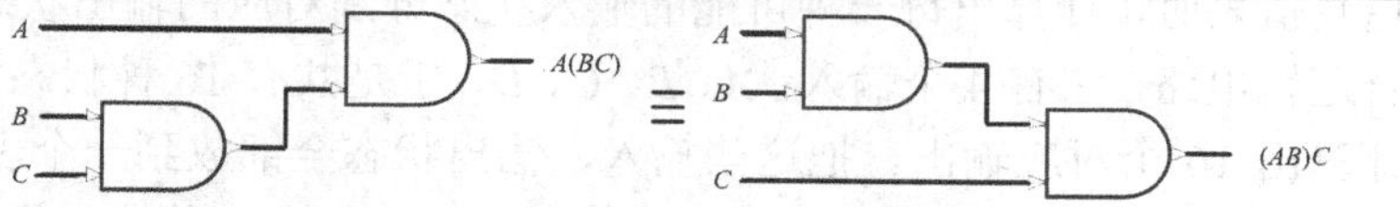
分配律： $A(B+C)=AB+AC$	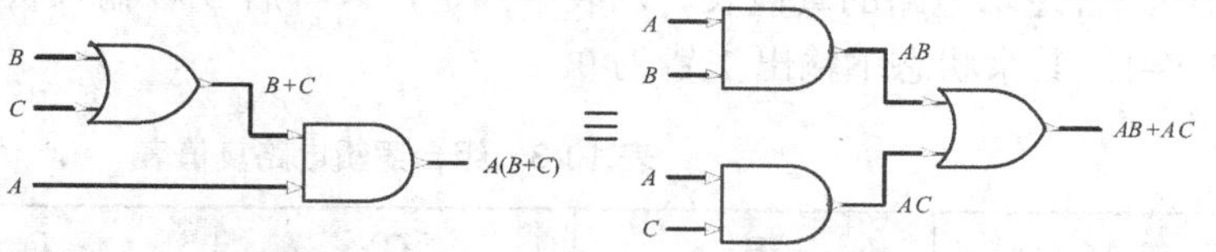

3. 布尔代数的规则及德摩根定律

除了以上布尔代数运算法则外，常常还用会到表 10-2 所示的规则对布尔表达式进行操作和化简。

表 10-2　布尔代数的规则及德摩根定律

基本规则	$A+0=A$	$A\cdot 0=0$
	$A+1=1$	$A\cdot 1=A$
	$A+A=A$	$A\cdot A=A$
	$A+\overline{A}=1$	$A\cdot\overline{A}=0$
	$\overline{\overline{A}}=A$	
吸收律	$A+AB=A$	$A+\overline{A}B=A+B$
	$(A+B)(A+C)=A+BC$	$A(A+B)=A$
德摩根定律	$\overline{ABC}=\overline{A}+\overline{B}+\overline{C}$	$\overline{A+B+C}=\overline{A}\,\overline{B}\,\overline{C}$

10.1.2　用布尔代数分析逻辑电路

从表 10-1 可以感受到布尔代数只用一个简明的表达式就可以表示逻辑门组合逻辑电路。比如图 10-3 所示组合逻辑电路，每一个逻辑门的输出端都有该逻辑门所实现的运算的表达式，如第一个与门实现的是 AB 等。到了最后一个与门时，其中一个输入为前两个逻辑门的运算结果，即 $AB+C$，另一个输入为 D，于是形成了组合逻辑电路的最终表达式 $Y=(AB+C)D$。

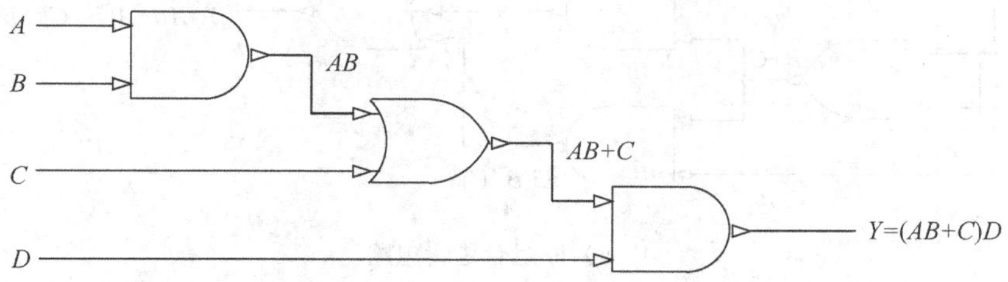

图 10-3　组合逻辑电路与布尔表达式

1. 组合逻辑电路的真值表

只要为组合逻辑电路写出一个布尔表达式，就可以获得该组合逻辑电路的真值表。在构造真值表时，计算出每一种可能的输入状态分别对应的输出状态即可。如图 10-3 所示的组合逻辑电路，它有 4 个输入：A、B、C、D，于是共有 16 种状态，根据表达式 $Y=(AB+C)D$ 可计算出 16 个对应输出。把这些输入、输出状态全部放到一个表中，如表 10-3 所示，即得到该组合逻辑电路的真值表。从表中知道，只有后 5 种输入状态才能使该组合逻辑电路输出 $Y=1$，其余状态下输出 Y 皆为 0。

表 10-3　组合逻辑电路真值表

A	B	C	D	Y
0	0	0	0	0
0	0	0	1	0
0	0	1	0	0
0	0	1	1	0
0	1	0	0	0
0	1	0	1	0
0	1	1	0	0
0	1	1	1	0
1	0	0	0	0
1	0	0	1	0
1	0	1	0	0
1	0	1	1	1
1	1	0	0	1
1	1	0	1	1
1	1	1	0	1
1	1	1	1	1

【例 10.3】布尔表达式及真值表：用布尔表达式描述图 10-4（a）所示的组合逻辑电路，利用布尔代数运算法则和规则化简表达式，并构造真值表。

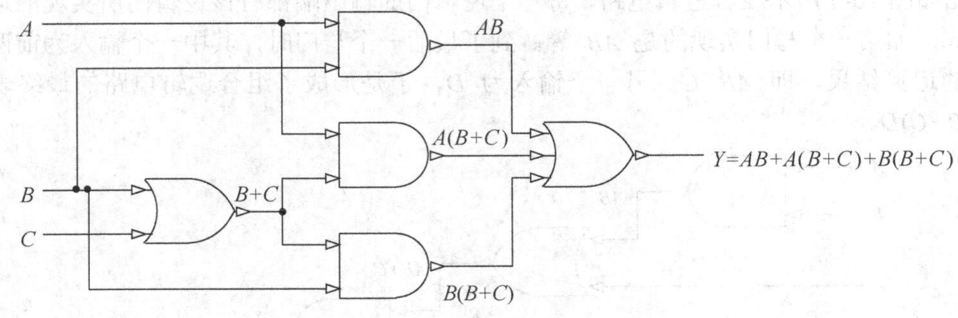

（a）原组合逻辑电路

图 10-4　组合逻辑电路

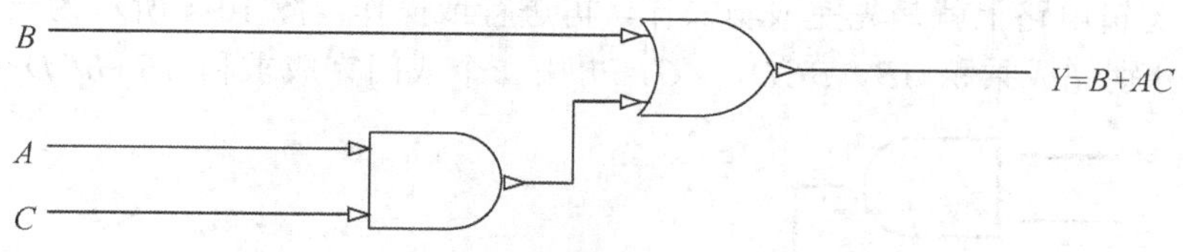

（b）化简之后的逻辑电路

图 10-4　组合逻辑电路（续）

从左到右把每个逻辑门的输出用布尔代数表达出来就可得到图 10-4（a）所示组合逻辑电路的布尔表达式为：$Y=AB+A(B+C)+B(B+C)$。

对该表达式应用表 10-1 的运算法则和表 10-2 的规则可得：

$Y=AB+A(B+C)+B(B+C)$

$=AB+AB+AC+BB+BC$　　——分配律 $A(B+C)=AB+AC$

$=AB+AB+AC+B+BC$　　——基本规则 $AA=A$

$=AB+AC+B+BC$　　——基本规则 $A+A=A$

$=AB+AC+B$　　——吸收律 $A+AB=A$

$=B+AC$　　——吸收律 $A+AB=A$

最终化简得到的表达式 $Y=B+AC$ 与刚开始那个复杂的表达式具有相同的功能，因为布尔代数只是简化形式，不会改变表达式功能。由简化的表达式 $Y=B+AC$ 可以构造一个新的、简化了的组合逻辑电路，如图 10-4（b）所示，虽然只包含了一个与门和一个或门，却与原来的具有 5 个逻辑门的电路（如图 10-4（a）所示）功能相同，可见原来的组合逻辑电路非常的冗余。

利用简化的表达式 $Y=B+AC$ 就可轻松获得组合逻辑电路的真值表，如表 10-4 所示。

表 10-4　组合逻辑电路真值表

A	B	C	Y
0	0	0	0
0	0	1	0
0	1	0	1
0	1	1	1
1	0	0	0
1	0	1	1
1	1	0	1
1	1	1	1

2. 标准的布尔代数表达式

所有的布尔表达式都可以化成两种标准的表达形式，一种是积的和，另一种是和的积。将非标准形式的表达式化成标准形式更易于对系统进行分析。

积的和（SOP）标准形式就是形如 $Y=AB+BCD+AC$ 的布尔表达式，先让变量相乘，然后再求和。体现在逻辑电路上就是先完成与操作，再进行或操作。图 10-5 所示为一个积的和例子，3 个与门分别完成乘积 AB、BCD、AC，再由一个或门完成求和 $AB+BCD+AC$。

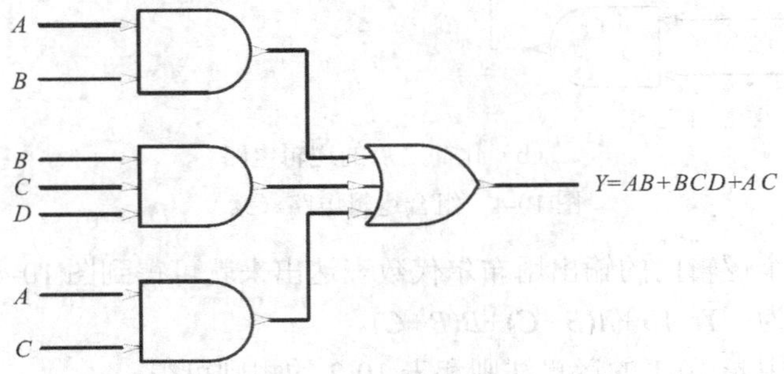

图 10-5　SOP：$Y=AB+BCD+AC$

和的积（POS）标准形式是形如 $Y=(A+B)(B+C+D)(A+C)$ 的布尔表达式，先让变量相加，然后求积。体现在逻辑电路上就是先完成或操作，再进行与操作。图 10-6 所示为一个和的积例子，3 个或门先分别完成求和 $A+B$、$B+C+D$、$A+C$，再由一个与门完成乘积 $(A+B)(B+C+D)(A+C)$。

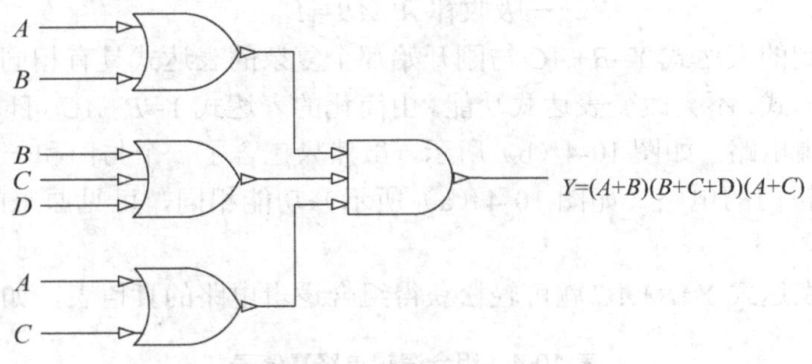

图 10-6　POS：$Y=(A+B)(B+C+D)(A+C)$

10.1.3　用布尔表达式描述真值表

任何逻辑电路都可以用布尔表达式进行描述，而表达式经过化简还可以反过来生成一个没有冗余的逻辑电路。布尔表达式与逻辑电路有很好的对应关系。此外，从布尔表达式，特别是最简的表达式可以轻易构造一张真值表，只要把每种输入状态和对应的输出状态列在同一张表里就可以直观地了解逻辑电路的功能。所以，逻辑电路、布尔表达式、真值表就好像图 10-7 中描绘的青铜三足鼎的足一般，支撑着数字逻辑电路。

10.1.2 节已经介绍了逻辑电路与布尔表达式之间的相互转换，也学习了从布尔表达式构造真值表的方法。接下来看看如何从一张真值表中归纳出布尔表达式，从而构造逻辑电路。

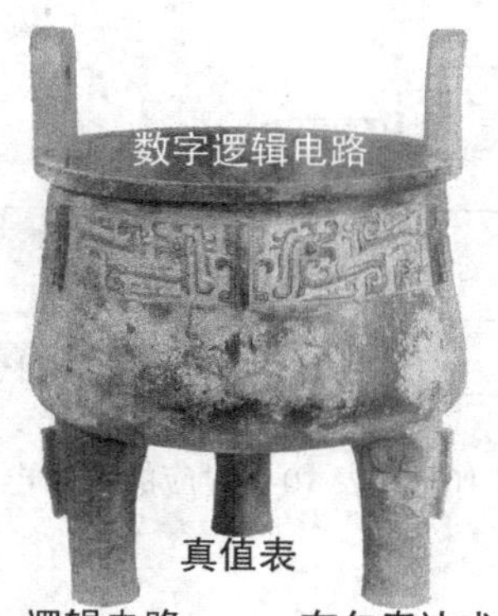

图 10-7　逻辑电路、布尔表达式、真值表

1. 用积的和描述真值表

这种方法是用形如 $AB+BCD+AC$ 的积的和布尔表达式对真值表进行归纳，其规则为：把真值表中所有使输出 Y=1 的输入相乘后相加。例如有表 10-5 所示的真值表，把每一个令 Y=1 的输入组合抽取出来（阴影行）相乘并把积相加，输入变量为 0 的用非来表示，可得到以下表达式：

$$Y=\overline{A}B\overline{C}+\overline{A}BC+A\overline{B}C+ABC$$

化简之后得：

$$Y=\overline{A}B+AC$$

根据此表达式可构造出表 10-5 对应的逻辑电路，如图 10-8 所示。

2. 用和的积描述真值表

这种方法是用形如$(A+B)(B+D)$的和的积布尔表达式对真值表进行归纳，其规则为：把真值表中所有使输出 Y=0 的输入相加后相乘。还是以表 10-5 所示的真值表为例，可得到用和的积描述的真值表表达式：

$$Y=(\overline{A}+\overline{B}+\overline{C})(\overline{A}+\overline{B}+C)(A+\overline{B}+\overline{C})(A+B+\overline{C})。$$

表 10-5　某真值表

A	B	C	Y	
0	0	0	0	
0	0	1	0	
0	1	0	1	← $Y=\overline{A}B\overline{C}$
0	1	1	1	← $Y=\overline{A}BC$
1	0	0	0	
1	0	1	1	← $Y=A\overline{B}C$
1	1	0	0	
1	1	1	1	← $Y=ABC$

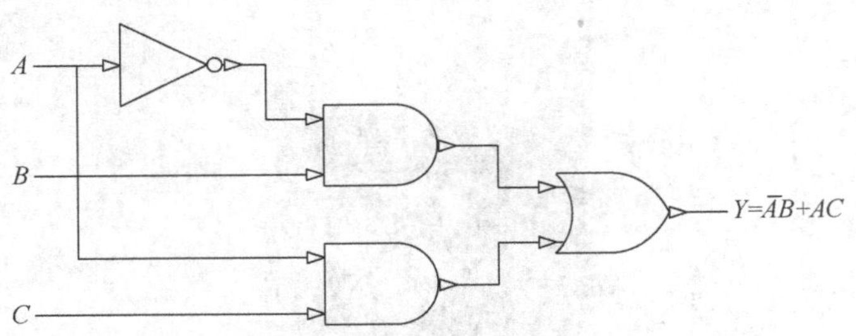

图 10-8　表 10-5 对应的逻辑电路

10.1.4　卡诺图

卡诺图（the karnaugh map）是一种化简布尔表达式的最优方法（至少目前是这样的）。如果单纯使用 10.1.1 节的运算法则及规则，有一些复杂的表达式是不太好化简的。而卡诺图堪称化简表达式的万金油，可帮助我们简化表达式从而以最少的逻辑门实现系统功能。由于本书的目的不是突破复杂表达式的简化，所以只对一些简单的化简进行介绍。

1. 卡诺图

如果表达式中有 3 个输入变量，可构造一个三变量卡诺图。如图 10-9（a）所示，卡诺图有横纵两个方向，习惯上纵向表示 A、B 两个变量，横向表示变量 C。每一个格子里将填入输出状态。比如图 10-9（b）所示的真值表，第一行的输出为 0，对应输入为 $\overline{A}$（0）、$\overline{B}$（0）、$\overline{C}$（0），于是在卡诺图第一格中填入输出 0。应用这个方法可以把剩下的格子填满。

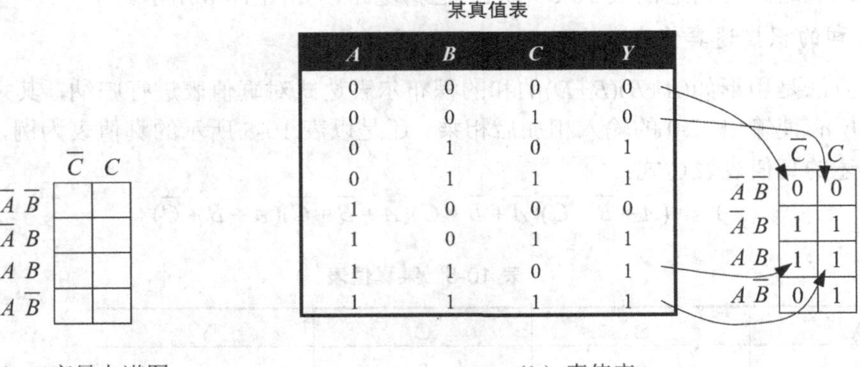

某真值表

A	B	C	Y
0	0	0	0
0	0	1	0
0	1	0	1
0	1	1	1
1	0	0	0
1	0	1	1
1	1	0	1
1	1	1	1

（a）三变量卡诺图　　　（b）真值表

图 10-9　真值表与卡诺图

如果有 4 个输入变量，可以在三变量卡诺图的基础上再添加一个量，如图 10-10 所示，并按照类似的方法根据真值表把卡诺图填满。

2. 用卡诺图化简

接下来看看卡诺图如何帮助化简表达式。假如有积的和形式的表达式：$Y=\overline{A}\overline{B}\overline{C}\overline{D}+\overline{A}\overline{B}\overline{C}D+\overline{A}B\overline{C}\overline{D}+\overline{A}B\overline{C}D+\overline{A}BCD+A\overline{B}C\overline{D}+A\overline{B}\overline{C}D+A\overline{B}CD$，首先，把表达式中

每一项对应的格内填 1。例如第一项$\overline{A}\overline{B}\overline{C}\overline{D}$，对应卡诺图的第一行、第一列的格子，于是在该格子里填 1，如图 10-11 所示，其他填法类似。

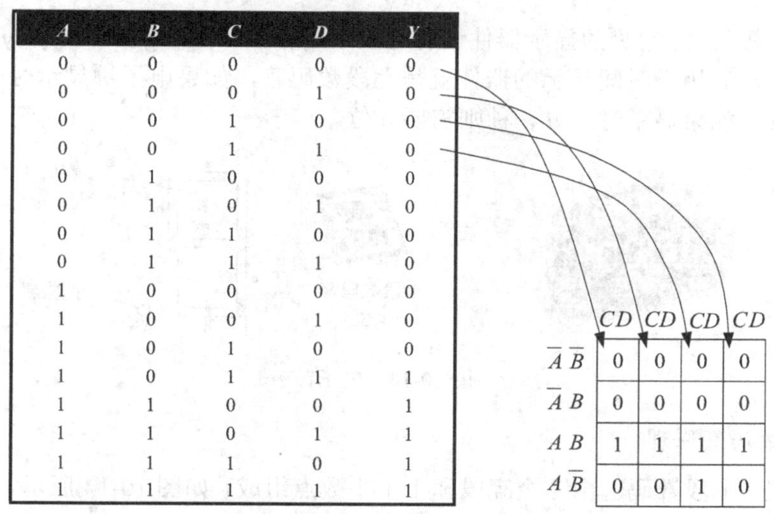

A	B	C	D	Y
0	0	0	0	0
0	0	0	1	0
0	0	1	0	0
0	0	1	1	0
0	1	0	0	0
0	1	0	1	0
0	1	1	0	0
0	1	1	1	0
1	0	0	0	0
1	0	0	1	0
1	0	1	0	0
1	0	1	1	1
1	1	0	0	1
1	1	0	1	1
1	1	1	0	1
1	1	1	1	1

	CD	CD	CD	CD
$\overline{A}\,\overline{B}$	0	0	0	0
$\overline{A}\,B$	0	0	0	0
$A\,B$	1	1	1	1
$A\,\overline{B}$	0	0	1	0

图 10-10　四变量卡诺图

把卡诺图中的 1 按以下 3 个原则圈起来：原则 1，只能圈相邻的偶数个 1 或只圈一个 1；原则 2，圈的 1 要尽可能的多；原则 3，1 可以被重复圈。

在图 10-12 中，左上角的四个 1 满足上述条件，应当圈起来；而第二行的四个 1，虽然与刚才圈的 1 有重合，但为了尽可能多的圈入 1，也应该圈起来；最后一行的两个 1 也应该圈起来。

然后把同一个圈中共有的输入变量做积的和，如图 10-13 所示，在左上角圈入的四个 1 中，对应的表达式分别为$\overline{A}\overline{B}\overline{C}\overline{D}$、$\overline{A}\overline{B}\overline{C}D$、$\overline{A}B\overline{C}\overline{D}$、$\overline{A}B\overline{C}D$，从中提取出共有的输入变量为$\overline{A}\overline{C}$。同样，得另两个圈中的共有输入变量为$\overline{A}B$和$A\overline{B}D$。把这些共有输入变量相加于是得到表达式$Y=\overline{A}\overline{B}\overline{C}\overline{D}+\overline{A}\overline{B}\overline{C}D+\overline{A}B\overline{C}\overline{D}+\overline{A}B\overline{C}D+\overline{A}BCD+\overline{A}BC\overline{D}+A\overline{B}\overline{C}D+A\overline{B}CD$的化简结果为：$Y=\overline{A}\overline{C}+\overline{A}B+A\overline{B}D$。用化简之后的表达式构造逻辑电路显然要比原表达式简单许多，而且可以节约不少逻辑门。

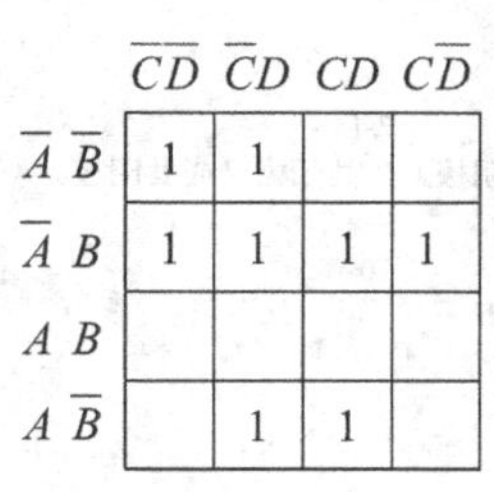

	$\overline{C}\overline{D}$	$\overline{C}D$	CD	$C\overline{D}$
$\overline{A}\,\overline{B}$	1	1		
$\overline{A}\,B$	1	1	1	1
$A\,B$				
$A\,\overline{B}$		1	1	

图 10-11　填卡诺图

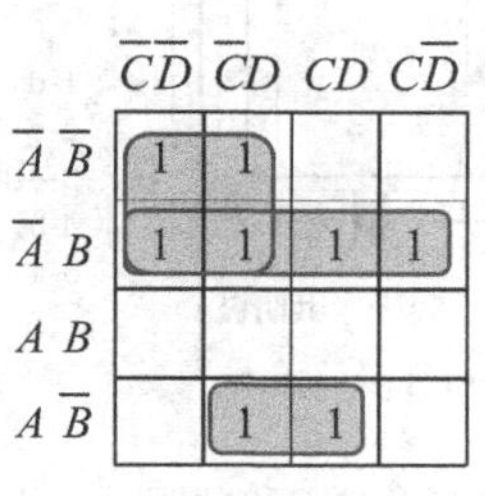

	$\overline{C}\overline{D}$	$\overline{C}D$	CD	$C\overline{D}$
$\overline{A}\,\overline{B}$	1	1		
$\overline{A}\,B$	1	1	1	1
$A\,B$				
$A\,\overline{B}$		1	1	

图 10-12　圈 1

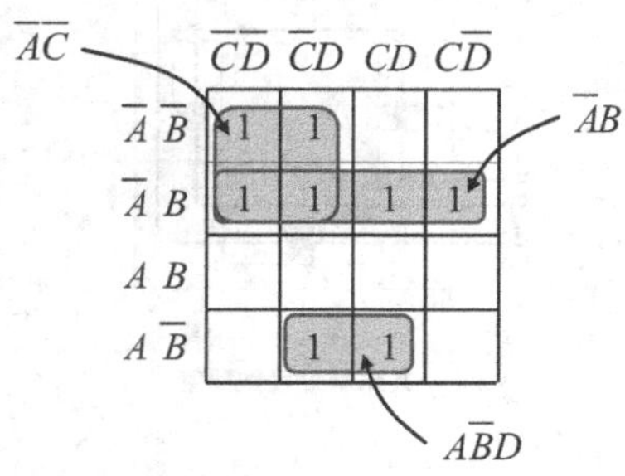

	$\overline{C}\overline{D}$	$\overline{C}D$	CD	$C\overline{D}$
$\overline{A}\,\overline{B}$	1	1		
$\overline{A}\,B$	1	1	1	1
$A\,B$				
$A\,\overline{B}$		1	1	

图 10-13　提取不变的输入变量

很明显，卡诺图把复杂的表达式成功化简，并且不涉及任何复杂的计算过程。

10.1.5　七段数码管

除发光二极管外，常见的显示器件还有七段数码管（seven-segment display）。如图 10-14 所示的电子钟，其用于时间显示的器件就是七段数码管，如果电子钟显示时、分则需要 4 位七段数码管；如果显示时、分、秒则需要 6 位。

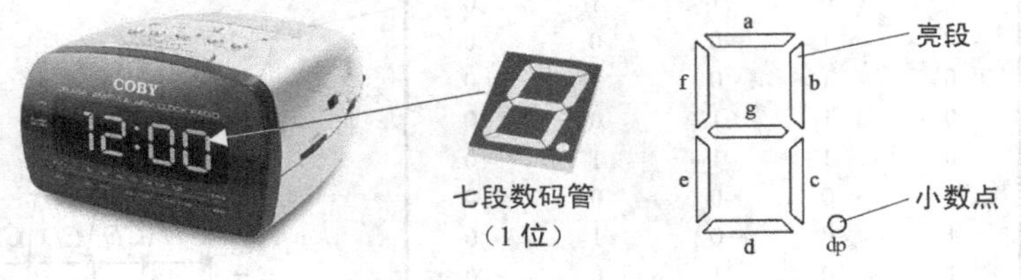

图 10-14　电子钟

1. 七段数码管原理

顾名思义，七段数码管由 7 个亮段和 1 个小数点组成，如图 10-14 所示，7 个亮段实际上就是 7 个条形的发光二极管。按顺时针方向，这 7 个亮段分别为 a、b、c、d、e、f、g。大多数七段数码管还带有一个小数点位 dp。

七段数码管中亮段的发光原理和普通的发光二极管是一样的，所以可以把这 7 个亮段看成 7 个发光二极管，如图 10-15 所示，根据内部 7 个发光二极管的共连端不同，可将七段数码管分为共阳（共阳极）和共阴（共阴极）两种。a~f 管脚分别控制着每个发光二极管，在实际器件上 a~f 管脚和电源管脚排布需要参考相应的技术手册或用万用表等判断（图 10-15 右图为 TDSL31.0 系列七段数码管的管脚排布示意图）。

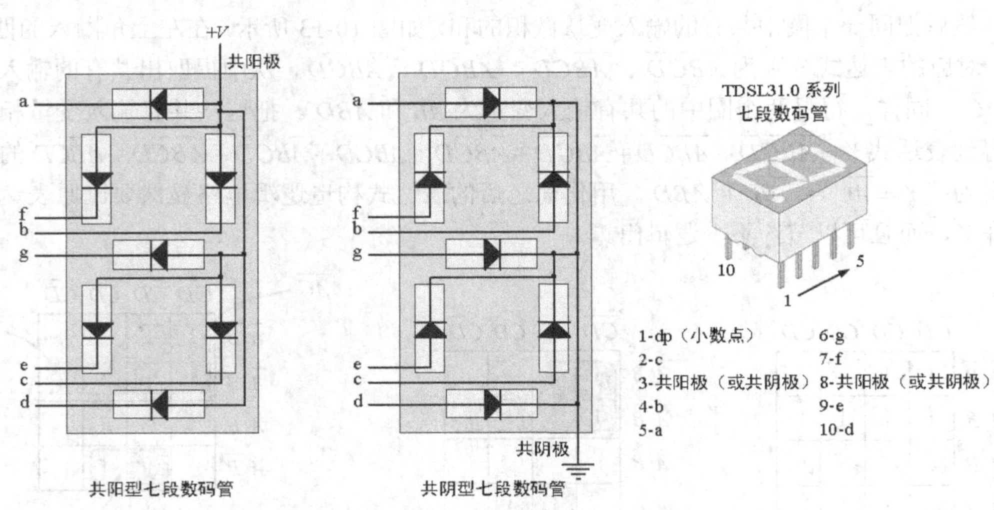

图 10-15　共阳和共阴

七段数码管有多种颜色、多种尺寸供设计时使用，它们的显示原理相同。如图 10-15 所示，如果要七段数码管显示数字 1，只要点亮 b、c 两段即可；如要显示数字 5，则需要

点亮 a、f、g、c、d 段。其他数字和一些字母可以按照图 10-16 中的说明点亮对应的亮段来显示，可见，7 个亮段可以灵活地表现数字和一些字母信息。

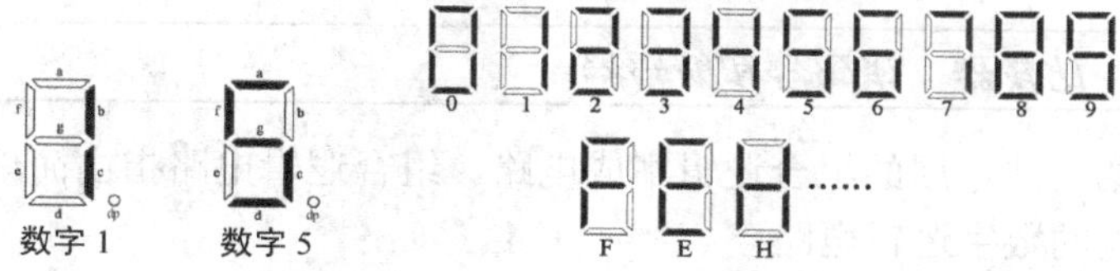

图 10-16　七段数码管显示原理

2. 七段数码管的显示

如果把显示 0~9 这 10 个数字时七段数码管对应的亮段组合放到一个表内，如表 10-6 所示，就会发现显示的数字和对应的亮段组合之间关联性不强，十分不利于电路的控制。所以，通常不直接控制这 7 个亮段而是使用一个译码器 7447 进行编码和驱动。如图 10-17 所示为译码器 7447 与七段数码管接口的电路图，只要向 7447 的 A（最低有效位）、B、C、D（最高有效位）管脚输入 BCD 码就可以得到对应的数字显示（见表 9-1）。比如输入 BCD 码 0101，则七段数码管显示 5。

表 10-6　数字与相应的亮段组合

数　字	亮　段
0	a,b,c,d,e,f
1	b,c
2	a,b,d,e,g
3	a,b,c,d,g
4	b,c,f,g
5	a,c,d,f,g
6	a,c,d,e,f,g
7	a,b,c
8	a,b,c,d,e,f,g
9	a,b,c,d,f,g

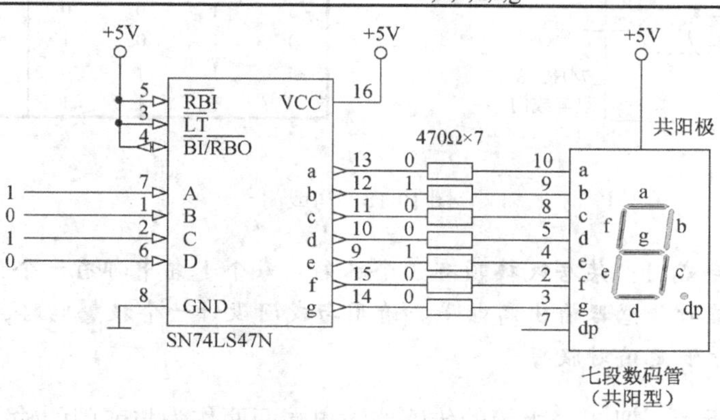

图 10-17　译码器 7447 与七段数码管

10.2 组合逻辑的功能器件

与或门 加法器 比较器 译码器和编码器

本节主要介绍一些常用的组合逻辑集成电路。组合逻辑电路指由简单逻辑门组合形成并具有较复杂功能的数字逻辑电路。

10.2.1 与或门

1. 与或门

与或门（AND-OR logic）由多个与门和一个或门构成，实现积的和运算。如图 10-18 所示是两个与门和一个或门组成的一个与或门，其输入 *A* 与 *B*、*C* 与 *D* 由两个与门分别进行与操作后，再由或门进行或操作，从而得到该与或门的表达式：*Y*=*AB*+*CD*。图中还给出了对应的真值表，从真值表可知，对于一个 4 输入与或门来说，只有当输入 *A* 和 *B* 全为 1，或者输入 *C* 和 *D* 全为 1 时，输出 *Y* 才为 1。

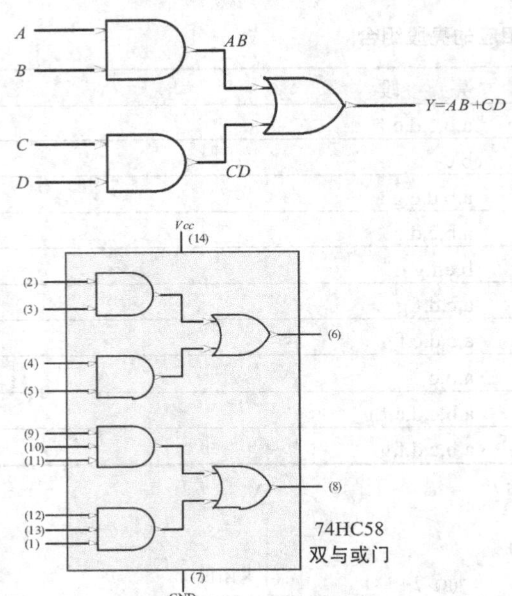

输入						输出
A	B	C	D	AB	CD	Y
0	0	0	0	0	0	0
0	0	0	1	0	0	0
0	0	1	0	0	0	0
0	0	1	1	0	1	1
0	1	0	0	0	0	0
0	1	0	1	0	0	0
0	1	1	0	0	0	0
0	1	1	1	0	1	1
1	0	0	0	0	0	0
1	0	0	1	0	0	0
1	0	1	0	0	0	0
1	0	1	1	0	1	1
1	1	0	0	1	0	1
1	1	0	1	1	0	1
1	1	1	0	1	0	1
1	1	1	1	1	1	1

图 10-18 与或门

【例 10.4】与或门：某居民楼顶有 3 个水箱，每个水箱中都有一个传感器监测水位，当水位低于限定值时传感器输出高电平。请用与或门设计一个报警电路，当这 3 个水箱中任意两个水位低于限定值时报警。

如图 10-19 所示，把 3 个水箱的传感器输出端两两作为与或门的输入，这样，只要有

任意两支水箱水位低于限定值时，与或门的输出就为 1，从而驱动报警器报警。

74HC58 是一个 CMOS 与或门集成电路，内部有两个独立的与或门，如图 10-18 所示，一个与或门有两个 2 输入与门，而另一个有两个 3 输入与门。

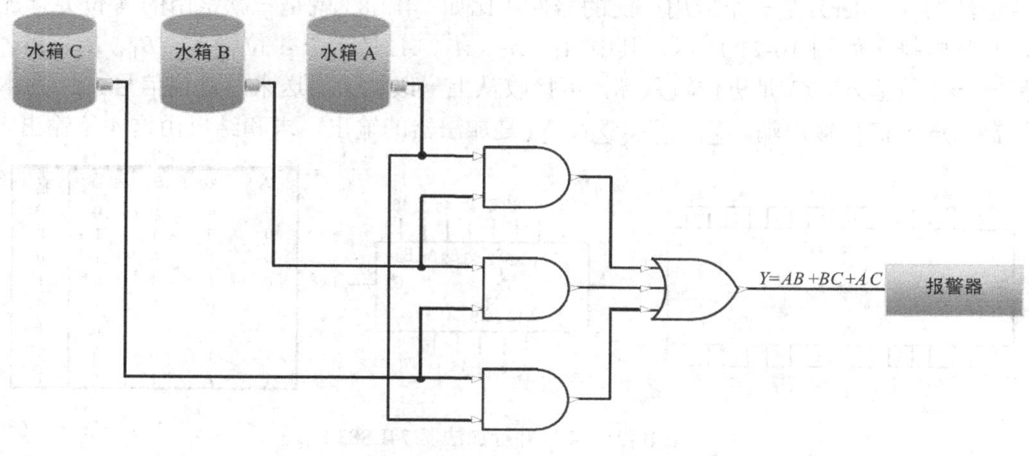

图 10-19　与或门应用

【例 10.5】逻辑转换仪：在 Multisim 2001 中连接图 10-20 所示组合逻辑电路，用逻辑转换仪获得该组合逻辑电路的真值表、简化的布尔表达式。

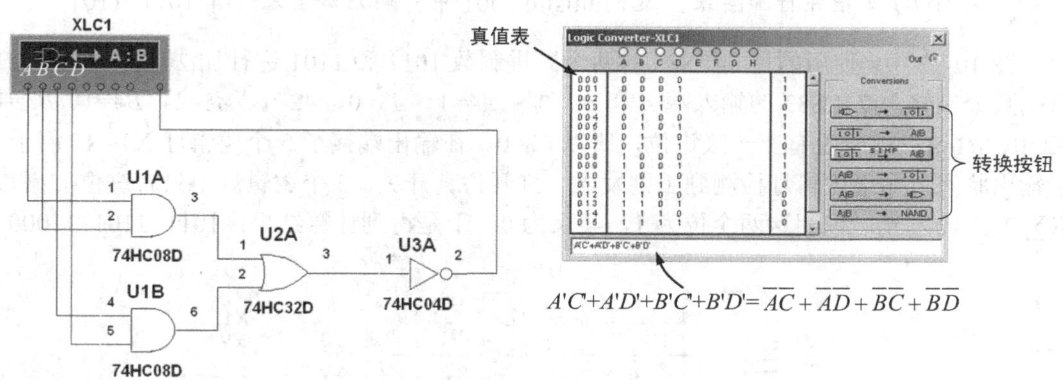

图 10-20　逻辑转换仪的使用

图 10-20 中 XLC1 为 Multisim 2001 中的虚拟逻辑转换仪，它可用于分析最多 8 个输入、1 个输出的逻辑电路功能，并自动生成所分析电路的真值表、布尔表达式等信息。也就是说，可以不用思考逻辑电路内部逻辑门之间的关系，而用逻辑转换仪快速得到数字电路的功能信息。双击逻辑转换仪，打开图 10-20 所示的窗口，单击逻辑电路向真值表转换按钮（[按钮图标]）即可得到图示的真值表，每个输入状态对应的输出一览无余。然后单击真值表向简化的布尔表达式转换按钮（[按钮图标]）即可得到该电路的表达式：$Y=\overline{A}\,\overline{C}+\overline{A}\,\overline{D}+\overline{B}\,\overline{C}+\overline{B}\,\overline{D}$。

10.2.2 加法器

加法器（adder）是一个应用广泛的器件，比如74LS83就是一款常用的4位并行加法器，其管脚排布如图10-21所示，其中A_1、A_2、A_3、A_4是一个4位输入，B_1、B_2、B_3、B_4是另一个4位输入。C_0是进位输入端，可接收从上一级加法器送来的进位信号。C_4为本级加法器的进位信号输出端。$\sum_1$、$\sum_2$、$\sum_3$、$\sum_4$是加法器的输出，求和结果由这4位输出。

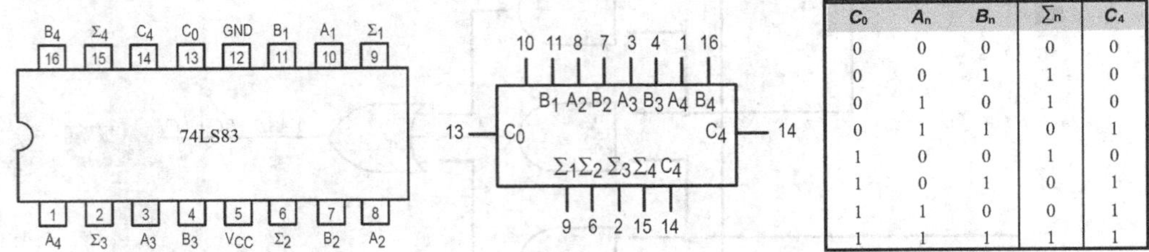

C_0	A_n	B_n	$\sum_n$	C_4
0	0	0	0	0
0	0	1	1	0
0	1	0	1	0
0	1	1	0	1
1	0	0	1	0
1	0	1	0	1
1	1	0	0	1
1	1	1	1	1

图10-21　4位并行加法器74LS83

图10-21中还给出了加法器74LS83的真值表，其中的下标n代表4个位的任意一个。其实直接理解以下这段话和消化例10.6更易于了解4位并行加法器的具有功能：74LS83把A、B以及进位C_0相加后从∑输出，如果有进位则C_4=1。

【例10.6】4位并行加法器：在Multisim 2001中，利用加法器计算1011+1101。

图10-22中，使用的是74LS83对两个二进制数1011和1101进行加法运算，这两个二进制数分别输入74LS83的输入端A和B，即：$A4$=1、$A3$=0、$A2$=1、$A1$=1，$B4$=1、$B3$=1、$B2$=0、$B1$=1。由于没有上一级进位，所以C_0=0。在输出端接了5个逻辑灯X1~X5用于表示输出状态，如果逻辑灯检测到1则发光。打开仿真开关，5个逻辑灯中只有进位C_4和S_4（$\sum_4$）上的发光，说明这两个位为1，其余为0。于是得到计算结果：1011+1101=11000。

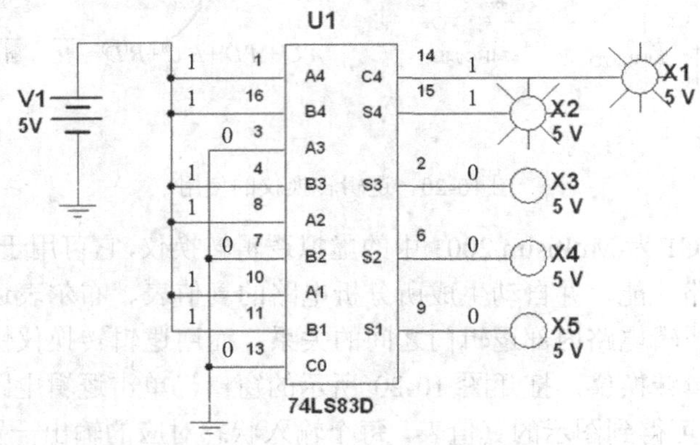

图10-22　4位并行加法器做加法运算

10.2.3 比较器

在数字系统中，常常需要比较两个二进制数的大小，这时可以使用一个型号为 74LS85 的 4 位比较器（comparator）。如图 10-23 所示为该器件的管脚排布，它有 *A* 和 *B* 两个 4 位二进制数输入端，另外还提供 3 个级联输入端 $I_{A>B}$、$I_{A<B}$、$I_{A=B}$（2、3、4 管脚）。3 个输出端 $O_{A>B}$、$O_{A<B}$、$O_{A=B}$（5、6、7 管脚）指示输入二进制数的大小关系：如果 *A* 端二进制数>*B* 端二进制数，$O_{A>B}$=1；如果 *A* 端二进制数<*B* 端二进制数，$O_{A<B}$=1；如果 *A* 端二进制数=*B* 端二进制数，$O_{A=B}$=1。

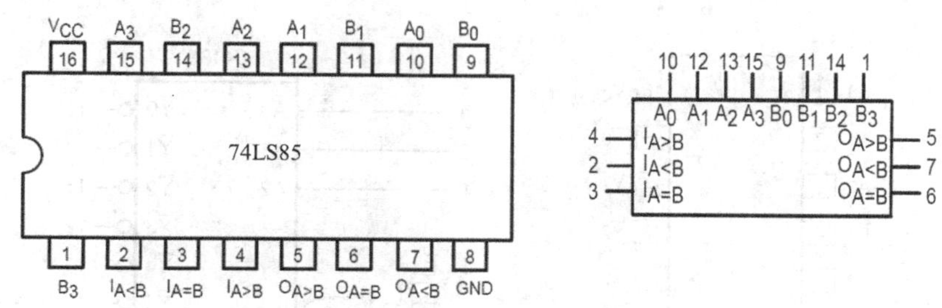

图 10-23　4 位比较器 74LS85

【例 10.7】4 位比较器：在 Multisim 2001 中，利用比较器比较一下二进制 1011 和 1101 的大小。

图 10-24 中，使用的是比较器 74LS85 对两个二进制数 1011 和 1101 进行大小比较，这两个二进制数分别输入 74LS85 的输入端 *A* 和 *B*。在输出端接了 3 个逻辑灯观察 74LS85 的输出状态。打开仿真开关，发现 7 管脚（A<B）上的逻辑灯发光，说明输入端 *A* 的二进制数小于输入端 *B* 的，也就是 1011<1101。

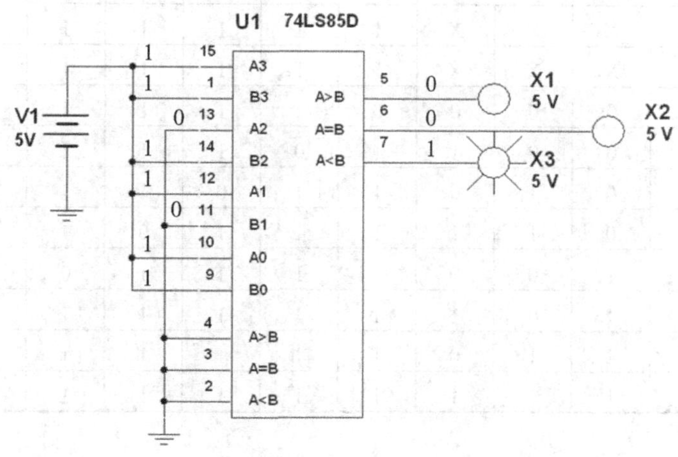

图 10-24　4 位比较器进行二进制数大小比较

10.2.4 译码器和编码器

译码器（decoder）的功能是检测输入端的二进制数，并在输出端对应位上唯一输出 1 或 0。拿译码器 74HC138 来说，如图 10-25 所示，*A*0、*A*1、*A*2 是输入端，这 3 个位的状态（二进制数）决定了译码器输出端 $\overline{Y}0 \sim \overline{Y}7$ 中某一位输出为 0。举例来说，假如输入为 101_2，即 5，于是对应的 $\overline{Y}5=0$，其他输出端为 1。

74HC138 的 4、5、6 管脚为使能端，只有当 $\overline{E}1=0$、$\overline{E}2=0$、$E3=1$ 时译码器工作，否则输出端全部为 1。表 10-7 为该译码器的真值表（表中 X 表示 1 或 0）。

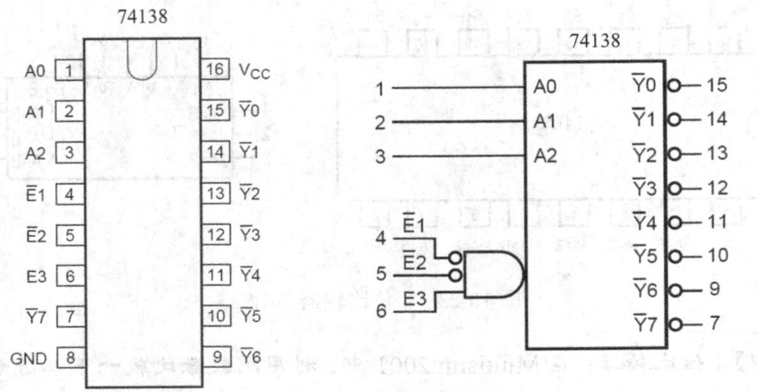

图 10-25 3-8 译码器 74HC138

表 10-7 3-8 译码器真值表

$\overline{E}1$	$\overline{E}2$	$E3$	$A2$	$A1$	$A0$	$\overline{Y}0$	$\overline{Y}1$	$\overline{Y}2$	$\overline{Y}3$	$\overline{Y}4$	$\overline{Y}5$	$\overline{Y}6$	$\overline{Y}7$
1	X	X	X	X	X	1	1	1	1	1	1	1	1
X	1	X	X	X	X	1	1	1	1	1	1	1	1
X	X	0	X	X	X	1	1	1	1	1	1	1	1
0	0	1	0	0	0	0	1	1	1	1	1	1	1
0	0	1	0	0	1	1	0	1	1	1	1	1	1
0	0	1	0	1	0	1	1	0	1	1	1	1	1
0	0	1	0	1	1	1	1	1	0	1	1	1	1
0	0	1	1	0	0	1	1	1	1	0	1	1	1
0	0	1	1	0	1	1	1	1	1	1	0	1	1
0	0	1	1	1	0	1	1	1	1	1	1	0	1
0	0	1	1	1	1	1	1	1	1	1	1	1	0

如果说译码器把二进制数“翻译成”十进制，那么与之相反的编码器（encoder）则把十进制“翻译成”二进制。如图 10-26 所示为编码器 74F148，如果在它的输入端 *I*0~*I*7 某

位输入 0，则会在输出端 *A*2、*A*1、*A*0 得到一个对应二进制数的反码。举例来说，如果 *I*5=0，“翻译成”二进制是 101_2，反码则为 010_2，于是输出端状态为 *A*2=0、*A*1=1、*A*0=0。表 10-8 为该编码器的真值表（表中 X 表示 1 或 0）。

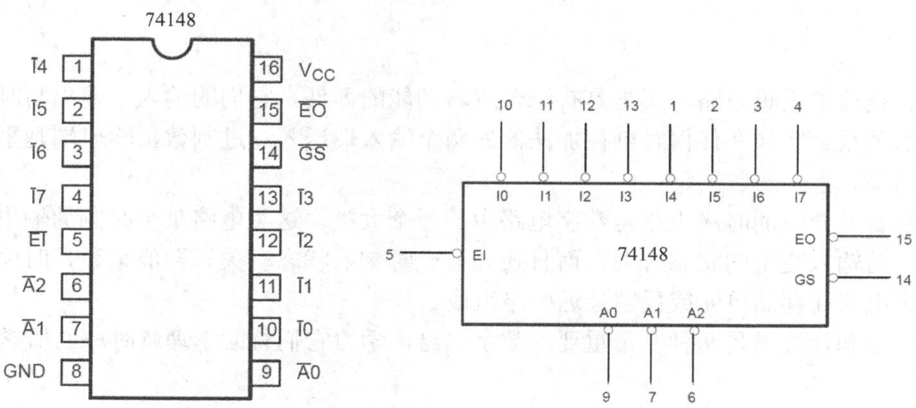

图 10-26　8-3 编码器 74F148

表 10-8　8-3 编码器真值表

$\overline{EI}$	*I*0	*I*1	*I*2	*I*3	*I*4	*I*5	*I*6	*I*7	$\overline{GS}$	*A*0	*A*1	*A*2	$\overline{EO}$
1	X	X	X	X	X	X	X	X	1	1	1	1	1
0	1	1	1	1	1	1	1	1	1	1	1	1	0
0	X	X	X	X	X	X	X	0	0	0	0	0	1
0	X	X	X	X	X	X	0	1	0	1	0	0	1
0	X	X	X	X	X	0	1	1	0	0	1	0	1
0	X	X	X	X	0	1	1	1	0	1	1	0	1
0	X	X	X	0	1	1	1	1	0	0	0	1	1
0	X	X	0	1	1	1	1	1	0	1	0	1	1
0	X	0	1	1	1	1	1	1	0	0	1	1	1
0	0	1	1	1	1	1	1	1	0	1	1	1	1

第 11 章　翻转与计数

不管是简单逻辑电路，还是具有组合逻辑功能的器件，它们的输入、输出与时间并没有太大的关系。比如在任何时刻往加法器的两个输入端送入二进制数，输出端几乎同时得到运算结果。

本章将要介绍的时序电路是数字电路中的一个大类。这类电路某一时刻的输出状态，不仅与当前输入变量的状态有关，而且还与前一时刻的状态有关。一般来说，时序电路由组合逻辑电路和存储单元或反馈延迟电路组成。

触发器和计数器是两种非常重要的数字电路，学习它们有助于理解时序的概念。

11.1　锁存器与触发器

锁存器　边沿触发器　触发器应用

锁存器与触发器是两类典型的双稳态器件。双稳态器件有两个稳定的状态，分别为置位（set）和复位（reset），或者说是 1 和 0。由于双稳态器件可以永久地保持在 1 或 0 上，所以特别适合构成存储器。

本节将要介绍的锁存器与触发器的根本区别在于它们的状态转换方式不同。

11.1.1　锁存器

锁存器（latch）是一种双稳态器件，或者说是多谐振荡器（multivibrator）。图 11-1 为一种称为$\overline{S}$-$\overline{R}$锁存器的结构，由两个与非门交叉耦合组成，$\overline{S}$和$\overline{R}$是信号输入端，Q和$\overline{Q}$为输出端。$\overline{S}$-$\overline{R}$锁存器中任意一个与非门的输出与另一个与非门的输入相连以形成负反馈——这是所有锁存器和触发器的特征所在。

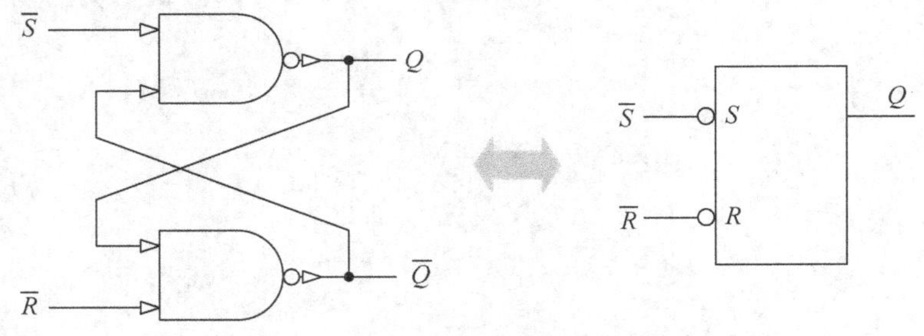

图 11-1　$\overline{S}$-$\overline{R}$锁存器

在正常条件下两个输出端Q和$\overline{Q}$状态相反。一般用输出端Q代表锁存器的输出。即当

Q=1 时，锁存器为置位状态；当 Q=0 时，锁存器为复位状态。表 11-1 为$\overline{\text{S}}$-$\overline{\text{R}}$锁存器的真值表。

表 11-1　$\overline{\text{S}}$-$\overline{\text{R}}$锁存器真值表

输入		输出		解释
$\overline{S}$	$\overline{R}$	Q	$\overline{Q}$	
1	1	NC	NC	锁存器状态保持不变
0	1	1	0	锁存器置位
1	0	0	1	锁存器复位
0	0	1	1	非法

如果对这个真值表没有什么把握，那么可辅以图 11-2 所示的$\overline{\text{S}}$-$\overline{\text{R}}$锁存器输入、输出波形来加以理解：一开始输出 Q 为 0，到了 1 处虽然$\overline{R}$保持 1 不变，但$\overline{S}$跳为 0，查真值表知道锁存器被置位，于是输出 Q 从 0 翻转成 1；在 2 处虽然$\overline{S}$保持 1 不变，但$\overline{R}$跳为 0，锁存器被复位，于是 Q 从 1 翻转成 0。相似的，可以用表 11-1 分析图 11-2 后续输入、输出的关系，只要输入$\overline{S}$或$\overline{R}$跳变，触发器也会随之被置位或复位。如果$\overline{S}$和$\overline{R}$不跳变，则输出 Q 保持不变。

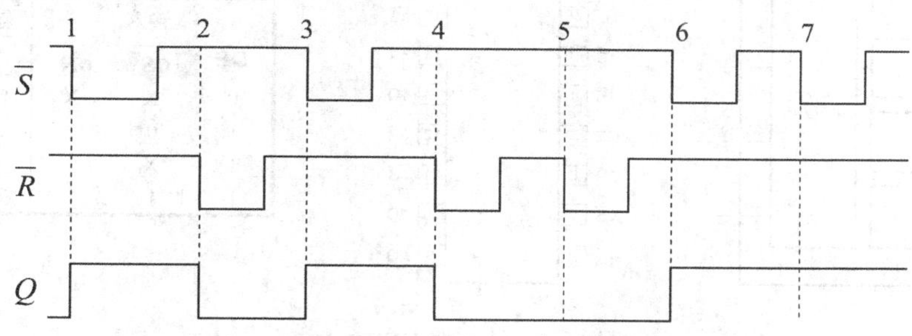

图 11-2　$\overline{\text{S}}$-$\overline{\text{R}}$锁存器输入、输出波形

由以上这个简单的例子可以对锁存器有个感性的认识，如果输入状态不变，那锁存器的状态也就不变，二进制信息仿佛被“锁住”一般。

1. $\overline{\text{S}}$-$\overline{\text{R}}$ 锁存器作为开关过滤器

可能有人会问，锁存器有什么作用？可以从下面这个应用于开关过滤的例子中寻找答案。图 11-3（a）中，一旦开关从 1 打到 2 上，输出端理应由 1 变为 0。但事实并不像想象中那么完美，由于拨动开关时手的抖动或开关接触点接触不良，会导致在输出端出现短暂的不稳定跳变过程。这对后级电路是不利的，会造成电路的误动作。

为了解决这个问题，利用$\overline{\text{S}}$-$\overline{\text{R}}$锁存器按图 11-3（b）所示与开关相连。一开始，开关在位置 1 上，$\overline{\text{S}}$-$\overline{\text{R}}$锁存器的输入端$\overline{R}$=0、$\overline{S}$=1，于是 Q=0。当开关打向位置 2 时，$\overline{R}$=1，在接触到位置 2 的一瞬间，$\overline{S}$=0，锁存器置位，Q=1。此时即使开关发生抖动也不会影响 Q 的状态，于是通过一个$\overline{\text{S}}$-$\overline{\text{R}}$锁存器实现了开关的过滤。

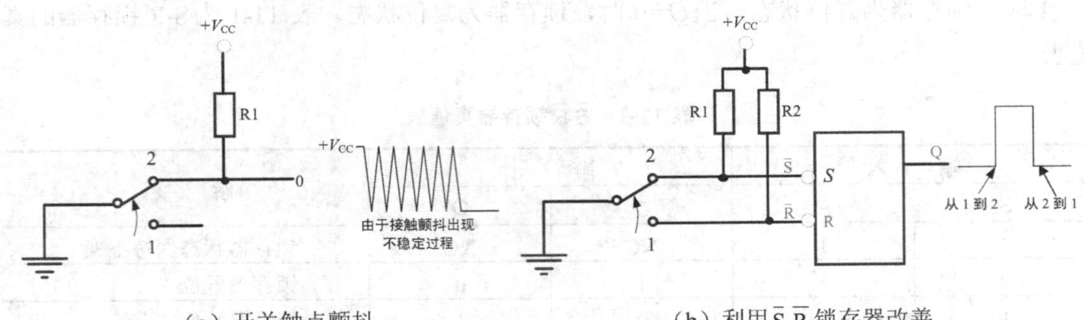

（a）开关触点颤抖　　　　（b）利用$\overline{S}$-$\overline{R}$锁存器改善

图 11-3　$\overline{S}$-$\overline{R}$锁存器作为开关过滤器

2. 锁存器器件

HEF4044B 是一种带门控端（*OE*）且具有 3 态输出的$\overline{S}$-$\overline{R}$锁存器，如图 11-4 所示，其内部有 4 个锁存器。只有当门控端 *OE*=1 时锁存器正常工作。当 *OE*=0 时，输出为高阻状态（既不为 1，也不为 0）。

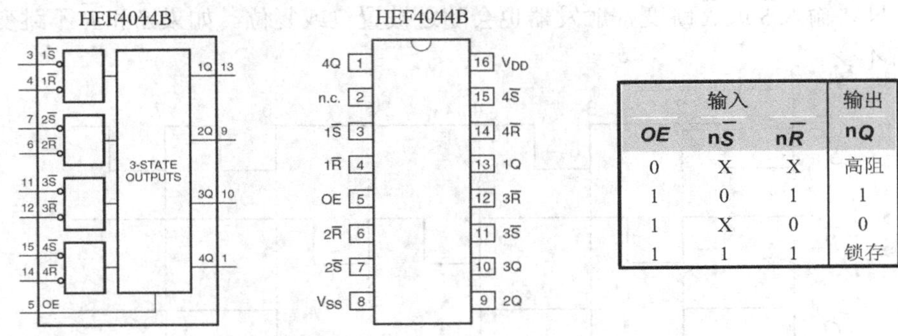

输入			输出
OE	**n$\overline{S}$**	**n$\overline{R}$**	***nQ***
0	X	X	高阻
1	0	1	1
1	X	0	0
1	1	1	锁存

图 11-4　锁存器 HEF4044B

除了$\overline{S}$-$\overline{R}$锁存器外，还有一类称为 D 锁存器的器件也经常用到，比如图 11-5 所示的 74LS75，该器件有 4 个锁存器，但只有两个使能端，锁存器 0 和 1 共用使能端 $E_{0\text{-}1}$，而锁存器 2 和 3 共用 $E_{2\text{-}3}$。从真值表知道，当使能端 E_n=1 时，输出 Q_n 与输入 D_n 的状态相同；而当 E_n=0 时，输出端还是保持原来的状态 Q_0，从而实现数据的锁存。

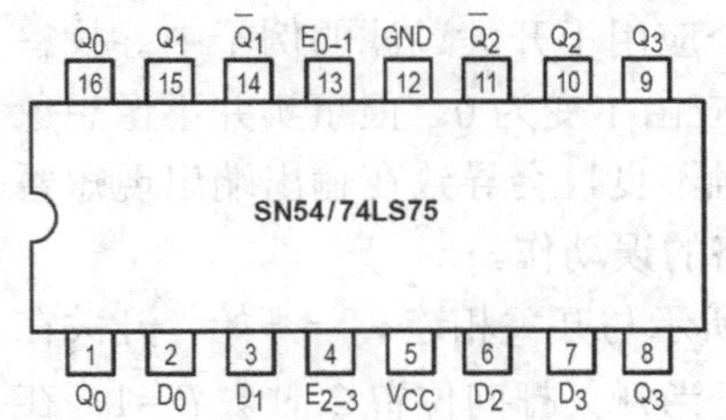

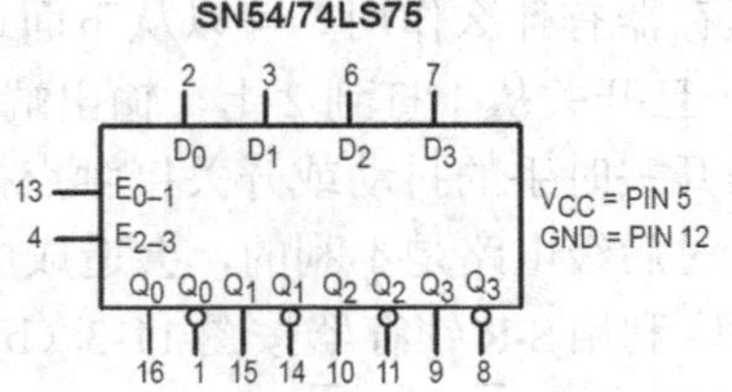

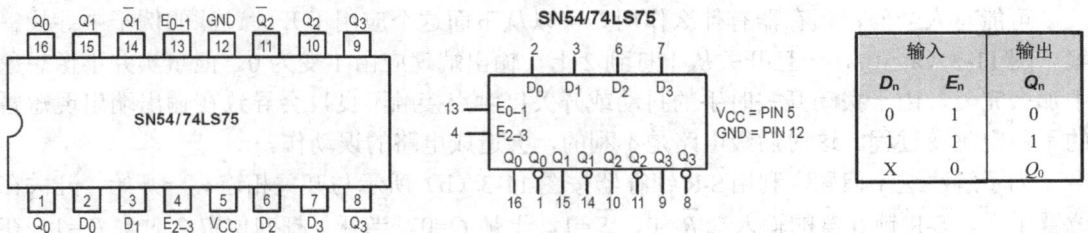

输入		输出
D_n	E_n	Q_n
0	1	0
1	1	1
X	0	Q_0

图 11-5　D 锁存器 74LS75

11.1.2 边沿触发器

与锁存器不同，边沿触发器多了一个时钟脉冲输入端，并只会在时钟脉冲的上升沿或下降沿中翻转。

1. 边沿 D 型触发器

拿图 11-6 所示的边沿 D 型触发器（74HC74）来说，当置位端 $\overline{SD}$ 和复位端 $\overline{RD}$ 都等于 1 时为触发模式，此时输出 *Q* 将在时钟脉冲输入端 *CP* 出现上升沿（↑）时翻转至与输入端 *D* 相同的状态。

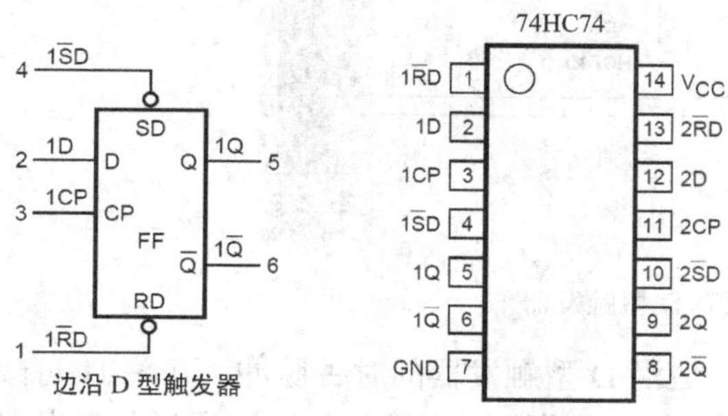

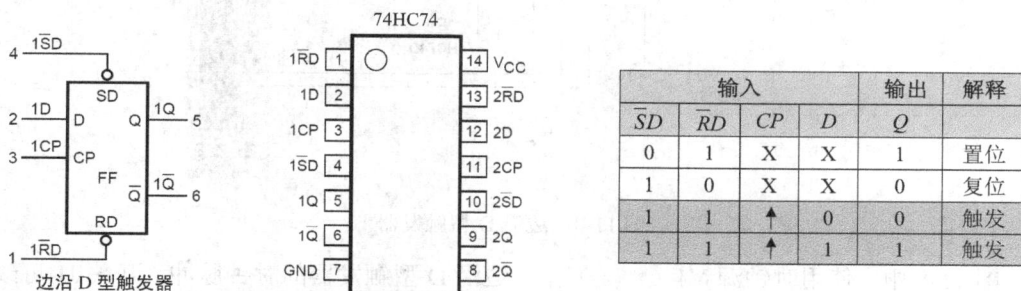

输入				输出	解释
$\overline{SD}$	$\overline{RD}$	*CP*	*D*	*Q*	
0	1	X	X	1	置位
1	0	X	X	0	复位
1	1	↑	0	0	触发
1	1	↑	1	1	触发

图 11-6　边沿 D 型触发器

举个具体的例子，假如边沿 D 型触发器的 $\overline{SD}=\overline{RD}=1$，输入端 *D* 与时钟脉冲输入端 *CP* 的波形如图 11-7 所示，一开始输入端 *D*=1 而输出端 *Q*=0。在位置 1 处时钟脉冲为上升沿，根据真值表知此时输出 *Q* 的状态将向与输入端 *D* 相同的状态翻转，于是 *Q* 变为 1。而在位置 2 处，虽然输入端 *D* 状态改变，但输出 *Q* 保持 1 不变直到下一个时钟脉冲上升沿时（位置 3）再向与输入端 *D* 相同的状态翻转。

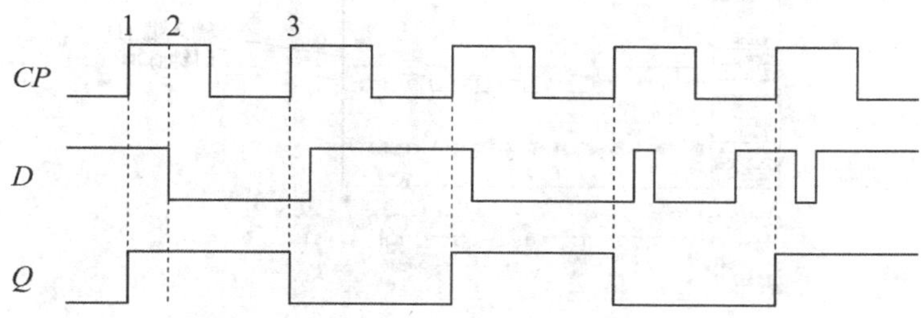

图 11-7　边沿 D 型触发器的输入、输出波形

用相同的方法可以分析出图 11-7 其他时刻的输入、输出关系。可以看到，只有处在时钟脉冲上升沿时触发器才会翻转，且翻转之后的输出信号 *Q* 与输入端 *D* 一致。

图 11-6 中给出了一个实际的边沿 D 型触发器 74HC74，它内部有两个相同的独立 D 型触发器，接下来通过一个仿真实例来加深对边沿 D 型触发器的理解。

【例 11.1】边沿 D 型触发器：在 Multisim 2001 中连接图 11-8 所示电路，通过切换开关 J1 来观察边沿 D 型触发器只有在时钟脉冲上升沿时才会翻转的效果。

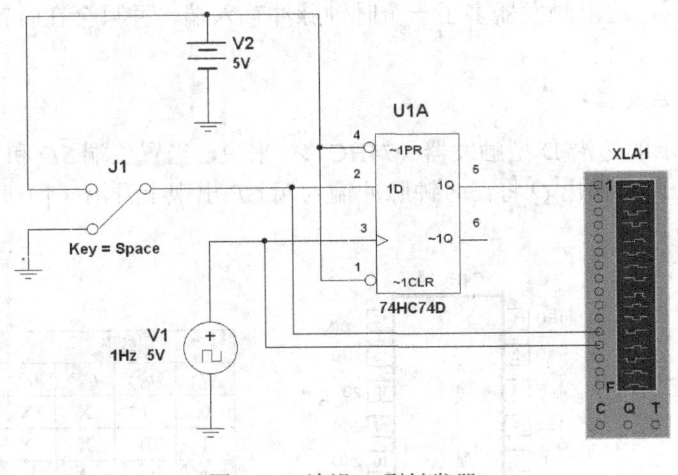

图 11-8　边沿 D 型触发器

图 11-8 中，使用时钟源 V1（）作为边沿 D 型触发器的时钟脉冲，开关 J1 可改变输入端 1D 的状态。逻辑分析仪 XLA1 用于观察多通道数字信号，其第 1 通道与触发器的输出端 1Q 相连，另外任意两个通道分别与时钟脉冲和输入端 1D 相连。双击逻辑分析仪打开图 11-9 所示窗口，单击下方的设置按钮（Set...），把逻辑分析仪内部时钟设置为 10Hz。

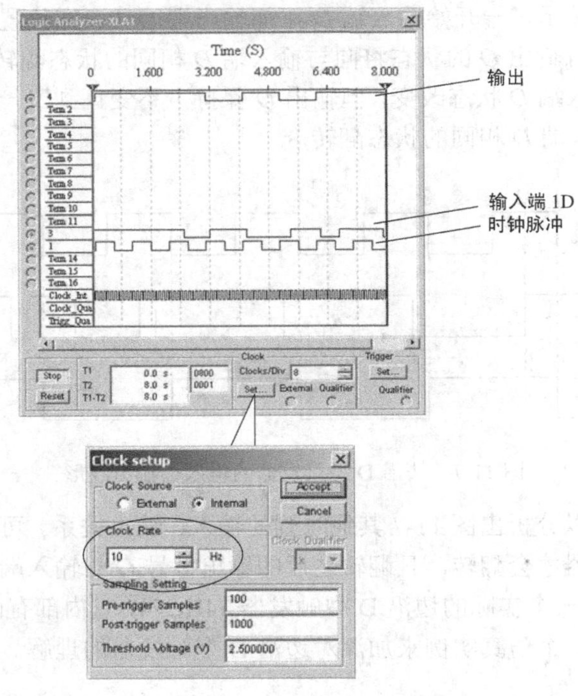

图 11-9　逻辑分析仪的设置

设置完成后打开仿真开关，通过多次按空格键来切换开关 J1，使触发器的输入端 1D 在 1 和 0 之间转换。暂停仿真后回顾逻辑分析仪上的输入、输出波形，看看是不是符合边沿 D 型触发器的真值表。

2. 边沿 J-K 触发器

边沿 J-K 触发器是一类通用的触发器，如图 11-10 所示的 74HC73 为下降沿触发 J-K 触发器（内部有两个独立的边沿 J-K 触发器），当异步复位端 n$\overline{R}$=1 时 74HC73 正常工作，此时如果输入端 nJ=nK=0 则触发器输出端 Q 保持原来的状态；如果输入端 nJ=nK=1 则触发器输出端 Q 与原来的状态相反。

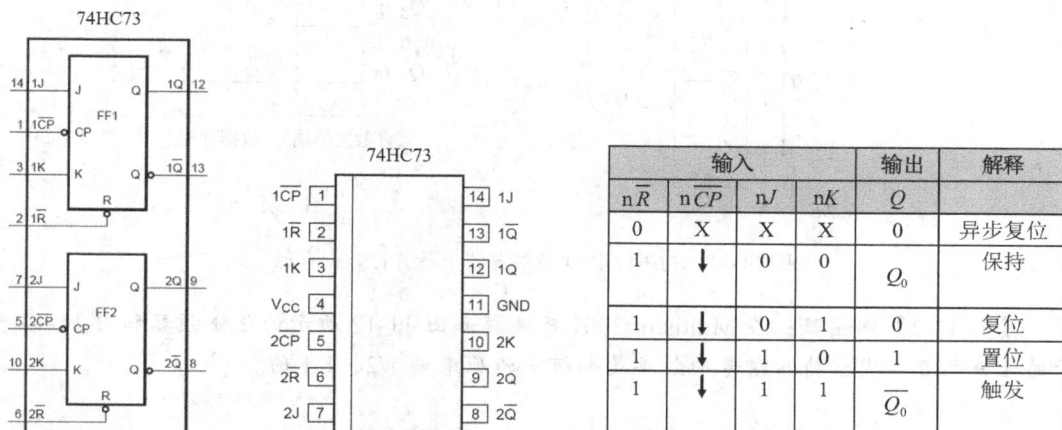

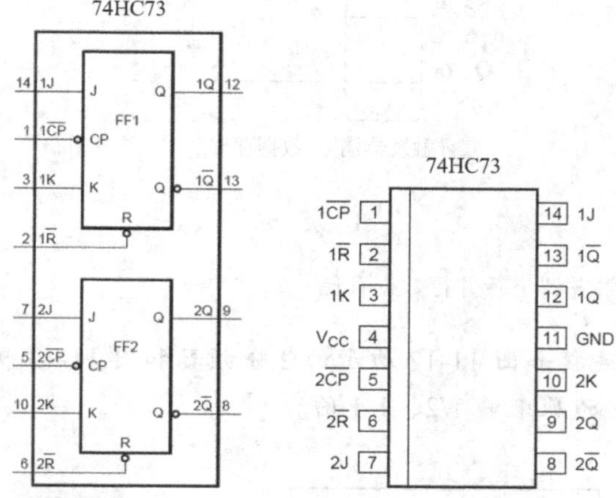

74HC73

1CP 1 | 14 1J
1R 2 | 13 1Q
1K 3 | 12 1Q
VCC 4 | 11 GND
2CP 5 | 10 2K
2R 6 | 9 2Q
2J 7 | 8 2Q

输入				输出	解释
n$\overline{R}$	n$\overline{CP}$	nJ	nK	Q	
0	X	X	X	0	异步复位
1	↓	0	0	Q_0	保持
1	↓	0	1	0	复位
1	↓	1	0	1	置位
1	↓	1	1	$\overline{Q_0}$	触发

图 11-10　边沿 J-K 触发器

11.1.3　触发器应用

本节将通过几种常见的触发器应用实例来告诉大家触发器到底有什么用，在 11.3 节中还会对其中有关计数器的内容进行介绍。

1. 并行数据存储

利用一组触发器进行并行数据存储是数字系统中常见的一种形式，如图 11-11 所示，其中使用了 4 个 D 型触发器（当然也可以选用其他触发器来存储并行数据）。假设 4 位二进制数 0110 分别输入 4 个触发器的输入端 D_0~D_3。4 个触发器由同一个时钟脉冲 CLK 控制，于是输入数据 0110 在 CLK 的上升沿同步被触发器存储，在输出端 Q_0~Q_3 出现了相同的数据 0110，如图 11-10 右图所示。

另外，4 个触发器的复位端 R 也同时由复位信号 $\overline{CLR}$ 控制着，用于一开始使所有触发器复位。

2. 分频器

分频器（frequency divider）用于降低输入信号的频率，它主要利用边沿 J-K 触发器输入 nJ=nK=1 时触发器输出端 Q 与原来的状态相反的特点来实现频率的降低（如图 11-10 所示）。

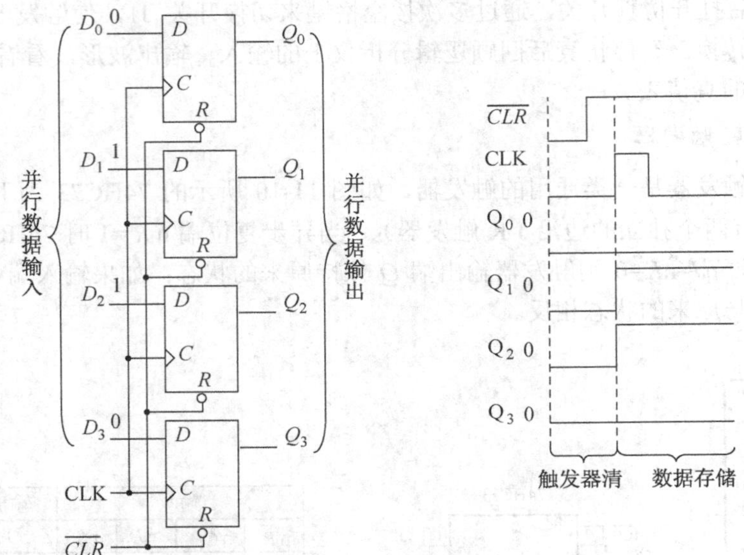

图 11-11　利用边沿 D 型触发器进行并行数据存储

【例 11.2】分频器：在 Multisim 2001 中连接如图 11-12 所示的 2 分频器和图 11-13 所示的 4 分频器。观察输入信号的频率是如何变为原来的 1/2、1/4 的。

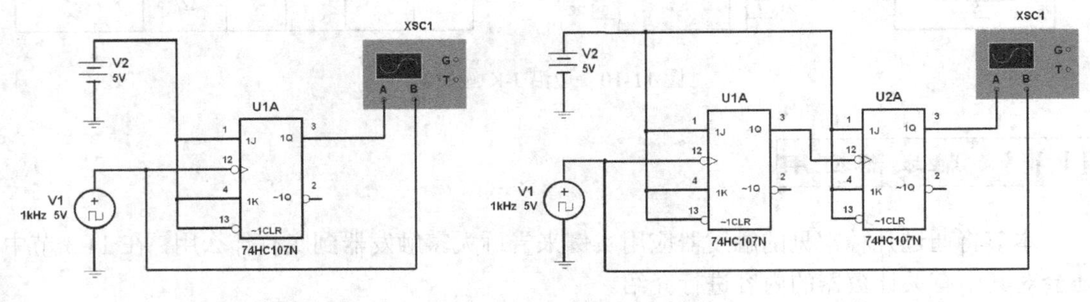

图 11-12　2 分频器　　　　图 11-13　4 分频器

图 11-12 所示的 2 分频器中，边沿 J-K 触发器 74HC107N 把 1kHz 输入信号 V1 的频率减半，其输入、输出波形如图 11-14 所示，输出信号（下方）的周期为输入信号（上方）的 2 倍，于是频率变为原来的 1/2，即 500Hz。可见一个触发器可以把频率减半，如果再加一个触发器，如图 11-13 所示，就可构成一个 4 分频器，将输入信号的频率减小到原来的 1/4，如图 11-15 所示。

3. 计数

虽然稍后会详细介绍计数器，但它由触发器设计而来，于是迫不及待地一睹其原理，如图 11-16 所示，构成计数器的两个触发器 A、B 都是下降沿触发的边沿 J-K 触发器，其时钟脉冲输入端 *C* 上的小圆圈说明该器件是下降沿触发的。触发器 A、B 的 *J*、*K* 端都接高电平，外部时钟脉冲信号 CLK 只输入给触发器 A 和 C 端。从下方的时序图看到，触发

器 A 在每个时钟脉冲 CLK 的下降沿时翻转，而触发器 A 的输出 Q_A 是触发器 B 的时钟脉冲输入，触发器 B 的输出 Q_B 在每个 Q_A 的下降沿时翻转。

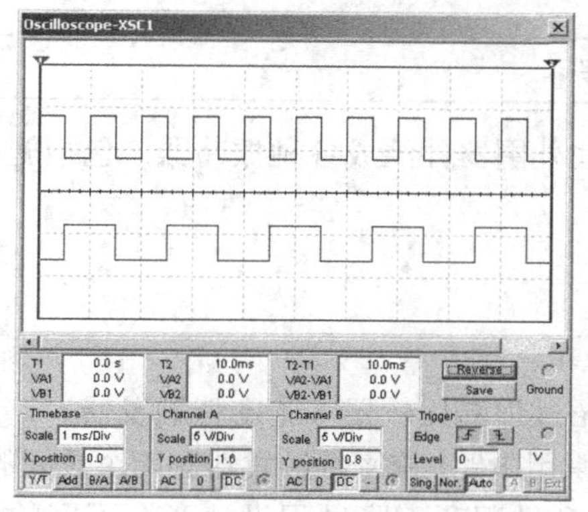

图 11-14　2 分频

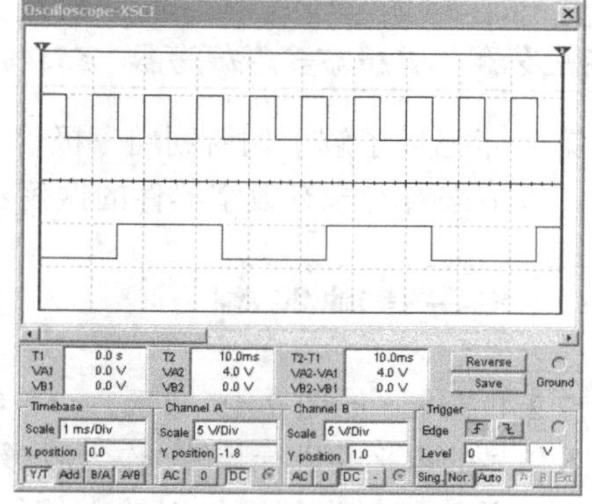

图 11-15　4 分频

在 CLK 第一个时钟脉冲之前，$Q_A=Q_B=0$；第一个脉冲之后，$Q_A=1$、$Q_B=0$；第二个脉冲之后，$Q_A=0$、$Q_B=1$；第三个脉冲之后，$Q_A=1$、$Q_B=1$。如果把 Q_A 视为二进制数的低位，Q_B 视为二进制数的高位，就会发现图 11-16 所示的计数器在循环输出：

00→01→10→11

换算成十进制，也就是计数器在循环输出 0、1、2、3 这 4 个数，而成为一个四进制计数器。试想一下，如果图 11-16 由 3 个、4 个或者更多的触发器按相同的形式连接，又会构成什么样的计数器呢？

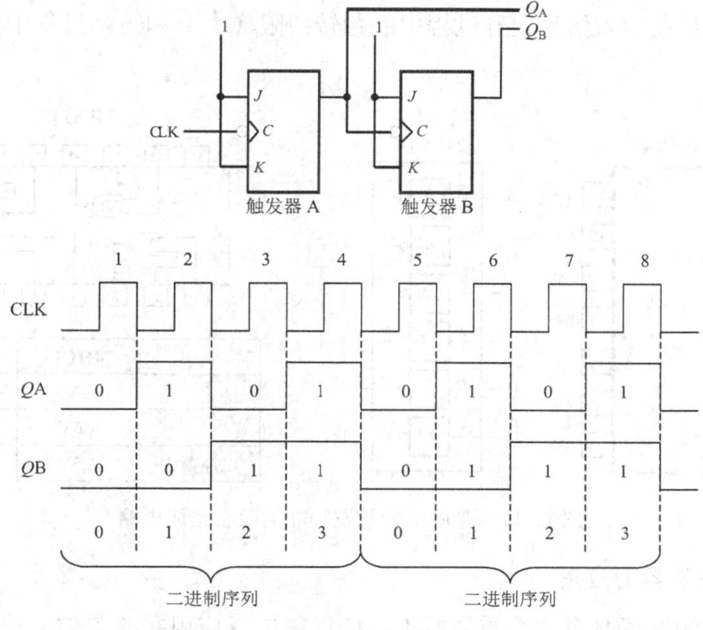

图 11-16　计数器

11.2 触发器与振荡器

施密特触发器　单稳态多谐振荡器　555 定时器

在第 6 章已经了解了如何利用三极管及一些外围器件组成各种振荡器（包括施密特触发器）。本节来看看含有数字器件的振荡器。

11.2.1 施密特触发器

在 7.2.4 节中（如图 7-45 所示），曾经介绍过迟滞比较器（施密特触发器），它可以检测输入信号的电平并进行翻转。作为波形变换常用电路，施密特触发器有两个重要的特点：

第一，施密特触发器可针对输入信号在上升过程和下降过程设计两个不同的门限来翻转。

第二，在施密特触发器翻转时，通过正反馈使得输出波形变得陡峭。

两个特点不仅让施密特触发器有能力将缓慢变化的信号波形整形为边沿陡峭的矩形波，而且可以将叠加在矩形波或脉冲信号的高、低电平上的噪声有效地清除。

1. 带施密特触发器的数字集成电路

在任何时候看到“⎎”标志，都表示施密特触发器在附近“出没”。如图 11-17 所示的两种施密特触发器数字集成电路——非门 74HC14 和与非门 74LS132，在它们的内部结构图中都有“⎎”标志，说明它们都是带施密特触发功能的器件，在作为一般的非门或与非门来使用时，比一般没有施密特触发功能的非门或与非门具有更快的开关速度。它们的迟滞特性，也就是在输入信号上升过程中的翻转门限（↑）和下降过程中的翻转门限（↓）也在图中给出了。

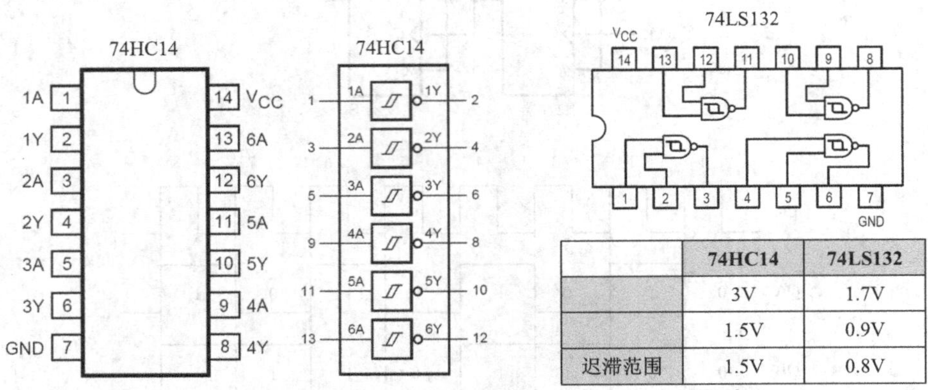

	74HC14	74LS132
	3V	1.7V
	1.5V	0.9V
迟滞范围	1.5V	0.8V

图 11-17　带施密特触发功能的数字集成电路

2. 施密特触发器的应用

由于施密特触发器具有两个重要特点，所以被广泛应用在改善信号转换时间和去除信

号噪音电路中。图 11-18（a）所示的输入信号本应为矩形波，但可能因为信号传输线上存在的电容使波形的上升沿和下降沿明显变坏。而图 11-18（b）中本也应为矩形波的信号出现了许多噪音，这是由于信号传输线较长，且接收端的阻抗与传输线的阻抗不匹配，在波形的上升沿和下降沿产生了振荡。这两种变坏的信号经过施密特触发器整形后就可获得极大的改善。

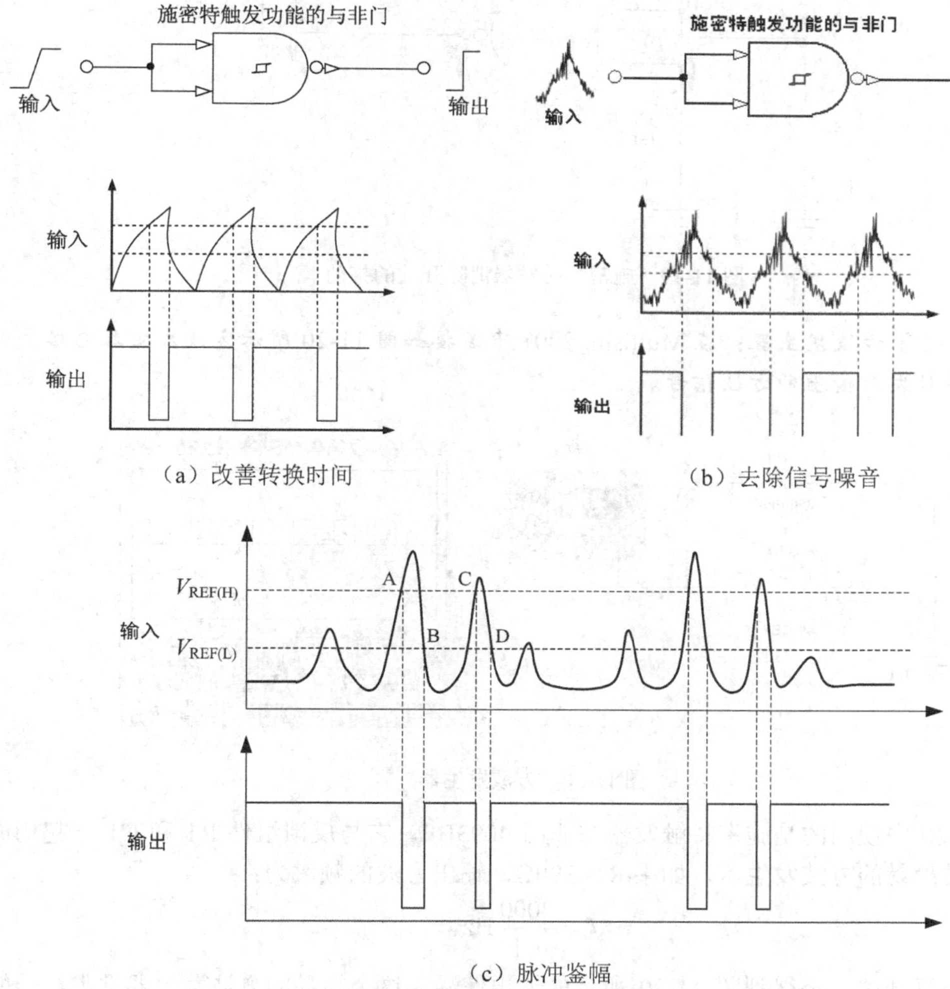

施密特触发功能的与非门

输入　输出

施密特触发功能的与非门

输入　输出

输入

输出

（a）改善转换时间

输入

输出

（b）去除信号噪音

$V_{REF(H)}$

输入

$V_{REF(L)}$

A　B　C　D

输出

（c）脉冲鉴幅

图 11-18　施密特触发器用于信号的调理

如图 11-18（c）所示，若将一系列幅度各异的脉冲信号加到输入端，施密特触发器还可以根据设定的输入信号上升过程翻转门限 $V_{REF(H)}$和下降过程翻转门限 $V_{REF(L)}$把脉冲幅度鉴别出来。当输入信号上升的幅度超过 $V_{REF(H)}$时输出翻转成 0（图 11-18（c）中 A 点）；当输入信号下降的幅度低于 $V_{REF(L)}$时输出翻转成 1（图 11-18（c）中 B 点）。

施密特触发器还可用于消除开关的抖动，如图 11-19 所示，结合电容 C1 可将开关的抖动过程过滤掉，输出一个漂亮的开关信号。

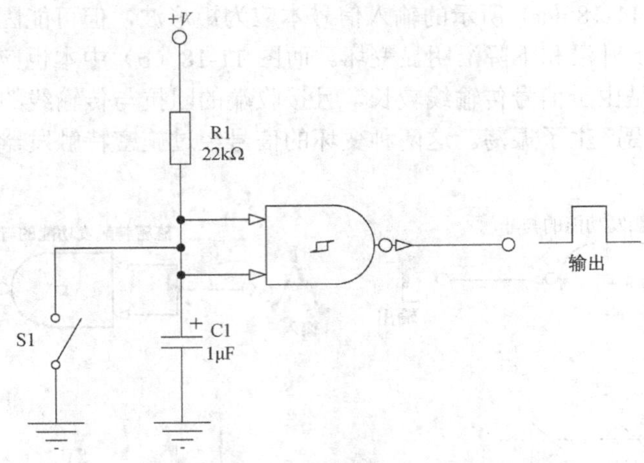

图 11-19　施密特触发器消除开关的抖动

【例 11.3】方波发生器：在 Multisim 2001 中连接如图 11-20 所示方波发生器电路，观察由施密特触发器输出的方波信号。

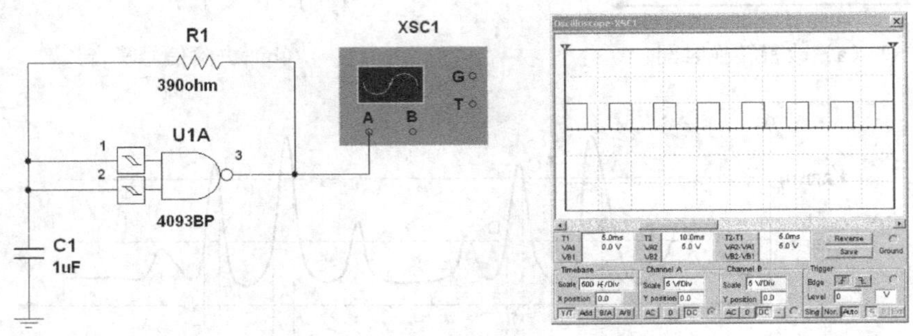

图 11-20　方波发生器

图 11-20 中使用的是施密特触发器与非门 4093BP，它与反馈组件 R1 和 C1 一起构成了一个非常简易的方波发生器，如果 R1=390Ω，输出方波的频率为：

$$f = \frac{2000}{C1}\text{Hz}$$

打开仿真开关，将得到图 11-20 所示的输出信号。这个简易的方波发生器常常在一般的数字电路中给系统提供时钟脉冲信号。

11.2.2　单稳态多谐振荡器

单稳态多谐振荡器只有一种稳定状态，这一点在 6.2.2 节已经了解过了。如果向单稳态电路输入一个触发信号，输出就会向不稳定的状态翻转。这个不稳定状态会持续一段时间，然后自动翻转回稳定状态。由于具备这些特点，单稳态多谐振荡器被广泛应用于脉冲整形、延时等电路中。

图 11-21 所示为一个基础的单稳态多谐振荡器，它由一个或非门 G1 和一个非门 G2 组成。当触发信号（一个脉冲）输入或非门 G1 后，G1 输出由 1 突然变为 0，且这个突变可以通过电容 C 到达非门 G2，并在 G2 输出端 Q 出现 1，并由于反馈使 G1 的一个输入端与输出端 Q 的状态相同，也为 1。即便这时触发信号已经不存在了，G1 仍能继续输出低电平。

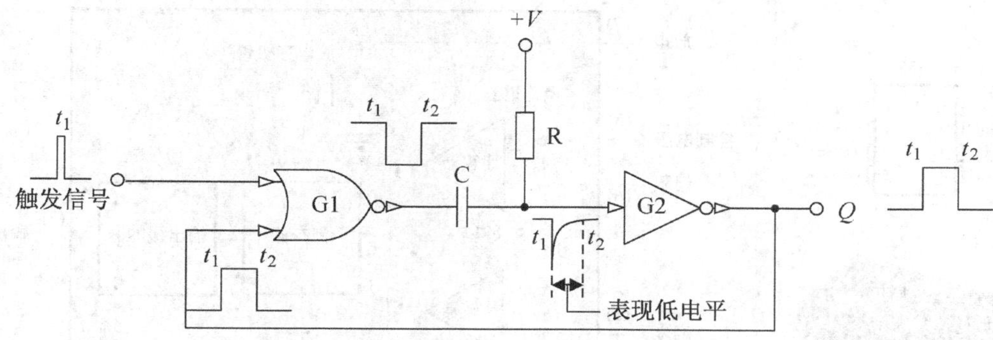

图 11-21　一个简单的单稳

随着电容 C 慢慢通过电阻 R 充电，C 两端电压逐渐升高。当 C 充满后，G2 的输入端变为 1，输出端 Q 变成低电平。所以，单稳态多谐振荡器的输出 Q 在经历一段时间的 1（非稳态）后，又回到了 0（稳态）。

在此过程中，单稳态多谐振荡器处于非稳态的时间长度由 RC 时间常数决定。图 11-22 为单稳态多谐振荡器的电路符号。

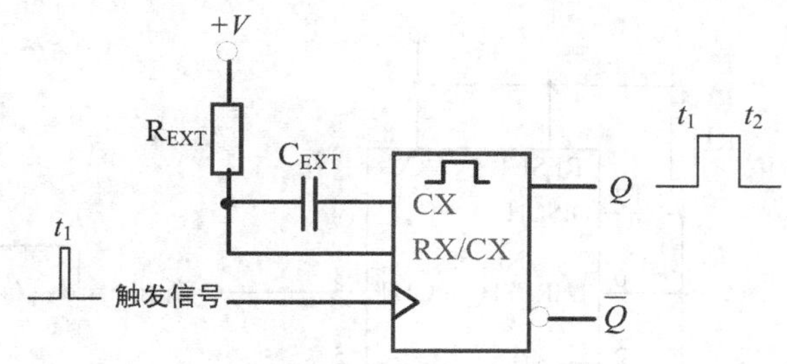

图 11-22　单稳电路符号

11.2.3　555 定时器

555 定时器是一种应用很广泛的集成电路，它可以被设计成单稳态多谐振荡器、无稳态多谐振荡器等上千种应用电路。如图 11-23 为 555 定时器的管脚排布、外观和内部结构，之所以称为555 定时器是因为集成电路内部的基准电压电路由 3 个误差极小的 5kΩ 电阻组成。

1. 单稳模式

在 555 定时器外添加一个电阻 R1 和电容 C1 即可构成一个单稳态多谐振荡器，如图 11-24 所示。一开始，触发端（2 管脚）无触发信号，振荡器处于稳定状态，输出端（3 管脚）为 0。当触发端获得一个触发信号时（下降沿）电路翻转，输出端将保持 1（非稳态）一段时间后再回到0（稳态）。非稳态过程的时间由电阻R1和电容C1的参数决定，计算式为：

$$t_W = 1.1R1C1 \tag{11-1}$$

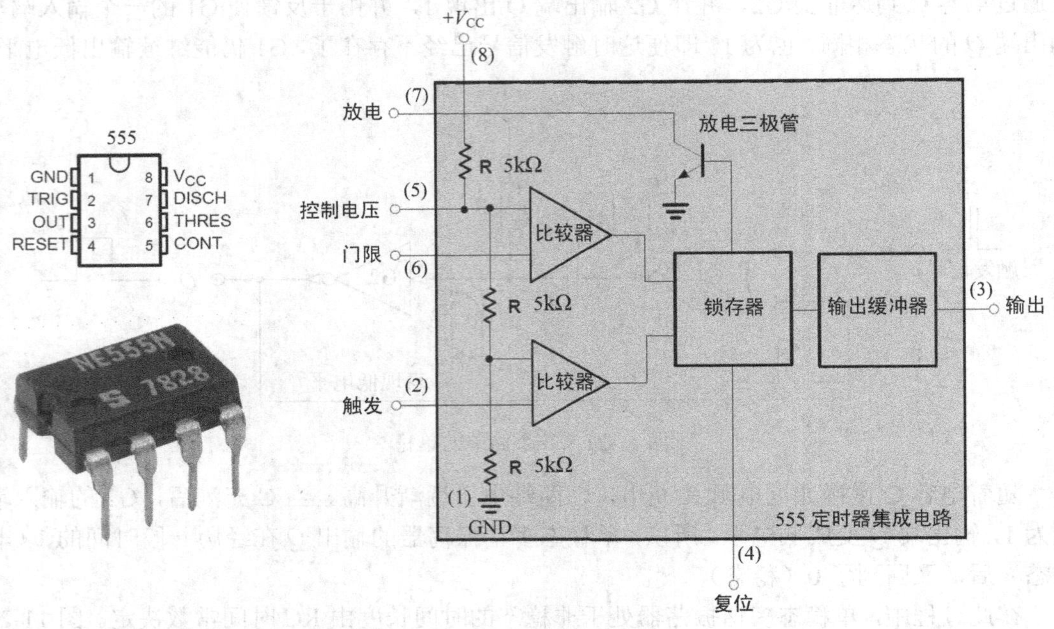

图 11-23　555定时器

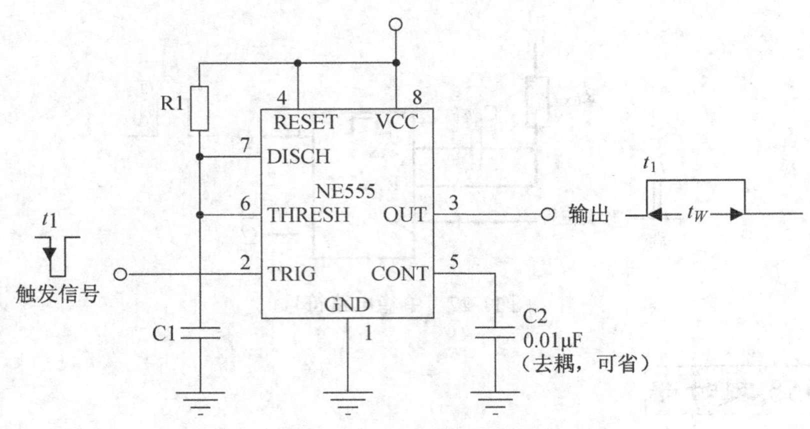

图 11-24　555定时器构成的单稳

【例 11.4】555单稳：在Multisim 2001中连接如图11-25所示单稳态多谐振荡器，利用开关J1产生一个下降沿触发电路翻转，计算并观察非稳态过程有多长时间。

根据式（11-1）可得到图11-25所示单稳的非稳态过程时长为：

$$t_W = 1.1R1C1 = 1.1 \times 10\text{k}\Omega \times 1\mu\text{F} = 11\text{ms}$$

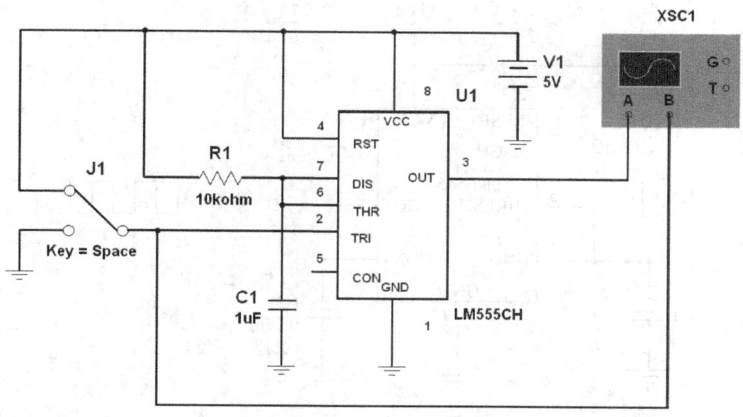

图 11-25 555 单稳仿真电路

打开仿真开关以前保证图 11-25 中开关 J1 打在高电平上。打开仿真开关，并打开示波器观察窗口，快速连续按两次空格键模拟触发信号。可观察到单稳翻转，并持续一小段时间后又回到稳态，如图 11-26 所示。

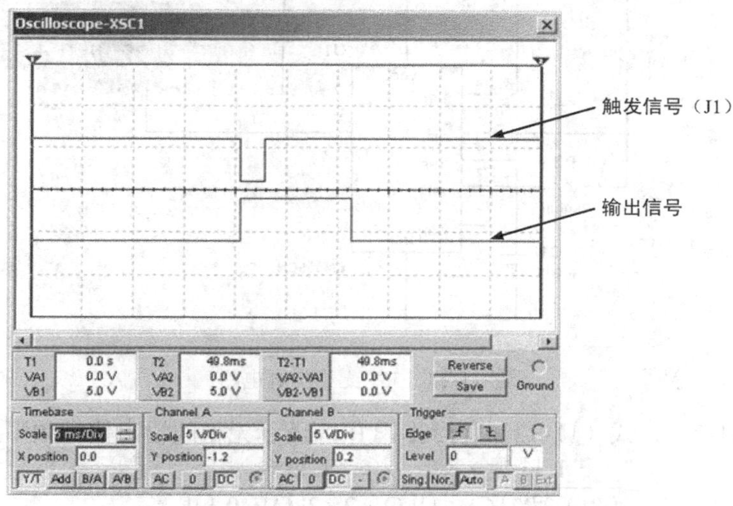

图 11-26 单稳仿真结果

2. 无稳模式

555 定时器还可以与两个电阻（R1、R2）和一个电容（C1）构成无稳态多谐振荡器（输出为矩形波），如图 11-27 所示。可利用以下两个公式设计振荡器的频率和占空比。

$$f = \frac{1.44}{(R1 + 2R2)C1} \tag{11-2}$$

$$D = \left(\frac{R1 + R2}{R1 + 2R2}\right) \times 100\% \tag{11-3}$$

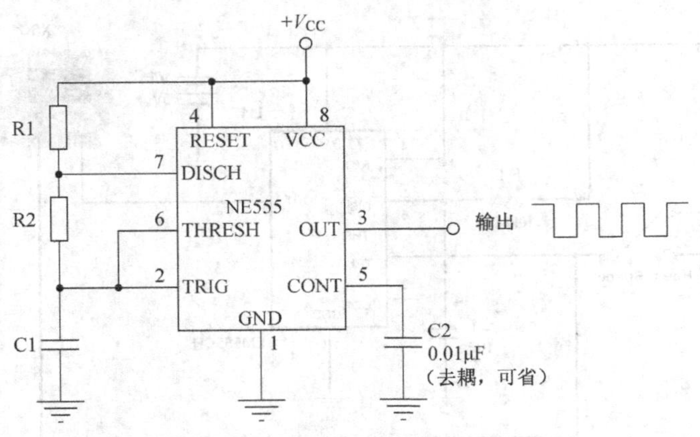

图 11-27　555 定时器构成的无稳

【例 11.5】555 无稳：**在 Multisim 2001 中连接如图 11-28 所示无稳态多谐振荡器，计算并观察输出矩形波的频率和占空比。**

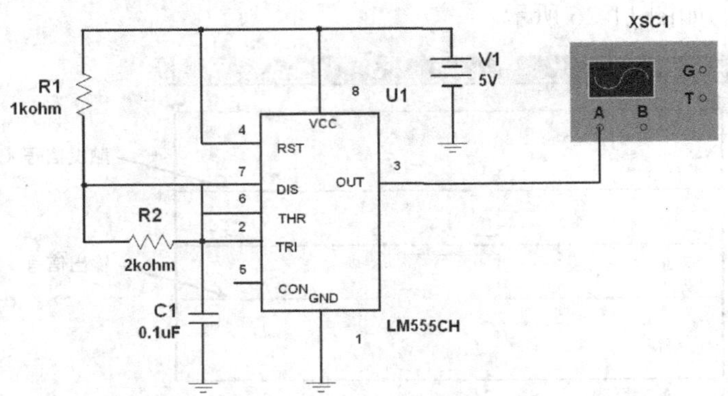

图 11-28　555 无稳仿真电路

根据式（11-2）、式（11-3）可得到图 11-28 所示无稳的输出信号频率和占空比为：

$$f=\frac{1.44}{(R1+2R2)C1}=\frac{1.44}{(1\text{k}\Omega+2\times2\text{k}\Omega)\times0.1\mu\text{F}}=2880\text{Hz}$$

$$D=\left(\frac{R1+R2}{R1+2R2}\right)\times100\%=\left(\frac{1\text{k}\Omega+2\text{k}\Omega}{1\text{k}\Omega+2\times2\text{k}\Omega}\right)\times100\%=60\%$$

打开仿真开关便可从示波器观察窗口观察到图 11-29 所示的频率为 2.88kHz、占空比为 60%的矩形波信号。

3. 555 定时器应用实例一：多种波形发生器

以 555 定时器为核心的多种波形发生器电路如图 11-30 所示。电路由 555 定时器和电容 C1 及恒流充放电回路组成多谐振荡器。IC2 使用 5G28C 作为高输入阻抗的电压跟随器，起到隔离和阻抗匹配的作用。振荡器的充放电均为恒流源充放，因而其锯齿波有良好的线性。RP1 和 RP2 分别用于调节充电和放电时间常数，调节占空比。当开关 K1 闭合时，形

成锯齿波，其周期为三角波的一半。

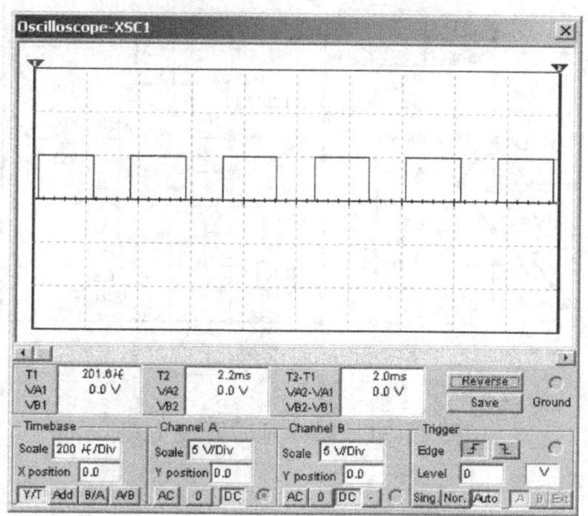

图 11-29　无稳仿真结果

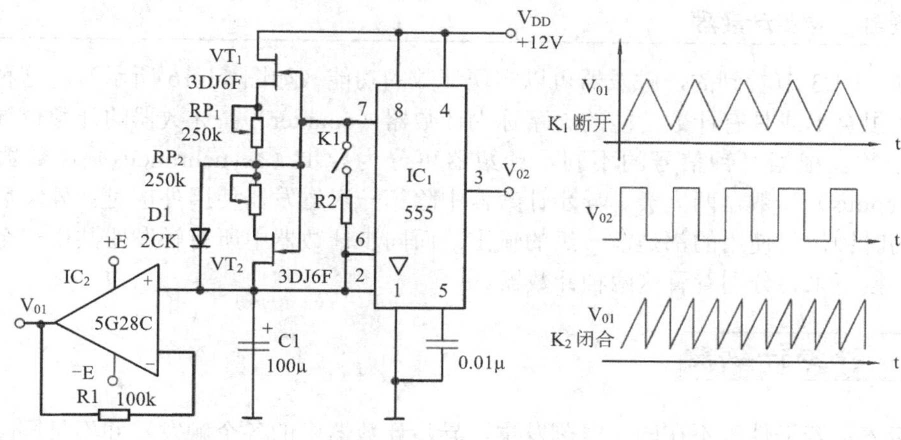

图 11-30　多种波形发生器

4. 555 定时器应用实例二：触摸延时开关

触摸延时开关适用于宿舍楼和办公楼的楼梯及过道灯的定时自动关灯控制。延时开关由降压整流器、定时开关和可控硅控制电路等组成，如图 11-31 所示，二极管 D1～D4 组成整流桥，并经 R1、D5、C1 和 DW 得到约 4.5V 的稳压直流电源，向 555 定时器供电。

555 定时器和 R4、C2、R3 等组成一个单稳态多谐振荡器，R3 末端的金属片 M 紧贴开关的面板按钮，平时无人按压，M 无感应信号，电路处于稳态，输出端（3 管脚）为低电平。当有人触动金属片 M 时，人体的感应信号经 R3 加至 555 定时器的触发端（2 管脚），该感应信号成为触发信号令单稳翻转，输出端转呈高电位，触发双向可控硅 BCR，从而使灯泡 H 点亮。灯泡 H 的点亮时间由 R4、C2 的参数决定（t_W=1.1R4C2），由图示参数知延时时长为 100 秒。可控硅应选用反向击穿电压不低于 400V 的双向可控硅，如 3CTS1 等。

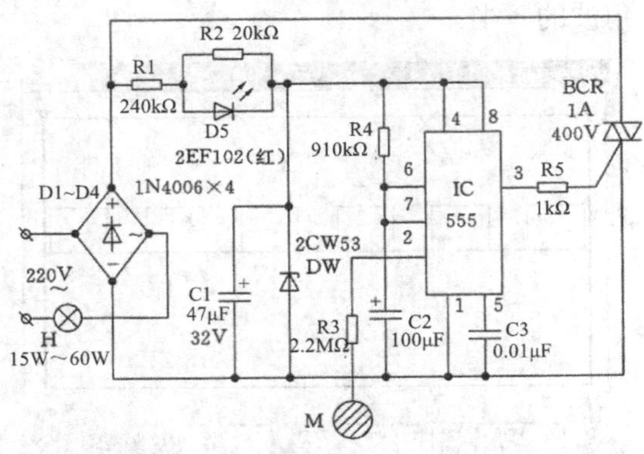

图 11-31　触摸延时开关电路

11.3　计数器

异步计数器　同步计数器

正如 11.1.3 节看到的，触发器可以实现计数的功能（如图 11-16 所示）。这种由若干个触发器组合形成具有计数功能的电路称为计数器（counter）。计数器的计数位数等于触发器的个数。根据时钟信号的不同，计数器可分为异步（asynchronous）计数器和同步（synchronous）计数器两大类。异步计数器中除第一级触发器使用外部时钟外，后续每个触发器的时钟信号使用的都是前一级的输出；而同步计数器中所有触发器共用一个外部时钟信号。接下来将分别看看这两种计数器。

11.3.1　异步计数器

异步表示若干件事不在同一时刻发生，异步计数器中的各个触发器并不是同时改变状态，因为它们不使用同一时钟脉冲信号。

1. 2 位异步二进制计数器

图 11-32 所示为利用两个 J-K 触发器组成的 2 位异步二进制计数器，该计数器的输出为 Q_0、Q_1。两个触发器的输入端 J、K 全部接 1，外部时钟信号 CLK 只输入第一个触发器 FF0，而第二个触发器 FF1 的时钟信号来自 FF0 的反相输出端 $\overline{Q}_0$。

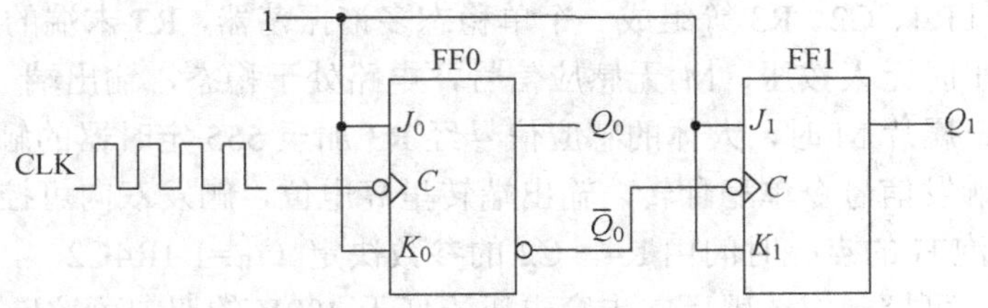

图 11-32　2 位异步二进制计数器

分析类似计数器一类的时序电路时，常称表示输入、输出的波形为时序图，如图 11-33 所示为 2 位异步二进制计数器的时序图，图中最上方为外部时钟脉冲 CLK，其下为各个输出端的波形。

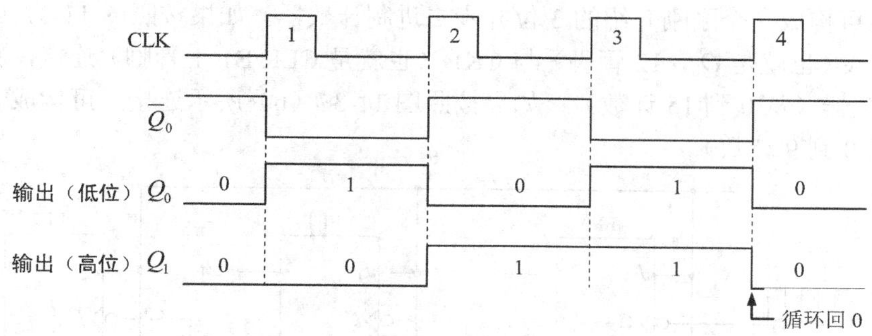

图 11-33　2 位异步二进制计数器的时序图

从图 11-33 中可以分析：当时钟脉冲 CLK 第一个上升沿到来时，触发器 FF0 翻转，输出端 Q_0 变为高电平，$\overline{Q}_0$ 为低电平；当第二个上升沿到来时，Q_0 变成低电平而 $\overline{Q}_0$ 则变为高电平并触发 FF1 翻转，Q_1 输出高电平。依此循环，就得到 2 位异步二进制计数器的输出状态表，如表 11-2 所示。

表 11-2　2 位异步二进制计数器真值表

时 钟 脉 冲	Q_1	Q_0
一开始	0	0
1	0	1
2	1	0
3	1	1
4（循环）	0	0

观察输出端 Q_1 和 Q_0 组成的 2 位二进制数，从 00 开始，每个脉冲到来输出增加 1，达到 11 后，又从 00 开始循环计数。也就是说，图 11-32 所示的计数器是一个 2 位计数器，每逢 4 进 1（2^2=4），或者说是四进制计数器。

2. 3 位异步二进制计数器

有了上面的基础，对 3 位异步二进制计数器的理解就简单了。如图 11-34 所示，3 位异步二进制计数器由 3 个触发器组成，除第一个触发器外，其他两个触发器都以前级的输出 $\overline{Q}$ 为时钟脉冲。这样，外部时钟脉冲 CLK 每过 8 个计数器完成一次循环计数，如图 11-35 所示。根据其状态表（见表 11-3）还可知道这是一个八进制计数器。

3. 4 位异步二进制计数器

74LS93 是计数器集成电路的一种，其内部有 4 个 J-K 触发器，结构如图 11-36 所示，其中 FF0 是一个独立的触发器，FF1、FF2、FF3 构成 3 位异步计数器。这种结构是为了更灵活的配置应用。此外，还有与非门用于复位控制，当 $RO(1)=RO(2)=1$ 时，计数器复位，所有输出端为 0。

如果以 74LS93 的 CLK B（1 管脚）为时钟脉冲信号输入端，并只使用 FF1、FF2、FF33 个触发器就可构成一个刚刚介绍的 3 位异步二进制计数器。如果按照图 11-37（a）所示，把输出端 QA（也就是 Q_0，12 管脚）与 CKB（也就是 CLK B，1 管脚）连接，就可构成一个模 16 计数器（从 0 到 15 计数）；如果按照图 11-37（b）所示连接，可构成一个十进制计数器（从 0 到 9 计数）。

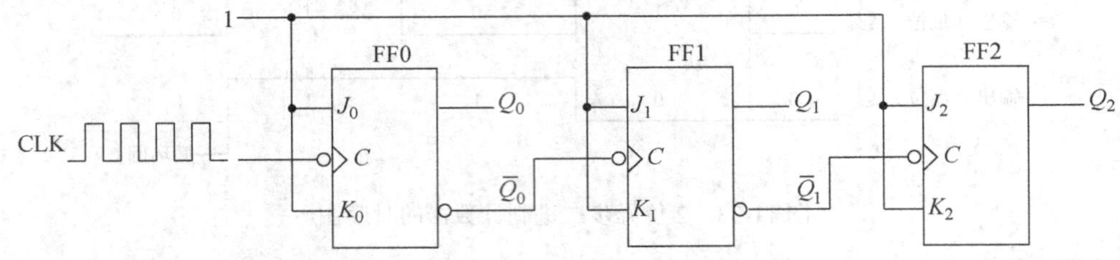

图 11-34　3 位异步二进制计数器

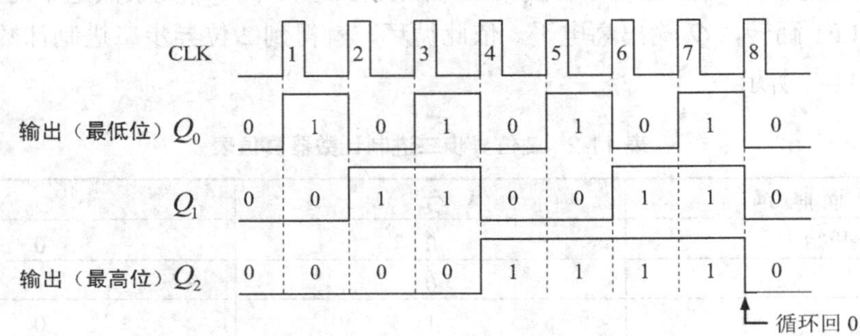

图 11-35　3 位异步二进制计数器的时序图

表 11-3　3 位异步二进制计数器真值表

时钟脉冲	Q_2	Q_1	Q_0
一开始	0	0	0
1	0	0	1
2	0	1	0
3	0	1	1
4	1	0	0
5	1	0	1
6	1	1	0
7	1	1	1
8（循环）	0	0	0

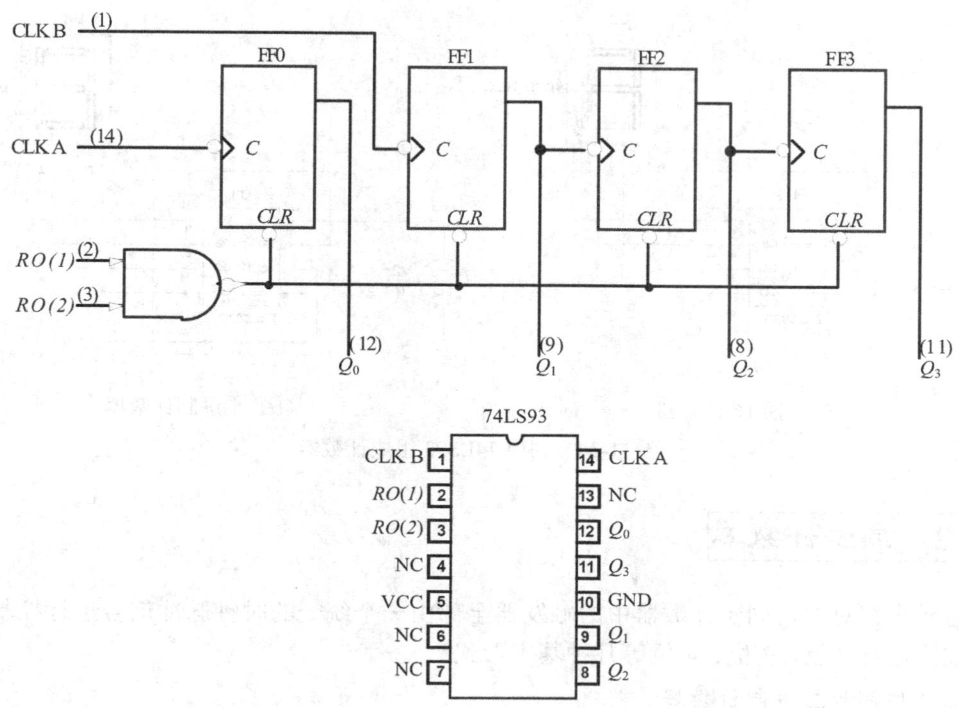

图 11-36　二进制异步计数器 74LS93

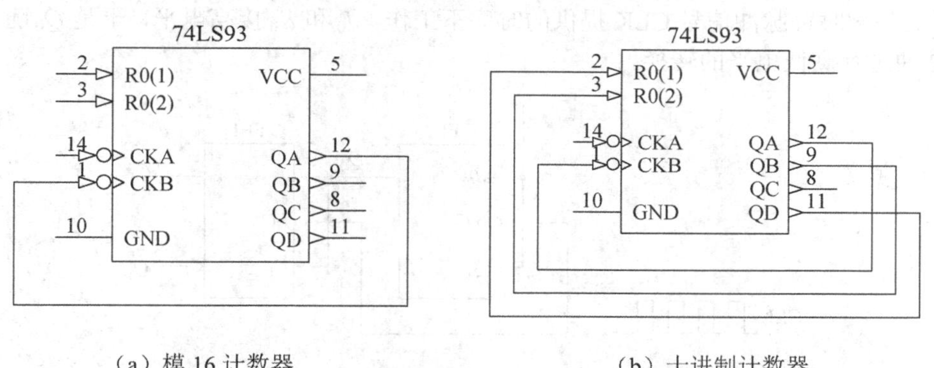

（a）模 16 计数器　　（b）十进制计数器

图 11-37　利用 74LS93 构成计数器

【例 11.6】计数器：在 Multisim 2001 中连接图 11-38 所示的模 16 计数器和十进制计数器，并利用七段数码管观察计数过程。

按图 11-38 连接好电路后，打开仿真开关，就会观察到七段数码管从 0 开始往上显示数字。对于模 16 计数器来说，当显示完 9 之后，就会继续显示 A、B、C、D、E、F，之后又从 0 开始；对于十进制计数器来说，显示完 9 之后就重新由 0 开始计数。

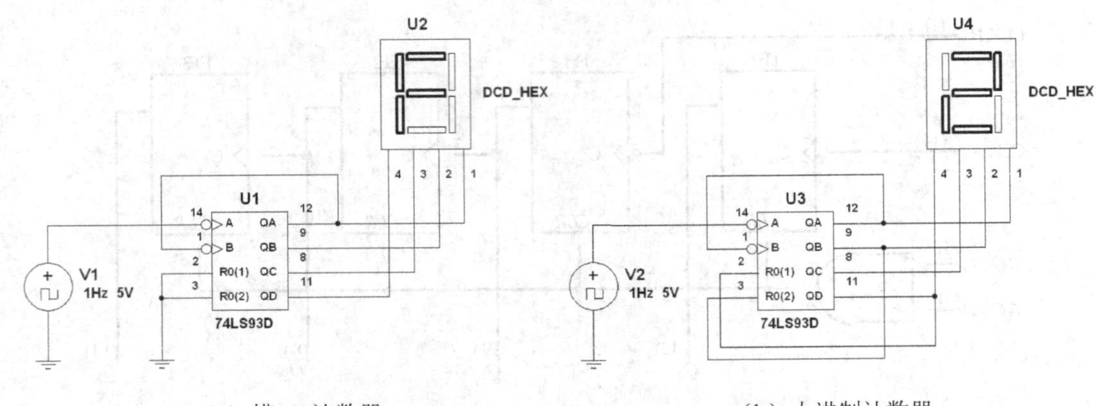

（a）模 16 计数器　　（b）十进制计数器

图 11-38　利用 74LS93 组成计数器

11.3.2　同步计数器

与异步相对的，同步计数器中的触发器全部由一个统一的时钟脉冲信号进行控制。同步计数器也有 2 位、3 位、4 位等几种基本形式。

1. 2 位同步二进制计数器

图 11-39 所示为 2 位同步二进制计数器，其与异步计数器最大的不同在于各级触发器在统一的外部时钟脉冲信号 CLK 提供的时序下工作。J_0 和 K_0 接高电平，于是 Q_0 随着每个 CLK 脉冲进行高低电平的转换。

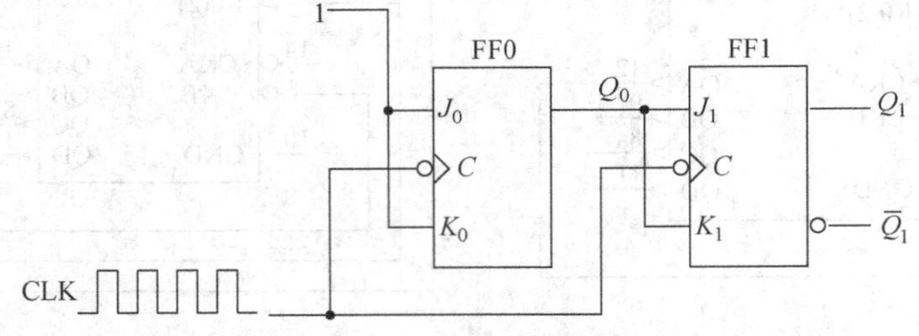

图 11-39　2 位同步二进制计数器

一开始两个触发器都处于复位状态，Q_0=Q_1=0。当外部 CLK 的第一个上升沿到来时，如图 11-40 所示，触发器 FF0 翻转，Q_0 输出 1。由于触发器 FF1 的 J_1、K_1 控制端均与 Q_0 连接，所以在外部时钟脉冲 CLK 的第一个上升沿到来之际，FF1 的 J_1、K_1 均为低电平（Q_0 还没来得及变为 1），故而 FF1 不翻转。当 CLK 的第二个上升沿到来时，FF0 的输出 Q_0 再次翻转，但 Q_0 的这个翻转比 CLK 的上升沿到来要稍稍晚一些，如图 11-41 所示，因为任何电路在信号处理过程中总存在着延时问题。于是在 CLK 的第二个上升沿到来之际很短的时间里，触发器 FF1 的控制端 J_1、K_1 仍然随着 Q_0 保持高电平，于是 FF1 翻转，Q_1 变成 1。利用类似的方法可以分析图 11-40 中随后的 CLK 脉冲与输出信号 Q_0、Q_1 的关系。

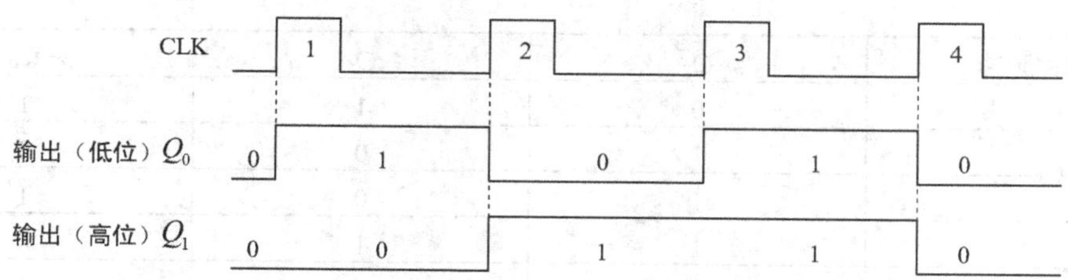

图 11-40 2 位同步二进制计数器的时序图

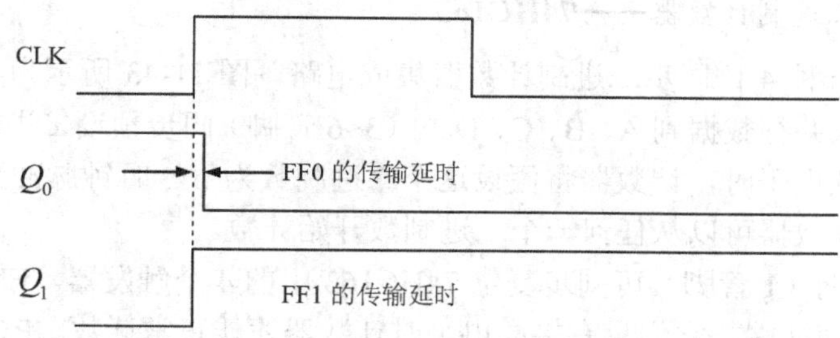

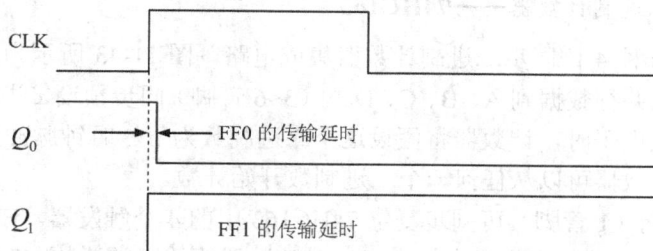

图 11-41 CLK 的第二个上升沿时刻发生的延时

2. 3 位同步二进制计数器

图 11-42 所示为一个 3 位同步二进制计数器。由于 J_0 和 K_0 接高电平，于是触发器 FF0 的输出 Q_0 随着每个 CLK 脉冲进行高低电平的转换。因为 J_1 和 K_1 与 Q_0 相连，所以触发器 FF1 的输出 Q_1 会在每次 Q_0 为 1 时翻转。由于与门的作用，触发器 FF2 只有当 Q_0 和 Q_1 同为 1 时翻转。于是，可得到表 11-4 所示的 3 位同步二进制计数器真值表，可见这是一个八进制的计数器。

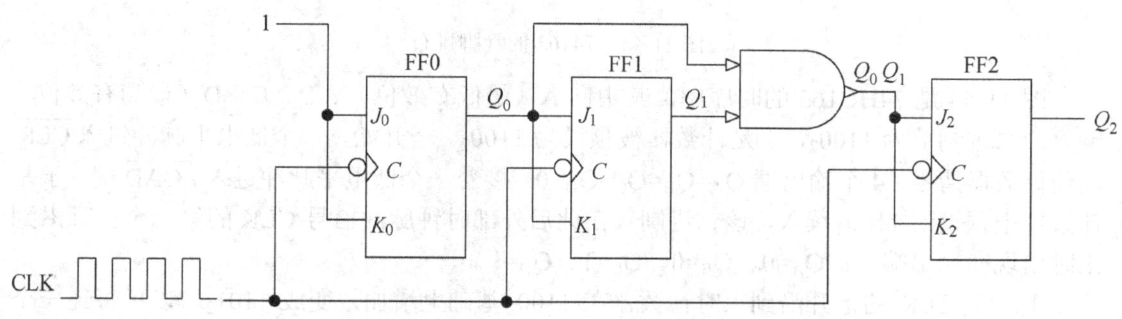

图 11-42 3 位同步二进制计数器

表 11-4 3 位同步二进制计数器真值表

时钟脉冲	Q_2	Q_1	Q_0
一开始	0	0	0
1	0	0	1
2	0	1	0

续表

时钟脉冲	Q_2	Q_1	Q_0
3	0	1	1
4	1	0	0
5	1	0	1
6	1	1	0
7	1	1	1
8（循环）	0	0	0

3. 4位同步二进制计数器——74HC163

74HC163是一种4位同步二进制计数器集成电路，图11-43所示为其管脚排布，该计数器可以通过输入并行数据到A、B、C、D端（3~6管脚）同步预设二进制数。当$\overline{\text{LOAD}}$端（9管脚）得到低电平时，计数器将假设这个二进制数为下一时钟脉冲到来时的计数器状态，也就是说，计数器可以从任何一个二进制数开始计数。

此外，$\overline{\text{CLR}}$端（1管脚）可同步复位74HC163中的4个触发器。ENP和ENT端（7、10管脚）是两个使能端，它们只有接高电平时计数器才能正常计数。RCO端（15管脚）在计数器到达1111_2时变为1，有利于多个74HC163进行级联。

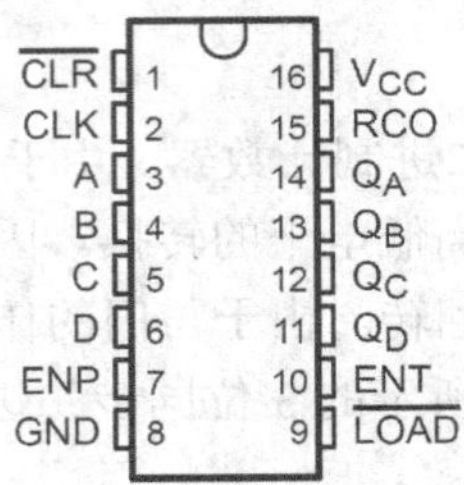

图11-43　74163的管脚排布

图11-44是74HC163的时序图，其中向A（最低有效位）、B、C、D（最高有效位）输入的二进制数为1100_2，于是计数器被预设为1100_2。一开始，一个低电平脉冲进入$\overline{\text{CLR}}$端使计数器清零，4个输出端$Q_A=Q_B=Q_C=Q_D=0$。接着一个低电平脉冲进入$\overline{\text{LOAD}}$端，于是计数器把预设值1100_2读入，该二进制数在此后外部时钟脉冲信号CLK的第一个上升沿到来时出现在输出端上：$Q_A=0$、$Q_B=0$、$Q_C=1$、$Q_D=1$。

下一个CLK的上升沿到来时计数器在1100_2基础上增加，变成1101_2。以后每经一个CLK的上升沿，计数值增加1。直到增加到1111_2后计数器又从0000_2、0001_2、……开始循环计数。注意在此过程中，需向两个使能端ENP和ENT输入1。如果ENP变为0，则计数器被禁止而保持其当前输出状态。

4. 同步加/减计数器

到现在为止，已经介绍了一些常用的计数器。有人可能会问计数器难道只能随着脉冲信号加1吗？如果要减1怎么办？加/减计数器74LS190就是一种能加能减的计数器，如图11-45所示。

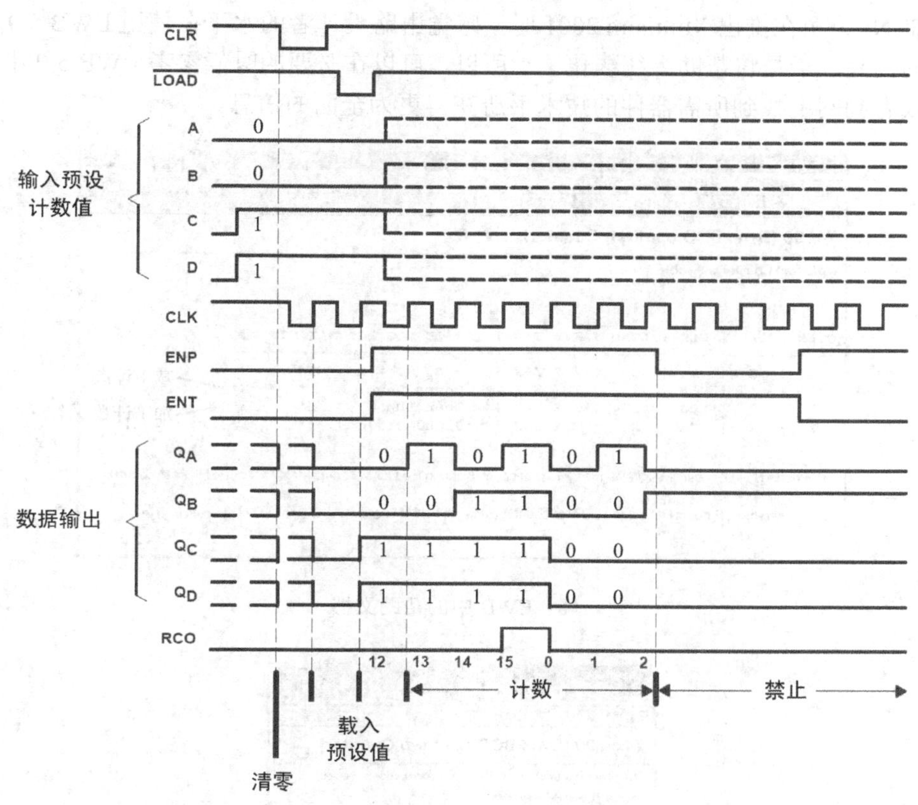

图 11-44　74HC163 的时序图

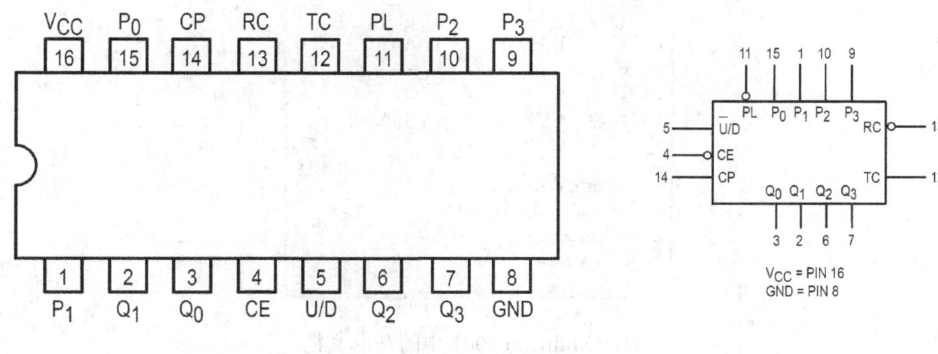

图 11-45　74LS190

通过上网查询或浏览 Multisim 2001 的帮助文档，可以找到 74LS190 的真值表。有一点值得说明一下：EWB 5.0 是一款较 Multisim 2001 早的电路仿真软件，虽然版本较早，但仍然有它方便之处。图 11-46 所示分别为 EWB 5.0 和 Multisim 2001 帮助系统中的 74190 真值表，EWB 5.0 中的真值表（如图 11-46（a）所示）信息较 Multisim 2001 中的（如图 11-46（b）所示）似乎更为清晰易懂。其中表明要想让 74190 做减 1 计数（count down），$D/\overline{U}$（5 管脚）需等于 1；而做加 1 计数（count up）时 $D/\overline{U}$ 需等于 0。

看来 NI 公司在推出 Multisim 2001 时，感觉电路设计者的水平在使用 EWB 5.0 之后有了明显的提高，于是将帮助系统弱化了。所以，可以在必要的时候参考 EWB 5.0 中的帮助文档，或者到网上找到所需器件的技术手册获得更为全面的信息。

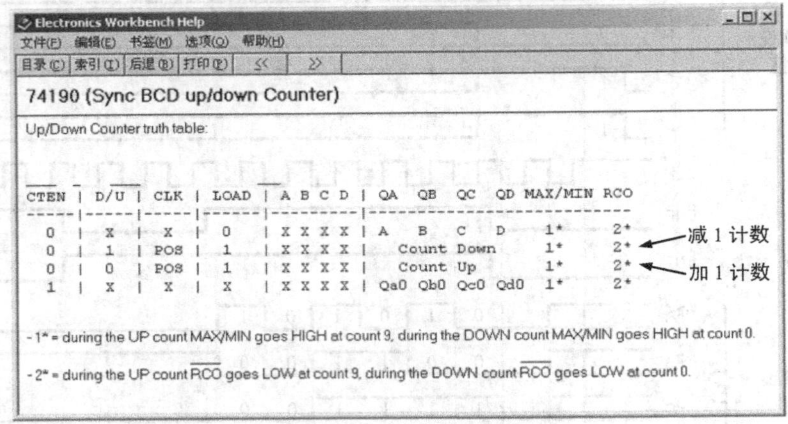

74190 (Sync BCD up/down Counter)

Up/Down Counter truth table:

CTEN	D/U	CLK	LOAD	A B C D	QA	QB	QC	QD	MAX/MIN	RCO
0	X	X	0	X X X X	A	B	C	D	1*	2*
0	1	POS	1	X X X X	Count Down				1*	2*
0	0	POS	1	X X X X	Count Up				1*	2*
1	X	X	X	X X X X	Qa0	Qb0	Qc0	Qd0	1*	2*

- 1* = during the UP count MAX/MIN goes HIGH at count 9, during the DOWN count MAX/MIN goes HIGH at count 0.

- 2* = during the UP count $\overline{RCO}$ goes LOW at count 9, during the DOWN count $\overline{RCO}$ goes LOW at count 0.

（a）EWB 中的帮助文档

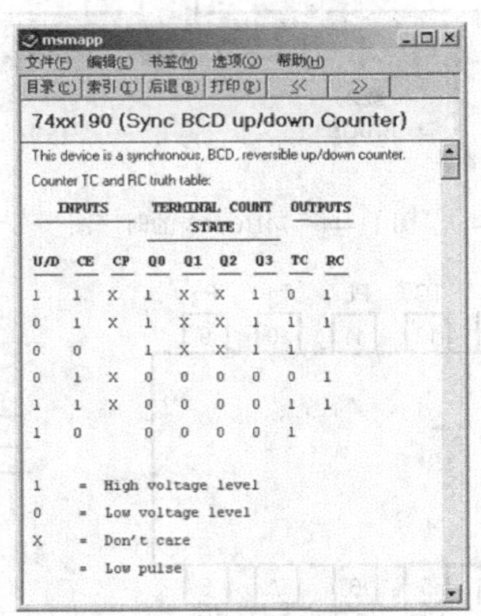

74xx190 (Sync BCD up/down Counter)

This device is a synchronous, BCD, reversible up/down counter.

Counter TC and RC truth table:

INPUTS			TERMINAL COUNT STATE				OUTPUTS	
U/D	CE	CP	Q0	Q1	Q2	Q3	TC	RC
1	1	X	1	X	X	1	0	1
0	1	X	1	X	X	1	1	1
0	0		1	X	X	1	1	
0	1	X	0	0	0	0	0	1
1	1	X	0	0	0	0	1	1
1	0		0	0	0	0	1	

1 = High voltage level

0 = Low voltage level

X = Don't care

= Low pulse

（b）Multisim 2001 中的帮助文档

图 11-46　74LS190 的真值表

至此对计数器的了解就结束了，如果大家想利用数字集成电路在 Multisim 2001 中仿真并实际制作一个实用的电路，可以参考附录 O 中的介绍，设计制作一个电子时钟。

第 12 章　单片机就在我们身边

从本章开始将进入一个全新的话题——单片机（microcontroller）。单片机是什么？闻所未闻，但是单片机有一个更容易理解的名字——微控制器，说明单片机是一种体积微小的控制器。那它体积有多小？它又如何进行控制呢？这是本章将要解决的问题。

12.1　身边的单片机

单片机在哪里　单片机的特点

12.1.1　单片机在哪里

单片机就隐藏在日常生活中的许多电子产品中，如鼠标、遥控器、洗衣机、机器人等。如果试着打开一些设备的外壳就会发现单片机的身影，如图 12-1 所示。综观这些电子产品都有一个特点，即都有输入或输出设备。比如鼠标的按键、遥控器的按键等是输入设备；洗衣机的电机、机器人的电机机构是输出设备。形形色色的输入设备和输出设备都在单片机的控制下协调工作。

再举个例子，在一台空调中，由电子器件构成制冷功能模块、温度监控功能模块、遥控器接收功能模块等。这些功能模块之间是相互联系的。遥控器接收功能模块接收到用户发出的温度设置命令，温度监控功能模块检测室内的温度，如果室内温度高于用户设置的温度，则制冷功能模块工作，从空调出气口放出冷气以降低室内温度。这里的问题是，功能模块与功能模块之间是如何协调工作的呢？它们是怎样互相联系在一起实现空调机的整体功能呢？

在人体上也有类似的相互影响、相互控制的过程。例如，在过马路时，会首先看人行红绿灯的状态：如果是红灯就等待，如果是绿灯就通过。这里的功能模块有：人眼——接收红绿灯的状态，腿脚——驱动人的身体向前行走。可见与空调机类似，这些功能模块之间具有相互影响、相互控制的关系。在这个关系的背后，全靠人的大脑控制着。大脑根据眼睛看到的红绿灯判断是否可以通过，并控制双脚行走或驻足。同样，空调机中也有一颗“大脑”——这就是单片机。换句话说，空调机中的单片机控制着各个功能模块协调工作。

12.1.2　单片机的特点

如果大家对计算机的硬件结构有所了解，就会知道一台完整的计算机除了有 CPU 外，还有内存、硬盘、键盘、鼠标、USB 接口、显示卡和主板等设备。其中 CPU 是计算机的核心，所有的数据都由它来处理。如果把单片机比作一个简易的 CPU，以单片机为核心的系统则可以看成是一个功能简单的计算机，如图 12-2（a）所示为一单片机系统电路板。

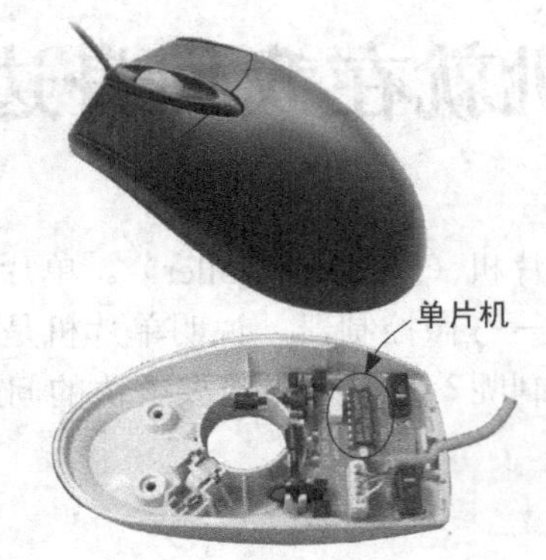

（a）鼠标中的单片机

（b）遥控器中的单片机

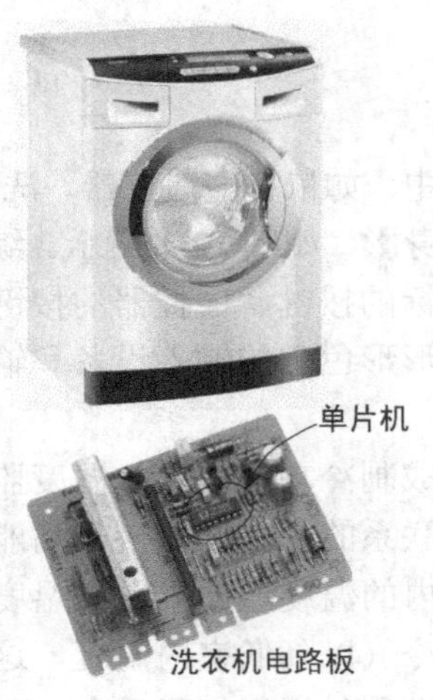

（c）洗衣机中的单片机

（d）机器人中的单片机

图 12-1　单片机在这里

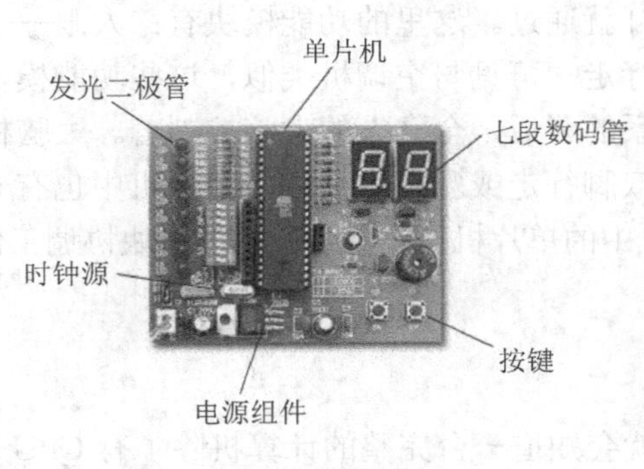

（a）单片机系统板

（b）小键盘

（c）液晶屏

图 12-2　单片机系统电路板

不过这个功能简单的“计算机”显得有些寒碜——键盘只是简单的几个按键，显示器由一些七段数码管和发光二极管充当。单片机的系统里很少连接像计算机上的标准键盘，如果有需要会以图 12-2（b）所示的小键盘替代；单片机一般不会连接大显示器，而经常使用图 12-2（c）所示的液晶屏显示信息；一般也不会连接大容量的硬盘，如果需要在掉电后保存数据，可以在系统中添加 EEPROM（电可擦除只读存储器）或 Flash 存储器。另外，也可以使用 RAM（随机访问存储器）来存储运行时的数据；单片机没有类似计算机的专门主板，通常是根据实际要求设计相应的系统电路板。

图 12-3 所示为一个功能较为齐全的单片机系统电路板，除了单片机外，还有作为显示器的液晶屏和七段数码管、与外部通信的串口和网口、作为输入设备的按钮等。这样的单片机系统可以根据实际需要重新设计，添加或减少外围设备以满足具体要求。

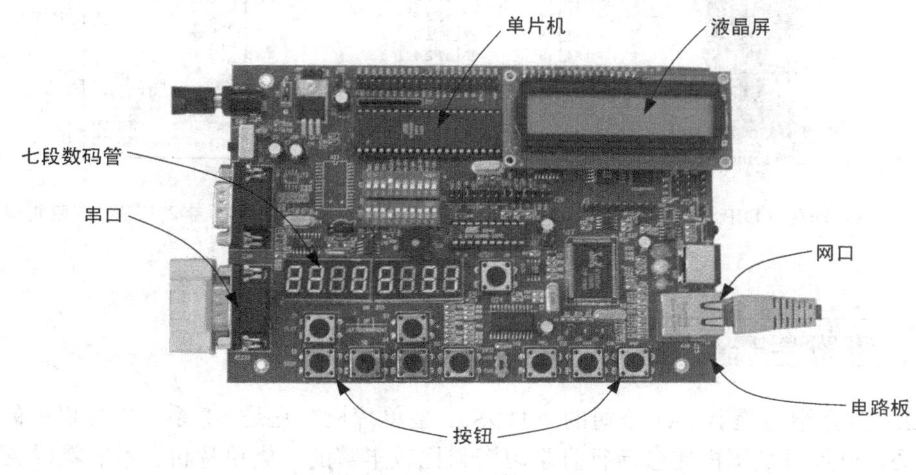

图 12-3　单片机系统

12.2　开发准备

单片机是什么样子的　有哪些单片机　最简单片机系统　开发工具　开发过程

12.2.1　单片机是什么样子的

从图 12-2 和图 12-3 中可以看到单片机系统由单片机和各种外设构成，各种外设与单片机的管脚直接或间接连接，各种信号和数据都通过管脚在单片机与外设之间交换。单片机属于集成电路的一种，也有自己的电路符号。如图 12-4 所示为 AT89S51 型单片机的外观（DIP 封装）和电路符号，它共有 40 个管脚，其中 20、40 管脚为供电端，32~39 管脚为 P0 口、1~8 管脚为 P1 口、21~28 管脚为 P2 口、10~17 管脚为 P3 口。

图 12-4（a）所示的 AT89S51 单片机与普通 DIP 封装的集成电路一样，在外壳的一边有一个半月形和圆形的小坑。这两个标志说明离圆形小坑最近的管脚为单片机的 1 管脚，

按逆时针方向，依次为2、3、4…40管脚。图12-4（b）如实地反映了实际单片机器件的管脚分布情况，而图12-4（c）将管脚在两侧重新布置了一下，把单片机40个管脚按功能分组放置在一起，这样能提高绘制电路原理图时的可读性。

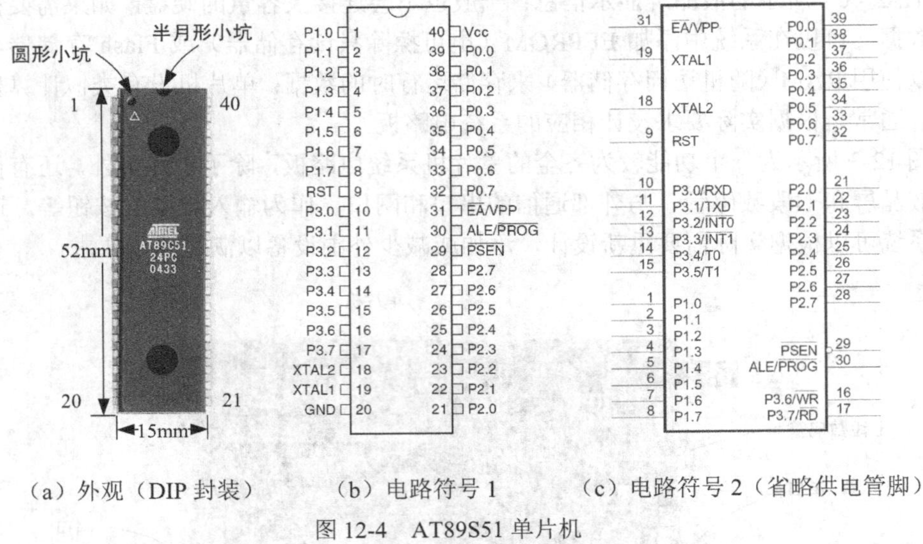

（a）外观（DIP封装）　（b）电路符号1　（c）电路符号2（省略供电管脚）

图12-4　AT89S51单片机

12.2.2　有哪些单片机

12.2.1节介绍的是Atmel公司的AT89S51型单片机，它是51系列单片机中的一个产品。51系列单片机是国内比较流行且学习资料比较丰富的一类单片机。本书就以AT89S51为代表进行介绍。当完成AT89S51的学习后，再去看其他型号或系列的单片机时就会触类旁通。

当然，除了Atmel公司生产单片机产品外，世界上许多集成电路厂商为争夺这块大蛋糕，都根据应用领域和功能特点推出了许多不同型号的单片机，以适应不同场合的应用需要。表12-1所示是一些国外厂商及其代表单片机产品。

表12-1　不同厂商的单片机

公司标志	名　　称	代表单片机
ANALOG DEVICES	Analog Devices（模拟器件）	ADUC832
ATMEL	Atmel（爱特梅尔）	ATMEGA16

续表

公司标志	名　　称	代表单片机
DALLAS SEMICONDUCTOR	Dallas（达拉斯）	DS80C390
freescale semiconductor	Freescale Semiconductor（飞思卡尔半导体）	MC68000
Infineon technologies	Infineon（英飞凌）	C1645V
intel	Intel（英特尔）	P8051AH
MICROCHIP	Microchip（微芯）	PIC24
National Semiconductor	National Semiconductor（美国国家半导体）	COP8CBR9HVA8

不同厂商不同型号的单片机产品有不同的特点，例如存储器的容量、管脚数、内部结构、工作电压、运算速度、指令等。由于现在的知识储备还不够，展开比较它们的功能、技术指标的意义不是很大。只需要知道世界上有许多厂商生产单片机，且有许多型号即可，等完成本书的学习后，可以在实际应用中根据需要选择不同的单片机。

12.2.3　最简单片机系统

只有一个图 12-4 所示的 AT89S51 单片机是无法实现任何功能的。除了需要向单片机供电外（20、40 管脚），还要有若干个简单的外围器件构成最简单片机系统并向单片机中写入程序。本书先看看最简单片机系统中都有什么元素，第 13 章再学习如何向单片机中写程序。

1. 电源（$+V_{CC}$、GND）

图 12-5 所示为 AT89S51 单片机的最简系统构成，40 管脚和 20 管脚分别接电源$+V_{CC}$和 GND。根据 AT89S51 的技术文档知其工作电压范围为直流+4.0~+5.5V。这个电源可用电池构成或参考 3.2 节设计一个直流稳压电源。

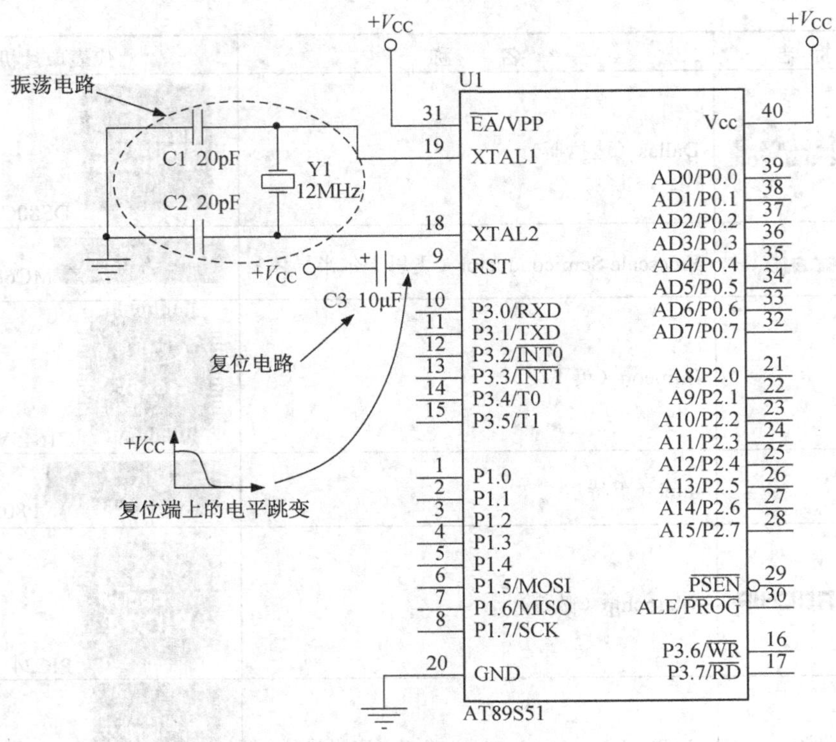

图 12-5　AT89S51 单片机最简系统

2. 时钟信号（XTAL1、XTAL2）

单片机的 XTAL1 端（19 管脚）、XTAL2 端（18 管脚）接晶振 Y1 与电容 C1 和 C2，如图 12-5 所示，这种固定的结构与单片机内部的电路组成一个振荡器，产生单片机时钟脉冲信号。这种使用晶振配合产生时钟脉冲信号的方法称为内部时钟方式。晶振的频率决定了单片机系统的时钟频率。例如晶振频率为 12MHz，那么单片机的时钟频率就是 12MHz。电容 C1 和 C2 的容量范围为 20~40pF。除了内部时钟方式外，还可以把适当频率的外部时钟脉冲信号输入到 XTAL2 端，而把 XTAL1 端接地。

3. 复位（RST）

图 12-5 中，复位端（9 管脚）与+V_{CC}之间连接了一个 10μF 电解电容 C3，当单片机系统上电时，电解电容 C3 的正极瞬间变为+5V，电容对于这个瞬间的电压突变相当于短路，于是+5V 瞬间加到复位端上使单片机复位。很快，电解电容 C3 充满电，在电路中相当于断路，于是复位端电平由高转低，单片机开始进入正常工作状态。

有时，只使用一个电解电容的复位电路可靠性不高，而图 12-6 所示是两种较好的复位电路。其中，图 12-6（b）的按钮开关 S1 可在手动复位时使用。当按钮开关闭合时，无论单片机在执行什么操作都会被强行复位。

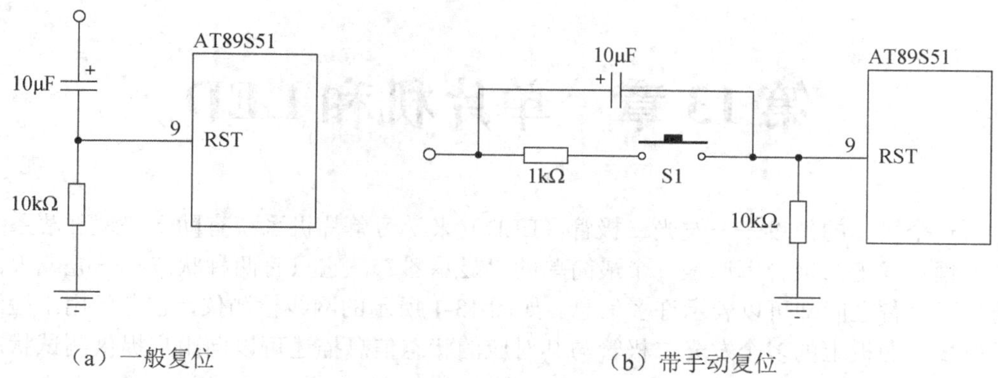

（a）一般复位　　　　（b）带手动复位

图 12-6　两种常用的复位电路

4. 外部程序存储器访问控制端（$\overline{\text{EA}}$/VPP）

在如图 12-5 所示的最简系统中还有一个值得注意的地方，那就是 AT89S51 单片机的 $\overline{\text{EA}}$/VPP 端（31 管脚）接了高电平。$\overline{\text{EA}}$/VPP 端是单片机的外部程序存储器访问控制端。如果它接高电平，单片机就会到本单片机内部程序存储器中找程序来执行；如果 $\overline{\text{EA}}$/VPP 端接低电平，则单片机执行的全部是外部程序存储器中的程序。这个控制端就好像学校图书馆的大门，如果大门打开（$\overline{\text{EA}}$/VPP 接高电平），则可以进入学校的图书馆读书；但如果学校的图书馆大门关闭（$\overline{\text{EA}}$/VPP 接低电平），就只好到学校以外的图书馆去读书了。

5. 从最简系统开始设计任何单片机系统

图 12-5 所示的最简单片机系统是所有 AT89S51 单片机系统的基础，任何 AT89S51 单片机系统电路都可在此基础上添加所需模块构成。比如想让单片机控制一个发光二极管闪烁，则可在最简系统基础上向单片机的 I/O 口 P1.0 添加一个发光二极管 D1 和限流电阻 R1，如图 12-7 所示。翻开本书后面章节的电路图，即可发现任何单片机系统都是在最简系统基础上设计出来的。

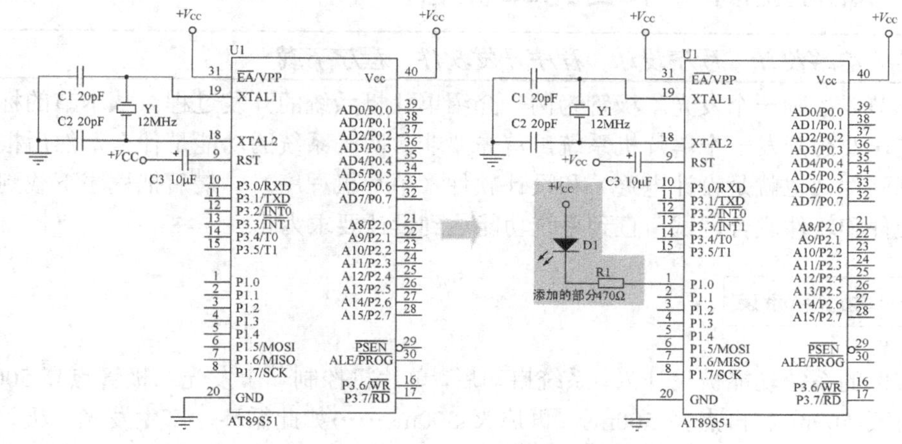

图 12-7　从最简系统到发光二极管闪烁系统

第 13 章　单片机和 LED

从一个简单的外设——发光二极管（LED）来学习单片机系统有助于快速理解系统开发的过程。发光二极管可谓是一个最简单的“显示器”，它只有两种状态——亮或灭。但它的亮灭交替之间却可以表示许多信息。如图 13-1 所示的网线检测仪，它专门用于检测网线的质量，面板上的多个发光二极管与其对应的状态信息描述可以向用户提供测试状态、测试结果等信息。

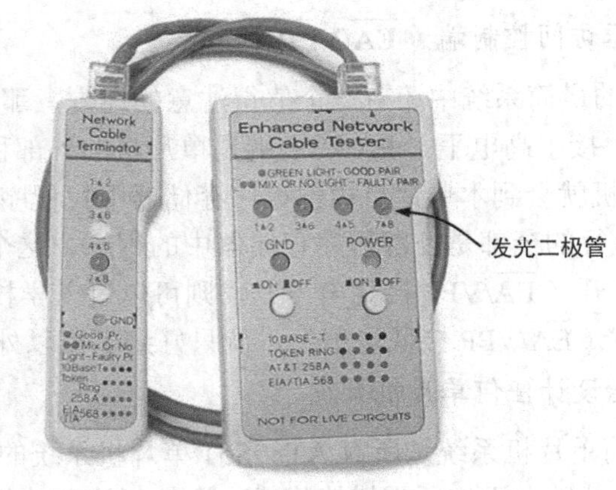

图 13-1　网线检测仪上的发光二极管

13.1　如何控制一个发光二极管

功能确定　电路设计　程序设计　程序开发软件　程序下载

这一节以控制一个发光二极管为例，介绍单片机系统的开发过程。从本节的标题顺序可以知道，要想开发一个单片机系统，首先要非常明确系统的功能是什么，然后根据功能要求规划硬件（也就是设计电路）和设计软件（单片机程序），最后把程序下载到单片机中进行硬件和软件联合调试，直到系统功能达到设计要求为止。

13.1.1　功能确定

本实例的系统功能被设计为：系统启动后，单片机控制一个发光二极管点亮 500ms（毫秒），熄灭 500ms，再点亮 500ms，再熄灭 500ms……如此循环，产生发光二极管闪烁的效果，如图 13-2 所示。

要实现单片机控制发光二极管以 500ms 为间隔闪烁，则发光二极管需要以某种形式与

单片机的管脚进行连接，接受其控制。12.2.1 节谈到过 AT89S51 单片机有 4 组 I/O 口：P0、P1、P2、P3，如图 13-3 所示，每组 I/O 口有 8 个端口。I/O 就是 Input/Output（输入/输出）的意思，4 组 I/O 口的任何一个端口都具有输入、输出功能。比如 P1.0 口（1 管脚），单片机既可以把 P1.0 口上的信号读入单片机，也可以通过 P1.0 口输出 1 或 0。

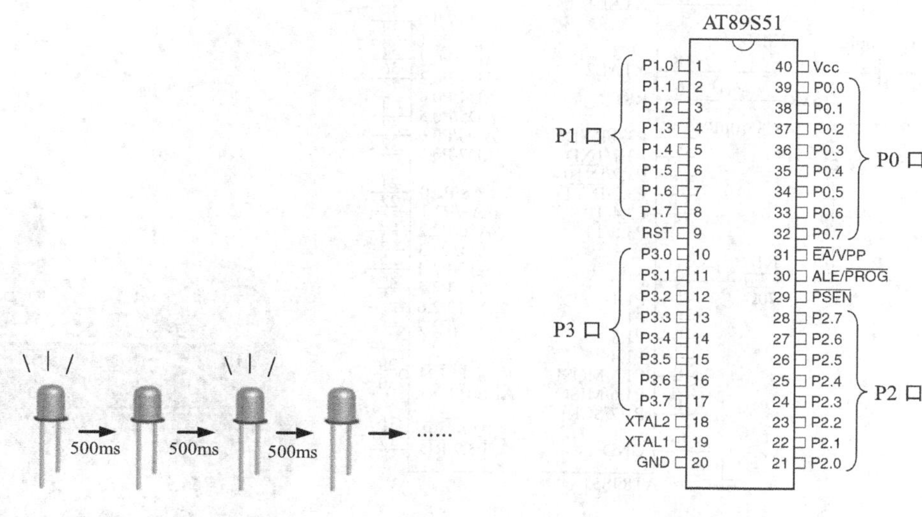

图 13-2 功能确定

图 13-3 AT89S51 的 I/O 口

4 组 I/O 口都可作为输入、输出端口使用，控制外部设备或从管脚上读取状态。除了 P0 口外，其余 I/O 口均有内置的上拉电阻。其中 P0 口和 P2 口常用于对外部存储器的访问。P3 口具有双重功能，除了可用作普通的 I/O 口外，还可以提供第二重功能，如表 13-1 所示。

表 13-1 P3 口的复用功能

端口管脚	复用功能	功能描述
P3.0	RXD	串行通信接收端
P3.1	TXD	串行通信发送端
P3.2	$\overline{\text{INT0}}$	外部中断 0 输入口
P3.3	$\overline{\text{INT1}}$	外部中断 1 输入口
P3.4	T0	Timer 0 计数器输入
P3.5	T1	Timer 1 计数器输入
P3.6	$\overline{\text{WR}}$	写外部存储器的脉冲输出
P3.7	$\overline{\text{RD}}$	读外部存储器的脉冲输出

13.1.2 电路设计

所有单片机系统都可从最简系统开始，添加所需的模块。如本例控制发光二极管系统中，除了最简系统外，只需要添加一个发光二极管 D1 和一支限流电阻 R1。如图 13-4（a）所示，添加的部分连接到 P1.0 口上，当然也可以连接到 P0、P1、P2、P3 中任何一个 I/O

口上。为了保护单片机的I/O口和发光二极管，还需要添加一个限流电阻R1。

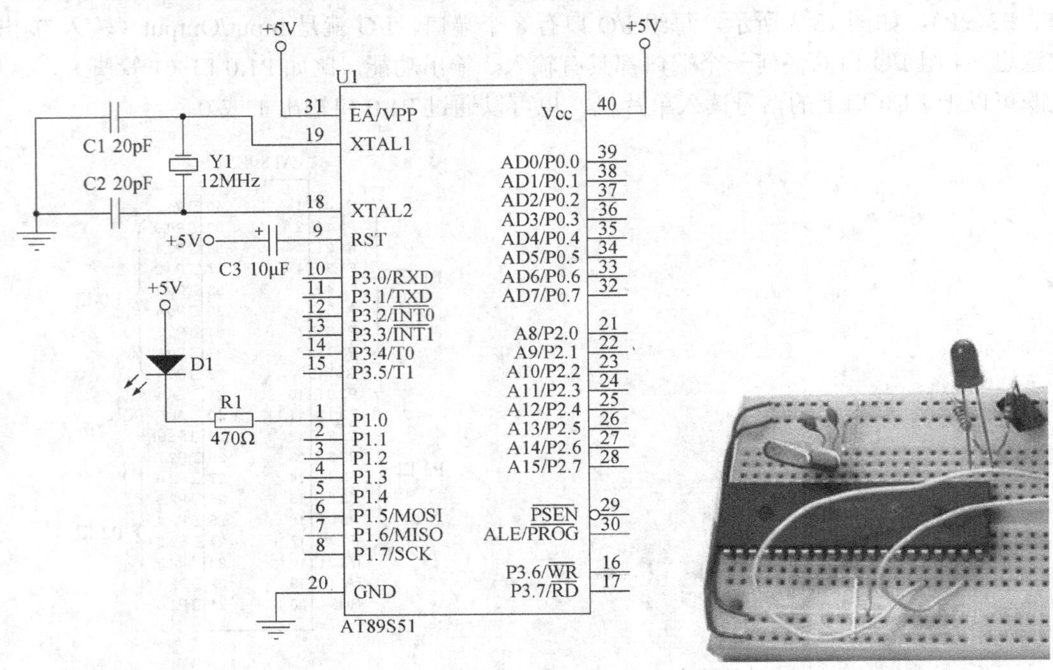

（a）电路图　　（b）用面包板搭出实际电路

图13-4　闪烁的发光二极管的系统硬件设计

设计完系统电路图后，可利用3.1节介绍的面包板或万用板把实际电路搭出来，以便接下来把程序下载到单片机中观察系统运行效果，如图13-4（b）所示。

13.1.3　程序设计

1. 程序规划

硬件电路搭建完毕后，就可以进入程序的设计阶段。单片机之所以有如此大的魅力，全赖于程序对单片机I/O口及其他功能模块的控制。根据本系统功能——单片机控制一个发光二极管的点亮500ms，熄灭500ms，再点亮500ms，再熄灭500ms……又根据图13-4所示，发光二极管D1连接在P1.0口上，并知道当单片机P1.0口为0时（低电平）发光二极管D1被点亮，P1.0口为1时（高电平）则熄灭。于是可得用中文描述的程序设计流程，如图13-5所示。

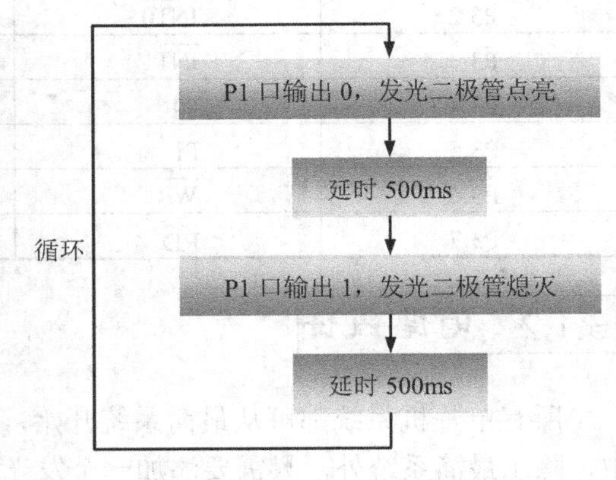

图13-5　闪烁的发光二极管的程序流程

2. 汇编语言

单片机并不能“理解”中文，所以还需要把图 13-5 所示的流程转化成单片机的语言才能下载到单片机里，转换的结果为：

```
START:
        MOV       P1,#00H        ; P1.0~P1.7 均输出 0
        CALL      DELAY          ; 调用延时 500ms 子程序
        MOV       P1,#0FFH       ; P1.0~P1.7 均输出 1
        CALL      DELAY          ; 调用延时 500ms 子程序
        JMP       START          ; 跳回 START，循环执行
```

以上这段程序代码是用汇编语言写成的，汇编语言（assembly language）是一种低级的、与硬件打交道的语言。这段程序代码由 6 行组成，除第一行的标号 START 外，其余 5 行就是 5 条指令（instruction）。每一条指令会对单片机下一条命令，使单片机完成某种操作。这 5 条指令从头到尾执行一遍，就实现了发光二极管 D1 点亮 500ms→熄灭 500ms，即一次闪烁。

单片机会顺序地执行每一条指令并实现相应的操作。如第 2 行指令 MOV P1, #00H 让单片机的 P1 口输出 0，执行完这条指令后，P1.0~P1.7 均为 0。于是连接在 P1.0 上的发光二极管被点亮。

完整的指令由标号（可选）、助记符、目的操作数、源操作数及注释（可选）组成，如图 13-6 所示。

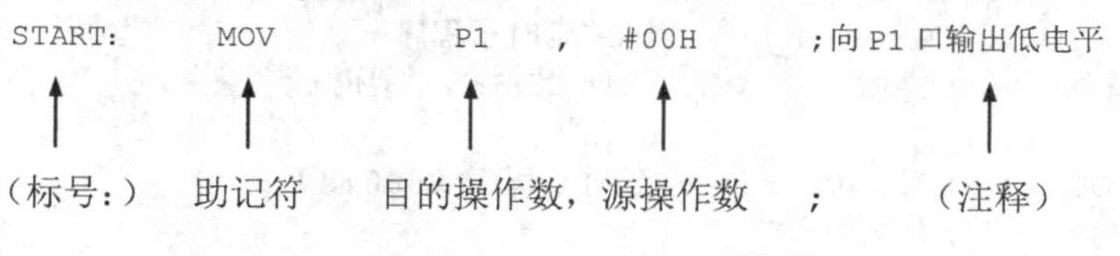

图 13-6 指令的组成

标号是以英文字母开头的字母、数字或某些特殊符号的组合，例如 D_1:、START:等。汇编语言对字母的大小写不敏感，但习惯上都使用大写字母。另外，标号可以和其他指令在同一行，也可以单独为一行。以下两种写法是等价的。

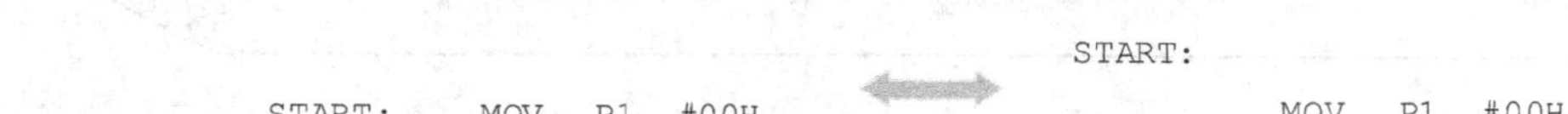

指令中助记符是必不可少的，它用来表示指令的操作功能。如图 13-6 中助记符 MOV 是单词 Move 的简写，其功能是把源操作数（00H）载入目的操作数（P1）中。而目的操作数是指令最终作用的对象。源操作数参与指令的操作，指令的执行将使用到源操作数。如指令 MOV P1, #00H 的功能是把 00H 载入 P1 中。源操作数中，#号代表其后的 00H 是一个立即数，也就是说该指令的源操作数由一个立即数充当，指令执行完毕后，P1=00H，即 P1.0~P1.7 口均为 0。

立即数可以暂时理解为一个常数。立即数 00H 是一个十六进制数，H 是十六进制数的

后缀。在汇编语言中，如果使用十六进制数，在数字后面必须附上 H，否则系统认作十进制数。如果十六进制数以字母 A、B、C、D、E 或 F 开头，应该在前面加上数字 0”。例如，十六进制数 B7H，在指令中应当写成 0B7H，如 MOV　P1, #0B7H。

十六进制数 00H 转换成二进制数为 0000 0000。所以，执行指令 MOV　P1, #00H 时，这 8 个 0 将从单片机的 P1 口输出，使 P1.0~P1.7 口都呈现低电平，结合图 13-4 所示的发光二极管的连接方式，P1.0 口上的发光二极管 D1 被点亮。

图 13-6 所示指令组成中分号以后部分为指令的注释，注释是程序编写人员为了他人或自己阅读程序时方便而标记的，可以用来提高程序的可读性和调试的方便性。在汇编语言中，分号后面的部分是不会影响指令的，只是程序中解释说明的部分。也就是说，分号后的部分并不是可执行程序的一部分。

3. 第一个单片机程序

完成了汇编语言和指令的初步分析后，就可以理解本书第一个汇编程序了。程序 13-1 是控制发光二极管闪烁的完整程序，将该程序下载到图 13-4 所示系统的单片机中，上电之后发光二极管就会循环闪烁了。

程序 13-1：单片机控制 P1.0 口上的发光二极管闪烁（对应图 2-5 所示的电路）

```
         ORG      00H           ; 设置起始地址
START:                          ; 标号
         MOV      P1,#00H       ; 向 P1 口输出 0，使发光二极管点亮
         CALL     DELAY         ; 调用延时子程序
         MOV P1,#0FFH           ; 向 P1 口输出 1，使发光二极管熄灭
         CALL     DELAY         ; 调用延时子程序
         JMP      START         ; 跳回 START，循环执行

DELAY:   MOV      R3,#50        ; 延时子程序（500ms）
D1:      MOV      R4,#20
D2:      MOV      R5,#248
         DJNZ     R5,$
         DJNZ     R4,D2
         DJNZ     R3,D1
         RET                    ; 返回主程序
         END                    ; 汇编程序结束
```

程序 13-1 的第一行 ORG　00H 是一条伪指令（pseudo opcode）。所谓伪指令是指汇编程序所提供的帮助汇编器进行汇编的指令，并非单片机指令的一部分，因此伪指令不占用存储器空间，它只是协助程序的汇编工作。ORG　00H 表明执行代码将从单片机中程序存储器的 00H 地址上开始存储。程序最后一行的 END 也是一条伪指令，提示汇编器程序结束于此，当汇编遇到 END 后，就不再继续进行。

程序 13-1 中从标号 START:开始到 DELAY:前，是本程序的主程序段（阴影部分），与分析的程序设计思路是吻合的。从 DELAY:到返回主程序指令 RET 共 7 行指令是子程序段，这是一个延时 500ms 的子程序段，放置在主程序之后。每当主程序执行到 CALL

DELAY 指令时，就会跳到 DELAY 子程序段来执行延时 500ms 的程序，然后再跳回主程序中从 CALL DELAY 的下一行继续执行主程序。

指令 MOV P1,#00H 使 P1=00H 后，指令 CALL DELAY 延时了 500ms，现象是发光二极管 D1 点亮 500ms；之后指令 MOV P1,#0FFH 使 P1=FFH 后，指令 CALL DELAY 又延时了 500ms，现象是发光二极管 D1 熄灭 500ms。最后指令 JMP START 使单片机跳回一开始循环执行程序，于是就会看到发光二极管 D1 在不断闪烁。

13.1.4 程序开发软件

程序 13-1 要在哪里开发？又是如何下载到单片机中的？下面就来学习一下开发单片机程序的软件工具——μVision。μVision 是国际上比较流行的单片机程序开发和仿真软件，目前最新的版本是 μVision4。它可用于 C51、ARM、C16x、ST10、C25 等单片机的程序设计和仿真，在普通计算机上即可安装使用。

省略安装过程的介绍，直接运行 μVision 软件（本书以 μVision3 版本为例，书中均略称为 μVision），执行 Project 菜单中的 New Project...（新建工程）命令，如图 13-7 所示。

μVision 将弹出一个保存新建工程的对话框，为了方便回顾和记忆，我们给工程起名为 Prj_flash，Prj 是“工程”的英文单词 Project 的缩写，flash 是“闪烁”的英文单词，代表这是一个发光二极管闪烁的工程，然后在硬盘上选择一个路径保存新建的工程文件。

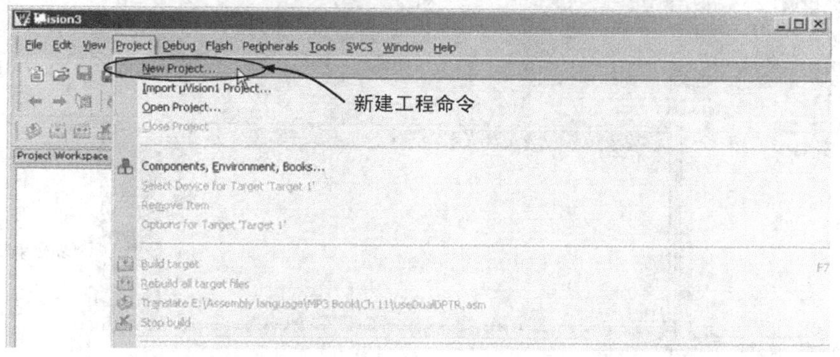

图 13-7 新建工程

μVision 随即弹出一个目标器件选择对话框，在这个对话框中，选择工程中所使用的单片机型号，比如 Atmel 公司的 AT89S51 单片机。在对话框左侧的器件数据库中找到 Atmel 的文件夹⊞ Atmel，单击文件夹旁边的+号，从展开的树中找到 AT89S51，单击该图标，这时右侧出现对应的器件描述信息，如图 13-8 所示。单击 OK 按钮，μVision 弹出一个确认框，提示是否把 8051 的启动代码也复制到工程文件夹中并向工程中添加一个代码文件，单击 No 按钮（暂时不需要向工程中添加这些代码）。

在 μVision 左侧的 Project Workspace 窗口中，生成了一个空的工程文件夹，下面要向其中添加单片机系统运行所需要的汇编程序。单击工具栏中的新建文档按钮（ ），或执行 File 菜单中的 New...命令，在工作区生成了一个新的编辑窗口 Text1，如图 13-9 所示，在这个编辑窗口中用键盘输入控制发光二极管闪烁的程序，如程序 13-1。注意，在输入过程中，最好关闭中文输入法而在纯英文输入法下输入指令和标点符号，在需要中文注释时再打开中文输入法输入，这样可以防止中文标点符号可能引发的汇编错误。

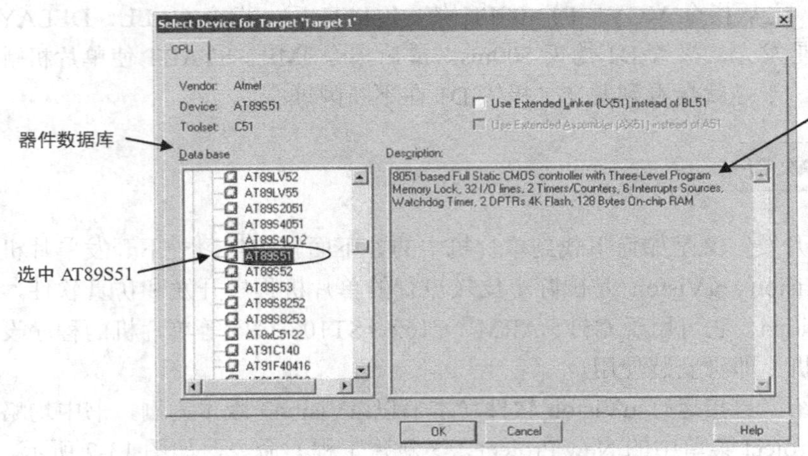

图 13-8　器件选择对话框

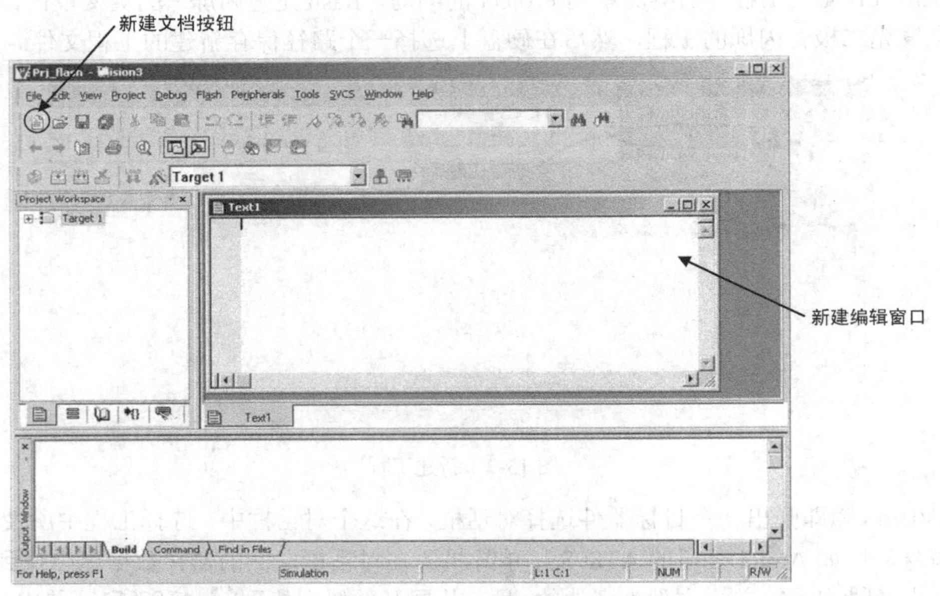

图 13-9　在工程中新建汇编程序文件

输入完成后，单击保存按钮（），在保存对话框中给该汇编程序文件命名为 flash.asm，表明这是一个控制发光二极管闪烁的汇编程序（后缀.asm 指明为汇编程序类型文件）。保存的路径默认为 Prj_flash 工程文件夹，单击 Save 按钮，完成汇编程序文件的保存。

这时，输入的程序按助记符、操作数、注释被 µVision 自动标记了三种颜色。接下来需要把保存好的汇编程序文件添加到 Prj_flash 工程中，方法是单击左侧工程工作区 Project

Workspace 中图标⊞ Target 1 的+号，打开目录树。接着在 Source Group 1 文件夹上单击鼠标右键，在弹出的快捷菜单中选择 Add Files to Group 'Source Group 1'，意思是向源代码组中添加文件，如图 13-10 所示。

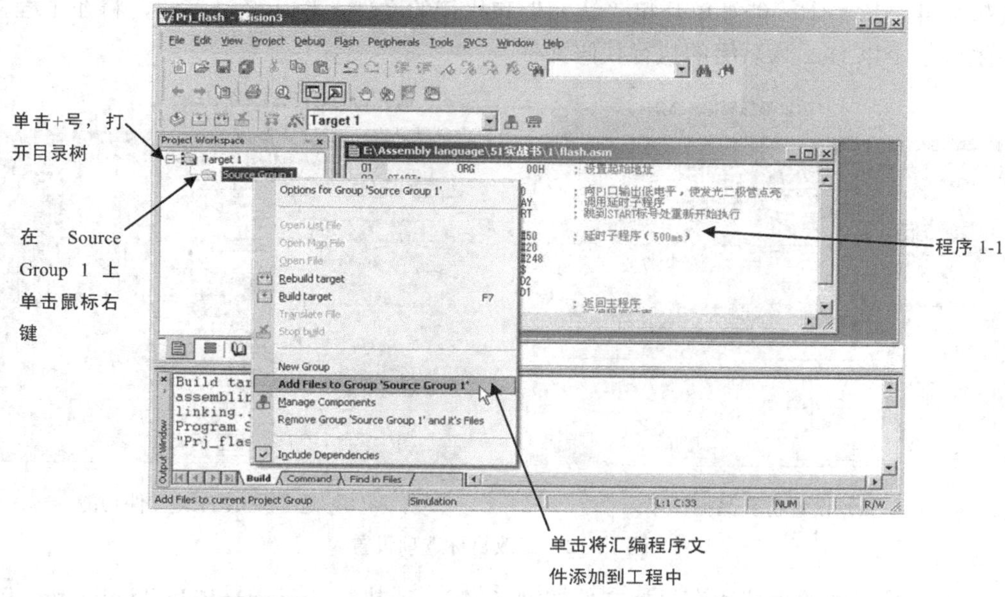

图 13-10 添加汇编程序文件到工程中去

这时，μVision 弹出添加文件对话框，让我们意外的是对话框中没有出现刚才保存好的汇编程序文件 flash.asm，这是因为在文件类型下拉菜单中默认显示的是*.c（C51 程序文件）文件。所以，在下拉菜单中选择 Asm Source file (*.s*; *.src; *.a*)，这时就出现了 flash.asm 文件，如图 13-11 所示。选中这个 flash.asm 文件，单击 Add 按钮，完成添加。最后单击 Close 按钮，关闭对话框。

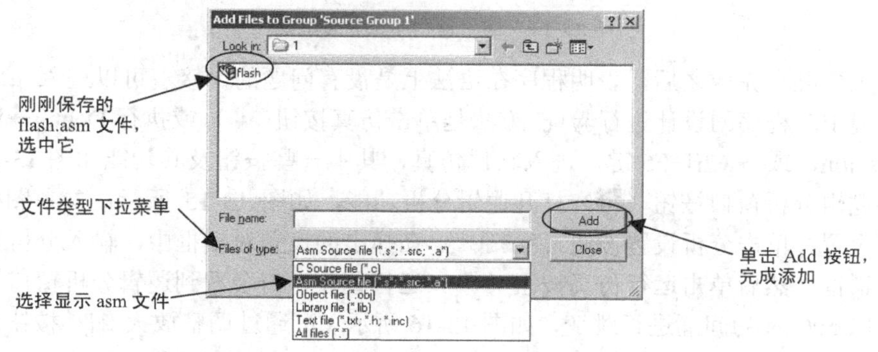

图 13-11 文件添加对话框

添加完成之后，在 Project Workspace 中的 Source Group 1 文件夹左侧多出了一个+号，单击+号，看到 flash.asm 文件已经被添加到工程中。

单击工具栏中的目标选项按钮（ ），或执行 Project→Options for Target 'Target 1'命

令，μVision 将打开一个目标选项设置对话框，如图 13-12 所示。按图中所示修改 Target 标签中的 Xtal（MHz）和 Output 标签中的 Create HEX File 参数，表明仿真晶振频率为 12MHz，并在汇编成功后生成.Hex 文件。这个以.Hex 为后缀的文件，正是将来下载到单片机中的执行代码文件，这是唯一能被单片机“认知”和执行的文件。稍后经过汇编，将在工程文件夹中生成一个以.Hex 为后缀的执行代码文件。

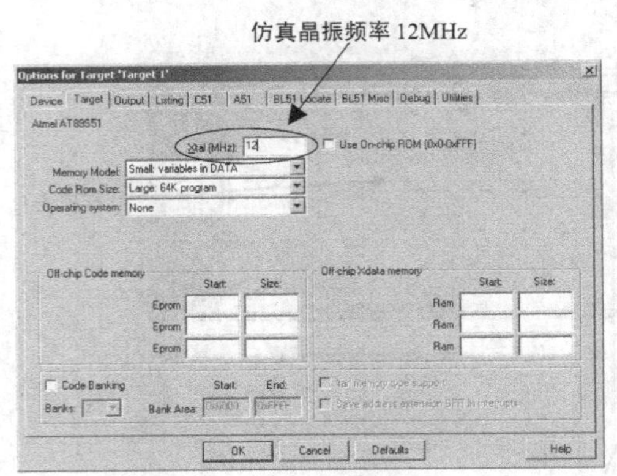

（a）设置仿真晶振频率

选中生成执行代码文件.Hex

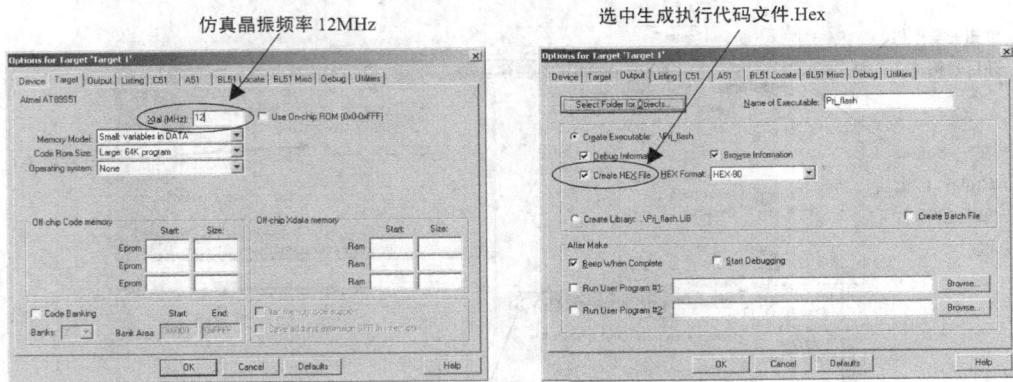

（b）选中生成.Hex 文件功能

图 13-12　修改目标选项设置

单击工具栏中的重建所有目标文件按键（），或执行 Project→Rebuild all target files，对 flash.asm 文件进行汇编并生成执行代码文件。如果顺利的话，输出窗口中提示信息的最后一行是 0 Error(s), 0 Warning(s)，如图 13-13 所示，说明汇编成功。

```
Build target 'Target 1'  -------------------- 开始建立目标
assembling flash.asm...  -------------------- 正在汇编 flash.asm 文件
linking...               -------------------- 连接中...
Program Size: data=8.0 xdata=0 code=19 ------- 程序大小：数据=8.0 外部数据=0 代码=19
creating hex file from "Prj_flash"... ------- 为工程生成十六进制文件
"Prj_flash" - 0 Error(s), 0 Warning(s). ----- Prj_flash 工程：0 个错误，0 个警告
```

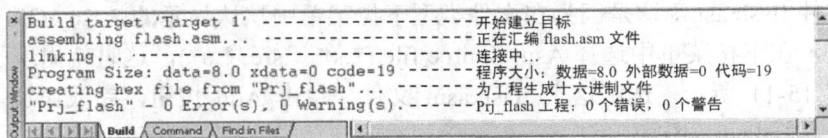

图 13-13　输出窗口中的提示信息

以上工作顺利完成之后，表明程序在语法上是没有问题的，接着可以进入 μVision 软件仿真环境中对程序的设计进行验证。方法是单击仿真按钮（），或执行 Debug→Start/Stop Debug Session，或按 Ctrl+F5 键，进入软件仿真，其中一些按钮及其功能如图 13-14 所示。

单击逻辑分析窗口按钮（）打开逻辑分析功能，如图 13-15 所示，参考图中的序号顺序进行设置：单击分析设置按钮（Setup...），在弹出的设置对话框中，输入分析对象 P1.0 后关闭对话框。然后单击运行仿真按钮（）运行程序，将会看到逻辑分析窗口中的 P1.0 口的电平以 500ms 为间隔进行跳变，如图 13-16 所示（可通过调整放大/缩小按钮观察到舒服的波形），这说明程序设计是正确的。如果在图 13-6 所示的单片机实际系统中运行该程序，P1.0 口上的发光二极管就会以 500ms 为间隔闪烁。

在刚才汇编成功的同时，μVision 生成了以.Hex 为后缀的执行代码文件，可以在 Windows 的资源管理器中，找到 Prj_flash 工程的文件夹，并在其中发现这个文件 Prj_flash.hex

（如果没有，可在文件夹的详细视图中观察，看哪一个文件的类型为 HEX 文件）。Prj_flash.hex 文件将被用来下载到单片机中。

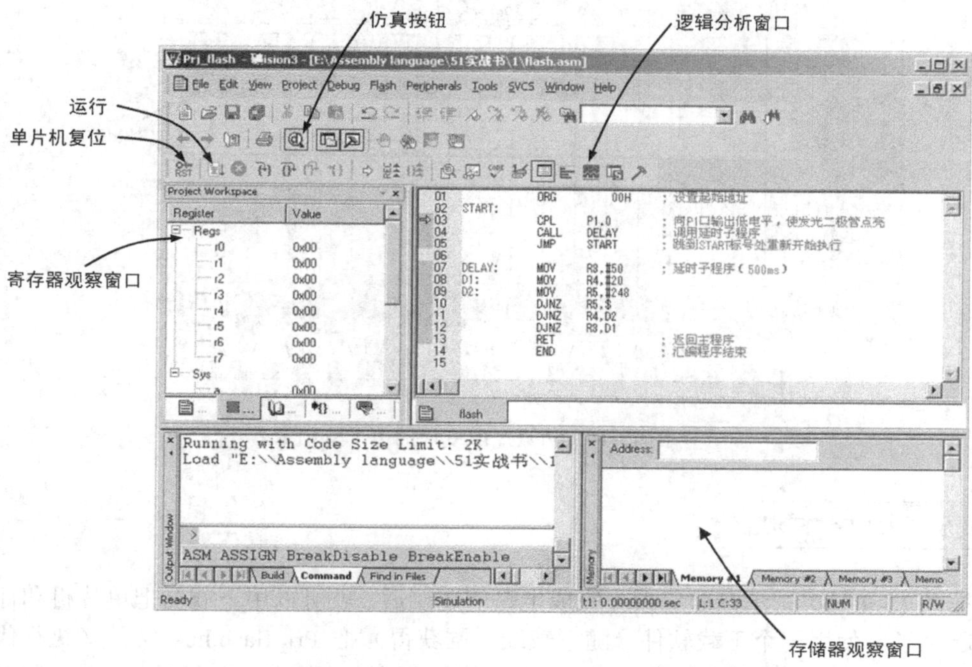

图 13-14　μVision 软件的仿真环境

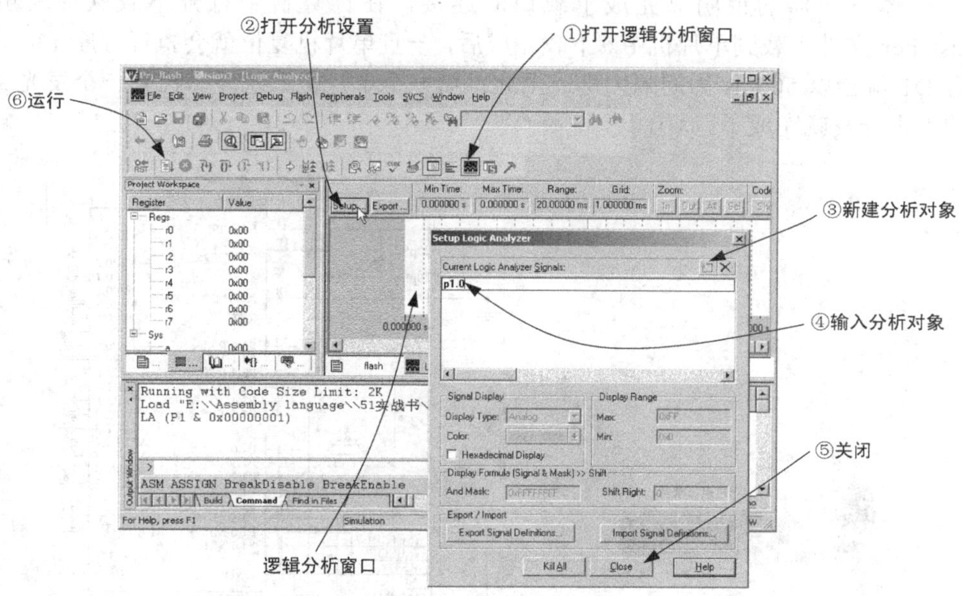

图 13-15　逻辑分析功能设置

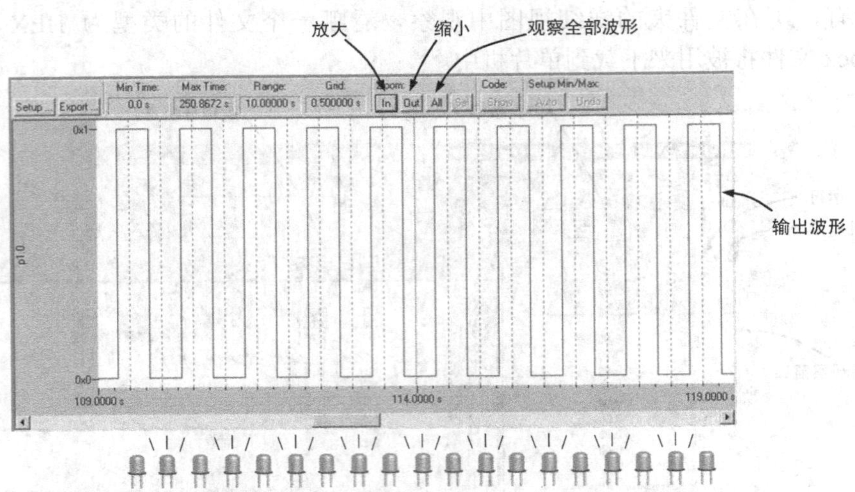

图 13-16　仿真：P1.0 口的电平变化

13.1.5　程序下载

按图 13-4（b）所示在面包板上完成电路的连接后，就可以用下载器把单片机和计算机连接起来了。使用一个下载软件（随下载线一同获得）把 Prj_flash.hex 文件（执行代码文件）通过下载器下载到单片机中。下载器可以直接买到（价格在 30 元以内），也可以自制。

单片机的 P1.5、P1.6、P1.7 除做一般 I/O 口外，还可作为程序下载口使用。按图 13-17 并参考具体下载器的说明书完成下载口的连接，在计算机中打开下载软件就可以把 Prj_flash.hex 文件下载到单片机中。下载完成后，一旦单片机复位就会执行程序 13-1，发光二极管 D1 就会以 500ms 为间隔闪烁。至此，第一个单片机系统——控制一个发光二极管闪烁的工程开发就完成了。

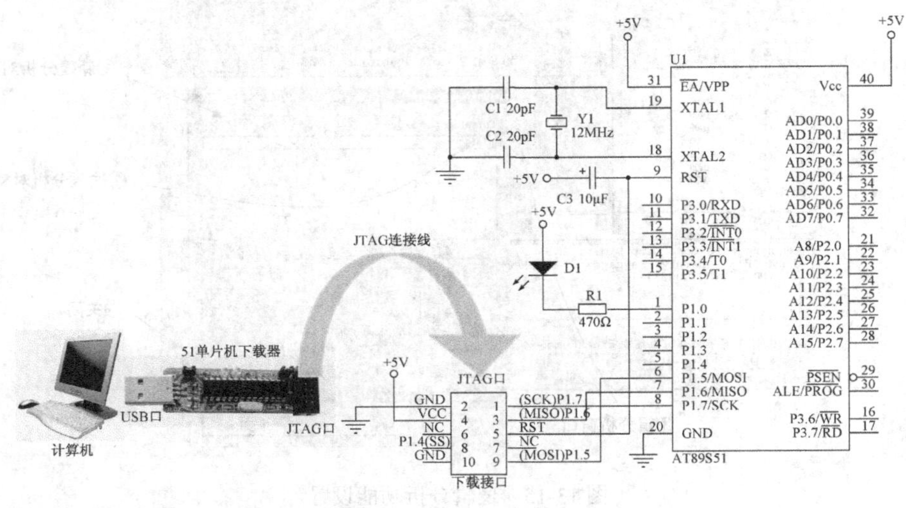

图 13-17　下载程序

13.2　按钮控制的发光二极管

功能确定　电路设计　程序设计　谈谈延时子程序　用中断实现的控制方案

在 13.1 节中初步了解了如何构建一个单片机系统来控制一支发光二极管，并学习了控制发光二极管以 500ms 为间隔进行闪烁的汇编程序。在程序 13-1 中，执行的是一个发光二极管闪烁的死循环程序，这个死循环程序使得系统只要开始运行，发光二极管就会不断地以 500ms 为间隔进行闪烁，直到系统掉电（关闭电源）才会熄灭。

在实际应用中，死循环程序很少被使用，这是因为在死循环过程中，单片机除了“一心一意”执行某段程序外，不能再完成额外的任务，这样不符合单片机系统天性灵活的特点。所以，本节来看一个较灵活控制发光二极管闪烁的实例。

下面将按照单片机系统开发的一般过程把这个实例按步骤地进行介绍。

13.2.1　功能确定

本实例的系统功能被设计为：系统启动后，发光二极管闪烁 5 次后熄灭，当按下按钮开关后再闪烁 5 次后熄灭。以后每次按下按钮开关，发光二极管都会闪烁 5 次。

控制发光二极管闪烁 5 次与 13.1 节中单片机控制发光二极管循环闪烁的方法是相似的。只是发光二极管不再进行无限循环闪烁，而只闪烁 5 次即熄灭。为了展示单片机的输入功能，在系统中设置一个按钮开关，当发光二极管闪烁 5 次之后，按下按钮，则发光二极管又开始闪烁 5 次。

这个系统比单片机单纯控制一个发光二极管进行死循环闪烁灵活，比较接近一个实际的单片机系统模型——除了有输出（控制发光二极管），还有输入（检测按钮开关）。

13.2.2　电路设计

在明确系统功能之后，就可以着手进行电路的设计。电路设计主要包括两个方面：一是单片机，二是外围器件。

单片机还是使用 AT89S51，并在最简系统基础上添加所需的外围器件，包括一个发光二极管 D1、一个限流电阻 R1、一个上拉电阻 R2、一个按钮开关 S1，如图 13-18 所示，其中阴影部分为按钮开关 S1 向单片机提供输入信号的部分。

当按钮开关 S1 断开时，单片机的 P2.0 口由于上拉电阻 R2 的作用为高电平；当按下按钮开关 S1，P2.0 口接地，为低电平。于是单片机可通过检测 P2.0 口上的电平判断按钮开关 S1 是否按下。

13.2.3　程序设计

本实例的汇编程序可以在程序 13-1 的基础上添加两个功能模块：一是发光二极管闪烁

5 次的控制，二是按钮开关 S1 的处理。于是得到按钮控制的发光二极管程序如下。

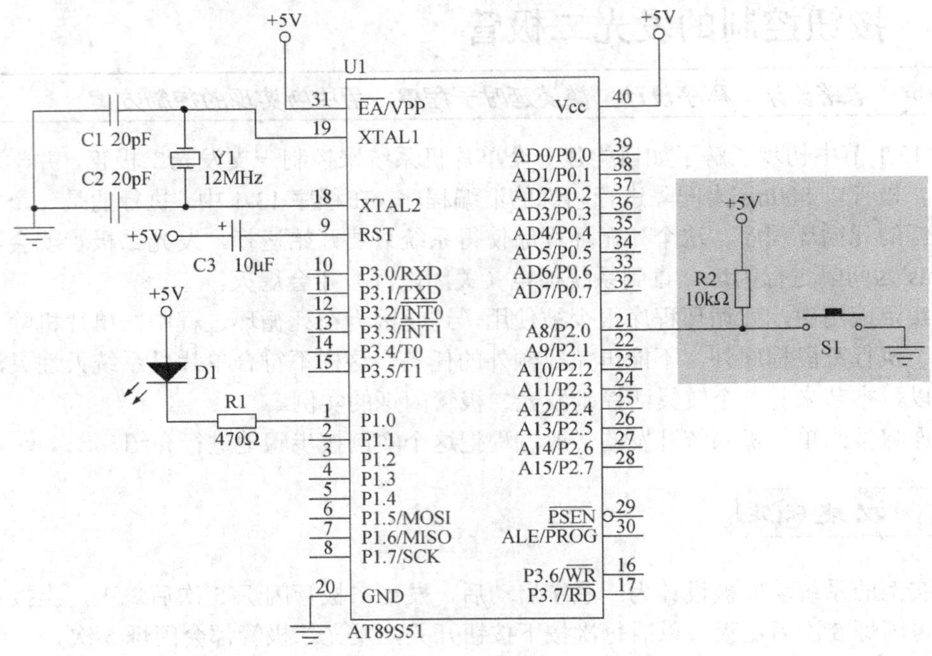

图 13-18　闪烁 5 次的发光二极管系统电路

程序 13-2：按钮开关控制 P1.0 口上的发光二极管闪烁 5 次（对应图 13-18 所示的电路）

```
        ORG     00H         ; 设置起始地址
START:                      ; 标号
        MOV     R0, #5      ; 循环闪烁 5 次，R0 为计数器
LOOP:                       ; 标号
        MOV     P1,#00H     ; 向 P1 口输出低电平，使发光二极管点亮
        CALL    DELAY       ; 调用延时子程序
        MOV     P1,#0FFH    ; 向 P1 口输出高电平，使发光二极管熄灭
        CALL    DELAY       ; 调用延时子程序
        DJNZ    R0, LOOP    ; R0 减 1，如果不等于 0 就跳到 LOOP 标号处循环执行
        JB      P2.0, $     ; 如果 P2.0 为高电平则循环执行本行
        JMP     START       ; 跳到 START 标号处重新开始执行

DELAY:  MOV     R3,#50      ; 延时子程序（500ms）
D1:     MOV     R4,#20
D2:     MOV     R5,#248
        DJNZ    R5,$
        DJNZ    R4,D2
        DJNZ    R3,D1
        RET                 ; 返回主程序
        END                 ; 汇编程序结束
```

程序 13-2 中阴影部分是在程序 13-1 基础上添加的，逐一看看它们实现什么功能。在

START 标号处的指令 MOV R0, #5 把立即数 5 载入工作寄存器 R0 中，R0 可以看成是一个变量，可以向它赋值。这个指令执行之后 R0=5。由于十进制的 5 和十六进制的 5H 在数值上是相等的，所以这条指令与 MOV R0, #5H 是等价的，都是给 R0 赋值 5。

接下来从 LOOP 标号开始，到指令 DJNZ R0, LOOP 之前是控制发光二极管以 500ms 为间隔闪烁 1 次的程序段。而指令 DJNZ R0, LOOP 的功能是将 R0 减去 1，如果 R0 不等于 0，说明还没有完成 5 次闪烁，于是跳到 LOOP 标号处继续执行程序，重复一次闪烁。由于一开始指令 MOV R0, #5 使 R0=5，所以只有第 5 次执行指令 DJNZ R0, LOOP 时，R0 才减少到 0。一旦 R0 等于 0，则本指令中要求跳转到 LOOP 标号的功能失效，单片机去执行下一行指令 JB P2.0, $。在这 5 次跳回 LOOP 标号过程中会看到发光二极管 D1 闪烁 5 次。

当闪烁 5 次后 R0=0，单片机就接着往下执行指令 JB P2.0, $，该指令的功能是对单片机 P2.0 口的电平进行判断，如果 P2.0 口为高电平，则继续执行本行；如果 P2.0 口为低电平，本指令失效，单片机继续往下执行。

这样结合电路图图 13-18 来看，如果按钮开关 S1 没有按下，P2.0 为高电平，单片机就循环执行 JB P2.0, $，不断检测 P2.0 口的状态。当按下按钮开关 S1 后，P2.0 变为低电平，则指令 JB P2.0, $失效，单片机执行下一条指令 JMP START，跳到一开始的 START 标号处重新执行程序，R0 被重新赋值 5，重复发光二极管闪烁 5 次的过程。

程序 13-2 的其余部分与程序 13-1 是相同的，主要是实现了发光二极管 D1 的亮、灭控制及延时。程序 13-2 可以由 μVision 编辑和汇编，成功后可以通过下载线把生成的.HEX 文件下载到硬件平台的单片机中。上电复位后就能看到发光二极管闪烁 5 次后熄灭，当按下按钮开关后再闪烁 5 次的效果。

13.2.4 谈谈延时子程序

程序 13-1 和程序 13-2 的指令 CALL DELAY 的功能是调用子程序，当执行到 CALL DELAY 时，就转到 DELAY 子程序去执行，而在子程序的最后一行的“RET”指令是子程序执行结束的标志，表明将要返回主程序的 CALL DELAY 的下一行继续执行。这个过程可以用图 13-19 来解释。

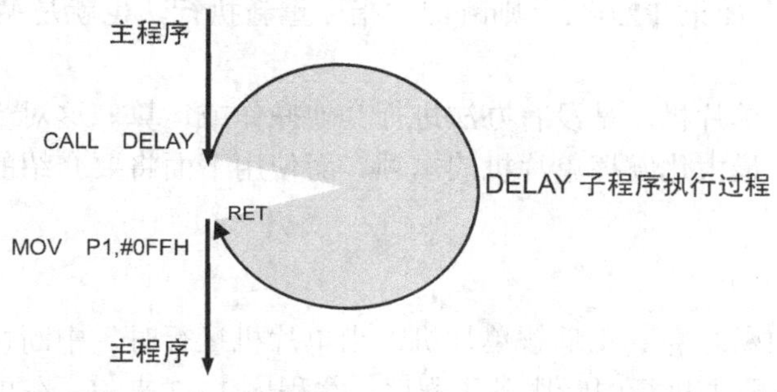

图 13-19 主程序与子程序的执行

为什么 DELAY 子程序可以实现延时呢？用一个延时程序段来解释一下。

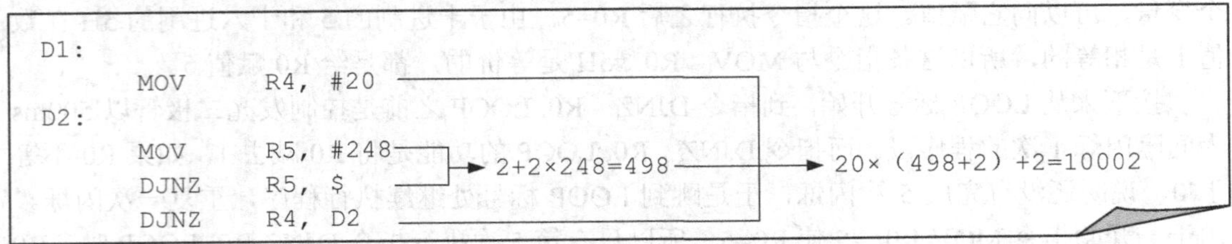

```
D1:
     MOV      R4, #20
D2:
     MOV      R5, #248
     DJNZ     R5, $
     DJNZ     R4, D2
```


这段程序是一个延时 10ms 的程序。在标号 D1：后的指令 MOV　R4,#20 使 R4=20；指令 MOV　R5,#248 使 R5=248。指令 DJNZ　R5,$的含义是将 R5 的值减 1，不等于 0 则重新执行本行指令——继续将 R5 减 1 并与 0 比较。

凭直觉猜想单片机与计算机一样，在执行一个指令或任务时需要花费一定的时间，例如执行一条 DJNZ 指令花费的时间为 2 个机器周期（附录 P 中有 AT89S51 所有指令的执行周期和字节长度），由于 R5=248，所以执行完 DJNZ　R5,$所耗时间为 2×248 个机器周期，加上前一条需 2 个机器周期的指令 MOV　R5,#248，执行这两条指令共花去 2+2×248=498 个机器周期。

DJNZ　R4,D2 的作用是将 R4 的值减 1，不等于 0 则跳回标号 D2 处继续执行。由于 R4 预先装入了 20，所以这 4 条指令共花去了 20×(498+2)+2=10002（个）机器周期。如果使用的是 12MHz 的晶振，1 个机器周期为 1μs（微秒），则以上这段程序所花的时间为 10002×1μs=10.002ms≈10ms。

利用类似的分析方法，可以知道程序 13-1 和程序 13-2 中延时子程序之所以能实现 500ms 延时的原因。最后看来，延时的实质是：单片机在执行指令时需要时间，虽然执行一条指令只需要几个微秒，但通过循环就能把微秒级的执行时间提高到毫秒级甚至秒级。所以，延时就是反复多次执行几条汇编指令所耗费的时间而已。

13.2.5　用中断实现的控制方案

图 13-18 中，按钮开关与单片机的 P2.0 口连接，程序 13-2 通过检测 P2.0 口上的电平来判断按钮开关 S1 是否被按下。检测 P2.0 口电平的指令为 JB　P2.0, $，这条指令中的美元符号$指向本指令，如果 P2.0=1，则跳回本指令重新执行，也就是循环等待直到 P2.0=0（按钮按下）为止。

在等待过程中，单片机还是没有办法进行其他操作或运算。这对于许多实际系统来说不够科学，也不利于最大化发挥单片机的本领。而使用下面将要介绍的中断的方法将能很好地解决这个问题。

1. 中断是什么

有人说，掌握中断才算真正理解单片机。当单片机运行时，中断可以使之停下正在执行的任何程序，而立即去执行中断服务子程序。拿程序 13-2 来说，在单片机执行 LOOP 程序段中控制发光二极管闪烁的指令时，由于延时 500ms 期间单片机都在延时子程序中“绕

圈圈”，所以在这 500ms 期间接下按钮开关是没有用的，因为如果单片机不在执行指令 JB P2.0, $，就不会检测 P2.0 口的状态，也就不会对按钮开关有任何判断的功能。中断就不同了，一旦打开了中断源，无论单片机在执行什么程序，它都会被迫停下去响应中断。

AT89S51 单片机的 P3.2 口和 P3.3 口除做一般 I/O 口外，还是两个外部中断输入口。如果把按钮开关 S1 接到某一个中断输入口上，如图 13-20 所示，当按下 S1 时，P3.2=0，也就是 $\overline{\text{INT0}}$（外部中断 0）=0。单片机就会放下当前执行的任何程序而转去执行中断服务子程序，而中断服务子程序可以是闪烁 5 次的程序或其他任何程序。

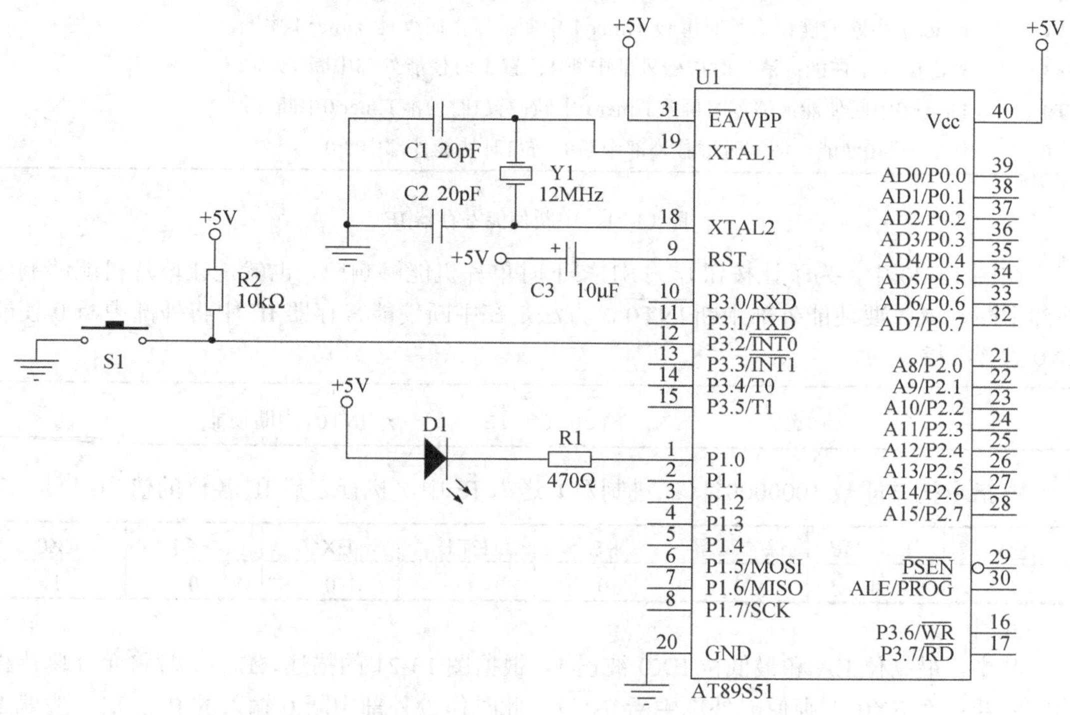

图 13-20 外部中断实现按钮控制的发光二极管

2. 中断源

AT89S51 单片机有 5 个中断源，除了刚刚说的 2 个外部中断（$\overline{\text{INT0}}$、$\overline{\text{INT1}}$），还有 2 个定时器中断和 1 个串口中断。外部中断在 P3.2 口和 P3.3 口捕获下降沿或低电平时发生，2 个定时器中断则在单片机计时达到程序的设定值时产生，串口中断则会在单片机的串行口（P3.0 和 P3.1）发送或接收数据时发生。

每个中断源都有一个“开关”，这个开关可以独立使能或屏蔽某个或多个中断，也就是说可以让单片机响应中断或不去响应中断。这个“开关”是一个名称为 IE（中断使能寄存器）的寄存器，是单片机中一个 8 位的特殊功能寄存器，图 13-21 所示是 IE 的 8 个位的名称（EA、ES、ET1、EX1、ET0、EX0）和功能说明：

IE 复位值：0XX0 0000

7	6	5	4	3	2	1	0
EA	**保留**	**保留**	**ES**	**ET1**	**EX1**	**ET0**	**EX0**

EA	中断使能：清零时屏蔽所有中断，置1时开放所有中断，各个中断由以下各自的控制位控制使能或屏蔽。EA 好像一个控制所有中断的"总开关"。
保留	不要访问该位，也不要往该位写数据。
ES	串行口中断使能：清零时屏蔽串行口中断；置1时使能串行口中断。
ET1	Timer 1 中断使能：清零时屏蔽 Timer 1 中断；置1时使能 Timer 1 中断。
EX1	外部中断1使能：清零时屏蔽外部中断1；置1时使能外部中断1。
ET0	Timer 0中断使能：清零时屏蔽Timer 0中断；置1时使能Timer 0中断。
EX0	外部中断0使能：清零时屏蔽外部中断0；置1时使能外部中断0。

图 13-21　中断使能寄存器 IE

在图 13-20 中，为了让按钮开关 S1 按下时单片机能够响应，也就是让单片机能够响应外部中断，就先要使能外部中断 $\overline{\text{INT0}}$，方法是在中断使能寄存器 IE 中将外部中断 0 使能 EX0 置 1，指令为：

```
MOV    IE, #10000001B    ; INT0 中断使能
```

该指令把立即数 10000001（二进制数）送入 IE 中，执行之后 IE 各位的值为：

EA	保　留	保　留	ES	ET1	EX1	ET0	EX0
1	0	0	0	0	0	0	1

其中，最高位 EA 和最低位 EX0 被置 1，根据图 13-21 的描述，EA=1 时将允许单片机响应中断；而 EX0=1 则使能外部中断 $\overline{\text{INT0}}$，此时作为外部中断 0 输入的 P3.2 口一般就不做普通的 I/O 口，而是作为外部中断 0 的输入端口，一旦有中断信号到来，单片机就会发生中断。

3. 中断向量表

单片机的 5 个中断源，各自有一个用于存放中断服务子程序的地址，如表 13-2 所示。当某一中断发生时，单片机都会到相应的地址上去执行中断服务子程序。

表 13-2　AT89S51 单片机的中断向量表

中　断　源	向 量 地 址	中断标志位
外部中断 0（$\overline{\text{INT0}}$ 端）	0003H	IE0
Timer 0 中断	000BH	TF0
外部中断 1（$\overline{\text{INT1}}$ 端）	0013H	IE1
Timer 1 中断	001BH	TF1
串行口中断	0023H	TI/RI

表 13-1 称为中断向量表（interrupt vector table），向量即取向的意思。例如外部中断 0 发生时，单片机会到程序存储器的 0003H 中寻找中断服务子程序来执行；而当 Timer 1 中断发生时，则会到 001BH 中寻找中断服务子程序等。这个中断向量表是单片机设计时就生成的，用户是没有办法修改的。也就是说，只能根据这个表指示的中断向量地址来放置中断服务子程序。

4. 中断优先级

5 个中断如果同时产生，单片机该先去服务哪个呢？可通过对中断优先级控制寄存器 IP 的设置来确定优先权。IP 各位名称和功能如图 13-22 所示。

IP 复位值：XXX0 0000

7	6	5	4	3	2	1	0
保留	保留	保留	**PS**	**PT1**	**PX1**	**PT0**	**PX0**

保留　不要访问该位，也不要往该位写数据。

PS　串行口中断优先：置 1 时优先服务串行口中断。

PT1　Timer 1 中断优先：置 1 时优先服务 Timer 1 中断。

PX1　外部中断 1 优先：置 1 时优先服务外部中断 1 中断。

PT0　Timer 0中断优先：置1时优先服务Timer 0中断。

PX0　外部中断0优先：置1时优先服务外部中断0中断。

图 13-22　中断优先级控制寄存器 IP

中断优先级控制寄存器 IP 在单片机上电复位时的值为 XXX0 0000，即所有中断优先级对应的位均为 0，并不优先服务哪个中断。此默认条件下中断的优先级则如表 13-3 所示，外部中断 0 有最高的优先级，其他中断优先级按表中所示依次降低。

表 13-3　默认的中断优先级

优　先　级	中　断　源	
最高	外部中断 0	$\overline{INT0}$
↓	Timer 0 中断	TF0
↓	外部中断 1	$\overline{INT1}$
↓	Timer 1 中断	TF1
最低	串行通信中断	RI/TI

如果想优先处理某个中断，可把中断优先级控制寄存器 IP 中对应位置 1。例如，希望串行通信中断具有最高的服务优先级，可将图 13-22 中 IP 的 PS 位置 1，指令为 MOV　IP, #0001 0000B。

5. 用中断完成任务

通过对中断的学习，现在完全有能力用中断的方法来实现按钮控制发光二极管闪烁的任务了。完整的程序如程序 13-3 所示，程序一开始，指令 ORG　00H 设置主程序 START 的入口地址为 00H，指令 ORG　03H 则设置外部中断 0 中断服务子程序的入口地址为 03H

（根据中断向量表）。类似这样设置主程序、中断服务子程序入口地址在涉及中断的程序中都会用到。

在主程序 START 里，前 3 行分别设置刚刚讲到的几个与中断有关的寄存器，以使能外部中断 0 和提高其优先级。程序段 SHINE 是点亮发光二极管的程序，如果没有中断产生，发光二极管一直点亮。

EXT0 标号之后是中断服务子程序（阴影部分）。如果按钮开关按下，中断产生，单片机则从程序段 SHINE 中跳出来，进入中断服务子程序 EXT0 中，完成闪烁 5 次后，由 RETI 使单片机返回主程序的程序段 SHINE 继续执行，发光二极管再次点亮，等待下次中断的发生。

比较程序 13-2 会发现，用中断实现的开关检测，并不需要类似 JB　P2.0, $的指令使单片机循环检测开关是否按下。如果把程序 13-3 中的程序段 SHINE 换成其他功能代码，单片机就可以大胆地执行别的任务，直到中断发生时再进行相应的处理。可见，中断极大提高了单片机运行的效率。

程序 13-3：中断实现按钮控制 P1.0 口上的发光二极管闪烁 5 次（对应图 13-20 所示的电路）

```
        ORG     00H                 ; 主程序起始地址
        JMP     START               ; 跳到主程序 START
        ORG     03H                 ; 外部中断 0 中断子程序入口地址
        JMP     EXT0                ; 中断子程序

START:                              ; 主程序
        MOV     IE, #10000001B      ; 外部中断 0 使能
        MOV     IP, #00000001B      ; 外部中断 0 中断优先
        MOV     TCON, #00000001B    ; 外部中断 0 为电平触发
SHINE:
        MOV     P1, #0FEH           ; P1.0 输出低电平，LED 发光
        JMP     SHINE               ; 持续发光

EXT0:                               ; 外部中断 0 服务子程序
        MOV     R2, #5              ; 闪烁 5 次
LOOP:
        MOV     P0, #0FEH
        CALL    DELAY
        MOV     P0, #0FFH
        CALL    DELAY
        DJNZ    R2 , LOOP
        RETI                        ; 中断服务子程序结束标记

DELAY:                              ; 延时子程序
        MOV     R3, #20
D1:
        MOV     R4, #20
D2:
        MOV     R5, #248
        DJNZ    R5, $
```

```
            DJNZ    R4, D2
            DJNZ    R3, D1
            RET                         ; 延时返回
            END                         ; 结束
```

第 14 章　给单片机下命令

第 13 章中通过单片机与发光二极管构成的第一个单片机系统，初步展示了用程序控制单片机完成具体任务的过程。为了进一步了解单片机，开发更为复杂的系统，还需要继续深入地学习单片机内部结构和更多的单片机指令。

14.1　谈谈基础知识

整体特点和结构　管脚描述　时钟信号　程序存储器　数据存储器

AT89S51 单片机作为 51 单片机系列的一个代表，被广泛应用在控制领域中。它作为 51 单片机学习和应用的一个“入门级”器件，可以带出许多单片机一般性结构知识和应用方面的技能。本节就来看看该单片机的一些基础知识。

14.1.1　整体特点和结构

在 AT89S51 单片机技术手册的第 1 页有其整体特点的概述，如图 14-1 所示。由于几乎还没有国产的成熟型单片机问世，现在市面上大部分单片机都来自欧美等公司，所以技术手册都是用英文书写的，在图 14-1 中对英文概述稍微解释了一下。

Features

- Compatible with MCS®-51 Products
- 4K Bytes of In-System Programmable (ISP) Flash Memory
  - Endurance: 1000 Write/Erase Cycles
- 4.0V to 5.5V Operating Range
- Fully Static Operation: 0 Hz to 33 MHz
- Three-level Program Memory Lock
- 128 x 8-bit Internal RAM
- 32 Programmable I/O Lines
- Two 16-bit Timer/Counters
- Six Interrupt Sources
- Full Duplex UART Serial Channel
- Low-power Idle and Power-down Modes
- Interrupt Recovery from Power-down Mode
- Watchdog Timer
- Dual Data Pointer
- Power-off Flag
- Fast Programming Time
- Flexible ISP Programming (Byte and Page Mode)
- Green (Pb/Halide-free) Packaging Option

特点

- AT89S51 是 51 单片机家族中的一员，它可与家族中其他单片机兼容
- 该单片机片内有容量为 4K Bytes 的 Flash 存储器作为程序存储器使用，可进行在线编程，寿命为 1000 次的擦写操作
- 工作电压范围为 4.0V~5.5V
- 支持全静态操作，工作频率范围为 0Hz~33MHz
- 三级程序存储器锁
- 片内 RAM 容量为 128×8-bit
- 32 个可编程 I/O 口
- 两个 16 位的定时/计数器
- 6 个中断源
- 全双工通用异步串行通信通道
- 低功耗的休眠和停电模式
- 停电模式下的中断恢复
- 看门狗定时器
- 双 DPTR 指针寄存器
- 断电标志
- 快速编程时间
- 灵活的在线编程（Byte 和 Page 模式）
- 环保封装选择（无铅/无卤化物）

图 14-1　AT89S51 单片机技术手册中关于其特点的概括

AT89S51 单片机内部，主要由 CPU、中断控制、片内 ROM、片内 RAM、Timer0/1、串行口、看门狗、4 组 I/O 口、总线控制、振荡器等功能模块组成。有些功能模块通过单片

机管脚与外界进行沟通，比如串行口模块，在单片机上有 RXD 端和 TXD 端（10 和 11 管脚）用于该模块接收或发送数据。在图 14-2 中，可见串行口的 TXD、RXD 端在单片机上的对应管脚。

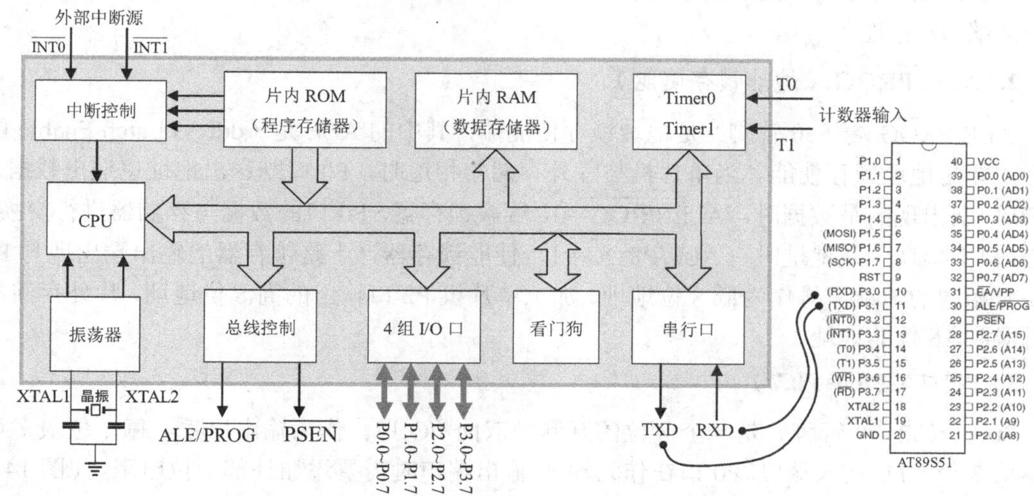

图 14-2　AT89S51 单片机内部功能模块示意图

图 14-2 中，CPU 负责所有指令的执行和运算。AT89S51 单片机内部有振荡电路，只要在 XTAL1 和 XTAL2 管脚上连接晶振，即可产生与晶振频率相等的、稳定的时钟信号，向 CPU 提供工作时序。中断控制模块在中断产生时直接向 CPU 发送中断信号，请求服务。

AT89S51 提供了 4KB 的片内 ROM（程序存储器），通过下载线下载到单片机的程序都存储在这个片内 ROM 中。单片机运行时执行的都是存储在片内 ROM 中的指令。片内 RAM（数据存储器）则用于保存单片机运行过程产生的数据，AT89S51 提供 128B 的片内 RAM。

AT89S51 有两个 Timer——Timer 0 和 Timer 1，每个 Timer 都可工作在定时或计数模式下，且有多种模式供选择，详细的功能稍后会有介绍。

串行口是单片机最具特色的模块之一。单片机可通过串行口与外部的计算机或单片机等设备进行串行通信。通过串行数据通信，可实现网络化系统。

看门狗模块可以拯救单片机系统于危难，在因程序或操作等导致系统崩溃时将单片机复位。此外，AT89S51 单片机有 4 组 I/O 端口，P0、P1、P2 和 P3，其中 P3 又具有双重功能。在扩展外部存储器时，总线控制模块的控制端口（ALE/$\overline{\text{PROG}}$ 和 $\overline{\text{PSEN}}$）可向外部存储器送出地址锁存使能信号和程序存储使能信号。

14.1.2　管脚描述

12.2.3 节曾在介绍最简系统时谈到了几个 AT89S51 单片机的管脚，这里再看看其他管脚特别是 I/O 口的使用方法。

1. $\overline{PSEN}$（片外程序存储使能）

AT89S51 单片机在访问片外程序存储器时要用到$\overline{PSEN}$端（29 管脚），它是 Program Store Enable 的缩写，即程序存储使能。当扩展片外存储器时，$\overline{PSEN}$端需要和存储器的输出使能端$\overline{OE}$相连。

2. ALE/$\overline{PROG}$（地址锁存使能）

ALE/$\overline{PROG}$端（30 管脚）是地址锁存使能端，其中的 ALE 是 Address Latch Enable 的缩写，即是地址锁存使能。当单片机与片外存储器相连时，P0 口既送出地址也送出数据。当 P0 口上出现的是数据时，ALE/$\overline{PROG}$=0，屏蔽锁存器，P0 口的数据与存储器进行交换；当 P0 口上出现的是地址时，ALE/$\overline{PROG}$=1，使能锁存器，于是锁存器的输出端出现与 P0 口完全相同的地址信号作为低 8 位地址。加上单片机 P2 口输出的高 8 位地址，片外存储器就可得到 16 位的地址。

3. P0 口（P0.0~P0.7）

P0 口（32~39 管脚）是一个 8 位的开漏型双向 I/O 口。作为输出口时，每 1 位最多可以驱动 8 个 TTL 输入端口。P0 口在作为输入/输出端口时需要添加外部上拉电阻，如图 14-3 所示。单片机上电复位时，P0 口默认作为输出端口。当需要 P0 口作为输入端口时，要先向每 1 位写入 1。以下的程序段演示了 P0 口作为输入口读取数据进单片机，然后再把输入的数据从 P1 口输出。P0 口亦可作为访问外部存储器的地址线和数据线使用。

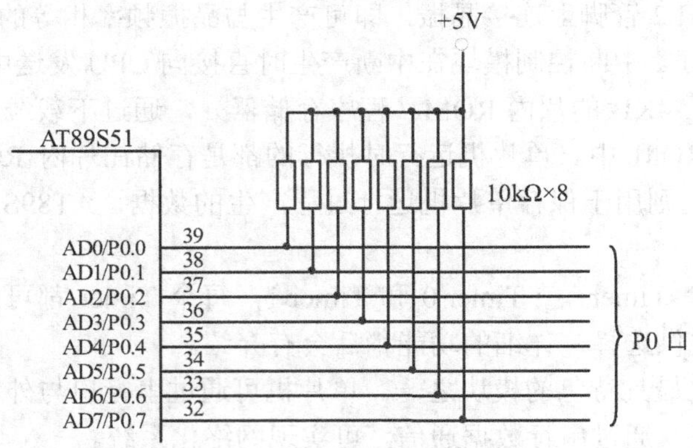

图 14-3　P0 口做输入/输出端口时需要添加外部上拉电阻

```
        MOV     A, #0FFH        ; 累加器(A) = 1111 1111B
        MOV     P0, A           ; P0 作为输入端口，向每 1 位写入 1
LOOP:
        MOV     A, P0           ; 从 P0 口获得数据，后载入 ACC
        MOV     P1, A           ; 将 ACC 中的数据从 P1 口输出
        JMP     LOOP            ; 循环
```

4. P1 口（P1.0~P1.7）

P1 口（1~8 管脚）是一个 8 位的、带内部上拉电阻的双向 I/O 口。作为输出口时，每

1 位最多可以驱动 4 个 TTL 输入端口。当向 P1 口的每 1 位写入 1 时，P1 口 8 个位的电平被内部上拉电阻拉高，可作为输入端口。与 P0 口相比，P1 口由于内置了上拉电阻，不再需要添加外置上拉电阻。

P1 口除作为普通 I/O 口外，P1.5、P1.6、P1.7 还在下载器向单片机下载程序时（在线编程）使用到，其具体功能如表 14-1 所示。

表 14-1　P1 口的第二功能

管　脚　号	第二功能描述
P1.5	MOSI（在线编程中的主（计算机）输出，从（单片机）输入）
P1.6	MISO（在线编程中的主（计算机）输入，从（单片机）输出）
P1.7	SCK（在线编程中的串行时钟）

5. P2 口（P2.0~P2.7）

与 P1 口相似，P2 口（21~28 管脚）是一个 8 位的、带内部上拉电阻的双向 I/O 口。作为输出口时，每 1 位最多可以驱动 4 个 TTL 输入端口。当向 P2 口的每 1 位写入 1 时，P2 口 8 个位的电平被内部上拉电阻拉高，可作为输入端口。

在单片机扩展片外存储器时，P2 口与 P0 口一起作为 16 位的地址线，这说明 P2 口除具有一般 I/O 口功能外的第二重功能——作为高 8 位地址线。

6. P3 口（P3.0~P3.7）

P3 口（10~17 管脚）是一个 8 位的、带内部上拉电阻的双向 I/O 口。作为输出口时，每一位最多可以驱动 4 个 TTL 输入端口。当向 P3 口的每一位写入 1 时，P3 口 8 个位的电平被内部上拉电阻拉高，可作为输入端口。

P3 口同样可应用类似控制 P1、P2 口的程序来实现输入/输出。除此之外，P3 口还有如表 13-1 所示的第二种重要功能：P3.0 和 P3.1 在串行通信中作为 RXD 和 TXD 使用；P3.2 和 P3.3 作为外部中断 0 和外部中断 1 的输入端口；而 P3.4 和 P3.5 则作为 Timer0 和 Timer1 的外部事件输入端口；P3.6 和 P3.7 在单片机扩展片外存储器时对存储器进行读/写控制。

14.1.3　时钟信号

单片机系统的时钟信号频率与晶振的频率有关，AT89S51 单片机所使用的晶振频率一般为 1.2~12MHz。单片机中有振荡周期、机器周期、指令周期等 3 个名称需要区分一下。

首先，振荡周期指振荡器产生的时钟信号的周期，使用内部时钟时（晶振）：

$$振荡周期=1/f_c$$

其中，f_c是晶振频率。

第二个概念是机器周期，单片机执行任何一条指令都需要一定的时间，机器周期就是用来描述单片机执行指令的时间的，机器周期与振荡周期的关系为：

1（个）机器周期=12（个）振荡周期。

比如指令 ADD　A, R1，查附录 P 知道该指令的机器周期为 1，比如当晶振频率

f_c=12MHz 时，振荡周期=1/ f_c =1/12MHz，该指令执行所需时间为：1（个）机器周期=12×振荡周期=12×1/ f_c =1（μs）。

第三个概念是指令周期，它表示执行一条指令所占用的全部时间，一般为 1~4 个机器周期。比如晶振频率仍为 12MHz，则 1（个）机器周期为 1（μs），查附录 P 中知道指令 DJNZ　R4,DELAY 的指令周期为 2 个机器周期，所以该指令的指令周期为 2×1μs=2μs。于是，在知道晶振频率的前提下，可通过附录 P 查到任何一条指令执行所需要的时间。

14.1.4　程序存储器

由图 14-2 知道，片内 ROM 和片内 RAM 构成单片机内部两个重要的功能模块。ROM 和 RAM 分别是只读存储器（Read Only Memory）和随机访问存储器（Random Access Memory）的缩写。ROM 和 RAM 这两种不同类型的存储器在单片机中发挥着不同的作用。

1. 片内 ROM（片内程序存储器）

在 μVision 等开发软件中使用汇编等语言写好单片机的程序后，只有经过汇编并通过下载线下载到单片机中，单片机才能根据程序运行。那么程序下载到哪里呢？答案是片内程序存储器。

在 AT89S51 单片机中，程序存储器的当量为 4KB（4×1024=4096bytes），它支持在线编程，寿命是 1000 次擦写。

4KB 的存储空间可用 0000H~0FFFH 来指向，如果把这 1000H 个字节的存储空间比喻成一幢大楼，大楼的楼层可表示为：0000H 层到 0FFFH 层，共 1000H 层，如图 14-4 所示。每一层就是一个字节，每个字节有 8 位。使用下载线往单片机下载程序时，执行代码将通过二进制的形式，从 0000H 层开始，被依次存储到“大楼”中。如 0000H 里下载的是 0000 1100；0001H 里下载的是 1000 0001 等，直到全部下载完毕。根据程序的长短不同，程序存储器被占用的空间多少也有所不同。

0FFFH	1	1	0	0	1	0	1	1
0FFEH	0	0	1	1	0	1	0	1
⋮								
0002H	1	1	1	0	0	0	1	1
PC → 0001H	1	0	0	0	0	0	0	1
0000H	0	0	0	0	1	1	0	0

图 14-4　AT89S51 单片机的片内程序存储器

AT89S51 单片机片内 4KB 程序存储器对于一般应用的程序代码已经够用，当程序代码的长度超过 4KB 时，就需要扩展外部的程序存储器，即片外程序存储器。或者选用片内程序存储器容量更大的单片机，如 AT89S52（8KB）等。

2. 程序计数器 PC

程序计数器 PC（program counter）用于指示单片机下一条将要执行的指令的地址。当

单片机上电复位时，PC=0000H，即指向程序存储器中的 0000H，单片机就把 0000H 上的指令取出执行。之后 PC 自动增加 1，变成 0001H，如图 14-4 所示，于是单片机就执行 0001H 地址上的指令。

由于程序计数器 PC 是 2 个字节（16 位）的寄存器，于是受 PC 的制约，AT89S51 单片机最大的寻址范围是 0000H~FFFFH，共 64KB。也就是说，除了 AT89S51 单片机片内的 4KB 程序存储器（地址 0000H~0FFFH）外，单片机能寻址的外部扩展的程序存储器空间最大为 64KB-4KB=60KB，即地址 1000H~FFFFH（阴影部分），如图 14-5 所示。

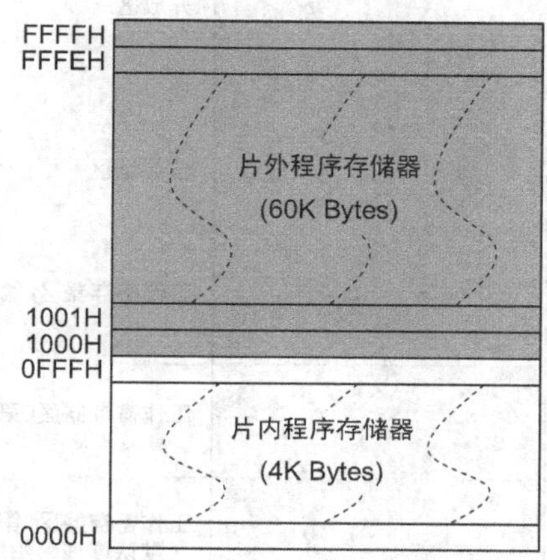

图 14-5　AT89S51 单片机的片内、片外程序存储器总容量

3. 是片内还是片外程序存储器

既然程序存储器有片内、片外之分，那单片机上电复位时将执行片内的程序还是片外的程序呢？其实问题很好解决，AT89S51 单片机执行片内或片外的程序取决于 31 管脚 $\overline{EA}$/VPP 的电平状态，$\overline{EA}$/VPP 管脚接高电平，单片机执行片内程序存储器中的程序；接低电平，则执行片外程序存储器中的程序。

14.1.5　数据存储器

AT89S51 单片机提供容量为 128×8-bit 的片内 RAM，这一空间是单片机用于存储运行时产生的数据的地方，于是也称这个片内 RAM 为单片机的数据存储器。例如执行指令 MOV 30H, R1 时，工作寄存器 R1 中的数据载入地址 30H 中，30H 指的就是单片机数据存储器中的地址。

单片机的数据存储器和程序存储器一样，也有片内和片外之分。片内数据存储器就是单片机中原有的数据存储器，即片内 RAM。片外数据存储器是外部扩展的部分。

与程序存储器的访问通过程序计数器 PC 来指定地址类似，在访问数据存储器时可通过数据指针 DPTR 进行。数据指针 DPTR 是一个长度为 2 个字节（16 位）的寄存器，受 DPTR 的位数所限，AT89S51 单片机最大的数据存储器寻址范围也为 0000H~FFFFH，共 64KB。

如图 14-6 所示是 AT89S51 单片机的数据存储器结构图。在单片机运行期间，128×8-bit 的片内数据存储器，其中只有 20H~7FH 共 96 个字节（开放区+位寻址区）是完全开放给用户使用的，而 00H~1FH 一般先不去直接使用。可以想象，当单片机运行一个复杂的程序时，如果产生的数据比较多，这 96 个字节的空间很可能不够用，此时就可以通过扩展片外数据存储器来解决。

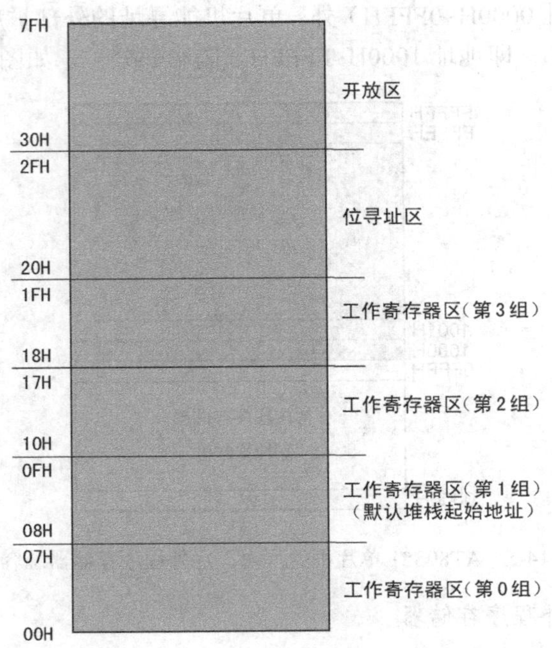

图 14-6　AT89S51 单片机数据存储器结构（128×8-bit）

接下来分别讲解有关片内数据存储器 3 个部分的内容。

1. 工作寄存器区（00H~1FH）

8 个工作寄存器 R0、R1、R2、R3、R4、R5、R6、R7 常常用于存储程序中的计数值、显示值等。许多指令如 ADD、SUBB、ANL、MOV、DJNZ 等都涉及它们，足可见其在单片机程序中的重要性。

在单片机上电复位时，工作寄存器 R0、R1、R2、R3、R4、R5、R6、R7 映射片内数据存储器的 00H、01H、02H、03H、04H、05H、06H、07H，即图 14-6 所示的工作寄存器区（第 0 组）。例如单片机执行指令 MOV　R0,#24H，即把立即数 24H 装载到工作寄存器 R0 中，实际上是把立即数 24H 装载到 00H 地址空间上。类似的，如果执行 MOV R5,#3FH，那 R5 映射的片内数据存储器 05H 地址上即被装载 3FH，如图 14-7 所示。

除了 00H~07H 对应的 R0~R7 外，工作寄存器区中其余的 08H~1FH 也都是对应 R0~R7 这 8 个工作寄存器的，只是组别不同。如表 14-2 所示是 4 组工作寄存器映射的片内数据存储器地址表。AT89S51 单片机上电复位时默认的组别是第 0 组，即 R0~R7 映射 00H~07H。

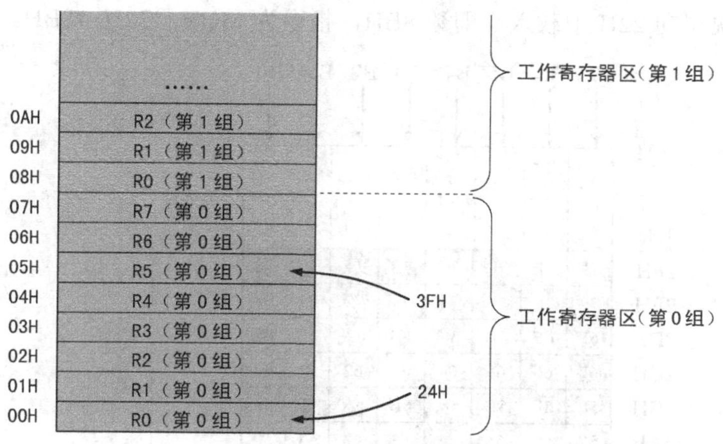

图 14-7　工作寄存器区的操作

表 14-2　工作寄存器组别映射的片内数据存储器地址

第 0 组		第 1 组		第 2 组		第 3 组	
地址	工作寄存器	地址	工作寄存器	地址	工作寄存器	地址	工作寄存器
00H	R0	08H	R0	10H	R0	18H	R0
01H	R1	09H	R1	11H	R1	19H	R1
02H	R2	0AH	R2	12H	R2	1AH	R2
03H	R3	0BH	R3	13H	R3	1BH	R3
04H	R4	0CH	R4	14H	R4	1CH	R4
05H	R5	0DH	R5	15H	R5	1DH	R5
06H	R6	0EH	R6	16H	R6	1EH	R6
07H	R7	0FH	R7	17H	R7	1FH	R7

2. 位寻址区（20H~2FH）

片内数据存储器的 20H~2FH（共 16 个字节）为位寻址区，这 16 个字节共有 16×8=128 位的空间可进行位寻址，也就是可以以位为单位进行操作。所用到的指令是 SETB——置 1、CLR——清零、CPL——取反、ANL——与操作等。

这里需要注意，20H~2FH 位寻址区中，并不是直接操作 20H~2FH 这 16 个地址，而是通过地址映射来完成，也就是说片内数据存储器的 20H~2FH 每个地址上的 8 个位都有各自的映射地址，如图 14-8 所示。

举个例子，地址 20H 上的 8 个位映射地址为 00H、01H、02H、03H、04H、05H、06H、07H，分别把某一地址上的 8 个位称为 B0~B7，如图 14-8 所示。于是在操作位寻址区时，可以通过操作其中的每一位映射地址来完成。比如说想把 20H 上的 B0 位清零，就需要操作 20H 上的 B0 位所映射的地址——00H，于是指令可设计为：CLR　00H。再如想把 2AH 上的 B4 位置 1，指令则为 SETB　54H。

当然，20H~2FH 位寻址区也可以当成是一般的开放区使用。即可以使用 MOV 等指令来寻址，比如说想向22H中载入立即数8BH，指令为MOV　22H, #8BH。

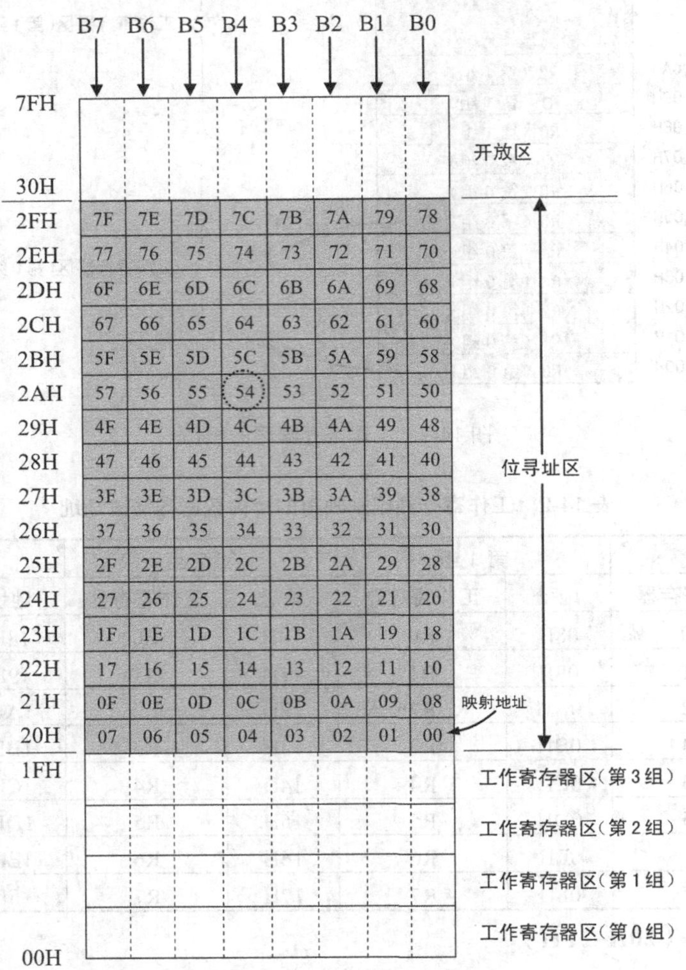

图14-8　片内数据存储器中位寻址区中的二进制位

3. 开放区（30H~7FH）

30H~7FH是片内数据存储器中开放给用户使用的地址空间。用户可以在这个空间里存储系统运行时产生的数据，也可以读取存储的数据到工作寄存器、累加器等中。比如指令MOV　33H, A，就是把累加器ACC中的数据载入开放区的33H上。

4. 特殊功能寄存器区 SFRs（80H~0FFH）

AT89S51单片机中还有一个十分重要的寄存器空间——特殊功能寄存器区，该区里有一些重要的特殊功能寄存器（Special Function Registers，SFRs）。

特殊功能寄存器SFRs是用来对单片机内各功能模块进行管理、控制的控制寄存器，也是指示单片机运行状态的状态寄存器，它是一个具有特殊功能的RAM区。也就是说，特殊功能寄存器SFRs与数据存储器一样，“坐落”于单片机的RAM中。它的地址空间紧

接着片内数据存储器（00H~7FH），为 80H~0FFH。

AT89S51 单片机的定时/计数器、串行口通信缓冲器、电源控制、中断使能等功能都由相应的特殊功能寄存器控制，这些寄存器分散在 80H~0FFH 的地址空间上，如图 14-9 所示。如 A8H 上的 IE 寄存器用于中断使能控制。

地址									地址
0F8H									0FFH
0F0H	B								0F7H
0E8H									0EFH
0E0H	ACC								0E7H
0D8H									0DFH
0D0H	PSW								0D7H
0C8H									0CFH
0C0H									0C7H
0B8H	IP								0BFH
0B0H	P3								0B7H
0A8H	IE								0AFH
0A0H	P2		AUXR1				WDTRST		0A7H
98H	SCON	SBUF							9FH
90H	P1								97H
88H	TCON	TMOD	TL0	TL1	TH0	TH1	AUXR		8FH
80H	P0	SP	DP0L	DP0H	DP1L	DP1H		PCON	87H

各特殊功能寄存器上电复位时的初始值：

B	0000 0000	ACC	0000 0000	PSW	0000 0000	IP	XX00 0000
P3	1111 1111	IE	0X00 0000	P2	1111 1111	AUXR1	XXXX XXX0
WDTRST	XXXX XXXX	SCON	0000 0000	SBUF	XXXX XXXX		
P1	1111 1111	TCON	0000 0000	TMOD	0000 0000	TL0	0000 0000
TL1	0000 0000	TH0	0000 0000	TH1	0000 0000	AUXR	XXX0 0XX0
P0	1111 1111	SP	0000 0111	DP0L	0000 0000	DP0H	0000 0000
DP1L	0000 0000	DP1H	0000 0000	PCON	0XXX 0000		

图 14-9　AT89S51 单片机特殊功能寄存器分布图及上电复位时的初始值

图 14-9 所示的 AT89S51 单片机的特殊功能寄存器共有 26 个，每一个长度都是一个字节。这些特殊功能寄存器的详细介绍和各位的内容请参考附录 Q，以下介绍几个常用的特殊功能寄存器：

✧ P0（80H）——P0 口锁存器。

✧ SP（81H）——堆栈指针。AT89S51 单片机利用堆栈指针 SP 指示最近一次存入堆栈内的地址。每当在程序中调用其他子程序时，原程序的返回地址就会自动压入堆栈中。当子程序执行到 RET 指令时，CPU 会自动由堆栈中取回原先存入的返回地址，继续执行原程序。CPU 将 8 位值存入堆栈时，称为压栈（PUSH），这时堆栈指针 SP 值会增加 1；反之由堆栈中取回值时，称为弹栈（POP），此时堆栈指针 SP 值减少 1。在设计程序时，有时会在起始状态阶段设置堆栈指针 SP 的值，以保证程序有足够的堆栈空间。

- ✧ DPxL 和 DPxH（82H~85H）——数据指针（x 代表 0 或 1）。由 DPxL 和 DPxH 组成两个 16 位的数据指针寄存器 DPTR0、DPTR1。程序中 DPTR 的使用频率很高，在以后的实例中会看到。
- ✧ P1（90H）——P1 口锁存器。
- ✧ SBUF（99H）——串口缓冲寄存器。所有待发送和刚进入串口的数据都存放在此寄存器中。AT89S51 单片机的串口通信是非常简单的，比如发送数据时，只要设置相应寄存器后，执行指令 MOV SUBF,A 就能把累加器 ACC 中的数据从串口发送出去。
- ✧ P2（0A0H）——P2 口锁存器。
- ✧ WDTRST（0A6H）——看门狗复位控制端。要使能看门狗，需要把 1EH 和 0E1H 依次写到该寄存器中。当看门狗使能后，用户还需要继续将这两个数据写到 WDTRST 中以防止看门狗溢出。
- ✧ P3（0B0H）——P3 口锁存器。
- ✧ ACC（0E0H）——累加器。累加器 ACC 是最常使用的寄存器之一，用来存储计算数据和数值等。汇编指令中有许多指令和累加器 ACC 有关，也有多个指令必须通过累加器才能执行。
- ✧ B（0F0H）——B 寄存器。B 寄存器是一个一般用途的工作寄存器，当使用乘除指令时会使用到。

从图 14-9 所示的分布图中看到，并不是所有的地址都被特殊功能寄存器占用，但没有被占用的地址可能在单片机中并不存在。也就是说，这段 80H~0FFH 地址并不是完整的“坐落于”单片机中。一般来说，不要把图 14-9 中没有被占用的地址当成开放区来访问，更不应该往这些空间中写数据，以免出现意想不到的后果。

操作特殊功能寄存器的方法有两种：一种是字节操作；另一种是位操作。比如指令 MOV P1,#00H 将一个字节长度的立即数 00H 送到 P1 对应的特殊功能寄存器地址空间上，也就是 90H。除了字节操作外，某些特殊功能寄存器还支持位操作，比如指令 CLR P0.0 使得单片机的 P0.0 口输出低电平。还有一些特殊功能寄存器是支持位操作的，它们是：

P0（P0 口锁存器）　　TCON（定时/计数器控制寄存器）
P1（P1 口锁存器）　　SCON（串行口控制寄存器）
P2（P2 口锁存器）　　IE（中断使能寄存器）
P3（P3 口锁存器）　　IP（中断优先控制寄存器）
PSW（程序状态字寄存器）　　ACC（累加器）
B（B 寄存器）

本节用了比较大的篇幅对单片机的存储器组织进行了介绍，可见存储器组织在单片机中占据相当重要的地位。以上内容并不需要立刻理解和记忆，在今后学习过程中可随时回顾。

14.2　单片机如何执行指令

单片机是怎样执行指令的　寻址方式

学习单片机必须要熟练掌握几种寻址模式。有些指令有相同的效果但是执行时间却不同，原因就在于寻址模式不同。深刻理解其中的差异后，就可以写出简捷、明快的程序来。

14.2.1　单片机是怎样执行指令的

程序计数器 PC 指向程序存储器中的地址，单片机按照这个地址就可以把指令“抓出来”执行。单片机的指令执行步骤如图 14-10 所示，首先单片机通过总线向程序存储器读取执行代码和等待处理过程（① 抓取指令），其次将抓取到的数据和某个寄存器做运算（② 单片机内部数据处理）。运算完成后，对逻辑或标志进行处理（③ 逻辑或标志处理）。接着依照判断的结果进行转移，条件为真时如何动作，条件为假时如何动作（④ 转移判断）。最后将结果保存到其他寄存器或存储器中（⑤ 返回）。

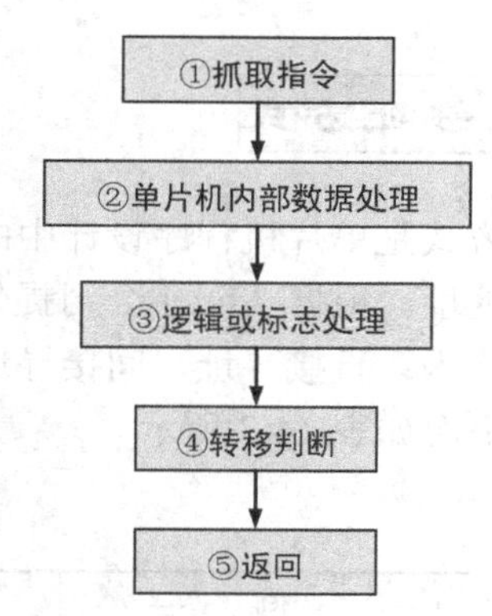

图 14-10　单片机的指令执行步骤

说得更简单一些，图 14-10 所示步骤其实就是抓取→处理→存储。假设程序中有一条指令是 MOV　A, 32H，意思是将数据存储器地址 32H 中的内容载入累加器 ACC。该指令和其他任何一条指令一样，以一个十六进制的执行代码 E5 保存在单片机的程序存储器中（附录 R 中有全部指令的代码）。在程序存储器中执行代码 E5 之后为 32，代表源操作数 32H。

对照图 14-11 中描述的过程来理解：① 当单片机抓取到 E5 时，就“意识到”要执行的操作是把下一个执行代码所指向的数据存储器地址中的数据载入 ACC。② 于是单片机往下抓取下一个执行代码 32。单片机根据这个值知道要去取数据存储器地址 32H 中的内容。③ 抓取数据存储器 32H 中的内容，假设为 88H。④ 把 88H 载入到 ACC 中，最终（A）=88H。

由于指令 MOV　A, 32H 的指令周期为 1 个机器周期，如果晶振为 12MHz，则以上描述的动作需 1μs 完成。在这整个过程中，最为重要的过程是单片机取得 E5 这个执行代码，该代码告诉单片机中的指令解读机构该指令的寻址模式与指令长度。

在附录 P 中还能查到每一条指令的长度。例如 MOV　A, 32H 的长度为 2 个字节。从图 14-11 中看到，在程序存储器中该指令的执行代码的确为两个字节——E5 和 32。

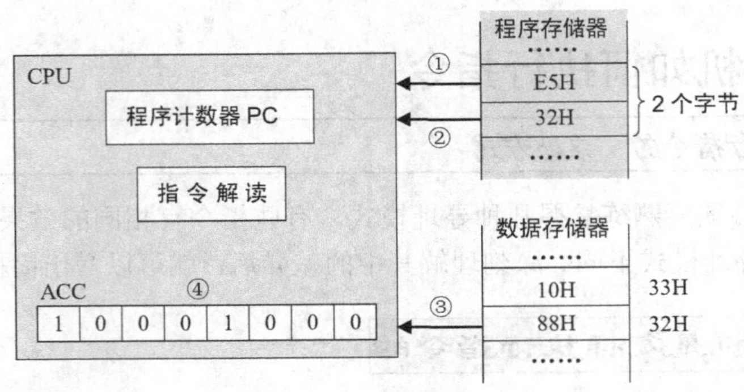

① 读取执行代码 E5；② 获知目标地址是 32H；③ 取目标地址中的内容；④ 数据载入累加器 ACC 中

图 14-11　寻址示意图

14.2.2　寻址方式

寻址方式是单片机程序设计中的一个基础问题，它主要谈论的是如何在存储器中找一个给定的地址。根据 Atmel 公司提供的 8051 单片机硬件手册，8051 单片机支持的 6 种基本寻址方式为：直接寻址、间接寻址、寄存器寻址、寄存器特征寻址、立即寻址、变址寻址，详细情况如表 14-3 所示。

表 14-3　6 种寻址方式

寻址方式	例　　子	说　　明
直接寻址	MOV　A, 30H	直接寻址是指直接地址的内容载入寄存器中或寄存器的内容载入直接地址中。该直接地址应该是 1 个字节长度的地址，AT89S51 单片机片内数据存储器的 00H~7FH（但常用的是 30H~7FH）以及特殊功能寄存器 SFR 都能被直接寻址。注意地址前是没有#号的
间接寻址	MOV　A, @R0	间接寻址是用 R0、R1、SP、DPTR 中的某一寄存器来代替直接寻址中的直接地址来寻址。间接寻址可以访问片内和片外数据存储器，这是直接寻址办不到的。间接寻址是一种非常灵活的寻址模式，它可以实现数据的动态访问
寄存器寻址	MOV　A, R0	寄存器寻址是指与工作寄存器 R0~R7 有关的寻址指令。AT89S51 单片机通过程序状态字 PSW 中的 RS1 和 RS0 位来决定使用哪一个组别的工作寄存器。可以通过 R0~R7 实现数据的装载或运算等
寄存器特征寻址	INC　A	寄存器特征寻址是一类与特定寄存器有关的寻址方式。有些指令总是与累加器 ACC 或数据指针寄存器 DPTR 等有关，而没有涉及用于指向的地址字节。这类指令不对其他地址和数据产生影响
立即寻址	MOV　A, #8FH	立即寻址是一类与立即数相关的寻址方式。当程序中需要向寄存器或地址中载入某个立即数时，就可采用立即寻址。立即数的特征就是在常数前加一个#号。这类寻址方式比较简单

续表

寻址方式	例子	说明
变址寻址	MOVC A, @A+DPTR	变址寻址针对的仅仅是程序存储器，而且这种寻址方式只能从程序存储器中读数据。通常对程序存储器读取得较多的是数据表中的数据，在变址寻址中，使用程序计数器 PC 或数据指针寄存器 DPTR 作为间接地址，有时还加上累加器 ACC，根据这些地址值，就能在程序存储器找到相应的内容

14.3 指令系统

算术指令　逻辑指令　片内数据装载指令　查表指令　布尔指令　调用子程序指令　跳转与循环指令

不得不承认指令的学习是单片机学习中最枯燥无味的，但这是跨入单片机系统开发的必经之路。目前还不必急于掌握所有的指令，只要先熟悉一些最常用的指令和了解其他指令的功能。在今后系统开发时若有需要，再回头深入了解相关的指令。

51 单片机的指令共有 111 条（见附录 P），与不同的操作数配合共有 255 个指令的写法，于是有 255 个指令的执行代码（见附录 R）。这个数量比起其他的处理器来说并不为多。而在实际应用中，常用的指令一般不过 50 个，所以在学习指令时，可以先浏览接下来的讲解，大概知道都有哪些指令，它们有什么用，写程序时再回头看每一条指令具体怎么用，怎么书写。一条指令只要经过几次反复使用和理解就能掌握。

14.3.1 算术指令

算术指令的使用率相当高，其中又以 ADD（相加）和 INC（自增 1）的使用最为频繁。一些算术指令执行时会影响程序状态字 PSW 中的标志位。下面具体讲解这类指令的用法。

1. 加法指令——ADD　A, <src-byte>

在单片机做加法运算时，都要涉及累加器 ACC。加法指令表达式 ADD　A, <src-byte> 中的 A 代表累加器 ACC，<src-byte>代表源操作数-以字节形式。也就是说 ACC 和<src-byte>是两个加数，根据源操作数<src-byte>的不同，加法指令 ADD 有以下 4 种指令形式，分别针对不同的寄存器或地址空间，如表 14-4 所示。

表 14-4　加法指令的形式

指令	说明	字节	机器周期
ADD　A,Rn	将 Rn 与 ACC 的值相加，结果存回 ACC	1	1
ADD　A,direct	将直接地址 direct 的内容与 ACC 相加，结果存回 ACC	2	1
ADD　A,@Ri	将间接地址@Ri 的内容与 ACC 相加，结果存回 ACC	1	1
ADD　A,#data	将立即数#data 与 ACC 的值相加，结果存回 ACC	2	1

注：Ri 表示 R0 或 R1；Rn 表示 R0~R7 的其中之一，全书同。

关于 ADD 指令有以下几点需要说明。

① 相加的操作总是在累加器 ACC 中发生，源操作数可以是一个工作寄存器的值、直接地址的内容、间接地址的内容或立即数。注意，两个直接地址的内容是不允许相加的，如“ADD　32H, 35H”是错误的。

② ADD 指令可能影响 PSW 中的标志位 CY、OV、AC 和 P。如果相加过程中，位 3 有进位则辅助进位标志位 AC=1；位 7 有进位则进位标志位 CY=1。

③ 溢出标志位 OV 的变化是：如果位 6 有进位而位 7 没有进位，或者位 7 有进位而位 6 没有，则溢出标志 OV=1，否则 OV=0。注意，OV 的状态只有在带符号数做加法运算时才有意义。当两个带符号数相加时，OV=1 表示加法运算超出了累加器 ACC 所能表示的带符号数的有效范围（-128~+127），即产生了溢出，因此运算结果是错误的；OV=0 说明无溢出产生，运算结果是正确的。

2. 带进位的加法指令——ADDC　A, <src-byte>

带进位的加法指令 ADDC 相当于在 ADD 的运算基础上再加上进位 CY。其指令形式与 ADD 相似，如表 14-5 所示。

表 14-5　带进位的加法指令的形式

指　令	说　明	字　节	机器周期
ADDC　A,Rn	将 Rn 与 ACC 的值及进位 CY 相加，结果存回 ACC	1	1
ADDC　A,direct	将直接地址 direct 的内容与 ACC 及进位 CY 相加，结果存回 ACC	2	1
ADDC　A,@Ri	将间接地址@Ri 的内容与 ACC 及进位 CY 相加，结果存回 ACC	1	1
ADDC　A,#data	将立即数#data 与 ACC 的值及进位 CY 相加，结果存回 ACC	2	1

ADDC 和 ADD 指令一起使用时一般用于处理 2 个字节（16 位）的加法运算。由于累加器 ACC 的长度为 1 个字节，所以在处理 2 个字节的加法时先用 ADD 指令进行低位字节的运算，把结果保存在某一地址空间或寄存器中。如果低位字节相加有进位将会影响进位标志 CY，于是再使用 ADDC 指令进行高位字节的加法运算，把结果保存在另一个地址空间或寄存器中，这两个加法运算的结果合在一起就是 2 个字节数据的和。

3. 带借位的减法指令——SUBB　A,<src-byte>

在单片机做减法运算时，也要涉及累加器 ACC。减法指令 SUBB 是 subtract with borrow 的缩写，意思是带借位的减法指令。当单片机进行减法运算时，程序状态字 PSW 中的 CY 位就变成了借位标志位，即如果减法运算过程中有借位发生，CY 被硬件置 1。由于 SUBB 指令是带借位的减法指令，于是在运算中就需要考虑 CY 对运算的影响。SUBB 针对不同的寄存器或地址空间有以下 4 种指令形式，如表 14-6 所示。

表 14-6　带借位的减法指令的形式

指　　令	说　　明	字　　节	机器周期
SUBB　A,Rn	ACC 减去 Rn 的值及借位 CY，结果存回 ACC	1	1
SUBB　A,direct	ACC 减去直接地址 direct 的内容及借位 CY，结果存回 ACC	2	1
SUBB　A,@Ri	ACC 减去间接地址@Ri 的内容及借位 CY，结果存回 ACC	1	1
SUBB　A,#data	ACC 减去立即数#data 及借位 CY，结果存回 ACC	2	1

关于 SUBB 指令对标志位的影响如下：

① 当位 7 有借位时，标志 CY=1；否则 CY=0。也就是说，如果无符号数做减法时，减数比被减数大，CY=1。

② 当位 3 有借位时，标志 AC=1；否则 AC=0。

③ 溢出标志位 OV=1 表示溢出；OV=0 表示未溢出。OV 的值可由差的位 7 的借位与位 6 的借位做 XOR（异或）的逻辑判断得到。

④ 由于 SUBB 指令连 CY 一起减，若不想减 CY，可先将 CY 清零。

4. 自增/自减指令——INC　<byte> / DEC　<byte>

自增/自减指令是一类很简单的指令，它的作用是对寄存器或直接地址的内容进行加 1/减 1 的操作。指令的形式如表 14-7 所示。

表 14-7　自增/自减指令的形式

指　　令	说　　明	字　　节	机器周期
INC　A	ACC 的值自增 1	1	1
INC　Rn	工作寄存器 Rn 的值自增 1	1	1
INC　direct	直接地址 direct 的内容自增 1	2	1
INC　@Ri	间接地址@Ri 的内容自增 1	1	1
INC　DPTR	DPTR 值自增 1	1	1
DEC　A	ACC 的值自减 1	1	1
DEC　Rn	工作寄存器 Rn 的值自减 1	2	1
DEC　direct	直接地址 direct 的内容自减 1	1	1
DEC　@Ri	间接地址@Ri 的内容自减 1	1	1

说明：

① 如果寄存器的值或直接地址的内容为 FFH，执行 INC 指令后，寄存器的值或直接地址内容为 00H，进位标志 CY 不受影响。

② 如果寄存器的值或直接地址的内容为 00H，执行 DEC 指令后，寄存器的值或直接地址内容为 FFH，进位标志 CY 不受影响。

③ 关于指令 INC　DPTR 在以下情况中不会影响 CY：若 DPTR 的低位字节 DPL=FFH，执行 INC　DPTR 后 DPL=00H，同时高位字节 DPH 的值增加 1，CY 不受影响；如果 DPTR=FFFFH，执行 INC　DPTR 后，DPTR=0000H，CY 不受影响。

④ 可对 DPL 和 DPH 分别进行 INC/DEC 操作。

5. 乘法指令——MUL AB

乘法指令的形式如表 14-8 所示。

表 14-8 乘法指令的形式

指 令	说 明	字 节	机器周期
MUL AB	ACC 与 B 寄存器的值相乘（A×B），积的低位字节存回 ACC，高位字节存回 B 寄存器	1	4

说明：

① 做无符号的 1 个字节运算时，累加器 ACC 与 B 寄存器的值相乘所得的积（2 个字节），其低位字节存回 ACC 中，高位字节存入 B 寄存器。

② 如果积大于 00FFH，则 OV=1，否则 OV=0。

③ 执行时，进位标志 CY 会被清除为 0。

6. 除法指令——DIV AB

除法指令如表 14-9 所示。

表 14-9 除法指令的形式

指 令	说 明	字 节	机器周期
DIV AB	ACC 除以 B 寄存器的值（A÷B），商存回 ACC，余数存回 B 寄存器	1	4

说明：

① DIV 指令做无符号的除法运算。如果 B 寄存器=0，执行时 OV 被置 1，表示运算是错误的，因为除数不应该为 0。

② DIV 指令正确执行后，商存回 ACC，余数存回 B 寄存器，进位标志 CY 及溢出标志 OV 都等于 0。

7. 十进制调整指令——DA A

十进制调整指令如表 14-10 所示。

表 14-10 十进制调整指令的形式

指 令	说 明	字 节	机器周期
DA A	累加器 ACC 做十进制调整	1	1

指令 DA 只适用于加法指令 ADD 或 ADDC 后且只对累加器 ACC 产生作用，而不能使用在如 INC 等指令之后。DA 指令进行十进制调整的方法为：

① 在 ADD 或 ADDC 运算后，若 ACC 的低位>9 或 AC=1，则 ACC+06H。

② 在 ADD 或 ADDC 运算后，若 ACC 的高位>9 或 CY=1，则 ACC+60H。

14.3.2　逻辑指令

除算术运算外，单片机还有相当强的逻辑运算能力，可对 1 个字节的数据做与（AND）、或（OR）、异或（XOR）等操作。逻辑操作主要针对累加器 ACC 和工作寄存器之间、ACC 和直接地址之间、ACC 和间接地址之间、ACC 和立即数之间、直接地址与立即数之间等。逻辑指令不会影响标志位。

1. AND 操作——ANL　<dest-byte>,<src-byte>

ANL 指令针对不同的目的操作数和源操作数具有如表 14-11 所示的几种指令形式。通式 ANL　<dest-byte>,<src-byte>中的<dest-byte>代表目的操作数-以字节形式，<src-byte>代表源操作数-以字节形式。

表 14-11　ANL 指令的形式

指　　令	说　　明	字　　节	机器周期
ANL　A,Rn	将 Rn 与 ACC 的值做 AND 运算，结果存回 ACC	1	1
ANL　A,direct	将直接地址 direct 的内容与 ACC 做 AND 运算，结果存回 ACC	2	1
ANL　A,@Ri	将间接地址@Ri 的内容与 ACC 做 AND 运算，结果存回 ACC	1	1
ANL　A,#data	立即数#data 与 ACC 做 AND 运算，结果存回 ACC	2	1
ANL　direct,A	ACC 与直接地址 direct 的内容做 AND 运算，结果存回该直接地址中	2	1
ANL　direct,#data	立即数#data 与直接地址 direct 的内容做 AND 运算，结果存回该直接地址中	3	2

以上指令在两个操作数之间进行 AND 操作，即操作数的每一位进行 AND 操作，只有两个操作数的某一位都是 1，AND 操作的结果才是 1，结果存回目的操作数中。

2. OR 操作——ORL　<dest-byte>,<src-byte>

ORL 指令的形式如表 14-12 所示。

表 14-12　ORL 指令的形式

指　　令	说　　明	字　　节	机器周期
ORL　A,Rn	将 Rn 与 ACC 的值做 OR 运算，结果存回 ACC	1	1
ORL　A,direct	将直接地址 direct 的内容与 ACC 做 OR 运算，结果存回 ACC	2	1
ORL　A,@Ri	将间接地址@Ri 的内容与 ACC 做 OR 运算，结果存回 ACC	1	1
ORL　A,#data	立即数#data 与 ACC 做 OR 运算，结果存回 ACC	2	1

续表

指　令	说　明	字　节	机器周期
ORL　direct,A	ACC 与直接地址 direct 的内容做 OR 运算，结果存回该直接地址中	2	1
ORL　direct,#data	立即数#data 与直接地址 direct 的内容做 OR 运算，结果存回该直接地址中	3	2

以上指令在两个操作数之间进行 OR 操作，即操作数的每一位进行 OR 操作，两个操作数的某一位只要有一个是 1，OR 操作的结果就是 1，结果存回目的操作数中。

3. XOR 操作——XRL　<dest-byte>,<src-byte>

XRL 指令的形式如表 14-13 所示。

表 14-13　XRL 指令的形式

指　令	说　明	字　节	机器周期
XRL　A,Rn	将 Rn 与 ACC 的值做 XOR 运算，结果存回 ACC	1	1
XRL　A,direct	将直接地址 direct 的内容与 ACC 做 XOR 运算，结果存回 ACC	2	1
XRL　A,@Ri	将间接地址@Ri 的内容与 ACC 做 XOR 运算，结果存回 ACC	1	1
XRL　A,#data	立即数#data 与 ACC 做 XOR 运算，结果存回 ACC	2	1
XRL　direct,A	ACC 与直接地址 direct 的内容做 XOR 运算，结果存回该直接地址中	2	1
XRL　direct,#data	立即数#data 与直接地址 direct 的内容做 XOR 运算，结果存回该直接地址中	3	2

以上指令在两个操作数之间进行 XOR 操作，即操作数的每一位进行 XOR 操作，两个操作数的某一位同为 0 或 1，XOR 操作的结果就是 0，否则结果是 1，结果存回目的操作数中。

4. 清零操作——CLR　A

CLR 指令的形式如表 14-14 所示。

表 14-14　CRL 指令的形式

指　令	说　明	字　节	机器周期
CLR　A	累加器 ACC 清零	1	1

说明：将累加器 ACC 清零。执行指令 CLR　A 后，ACC=00H。

5. 取反操作——CPL　A

CPL 指令的形式如表 14-15 所示。

表 14-15　CPL 指令的形式

指　　令	说　　明	字　　节	机器周期
CPL　A	累加器 ACC 每一位的值反相	1	1

说明：将累加器 ACC 的每一位取反，即原本为 0 的变成 1，1 的变成 0。作用与非门相似。

6. 位移动操作——RL、RLC、RR、RRC

位移动操作指令的形式如表 14-16 所示。

表 14-16　位移动操作指令的形式

指　　令	说　　明	字　　节	机器周期
RL　A	累加器 ACC 左移一位	1	1
RLC　A	累加器 ACC 含进位 CY 左移一位	1	1
RR　A	累加器 ACC 右移一位	1	1
RRC　A	累加器 ACC 含进位 CY 右移一位	1	1

这 4 条指令用于累加器 ACC 内部位的移动，注意，这 4 条指令只适用于 ACC。

① RL　A——ACC 左移一位。每次移出 ACC 的位 7 进入位 0。如示意图和下面的例子所示。

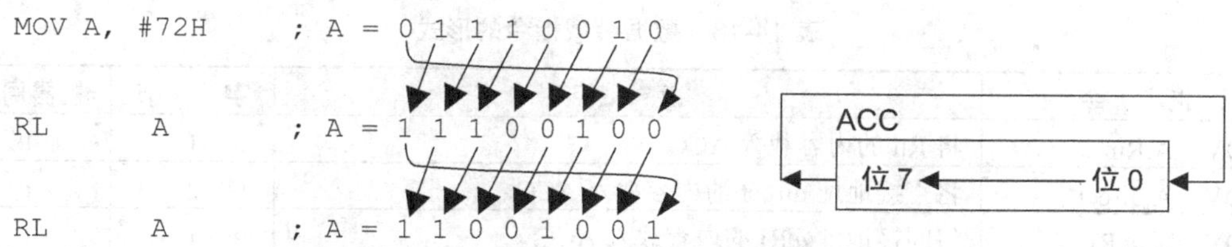


```
MOV A, #72H     ; A = 0 1 1 1 0 0 1 0
RL      A       ; A = 1 1 1 0 0 1 0 0
RL      A       ; A = 1 1 0 0 1 0 0 1
```

② RLC　A——ACC 含进位 CY 左移一位。每次移出 ACC 的位 7 进入进位 CY 中，而进位 CY 则进入位 0 中。如示意图和下面的例子所示。

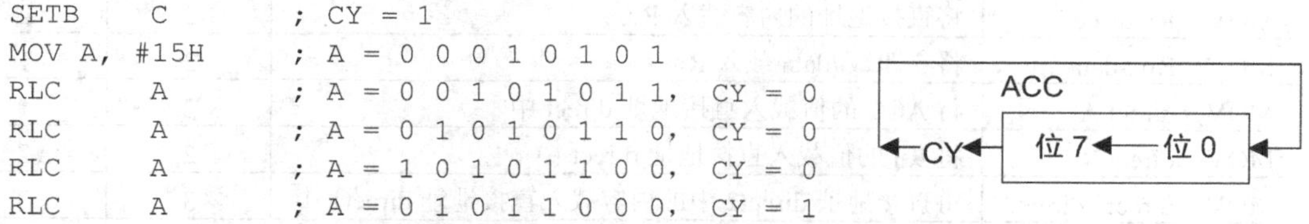


```
SETB    C       ; CY = 1
MOV A, #15H     ; A = 0 0 0 1 0 1 0 1
RLC     A       ; A = 0 0 1 0 1 0 1 1,  CY = 0
RLC     A       ; A = 0 1 0 1 0 1 1 0,  CY = 0
RLC     A       ; A = 1 0 1 0 1 1 0 0,  CY = 0
RLC     A       ; A = 0 1 0 1 1 0 0 0,  CY = 1
```

③ RR　A——ACC 右移一位。每次移出 ACC 的位 0 进入位 7。如示意图和下面的例子所示。

ACC　位 7 → 位 0

```
MOV A, #36H     ; A = 0 0 1 1 0 1 1 0
RR      A       ; A = 0 0 0 1 1 0 1 1
RR      A       ; A = 1 0 0 0 1 1 0 1
```

④ RRC　A——ACC 含进位 CY 右移一位。每次移出 ACC 的位 0 进入进位 CY 中，而进位 CY 则进入位 7 中。如示意图和下面的例子所示。

```
CLR     C         ; CY = 0
MOV     A, #26H ; A = 0 0 1 0 0 1 1 0
RRC     A         ; A = 0 0 0 1 0 0 1 1,  CY = 0
RRC     A         ; A = 0 0 0 0 1 0 0 1,  CY = 1
RRC     A         ; A = 1 0 0 0 0 1 0 0,  CY = 1
```

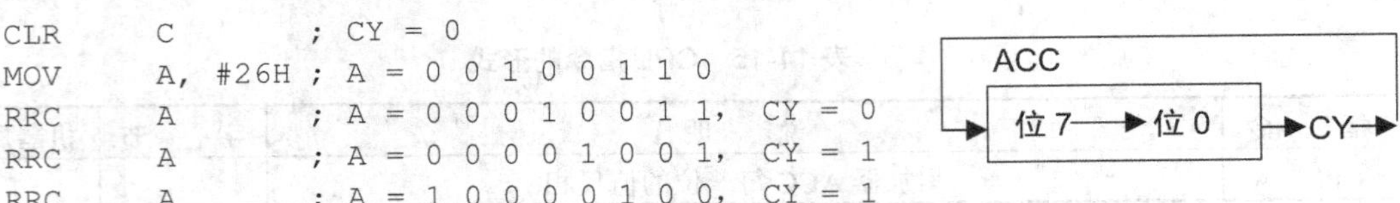

7. 累加器高低位交换操作——SWAP A

累加器高低位交换操作的指令形式如表 14-17 所示。

表 14-17 累加器高低位交换操作的指令形式

指 令	说 明	字 节	机器周期
SWAP A	累加器 ACC 的高 4 位与低 4 位互换	1	1

说明：SWAP 指令只适用于累加器 ACC。

14.3.3 片内数据装载指令

片内数据装载指令是一类在片内存储器内“搬运”数据的指令，在单片机程序中使用频率最高。

1. 数据装载指令——MOV <dest>, <src>

数据装载指令的形式如表 14-18 所示。

表 14-18 数据装载指令的形式

指 令	说 明	字 节	机器周期
MOV A,Rn	将 Rn 的内容载入 ACC	1	1
MOV A,direct	将直接地址 direct 的内容载入 ACC	2	1
MOV A,@Ri	将间接地址@Ri 的内容载入 ACC	1	1
MOV A,#data	将立即数#data 载入 ACC	2	1
MOV Rn,A	将 ACC 的值载入 Rn	1	1
MOV Rn,direct	将直接地址的内容载入 Rn	2	2
MOV Rn,#data	将立即数#data 载入 Rn	2	1
MOV direct,A	将 ACC 的值载入直接地址 direct 中	2	1
MOV direct,Rn	将 Rn 的值载入直接地址 direct 中	2	2
MOV direct1,direct2	将直接地址 direct2 中的内容载入直接地址 direct1 中	3	2
MOV direct,@Ri	将间接地址@Ri 的内容载入直接地址 direct 中	2	2
MOV direct,#data	将立即数#data 载入直接地址 direct 中	3	2
MOV @Ri,A	将 ACC 的值载入间接地址@Ri 中	1	1
MOV @Ri,direct	将直接地址 direct 的内容载入间接地址@Ri 中	2	2
MOV @Ri,#data	将立即数#data 载入间接地址@Ri 中	2	1

根据目的操作数的不同，MOV 指令分成以累加器 ACC、工作寄存器 Rn、直接地址

direct、间接地址@Ri 为目的操作数的 4 种不同形式。这些指令都告诉单片机将源操作数装载（或者说复制、载入）到目的操作数中。例如，指令 MOV　A, R0 将 R0 的值复制到 ACC 中，该指令执行完后，ACC 的值与 R0 相同。MOV 指令不会改变源操作数，也不会影响标志位。

在数据装载过程中，有几点需要注意：

① 立即数前必须要有#号，否则装载的将是地址空间上的数据（直接地址的内容），如果立即数以 A、B、C、D、E 或 F 开头，需要在前面加上 0，例如 F3H，在指令中应写成 0F3H。立即数也可以是二进制或十进制的形式，例如，如下 3 条指令装载的效果是相同的。

```
MOV  A, #0F3H            ; 十六进制
MOV  A, #11110011B       ; 二进制
MOV  A, #243             ; 十进制
```

② 如果立即数小于 10H，即 0~F，则高位会被系统自动补上 0。例如，指令 MOV　A, #5，结果为累加器 ACC=05H，系统将向高位自动补 0。

③ 累加器 ACC 或工作寄存器等一些寄存器加载大于 FFH 的立即数时将会引发错误，因为这些寄存器的长度只有 1 个字节。如：

```
MOV            A, #7AEH      ; 错误的！
```

2. 数据指针寄存器装载指令——MOV　DPTR, #data16

数据指针寄存器装载指令的形式如表 14-19 所示。

表 14-19　数据指针寄存器装载指令的形式

指　　令	说　　明	字　　节	机器周期
MOV　DPTR,#data16	将 16 位的立即数#data 载入 DPTR	3	2

说明：该指令用于向数据指针寄存器 DPTR 装载 16 位的地址数据，载入的 16 位地址使 DPTR 指向地址空间的范围为 0000H~FFFFH，即寻址的最大范围为 64KB。DPTR 由两个寄存器组成，分别是 DPL——DPTR 的低位字节，以及 DPH——DPTR 的高位字节。

3. 堆栈指令——PUSH 和 POP

堆栈指令的形式如表 14-20 所示。

表 14-20　椎栈指令的形式

指　　令	说　　明	字　　节	机器周期
PUSH direct	将直接地址 direct 的内容压入堆栈中，执行前 SP+1	2	2
POP direct	从堆栈中弹出数据到直接地址 direct 中，执行后 SP-1	2	2

在谈这两条指令的具体使用方法之前，需要学习与单片机堆栈相关的知识。堆栈（stack）是单片机在片内数据存储器中开辟的用于存储临时数据的区域。之所以使用堆栈来存储临时数据，主要是因为程序运行过程中需要把某寄存器或地址空间中的数据暂时保存起来，

以释放寄存器或地址空间暂做它用，等使用完毕后，再将刚才暂时保存的数据恢复到寄存器或地址空间中。

既然说堆栈是片内数据存储器中的一段空间，必然有地址来指向。那具体是哪一个地址呢？这就需要一个指针来确定。这个指针就叫做堆栈指针 SP。SP 在特殊功能寄存器中的 81H 上，是一个 8 位的寄存器。

单片机上电复位时 SP=07H，于是 SP 指向的是片内数据存储器中的 07H。根据 6.2 节可知，07H 正好是第 0 组工作寄存器 R7 的地址。此时如果执行压栈指令 PUSH direct，执行的步骤是 SP 先自增 1，于是 SP=08H，然后 direct 的数据压入 08H 中，此时（08H）=direct，数据就被保存到了 08H 上。

4. 数据交换指令——XCH 和 XCHD

数据交换指令的形式如表 14-21 所示。

表 14-21 数据交换指令的形式

指　令	说　明	字　节	机器周期
XCH A,Rn	将累加器 ACC 与 Rn 的值交换	1	1
XCH A,direct	将累加器 ACC 与直接地址 direct 的内容交换	1	2
XCH A,@Ri	将累加器 ACC 与间接地址@Ri 的内容交换	1	1
XCHD A,@Ri	将累加器 ACC 的低 4 位与间接地址@Ri 的低 4 位内容交换	1	1

XCH 指令交换累加器 ACC 和工作寄存器、直接或间接地址的内容。例如，ACC=65H，R2=99H，执行 XCH A, R2 之后，ACC=99H，R2=65H。

而指令 XCHD 交换的只是累加器 ACC 与间接地址的低 4 位内容，高 4 位内容不变。例如，地址空间（40H）=2FH，ACC=3DH，R1=40H，执行 XCHD A, @R1 之后，ACC=3FH，（40H）=2DH。

14.3.4 查表指令

以下两条指令一般用在查表操作中，所查的数据表存放在程序存储器中。由于指令访问的是程序存储器，所以查表指令只提供了读的操作，查表指令的形式如表 14-22 所示。

表 14-22 查表指令的形式

指　令	说　明	字　节	机器周期
MOVC A,@A+DPTR	ACC 加 DPTR 的值作为间接地址，将该地址的内容载入 ACC 中	1	2
MOVC A,@A+PC	ACC 加 PC 的值作为间接地址，将该地址的内容载入 ACC 中	1	2

在使用 MOVC A, @A+DPTR 前，数据指针寄存器 DPTR 一般载入数据表的表头地址，

这样指令就能实现将数据表中的数据逐一读入累加器 ACC 中。

14.3.5　布尔指令

51 单片机提供了一套完整的布尔指令，布尔指令是一类针对位操作的指令。除了片内数据存储器提供位寻址区外（20H~2FH），特殊功能寄存器 SFR 也提供了 128 个可寻址位，就连 I/O 口也可以进行位操作。单片机之所以提供位寻址的机制，是为了增强系统的灵活性。例如，想让 P1.0 口输出低电平，同时保持 P1.1~P1.7 原来的电平，则可以使用指令 CLR P1.0 使 P1.0 口唯一改变输出低电平。CLR 指令就是布尔指令的一条常用指令。除了 CLR 将位清零外，布尔指令还提供了置 1、位数据装载、位逻辑操作等指令。本节将讲解这些布尔指令的使用方法。

1. 清零、置 1 与取反操作——CLR、SETB、CPL

清零、置 1 与取反操作的指令形式如表 14-23 所示。

表 14-23　清零、置 1 与取反操作的指令形式

指　　令	说　　明	字　　节	机器周期
CLR　C	进位 CY 清零	1	1
CLR　bit	将可位寻址的位清零	2	1
SETB　C	将进位 CY 置 1	1	1
SETB　bit	将可位寻址的位置 1	2	1
CPL　C	将进位 CY 反向	1	1
CPL　bit	将可位寻址的位反向	2	1

这几条指令比较简单，其中对进位 CY 操作的指令会直接影响标志位，因为 CY 本身就是标志位。bit 代表可位寻址的地址或寄存器，包括：

- ✧ 片内数据存储器的位寻址区 20H~2FH（映射地址，参考图 14-8）。
- ✧ 累加器 ACC。
- ✧ B 寄存器。
- ✧ 程序状态字 PSW。
- ✧ 中断优先级控制寄存器 IP。
- ✧ 中断使能寄存器 IE。
- ✧ 串行控制寄存器 SCON。
- ✧ 定时/计数器控制寄存器 TCON。
- ✧ I/O 口：P0、P1、P2、P3。

2. 布尔逻辑指令——ANL、ORL

布尔逻辑指令的形式如表 14-24 所示。

表 14-24　布尔逻辑指令的形式

指　　令	说　　明	字　　节	机器周期
ANL　C,bit	将进位 CY 与可位寻址的位做 AND 运算，结果存回进位 CY	2	2
ANL　C,/bit	将进位 CY 与可位寻址的位的反相做 AND 运算，结果存回进位 CY	2	2
ORL　C,bit	将进位 CY 与可位寻址的位做 OR 运算，结果存回进位 CY	2	2
ORL　C,/bit	将进位 CY 与可位寻址的位的反相做 OR 运算，结果存回进位 CY	2	2

这类指令是对位的逻辑运算，执行结果存回进位 CY，影响标志位。

3. 位数据装载指令——MOV　<dest-bit>,<src-bit>

位数据装载指令的形式如表 14-25 所示。

表 14-25　位数据装载指令的形式

指　　令	说　　明	字　　节	机器周期
MOV　C,bit	将可位寻址的位载入进位 CY	2	1
MOV　bit,C	将进位 CY 载入可位寻址的位	2	2

指令完成的是位之间的装载。

4. 布尔跳转指令——JC、JNC、JB、JNB、JBC

布尔跳转指令的形式如表 14-26 所示。

表 14-26　布尔跳转指令的形式

指　　令	说　　明	字　　节	机器周期
JC　rel	若进位 CY=1 则跳到 rel	2	2
JNC　rel	若进位 CY=0 则跳到 rel	2	2
JB　bit,rel	若可位寻址的位=1 则跳到 rel	3	2
JNB　bit,rel	若可位寻址的位=0 则跳到 rel	3	2
JBC　bit,rel	若可位寻址的位=1 则跳到 rel，并将该位清零	3	2

以上指令检测进位 CY 或可位寻址的位，如果条件成立就跳转到 rel 所指的地址，否则执行下一条指令。

14.3.6　调用子程序指令

调用子程序指令用于调用子程序，子程序一般是一些被频繁使用的实现特定功能的程序段，如延时子程序等。使用子程序可以节省存储空间和使程序结构科学化。在单片机的指令系统中，有两条指令用于调用子程序——LCALL（长调用）和 ACALL（绝对调用），

它们的主要区别在于调用子程序的目标地址范围不同。对于 AT89S51 单片机来说，可以笼统地使用 CALL 指令来自动配置子程序目标地址的范围。

1. 长调用指令——LCALL

长调用指令的形式如表 14-27 所示。

表 14-27　长调用指令的形式

指　令	说　明	字　节	机器周期
LCALL　addr16	调用整个 64K Bytes 程序存储器范围内的子程序	3	2

LCALL 指令长度为三个字节，第一个字节为 LCALL 助记符的执行代码，后两个字节是所要调用子程序的目标地址。所以，LCALL 拥有两个字节来指定子程序的目标地址，调用地址范围达 64KB，即 0000H~FFFFH。为了确保子程序执行完毕之后单片机能正确回到原来主程序的地址继续执行，LCALL 执行时把 LCALL 指令的下一条指令的地址保存在堆栈中。即当主程序调用子程序时，程序计数器 PC 的值将保存在堆栈中，单片机“放心地”进入子程序中执行，RET 指令提示子程序执行完成，单片机将堆栈中保存的 PC 值弹出，根据 PC 所指的 LCALL 指令的下一条指令的地址继续主程序的执行。

2. 绝对调用指令——ACALL

绝对调用指令的形式如表 14-28 所示。

表 14-28　绝对调用指令的形式

指　令	说　明	字　节	机器周期
ACALL　addr11	调用 2KB 程序存储器范围内的子程序	2	2

ACALL 指令长度为两个字节，两个字节中的 11 位用来指向子程序的地址，所以子程序的目标地址不能超过 2KB 的范围。

ACALL 与 LCALL 的执行机制相同，唯一的不同就是调用目标地址范围不同。LCALL 适用于 64KB 范围内的任意子程序，而 ACALL 只能调用 2KB 范围。由于 LCALL 和 ACALL 指令的指令长度不同，所以如果判断子程序目标地址在 2KB 范围内，应当尽量使用 ACALL 指令以减少程序存储空间的浪费。

如果单片机支持 CALL 指令，完全可以使用 CALL 来笼统地调用子程序，因为它会自动判断调用的范围从而选择是使用一个字节还是两个字节来指向子程序的目标地址。

3. 返回指令——RET 和 RETI

返回指令的形式如表 14-29 所示。

表 14-29　返回指令的形式

指　令	说　明	字　节	机器周期
RET	子程序执行完毕后返回主程序	1	2
RETI	中断子程序执行完毕后返回主程序	1	2

RET 指令用于子程序的末尾，提示子程序结束，以返回主程序。

14.3.7 跳转与循环指令

跳转与循环指令在程序中使用相当频繁，它们控制程序的走向和实现循环执行特定程序段。用好跳转与循环指令，可以使系统程序得到优化并节省程序存储空间。跳转指令中都涉及目标地址，一般在程序中使用标号来代替地址，这样在跳转指令中可以用标号指代跳转的目标地址，这样做可以使程序清楚易读。本节将讲解跳转与循环指令。

1. 无条件跳转指令——LJMP、AJMP、SJMP、JMP

无条件跳转指令的形式如表 14-30 所示。

表 14-30 无条件跳转指令的形式

指 令	说 明	字 节	机器周期
LJMP addr16	长跳转	3	2
AJMP addr11	绝对跳转	2	2
SJMP rel	短跳转（相对地址）	2	2
JMP @A+DPTR	间接跳转至@A+DPTR 所指的地址	1	2

以上 4 个跳转指令都是无条件跳转指令。其中 LJMP 是长跳转指令，指令长度为三个字节，第一个字节为 LJMP 助记符的执行代码，后两个字节是所要跳转的目标地址。所以，LJMP 拥有两个字节来指定目标地址，跳转地址范围达 64KB，即 0000~FFFFH。

AJMP 是绝对跳转指令，指令长度为两个字节，助记符占一个字节，所以它只能用一个字节来指向跳转的目标地址，所以说目标地址不能超过 2KB。

AJMP 与 LJMP 的执行机制相同，唯一的不同就是跳转的目标地址范围不同。LJMP 适用于 64KB 范围内的跳转，而 AJMP 只能在 2KB 范围内跳转。由于 LJMP 和 AJMP 指令的指令长度不同，所以如果判断目标地址小于 2KB，应当尽量使用 AJMP 指令以减少程序存储空间的浪费。

SJMP 是一个相对跳转指令，跳转范围为向前 128 个字节，向后 127 个字节。向前就是跳转到比当前程序计数器 PC 所指的地址要小的地址上去执行，向后则相反，跳转到比当前 PC 所指的地址要大的地址上去执行，如例 8-19 所示。

JMP 则是一个笼统的跳转指令，它会自动判断跳转的范围从而选择是使用一个字节还是两个字节来指向跳转的目标地址，在程序中如果不清楚跳转的范围可以简单地使用 JMP 指令。

2. 条件跳转指令——JZ 和 JNZ

条件跳转指令的形式如表 14-31 所示。

这是两条以累加器 ACC 的值为条件的跳转指令。当 ACC=0 时，JZ 指令使程序跳转到所指定的地址开始执行；而 JNZ 正好相反，当 ACC≠0 时才跳转到指定地址开始执行。可以通过例 8-19 学习 JN、SJMP 等指令的执行机制。为了讲解方便，该例子加入了行号、程

序计数器 PC、执行代码，在实际程序中是不用标注的。

表 14-31　条件跳转指令的形式

指　　令	说　　明	字　　节	机器周期
JZ　rel	ACC=0 则跳转到 rel	2	2
JNZ　rel	ACC≠0 则跳转到 rel	2	2

3. 比较跳转指令——CJNE　<dest-byte>, <src-byte>, rel

比较跳转指令的形式如表 14-32 所示。

表 14-32　比较跳转指令的形式

指　　令	说　　明	字　　节	机器周期
CJNE　A,direct,rel	将直接地址 direct 的内容与 ACC 做比较，不相等则跳转到 rel	3	2
CJNE　A,#data,rel	将 ACC 的值与立即数#data 做比较，不相等则跳转到 rel	3	2
CJNE　Rn,#data,rel	将立即数#data 与 Rn 做比较，不相等则跳转到 rel	3	2
CJNE　@Ri,#data,rel	将立即数#data 与间接地址@Ri 的内容做比较，不相等则跳转到 rel	3	2

CJNE 指令是 compare and jump if not equal 的缩写，意思是将源操作数<src-byte>与目的操作数<dest-byte>的值相比，如果不相等就跳转到 rel 所指的地址。CJNE 集成了两种操作——比较和跳转。此外，它还改变进位标志 CY 的值以显示目的操作数较大还是较小，改变 CY 的方式如表 14-33 所示。CJNE 指令不会改变源操作数或目的操作数的值。

表 14-33　CJNE 改变进位标志的方式

比较条件	影响进位 CY
目的操作数>源操作数	CY=0
目的操作数<源操作数	CY=1

4. 循环指令——DJNZ　<byte>,<rel-addr>

循环指令的形式如表 14-34 所示。

表 14-34　循环指令的形式

指　　令	说　　明	字　　节	机器周期
DJNZ　Rn,rel	将 Rn 的值减 1，若不等于 0 则跳转到 rel	3	2
DJNZ　direct,rel	将直接地址 direct 的内容减 1，若不等于 0 则跳转到 rel	3	2

单片机中将一段程序重复执行一定次数的过程称为循环，最典型的应用就是延时子程序。通过指令 DJNZ 来实现循环是一种应用最广泛的方法。DJNZ 执行时，工作寄存器或地址内容减 1，如果不等于 0，则程序跳转到 rel 指示地址。在执行 DJNZ 指令前，需要向相

关工作寄存器或地址中载入计数值，该计数值就是循环的次数。

5. 无操作指令——NOP

无操作指令的形式如表14-35所示。

表14-35 无操作指令的形式

指　令	说　明	字　节	机器周期
NOP	不执行任何动作	1	1

顾名思义，NOP指令不进行任何操作，只是空耗费时间，并且更新程序计数器PC的计数值。每执行一次花去1个机器周期，执行完NOP后，就执行下一条指令。如果程序中需要等待一个很短的时间（若干个机器周期时间），可以结合使用NOP和循环指令DJNZ来实现。

第 15 章 跑 马 灯

第 14 章已经积累了足够的单片机基础知识。有了这些基础知识，在单片机系统开发中就能得心应手。本章从一个由 8 支发光二极管构成的跑马灯实例开始谈起，并在一些实例当中学习单片机的定时器与计数器。

15.1 开发一个跑马灯系统

任务的提出及电路图　多种程序方案

夜晚，美丽的霓虹灯装点着城市，有的如高山流水，有的如彩虹飞舞，这些丰富多彩的景象背后都是单片机的功劳。本节将要介绍的简单跑马灯系统，是霓虹灯的控制原型。

15.1.1 任务的提出及电路图

为了达到既能演示效果，又便于制作的目的，现设计采用 8 只发光二极管来实现跑马灯。电路如图 15-1 所示。

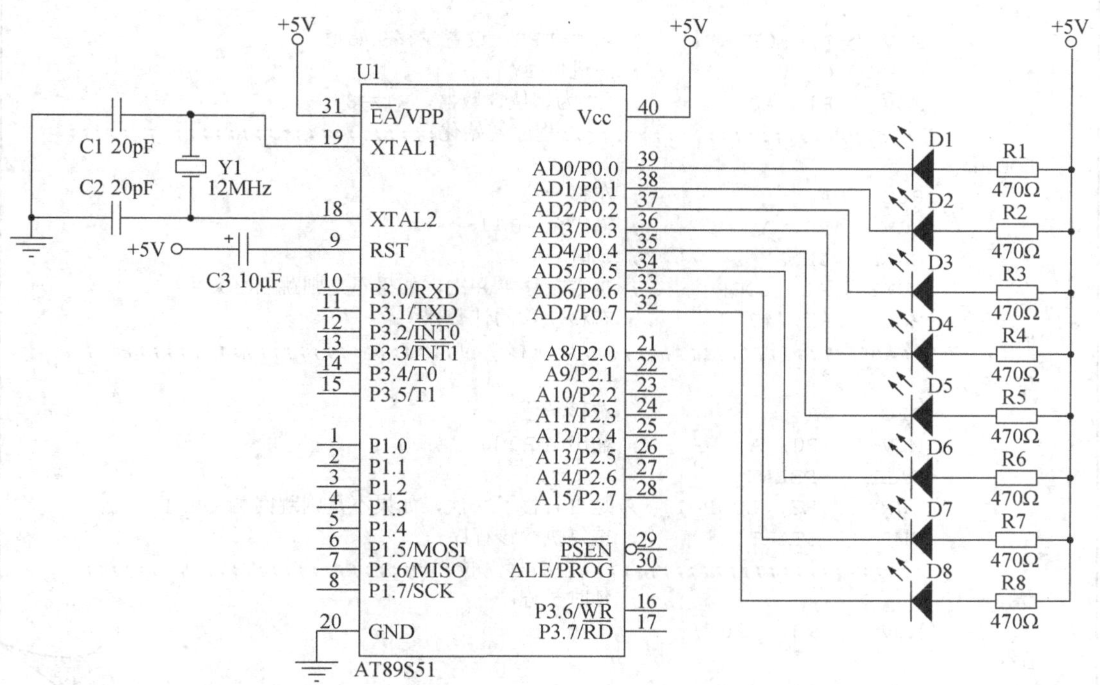

图 15-1　跑马灯电路

该跑马灯的最终效果是 8 支发光二极管做单一的左移或右移。由图 15-1 可知，要想点亮发光二极管，只需使对应的 I/O 口输出低电平即可。跑马灯系统的功能被确定为：8 支发光二极管排成一列，单片机控制跑马灯做单一灯的流动，从左至右再从右至左，如此反复。每一支发光二极管点亮时间为 200ms。

所以 P0 口的工作流程为：只有 P0.0 低电平→只有 P0.1 低电平→只有 P0.2 低电平→……→只有 P0.6 低电平→只有 P0.7 低电平→只有 P0.6 低电平→……→只有 P0.2 低电平→只有 P0.1 低电平→只有 P0.0 低电平→……（循环）。根据上面确定的系统功能，切换不同发光二极管的时间为 200ms。

15.1.2 多种程序方案

以图 15-1 为平台来实现跑马灯的程序方案并不是唯一的。为了实现上述功能，不同的人写出的程序会有所不同。程序 15-1 是一种方案，主要利用指令 RLC　A 和 RRC　A。先把进位 C（0）移进 ACC 中，以后 RLC 指令将 ACC 中这个唯一一位 0 每次向左移动一位，之后从 P0 口输出。这样，8 支发光二极管在某时只有一支被点亮，并随着 0 在 ACC 中的左移，在下一时刻被点亮的发光二极管向左移动一个。RRC 则正好相反，将 ACC 中的 0 向右移动一位。

程序 15-1：跑马灯程序（对应图 15-1 所示的电路）

```
        ORG    00H
START:
        MOV    A, #0FFH        ; ACC=FFH，设置左移初始值
        CLR    C               ; 清进位 CY
        MOV    R1, #8          ; R0 为移位计数器，R1＝8
        ;;;;;;;;;;;;;;;;;;;;;;;;;;;;;;;程序初始化;;;;;;;;;;;;;;;;;;;;;;;;;;;;;;
LOOP:
        RLC    A               ; 左移一位
        MOV    P0, A           ; 输出至 P0 口
        CALL   DELAY           ; 延时
        DJNZ   R1, LOOP        ; 是否左移了 8 次，如果不是则跳回 LOOP
        MOV    R2, #7          ; 右移 7 次的计数器
        ;;;;;;;;;;;;;;;;;;;;;;;;;;;;;;;左移 7 位;;;;;;;;;;;;;;;;;;;;;;;;;;;;;;
LOOP_1:
        RRC     A              ; 右移一位
        MOV     P0, A          ; 输出至 P0 口
        CALL    DELAY
        DJNZ    R2, LOOP_1     ; 是否右移了 7 次，如果不是则跳回 LOOP_1
        JMP     START          ; 重复执行该程序
        ;;;;;;;;;;;;;;;;;;;;;;;;;;;;;;;右移 7 位;;;;;;;;;;;;;;;;;;;;;;;;;;;;;;
DELAY:                         ; 延时子程序
        MOV     R3, #20
D1:
        MOV     R4, #20
D2:
```

```
        MOV     R5, #248

        DJNZ    R5, $
        DJNZ    R4, D2
        DJNZ    R3, D1
        RET
        END
```

除了上述程序方案外，还可利用取表法。取表法是单片机程序中很常用的一种编程思想。它的原理是在汇编程序末尾附加一个数据表，这个数据表可以是字节型的数据，也可以是英文字母等数据。数据表可以与汇编程序一起被汇编，之后数据表就成为程序的一部分包含在生成的.HEX 文件中。通过下载之后，数据表和程序代码就固化在单片机的程序存储器中。

取表程序的优点是预先存放所需数据，在程序需要时调用，这样一来，程序简洁，易于调试。程序 15-2 就是利用取表方式设计的程序，其中标号 TABLE 是数据表所在位置。

程序 15-2：取表法跑马灯程序（对应图 15-1 所示的电路）

```
        ORG     00H
START:
        MOV     DPTR, #TABLE              ; 将表 TABLE 的地址存入 DPTR
        ;;;;;;;;;;;;;;;;;;;;;;;;;;;;;;;;装表;;;;;;;;;;;;;;;;;;;;;;;;;;;;;;;;;;
LOOP:
        CLR     A                         ; 清除 ACC
        MOVC    A, @A+DPTR                ; 基址加变址寻址，取出表数据
        CJNE    A, #01H, LOOP_1           ; 如果取出 01H 表明取完，否则跳到 LOOP_1
        JMP     START                     ; 跳回 START
        ;;;;;;;;;;;;;;;;;;;;;;;;;;;;;;;;取表判断;;;;;;;;;;;;;;;;;;;;;;;;;;;;;;;;;;
LOOP_1:
        MOV     P0, A                     ; 将 A 输出至 P0 口
        MOV     R3, #20                   ; 延时 0.2 秒
        CALL    DELAY                     ; 调延时子程序
        INC     DPTR                      ; 数据指针 DPTR 加 1，取数据表下一个数据
        JMP     LOOP
        ;;;;;;;;;;;;;;;;;;;;;;;;;;;;;;;;显示;;;;;;;;;;;;;;;;;;;;;;;;;;;;;;;;;;
DELAY:
        MOV     R4, #20
D1:
        MOV     R5, #248
        DJNZ    R5, $
        DJNZ    R4, D1
        DJNZ    R3, DELAY
        RET

        ;;;;;;;;;;;;;;;;;;;;;;;;;;以下是该程序的数据表;;;;;;;;;;;;;;;;;;;;;;;;;;;
TABLE:
        DB      0FEH, 0FDH, 0FBH, 0F7H    ; 左移
        DB      0EFH, 0DFH, 0BFH, 07FH
```

```
        DB      07FH, 0BFH, 0DFH, 0EFH        ; 右移
        DB      0F7H, 0FBH, 0FDH, 0FEH
        DB      01H                           ; 结束码
        END
```

程序 15-2 中利用 MOV　DPTR, #TABLE 使数据指针寄存器 DPTR 指到表的开头；利用 MOVC　A, @A+DPTR 指令，根据累加器的值再加上 DPTR 的值，就可以使程序计数器 PC 到数据表内取出相应数据，并从 I/O 口送出显示。利用表来做程序的方法是很常见的，也是很有效率的。

15.2　定时器与计数器

什么是定时/计数　Timer 相关寄存器　Timer 的 4 种工作模式　把定时器应用于跑马灯　一个计数器的例子

定时与计数是单片机的专长之一，它可以对用户设定的时间进行计时，还可以计算外部信号的周期或个数。这一小节来看看与定时器和计数器相关的寄存器设置及其应用。

15.2.1　什么是定时/计数？

定时的粗浅含义就是设定好时间。例如用高压锅煮饭，从通气孔喷汽开始，T 分钟后饭煮好并关火。假设有一个秒钟，指针每走一圈为 60 秒，即 1 分钟。于是从通气孔喷汽开始到饭煮好需要 T 分钟，指针走过 T 圈。只要盯着这个钟，心里默数指针走过的圈数，当数到 T 后就立即关火，如图 15-2 所示。

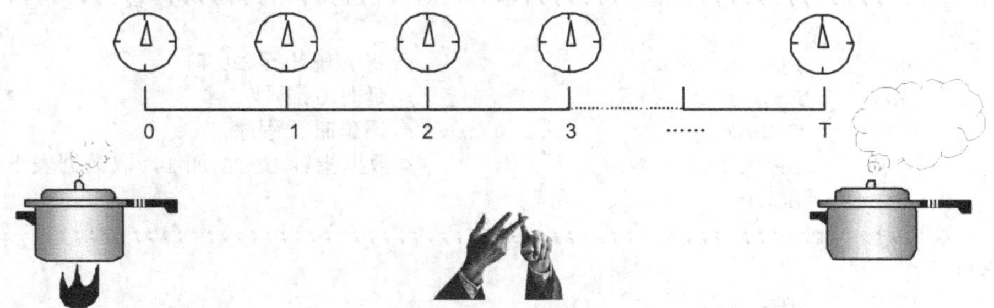

图 15-2　T 个单位时间

如果把数 T 个数的任务交给单片机，那程序可以设计成：当单片机从 0 数到 T 后停止，然后将火关闭。也就是说，单片机的定时为 T 个单位时间，到时间后就中断计数的操作。

计数可以简单理解为“计算个数”。那计算什么个数呢？例如，从单片机的 P3.4 口输入一个方波信号，如图 15-3 所示。通过程序的控制，单片机就通过检测上升沿的个数来计算输入方波的个数。如果每个上升沿的时间间隔为 1 分钟，即方波周期为 60s，那单片机计算方波的个数就成了定时：当单片机数到 T 时，时间过去了 T 分钟，于是单片机停止计数（或者说计时），通过 P1.0 口控制炉子关火。这样，利用单片机的定时/计数器就可以实现

对炉火的控制。

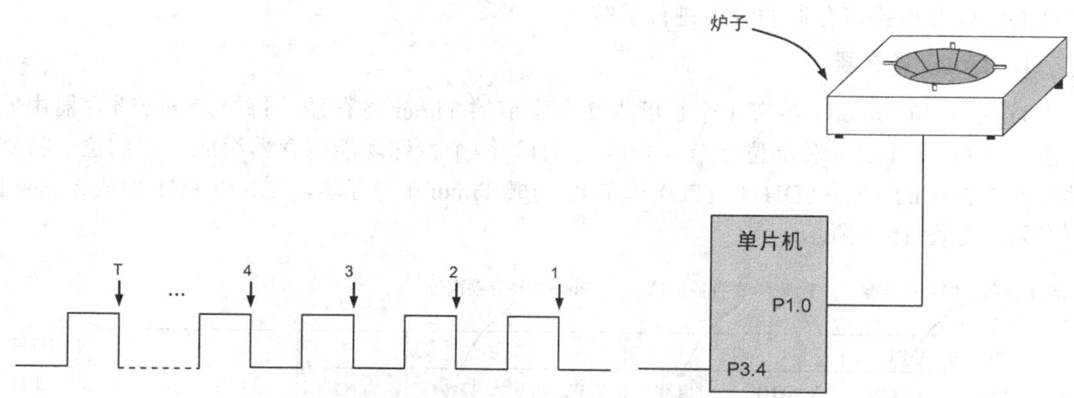

图 15-3 定时与炉火控制

可见，对于单片机来说定时和计数的工作性质是一致的，即“计算个数”——定时计算的是单位时间的个数；计数计算的是外部方波信号的个数。

AT89S51 单片机内部集成了定时/计数器的功能模块（图 14-2 中的 Timer 0 和 Timer 1），定时/计数功能模块常常放在一起，因为这两个功能模块在单片机中使用同一个电路来实现，只是定时/计数功能模块“计算个数”的对象不一样——一个是单位时间脉冲的个数，一个是外部事件的个数，可通过一个虚拟开关来选择输入的信号是单位时间脉冲或是外部事件，如图 15-4 所示。

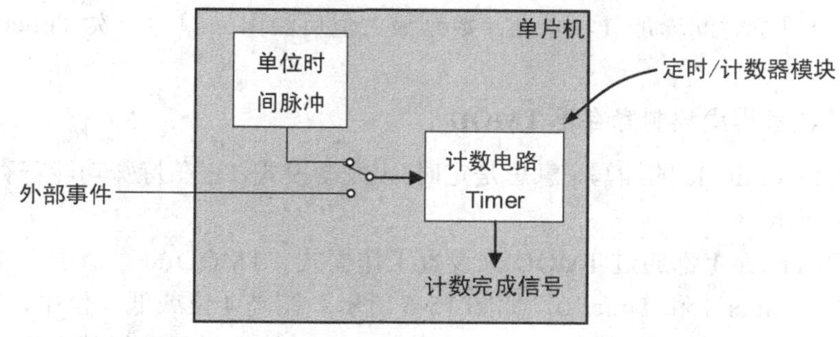

图 15-4 单片机定时/计数器结构图

图 15-4 中的单位时间脉冲的周期与机器周期相等，如晶振的频率是 12MHz，则 1 个机器周期=1μs，于是单位时间脉冲的周期为 1μs。也就是说，在晶振频率=12MHz 情况下，图 15-4 所示中计数电路每过 1μs 计数值增加 1。或者说每 1 秒钟计数电路所记录的单位时间脉冲的个数是 $\frac{1\text{s}}{1\mu\text{s}}=10^6$ 个。

15.2.2 Timer 相关寄存器

AT89S51 单片机中有两个定时/计数器——Timer 0 和 Timer 1。这两个定时/计数器的功能基本相同。要想使用定时/计数器，需要先对与之相关的寄存器——Timer 寄存器、TCON、TMOD，以及相关寄存器的设置进行了解。

1. Timer 寄存器

Timer 0 和 Timer 1 各有 1 个长度为 2 个字节的 Timer 寄存器，每个 Timer 寄存器由低位字节（TL0、TL1）和高位字节（TH0、TH1）两个特殊功能寄存器组成，它们位于特殊功能寄存器区的 8AH~8DH 上，TL0 和 TH0 构成 Timer 0 寄存器，TL1 和 TH1 构成 Timer 1 寄存器，如图 15-5 所示。

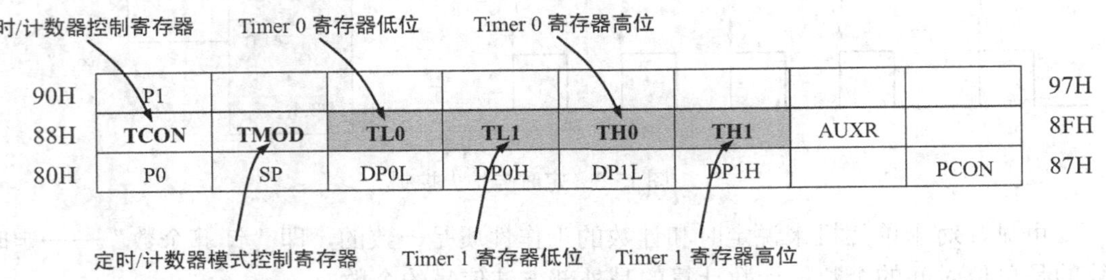

图 15-5　与 Timer 相关的特殊功能寄存器

TL0、TH0、TL1、TH1 这 4 个寄存器可以像累加器 ACC 等寄存器一样进行数据的装载和读取。如指令 MOV　TL0, #4FH 向 Timer 0 寄存器的低位字节 TL0 中装载立即数 4FH；指令 MOV　R2, TH1 则把 Timer 1 寄存器的高位字节 TH1 的值读到工作寄存器 R2 中。

Timer 寄存器用来装载计数初始值，当 Timer 启动后，就会从 Timer 寄存器中的初始值开始，每过一个单位时间增加 1，一直计数到最大值后溢出，即为一次 Timer 定时或计数的过程。

2. 定时/计数器模式控制寄存器 TMOD

TMOD 是 timer mode 的缩写，意思是定时/计数器模式，它在特殊功能寄存器区的 89H 上，如图 15-5 所示。

Timer 0 和 Timer 1 都通过 TMOD 来设置工作模式。TMOD 寄存器由高 4 位和低 4 位组成，分别控制 Timer 1 和 Timer 0，如图 15-6 所示。在高 4 位或低 4 位中，M1 和 M0 设置 Timer 1 或 Timer 0 的工作模式（Timer 1 和 Timer 0 的设置和功能基本相同）。TMOD 的寄存器结构和各个位的功能描述如图 15-6 所示。

3. 定时/计数器控制寄存器 TCON

TCON 是 timer control 的缩写，即定时/计数器控制的意思。它在特殊功能寄存器区的 88H 上，如图 15-5 所示。

TCON 的功能有：显示 Timer 溢出与否、启动/关闭 Timer、外部中断方式控制、外部中断标志位。TCON 的 8 位中与 Timer 有直接关系的只有高 4 位，因此这里先谈谈高 4 位的内容。如图 15-7 所示是 TCON 的高 4 位的名称及功能描述。

TMOD 复位值：0000 0000

7	6	5	4	3	2	1	0
GATE	C/T#	M11	M01	GATE	C/T#	M10	M00
Timer 1				Timer 0			

GATE 门控位。只要 TCON 寄存器中的 TRx*位被置 1（TCON 稍后谈到），清零该位就能使能 Timer x；或当 $\overline{INTx}$ 和 TRx 都被置 1 时，置 1 该位就能使能 Timer x。

C/T# Timer 定时/计数器选择位。置 1 时 Timer 做计数器；清零时 Timer 做定时器。

M1x Timer 模式选择位 1。

M0x Timer 模式选择位 0。设置方法为：

M1x	M0x	模式	工作模式
0	0	模式 0	13 位定时/计数器（THx 8 位，TLx 5 位）
0	1	模式 1	16 位定时/计数器
1	0	模式 2	8 位自动重载入定时/计数器（TLx），在溢出时从 THx 重载入
1	1	模式 3	Timer 0 有此模式，Timer 1 没有

*注：x 表示 0 或 1，即情况适用于 Timer 1 和 Timer 0，后同。

图 15-6 定时/计数器模式控制寄存器 TMOD

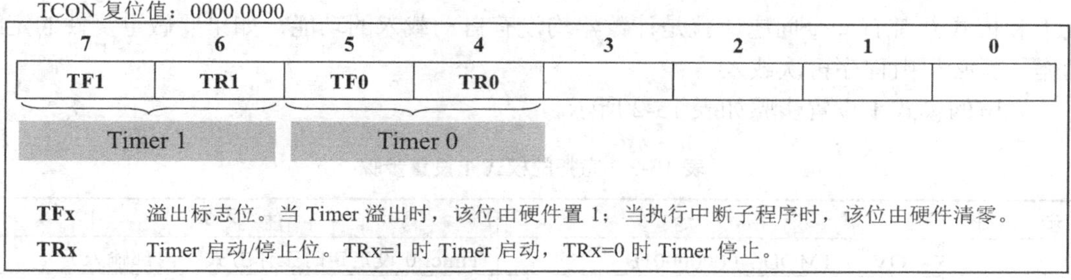

图 15-7 定时/计数器控制寄存器 TCON

15.2.3 Timer 的 4 种工作模式

Timer 共有 4 种工作模式，下面逐一对其进行简单介绍。

1. 模式 0

当 Timer 被设置成模式 0 时，计数器的宽度只有 13 位，其中 TH 占 8 位，TL 占 5 位，所以真正要载入的计数值应该是：

TL=（8192-计数值）除以 32 取其余数值

TH=（8192-计数值）除以 32 取其商

在该模式下，如果晶振频率为 12MHz，则最长计时时间为 8.192ms。载入计数值的指令为（Timer 0 为例，计数值取 2000）：

```
MOV    TL0,#(8192-2000)MOD 32
MOV    TH0,#(8192-2000)/ 32
```

完整的模式 0 设置步骤如表 15-1 所示。

表 15-1　完整的模式 0 设置步骤

步　骤	指　令	注　释
1.	MOV　TMOD, #00000000B	Timer 0 设定定时工作方式（内部输入）
	MOV　TMOD, #00000000B	Timer 1 设定定时工作方式（内部输入）
	MOV　TMOD, #00000100B	Timer 0 设定计数工作方式（T0 端输入）
	MOV　TMOD, #01000000B	Timer 1 设定计数工作方式（T1 端输入）
2.	SETB　TR0 / SETB　TR1	启动 Timer 0/启动 Timer 1
3.	MOV　TL0, #(8192-2000) MOD 32	以 Timer 0 为例，计数值取 2000
	MOV　TH0, #(8192-2000)/ 32	
4.	JBC　TF0 / JBC　TF1	检查 TF0 是否溢出/检查 TF1 是否溢出，如有溢出说明完成一次计数过程。

2. 模式 1

模式 1 与模式 0 几乎相同，唯一的差别是计数的宽度改成了 16 位，其余特点都不变。模式 1 下计数器的最大值为 65536，若晶振频率是 12MHz，则定时可达 65.536ms。不过模式 1 和模式 0 都有一个问题，就是计数器均没有自动载入的功能，如果要做重复性的定时动作，就必须由程序再次载入。

完整的模式 1 设置步骤如表 15-2 所示。

表 15-2　完整的模式 1 设置步骤

步　骤	指　令	注　释
1.	MOV　TMOD, #00000001B	Timer 0 设定定时工作方式（内部输入）
	MOV　TMOD, #00010000B	Timer 1 设定定时工作方式（内部输入）
	MOV　TMOD, #00000101B	Timer 0 设定计数工作方式（T0 端输入）
	MOV　TMOD, #01010000B	Timer 1 设定计数工作方式（T1 端输入）
2.	SETB　TR0 / SETB　TR1	启动 Timer 0/启动 Timer 1
3.	MOV　TL0, #(65536-2000)MOD 256	以 Timer 0 为例，计数值取 2000
	MOV　TH0, #(65536-2000)/ 256	
4.	JBC　TF0 / JBC　TF1	检查 TF0 是否溢出/检查 TF1 是否溢出，如有溢出说明完成一次计数过程。

3. 模式 2

在模式 2 下，计数器宽度仅有 8 位，最大计数值只到 256，但是此模式具有自动载入功能。这时，计数值由 TL 保存，而 TH 中可事先载入将要自动载入的计数值（8 位）。当 TL 计数到最大值而产生溢出时，除了 TCON 中的 TF 会被硬件置 1 外，CPU 将自动把 TH 中的值载入 TL，重新开始新一轮计数。这个功能省去了程序载入计数值的过程，从而可降

低计数误差。

完整的模式 2 设置步骤如表 15-3 所示。

表 15-3　完整的模式 2 设置步骤

步　骤	指　令	注　释
1.	MOV　TMOD,#00000010B	Timer 0 设定定时工作方式（内部输入）
	MOV　TMOD,#00100000B	Timer 1 设定定时工作方式（内部输入）
	MOV　TMOD,#00000110B	Timer 0 设定计数工作方式（T0 输入）
	MOV　TMOD,#01100000B	Timer 1 设定计数工作方式（T1 输入）
2.	SETB　TR0 / SETB　TR1	启动 Timer 0/启动 Timer 1
3.	MOV　TL0,#(256-100)	以 Timer 0 为例，计数值取 100
	MOV　TH0,#(256-100)	
4.	JBC　TF0 / JBC　TF1	检查 TF0 是否溢出/检查 TF1 是否溢出，如有溢出说明完成一次计数过程。

4. 模式 3

对于 AT89S51 单片机来说，在模式 3 下，Timer 0 的 TL0 和 TH0 变成两个独立的 8 位 Timer 寄存器。也就是说，Timer 0 变成了两个独立的 8 位 Timer，但不具备自动重新装载计数初始值的特性。模式 3 服务于同时需要两个 8 位 Timer 的场合。

这两个独立的 8 位 Timer 中，以 TL0 为 Timer 寄存器的 Timer 使用 TMOD 和 TCON 中原来 Timer 0 的控制位，设置的方法与前面相同。而以 TH0 为 Timer 寄存器的 Timer 使用原来 Timer 1 的溢出标志位 TF1 和启动/关闭位 TR1（TCON 中），并且不能用作计数器使用。由于控制位被占用，所以在模式 3 下原来的 Timer 1 不能再使用而被关闭。

完整的模式 3 设置步骤如表 15-4 所示。

表 15-4　完整的模式 3 设置步骤

设定模式 3 的步骤（TL0）	设定模式 3 的步骤（TH0）
1．MOV　TMOD, #00000011B ；设定计时工作方式（内部输入），或 1．MOV　TMOD, #00000111B ；设定计数工作方式（T0 输入）	1．MOV　TOMD, #00000011B ；设定计时工作方式（内部输入）
2．SETB　TR0　；启动定时器 Timer 0	2．SETB　TR1　；启动定时器 Timer 0
3．MOV　TL0, #(256-100)；计数值 100	3．MOV　TH0, #(256-100)；计数值 100
4．JBC　TF0　；检查 TF0 是否溢出，如有溢出说明完成一次计数过程。	4．JBC　TF1　；检查 TF1 是否溢出，如有溢出说明完成一次计数过程。

15.2.4　把定时器应用于跑马灯

既然定时器具有定时的功能，何不利用它来实现跑马灯中的延时子程序呢？程序 15-3 以定时器工作在模式 1 下来完成跑马灯的程序设计，与程序 15-1 不同的只是延时子程序由定时器取代了。

程序初始化阶段，通过设定 TMOD，使 Timer 0 工作在模式 1 下，当调用延时子程序 DELAY 时，指令 SETB　TR0 启动 Timer 0 开始计时，RECOUNT 部分装载计数初值，LOOP_2 判断 Timer 是否溢出，LOOP_3 则是进行重复计时以达到所需延时时长的目的。

程序 15-3：跑马灯程序，利用 Timer 延时（对应图 15-1 所示的电路）

```
        ORG     00H
        MOV     TMOD, #01H                    ; 设定 Timer 0 工作在模式 1 下
START:
        CLR     C                             ; 清进位 CY
        MOV     A, #0FFH                      ; ACC=FFH，左移初始值
        MOV     R2, #8                        ; 左移 8 次
LOOP:
        RLC     A                             ; 左移 1 位
        MOV     P0, A                         ; 输出至 P0 口
        MOV     R3, #20                       ; 延时 0.2 秒
        CALL    DELAY
        DJNZ    R2, LOOP                      ; 是否左移了 8 次？不是则循环
        MOV     R2, #7                        ; 右移 7 次
LOOP_1:
        RRC     A                             ; 右移 1 位
        MOV     P0, A                         ; 输出至 P0 口
        MOV     R3, #20
        CALL    DELAY
        DJNZ    R2, LOOP_1
        JMP     START                         ; 循环

;;;;;;;;;;;;;;以下是利用计时器延时的子程序;;;;;;;;;;;;;;
DELAY:
        SETB    TR0                           ; 启动 Timer 0 开始计时
RECOUNT:
        MOV     TH0, #(65536-2000) MOD 256    ; 计数初值 2000
        MOV     TH0, #(65536-2000) / 256
LOOP_2:
        JBC     TF0,LOOP_3                    ; TF0 是否为 1，是则跳到 LOOP_3
        JMP     LOOP_2                        ; 不是表明计时还没完成，循环等待
LOOP_3:
        DJNZ    R3, RECOUNT                   ; R3 为重复计时的次数
        CLR     TR0                           ; 停止计时
        RET
        END
```

还有一种更为实用的控制跑马灯的方法——计时中断法。其思想是令 Timer 0 工作在模式 1（16 位定时器）下，每隔 10000μs 产生一次中断，而中断 100 次就是 1 秒。

Timer 寄存器在 FFFFH 时，再加 1 会变为 0000H 而产生溢出，并置中断标志位 TF0 为 1，以对 CPU 提出中断请求。因此在中断产生时，Timer 寄存器的 16 位全部为 0，若在

此时不重新设定定时器的计数值，则定时器就从 Timer 寄存器 0000H 开始计数，当下次溢出产生时计时为 65536μs（2^{16}=65536 个脉冲），所以在定时器溢出时，必须重新设定计数值。具体见程序 15-4。

程序 15-4：跑马灯程序，利用 Timer 中断（对应图 15-1 所示的电路）

```
        ORG     00H                     ; 主程序起始地址
        JMP     START                   ; 跳至主程序
        ORG     0BH                     ; Timer 0 中断起始地址
        JMP     TIM0                    ; 跳至中断子程序 TIM0
START:
        MOV     TMOD, #01H              ; Timer 0 工作在模式 1
        MOV     TH0, #(65536-10000)     ; 定时初值，10000 微秒
        MOV     TL0, #(65536-10000)
        SETB    TR0                     ; 启动 Timer 0
        MOV     IE, #10000010B          ; Timer 0 中断使能
        MOV     R5, #100                ; 中断次数计数器，中断 100 次即 1 秒
        MOV     P1, #0FEH               ; 左移初始值
        JMP     $                       ; 停机等待
TIM0:
        PUSH    ACC                     ; 累加器压栈
        MOV     TH0, #(65536-10000)     ; 重设定时值
        MOV     TL0, #(65536-10000)
        DJNZ    R5, LOOP                ; 中断不到 100 次，跳到 LOOP
        MOV     R5, #100                ; 重设 100 次
        MOV     A, P1                   ; 读入 P1 的数据至 A
        RL      A                       ; ACC 值左移一位
        MOV     P1, A                   ; 输出至 P1
LOOP:
        POP     ACC                     ; 从堆栈取回 ACC 值
        RETI                            ; 返回主程序
        END
```

15.2.5 一个计数器的例子

Timer 亦可对外部事件进行计数，例如计算输入单片机的脉冲个数等，此时 Timer 作为计数器使用。Timer 作计数器使用时，Timer 寄存器 THx 和 TLx 的计数值记录的是外部事件的个数，例如输入的脉冲个数等。AT89S51 单片机的 P3.4 口和 P3.5 口既能作为一般的 I/O 口使用，也可分别作为 Timer 0 和 Timer 1 的外部事件输入口。

Timer 作为计数器使用时，定时/计数器模式控制寄存器 TMOD 和定时/计数器控制寄存器 TCON 的设置方法与 15.1 节相似。TMOD 设置 Timer 的工作方式，当 TMOD 中的 C/T# 位=1 时，Timer 用作计数器。AT89S51 单片机有两个 Timer，于是可以构成两个独立的计数器。

在接下来的实例中，将 Timer 设置在模式 2 下。T0 端每输入 4 个脉冲信号，P0 口的发光二极管就会做 BCD 码加 1 的变化，电路图如图 15-8 所示。

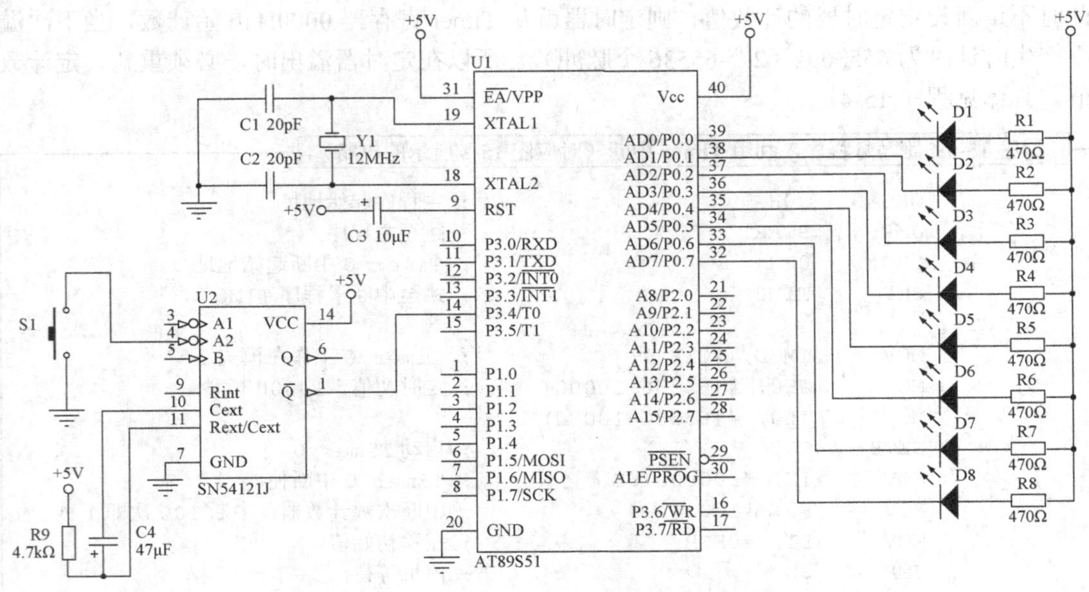

图 15-8　一个计数器的例子

在已经谈到开关在导通的瞬间会产生一系列微妙的杂波信号，这些信号足以被单片机“感知”而产生误动作。于是图 15-8 中添加了一个单稳态多谐振荡器 SN54121，其作用是向单片机的 T0 端提供一个稳定的脉冲信号。程序 15-5 为该实例的程序。

程序 15-5：计数器应用程序（对应图 15-8 所示的电路）

```
        ORG     00H
START:
        MOV     R2, #00H            ; 计数初始值
        MOV     TMOD,#00000110B     ; 计数工作方式下，模式 2
LOOP:
        MOV     TH0, #(256-4)       ; 计数 4 次
        MOV     TL0, #(256-4)
        SETB    TR0                 ; 启动计数器
LOOP_1:
        JBC     TF0, LOOP_2         ; 溢出则跳至 LOOP_2
        JMP     LOOP_1              ; 否则循环
LOOP_2:
        MOV     A, R2
        ADD     A, #01H             ; BCD 码加 1
        DA      A                   ; 十进制调整
        MOV     R2,A                ; 存入 R2
        CPL     A                   ; 将 ACC 中的值反相
        MOV     P0, A               ; 输出至 P0 口
        JMP     LOOP                ; 循环
        END
```

第 16 章　秒表与时钟

本章将介绍单片机如何通过计时并控制七段数码管形成两个更具有实际用途的系统——秒表与时钟，从中学习七段数码管如何实现静态显示和动态显示。

16.1　制作一个秒表

秒表任务及电路图　秒表程序

这是一个不错的实例，具有简单的电路和清晰的程序，是单片机 I/O 口应用的一个好例子。

16.1.1　秒表任务及电路图

本节展现的系统是一个计时用的秒表，为了使问题简单一些，其功能被设计为：如图 16-1 所示，两位七段数码管 SD1、SD2 在开机时显示 00，系统中的按钮开关 S1 在第 1 次按下后秒表开始计时，每过 1 秒七段数码管显示数字增加 1。如果计时期间再次按下按钮开关 S1 则计时停止，第 3 次按下后秒表将清零，并回到一开始的计时状态。由于只设计了两位七段数码管，故该秒表最大计时 99 秒。

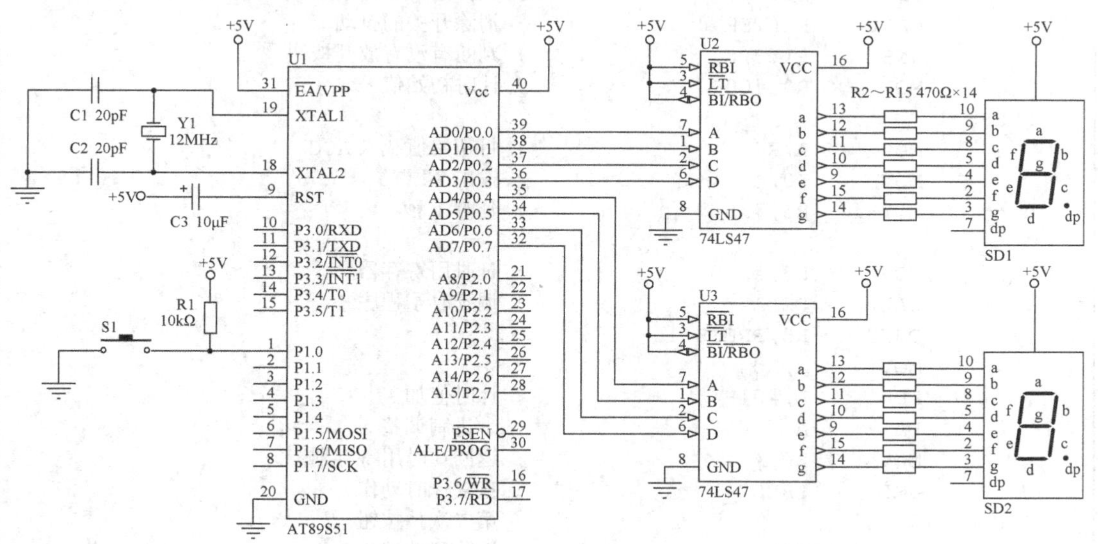

图 16-1　秒表电路

图 16-1 所示的秒表电路中，使用两个译码器 74LS47 来为七段数码管译码。两个 74LS47

占用了 P0 口，其中 P0.0～P0.3 产生秒表的个位数编码，而 P0.4～P0.7 产生十位数编码。两个七段数码管为共阳型。另外，按钮开关 S1 与 P1.0 相连，作为开始/暂停/复位按键。

16.1.2 秒表程序

程序 16-1 是该秒表的单片机程序。它由初始化、按钮判断、计时、延时和消除抖动等程序段组成。

在 START 程序段中，指令 MOV　P0,#00H 使秒表一开机数码管显示 00 秒。指令 JB　P1.0,$对按钮进行判断。由于按钮可能会因接触不良而产生抖动令单片机误动作，消除抖动程序段 CALL　FILTER 可起软件消除开关抖动的作用。方法是利用 30ms 延时把按钮抖动的过程过滤掉，也就是按钮按下 30ms 后再判断是否放开按钮，如果放开再进行后续操作。一开始，当按下并放开按钮后，系统开始计时。这与 15.2.5 节中利用 SN54121 进行硬件消除抖动的目的是一样的。

在 PRESS_1 程序段中，利用延时使七段数码管的显示每 1 秒增加 1。DA　A 是十进制调整的指令。如果在计时过程中又按下按钮，则 PRESS_2 程序段开始执行，停止计时。之后进入的是 PRESS_3 程序段，随后的指令 JB　P1.0,$在等待第 3 次按下按钮的操作。此时，系统处于停机状态。直到第 3 次按下按钮后，程序段 PRESS_4 执行，程序又从头开始执行。

程序 16-1：秒表程序（对应图 16-1 所示的电路）

```
        ORG     00H
START:
        MOV     P0,#00H              ; 显示 00
        JB      P1.0,$               ; 当按钮按下则继续
        CALL    FILTER               ; 消除开关的抖动
        JNB     P1.0,$               ; 判断有没有放开按钮
        MOV     R0,#00H              ; 计时初始值
PRESS_1:
        MOV     A,R0                 ; 将初始值载入 ACC
        MOV     P0,A                 ; 输出至 P0
        MOV     R5,#10               ; 延时 1 秒
ADD_1:
        MOV     R6,#200              ; 延时用寄存器
        CALL    DELAY                ; 调延时子程序
        DJNZ    R5,PRESS_1
        MOV     A,R0
        ADD     A,#01H               ; 计时值加 1
        DA      A                    ; 十进制调整
        MOV     R0,A                 ; 返回计时用寄存器
        JMP     PRESS_1              ; 重复计时动作
PRESS_2:                             ; 第二次按按钮
        CALL    FILTER               ; 消除开关的抖动
        JB      P1.0,PRESS_3         ; 如果放开按钮，则跳至 PRESS_3
        JMP     PRESS_2
PRESS_3:                             ; 第三次按按钮
```

```
        JB          P1.0,$
        CALL        FILTER          ; 消除开关的抖动
PRESS_4:
        JB          P1.0,START      ; 放开按钮则跳至 START 清零
        JMP         PRESS_4
DELAY:                              ; 延时子程序
        MOV         R7,#248
        JNB         P1.0,PRESS_2
        DJNZ        R7,$
        DJNZ        R6,DELAY
        RET
FILTER:                             ; 消除抖动，30ms 延时子程序
        MOV         R6,#60
D1:
        MOV         R7,#248
        DJNZ        R7,$
        DJNZ        R6,D1
        RET
        END
```

16.2　制作一个时钟

七段数码管的扫描方式　时钟任务及电路图　时钟程序

时钟作为一个经典的单片机制作实例，一般由 6 位七段数码管组成，可显示时、分、秒。由于七段数码管增多，单片机的控制出现了精彩的方式——动态扫描。本节将看看这种惯用控制方式的基础知识。

16.2.1　七段数码管的扫描方式

1. 静态显示方式

在 16.1 节的秒表实例中，利用 74LS47 作为单片机 I/O 口与七段数码管的接口。由于只计数到 99，因此两位七段数码管就够了。单片机的 I/O 口直接输出显示数据，两位七段数码管同时显示出数字；这种显示方式叫做静态显示方式。这种方式的最大特点是所有七段数码管的共阳极（或共阴极）连接在一起并接电源正极（或负极），如图 16-1 所示，每位七段数码管的段选线（a~g）分别通过一个 74LS47 与单片机 I/O 口相连。

之所以称之为静态显示，是由于每位七段数码管之间相互独立，而且各位的显示数据一经确定，相应 I/O 口的输出将维持不变，直到显示另一个数据为止。也正因为如此，静态显示方式时七段数码管可提供较高的亮度。图 16-2 所示为一个 4 位七段数码管在静态显示方式下的示意图，每位七段数码管由各自所连接的 I/O 口控制，如果 I/O 口状态不变，其显示数据也就不变。另外，每一位显示的数据可以各不相同。

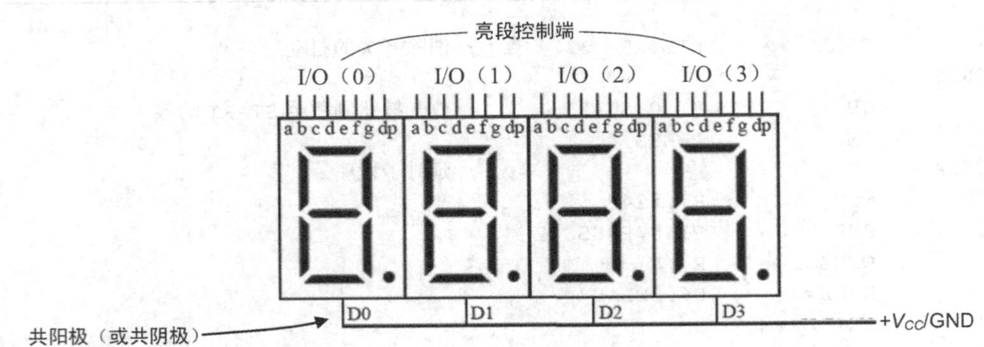

图 16-2　4 位七段数码管的静态显示示意图

静态显示方式的优点是控制直观、程序实现起来比较容易，但不足之处是占用单片机 I/O 口资源较多。比如在电子时钟里由时、分、秒显示组成，时、分、秒的显示都各需要 2 位七段数码管，加起来就需要 6 位。如果按图 16-1 使用 74LS47 作为接口，就需要 6 个解码器 74LS47，并占用 4×6=24（个）单片机的 I/O 口。这样，AT89S51 单片机的 32 个 I/O 口所剩无几，如果系统中还有其他设备需要使用 I/O 口，那外设为了争夺 I/O 口资源就会“打起架来”。有没有办法既节省 I/O 口资源又能增加七段数码管的位数呢？动态显示方式就能较好地解决这一问题。

2. 动态显示方式

动态显示方式能较好地解决 I/O 口资源与显示位数之间的矛盾。这种方式解决“争端”的方法是：在多位七段数码管显示时，通常将所有位的亮段控制端并联在一起，如图 16-3 所示，并将这些控制端全部交由一个 74LS47 来控制，而单片机只用 4 个 I/O 口控制 74LS74 即可。而每个七段数码管的共阳端（或共阴端）由另外 4 个 I/O 口控制。由于各位的亮段控制端并联，所以单片机 P1.0~P1.3 输出的显示数据各位七段数码管都能接收到。但在某一时刻，只有一位七段数码管的共阳端（或共阴端）获得适当的电平而被点亮。而下一时刻显示数据改变，另一位七段数码管的共阳端（或共阴端）获得适当的电平而被点亮。以此法不断改变显示数据并扫描七段数码管的共阳端（或共阴端），当扫描频率足够快时，由于人眼的视觉暂留原理，就可造成多位同时亮的假象，人眼就会看到多位七段数码管在同时显示不同的数据。这就是所谓的动态显示方式的原理，在动态显示方式中，七段数码管的共阳端（或共阴端）常被称为位选线。

动态显示方式说穿了不过是在快速地切换显示数据和位选线。在动态显示中需要注意 3 点问题。首先，由于每位七段数码管的点亮时间很短，扫描过程中要保证每一位七段数码管得到足够的工作电流，这样才能确保亮度。所以限流电阻阻值一般取 20~100Ω，如图 16-4 所示。其次，在切换下一位的七段数码管时，应把上一位熄灭，再将下一位显示数据送出，防止七段数码管出现残影。最后，扫描一遍所有的七段数码管的时间应小于 0.1 秒，以保证令眼睛产生各位七段数码管同时显示的错觉。一般扫描一遍所有的七段数码管的时间以小于 60ms 为宜。

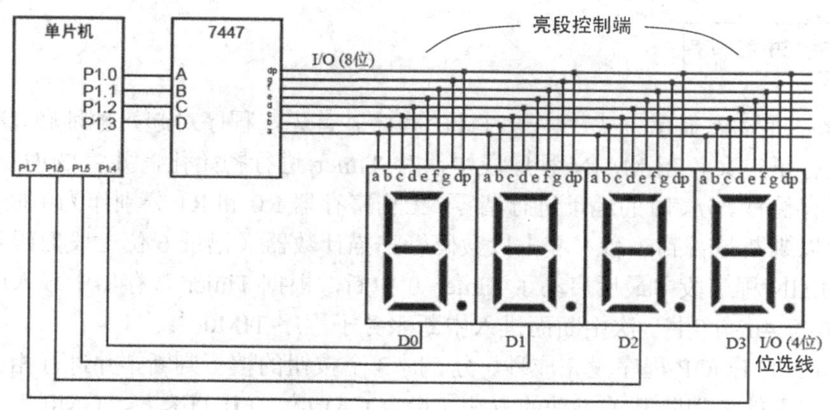

图 16-3　4 位七段数码管的动态显示示意图

16.2.2　时钟任务及电路图

这是一个非常实用的以单片机为核心器件的数字时钟，电路如图 16-4 所示。该时钟由时、分、秒共 6 位七段数码管组成，并且还有时、分、秒的调整按钮。各位七段数码管的亮段控制端并联，位选线独立。每 1 个位选线通过 1 个 PNP 型三极管 9012 与 3-8 译码器 74138 连接。74138 可根据 3 位的地址线控制 8 位输出端的电平，其真值表可参考表 10-7。译码器 74138 起到了片选的作用，从而控制在某一时刻只有一位七段数码管显示。从图 16-4 中还看到，单片机的 P1.0~P1.3 为显示数据线，P1.4~P1.6 是位选线输出。由于采用动态扫描的方法来驱动数码管，为了提高亮度，使用 100Ω 的限流电阻。

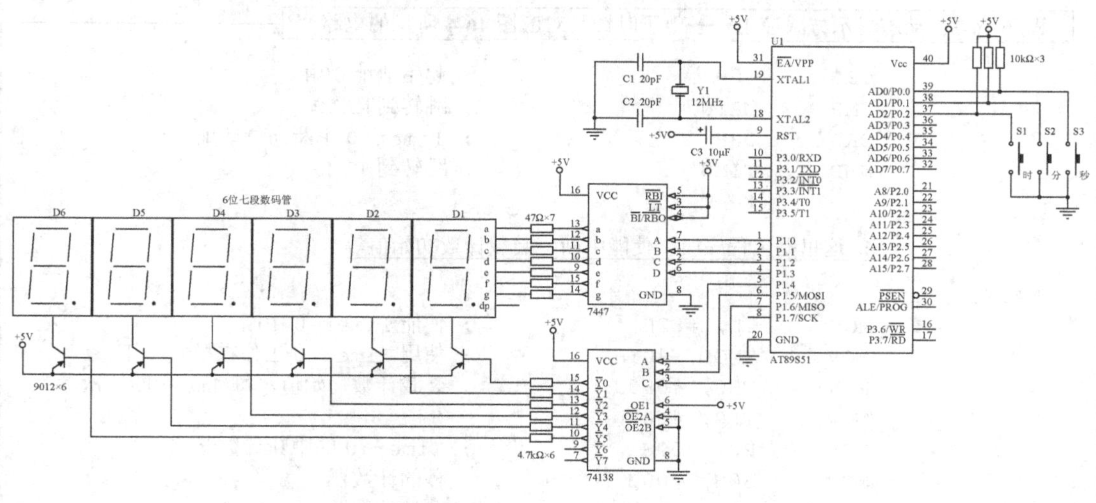

图 16-4　时钟电路

16.2.3 时钟程序

程序 16-2 是动态显示方式下电子时钟的程序。首先，程序对起始地址和 Timer 0 中断向量地址进行了定义。在 MAIN 程序段中，对 Timer 进行初始化，并将 30H、31H、32H 这 3 个用于存储秒、分、时的地址进行清零。工作寄存器 R0 和 R1 分别作为中断计数器（记录中断次数以判断是否到 1 秒）和七段数码管扫描计数器（记录 6 位七段数码管的位选次序）。在 MAIN 程序段中最后启动了 Timer 0 中断，根据 Timer 寄存器中载入的计数初始值，Timer 0 每 4ms 产生一次中断而进入中断服务子程序 TIM0 中。

程序 16-2 的 LOOP 程序段完成秒、分、时 3 个按钮的按下判断，并进行相应的加 1 操作。其中应用了软件消除开关抖动的方法（指令 CALL FILTER）。TIM0 为中断服务子程序的计时段，与第 15 章应用 Timer 中断进行延时的原理相同。在中断服务子程序中还包括了 SCAN 程序段，该段程序完成了 6 位七段数码管的动态显示操作。程序中以 R1 为扫描计数器，在程序中记录某一位七段数码管被选通，并标记着单片机 P1.4、P1.5、P1.6 口的地址输出。

3-8 译码器的地址输入端与 P1.4、P1.5、P1.6 相连，SCAN 程序段中分别通过向累加器 ACC 的高位字节加 0H、1H、2H、3H、4H、5H 来把地址数据附加到 ACC 低位字节中 P1.0~P1.3 的显示数据上。这样，当指令 MOV P1, A 执行时，ACC 中的显示数据和七段数码管位选线数据一次性从 P1 口输出，被唯一选中的七段数码管显示相应的数据。

Timer 中断每 4ms 产生一次，所以每 4ms 只有 1 位七段数码管显示相应的数据，扫描完 6 位七段数码管的时间约为 6×4ms=24ms<0.1s，满足视觉暂留的要求且具有较好显示效果。

程序 16-2：动态显示方式应用——电子时钟（对应图 16-4 所示的电路）

```
        ORG     00H             ; 起始地址 00H
        JMP     MAIN            ; 跳转到 MAIN
        ORG     0BH             ; Timer 0 中断向量地址
        JMP     TIM0            ; 跳转到 TIM0

        ; 这里是主程序段，使能中断、装载计数初始值等

MAIN:
        MOV     IE, #82H        ; 使能 Timer 0 中断
        MOV     TMOD, #01H      ; 使用 Timer 0 工作在模式 1 下
        MOV     TH0, #0F0H      ; 装载计数初始值，每 4ms 中断一次
        MOV     TL0, #60H
        MOV     R0, #00H        ; Timer 0 的中断计数器
        MOV     30H, #00H       ; 秒的计数器
        MOV     31H, #00H       ; 分的计数器
        MOV     32H, #00H       ; 时的计数器
        MOV     R1, #00H        ; R1 为 6 位七段数码管扫描计数器
        SETB    TR0             ; 启动 Timer 0 中断
```

```
                ;“秒”、“分”、“时”三个按钮的判断和操作程序段
LOOP:
        JB      P0.0, NOPRESS_2         ; 如果“秒”按钮按下,继续执行,否则跳至
                                        ; NOPRESS_2，检查“分”按钮
        CALL    FILTER                  ; 消除抖动
        MOV     A, 2CH                  ; 将“秒”载入 ACC 中
        ADD     A, #01H                 ; ACC 加 1
        DA      A                       ; 十进制调整
        MOV     30H, A                  ; “秒”存回 30H
        CJNE    A, #60H, NOPRESS_1      ; 是否等于 60 秒,不是则跳至 NOPRESS_1
        MOV     30H, #00H               ; 是则“秒”清零
NOPRESS_1:
        JNB     P0.0, $                 ; 判断“秒”按钮是否放开
        CALL    FILTER                  ; 消除抖动
NOPRESS_2:
        JB      P0.1, NOPRESS_4         ; “分”按钮若按下,继续执行,否则跳至
                                        ; NOPRESS_4，检查“时”按钮
        CALL    FILTER                  ; 消除抖动
        MOV     A, 31H                  ; 将“分”载入 ACC
        ADD     A, #01H                 ; ACC 加 1
        DA      A                       ; 十进制调整
        MOV     31H, A                  ; “分”存回 31H
        CJNE    A, #60H, NOPRESS_3      ; 是否等于 60 分,不是则跳至 NOPRESS_3
        MOV     31H, #00H               ; 是则“分”清零
NOPRESS_3:
        JNB     P0.1, $                 ; 判断“分”按钮是否放开
        CALL    FILTER                  ; 消除抖动
NOPRESS_4:
        JB      P0.2, LOOP              ;“时”按钮若按下,继续执行,否则跳至 LOOP
        CALL    FILTER                  ; 消除抖动
        MOV     A, 32H                  ; 将“时”载入 ACC
        ADD     A, #01H                 ; ACC 加 1
        DA      A                       ; 十进制调整
        MOV     32H, A                  ; “时”存回 32H
        CJNE    A, #24H, NOPRESS_5      ; 是否等于 24,不是则跳至 NOPRESS_5
        MOV     32H, #00H               ; 是则“时”清零
NOPRESS_5:
        JNB     P0.2, $                 ; 判断“时”按钮是否放开
        CALL    FILTER                  ; 消除抖动
        JMP     LOOP                    ; 跳至 LOOP

        ; 这里是 Timer 0 中断服务子程序，用于秒、分、时计时及扫描显示
TIM0:
        PUSH    ACC                     ; ACC 压栈
        CJNE    R0, #250, SCAN          ; 如果(R0)≠250，即不到 1 秒，
                                        ; 跳到 SCAN
        MOV     A, 30H                  ; 如果到 1 秒，将 30H 中的“秒”
                                        ; 载入 ACC
        ADD     A, #1                   ; ACC 加 1
```

```
        DA      A                   ；十进制调整
        MOV     30H, A              ；“秒”存回30H
        CJNE    A, #60H, INC_SEC    ；如(R1)≠60，不到1分钟，跳到INC_SEC
        MOV     A, 31H              ；如果到1分钟，将31H中的“分”载入ACC
        ADD     A, #1               ；ACC加1
        DA      A                   ；十进制调整
        MOV     31H, A              ；“分”存回ACC
        CJNE    A, #60H, INC_MIN    ；如(R2)≠60，说明不到1小时，跳到
                                    ；INC_MIN
        MOV     A, 32H              ；如果到1小时，将32H中的“时”载入ACC
        ADD     A, #1               ；ACC加1
        DA      A                   ；十进制调整
        MOV     32H, A              ；“时”存回ACC
        CJNE    A, #24H, INC_HR     ；如(A)≠24，说明不到24个小时，跳到
                                    ；INC_HR
        MOV     30, #00H            ；如果到24小时，则“秒”、“分”、“时”
                                    ；清零
        MOV     31, #00H
        MOV     32, #00H
INC_SEC:
        JMP     INC_TIM             ；跳到INC_TIM
INC_MIN:
        MOV     30H, #00H           ；“秒”清零
        JMP     INC_TIM             ；跳到INC_TIM
INC_HR:
        MOV     30H, #00H           ；“秒”清零
        MOV     31H, #00H           ；“分”清零
INC_TIM:
        MOV     R0, #00H            ；R0清零

        ；以下程序段是扫描6位七段数码管的程序
SCAN:
        CJNE    R1, #6, DISPLAY     ；如果扫描计数器(R1)≠6，则跳到DISPLAY
        MOV     R1, #00H            ；如果(R1)=6，说明已经扫描完6位
        JMP     SCAN                ；跳到SCAN
DISPLAY:
        CJNE    R1, #0, CHK_1       ；如果(R1)≠0，跳到CHK_1
                                    ；如果(R1)=0，选中的是最低位的数码管D1
        MOV     A, 30H              ；将“秒”载入ACC
        ANL     A, #0FH             ；将ACC高位字节清零，用作位选线地址
        ADD     A, #00H             ；将D1位选线地址0H加到ACC的高位字节
        JMP     RELOAD              ；跳到RELOAD
CHK_1:
        CJNE    R1, #1, CHK_2       ；如果(R1)≠1，跳到CHK_2
                                    ；如果(R1)=1，选中的是七段数
                                    ；码管D2
        MOV     A, 30H              ；将“秒”载入ACC
        SWAP    A                   ；ACC的高、低位字节交换
        ANL     A, #0FH             ；将ACC高位字节清零，用作位
```

```
                                                ; 选线地址
           ADD      A, #10H                     ; 将 D2 位选线地址 1H 加到 ACC 的高位字节
           JMP      RELOAD                      ; 跳到 RELOAD
   CHK_2:
           CJNE     R1, #2, CHK_3               ; 如果(R1)≠2，跳到 CHK_3
                                                ; 如果(R1)=2，选中的是七段数码管 D3
           MOV      A, 31H                      ; 将“分”载入 ACC
           ANL      A, #0FH                     ; 将 ACC 高位字节清零，用作位选线地址
           ADD      A, #20H                     ; 将 D3 位选线地址 2H 加到 ACC 的高位字节
           JMP      RELOAD                      ; 跳到 RELOAD
   CHK_3:
           CJNE     R1, #3, CHK_4               ; 如果(R1)≠3，跳到 CHK_4
                                                ; 如果(R1)=3，选中的是七段数码管 D4
           MOV      A, 31H                      ; 将“分”载入 ACC
           SWAP     A                           ; ACC 的高、低位字节交换
           ANL      A, #0FH                     ; 将 ACC 高位字节清零，用作位选线地址
           ADD      A, #30H                     ; 将 D4 位选线地址 3H 加到 ACC 的高位字节
           JMP      RELOAD                      ; 跳到 RELOAD
   CHK_4:
           CJNE     R1, #4, CHK_5               ; 如果(R1)≠4，跳到 CHK_5
                                                ; 如果(R1)=4，选中的是七段数码管 D5
           MOV      A, 32H                      ; 将“时”载入 ACC
           ANL      A, #0FH                     ; 将 ACC 高位字节清零，用作位选线地址
           ADD      A, #40H                     ; 将 D5 位选线地址 4H 加到 ACC 的高位字节
           JMP      RELOAD                      ; 跳到 RELOAD
   CHK_5:
           CJNE     R1, #5, RELOAD              ; 如果(R1)≠5，跳到 RELOAD
                                                ; 如果(R1)=5，选中的是最高位的数码管 D6
           MOV      A, 32H                      ; 将“时”载入 ACC
           SWAP     A                           ; ACC 的高、低位字节交换
           ANL      A, #0FH                     ; 将 ACC 高位字节清零，用作位选线地址
           ADD      A, #50H                     ; 将 D6 位选线地址 5H 加到 ACC 的高位字节

   RELOAD:
           MOV      P1, A                       ; ACC 数据从 P1 口送出显示
           INC      R0                          ; 4ms 延时计数器加 1
           INC      R1                          ; 扫描计数器 R1 加 1
           MOV      TH0, #0F0H                  ; 装载计数初始值，4ms 延时
           MOV      TL0, #60H
           POP      ACC                         ; ACC 弹栈
           RETI                                 ; 返回主程序

   FILTER:
           MOV      R6, #60H                    ;5ms 延时消除抖动
   D1:     MOV      R7, #248
           DJNZ     R7, $
           DJNZ     R6, D1
           RET

           END
```

第 17 章　在线温度计

本章将把前面模拟电路、数字电路及单片机的内容进行结合，设计一个稍微复杂的单片机系统——在线温度计。从中感觉本书所讲解的知识是如何有机联系并形成实际电子系统的。

17.1　在线温度计系统规划

如何规划系统　温度信号的采集与放大

17.1.1　如何规划系统

在 8.1.4 节曾经介绍过几种常用的温度传感器及相应的信号放大电路，但那时并没有涉及如何把传感器测得的温度进行显示。本章将要介绍的在线温度计，不但要实现从测量到显示，还要利用单片机的通信功能，把测得的温度值发送给计算机。

系统的结构框图如图 17-1 所示，在温度信号被放大器放大后，由一个模拟向数字转换的模块把模拟信号转换成数字信号，之后单片机就可以把数字信号稍加处理后送到七段数码管显示，并通过串行口发送到计算机上。

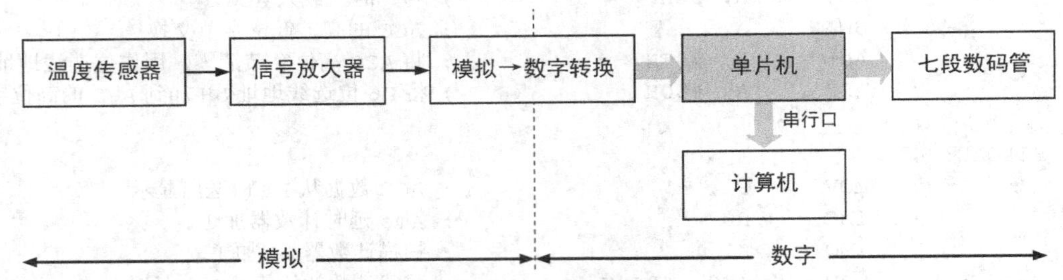

图 17-1　在线温度计系统结构框图

图 17-1 中，温度传感器和信号放大器为系统的模拟部分，负责非电信号向电信号的转化工作。模拟信号经过模数转换器件后变成了数字信号，于是在虚线右侧为数字部分。数字部分中单片机控制七段数码管显示数字在第 16 章已经学习过了，所以本章将把重点放在模拟向数字转换以及单片机与计算机通信的部分。

图 17-1 中单片机向计算机发送温度数据有什么意义呢？除了展示单片机的串行通信能力外，这种在线温度计还有一个用途，就是连续监测、记录某地的温度数据。如果在线温度计每隔一定时间（比如 1 小时）就向计算机发送一次实测的温度值，则计算机就可以把某一天的温度数据进行统计并用图表的形式反映出来，如图 17-2 所示。

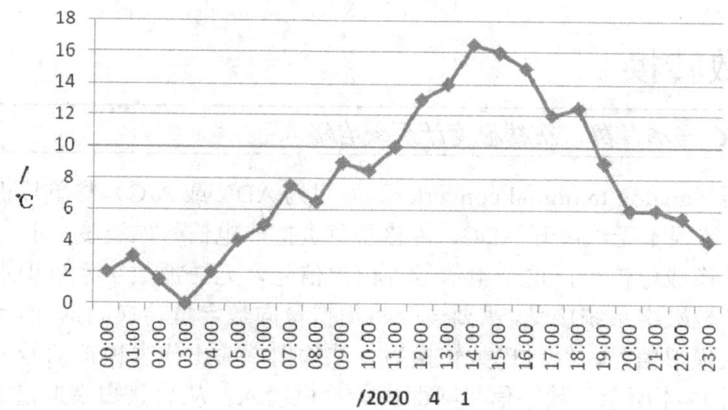

图 17-2　在线温度计的计算机端数据统计

当然在实际的气象监测中，除了温度还会同时记录湿度、气压、风向、风力等信息。无论有多少种信息需要监测，只要在图 17-1 所示的系统中添加不同类型的传感器和放大器即可。所以，只要掌握了图 17-1 所示的在线温度计系统，就可以触类旁通地设计出其他信息采集系统来。

17.1.2　温度信号的采集与放大

在线温度计的模拟部分，可选用 8.1.4 节介绍过的 LM35 温度传感器进行温度向电信号的转换，再通过放大器把信号放大。这部分电路如图 17-3 所示，LM35 输出一个与温度相关的电压信号 V_{out}（如图 8-17 所示），该信号经过跟随器 U1A 后由同相放大器 U1B 放大。调节增益控制电位器 R3 使 LM35 在检测较高温度时（比如 50℃）电路的输出信号不会超过+5V。

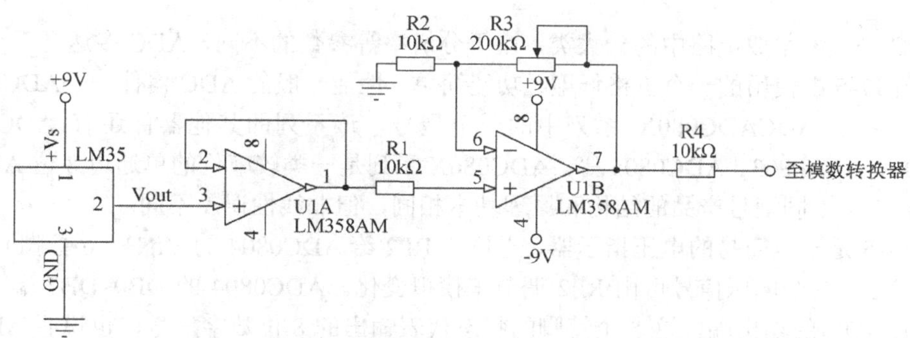

图 17-3　在线温度计的模拟部分电路

图 17-3 所示的模拟部分电路实现了在线温度计的温度获取、信号放大，其输出端是一个与实测温度有对应关系的电压信号，这个电压信号随着温度的变化连续改变，是一个典型的模拟信号。接下来将要介绍的模数转换器将对其进行数字转换，以使单片机能够识别并进行相关的操作。

17.2 模数转换

初识 ADC　ADC 与单片机　在线温度计系统电路

模数转换器（analog to digital converter，缩写为 ADC 或 A/C）与单片机是最亲密的兄弟，现代测控系统根本无法离开 ADC。传感器负责把非电信号如温度、压力、流量、速度、声音等物理量转换成电信号，这个电信号为模拟信号，无法被数字系统识别与处理。为了能够让模拟信号被数字系统接受，需要一个将模拟量向数字量转换的器件。ADC 应运而生，它的输入端接收模拟信号，经过模数转换后，从输出端输出代表模拟信号的并行或串行的数字信号，如图 17-4 所示。数字信号随即由单片机读入，从而获知模拟量的大小，并可进行相关的处理、运算、控制。

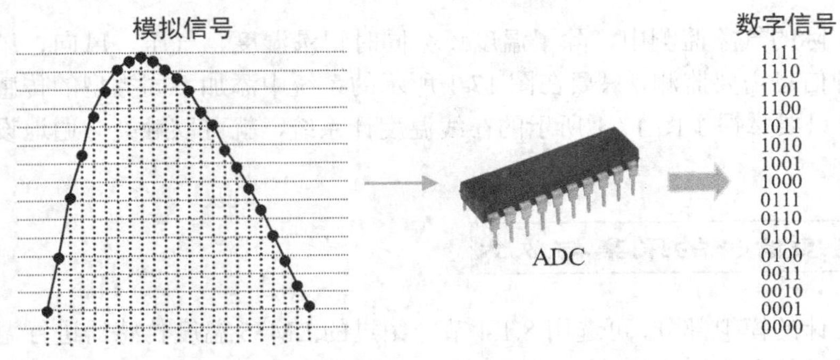

图 17-4　模数转换过程

17.2.1　初识 ADC

ADC 是众多集成电路中的一大类，由于分辨率等参数的不同，ADC 多达几千个型号。下面从图 17-5 中使用的一个价格低廉、功能简单、性能一般的 ADC 器件——ADC0804 开始讲起。它是 ADCADC080X 系列中的一个型号，该系列的其他器件还有 ADC0801、ADC0802、ADC0803、ADC0805 等。ADC080X 系列是一类较廉价的单通道 8 位 ADC。这个系列的 5 个不同型号产品的结构和原理基本相同，但非线性误差不同。

图 17-5 是一个简易的电压指示器，电位器 RP2 给 ADC0804 的 VIN+（6 管脚）输入一个电压信号，这个电压信号可由 RP2 调节来模拟变化。ADC0804 的 DB0~DB7 端（11~18 管脚）是 ADC 的输出端，这 8 个管脚的状态代表输出的 8 位数字信号，也说明 ADC0804 是一个 8 位 ADC。当 VIN+端电压变化时，ADC0804 就会实时转换 VIN+的电压值，并在 DB0~DB7 端以二进制形式输出代表电压值的数据。由于图 17-5 中由 8 支发光二极管与 DB0~DB7 端相连，所以调节电位器 RP2 会发现 8 支发光二极管在同步变换着状态。

为了更好地应用 ADC，接下来以 ADC0804 为例介绍一些基础知识。

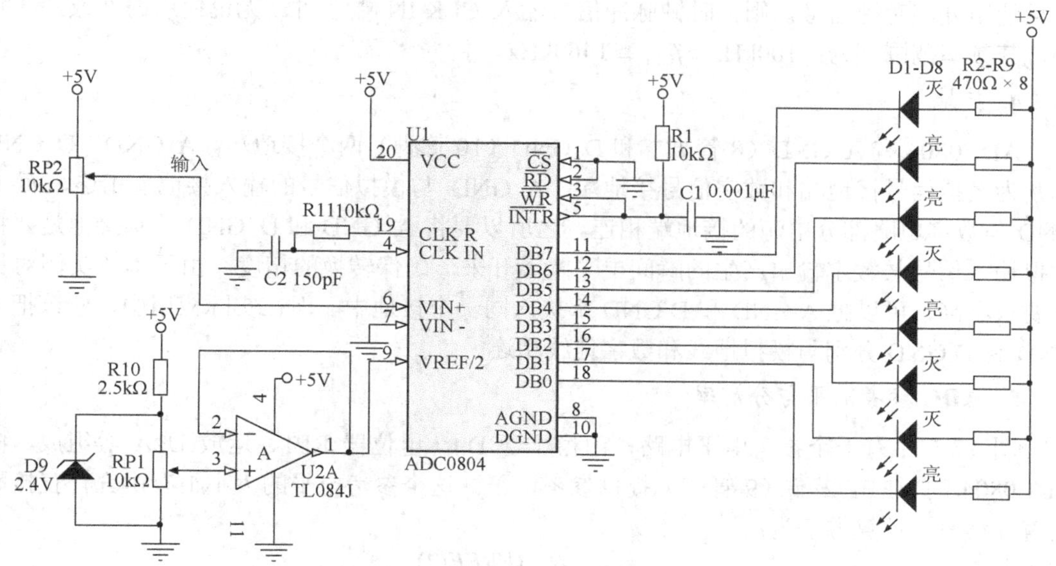

图 17-5　ADC0804 的应用电路——电压指示器

1. 模拟输入电压范围

这个概念很好理解，任何一个 ADC 都有一个正常转换模拟输入电压的范围，对于 ADC0804 来说，其模拟输入电压范围为 0~+5V，且支持差分输入（VIN+和 VIN−端）。正常工作电压为+5V。

2. 转换时间

当模拟信号加到 ADC 的模拟输入端时，控制信号使 ADC 开始进行模数转换，直至转换完成并在数字信号输出端出现数据。这一过程是需要一定时间的。比如 ADC0804 就需要 100μs，这个参数称为 ADC 的转换时间。如果 ADC 的转换时间越短说明它的转换速度越快，能处理模拟信号的频率也就越高，当然价格也就越贵。像 ADC0804 的 100μs 转换时间最多只能应付频率 $\frac{f}{2}=\frac{1}{2T_C}=\frac{1}{2\times 100\mu s}=5\text{kHz}$ 的模拟信号。

这是因为，Nyquist 采样定理表明采样频率不得小于信号最高频率的 2 倍，所以 ADC 的转换时间的倒数不应该小于模拟输入信号最高频率的 2 倍。如果不遵循这条定理，模数转换得到的数字信号将会与模拟信号有很大的失真。

3. 时钟信号

图 17-5 中电阻 R11、电容 C2 与 ADC0804 的 CLK R（19 管脚）和 CLK IN（4 管脚）组成了 ADC 器件的时钟电路，这个结构使用的是 ADC0804 内部的时钟，其时钟频率的计算公式为：

$$f_{\text{CLK}}=\frac{1}{1.1RC}\ \text{(Hz)}$$

其中 R、C 分别代表电阻 R11、电容 C2 的参数。所以，图中 ADC 的时钟频率约为 606kHz。

如果使用外部时钟信号，则把时钟脉冲信号输入 CLK IN 端即可。无论使用内部或外部时钟，其频率范围都为：100kHz≦f_{CLK}≦1460kHz。

4. 接地

ADC0804 有 A GND（8 管脚）和 D GND（10 管脚）两个接地端。A GND、D GND 分别为模拟信号接地端和数字信号接地端。A GND 与模拟信号的输入接地端相连，而 D GND 与数字电路部分电源的接地端相连。之所以要将 A GND 和 D GND 分别接地是要将模拟输入信号与数字输出产生的瞬间电平隔离开来，确保转换的精度。由于本章实例对精度要求不高，可以把 A GND 和 D GND 都接入同一个接地中。而在实际应用中，应该把 A GND 和 D GND 分别与模拟地线和数字地线相连。

5. ADC 参考电平与分辨率

图 17-5 中有一个参考电平电路，由稳压管 D9、电位器 RP1、运放 U2A 等组成，向 ADC0804 的 VREF/2 端（9 管脚）提供参考电平。这个参考电平的大小很有讲究，直接影响着分辨率。计算方法为：

$$A_t = \frac{2\times(VREF/2)}{256} \tag{17-1}$$

其中，$(VREF/2)$ 代表 VREF/2 端（9 管脚）上的电压。比如在图 17-5 中，通过调节电位器 RP1 使 $(VREF/2)$=2.0V，则分辨率为：

$$A_t = \frac{2\times(VREF/2)}{256} = \frac{2\times 2.0\text{V}}{256} = 15.6\text{mV}$$

这个分辨率代表了使 ADC 数字输出端最低有效位改变状态的最小值，或者说是 ADC 所能反映的最小模拟输入电压变化值。

另外，VREF/2 端上的电压还决定了 ADC 能有效转换的最大模拟输入电压值为 $(VREF/2)$ 的 2 倍。比如在图 17-5 中，再调节电位器 RP1 使 $(VREF/2)$=1.28V，则所能有效转换的最大模拟输入电压为 1.28×2=2.56V，分辨率为 2.56V/256=10mV。可见，ADC 有效转换的最大模拟输入电压与分辨率相反：有效转换的最大模拟输入电压越大，分辨率越低，反之亦然。

如果 ADC0804 的 VREF/2 端悬空，则芯片内部电路会使 $(VREF/2)$=2.5V，有效转换的最大模拟输入电压为+5V（与工作电压相等），此时分辨率为 19.5mV。

【例 17.1】ADC 的参考电压与分辨率：在图 17-5 中，调节电位器 RP1 使 ADC0804 的 VREF/2 端上的电压=2.56V，计算此时 ADC 的有效转换的最大模拟输入电压及分辨率。当电位器 RP2 使 VIN+=3V 时，判断发光二极管 D1~D8 的状态。

由于 $(VREF/2)$=2.56V，所以其 2 倍为 5.12V，已经超过 ADC0804 的模拟输入电压范围，所以即便 $(VREF/2)$=2.56V，图 17-5 中的简易电压指示器的量程仍为+5V。有效转换的最大模拟输入电压为+5V。

根据式（17-1），可计算此时分辨率为：

$$A_t = \frac{2\times\left(VREF/2\right)}{256} = \frac{2\times 2.56\text{V}}{256} = 20\text{mV}$$

由于参考电压 2.56V 决定了理想的最大模拟输入电压为 5.12V，此时 ADC0804 的输出端 DB0~DB7 为 $1111\ 1111_2$，换算成十进制为 256。所以当调节电位器 RP2 使 VIN+=3V 时，输出端 DB0~DB7 的状态用十进制表示为 $\frac{3V \times 256}{5.12V}=150$，换成二进制则为 $1001\ 0110_2$。所以发光二极管的亮、灭状态如图 17-5 中文字标注所示。

17.2.2　ADC 与单片机

图 17-5 中以 ADC0804 为核心设计了一个简易的电平指示器，从中可以直观地感受到 ADC 在模拟信号向数字信号转换过程中扮演的角色。试想一下，如果把图中的 8 支发光二极管拿走，取而代之的是单片机的 I/O 口，那么一旦 ADC 完成模拟向数字的转换后，单片机就可以把转换好的数字信号读走，从而获得模拟信号中包含的信息。

还是以 ADC0804 为例，向电平指示器添加了一个单片机，如图 17-6 所示，ADC0804 的数字信号输出端 DB0~DB7 与单片机的 P0 口连接，其转换结束中断输出端 $\overline{\text{INTR}}$ 与单片机的 P2.0 口相连，另外转换开始使能端 $\overline{\text{WR}}$ 及数据输出使能端 $\overline{\text{RD}}$ 分别与单片机的 $\overline{\text{WR}}$（16 管脚）和 $\overline{\text{RD}}$（17 管脚）相连。ADC 与单片机以这种方式连接后，什么时候开始模数转换、什么时候从 ADC 的数字信号输出端读取数据等操作都由单片机“总管”。此时 ADC 和单片机结成“兄弟”共同灵活完成数据采集的任务。

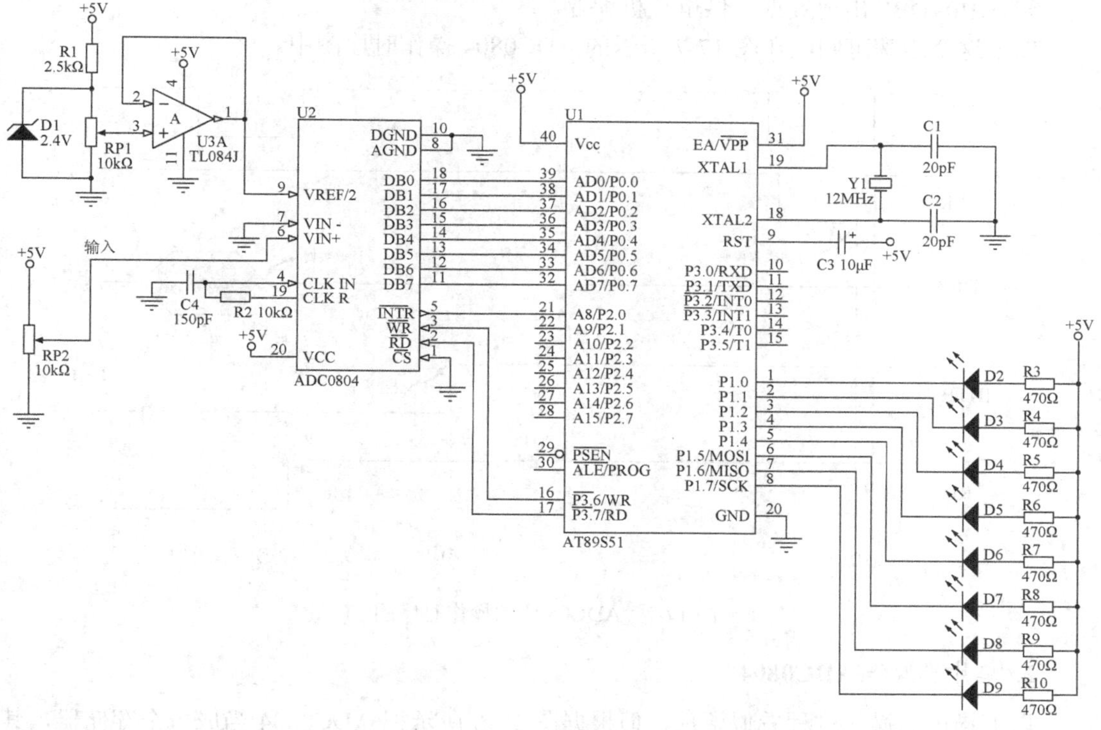

图 17-6　ADC0804 与单片机

为了理解利用指令控制单片机进而操作 ADC，需要先大致理解以下有关 ADC 管脚和时序的知识。

1. 与 ADC 有关的控制管脚

图 17-6 中，ADC0804 的器件使能端 $\overline{CS}$（1 管脚）接地，表明 ADC 始终使能。如果该端接高电平则 ADC 被屏蔽（不工作）。

此外，输出使能端 $\overline{RD}$（2 管脚）可控制 DB0~DB7 是否输出转换的结果，在低电平时使能（$\overline{RD}$=0 时 ADC 可以输出转换好的数据）。转换开始使能端 $\overline{WR}$（3 管脚）也是低电平使能，控制 ADC 是否开始转换。最后，一旦 ADC 转换完成，转换结束中断输出端 $\overline{INTR}$（5 管脚）将自动变为低电平，告诉单片机数据已经可以读取了。

结合图 17-6 中 ADC 与单片机的连接，可以得到单片机控制 ADC0804 进行模数转换和读取数字信号输出时的步骤（如图 17-7 所示）：

① 首先需要保证 ADC0804 的使能端 $\overline{CS}$ 为低电平，由于图 17-6 中 $\overline{CS}$ 端接地，所以 ADC0804 始终使能。

② 向 ADC0804 的 $\overline{WR}$ 写一个由高电平跳为低电平的信号，以启动转换过程。

③ 检查 $\overline{INTR}$ 端，如果 $\overline{INTR}$ 端出现低电平，表明转换完成，否则循环检查。

④ 当 $\overline{INTR}$ 出现低电平时，向 $\overline{RD}$ 端写一个由高电平跳为低电平的信号，使 DB0~DB7 输出数字信号。

⑤ DB0~DB7 出现数据，供单片机读取。

以上这个步骤可归纳在图 17-7 所示的 ADC0804 操作时序图中。

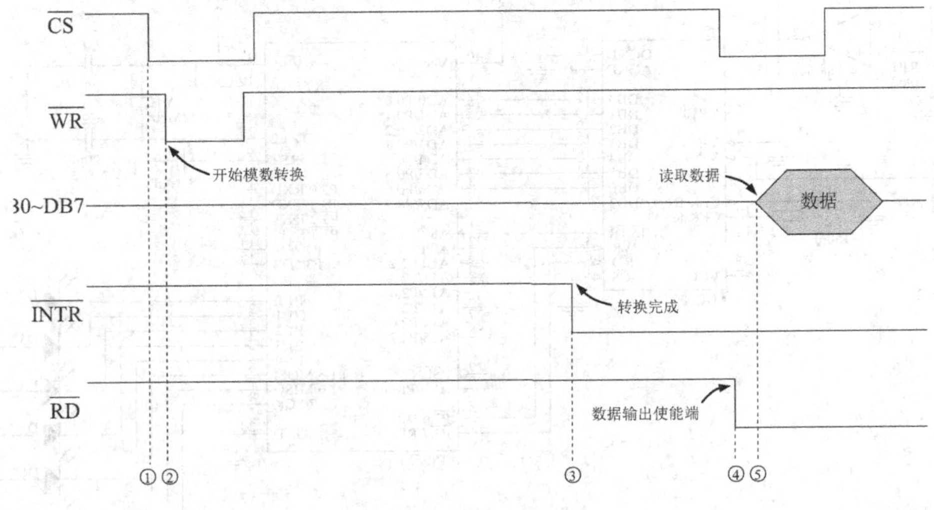

图 17-7　ADC0804 的操作时序图

2. 单片机操作 ADC0804

以上描述的操作过程看似繁琐，但根据图 17-6 所示把 ADC0804 当成一个存储器，其数据端 DB0~DB7 与单片机的 P0 口相连、控制端 $\overline{WR}$ 和 $\overline{RD}$ 分别与单片机的 $\overline{WR}$（16 管脚）

和$\overline{RD}$（17 管脚）相连可以很方面的编写出单片机的控制程序来。

图 17-6 中在单片机的 P1 口放置了 8 支发光二极管，是为了清楚地演示单片机与 ADC 工作的效果。程序 17-1 是这个演示的程序，实现把 ADC0804 模拟信号输入端的电压用 P1 口上的发光二极管状态来指示的功能。其中阴影部分的 3 条指令可以实现图 17-7 所示的操作时序。

程序 17-1：ADC 与单片机（对应图 17-6）

```
        ORH         00H
START:
        MOVX        @R0, A          ;使 P0 高阻，ADC0804 开始转换
        JB          P2.0, $         ;检测 INT0 是否为 0，是则转换完成
        MOVX        A, @R0          ;将转换好的数据载入累加器
        CPL         A               ;反相
        MOV         P1, A           ;从 P1 口输出
        CALL        DELAY           ;延时 50ms
        JMP         START           ;循环
DELAY:
        MOV         R6, #100
D1:
        MOV         R5, #248
        DJNZ        R5, $
        DJNZ        R6, D1
        RET
        END
```

17.2.3 在线温度计系统电路

有了有关模拟电路部分、模数转换部分的预备知识，再来设计在线温度计系统电路就比较容易了。如图 17-8 所示，左侧阴影部分为模拟电路部分，其中包括了温度传感器 LM35 及放大器。从放大器输出的与温度相关的模拟信号直接送到 ADC0804 的模拟输入端。ADC0804 在单片机 AT89S51 的控制下将模拟信号转换成数字信号，并由单片机的 P0 口将数据读入。

单片机的 P1 口上连接有 2 位七段数码管及译码器 74LS47，用于实时显示温度值。为了使系统简单并易于理解，只用了 2 位七段数码管，因而该在线温度计显示的温度范围为 0℃~99℃。且 2 位七段数码管采用静态方式与单片机连接。

这样，由模拟电路、模数转换器、单片机、七段数码管等组成了一个数字温度计。在图 17-8 右上角还有一个模块是在线温度计的串行通信模块，它可以与个人计算机的串行口连接，实现单片机系统与计算机之间的数据交换。串行通信是单片机系统最具特色的功能之一，稍后将重点介绍这部分知识。

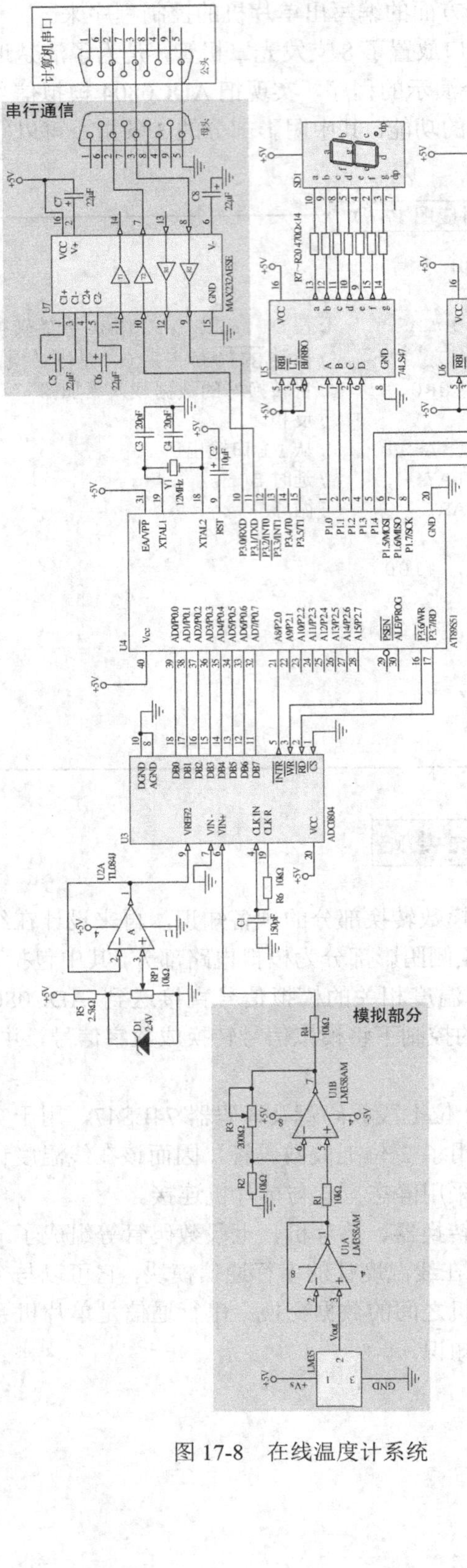

图 17-8　在线温度计系统

17.3 串行口通信

串行发送数据给跑马灯　与串行口通信有关的寄存器　串行口工作模式及波特率
计算机上的串行口　用 Visual Basic 编写一个串口通信程序　单片机与计算机通信
在线温度计的程序设计思路

串行口通信赋予了 51 单片机独特的魅力。无论是通过 ADC 采集的数据或是其他外界送入单片机的数据，亦或是单片机运行中产生的数据，都可以通过串行口与其他单片机、计算机等具备串行口通信能力的设备进行交换。接下来将对 AT89S51 单片机进行串行口通信的内容进行介绍。

17.3.1 串行发送数据给跑马灯

AT89S51 单片机的 P3.0 和 P3.1 除作为一般 I/O 口外，还分别在串行通信中充当接收口（RXD）和发送口（TXD），如图 17-9 所示。为了清楚地认识 AT89S51 单片机的串行发送与接收过程，将通过给跑马灯发送显示数据来演示串行通信的基本功能。

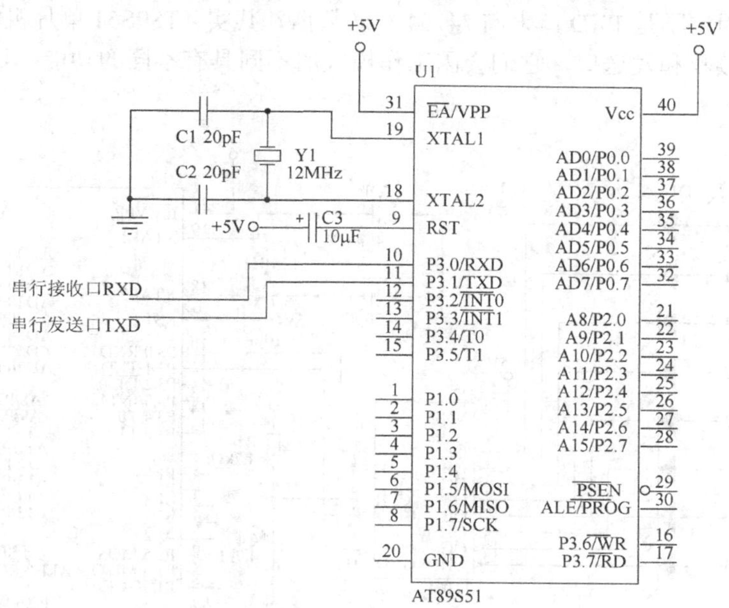

图 17-9　AT89S51 单片机的串行口

在第 15 章的跑马灯实例中，曾谈到过 I/O 口输出的显示数据可以事先存放在一个数据表中（程序 15-2），表中的每个数据（1 个字节长度）可直接输出到 I/O 口，从而得到发光二极管的相应显示状态。这是一种典型的并行传输数据的方式。

那串行方式是什么样子的？很简单，即把数据按位逐一从单片机的 TXD 口发送。如图 17-10 所示，例如原本的并行数据 1111 1110 被逐位地从 TXD 口发送出去。

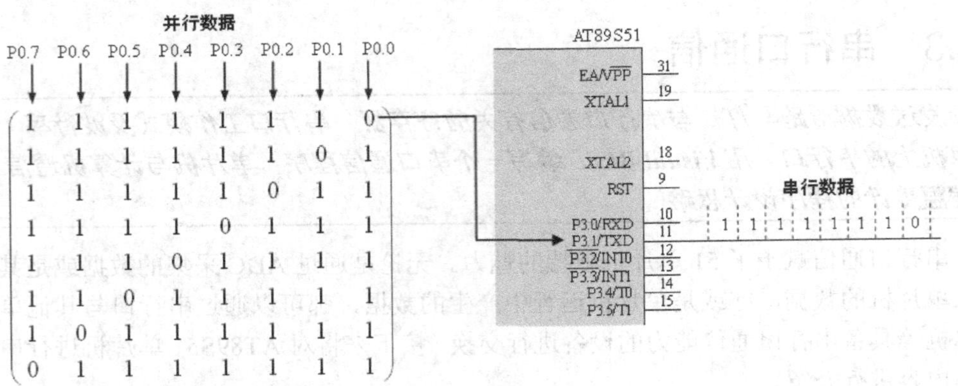

图 17-10　从并行数据到串行数据

通过一个移位寄存器将这些一位一位的串行数据组合成并行数据后就可以正常显示了，如图 17-11 所示，集成电路 U2 是一个 8 位串入/并出移位寄存器，型号为 74164。所谓串入/并出即输入 74164 的是串行数据，而输出的是并行数据。74164 的第 1、2 管脚 A 和 B 是串行数据输入口，与单片机的 RXD 相连。有人也许会问 RXD 不是单片机的串行接收口吗？为什么使用的不是 TXD 口来向 74164 发送数据？其实 AT89S51 单片机的 RXD 和 TXD 并不是绝对的接收和发送口，它们会因工作模式的不同具有不同的功能，这一点稍后将会谈到。

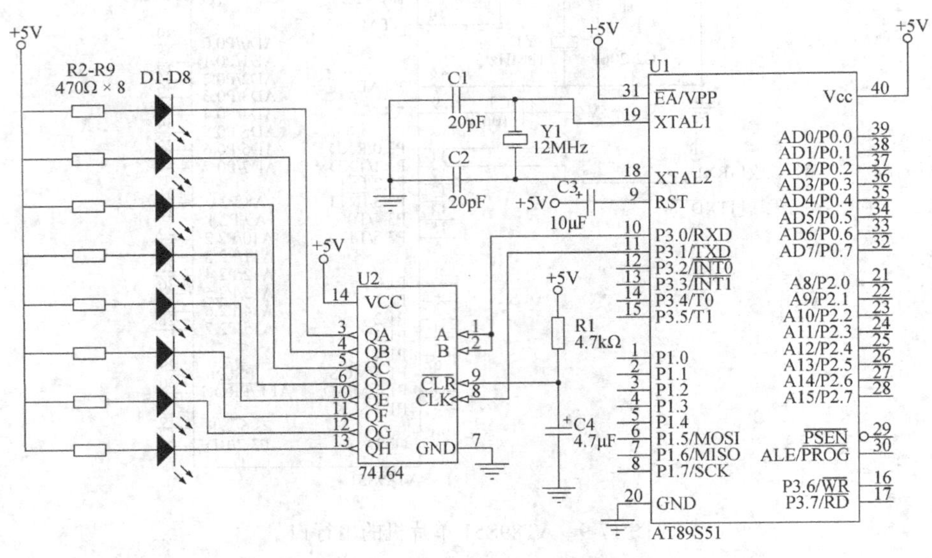

图 17-11　单片机串行口构成的跑马灯系统电路图

74164 的第 9 管脚是清零端 $\overline{CLR}$，低电平使能。由于这个实例只在系统上电时需要移位寄存器清零，所以将 $\overline{CLR}$ 端与一个由电阻 R1 和电容 C4 构成的复位电路相连。

74164 的第 8 管脚是移位寄存器的时钟信号输入端，它与单片机的 TXD 相连，至于为

什么这么做也能在稍后的讲解中找到答案。最后，74164 的并行输出端 QA~QH 与 8 支发光二极管相连，向它们输出并行的显示数据。

对系统电路进行简单分析后，可以从程序中更具体地学习单片机如何发送串行数据。如程序 17-2 所示，其中阴影部分的指令与串行口控制有关，稍后将具体讲解。程序 17-2 从数据表 TABLE 中获取显示数据载入 ACC 中，如果不是结束码 88H，就通过 SEND:程序段中的指令 MOV SBUF, A 将 ACC 中的显示数据载入串行口缓冲区 SBUF 中。一旦缓冲区 SBUF 中被载入数据，单片机就会自动将数据从串行口发送，74164 也就获得串行数据从而开始串→并转换。如果缓冲区 SBUF 中数据发送完成，标志位 TI 会被置 1，于是指令 JBC TI, NEXT 判断发送完成情况。

程序 17-2：显示数据的串行发送（对应图 17-11 所示的电路）

```
            ORG     00H
    START:
            MOV     SCON, #00H          ; 设置串行口工作在模式 0 下，发送数据
            MOV     DPTR, #TABLE        ; DPRT 指向数据表 TABLE 的表头
LOOP:
            CLR     A                   ; ACC 清零
            MOVC    A, @A+DPTR          ; 将数据表中的数据载入 ACC 中
            CJNE    A, #88H, SEND       ; 遇到结束码 88H 则结束
            JMP     START               ; 循环
SEND:
            MOV     SBUF, A             ; 将数据载入串行口缓冲区 SBUF 寄存器，
                                        ; 自动被发送
CHECK:
            JBC     TI, NEXT            ; 发送完成标志位 TI=1，跳转到 NEXT
            JMP     CHECK               ; 否则循环等待
NEXT:
            CALL    DELAY               ; 调延时子程序
            INC     DPTR                ; DPTR 自增 1，指向数据表中的下一个数据
            JMP     LOOP                ; 跳转回 LOOP，向串行口载入新数据

DELAY:      MOV     R3, #20             ; 延时子程序
D1:         MOV     R4, #20
D2:         MOV     R5, #248
            DJNZ    R5, $
            DJNZ    R4, D2
            DJNZ    R3, D1
            RET

TABLE:                                          ; 显示数据表
        DB      0FEH, 0FDH, 0FBH, 0F7H          ; 左移
        DB      0EFH, 0DFH, 0BFH, 07FH
        DB      07FH, 0BFH, 0DFH, 0EFH          ; 右移
        DB      0F7H, 0FBH, 0FDH, 0FEH
        DB      88H                             ; 结束码
        END
```

运行程序17-2，发光二极管的发光效果与15.1.2节中的程序效果是相同的，所不同的是这里使用单片机的串行口发送显示数据。比较图15-1，图17-11的做法有两个优点：一是节约了单片机的I/O口资源，前者占用8个I/O口，后者只占用2个；二是只使用两根数据线就可以实现8支发光二极管的控制，在远距离数据传送中可节约导线的成本。

17.3.2 与串行口通信有关的寄存器

串行口作为单片机的内部功能模块，与定时/计数器一样可通过相应的特殊功能寄存器控制。例如程序17-2中对SCON寄存器的操作决定了串行口的工作方式和模式。本节将具体了解如何使用SCON寄存器来控制串行口工作。

1. UART与波特率

在了解单片机串行口控制之前，有几个知识点需要了解。在串行数据传输时，分为异步（asynchronous）和同步（synchronous）两种方式。AT89S51单片机的串行口采用的是异步传输方式，每次串行口通信时只发送或接收1个字节的数据。

AT89S51单片机集成了一个叫做通用异步发送-接收器的功能结构，英文缩写是UART（universal asynchronous receiver-transmitter），正是这个UART结构实现了单片机与外界的全双工异步数据通信。使用SCON寄存器控制的对象就是单片机的UART。在以后的应用中，谈到UART时就是指单片机的串行口。

由于异步传输时每一次只传输1个字节的数据，所以衡量串行口传输速度的方法就是看它每秒传输多少个字节，例如串行口1秒传输1024个字节，则数据传输率为1024Bps，即1KBps。Bps代表字节/秒（Bytes per second）；更小的单位的是bps，即位/秒（bits per second），注意区分大小写字母B和b。

除了以上两个单位，另一个广泛使用的描述数据传输率的单位是波特（baud），波特率则用来描述数据传输率。波特的定义是：传输数据中每秒信号的变化量。严格来说，波特与bps并不总是相等，因为有时单个信号的改变是通过多位数据实现的，但在本书中，可以简单地把波特与bps看成相等，即1波特（Bd）等于1位/秒（bps）：

$$1\text{Bd}=1\text{bps}$$

AT89S51单片机的UART在传输数据时，可被设置不同的波特率，以达到不同的传输速率。17.3.3节将会讨论如何通过指令设置波特率。

2. 串行口缓冲区SBUF

程序17-2中用到了串行口缓冲区SBUF，这是一个1个字节长度的寄存器，位于特殊功能寄存器区的99H上。在发送数据时，只要把数据载入SBUF中，UART就会自动地将数据从串行口发送出去。类似地，在接收数据时，SBUF寄存器保持着从单片机串行口接收的数据，以供程序读取。

所以，往SBUF中载入数据就被自动发送；接收的数据保存在SBUF中供读取。

3. 串行口控制寄存器SCON

串行口控制寄存器SCON是一个1个字节长度的寄存器，位于特殊功能寄存器区的

98H，是控制单片机串行通信的重要寄存器，可对其进行位寻址。SCON 各位的名称和功能如图 17-12 所示。

SCON 复位值：0000 0000

7	6	5	4	3	2	1	0
FE/SM0	SM1	SM2	REN	TB8	RB8	TI	RI

FE/SM0　误帧位/串行口模式 0 位。

SM1　串行口模式 1 位。

SM2　多单片机通信使能位。清零屏蔽多单片机通信功能；置 1 使能多单片机在模式 2 和 3，最终在模式 1 下的通信功能。该位应该在模式 0 时清零。

以上两位用于设置串行口的工作模式，不同工作模式下数据帧有所不同。4 种工作模式为（17.3.3 节将谈到这 4 种模式）：

FE/SM0	SM1	模式	描述
0	0	模式 0	移位寄存器
0	1	模式 1	8 位 UART
1	0	模式 2	9 位 UART
1	1	模式 3	9 位 UART

以上几种模式中，模式 1 使用的较多。该模式下，数据帧由 8 位数据、1 个停止位和 1 个开始位组成。这种模式与计算机的串行口模式兼容，这就使得在这种模式下单片机与计算机可以进行串行口通信。更重要的是，模式 1 下，波特率可以通过单片机的 Timer 来改变，这就使得单片机与计算机进行串行通信中的数据传输速率得到很好的控制。

REN　接收使能位。当 REN 位置 1 时，单片机可以从串行口接收数据，如果 REN 清零，则接收功能被关闭。该位与 SCON 其他位一样可以进行位寻址，所以置 1 和清零可分别由指令 SETB SCON.4 和 CLR　SCON.4 完成。

TB8　不常用，可参考附录 Q。

RB8　不常用，可参考附录 Q。

TI　发送中断标志位。清零以确认中断；模式 0 下第 9 位接收完后，或在其他模式下在停止位开始时，都由硬件置 1 该位。TI 与 RI 一样都是串行通信中重要的标志位。当单片机完成 SBUF 中的数据发送后，该位由硬件置 1，以利于程序判断数据发送的完成情况。

RI　接收中断标志位。清零以确认中断；模式 0 下第 9 位接收完后，该位由硬件置 1。其他模式下请参考附录 Q。当单片机从串行口接收完数据后该位被硬件置 1，以利于判断数据接收的完成情况。

图 17-12　SCON 各位的名称和功能

现在可以再回头看程序 17-2 中带阴影的指令，结合图 17-12 的描述，看看程序是如何设置串行口工作模式、操作串行口缓冲区 SBUF、判断标志位 TI 或 RI 的。

17.3.3　串行口工作模式及波特率

SCON 寄存器的 SM0 和 SM1 位可设置单片机串行口工作在 4 种不同模式下，接下来对这 4 种模式进行介绍。

1. 模式0

该模式下，UART实际上是一个同步移位寄存器，只发送或接收8位数据。注意，此时数据由单片机的RXD管脚发送或接收，而TXD作为发送或接收的移位脉冲。发送或接收数据时，低位数据在前，高位数据在后。这就是为什么图17-11中单片机的RXD与74164的A、B端（串行数据输入口）相连，而TXD与CLK（移位脉冲输入口）相连。

模式0下SCON中的SM2应设为0，TB8位无用。其波特率固定为晶振频率的1/12。即：

$$\text{波特率}=\frac{\text{晶振频率}}{12} \tag{17-2}$$

例如晶振频率=12MHz，则波特率$=\frac{12\times10^6}{12}=1$（MHz）。

2. 模式1

该模式下，UART作为异步通信口，每一帧发送或接收10位数据，这10个位分别是1个起始位0、8个数据位和1个停止位1。单片机的TXD为发送管脚，RXD为接收管脚。

该模式下通信的波特率是可变的，一般由Timer 1工作在模式2下，通过载入TH1和TL1的计数初始值来设置波特率。Timer工作在模式2下，是一个8位自动重新装载的定时器，需要向TH1、TL1同时装载相同的计数初始值。单片机会自动根据Timer 1的设置情况使UART工作在特定的波特率下。模式1下波特率和TH1（TL1）中载入计数初始值之间的关系如式（17-3）所示：

$$\text{波特率}=\frac{2^{\text{SMOD1}}}{32}\times\frac{\text{晶振频率}}{12\times[256-(\text{TH1})]} \tag{17-3}$$

其中，TH1是Timer1寄存器中装载的值，SMOD1是电源控制寄存器PCON中的位7，如图17-13所示。当串行口工作在模式1、2、3，并且使用Timer 1来设置波特率时，则如果SMOD1=0为单倍波特率，SMOD1=1则为双倍波特率。关于PCON各位功能可参考附录Q。

7	6	5	4	3	2	1	0
SMOD1	SMOD0	保留	POF	GF1	GF0	PD	IDL

图17-13　SMOD1在PCON中的位

例如使用单倍波特率，SMOD1=0，晶振频率=11.0592MHz，向TH1中载入F3H，即TH1=243，根据式（17-3）得波特率为：

$$\text{波特率}=\frac{2^{\text{SMOD1}}}{32}\times\frac{\text{晶振频率}}{12\times[256-(\text{TH1})]}=\frac{2^0}{32}\times\frac{11.0592\times10^6}{12\times(256-243)}=2400$$

在表17-1中列出了一些常用的波特率与晶振频率、SMOD1位、TH1（=TL1）的计数初始值的关系，以供在应用中直接使用。模式1与模式3下的波特率计算公式相同，所以表17-1适用于模式1和模式3。

表 17-1　模式 1 和模式 3 下波特率与 TH1（=TL1）的计数初始值

波特率	晶振频率（MHz）	SMOD1 位	Timer 1 工作在模式 2 下载入 TH1（=TL1）的计数初始值
600	12	0	0CCH
1200	12	1	0F6H
2400	12	0	0F3H
4800	12	1	0F3H
1200	11.0592	0	0E8H
2400	11.0592	0	0F4H
4800	11.0592	0	0FAH
9600	11.0592	0	0FDH
19200	11.0592	1	0FDH

3. 模式 2

该模式下，UART 为一个 9 位异步通信口，每一帧共发送或接收 11 位数据。这 11 位数据由 1 个起始位 0、8 个数据位、第 9 位数据（TB8 位，位于 SCON 内）和 1 个停止位 1 组成。模式 2 下的波特率为晶振频率的 1/32 或 1/64，这取决于 PCON 中的 SMOD1 的设置，计算公式为：

$$\text{波特率} = \frac{2^{\text{SMOD1}}}{64} \times \text{晶振频率} \tag{17-4}$$

4. 模式 3

该模式与模式 2 的发送/接收过程和 UART 功能几乎完全一样，只是模式 3 的波特率可变，与模式 1 具有相同的计算公式，在实际应用中，可以参考表 17-1 来选择晶振和设置计数初始值。

从上面对 4 种模式的分析知道，除模式 0 倾向于用在扩展 I/O 口外，模式 1 和 3 具有灵活设置波特率的特点，所以在应用中可以“偏爱地”使用。至于说由 SMOD1 决定是单倍还是双倍波特率，可通过简单的 MOV 指令完成：

```
MOV     PCON, #00H          ; 设置 SMOD1=0，单倍波特率
MOV     PCON, #80H          ; 设置 SMOD1=1，双倍波特率
```

17.3.4　计算机上的串行口

要想搞清楚单片机如何与普通计算机进行串行通信，除了掌握单片机的 UART 外，还需要对计算机上的串行口进行一定的了解。本节将从硬件连接、软件操作等几个方面，学习计算机串行口的基础知识，为最终实现其与单片机 UART 的连接打下基础。

1. RS-232 口

RS-232 口指的是计算机上的串行口，一般能在台式计算机或一些老式笔记本电脑中找到，如图 17-14 所示。在计算机机箱背面板上 RS-232 口的公头（带针脚），称为 DB-9P。

而可插入公头的是母头（带针孔），称为DB-9S，如图17-14所示。这种9芯的RS-232口就是单片机与计算机之间串行通信将要用到的接口。图17-8中右上角所示的母头和公头也就是图17-14中所示的接口，把母头插入公头中就可实现硬件连接，从而实现单片机UART与计算机RS-232口的物理连接。

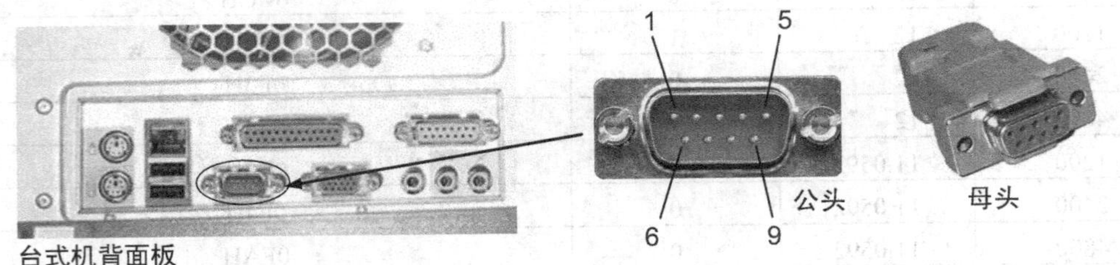

图17-14 （台式）计算机的串口

RS-232口的9个芯的功能说明如表17-2所示。其中只有3个芯——RXD、TXD和GND会在计算机与单片机之间的通信中使用到。

表17-2 RS-232接口数据线说明

串口示意图	序　号	名称及功能说明
RXD TXD GND	1	DCD：载波检测位
	2	RXD：接收数据位
	3	TXD：发送数据位
	4	DTR：数据终端准备信号位
	5	GND：接地
	6	DSR：数据发送准备信号位
	7	RTS：请求发送位
	8	CTS：等待发送位
	9	RI：响铃位

今天，许多台式计算机和笔记本电脑已经不再设有串口了，因为原来使用串口的外围设备如调制解调器等都已内置化或USB接口化。如果你的计算机没有如图17-14所示的串口，就需要买一个串口转换线（价格在20~50元）来继续以下的实验。串口转换线如图17-15所示，图17-15（a）为USB转串口型，可用于台式机或笔记本。图17-15（b）为PCMCIA转串口型，只用于笔记本电脑。

（a）USB转串口型

（b）PCMCIA转串口型

图17-15 串口转换器

使用串口转换器需要安装驱动，驱动程序的光盘随转换器配送。插上串口转换器并安装完成对应的驱动后，就会在 Windows 的设备管理器中找到相应的硬件。打开设备管理器的方法是右击我的电脑图标，在弹出的快捷菜单中选择属性命令，在系统属性对话框中打开硬件标签，其中就有一个设备管理器按钮，单击该按钮就可以打开如图 17-16 所示某计算机的设备管理器窗口。

如果转换器已经连接上，驱动已经安装好，就会在窗口中出现端口（COM 和 LPT）目录树。单击目录树的+号，从中看到的 COM 字样代表的就是当前计算机拥有的串口。不同情况下转换器生成的串口序号是不一样的，图 17-16 中通信端口（COM1）是计算机原本的串口，而名为 Prolific USB-to-Serial Comm Port（COM4）的串口才是 USB 转换器生成的串口。

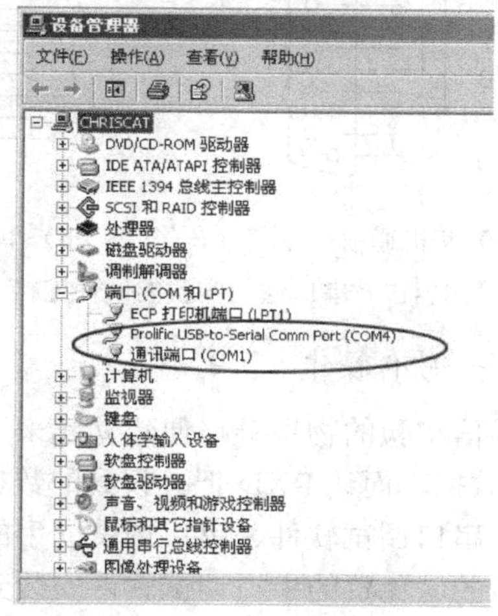

图 17-16　从设备管理器观察串口情况

2. RS-232 口实验

了解了什么是 RS-232 口后，可以进行一个有趣的实验。利用串口调试软件控制计算机串口的 TXD 针脚发送数据（见表 17-2），而由 RXD 针脚来接收数据并显示。这个实验可以由两台计算机的串口连接完成，如图 17-17（a）所示，两台计算机串口的 TXD 和 RXD 对绞相连，这与单片机之间的串行口通信的连接方法是相同的。

这个实验的硬件连接过程为：分别将两个母头插在两台计算机串口的公头上，然后用导线将计算机 A 和计算机 B 的串口第 5 针脚（GND）相连，将计算机 A 的串口第 2 针脚（RXD）与计算机 B 的串口第 3 针脚（TXD）相连，最后将计算机 A 的串口第 3 针脚（TXD）与计算机 B 的串口第 2 针脚（RXD）相连。

这样计算机 A 的 TXD 就可向计算机 B 的 RXD 发送数据，而计算机 A 的 RXD 则接收计算机 B 的 TXD 发送来的数据。

如果没有两台计算机，也可以使用一台计算机完成这个实验。做法是把计算机串口第 3 针脚 TXD 与同一串口上的第 2 针脚 RXD 相连，这样即实现了本机发送的数据由本机接收的效果。具体做法是用导线短路一个串口母头的 2 脚和 3 脚，然后插在计算机的串口公头上，如图 17-17（b）所示。当然，如果计算机有两个串口，仍可以按图 17-17（a）所示的方法连接，只是连接的是同一台计算机上的两个串口罢了。

就今天大多数的情况来说，计算机只有一个串口，所以，以图 17-16（b）所示的硬件连接方式作为以下实验的基础。

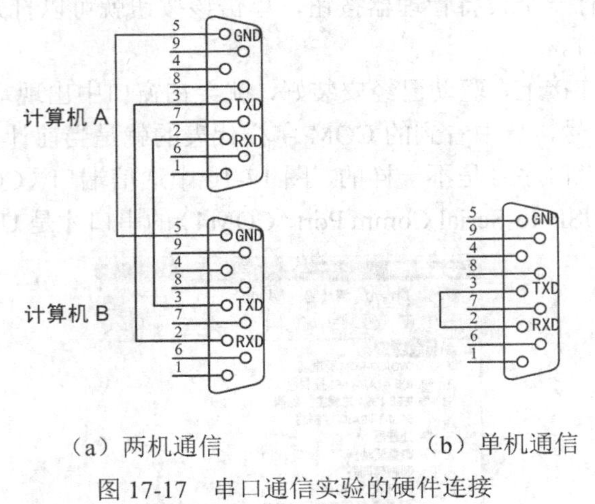

（a）两机通信　　　　（b）单机通信

图 17-17　串口通信实验的硬件连接

3. 计算机串口通信实验——软件操作

完成了硬件连接之后，通信实验的物理链路便建立起来了。接下来就看用什么方法来控制计算机串口的 TXD 发送数据，而让 RXD 把接收到的数据读进去。

先到搜索引擎上搜索类似串口调试软件、串口调试助手的关键字，会得到许多链接，从中选择一个下载次数比较多的、免费的串口调试软件安装到完成串口通信硬件连接的计算机上（或者多下载安装几个，看哪一个使用起来最方便）。如图 17-18 所示是一个串口调试软件的界面。

该界面可分成控制区、发送区和接收区。在控制区内，可以选择串口号，根据图 17-16 在 Windows 设备管理器中找到计算机串口的串口号，例如 COM1、COM4 等，然后在串口调试软件中选择相应的串口号。如实验使用的是 COM4 口，则在串口调试软件中选择 COM4，如图 17-18 所示。

波特率可选择 9600，并打开串口通信开关。这样，COM4 口即完成了初始化，已经准备好从 TXD 发送数据和从 RXD 接收数据了。接下来，在发送区内任意输入一些字母、数字或字符，如 ABCD。单击手动发送按钮，计算机将数据 ABCD 从串口的 TXD 发送出去。由于本机的 TXD 与 RXD 相连，所以 RXD 收到这些数据，并显示在接收区内，如图 17-18 所示。

如果接收区的数据与发送区的数据是一致的，说明串口通信实验成功，数据链路和软件控制都是正确的。如果接收不到数据或数据与发送的不一样，很有可能是由串口号设置不正确，或串口的 TXD 和 RXD 没有连接上等问题造成的，可以试着把波特率调低一些看看。

如果成功完成以上这个实验，就可以准备进行计算机与单片机之间的串行通信了。

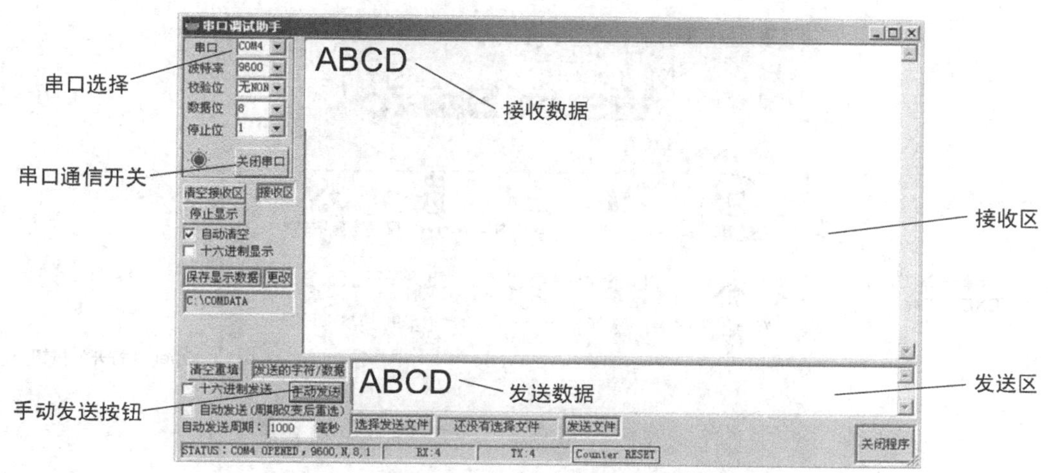

图 17-18　串口调试软件

17.3.5　用 Visual Basic 编写一个串口通信程序

如果今后需要为客户量身开发一套单片机与计算机通信的应用系统，那就需要自己开发一个类似图 17-18 所示的串口控制软件，以便与自行设计的单片机系统整合在一起来实现特定通信功能。开发这类软件难度不大，可以使用的高级程序设计语言和开发环境也很多，如 Visual C++、Visual Basic、Delphi 等。这里以 Visual Basic 6.0（VB6）为例，介绍一个简单的串口控制软件的程序设计方法（假设已经安装好 Microsoft Visual Basic 的集成开发环境）。

首先打开 Microsoft Visual Basic 6.0 的集成开发环境，如图 17-19 所示。在弹出的新建工程对话框中的新建标签中选择标准 EXE，然后单击 Open（打开）按钮，这样就成功新建了一个标准的 EXE 工程，如图 17-20 所示。

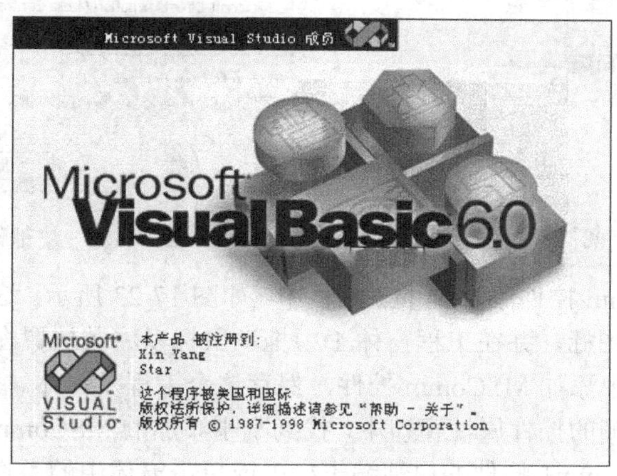

图 17-19　Microsoft Visual Basic 6.0 集成开发环境

图 17-20 “新建工程”对话框

在新建的工程中，选择工程菜单下的部件命令，如图 17-21 所示，在部件对话框中的控件标签中找到 Microsoft Comm Control 6.0，并将其选中，单击“确定”按钮，以完成向工程中添加一个 VB 提供的串口控件 MSComm，如图 17-22 所示。

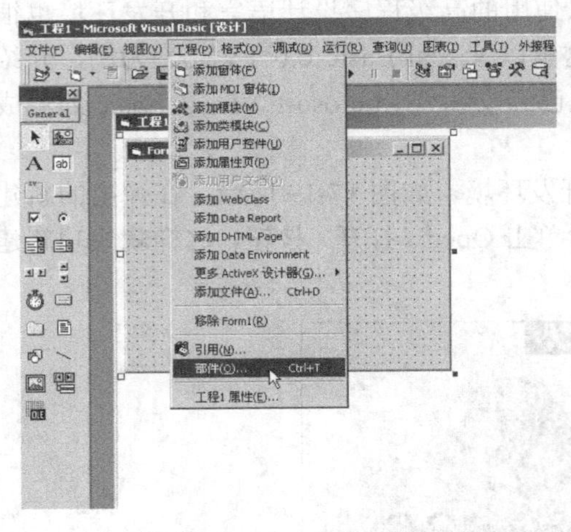

图 17-21 “部件”命令

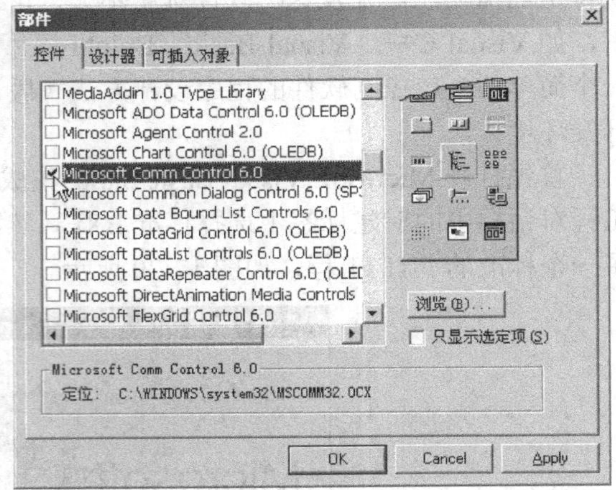

图 17-22 “部件”对话框

这样就把 MSComm 控件添加到了工具栏中，如图 17-23 所示。这个控件的图标是一个电话机☎，单击这个图标，并在工程窗体 1 中拖动鼠标以将其放置在窗体中的合适位置，这一步完成向窗体 1 中添加 MSComm 控件，保存这个工程及窗体。

在开发环境的右侧的控件属性窗口中，找到刚刚添加的 MSComm 控件 MSComm1，单击该选项以打开 MSComm1 控件的属性编辑栏（或单击窗体中的☎图标），如图 17-24 所示，需要对属性编辑栏中的几个重要属性进行了解。

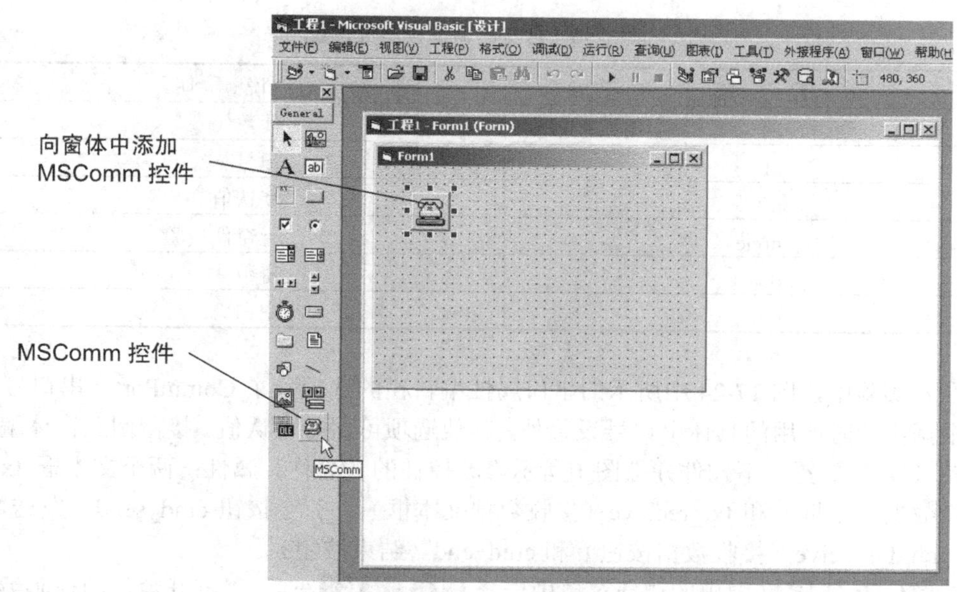

图 17-23　MSComm 控件及向窗体中添加

（名称）：该属性设置窗体中 MSComm 控件的名称，在窗体代码中将使用这个名称来指向 MSComm 控件

CommPort（串口号设置）：CommPort 属性用于设置或返回通信连接串口号。程序在初始化时必须指定所要使用的串口号，以便在程序运行期间对特定串口进行读写操作。同时，程序也可借助此属性返回所使用的连接串口号。注意，最大的串口号不能超过 16，确定使用的串口号与图 8-15 中设备管理器中的显示串口号有关。例如使用 COM1，就在 CommPort 属性中填写 1

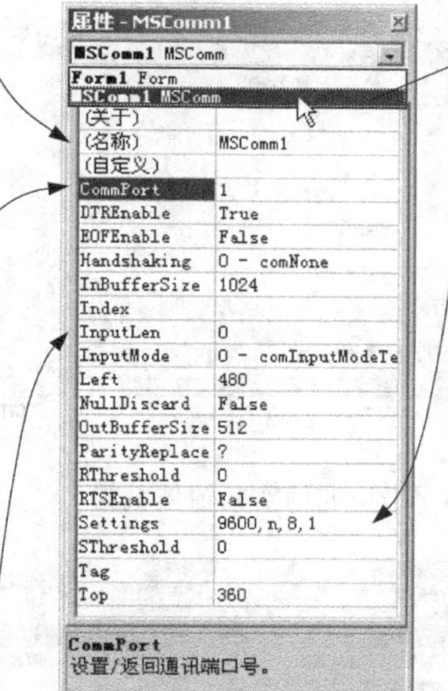

MSComm1 控件

Settings（串口控制设置）：Settings 属性用于设置串口的初始化参数。默认值是 9600，n，8，1。这个由逗号分隔的参数分别代表了波特率、奇偶校验位检查方式、数据位数和停止位数。波特率可选值包括 110、300、600、1200、2400、9600、14400、19200、28800 及 38400 等几种。在设置时需要注意与单片机 UART 设置的波特率一致，否则无法正常接收和发送数据。Settings 默认值中的 n 是奇偶校验位，可以根据表 17-3 进行设置。默认值的 8 代表数据位数，可选择的值有 4、5、6、7 和 8。最后一位 1 是停止位数，可选择的值有 1、1.5 和 2。一般来说，这些值只需要修改波特率与单片机 UART 波特率相同即可正常工作

InputLen（接收字符数）：InputLen 属性用于指定由串口读入的字符串长度或字节数，在需要指定读入输入缓冲区的字符长度时设置该属性。例如：InputLen=10，则当串口从 RXD 接收数据时，只会读取 10 个字符。如果在输入缓冲区中有 55 个字符，而设置 InputLen=10，由于每一次的 Input 命令只能读 10 个字符，所以需要执行 6 次 Input 才能把缓冲区的数据读入完

图 17-24　MSComm1 属性编辑栏

表 17-3　合法的奇偶校验位设置

设　置	说　明
e	偶数
m	记号
n	默认值
none	无奇偶校验
o	奇数
s	空白

在本实验中，图 17-24 中所示的串口属性编辑栏的选项除了 CommPort（串口号设置）需要根据实验时所用的具体串口号设置外，其他选项可保持默认值。接着回到窗体编辑中，参考图 17-25 放置以下控件并按图中所示修改控件的（名称）属性：两个文本框 txt_send（发送数据文本框）和 txt_receive（接收数据文本框），三个按钮 cmd_send（发送数据按钮）、cmd_receive（接收数据按钮）和 cmd_end（结束按钮）。

在窗体上右击，在弹出的快捷菜单中选择 查看代码(O) 选项，以打开窗体的代码编辑器，如图 17-26 所示，在其中输入程序 17-3，以完成在代码编辑器中编写该窗体的 VB 代码（程序中的水平线由 VB 自动产生）。

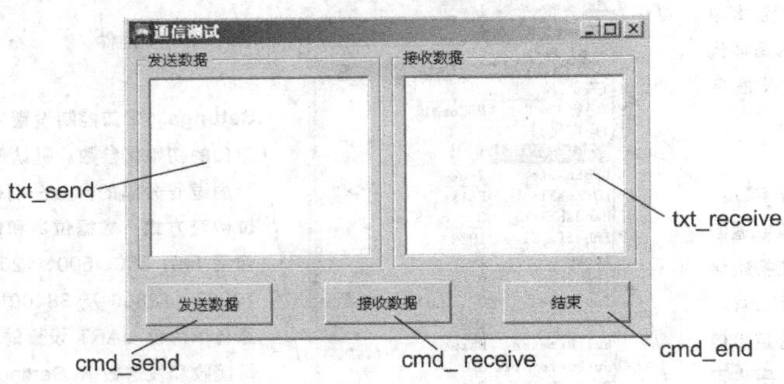

图 17-25　串口通信实验窗体编辑

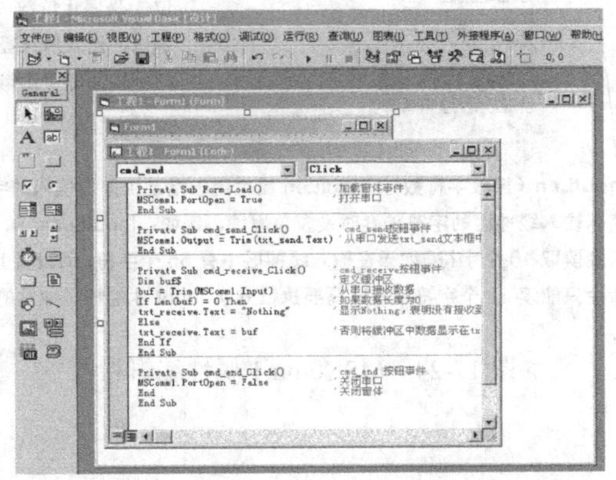

图 17-26　窗体代码编辑器

程序 17-3：控制串口的 Visual Basic 程序

```
Private Sub Form_Load()              ;加载窗体事件
MSComm1.PortOpen=True                ;打开串口
End Sub

Private Sub cmd_send_Click()         ;cmd_send 按钮事件
MSComm1.Output=Trim(txt_send.Text)   ;从串口发送 txt_send 文本框中的数据
End Sub

Private Sub cmd_receive_Click()      ;cmd_receive 按钮事件
Dim buf$                             ;定义缓冲区
buf=Trim(MSComm1.Input)              ;从串口接收数据
If Len(buf)=0 Then                   ;如果数据长度为 0
txt_receive.Text="Nothing"           ;显示 Nothing，表明没有接收到任何数据
Else
txt_receive.Text=buf                 ;否则将缓冲区中数据显示在 txt_receive 文本框中
End If
End Sub

Private Sub cmd_end_Click()          ;cmd_end 按钮事件
MSComm1.PortOpen=False               ;关闭串口
End                                  ;关闭窗体
End Sub
```

程序 17-3 中有关控件 MSComm1 的几个属性需要补充说明：

- ✧ PortOpen（打开串口）。PortOpen 属性用于设置或返回串口的状态。进行通信之前必须先使用 MSComm1.PortOpen=True 命令将串口打开，而在使用完毕后，应当养成关闭串口的好习惯，命令为 MSComm1.PortOpen = False。
- ✧ Input（从串口接收数据）。Input 属性用于从输入缓冲区返回并删除字符。例如命令：buf=Trim（MSComm1.Input）将输入缓冲区的字符读入 buf 字符串变量中。
- ✧ Output（从串口发送数据）。Output 属性用于将要发送的数据写入传输缓冲区。例如命令：MSComm1.Output= "I See You" 把数据 "I See You" 送达输出缓冲区，随即从计算机串口的 TXD 输出。

在 Visual Basic 开发环境中的工具栏中单击▸按钮编译代码并运行，如果窗体控件设计正确且程序输入正确，就会弹出一个应用程序，如图 17-27 所示。在发送数据的文本框中输入 I See You，然后单击发送数据按钮，这时，I See You 字符串由计算机转换成相应的 ASCII 码从串口的 TXD 发送，由于实验中 TXD 和 RXD 是短路的，所以 RXD 接收到这个字符串，随之进入串口缓冲区。这时，单击接收数据按钮将缓冲区中的数据读到接收数据文本框中，于是在文本框中显示 I See You。

这样就完成了使用 VB6 开发一个简单的串口通信应用程序。虽然完成以上实验花费时间较少，但如果开发一个较复杂的串口通信应用系统，就需要深入学习 Visual Basic 语言，掌握一些高级开发的技能。

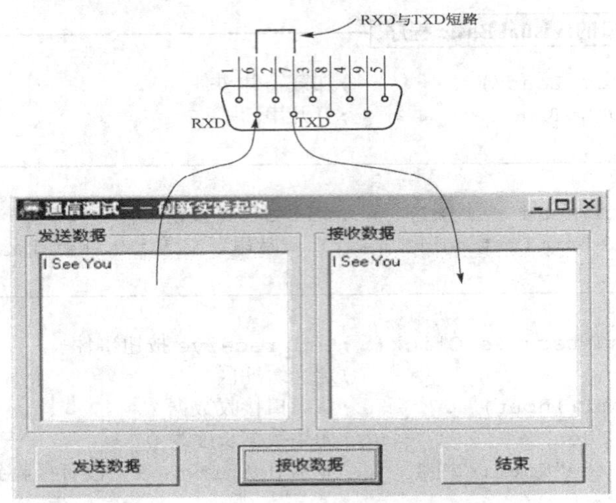

图 17-27　串口通信应用程序

17.3.6　单片机与计算机通信

掌握以上准备知识后，就可以进入单片机与计算机通信的环了。如图 17-28 所示是一个单片机与计算机之间串行通信实验的电路图。单片机的 P0 口与 8 支发光二极管相连，P2 口与 DIP 开关 S1 相连。U2 是一个 RS-232 口驱动器/接收器集成电路，型号为 MAX232。它一方面与单片机的串行口 RXD 和 TXD 相连，另一方面通过 RS-232 口与计算机的串行口连接，是实现单片机与计算机通信的链路。完成图 17-28 所示的实验电路后，在单片机中下载程序 17-4 所示的接收程序。

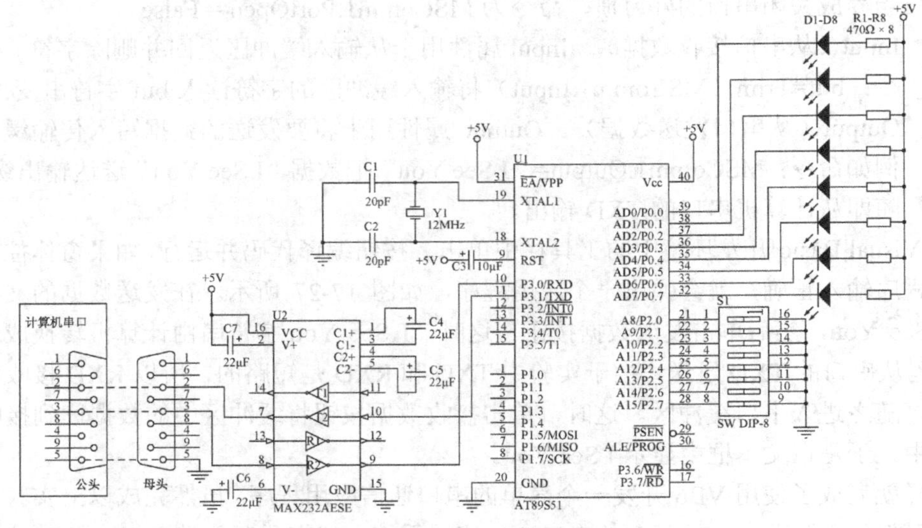

图 17-28　单片机与计算机之间的串行通信

程序 17-4：单片机接收计算机串口发送的数据（对应图 17-28）

```
        ORG     00H
START:
        MOV     SCON,#50H           ; ①设置串行口工作在模式 1 下，接收使能
        MOV     TMOD,#20H           ; ②使用 Timer 1 工作在模式 2 下
        MOV     TH1, #0F3H          ; ③波特率 2400
        MOV     TL1, #0F3H
        SETB    TR1                 ; ④启动 Timer 1
WAIT:
        JBC     RI, DISPLAY         ; ⑤判断是否接收到数据
        JMP     WAIT
DISPLAY:
        MOV     A, SBUF             ; ⑥接收到的数据载入 ACC
        MOV     P0, A               ; 将接收到的数据输出显示
        JMP     WAIT                ; 循环
        END
```

在单片机中运行程序 17-4，接着在计算机上运行串口调试软件或自己设计的串口通信应用程序，设置好相应的串口号，波特率为 2400。然后打开串口，在数据发送区任意输入一个字母，然后发送，如果一切正常，就会看到发光二极管的状态发生改变。说明数据从计算机经过串行口发送到单片机系统。

例如输入的是字母 A，则计算机从串口发送的数据是 A 的 ASCII 码 0100 0001（参考附录 S），单片机接收后从 P0 口输出，则点亮对应位为 0 的发光二极管。如果再发送其他数据，发光二极管就会相应地改变状态。

这样便实现了计算机向单片机发送数据和单片机接收数据的实验。接下来再向单片机中下载程序 17-5，看看单片机如何向计算机发送数据。

程序 17-5：单片机通过串口向计算机发送数据（对应图 17-28）

```
        ORG     00H
START:
        MOV     SCON, #50H          ; ①设置串行口工作在模式 1 下，接收使能
        MOV     TMOD, #20H          ; ②使用 Timer 1 工作在模式 2 下
        MOV     TH1, #0F3H          ; ③波特率 2400
        MOV     TL1, #0F3H
        SETB    TR1                 ; ④启动 Timer 1
SEND:
        MOV     A, P2               ; 把 DIP 开关的状态载入 ACC 中
        MOV     P0, A               ; 显示 DIP 开关的状态
        MOV     SBUF, A             ; ⑤发送数据
WAIT:
        JBC     TI, SEND            ; ⑥判断是否发送完毕
        JMP     WAIT
        END
```

向单片机下载完程序 17-5 后，断开单片机系统的电源。首先，运行计算机上串口调试

软件或自己设计的串口通信应用程序，设置好相应的串口号，波特率为2400。然后打开串口，等待接收数据。此时可以拨动一下DIP开关，改变P2口的状态，例如设置成0100 0001，然后打开单片机系统电源，单片机就会自动运行程序17-5并通过串口向计算机发送P2口的数据，同时在P0口上的发光二极管显示。如果一切正常，会在计算机上的串口调试软件或自己设计的串口通信应用程序中接收到并显示0100 0001对应的字母A。

单片机除了可与计算机进行串行通信外，两个单片机之间也可利用串行口进行通信。如果两个单片机距离很近（数米以内），把两个单片机的RXD和TXD对绞连接就构成了一个双机通信链路，如图17-29所示。

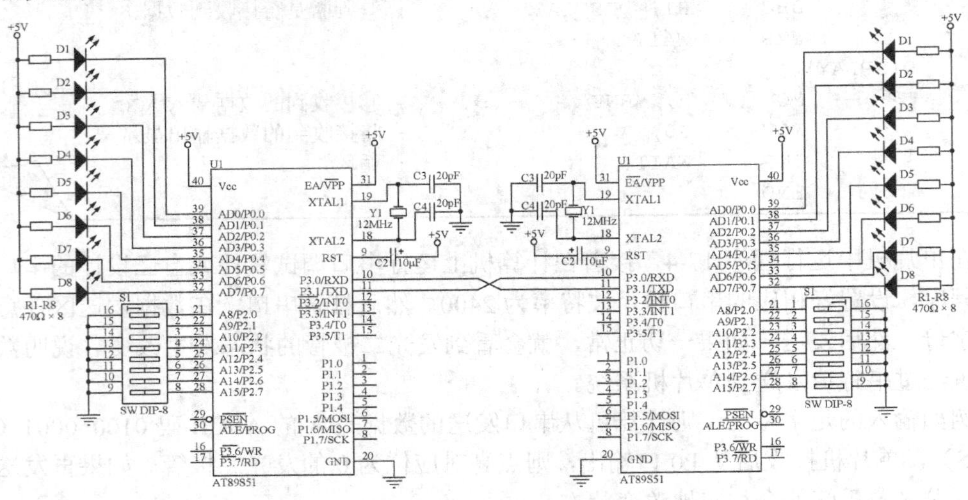

图17-29　两个单片机通信

至于单片机与单片机之间的通信程序与程序17-4和程序17-5相同，就不再展开了。其实无论是哪个具体的知识点，只要亲自实验就能探索到许多书上没有的知识和技巧。另外，如果大家想更为深入和全面的学习单片机知识，可以参考本书的两本姊妹书——《51单片机应用从零开始》和《51单片机应用实例详解》（清华大学出版社），从这两本生动且深入浅出地介绍单片机基础知识及应用的书中将获得较为全面的单片机系统设计思路，其中介绍的许多系统开发技巧和丰富的系统电路、程序实例，是打开单片机实际系统开发大门的金钥匙。

17.3.7　在线温度计的程序设计思路

终于可以在本书的最后一节松一口气了，至此已经把人类近100年来在电子技术领域的总体智慧集于一身。随着对单片机与ADC、单片机串行口通信的内容的学习，在线温度计其实已经不是什么高深的系统了。17.2节中利用ADC设计的简易电平指示器的程序可以应用在单片机控制ADC采集代表温度的模拟信号中，这样单片机就可以轻易地获得温度值。把这个温度值交给两位七段数码管显示的程序也可以参考第16章关于秒表的程序。最后单片机还要通过串行口向计算机输出温度数据，这部分的程序则可以参考17.2节的内容。

单片机部分所学习的程序就像一粒粒珍珠，只要有机地串起来，进行必要地修改就可以实现包括在线温度计在内的许多系统功能。在线温度计这个典型的信号采集系统涵盖了本书的大部分内容，包括模拟电路、数字电路和单片机的知识。

最后，把在线温度计的制作及程序设计工作留给大家。动手之余，每一位细心的朋友已经从电子技术中启航，以苦为舟，与失败为伴，慢慢地驶向成功的彼岸。

附录 A　标准 EIA 电阻阻值表

表 A-1 是 E6（允许误差±20%）、E12（允许误差±10%）、E24（允许误差±5%）、E48（允许误差±2%）、E96（允许误差±1%）、E192（允许误差±0.5、0.25、0.1%或更高）系列电阻的取值基准，只要将这些取值乘以 10^n 就可得到全系列电阻的阻值。

表 A-1　标准 EIA 电阻阻值表

E6	E12	E24	E48	E96	E192	E6	E12	E24	E48	E96	E192
100	100	100	100	100	100	100	120	130	140	140	142
					101					143	143
				102	102						145
					104	150	150	150	147	147	147
			105	105	105						149
					106					150	150
				107	107						152
					109				154	154	154
		110	110	110	110						156
					111					158	158
				113	113						160
					114			160	162	162	162
			115	115	115						164
					117					165	165
				118	118						167
					120				169	169	169
	120	120	121	121	121						172
					123					174	174
				124	124						176
					126		180	180	178	178	178
			127	127	127						180
					129					182	182
				130	130						184
					132				187	187	187
		130	133	133	133						189
					135					191	191
				137	137						193
					138			200	196	196	196
			140	140	140						198

续表

E6	E12	E24	E48	E96	E192	E6	E12	E24	E48	E96	E192
150	180	200	196	200	200	330	330	330	316	316	316
					203						320
			205	205	205					324	324
					208						328
				210	210				332	332	332
					213						336
220	220	220	215	215	215					340	340
					218						344
				221	221			360	348	348	348
					223						352
			226	226	226					357	357
					229						361
				232	232				365	365	365
					234						370
		240	237	237	237					374	374
					240						379
				243	243		390	390	383	383	383
					246						388
			249	249	249					392	392
					252						397
				255	255				402	402	402
					258						407
	270	270	261	261	261					412	412
					264						417
				267	267			430	422	422	422
					271						427
			274	274	274					432	432
					277						437
				280	280				442	442	442
					284						448
		300	287	287	287					453	453
					291						459
				294	294	470	470	470	464	464	464
					298						470
			301	301	301					475	475
					305						481
				309	309				487	487	487
					312						493

续表

E6	E12	E24	E48	E96	E192	E6	E12	E24	E48	E96	E192
470	470	470	487	499	499	680	680	680	715	715	715
					505						723
		510	511	511	511					732	732
					517						741
				523	523			750	750	750	750
					530						759
			536	536	536					768	768
					542						777
				549	549				787	787	787
					556						796
	560	560	562	562	562					806	806
					569						816
				576	576		820	820	825	825	825
					583						835
			590	590	590					845	845
					597						856
				604	604				866	866	866
					612						876
		620	619	619	619					887	887
					626						898
				634	634			910	909	909	909
					642						920
			649	649	649					931	931
					657						942
				665	665				953	953	953
					673						965
680	680	680	681	681	681					976	976
					690						988
				698	698						
					706						

附录B　Multisim 2001 的安装

为了帮助大家正确安装和使用 Multisim 2001，本附录将详细介绍安装的全过程。

B1　安装环境要求

Multisim 2001 的安装环境要求如下：

✧　操作系统：Windows95/98/2000/NT4.0/XP/Vista/7。

✧　CPU：Pentium166 或更高档次的 CPU。

✧　内存：至少 32MB（最好在 128MB 以上）。

✧　显示器分辨率：至少 800 像素×600 像素。

✧　光驱：配备 CD-ROM 光驱（没有光驱时可通过网络安装）。

✧　硬盘：可用空间至少 200MB。

下面将以 Multisim 2001 在 Windows XP 环境下的安装为例，逐步介绍安装过程。在不同版本的操作系统下安装，提示信息和过程可能略有不同，但只要按照提示操作即可。

B2　安装 Multisim 2001 程序

B2.1.1　安装步骤

安装过程分为两个阶段：

第一阶段，首先运行 SETUP.EXE，安装程序会自动检查系统配置是否满足安装 Multisim 的要求，如图 B-1 所示。检查完毕会出现安装程序说明界面，如图 B-2 所示。

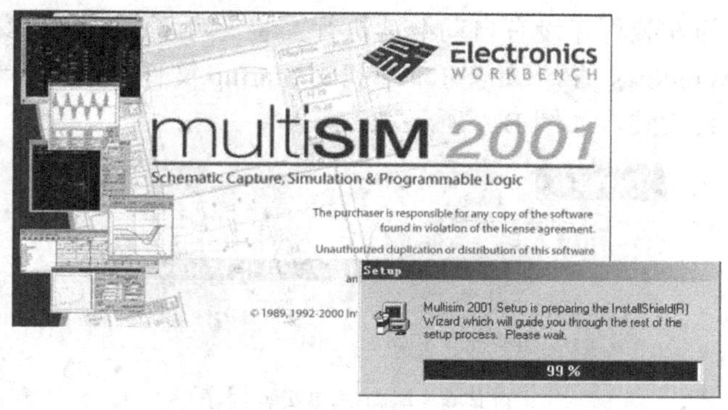

图 B-1　Multisim 2001 安装程序启动画面

单击 Next 按钮，将会出现一个版权声明对话框，如图 B-3 所示，要想成功安装必须遵守其声明，单击 Yes 按钮继续。

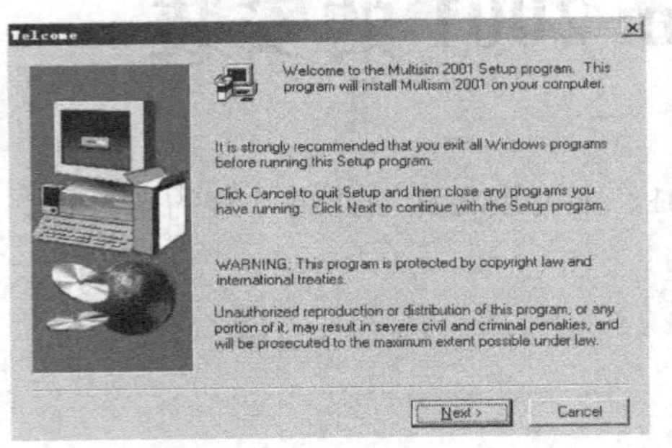

图 B-2 Multisim 2001 安装程序操作说明

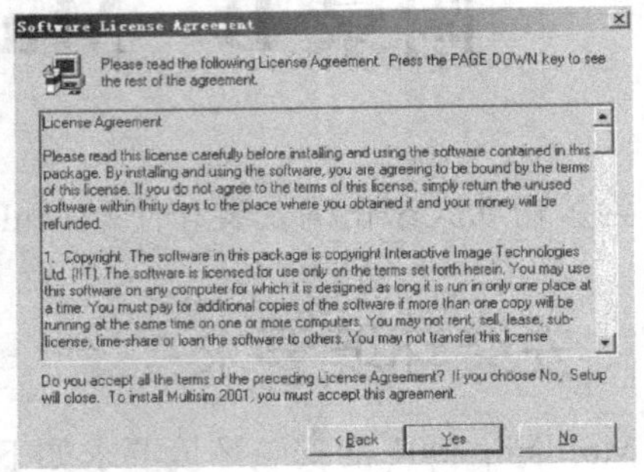

图 B-3 软件声明对话框

在继续安装之前，安装程序会升级 Windows 系统文件，单击图 B-4 中的 Next 按钮，安装程序会自动更新系统文件。当系统文件更新完毕后，会出现图 B-5 所示的对话框，该对话框提示是否要重新启动以便下一步的安装。这里我们选中 Yes, I want to restart my computer now. 单选项，然后单击 Finish 按钮重新启动计算机。

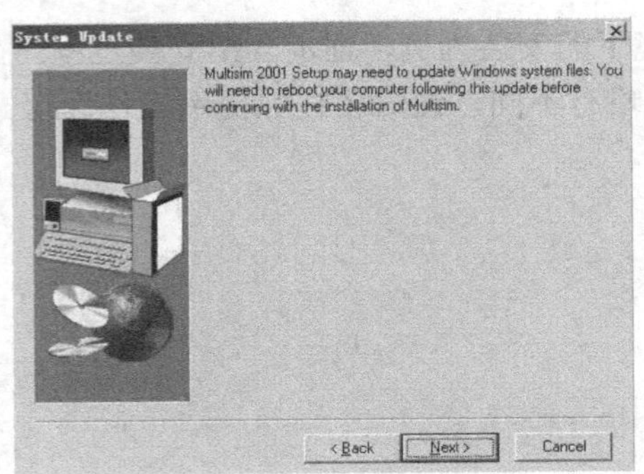

图 B-4 提示系统更新对话框

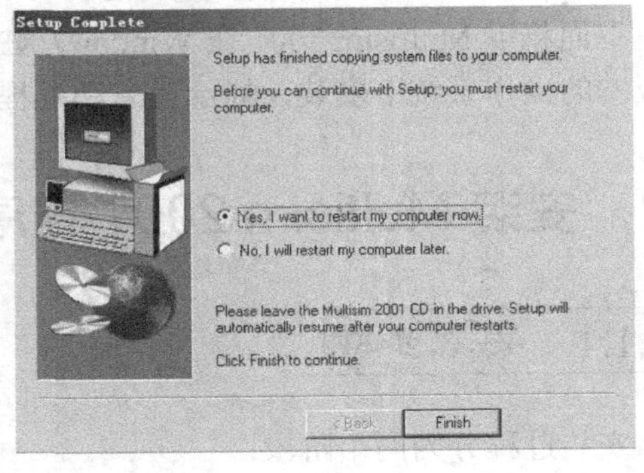

图 B-5 提示第一阶段安装完成对话框

到此为止第一阶段的安装已经结束，接下来就要进行第二阶段的安装。系统重新启动后，如果 Multisim 的安装程序没有自动继续执行安装，可手动来继续安装。

第二阶段，在 Windows 的“开始”菜单中找到 Startup 文件夹，然后单击其中的 Continue Setup，Multisim 继续安装，如图 B-6 所示。

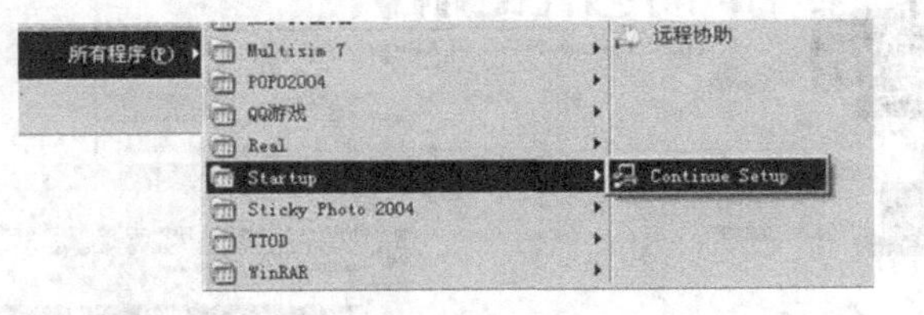

图 B-6 重新启动安装程序

依次单击 Next 或 Yes 按钮，直到出现如图 B-7 所示的 User Information 对话框。

在图 B-7 所示对话框的 Name 文本框中输入用户姓名，Company 文本框中输入所属公司或单位名称，Serial 文本框中输入软件序列号，该序列号可以在安装光盘包装盒上找到。单击 Next 按钮。如果序列号正确，将出现一个对话框，告知序列号验证的正确性。单击 Next 按钮继续下一步。

在 Enter Information 对话框中，要求输入功能码（Feature Code）。并非所有版本的 Multisim 都有功能码（如教育版就没有），用户可以忽略此项，直接单击 Next 按钮跳过（忽略功能码输入后，系统的使用会受到一些限制）。

在 Choose Destination Location 对话框（如图 B-8 所示）中，选择安装的路径。可选择默认的 C: \Multisim，或单击 Browse 按钮进行自定义路径的选择，修改完成后单击 Next 按钮继续执行。

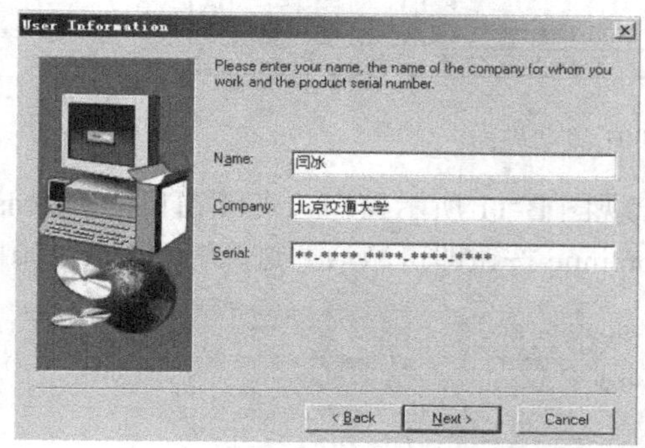

图 B-7　User Information 对话框

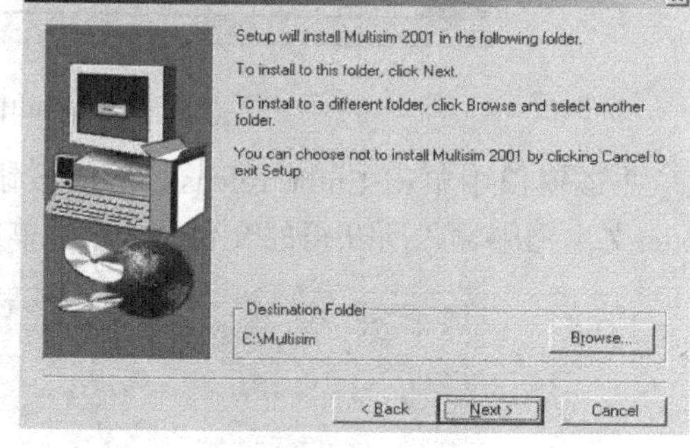

图 B-8　Choose Destination Location 对话框

在 Select Program Folder 对话框中指定程序文件夹的名称。默认名称为 Multisim 2001，一般情况下不需要改动，单击 Next 按钮继续执行安装程序。此时，安装程序将开始复制文件，并在屏幕上显示复制进程，如图 B-9 所示。

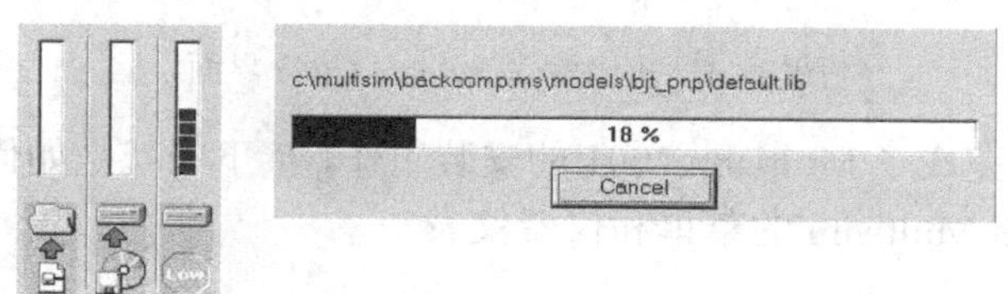

图 B-9　显示复制文件进度

文件复制完毕后，单击 OK 按钮，安装程序显示出 Setup Complete 对话框，单击其中的 Finish 按钮，安装程序结束。

B2.1.2　激活 Multisim 2001

安装程序完成之后，就可以打开使用 Multisim 2001 了，但在激活之前是有时间限制的（15 天），过了这个期限就不能再使用了。为了不受使用期限的限制，下面来激活它。在激活时需要输入一个交付码（Release Code），交付码的获得比较麻烦，用户需要购买正版

Multisim，然后在网站注册，由 NI 公司用 E-mail 形式交付给用户。当然还可以与 NI 公司的中国代理商联系获得。获得交付码之后，运行 Multisim 2001，出现 Multisim 2001 的启动界面，如图 B-10 所示。

图 B-10　Multisim 2001 启动界面

在该窗口中单击 Enter release code 按钮，出现图 B-11 所示窗口，在该窗口的 Release Code 文本框中输入所获得的交付码，然后单击 Continue 按钮即可激活并进入 Multisim 2001。

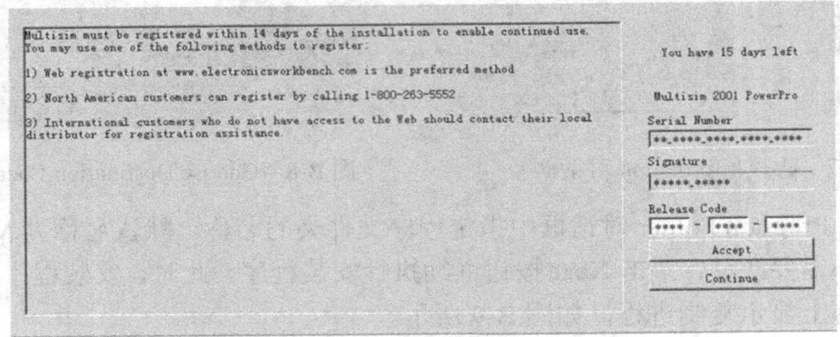

图 B-11　提示输入 Release Code 界面

至此，就成功地完成了 Multisim 2001 的安装工作，接下来就是如何使用了。在附录 C、附录 D 中将详细介绍 Multisim 的菜单和仪器仪表。

附录 C　Multisim 2001 的菜单栏

【File】文件菜单

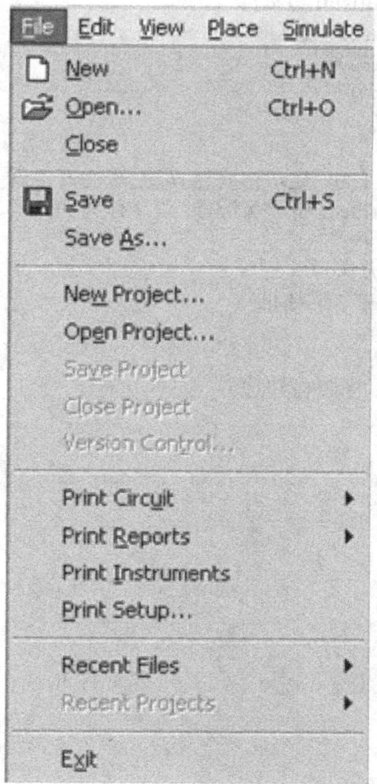

New 新建文件
Open... 打开文件
Close 关闭文件
Save 保存
Save As... 保存为
New Project... 新建工程
Open Project... 打开工程
Save Project 保存工程
Close Project 关闭工程
Version Control... 版本控制
Print Circuit 打印电路图
　Print 打印
　Print Preview 打印预览
　Print Circuit Setup 打印电路设置
Print Reports 打印报表
　Bill of Materials 元件清单
　Database Family List 元件库列表
　Component Detail Report 元件详细资料
Print Instruments 打印仪表结果
Print Setup... 打印机设置
Recent Files 最近的文件
Recent Projects 最近的工程
Exit 退出

【Edit】编辑菜单

Undo 撤销
Cut 剪切
Copy 复制
Paste 粘贴
Delete 删除
Select All 全选
Flip Horizontal 水平翻转
Flip Vertical 垂直翻转
90 Clockwise 顺时针 90° 翻转
90 CounterCW 逆时针 90° 翻转
Component Properties... 元件属性

【View】显示菜单

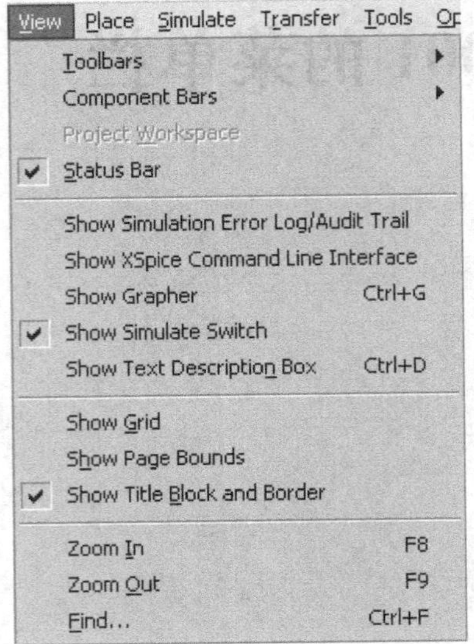

- Toolbars 工具栏
    - System 系统
    - Design 设计
    - Instruments 仪表
    - Zoom 缩放
    - In Use List 正在使用列表
- Component Bars 元件库
    - Multisim Database Multisim 数据库
    - Coporate Database 第三方数据库
    - User Database 用户数据库
    - EDAParts Bar EDA 部分栏
- Project Workspace 工程工作区域
- Status Bar 状态栏
- Show Simulation Error Log/Audit Trail 显示仿真错误记录/检查仿真
- Show XSpice Command Line Interface 显示 XSpice 命令行界面
- Show Grapher 显示图表
- Show Simulate Switch 显示仿真开关
- Show Text Description Box 显示文本描述框
- Show Grid 显示栅格
- Show Page Bounds 显示纸张边界
- Show Title Block and Border 显示标题栏和边界
- Zoom In 放大
- Zoom Out 缩小
- Find... 查找

【Place】放置菜单

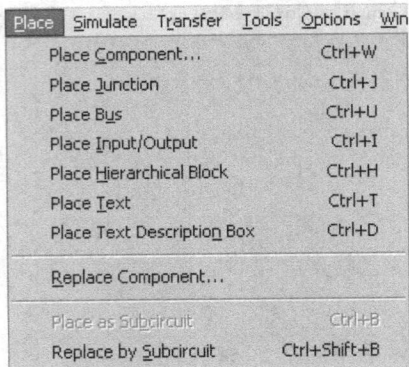

Place Simulate Transfer Tools Options Win
Place Component... Ctrl+W
Place Junction Ctrl+J
Place Bus Ctrl+U
Place Input/Output Ctrl+I
Place Hierarchical Block Ctrl+H
Place Text Ctrl+T
Place Text Description Box Ctrl+D
Replace Component...
Place as Subcircuit Ctrl+B
Replace by Subcircuit Ctrl+Shift+B

- Place Component... 放置元件
- Place Junction 放置节点
- Place Bus 放置总线
- Place Input/Output 放置输入/输出端
- Place Hierarchical Block 放置分等级块电路
- Place Text 放置文本
- Place Text Description Box 放置文本描述框
- Replace Component... 替换元件
- Placeas Subcircuit 放置子电路
- Replace by Subcircuit 用子电路替代

【Simulate】仿真菜单

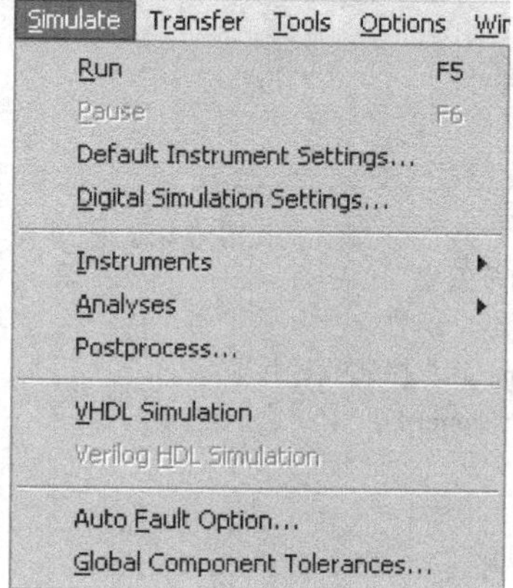

- Run 运行
- Pause 暂停
- Default Instrument Settings... 默认仪表设置
- Digital Simulation Settings... 数字仿真设置
- Instruments 选择仿真仪表
    - Multimeter 数字万用表
    - Function Generator 函数信号发生器
    - Wattmeter 功率计（瓦特计）
    - Oscilloscope 双踪示波器
    - Bode Plotter 波特图示仪（与扫频仪类似）
    - Word Generator 字信号发生器（数字电路用）
    - Logic Analyzer 逻辑转换仪（数字电路用）
    - Logic Converter 逻辑分析仪（数字电路用）
    - Distortion Analyzer 失真度分析仪
    - Spectrum Analyzer 频谱分析仪
    - Network Analyzer 网络分析仪
- Analyses 选择分析方法
    - DC Operating Point... 直流工作点分析
    - AC Analysis... 交流分析
    - Transient Analysis... 瞬态分析
    - Fourier Analysis... 傅里叶分析（频谱分析）
    - Noise Analysis... 噪声分析
    - Distortion Analysis... 失真分析
    - DC Sweep 直流扫描分析
    - Sensitivity... 灵敏度分析
    - Parameter Sweep... 参数扫描分析
    - Temperature Sweep... 温度扫描分析
    - Pole Zero... 极点-零点分析
    - Transfer Function... 传输函数分析
    - Worst Case... 最坏情况分析
    - Monte Carlo... 蒙特卡罗分析
    - Trace Width Analysis...线宽分析
    - Stop Analysis 停止分析
    - RF Analyses 射频分析
- Postprocess... 后处理器
- VHDL Simulation VHDL 仿真
- Verilog HDL Simulation Verilog HDL 仿真
- Auto Fault Option... 自动设置电路故障
- Global Component Tolerances... 全局元件容差设置

【Transfer】转换菜单

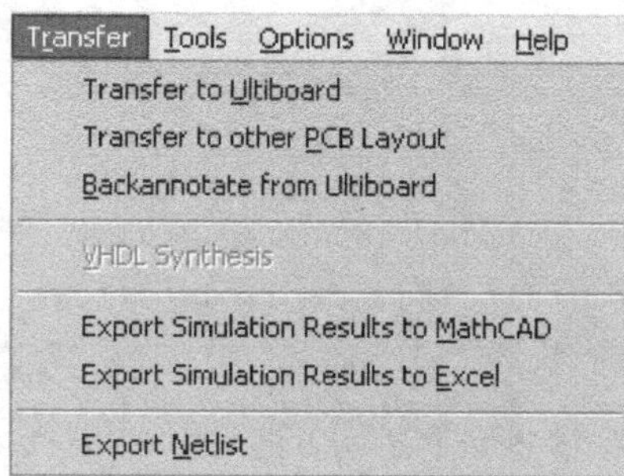

- Transfer to Ultiboard 传送给 Ultiboard
- Transfer to other PCB Layout 传送给其他 PCB 软件
- Backannotate from Ultiboard 从 Ultiboard 返回注释
- VHDL 合成
- Export Simulation Results to MathCAD 仿真结果输出到 MathCAD
- Export Simulation Results to Excel 仿真结果输出到 Excel
- Export Netlist 输出网表

【Tools】工具菜单

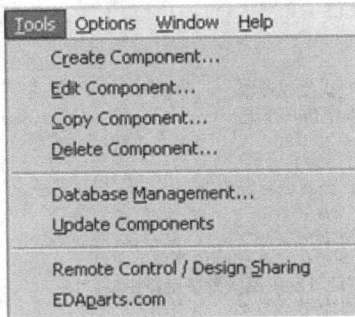

Create Component... 创建元件
Edit Component... 编辑元件
Copy Component... 复制元件
Delete Component... 删除元件
Database Management... 元件库管理
Update Components 升级元件
Remote Control/Design Sharing 远程控制/设计共享
EDAparts.com 连接 EDAparts.com 网站

【Options】选项菜单

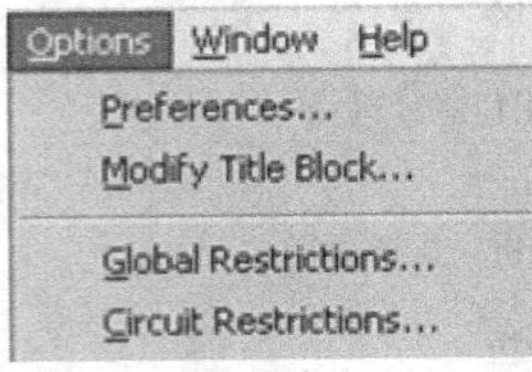

Preferences 参数选择
Modify Title Block... 修改标题栏内容
Global Restrictions... 全局限制设置
Circuit Restrictions... 电路限制设置

【Window】窗口菜单

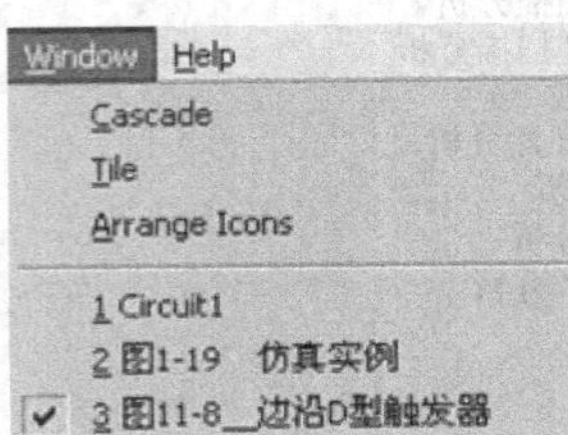

Cascade 层叠
Tile 平铺
Arrange Icons 重排图标

【Help】帮助菜单

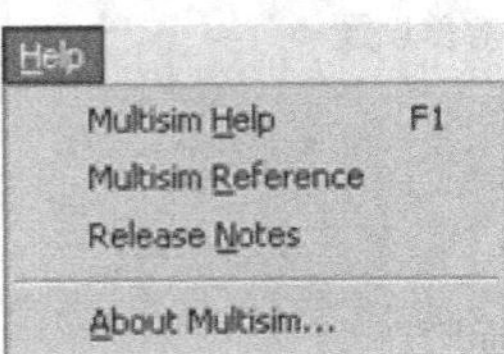

Multisim Help 帮助主题目录
Multisim Reference 帮助主题索引
Release Notes 版本注释
About Multisim... 关于 Multisim

附录 D　Multisim 2001 中的虚拟仪器

D1　虚拟仪器的基本操作

Multisim 2001 的虚拟仪器库提供有数字万用表、函数信号发生器、示波器、波特计、字符信号发生器、逻辑分析仪、逻辑转换仪、瓦特表、失真度分析仪、网络分析仪和频谱分析仪共 11 种虚拟仪器供仿真时使用。

1. 虚拟仪器的选用与连接

在 Multisim 2001 中，用鼠标在虚拟仪器栏（如图 1-26 所示）中单击所需仪器的图标，移动鼠标至电路图中适当位置再次单击即可放下一台虚拟仪器。在同一电路中可以使用一种多台或多种多台虚拟仪器。在仪器连接端（接线柱）上单击鼠标，将有一条跟随鼠标移动的导线生成，将鼠标移动到电路的被测点再次单击鼠标，导线就自动生成，电气连接完成。

2. 虚拟仪器参数的设置

用鼠标双击电路图中的虚拟仪器图标即可打开仪器面板。可以用鼠标和键盘在仪器面板上操作相应按钮、旋钮来修改仪器的参数。在仿真过程中，可以根据实际需要实时修改仪器的参数以满足实验需求。

D2　虚拟仪器的功能和使用

D2.1.1　数字万用表（Multimeter）

Multisim 2001 中的数字万用表（）是一种用来测量交流/直流电压、交流/直流电流、电阻阻值、衰减等，并可自动调整量程的虚拟仪器（如图 D-1（a）所示）。

用鼠标双击电路图中的数字万用表图标，可以打开万用表面板，如图 D-1（b）所示。学习使用万用表，主要是掌握万用表的电流、电压、电阻、衰减这 4 种测量功能的使用方法，如图 D-2 所示。

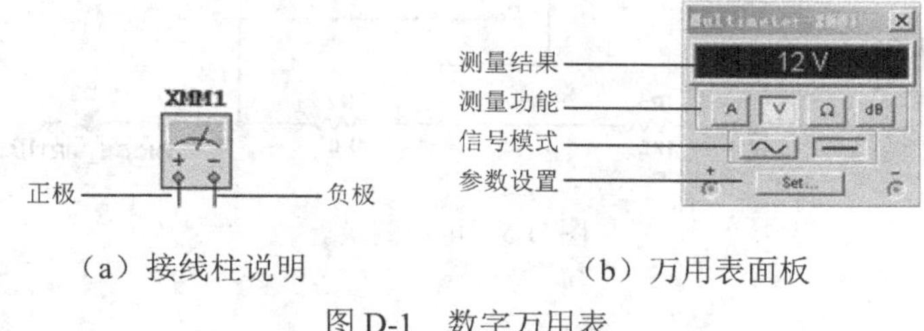

（a）接线柱说明　　（b）万用表面板

图 D-1　数字万用表

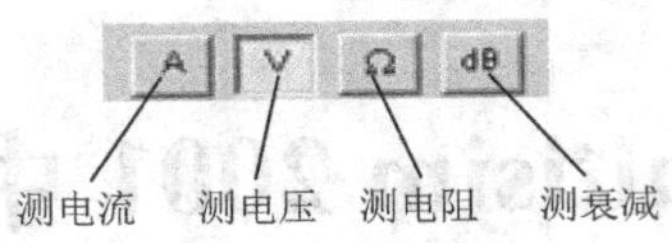

图 D-2 数字万用表的测量功能

1. 电流测量

将万用表串联在电路中，以测量流过某一支路电流的大小，相当于一个电流表，如图 D-3 所示。

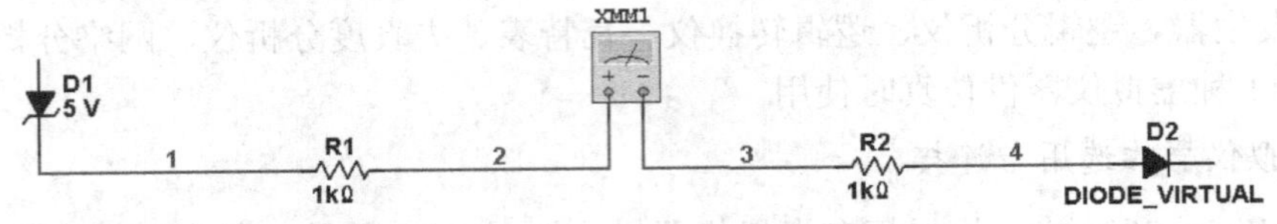

图 D-3 电流测量

将万用表当电流表使用时，其内阻很低，只有 1nΩ。可通过万用表的参数设置按钮来改变万用表的内阻等参数。单击万用表面板上的设置按钮（Set...），打开参数设置对话框，如图 D-4 所示。该对话框可分别对万用表作电流表时的内阻（Ammeter resistance）、作电压表时的内阻（Voltmeter resistance）、作欧姆表时的电流（Ohmmeter current）进行设置。

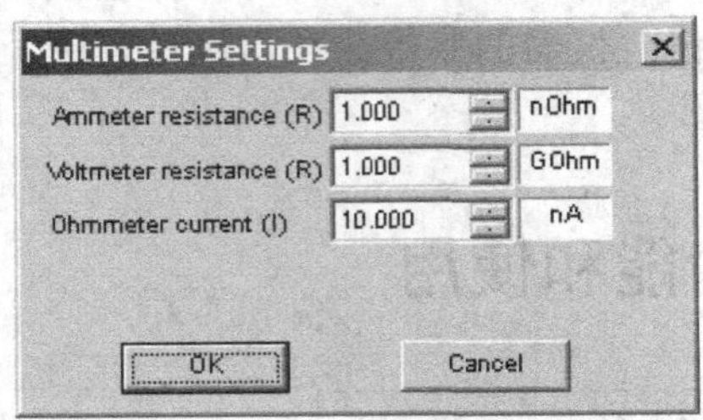

图 D-4 万用表的参数设置对话框

2. 电压测量

将万用表并联在待测电路的两端，即可测量两点间的电压，如图 D-5 所示。

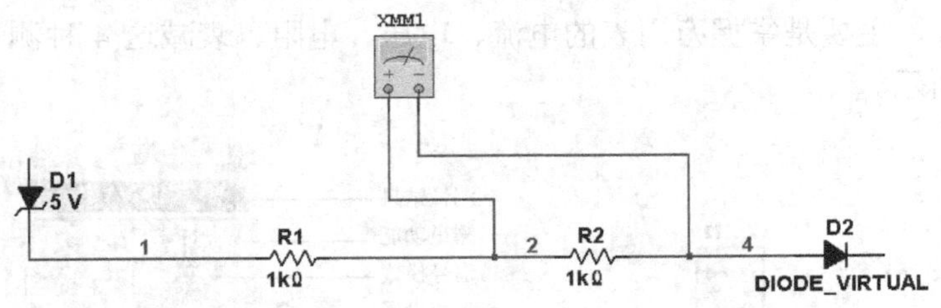

图 D-5 电压测量

3. 电阻测量

万用表可测量两点之间的电阻。如果万用表接入电路中某个电阻两端，则测量的可能不只是当下电阻，而是电路的网络电阻。

4. 衰减检测

万用表的另一个功能是检测电路的衰减，测量方法如图 D-6 所示。为了测量电阻 R1 和 R2 对信号的衰减，将万用表并联在电阻 R1、R2 两端，万用表的正极接输入端，负极接输出端，从而得到电阻 R1、R2 串联结构对信号的衰减。该衰减值可由式（D-1）计算得到，公式中 V_{out} 为输出电压，V_{in} 为输入电压。

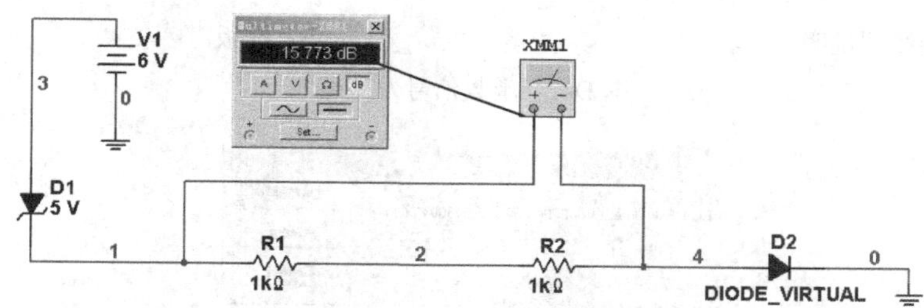

图 D-6 分贝损耗的检测

$$dB=20\lg\left(\frac{V_{out}}{V_{in}}\right) \quad \text{(D-1)}$$

5. 信号模式选择

要根据所测量信号的特点，在万用表面板上选择信号模式：

✧ 交流信号（~）。此时测量的是均方根电压（RMS）或交流信号的电流，直流信号无法进入万用表，只有交流成分会被测量到。

✧ 直流信号（—）。此时测量的是直流电压或直流电流信号。

D2.1.2 函数信号发生器（Function Generator）

Multisim 2001 中的函数信号发生器（）可提供任意频率的正弦波、三角波和方波信号，供电路调试时作为信号源使用。它在电路仿真中经常被用到，所发生波形的频率、幅度、占空比、直流偏置都可以调整。其频率的调节范围很宽，几乎覆盖了交流、音频乃至射频的频率信号。图 D-7 是函数信号发生器的接线柱说明和面板图。

在函数信号发生器的波形选择中可以选择以下 3 种波形作为输出信号：

✧ 正弦波信号（）

✧ 三角波信号（）

✧ 方波信号（）

对于方波信号，还可设置它的上升/下降时间参数。方法是：单击函数信号发生器的波形选择中的方波按钮（）设置输出为方波，这时上升/下降时间参数设置按钮

（Set Rise/Fall Time）变为可用状态，单击该按钮，弹出“上升/下降时间参数设置”对话框，如图 D-8 所示，输入设计的上升/下降时间参数，单击 Accept 按钮确认。

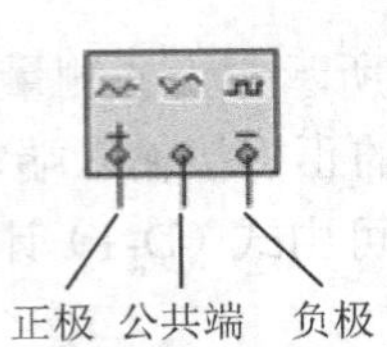

（a）接线柱说明

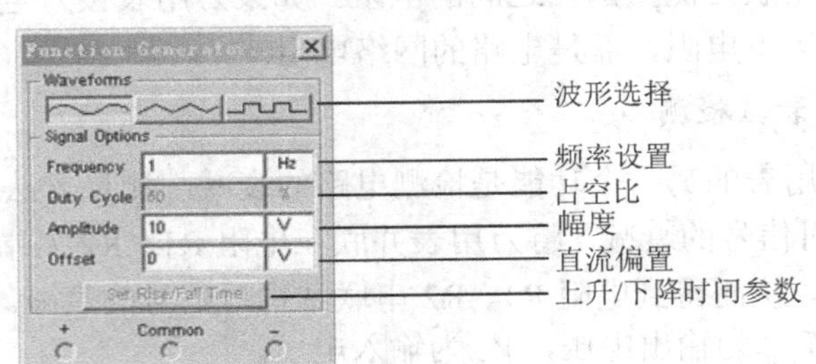

（b）面板

图 D-7　函数信号发生器

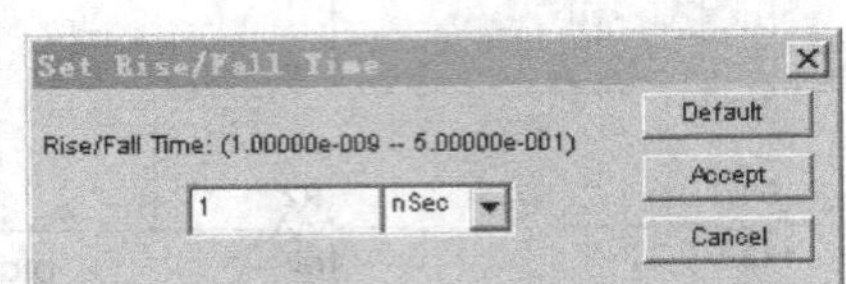

图 D-8　“上升/下降时间参数设置”对话框

D2.1.3　瓦特计（Wattmeter）

Multisim 2001 中的瓦特计（）用来测量电路功率，交流或直流均可测量。用鼠标双击瓦特表图标，可以打开它的面板。瓦特计电压端与测量电路并联连接，电流端与测量电路串联连接，即可实现测量电路的电压和电流，并显示出乘积，即功率。此外，瓦特计还能测量功率因子。图 D-9 所示是一个使用瓦特计测量电路中电阻 R1 功率和功率因子的例子。

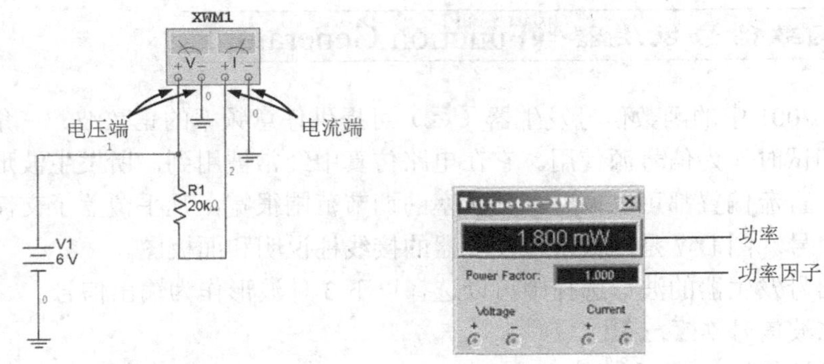

图 D-9　瓦特计的使用

D2.1.4 示波器（Oscilloscope）

Multisim 2001 中的示波器（）是一个双通道的虚拟示波器，可检测信号的波形、幅度、频率等参数，是电子实验中使用最为频繁的仪器之一。用鼠标双击电路图中的示波器图标（如图 D-10（a）所示），可打开示波器面板（示波器观察窗口），如图 D-10（b）所示，面板上各按键的作用、调整方法及参数设置与实际示波器类似。

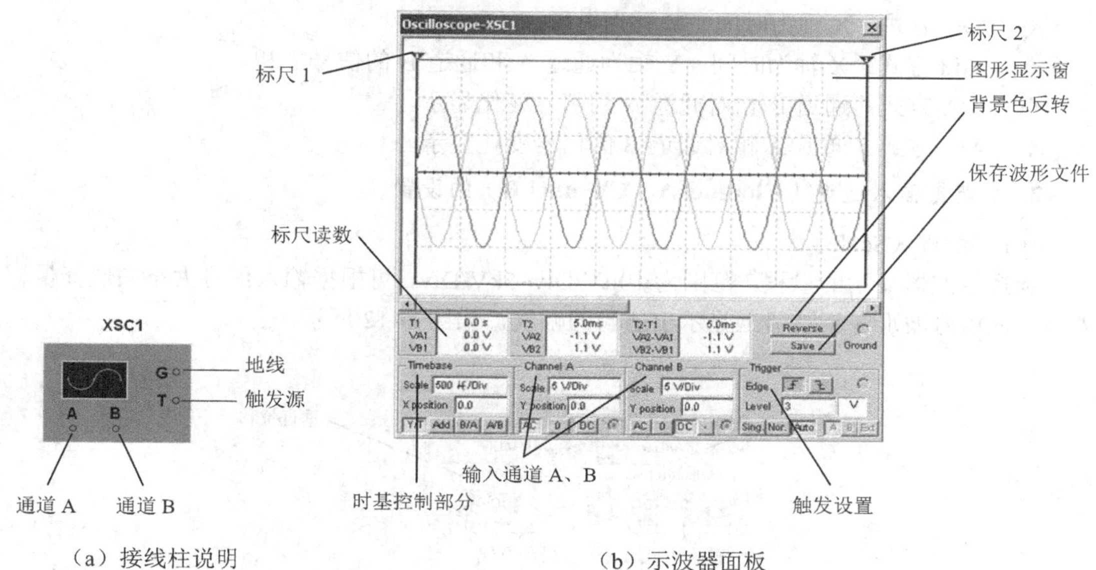

（a）接线柱说明　　（b）示波器面板

图 D-10　示波器

1. 时基（Time base）控制部分的调整

（1）时间基准（Scale）

时间基准设置范围为 0.1ns/Div~1s/Div，可通过时基上/下调节按钮进行调整，如图 D-11 所示。时基设置可以设置示波器的水平增益，为了在示波器上得到一个可观的波形，可设置时基接近信号频率的倒数。例如，输入示波器的信号为 1kHz，可以设置 Scale=1ms/Div 左右。

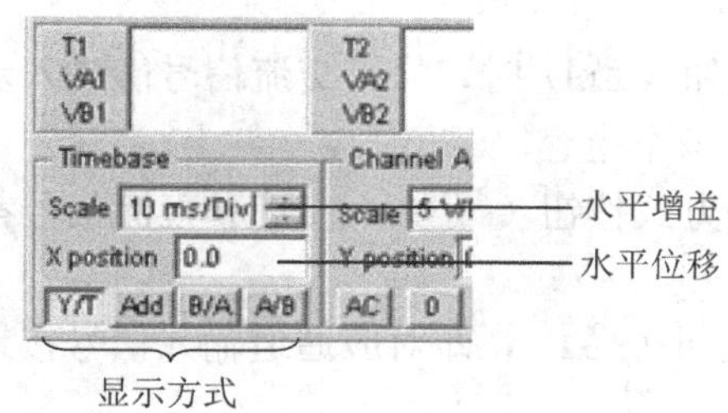

图 D-11　示波器的时基调整

（2）水平位移（X Position）

水平位移参数控制着X轴的起始点。当水平位移调到0时，信号从显示器的左边缘开始。水平位移设置为正数则使起始点右移，设置为负数使起始点左移。X位置的调节范围为-5.00~+5.00。

（3）显示方式

显示方式可设置示波器的X、Y坐标，共4种方式：幅度/时间（Y/T）、通道A+通道B（Add）、通道B/通道A（B/A）、通道A/通道B（A/B）。

- ✧ Y/T方式：X轴为时间，Y轴为电压。
- ✧ Add方式：X轴为时间，Y轴为通道A和通道B的信号之和。
- ✧ B/A方式：通道B相对通道A的信号变化显示。
- ✧ A/B方式：通道A相对通道B的信号变化显示。

2. 示波器输入通道（Channel A、Channel B）的设置

（1）量程（Scale）

选择示波器显示的量程，范围为10μV/Div~5kV/Div，可根据输入信号大小来选择量程大小，使信号波形在示波器上显示出适当的幅度，如图D-12所示。

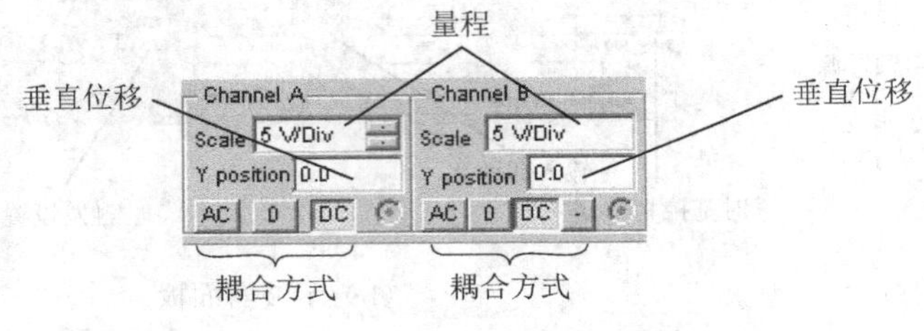

图D-12　输入通道设置

（2）垂直位移（Y Position）

垂直位移控制示波器所显示波形在Y轴方向（上、下方向）进行整体平移。当垂直位移为0时，波形的水平轴与示波器的X轴（中心水平线）重合；如果垂直位移增加到1.00，则波形整体上移一格；若垂直位移减小到-1.00，则波形整体下移一格。垂直位移的调节范围为-3.00~+3.00。通过对通道A和通道B设置不同的垂直位移可以较好地观察和比较两个通道的信号。

（3）耦合方式

当单击AC耦合方式按钮（AC）时，只有交流信号能进入示波器，这种耦合方式相当于在示波器的探针中串联了一个电容。

如果单击的是DC耦合方式按钮（DC），交流和直流信号都可以进入示波器，一般仿真中使用这种方式。

如果单击0耦合方式按钮（0），即对应通道输入信号接地，则在示波器中出现一条与水平轴重合的参考电平线。

值得注意的一点是在通道B中的-按钮，可将通道B的输入信号进行180°的相移。

3. 触发设置（Trigger）

触发设置用于设置示波器的触发类型、触发电平、触发方式等，如图 D-13 所示为触发设置功能说明。

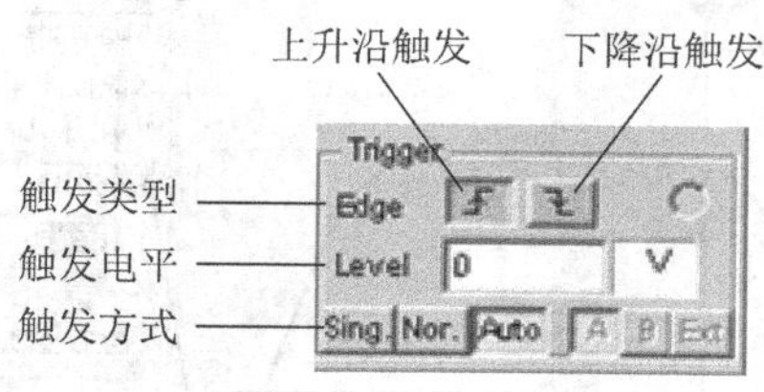

图 D-13 触发设置

（1）触发类型（Edge）

上升/下降沿触发类型按钮（和）可以设置波形的起始显示位置是在其上升部还是下降部。

（2）触发电平（Level）

触发电平是信号的触发门限，只有当信号的电平高于触发电平时才会出现在示波器上。

（3）触发方式

触发信号可以是内部的，即使用通道 A 或 B 信号作为触发信号，也可以是外部信号。使用外部触发信号时，可以将触发信号接在示波器的触发源接线柱上（如图 D-10（a）所示）。4 种触发方式的功能如下：

- ✧ Sing.：当信号达到触发电平时示波器触发一次，当信号显示满一屏时，只有再次单击Sing.按钮才会显示下一屏信号。
- ✧ Nor.：设置示波器每次到达触发电平时进行刷新。
- ✧ Auto：自动触发方式
- ✧ A B Ext：选择通道 A、通道 B 或外部信号作为触发源。

4. 标尺及其读数

用鼠标可拖动示波器的标尺 1（）和标尺 2（），在拖动过程中在标尺读数窗口中可以观察到标尺测量通道信号的读数（包括时间、幅度等）。另外单击背景色反转按钮（Reverse）可以改变示波器屏幕的背景颜色；单击保存波形文件按钮（Save）可以保存当前示波器显示的波形。

D2.1.5 波特计（Bode Plotter）

Multisim 2001 中的波特计（）可以测量和显示电路的幅频特性与相频特性，它能以曲线的形式描绘电路的频率响应，这对于滤波电路的分析有很大的帮助。波特计还能测量信号的电压增益、进行相移特性和频谱分析。双击波特计图标（如图 D-14（a）所示），将打开波特计面板，如图 D-14（b）所示。

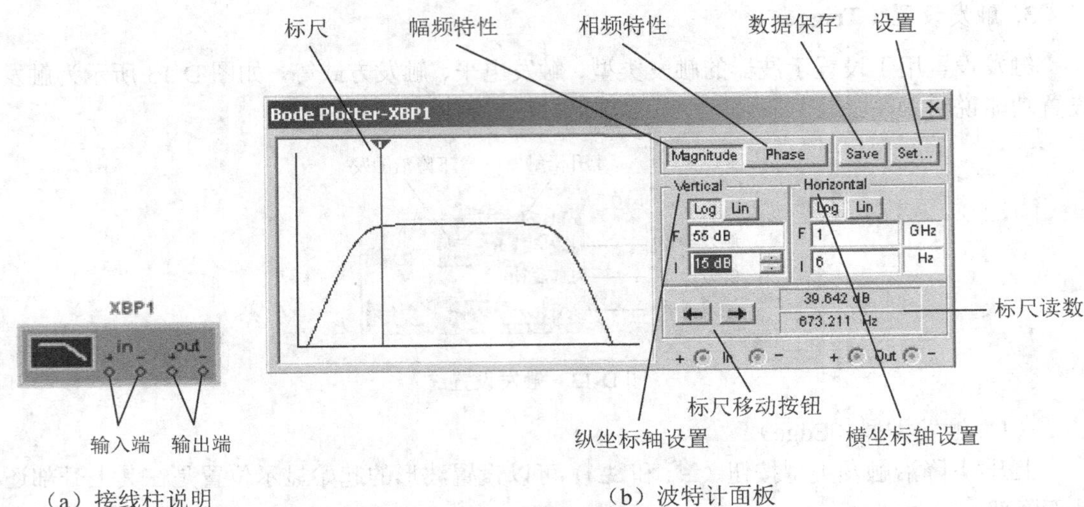

（a）接线柱说明　　（b）波特计面板

图 D-14　波特计

1. 幅频或相频特性分析选择

当单击幅频特性选择按钮（Magnitude）时，波特计测量的是输出/输入电压增益（以 dB 为单位）与频率之间的关系；当单击相频特性选择按钮（Phase）时，波特计测量的是输出/输入的相移大小（以度为单位）与频率之间的关系。

2. 保存及设置

单击数据保存按钮（Save），将保存当前显示数据；单击设置按钮（Set...），可在弹出的窗口中设定波特计的分辨率。

3. 纵坐标设置（Vertical）

纵坐标设置功能由 3 个部分组成，如图 D-15 所示。对数/线性坐标选择由两个按钮组成，单击对数坐标按钮（Log）时，波特计的纵坐标以对数方式显示；单击线性坐标按钮（Lin）时，波特计的纵坐标以线性方式显示。纵坐标的初始值和终值设置取决于被测信号和对数/线性坐标的选择。一般来说，纵坐标的设置有以下规则：

测量模式	显示坐标设置	初始值	终值
幅频模式	对数坐标	−200dB	200dB
幅频模式	线性坐标	0	10e+09
相频模式	线性坐标	−720°	720°

当测量电压增益时，纵坐标指示的是电路输出/输入电压的比值，若使用对数坐标，单位是分贝（dB）。当测量相位时，纵坐标一般指示的是相角，单位是度（°）。需要注意的是，初始值必须小于终值。

4. 横坐标设置（Horizontal）

横坐标显示的总是频率，它的对数/线性坐标选择功能与纵坐标的相似。其频率范围取

决于初始值（I）和终值（F）的值。由于频响分析需要一个较大的频率范围，所以一般都使用对数坐标（Log）。在设置横坐标的初始值和终值时需要注意，初始值要比终值小。

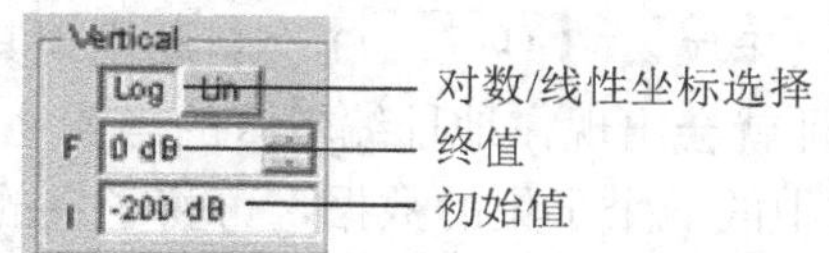

图 D-15 垂直坐标设置

5. 标尺及读数

可使用波特计窗口中的标尺测量特性曲线上任意点的频率、增益或相位差。标尺可通过拖动鼠标读数，或者使用标尺移动按钮（← →）移动到需要测量的点，标尺与特性曲线交点处的频率、增益或相位角数值将显示在标尺读数框中。

D2.1.6 字信号发生器（Word Generator）

Multisim 2001 中的字信号发生器（）是能产生 32 通道同步逻辑信号的一个多路逻辑信号源，用于对数字逻辑电路进行测试。双击字信号发生器图标（如图 D-16（a）所示），打开字信号发生器的面板，如图 D-16（b）所示。

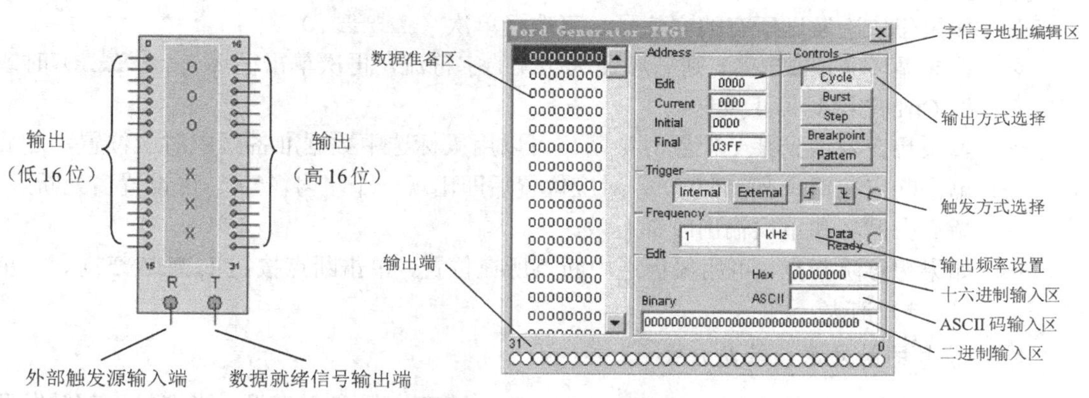

（a）接线柱说明 （b）字信号发生器面板

图 D-16 字信号发生器

1. 字信号的输入

在数据准备区，每个通道的数据以 8 位十六进制数编辑和存放，所以每个通道可以存放 32 位数据，32 个通道则可存放 1024 位数据，这 1024 位数据的地址为 0000~03FF。

为字信号发生器输入数据时，将鼠标指针移至数据准备区的某一行，单击后即可在编辑区的十六进制输入区（Hex 23F32341）、ASCII 码输入区（ASCII #?A）、二进制输入区（Binary 00100011111100110010001101000001）的任何一个中输入具体数据，这时数据就会出现在数据准备区中。

2. 字信号地址编辑区

在数据准备区中的每一位数据都有一个唯一的地址指向它，在编辑具体数据时，在字信号地址编辑区的编辑框中（Edit 0007）会自动出现其对应地址，当字信号发生器输出数据时，每一个字的地址就会出现在地址编辑区的当前地址框中（Current 0000）。

如果要输出数据准备区中的一个子集的数据，可将子集的起止地址分别输入到起始地址框（Initial 0033）和终止地址框（Final 03FF）中。

3. 字信号的输出方式

在控制区中的5个按钮分别有以下的作用：

✧ 循环（Cycle）：持续输出字符流。
✧ 单次（Burst）：把起始地址到终止地址指向的数据输出一次。
✧ 单步（Step）：一次输出一个字。
✧ 断点（Breakpoint）：设置输出中断位置。
✧ 自定义（Pattern）：使用或新建自定义输出方式。

具体的控制说明：

✧ 如果想把32位的字信号输出到电路中，可选择循环（Cycle）、单次（Burst）、单步（Step）之一，当前字的地址出现在当前地址框中（Current 0000）。
✧ 如果一次只想向电路中传送一个字，可选择单步（Step）。
✧ 如果想依次发送所有的字信号，可选择单次（Burst）。
✧ 选择循环（Cycle）则循环发送连续的字符流，再次单击循环（Cycle）时或按Ctrl+T键时停止发送。
✧ 如果想在发送到某一位置时中断，可以用鼠标选中数据准备区中对应位置，之后单击断点按钮（Breakpoint），对应位置后即出现一个星号（*）。可设置多处断点，断点在循环和单次输出时都有效。
✧ 如果想移除断点，可用鼠标选中断点所在位置，单击断点按钮（Breakpoint），星号（*）消失。

4. 字信号的触发源、触发方式

字信号发生器可选择内部（Internal）和外部（External）两种触发源。当选择内部触发源时，字信号的输出直接由输出方式按钮循环（Cycle）、单次（Burst）、单步（Step）之一启动。当选外部触发源时，则需接入外触发脉冲，并通过触发方式按钮上升沿触发（⨍）或下降沿触发（⨍）来选择，然后选择相应的输出方式按钮，待外部触发脉冲到来时才启动输出。此外在数据就绪输出信号端还可以得到与输出字信号同步的时钟脉冲输出。

5. 字信号的存盘、重用、清除等操作

单击自定义（Pattern）按钮，弹出如图D-17所示的预设参数对话框，对话框中的Clear buffer（清数据准备区）、Open（打开字信号文件）、Save（保存字信号文件）3个单选项用于对数据准备区的字信号进行相应的操作，选中某个单选项后单击接受按钮（Accept）即执行相应的操作。字信号保存时以.DP为后缀。对话框中的UP Counter（按

递增编码）、Down Counter（按递减编码）、Shift Right（按右移编码）、Shift Left（按左移编码）4 个单选项用于生成按一定规律排列的字信号。例如选中 UP Counter（按递增编码）单选项，则按 0000~03FF 排列；如果选中 Shift Right（按右移编码）单选项，则按 8000，4000，2000 等逐步右移一位的规律排列，其余依此类推。

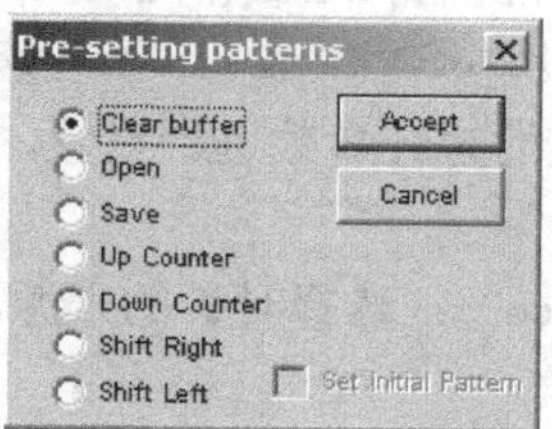

图 D-17　字信号发生器的预设参数对话框

D2.1.7　逻辑分析仪（Logic Analyzer）

Multisim 2001 中的逻辑分析仪（）用于对数字逻辑信号的高速采集和时序分析，可以同步记录和显示 16 路数字信号。逻辑分析仪的接线柱和面板如图 D-18 所示。

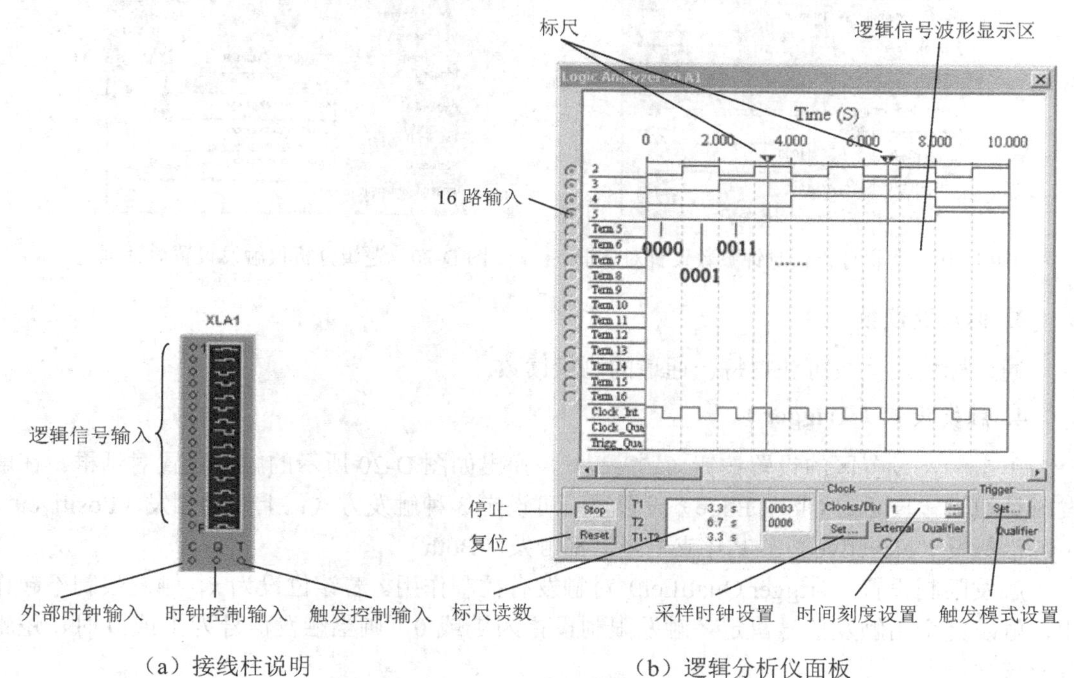

图 D-18　逻辑分析仪

1. 停止及复位

停止按钮（Stop）和复位按钮（Reset）分别为显示暂停按钮和复位并清除显示波形按钮。

2. 逻辑信号的显示

图 D-18（b）所示逻辑分析仪的面板左边有 16 个圆圈对应 16 个输入通道，如果有信号输入则对应的圆圈内出现一个实心黑点，在逻辑信号波形显示区中与输入通道对应的位置显示波形。通过设置与逻辑分析仪输入通道相连的导线颜色可改变逻辑信号波形显示区中对应波形的颜色。可使用时钟设置（Clocks/Div 1）改变每一格中时钟脉冲个数。可通过设置按钮（Set...）对逻辑分析仪的时钟参数进行设置，单击该按钮将弹出如图 D-19 所示的对话框。具体设置含义为：

- ✧ 时钟源设置（Clock Source）：选择时钟的来源，External 为外部时钟，Internal 为内部时钟。
- ✧ 时钟脉冲频率设置（Clock Rate）：对内部时钟的频率进行设置。
- ✧ 时钟限制设置（Clock Qualifier）：该设置与外部时钟源配合使用。选择 1 时则输入为 1 时开放时钟；选择 0 时则输入为 0 时开放时钟；x 代表时钟控制一直开放。
- ✧ 采样设置（Sampling Setting）：Pre-trigger Samples 和 Post-trigger Samples 分别用来设置采样之前和之后的显示数据。Threshold Volt.(V)用来设置门限电压。

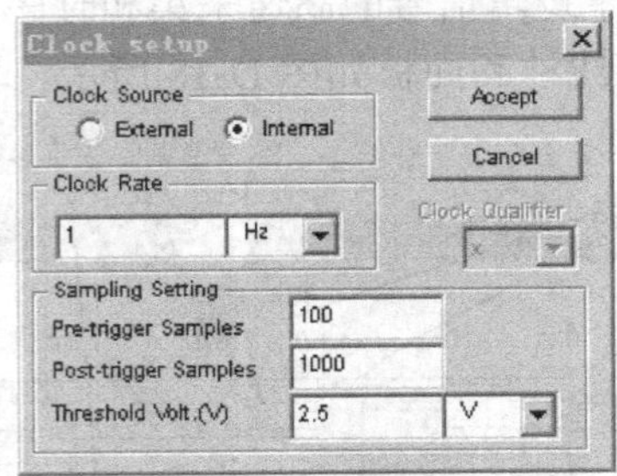

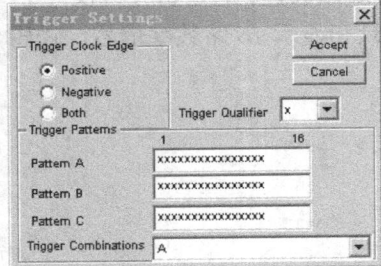

图 D-19　逻辑分析仪时钟参数设置对话框

图 D-20　逻辑分析仪触发设置对话框

3. 标尺及读数

通过标尺及读数可获得每一通道的测量读数。

4. 触发设置（Trigger）

单击触发设置区的设置按钮（Set...），弹出如图 D-20 所示的触发设置对话框。在触发时钟边沿（Trigger Clock Edge）设置里，可设定 3 种触发方式：上升沿触发（Positive）、下降沿触发（Negative）、上升或下降沿都触发（Both）。

触发限制设置（Trigger Qualifier）对触发有控制作用。若该位设为 x，触发限制不起作用，触发完全由触发信号决定；触发限制设置为 1 或 0，则当触发信号为 1 或 0 时，逻辑分析仪才触发。

触发样式设置（Trigger Patterns）。在 Pattern A、Pattern B、Pattern C 中可以设定触发样式，设置 x 代表 1 或 0。还可以在触发样式组合菜单（Trigger Combinations）中设置触电样式组合。单击触发样式组合菜单右边的按钮（Trigger Combinations A），在列表中选择一种组合，并单击确认按钮（Accept），则触发样式被设置为该种组合，逻辑分析仪在读到一个指定字或几个字的组合后触发。如果 Pattern A、Pattern B、Pattern C

保留默认设置 xxxxxxxxxxxxxxxx，则表示只要第一个输入逻辑信号到达，无论是什么逻辑状态，逻辑分析仪均触发，并开始波形的采样。

D2.1.8　逻辑转换仪（Logic Donverter）

逻辑转换仪（）是 Multisim 特有的仪器，它能够完成真值表、逻辑表达式和逻辑电路 3 者之间的转换，包括从逻辑电路到真值表的转换、从真值表到逻辑表达式的转换等。逻辑转换仪的接线说明及面板如图 D-21 所示。

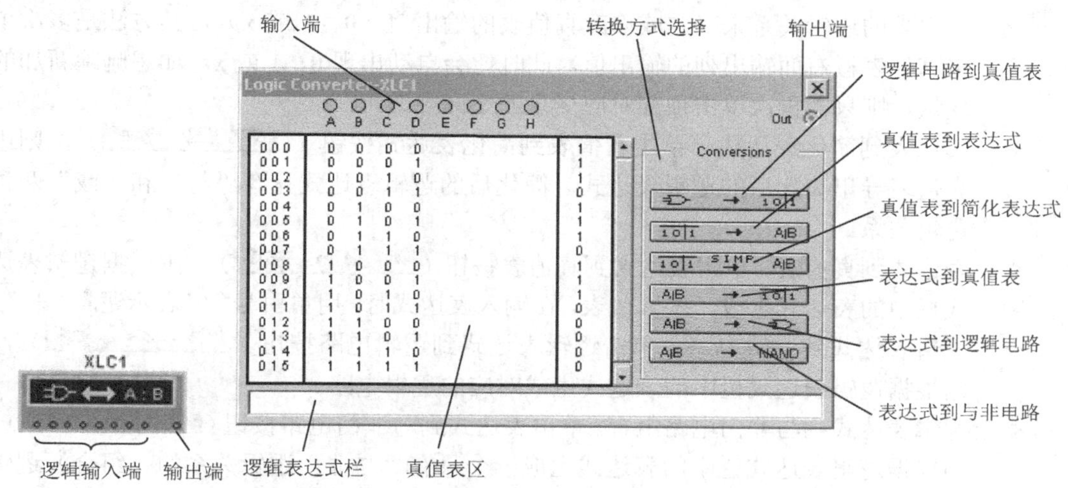

（a）接线柱说明　　　　（b）逻辑转换仪面板

图 D-21　逻辑转换仪

逻辑转换仪共有 9 个接线柱，左边的 8 个接线柱与被分析逻辑电路的输入端相连，最右边的一个接线柱是输出，与被分析逻辑电路的输出端相连（如图 D-21（a）所示）。图 D-22 所示的例子中，逻辑转换仪的输入端 A、B、C 与逻辑电路的输入相连，而输出与逻辑电路的输出相连（或门 U5 的输出）。双击逻辑转换仪图标，打开面板。其中有几种转换功能可供使用：

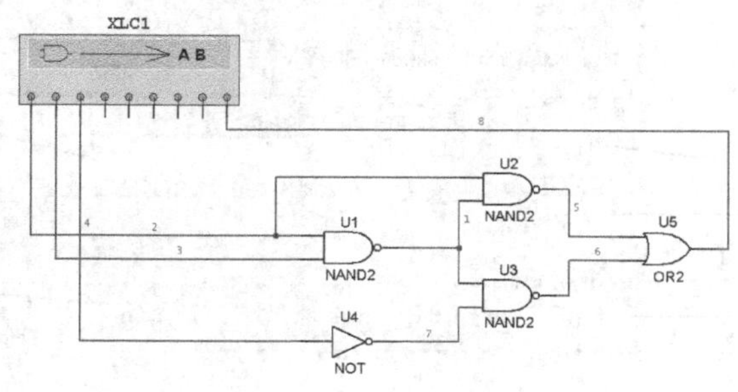

图 D-22　学习使用逻辑转换仪的逻辑电路

✧　逻辑电路到真值表。单击逻辑电路到真值表按钮（），则根据被分析逻辑电路的逻辑关系自动生成了一张真值表。

✧ 真值表到逻辑表达式。单击真值表到表达式按钮（10|1 → A|B），可以由真值表导出逻辑表达式，并显示在逻辑表达式栏中。要从真值表导出逻辑表达式，必须在真值表区中输入真值表。输入方法有两种：若已知逻辑电路结构，可用逻辑电路转换为真值表的方式产生；或者直接在真值表栏中输入真值表，根据输入变量的个数单击逻辑转换仪面板顶部代表输入端的小圆圈（A~H），选定输入变量。变量被选中后与之对应的小圆圈内部会变白。此时，在真值表栏将自动出现输入变量的所有组合，而右侧靠近滚动条的输出列的初始值全部为“？”。然后根据所要求的逻辑关系来确定或修改真值表的输出值（0、1 或 x），其方法是多次单击真值表栏右面输出列的输出值，此时便会自动出现 0、1 或 x。如想删除新加的变量，则只需再次单击顶部对应变量的小圆圈即可。

✧ 真值表到简化表达式。单击真值表到简化表达式按钮（10|1 SIMP→ A|B），则由真值表导出简化后的逻辑表达式。简化后的逻辑表达式只有“与”和“或”两种逻辑关系。

✧ 表达式到真值表。单击表达式到真值表按钮（A|B → 10|1）。则根据逻辑表达式栏中的表达式生成一张真值表。在输入表达式时，用单引号“'”表示逻辑“非”。

✧ 逻辑表达式到逻辑电路。单击逻辑表达式到逻辑电路按钮（A|B → ），则根据逻辑表达式栏中的表达式生成对应的逻辑电路。

✧ 逻辑表达式到与非门电路组合。单击表达式到与非门电路按钮（A|B → NAND），则根据逻辑表达式栏中的表达式生成一个只有“与非”逻辑关系的（组合）逻辑电路。

D2.1.9 失真度分析仪（Distortion Analyzer）

Multisim 2001 中的失真度分析仪（）是一种用来测量电路总谐波失真与信噪比的仪器。Multisim 2001 提供的失真度分析仪频率范围为 20Hz~20kHz，失真度分析仪的接线柱及面板如图 D-23 所示。

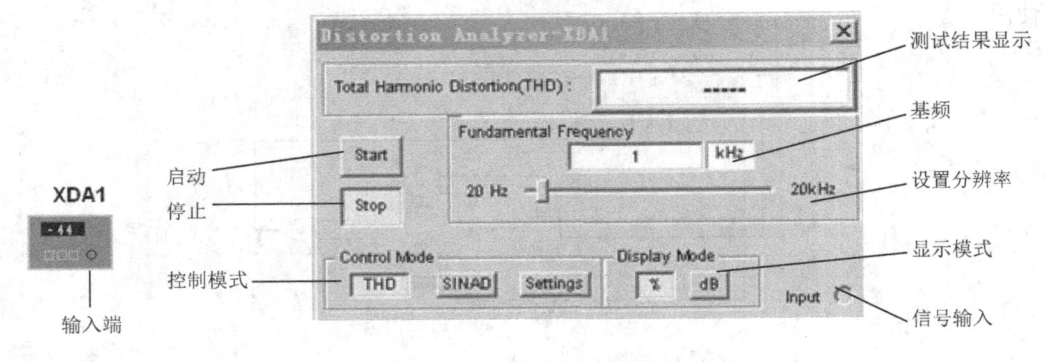

（a）接线柱说明　　（b）失真度分析仪面板

图 D-23　失真度分析仪

从图 D-23（a）可知失真度分析仪只有一个输入端，连接被测电路的输出端。失真度分析仪的面板由以下几个部分组成：

- ✧ 总谐波失真结果显示区（Total Harmonic Distortion，THD）。该区用于显示所测得的总谐波失真数值。数值的显示单位可由显示模式设置（Display Mode）中的按钮来改变：用百分比表示时单击 % 按钮；用 dB 表示时可单击 dB 按钮。
- ✧ 基频（Fundamental Frequency）。用来设置基频，改变文本框中的数字和单位可以改变基频，还可以拖动滑块来改变分辨率。
- ✧ 控制模式区（Control Mode）。该区有 3 个按钮，其作用如下：
  - ➢ THD 按钮：选择测试总谐波失真，即 THD。
  - ➢ SINAD 按钮：选取测试信号的信噪比，即 S/N。
  - ➢ Set... 按钮：设置测试的参数。单击该按钮将弹出如图 D-24 所示的对话框。

  其中 THD Definition 用来选择总谐波失真的定义方式，有 IEEE 和 ANSI/IEC 两种方式；Harmonic Num.则用来选择谐波次数；FFT Points 设置 FFT 变换的点数。

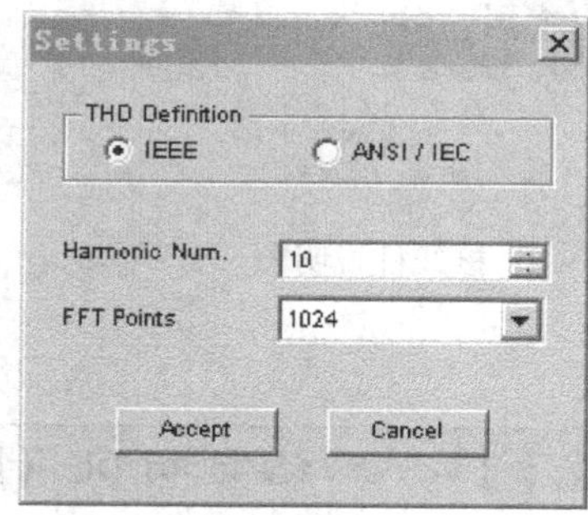

图 D-24　参数设置对话框

- ✧ 启动/停止按钮。单击启动按钮（Start）开始测试；单击停止按钮（Stop）停止测试，并显示测试结果。当 Multisim 的仿真开关打开后，启动按钮会自动被按下，一般要经过一段时间计算后，失真度分析仪方可显示稳定的数值，这时单击停止按钮，读取测试结果。

D2.1.10　频谱分析仪（Spectrum Analyzer）

Multisim 2001 中的频谱分析仪（▤）用来测量信号的幅频特性，该虚拟仪器能够测量信号的功率和频率成分，有助于分析信号的谐波。在通信领域，对频谱的关注较为普遍。例如在移动电话信号传输中，信号很有可能被其他的射频电波干扰而导致原始信号丢失，这时就可以通过频谱分析仪来分析信号的成分。与一般的时域分析方式不同，频谱分析更侧重信号在频域中的形式，示波器有助于观察到信号的瞬时值。有时，所需的是一个正弦波信号，但往往其中夹杂着其他的谐波成分，这样一来，就很难对波形的特性进行很好的研究。如果这样的信号通过频谱分析仪来观察，其中的各种频率的信号，包括所要研究的正弦信号和其他谐波信号的幅度等特征将一目了然。那么，是不是频域分析方法就能解决一切问题了呢？其实不然，比如信号的上升/下降时间、周期、循环次数、延时等问题只能在时域中进行分析，因此，时域和频域这两种分析方法在信号分析领域被广泛使用。

Multisim 2001 中的虚拟频谱分析仪不会给电路带来噪声。一台频谱分析仪包括以下几个参数：

- ✧ 工作频率范围。
- ✧ 频带宽度。

✧ 参考电平。

✧ 测量范围。

图 D-25 所示是频谱分析仪的接线柱和面板。

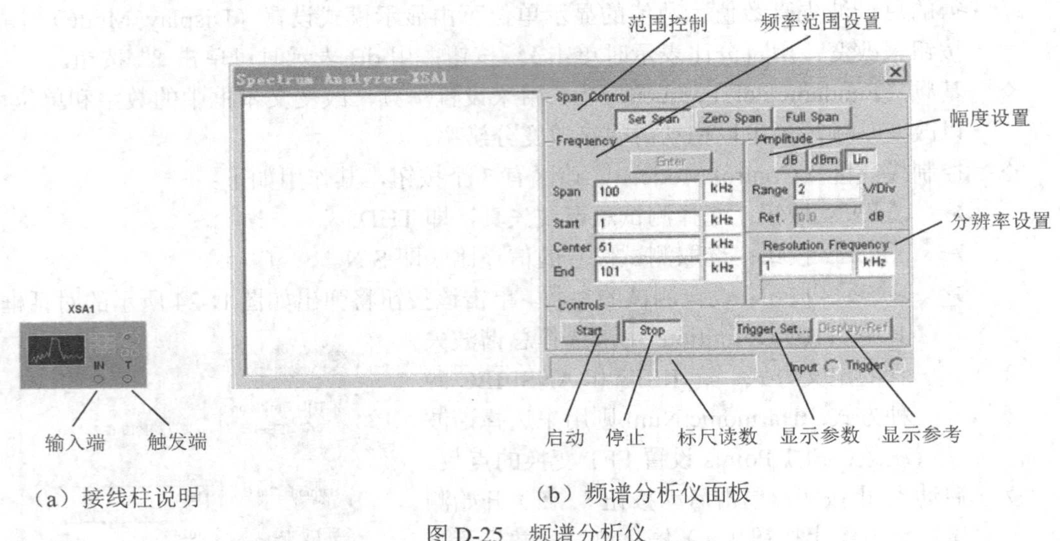

（a）接线柱说明

（b）频谱分析仪面板

图 D-25 频谱分析仪

D2.1.11 网络分析仪（Network Analyzer）

Multisim 2001 中的网络分析仪（）是一种用来分析双端口网络的仪器，它可以测量衰减器、放大器、混频器、功率分配器等电子电路及元件的特性。Multisim 2001 提供的网络分析仪可以测量电路的 S 参数并计算出 H、Y、Z 参数。网络分析仪面板如图 D-26 所示。

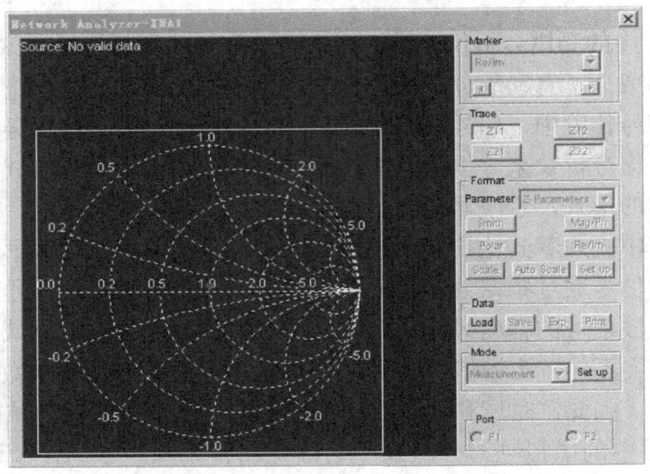

图 D-26 网络分析仪

附录E 自制矿石收音机

1. 制作简介

这个简单的矿石收音机是许多20世纪80年代前出生的人在儿时的“玩具”，今天，感兴趣的朋友可通过制作它理解一些关于电磁波、检波等无线电相关知识。制作并不需要任何专业的知识，只要把下面的材料及工具准备好，跟着介绍就可以轻而易举地完成。这台矿石收音机不需要电池就可以工作，经过精心地调整还可以收听到多个不同电台的广播。

2. 矿石收音机制作材料及工具清单

- ✧ 图钉8支
- ✧ Φ0.25mm的漆包线2米左右
- ✧ 大回形针1枚
- ✧ 470pF电容1支
- ✧ 0.01μF电容1支
- ✧ 二极管1支（锗管，如NTE110A、OA90等）
- ✧ 晶体耳机1支
- ✧ 小鱼夹2支
- ✧ 铜导线若干
- ✧ 硬纸筒1个（可用卫生圈纸中心的硬纸筒）
- ✧ 木板1块（用于固定矿石收音机的器件）
- ✧ 透明胶带（固定用）
- ✧ 尖嘴钳1把
- ✧ 小锤子1把
- ✧ 剪钳1把
- ✧ 剪刀1把

3. 安全注意事项

虽然说矿石收音机制作非常简单，但是有几点安全问题需要事先说明一下：

- ✧ 本制作不需要电源就可以工作，所以不要把任何部分插到220V的市电插座中。收音机唯一需要与外界接连的是把一根地线接到自来水管上。
- ✧ 不要把矿石收音机的天线与任何可能带电的物体相连，也不要让天线靠近其他电源线。雷电来临时，禁止在室外使用或调试矿石收音机，以免遭到雷击。
- ✧ 使用或调试完毕后，把天线收回室内，并与电路断开。

4. 操作指南

为了让这个无源的矿石收音机能够工作，需要为它连接一个天线和地线。在有些地区也可以不使用天线，但是一根良好的地线却非常重要。自来水管一般都是金属的，它与大地有非常好的连接，所以一般可把地线与自来水管连接。如果收听信号不好，可以使用一根长导线作为天线，天线放得越高越好。当然，也可以使用如金属防盗网、金属床等生活中可找到的面积较大的导体作为天线。

矿石收音机选择性较差、灵敏度一般，所以有可能收听到许多电台混杂在一起的声音，这种情况可能是当地不同电台的信号强度都很接近所致。如果使用长天线（30米或更长）可以改善一些电台的广播信号的接收灵敏度。

5. 电路原理图及工作原理

矿石收音机的电路原理图如图E-1所示，天线E1在信号不好时可以选用，如果当地电台信号足够好，光靠电感器L1就可以接收到。电感器L1使用Φ0.25mm的漆包线在硬纸筒（卫生圈纸中心纸筒）上绕145匝制成；电容C1和C2使用普通的瓷介电容；二极管D1使用的是锗管，型号可选用NTE110A、OA90等；耳机P1为高阻抗的老式晶体耳机。

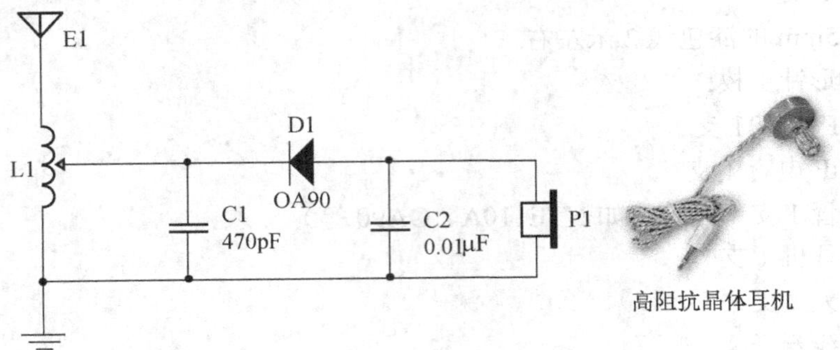

图E-1　矿石收音机电路原理图

矿石收音机的电感器L1和电容C1组成调谐电路，用于接收空中的无线电波。在电感器L1上有一个滑动接触片可以用来调节与电容C1并联的电感量，从而改变谐振频率。与谐振频率相近的电磁波被接收进电路，经过二极管D1和电容C2的解调后，信号在晶体耳机P1中被还原出来。

6. 装配过程

第1步，找一块适当大小的木板作为矿石收音机的装配底板。

第2步，根据图E-2在硬纸筒上画好线，以便下一步裁剪。

第3步，用剪刀沿着虚线把硬纸筒多余部分剪掉，注意留下两个扣用于固定硬纸筒，如图E-3所示。

第4步，用大头针在距硬纸筒两端1cm处轧两个小孔，如图E-4所示，用漆包线绕扣两圈后从硬纸筒的内侧穿过小孔，并在硬纸筒上紧密、整齐地绕约145匝后从另一端的小孔穿出。注意在两端都留出15cm的线尾。在绕制过程中，注意匝与匝之间不要跨线、不要留有空隙。绕制完145匝后用快干漆或指甲油等刷在线圈上以使线圈与硬纸筒紧密结合。完成的硬纸筒就成了电路中的电感器L1，如图E-5所示。

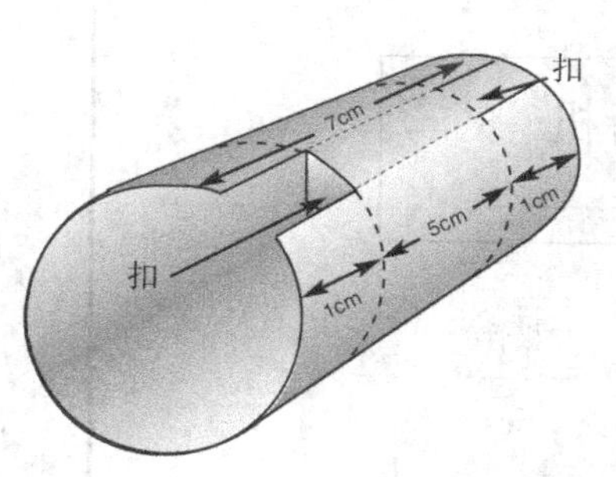

图 E-2 画好硬纸筒上的剪裁线

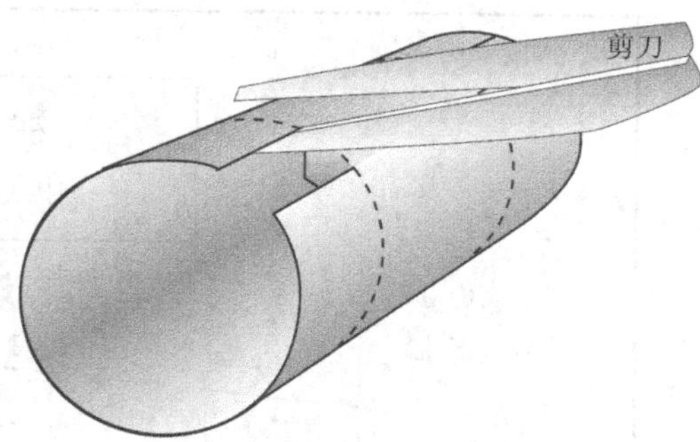

图 E-3 剪裁硬纸筒

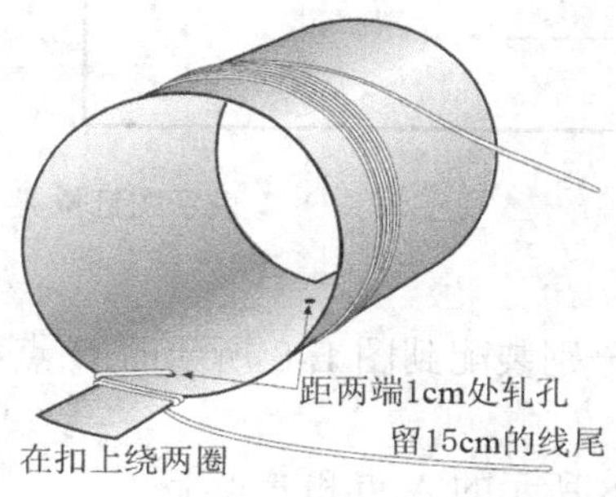

图 E-4 绕线

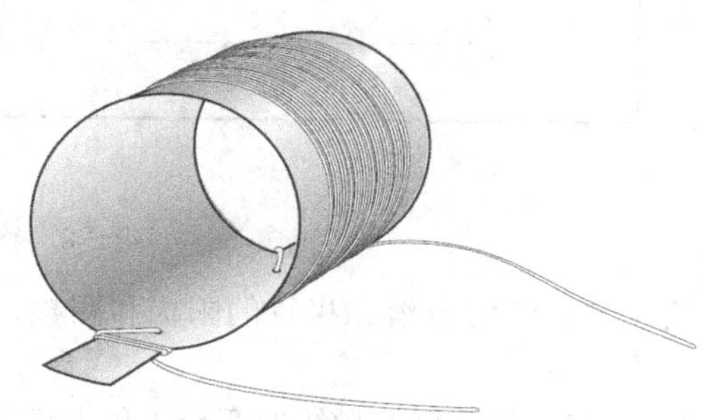

图 E-5 绕制完成的电感器

第 5 步，取一支回形针，用尖嘴钳和锤子把它拉直，并按图 E-6 所示在一端做一个直径 5mm 的圆环，这个回形针将作为滑动接触片。

第 6 步，为了获得更好的导电特性，在导线两端多绕几圈以扩大与图钉的接触面积，如图 E-7 所示。

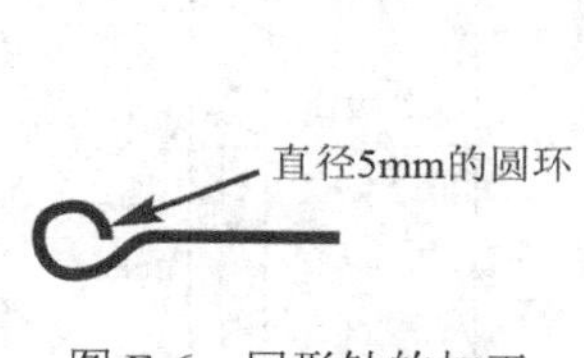

图 E-6 回形针的加工

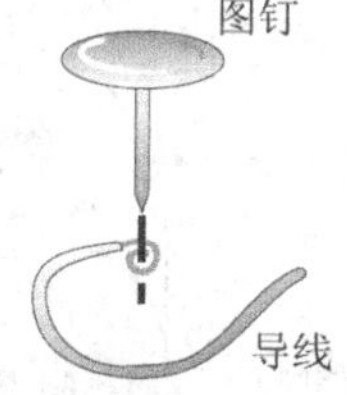

图 E-7 导线与图钉的连接

第 7 步，按照图 E-8 所示的布局，把刚刚做好的硬纸筒电感器用图钉固定到木板上。

第 8 步，把用回形针制成的滑动接触片搭到电感器上，以回形针上弯出来的圆环为轴（图 E-8 的 B 点），在电感器线圈上左右扫一下，看看回形针与线圈接触的具体位置，之后用刀把线圈上接触位置的漆刮掉，使圆形针在扫过线圈时能与某匝导通。注意刮漆的时候要小心，不要把漆包线刮断。这样，电感器在回形针这个滑动接触片作用下成为了一个可变电感器（如图 E-9 所示）。

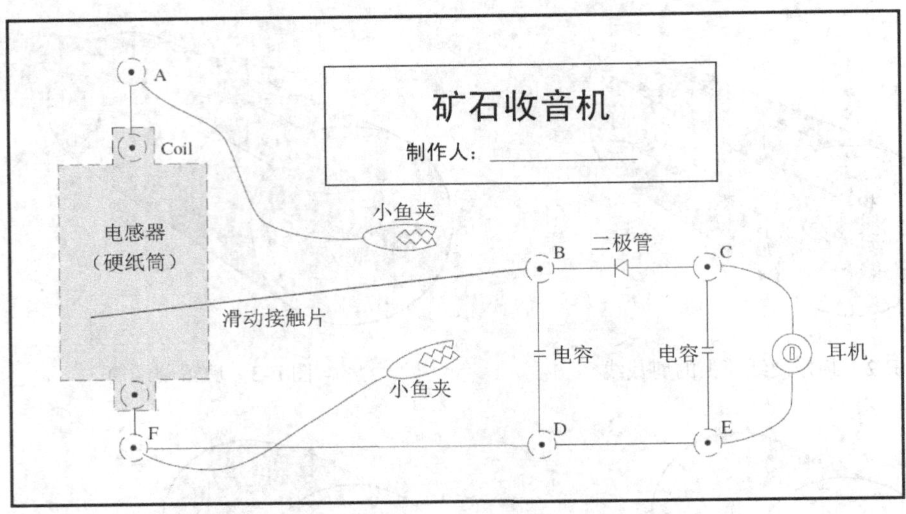

图 E-8　整体布局

第 9 步，注意分辨二极管的阳极和阴极，将它们分别装配到图 E-8 所示的 C 点和 B 点上。

第 10 步，把连接好导线的两个小鱼夹连接到图 E-8 所示的 A 点和 F 点上。

第 11 步，把两个电容安装到图 E-8 所示的 B、D 点和 C、E 点上即可完成所有的装配工作。最终完成图如图 E-9 所示，把接地（图 E-8 的 F 点）小鱼夹与自来水管接上，再接上耳机就可以开始寻找广播电台了。如果信号强度不够，可以把天线（图 E-8 的 A 点）小鱼夹与天线再连接上。

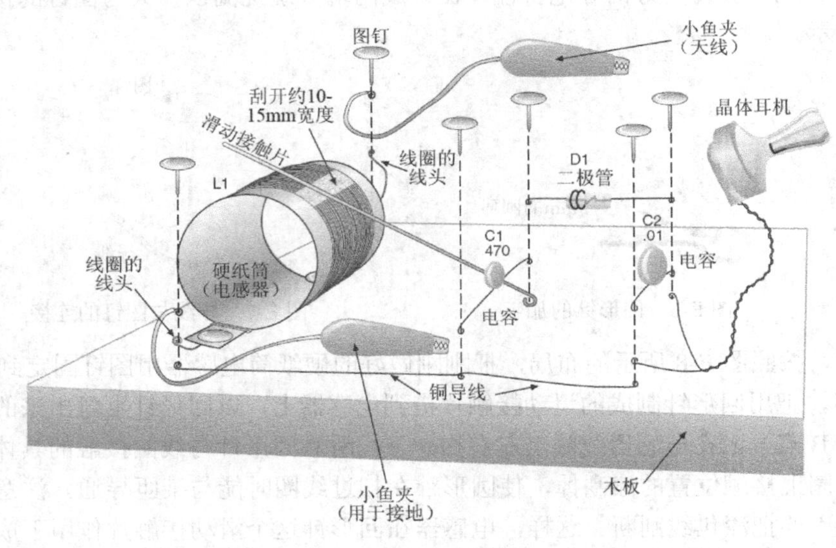

图 E-9　最终装配效果图

附录 F 常用元器件电路符号及外形

常用元器件电路符号及外形，如表 F-1 所示。

表 F-1 常用元器件电路符号及外形（以元器件的英文名称为序）

元器件名称（英、中）	电 路 符 号	外形（代表）
Antenna 天线		
Battery 电池		
Bell 电铃	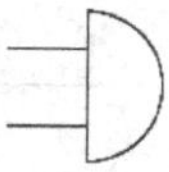	
Bridge 整流桥	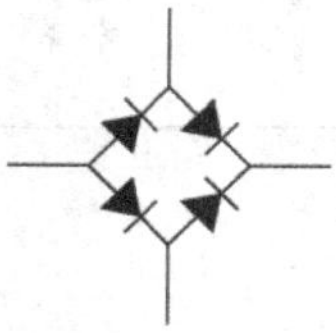 或 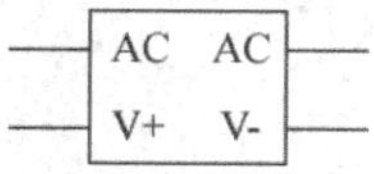 AC AC V+ V-	
Buffer 缓冲器	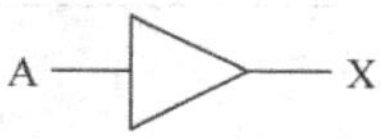 A X	

续表

元器件名称（英、中）	电路符号	外形（代表）
Buzzer 蜂鸣器	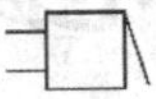	
Capacitor 电容器（无极性）		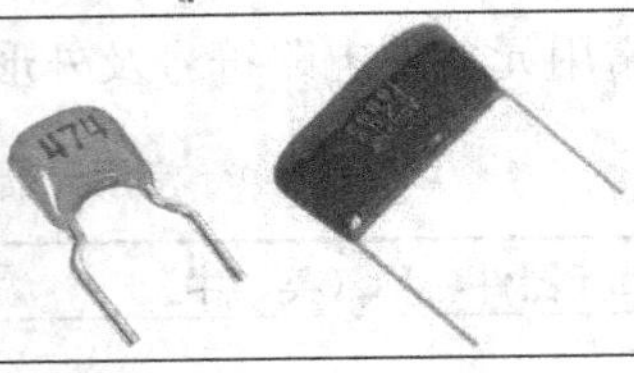
Capacitor(polarized)电容器（有极性）	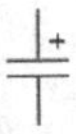	
Capacitor(variable)可变电容器	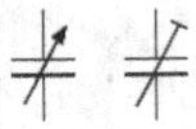	
Diode 二极管		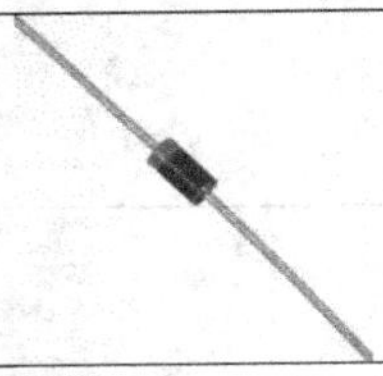
Diode(photo)光电二极管		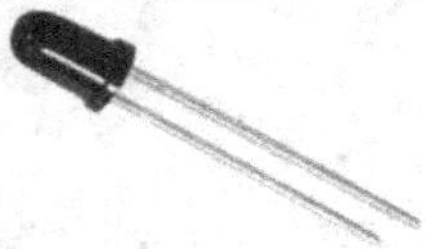
Diode(Schottky)肖特基二极管		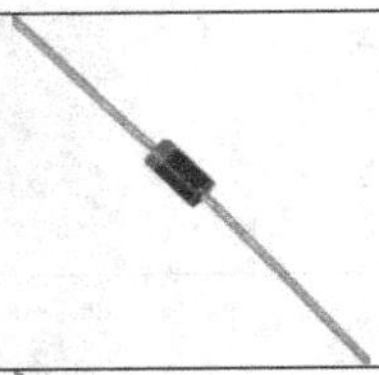
Diode(varactor)变容二极管		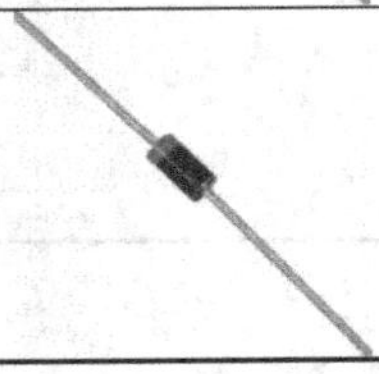

续表

元器件名称（英、中）	电路符号	外形（代表）
Diode(Zener)齐纳（稳压）二极管		
Diode(tunnel)隧道二极管		
Display(seven-segment)七段数码管	10 a, 9 b, 8 c, 5 d, 4 e, 2 f, 3 g, 7 DP; A 1, A 6	
Fuse 保险丝	或	
Inductor 电感器（空心）		
Inductor(iron)铁芯电感器		
Inductor(ferrite)磁芯电感器		
JFET 结型场效应管	JFET-N JEFT-P	

续表

元器件名称（英、中）	电 路 符 号	外形（代表）
Lamp 灯泡	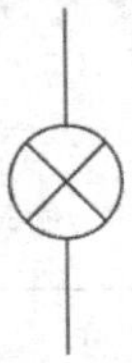	
LED 发光二极管		
Logic gate(AND)与门	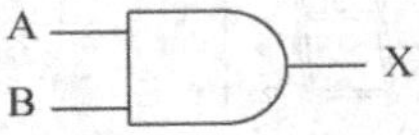	
Logic gate(NOT)非门	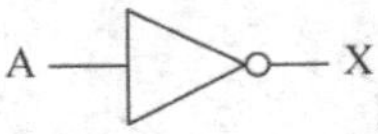	
Logic gate(OR)或门	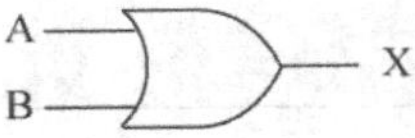	
Logic gate(NAND)与非门		
Logic gate(NOR)或非门	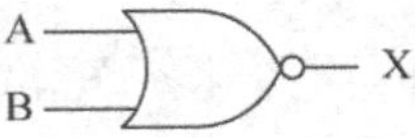	
Logic gate(Exclusive-OR)异或门	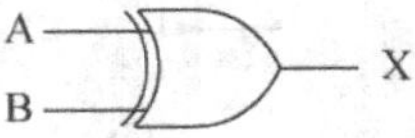	

续表

元器件名称（英、中）	电 路 符 号	外形（代表）
Logic gate(Exclusive NOR)异或非门	A B X	
MIC 话筒		
MOSFET 金属-氧化物半导体场效应晶体管	MOSFET-N　MOSFET-P	
Motor 电机	M	
Motor(servo)伺服电机	+ A -	
Motor(stepper)步进电机	M	
Neon bulb 氖泡		

续表

元器件名称（英、中）	电 路 符 号	外形（代表）
Op Amp 运算放大器	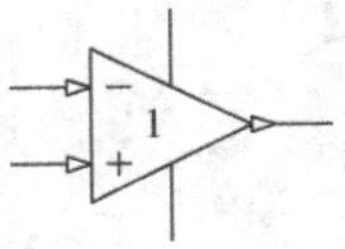 1	
Opto Triac 光耦可控硅	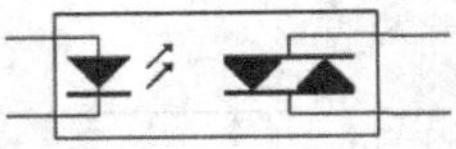	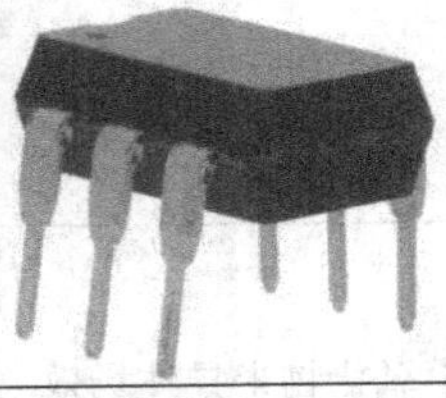
Optoisolator 光耦	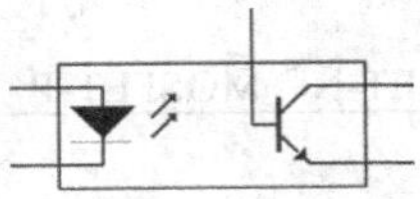	
Optotransistor 光电三极管	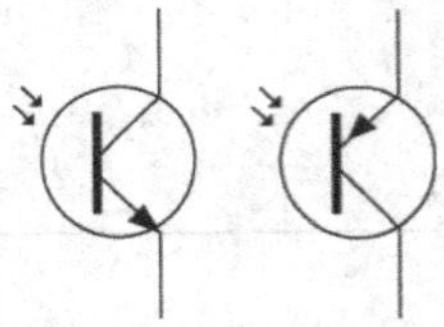 NPN PNP	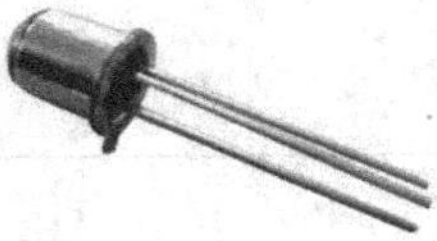
Relay 继电器	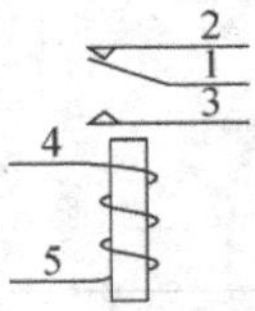 2 1 3 4 5	
Resistor 电阻	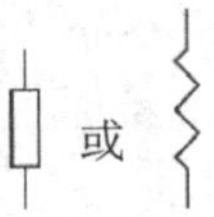 或	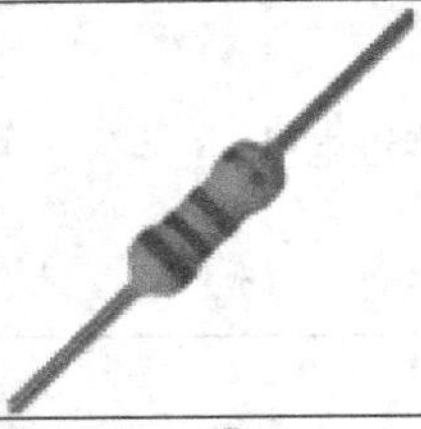
Resistor(adjustable)电位器	或	

续表

元器件名称（英、中）	电 路 符 号	外形（代表）
Resistor bridge 电桥	Rd Ra Rc Rb	
Resistor(photo)光敏电阻		
Resistor pack 排阻	1 2 3 4 5 6 7 8 16 15 14 13 12 11 10 9	
Solar cell 光电池		
Speaker 扬声器		
Switch(DIP)DIP 开关	1 2 3 4 5 6 7 8 9 10 20 19 18 17 16 15 14 13 12 11	
Switch(push button)按钮开关		
Switch 开关		

续表

元器件名称（英、中）	电 路 符 号	外形（代表）
Transformer 变压器	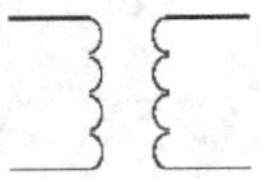	
Transistor 三极管	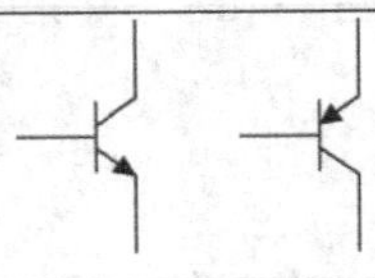 NPN PNP	
Triac 可控硅		
XTAL 晶体振荡器	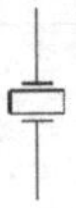	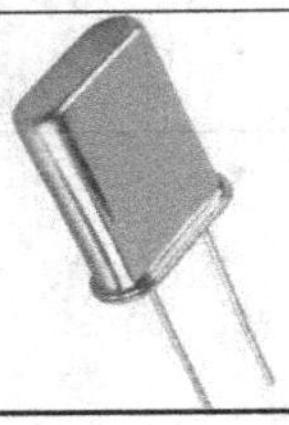

附录G　稳压二极管1N5333~1N5388(5W)参数表

型号	击穿电压 (V_Z)	测试电流 (I_{ZT})	最大动态阻抗 (Z_Z)（后缀为A和B）	最大反向电流 (I_R)	I_R测试电压 (V_R)（无后缀或和后缀为A）	I_R测试电压 (V_R)（后缀为B、C、D）	最大稳压电流 (I_{ZM})（后缀为B、C、D）	最大动态转折点阻抗 Z_{ZK} @ 1.0 mA（后缀为A、B、C、D）	最大电涌电流 (I_{ZSM})	最大稳压范围 (ΔV_Z)（后缀为A、B、C、D）
	V	mA dc	Ω	μA	V	V	mA	Ω	A	V
1N5333B	3.3	380	3.0	300	1.0	1.0	1440	400	20	0.85
1N5334B	3.6	350	2.5	150	1.0	1.0	1320	500	18.7	0.80
1N5335B	3.9	320	2.0	50	1.0	1.0	1220	500	17.6	0.54
1N5336B	4.3	290	2.0	10	1.0	1.0	1100	500	16.4	0.49
1N5337B	4.7	260	2.0	5.0	1.0	1.0	1010	450	15.3	0.44
1N5338B	5.1	240	1.5	1.0	1.0	1.0	930	400	14.4	0.39
1N5339B	5.6	220	1.0	1.0	2.0	2.0	865	400	13.4	0.25
1N5340B	6.0	200	1.0	1.0	3.0	3.0	790	300	12.7	0.19
1N5341B	6.2	200	1.0	1.0	3.0	3.0	765	200	12.4	0.10
1N5342B	6.8	175	1.0	10	4.9	5.2	700	200	11.5	0.15
1N5343B	7.5	175	1.5	10	5.4	5.7	630	200	10.7	0.15
1N5344B	8.2	150	1.5	10	5.9	6.2	580	200	10	0.20
1N5345B	8.7	150	2.0	10	6.25	6.6	545	200	9.5	0.20
1N5346B	9.1	150	2.0	7.5	6.6	6.9	520	150	9.2	0.22
1N5347B	10	125	2.0	5.0	7.2	7.6	475	125	8.6	0.22
1N5348B	11	125	2.5	5.0	8.0	8.4	430	125	8.0	0.25
1N5349B	12	100	2.5	2.0	8.6	9.1	395	125	7.5	0.25
1N5350B	13	100	2.5	1.0	9.4	9.9	365	100	7.0	0.25
1N5351B	14	100	2.5	1.0	10.1	10.6	340	75	6.7	0.25
1N5352B	15	75	2.5	1.0	10.8	11.5	315	75	6.3	0.25
1N5353B	16	75	2.5	1.0	11.5	12.2	295	75	6.0	0.30
1N5354B	17	70	2.5	0.5	12.2	12.9	280	75	5.8	0.35
1N5355B	18	65	2.5	0.5	13	13.7	264	75	5.5	0.40
1N5356B	19	65	3.0	0.5	13.7	14.4	250	75	5.3	0.40
1N5357B	20	65	3.0	0.5	14.4	15.2	237	75	5.1	0.40
1N5358B	22	50	3.5	0.5	15.8	16.7	216	75	4.7	0.45
1N5359B	24	50	3.5	0.5	17.3	18.2	198	100	4.4	0.55
1N5360B	25	50	4.0	0.5	18	19	190	110	4.3	0.55
1N5361B	27	50	5.0	0.5	19.4	20.6	176	120	4.1	0.60
1N5362B	28	50	6.0	0.5	20.1	21.2	170	130	3.9	0.60
1N5363B	30	40	8.0	0.5	21.6	22.8	158	140	3.7	0.60
1N5364B	33	40	10	0.5	23.8	25.1	144	150	3.5	0.60
1N5365B	36	30	11	0.5	25.9	27.4	132	160	3.3	0.65
1N5366B	39	30	14	0.5	28.1	29.7	122	170	3.1	0.65
1N5367B	43	30	20	0.5	31	32.7	110	190	2.8	0.70
1N5368B	47	25	25	0.5	33.8	35.8	100	210	2.7	0.80
1N5369B	51	25	27	0.5	36.7	38.8	93	230	2.5	0.90
1N5370B	56	20	35	0.5	40.3	42.6	86	280	2.3	1.00
1N5371B	60	20	40	0.5	43	45.5	79	350	2.2	1.20
1N5372B	62	20	42	0.5	44.6	47.1	76	400	2.1	1.35
1N5373B	68	20	44	0.5	49	51.7	70	500	2.0	1.50
1N5374B	75	20	45	0.5	54	56	63	620	1.9	1.60
1N5375B	82	15	65	0.5	59	62.2	58	720	1.8	1.80
1N5376B	87	15	75	0.5	63	66	54.5	760	1.7	2.00
1N5377B	91	15	75	0.5	65.5	69.2	52.5	760	1.6	2.20
1N5378B	100	12	90	0.5	72	76	47.5	800	1.5	2.30
1N5379B	110	12	125	0.5	79.2	83.6	43	1000	1.4	2.50
1N5380B	120	10	170	0.5	86.4	91.2	39.5	1150	1.3	2.50
1N5381B	130	10	190	0.5	93.6	98.8	36.6	1250	1.2	2.50
1N5382B	140	8.0	230	0.5	101	106	34	1500	1.2	2.50
1N5383B	150	8.0	330	0.5	108	114	31.6	1500	1.1	3.00
1N5384B	160	8.0	350	0.5	115	122	29.4	1650	1.1	3.00
1N5385B	170	8.0	380	0.5	122	129	28	1750	1.0	3.00
1N5386B	180	5.0	430	0.5	130	137	26.4	1750	1.0	4.00
1N5387B	190	5.0	450	0.5	137	144	25	1850	0.9	5.00
1N5388B	200	5.0	480	0.5	144	152	23.6	1850	0.9	5.00

注 1：以上参数对于不同后缀的器件的允许误差为：A－±10%、B－±5%、C－±2%、D－±1%、无后缀－±20%。

注 2：击穿电压 Vz 是在 25℃条件下测定的，加压时间为 40±10ms。

附录H 三极管2N3904器件手册

2N3904 MMBT3904 PZT3904

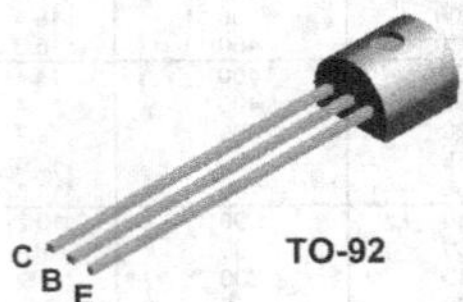

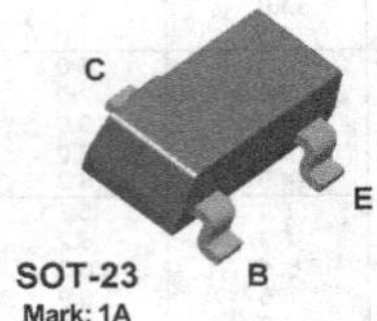

NPN General Purpose Amplifier

This device is designed as a general purpose amplifier and switch. The useful dynamic range extends to 100 mA as a switch and to 100 MHz as an amplifier.

Absolute Maximum Ratings* $T_A = 25°C$ unless otherwise noted

Symbol	Parameter	Value	Units
V_{CEO}	Collector-Emitter Voltage	40	V
V_{CBO}	Collector-Base Voltage	60	V
V_{EBO}	Emitter-Base Voltage	6.0	V
I_C	Collector Current - Continuous	200	mA
T_J, T_{stg}	Operating and Storage Junction Temperature Range	-55 to +150	°C

*These ratings are limiting values above which the serviceability of any semiconductor device may be impaired.

NOTES:
1) These ratings are based on a maximum junction temperature of 150 degrees C.
2) These are steady state limits. The factory should be consulted on applications involving pulsed or low duty cycle operations.

Thermal Characteristics $T_A = 25°C$ unless otherwise noted

Symbol	Characteristic	Max			Units
		2N3904	*MMBT3904	**PZT3904	
P_D	Total Device Dissipation Derate above 25°C	625 5.0	350 2.8	1,000 8.0	mW mW/°C
$R_{\theta JC}$	Thermal Resistance, Junction to Case	83.3			°C/W
$R_{\theta JA}$	Thermal Resistance, Junction to Ambient	200	357	125	°C/W

*Device mounted on FR-4 PCB 1.6" X 1.6" X 0.06."

**Device mounted on FR-4 PCB 36 mm X 18 mm X 1.5 mm; mounting pad for the collector lead min. 6 cm^2.

NPN General Purpose Amplifier
(continued)

Electrical Characteristics
T_A = 25°C unless otherwise noted

Symbol	Parameter	Test Conditions	Min	Max	Units
OFF CHARACTERISTICS					
$V_{(BR)CEO}$	Collector-Emitter Breakdown Voltage	I_C = 1.0 mA, I_B = 0	40		V
$V_{(BR)CBO}$	Collector-Base Breakdown Voltage	I_C = 10 μA, I_E = 0	60		V
$V_{(BR)EBO}$	Emitter-Base Breakdown Voltage	I_E = 10 μA, I_C = 0	6.0		V
I_{BL}	Base Cutoff Current	V_{CE} = 30 V, V_{EB} = 3V		50	nA
I_{CEX}	Collector Cutoff Current	V_{CE} = 30 V, V_{EB} = 3V		50	nA
ON CHARACTERISTICS*					
h_{FE}	DC Current Gain	I_C = 0.1 mA, V_{CE} = 1.0 V I_C = 1.0 mA, V_{CE} = 1.0 V I_C = 10 mA, V_{CE} = 1.0 V I_C = 50 mA, V_{CE} = 1.0 V I_C = 100 mA, V_{CE} = 1.0 V	40 70 100 60 30	 300	
$V_{CE(sat)}$	Collector-Emitter Saturation Voltage	I_C = 10 mA, I_B = 1.0 mA I_C = 50 mA, I_B = 5.0 mA		0.2 0.3	V V
$V_{BE(sat)}$	Base-Emitter Saturation Voltage	I_C = 10 mA, I_B = 1.0 mA I_C = 50 mA, I_B = 5.0 mA	0.65	0.85 0.95	V V
SMALL SIGNAL CHARACTERISTICS					
f_T	Current Gain - Bandwidth Product	I_C = 10 mA, V_{CE} = 20 V, f = 100 MHz	300		MHz
C_{obo}	Output Capacitance	V_{CB} = 5.0 V, I_E = 0, f = 1.0 MHz		4.0	pF
C_{ibo}	Input Capacitance	V_{EB} = 0.5 V, I_C = 0, f = 1.0 MHz		8.0	pF
NF	Noise Figure	I_C = 100 μA, V_{CE} = 5.0 V, R_S =1.0kΩ,f=10 Hz to 15.7kHz		5.0	dB
SWITCHING CHARACTERISTICS					
t_d	Delay Time	V_{CC} = 3.0 V, V_{BE} = 0.5 V,		35	ns
t_r	Rise Time	I_C = 10 mA, I_{B1} = 1.0 mA		35	ns
t_s	Storage Time	V_{CC} = 3.0 V, I_C = 10mA		200	ns
t_f	Fall Time	I_{B1} = I_{B2} = 1.0 mA		50	ns

*Pulse Test: Pulse Width ≤ 300 μs, Duty Cycle ≤ 2.0%

Spice Model

NPN (Is=6.734f Xti=3 Eg=1.11 Vaf=74.03 Bf=416.4 Ne=1.259 Ise=6.734 Ikf=66.78m Xtb=1.5 Br=.7371 Nc=2 Isc=0 Ikr=0 Rc=1 Cjc=3.638p Mjc=.3085 Vjc=.75 Fc=.5 Cje=4.493p Mje=.2593 Vje=.75 Tr=239.5n Tf=301.2p Itf=.4 Vtf=4 Xtf=2 Rb=10)

NPN General Purpose Amplifier
(continued)

Typical Characteristics

Typical Pulsed Current Gain vs Collector Current

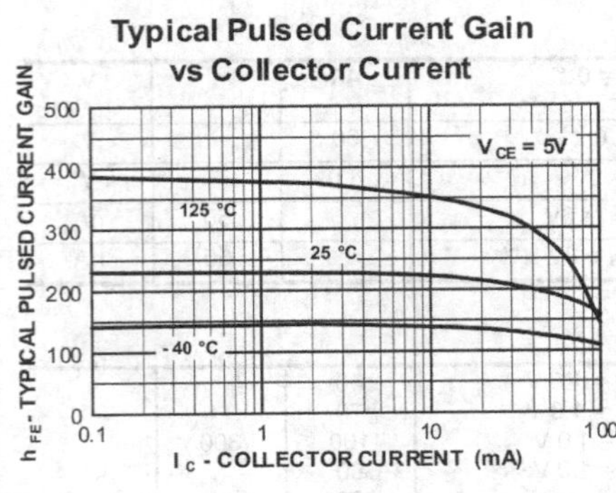

Collector-Emitter Saturation Voltage vs Collector Current

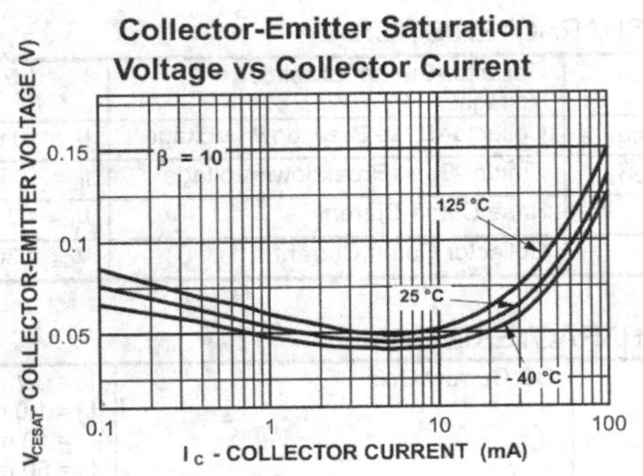

Base-Emitter Saturation Voltage vs Collector Current

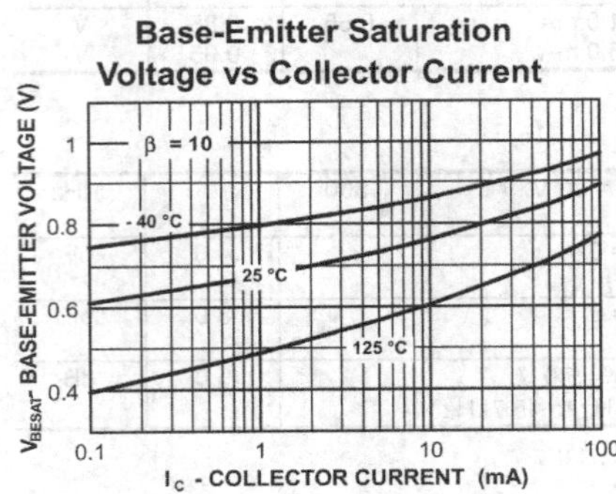

Base-Emitter ON Voltage vs Collector Current

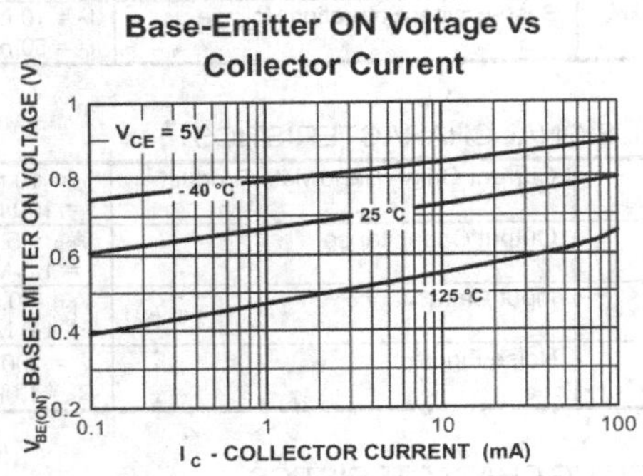

Collector-Cutoff Current vs Ambient Temperature

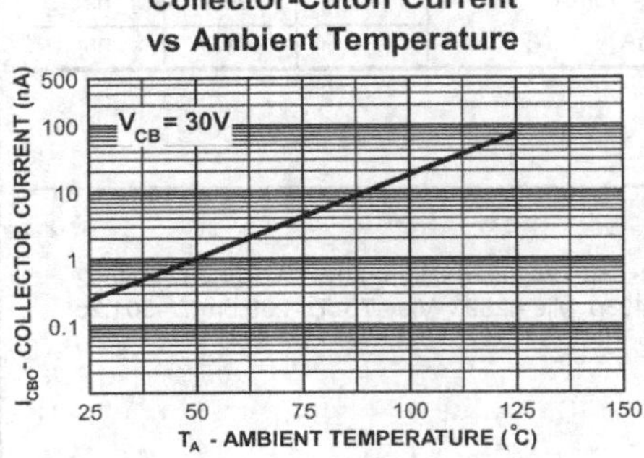

Capacitance vs Reverse Bias Voltage

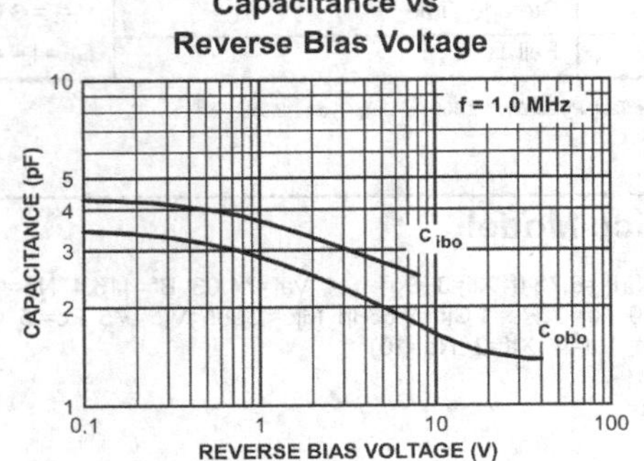

NPN General Purpose Amplifier

(continued)

2N3904 / MMBT3904 / PZT3904

Typical Characteristics (continued)

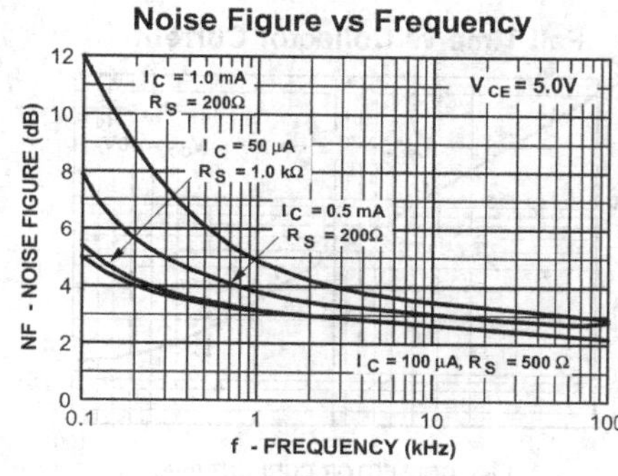

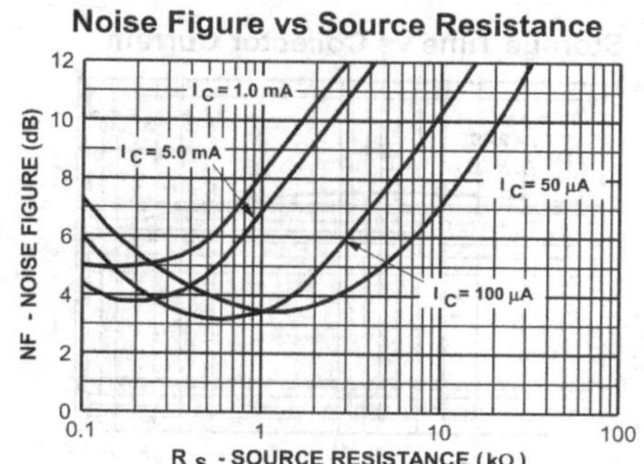

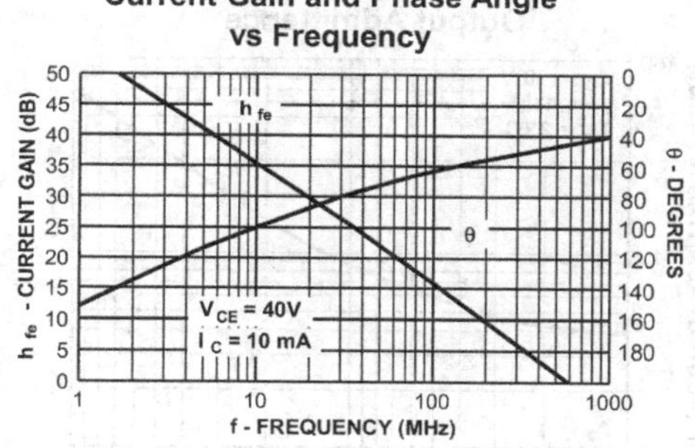

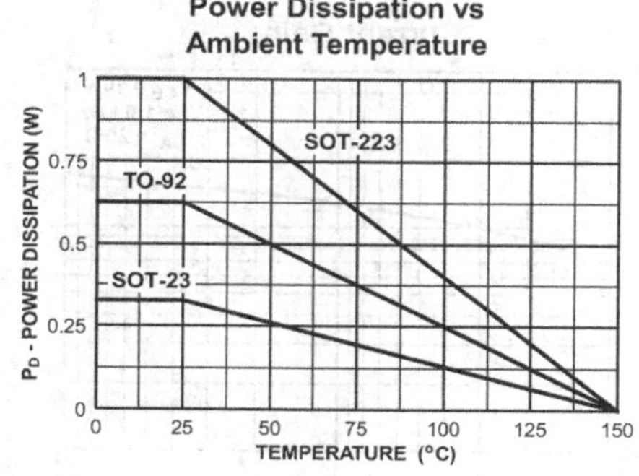

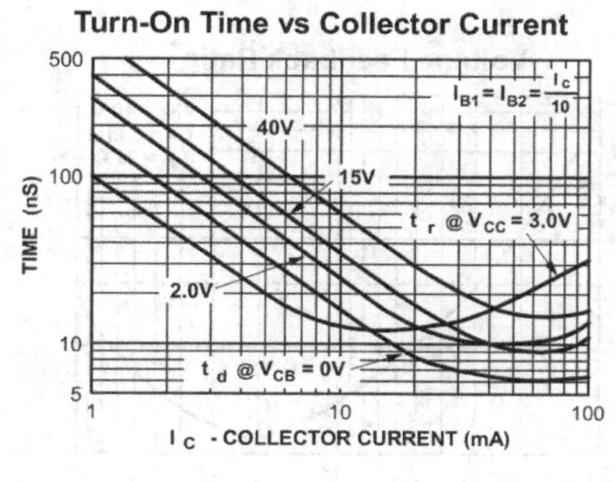

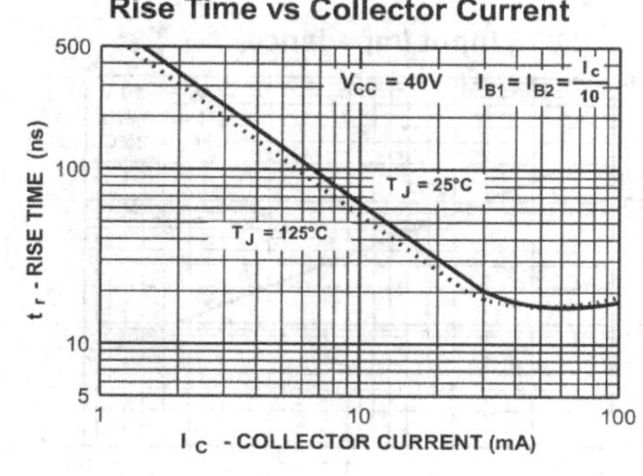

NPN General Purpose Amplifier
(continued)

Typical Characteristics (continued)

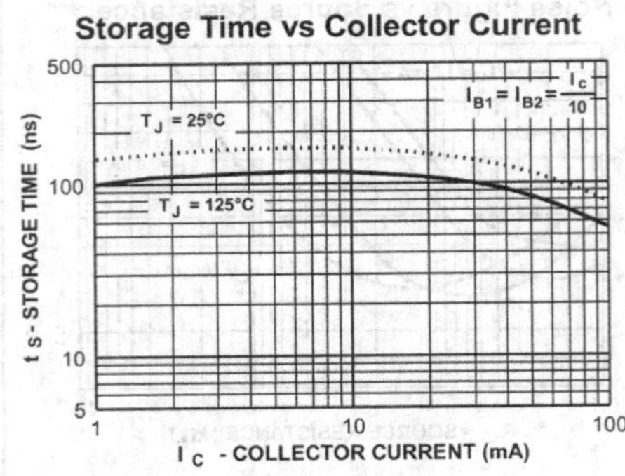

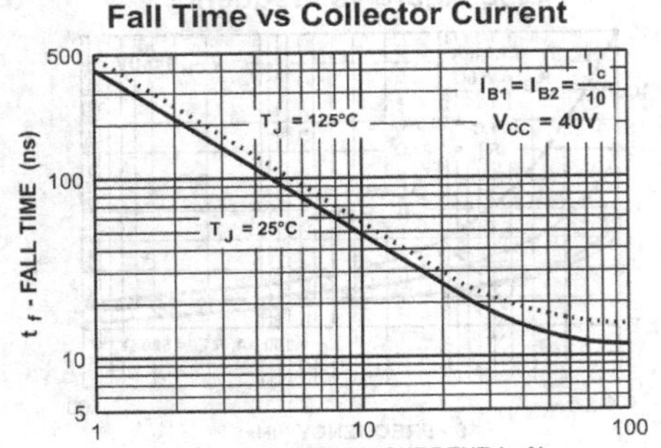

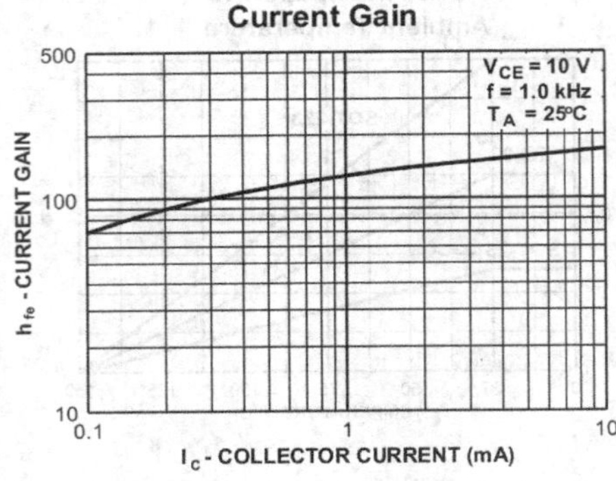

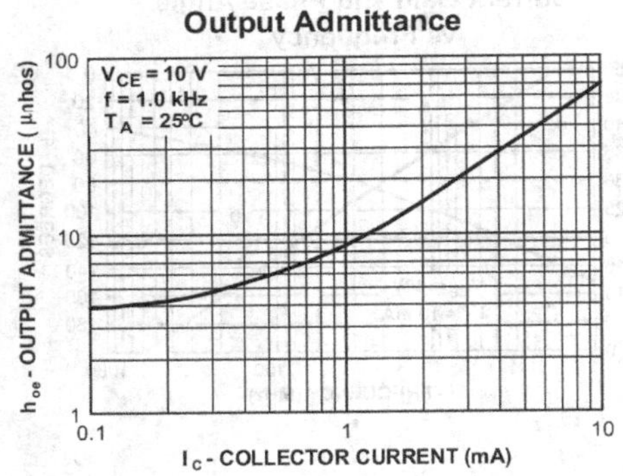

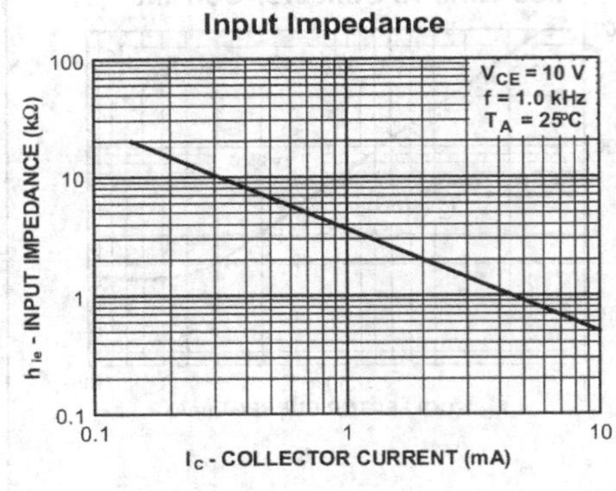

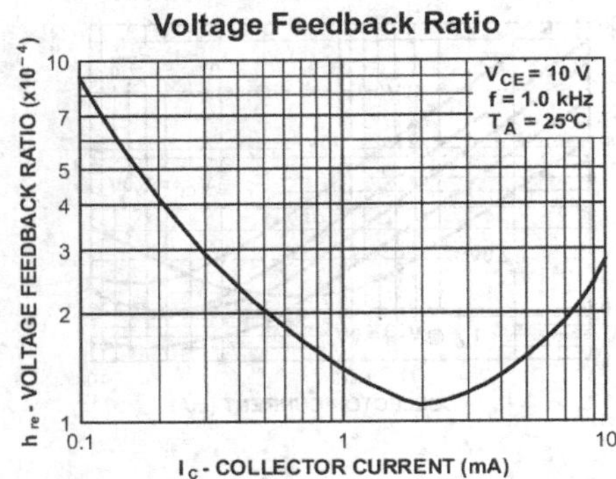

NPN General Purpose Amplifier

(continued)

Test Circuits

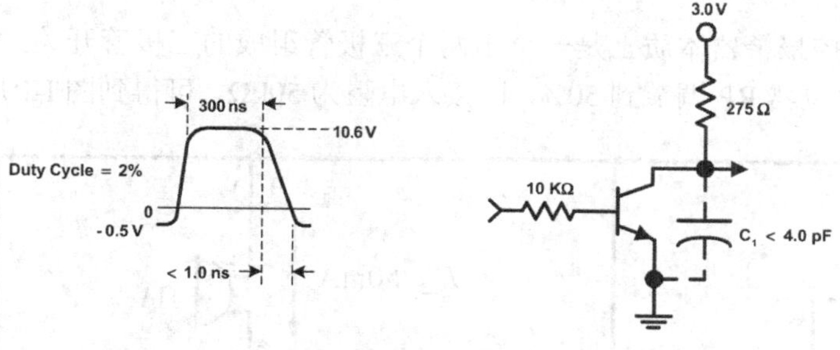

FIGURE 1: Delay and Rise Time Equivalent Test Circuit

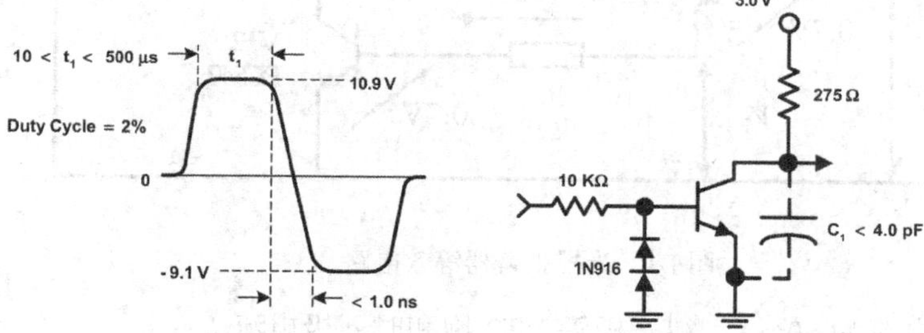

FIGURE 2: Storage and Fall Time Equivalent Test Circuit

附录I　光控报警器分析

图 1-1 所示光控报警器本质上是一个由两个三极管组成的三极管开关，假设蜂鸣器工作电流为50mA，电位器RP调节到50%，即接入电阻为50kΩ，可得到图I-1所示等效电路。

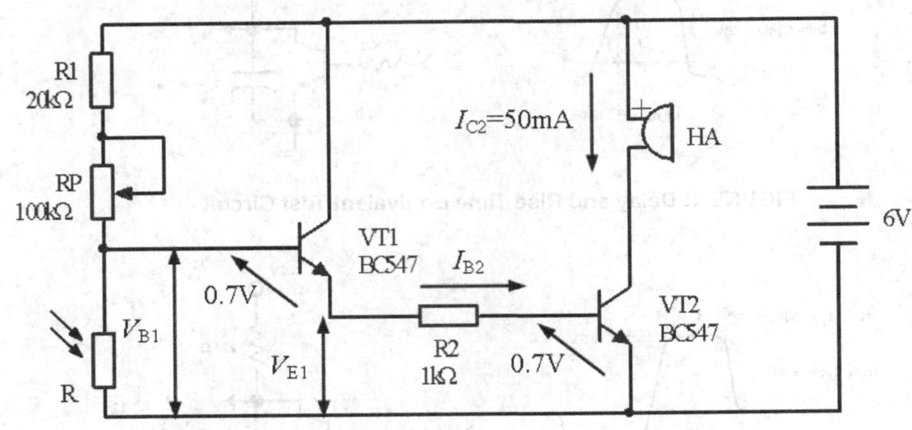

图I-1　光控报警器等效电路

由蜂鸣器工作电流为50mA，得三极管VT2饱和时c极电流I_{C2}：

$$I_{C2}=50\text{mA}$$

于是可推出三极管VT2的b极电流I_{B2}：

$$I_{B2}=\frac{I_{C(sat)}}{h_{FE}}=\frac{50\,\text{mA}}{50}=1\,\text{mA}$$

可得到三极管VT1的e极电压V_{E1}：

$$V_{E1}=V_{BE}+I_{B2}R2=0.7\text{V}+(1\text{mA}\times1\text{k}\Omega)=1.7\text{V}$$

则三极管VT1的b极电压V_{B1}为：

$$V_{B1}=V_{BE}+V_{E1}=0.7\text{V}+1.7\text{V}=2.4\text{V}$$

由于VT1的b极电流极I_{B1}极小，所以可认为电阻R1、光敏电阻R组成的分压器没有电流流入三极管VT1，于是有：

$$V_{B1}=2.4\text{V}=6\times\frac{R}{R+R1}=6\times\frac{R}{R+70\text{k}\Omega}$$

解得光敏电阻R的阻值：　　　R=47kΩ

所以，在题设条件下，光敏电阻R的阻值达到47kΩ时，三极管开关闭合，蜂鸣器开始工作。

附录J 常用三极管参数表

型 号	结 构	材 料*	V_{CBO}	I_C
2N376	PNP	Ge	50V	3A
2N1073	PNP	Ge	40V	10A
2N2157	PNP	Ge	60V	30A
2N2219	PNP	Si	75V	0.8A
2N2222	NPN	Si	75V	0.8A
2N3054	NPN	Si	90V	4A
2N3055	NPN	Si	100V	15A
2N3439	NPN	Si	350V	1A
2N3442	NPN	Si	160V	10A
2N3643	NPN	Si	60V	0.5A
2N3700	NPN	Si	140V	1A
2N3725	NPN	Si	80V	0.5A
2N3878	NPN	Si	120V	4A
2N3904	NPN	Si	60V	0.2A
2N4036	PNP	Si	90V	1A
2N4037	PNP	Si	60V	1A
2N4063	NPN	Si	350V	1A
2N4121	NPN	Si	40V	0.1A
2N4240	NPN	Si	500/300V	2A
2N4398	PNP	Si	40V	30A
2N4902	PNP	Si	60V	5A
2N4911	NPN	Si	60V	1A
2N5068	NPN	Si	60V	5A
2N5303	NPN	Si	80V	30A
2N5323	PNP	Si	75V	2A
2N5629	NPN	Si	100V	16A
2N5879	PNP	Si	60V	15A
2N6041	PNP	Si	80V	8A
2N6051	PNP	Si	80V	12A
2N6058	NPN	Si	80V	12A
2N6109	PNP	Si	60V	7A
2N6124	PNP	Si	45V	4A
2N6283	NPN	Si	80V	20A
2N6307	NPN	Si	600/300V	8A
2SA52	PNP	Ge	18V	5Ma

续表

型　号	结　构	材　料*	V_{CBO}	I_C
2SA495	PNP	Si	35V	0.1A
2SA509	PNP	Si	35V	0.1A
2SA564	PNP	Si	25V	0.3A
2SA950	PNP	Si	30V	0.8A
2SB69	PNP	Ge	60V	6A
2SB171	PNP	Ge	30V	0.1A
2SB511	PNP	Si	30V	1.5A
2SB514	PNP	Si	50V`	2A
2SB1134	PNP	Si	60V	5A
2SC372	NPN	Si	35V	0.1A
2SC378	NPN	Si	35V	0.03A
2SC458	NPN	Si	30V	0.1A
2SC494	NPN	Si	50V`	5A
2SC536	NPN	Si	40V	0.1A
2SC627	NPN	Si	200V	0.1A
2SC647	NPN	Si	80V	5A
2SC685A	NPN	Si	300V	0.1A
2SC732	NPN	Si	60V	0.1A
2SC789	NPN	Si	70V	4A
2SC828	NPN	Si	30V`	0.05A
2SC1571	NPN	Si	40V	0.1A
2SC1583	NPN	Si	50V`	0.1A
2SC1815	NPN	Si	60V	0.15A
2SC2120	NPN	Si	30V	0.8A
2SC2229	NPN	Si	200V	0.05A
2SC2551	NPN	Si	300V	0.1A
2SC2621	NPN	Si	300V	0.2A
2SC3400	NPN	Si	50V`	0.1A
2SC3417	NPN	Si	300V	0.1A
2SC3789	NPN	Si	300V	0.1A
2SD130	NPN	Si	60V	3A
2SD687	NPN	Si	60V	3A
2SD743	NPN	Si	100V	4A
2SD820	NPN	Si	1500/600V	5A
2SD822	NPN	Si	1500/600V	7A
2SD880	NPN	Si	60V	3A
AD149	PNP	Ge	50V`	3.5A
AD161	NPN	Ge	32V	1A
AD162	PNP	Ge	32V	1A

续表

型　　号	结　　构	材　　料*	V_{CBO}	I_C
ASY26	PNP	Ge	30V	0.2A
ASY27	PNP	Ge	25V	0.2A
ASZ15	PNP	Ge	100V	8A
ASZ17	PNP	Ge	60V	8A
ASZ20	PNP	Ge	40V	25mA
BC171	NPN	Si	50V	0.1A
BC182	NPN	Si	60V	0.2A
BC238	NPN	Si	30V	0.1A
BC557	PNP	Si	50V	0.1A
BC637	NPN	Si	60V	1A
BC640	PNP	Si	100V	1A
BD123	NPN	Si	90V	6A
BD139	NPN	Si	100V	1.5A
BD140	PNP	Si	100v	1.5A
BD646	PNP	Si	60V	8A
BDT31C	NPN	Si	140V	3A
BD649	NPN	Si	120V	8A
BD650	PNP	Si	100V	8A
BDY93	NPN	Si	750/350V	4A
BF460	NPN	Si	250V	0.5A
BU104	NPN	Si	400/150V	7A
BU105	NPN	Si	1500V	2.5A
BUT11	NPN	Si	1000/450V	5A
BUX21	NPN	Si	250/200V	40A
SE7055	NPN	Si	220V	0.03A
TBF757	NPN	Si	250V	0.5A
TIP29A	NPN	Si	70V	2A
TIP30A	PNP	Si	70V	2A
TIP32BC	PNP	Si	90V	3A
TIP33C	NPN	Si	115V	10A
TIP34	NPN	Si	55V	10A
TIP49	NPN	Si	450/350V	1A
TIP115	PNP	Si	60V	2A
TIP140	PNP	Si	60V	10A
TIP145	PNP	Si	60V	10A
TIP147	PNP	Si	100V	10A
TIP665	NPN	Si	500/400V	10A
MJ2955	PNP	Si	100V	15A
2N3055	NPN	Si	100V	15A

*Ge-锗管，Si-硅管

附录 K　300W 功率放大器

如图 K-1 所示为 300W 功率放大器的外观，其电路图如图 5-37 所示；图 K-2 为该功率放大器的印刷电路板图；图 K-3 为该功率放大器的电源电路。表 K-1 和表 K-2 分别为功率放大器及其电源电路的器件参数列表。系统特性参数如下：

- ✧ 输出功率：200W（RMS），负载 8Ω
310W（RMS），负载 4Ω
- ✧ 频率响应：20Hz~20kHz
- ✧ 输入灵敏度：1V-200W/300W
- ✧ 噪声：-105dB
- ✧ 谐波失真：<0.1%
- ✧ 阻尼系数：65

图 K-1　300W 功率放大器外观

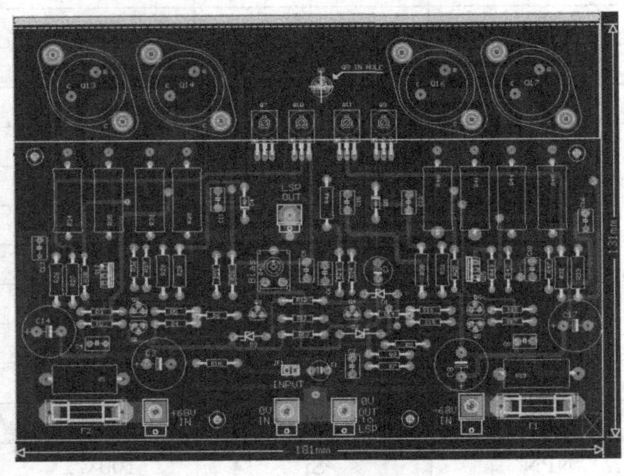

图 K-2　300W 功率放大器印刷电路板图

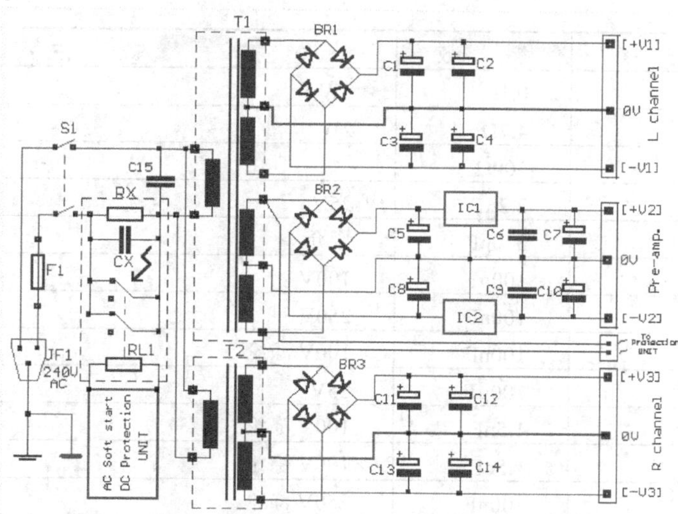

图 K-3 300W 功率放大器电源电路

表 K-1 功率放大器器件参数（图 5-36）

器件标号	参 数	备 注
R1、R19	1kΩ	5W
R2、R3	4.7kΩ	
R4、R5	22Ω	
R6、R14	10kΩ	
R7、R8	1kΩ	
R9、R23	10kΩ	如果扬声器为 4Ω，R23=6.8kΩ
R10	10Ω	见电路图
R11、R13	2.2kΩ	
R12	22kΩ	
R15、R16	22Ω	
R17、R18	4.7kΩ	
R20、R25	390Ω	
R21	6.8kΩ	
R22	4.7kΩ	
R24、R26、R33	220Ω	
R27、R32	100Ω	1W
R28、R29、R30、R31	100Ω	
R34、R35	0.1Ω	5W
R36、R43	39Ω	
R37、R42	5.6kΩ	1W
R38、R41	220Ω	5W
R39、R40	0.1Ω	5W

续表

器件标号	参数	备注
R44、R45	0.1Ω	5W
R46	4.7Ω	2W
R47	100Ω	
C1	2.2μF	25V
C2、C6	330pF	瓷介
C3、C8	100μF	100V
C4、C9	100nF	250V
C5	100nF	100V 涤纶
C7	100μF	25V
C10	1.5nF	100V 涤纶
C11、C12	1.5nF	100V 涤纶
C13、C16	100nF	250V 涤纶
C14、C17	100μF	100V
C15	100nF	250V 涤纶
Q1、Q2、Q3	BC547	
Q4、Q5、Q6	BC557	
Q7、Q11、Q12	BD140	或 BC640
Q8	BC549	
Q9、Q10、Q15	BD139	或 BC639
Q13、Q14	MJ15004	
Q16、Q17	MJ15003	
TR1	2K2	微调
F1、F2	5A	保险丝
D1、D3	5.1V	0.5W 稳压二极管
D2	62V	5W 稳压二极管，或用 47V 和 15V 串联
D4、D5	1N4004	
L1		用直径为 1mm 漆包线在直径 15mm 管上绕 10 匝

表 K-2　功率放大器电源电路器件参数（图 K-3）

器件标号	参数	备注
T1		初级：230V AC　次级：2×47V 350W 和 2×15V 30W
T2		初级：230V AC　次级：2×47V 350W
C1、C4	4700μF	100V
C5、C8	4700μF	25V
C6-9	100nF	100V
C7-10	47μF	25V
C15	33nF	630V
CX	33nF	630V
C11、C12、C13、C14	4700μF	100V

续表

器件标号	参数	备注
F1	2A	保险丝
BR1、BR2、BR3	4×1N5404	或 35A 整流全桥
IC1	7815	
IC2	7915	
RX	47Ω	15W

附录 L　具有待机、静音功能的 100W 功率放大器 TDA7293

如图 L-1 所示为具有待机、静音功能的 100W 功率放大器 TDA7293 的应用电路图，如需要获取更多关于 TDA7293 器件的信息，可以访问电路飞翔网站下载其器件手册。

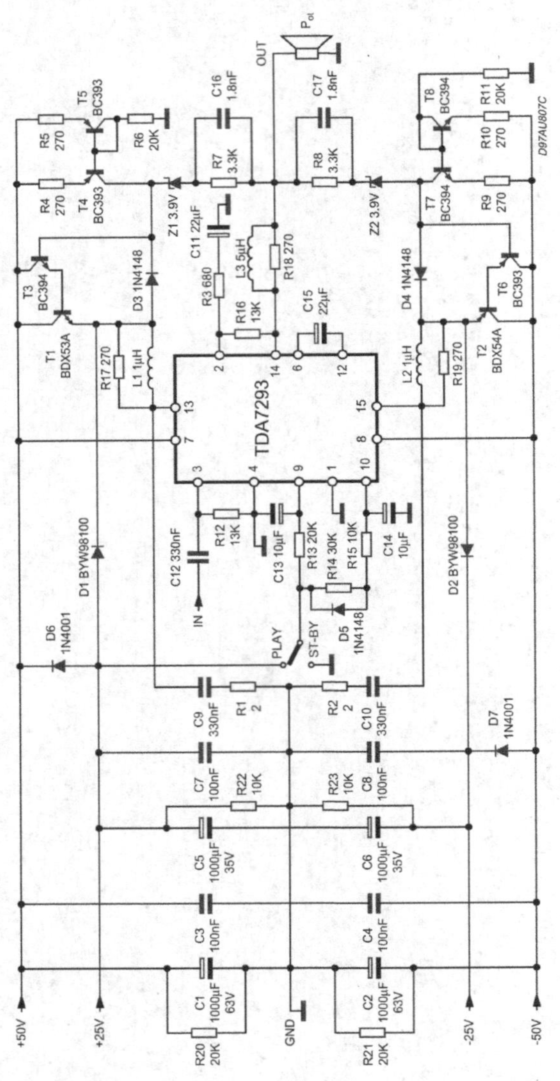

图 L-1　具有待机、静音功能的 100W 功率放大器 TDA7293 的应用电路图

附录M　主流电子元器件生产商网址

（部分厂商网站有中文版，以下域名更改恕不另行通知）

- ✧ Actel（http://www.actel.com/）
- ✧ Agilent Technologies（http://www.agilent.com/）
- ✧ Allegro（http://www.allegromicro.com/）
- ✧ Altera（http://www.altera.com/）
- ✧ Amp（http://www.amp.com/）
- ✧ Amphenol（http://www.amphenol.com/）
- ✧ Analog Devices（http://www.analog.com/）
- ✧ Astron（http://www.astroncorp.com/）
- ✧ Atmel（http://www.atmel.com/）
- ✧ Bulgin Components（http://www.bulgin.co.uk/）
- ✧ Burr-Brown（http://www.burr-brown.com/）
- ✧ Cliff（http://www.cliffcomponents.com/）
- ✧ C-MAC Micro Technology（http://www.cmac.com/）
- ✧ Cooper Bussman Coiltroncs（http://www.cooperindustries.com/）（http://www.bussmann.com/）
- ✧ CooperET（http://www.cooperet.com/）
- ✧ Cypress（http://www.cypress.com/）
- ✧ Dallas Semiconductor（http://www.ibutton.com/）
- ✧ Ecs（http://www.ecs.com.tw/）
- ✧ Fairchild Semiconductor（http://www.fairchildsemi.com/）
- ✧ Gennum（http://www.gennum.com/）
- ✧ Harris Suppression（http://www.littlefuse.com/）
- ✧ Harting（http://www.harting.com/）
- ✧ Hirose Electric（http://www.hirose.com/）
- ✧ Hitachi Semiconductor（http://www.hitachi.com）
- ✧ Infineon（http://www.infineon.com/）
- ✧ International Rectifier（http://www.irf.com/）
- ✧ Intersil（http://www.intersil.com/）
- ✧ KEMET Electronics（http://www.kemet.com/）
- ✧ Kobiconn（http://www.kobiconn.com）
- ✧ Lattice Semiconductor（http://www.latticesemi.com/）

- ✧ Linear Technology（http://www.linear.com/）
- ✧ Maxim（http://www.maxim-ic.com/）
- ✧ Microchip（http://www.microchip.com/）
- ✧ Micron Technology（http://www.micron.com/）
- ✧ Mitel（http://www.mitel.com/）
- ✧ Molex（http://www.molex.com/）
- ✧ Morethanall（http://www.morethanall.com/）
- ✧ Motorola（http://www.motorola.com/）
- ✧ National Semiconductor（http://www.national.com/）
- ✧ Nec（http://www.nec.com/）
- ✧ Newport Components（http://www.newport.com/）
- ✧ ON Semiconductor（http://www.onsemi.com/）
- ✧ Panasonic（http://www.panasonic.com）
- ✧ Philips（http://www.semiconductors.philips.com/）
- ✧ QuickLogic（http://www.quicklogic.com/）
- ✧ Raltron Electronics（http://www.raltron.com/）
- ✧ RF MicroDevices（http://www.rfmd.com/）
- ✧ Samsung（http://www.samsung.com/us/Products/Semiconductor/index.htm）
- ✧ ST Microelectronics（http://www.st.com/）
- ✧ Teccor Electronics（http://www.littelfuse.com/）
- ✧ Texas Instruments（http://www.ti.com/）
- ✧ Toshiba（http://www.toshiba.com/）
- ✧ Vishay（http://www.vishay.com/）
- ✧ Western Digital（http://www.westerndigital.com/）
- ✧ Xilinx（http://www.xilinx.com/）
- ✧ Zetex（http://www.zetex.com/）
- ✧ Zilog（http://www.zilog.com/）

附录N 常用数字集成电路型号

7400 2 输入四与非门
7401 集电极开路 2 输入四与非门
7402 2 输入四或非门
7403 集电极开路 2 输入四与非门
7404 六反相器
7405 集电极开路六反相器
7406 集电极开路六反相高压驱动器
7407 集电极开路六正相高压驱动器
7408 2 输入四与门
7409 集电极开路 2 输入四与门
7410 3 输入三与非门
74107 带清除主从双 J-K 触发器
74109 带预置清除正触发双 J-K 触发器
7411 3 输入三与门
74112 带预置清除负触发双 J-K 触发器
7412 开路输出 3 输入三与非门
74121 单稳态多谐振荡器
74122 可再触发单稳态多谐振荡器
74123 双可再触发单稳态多谐振荡器
7416 开路输出六反相缓冲/驱动器
74160 可预置 BCD 异步清除计数器
74161 可预置制四位二进制异步清除计数器
74162 可预置 BCD 同步清除计数器
74163 可预制四位二进制同步清除计数器
74164 八位串行入/并行输出移位寄存器
74165 八位并行入/串行输出移位寄存器
74166 八位并入/串出移位寄存器
74169 二进制四位加/减同步计数器
7417 开路输出六同相缓冲/驱动器
74170 开路输出 4×4 寄存器堆
74173 三态输出四位 D 型寄存器
74174 带公共时钟和复位六 D 触发器
74125 三态输出高有效四总线缓冲门
74126 三态输出低有效四总线缓冲门
7413 4 输入双与非施密特触发器
74132 2 输入四与非施密特触发器
74133 13 输入与非门
74136 四异或门
74138 3-8 线译码器/复工器
74139 双 2-4 线译码器/复工器
7414 六反相施密特触发器
74145 BCD—十进制译码/驱动器
7415 开路输出 3 输入三与门
74150 16 选 1 数据选择/多路开关
74151 8 选 1 数据选择器
74153 双 4 选 1 数据选择器
74154 4 线—16 线译码器
74155 图腾柱输出译码器/分配器
74156 开路输出译码器/分配器
74157 同相输出四 2 选 1 数据选择器
74158 反相输出四 2 选 1 数据选择器
74253 三态输出双 4 选 1 数据选择器/复工器
74256 双四位可寻址锁存器
74257 三态原码四 2 选 1 数据选择器/复工器
74258 三态反码四 2 选 1 数据选择器/复工器
74259 八位可寻址锁存器/3-8 线译码器
7426 2 输入高压接口四与非门
74260 5 输入双或非门
74266 2 输入四异或非门
7427 3 输入三或非门
74273 带公共时钟复位八 D 触发器
74279 四图腾柱输出 S-R 锁存器
7428 2 输入四或非门缓冲器
74283 4 位二进制全加器

74175 带公共时钟和复位四 D 触发器
74180 9 位奇数/偶数发生器/校验器
74181 算术逻辑单元/函数发生器
74185 二进制—BCD 代码转换器
74190 BCD 同步加/减计数器
74191 二进制同步可逆计数器
74192 可预置 BCD 双时钟可逆计数器
74193 可预置四位二进制双时钟可逆计数器
74194 四位双向通用移位寄存器
74195 四位并行通道移位寄存器
74196 十进制/二-十进制可预置计数锁存器
74197 二进制可预置锁存器/计数器
7420 4 输入双与非门
7421 4 输入双与门
7422 开路输出 4 输入双与非门
74221 双/单稳态多谐振荡器
74240 八反相三态缓冲器/线驱动器
74241 八同相三态缓冲器/线驱动器
74243 四同相三态总线收发器
74244 八同相三态缓冲器/线驱动器
74245 八同相三态总线收发器
74247 BCD—7 段 15V 输出译码/驱动器
74248 BCD—7 段译码/升压输出驱动器
74249 BCD—7 段译码/开路输出驱动器
74251 三态输出 8 选 1 数据选择器/复工器
74380 多功能八进制寄存器
7439 开路输出 2 输入四与非缓冲器
74390 双十进制计数器
74393 双四位二进制计数器
7440 4 输入双与非缓冲器
7442 BCD—十进制代码转换器
74352 双 4 选 1 数据选择器/复工器
74353 三态输出双 4 选 1 数据选择器/复工器
74365 门使能输入三态输出六同相线驱动器
74366 门使能输入三态输出六反相线驱动器
74367 4/2 线使能输入三态六同相线驱动器
74368 4/2 线使能输入三态六反相线驱动器
7437 开路输出 2 输入四与非缓冲器

74290 二/五分频十进制计数器
74293 二/八分频四位二进制计数器
74295 四位双向通用移位寄存器
74298 四 2 输入多路带存储开关
74299 三态输出八位通用移位寄存器
7430 8 输入与非门
7432 2 输入四或门
74322 带符号扩展端八位移位寄存器
74323 三态输出八位双向移位/存储寄存器
7433 开路输出 2 输入四或非缓冲器
74347 BCD—7 段译码器/驱动器
74352 双 4 选 1 数据选择器/复工器
74353 三态输出双 4 选 1 数据选择器/复工器
74365 门使能输入三态输出六同相线驱动器
74366 门使能输入三态输出六反相线驱动器
74367 4/2 线使能输入三态六同相线驱动器
74368 4/2 线使能输入三态六反相线驱动器
7437 开路输出 2 输入四与非缓冲器
74373 三态同相八 D 锁存器
74374 三态反相八 D 锁存器
74375 4 位双稳态锁存器
74377 单边输出公共使能八 D 锁存器
74378 单边输出公共使能六 D 锁存器
74379 双边输出公共使能四 D 锁存器
7438 开路输出 2 输入四与非缓冲器
74466 三态反相 2 与使能八总线缓冲器
74467 三态同相 2 使能端八总线缓冲器
74468 三态反相 2 使能端八总线缓冲器
74469 八位双向计数器
7447 BCD—7 段高有效译码/驱动器
7448 BCD—7 段译码器/内部上拉输出驱动
74490 双十进制计数器 74491 十位计数器
74498 八进制移位寄存器
7450 2-3/2-2 输入双与或非门
74502 八位逐次逼近寄存器
74503 八位逐次逼近寄存器
7451 2-3/2-2 输入双与或非门
74533 三态反相八 D 锁存器

74373 三态同相八 D 锁存器
74374 三态反相八 D 锁存器
74375 4 位双稳态锁存器
74377 单边输出公共使能八 D 锁存器
74378 单边输出公共使能六 D 锁存器
74379 双边输出公共使能四 D 锁存器
7438 开路输出 2 输入四与非缓冲器
74380 多功能八进制寄存器
7439 开路输出 2 输入四与非缓冲器
74390 双十进制计数器
74393 双四位二进制计数器
7440 4 输入双与非缓冲器
7442 BCD—十进制代码转换器
74447 BCD—7 段译码器/驱动器
7445 BCD—十进制代码转换/驱动器
74450 16:1 多路转接复用器多工器
74451 双 8:1 多路转接复用器多工器
74453 四 4:1 多路转接复用器多工器
7446 BCD—7 段低有效译码/驱动器
74460 十位比较器
74461 八进制计数器
74465 三态同相 2 与使能端八总线缓冲器
74534 三态反相八 D 锁存器
7454 四路输入与或非门
74540 八位三态反相输出总线缓冲器
7455 4 输入二路输入与或非门
74563 八位三态反相输出触发器
74564 八位三态反相输出 D 触发器
74573 八位三态输出触发器
74574 八位三态输出 D 触发器
74645 三态输出八同相总线传送接收器
74670 三态输出 4×4 寄存器堆
7473 带清除负触发双 J-K 触发器
7474 带置位复位正触发双 D 触发器
7476 带预置清除双 J-K 触发器
7483 四位二进制快速进位全加器
7485 四位数字比较器
7486 2 输入四异或门
7490 可二/五分频十进制计数器
7493 可二/八分频二进制计数器
7495 四位并行输入/输出移位寄存器
7497 6 位同步二进制乘

附录 O　数字电路综合设计——数字钟

数字钟是用数字集成电路构成的、由数码管显示的一种现代计时器，与传统机械表相比，它具有走时准确、显示直观、无机械传动装置等特点，因而广泛用于车站、商店等公共场所。在许多控制系统中，数字钟也常用来作定时控制的时钟源。

1. 任务要求

（1）设计一个具有“时”、“分”、“秒”的十进制数字显示（24 小时显示）的数字钟。

（2）具有手动校时、校分的功能。

（3）用 74 系列中小规模集成器件去实现。

2. 数字钟的基本工作原理

数字钟一般都由振荡器、分频器、译码器和显示器等几部分组成。其中，振荡器和分频器组成标准秒信号发生器，由不同进制的计数器、译码器和显示器组成计时系统。秒信号送入计数器进行计数，把累积的结果以“时”、“分”、“秒”的数字显示出来。“时”显示由二十四进制计数器、译码器和显示器构成；“分”和“秒”显示分别由六十进制计数器、译码器和显示器构成。数字钟原理框图如图 O-1 所示。

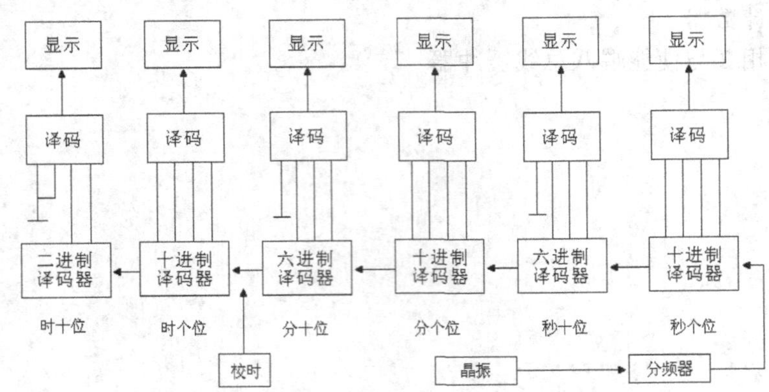

图 O-1　数字钟原理图

（1）振荡器

振荡器是计时器的核心，振荡器的稳定度和频率的精准度决定了数字钟的准确度，因此通常选用石英晶体来构成振荡器电路。一般来说，振荡器的频率越高，计时的精度就越高，但耗电量越大。所以在设计电路时，一定要根据需要设计出最佳电路。

如图 O-2 所示电路的振荡频率是 1.5MHz，把石英晶体串接入由非门 U1A 和 U1B 组成的振荡反馈电路中，非门 U1C 使振荡器整形缓冲。凭借与石英晶体串联的微调电容 C1，

可以对振荡器频率做微量的调节。

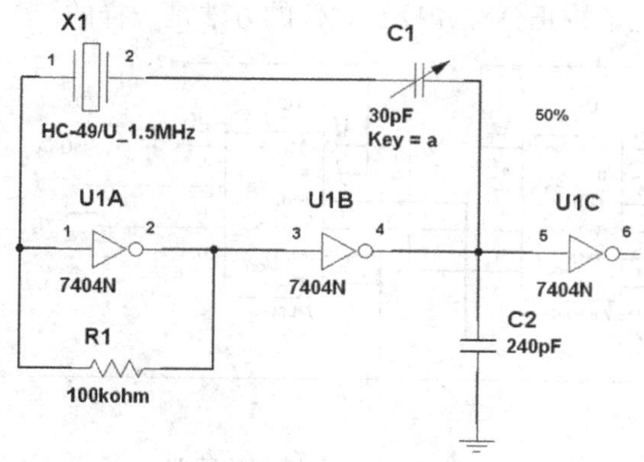

图 O-2　振荡器

（2）分频器

分频器的功能主要有两个：一是产生标准秒脉冲信号；二是提供功能扩展电路所需要的信号。选用中规模计数器 74LS90D 就可以完成上述功能。用 74LS90D 构成的分频电路如图 O-3 所示。

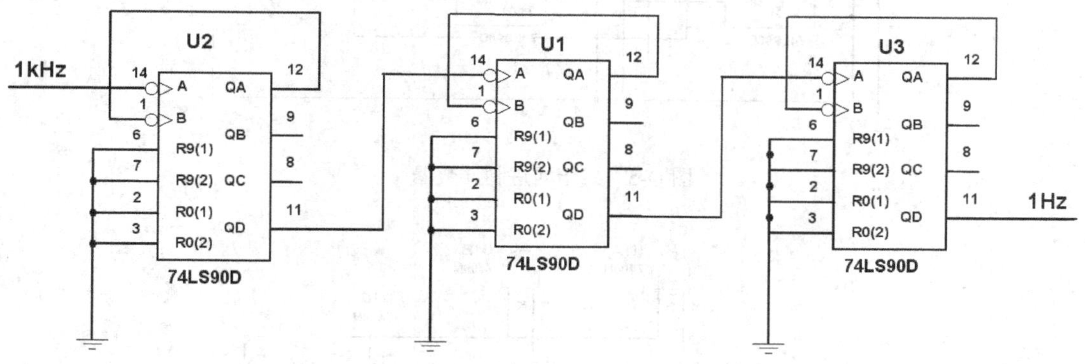

图 O-3　分频器

将 3 片 74LS90D 进行级联，每片为 1/10 分频器，3 片级联正好获得 1Hz 标准秒脉冲信号。如果振荡频率为 100kHz，就需要将 5 片 74LS90D 进行级联。

（3）计数器

由图 O-1 所示方框图可清楚地看到，显示“时”、“分”、“秒”需要 6 片中规模计数器。其中，“分”、“秒”均为六十进制计数器；“时”为二十四进制计数器。六十进制计数器和二十四进制计数器都选用 74LS90D 来实现，实现的方法采用反馈清零法。六十进制和二十四进制计数器如图 O-4、图 O-5 所示。

（4）校时电路

刚接通电源或计时出现误差时，都需要对时间进行调整。校时电路如图 O-6 所示。

J1、J2 分别是时校正、分校正开关。不校正时，J1、J2 是闭合的。当校正时位时，需要把 J1 打开，然后用手拨动 J3，来回拨动一次，就能使时位增加 1，根据需要拨动，校正完毕后再把 J1 开关合上。校正分位和校正时位的方法是一样的。

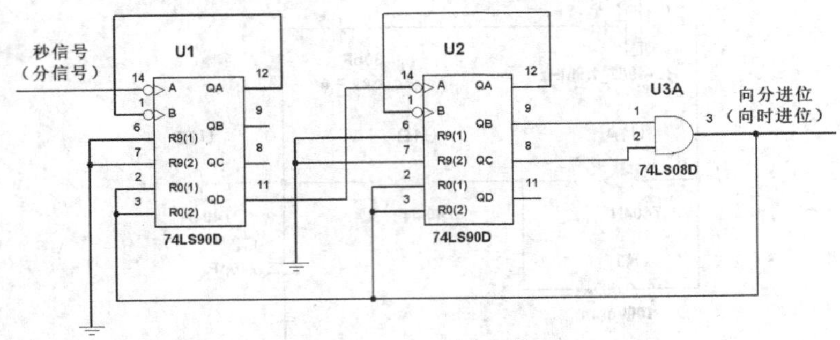

图 O-4　六十进制计数器

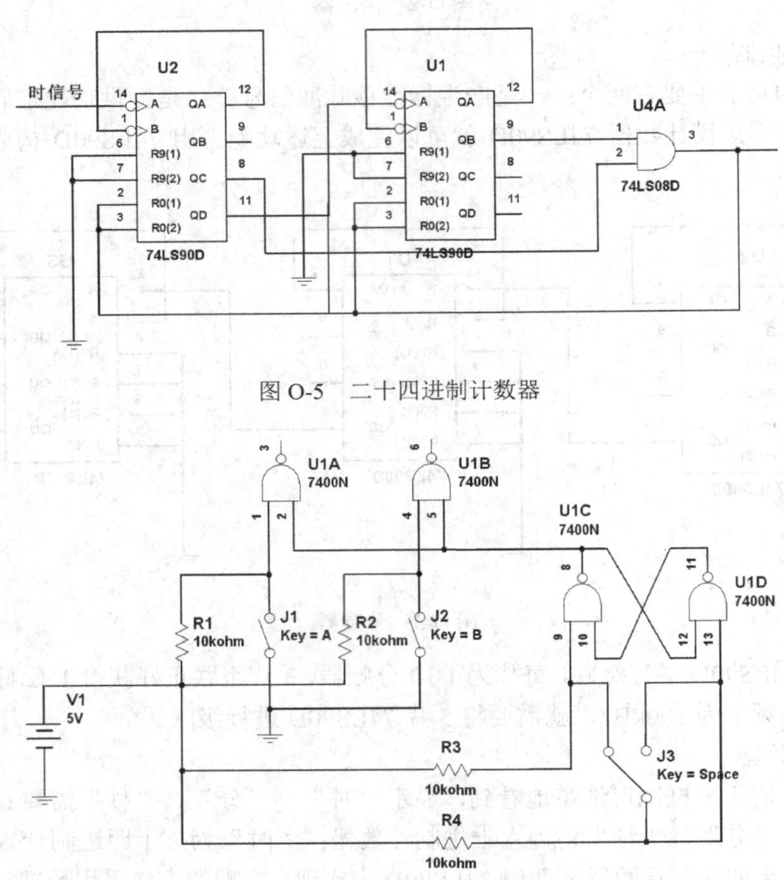

图 O-5　二十四进制计数器

图 O-6　校时电路

（5）画出原理总图

原理总图如图 O-7 所示，所需元器件为：11 片 74LS90D、3 片 74LS08D、2 片 74LS86D、4 片 7400N。

DCD_HEX
U15
U14
U10
U7
U1
U2
U13
U12
U9
U6
U4
U3
74LS90D
U5A
U5B
U5C
74LS08D
U8A
U8B
74LS86D
U11A
U11B
U11C
U11D
7400N
VCC
5V
R1
R2
R3
R4
10kohm
J1
Key = A
J2
Key = B
J3
Key = Space
U16
U17
U18
U19
U20
U21A
U21B
U21C
7404N
C1
240pF
C2
30pF
Key = c
X1
CRYSTAL_VIRTUAL
R5
100kohm

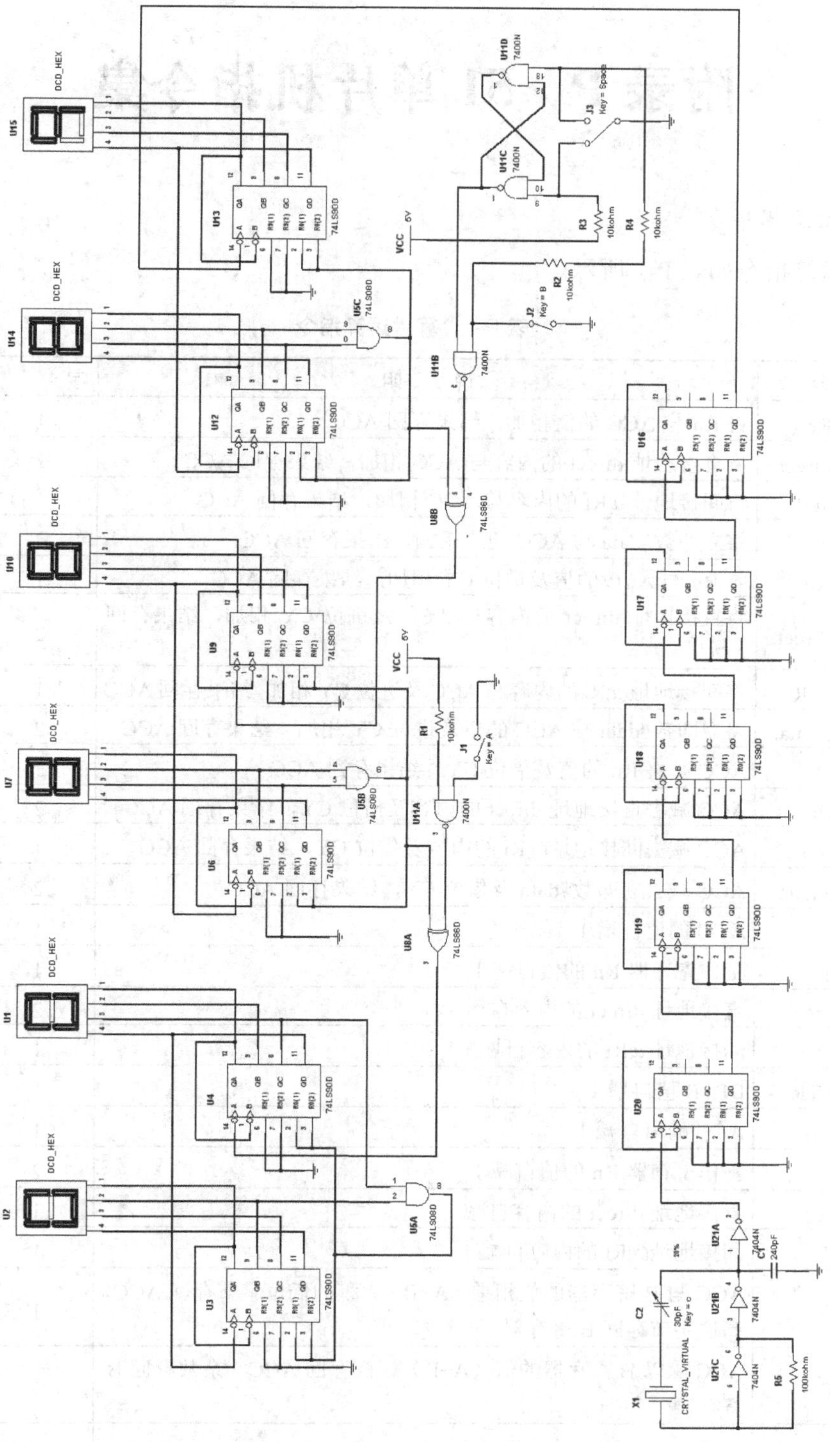

图 O-7　原理总图

附录P　51单片机指令集

1. 算术运算指令

算术运算指令如表 P-1 所示。

表 P-1　算术运算指令

指　　令	说　　明	字　　节	机器周期
ADD　A,Rn	将 Rn 与 ACC 的值相加，结果存回 ACC	1	1
ADD　A,direct	将直接地址 direct 的内容与 ACC 相加，结果存回 ACC	2	1
ADD　A,@Ri	将间接地址@Ri 的内容与 ACC 相加，结果存回 ACC	1	1
ADD　A,#data	将立即数#data 与 ACC 的值相加，结果存回 ACC	2	1
ADDC　A,Rn	将 Rn 与 ACC 的值及进位 CY 相加，结果存回 ACC	1	1
ADDC　A,direct	将直接地址 direct 的内容与 ACC 及进位 CY 相加，结果存回 ACC	2	1
ADDC　A,@Ri	将间接地址@Ri 的内容与 ACC 及进位 CY 相加，结果存回 ACC	1	1
ADDC　A,#data	将立即数#data 与 ACC 的值及进位 CY 相加，结果存回 ACC	2	1
SUBB　A,Rn	ACC 减去 Rn 的值及借位 CY，结果存回 ACC	1	1
SUBB　A,direct	ACC 减去直接地址 direct 的内容及借位 CY，结果存回 ACC	2	1
SUBB　A,@Ri	ACC 减去间接地址@Ri 的内容及借位 CY，结果存回 ACC	1	1
SUBB　A,#data	ACC 减去立即数#data 及借位 CY，结果存回 ACC	2	1
INC　A	ACC 的值自增 1	1	1
INC　Rn	工作寄存器 Rn 的值自增 1	1	1
INC　direct	直接地址 direct 的内容自增 1	2	1
INC　@Ri	间接地址@Ri 的内容自增 1	1	1
INC　DPTR	DPTR 值自增 1	1	1
DEC　A	ACC 的值自减 1	1	1
DEC　Rn	工作寄存器 Rn 的值自减 1	2	1
DEC　direct	直接地址 direct 的内容自减 1	1	1
DEC　@Ri	间接地址@Ri 的内容自减 1	1	1
MUL　AB	ACC 与 B 寄存器的值相乘（A×B），积的低位字节存回 ACC，高位字节存回 B 寄存器	1	4
DIV　AB	ACC 除以 B 寄存器的值（A÷B），商存回 ACC，余数存回 B 寄存器	1	4
DA　A	ACC 作十进制调整	1	1

2. 逻辑运算指令

逻辑运算指令如表 P-2 所示。

表 P-2 逻辑运算指令

指令		说明	字节	机器周期
ANL	A,Rn	将 Rn 与 ACC 的值做 AND 运算，结果存回 ACC	1	1
ANL	A,direct	将直接地址 direct 的内容与 ACC 做 AND 运算，结果存回 ACC	2	1
ANL	A,@Ri	将间接地址@Ri 的内容与 ACC 做 AND 运算，结果存回 ACC	1	1
ANL	A,#data	立即数#data 与 ACC 做 AND 运算，结果存回 ACC	2	1
ANL	direct,A	ACC 与直接地址 direct 的内容做 AND 运算，结果存回该直接地址中	2	1
ANL	direct,#data	立即数#data 与直接地址 direct 的内容做 AND 运算，结果存回该直接地址中	3	2
ORL	A,Rn	将 Rn 与 ACC 的值做 OR 运算，结果存回 ACC	1	1
ORL	A,direct	将直接地址 direct 的内容与 ACC 做 OR 运算，结果存回 ACC	2	1
ORL	A,@Ri	将间接地址@Ri 的内容与 ACC 做 OR 运算，结果存回 ACC	1	1
ORL	A,#data	立即数#data 与 ACC 做 OR 运算，结果存回 ACC	2	1
ORL	direct,A	ACC 与直接地址 direct 的内容做 OR 运算，结果存回该直接地址中	2	1
ORL	direct,#data	立即数#data 与直接地址 direct 的内容做 OR 运算，结果存回该直接地址中	3	2
XRL	A,Rn	将 Rn 与 ACC 的值做 XOR 运算，结果存回 ACC	1	1
XRL	A,direct	将直接地址 direct 的内容与 ACC 做 XOR 运算，结果存回 ACC	2	1
XRL	A,@Ri	将间接地址@Ri 的内容与 ACC 做 XOR 运算，结果存回 ACC	1	1
XRL	A,#data	立即数#data 与 ACC 做 XOR 运算，结果存回 ACC	2	1
XRL	direct,A	ACC 与直接地址 direct 的内容做 XOR 运算，结果存回该直接地址中	2	1
XRL	direct,#data	立即数#data 与直接地址 direct 的内容做 XOR 运算，结果存回该直接地址中	3	2
CLR	A	ACC 清零	1	1
CPL	A	ACC 每一位的值反相	1	1
RL	A	ACC 左移一位	1	1
RLC	A	ACC 含进位 CY 左移一位	1	1
RR	A	ACC 右移一位	1	1
RRC	A	ACC 含进位 CY 右移一位	1	1
SWAP	A	ACC 的高 4 位与低 4 位互换	1	1

3. 数据传送指令

数据传送指令如表 P-3 所示。

表 P-3　数据传送指令

指　　令	说　　明	字　　节	机器周期
MOV　A,Rn	将 Rn 的内容载入 ACC	1	1
MOV　A,direct	将直接地址 direct 的内容载入 ACC	2	1
MOV　A,@Ri	将间接地址@Ri 的内容载入 ACC	1	1
MOV　A,#data	将立即数#data 载入 ACC	2	1
MOV　Rn,A	将 ACC 的值载入 Rn	1	1
MOV　Rn,direct	将直接地址的内容载入 Rn	2	2
MOV　Rn,#data	将立即数#data 载入 Rn	2	1
MOV　direct,A	将 ACC 的值载入直接地址 direct 中	2	1
MOV　direct,Rn	将 Rn 的值载入直接地址 direct 中	2	2
MOV　direct1,direct2	将直接地址 direct2 中的内容载入直接地址 direct1 中	3	2
MOV　direct,@Ri	将间接地址@Ri 的内容载入直接地址 direct 中	2	2
MOV　direct,#data	将立即数#data 载入直接地址 direct 中	3	2
MOV　@Ri,A	将 ACC 的值载入间接地址中	1	1
MOV　@Ri,direct	将直接地址的内容载入间接地址中	2	2
MOV　@Ri,#data	将立即数载入间接地址中	2	1
MOV　DPTR,#data16	将 16 位的立即数#data 载入 DPTR	3	2
MOVC　A,@A+DPTR	ACC 加 DPTR 的值作为间接地址，将该地址的内容载入 ACC 中	1	2
MOVC　A,@A+PC	ACC 加 PC 的值作为间接地址，将该地址的内容载入 ACC 中	1	2
MOVX　A,@Ri	将间接地址@Ri 所指的片外存储器的内容载入 ACC 中（8 位）	1	2
MOVX　A,@DPTR	将 DPTR 所指定的片外存储器的内容载入 ACC 中（16 位）	1	2
MOVX　@Ri,A	将 ACC 的值载入间接地址@Ri 所指的片外存储器中（8 位）	1	2
MOVX　@DPTR,A	将 ACC 的值载入 DPTR 所指的片外存储器中（16 位）	1	2
PUSH　direct	将直接地址 direct 的内容压入堆栈中，执行前 SP+1	2	2
POP　direct	从堆栈中弹出数据到直接地址 direct 中，执行后 SP-1	2	2
XCH　A,Rn	将累加器 ACC 与 Rn 的值交换	1	1
XCH　A,direct	将累加器 ACC 与直接地址 direct 的内容交换	1	2
XCH　A,@Ri	将累加器 ACC 与间接地址@Ri 的内容交换	1	1
XCHD　A,@Ri	将累加器 ACC 的低 4 位与间接地址@Ri 的低 4 位内容交换	1	1

4. 布尔指令

布尔指令如表 P-4 所示。

表 P-4　布尔指令

指　　令		说　　明	字　　节	机器周期
CLR	C	进位 CY 清零	1	1
CLR	bit	将可位寻址的位清零	2	1
SETB	C	将进位 CY 置 1	1	1
SETB	bit	将可位寻址的位置 1	2	1
CPL	C	将进位 CY 反向	1	1
CPL	bit	将可位寻址的位反向	2	1
ANL	C,bit	将进位 CY 与可位寻址的位做 AND 运算，结果存回进位 CY	2	2
ANL	C,/bit	将进位 CY 与可位寻址的位的反相做 AND 运算，结果存回进位 CY	2	2
ORL	C,bit	将进位 CY 与可位寻址的位做 OR 运算，结果存回进位 CY	2	2
ORL	C,/bit	将进位 CY 与可位寻址的位的反相做 OR 运算，结果存回进位 CY	2	2
MOV	C,bit	将可位寻址的位载入进位 CY	2	1
MOV	bit,C	将进位 CY 载入可位寻址的位	2	2
JC	rel	若进位 CY=1 则跳到 rel	2	2
JNC	rel	若进位 CY=0 则跳到 rel	2	2
JB	bit,rel	若可位寻址的位 bit=1 则跳到 rel	3	2
JNB	bit,rel	若可位寻址的位 bit=0 则跳到 rel	3	2
JBC	bit,rel	若可位寻址的位 bit=1 则跳到 rel，并将该位清零	3	2

5. 调用、跳转与循环指令

调用、跳转与循环指令如表 P-5 所示。

表 P-5　调用、跳转与循环指令

指　　令		说　　明	字　　节	机器周期
ACALL	addr11	调用 2K Bytes 程序存储器范围内的子程序	2	2
LCALL	addr16	调用整个 64K Bytes 程序存储器范围内的子程序	3	2
RET		子程序执行完毕后返回主程序	1	2
RETI		中断子程序执行完毕后返回主程序	1	2
LJMP	addr16	长跳转	3	2
AJMP	addr11	绝对跳转	2	2
SJMP	rel	短跳转（相对地址）	2	2
JMP	@A+DPTR	间接跳转至@A+DPTR 所指的地址	1	2
JZ	rel	ACC=0 则跳转到 rel	2	2
JNZ	rel	ACC≠0 则跳转到 rel	2	2
CJNE	A,direct,rel	将直接地址 direct 的内容与 ACC 作比较，不相等则跳转到 rel	3	2

续表

指　　令	说　　明	字　　节	机器周期
CJNE　A,#data,rel	将 ACC 的值与立即数#data 作比较，不相等则跳转到 rel	3	2
CJNE　Rn,#data,rel	将立即数#data 与 Rn 作比较，不相等则跳转到 rel	3	2
CJNE　@Ri,#data,rel	将立即数#data 与间接地址@Ri 的内容作比较，不相等则跳转到 rel	3	2
DJNZ　Rn,rel	将 Rn 的值减 1，若不等于 0 则跳转到 rel	3	2
DJNZ　direct,rel	将直接地址 direct 的内容减 1，若不等于 0 则跳转到 rel	3	2
NOP	不执行任何动作	1	1

附录 Q　AT89S51 单片机特殊功能寄存器一览表

1. PSW 程序状态字

PSW 程序状态字如图 Q-1 所示。

7	6	5	4	3	2	1	0
CY	AC	F0	RS1	RS0	OV	保留	P

第几位	位名称	描述
7	CY	进位/借位标志（Carry Flag）： 有进位/借位时 CY=1，否则 CY=0
6	AC	辅助进位标志（Auxiliary Carry Flag）：用于 BCD 操作 有辅助进位时 AC=1，否则 AC=0
5	F0	标志 0（Flag 0）
4	RS1	这两位用于选择工作寄存器 Rn 的组别*
3	RS0	
2	OV	溢出标志（Overflow Flag） 有溢出时 OV=1，否则 OV=0
1	保留	保留位（Reserved）
0	P	奇偶标志位（Parity Flag） 结果有偶数个 1 时 P=1，否则 P=0

图 Q-1　PSW 程序状态字

注意：RS1 和 RS0 位控制工作寄存器 Rn 所使用的组别，不同组别的 Rn 所在的地址空间不同，如表 Q-1 所示。

表 Q-1　R0、R1 所在的地址空间

R1	R0	组　别	地 址 空 间
0	0	组 0	00H～07H
0	1	组 1	08H～0FH
1	0	组 2	10H～17H
1	1	组 3	18H～1FH

2. 电源控制寄存器 PCON（复位值*：00X1 0000）

电源控制器 PCON 如图 Q-2 所示。

7	6	5	4	3	2	1	0
SMOD1	SMOD0	保留	POF	GF1	GF0	PD	IDL

第几位	位名称	描述
7	SMOD1	**串行通信中 UART 的 1 位：** 置 1 时选择在串行通信 1、2 和 3 模式下的双倍波特率
6	SMOD0	**串行通信中 UART 的 0 位：** 清零时选择 SCON 中的 SM0 位 置 1 时选择 SCON 中的 FE 位
5	保留	**不要访问该位，也不要往该位写数据**
4	POF	**断电标志位（Power-Off Flag）：** 清零时识别下一个复位方式 当 Vcc 从 0V 升至工作电压时由硬件置 1，也可能通过软件来置 1
3	GF1	**一般用途标志位（General Purpose Flag）：** 由用户在一般使用时清零或置 1
2	GF0	**一般用途标志位（General Purpose Flag）：** 由用户在一般使用时清零或置 1
1	PD	**关机模式位（Power-Down Mode）：** 当复位发生时由硬件清零 进入关机模式时置 1
0	IDL	**空闲模式位（Idle Mode）：** 当中断或复位发生时由硬件清零 置 1 则系统进入空闲模式

*说明：复位值是该寄存器在单片机上电复位时的初始值（8 位），其中“X”表示不确定是 1 或 0，后同。

图 Q-2　电源控制器 PCON

3. 定时/计数器控制寄存器 TCON（复位值：0000 0000）

定时/计数器控制寄存器 TCON 如图 Q-3 所示。

7	6	5	4	3	2	1	0
TF1	TR1	TF0	TR0	IE1	IT1	IE0	IT0

第几位	位名称	描述
7	TF1	**Timer 1 溢出标志位（Timer 1 Overflow Flag）：** 当处理中断向量时由硬件清零 当 Timer 1 溢出时由硬件置 1
6	TR1	**Timer 1 运行控制位（Timer 1 Run Control Bit）：** 清零时关闭 Timer 1 置 1 时启动 Timer 1
5	TF0	**Timer 0 溢出标志位（Timer 0 Overflow Flag）：** 当处理中断向量时由硬件清零 当 Timer 0 溢出时由硬件置 1

图 Q-3　定时/计数器控制寄存器 TCON

4	**TR0**	**Timer 0 运行控制位（Timer 0 Run Control Bit）：** 清零时关闭 Timer 0 置 1 时启动 Timer 0
3	**IE1**	**外部中断 1 边沿标志位（Interrupt 1 Edge Flag）：** 由边沿触发的外部中断 1 处理时，硬件将该位清零（见 IT1） 当 $\overline{INT1}$ 管脚接收到外部中断信号时，由硬件置 1
2	**IT1**	**外部中断 1 方式控制位（Interrupt 1 Type Control Bit）：** 清零时选择 $\overline{INT1}$ 管脚为低电平触发方式（电平触发） 置 1 时选择 $\overline{INT1}$ 管脚下降沿触发方式（边沿触发）
1	**IE0**	**外部中断 0 边沿标志位（Interrupt 0 Edge Flag）：** 由边沿触发的外部中断 0 处理时，硬件将该位清零（见 IT0） 当 $\overline{INT0}$ 管脚接收到外部中断信号时，由硬件置 1
0	**IT0**	**外部中断 0 方式控制位（Interrupt 0 Type Control Bit）：** 清零时选择 $\overline{INT0}$ 管脚为低电平触发方式（电平触发） 置 1 时选择 $\overline{INT0}$ 管脚下降沿触发方式（边沿触发）

图 Q-3　定时/计数器控制寄存器 TCON（续）

4. 定时/计数器模式控制寄存器 TMOD（复位值：0000 0000）

定时/计数器模式控制寄存器 TMOD 如图 Q-4 所示。

7	6	5	4	3	2	1	0
GATE1	**C/T1#**	**M11**	**M01**	**GATE0**	**C/T0#**	**M10**	**M00**

第几位	位名称	描述
7	**GATE1**	**Timer 1 门控位（Timer 1 Gating Control Bit）：** 只要 TR1 位被置 1，清零该位就能使能 Timer 1 只有当 $\overline{INT1}$ 和 TR1 都被置 1 时，置 1 该位就能使能 Timer 1
6	**C/T1#**	**Timer 1 定时/计数器选择位（Timer 1 Counter/Timer Select Bit）：** 清零时 Timer 1 运行在定时器功能下：以系统时钟为定时基准信号 置 1 时 Timer 1 运行在计数器功能下：计算 T1 管脚的电平由高到低负跳变次数
5	**M11**	**Timer 1 模式选择位（Timer 1 Mode Select Bits）：**
4	**M01**	M11　M01　模式 0　0　模式 0：13 位定时/计数器（TH1 8 位，TL1 5 位） 1　1　模式 1：16 位定时/计数器 0　1　模式 2：8 位自动重载入定时/计数器（TL1），在溢出时从 TH1 重载入 1　1　模式 3：Timer 1 停止工作，保留数值
3	**GATE0**	**Timer 0 门控位（Timer 0 Gating Control Bit）：** 只要 TR0 位被置 1，清零该位就能使能 Timer 0 只有当 $\overline{INT0}$ 和 TR0 都被置 1 时，置 1 该位就能使能 Timer 0
2	**C/T0#**	**Timer 0 计数/定时选择位（Timer 0 Counter/Timer Select Bit）：** 清零时 Timer 0 运行在定时器功能下：以系统时钟为定时基准信号 置 1 时 Timer 0 运行在计数器功能下：计算 T0 管脚的电平由高到低负跳变次数

图 Q-4　定时/计数器模式控制寄存器 TMOD

1	M10	**Timer 0 模式选择位（Timer 0 Mode Select Bits）：**
0	M00	M10 M00 模式 0 0 模式 0：13 位定时/计数器（TH0 8 位，TL0 5 位） 0 1 模式 1：16 位定时/计数器 1 0 模式 2：8 位自动重载入定时/计数器（TL0），在溢出时从 TH0 重载入 1 1 模式 3：TL0 是一个 8 位的定时/计数器，TH0 是一个使用 Timer 1 的 TR1 和 TF1 位的 8 位定时/计数器

图 Q-4 定时/计数器模式控制寄存器 TMOD（续）

5. TL0 寄存器——Timer 0 的低位字节寄存器（复位值：0000 0000）

Timer 0 的低位字节寄存器如图 Q-5 所示。

7	6	5	4	3	2	1	0
D7	D6	D5	D4	D3	D2	D1	D0

第几位	位名称	描述
0～7		Timer 0 的低位字节寄存器

图 Q-5 Timer 0 的低位字节寄存器

6. TH0 寄存器——Timer 0 的高位字节寄存器（复位值：0000 0000）

Timer 0 的高位字节寄存器如图 Q-6 所示。

7	6	5	4	3	2	1	0
D15	D14	D13	D12	D11	D10	D9	D8

第几位	位名称	描述
0～7		Timer 0 的高位字节寄存器

图 Q-6 Timer 0 的高位字节寄存器

7. TL1 寄存器——Timer 1 的低位字节寄存器（复位值：0000 0000）

Timer 1 的低位字节寄存器如图 Q-7 所示。

7	6	5	4	3	2	1	0
D7	D6	D5	D4	D3	D2	D1	D0

第几位	位名称	描述
0～7		Timer 1 的低位字节寄存器

图 Q-7 Timer 1 的低位字节寄存器

8. TH1 寄存器——Timer 1 的高位字节寄存器（复位值：0000 0000）

Timer 1 的高位字节寄存器如图 Q-8 所示。

9. 辅助寄存器 AUXR（复位值：XXX0 0XX0）

辅助寄存器 AUXR 如图 Q-9 所示。

7	6	5	4	3	2	1	0
D15	D14	D13	D12	D11	D10	D9	D8

第几位	位名称	描述
0～7		Timer 1 的高位字节寄存器

图 Q-8 Timer 1 的高位字节寄存器

7	6	5	4	3	2	1	0
保留	保留	保留	WDIDLE	DISRTO	保留	保留	DISALE

第几位	位名称	描述
7	保留	保留做将来器件扩展使用
6	保留	保留做将来器件扩展使用
5	保留	保留做将来器件扩展使用
4	WDIDLE	空闲模式下看门狗使能控制位（Disable/Enable WDT in IDLE mode）： 清零时看门狗（WDT）在空闲模式下继续计数 置 1 时看门狗在空闲模式下停止计数
3	DISRTO	复位管脚输出使能控制位（Disable/Enable Reset-out）： 清零时在看门狗在空闲模式下计时完成后 Reset 管脚输出 1 置 1 时 Reset 管脚只用作输入
2	保留	保留做将来器件扩展使用
1	保留	保留做将来器件扩展使用
0	DISALE	ALE 使能控制位（Disable/Enable ALE）： 清零时 ALE 以时钟频率的 1/6 恒定输出信号 置 1 时 ALE 只在执行 MOVX 或 MOVC 指令时激活

图 Q-9 辅助寄存器 AUXR

10. 串行口控制寄存器 SCON（复位值：0000 0000）

串行口控制寄存器 SCON 如图 Q-10 所示。

7	6	5	4	3	2	1	0
FE/SM0	SM1	SM2	REN	TB8	RB8	TI	RI

第几位	位名称	描述
7	FE	误帧位（SMOD0=1）（Framing Error bit）： 清零时使错误状态复位，正常停止位不会使其清零 当非法停止位检测到时，该位被硬件置 1 要访问该位，SMOD0 必须置 1
7	SM0	串行口模式位 0（Serial port Mode bit 0）： 与 SM1 一起用于串行口模式选择 要访问该位 SMOD0 必须清零
6	SM1	串行口模式位 1（Serial port Mode bit 1）： SM0 与 SM1 设置决定串行口模式：

图 Q-10 串行口控制寄存器 SCON

SM1

SM0	SM1	模式	描述	波特率
0	0	模式 0	移位寄存器	单片机时钟频率/6
0	1	模式 1	8 位 UART	可变的
1	0	模式 2	9 位 UART	单片机时钟频率/32 或/64
1	1	模式 3	9 位 UART	可变的

5 **SM2** **串行口模式 2 位/多单片机通信使能位（Serial port Mode 2 bit/Multiprocessor Communication Enable bit）：**

清零屏蔽多单片机通信功能

置 1 使能多单片机在模式 2 和 3，最终在模式 1 下的通信功能。该位应该在模式 0 时清零

4 **REN** **接收使能位（Reception Enable bit）：**

清零时关闭串行口的数据接收

置 1 时使能串行口的数据接收

3 **TB8** **发送位 8/在模式 2 和 3 下的第 9 发送位（Transmitter Bit 8/Ninth bit to transmit in modes 2 and 3）：**

清零时在第 9 位上发送 0

置 1 时在第 9 位上发送 1

2 **RB8** **接收位 8/在模式 2 和 3 下的第 9 接收位（Receiver Bit 8/Ninth bit received in modes 2 and 3）：**

如果第 9 位接收到 0，该位由硬件清零

如果第 9 位接收到 1，该位由硬件置 1

在模式 1 下，如果 SM2=0，RB8 是接收停止位，在模式 0 下 RB8 无用

1 **TI** **发送中断标志位（Transmit Interrupt flag）：**

清零以确认中断

模式 0 下第 8 位接收完后，或在其他模式下在停止位开始时，都由硬件置 1 该位

0 **RI** **接收中断标志位（Receive Interrupt flag）：**

清零以确认中断

模式 0 下第 8 位接收完后，该位由硬件置 1。其他模式下请参考下面的时序图：

模式 1 时：

RXD D0 D1 D2 D3 D4 D5 D6 D7
Start bit
Data byte
Stop bit
RI SMOD0=X
FE SMOD0=1

模式 2 和模式 3 时：

RXD D0 D1 D2 D3 D4 D5 D6 D7 D8
Start bit
Data byte
Ninth bit
Stop bit
RI SMOD0=0
RI SMOD0=1
FE SMOD0=1

图 Q-10 串行口控制寄存器 SCON（续）

11. 辅助寄存器 1AUXR1（复位值：XXXX XXX0）

辅助寄存器 1AUXR1 如图 Q-11 所示。

7	6	5	4	3	2	1	0
保留	保留	保留	保留	保留	保留	保留	DPS

第几位	位名称	描述
7～1	保留	保留做将来器件扩展使用
0	DPS	数据指针寄存器组别选择控制位（Data Pointer Register Select）： 清零时选择第 0 组 DPTR 寄存器 DP0L 和 DP0H 置 1 时选择第 1 组 DPTR 寄存器 DP1L 和 DP1H

图 Q-11　辅助寄存器 1AUXR1

12. 中断使能寄存器 IE（复位值：0XX0 0000）

中断使能寄存器 IE 如图 Q-12 所示。

7	6	5	4	3	2	1	0
EA	保留	保留	ES	ET1	EX1	ET0	EX0

第几位	位名称	描述
7	EA	中断使能（Enable All）： 清零时屏蔽所有中断 置 1 时开放所有中断，各个中断由以下各自的控制位控制使能或屏蔽
6	保留	不要访问该位，也不要往该位写数据
5	保留	不要访问该位，也不要往该位写数据
4	ES	串行口中断使能（Enable Serial Port Interrupt）： 清零时屏蔽串行口中断 置 1 时使能串行口中断
3	ET1	Timer 1 中断使能（Enable Timer 1 Interrupt）： 清零时屏蔽 Timer 1 中断 置 1 时使能 Timer 1 中断
2	EX1	外部中断 1 使能（Enable External 1 Interrupt）： 清零时屏蔽外部中断 1 中断 置 1 时使能外部中断 1 中断
1	ET0	Timer 0 中断使能（Enable Timer 0 Interrupt）： 清零时屏蔽 Timer 0 中断 置 1 时使能 Timer 0 中断
0	EX0	外部中断 0 使能（Enable External 0 Interrupt）： 清零时屏蔽外部中断 0 中断 置 1 时使能外部中断 0 中断

图 Q-12　中断使能寄存器 IE

13. 中断优先级控制寄存器 IP（复位值：XXX0 0000）

中断优先级控制寄存器 IP 如图 Q-13 所示。

7	6	5	4	3	2	1	0
保留	保留	保留	**PS**	**PT1**	**PX1**	**PT0**	**PX0**

第几位	位名称	描述
7～5	保留	不要访问该位，也不要往该位写数据
4	PS	**串行口中断优先（Prioritize Serial Port Interrupt）：** 置 1 时优先服务串行口中断
3	PT1	**Timer 1 中断优先（Prioritize Timer 1 Interrupt）：** 置 1 时优先服务 Timer 1 中断
2	PX1	**外部中断 1 优先（Prioritize External 1 Interrupt）：** 置 1 时优先服务外部中断 1 中断
1	PT0	**Timer 0 中断优先（Prioritize Timer 0 Interrupt）：** 置 1 时优先服务 Timer 0 中断
0	PX0	**外部中断 0 优先（Prioritize External 0 Interrupt）：** 置 1 时优先服务外部中断 0 中断

图 Q-13　中断优先级控制寄存器 IP

附录 R 指令的执行代码表

指令的执行代码表如表 R-1 所示。

表 R-1 指令的执行代码表

执行代码（十六进制）	字节数	助记符	操作数
00	1	NOP	
01	2	AJMP	code addr
02	3	LJMP	code addr
03	1	RR	A
04	1	INC	A
05	2	INC	data addr
06	1	INC	@R0
07	1	INC	@R1
08	1	INC	R0
09	1	INC	R1
0A	1	INC	R2
0B	1	INC	R3
0C	1	INC	R4
0D	1	INC	R5
0E	1	INC	R6
0F	1	INC	R7
10	3	JBC	bit addr, code addr
11	2	ACALL	code addr
12	3	LCALL	code addr
13	1	RRC	A
14	1	DEC	A
15	2	DEC	data addr
16	1	DEC	@R0
17	1	DEC	@R1
18	1	DEC	R0
19	1	DEC	R1
1A	1	DEC	R2
1B	1	DEC	R3
1C	1	DEC	R4
1D	1	DEC	R5

续表

执行代码（十六进制）	字节数	助记符	操作数
1E	1	DEC	R6
1F	1	DEC	R7
20	3	JB	bit addr, code addr
21	2	AJMP	code addr
22	1	RET	
23	1	RL	A
24	2	ADD	A,#data
25	2	ADD	A,data addr
26	1	ADD	A,@R0
27	1	ADD	A,@R1
28	1	ADD	A,R0
29	1	ADD	A,R1
2A	1	ADD	A,R2
2B	1	ADD	A,R3
2C	1	ADD	A,R4
2D	1	ADD	A,R5
2E	1	ADD	A,R6
2F	1	ADD	A,R7
30	3	JNB	bit addr, code addr
31	2	ACALL	code addr
32	1	RETI	
33	1	RLC	A
34	2	ADDC	A,#data
35	2	ADDC	A,data addr
36	1	ADDC	A,@R0
37	1	ADDC	A,@R1
38	1	ADDC	A,R0
39	1	ADDC	A,R1
3A	1	ADDC	A,R2
3B	1	ADDC	A,R3
3C	1	ADDC	A,R4
3D	1	ADDC	A,R5
3E	1	ADDC	A,R6
3F	1	ADDC	A,R7
40	2	JC	code addr
41	2	AJMP	code addr
42	2	ORL	data addr, A
43	3	ORL	data addr, #data

续表

执行代码（十六进制）	字节数	助记符	操作数
44	2	ORL	A, #data
45	2	ORL	A, data addr
46	1	ORL	A,@R0
47	1	ORL	A,@R1
48	1	ORL	A,R0
49	1	ORL	A,R1
4A	1	ORL	A,R2
4B	1	ORL	A,R3
4C	1	ORL	A,R4
4D	1	ORL	A,R5
4E	1	ORL	A,R6
4F	1	ORL	A,R7
50	2	JNC	code addr
51	2	ACALL	code addr
52	2	ANL	data addr, A
53	3	ANL	data addr, #data
54	2	ANL	A, #data
55	2	ANL	A, data addr
56	1	ANL	A,@R0
57	1	ANL	A,@R1
58	1	ANL	A,R0
59	1	ANL	A,R1
5A	1	ANL	A,R2
5B	1	ANL	A,R3
5C	1	ANL	A,R4
5D	1	ANL	A,R5
5E	1	ANL	A,R6
5F	1	ANL	A,R7
60	2	JZ	code addr
61	2	AJMP	code addr
62	2	XRL	data addr, A
63	3	XRL	data addr,#data
64	2	XRL	A, #data
65	2	XRL	A, data addr
66	1	XRL	A,@R0
67	1	XRL	A,@R1
68	1	XRL	A,R0
69	1	XRL	A,R1

续表

执行代码（十六进制）	字节数	助记符	操作数
6A	1	XRL	A,R2
6B	1	XRL	A,R3
6C	1	XRL	A,R4
6D	1	XRL	A,R5
6E	1	XRL	A,R6
6F	1	XRL	A,R7
70	2	JNZ	code addr
71	2	ACALL	code addr
72	2	ORL	C, bit addr
73	1	JMP	@A+DPTR
74	2	MOV	A, #data
75	3	MOV	data addr, #data
76	2	MOV	@R0,#data
77	2	MOV	@R1,#data
78	2	MOV	R0,#data
79	2	MOV	R1,#data
7A	2	MOV	R2,#data
7B	2	MOV	R3,#data
7C	2	MOV	R4,#data
7D	2	MOV	R5,#data
7E	2	MOV	R6,#data
7F	2	MOV	R7,#data
80	2	SJMP	code addr
81	2	AJMP	code addr
82	2	ANL	C, bit addr
83	1	MOVC	A,@A+PC
84	1	DIV	AB
85	3	MOV	data addr, data addr
86	2	MOV	data addr, @R0
87	2	MOV	data addr, @R1
88	2	MOV	data addr, R0
89	2	MOV	data addr, R1
8A	2	MOV	data addr, R2
8B	2	MOV	data addr, R3
8C	2	MOV	data addr, R4
8D	2	MOV	data addr, R5
8E	2	MOV	data addr, R6
8F	2	MOV	data addr, R7

续表

执行代码（十六进制）	字节数	助记符	操作数
90	3	MOV	DPTR, #data
91	2	ACALL	code addr
92	2	MOV	bit addr, C
93	1	MOVC	A,@A+DPTR
94	2	SUBB	A, #data
95	2	SUBB	A, data addr
96	1	SUBB	A,@R0
97	1	SUBB	A,@R1
98	1	SUBB	A,R0
99	1	SUBB	A,R1
9A	1	SUBB	A,R2
9B	1	SUBB	A,R3
9C	1	SUBB	A,R4
9D	1	SUBB	A,R5
9E	1	SUBB	A,R6
9F	1	SUBB	A,R7
A0	2	ORL	C,/bit addr
A1	2	AJMP	code addr
A2	2	MOV	C, bit addr
A3	1	INC	DPTR
A4	1	MUL	AB
A5	保留		
A6	2	MOV	@R0,data addr
A7	2	MOV	@R1,data addr
A8	2	MOV	R0,data addr
A9	2	MOV	R1,data addr
AA	2	MOV	R2,data addr
AB	2	MOV	R3,data addr
AC	2	MOV	R4,data addr
AD	2	MOV	R5,data addr
AE	2	MOV	R6,data addr
AF	2	MOV	R7,data addr
B0	2	ANL	C,/bit addr
B1	2	ACALL	code addr
B2	2	CPL	bit addr
B3	1	CPL	C
B4	3	CJNE	A, #data, code addr
B5	3	CJNE	A, data addr, code addr

续表

执行代码（十六进制）	字节数	助记符	操作数
B6	3	CJNE	@R0, #data, code addr
B7	3	CJNE	@R1, #data, code addr
B8	3	CJNE	R0, #data, code addr
B9	3	CJNE	R1, #data, code addr
BA	3	CJNE	R2, #data, code addr
BB	3	CJNE	R3, #data, code addr
BC	3	CJNE	R4, #data, code addr
BD	3	CJNE	R5, #data, code addr
BE	3	CJNE	R6, #data, code addr
BF	3	CJNE	R7, #data, code addr
C0	2	PUSH	data addr
C1	2	AJMP	code addr
C2	2	CLR	bit addr
C3	1	CLR	C
C4	1	SWAP	A
C5	2	XCH	A, data addr
C6	1	XCH	A,@R0
C7	1	XCH	A,@R1
C8	1	XCH	A,R0
C9	1	XCH	A,R1
CA	1	XCH	A,R2
CB	1	XCH	A,R3
CC	1	XCH	A,R4
CD	1	XCH	A,R5
CE	1	XCH	A,R6
CF	1	XCH	A,R7
D0	2	POP	data addr
D1	2	ACALL	code addr
D2	2	SETB	bit addr
D3	1	SETB	C
D4	1	DA	A
D5	3	DJNZ	data addr, code addr
D6	1	XCHD	A,@R0
D7	1	XCHD	A,@R1
D8	2	DJNZ	R0, code addr
D9	2	DJNZ	R1, code addr
DA	2	DJNZ	R2, code addr
DB	2	DJNZ	R3, code addr

续表

执行代码（十六进制）	字节数	助记符	操作数
DC	2	DJNZ	R4, code addr
DD	2	DJNZ	R5, code addr
DE	2	DJNZ	R6, code addr
DF	2	DJNZ	R7, code addr
E0	1	MOVX	A,@DPTR
E1	2	AJMP	code addr
E2	1	MOVX	A,@R0
E3	1	MOVX	A,@R1
E4	1	CLR	A
E5	2	MOV	A, data addr
E6	1	MOV	A,@R0
E7	1	MOV	A,@R1
E8	1	MOV	A,R0
E9	1	MOV	A,R1
EA	1	MOV	A,R2
EB	1	MOV	A,R3
EC	1	MOV	A,R4
ED	1	MOV	A,R5
EE	1	MOV	A,R6
EF	1	MOV	A,R7
F0	1	MOVX	@DPTR, A
F1	2	ACALL	code addr
F2	1	MOVX	@R0,A
F3	1	MOVX	@R1,A
F4	1	CPL	A
F5	2	MOV	data addr, A
F6	1	MOV	@R0,A
F7	1	MOV	@R1,A
F8	1	MOV	R0,A
F9	1	MOV	R1,A
FA	1	MOV	R2,A
FB	1	MOV	R3,A
FC	1	MOV	R4,A
FD	1	MOV	R5,A
FE	1	MOV	R6,A
FF	1	MOV	R7,A

附录 S　ASCII 码表

ASCII 是 American Standard Code for Information Interchange 的首字母缩写，中文意思是用于信息交换的美国标准码，ASCII 的发音为[‘æski]。ASCII 码是基于英语字母表的字符编码。在计算机、通信等设备中，文字都转换成 ASCII 码进行传输和存储。它的原理是用数字（十进制、八进制、十六进制或二进制）来代表字符。这样在计算机系统中，传输和存储的字符就以数字的形式存在。例如字母“A”，用 ASCII 码表示就是 0100 0001（二进制表示），这个二进制便可以代表“A”保存在存储器中。

第 1 版 ASCII 码是 1967 年发布的，现在使用的是 1986 年版本。基础 ASCII 码表有 128 个字符，其中有 33 个是非打印字符。非打印字符用来控制文本的处理。此外，还有扩展 ASCII 码，适用于更丰富的字符编码。基础 ASCII 码表如表 S-1 所示。

表 S-1　基础 ASCII 码表

十进制	八进制	十六进制	二进制	代表字符
000	000	000	00000000	NUL(Null char)空
001	001	001	00000001	SOH(Start of Header)标题的开始
002	002	002	00000010	STX(Start of Text)正文的开始
003	003	003	00000011	ETX(End of Text)正文的结束
004	004	004	00000100	EOT(End of Transmission)传输结束
005	005	005	00000101	ENQ(Enquiry)询问
006	006	006	00000110	ACK(Acknowledgment)确认
007	007	007	00000111	BEL(Bell)铃响
008	010	008	00001000	BS(Backspace)退后一格
009	011	009	00001001	HT(Horizontal Tab)水平制表符
010	012	00A	00001010	LF(Line Feed)换行
011	013	00B	00001011	VT(Vertical Tab)垂直制表符
012	014	00C	00001100	FF(Form Feed)换页
013	015	00D	00001101	CR(Carriage Return)回车
014	016	00E	00001110	SO(Shift Out)切换到不同字符集
015	017	00F	00001111	SI(Shift In)切换回原字符集
016	020	010	00010000	DLE(Data Link Escape)数据链路转义
017	021	011	00010001	DC1(XON) (Device Control1)设备控制 1
018	022	012	00010010	DC2(Device Control2)设备控制 2
019	023	013	00010011	DC3(XOFF)(Device Control3)设备控制 3
020	024	014	00010100	DC4(Device Control4)设备控制 4
021	025	015	00010101	NAK(Negative Acknowledgement)反相确认

续表

十进制	八进制	十六进制	二进制	代表字符
022	026	016	00010110	SYN(Synchronous Idle)同步空闲
023	027	017	00010111	ETB(End of Trans. Block)块传输结束
024	030	018	00011000	CAN(Cancel)取消
025	031	019	00011001	EM(End of Medium)媒体结束
026	032	01A	00011010	SUB(Substitute)代替
027	033	01B	00011011	ESC(Escape)转义
028	034	01C	00011100	FS(File Separator)文件分离
029	035	01D	00011101	GS(Group Separator)组分离
030	036	01E	00011110	RS(Request to Send)(Record Separator)记录分离
031	037	01F	00011111	US(Unit Separator)单位分离
032	040	020	00100000	SP(Space)空格
033	041	021	00100001	!(exclamation mark)感叹号
034	042	022	00100010	"(double quote)双引号
035	043	023	00100011	#(number sign)井号
036	044	024	00100100	$(dollar sign)美元号
037	045	025	00100101	%(percent)百分号
038	046	026	00100110	&(ampersand)与操作号
039	047	027	00100111	'(single quote)单引号
040	050	028	00101000	((left/opening parenthesis)左括号
041	051	029	00101001	)(right/closing parenthesis)右括号
042	052	02A	00101010	*(asterisk)星号
043	053	02B	00101011	+(plus)加号
044	054	02C	00101100	,(comma)逗号
045	055	02D	00101101	-(minus or dash)减号
046	056	02E	00101110	.(dot)点
047	057	02F	00101111	/(forward slash)斜线
048	060	030	00110000	0
049	061	031	00110001	1
050	062	032	00110010	2
051	063	033	00110011	3
052	064	034	00110100	4
053	065	035	00110101	5
054	066	036	00110110	6
055	067	037	00110111	7
056	070	038	00111000	8
057	071	039	00111001	9
058	072	03A	00111010	:(colon)冒号
059	073	03B	00111011	;(semi-colon)分号
060	074	03C	00111100	<(less than)小于号

续表

十进制	八进制	十六进制	二进制	代表字符
061	075	03D	00111101	=(equal sign)等号
062	076	03E	00111110	>(greater than)大于号
063	077	03F	00111111	?(question mark)问号
064	100	040	01000000	@(AT symbol)AT 符号
065	101	041	01000001	A
066	102	042	01000010	B
067	103	043	01000011	C
068	104	044	01000100	D
069	105	045	01000101	E
070	106	046	01000110	F
071	107	047	01000111	G
072	110	048	01001000	H
073	111	049	01001001	I
074	112	04A	01001010	J
075	113	04B	01001011	K
076	114	04C	01001100	L
077	115	04D	01001101	M
078	116	04E	01001110	N
079	117	04F	01001111	O
080	120	050	01010000	P
081	121	051	01010001	Q
082	122	052	01010010	R
083	123	053	01010011	S
084	124	054	01010100	T
085	125	055	01010101	U
086	126	056	01010110	V
087	127	057	01010111	W
088	130	058	01011000	X
089	131	059	01011001	Y
090	132	05A	01011010	Z
091	133	05B	01011011	[(left/opening bracket)左方括号
092	134	05C	01011100	\(back slash)反斜线
093	135	05D	01011101	](right/closing bracket)右方括号
094	136	05E	01011110	^(caret/cirumflex)脱字符号
095	137	05F	01011111	_(underscore)下划线
096	140	060	01100000	`
097	141	061	01100001	a
098	142	062	01100010	b
099	143	063	01100011	c

续表

十进制	八进制	十六进制	二进制	代表字符
100	144	064	01100100	d
101	145	065	01100101	e
102	146	066	01100110	f
103	147	067	01100111	g
104	150	068	01101000	h
105	151	069	01101001	i
106	152	06A	01101010	j
107	153	06B	01101011	k
108	154	06C	01101100	l
109	155	06D	01101101	m
110	156	06E	01101110	n
111	157	06F	01101111	o
112	160	070	01110000	p
113	161	071	01110001	q
114	162	072	01110010	r
115	163	073	01110011	s
116	164	074	01110100	t
117	165	075	01110101	u
118	166	076	01110110	v
119	167	077	01110111	w
120	170	078	01111000	x
121	171	079	01111001	y
122	172	07A	01111010	z
123	173	07B	01111011	{(left/opening brace)左大括号
124	174	07C	01111100	|(vertical bar)竖线
125	175	07D	01111101	}(right/closing brace)右大括号
126	176	07E	01111110	~(tilde)波浪号
127	177	07F	01111111	DEL(delete)删除

参考文献

1．杨欣等．电子设计从零开始．北京：清华大学出版社，2005．
2．杨欣等．电路设计与仿真——基于 Multisim 8 与 Protel 2004．北京：清华大学出版社，2006．
3．杨欣等．51 单片机应用从零开始．北京：清华大学出版社，2008．
4．杨欣等．51 单片机应用实例详解．北京：清华大学出版社，2010．
5．杨欣等．实例解读电子元器件与电路设计．北京：电子工业出版社，2009．
6．胡斌．集成电路识图轻松入门．北京：人民邮电出版社，2002．
7．庄天戈．计算机在生物医学中的应用．北京：科学出版社，1999．
8．藤井信生．电子实用手册．北京：科学出版社，2001．
9．蔡坚勇．青少年音响电路制作指南．福州：福建科学技术出版社，1997．
10．康华光等．电子技术基础．北京：高等教育出版社，1999．
11．雷丽文等．微机原理与接口技术．北京：电子工业出版社，1997．
12．杨忠煌等．单芯片 8051 实务与应用．北京：中国水利水电出版社，2001．
13．求是科技．单片机典型模块设计实例导航．北京：人民邮电出版社，2004．
14．陈明荧．8051 单片机课程设计实训教材．北京：清华大学出版社，2004．
15．余永权．ATMEL89 系列单片机应用技术．北京：北京航空航天大学出版社，2002．
16．傅吉康．怎样选用无线电元件．北京：人民邮电出版社，1993．
17．周海．初级电子制作精选．北京：人民邮电出版社，2001．
18．吴金戌等．8051 单片机实践与应用．北京：清华大学出版社，2003．
19．门宏．图解电子技术快速入门．北京：人民邮电出版社，2004．
20．何希才．新型集成电路及应用实例．北京：科学出版社，2003．
21．韩广兴．电子元器件与实用电路基础．北京：电子工业出版社，2004．
22．门宏．精选电子制作图解 66 例．北京：人民邮电出版社，2001．
23．梁明理等．电子线路．北京：高等教育出版社，2001．
24．孙指乐等．精选无线电小制作 24 例．北京：人民邮电出版社，1990．
25．任致程．经典晶体管电子线路 300 例．北京：机械工业出版社，2002．
26．蔡建新等．生物医学电子学．北京：北京大学出版社，1997．
27．魏海明．实用电子电路 500 例．北京：化学工业出版社，2003．
28．何利民．MCS-51 系列单片机应用系统设计系统配置与接口技术．北京：北京航空航天大学出版社，2003．
29．中国计量出版社组编．测量与传感电路．北京：中国计量出版社，2001．
30．程昱．精通 Protel DXP 电路设计．北京：清华大学出版社，2004．

31．倪维桢．数据通信原理．北京：中国人民大学出版社，2003．
32．邓辛恺．现代医学仪器设计原理．北京：科学出版社，2004．
33．范逸之等．Visual Basic 与 RS-232 串行通信控制．北京：清华大学出版社，2003．
34．李华等．MCS-51 系列单片机实用接口技术．北京：北京航空航天大学出版社，1993．
35．林仲茂等．8051 单片机彻底研究基础篇．北京：人民邮电出版社，2004．
36．谢宜仁等．单片机实用技术问答．北京：人民邮电出版社，2003．
37．Thomas L F．数字基础．北京：科学出版社，2002．
38．Charles P．Microsoft C#Windows 程序设计．北京：北京大学出版社，2002．
39．黄智伟．基于 Multisim 2001 的电子电路计算机仿真设计与分析．北京：电子工业出版社，2004．
40．Gary M M，Jeffrey S B．Modern Electronic Communication．北京：科学出版社，2004．
41．蒋卓勤，邓玉元．Multisim 2001 及其在电子设计中的应用．西安：西安电子科技大学出版社，2003．
42．张银华．音箱业余设计和制作实例．北京：人民邮电出版社，1991．
43．技术手册．1N4001 - 1N4007, Fairchild, 2003．
44．技术手册．1N4148; 1N4448, Philips, 2003．
45．技术手册．1N4001 - 1N4007, Fairchild, 1996．
46．技术手册．1N5333B ~ 1N5388B, Microsemi, 2003．
47．技术手册．4N25,4N25A,4N26,4N27,4N28(Short), Toshiba, 2002．
48．技术手册．2N3053; 2N2102; 2N3442; BD237, Multicomp．
49．技术手册．2N3906; 2N3904; 2N4401; LM317; MJD117; MJD112; NE5532; QED422, QED423, Fairchild．
50．技术手册．2N4401; 2N4403; (PNP) 2N6034, 2N6035,2N6036 (NPN) 2N6038,2N6039; BC372, BC373; MJ15003 (NPN),MJ15004 (PNP); TIP110, TIP111, TIP112(NPN); TIP115, TIP116, TIP117 (PNP), ON．
51．技术手册．74HC32; 74HCT32; 74HC/HCT10; 74HC/HCT20; 74F148; 74HC04; 74HCT04; 74HC08; 74HCT08; 74HC/HCT4075; 74HC74; 74HCT74; BAT81; BAT82; BAT83; BC107; BC108; BC109; BC546; BC547; BC556; BC557; AN170; TDA1521; NE/SA/SE5532/5532A, Philips．
52．技术手册．4N35/ 4N36/ 4N37/ 4N38, Vishay, 2005．
53．技术手册．74HC21; 74HC02; 74HC73; 74HCT02; 74HC00; 74HCT00; 74HC11; 74HCT11; 74HC138; 74HCT138; HEF4044B; TDA8922B, NXP．
54．技术手册．SN54HC05, SN74HC05; CD74HC4075,CD74HCT4075; NE555, SA555, SE555, TI．
55．技术手册．SN54/74LS132; SN54/74LS83A; SN54/74LS75, SN54/74LS77; SN54/74LS85, Motorola．
56．技术手册．2N3055; LM158-LM258-LM358; LM124; TDA2009A; TDA2005; TDA2030; TDA2050; TDA7292; TIP120, TIP121, TIP122, TIP125, TIP126, TIP127; TDA7293, ST.

57．技术手册．LM340/LM78XX Series; ADC0801/ADC0802/ADC0803/ADC0804/ADC0805; LM138/LM338; LM110/LM210/LM310 Voltage Follower; LM193/LM293/LM393/LM2903; LM111/LM211/LM311; LM3886 Overture™ Audio Power Amplifier Series; LM384; LM741; TL082, NS.
58．技术手册．9014, Wing Shing Computer Components Co.
59．技术手册．AD590; AD620, AD.
60．技术手册．LA3600, Sanyo, 2000.
61．技术手册．FT48D; FW208N, Fostex.
62．技术手册．OPA633, BB, 1993.
63．技术手册．ZPD 1 ZPD 75 (0.5 W), Diotec, 2002.
64．技术手册．μPC1892, NEC, 1995.